普通高等教育“十一五”国家级规划教材

自动控制原理

(第3版)

王划一　杨西侠　编著

国防工业出版社

·北京·

内容简介

本书第3版是在国家级"十一五"规划教材第2版的基础上修订而成的。书中全面系统地介绍了自动控制理论基本分析和设计方法。全书共分9章，前6章介绍连续控制系统的数学建模、时域分析、根轨迹分析、频域分析以及系统的校正等方法。第7章介绍非线性系统的基本分析方法，其中包括相平面法和描述函数法。第8章介绍离散控制系统的理论，用时域法分析了离散系统的稳定性、动态性能和稳态误差，以及数字校正等问题。第9章精练地介绍了国际控制界流行的MATLAB仿真方法，并精心设计了经典的模拟实验以供读者训练之用。在附录中给出了拉普拉斯变换和MATLAB应用的基础知识以供读者查用。

为便于读者自学，本书精心选编了大量解题指导，旨在加强学生的课后训练，提高分析设计能力，以便学生灵活运用各章方法。同时，根据多年的考研辅导经验，精选了重要例题附在其中，对考研复习意义重大。加之各章配有的内容总结、提要和学习、复习指导，提纲挈领地把本章内容串成一条主线，相互联系起来，有利于突出重点和牢固掌握基本知识。

本教材可作为普通高校自动化、通信、计算机、自动控制、仪器仪表、测控、机械、动力、冶金等专业的教材，也可作为成人教育和继续教育的教材，还可作为科技人员参考用书。

图书在版编目(CIP)数据

自动控制原理/王划一，杨西侠编著. —3版. —北京：国防工业出版社，2023.5重印

ISBN 978-7-118-11329-7

Ⅰ.自… Ⅱ.①王… ②杨… Ⅲ.自动控制理论-高等学校-教材 Ⅳ.TP13

中国版本图书馆CIP数据核字(2017)第131579号

※

国防工業出版社出版发行

(北京市海淀区紫竹院南路23号 邮政编码100048)

三河市天利华印刷装订有限公司印刷

新华书店经售

*

开本 787×1092 1/16 **印张** 30¼ **字数** 755千字

2023年5月第3版第8次印刷 **印数** 26001—30000册 **定价** 58.00元

国防书店：(010)88540777 发行邮购：(010)88540776

发行传真：(010)88540755 发行业务：(010)88540717

第3版前言

进入21世纪以来,面对高科技的迅猛发展,自动化技术产生了巨大进步,自动控制理论也得到不断的发展和完善。本教材第1版是在面向21世纪教学内容和课程体系全面改革的进程中,参照教育部新大纲的要求,根据自动化学科的发展趋势编写出版的。本教材第1版发行后,其特色和实用性很快受到读者的欢迎,同时被许多高校选为教材。在发行9年的时间里,重印12次。2005年,在出版社的推荐下,通过教育部专家的评审,本教材入选教育部普通高等教育"十一五"国家级规划教材建设项目。经过第1版教材的教学实践,不断地探索、研究教学内容,总结实践的经验,按国家"十一五"规划教材建设要求,重新对教材进行了修订,于2009年出版发行第2版。本教材第2版发行后,其特色和实用性依然受到读者的欢迎,被更多高校选为教材,重印11次,销售4万余册。在此期间,为了方便读者和教师使用,完善了教材的立体化建设,配套出版了习题精解、课堂教学PPT、网络课堂视频等辅助项目。2015年以后,按国家"十三五"规划教材建设要求,重新对教材进行了修订。

在这一版中,本书对下列内容进行了修订:

(1) 第2章删除了非线性模型线性化的方法,把复杂系统微分方程的列写并入系统的结构图方法中。增加了RLC网络复阻抗的概念,更方便网络系统的建模。增加了典型环节的实例的分量,更有利于对典型环节的学习和理解,加强了理论与实践相结合。

(2) 第3章增加了PID基本控制作用对系统性能的影响。

(3) 第5章突出了三频段的概念,加深了在频域中对系统性能分析的理解。

(4) 第6章增加了PID调节器的设计方法。PID控制原理简单,适应能力强,鲁棒性好,是一种历史悠久、技术成熟、应用广泛的控制方法。教材从理论上详细论述了PID的控制作用及设计方法,更有利于PID的实践和应用。

(5) 第7章补充了傅里叶级数的知识,更有利于理解描述函数法。

(6) 增加并优化了部分例题。

本教材第3版的编写依然延续突出系列教材编写的三个特色,一是更适应当代教学的要求,在内容选择上更加精练,理论阐述深入浅出,突出物理概念,紧密结合工程实践,编入了国际上流行的MATLAB仿真方法,将经典理论与现代技术结合起来,使课程更符合国内外自动化发展的趋势;二是更便于学生自学,对于理论性较强的部分,作了更详细的阐述和论证,使学生易于读懂;三是书中各章均配有学习指导和例题精解,以指导学生提高解题能力,灵活掌握所学内容。实现了习题解答、学习指导与教科书三者合一的编写特色,其内容和例题的精选均具有较强的代表性,特别适合于学生进行考试、考研复习,使学生不必查阅大量的参考书和试题集，节省大量时间和精力。

本教材可作为普通高校自动化、通信、计算机、自动控制、仪器仪表、测控、机械、动力、冶金等专业的教材，也可作为成人教育和继续教育的教材，还可作为科技人员参考用书。

因编写水平有限，书中难免有错误和不妥之处，恳请读者批评指正。

作者的邮件联系方式：xixiayang@ sdu. edu. cn，欢迎交流。

编者于山东大学

2016年12月

第 2 版前言

进入 21 世纪以来,面对高科技的迅猛发展,自动化技术产生了巨大的进步,自动控制理论也得到不断地发展和完善。为了培养适应 21 世纪需要的高质量人才,近年来,我国各大学不断进行深入的教学改革。本教材第 1 版是在面向 21 世纪教学内容和课程体系全面改革的进程中,参照教育部新大纲的要求,根据自动化学科的发展趋势,编写的新一轮教材。该教材第 1 版发行后,其特色和实用性很快受到读者的欢迎,同时被许多高校选为教材。在发行 9 年的时间里,重印刷 12 次,印数达 5 万册。2005 年,在国防工业出版社的推荐下,通过教育部专家的评审,本教材入选教育部普通高等教育"十一五"国家级规划教材建设项目。近年来,经过第 1 版教材的教学实践,不断地探索、研究教学内容,总结实践的经验,按国家"十一五"规划教材建设要求,重新对教材进行编写修订。

本书第 2 版的编写仍然突出三个特色,一是更适应当代教学的要求,在内容选择上更加精练,理论阐述深入浅出,突出物理概念,紧密结合工程实践,并根据教学实验的需要,编入了近年来国际上流行的 MATLAB 仿真方法,将经典理论与现代技术结合起来,使课程更符合国内外自动化发展的趋势;二是更便于学生自学,对于理论性较强的部分,作了更详细的阐述和论证,使学生易于读懂,从而节省课堂学时;三是书中各章均配有学习指导和例题精解,以指导学生提高解题能力,灵活掌握所学内容。实现了习题解答、学习指导与教科书三者合一的编写特色,其内容和例题的精选均具有较强的代表性,特别适合准备考试、考研的学生复习,不必查阅大量的参考书和试题集,节省大量时间和精力。

本书第 2 版在编写内容上进行了全面的修订,根据近几年的教学体会,再度精选了各章的内容,削枝强干,深入浅出,以最基本的内容为主线,注重工程概念,保持实用性强的特点,使其更适宜用作大学的教材。特别重新撰写了第 3 章时域分析法、第 4 章根轨迹法、第 7 章非线性系统的全部内容,对第 5 章频率法中奈氏判据的证明和第 7 章的串联校正内容均作了相应的修订。同时,为了加强理论与实践的结合,突出实践性教学环节,本书增加了最后一章,编写了以国际控制界最流行的 MATLAB 仿真和实验室模拟实验为手段的技能性训练内容,弥补了近年来教学实践上存在的薄弱环节。这一章配合全书所讲理论,在计算工具和设计方法上提供了方便而实用的手段。即使没有接触过 MATLAB 的读者,也能通过本章内容的学习,轻松掌握 MATLAB 方法。该章实验内容均经过精心的设计和筛选,精练且实用,通过电子模拟的实验手段,锻炼学生的操作技能,真正指导学生达到学以致用。

本教材可作为普通高校自动化、通信、计算机、自动控制、仪器仪表、测控、机械、动力、冶金等专业的教材,也可作为成人教育和继续教育的教材,还可作为科技人员参考用书。

本教材第 1、2、3、8 章由王划一编写,第 4、5、6、7、9 章由杨西侠编写。

对于本版中存在的错误和不妥之处,恳请广大读者不吝指正。

作者的邮件联系方式:huayi. wang2002@ sdu. edu. cn,欢迎交流。

编者于山东大学

2009 年 6 月

第1版前言

随着20世纪自动化技术的巨大进步,自动控制理论得到不断地发展和完善,大学“自动控制理论”课程,越来越受到重视。实践证明,该课程不仅对工程技术有指导作用,而且对培养学生的辩证思维能力,建立理论联系实际的科学观点和提高综合分析问题的能力,都具有重要的作用,现已成为诸多专业普遍开设的课程。

面对高科技的迅猛发展,为了培养适应21世纪需要的高质量人才,我国各大学正在深入进行教学改革。本教材是在面向21世纪教学内容和课程体系全面改革的进程中,参照高校教改方针,为适应学时压缩,专业面拓宽的教改方向,并根据自动化学科的发展趋势,结合近年来探索、研究与实践的经验,组织编写的新一轮教材。

本书全面地阐述了自动控制的基本理论,系统地介绍了自动控制理论基本分析和研究方法,根据多年的教学体会,精选了各章的内容,使其更适宜作大学的教材。本书共分八章,以最基本的内容为主线,注重系统性、逻辑性。不仅具有理论严谨、系统性强的特点,而且突出工程概念,实用性强,便于读者自学。

本书第一章介绍了自动控制的基本概念,将控制理论研究的对象和任务作了整体的介绍,引出了自动控制系统的常用术语,并给出了从系统原理图到方框图的定性分析方法,简述了自动控制理论的发展历史。

第二章是控制系统数学描述方法,详述了数学模型作为理论研究的重要意义,系统地介绍了作为定量分析控制系统的两种数学模型和两种数学图形,突出强调参数模型的必要性及基本要素与其表达,并着重对传递函数分析和基于方框图、梅逊公式的数学模型的简化方法进行了详细讨论。

第三章介绍了线性系统的时域分析方法,并重点对系统的稳定性、快速性、准确性的分析方法进行了讨论。

第四章介绍了线性系统根轨迹分析方法,编入了根轨迹作图的基本内容,并引进了MATLAB方法绘制根轨迹。

第五章频率法是工程上重点应用的方法,对频率域作图、分析的原理进行了详细讨论,并给出了截止频率、相位裕量等频域指标的分析计算方法。

第六章介绍了线性系统的校正方法,重点介绍工程中常用的频率法校正,对反馈校正、复合校正的内容,也作了介绍,并给出了各种校正装置的设计方法和性能指标的验算方法。

第七章介绍了非线性系统的描述函数法和相平面法,讨论了工程实际中常见的非线性特性及解决的一般方法。

第八章介绍了离散控制系统理论,详细讨论了 Z 变换理论对离散信号的分析基础,指出了应用线性理论分析系统性能的方法与连续系统的相似性,并重点介绍了数字控制器的直接设计方法。

本书的编写意图有二:一是适应教学的需要,在内容上保留了课程的重点,去掉了工程上不常用的扩展内容，以突出基础和重点；二是便于自学，有些理论性较强的部分，在文字上作了较详细的阐述和论证，使学生较容易看懂，从而节省课上学时，同时配有大量例题精选，以方便指导学生提高解题能力，同时对考研的学生也是很重要的参考。归纳本书的特色有以下几点：

1. 符合新时期自动化专业发展的方向，内容实用、精练。

2. 注重基本概念的讲解，针对工科学生特点，对于重要的定理，兼顾到理论完整性的同时，力求避免采用高深数学推导，尽量用物理概念或几何意义来形象直观地阐述。

3. 遵照课堂学时减少，课后加强训练的原则，在内容编排上将教科书与自学指导融为一体，每章前半部分精选基本内容以利于课堂讲解，后半部分适当深入展开讨论，并配有解题指导，大量例题精解，内容小结和自学指导，既便于教，又便于学。

4. 符合国内外自动化专业发展的趋势，充分体现计算机技术与网络信息技术的应用，特别是融入了国际上流行的 MATLAB 应用软件，对于分析、计算、设计和仿真研究均有很好的效果。

本教材可作为普通高校电气工程自动化、通信、计算机、自动控制等专业的教材，也可作为成人教育和继续教育的教材，还可作为科技人员的参考用书。

本教材主编王划一，副主编杨西侠、林家恒、杨立才。第一、二、八章由王划一编写；第三、四章由杨立才编写；第五、六章及附录由杨西侠编写；第七章由林家恒编写。

因编写时间仓促，编者水平有限，书中所出现的缺点、错误，恳请读者批评指正。

编　者

2001 年 5 月

目 录

第1章　自动控制的基本概念

1.1　引言

在科学技术飞速发展的今天,自动控制技术所起的作用越来越重要。无论是在宇宙飞船、导弹制导的尖端技术领域,还是在机器制造业及工业过程控制中,所取得的成就都是惊人的。不仅如此,在人们的现代生活和工作中,自动化技术也无时不在地为人们创造着方便快捷的环境,使人们享受着高科技所带来的现代生活。

科学技术的发展是需要理论指导的,人类历史上的许多技术由于没有概括出原理,得不到发展和流传,所以也很难成为全社会的生产力。自动控制技术也是一样,在长达数千年的技术发展中,直到20世纪,人们才能概括出自动控制的基本原理,然后将其应用到各个生产领域,制造出各种各样的自动化装置、机器人、无人工厂,以及办公自动化、农业自动化、家庭自动化设备等,逐步形成今天这样强大的社会生产力,把人类推进到一个崭新的时代——自动化时代。可以说,没有控制论的建立和发展,也就没有今天这样高度发达的自动化技术。

控制论的形成和发展,是始于技术的。最早从解决生产实践问题开始,首先建立的是工程控制论。即从工程技术提炼到工程技术的理论,是控制工程系统的技术的总结。其后,由于它对生产力的发展、尖端技术的研究与尖端武器的研制产生了巨大的推动作用,以致引起包括非工程系统及社会各行业专家的关注。控制论所揭示的思想方法,已大大超出了工程控制领域,吸引了许多不同行业技术专家和社会科学家,他们用控制论的思想方法去研究各自所从事的学科。因此,控制论在它建立后的短短时期内便迅速渗透到各个科学技术领域,并以相关的分析观点派生出许多新型的边缘学科。其中包括生物控制论、经济控制论、人口控制论、生态环境控制论、社会控制论等。20世纪上半叶,相对论、量子论和控制论被认为是三大伟绩,称为三项科学革命,是人类认识客观世界的三大飞跃。

控制论的分析观点,广泛地渗透到各个学科领域中去,这是由它所研究的内涵决定的。其核心是研究世间一切能量变换和信息变换如何满足人类的最佳需求。它的任务,是对各类系统中的信息传递与转换关系进行定量分析,然后根据这些定量关系预见整个系统的行为。没有定量分析,就没有控制论。因此,在理论的研究中,广泛地利用了各种数学工具。例如微积分、微分方程、概率论、高等代数、复变函数、泛函分析、变分法、拓扑学等几乎数学的所有分支理论都渗透到了控制论的研究中。从这个意义上来说,控制论可以称作应用数学的一个分支。

我们要讨论的自动控制理论,仅仅是工程控制论的一个部分,它只研究控制系统分析和设计的一般理论。随着自动化技术发展的不同阶段,自动控制理论相应分为“经典控制理论”和“现代控制理论”两大部分。目前,控制理论已不仅仅是数学研究人员关心的课题,由于它对工程实践的指导作用,已成为工程技术人员的必修课。在技术高度发达的今天,控制工程师已更多更广泛地将控制理论与控制技术结合起来,在各个专业工程领域中,将人们的许多希望和梦想变成了现实。所以自动控制已被列为最有前途的领域之一,而它的发展趋势似乎又是无可限量的。

1. 控制理论的基础观念

控制理论是建立在有可能发展一种一般方法来研究各式各样系统中控制过程这一基础上的理论。这个观念的重要性,在于它提供了一个有力的工具来定量地描述、解决复杂问题的过程。它的目的是综合各类系统的技术成果,提炼出一般性的理论,从而对自动控制技术的发展起指导作用。

2. 控制理论的研究对象

控制理论的研究是面向系统的。广义地说,是研究信息的产生、转换、传递、控制、预报的科学。简言之,是研究有输入与输出的信息系统。但从工程控制的角度来说,控制理论研究的对象可狭义地定义为这样一种信息系统,即根据期望的输出来改变输入,使系统的输出能有某种预期的效果。

3. 控制论与数学及自动化技术的关系

控制论是应用数学的一个分支,它的某些理论的研究还要借助于抽象数学。而控制理论的研究成果若要应用于实际工程中,就必须在理论概念与用来解决这些问题的实用方法之间架设一座桥梁。理论本身不能直接解决工程技术中的实际问题,要靠工程领域中相应的自动化技术来实现应用。所以说自控理论的读者或研究工作者,都至少应该熟悉一个具体领域中的工程技术,用控制理论去指导工程的设计,才能设计出一种可行的或最佳的系统。

1.2 自动控制的基本知识

在讨论控制系统之前,先介绍自动控制的基本知识,然后对一些术语进行定义。

1.2.1 自动控制问题的提出

人类企图控制自然界的要求,一直是促进历史发展的动力。控制自然的目的是借以完成超出人们力所能及的任务。在工农业生产、国防建设、科学技术以至日常生活领域的各个方面,人们存在着一类相当普遍的实际希望和要求:**要求某些物理量维持在某种特定的**(恒定的或变动着的)**标准上**。但是在实际中,上述要求不可能自然地实现。现举例说明如下:

图 1-1 所示的是一个简单的水箱液面。为满足生产和生活的需要,希望液面高度 h 维持恒定(或在允许的偏差范围以内)。当水的流入量与流出量平衡时,水箱的液面高度维持在预定的(希望的)高度上。

当水的流出量增大或流入量减小,平衡则被破坏,液面的高度不能自然地维持恒定,而且这种出水量与进水量的不平衡现象是必然要经常发生的(例如,进水压力的下降或用水量的增加)。这样使得这种“水位恒定的要求”变得难以实现了。

从上面这个浅近的例子里,我们开始体会到,生产和生活中的确存在着一种普遍的客观矛盾。矛盾的双方一方是必要性,另一方是不可能性。正如上例所指出的,要求水位维持在某种特定标准上的**必要性**,而在实际中由于各种原因,自然地实现上述要求的**不可能性**。

人们在与大自然做斗争的长期过程中,创造了各种有效的方法,积累了异常丰富的经验,在不同程度上解决了或者正在解决着这个普遍存在着的实际矛盾。其中最行之有效的方法就是采用了控制法。**所谓控制**(control)就是强制性地改变某些物理量(如上例中的进水量),而使另外某些特定的物理量(如液面高度 h)维持在某种特定的(恒定的或变动着的)标准上。作为人工控制的例子,如图 1-2 所示。

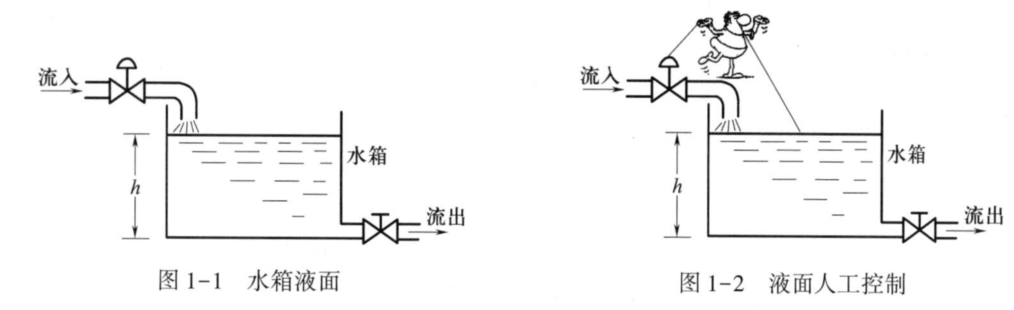

图 1-1　水箱液面　　　　图 1-2　液面人工控制

当水位偏离希望值时,人通过眼睛对液面高度进行观测,及时地做出决定,操动进水阀门,对进水量进行相应的修正,使液面恢复到希望的高度。这种人为地强制性地改变进水量,而使液面高度维持恒定的过程,即是人工控制过程。人工控制在复杂、快速、精确的系统中是不能满足要求的,也不利于减轻劳动强度。于是,没有人直接参与的自动控制,随着控制工程的发展而逐步发展起来了。

1.2.2　自动控制的定义及基本职能元件

1. 自动控制的定义

自动控制(automatic control)就是在没有人直接参与的情况下,利用控制器使被控对象(或过程)的某些物理量(或状态)自动地按预先给定的规律去运行。

对于液位自动控制,可用图 1-3 所示的方式实现。液面的希望高度由自动控制器刻盘上的指针标定。当出水与进水的平衡被破坏时,水箱水位下降(或上升),出现偏差。该偏差由浮子检测出来,自动控制器在偏差的作用下,控制气动阀门使阀门开大(或关小),对偏差进行修正,从而保持液面高度不变。

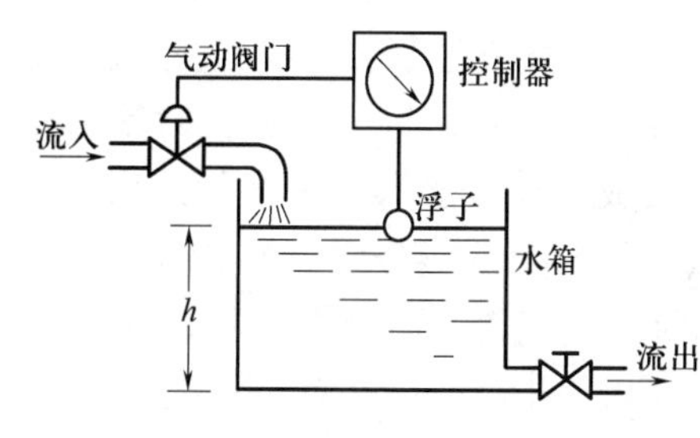

图 1-3　液面自动控制

2. 自动控制的基本职能元件

从以上介绍的由人工控制发展到自动控制的例子可以看出,自动控制的实现,实际上是由自动控制装置来代替人的基本功能,从而实现自动控制的。画出以上人工控制与自动控制的功能方框图进行对照,如图 1-4 所示。

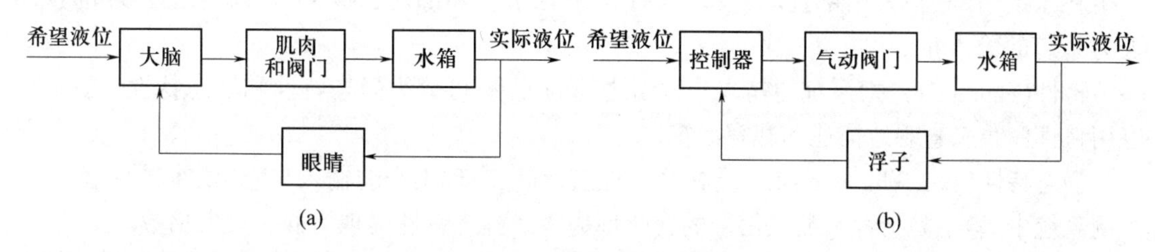

图 1-4　控制功能框图

(a) 人工控制;(b) 自动控制。

比较两图可以看出,用自动控制实现人工控制的功能,存在必不可少的三种代替人的职能的基本元件。

测量元件与变送器(代替眼睛);

自动控制器(代替大脑);

执行元件(代替肌肉、手)。

这些基本元件与被控对象相连接,一起构成一个自动控制系统。图 1-5 示出了典型控制系统方框图。

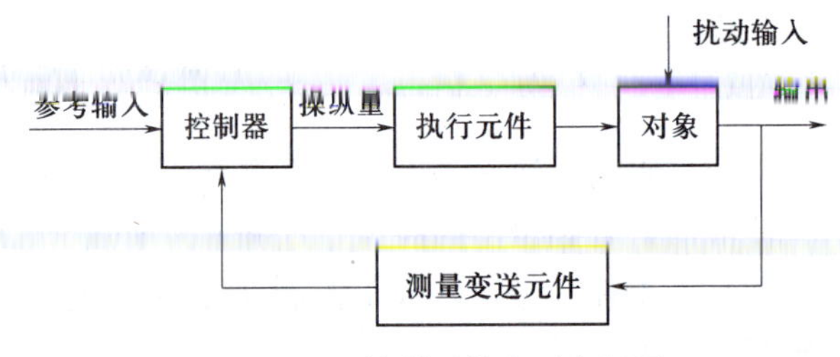

图 1-5　控制系统典型方框图

1.2.3　自动控制中的一些术语及方框图

1. 常用术语

控制对象(plant):指被控设备或物体,也可以是被控过程(我们称任何被控制的运行状态为过程。如化学过程、经济学过程或生物学过程)。

控制器(controller):使被控对象具有所要求的性能或状态的实行控制的设备。它接收输入信号或偏差信号,按控制规律给出操作量,送到被控对象或执行元件。

系统(system):作为一个整体,是一些部件的组合。这些部件组合在一起,完成一定的任务。系统的概念不限于物理系统,还可用于抽象的动态现象,像生物学、经济学系统等。

系统输出(output):就是被控制的量。它表征对象或过程的某个状态和性能。我们称系统的输出为对输入的响应。

操作量(operation):是一种由控制器改变的量值或状态。它将影响被控量的值,也可称为控制量。体现出控制作用的变化信息。

参考输入(reference input):是人为给定的,使系统具有预定性能或预定输出的激发信号。它代表输出的希望值。

扰动(disturbance):干扰和破坏系统具有预定性能和预定输出的干扰信号。如果扰动产生在系统内部,称为内部扰动;反之当扰动来自系统外部时,则称为外部扰动。外部扰动视为系统的输入量。

特性(character):指系统的输入与输出之间的关系,可分为静态特性和动态特性。我们可以用特性曲线来直观地描述和观察系统。

静态特性(satic characteristics):在系统稳定以后,表现出来的输入与输出之间的关系。在控制系统中,静态是指各参数或信号的变化率为零。静态特性表现为静态放大倍数。

动态特性(dynamic characteristics):输入和输出处在变化过程中所表现出来的特性。动态特性表现为过渡过程,即从一个平衡状态过渡到另一个平衡状态的过程。

2. 系统方框图

以上我们在列举简单控制的实例中,已经应用了方框图来帮助阐述系统各元件的功能及相互之间的连接。因为我们在具体讨论一个控制过程时,并不特别关心系统中各部件的详细构造,包括体积、重量、材料、强度等,也不特别关心能量流通的路径,功率的大小,效率的高低等。我们特别注意的是"信息"的传递,"信息"传递的路径,"信息"的变换等。在控制理论的讨论中,这种"信息传递"的观点,是一个非常重要的观点。方框图正是从控制系统信息流程图上抽象出来的。它突出了系统中各环节输入与输出的关系及各环节之间的相互影响,对于定性和定量分析,都比原理图清晰方便。

我们将系统中各个部分都用一个方框来表示,并注上文字或代号,根据各方框之间的信息传递关系,用有向线段把它们依次连接起来,并标明相应的信息,就得到整个系统的方框图。方框图对于定性分析系统工作原理,比原理图清晰得多。今后还会看到,在方框中写出各元件数学模型,可用来进行定量运算,在进行理论分析时,这将是十分有利的工具。

1.3 自动控制系统的基本控制方式

自动控制系统的形式是多种多样的,对于某一个具体的系统,采取什么样的控制手段,要视具体的用途和目的而定。本节主要介绍控制系统中最常见的几种控制方式。

1.3.1 开环控制

开环控制(open-loop control)是最简单的一种控制方式,按照控制信息传递的路径,它所具有的特点是,控制量与被控量之间只有顺向作用而没有反向联系。也就是说,控制信息的传递路径不是闭合的,故称为开环。开环控制方式按照信号输入位置的不同,又可分为按给定控制和按扰动控制两种常见形式。以下举例分别讨论。

1. 按给定控制

图 1-6 是一个直流电动机转速控制系统。图中电动机是电枢控制的直流电动机,要求带动负载以一定的转速转动。其电枢电压由功率放大器提供,当调节电位器滑臂位置时,可以改变功率放大器的输入电压,从而改变电动机的电枢电压,最终改变电动机的转速。

以上的控制过程,可用方框图简单直观地表示成图 1-7 的形式。

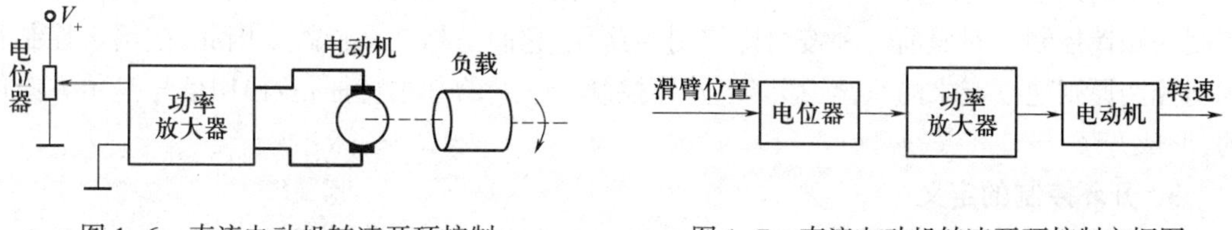

图 1-6 直流电动机转速开环控制

图 1-7 直流电动机转速开环控制方框图

由方框图可明显地看出控制信息的传递过程是由输入端沿箭头方向逐级传向输出端,控制作用直接由系统的输入量产生,给定一个输入量,就有一个输出量与之相应。控制精度完全取决于信息传递过程中所用元件性能的优劣及校准的精度。

这种控制方式的特点是控制作用的传递具有单向性,作用路径不是闭合的,属于典型的开环控制方式。由于开环控制结构简单、调整方便、成本低,在国民经济各部门均有采用。如自动售货机、自动洗衣机、产品自动生产线、数控机床及交通指挥红绿灯转换等。

从开环控制的控制原理来看,其简单性就在于输出直接受输入的控制。至于控制的精度,是不能由输入值来保证的。就以上系统来说,假如输入值不变,原则上希望输出转速保持相应的恒定值,其他的干扰因素不要影响输出的状态。但实际情况往往不是这样,当系统受到外界扰动时,如电动机的负载增大,即使电位器的位置按控制指令不变,输出转速仍要跟着下降。这说明开环控制虽然简单但准确性较差,即抗干扰性差。由于这一缺点,有些控制精度要求较高的场合,开环控制是不能满足要求的。

2. 按扰动控制

为了克服开环控制的缺点,提高控制精度,在一些扰动可以预计或可测的场合,可根据测得扰动量的大小,对系统产生一种补偿和修正,从而减小或抵消扰动对输出量的影响。这种控制方式,从原理上讲,是把外界扰动看作系统的一种输入,针对它将对系统输出产生的影响,及时地施加一种相应的控制,在干扰刚刚出现之初,就立即给以相应的调节,其结果用以抵消扰动对输出的影响,做到“防患于未然”,起到抗干扰的作用。例如直流电动机转速控制系统中,负载的增大引起转速下降。负载变化可以及时通过测量电枢回路电流变化间接反映出来,按电流变化的大小,产生一个附加的控制作用,用以补偿由它引起的转速下降。这样构成的转速控制系统,即为按扰动控制,如图 1-8 所示。

以上的控制过程用方框图表示出来,可明显地看出控制作用的传递过程,见图 1-9。图中用“⊗”代表多路信号汇合点,“+”号表示相加,“-”号表示相减。

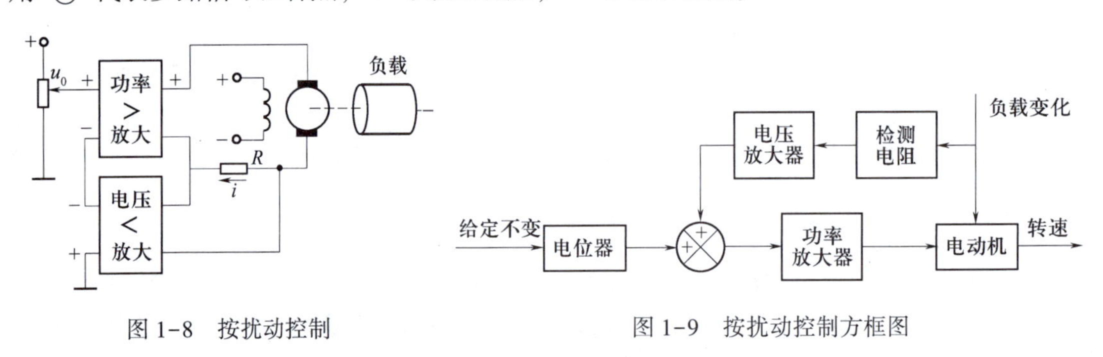

图 1-8　按扰动控制

图 1-9　按扰动控制方框图

把负载变化视为外部扰动输入,对输出转速产生的影响及控制(补偿)作用,分别沿箭头的方向从输入端并行地传送到输出端,作用的路径也是单向的,不闭合的。有时我们称按扰动控制为顺馈控制。对照前一种按给定控制的路径,它们是相互平行的。因此,按给定控制和按扰动控制原则建立起来的系统,都属于开环控制。它们的基本特征是:作用信号是单方向传递的,形成开环。

3. 开环控制的定义

由以上介绍的开环控制的两种方式来看,无论是按给定控制还是按扰动控制,都具有以下两个特点:

(1) 输入量产生控制作用影响输出量的变化;

(2) 输出量对输入产生的控制作用没有影响。

由此我们可以给出开环控制的一般定义:

定义　若系统的输出量对系统的控制作用没有影响,则称为开环控制系统。

开环控制系统的典型方框图如图 1-10 所示。

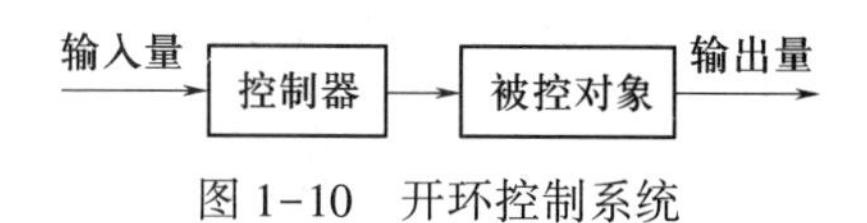

图 1-10　开环控制系统

前面叙述了开环控制的功能特征,并指出其优缺点。但是,我们知道控制系统存在着各种干扰信号,会直接或间接影响系统的控制精度。对于这些干扰信号,有些是可以预先估计的,有些则是无法预知的随机信号。对于能够预测的部分,虽然可以采用补偿的方式来实行控制,但由于干扰的种类繁多,测量的困难,实现起来也不可能面面俱到。对于那些随机的干扰信号,开环控制就显得无能为力了。总之,开环系统精度不高的原因,就是没有根据系统的实际输出修正控制作用,以使系统输出具有准确的值。开环控制的这一“致命”缺点,大大地限制了这种系统的应用范围。

1.3.2　闭环控制

在控制系统中,控制装置对被控对象所施加的控制作用,若能取自被控量的反馈信息,即根据实际输出来修正控制作用,进而实现对被控对象进行控制的任务,这种控制原理称为反馈(feedback)控制原理。正是由于引入了反馈信息,使整个控制过程成为闭合的。因此,按反馈原理建立起来的控制系统,叫做闭环控制系统(closed-loop control system)。在闭环控制系统中,其控制作用的基础是被控量与给定值之间的偏差。这个偏差是各种实际扰动所导致的总“后果”,它并不区分其中的各别原因。因此,这种系统往往同时能够抵制多种扰动,而且对系统自身元部件参数的波动也不甚敏感。作为直流电动机转速闭环控制的例子如图 1-11 所示。

该系统在原来开环控制的基础上,增加了一个由测速发电机构成的反馈回路,用来检测输出的转速,并给出与电动机转速成正比的反馈电压。将这个代表实际输出转速的反馈电压与代表希望输出转速的给定电压进行比较,所得出的偏差信号作为产生控制作用的基础,通过功率放大器来控制电动机的转速,常称为按偏差控制。可以看出,在控制过程中,只要偏差存在,控制作用总是存在的。控制的最终目的是减小偏差,提高控制精度。

用方框图直观地把上述控制过程描述出来,更方便进行性能分析,方框图如图 1-12 所示。

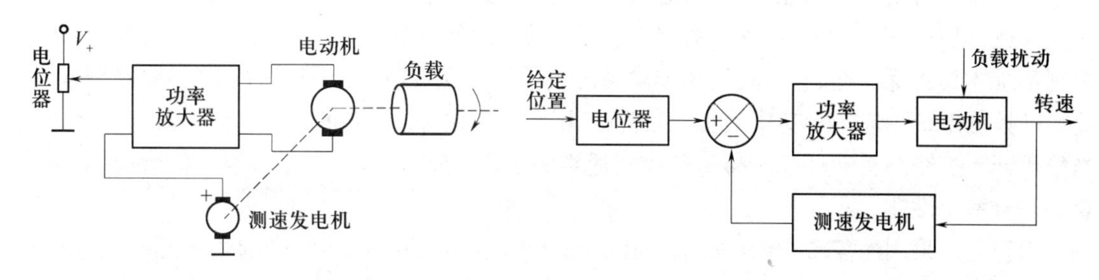

图 1-11　直流电动机转速闭环控制系统　　图 1-12　直流电动机转速闭环控制方框图

由方框图分析电动机转速自动调节的过程如下:当系统受到扰动影响时,例如负载增大,则电动机的转速降低,测速发电机的端电压减小。在给定电压不变时,偏差电压则会增大,则功率放大器输入电压增加,电动机的电枢电压上升,使得电动机转速增加。如果负载减小,则电动机转速调节的过程与上述过程变化相反。这样,抑制了负载扰动对电动机转速的影响。

同样对其他扰动因素，只要影响到输出转速的变化，上述调节过程会自动进行，从而保证了系统的控制精度，提高了抗干扰能力。

在上面所描述的控制过程中，有这样几个突出的特点：①控制作用不是直接来自给定输入，而是系统的偏差信号，由偏差产生对系统被控量的控制；②系统被控量的反馈信息又反过来影响系统的偏差信号，即影响控制作用的大小。这种自成循环的控制作用，使信息的传递路径形成了一个闭合的环路，称为闭环。

由此，我们可以给出闭环控制的一般定义：

定义 凡是系统输出信号对控制作用能有直接影响的系统，都叫做闭环控制系统。

闭环控制系统的典型方框图如图 1-13 所示。

简言之，闭环控制就是根据输出来决定控制。闭环控制这个术语，总是意味着采用反馈控制作用，以减小系统误差。工程上，把使偏差减小的反馈称为"负反馈"。所以，闭环控制就成为负反馈控制的代名词。

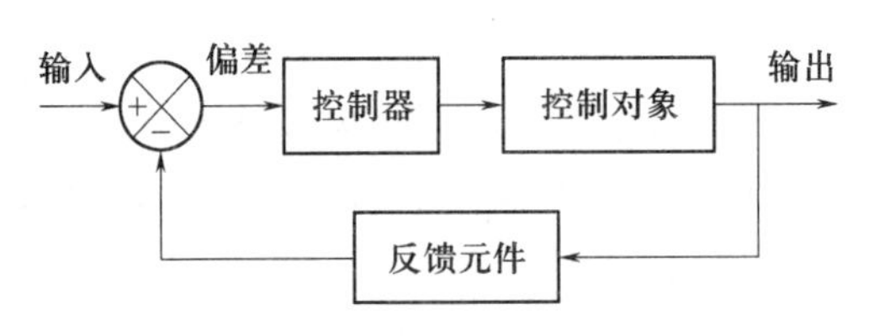

图 1-13　闭环控制系统方框图

1.3.3　开环系统与闭环系统的比较

闭环控制系统的优点是采用了反馈，因而使系统的响应对外部干扰和内部系统的参数变化均相当不敏感。这样，对于给定的控制对象，有可能采用不太精密且成本较低的元件构成精密的控制系统。在开环情况下，就不可能做到这一点。

从稳定性的观点出发，开环控制系统比较容易建造，因为对开环系统来说，不存在稳定性的问题。但是在闭环系统中，稳定性则始终是一个重要问题。因为闭环系统可能引起过调误差，从而导致系统做等幅振荡或变幅振荡。

应当强调指出，当系统的输入量能预先知道，并且不存在其他任何扰动时，采用开环控制比较合适，只有当存在着无法预计的扰动和系统中元件的参数存在着无法预计的变化时，闭环控制系统才具有优越性。另外，闭环控制系统中采用的元件数量比相应的开环控制系统多，因此闭环控制系统的成本和功率通常比较高。为了减小系统所需要的功率，在可能的情况下，应当采用开环控制。将开环控制与闭环控制适当地结合在一起，通常比较经济，并且能够获得满意的综合系统性能。

工程上常采用的**复合控制**(compound control)方法，就是把两者结合起来使用。复合控制实质上是在闭环控制回路的基础上，附加一个输入信号(给定或扰动)的顺馈通路，对该信号实行加强或补偿，以达到精确的控制效果。常见的方式有以下两种。

1. 附加给定输入补偿

图 1-14 给出了该种复合控制方框图。通常，附加的补偿装置可提供一个顺馈控制信号，与原输入信号一起对被控对象进行控制，以提高系统的跟踪能力。这是一种对控制能力的加强作用，往往提供的是输入信号的微分作用，起到超前控制。

2. 附加扰动输入补偿

图 1-15 给出了该种复合控制方框图。附加的补偿装置所提供的控制作用,主要起到对扰动影响“防患未然”的效果。故应按照不变性原理来设计,即保证系统输出与作用在系统上的扰动完全无关,这一点是与前一种补偿作用截然不同的。

应当强调的是,附加的顺馈通路相当于开环控制。因此,对其本身补偿装置参数稳定性要求较高,否则,会由于参数本身的漂移而减弱其补偿效果。此外,顺馈通路对闭环回路性能影响不大,特别是对稳定性无影响,但能大大提高系统控制精度。因此获得了广泛应用。

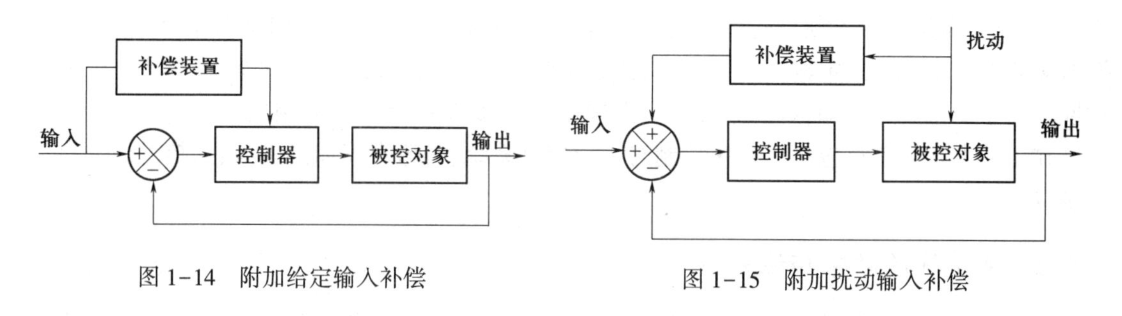

图 1-14　附加给定输入补偿　　图 1-15　附加扰动输入补偿

1.4　自动控制系统的分类及基本组成

随着科学技术的发展,自动控制系统的应用渗透到各个领域,其形式是多种多样的。对自动控制系统的分类可根据需要和应用方便,从各个不同的角度加以划分。例如,根据系统元件的属性可分为机电系统、液动系统、气动系统等;根据系统功率大小可分为大功率系统与小功率系统。总之,大多都是根据系统较明显的结构特征来进行分类的。分类的目的主要是应用上的方便。从研究自动控制系统的动态性能、运动规律和设计方法的理论角度,我们常有以下几种能反映系统基本实质的划分方式。你可以注意到,控制理论研究的重点主要是信息的传递与转换,因此,在分类方式上,也是以系统信息为出发点。前面介绍的开环控制与闭环控制,正是从控制信息的传递路径上来划分的。其他的几种主要类型分别介绍如下。

1.4.1　按给定信号的特征分类

给定信号是系统的指令信息。它代表了系统希望的输出值,反映了控制系统要完成的基本任务和职能。

1. 恒值控制系统

恒值控制系统(constant control system)的特点是给定输入一经设定就维持不变,希望输出维持在某一特定值上。这种系统主要任务是当被控量受某种干扰而偏离希望值时,通过自动调节的作用,使它尽可能快地恢复到希望值。系统的结构设计的好坏,直接影响到恢复的精度。如果由于结构的原因不能完全恢复到希望值时,则误差应不超过规定的允许范围。

前面提到的液位控制系统、直流电动机调速系统,以及其他恒定压力、恒定流量、恒定温度等都属于这一类系统。显然,要想使系统输出维持恒定,克服扰动的影响是系统设计中要解决的主要矛盾。

2. 随动控制系统

随动控制系统(following control system)的主要特点是给定信号的变化规律是事先不能确

定的随机信号。这类系统的任务是使输出快速、准确地随给定值的变化而变化,因此称作随动控制系统。显然,由于输入信号在不断地变化,设计好系统跟随性能就成为这类系统中要解决的主要矛盾。当然,系统的抗干扰性也不能忽视,但与跟随性相比,应放在第二位来解决。

用于军事上的自动炮火系统、雷达跟踪系统,用于航天、航海中的自动导航系统、自动驾驶系统等都属于典型随动系统的例子。在工业生产中的自动测量仪器也属于这一类。

3. 程序控制系统

程序控制系统(process control system)与随动控制系统不同之点就是它的给定输入不是随机不可知的,而是按事先预定的规律变化。这类系统往往适用于特定的生产工艺或工业过程,按所需要的控制规律给定输入,要求输出按预定的规律变化。设计这类系统比随动系统有针对性。由于变化规律已知,可根据要求事先选择方案,保证控制性能和精度。

在工业生产中广泛应用的程序控制有仿形控制系统、机床数控加工系统、加热炉温度自动控制等。

1.4.2 按系统的数学描述分类

任何系统都是由各种元部件组成的。从控制理论的角度,这些元部件的性能,可用其输入输出特性来进行分析,按照元件特性方程式的不同,可将系统分成线性系统和非线性系统两大类。

1. 线性系统

当系统各元件输入输出特性是线性特性,系统的状态和性能可以用线性微分(或差分)方程来描述时,则称这种系统为线性系统(linear control system)。

所谓线性特性是指元件的静特性是一条过原点的直线,也称其为线性元件。因此,由线性元件组成的系统必是线性系统。线性系统有一个突出的特点就是满足叠加原理,叠加原理指出:当几个输入信号同时作用在系统上,产生的总输出等于各个输入单独作用时系统的输出之和。这称为叠加性。当系统输入增大或缩小多少倍时,系统的输出也增大或缩小相同的倍数,这称为齐次性。用公式表示为:

当

$$r(t) = ar_1(t) + br_2(t) \tag{1-1}$$

则有

$$c(t) = ac_1(t) + bc_2(t) \tag{1-2}$$

式中,系数 a、b 可以是常数,也可以是时变系数;$r(t)$ 表示输入;$c(t)$ 表示输出。

可运用叠加原理的两个性质,作为鉴别系统是否为线性系统的依据。

线性系统也可以细分成两类,一类是系统微分(或差分)方程的系数均为常数,称为**线性定常系统**。这类系统有一个明显的特征,即系统的响应曲线形状,只取决于输入值,而与输入的时间起点无关。也就是说无论什么时刻开始输入,只要输入信号一致,响应就是相同的,这称为**定常特性**,该特性为系统的分析带来很多方便。另一类是微分(或差分)方程的系数有时间的函数,则称为**线性时变系统**。这类系统的组成元件中,至少有一个元件静特性是斜率随时间变化的直线。它不具备定常特性,研究起来比定常系统复杂。线性系统理论比较成熟,特别是线性定常系统。所以若系统参数随时间变化不大,可用常值来对待时,为分析、设计方便,就常常视为定常系统。

2. 非线性系统

当系统中只要存在一个非线性特性的元件,系统就由非线性方程来描述,这种系统称为非线性系统(non-linear control system)。由于非线性特征的多样性,在数学上较难处理,叠加原理也不成立,研究起来不方便,至今尚没有通用的分析方法,只有一些在特定条件下近似分析的方法可以应用。

严格地说,任何物理系统总是不同程度地具有非线性,虽然许多物理系统常以线性方程来表示,但大多实际系统并非真正线性的。所谓线性系统,也只是在有限的工作范围内保持线性关系。例如系统中应用的放大器,当工作在放大区时,可以视为线性元件,若输入较大的信号,输出可能饱和,则成为非线性元件了。这类元件称为**非本质非线性**,可在工作点附近采用线性化的方法将其近似为线性元件。此外,某些元件还可能具有死区,影响小信号正常工作。还有一些非线性严重的控制元件,对于任意大小的输入信号,输出都是非线性的。例如,在继电控制系统中,控制作用不是接通就是关断。这类控制器的输入输出关系总是非线性的,称为**本质非线性**。常见的三种简单非线性特性及其曲线如图 1-16 所示。

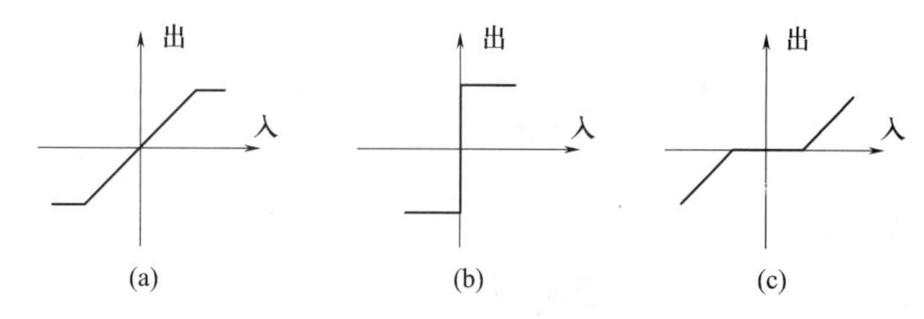

图 1-16　常见非线性特性

(a) 饱和特性; (b) 继电特性; (c) 死区特性。

虽然含有非线性特性的系统可以用非线性微分方程描述,但它的求解是困难的。而对于各类非线性问题,尚无统一的方法来研究。对照线性系统,可以看出,线性微分方程求解方便,且已有相当成熟的线性理论。鉴于一般实际系统都允许有一定的误差。所以为了绕过非线性系统造成的数学上的难关,常需引入"等效"线性系统来代替非线性系统,以求得近似解。当然,这种等效线性关系,仅在一定工作范围内是正确的。一旦用线性化数学模型来近似地表示非线性系统,就可以采用一些线性理论来分析和设计系统了。对于非本质非线性系统,往往可以采用线性化的方法,这将在下一章内容中介绍。对于本质非线性的分析,本书将在第 7 章介绍有关非线性理论的描述函数法和相平面法等基本内容。

非线性特性明显时,会产生一些比线性系统复杂的现象,有些是我们不希望的,要通过分析加以控制。而有些非线性元件,通过正确地在系统中使用,会收到意想不到的控制效果。因此,近年来在系统中引入非线性特性以改善控制系统质量,已取得了很成功的经验。非线性理论也在不断地发展着。

1.4.3　按信号传递的连续性分类

1. 连续系统

连续系统(continuous system)的特点是系统中各元件的输入信号和输出信号都是时间的连续函数。这类系统的运动状态是用微分方程来描述的。

连续系统中各元件传输的信息在工程上称为**模拟量**,多数实际物理系统都属于这一类,其

输入输出一般用 $r(t)$ 和 $c(t)$ 表示，见图 1-17。

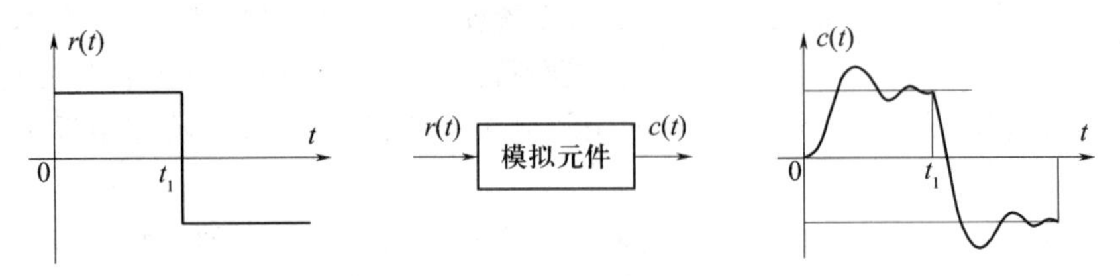

图 1-17　模拟量输入输出

2. 离散系统

控制系统中只要有一处的信号是脉冲序列或数码时，该系统即为离散系统(discrete system)。这种系统的状态和性能一般用差分方程来描述。实际物理系统中，信息的表现形式为离散信号的并不多见，往往是控制上的需要，人为地将连续信号离散化，我们称其为采样。采样过程如图 1-18 所示。

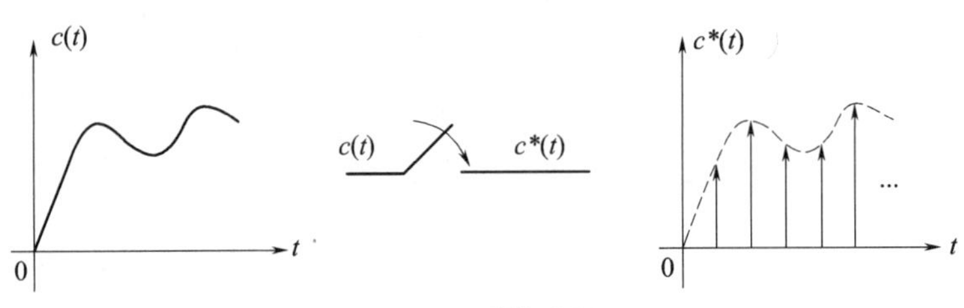

图 1-18　采样过程

采样过程是通过采样开关把连续的模拟量变为脉冲序列，具有这类信号的系统一般又称为**脉冲控制系统**。

当今时代，计算机作为控制器用于系统控制越来越普遍，计算机进行采样的过程，是把采样信号转换成数码信号来进行运算处理的，A/D 转换器承担了这一任务。具有数码信号的系统一般称为**数字控制系统**。计算机控制系统如图 1-19 所示。

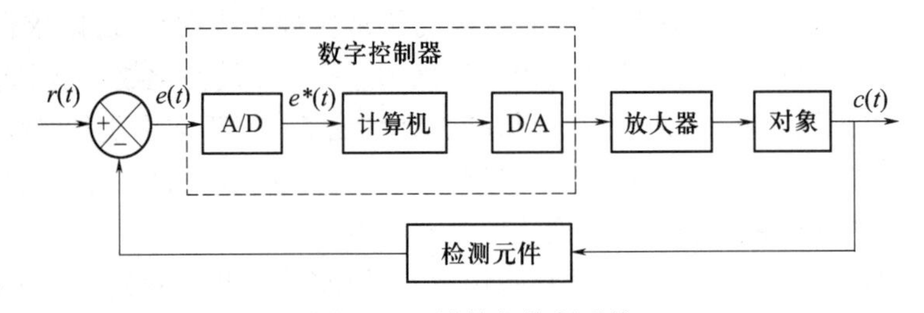

图 1-19　计算机控制系统

离散系统的数学描述形式与连续系统不同，分析研究方法则有不同的特点。随着计算机控制的广泛应用，离散系统理论方法也越显重要，有关的内容将在第 8 章介绍。

1.4.4　按系统的输入与输出信号的数量分类

1. 单变量系统(SISO)

单变量系统只有一个输入量和一个输出量，所谓单变量是从系统外部变量的描述来划分的，不计系统内部通路所含的变量。也就是说给定输入是单一的，响应也是单一的，但系统内部的结构回路可以是多回路的，内部变量显然也是多种形式的，见图 1-20。内部变量可称为中间变量,输入与输出变量称为外部变量。对系统的性能分析,只研究外部变量之间的关系。

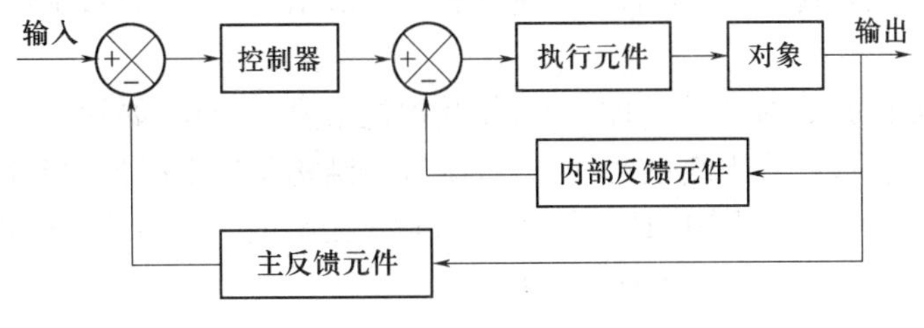

图 1-20　多回环系统

单变量系统是经典控制理论的主要研究对象。它以传递函数作为基本数学工具,讨论线性定常系统的分析和设计问题,也是本课程讲述的主要内容。

2. 多变量系统(MIMO)

多变量系统有多个输入量和多个输出量。一般地说,当系统输入与输出信号多于一个时,就称为多变量系统。多变量系统的特点是变量多,回路也多,而且相互之间呈现交叉耦合,研究起来比单变量系统复杂得多,如图 1-21 所示。

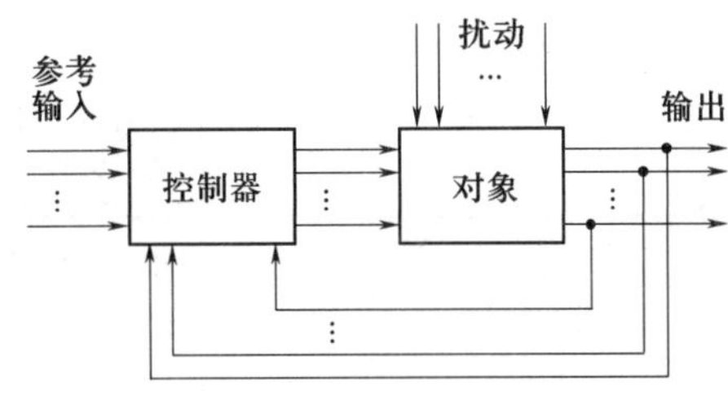

图 1-21　多变量系统

多变量系统是现代控制理论研究的主要对象。在数学上采用状态空间法为基础,讨论多变量、变参数、非线性、高精度、高效能等控制系统的分析和设计。

随着科技的飞速发展,控制系统设备越来越复杂,数字计算机的参与,使复杂系统的精确控制成为可能。现代控制理论也越来越向纵深发展。20 世纪 60 年代至 70 年代,不论是确定性系统的最佳控制,还是随机系统的最佳控制,乃至复杂系统的自适应和自学习控制,都得到充分的研究。从 80 年代至今,现代控制理论的进展集中于鲁棒控制、H_∞ 控制及其相关课题。除此之外,现代控制理论近期应用已扩充到非工程系统,如生物系统、生物医学系统、经济系统和社会经济系统。

1.4.5　自动控制系统的基本组成

在形形色色的自动控制系统中,反馈控制是最基本的控制方式之一。一个典型的反馈控制系统总是由控制对象和各种结构不同的职能元件组成的。除控制对象外,其他各部分可统称为控制装置。每一部分各司其责,共同完成控制任务。下面给出这些职能元件的种类和各自的职能。

给定元件:其职能是给出与期望的输出相对应的系统输入量,是一类产生系统控制指令的装置。如前例图 1-11 中的电位器。

测量元件:其职能是检测被控量,如果测出的物理量属于非电量,大多情况下要把它转换成电量,以便利用电的手段加以处理。如前例中的测速发电机,就是将电动机轴的速度检测出来并转换成电压。

比较元件:其职能是把测量元件检测到的实际输出值与给定元件给出的输入值进行比较,求出它们之间的偏差。常用的电量比较元件有差动放大器、电桥电路等。

放大元件：其职能是将过于微弱的偏差信号加以放大，以足够的功率来推动执行机构或被控对象。当然，放大倍数越大，系统的反应越敏感。一般情况下，只要系统稳定，放大倍数应适当大些。

执行元件：其职能是直接推动被控对象，使其被控量发生变化，如阀门、伺服电动机等。

校正元件：为改善或提高系统的性能，在系统基本结构基础上附加的参数可灵活调整的元件。工程上称为调节器。常用串联或反馈的方式连接在系统中。简单的校正元件可以是一个RC网络，复杂的校正元件可含有电子计算机。

典型的反馈控制系统基本组成可用图1-22表示。比较元件可用“⊗”代表。

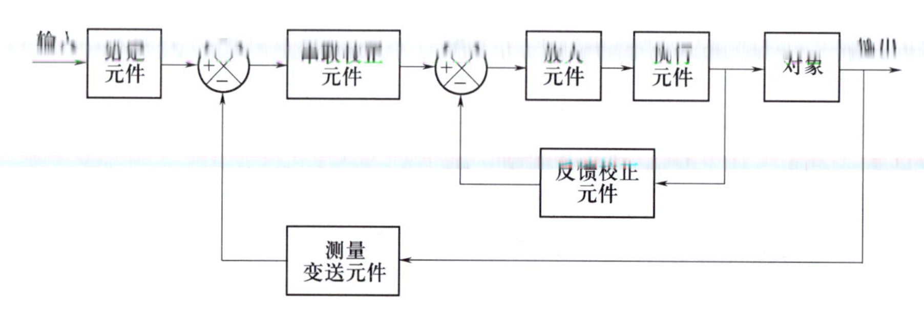

图1-22　反馈控制系统基本组成

1.5　对控制系统的要求和分析设计

1.5.1　对系统的要求

如前所述，各类控制系统为达到理想的控制目的，必须具备以下两个方面的性能：

(1) 使系统的输出快速准确地按输入给出的期望输出值变化。

(2) 使系统的输出尽量不受任何扰动的影响。

这是对所有控制系统提出的基本要求。然而，即便是按反馈原理设计的自动控制系统，要做到这两点也是不容易的。要精确地保持被控量等于期望值，任何时候都相等，毫无延迟，而且不受扰动的影响，实际中是很难做到的，只能近似地得到实现。

在实际系统中，由于总是存在着不同性质的储能元件，例如机械装置中的惯性、质量，电路中的电容、电感等，并且也由于能源功率的限制，使得系统放大能力必然有限，因而使相应的运动加速度不会很大，速度和位移不会瞬间变化，而要经历一段时间，即系统运动必然有一个渐变的过程，如图1-23所示。

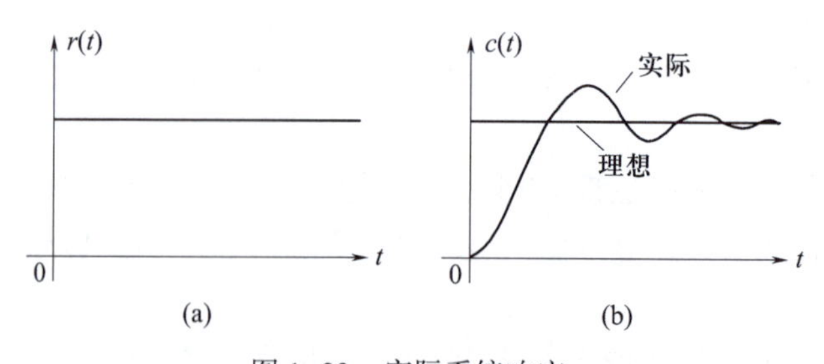

图1-23　实际系统响应

(a) 输入信号；(b) 响应信号。

通常把系统受到外加信号（给定值或干扰）作用后，被控量随时间 t 变化的全过程称为系统的响应过程，以 $c(t)$ 表示。则系统控制性能的优劣，可通过对 $c(t)$ 的分析得出。根据微分方程解的结构，$c(t)$ 可由暂态响应和稳态响应两部分表示，即

$$c(t) = c_{t}(t) + c_{ss}(t) \tag{1-3}$$

式中，$c_{t}(t)$ 为暂态响应，代表自由分量；$c_{ss}(t)$ 为稳态响应，代表强迫分量。

稳态响应的含义，通常习惯上把不随时间变化的静态称为稳态。然而，在控制系统中，往往响应已达稳态，但它们可能还随时间有规律地变化。因此，控制系统中的**稳态响应**（steady state response），简单说来就是指时间趋于无穷大时的确定的响应。这时过渡过程已经结束，系统进入了确定状态（或称定态）。所以，稳态响应是指完全受制于输入的那部分响应，它所描述的运动规律属于强迫运动。这时，若输入为恒定的，则输出的强迫运动也应该是恒定的；若输入为周期性的，则输出的强迫运动也应该是周期性的。因此，正弦波被认为是稳态响应，因为它的波形对任何时间间隔都像时间趋于无穷大时那样是确定的。与此类似，如果一个响应是用 $c(t)=t$ 来描述的，它也可称为稳态响应。总之，稳态是指一个确定的状态，而不一定是（随时间 t）不变化的状态。有规律的变化状态就是一个完全确定的状态，自然就属于稳态的范围了。有的书中把稳态称为定态。

关于**暂态响应**（transient response），顾名思义，应该是指随时间增长而趋于零的那部分响应。因此，在响应分量中，自由分量的性状应是收敛的，即

$$\lim_{t\to\infty} c_{t}(t) = 0 \tag{1-4}$$

也只有在这样的条件下，才能真正得到稳态响应，即

$$\lim_{t\to\infty} c(t) = \lim_{t\to\infty}[c_{t}(t) + c_{ss}(t)] = c_{ss}(t) \tag{1-5}$$

反之，系统的自由分量若出现下面情况：

$$\lim_{t\to\infty} c_{t}(t) \neq 0 \tag{1-6}$$

也就是说自由分量不会消失，发散到无穷大或在一个有限范围内变化。显然，在这种情况下，要想得到稳态响应值是不可能的了。从以上分析可以看出，一个控制系统，被控量要实现输入期望的相应值，必须最终有一个稳定的工作状态，即定态。否则系统是无法工作的，这是系统工作的基本保证。在这个基础上，才能进一步衡量控制的其他品质。这称为系统的稳定性。因此，可给出**稳定性的定义**：不论初始条件如何，最终总能实现定态的系统称为稳定系统，反之为不稳定。

对于在有限范围内既不发散也不收敛的情况，称之为**临界稳定**状态，它在上面的定义中被划归到不稳定范围是合理的。稳定性的问题可以从多个角度讨论，详细的讨论在第 3 章中介绍。

现在可以清楚地看到，上面所说的稳态响应和暂态响应，只有稳定系统中才能实现。以后就把稳定系统中的强迫响应称为稳态，自由响应称为暂态。

一个控制系统的暂态响应是重要的，因为它是系统动态行为的一部分。因此，在稳态到达之前，一定要密切注视响应和给定（或理想输出）之间的差别，它反映了系统瞬态质量的问题。

另一方面，在进入稳态以后，把稳态响应与给定值（或理想输出）加以比较，就可以看出系统最终的精确度。如果输出的稳态响应与给定不完全一致，我们就说这个系统有**稳态误差**。如图 1-24(a) 所示。当然，稳态误差只有在系统能稳定工作时才有意义，所以对系统稳定性的要求是第一重要的要求。

综上所述,对自动控制系统性能的要求在时域中一般可归纳为三大性能指标:

(1) **稳定性**。要求系统绝对稳定且有一定的稳定裕量。裕量可防止系统参数变化产生的干扰对稳定性的破坏。裕量太小或处于临界状态时,如果系统某些参数稍有变化,就可能进入不稳定的发散状态,所以从工程的角度,临界状态与不稳定同等看待,如图 1-24(b)所示。

(2) **瞬态质量**。要求系统瞬态响应过程具有一定的快速性和变化的平稳性。快速性是指过渡过程时间长短,反映系统快速复现信号的能力。平稳性反映动态过程的振荡程度及偏离量大小,过大的波动可能会使系统运动部件受损,另外,动态偏离量的大小是对动态精度的恒量,如图 1-24(a)所示。

(3) **稳态误差**。要求系统最终的响应准确度,限制在工程允许的范围之内,是系统控制精度的恒量。

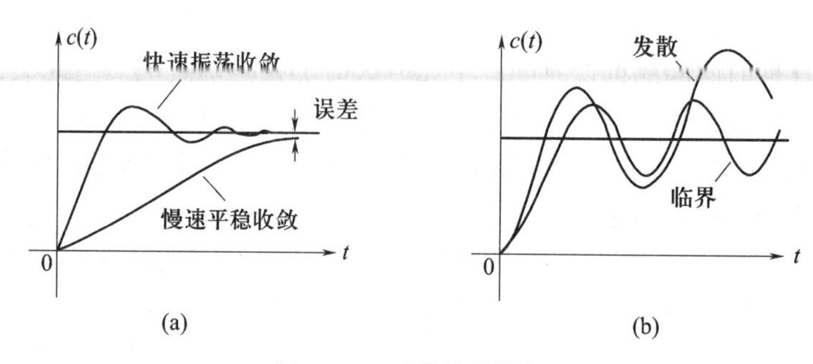

图 1-24　系统性能指标

(a) 稳定系统;(b) 不稳定系统。

由于受控对象的具体情况不同,各种系统对三大性能指标的要求有所侧重。例如恒值系统对稳定性和稳态准确度要求严格,随动系统对快速性要求较高。

同一个系统,上述三大性能指标往往相互制约。提高控制过程的快速性,可能会引起系统强烈振荡;改善了平稳性,控制过程又可能很迟缓,甚至使最终精度也很差。分析和解决这些矛盾,将是本课程讨论的重要内容。

1.5.2　控制系统的分析与设计

控制系统的分析和设计,是两个互逆的研究过程,前者是从已知确定系统出发,分析计算系统所具有的性能指标,而后者则是根据要求的性能指标来确定系统应具备的结构模式。

1. 系统分析

系统的分析是在描述系统数学模型的基础上,用数学的方法来进行研究讨论的。因此,必须在规定的工作条件下,对已知系统进行以下步骤的工作:

(1) 建立系统的数学模型。

(2) 分析系统的性能,计算三大性能指标是否满足要求。

(3) 分析参数变化对上述性能指标的影响,决定如何合理地选取。

系统的分析方法,会随数学模型的类型各有不同,本书主要介绍时域分析、复域分析和频域分析。

2. 系统设计

系统设计的目的,是要寻找一个能够实现所要求性能的自动控制系统。因此,在系统应完成的任务和应具备的性能已知的条件下,根据被控对象的特点,构造出适当的控制器是设计的主要任务。应进行的步骤如下：

(1) 确定要求的性能指标，据此综合出系统希望的数学模型。

(2) 画出希望的系统结构图，如图 1-25 所示。根据已知的被控对象求出对象的数学模型。

(3) 按结构图与数学模型关系，根据已知部分和系统希望的数学模型，即可求出控制器的数学模型和控制规律。

(4) 各部分结构确定后，按已定结构求出系统数学模型，进行性能分析，验证它在各种信号作用下是否满足要求，若不满足，及时修正。

(5) 结构参数最终确定后，可进行实验仿真，若效果理想即可制作样机。

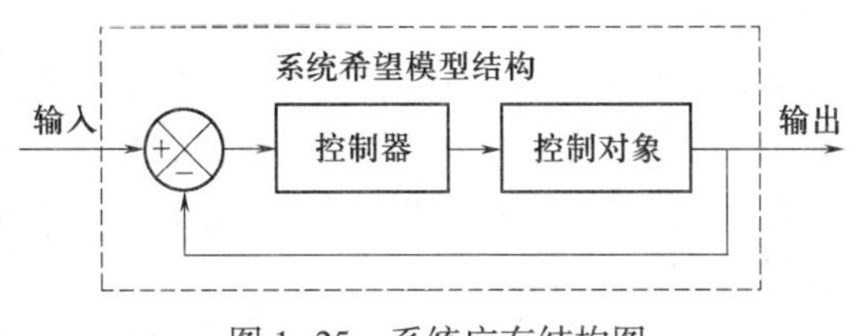

图 1-25　系统应有结构图

1.6　自动控制理论的发展概况

1.6.1　早期的自动控制工作

从控制论的形成和发展来看，它是始于技术的，即从解决生产实践问题开始的。自动控制开始只是作为一种技艺，由有天赋的工艺工程师掌握了大量的知识及精心设计才付诸实践。早期的控制装置原理，大都可以凭直觉解释，尽管有些装置工艺上做得精巧复杂，但都属于自动技术问题，还没有上升到理论。

在我国，远在两千年以前，就有自动技术方面的伟大发明：据记载，春秋战国时代我国发明的指南车，就是一个按扰动控制原则构成的开环控制系统。北宋时代苏颂和韩公廉在他们制造的水运仪像台里使用了一个天衡装置，实际上就是一个按被调量偏差控制原则构成的闭环控制系统，而且还是一个直接调节的，两位置继电式的、无差、闭环的非线性自动控制系统。

在国外，俄国人普尔佐诺夫(1765 年)发明的蒸汽锅炉水位调节器以及英国人瓦特(1784 年)发明的蒸汽机离心式转速调节器，是自动控制中很大的突破，属于比例反馈。当时，这些发明制造是人类智慧的杰作。人们依靠对反馈概念的直观认识，不断地创造出一些新的控制装置。

然而，在早期的控制装置中，不久就产生了难于简单地用直觉解释的问题，从而引起了自动控制系统初期的理论研究，从那时起控制工程就在理论与实践相互促进下发展起来。实际问题要求理论分析，理论分析则提供了更合理的设计方法，并扩大了实践工程师们所能处理控制问题的范围。

1.6.2　经典控制理论

最初的控制系统主要是自动镇定系统。它要求被控量准确地维持在某一常值，如若出现扰动，只要能回到原来的数值就行了，至于返回过程中的确切情况只是第二位的问题。所以主要的设计准则是静态准确度和防止不稳定,而瞬态响应的平滑性及快慢是次要的。在 19 世纪末 20 世纪初的这个阶段,主要集中研究系统的稳定性问题,并且取得了较大的进展。

数学家劳斯和赫尔维茨分别在 1877 年和 1896 年独立地提出了两种著名的代数形式的稳定判据,这种方法不必首先求解微分方程式而直接从方程式的系数,也就是从“对象”的已知特性来判断系统的稳定性。直到 1940 年,这个结果基本满足了控制工程师的需要。

1892 年(俄国)李亚普诺夫发表了题为“运动稳定性的一般问题”的论文。他在数学上给出了稳定的精确定义,提出了两个著名的研究稳定问题的方法(李氏第一法和第二法),为线性和非线性理论奠定了坚实的理论基础。他所创立的运动稳定性理论具有非常重要的意义,并已成为后来一切有关稳定性研究的出发点。

在 20 世纪 30 年代,自动控制理论逐步形成了一门独立的学科。1932 年奈奎斯特提出“线性系统的稳定性判据”。1938 年(俄国)米哈依洛夫提出类似的稳定性判别法。他们的工作,把频率法引进了自动控制理论的领域,大大推动了理论的发展,同时也为实际工作者提供了一种研究自动控制系统的强有力的武器。

在第二次世界大战期间,对自动控制的要求发生了迅速的变化。武器的进化要求适应战争的需要,军舰的大炮及高射炮组,要求快速跟踪,高精度控制,随动系统得到了发展,系统的瞬态响应成为衡量系统质量的重要内容。当时发现,设计这种系统所需要的理论已经在通信工程这个与之无关的领域中得到发展。早在 1927 年伯来克发明了负反馈放大器,克服了信号失真、噪声干扰等,随后又利用奈奎斯特判据解决了振荡和稳定性问题。于是由通信工程师根据奈奎斯特的研究结果而提出的频率响应理论,就恰好为控制工程师提供了一个具有高度质量动态品质及静态准确度的国防控制系统所需要的分析工具。

1945 年(美国)伯德发表“网络分析与反馈放大器设计”,将反馈放大器原理应用到了自动控制系统中,是一项重大突破,出现了闭环负反馈控制系统。

1948 年依万斯发表了“根轨迹法”,从理论上提供了从系统的微分方程式模型研究问题的一个简单而有效的方法。由于这项贡献,控制工程发展的第一阶段基本上完成了。建立在奈奎斯特判据及依万斯根轨迹法上的理论,目前统称为经典控制理论。到 20 世纪 50 年代,它已发展到相当成熟的地步,并在实际应用中,迅速引起几乎是爆炸性的增长,被列为大学正式课程。

但是后来,经典理论暴露出三个十分严重的局限性,阻碍它直接用于更为复杂的控制问题。

(1) 限于线性定常系统(时不变系统);

(2) 限于单输入单输出系统(标量系统);

(3) 设计或综合系统时要用试探法,不能一次得出满意的结果。

由于上述局限性,也就推动了从那时起的理论上的重要发展。我们知道经典的方法都是采用了系统的单“输入/输出”描述,就像面对一个黑匣子,只能描述其外部特性,即输入和输出两外部变量间的关系,淹没了系统内部变量特性。它在本质上忽视了系统结构的内在特性,从而不能同时有效地处理多变量问题,如图 1-26 所示。为了解决复杂系统的控制问题,满足越来越严格的要求,到 50 年代末 60 年代初,在实践的基础上,尤其在空间技术实践基础上,形成了现代控制理论。

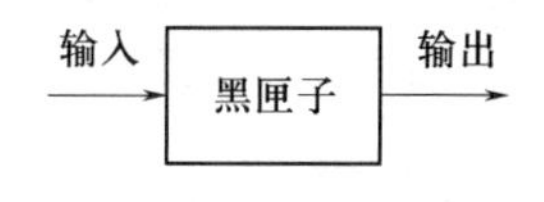

图 1-26　外部描述

1.6.3 现代控制理论

1954年,钱学森在美国用英文发表《工程控制论》一书,可以看作是由经典控制理论向现代控制理论发展的启蒙著作,影响很大,1956年译成俄文版,1957年译成德文版,1958年译成中文版。

现代控制理论是建立在线性代数的数学基础上的,并在一定程度上与函数分析有关,由此而引起许多分析及设计步骤包含广泛的耗费时间的计算及运算,影响和限制了理论研究的发展进度。自60年代以来,电子计算机技术的飞速发展,为现代控制理论的研究提供了有力的工具和保证,促进了现代控制理论的迅速发展,并在各种空间技术中首先得到了应用。随着小型数字计算机和微型机的发展和普及,目前现代控制理论在各控制领域中得到广泛的应用。

现代控制理论较早的奠基人及其论著有:

(苏联)庞特里亚金(1960年出版)"最佳控制的极大值原则",阐述了最优控制的必要条件,中文译本为《最佳过程的数学理论》。

(美国)贝尔曼(Bellman)1957年发表"动态规划"理论。

(美国)卡尔曼(Kalman)1961年发表"最优滤波与线性最优调节器"理论,采用了状态空间法研究线性系统,称为"卡尔曼滤波器"。

他们的工作,奠定了现代控制理论的基础,1960年以后这项工作发展很快,当前在国内外自动化会议上讨论的与控制论有关的专题为:线性系统、系统识别、最优控制、随机控制与滤波、非线性系统、分布参数系统、自适应控制系统、大系统理论、微分对策、模糊控制系统、生物控制、生产过程数学模型、人工智能。

总之,现代控制理论的发展速度是惊人的,目前已发展到相当高深的阶段,而且还在急速地向更纵深发展,它无论在数学工具、理论基础,还是在研究方法上都不是古典理论的简单延伸和推广,而是认识上的一次飞跃,但它们在各门学科中的充分应用还远远没有实现,因此,现代控制理论在应用科学课程中受到越来越多的重视。

当前,在现代控制理论研究的前沿领域,智能控制理论的研究与发展,在信息与控制学科研究中注入了蓬勃的生命力,启发与促进了人的思维方式,引导人们去探讨自然界更为深刻的运动机理,标志着信息与控制学科的发展远没有止境。

1.7 例题精解

例1-1 图1-27为液位自动控制系统示意图。在任何情况下,希望液面高度 c 维持不变。试说明系统工作原理,并画出系统原理方框图。

解:(1)工作原理:闭环控制方式。

当电位器电刷位于中点位置时,电动机不动,控制阀门有一定的开度,使水箱中流入水量和流出水量相等,从而液面保持在希望高度上。当进水量与出水量之间的平衡被破坏时,就会导致液面发生变化,例如液面下降,通过浮子和杠杆检测出来,使电位器电刷从中点位置上移,从而给电动机提供一定的控制电压,驱动电动机通过减速器开大阀门开度,使液位上升,回到希望高度。电位器电刷回到中点,电动机停止。

(2) 被控对象是水箱,被控量是水箱液位,给定量是电位器设定位置(代表液位的希望值)。主扰动是流出水量。

系统的方框图如图1-28所示。

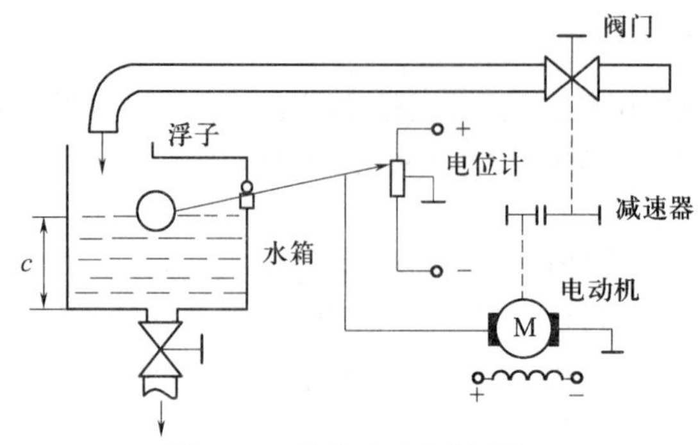

图 1-27　液位自动控制系统

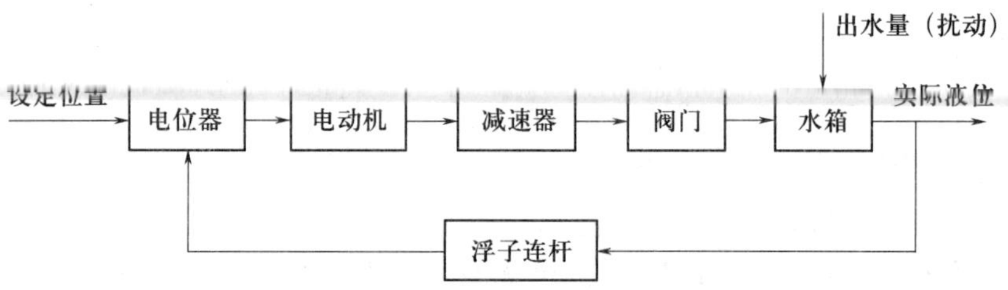

图 1-28　液位自动控制系统方框图

例 1-2　图 1-29 为自动调压系统。试分析系统在负载电流变化时的稳压过程，并绘出系统方框图。

解：(1) 工作原理：顺馈控制。

当负载电流 I_F 变化时，发电机 G 的电枢绕组压降也随之改变，造成端电压不能保持恒定，因此，负载电流变化对稳压控制来说是一种扰动。采用补偿措施，将电流 I_F 在电阻 R_F 上的压降检测出来，通过放大，来改变发电机的励磁电流 I_f，以补偿电枢电压的改变，使其维持恒定。

(2) 被控对象是发电机 G，被控量是电枢端电压 U_F，给定值是励磁电压 U_f，扰动量是负载电流 I_F。系统方框图如图 1-30 所示。

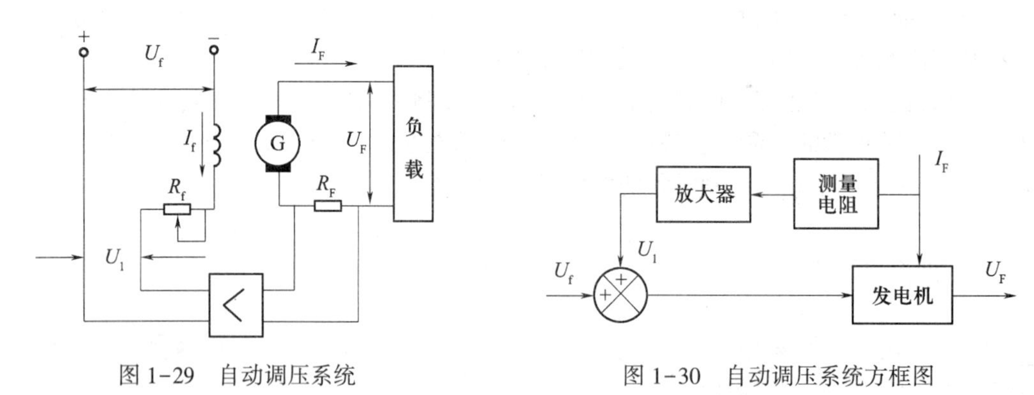

图 1-29　自动调压系统　　　　图 1-30　自动调压系统方框图

例 1-3　直流稳压电源原理图如图 1-31 所示，试画出方框图，分析工作原理。

解：(1) 工作原理：反馈控制。

实际输出电压 U_2 由 R_3 和 R_4 组成分压器检测出来，与给定值 U_w 进行比较，产生的偏差电压由 V_1 进行放大，作用于 V_2，由 V_2 对输出电压进行调整。这里的偏差电压仅随 U_2 变化，由 V_1 反相放大后产生 U_c，这是系统的控制量。通过 V_2 进行输出电压自动调节，维持 U_2 恒定。自动调整过程如下：

假如 $U_2\searrow\rightarrow U_A\searrow\rightarrow I_{b1}\searrow\rightarrow U_c\nearrow\rightarrow I_{b2}\nearrow\rightarrow U_{ED}\searrow\rightarrow U_2\nearrow$。

反之若 $U_2\nearrow\rightarrow U_A\nearrow\rightarrow I_{b1}\nearrow\rightarrow U_c\searrow\rightarrow I_{b2}\searrow\rightarrow U_{ED}\nearrow\rightarrow U_2\searrow$。

系统方框图如图 1-32 所示。

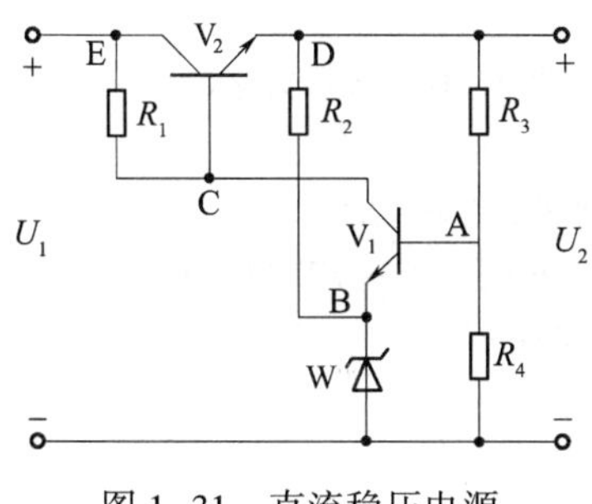

图 1-31　直流稳压电源

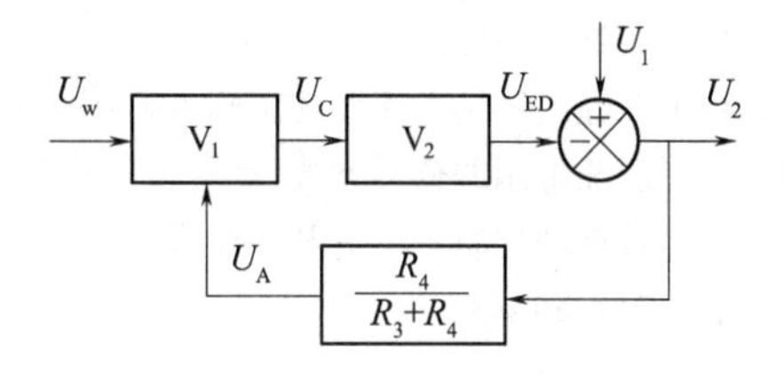

图 1-32　稳压电源方框图

U_1是系统的供电输入电压,若电网波动,也会使 U_1变化。因此,对系统来说,U_1的变化是造成 U_2电压波动的干扰因素,属于扰动信号,也可以通过反馈回路加以抑制。

(2) 被控对象不是一个具体的设备,而是一个稳压过程,被控量是输出电压 U_2,给定值是 U_w,扰动量是 U_1。当然,当系统输出接负载后,负载的变化将对输出电压产生直接的影响,是主扰动。

例 1-4　角位置随动系统原理图如图 1-33 所示。系统的任务是控制工作机械角位置 θ_c,随时跟踪手柄转角 θ_r。试分析其工作原理,并画出系统方框图。

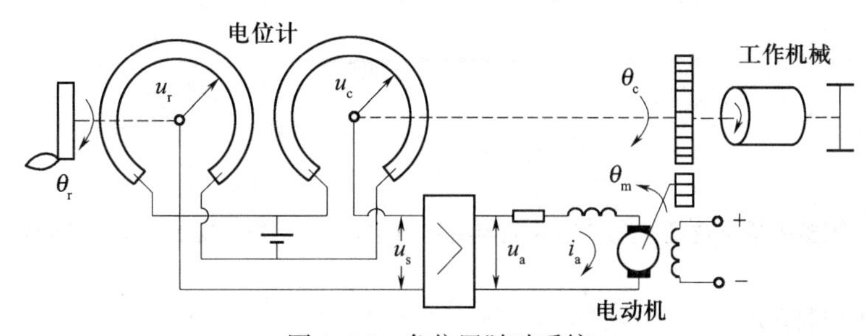

图 1-33　角位置随动系统

解:(1) 工作原理:闭环控制。

只要工作机械转角 θ_c与手柄转角 θ_r一致,两环形电位器组成的桥式电路处于平衡状态,无电压输出。此时表示跟踪无偏差,电动机不动,系统静止。

如果手柄转角 θ_r变化了,则电桥输出偏差电压,经放大器驱动电动机转动,通过减速器拖动工作机械向 θ_r要求的方向偏转。当 $\theta_c=\theta_r$时,系统达到新的平衡状态,电动机停转,从而实现角位置跟踪目的。

(2) 系统的被控对象是工作机械,被控量是工作机械的角位移。给定量是手柄的角位移。控制装置的各部分功能元件分别是:手柄完成给定,电桥完成检测与比较,电动机和减速器完成执行功能。

系统方框图如图 1-34 所示。

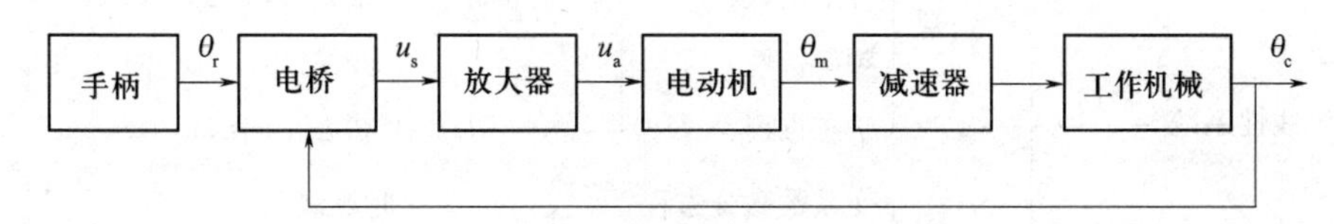

图 1-34　位置随动系统方框图

学习指导与小结

本章作为概述,已较全面地展示了控制理论课程的全貌,叙述了今后在课程的学习中要进行研究的各部分内容和要点,为了今后的深入学习和理解,要特别注意本章给出的一些基本概念和专业术语及定义。

1. 基本要求

(1) 明确什么叫自动控制，正确理解被控对象、被控量、控制装置和自控系统等概念。

(2) 正确理解三种控制方式，特别是闭环控制。

(3) 初步掌握由系统工作原理图画方框图的方法，并能正确判别系统的控制方式。

(4) 明确系统常用的分类方式，掌握各类别的含义和信息特征，特别是按数学模型分类的方式。

(5) 明确对自动控制系统的基本要求，正确理解三大性能指标的含义。

2. 内容提要及小结

(1) 几个重要概念。

自动控制 在没有人直接参与的情况下，利用控制器使被控对象的被控量自动地按预先给定的规律去运行。

自动控制系统 指被控对象和控制装置的总体，共同构成控制系统。这里控制装置是一个广义的名词，主要是指以控制器为核心的一系列附加装置的总和，对被控对象的状态实行自动控制，控制装置有时又泛称为控制器或调节器。

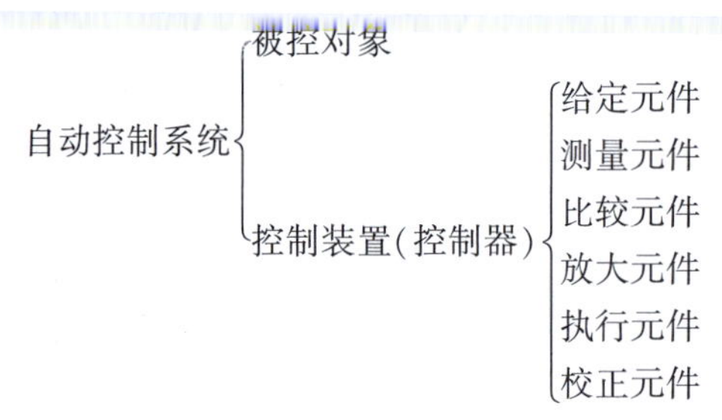

负反馈原理 把被控量反送到系统的输入端与给定量进行比较，利用偏差引起控制器产生控制量，以减小或消除偏差。

(2) 三种基本控制方式。

实现自动控制的基本途径有二：开环和闭环。

实现自动控制的主要原则有三：

主反馈原则——按被控量偏差实行控制；

补偿原则——按给定或扰动实行硬调或补偿控制；

复合控制原则——闭环为主、开环为辅的组合控制。

(3) 系统分类的重点。

重点掌握线性与非线性系统的分类，特别对线性系统的定义、性质、判别方法要准确理解。

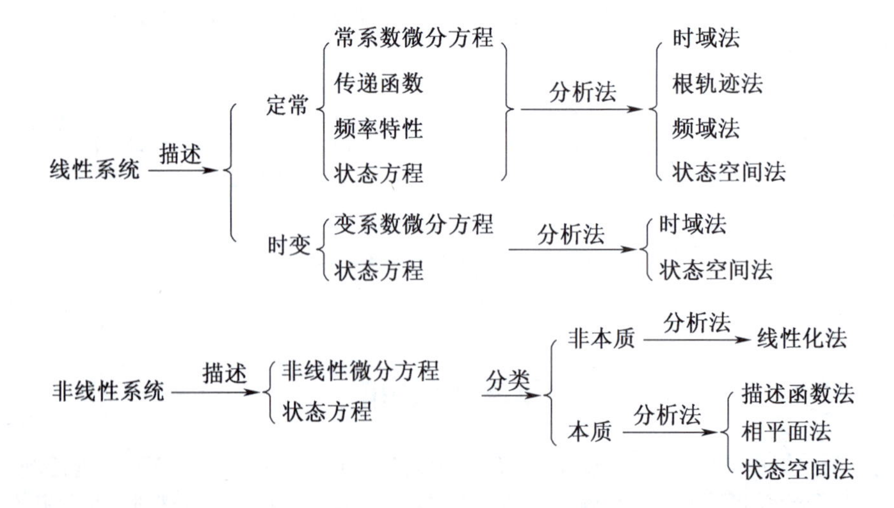

(4) 正确绘制系统方框图。

绘制系统方框图一般遵循以下步骤：

① 搞清系统的工作原理，正确判别系统的控制方式。

② 正确找出系统的被控对象及控制装置所包含的各功能元件。

③ 确定外部变量（即给定值、被控量和干扰量），然后按典型系统方框图的连接模式将各部分连接起来。

3. 对自动控制系统的要求

对自动控制系统的要求用语言叙述就是两句话：要求输出等于给定输入所要求的期望输出值；要求输出尽量不受扰动的影响。

衡量一个系统是否完成上述任务，可用三大性能指标来评价：

稳定——系统的工作基础；

快速、平稳——动态过程时间要短，振荡要轻；

准确——稳态精度要高，误差要小。

习 题

1-1 题图所示的自动平衡仪表，实质上是一个电压—位置随动系统，试画出系统的控制方框图。

1-2 题图所示是一个水箱液位自动控制系统，试分析它的工作原理，并画出系统方框图。

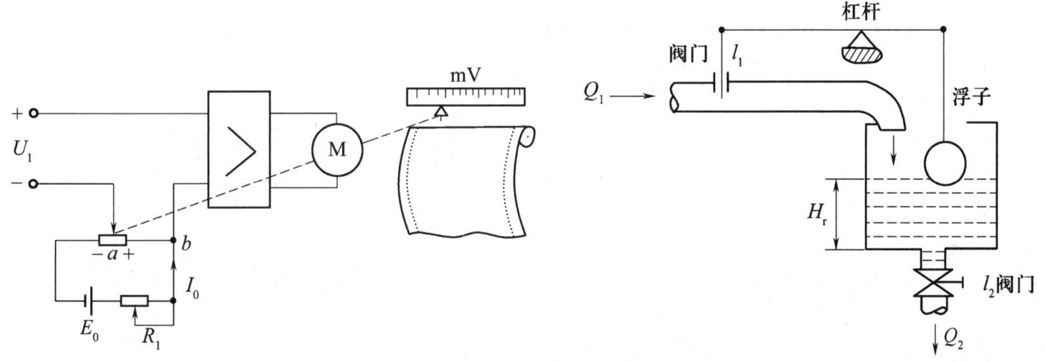

习题 1-1 图 自动平衡仪表　　　习题 1-2 图 水箱液位自动控制系统

1-3 题图所示为自动调速系统。

(1) 分析(a)与(b)的工作原理，画出功能方框图。

(2) 假设空载时，(a)与(b)的工作机械转速均为100r/min，当工作机械受到同样大的负载阻力矩时，哪个系统能保持输出转速不变？

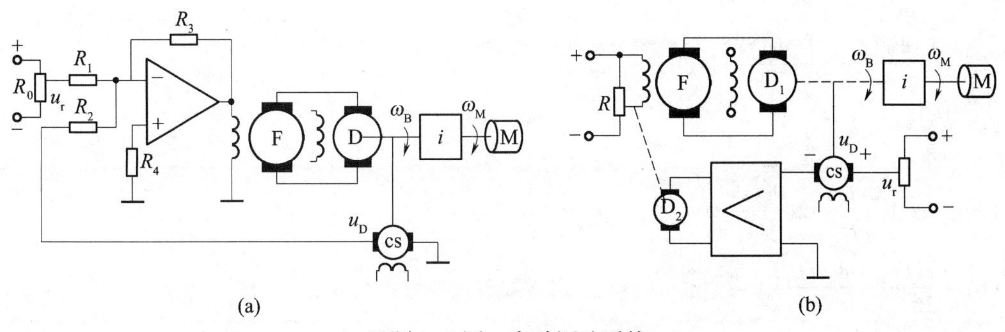

习题 1-3 图 自动调速系统

1-4 题图所示为自动调压系统。

(1) 分析图(a)与图(b)的工作原理,画出功能方框图。

(2) 假设空载时,图(a)与图(b)的发电机端电压相同,均为110V。当带上负载后,哪个系统能保持电压不变?为什么?

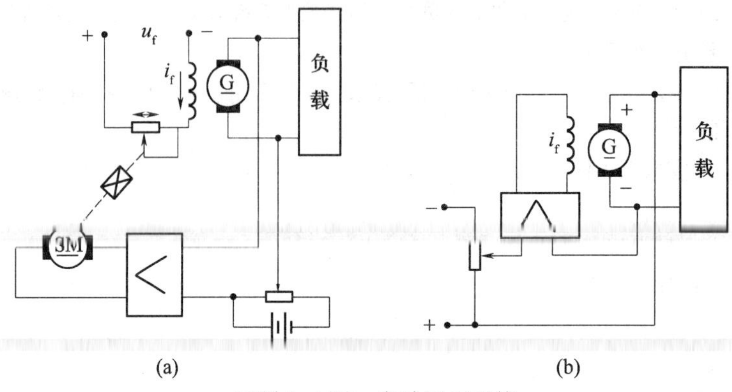

习题1-4图 自动调压系统

1-5 题图所示是仓库大门自动控制系统。试分析大门开关自动控制过程,并画出系统方框图。

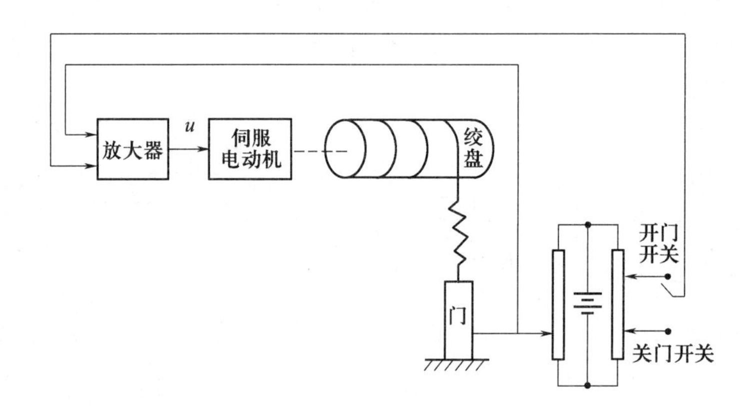

习题1-5图 仓库大门自动控制系统

1-6 下列各式是描述系统的微分方程,其中$c(t)$是输出量,$r(t)$是输入量,试判断哪些是线性的,哪些是非线性的,哪些是变系数的?

(1) $4\frac{\mathrm{d}^2c(t)}{\mathrm{d}t^2}=c(t)\frac{\mathrm{d}c(t)}{\mathrm{d}t}$

(2) $t^2\frac{\mathrm{d}^3c(t)}{\mathrm{d}t^3}-\mathrm{e}^{-t}\frac{\mathrm{d}c(t)}{\mathrm{d}t}+2c(t)=r(t)$

(3) $\frac{1}{c(t)}\frac{\mathrm{d}^2c(t)}{\mathrm{d}t^2}+\frac{1}{c(t)}\frac{\mathrm{d}c(t)}{\mathrm{d}t}+1=0$

(4) $\frac{\mathrm{d}^2c(t)}{\mathrm{d}t^2}+\frac{1}{c(t)}\frac{\mathrm{d}c(t)}{\mathrm{d}t}-3=0$

(5) $(1-t^2)\frac{\mathrm{d}^2c(t)}{\mathrm{d}t^2}-2t\frac{\mathrm{d}c(t)}{\mathrm{d}t}+n(n+1)c(t)=0$ (n是常数)

(6) $\frac{\mathrm{d}^2c(t)}{\mathrm{d}t^2}+\frac{1}{t}\frac{\mathrm{d}c(t)}{\mathrm{d}t}+\left(1-\frac{n^2}{t^2}\right)c(t)=0$ (n是常数)

第 2 章　控制系统的数学模型

2.1　引言

控制理论研究的是控制系统的分析与设计方法。为了设计好一个优良的控制系统,必须充分地了解受控对象、执行机构及系统内一切元件的运动规律。所谓运动规律是指它们在一定的内外条件下所必然产生的相应运动。在内外条件与运动之间存在着固定的因果关系,这种关系大部分可以用数学形式表示出来,这就是控制系统运动规律的数学描述。我们把描述系统动态特性及各变量之间关系的数学表达式称为系统的**数学模型**(mathematical models)。有了数学模型,通过求解,就可以得到某些物理量随时间变化的规律。

但是从工程的角度看,人们并不满足于解出方程和得出描述系统运动的曲线。这种曲线在工程上有时用处并不大,工程上提出的往往是更深入的问题。诸如:这些曲线有没有什么共同性质?系统参数值的波动对曲线有什么影响?怎样修改系统的参数值甚至系统的结构才能改进这些曲线,使之具有满足工程要求的性质?等等。建立控制系统的数学模型,也是研究和解决这些问题的第一步,是控制理论的基础。

2.1.1　系统数学模型的特点

实际系统的数学模型是复杂多样的,具体建模时,要结合研究的目的、条件合理地进行建模,才能有效地达到研究系统的目的。系统的数学模型具有以下几个共同的特点。

(1) **相似性**。实际中存在的许多工程控制系统,不管它们是机械的、电动的、气动的、液动的、生物学的、经济学的等,它们的数学模型可能是相同的,这就是说它们具有相同的运动规律。因而在研究这种数学模型时,人们就不再考虑方程中符号的物理意义,只是把它们看作抽象的**变量**。同样,人们也不再考虑各系数的物理意义,只把它们看成抽象的**参数**。只要数学模型形式上相同,不管变量用什么符号,它的运动性质是相同的。对这种抽象的数学模型进行分析研究,其结论自然具有一般性,普遍适用于各类相似的物理系统。故此,相似系统是可以相互模拟研究的。

(2) **简化性和准确性**。同一个物理系统,数学模型不是唯一的。由于精度要求和应用条件不同,可以用不同复杂程度的数学模型来表达。这是因为具体的物理系统,各物理量之间的关系是非常复杂的,一般都有非线性存在,而且参数不可能是集中参数。因此,要想做到数学描述的准确性,真正的系统数学模型应该是非线性的偏微分方程。但是求解非线性方程和偏微分方程是相当困难的,有时甚至是不可能的。这样,即使方程建立得再准确也是毫无意义的。为了使方程有解,而且比较容易地求出解,常在误差允许的条件下,忽略一些对特性影响较小的物理因素,用简化的数学模型来表达实际的系统。这样,同一个系统,就有完整的、复杂的数学模型和简单的、近似的数学模型。而在建模过程中,应该在模型的准确性和简化性之间作折中考虑,不要盲目强调准确而使模型过于复杂,以致带来下一步分析上的困难;也不要片面强调模型简单,以致分析结果与实际出入过大。

（3）**动态模型**。描述变量及其各阶导数之间关系的微分方程叫做动态数学模型。对于系统性能的全面分析,一般要以动态模型为对象,详细研究各变量的运动特性。

（4）**静态模型**。在静态条件下(即变量的各阶导数为零),描述变量之间关系的代数方程叫静态数学模型。静态模型描述各变量之间的关系不随时间变化,在量值上有确定的对应关系。

2.1.2 数学模型的类型

描述控制系统数学模型的形式不止一种,根据所采用的数学工具不同,可以有不同的形式。但它们彼此之间有紧密的联系,各有特长和最适用的场合。时域中常用的数学模型有微分方程、差分方程和状态方程,复域中有传递函数、结构图,频域中有频率特性等。在研究系统性能时,究竟选用哪一种类型好,要依据具体情况,以便于分析为准则。

现在各类数学模型都有一整套相应的分析方法,而且各有所长。对于一个确定的系统,总有一种较佳的分析方法。因此在考虑系统建模形式时,应针对所选取的分析方法而定。由于系统各类模型之间是可以相互转换的,建立相应形式的数学模型也就不是困难的事了。

微分方程是诸模型中最基本的,其他形式都是以微分方程为基础的。通常可以通过求解微分方程,使系统的动态特性一目了然。不过,对于高阶微分方程,求解并不容易,且元件参数和系统结构对动态性能的影响隐蔽,一般也就不去直接求解微分方程,而是以它为基础,并从它过渡到其他数学模型,运用另外的一些工具和概念,从而求得问题的妥善解决。本章只研究微分方程、传递函数和结构图等数学模型的建立和应用,其余几种数学模型将在以后各章中予以详述。

2.1.3 系统数学模型的建模原则

建立控制系统的数学模型有两种基本方法。第一种是分析法,即对系统各部分的运动机理进行分析,根据它们所依据的物理规律或化学规律分别列写各部分相应的运动方程,将这些方程合在一起便成为描述整个系统的方程。第二种是实验法,即人为地给系统施加某种测试信号,记录其输出响应,并用适当的数学模型去逼近。这种方法称为系统辨识,主要用于系统运动机理复杂而不便分析或不可能分析的情况。近年来系统辨识已发展成一门独立的学科分支。本书只讨论用分析法建立数学模型的方法。

根据以上的讨论,可以得出系统的建模原则:

（1）建模之前,要全面了解系统的自然特征和运动机理,明确研究目的和准确性要求,选择合适的分析方法。

（2）按照所选分析法,确定相应的数学模型的形式。

（3）根据允许的误差范围,进行准确性考虑,然后建立尽量简化的、合理的数学模型。

2.2 系统微分方程的建立

微分方程式(differential equations)是对物理系统的输入输出描述,故有时称为外部描述。在着手编写微分方程式之前,对元件或系统的固有作用原理应有足够的了解。否则,数学工具本身是无能为力的。下面着重介绍控制理论中关于处理线性微分方程式应注意的一些问题以及列写微分方程式应遵循的一般规则和方法。

2.2.1 列写微分方程式的一般步骤

对于一般物理系统的微分方程建立过程,无论系统结构多么简单或多么复杂,以下步骤总是存在的。当然,对于简单系统没有必要详细写出每一步过程,但是,严格遵循这一分析过程,对于复杂结构的系统建模会大有帮助。

列写微分方程式的一般步骤如下:

(1) 分析系统运动的因果关系,确定系统的输入量、输出量及内部中间变量,掌握各变量间的关系。

(2) 做出合乎实际的假设,以便忽略一些次要因素,使问题简化。

(3) 根据支配系统动态特性的基本定律,列出各部分的原始方程式(一般从系统的输入端开始,依次列写组成系统各部分的运动方程式,同时要考虑相邻元件间的彼此影响,即所谓负载效应问题。关于基本定律,不外乎物理上的牛顿定律、能量守恒定律、基尔霍夫定律、化学上的物质守恒定律以及由这些基本定律导出的各专业应用公式)。

(4) 列写各中间变量与其他变量的因果式,这称为辅助方程式。到此为止,方程的数目应与所设的变量(除输入外)数目相等。

(5) 联立上述方程,消去中间变量,最终得到只包含系统输入量与输出量的方程式。

(6) 将方程式化成标准形。所谓标准形是指将与输入量有关的各项放在方程的右边,而与输出量有关的各项放在左边。各导数项按降阶排列。各项系数化成有物理意义的形式。

2.2.2 机械系统举例

在实际的机械平移系统中,经常按集中参数建立系统的物理模型,然后进行性能分析。在这种物理模型中,有三个基本的无源元件:质量 m、弹簧 k、阻尼器 f。由它们的组合,可以构成各种机械平移系统模型。搞清楚这三种元件的力学性质和作用,是分析这种系统的基础。该类系统存在以下三种阻碍运动的力。

(1) 惯性力。是一种与质量有关的力,具有阻止起动和阻止制动的性质。按照牛顿第二定律,惯性力的大小等于质量乘以加速度,即

$$F_{\mathrm{m}} = ma = m\frac{\mathrm{d}v}{\mathrm{d}t} = m\frac{\mathrm{d}^2y}{\mathrm{d}t^2} \tag{2-1}$$

式中,a 代表加速度;v 代表速度;y 代表位移。

由上可以看出,质量 m 在惯性力的表示式中是一个系数,它是系统的固有参数,其物理意义是单位加速度的惯性力。质量可看作系统中的储能元件,储存平动(直线)动能。

(2) 弹性力。是一种弹簧的弹性恢复力,其大小与形变成正比,即

$$F_{\mathrm{k}} = ky = k\int v\mathrm{d}t \tag{2-2}$$

式中,k 为弹簧刚度,在弹性力的表示式中也是一个系数,属于系统的固有参数。其物理意义表示单位形变的恢复力。弹簧也属于储能元件,储存弹性势能。

(3) 阻尼力。是阻尼器中产生的黏性摩擦阻力,其大小与阻尼器中活塞和缸体的相对运动速度成正比,即

$$F_{\mathrm{f}} = f\cdot v = f\frac{\mathrm{d}y}{\mathrm{d}t} \tag{2-3}$$

式中，f 是阻尼系数，它也是系统固有参数。其物理意义表示单位速度的阻尼力。阻尼器本身不存储任何动能和势能，主要用来吸收系统的能量，并转换成热能耗散掉。

例 2-1 弹簧—质量—阻尼器串联系统。设系统的组成如图 2-1 所示，试列出以外力 $F(t)$ 为输入量，以质量的位移 $y(t)$ 为输出量的运动方程式。

解：遵照列写微分方程的一般步骤可有：

(1) 确定输入量为 $F(t)$，输出量为 $y(t)$，对于质量 m 还有弹性阻力 $F_k(t)$ 和黏滞阻力 $F_f(t)$，作为中间变量。

(2) 设系统按线性集中参数考虑，且当无外力作用时，系统处于平衡状态。

(3) 按牛顿第二定律列写原始方程，即

$$F(t) + F_k(t) + F_f(t) = m\frac{d^2y}{dt^2} \tag{2-4}$$

(4) 写中间变量与输出变量的关系式：

$$F_k(t) = -ky \tag{2-5}$$

$$F_f(t) = -f\frac{dy}{dt} \tag{2-6}$$

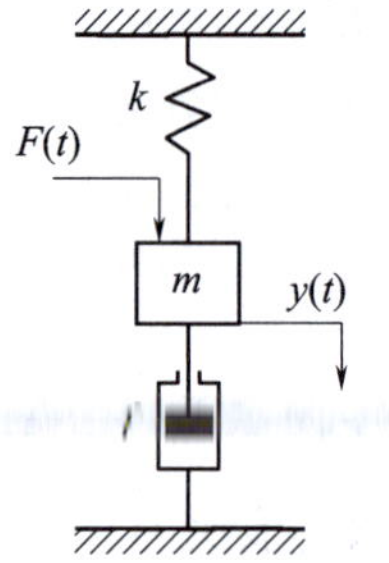

图 2-1 机械系统

(5) 将以上辅助方程式代入原始方程，消去中间变量，得

$$m\frac{d^2y}{dt^2} = -ky - f\frac{dy}{dt} + F(t) \tag{2-7}$$

(6) 整理方程得标准形

$$\frac{m}{k}\frac{d^2y}{dt^2} + \frac{f}{k}\frac{dy}{dt} + y = \frac{1}{k}F(t) \tag{2-8}$$

令 $T_m^2 = \frac{m}{k}$，$T_f = \frac{f}{k}$，则方程化为

$$T_m^2\frac{d^2y}{dt^2} + T_f\frac{dy}{dt} + y = \frac{1}{k}F(t) \tag{2-9}$$

该标准形为二阶线性常系数微分方程。由于系统中有两个储能元件——质量和弹簧，故方程左端最高阶次是 2。

分析方程系数的物理意义：

$$[T_m^2] = \left[\frac{m}{k}\right] = \frac{\text{千克}}{\text{牛顿/米}} = \frac{\text{千克}}{(\text{千克·米/秒}^2)/\text{米}} = \text{秒}^2$$

$$\left[\frac{1}{k}\right] = \frac{1}{\text{牛顿/米}} = \frac{\text{米}}{\text{牛顿}}$$

$$[T_f] = \left[\frac{f}{k}\right] = \frac{\text{牛顿/(米/秒)}}{\text{牛顿/米}} = \text{秒}$$

以上是各系数量纲的分析，可见 T_m 和 T_f 具有时间的量纲，故称为系统的时间常数。在以后系统分析中可进一步验证，时间常数决定方程的解随时间变化的快慢。$1/k$ 的量纲是输出与输入的量纲比，当输出与输入量纲相同时，$1/k$ 则应是无量纲的。但在大多数系统中，输出与输入的物理属性不相同，则 $1/k$ 的量纲代表了两种物理量的转换关系。

另外，从静态方程的描述中可知：

$$y(t) = \frac{1}{k}F(t) \tag{2-10}$$

故 $1/k$ 又称为系统静态放大倍数。

2.2.3 电路系统举例

对于实际的复杂电路分析，通常按集中参数建立电系统的物理模型。在这种系统模型中，有三种线性双向的无源元件：电阻 R、电感 L、电容 C。由它们的组合，可以构成各种网络电路。这三种元件的性能和作用，在电工原理中已经介绍得很清楚，这里只强调一下它们的能量特性。电感是一种储存磁能的元件，而电容是储存电能的元件。电阻不储存能量，是一种耗能元件，将电能转换成热能耗散掉。

例 2-2 电阻—电感—电容串联系统。RLC 串联电路如图 2-2 所示，试列出以 $u_r(t)$ 为输入量，$u_c(t)$ 为输出量的网络微分方程式。

解：按照列写微分方程式的一般步骤可有：

（1）确定输入量为 $u_r(t)$，输出量为 $u_c(t)$，中间变量为 $i(t)$。

（2）网络按线性集中参数考虑，且忽略输出端负载效应。

（3）由基尔霍夫定律写原始方程：

$$L\frac{\mathrm{d}i}{\mathrm{d}t} + Ri + u_c = u_r \tag{2-11}$$

（4）列写中间变量 i 与输出变量 u_c 的关系式：

$$i = C\frac{\mathrm{d}u_c}{\mathrm{d}t} \tag{2-12}$$

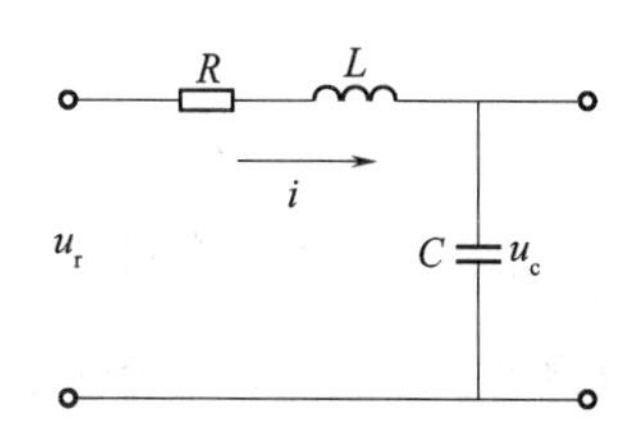

图 2-2 RLC 电路系统

（5）将上式代入原始方程，消中间变量得

$$LC\frac{\mathrm{d}^2u_c}{\mathrm{d}t^2} + RC\frac{\mathrm{d}u_c}{\mathrm{d}t} + u_c = u_r \tag{2-13}$$

（6）整理成标准形，令 $T_1=\frac{L}{R}$，$T_2=RC$，则方程化为

$$T_1T_2\frac{\mathrm{d}^2u_c}{\mathrm{d}t^2} + T_2\frac{\mathrm{d}u_c}{\mathrm{d}t} + u_c = u_r \tag{2-14}$$

分析 T_1，T_2 的量纲：

$$[T_1] = \left[\frac{L}{R}\right] = \frac{\text{伏}/(\text{安}/\text{秒})}{\text{伏}/\text{安}} = \text{秒} \qquad [T_2] = [RC] = \frac{\text{伏}}{\text{安}}\,\frac{\text{安}\cdot\text{秒}}{\text{伏}} = \text{秒}$$

可见 T_1，T_2 是电路网络两个时间常数。另外从式(2-14)可以看出，电路的静态放大倍数等于 1，说明稳态时输出电压等于输入电压，与电容的充电特性完全吻合。电路中存在两个储能元件 L 和 C，故方程式左端最高阶次为 2。

2.2.4 实际物理系统线性微分方程的一般特征

观察实际物理系统的运动方程，若用线性定常特性来描述，则方程一般具有以下形式：

$$a_0\frac{\mathrm{d}^nc}{\mathrm{d}t^n} + a_1\frac{\mathrm{d}^{n-1}c}{\mathrm{d}t^{n-1}} + \cdots + a_{n-1}\frac{\mathrm{d}c}{\mathrm{d}t} + a_nc = b_0\frac{\mathrm{d}^mr}{\mathrm{d}t^m} + b_1\frac{\mathrm{d}^{m-1}r}{\mathrm{d}t^{m-1}} + \cdots + b_{m-1}\frac{\mathrm{d}r}{\mathrm{d}t} + b_mr \tag{2-15}$$

从工程可实现的角度来看，该方程满足以下约束：

（1）方程的系数 $a_i(i=0,1,\cdots,n)$，$b_j(j=0,1,\cdots,m)$ 为实常数，是由物理系统自身参数决定的。

（2）方程左端导数阶次高于方程右端，这是由于一般物理系统均含有质量、惯性或滞后的储能元件，所以输出的阶次都高于或等于输入的阶次，即 $n \geqslant m$。

（3）方程两端各项的量纲都是一致的。这一特征可以用来检验方程列写是否正确，特别是当系数 $a_n=1$ 时，方程各项都应有输出 $c(t)$ 的量纲。

在满足了以上约束条件下，方程(2-15)代表了各种不同物理性质的工程系统线性微分方程的一般形式，为理论的研究提供了数学模型的一般式。反之，当方程两端的阶次确定后，方程所描述的运动规律适用于各类同形式的物理系统。由此可以给出相似系统的定义。

定义　任何系统，只要它们的微分方程具有相同的形式，就是相似系统，而在微分方程中占据相同位置的物理量，叫做相似量。

将例 2-1 的机械系统和例 2-2 的电路系统方程进行比较：

$$m\frac{\mathrm{d}^2y}{\mathrm{d}t^2}+f\frac{\mathrm{d}y}{\mathrm{d}t}+ky=F(t)$$

$$LC\frac{\mathrm{d}^2u_c}{\mathrm{d}t^2}+RC\frac{\mathrm{d}u_c}{\mathrm{d}t}+u_c=u_r$$

显然，方程具有相同的形式，而系统是相似系统。若进一步作变量代换，令 $u_c=\frac{q}{C}$，则例 2-2的电系统以电量 q 为输出量，则有

$$L\frac{\mathrm{d}^2q}{\mathrm{d}t^2}+R\frac{\mathrm{d}q}{\mathrm{d}t}+\frac{1}{C}q=u_r$$

这时就很容易找出机—电系统之间的相似量，见表 2-1。

表 2-1　相似量

机械系统	$F(t)$	m	f	k	y	v
电路系统	$u_r(t)$	L	R	$1/C$	q	i

按照系统输入量的物理性质，可以称其为力—电压相似性。相似系统的概念不但为理论研究提供了依据，在实践中也是很有用的。因为一种系统可能比另一种系统更容易通过实验来处理。当我们分析一个机械系统或其他不易进行试验研究的系统时，可以通过建造一个与它相似的电模拟系统，来代替对它的研究，这就是所谓模拟技术。用电子模拟机来模拟其他非电系统进行研究，就是建立在相似性这个概念上的。

2.2.5　电枢控制直流电动机

直流电动机是将电能转化成机械能的一种典型的机电转换装置，在自动控制系统中，是一个重要的元件。在电枢控制的直流电动机中，由输入的电枢电压 u_a 在电枢回路中产生电枢电流 i_a，再由电枢电流 i_a 与激磁磁通相互作用产生电磁转矩 M_D，从而使电枢旋转，拖动负载运动，完成了由电能向机械能转换的过程。电枢控制直流电动机原理图见图 2-3。图中 R_a 和 L_a 分别是电枢绕组总电阻和总电感。与电路系统模型相比，突出的不同之处在于电枢是一个在磁场中运动的部件。在完成能量转换的过程中，其绕组在磁场中切割磁力线会产生感应反电势 E_a，其大小与激磁磁通及转速成正比，方向与外加电枢电压 u_a 相反，这是直流电动机内部变量关系的复杂之处。下面推导其微分方程式。

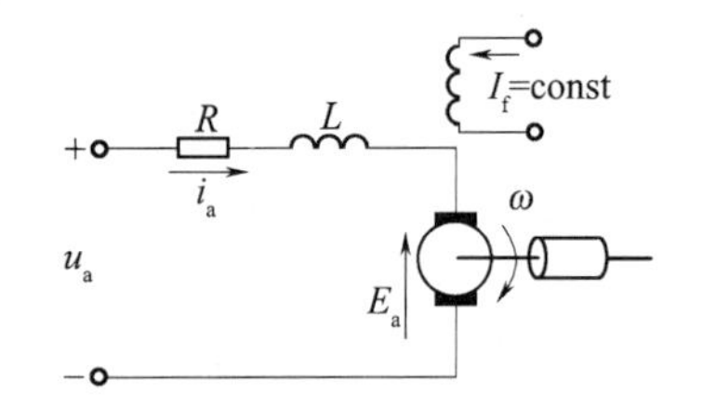

图 2-3　电枢控制的直流电动机系统

（1）取电枢电压 u_a 为控制输入，负载转矩 M_L 为扰动输入，电动机角速度 ω 为输出量。

（2）忽略电枢反应、磁滞、涡流效应等影响，当激磁电流 I_f 不变时，激磁磁通视为不变，则将变量关系看作线性关系。

（3）列写原始方程。

由基尔霍夫定律写出电枢回路方程：

$$L_a \frac{\mathrm{d}i_a}{\mathrm{d}t} + R_a i_a + E_a = u_a \tag{2-16}$$

由刚体转动定律写出电机轴上机械运动方程:

$$J \frac{\mathrm{d}\omega}{\mathrm{d}t} = M_D - M_L \tag{2-17}$$

式中,J 为负载折合到电动机轴上的转动惯量;M_D为电枢电流产生的电磁转矩;M_L为折合到电动机轴上的总负载转矩。

(4) 列写中间变量 i_a、E_a、M_D的辅助方程。

由于激磁磁通不变,电枢反电势 E_a只与转速成正比,即

$$E_a = k_e \omega \tag{2-18}$$

式中,k_e为电势系数,由电动机结构参数确定。

电磁转矩 M_D只与电枢电流成正比,即

$$M_D = k_m i_a \tag{2-19}$$

式中,k_m为转矩系数,由电动机结构参数确定。

(5) 消中间变量化标准形。除输入量 u_a和扰动量 M_L外,以上建立的 4 个方程中含有 4 个变量,保留其中的输出量 ω,消去其余三个中间变量,得

$$\frac{L_a J}{k_e k_m} \frac{\mathrm{d}^2\omega}{\mathrm{d}t^2} + \frac{R_a J}{k_e k_m} \frac{\mathrm{d}\omega}{\mathrm{d}t} + \omega = \frac{1}{k_e} u_a - \frac{R_a}{k_e k_m} M_L - \frac{L_a}{k_e k_m} \frac{\mathrm{d}M_L}{\mathrm{d}t} \tag{2-20}$$

令

$$T_m = \frac{R_a J}{k_e k_m} = \left[\frac{(\text{伏}/\text{安})\ \text{千克}\cdot\text{米}\cdot\text{秒}^2}{\text{伏}/(1/\text{秒})\cdot\text{千克}\cdot\text{米}/\text{安}}\right] = [\text{秒}]$$

$$T_a = \frac{L_a}{R_a} = \left[\frac{\text{伏}/(\text{安}/\text{秒})}{\text{伏}/\text{安}}\right] = [\text{秒}]$$

T_m称为机电时间常数;T_a称为电磁时间常数。

则有标准形

$$T_a T_m \frac{\mathrm{d}^2\omega}{\mathrm{d}t^2} + T_m \frac{\mathrm{d}\omega}{\mathrm{d}t} + \omega = \frac{1}{k_e} u_a - \frac{T_m}{J} M_L - \frac{T_a T_m}{J} \frac{\mathrm{d}M_L}{\mathrm{d}t} \tag{2-21}$$

该标准方程表达了电动机的角速度 ω 与电枢电压 u_a及负载转矩 M_L之间的关系。由于电动机模型中含有电感 L_a和转动惯量 J 这两个储能元件,对输出量 ω 来说,方程左端导数阶次为二阶。

电枢控制直流电动机作为一个重要的控制装置,在工程上有很广泛的用途,根据具体用途的不同,在电机的结构设计与制造上有很大区别。因此,在微分方程的建立过程中,视不同情况在简化性上可作不同的处理,常见的形式有以下几种:

(1) 普通电机电枢绕组的电感 L_a一般都较小,可忽略,因此式(2-21)可简化为一阶线性微分方程,即

$$T_m \frac{\mathrm{d}\omega}{\mathrm{d}t} + \omega = \frac{1}{k_e} u_a - \frac{T_m}{J} M_L \tag{2-22}$$

(2) 对微型电机设计得非常灵敏,转动惯量 J 很小,而且 R_a、L_a都可忽略,则式(2-22)可进一步简化为代数方程,即

$$\omega = \frac{1}{k_e}u_a \tag{2-23}$$

这时,电动机转速 ω 与电枢电压 u_a 成正比。反之,当把微电机用作发电机使用时,输入为 ω,输出为电枢电压 u_a,此时,由于无外加 u_a,电枢电压实际上就是电枢绕组的感应电势,即

$$u_a = k_e\omega \tag{2-24}$$

用于检测装置的测速发电机就属于这类电机。

(3) 在位置随动系统中,电动机输出一般取转角 θ,由于 $\omega=\frac{d\theta}{dt}$ 将此关系代入式(2-22)得

$$T_m\frac{d^2\theta}{dt^2}+\frac{d\theta}{dt}=\frac{1}{k_e}u_a-\frac{T_m}{J}M_L \tag{2-25}$$

(4) 在实际使用中,电动机转速常用 n(r/min)来表示。若设 $M_L=0$,由于 $\omega=(\pi/30)n$,代入式(2-21),并令 $k_e'=k_e\cdot(\pi/30)$ 则得

$$T_aT_m\frac{d^2n}{dt^2}+T_m\frac{dn}{dt}+n=\frac{1}{k_e'}u_a \tag{2-26}$$

对于复杂控制系统,是由多种装置组合而成的,要建立其微分方程式,工程上一般先作出系统的结构图(见 2.5 节),然后简化结构图,可得到所需要的数学模型。

2.3 线性系统的传递函数

2.3.1 线性常系数微分方程的求解

建立了系统的微分方程,接下来就是求解方程的问题。通过求解,得到系统响应特性。一般求解线性常系数微分方程有以下两种常用方法(如图 2-4 所示)。

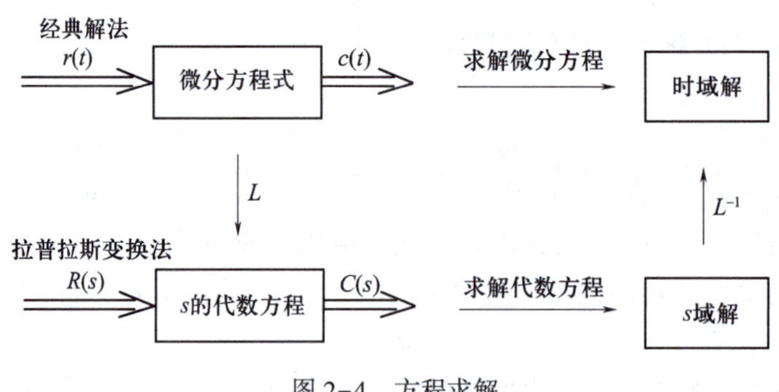

图 2-4 方程求解

经典解法得到的解是时域的,有明显的物理意义,但存在以下几个缺点:

(1) 要根据初始条件确定积分常数,当方程的阶次很高时,解联立方程组是一件很麻烦的事。

(2) 如果系统中某参数或结构形式改变,要重新列方程求解,不利于分析系统参数对性能的影响。

用拉普拉斯变换求解线性常系数微分方程的方法在大学低年级数学课中已经讲授过。众所周知,拉普拉斯变换本身具有简化函数和简化运算等功能,能把微分积分的运算简化成一般的代数运算。因此,工程上常用拉普拉斯变换法求解线性微分方程。

例 2-3 求解 $\frac{\mathrm{d}^2c(t)}{\mathrm{d}t^2}+3\frac{\mathrm{d}c(t)}{\mathrm{d}t}+2c(t)=5\cdot1(t)$ 方程,初始条件:$c(0)=-1$, $\dot{c}(0)=2$。

解:微分方程两边取拉普拉斯变换,得

$$[s^2C(s)-sc(0)-\dot{c}(0)]+3[sC(s)-c(0)]+2C(s)=\frac{5}{s}$$

求解上述代数方程,得到输出复数域的解,即

$$C(s)=\frac{5/s-s+2-3}{s^2+3s+2}=\frac{-s^2-s+5}{s(s^2+3s+2)}=\frac{-s^2-s+5}{s(s+1)(s+2)}$$

$$=\frac{5/2}{s}-\frac{5}{s+1}+\frac{3/2}{s+2}$$

把输出复数域的解进行拉普拉斯反变换,得到输出时域的解:

$$c(t)=\frac{5}{2}-5\mathrm{e}^{-t}+\frac{3}{2}\mathrm{e}^{-2t}$$

第 1 项是方程的稳态响应,第 2 项和第 3 项是方程的动态响应。

例 2-4 图 2-5 所示的 RC 电路,当开关 S 突然接通后,试求出电容电压 $u_c(t)$ 的变化规律。

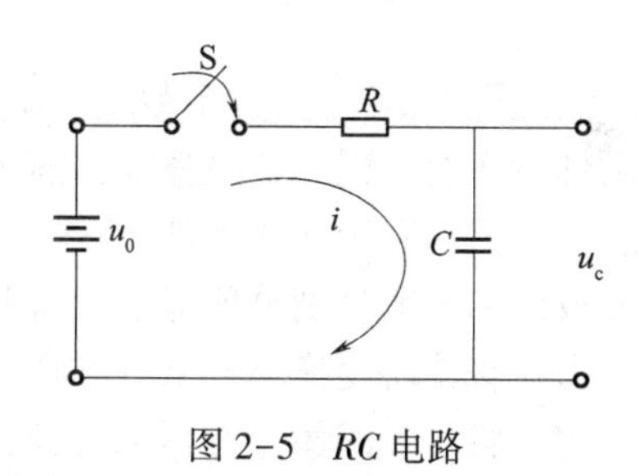

图 2-5 RC 电路

解:设输入量为 $u_r(t)$,输出为 $u_c(t)$。写出电路的运动方程

$$T\frac{\mathrm{d}u_c}{\mathrm{d}t}+u_c=u_r \tag{2-27}$$

式中,$T=RC$;输入函数 u_r 就是外加直流电压 u_0,其函数表达式为

$$u_r(t)=\begin{cases}0 & t<0\\ u_0 & t\geqslant 0\end{cases} \tag{2-28}$$

这样的函数称为**阶跃函数**,其图形如图 2-6(a)所示。

我们把图 2-6(b)那样的函数称为**单位阶跃函数**(unit step function),记作 $1(t)$,其函数表达式为

$$1(t)=\begin{cases}0 & t<0\\ 1 & t\geqslant 0\end{cases}$$

显然函数式(2-28)可以写作

$$u_r(t)=u_0 1(t)$$

对方程(2-27)两端取拉普拉斯变换

$$T[sU_c(s)-u_c(0)]+U_c(s)=U_r(s)$$

解出 $U_c(s)$ 得

$$U_c(s)=\frac{1}{Ts+1}U_r(s)+\frac{T}{Ts+1}u_c(0)$$

已知 $u_r(t)$ 是阶跃函数,所以 $U_r(s)=u_0/s$,代入上式并整理得

$$U_c(s)=u_0\left(\frac{1}{s}-\frac{1}{s+\frac{1}{T}}\right)+u_c(0)\frac{1}{s+\frac{1}{T}}$$

拉普拉斯反变换得方程的解为

$$u_c(t)=u_0(1-\mathrm{e}^{-\frac{t}{T}})+u_c(0)\mathrm{e}^{-\frac{t}{T}}$$

其图形如图 2-7 所示。

式中右端第一项是由输入电压 $u_r(t)$ 决定的分量,是当电容初始状态 $u_c(0)=0$ 时的响应,故称

为**零状态响应**(zero-state response);第二项是由电容初始电压 $u_c(0)$ 决定的分量,是当输入电压 $u_r(t)=0$ 时的响应,故称为**零输入响应**(zero-input response)。其图形如图 2-7 所示。由此可见,对于一定的输入电压及初始条件,原函数 $u_c(t)$ 与其像函数 $U_c(s)$ 之间有单值对应关系,它们以不同形式给出了 RC 电路的输出电压。这种单值对应关系奠定了在复数域内建立数学模型并用以研究电路特性的基础。

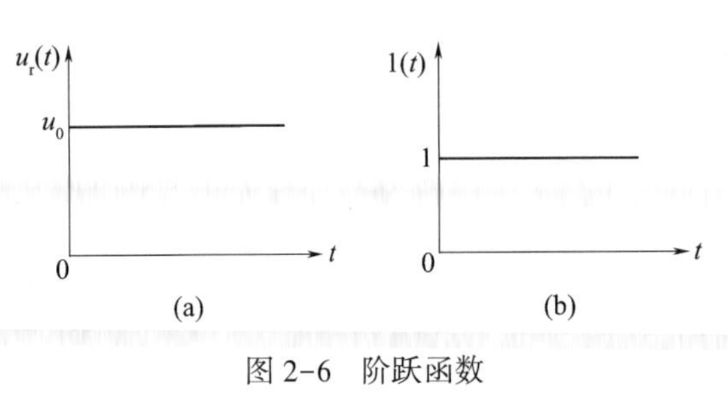

图 2-6 阶跃函数

(a) 非单位阶跃;(b) 单位阶跃。

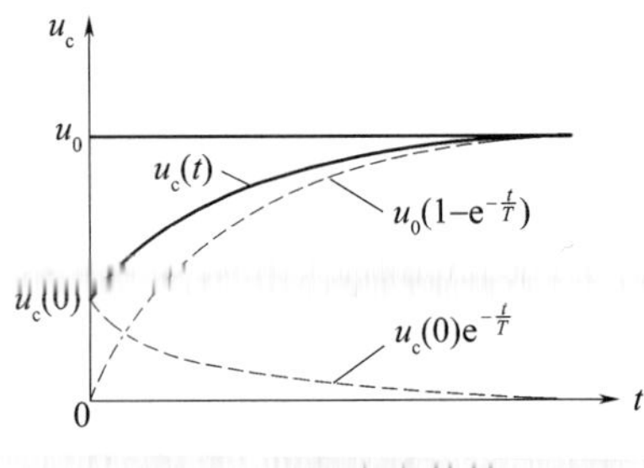

图 2-7 RC 充电特性

由此可得出结论:常系数线性微分方程的解,可以看作是零初始条件下的输入解与给定初始条件下齐次方程的解的叠加。前者只取决于输入函数,而与初始条件无关,故称为零状态响应。后者只取决于初始条件,与输入无关,故称为零输入响应。因此,系统的动态过程完全可以分成两部分来分别单独地进行研究。

由拉普拉斯变换求解微分方程,有以下几个明显的优点:

(1) 将复杂的微分方程求解,转化为简单的代数方程求解。

(2) 求得的解是完整的,初始条件已包含在拉普拉斯变换式中,不必另行确定积分常数。

(3) 如果所有的初始条件均为零,则微分方程的拉普拉斯变换可以简单地通过用 s 取代 $\mathrm{d}/\mathrm{d}t$,用 s^2 取代 $\mathrm{d}^2/\mathrm{d}t^2$ 等来得到。

用拉普拉斯变换求解线性常系数微分方程的一般步骤为:

(1) 对微分方程两边进行拉普拉斯变换,即利用线性性质逐项取拉普拉斯变换,并代入初始条件,将时域的微分方程变换为 s 域的代数方程。

(2) 求解代数方程,得到微分方程在 s 域的解。

(3) 求 s 域解的拉普拉斯反变换,即得微分方程的时域解。

当然,在微分方程的阶次较高时,求拉普拉斯反变换也不是很容易的事,不借助于计算机,分解分母多项式是一项很繁重的工作。实际上,在建立了复数域的数学模型之后,一般并不需要求出方程的解来。因为拉普拉斯变换法有一个优点就是可以用图解法预测系统的性能。另外还可根据拉普拉斯变换的一些性质,在复数域直接研究解的特征、初值、终值等重要数据,满足工程分析的需要。

2.3.2 传递函数的定义和实际意义

传递函数(transfer function)是在拉普拉斯变换法求解线性常微分方程中引申出来的复数域的数学模型。传递函数不仅可以表征系统的动态性能,而且可以用来研究系统的结构或参数变化对系统性能的影响,是经典控制理论最重要的数学模型。

1. 传递函数的定义

在 2.3.1 小节拉普拉斯变换法求解微分方程的例 2-4 中,若令初始条件为零,则方程的

解为

$$U_c(s)=\frac{1}{Ts+1}U_r(s)$$

这时,输入与输出之间的因果关系是完全确定的了。这种因果关系完全取决于电路的结构参数构成的复函数 $1/(Ts+1)$,而与输入输出具体形式无关。因为它们的比值是一个确定的函数形式,即

$$\frac{U_c(s)}{U_r(s)}=\frac{1}{Ts+1}$$

上式明显地表示出,在这个确定的系统中,无论输入函数取任何形式,该系统都以相同的传递作用向输出传递。在拉普拉斯变换式中,它们之间的关系是用代数方程表示的,故可用一个方框来表示系统这种传递作用,如图 2-8 所示。

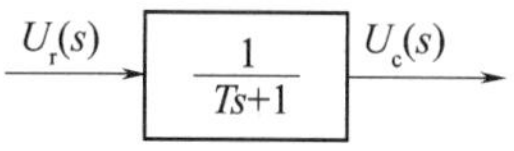

$U_r(s)$ → $\boxed{\frac{1}{Ts+1}}$ → $U_c(s)$

图 2-8　传递作用图示

方框中的复函数,从形式上看,是输出复函数与输入复函数的比值,由于系统是线性的,这个比值完全不依赖于输入输出这两个外部变量,是系统本身的固有特性,称其为传递函数。

定义　在线性定常系统中,当初始条件为零时,系统输出的拉普拉斯变换与输入的拉普拉斯变换之比,称为系统的传递函数。

设线性定常系统的微分方程式为

$$a_0\frac{\mathrm{d}^n c(t)}{\mathrm{d}t^n}+a_1\frac{\mathrm{d}^{n-1}c(t)}{\mathrm{d}t^{n-1}}+\cdots+a_{n-1}\frac{\mathrm{d}c(t)}{\mathrm{d}t}+a_n c(t)=$$

$$b_0\frac{\mathrm{d}^m r(t)}{\mathrm{d}t^m}+b_1\frac{\mathrm{d}^{m-1}r(t)}{\mathrm{d}t^{m-1}}+\cdots+b_{m-1}\frac{\mathrm{d}r(t)}{\mathrm{d}t}+b_m r(t)\quad n\geqslant m \tag{2-29}$$

式中,$r(t)$为输入量;$c(t)$为输出量。

在零初始条件下,对上式两端进行拉普拉斯变换得

$$(a_0s^n+a_1s^{n-1}+\cdots+a_{n-1}s+a_n)C(s)=(b_0s^m+b_1s^{m-1}+\cdots+b_{m-1}s+b_m)R(s)$$

求出传递函数为

$$G(s)=\frac{C(s)}{R(s)}=\frac{b_0s^m+b_1s^{m-1}+\cdots+b_{m-1}s+b_m}{a_0s^n+a_1s^{n-1}+\cdots+a_{n-1}s+a_n} \tag{2-30}$$

从数学变换关系上来看,传递函数是由系统的微分方程经拉普拉斯变换后得到的,而拉普拉斯变换是一种线性变换,只是将变量从实数 t 域变换到复数 s 域。因而它必然同微分方程式一样能表征系统的固有特性,即成为描述系统运动的又一形式的数学模型。同时,传递函数包含了微分方程式的所有系数。如果不产生分子分母因子相消,则传递函数与微分方程所包含的信息量相同。事实上,传递函数的分母多项式就是微分方程左端的微分算符多项式,也就是它的特征多项式。方程解中的动态分量,完全由特征方程决定。

传递函数与微分方程两种数学模型是共通的。通过微分算子 $\mathrm{d}/\mathrm{d}t$ 与复变量 s 的互换,就可以很容易地实现两种模型之间的互化。传递函数 $G(s)$是以 s 为自变量的函数,这里的 s 是拉普拉斯变换所用的复变量:$s=\sigma+\mathrm{j}\omega$,称 s 为**复频率**,称 s 的虚部 ω 为**频率**,所以 $G(s)$是一个复变函数。经典理论中广泛应用的频率法和根轨迹法,都是建立在这个基础上的,统称为**频域法**。

传递函数本质上是数学模型,与微分方程等价,但在形式上却是一个函数,而不是一个方

程。这不但使运算上大为简便,而且可以很方便地用图形表示。这正是工程上广泛采用传递函数分析系统的主要原因。

2. 传递函数的实际意义

前面已指出,从描述系统输出的完整性来说,传递函数只能反映由输入引起的那部分响应,称为输入输出描述。对于非零初始条件的系统,传递函数不能完全表征系统的动态过程。但在工程实践中,传递函数仍不失其重要地位。其原因有以下几点:

(1) 现实的控制系统多是零初始条件,即在输入作用加入前,系统是相对静止的,有

$$c(0^-)=\dot{c}(0^-)=\ddot{c}(0^-)=\cdots=c^{(n)}(0^-)=0$$

(2) 系统的输入是在 $t=0$ 时刻以后才作用于系统,即在输入没加入之前($t\leqslant 0$),认为输入恒等于零,有

$$r(0^-)=\dot{r}(0^-)=\cdots=r^{(n)}(0^-)=0$$

(3) 对于非零初始条件所产生的响应,可用叠加原理来进行处理,其性能取决于系统的特征方程。

2.3.3 传递函数的性质及微观结构

1. 传递函数的性质

由传递函数的定义及自身的特有形式可知,传递函数有如下性质:

(1) 传递函数是一种数学模型,与系统的微分方程相对应。

(2) 传递函数描述的是系统本身的属性,与输入量的大小和类型均无关。

(3) 传递函数只适用于线性定常系统,因为它是由线性常微分方程经拉普拉斯变换而来的,而拉普拉斯变换是一种线性积分变换。

(4) 传递函数描述的是一对确定的变量之间的传递关系,即一个输入与一个输出之间的传递关系,称为单变量系统描述。对系统内部变量的特性不能反映,又称为外部描述。

(5) 传递函数是在零初始条件下定义的,因而它不能反映在非零初始条件下系统的运动情况。

(6) 传递函数一般为复变量 s 的有理分式,它的分母多项式的阶次总是大于或等于分子多项式的阶次,即 $n\geqslant m$,并且所有的系数均为实数。这是因为在物理上可实现的系统中,总是存在惯性,且能源又是有限的,故总有 $n\geqslant m$。对于系数,均由系统元件参数组成,而元件参数只能是实数。

(7) 传递函数与脉冲响应函数一一对应,是拉普拉斯变换与反变换的关系。所谓**脉冲响应函数**是指系统在单位脉冲输入作用下的输出,是一个时域函数。在工程实际中,经常碰到一种持续时间很短的冲击信号,对于这类信号在数学上的描述,抽象表示为以下形式:

$$\begin{cases}\delta(t)=\begin{cases}0 & t\neq 0\\ \infty & t=0\end{cases}\\ \int_{-\infty}^{+\infty}\delta(t)\,\mathrm{d}t=1\end{cases}$$

式中,$\delta(t)$ 称为单位脉冲函数(unit-impulse function)。

当单位脉冲输入系统时,$R(s)=L[\delta(t)]=1$,因此系统的输出为

$$C(s)=G(s)R(s)=G(s)$$

拉普拉斯反变换得脉冲响应

$$L^{-1}[G(s)] = g(t) \tag{2-31}$$

式中,函数 $g(t)$ 称为脉冲响应函数,与传递函数 $G(s)$ 是时域 t 到复数域 s 的单值变换关系。两者包含了关于系统动态特性的相同信息。于是,通过用脉冲输入信号激励系统并测量系统的响应,能够获得有关系统动态特性的全部信息,见图 2-9。函数 $g(t)$ 称为系统的**权函数**,这是一个时域的模型。利用权函数,通过拉普拉斯变换的卷积定理可获得任意输入下的响应,即

$$c(t) = L^{-1}[G(s)R(s)] = \int_0^t r(\tau)g(t-\tau)\mathrm{d}\tau = \int_0^t r(t-\tau)g(\tau)\mathrm{d}\tau \tag{2-32}$$

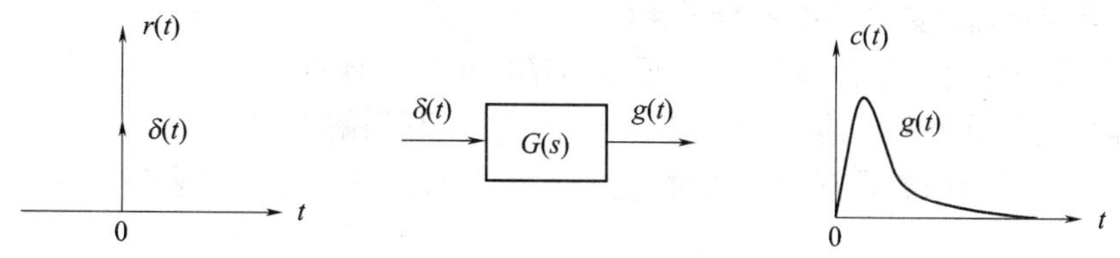

图 2-9　系统的脉冲响应

2. 传递函数的微观结构

线性定常系统的传递函数都是复变量 s 的有理分式,其分子多项式和分母多项式经分解后可写成各种形式。

1) 零极点表达式

$$G(s) = \frac{b_0 s^m + b_1 s^{m-1} + \cdots + b_{m-1}s + b_m}{a_0 s^n + a_1 s^{n-1} + \cdots + a_{n-1}s + a_n} = K_g \frac{(s-z_1)(s-z_2)\cdots(s-z_m)}{(s-p_1)(s-p_2)\cdots(s-p_n)} \tag{2-33}$$

式中,$z_1, z_2, \cdots, z_m$ 是分子多项式等于零时的根,同时使 $G(s)=0$,故称为传递函数的**零点**(zero);$p_1, p_2, \cdots, p_n$ 是分母多项式等于零时的根,同时使 $G(s)=\infty$,故称为传递函数的**极点**(pole)(又称特征根);$K_g = b_0/a_0$ 称为**传递系数**(transfer coefficient)或**根轨迹增益**(root locus gain)。

由上可以看出,当给定一个传递函数时,它对应的零点、极点和传递系数 K_g 都被唯一地确定了。反之,只要给定了所有的零极点和一个传递系数 K_g,那么它的传递函数也就被唯一地确定了。这样,传递函数 $G(s)$ 就可以转而采用零点、极点和传递系数来等价表示。

传递函数的零极点可以是实数,也可以是复数。把传递函数的零点和极点同时表示在复数平面上的图形,叫做传递函数的**零极点分布图**。例如:

$$G(s) = \frac{s+2}{(s+3)(s^2+2s+2)}$$

零极点分布图如图 2-10 所示。图中零点用"○"表示,极点用"×"表示。

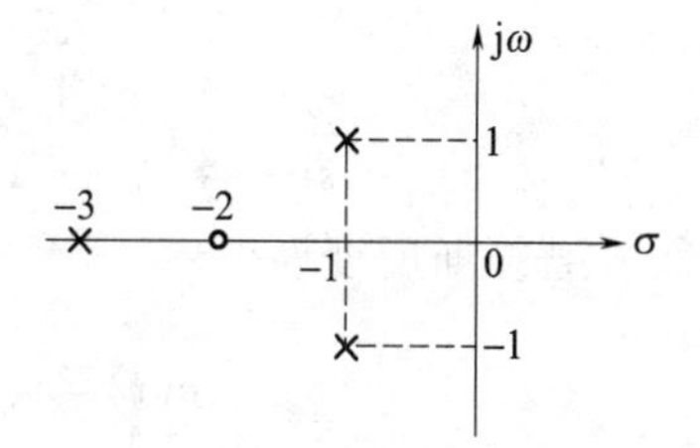

图 2-10　零极点分布图

传递函数的这种形式及零极点分布图在根轨迹法中使用较多。

2) 时间常数表达式

$$G(s) = \frac{b_0 s^m + b_1 s^{m-1} + \cdots + b_m}{a_0 s^n + a_1 s^{n-1} + \cdots + a_n} = K\frac{(\tau_1 s+1)(\tau_2^2 s^2 + 2\zeta\tau_2 s + 1)\cdots(\tau_i s+1)}{(T_1 s+1)(T_2^2 s^2 + 2\zeta T_2 s + 1)\cdots(T_j s+1)} \tag{2-34}$$

式中，分子和分母中的一次因子对应于实数零点和极点；分子和分母中的二次因子对应于共轭复数零点和极点；τ_i，T_j称为时间常数；K 称为传递系数或静态增益。

由拉普拉斯变换的终值定理可知，当 $s\to 0$ 时，描述时域中 $t\to\infty$ 时的性能，此时系统的传递函数就转化为**静态增益**，即

$$G(s)\Big|_{s=0}=\frac{b_m}{a_n}=K$$

传递函数的时间常数表示形式很容易将系统分解成一些典型环节，在以后的频率法分析中使用较多。

3. 零极点和传递系数对系统性能的影响

一个控制系统的性能是否满足要求，要通过解的特征来评价。前面说过，传递函数是一个函数，所以显得比微分方程紧凑，处理也比较方便，可以利用解的对应关系，在 s 域进行评价。现在还要指出，当传递函数是有理函数时，它的几乎全部信息又都集中表现为它的极点、零点及传递系数。

设某对象的传递函数有三个极点：$p_1=-1$；$p_2=-2+\mathrm{j}$；$p_3=-2-\mathrm{j}$；有一个零点：$z_1=-2$；传递系数 $K_g=2.5$。通过这些要素，就可以完全确定传递函数为

$$G(s)=\frac{2.5(s+2)}{(s+1)(s+2-\mathrm{j})(s+2+\mathrm{j})}=\frac{5s+10}{2s^3+10s^2+18s+10} \tag{2-35}$$

零点、极点与传递系数，不仅唯一确定传递函数的形式，而且对系统的三大性能均有决定性作用。

1）极点决定系统固有运动属性

传递函数的极点就是微分方程的特征根，是系统自身固有的参数。它决定了方程解的结构中基本组成成分，无论是在强迫解还是在自由解中，这些成分都是相同的。因此，可将这些由特征根决定的运动模式称为运动的基本模态。这些模态是系统的固有运动属性。无论是由何种原因激发，系统都会以这些模态的组合形式出现相应运动。

（1）强迫运动。对式(2-35)所描写的系统，令输入为 $r(t)=u_0 1(t)$，研究此时的强迫运动规律。

将 $R(s)=u_0/s$ 代入，可得输出为

$$C(s)=\frac{2.5(s+2)}{(s+1)(s+2-\mathrm{j})(s+2+\mathrm{j})}\cdot\frac{u_0}{s}=\frac{2.5(s+2)}{(s+1)(s^2+4s+5)}\cdot\frac{u_0}{s}=$$

$$\frac{u_0}{s}-\frac{5}{4}u_0\frac{1}{s+1}+\frac{u_0}{4}\cdot\frac{s+2}{(s+2)^2+1}-\frac{u_0}{4}\frac{3}{(s+2)^2+1}$$

拉普拉斯反变换得

$$c(t)=u_0-\frac{5}{4}u_0\mathrm{e}^{-t}+\frac{u_0}{4}\mathrm{e}^{-2t}\cos t-\frac{3}{4}u_0\mathrm{e}^{-2t}\sin t \tag{2-36}$$

可以看出，$c(t)$的第一项与 $r(t)$所含的模态相同，后三项是由 $G(s)$的极点所决定的固有运动模态。其运动形式不随激励信号变化，只要有任何输入量一“激发”，就会自动地产生出来，其模式也是一种自由运动，但其大小受输入量的影响，因为各项系数均与输入量大小有关。

（2）自由运动。由于传递函数是在零初始条件下定义的，原则上不能求解非零初始条件下的自由运动过程。但若讨论自由运动的模态形式，可利用单位脉冲响应获得。因为系统对脉冲的响应可视为零时刻以后对脉冲激发的初值的自由响应。

对于式(2-35)所描述的系统,若在零输入下,讨论初始条件激发的自由运动过程,只能返回到相应的微分方程形式,再用拉普拉斯变换法代入初始条件,求齐次微分方程的解。

由传递函数(2-35)可得 s 的代数方程:

$$(2s^3 + 10s^2 + 18s + 10)C(s) = (5s + 10)R(s)$$

用微分算符 d/dt 置换 s,可转换成相应的微分方程:

$$2\frac{\mathrm{d}^3c}{\mathrm{d}t^3} + 10\frac{\mathrm{d}^2c}{\mathrm{d}t^2} + 18\frac{\mathrm{d}c}{\mathrm{d}t} + 10c = 5\frac{\mathrm{d}r}{\mathrm{d}t} + 10r \tag{2-37}$$

令输入等于零,方程变为齐次方程,求拉普拉斯变换并代入初始条件:$c(0)=0$, $\dot{c}(0)=1$, $\ddot{c}(0)=1$ 得

$$C(s) = \frac{2s + 12}{2s^3 + 10s^2 + 18s + 10} = \frac{(s+6)}{(s+1)(s^2+4s+5)} =$$

$$\frac{5}{2}\frac{1}{s+1} - \frac{5}{2}\frac{s+2}{(s+2)^2+1} - \frac{3}{2}\frac{1}{(s+2)^2+1}$$

拉普拉斯反变换得

$$c(t) = \frac{5}{2}\mathrm{e}^{-t} - \frac{5}{2}\mathrm{e}^{-2t}\cos t - \frac{3}{2}\mathrm{e}^{-2t}\sin t \tag{2-38}$$

可见,自由运动的三项模态,直接取决于三个相应的特征根,与强迫运动中传递函数三个极点决定的三项模态完全一致。这说明系统的自由运动模态,是系统的“固有”成分。无论是由初始条件还是由输入信号,都可激发出这些成分。因此,自由运动的属性是系统的固有属性,与外部输入信号无关。研究自由运动的模态特征,可得到系统的性能。

一般而言,如果微分方程的特征根是 $\lambda_1,\lambda_2,\cdots,\lambda_n$,其中没有重根,则把函数 $\mathrm{e}^{\lambda_1 t},\mathrm{e}^{\lambda_2 t},\cdots,\mathrm{e}^{\lambda_n t}$定义为该微分方程所描述的运动的**模态**。而把 $\lambda_1,\lambda_2,\cdots,\lambda_n$ 称为各相应模态的极点。如果诸 λ_i 中有共轭复数 $\sigma\pm\mathrm{j}\omega$,则共轭复模态 $\mathrm{e}^{(\sigma+\mathrm{j}\omega)t}$ 与 $\mathrm{e}^{(\sigma-\mathrm{j}\omega)t}$ 可写成实函数 $\mathrm{e}^{\sigma t}\sin\omega t$ 与 $\mathrm{e}^{\sigma t}\cos\omega t$ 形式,它们是一对共轭复模态的线性组合。如果特征根中有多重根 λ,则模态会具有如 $t^n\mathrm{e}^{\lambda t}$, $t^n\mathrm{e}^{\sigma t}\sin\omega t$, $t^n\mathrm{e}^{\sigma t}\cos\omega t$ 等形式。由于系统的特征根是唯一确定的,则系统的运动模态也是唯一确定的,这称为特征根与模态的**不变性**。

2) 极点的位置决定模态的敛散性,即决定稳定性、快速性

当极点具有负的实部或为负实数时,所对应的运动模态一定是收敛的,随着 $t\to\infty$,模态函数会消失,这称为运动的**暂态分量**。当所有的极点都具有这一特点时,所有自由模态都会收敛最终趋于零。因此,模态的敛散性取决于相应极点位置。反之,会具有发散特性。

在第 1 章中定义稳定性时指出,系统的暂态最终消失,定态最终出现的称为稳定系统。在系统的强迫响应中,与输入有关的项为定态项,与极点有关的项为暂态项。显然,稳定性的问题完全取决于极点的位置。在零极点分布图上表示,则全部极点均在左半平面,系统即为稳定。另外还要指出,当模态为收敛时,还有一个收敛速度问题,这体现为过渡过程快慢。极点距虚轴越远,相应的模态收敛越快。因为这时模态函数为负指数,且指数绝对值很大。

3) 零点决定运动模态的比重

传递函数的零点并不形成自由运动的模态,但它们却影响各模态在响应中所占的比重,因而也影响响应曲线的形状。设某对象的传递函数为

$$G_1(s)=\frac{3(2s+1)}{(s+1)(s+3)}$$

有两个极点:$p_1=-1$,$p_2=-3$;一个零点:$z_1=-0.5$,求其单位阶跃响应为

$$c_1(t)=L^{-1}\left[\frac{3(2s+1)}{(s+1)(s+3)}\cdot\frac{1}{s}\right]=1+1.5\mathrm{e}^{-t}-2.5\mathrm{e}^{-3t}$$

若将零点调整为 $z_2=-0.83$,接近了极点 $p_1=-1$,见图 2-22。此时传递函数为

$$G_2(s)=\frac{3(1.2s+1)}{(s+1)(s+3)}$$

单位阶跃响应为

$$c_2(t)=L^{-1}\left[\frac{3(1.2s+1)}{(s+1)(s+3)}\cdot\frac{1}{s}\right]=1+0.3\mathrm{e}^{-t}-1.3\mathrm{e}^{-3t}$$

可见,由于极点不变,运动模态也不变,但零点的改变使两个模态 e^{-t} 和 e^{-3t} 在响应中所占的比重发生变化,见图 2-12。

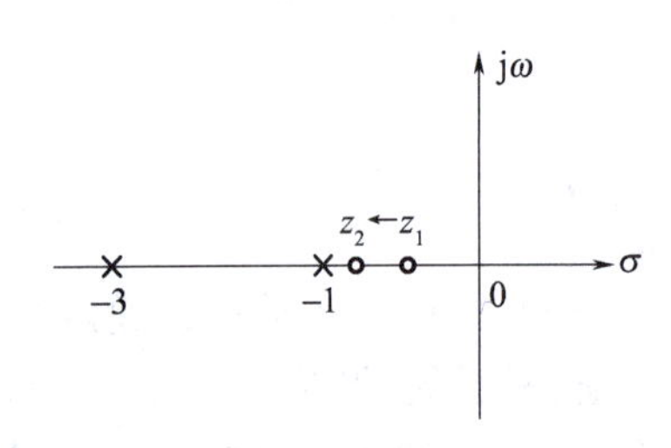

图 2-11　零极点分布图

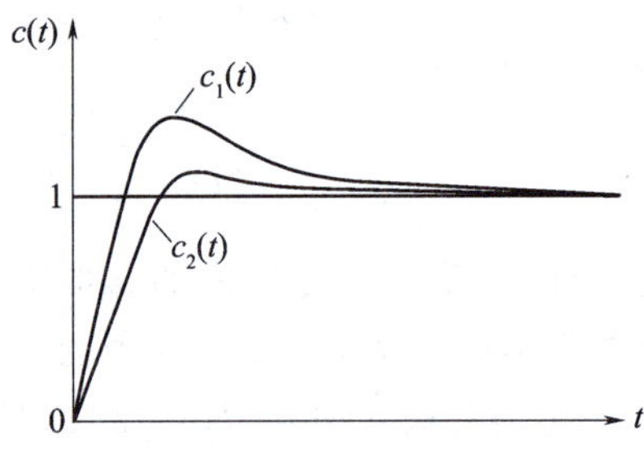

图 2-12　单位阶跃响应

当零点不靠近任何极点时,诸极点相对来说,距离零点远一些的极点其模态所占比重较大,若零点靠近某极点,则对应模态的比重就减小,所以离零点很近的极点的比重会被大大削弱。当零极点相重,产生零极点对消时,相应的模态也消失了。例如:

$$G_3(s)=\frac{3(s+1)}{(s+1)(s+3)}$$

单位阶跃响应为

$$c_3(t)=1+0\mathrm{e}^{-t}-\mathrm{e}^{-3t}$$

可见,零极点相消的结果,使对应的模态被掩藏起来,传递作用受到阻断,致使系统运动的表面成分发生变化。

4) 传递系数决定了系统稳态传递性能

前面给出的传递函数两种表达形式中,定义了两种形式的传递系数。其中 $K_g=b_0/a_0$ 为分子与分母多项式中最高次项系数之比,$K=b_m/a_n$ 为分子与分母多项式中常数项之比,两者之间通过已知的零点与极点有确定的换算关系,即

$$K=K_g\frac{(-z_1)(-z_2)\cdots(-z_m)}{(-p_1)(-p_2)\cdots(-p_n)}=G(0) \tag{2-39}$$

设系统输入量为阶跃函数,$r(t)=u_0 1(t)$,当系统进入稳态后,由终值定理,可得稳态输出为

$$\lim_{t\to\infty}c(t)=\lim_{s\to 0}sG(s)\cdot\frac{u_0}{s}=G(0)u_0=Ku_0$$

稳态输出与输入成比例关系，比例系数 K 即为传递函数的静态增益。

有了传递函数，对 RLC 无源电路和有源网络，可引入复阻抗的概念，则电压、电流、复阻抗之间的关系，满足广义的欧姆定律。即

$$\frac{U(s)}{I(s)}=Z(s)$$

对于电阻 R：

$$u(t)=R\cdot i(t)$$
$$U(s)=R\cdot I(s)$$

则电阻的复阻抗为

$$\frac{U(s)}{I(s)}=R$$

对于电感 L：

$$u(t)=L\frac{\mathrm{d}i(t)}{\mathrm{d}t}$$
$$U(s)=LsI(s)$$

电感的复阻抗为

$$\frac{U(s)}{I(s)}=sL$$

对于电容 C：

$$i(t)=C\frac{\mathrm{d}u(t)}{\mathrm{d}t}$$
$$I(s)=CsU(s)$$

电容的复阻抗为

$$\frac{U(s)}{I(s)}=\frac{1}{sC}$$

在建立数学模型时，利用复阻抗直接求传递函数会更简单。

例 2-5　试求图 2-13 所示无源网络的数学模型。

解：利用复阻抗的概念来解题。利用分压原理，得

$$\frac{U_c(s)}{U_r(s)}=\frac{R_2}{R_2+R_1//C}=\frac{R_2}{R_2+\dfrac{1}{\dfrac{1}{R_1}+sC}}=\frac{R_1R_2Cs+R_2}{R_1R_2Cs+(R_1+R_2)}$$

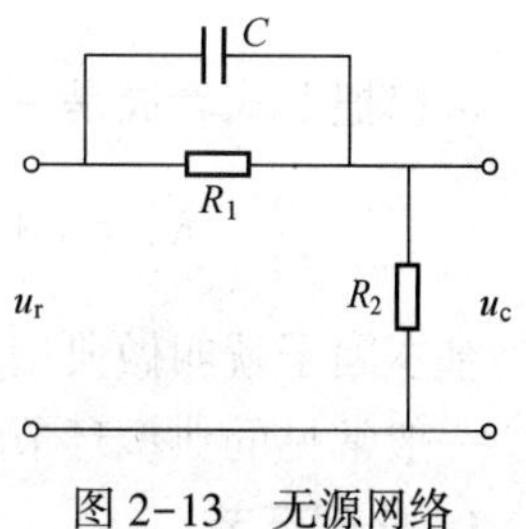

图 2-13　无源网络

例 2-6　有源网络如图 2-14 所示，试用复阻抗法求网络传递函数，并根据求得的结果，直接用于图 2-15 所示 PI 调节器，写出传递函数。

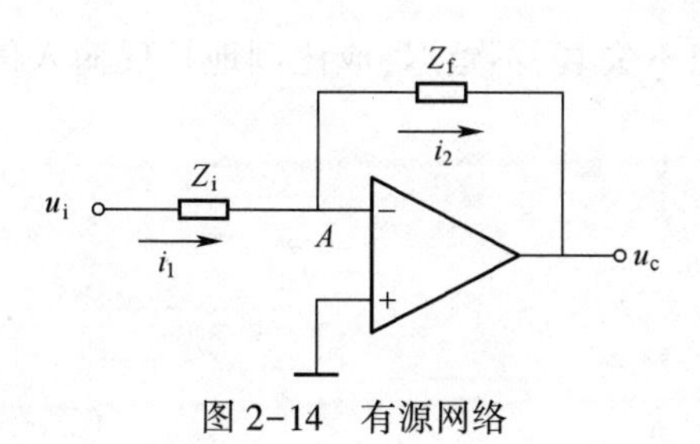

图 2-14　有源网络

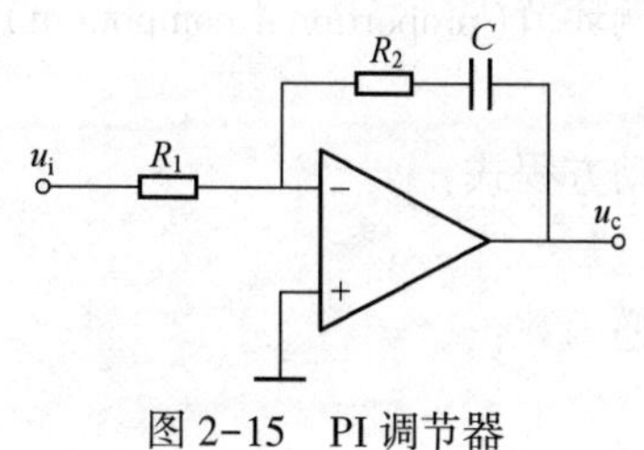

图 2-15　PI 调节器

解：图 2-14 中 Z_i 和 Z_f 表示运算放大器外部电路中输入回路和反馈回路复阻抗，假设 A 点为虚地，即 $U_A \approx 0$，运算放大器输入阻抗很大，可略去输入电流，于是 $I_1 = I_2$，则有

$$U_i(s) = I_1(s)Z_i(s)$$
$$U_c(s) = -I_2(s)Z_f(s)$$

故传递函数为

$$G(s) = \frac{U_c(s)}{U_i(s)} = -\frac{Z_f(s)}{Z_i(s)} \tag{2-40}$$

对于由运算放大器构成的调节器，式(2-40)可看作计算传递函数的一般公式。对于图 2-15 所示 PI 调节器，有

$$Z_i(s) = R_1$$
$$Z_f(s) = R_2 + \frac{1}{Cs}$$

故

$$G(s) = -\frac{Z_f(s)}{Z_i(s)} = \frac{R_2 + \frac{1}{Cs}}{R_1} = \frac{R_2Cs + 1}{R_1Cs}$$

2.4 典型环节及其传递函数

自动控制系统是由若干元件组成的，这些元件从物理结构及作用原理上来看，是各式各样互不相同的。但从动态性能或数学模型来看，却可以分成为数不多的基本环节，这就是典型环节(typical element)。不同的物理系统，可以是同一种环节，同一个物理系统也可能成为不同的环节，这是与描述它们动态特性的微分方程相对应的。总之，典型环节是从数学模型上来划分的，也就是按元件的动态特性来划分。这种划分着重突出元件的动态性能，对系统的分析研究带来很大方便。

一般任意复杂的传递函数，按式(2-34)，都可写成分解因式的形式，即

$$G(s) = K\frac{(\tau_1 s + 1)(\tau_2^2 s^2 + 2\zeta\tau_2 s + 1)\cdots(\tau_i s + 1)}{(T_1 s + 1)(T_2^2 s^2 + 2\zeta T_2 s + 1)\cdots(T_j s + 1)}$$

可以把上式看成是一系列形如以下基本因子的乘积，即

$$K,\ \tau_1 s + 1,\ \frac{1}{T_1 s + 1},\ (\tau_2^2 s^2 + 2\zeta\tau_2 s + 1),\ \frac{1}{T_2^2 s^2 + 2\zeta T_2 s + 1}$$

这些基本因子就叫做典型环节，所有系统的传递函数都是由这样的典型环节组合起来的。

一般常见的典型环节有 6 种，分述如下：

1. 比例环节

比例环节(proportional component)的特点是输出不失真、不延迟、成比例地复现输入信号的变化。

运动方程式：

$$c(t) = Kr(t)$$

传递函数：

$$\frac{C(s)}{R(s)} = G(s) = K \tag{2-41}$$

单位阶跃响应：

$$C(s) = K \cdot \frac{1}{s}$$

$$c(t) = K \cdot 1(t)$$

可见，当输入量 $r(t)=1(t)$ 时，输出量 $c(t)$ 成比例变化，如图 2-16 所示。

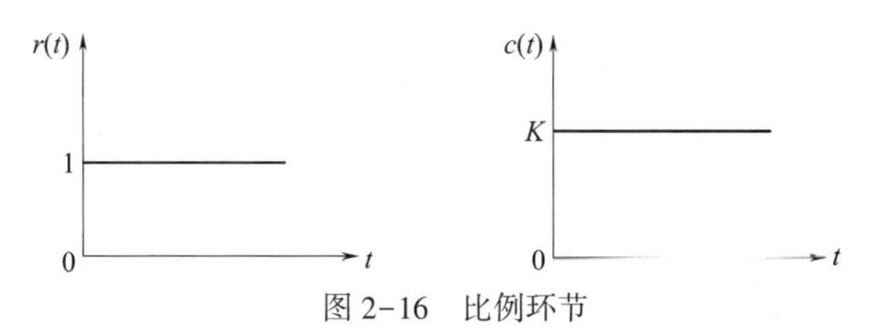

图 2-16　比例环节

比例环节的实例有运算放大器、测速发电机、电位器等。当然这些元件都是在一定的简化性条件下视为比例环节特性的。

如图 2-17 所示的运算放大器、齿轮系、杠杆、电位器都是比例环节的实例，还有测速发电机等。当然这些元件都是在一定的简化性条件下视为比例环节特性的。

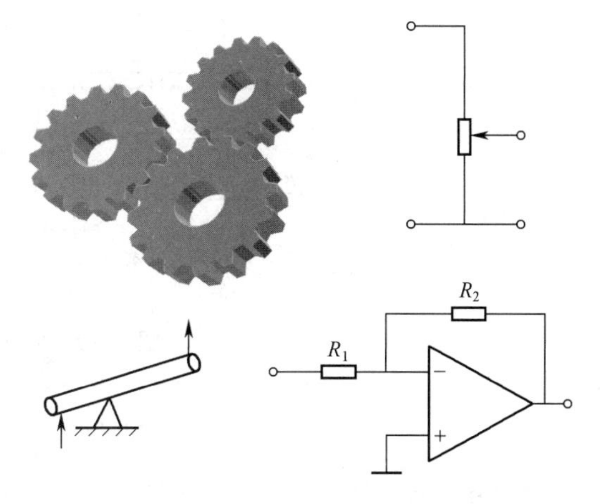

图 2-17　比例环节的实例

2. 惯性环节

惯性环节（inertial element）的响应特点是输出量延缓地反映输入量的变化规律。

微分方程式：

$$T\frac{\mathrm{d}c(t)}{\mathrm{d}t} + c(t) = r(t)$$

传递函数：

$$G(s) = \frac{1}{Ts + 1} \qquad (2-42)$$

式中，T 为惯性环节时间常数。

单位阶跃响应：

$$C(s) = \frac{1}{Ts+1} \cdot \frac{1}{s} = \frac{1}{s} - \frac{1}{s + \frac{1}{T}}$$

$$c(t) = 1 - \mathrm{e}^{-\frac{t}{T}}$$

惯性环节的传递函数有一个负实数极点 $p=-1/T$，无零点，阶跃响应曲线是按指数上升的曲线，如图 2-18 所示。

这种环节具有储能元件，输出量要经过一定的时间才能到达相应的平衡状态。响应曲线的初始斜率为 $1/T$，由时间常数 T 决定，T 越大，响应速度越慢。因此，时间常数 T 是惯性环节的重要参数。

电路中的 RCL 滤波电路、无质量块的机械位移系统、惯性调节器、机械轴刚体的旋转等，都是常见的惯性环节，如图 2-19 所示。另外，忽略掉电枢电感的直流电动机，也是惯性环节。

3. 积分环节

积分环节（integration element）的输出量是对输入量在时间上的积分。其积分关系式为

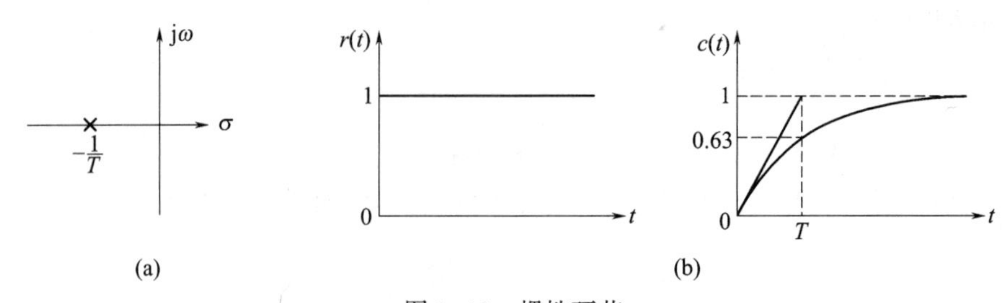

图 2-18　惯性环节

（a）极点位置；（b）阶跃响应。

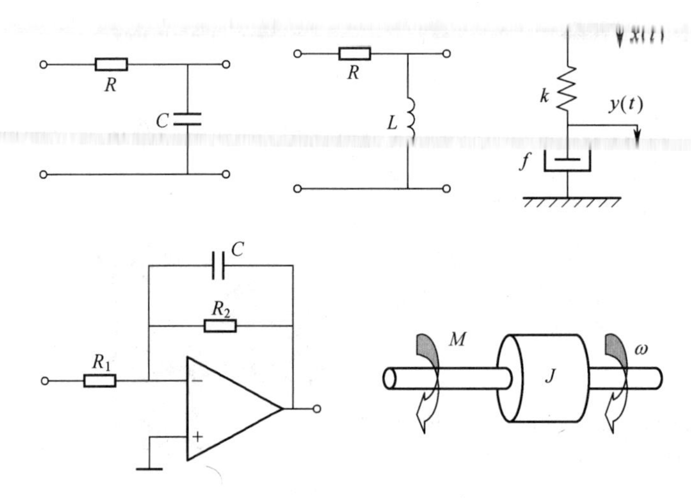

图 2-19　惯性环节的实例

$$c(t)=\frac{1}{T}\int_0^t r(\tau)\mathrm{d}\tau$$

微分方程式：

$$T\frac{\mathrm{d}c(t)}{\mathrm{d}t}=r(t)$$

传递函数：

$$G(s)=\frac{1}{Ts} \tag{2-43}$$

单位阶跃响应：

$$C(s)=\frac{1}{Ts}\cdot\frac{1}{s}$$

$$c(t)=\frac{1}{T}t$$

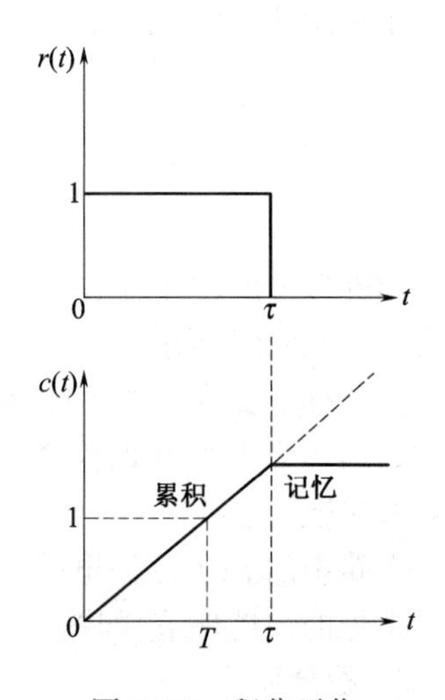

图 2-20　积分环节

该环节的输出随时间直线增长，如图 2-20 所示。

积分作用的强弱由积分时间常数 T 决定。T 越小，积分作用越强。当输入突然除去，积分停止，输出维持不变，故有记忆功能。另外，积分环节有一个极点 $p=0$ 位于原点处，如图 2-21 所示。则使其静态增益 $G(0)=\infty$，这正是积分环节无限累积输入信号的体现，利用这一特点，积分环节常被用来改善控制系统的稳态性能。

如图 2-22 所示的水箱的水位与水流量,积分调节器是积分环节的实例。还有齿条的位移与齿轮角速度、加热器的温度与电功率、电容器电压与电流、电动机的角位移与转速等,也都是积分环节。

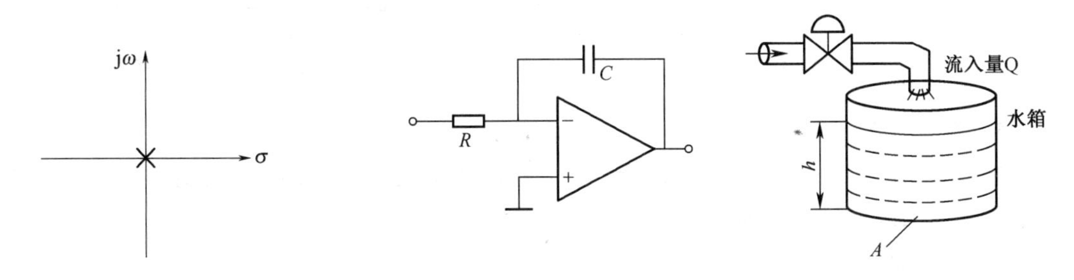

图 2-21　积分环节极点位置

图 2-22　积分环节的实例

4. 微分环节

理想的微分环节(differentiation element),其输出是输入信号对时间的微分。也就是说,输出量与输入量的变化率成正比。因此,它能预示输入信号的变化趋势,监测动态行为。

微分方程式:

$$c(t)=T\frac{\mathrm{d}r(t)}{\mathrm{d}t}$$

传递函数:

$$G(s)=Ts \tag{2-44}$$

单位阶跃响应:

$$C(s)=Ts\cdot\frac{1}{s}=T$$

$$c(t)=T\cdot\delta(t)$$

由于阶跃信号在 $t=0$ 时刻有一个跃变,其他时刻均不变化,所以微分环节对阶跃信号的响应只在 $t=0$ 时产生一个响应脉冲,如图 2-23 所示。

另外,微分环节有一个零点 $z=0$ 位于原点处,如图 2-24 所示,则静态增益 $G(0)=0$。这意味着,静态信号没有变化率,微分环节输出为零。

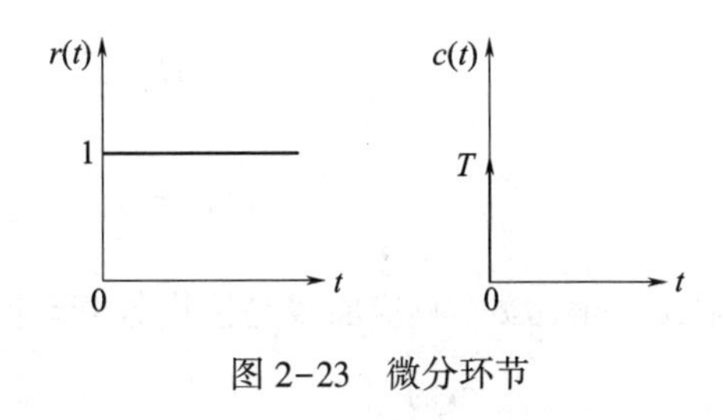

图 2-23　微分环节

理想的微分环节在物理系统中很少独立存在,经常与其他环节并存。图 2-25 所示的 RC 电路,其传递函数为

$$\frac{U_{\mathrm{c}}(s)}{U_{\mathrm{r}}(s)}=\frac{Ts}{1+Ts}$$

式中,$T=RC$。该电路相当于一个微分环节与一个惯性环节串联组合。这称为实用微分环节。显然,当 $T\ll 1$ 时,有

$$G(s)\approx Ts$$

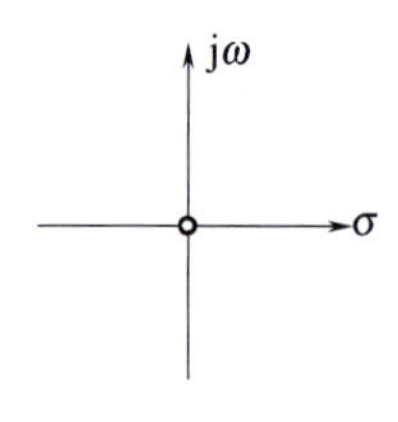

图 2-24　极点位置

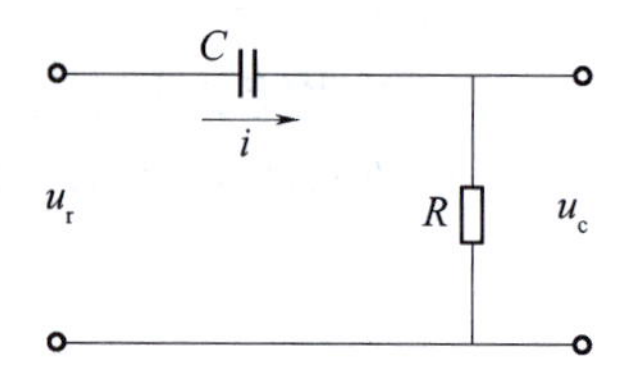

图 2-25　RC 微分电路

5. 振荡环节

振荡环节(oscillation element)属于二阶系统的特例,它含有两个储能元件,在运动的过程中能量相互交换,使环节的输出带有振荡的特性。

微分方程式:

$$T^2\frac{\mathrm{d}^2c(t)}{\mathrm{d}t^2}+2\zeta T\frac{\mathrm{d}c(t)}{\mathrm{d}t}+c(t)=r(t)$$

传递函数:

$$G(s)=\frac{1}{T^2s^2+2\zeta Ts+1} \tag{2-45}$$

或

$$G(s)=\frac{\omega_n^2}{s^2+2\zeta\omega_n s+\omega_n^2} \tag{2-46}$$

式中,$T>0,0\leqslant\zeta<1,\omega_n=1/T$,$T$ 称为振荡环节时间常数;ζ 称为阻尼比;ω_n 称为自然振荡频率。

振荡环节有一对位于 s 平面左半部的共轭极点:

$$p_{1,2}=-\sigma\pm j\omega_d$$

式中,$\sigma=\zeta\omega_n;\omega_d=\omega_n\sqrt{1-\zeta^2}$,见图 2-26。

因此,由前所知,共轭复极点所对应的运动模态一定是 $e^{-\sigma t}\sin\omega_d t$ 与 $e^{-\sigma t}\cos\omega_d t$ 的线性组合,具有周期振荡性质。

单位阶跃响应:

$$C(s)=\frac{\omega_n^2}{s^2+2\zeta\omega_n s+\omega_n^2}\cdot\frac{1}{s}$$

$$c(t)=1-\frac{1}{\sqrt{1-\zeta^2}}e^{-\sigma t}\sin(\omega_d t+\varphi)$$

式中,$\varphi=\arccos\zeta$。响应曲线是按指数衰减振荡的,故称振荡环节,如图 2-27 所示。

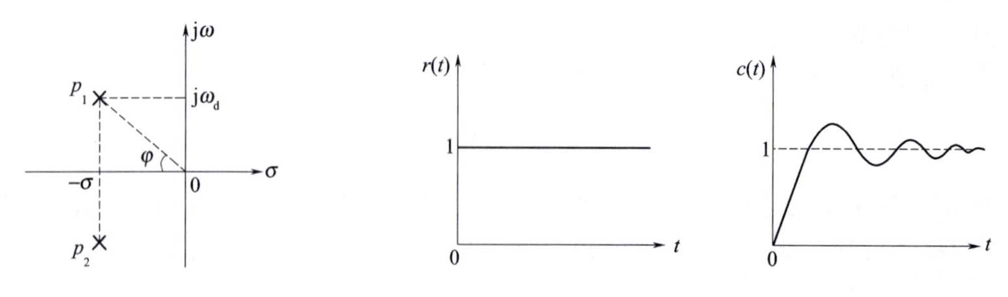

图 2-26　极点位置　　　　图 2-27　振荡环节

振荡环节的详细讨论将在第 3 章进行。在实际的物理系统中，振荡环节的传递函数经常碰到，如前面例子中：

RLC 串联电路

$$\frac{U_c(s)}{U_r(s)}=\frac{1}{LCs^2+RCs+1}$$

弹簧—质量—阻尼器串联系统

$$\frac{Y(s)}{F(s)}=\frac{1}{ms^2+fs+k}$$

直流电动机当 $M_L=0$ 时

$$\frac{\Omega(s)}{U_a(s)}=\frac{1/k_e}{T_aT_ms^2+T_ms+1}$$

上述三个系统的传递函数均为二阶系统，当化成式(2-46)的标准形式时，只要满足 $0\leqslant\zeta<1$，则它们都是振荡环节。

6. 延迟环节

延迟是工程上常会遇到的现象。当输入信号加入系统后，其输出端要隔一定时间后才能复现输入信号，这种环节叫延迟环节(delay element)。

方程的标准形式：

$$c(t)=r(t-\tau)$$

传递函数：

$$G(s)=e^{-\tau s} \tag{2-47}$$

式中，τ 为延迟时间。

单位阶跃响应：

$$C(s)=e^{-\tau s}\cdot\frac{1}{s}$$

$$c(t)=1(t-\tau)$$

响应信号隔一定时间之后才出现阶跃，在 $0<t<\tau$ 内，输出为零，如图 2-28 所示。

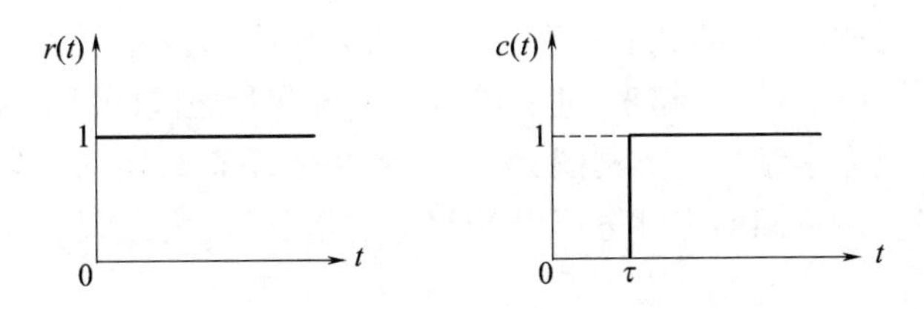

图 2-28　延迟环节的单位阶跃响应

延迟环节也是线性环节，但其传递函数是 s 的无理函数。如果想用有理函数近似代替函数 $e^{-\tau s}$，以便于用常规方法分析，一般常采用以下两种方法：

(1) 根据指数函数的一种定义，有

$$e^{-\tau s}=\lim_{n\to\infty}\frac{1}{\left(1+\frac{\tau}{n}s\right)^n}$$

当 $n \gg 1$ 时,可近似认为:

$$e^{-\tau s} \approx \frac{1}{\left(1+\frac{\tau}{n}s\right)^n} \tag{2-48}$$

这相当于若干个时间常数相同的惯性环节串联组合。这种近似方法精度较高,但分母多项式次数太高,结果较复杂。

(2) 把指数函数展开成泰勒级数:

$$e^{-\tau s} = 1 - \tau s + \frac{\tau^2}{2}s^2 - \cdots$$

s 的各次方表示延迟环节的输出量中含有输入量的各阶导数,如果输入量的变化相当慢,各阶变化率很小,就可以略去高阶项,而近似为

$$e^{-\tau s} \approx 1 - \tau s \tag{2-49}$$

这种结果简单,但不适用于输入量含有突变的成分(例如阶跃函数),否则,它的精度很差。

例 2-7 图 2-29 所示是一个把两种不同浓度的液体按一定比例进行混合的装置。为了能测得混合后溶液的均匀浓度,要求测量点离开混合点一定的距离。这样在混合点和测量点之间就存在着传递的延迟。

延迟时间: $\tau = \frac{d}{v}$

设混合点处溶液的浓度为 $r(t)$,并经过 τ 秒之后,在测量点复现出来,那么测量点溶液的浓度 $c(t)$ 为

$$c(t) = r(t-\tau)$$

传递函数为 $\frac{C(s)}{R(s)} = e^{-\tau s}$

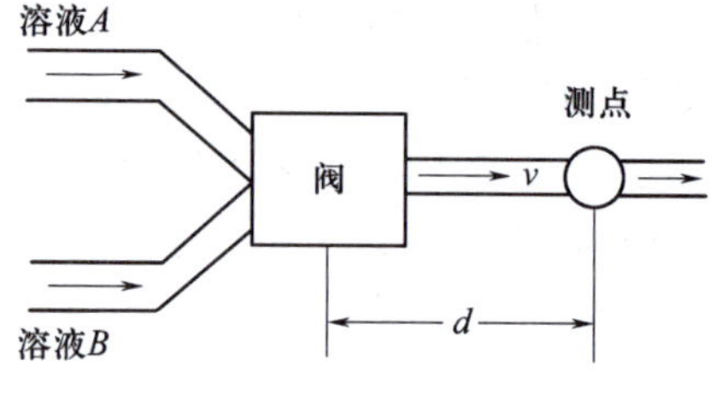

图 2-29 溶液检测延迟

2.5 系统的结构图

以上讨论了表示元件动态特性的 6 种典型环节,从根本上来看,任何复杂的系统,都可看作是这些典型环节的组合。在第 1 章我们曾用系统的方框图来定性地描述系统,这对于了解系统的结构及信息传递的路径等问题,带来了很大的方便。当建立了系统传递函数的概念之后,方框图就可以与传递函数结合起来,进一步描述系统变量之间的因果关系。这就产生了一种描述系统动态性能及数学结构的方框图,称之为系统的动态结构图。它将系统结构和原理分析中对各元件和各变量之间的定性分析上升到了定量分析,为工程上分析设计系统提供了一种有力的数学工具。

2.5.1 结构图的定义及基本组成

1. 结构图的定义

定义 由具有一定函数关系的环节组成的,并标明信号流向的系统的方框图,称为系统的结构图(structure diagram)。

例如第 1 章图 1-11 讨论的直流电动机转速控制系统,我们曾用方框图来定性地描述其结构和作用原理,如图 2-30 所示。

构成系统的三个元件,它们的数学表达式前面已经写出,用传递函数表示后可知,三个元件都可表示为典型环节。

直流电动机空载时 $M_L=0$,传递函数为二阶振荡环节:

$$G_1(s)=\frac{\frac{1}{K_e}}{T_mT_as^2+T_ms+1}$$

放大器为比例环节:

$$G_2(s)=K_a$$

测速机为比例环节:

$$G_3(s)=K_T$$

把各元件的传递函数代入到方框中去,并标明两端对应的变量,就得到了系统的动态结构图,如图 2-31 所示。

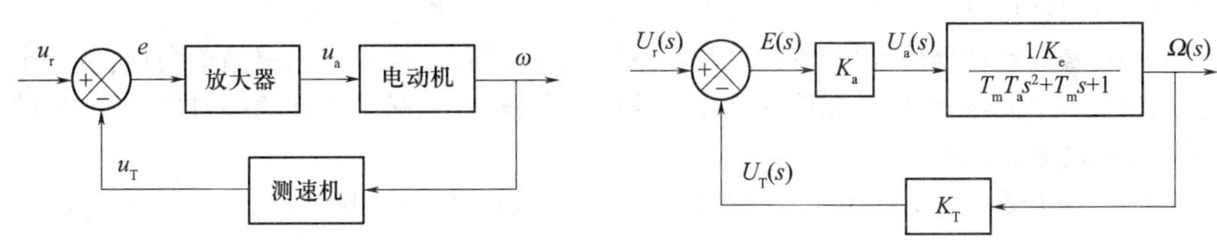

图 2-30　直流电动机转速控制方框图

图 2-31　直流电动机转速控制系统结构图

由此可知,系统的结构图实质上是系统原理图与数学方程两者的综合。在结构图上,用记有传递函数的方框,取代了系统原理图上的元件。同时,摒弃了元件的物理结构,而抽象为数学模型。这样,既补充了原理图所缺少的变量间的定量关系,又避免了抽象的纯教学的描述。既能表明实际系统中信号流动的情况,又能直观了解每个元件对系统性能的影响,而且把复杂的原理图的绘制简化为方框图的绘制。因此,我们说系统的结构图是对系统中每个元件的功能和信号流向的图解表示,也就是对系统数学模型结构的图解表示。

2. 结构图的基本组成

(1) 画图的 4 种基本元素如下:

方框(block):表示对输入信号进行的数学运算。方框中写入元件的传递函数,可作为单向运算的算子。这时,方框的输出量与输入量具有确定的因果关系。即 $C(s)=G(s)R(s)$。图 2-32所示为一个方框单元。

信号传递线(signal transmission line):是带有箭头的直线,箭头表示信号的传递方向,传递线上标明被传递的信号,指向方框的箭头表示输入,从方框出来的箭头表示输出,如图 2-32 所示。

相加点(summing point):对两个以上的信号进行代数运算。箭头上的加号或减号表示信号是相加还是相减。进行相加或相减的量应具有相同的因次和相同的单位。在结构图中,外部信号作用于系统,一般要通过相加点表示出来,如图 2-33 所示。

分支点(branch point):将来自方框的信号同时传向所需的各处。从同一位置引出的信号,在数值和性质方面完全相同。分支点可表示信号引出或被测量的位置,如图 2-34 所示。

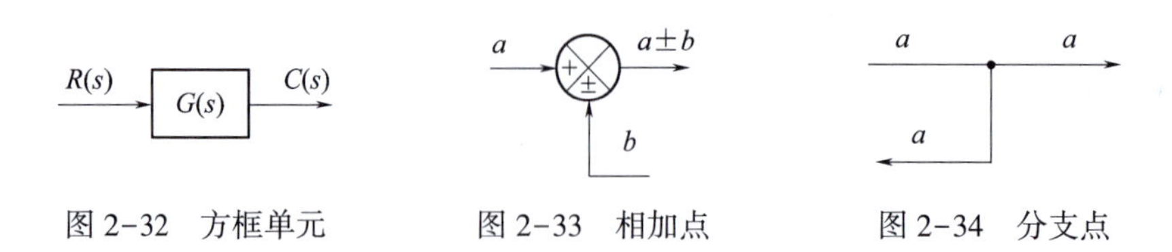

图 2-32　方框单元　　图 2-33　相加点　　图 2-34　分支点

(2) 结构图的基本作用如下：

① 简单明了地表达了系统的组成和相互联系，可以方便地评价每一个元件对系统性能的影响。信号的传递严格遵照单向性原则，对于输出对输入的反作用，通过反馈支路单独表示。

② 对结构图进行一定的代数运算和等效变换，可方便地求得整个系统的传递函数。

③ 当 $s=0$ 时，结构图表示了各变量之间的静特性关系，故称为**静态结构图**。而 $s\neq0$ 时，即为**动态结构图**。

2.5.2 结构图的绘制步骤

结构图是一种图形化的数学模型，既能定性又能定量地分析系统的性能，所以在建立系统结构图时，可视具体情况分别从不同的角度出发，逐步建立系统的结构图。

第一种是从定性分析入手，首先绘制出系统的方框图，使信号传递遵循单向性，从一个元件传递到另一个元件，再把各元件的传递函数代入方框中，并标明方框两端对应的变量，就得到了系统的动态结构图。

例 2-8　随动控制系统，其系统原理图如图 2-35 所示，绘制系统的结构图。

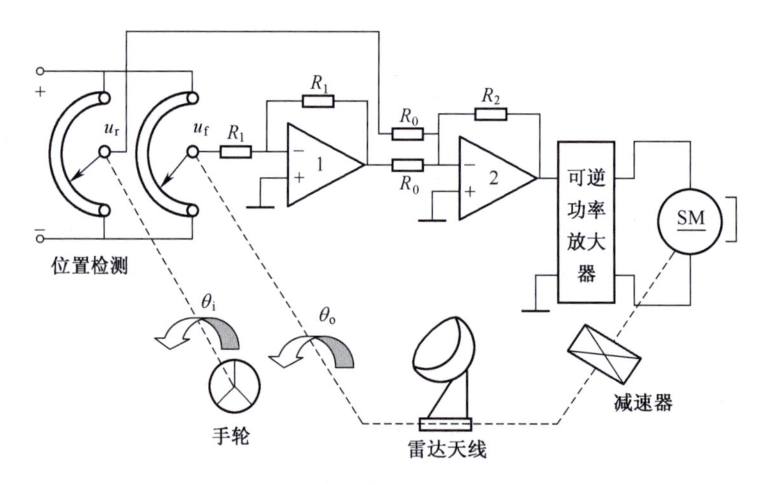

图 2-35　随动控制系统的原理图

解：转动手轮带动位置检测装置(电位器)，把 θ_i 输入信号转换为电压信号 u_r。输出信号 θ_o 也通过位置检测装置转换为相应的电压信号 u_f，再通过运算放大器 1 组成的反相器进行反向。由运算放大器 2 组成的比例放大器，把信号 u_r 与信号 u_f 进行比较得到的偏差信号进行放大，送到可逆功率放大器进行功率放大，作为伺服电机的输入信号，伺服电机通过减速器带动雷达天线旋转，由此产生输出信号 θ_o。作出相应的方框图如图 2-36 所示。

各元件的传递函数分别为：

电位器为一个比例环节，比例系数为 K_i。

运算放大器 2 和可逆功率放大器是比例环节，比例系数为 K_a。

伺服电机的电磁时间常数 T_a 远远小于机电时间常数 T_m，则数学模型为

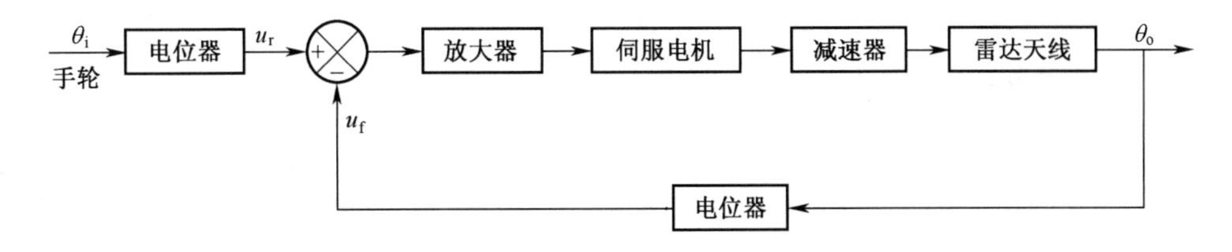

图 2-36 随动控制系统的方框图

$$\frac{\Omega(s)}{U_a(s)} = \frac{1/k_e}{T_m s + 1}$$

减速器也是一比例环节,比例系数为 K。

雷达天线为一积分环节,数学模型为

$$\frac{\theta_o(s)}{\Omega(s)} = \frac{1}{T_1 s}$$

把各元件的数学模型带到方框图中,得到系统的结构图如图 2-37 所示。

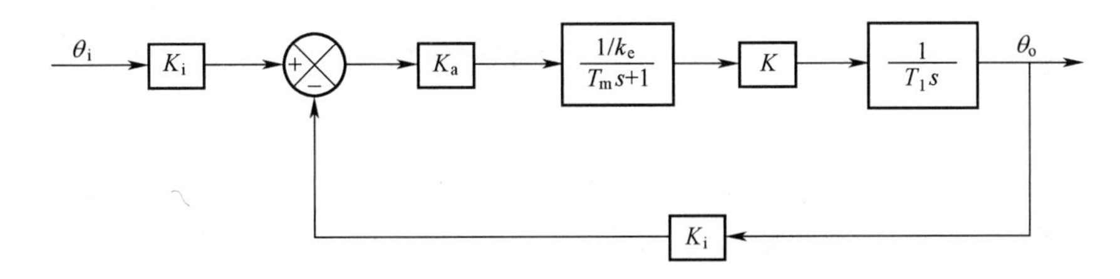

图 2-37 随动控制系统的结构图

另一种情况遵循的是定量分析原则,基本单元的划分基于数学模型的典型环节。更适用于内部信号传递交叉,变量之间相互耦合,单向传递关系不明确,需要解析处理的场合,绘制步骤如下:

(1)列写系统的原始方程式,可按从输入至输出的顺序依次列写(可以保留所有变量,这样在结构图中可以明显地看出各元件的内部结构和变量,便于分析作用原理),要考虑相互间负载效应。

(2)设初始条件为零,对这些方程进行拉普拉斯变换,并将每个变换后的方程,分别以一个方框的形式将因果关系表示出来,而且这些方框中的传递函数都应具有典型环节的形式。

(3)将这些方框单元按信号流向连接起来,就组成完整的结构图。

例 2-9 电枢控制直流电动机,如图 2-38 所示。分析系统是由几个典型环节组成的,求出每一部分的传递函数,并画出整体结构图。

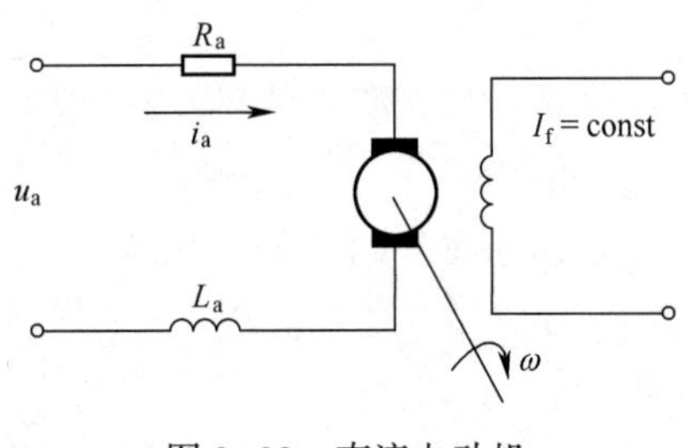

图 2-38 直流电动机

解:(1)机电运动方程。

设输入为 i_a,输出为 ω,不计负载转矩影响,$M_L=0$。则

$$\begin{cases} J\dfrac{d\omega}{dt} = M_D \\ M_D = k_m i_a \end{cases}$$

则传递函数为

$$\frac{\Omega(s)}{I_a(s)}=\frac{k_m}{Js}$$

这是一个积分环节。

(2)电枢回路方程。

$$L_a\frac{di_a}{dt}+R_ai_a+E_a=u_a$$

令：$e=u_a-E_a, T_a=\frac{L_a}{R_a}$，则有

$$T_a\frac{di_a}{dt}+i_a=\frac{1}{R_a}e$$

传递函数为

$$\frac{I_a(s)}{E(s)}=\frac{\frac{1}{R_a}}{T_as+1}$$

这是一个惯性环节。

(3)感应反电势关系式。

$$E_a=K_e\omega$$

传递函数为

$$\frac{E_a(s)}{\Omega(s)}=K_e$$

这是一个比例环节。

将以上三个传递函数分别用方框表示出来，再按相互关系连接起来，就可表示直流电动机的数学模型，见图 2-39。由此可以看出，一个元件或系统的数学模型，若只保留外部变量，可以整理成一个简单的典型环节（见式(2-21)），也可以保留内部变量，把系统分解为一系列典型环节的组合，虽然图形复杂了，但便于分析系统内部性能。

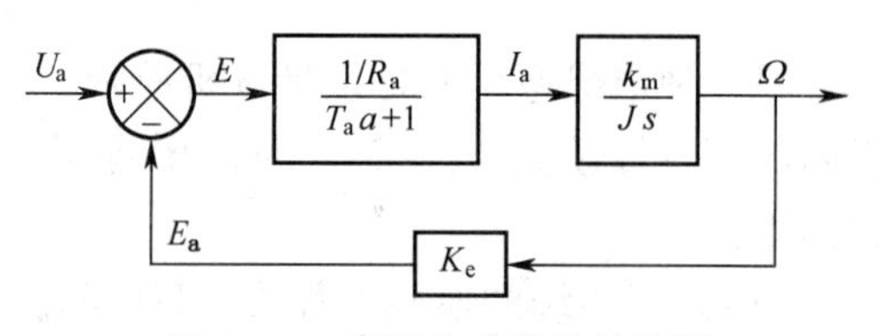

图 2-39　直流电动机的结构图

例 2-10　画出图 2-40 所示 *RC* 网络的结构图。

解：(1) 列写各元件的原始方程式。

$$\begin{cases}u_R=u_1-u_2\\ i=\dfrac{u_R}{R}\\ u_2=\dfrac{1}{C}\int i\mathrm{d}t\end{cases}$$

(2) 取拉普拉斯变换，在零初始条件下，表示成方框形式（因果关系）。

$$\begin{cases}U_R(s)=U_1(s)-U_2(s)\\ I(s)=\dfrac{1}{R}U_R(s)\\ U_2(s)=\dfrac{1}{Cs}I(s)\end{cases}$$

(3) 将这些方框依次连接起来得到图 2-41。

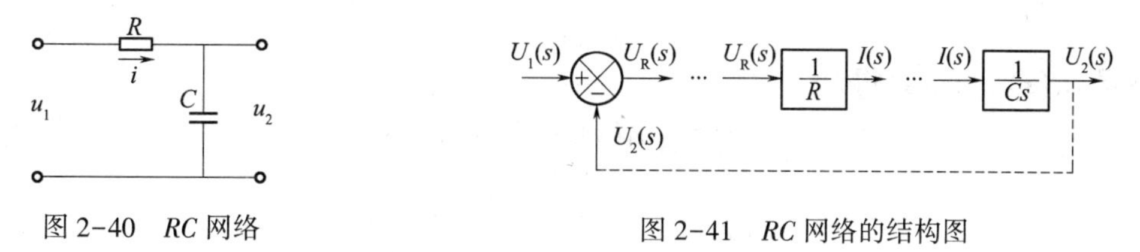

图 2-40　*RC* 网络　　　　图 2-41　*RC* 网络的结构图

2.5.3　结构图的基本连接形式

复杂的系统结构图,其方框之间的连接可能是错综复杂的,但都是从三种基本连接方式上演变出来的。三种基本连接方式是串联、并联和反馈连接,可直接对应代数方程中的三种运算。利用这些基本运算公式,可求得各种组合下的传递函数。

1. 三种基本连接形式

(1) 串联(in series)。相互间无负载效应的环节相串联,即前一个环节的输出是后一个环节的输入,依次按顺序连接,如图 2-42(a)所示。

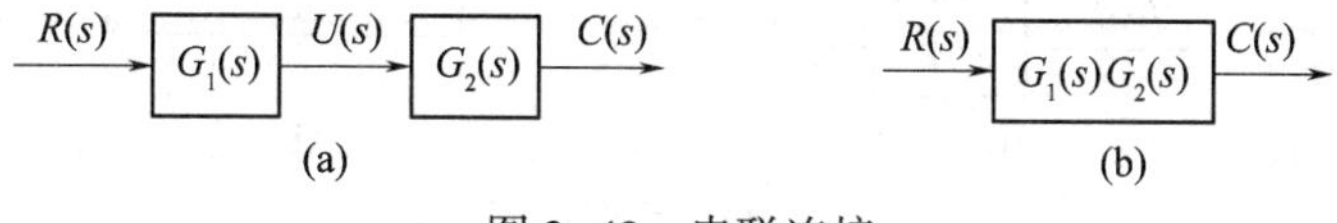

图 2-42　串联连接

由图 2-42(a)可知:

$$U(s)=G_1(s)R(s)$$
$$C(s)=G_2(s)U(s)$$

消去变量 $U(s)$ 得

$$C(s)=G_1(s)G_2(s)R(s)$$

则

$$\frac{C(s)}{R(s)}=G(s)=G_1(s)G_2(s) \tag{2-50}$$

故串联后等效的传递函数等于各串联环节传递函数的乘积,且零点为各串联环节零点之和,极点也为各串联环节极点之和,见图 2-42(b)。

(2) 并联(in parallel)。并联各环节有相同的输入量,而输出量等于各环节输出量之代数和,如图 2-43(a)所示。

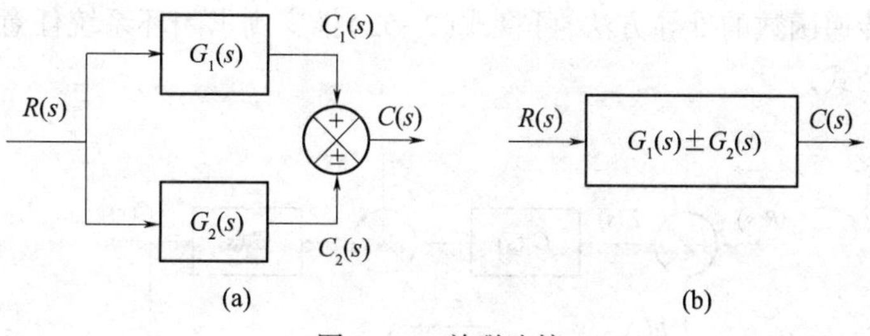

图 2-43　并联连接

由图 2-43(a)有

$$C_1(s)=G_1(s)R(s)$$

$$C_2(s) = G_2(s)R(s)$$

$$C(s) = C_1(s) \pm C_2(s)$$

消去变量 $C_1(s)$ 和 $C_2(s)$ 得

$$C(s) = [G_1(s) \pm G_2(s)]R(s)$$

则

$$\frac{C(s)}{R(s)} = G(s) = G_1(s) \pm G_2(s) \tag{2-51}$$

故并联后等效的传递函数等于各并联环节传递函数的代数和,且极点为各并联环节极点之和,各环节零点不再保留。

(3) 反馈连接(feedback connection)。连接形式是两个方框反向并接,如图 2-44(a)所示。反馈信号相加点处是"+"时为正反馈(positive feedback),是"-"时为负反馈(negative feedback)。

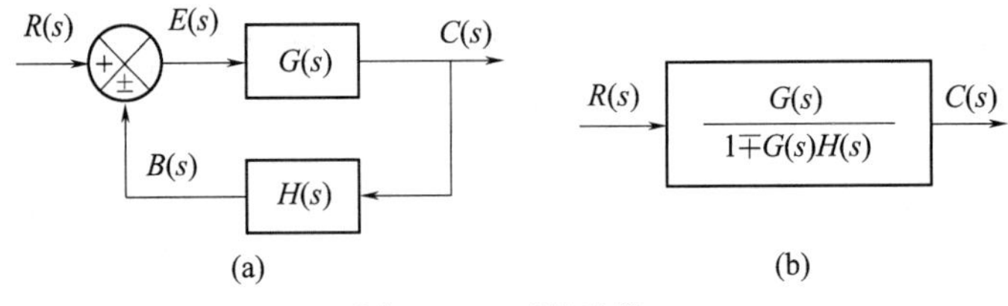

图 2-44 反馈连接

由图 2-44(a)可知:

$$C(s) = G(s)E(s)$$

$$E(s) = R(s) \pm B(s)$$

$$B(s) = H(s)C(s)$$

消去变量 $B(s)$ 和 $E(s)$ 得

$$\frac{C(s)}{R(s)} = \frac{G(s)}{1 \mp G(s)H(s)} \tag{2-52}$$

称反馈连接等效的传递函数为闭环传递函数。今后,在闭环系统的讨论中,无论结构图多么复杂,最终都要等效成图 2-44(b)的标准形式上来讨论,故式(2-52)就成为求闭环传递函数的重要公式。

2. 闭环系统的常用传递函数

考察带有扰动作用下的闭环系统如图 2-45 所示。它代表了常见的闭环控制系统的一般形式。按照闭环传递函数的推导方法,可将式(2-52)推广到求闭环系统任意一对输入与输出之间的传递函数公式。

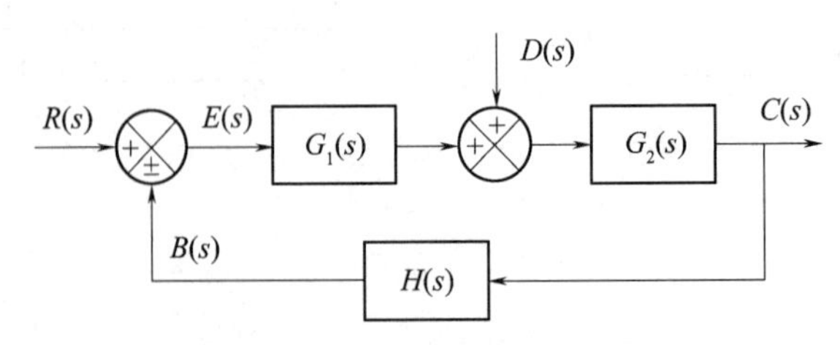

图 2-45 有扰动作用的闭环系统

首先定义**开环传递函数**:将回环从反馈的末端 $B(s)$ 处断开,沿回环从误差信号 $E(s)$ 开始至末端反馈信号 $B(s)$ 终止,其间所经过的通道传递函数的乘积称为开环传递函数,即

$$开环传递函数 = G_1(s)G_2(s)H(s)$$

再定义**前向传递函数**:由输入到输出的直接通道传递函数的乘积称为前向传递函数,即

$$前向传递函数 = G_1(s)G_2(s)$$

可见,当反馈传递函数 $H(s)=1$ 时,则开环传递和前向传递函数一致。这种结构会对理论研究带来很多方便。

至此,可以给出求单回环闭环系统传递函数的一般公式为

$$闭环传递函数 = \frac{前向传递函数}{1 + 开环传递函数} \tag{2-53}$$

该式提供了直接写出闭环传递函数的快捷方法,是今后最常用的公式,应当熟记。显然上式将各种定义的传递函数联系在一起,也就必然将闭环系统的动态性能与开环系统的性能联系在一起,即和前向通道元件及反馈通道元件的动态特性联系在一起了。

若反馈系统为正反馈,则公式中分母里的符号应为"-"号。

对于图 2-45 所示的两个输入量同时作用于线性系统的情况,可以按叠加原理分别对每一个输入量进行单独处理,然后将每一个输入量单独作用时相应的输出量进行叠加,即可得到系统的总输出。

设负反馈系统在开始时处于静止状态,并且假设输出和误差均为零,分别讨论各输入量单独作用时产生的响应,按式(2-53)有:

(1) 控制输入下的闭环传递函数。

令 $D(s)=0$ 有

$$\frac{C_r(s)}{R(s)} = \frac{G_1(s)G_2(s)}{1 + G_1(s)G_2(s)H(s)} \tag{2-54}$$

(2) 扰动输入下的闭环传递函数。

令 $R(s)=0$ 有

$$\frac{C_d(s)}{D(s)} = \frac{G_2(s)}{1 + G_1(s)G_2(s)H(s)} \tag{2-55}$$

(3) 两个输入量同时作用于系统时的响应:

$$C(s) = C_r(s) + C_d(s) = \frac{G_2(s)[G_1(s)R(s) + D(s)]}{1 + G_1(s)G_2(s)H(s)}$$

(4) 控制输入下的误差传递函数。

令 $D(s)=0$ 有

$$\frac{E_r(s)}{R(s)} = \frac{1}{1 + G_1(s)G_2(s)H(s)} \tag{2-56}$$

(5) 扰动输入下的误差传递函数。

令 $R(s)=0$ 有

$$\frac{E_d(s)}{D(s)} = \frac{-G_2(s)H(s)}{1 + G_1(s)G_2(s)H(s)} \tag{2-57}$$

(6) 两个输入量同时作用于系统时的误差：

$$E(s)=E_r(s)+E_d(s)=\frac{R(s)-G_2(s)H(s)D(s)}{1+G_1(s)G_2(s)H(s)}$$

3. 闭环控制系统的几个特点

闭环控制系统较开环控制系统有更多的优点，这在第 1 章中就定性地分析过，在建立了闭环传递函数之后，通过定量的分析，这些优点就更加可信。

(1) 外部扰动的抑制。

由式(2-55)，当 $|G_1(s)G_2(s)H(s)|\gg 1$ 时，$\dfrac{C_d(s)}{D(s)}\approx\dfrac{1}{G_1(s)H(s)}$。

若还有 $|G_1(s)H(s)|\gg 1$，则$\dfrac{C_d(s)}{D(s)}\to 0$。

在这种情况下，闭环系统对外部扰动的响应被抑制掉了。故闭环控制的优点之一是具有较强的抗干扰能力。

(2) 由式(2-54)，当 $|G_1(s)G_2(s)H(s)|\gg 1$ 时，则$\dfrac{C_r(s)}{R(s)}\approx\dfrac{1}{H(s)}$。

这种情况表明闭环系统的传递特性基本与前向通道环节无关，仅取决于反馈通道 $H(s)$ 的精度。若前向环节结构参数的精度较差时，对系统影响不大。

(3) 无论外部输入信号取何种形式和作用于系统任一输入端(如控制输入端或扰动输入端)，也不论输出信号选择哪个变量(如 $C(s)$ 或 $E(s)$)，所对应的闭环传递函数都具有相同的特征方程。这就是说，系统的闭环极点与外部输入信号的形式和作用点无关，同时也与输出信号的选取无关，仅取决于闭环特征方程的根。由此可进一步说明，系统响应的自由运动模态是系统的固有属性，与外部激发信号无关。

2.5.4 结构图的等效变换

在控制工程实践中，常常会碰到一些包含许多反馈回路的控制系统，其结构图甚为复杂。对于这种系统，为了便于分析和计算，需要将其结构图中一些函数方框基于“等效”的概念进行重新排列和整理，使复杂的结构图得到简化。具体地说，通过结构图的变换，主要达到两个目的：

(1) 改变结构图的形式，便于分析某些环节在系统中所占的地位或所起的作用；

(2) 改变结构图的形式，便于求出任一对输入输出变量之间的传递函数。

在等效变换的过程中，最常用的步骤是移动相加点和分支点的位置，将框图中相互交叉的支路解开，然后才能用前面三种运算公式进行化简。在表 2-2 中列举了一些重要的结构图代数法则，可供查用。

2.5.5 结构图的简化

结构图的 3 种基本运算以及结构图分支点和相加点移位的等效变换，都属于结构图的代数法则。利用这些法则，可以使包含许多反馈回路的复杂结构图，通过整理和逐步地重新排列而得到简化。另一方面，由于系统的结构图是与其运动方程式相对应的，结构图的变换，也就引起方程中变量相应的变换。所以，系统结构图的简化过程就对应了运动方程中变量的相消过程。从而也就说明，同一个系统，其结构图可能有各种形式。显然，同一个方程式就可以用不同的画法表示。结构图成为一种反映数学模型结构的数学图形，原因就在于此。

表 2-2　结构图代数法则

	原结构图		等效结构图
1	分支点后移	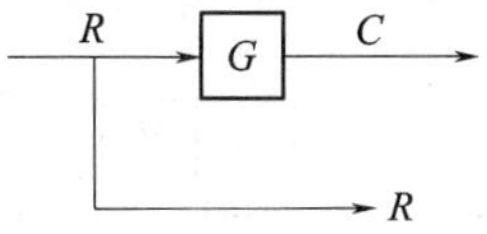	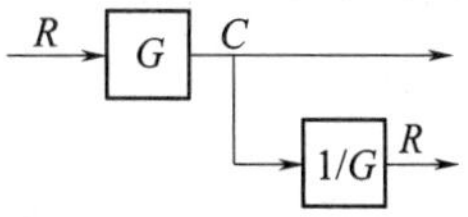
2	分支点前移	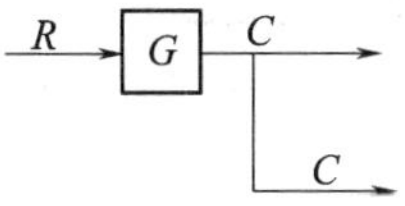	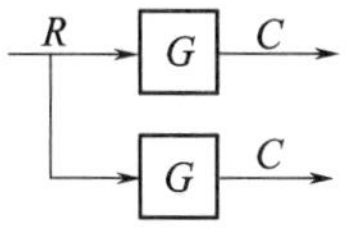
3	相加点后移	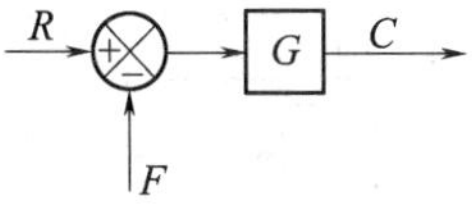	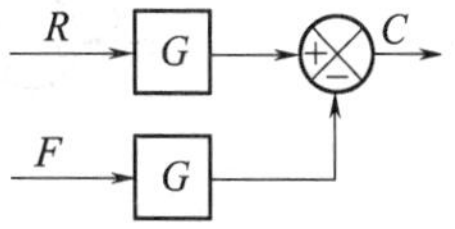
4	相加点前移	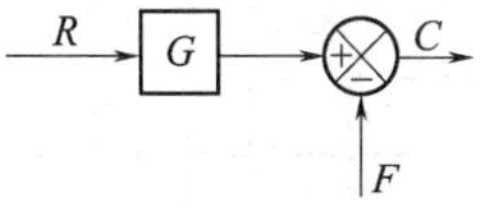	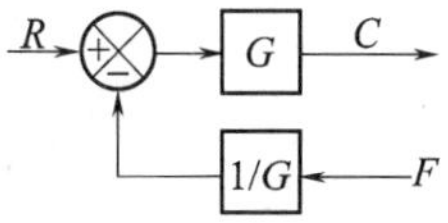
5	相加点互换	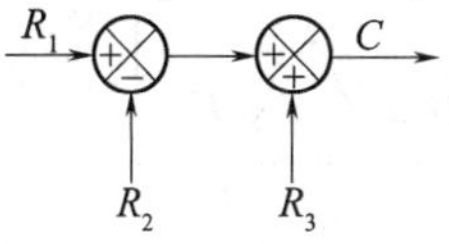	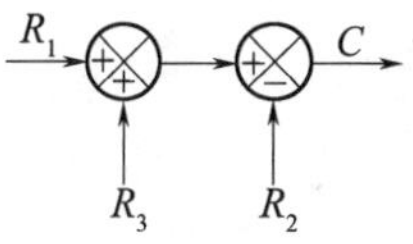
6	反馈单位化	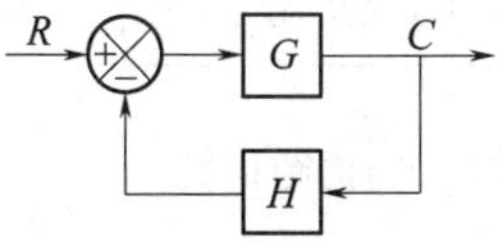	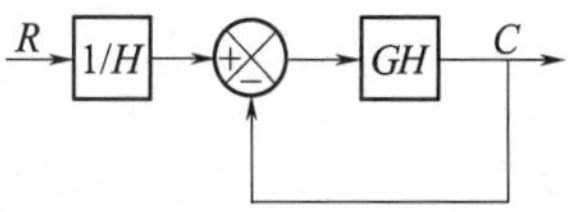

利用代数法则，对于任何复杂系统的结构图，通过等效变换后，总能简化为一个方框。所以，利用这种办法可方便地确定系统的传递函数。应当指出的是，当结构图得到简化后，新的等效方框所表示的传递函数却变得更加复杂，产生新的极点和零点，而这时求解零极点的工作可能会出现困难。

化简结构图求传递函数的步骤：

(1) 确定系统的输入量和输出量。

(2) 利用代数法则进行等效变换，把相互交叉的回环分开，整理成规范的串联、并联、反馈连接形式。

(3) 将规范连接部分利用相应运算公式化简，然后再进一步组合整理，形成新的规范连接，依次化简，最终化成一个方框，该方框所表示的即为待求的总传递函数。

例 2-11 用结构图化简的方法求图 2-46(a)所示系统传递函数$\frac{C(s)}{R(s)}$。

解:将包含 H_2的负反馈环的相加点前移,并交换相加点得到(b)。则包在里面的正反馈环可被消去,得到(c)。然后消去含 H_2/G_1的内环,得到(d)。最后用反馈公式化简成(e)。如图 2-46 所示。

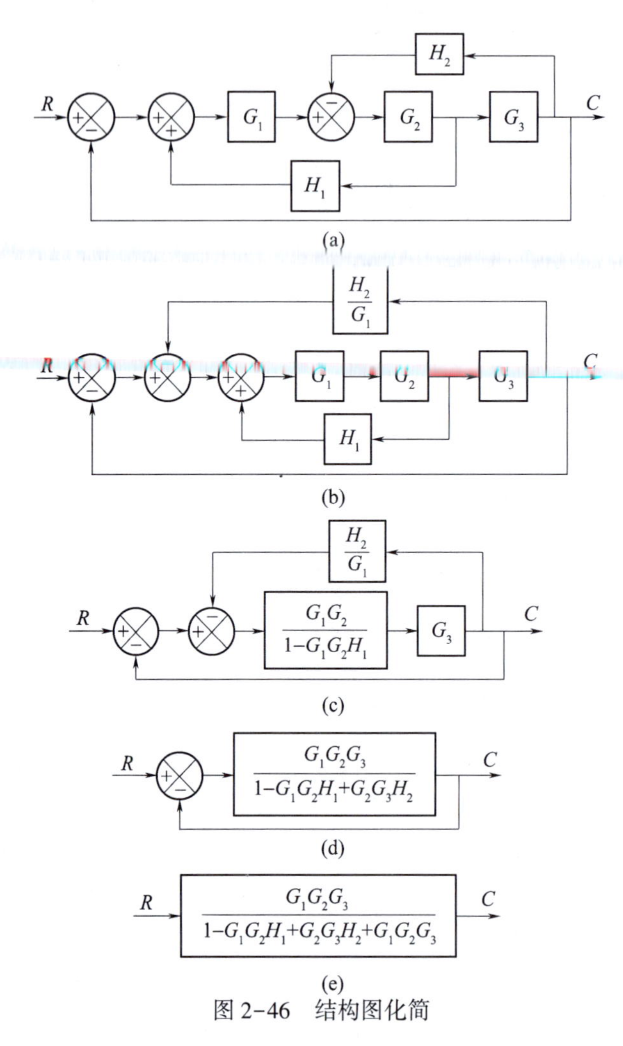

图 2-46 结构图化简

此题也可移动引出点,解除回环的交叉连接,如图 2-47 所示。

由此可知,结构图简化过程是不唯一的。

在结构图简化过程中,可用以下两条原则检验等效的正确性:

(1) 前向通路中传递函数的乘积必须保持不变。

(2) 各反馈回路中传递函数的乘积必须保持不变。

上例结构图的特点是各反馈回路均具有两两相互交叉的结构特征,对照化简的最后结果,可以将传递函数用下式表示:

$$G(s)=\frac{\text{前向通路传递函数的乘积}}{1-\sum(\text{每一反馈回路的传递函数的乘积})} \tag{2-58}$$

满足以上交叉特征的结构图,若求传递函数可不必化简,借助于上式直接写出即可。

例 2-12 已知系统的结构图如图 2-48 所示,求 $C(s)/D(s)$,$E(s)/R(s)$。

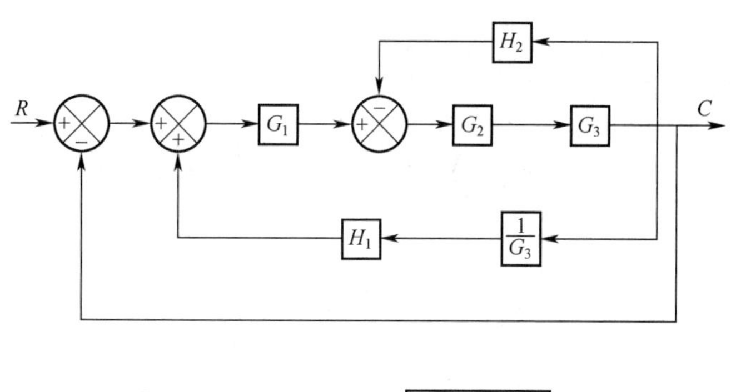

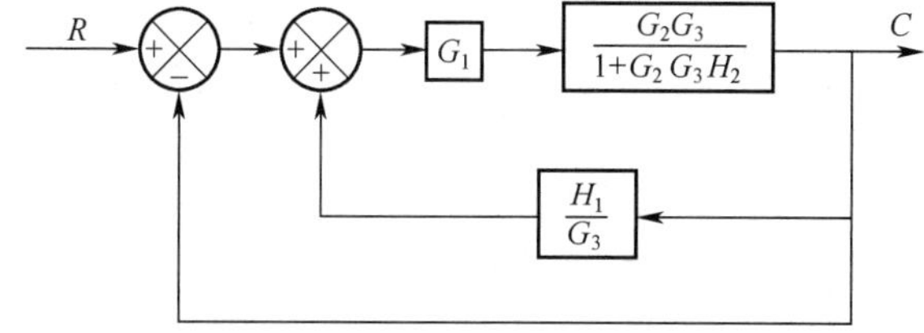

图 2-47　结构图化简

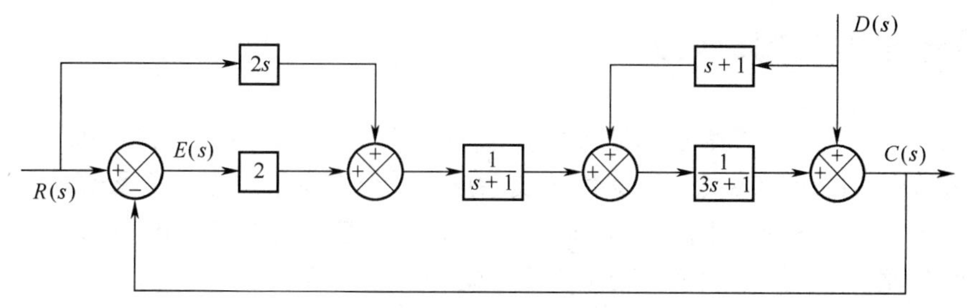

图 2-48　系统的结构图

解:应用线性叠加原理,在求 $C(s)/D(s)$ 时,令 $R(s)=0$;求 $E(s)/R(s)$ 时,令 $D(s)=0$。

求 $C(s)/D(s)$,令 $R(s)=0$。结构图可变换为图 2-49。

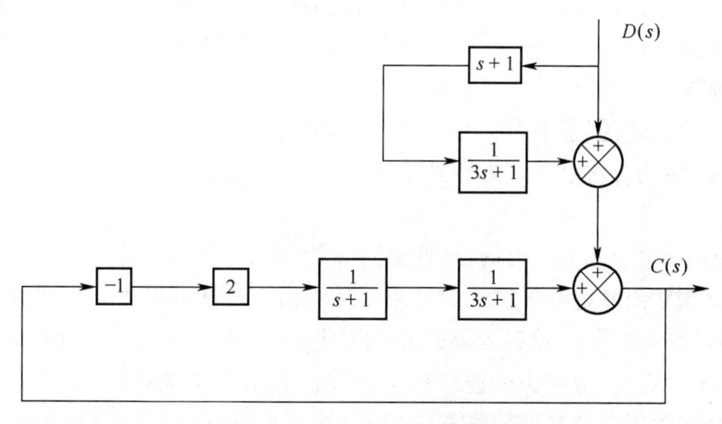

图 2-49　$R(s)=0$ 的结构图

传递函数为

$$\frac{C(s)}{D(s)}=\left(1+\frac{s+1}{3s+1}\right)\cdot\frac{1}{1+\frac{2}{s+1}\cdot\frac{1}{3s+1}}=\frac{(s+1)(4s+2)}{(s+1)(3s+1)+2}$$

求 $E(s)/R(s)$，令 $D(s)=0$。$E(s)=R(s)-C(s)$，可先求 $C(s)/R(s)$，结构图可变换为图 2-50。

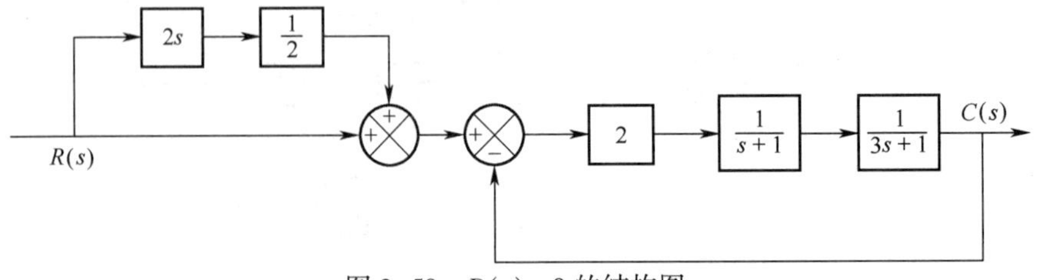

图 2-50　$D(s)=0$ 的结构图

$$\frac{C(s)}{R(s)}=(1+s)\cdot\frac{\frac{2}{s+1}\cdot\frac{1}{3s+1}}{1+\frac{2}{s+1}\cdot\frac{1}{3s+1}}=\frac{2(s+1)}{(s+1)(3s+1)+2}$$

则

$$E(s)=R(s)-C(s)$$

$$\frac{E(s)}{R(s)}=1-\frac{C(s)}{R(s)}=1-\frac{2(1+s)}{(s+1)(3s+1)+2}=\frac{3s^2+2s+1}{(s+1)(3s+1)+2}$$

2.6　信号流图及梅逊公式

结构图对于图解表示控制系统是很有用的，但当系统很复杂时，结构图的简化过程是很烦琐的。信号流图(signal-flow graph)是表示复杂控制系统中变量间相互关系的另一种图示法。这种方法是由美国数学家 S. J 梅逊(Mason)首先提出的，应用这种方法时，不必对信号流图进行简化，而根据统一的公式，就能方便地求出系统的传递函数。

2.6.1　信号流图的基本概念

1. 定义

信号流图是一种表示一组联立线性代数方程的图。从描述系统的角度来看，它描绘了信号从系统中一点流向另一点的情况，并且表明了各信号之间的关系，基本上包含了结构图所包含的信息，与结构图一一对应。

下面通过一个简单的例子来看信号流图的作用原理。

例如：有一线性系统，它由下述方程式描述：

$$x_2=a_{12}x_1 \tag{2-59}$$

式中，x_1为输入信号(变量)；x_2为输出信号(变量)；a_{12}为两信号之间的传输(增益)。也就是说输出变量等于输入变量乘以传输值。若从因果关系上来看，x_1为"因"，x_2为"果"。这种因果关系可以用图2-51表示。

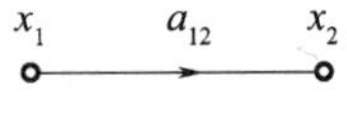

x_1　a_{12}　x_2

图 2-51　信号流图

其中小圆圈表示变量，带箭头的连线标上传输值表示因果关系，由此看出，以上工作完成了信号传递关系、函数运算关系、变量因果关系三种描述形式的统一，用一种直观简单的图形来取而代之。

由此，系统对信号的传递路径和传递能力完全可以由图解简单地表示出来，这就是所谓的信号流图。

下面通过一个例子说明信号流图是如何绘制的。

设有一系统,它由下列方程组描述:

$$\begin{cases}x_2 = a_{12}x_1 + a_{32}x_3 \\ x_3 = a_{23}x_2 + a_{43}x_4 \\ x_4 = a_{24}x_2 + a_{34}x_3 + a_{44}x_4 \\ x_5 = a_{25}x_2 + a_{45}x_4\end{cases}$$

其中每个方程都已写成因果关系了,方程右边的变量为因,左边为果,显然变量之间互为因果,除外部输入 x_1之外,每个变量可作为"果"出现一次,其余的出现则作为"因"。作这种方程组的信号流图时,先用圆圈代表各变量,从左至右依次画在图上,然后按方程表达的关系,分步画出连接线,即可得到信号流图,如图 2-52 所示。

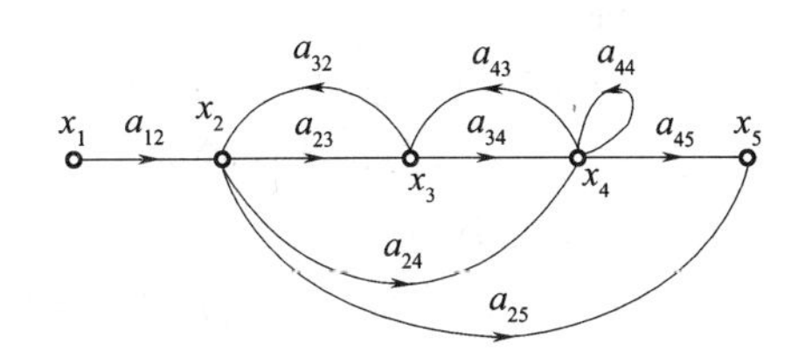

图 2-52　系统信号流图

可见,信号流图把代数方程组内部变量结构和相互关系描绘得一清二楚。这种表示方法对于任何线性代数方程都是适用的。一般情况下,若系统可用 n 个代数方程式描述为

$$\begin{cases}a_{11}x_1 + a_{21}x_2 + \cdots + a_{n1}x_n = 0 \\ a_{12}x_1 + a_{22}x_2 + \cdots + a_{n2}x_n = 0 \\ \cdots \\ a_{1n}x_1 + a_{2n}x_2 + \cdots + a_{nn}x_n = 0\end{cases} \tag{2-60}$$

通过整理,总可以写成因果关系的形式,即

$$x_j = \sum_{i=1}^{n} a'_{ij}x_i \quad j = 1,2,\cdots,n \tag{2-61}$$

其中每个变量作为"果"出现在表达式的左端仅一次,按上述同样的方法,即可作出相应的信号流图。

2. 信号流图的基本元素

信号流图是由节点和支路两种基本元素组成的信号传递网络。从这个意义上来说,比结构图的元素还少。

(1) **节点**(node)。用来表示变量或信号的点,用符号"○"表示,并在它近旁标出所代表的变量。

(2) **支路**(branch)。连接两节点的定向线段,用符号"→—"表示。

支路具有两个**特征**:

① **有向性**:限定了信号传递方向。支路方向就是信号传递的方向,用箭头表示。

② **有权性**:限定了输入与输出两个变量之间的关系。支路的权用它近旁标出的传输值表示。

3. 信号流图中的几个定义

上面已对信号流图的两个基本元素下了定义,在进行信号流图的进一步讨论之前,必须再介绍一些常用术语和定义。

1) 节点及其类别

输入节点(input node):只有输出支路的节点,称为输入节点,它代表的是自变量,又叫做

源点，如图2-52中的 x_1。

输出节点(output node)：只有输入支路的节点，称为输出节点，它代表的是因变量，又叫做汇点，如图 2-52 中的 x_5。

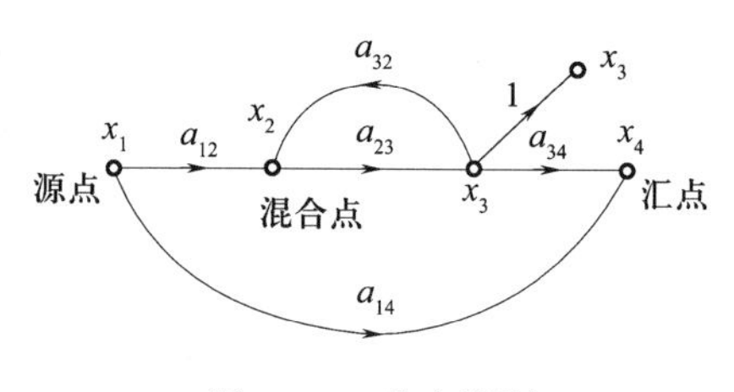

图 2-53 节点类别

混合节点(mixed node)：既有输入支路，又有输出支路的节点，称为混合节点。如图 2-52 中的 x_2, x_3, x_4。对于混合节点，增加一个单位传输的支路，就可以变成输出节点，如图 2-53 所示。但用同样的方法不能把混合节点变成输入节点。

2) 通道及其类别

通道(path)：凡从某一节点开始，沿着支路的箭头方向连续经过一些支路而终止在另一节点(或同一节点)的路径，统称为通道。

开通道(open-path)：如果通道从某节点开始，终止在另一节点上，而且通道中每个节点只经过一次，则该通道称为开通道。

闭通道(loop)：如果通道的终点就是通道的起点，且通道中每个节点只经过一次，则该通道称为闭通道。所谓回环指的就是闭通道。只与一个节点相交的回环，称为自环(self-loop)。如果一些回环没有任何公共节点，就称它们为不接触回环。

前向通道：从源点开始到汇点终止的开通道，称为前向通道。

3) 传输及其类别

传输(transmission)：两节点之间的增益叫做传输，也就是支路的增益。

通道传输：通道中各支路传输的乘积，称为通道传输。

回环传输：闭通道中各支路传输的乘积，就是回环传输。

自回环传输：构成自环的支路所具有的传输，称为自环传输。

4. 信号流图的重要性质

(1) 信号流图只能用来表示代数方程组，当系统由微分方程式(组)描述时，则首先通过拉普拉斯变换转换成代数方程。

(2) 节点变量表示所有流向该节点的信号之和；而从同一节点流向各支路的信号，均用该节点变量表示，**简言之**，节点把所有输入信号叠加，传到所有的输出支路。

(3) 支路表示了一个信号对另一个信号的函数关系，信号只能沿支路的箭头方向流通，后一节点对前一节点没有负载效应(即无反作用)。

(4) 对于给定的系统，信号流图不是唯一的，同一系统的方程组可以写成不同的形式，这是由于变量的组合关系不同，所以对于给定的系统，可以画出许多不同的信号流图。

2.6.2 信号流图的绘制方法

1. 直接法

信号流图可由微分方程组直接绘制，其步骤如下：

(1) 列写系统各元件的原始微分方程式。

(2) 将上面的微分方程组取拉普拉斯变换，并考虑初始条件，转换成代数方程组。

(3) 将每个方程式整理成因果关系形式。

(4) 将变量用节点表示，并根据代数方程所确定的关系，依次画出连接各节点的支路。

例 2-13 *RLC* 电路如图 2-54 所示,试画出信号流图。

解:(1) 列写原始方程:

$$\begin{cases} u_{\mathrm{r}} = L\dfrac{\mathrm{d}i}{\mathrm{d}t} + Ri + u_{\mathrm{c}} \\ i = C\dfrac{\mathrm{d}u_{\mathrm{c}}}{\mathrm{d}t} \end{cases}$$

(2) 取拉普拉斯变换,考虑初始条件:$i(0^+)u_{\mathrm{c}}(0^+)$

$$\begin{cases} U_{\mathrm{r}}(s) = LsI(s) - Li(0^+) + RI(s) + U_{\mathrm{c}}(s) \\ I(s) = CsU_{\mathrm{c}}(s) - Cu_{\mathrm{c}}(0^+) \end{cases}$$

(3) 整理成因果关系:

$$\begin{cases} I(s) = \dfrac{1}{Ls+R}U_{\mathrm{r}}(s) - \dfrac{1}{Ls+R}U_{\mathrm{c}}(s) + \dfrac{L}{Ls+R}i(0^+) \\ U_{\mathrm{c}}(s) = \dfrac{1}{Cs}I(s) + \dfrac{1}{s}u_{\mathrm{c}}(0^+) \end{cases}$$

(4) 画出信号流图如图 2-55 所示。

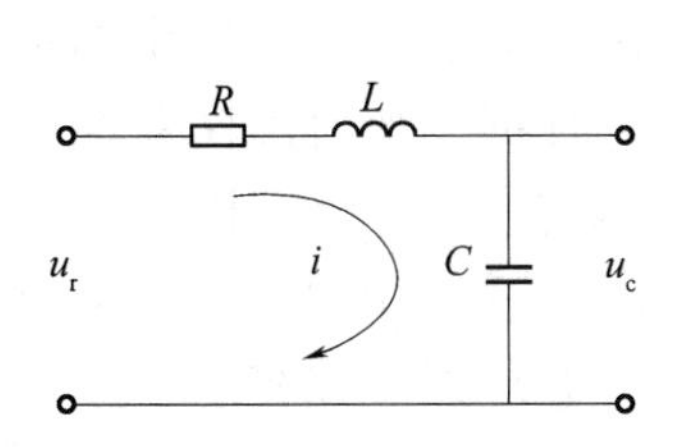

图 2-54 *RLC* 电路

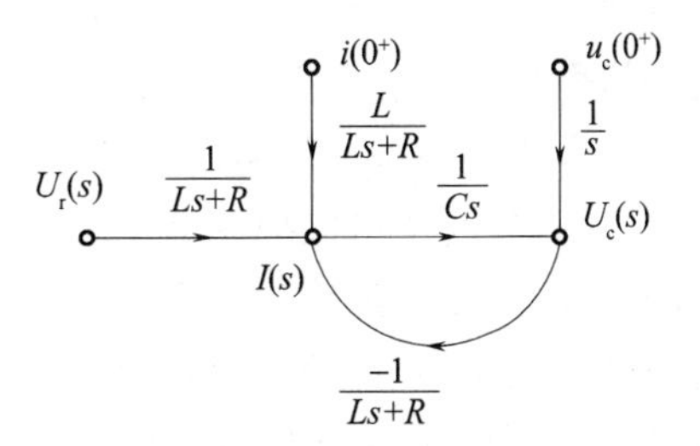

图 2-55 *RLC* 电路信号流图

注意:

(1) 初始条件当作独立的输入变量对待(当考虑初始条件建模时,不能用复阻抗法)。

(2) 由于信号流图的节点只表示变量的相加,所以若有两变量相减的情况,应将负号写到支路的增益上。

2. 翻译法

从已知的系统结构图,直接翻译成信号流图。其步骤如下:

(1) 结构图中每一方框,在信号流图中用一条支路代替,方框中的传递函数就是支路上的增益。

(2) 结构图中的信号传递线,在信号流图中用节点来代替。

注意:把输入量 $R(s)$ 单独用一个节点表示,画成源节点。

(3) 结构图中相加点处的负号,在信号流图中要写到相应的支路增益中去。相加点可用一个混合节点来代替,所表示的变量应为相加点的输出信号。

例 2-14 画出图 2-56 所示系统的信号流图。

解:按照方法 2 可直接作出图 2-56 所示系统结构图所对应的信号流图,如图 2-57 所示。

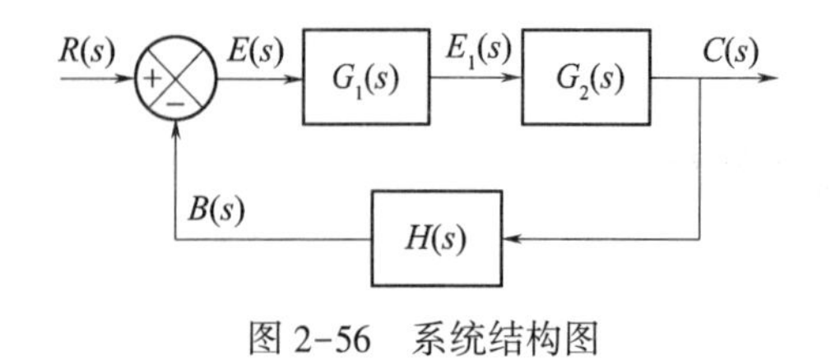

图 2-56　系统结构图

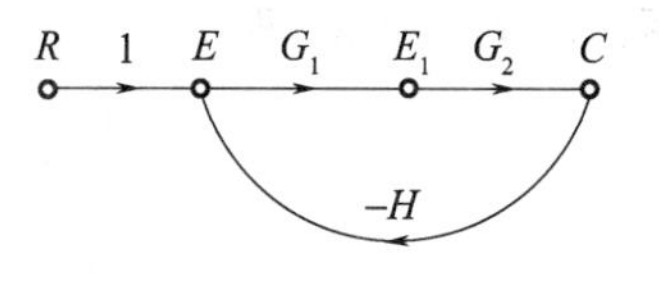

图 2-57　系统信号流图

由上可以看出,信号流图与结构图在布局上是类似的,并且有等效对应关系:

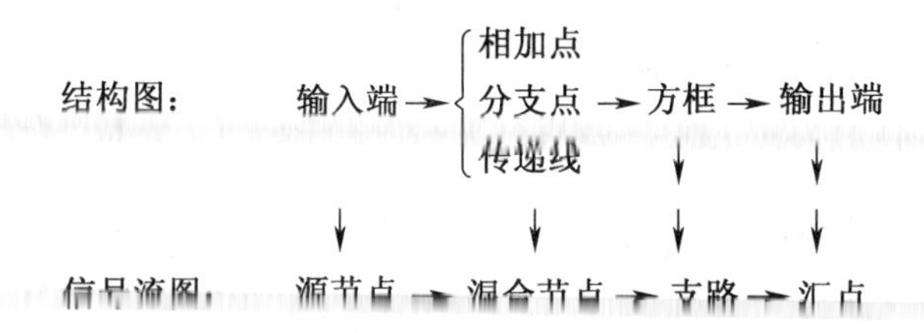

显然,信号流图包含了结构图所包含的全部信息,在描述系统性能方面,其作用是相等的。但是,信号流图与结构图相比,既省略了方框,又不必区分相加点和分支点,因此在图形结构上更简单方便。

由于信号流图在表示系统结构性能方面与结构图有相等的作用,而且两者之间可以一一对应,那么,类似于结构图的简化法则,信号流图也有与此对应的一系列代数运算法则。利用这些代数法则,最终总可以把一个复杂的信号流图简化成只包含一个源点和一个汇点的信号流图,以此求出系统总的传输。不过需要指出,用代数法则逐步简化图形来求解传输的方法,信号流图虽然比结构图法简单些,但当一个系统的信号流图很复杂时,这种方法仍然是很麻烦的。所以,用代数法则求传输的方法一般仅用于较简单的系统,而它的主要用途是为我们了解和分析系统的结构或进行数学分析提供方便。至于求解复杂系统的总传输可由下面内容中给出的梅逊增益公式来解决。

2.6.3　梅逊增益公式

由前面讨论可知,尽管利用信号流图的代数法则,可将图形不断简化,经过反复的过程,总能求得系统的总传输。但由于简化工作麻烦而费时,特别用于复杂的多回环系统时,稍一疏忽出现一步错误,就将导致以后的各步全部报废,而检查起来又是相当困难的。梅逊公式给出了一个直接通过对复杂信号流图的观察,一步写出系统传输的一般公式。由于公式具有直观的优点,不需将信号流图简化,这对于求解过程和检验过程都是很方便的,从而使信号流图的应用更为广泛。

1. 梅逊增益公式(Mason gain formula)

输入输出节点间总传输的一般式为

$$G = \frac{\sum_{k=1}^{n} G_k \Delta_k}{\Delta} \tag{2-62}$$

式中,G 为总增益;G_k 为从源点至汇点的第 k 条前向通路的增益;Δ 为信号流图的特征式,其表达式为

$$\Delta = 1 - \sum_{a} L_a + \sum_{bc} L_b \cdot L_c - \sum_{def} L_d \cdot L_e \cdot L_f + \cdots$$

这里，$\sum_{a} L_a$ 为所有不同回环的增益之和；$\sum_{bc} L_b L_c$ 为在所有两两互不接触的回环中，每次取其中两个回环增益的乘积之和；$\sum_{def} L_d \cdot L_e \cdot L_f$ 为在所有三个互不接触的回环中，每次取其中三个回环增益的乘积之和；Δ_k 为在 Δ 中除去与第 k 条前向通道相接触的回环后的特征式，称为第 k 条前向通道特征式的余因子。

注意：上述求和过程，需在从输入节点到输出节点的全部可能通路上进行。

这个传递公式相当简洁，不过体会起来是很不容易的，现结合几个实例来进一步理解公式中各部分的含义。

例 2-15 求图 2-58 所示系统的信号流图输入至输出的总传输 G。

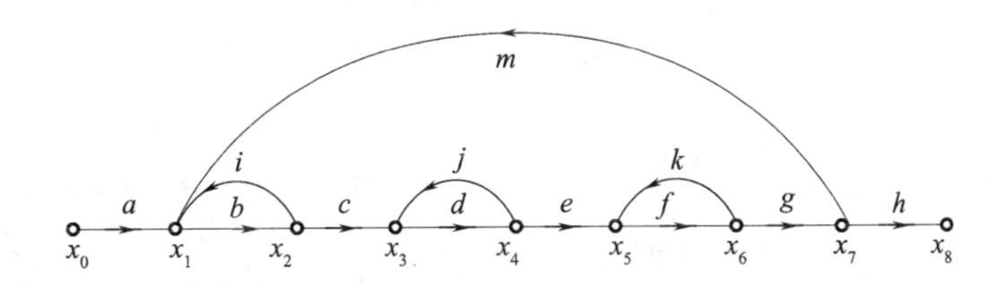

图 2-58 系统信号流图

解：首先分析信号流图的组成：有 4 个回环，一条前向通道

$$\Delta = 1 - (bi + dj + fk + bcdefgm) + (bidj + bifk + djfk) - (bidjfk)$$

$$G_1 = abcdefgh$$

$$\Delta_1 = 1 - 0 = 1$$

$$\text{所以 } G = \frac{x_8}{x_0} = \frac{G_1 \cdot \Delta_1}{\Delta} = \frac{abcdefgh}{1 - (bi + dj + fk + bcdefgm) + (bidj + bifk + djfk) - (bidjfk)}$$

例 2-16 设系统由下列方程组表达，x_0为输入节点。求由 x_0至 x_4的总传输。

$$\begin{cases} x_1 = x_0 + dx_2 \\ x_2 = ax_1 + ex_3 \\ x_3 = bx_2 + fx_4 \\ x_4 = gx_1 + cx_3 \end{cases}$$

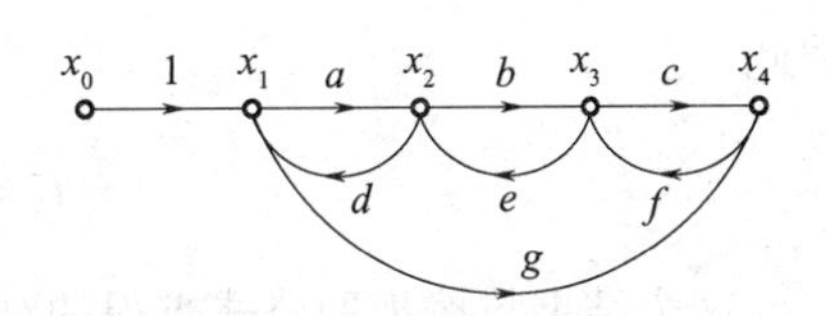

图 2-59 系统信号流图

解：(1) 按方程组可作出信号流图，如图 2-59 所示。

(2) 由梅逊公式求 x_0至 x_4的总传输如下：

首先分析信号流图的组成：有 4 个回环，两条前向通道。

① 先求 Δ 特征式：

$\sum L_a = ad + be + cf + gfed$ 4 个回环

$\sum L_b \cdot L_c = adcf$ 只有一对互不接触回环

$$\Delta = 1 - \sum L_a + \sum L_b \cdot L_c - 0 = 1 - (ad + be + cf + gfed) + adcf$$

② 再求 G_k：由 x_0至 x_4的前向通道有两条，它们的传输为

$$G_1 = abc \quad G_2 = g$$

③ 求余因子：与第 1 条前向通道不接触的回路不存在，因此

$$\Delta_1 = 1 - 0 + 0 = 1$$

与第二条前向通道不接触的回环仅有一个,因此

$$\Delta_2 = 1 - be$$

④ 由以上结果,即得 x_0 至 x_4 的总传输为

$$G = \frac{x_4}{x_0} = \frac{G_1\Delta_1 + G_2\Delta_2}{\Delta} = \frac{abc + g(1 - be)}{1 - (ad + be + cf + gfed) + adcf}$$

2. 关于梅逊公式的说明

为了解释梅逊公式的理论依据,可用例 2-16 中方程组的直接代数求解结果来说明这一层意思。

把系统的方程写成如下标准形式:

$$\begin{cases} x_1 - dx_2 = x_0 \\ -ax_1 + x_2 - ex_3 = 0 \\ -bx_2 + x_3 - fx_4 = 0 \\ -gx_1 - cx_3 + x_4 = 0 \end{cases}$$

其系数行列式为

$$\Delta = \begin{vmatrix} 1 & -d & 0 & 0 \\ -a & 1 & -e & 0 \\ 0 & -b & 1 & -f \\ -g & 0 & -c & 1 \end{vmatrix} = \begin{vmatrix} 1 & -e & 0 \\ -b & 1 & -f \\ 0 & -c & 1 \end{vmatrix} + d\begin{vmatrix} -a & -e & 0 \\ 0 & 1 & -f \\ -g & -c & 1 \end{vmatrix} =$$

$$1 - be - cf - ad - gfed + adcf$$

这就是梅逊公式中的特征式 Δ,结果完全一样。

为求输出变量 x_4,按照克莱姆定理,把 Δ 中第 4 列换成方程组右端各量组成的列。

$$\Delta_4 = \begin{bmatrix} 1 & -d & 0 & x_0 \\ -a & 1 & -e & 0 \\ 0 & -b & 1 & 0 \\ -g & 0 & -c & 0 \end{bmatrix} = -x_0\begin{bmatrix} -a & 1 & -e \\ 0 & -b & 1 \\ -g & 0 & -c \end{bmatrix} = x_0[abc + g - gbe]$$

$$x_4 = \frac{\Delta_4}{\Delta} = \frac{x_0[abc + g(1 - be)]}{\Delta}$$

因此

$$G = \frac{x_4}{x_0} = \frac{abc + g(1 - be)}{\Delta}$$

这个结果与按梅逊公式求得的结果是一致的,由此可以知道,梅逊公式是按克莱姆定理解方程组所得到的解,然后按拓扑表示的结果。

(1) 关于梅逊公式的来历:由上例可知,信号流图是线性代数方程组的拓扑表示法,而梅逊公式是一种解的拓扑表示,即从行列式解 n 个线性独立代数方程,然后把解的分子分母按信号流图求得其拓扑表示,即

代数方程 ⟶ 拓扑表示 ⟶ 信号流图结构表示
↓
解 ⟶ 拓扑表示 ⟶ 信号流图结构表示 ⟶ 梅逊公式

(2) 梅逊公式是用来写出输入输出节点间的总增益的,因此,凡是源节点对其他任何节点(输出点、混合点)都可用其写出增益,因为混合节点可由单位传输变为汇点。但对于混合节点之间的传输不能用梅逊公式直接求,必须先作一定的处理,将混合节点的输入支路去掉,将

其孤立成源点形式，然后对修改后的图形结构，应用梅逊公式，即可求出所选两点间的传输，例如，信号流图如图 2-60(a)所示。

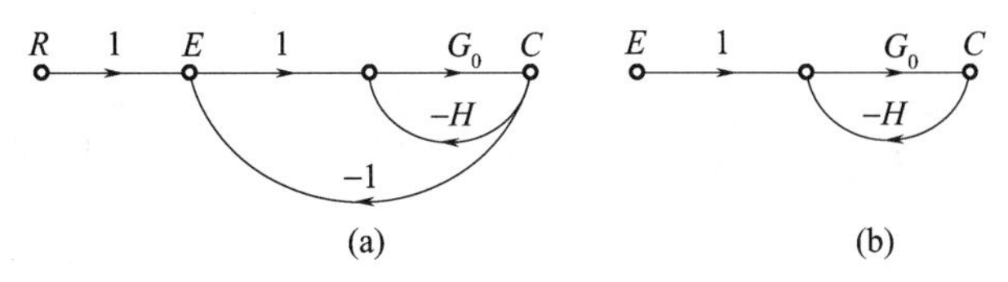

图 2-60　系统信号流图

若求传输　$G=\dfrac{C(s)}{E(s)}$，则将其图处理成图 2-60(b)所示的形式，则有

$$G=\frac{G_1\Delta_1}{\Delta}=\frac{G_0}{1+G_0H}$$

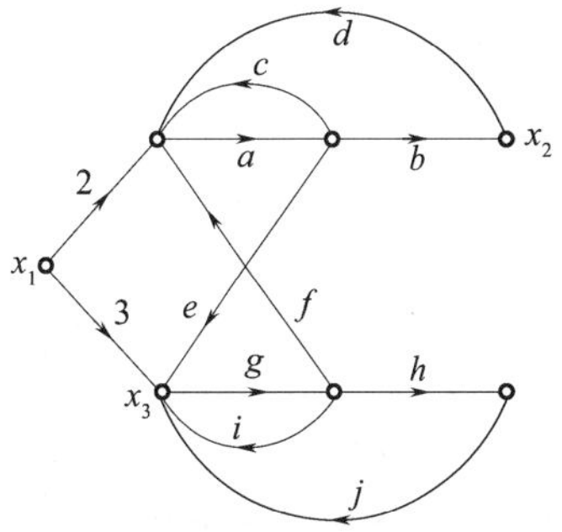

例 2-17　已知系统的信号流图如图 2-61 所示，求源节点 x_1 至汇节点 x_2 的传输，以及源节点 x_1 至汇节点 x_3 的传输。

图 2-61　系统信号流图

解：首先分析信号流图的组成部分，有 5 个回环：

$x_1 \to x_2$ 的前向通道有两条；

$x_1 \to x_3$ 的前向通道有两条。

(1) 先求特征式 Δ。

$$\sum L_a = ac + gi + abd + ghj + aegf \quad 5\text{ 个回环}$$

$$\sum L_b \cdot L_c = ac \cdot gi + abd \cdot ghj + ac \cdot ghj + gi \cdot abd \quad 4\text{ 对两两不接触回环}$$

所以

$$\Delta = 1 - \sum L_a + \sum L_b \cdot L_c = 1 - (ac + gi + abd + ghj + aegf) + (acgi + abdghj + acghj + giabd)$$

(2) 求 $x_1 \to x_2$ 的传输 G_{12}，有两条前向通道，其增益各为

$$G_1 = 2ab, \quad G_2 = 3gfab$$

与前向通道 G_1 不接触的回环有两个，即 gi，ghj

所以

$$\Delta_1 = 1 - (gi + ghj)$$

对前向通道 G_2，与所有回环都接触，故

$$\Delta_2 = 1$$

$$G_{12} = \frac{G_1\Delta_1 + G_2\Delta_2}{\Delta} = \frac{2ab(1 - gi - ghj) + 3gfab}{\Delta}$$

(3) 求 $x_1 \to x_3$ 的传输 G_{13}，两条前向通道增益为

$$G_1 = 3 \quad G_2 = 2ae$$

$$\Delta_1 = 1 - (ac + abd), \quad \Delta_2 = 1$$

所以

$$G_{13} = \frac{G_1\Delta_1 + G_2\Delta_2}{\Delta} = \frac{3(1 - ac - abd) + 2ae}{\Delta}$$

3. 梅逊增益公式在结构图上的应用

我们知道，信号流图的绘制可以从已知结构图直接翻译而得。它们之间有一一对应关系，利用这种对应关系，则可以把梅逊公式直接应用于结构图。这样无论哪一种图的输入输出关

系都可以用梅逊公式直接写出，梅逊公式成为描述线性系统两种图形的通用增益公式。

例 2-18 已知系统的结构图如图 2-62 所示。试用梅逊公式计算传递函数 $U_2(s)/U_1(s)$。

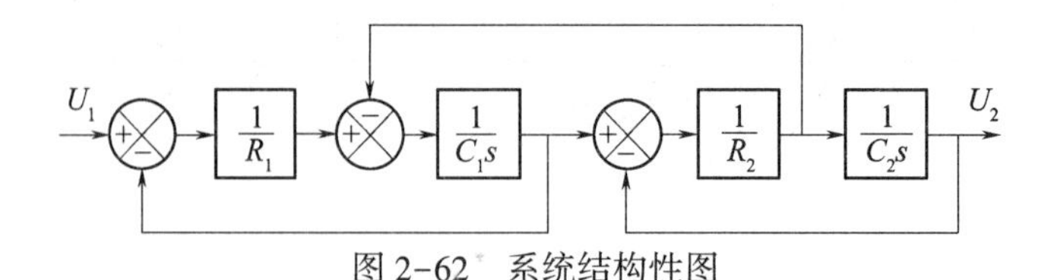

图 2-62 系统结构性图

解：梅逊公式可直接套用在结构图上，为了比较两种图的共性，画出信号流图供比较之用，见图 2-63。

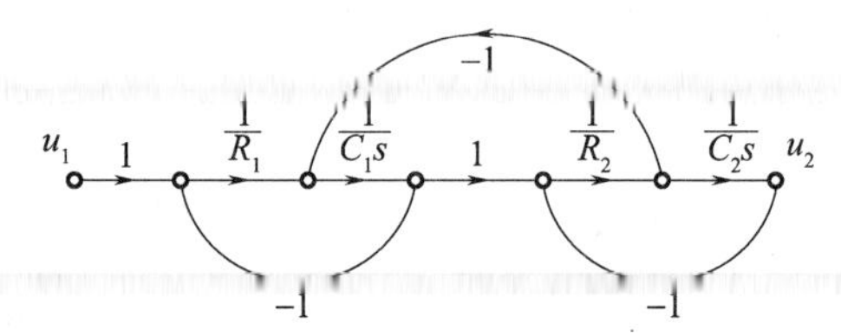

图 2-63 系统信号流图

由图可以看出：

$$\Delta = 1 - \left(-\frac{1}{R_1}\frac{1}{C_1 s} - \frac{1}{R_2}\cdot\frac{1}{C_2 s} - \frac{1}{C_1 s}\cdot\frac{1}{R_2}\right) + \left(\frac{1}{R_1 C_1 s}\cdot\frac{1}{R_2 C_2 s}\right)$$

$$G_1 = \frac{1}{R_1 C_1 s \cdot R_2 C_2 s};\quad \Delta = 1$$

故

$$G = \frac{G_1 \Delta_1}{\Delta} = \frac{1}{R_1 R_2 C_1 C_2 s^2 + (R_1 C_1 + R_2 C_2 + R_1 C_2)s + 1}$$

在套用公式中，注意到：

(1) 在计算各回路增益时，结构图中相加点处的负号应计入反馈支路增益中，这是由于信号流图中节点只表示相加而致。

(2) 在结构图中相加点与其输入线上的分支点翻译成信号流图时，应为相邻两个节点，支路传输为 1，见图 2-64。

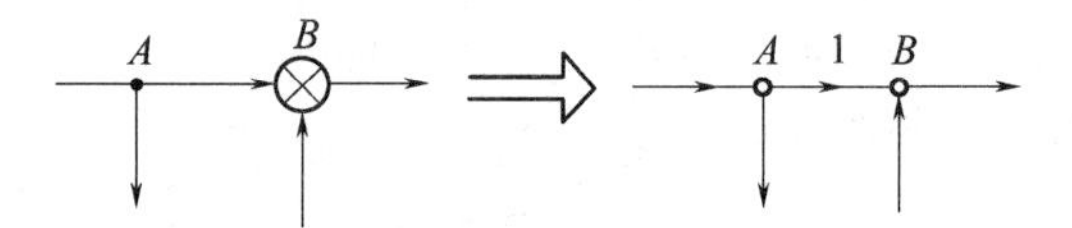

图 2-64 翻译成信号流图的结构图元素

但两节点代表变量不同，虽然两节点之间为单位传输，但不能合二为一，故视为互不接触节点。

(3) 当所有回环都具有交叉特点时，称为没有互不接触回环，这时，$\Delta = 1 - \sum L_a$，若前向通道只有一条时，梅逊公式简化为

$$G = \frac{G_{前}}{1 - \sum L_a}$$

这正是前面给出的式(2-58)，该式实际上是梅逊公式的一种特例。

2.7 例题精解

例 2-19 弹簧、阻尼器串并联系统如图 2-65 所示，系统为无质量模型，试建立系统的运动方程。

解:(1) 设输入为 y_r,输出为 y_0,弹簧与阻尼器并联平行移动。

(2) 列写原始方程式。由于无质量,按受力平衡方程,各受力点任何时刻均满足 $\sum F = 0$, 则对于 A 点有

$$F_f + F_{k_1} - F_{k_2} = 0$$

其中,F_f为阻尼摩擦力,F_{k_1},F_{k_2}为弹性恢复力。

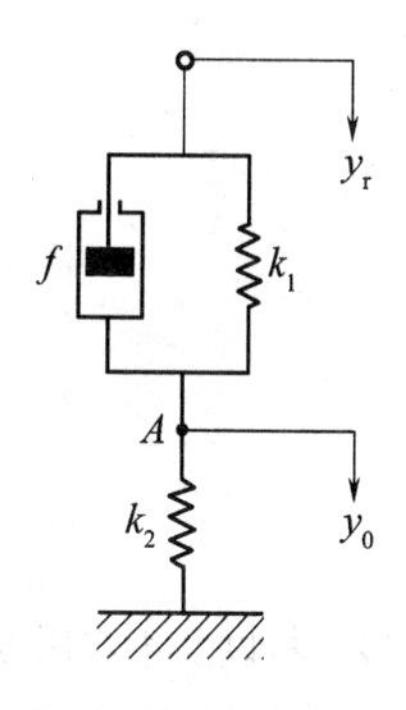

图 2-65 机械位移系统

(3) 写中间变量关系式:

$$F_f = f \cdot \frac{d(y_r - y_0)}{dt}$$

$$F_{k_1} = k_1(y_r - y_0)$$

$$F_{k_2} = k_2 y_0$$

(4) 消中间变量得

$$f\frac{dy_r}{dt} - f\frac{dy_0}{dt} + k_1 y_r - k_1 y_0 = k_2 y_0$$

(5) 化标准形:

$$T\frac{dy_0}{dt} + y_0 = T\frac{dy_r}{dt} + Ky_r \tag{2-63}$$

式中,$T=\dfrac{f}{k_1+k_2}$为时间常数(s);$K=\dfrac{k_1}{k_1+k_2}$为传递系数,无量纲。

例 2-20 已知机械旋转系统如图 2-66 所示,试列出系统运动方程。

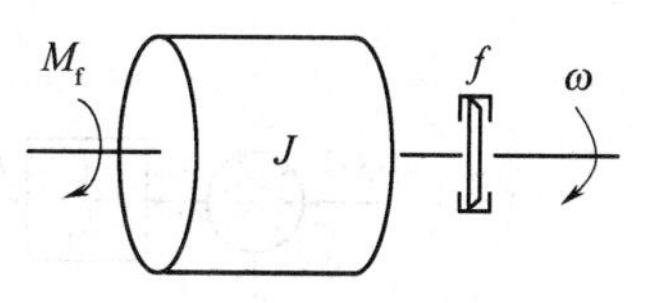

图 2-66 机械旋转系统

解:(1) 设输入量为作用力矩 M_f,输出为旋转角速度 ω。

(2) 列写运动方程式:

$$J\frac{d\omega}{dt} = -f\omega + M_f$$

式中,$f\omega$ 为阻尼力矩,其大小与转速成正比。

(3) 整理成标准形为

$$J\frac{d\omega}{dt} + f\omega = M_f$$

此为一阶线性微分方程,若输出变量改为 θ,则由于 $\omega=\dfrac{d\theta}{dt}$,代入方程得二阶线性微分方程式

$$J\frac{d^2\theta}{dt^2} + f\frac{d\theta}{dt} = M_f$$

例 2-21 *RC* 无源网络电路图如图 2-67 所示,试采用复数阻抗法画出系统结构图,并求传递函数$U_{C_2}(s)/U_r(s)$。

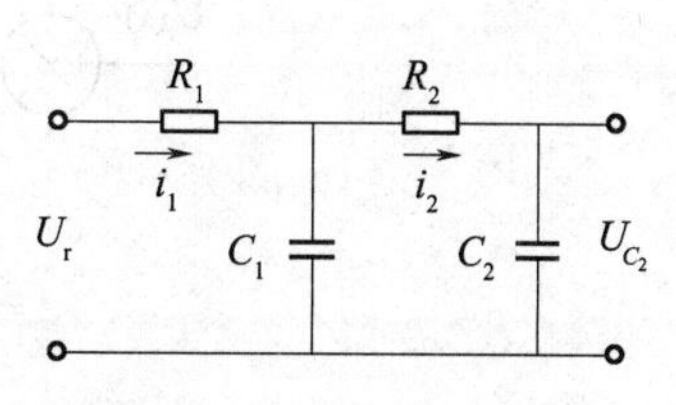

图 2-67 *RC* 无源网络

解:在线性电路的计算中,引入了复阻抗的概念,则电压、电流、复阻抗之间的关系,满足广义的欧姆定律,即

$$\frac{U(s)}{I(s)} = Z(s)$$

如果二端元件是电阻 R、电容 C 或电感 L,则复阻抗 $Z(s)$ 分别是 R、$1/Cs$ 或 Ls。

(1) 用复阻抗写电路方程式:

$$I_1(s) = [U_r(s) - U_{C_1}(s)] \cdot \frac{1}{R_1}$$

$$U_{C_1}(s) = [I_1(s) - I_2(s)] \cdot \frac{1}{C_1 s}$$

$$I_2(s) = [U_{C_1}(s) - U_{C_2}(s)] \frac{1}{R_2}$$

$$U_{C_2}(s) = I_2(s) \cdot \frac{1}{C_2 s}$$

(2) 将以上 4 式用方框图表示,并相互连接即得 RC 网络结构图,见图 2-68(a)。

(3) 用结构图化简法求传递函数的过程见图 2-68(c)、(d)、(e)。

(4) 用梅逊公式直接由图 2-68(b)写出传递函数 $U_{C_2}(s)/U_r(s)$。

$$G = \frac{\sum G_k \Delta_k}{\Delta}$$

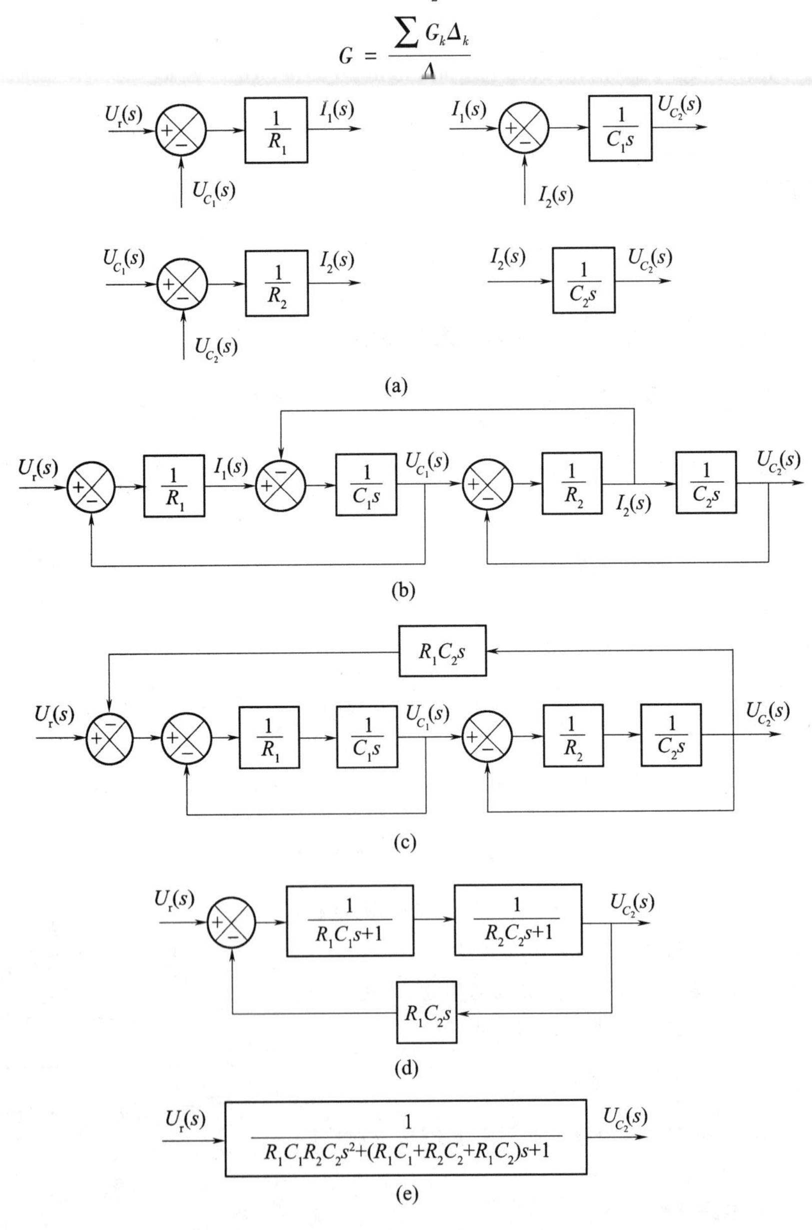

图 2-68 RC 无源网络结构图及其简化过程

独立回路有三个：

$$L_1 = -\frac{1}{R_1}\cdot\frac{1}{C_1 s} = \frac{-1}{R_1 C_1 s}$$

$$L_2 = -\frac{1}{R_2}\cdot\frac{1}{C_2 s} = \frac{-1}{R_2 C_2 s}$$

$$L_3 = -\frac{1}{C_1 s}\cdot\frac{1}{R_2} = \frac{-1}{R_2 C_1 s}$$

回路相互不接触的情况只有 L_1 和 L_2 两个回路。则

$$L_{12} = L_1 L_2 = \frac{1}{R_1 C_1 R_2 C_2 s^2}$$

由上式可写出特征式为

$$\Delta = 1 - (L_1 + L_2 + L_3) + L_1 L_2 = 1 + \frac{1}{R_1 C_1 s} + \frac{1}{R_2 C_2 s} + \frac{1}{R_2 C_1 s} + \frac{1}{R_1 C_1 R_2 C_2 s^2}$$

前向通路只有一条，即

$$G_1 = \frac{1}{R_1}\cdot\frac{1}{C_1 s}\cdot\frac{1}{R_2}\cdot\frac{1}{C_2 s} = \frac{1}{R_1 R_2 C_1 C_2 s^2}$$

由于 G_1 与所有回路 L_1, L_2, L_3 都有公共支路，属于相互有接触，则余子式为

$$\Delta_1 = 1$$

代入梅逊公式得传递函数为

$$G = \frac{G_1\Delta_1}{\Delta} = \frac{\dfrac{1}{R_1 C_1 R_2 C_2 s^2}}{1 + \dfrac{1}{R_1 C_1 s} + \dfrac{1}{R_2 C_2 s} + \dfrac{1}{R_2 C_1 s} + \dfrac{1}{R_1 C_1 R_2 C_2 s^2}} =$$

$$\frac{1}{R_1 R_2 C_1 C_2 s^2 + (R_1 C_1 + R_2 C_2 + R_1 C_2)s + 1}$$

例 2-22 求下列微分方程的时域解 $x(t)$。已知 $x(0)=0$，$\dot{x}(0)=3$。

$$\frac{\mathrm{d}^2 x}{\mathrm{d}t^2} + 3\frac{\mathrm{d}x}{\mathrm{d}t} + 6x = 0$$

解： 对方程两端取拉普拉斯变换为

$$s^2 X(s) - sx(0) - \dot{x}(0) + 3sX(s) - 3x(0) + 6X(s) = 0$$

代入初始条件得到

$$(s^2 + 3s + 6)X(s) = 3$$

解出 $X(s)$ 为

$$X(s) = \frac{3}{s^2 + 3s + 6} = \frac{2\sqrt{3}}{\sqrt{5}}\frac{\dfrac{\sqrt{15}}{2}}{(s+1.5)^2 + \left(\dfrac{\sqrt{15}}{2}\right)^2}$$

反变换得时域解为

$$x(t) = \frac{2\sqrt{3}}{\sqrt{5}}\mathrm{e}^{-1.5t}\sin\left(\frac{\sqrt{15}}{2}t\right)$$

例 2-23 已知系统结构图如图 2-69 所示，试用化简法求传递函数 $C(s)/R(s)$。

解：(1) 首先将含有 G_2 的前向通路上的分支点前移，移到下面的回环之外，如图 2-70(a) 所示。

(2) 将反馈环和并联部分用代数法则化简，得图 2-70(b)。

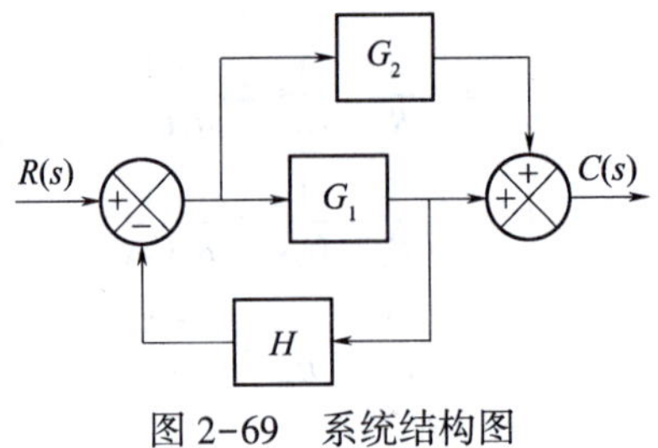

图 2-69　系统结构图

（3）最后将两个方框串联相乘得图 2-70（c）。

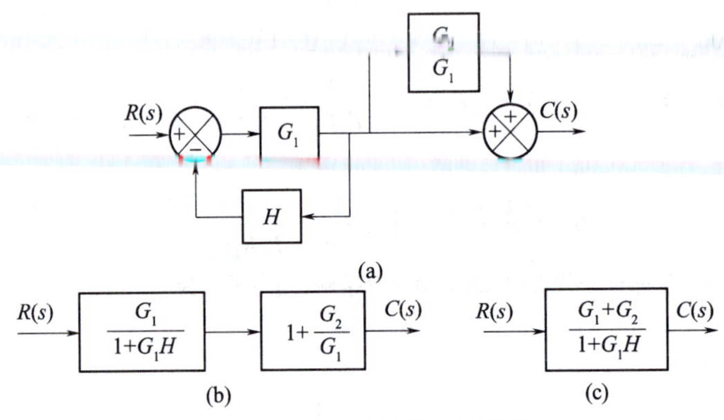

图 2-70　系统结构图的简化

例 2-24　已知系统结构图如图 2-71 所示，试用化简法求传递函数 $C(s)/R(s)$。

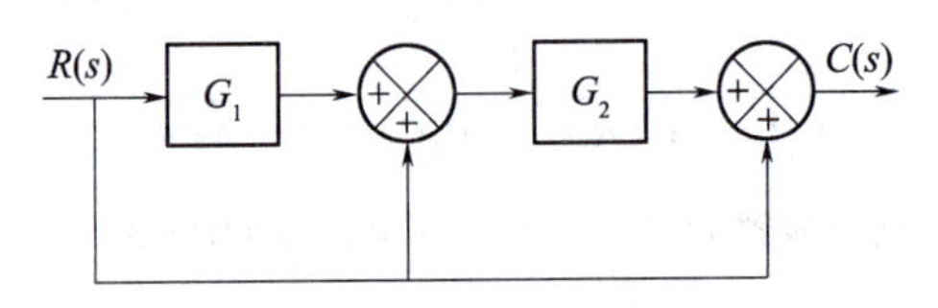

图 2-71　系统结构图

解：（1）将两条前馈通路分开，改画成图 2-72（a）的形式。

（2）将小前馈并联支路相加，得图 2-72（b）。

（3）先用串联公式，再用并联公式将支路化简为图 2-72（c）。

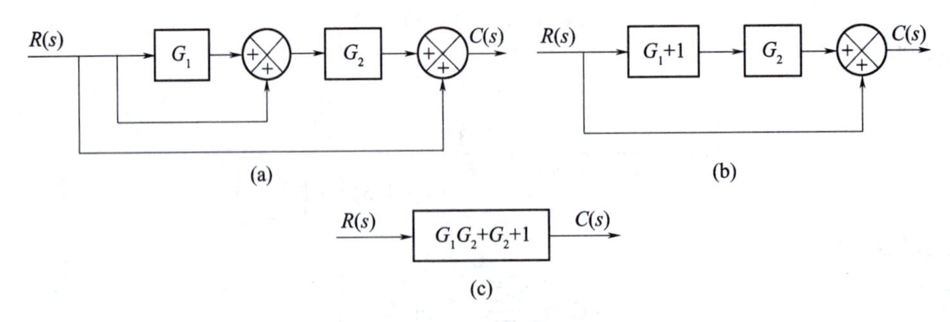

图 2-72　系统结构图

例 2-25　已知机械系统如图 2-73（a）所示，电气系统如图 2-73（b）所示，试画出两系统结构图，并求出传递函数，证明它们是相似系统。

解:(1) 列写图 2-73(a)所示机械系统的运动方程,遵循以下原则:并联元件的合力等于两元件上的力相加,平行移动,位移相同。串联元件各元件受力相同,总位移等于各元件相对位移之和。

微分方程组为

$$\begin{cases} F = F_1 + F_2 = f_1(\dot{x}_i - \dot{x}_0) + k_1(x_i - x_0) \\ F = f_2(\dot{x}_0 - \dot{y}) \\ F = k_2 y \end{cases}$$

取拉普拉斯变换,并整理成因果关系有

$$\begin{cases} F(s) = (f_1 s + k_1)[(X_i(s) - X_0(s)] \\ Y(s) = \dfrac{1}{k_2}F(s) \\ X_0(s) = \dfrac{1}{f_2 s}F(s) + Y(s) \end{cases}$$

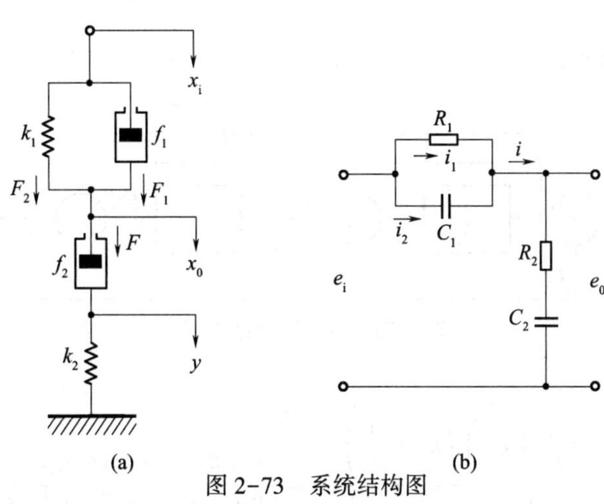

图 2-73　系统结构图

(a) 机械系统;(b) 电气系统。

画结构图如图 2-74 所示。

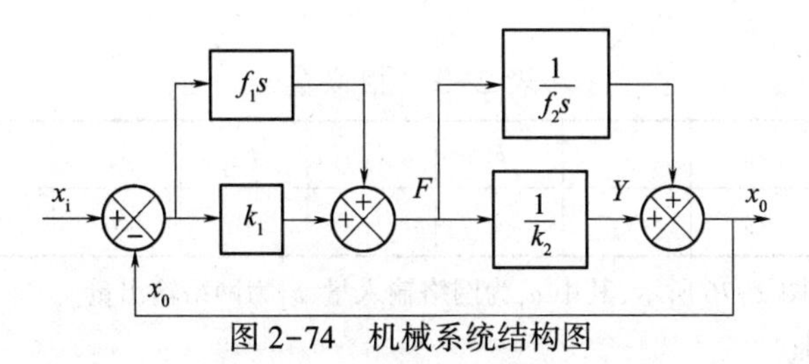

图 2-74　机械系统结构图

求传递函数为

$$\frac{X_0(s)}{X_i(s)} = \frac{(k_1 + f_1 s)\left(\dfrac{1}{k_2} + \dfrac{1}{f_2 s}\right)}{1 + (k_1 + f_1 s)\left(\dfrac{1}{k_2} + \dfrac{1}{f_2 s}\right)} = \frac{\left(\dfrac{f_1}{k_1}s + 1\right)\left(\dfrac{f_2}{k_2}s + 1\right)}{\left(\dfrac{f_1}{k_1}s + 1\right)\left(\dfrac{f_2}{k_2}s + 1\right) + \dfrac{f_2}{k_1}s}$$

(2) 列写图 2-73(b)所示电气系统的运动方程,按电路理论所遵循的定律与机械系统相似,即并联元件总电流等于两元件电流之和,电压相等。串联元件电流相等,总电压等于各元件分电压之和。可见,电压与位移互为相似量,电流与力互为相似量。

运动方程可直接用复阻抗写出:

$$\begin{cases} I(s) = I_1(s) + I_2(s) = \dfrac{1}{R_1}[E_i(s) - E_0(s)] + C_1 s[(E_i(s) - E_0(s)] \\ I(s) = \dfrac{1}{R_2}[E_0(s) - E_{C_2}(s)] \\ I(s) = C_2 s E_{C_2}(s) \end{cases}$$

整理成因果关系:

$$\begin{cases} I(s) = \left(\dfrac{1}{R_1} + C_1 s\right)[(E_i(s) - E_0(s)] \\ E_{C_2}(s) = \dfrac{1}{C_2 s} I(s) \\ E_0(s) = I(s)R_2 + E_{C_2}(s) \end{cases}$$

画结构图如图 2-75 所示。

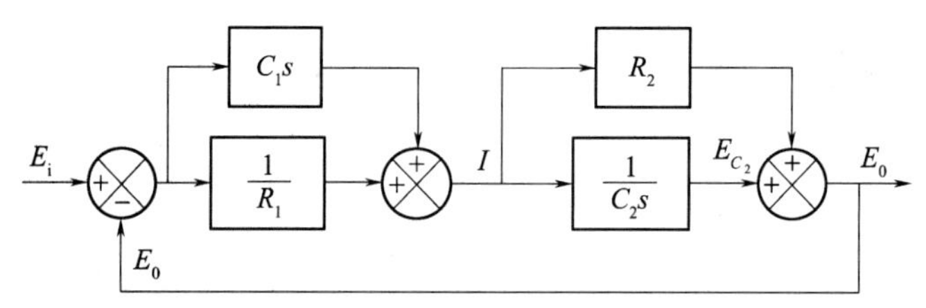

图 2-75　电气系统结构图

求传递函数为

$$\frac{E_0(s)}{E_i(s)} = \frac{\left(\dfrac{1}{R_1} + C_1 s\right)\left(R_2 + \dfrac{1}{C_2 s}\right)}{1 + \left(\dfrac{1}{R_1} + C_1 s\right)\left(R_2 + \dfrac{1}{C_2 s}\right)} = \frac{(R_1 C_1 s + 1)(R_2 C_2 s + 1)}{(R_1 C_1 s + 1)(R_2 C_2 s + 1) + R_1 C_2 s}$$

对上述两个系统的传递函数、结构图进行比较后可以看出,两个系统是相似的。机—电系统之间相似量的对应关系见表 2-3。

表 2-3　相似量

机械系统	x_i	x_0	y	F	F_1	F_2	k_1	$1/k_2$	f_1	f_2
电气系统	e_i	e_0	e_{C_2}	i	i_1	i_2	$1/R_1$	R_2	C_1	C_2

例 2-26　*RC* 网络如图 2-76 所示,其中 u_1 为网络输入量,u_2 为网络输出量。

(1) 画出网络结构图;

(2) 求传递函数 $U_2(s)/U_1(s)$。

解:(1) 用复阻抗写出原始方程组。

输入回路　$U_1 = R_1 I_1 + (I_1 + I_2)\dfrac{1}{C_2 s}$

输出回路　$U_2 = R_2 I_2 + (I_1 + I_2)\dfrac{1}{C_2 s}$

中间回路　$I_1 R_1 = \left(R_2 + \dfrac{1}{C_1 s}\right) \cdot I_2$

(2) 整理成因果关系式。

由输入回路得
$$I_1=\frac{1}{R_1}\left[U_1-(I_1+I_2)\frac{1}{C_2s}\right]$$

由中间回路得
$$I_2=I_1R_1\left[\frac{C_1s}{R_2C_1s+1}\right]$$

由输出回路得
$$U_2=R_2I_2+(I_1+I_2)\frac{1}{C_2s}$$

即可画出结构图,如图 2-77 所示。

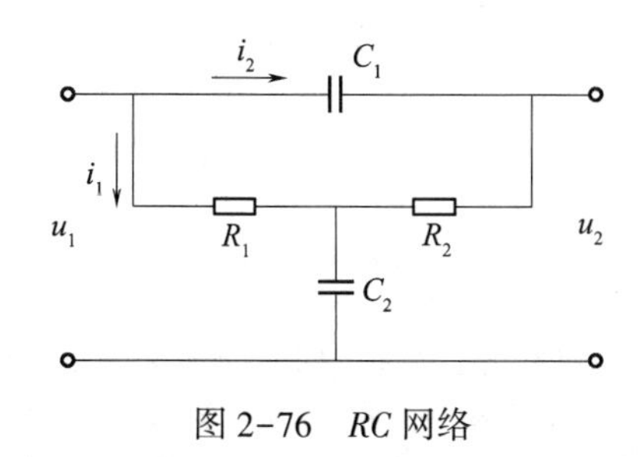

图 2-76 RC 网络

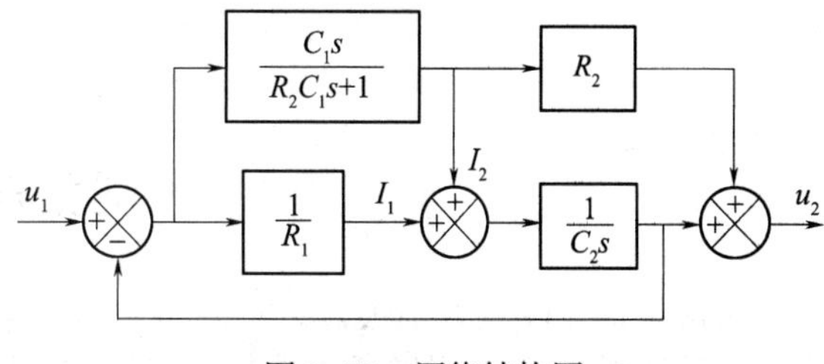

图 2-77 网络结构图

(3) 用梅逊公式求出:

$$\frac{U_2}{U_1}=\frac{G_1\Delta_1+G_2\Delta_2+G_3\Delta_3}{\Delta}=$$

$$\frac{\frac{1}{R_1C_2s}+\frac{C_1s}{R_2C_1s+1}\cdot\frac{1}{C_2s}+\frac{C_1s}{R_2C_1s+1}R_2}{1+\frac{1}{R_1C_2s}+\frac{C_1s}{R_2C_1s+1}\cdot\frac{1}{C_2s}}=$$

$$\frac{R_1R_2C_1C_2s^2+(R_1+R_2)C_1s+1}{R_1R_2C_1C_2s^2+(R_1C_2+R_2C_1+R_1C_1)s+1}$$

例 2-27 已知系统的信号流图如图 2-78 所示,试求传递函数 $C(s)/R(s)$。

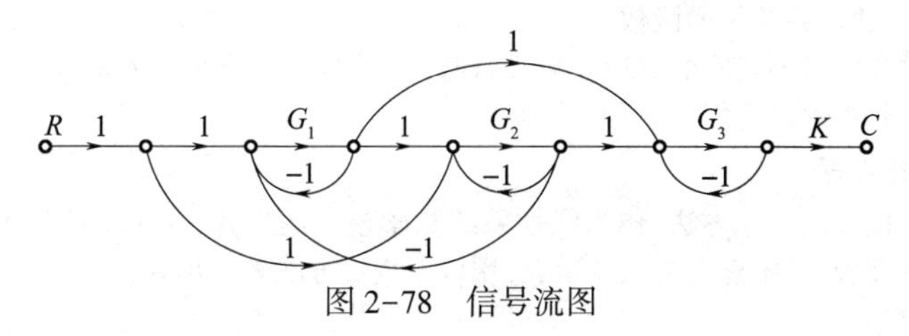

图 2-78 信号流图

解:单独回路 4 个,即

$$\sum L_a=-G_1-G_2-G_3-G_1G_2$$

两个互不接触的回路有 4 组,即

$$\sum L_bL_c=G_1G_2+G_1G_3+G_2G_3+G_1G_2G_3$$

三个互不接触的回路有 1 组,即

$$\sum L_dL_eL_f=-G_1G_2G_3$$

于是,得特征式为

$$\Delta=1-\sum L_a+\sum L_bL_c-\sum L_dL_eL_f=$$
$$1+G_1+G_2+G_3+2G_1G_2+G_1G_3+G_2G_3+2G_1G_2G_3$$

从源点 R 到阱点 C 的前向通路共有 4 条,其前向通路总增益以及余因子式分别为

$$P_1 = G_1G_2G_3K \quad \Delta_1 = 1$$
$$P_2 = G_2G_3K \quad \Delta_2 = 1 + G_1$$
$$P_3 = G_1G_3K \quad \Delta_3 = 1 + G_2$$
$$P_4 = -G_1G_2G_3K \quad \Delta_4 = 1$$

因此,传递函数为

$$\frac{C(s)}{R(s)} = \frac{P_1\Delta_1 + P_2\Delta_2 + P_3\Delta_3 + P_4\Delta_4}{\Delta} = \frac{G_2G_3K(1 + G_1) + G_1G_3K(1 + G_2)}{1 + G_1 + G_2 + G_3 + 2G_1G_2 + G_1G_3 + G_2G_3 + 2G_1G_2G_3}$$

学习指导与小结

本章讲述的内容很多,涉及数学和物理系统的一些理论知识,有些需要进一步回顾,有些需要加深理解。特别是对时间域和复频率域的多种数学描述方法,各种模型之间的对应转换关系,都比较复杂。学习和复习好这些基础理论,对下一步深入讨论自动控制理论具体方法至关重要。

1. 基本要求

(1) 正确理解数学模型的特点,对系统的相似性、简化性、动态模型、静态模型、输入变量、输出变量、中间变量等概念,要准确掌握。

(2) 了解动态微分方程建立的一般方法。

(3) 掌握运用拉普拉斯变换解微分方程的方法,并对解的结构,运动模态与特征根的关系,零输入响应,零状态响应等概念,有清楚的理解。

(4) 正确理解传递函数的定义、性质和意义,特别对传递函数微观结构的分析要准确掌握。

(5) 正确理解由传递函数派生出来的系统的开环传递函数、闭环传递函数、前向传递函数的定义,并对重要传递函数如:控制输入下闭环传递函数、扰动输入下闭环传递数函数、误差传递函数、典型环节传递函数,能够熟练掌握。

(6) 掌握系统结构图和信号流图两种数学图形的定义和组成方法,熟练地掌握等效变换代数法则,简化图形结构,并能用梅逊公式求系统传递函数。

(7) 正确理解两种数学模型之间的对应关系,两种数学图形之间的对应关系,以及模型和图形之间的对应关系,利用以上知识,熟练地将它们进行相互转换。

2. 内容提要及归纳小结

本章主要介绍数学模型的建立方法,作为线性系统数学模型的形式,介绍了两种解析式和两种图解法,对于每一种形式的基本概念,基本建立方法及运算,用以下提要方式表示出来。

1) 微分方程式

基本概念
- 物理、化学上的基本定律
- 中间变量的作用
- 简化性与准确性的要求

基本方法
- 直接列写法
  - 原始方程组
  - 消中间变量
  - 化标准形
- 转换法
  - 由传递函数$\frac{C(s)}{R(s)} = \frac{M(s)}{N(s)} \to N(s)C(s) = M(s)R(s) \xrightarrow{L^{-1}} N(p)c(t) = M(p)r(t) \xrightarrow{p = \frac{\mathrm{d}}{\mathrm{d}t}}$ 微分方程
  - 由结构图⟶传递函数⟶微分方程
  - 由信号流图⟶传递函数⟶微分方程

- 应用
  - 方程求解 ⟶ 掌握拉普拉斯变换法求解微分方程
    - 零状态解
    - 零输入解
  - 常用重要例题建模
    - 电枢控制直流电动机
    - 直流电机调速系统

2）传递函数

- 基本概念
  - 定义：⟶ 比值$\dfrac{C(s)}{R(s)}$
    - 线性定常系统
    - 零初始条件
    - 一对确定的输入输出
  - 微观结构（零极点分布图与运动模态对应）
    - 零点
    - 极点
    - 传递系数
  - 典型环节
    - 标准解析式
      - 方程式
      - 传递函数
    - 零极点分布图
    - 单位阶跃响应特性

- 基本方法
  - 定义法 ⟶ 由微分方程 $\xrightarrow{s \to \frac{d}{dt}}$ 传递函数
  - 图解法
    - 由结构图 $\xrightarrow{化简}$ 传递函数
    - 由信号流图 $\xrightarrow{梅逊公式}$ 传递函数

- 常用重要公式及传递函数
  - 公式
    - $G(s) = \dfrac{G_{前}}{1 \pm G_k}$（适用于单回路）
    - $G(s) = \dfrac{G_{前}}{1 - \sum L_a}$（适用于回路两两交叉且仅有一条前向通道）
  - 重要传递函数
    - 控制输入下：$G_r(s) = \dfrac{C(s)}{R(s)}, G_{er}(s) = \dfrac{E(s)}{R(s)}$
    - 扰动输入下：$G_d(s) = \dfrac{C(s)}{D(s)}, G_{ed} = \dfrac{E(s)}{D(s)}$

3）结构图

- 基本概念
  - 数学模型结构的图形表示
  - 可用代数法则进行等效变换
  - 构图的4种基本元素（方框、相加点、分支点、信号线）
- 基本方法
  - 由原始方程组画结构图
  - 用代数法则简化结构图
    - 串联相乘
    - 并联相加
    - 反馈连接$=\dfrac{前向传递函数}{1+开环传递函数}$
    - 相加点和分支点移位
  - 由梅逊公式直接求传递函数

注意几点：

（1）相加点与分支点相邻，一般不能随便交换。

（2）等效原则两条
- 前向通路的传递函数乘积保持不变
- 各回路中传递函数乘积保持不变

(3) 直接应用梅逊公式时,负反馈符号要记入反馈通路中的方框中去。另外对于互不接触回路的区分,特别要注意相加点与分支点相邻处的情况。

(4) 结构图可同时表示多个输入与输出的关系,这比其他几种解析式模型方便得多,并可由图直接写出任意个输入下的总响应。如运用叠加原理,当给定输入和扰动输入同时作用时(见图 2-45),则有 $C(s)=G_r(s)R(s)+G_d(s)D(s)$。

4) 信号流图

- 基本概念
  - 同结构图一致
  - 改进两点
    - 构图元素两种
    - 有统一的公式求传递函数
- 基本方法
  - 由原始方程组画信号流图
  - 结构图翻译成信号流图
  - 代数法则同结构图一致

重要公式⟶梅逊公式

$$G=\frac{\sum_{k=1}^{n}G_k\Delta_k}{\Delta}$$

注意两点:①掌握公式中各部分的含义;②公式只能用于写输入节点与输出节点之间的传输,不能写不含输入节点情况下,任意两混合节点之间的传输。

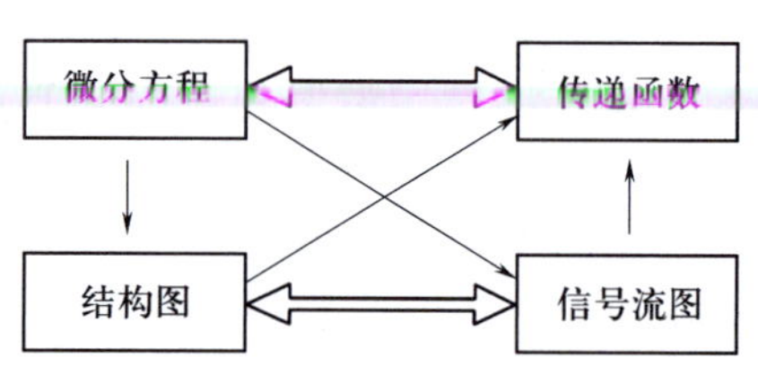

图 2-79 模型转换

4 种模型之间的转换关系可用图 2-79 表示。

习 题

2-1 求下列函数的拉普拉斯反变换:

(1) $F_1(s)=\dfrac{s+1}{s(s^2+s+1)}$

(2) $F_2(s)=\dfrac{6s+3}{s^2}$

(3) $F_3(s)=\dfrac{5s+2}{(s+1)(s+2)^3}$

(4) $F_4(s)=\dfrac{1}{s^2(s^2+\omega^2)}$

2-2 求下列微分方程的解:

(1) $2\ddot{x}+7\dot{x}+3x=0,\ x(0)=3,\ \dot{x}(0)=0$

(2) $\dot{x}+2x=\delta(t),\ x(0_-)=0$

(3) $\ddot{x}+2\zeta\omega_n\dot{x}+\omega_n^2x=0,\ x(0)=a,\ \dot{x}(0)=b$

(4) $\dot{x}+ax=A\sin\omega t,\ x(0)=b$

式(3),(4)中 a 和 b 为常数。

2-3 试求题图(a)和(b)所示的两种机械系统传递函数 $x_o(s)/x_i(s)$。图中 x_i 表示输入位移,x_o 表示输出位移(每一位移均从其平衡位置开始测量)。

2-4 试求题图(a)和(b)所示机械系统的微分方程式。

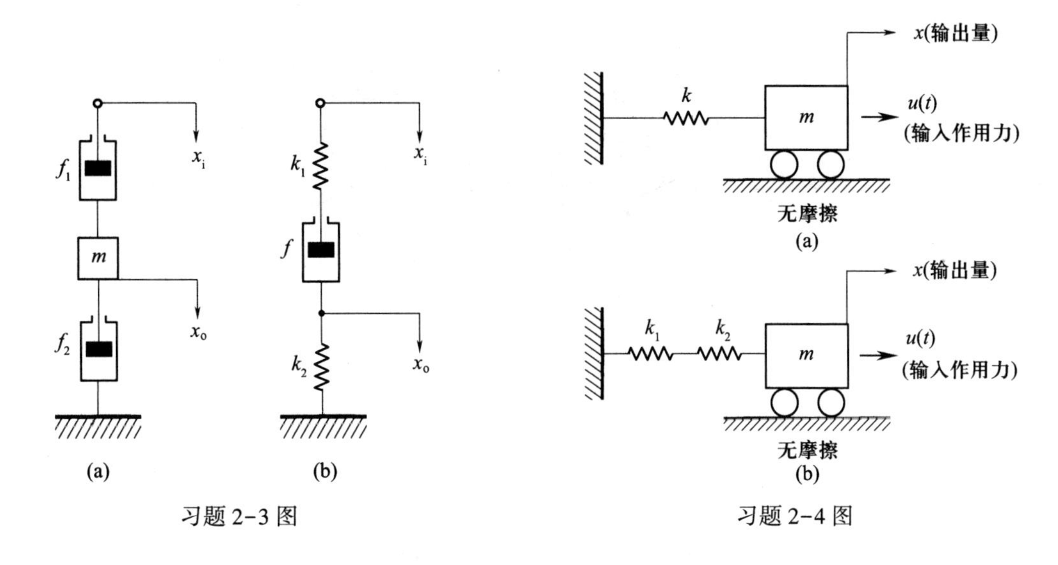

习题 2-3 图　　　　习题 2-4 图

2-5　试求题图(a)和(b)所示无源网络的微分方程式。

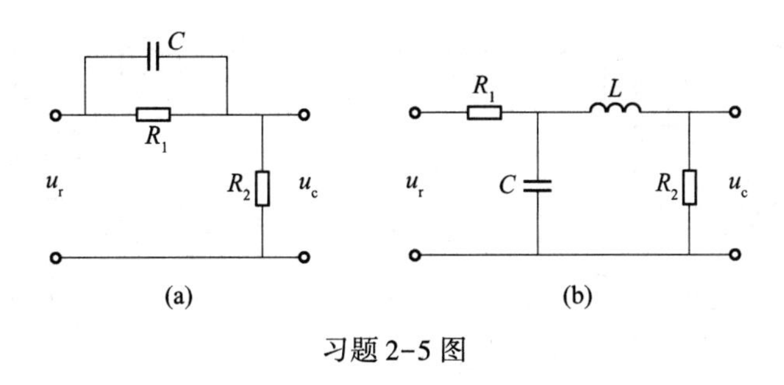

习题 2-5 图

2-6　已知某系统满足的微分方程组为

$$\begin{cases} e(t) = 10r(t) - b(t) \\ 6\dfrac{\mathrm{d}c(t)}{\mathrm{d}t} + 10c(t) = 20e(t) \\ 20\dfrac{\mathrm{d}b(t)}{\mathrm{d}t} + 5b(t) = 10c(t) \end{cases}$$

试画出系统的结构图,并求传递函数 $C(s)/R(s)$ 及 $E(s)/R(s)$。

2-7　设系统的传递函数为

$$\frac{C(s)}{R(s)} = \frac{2}{s^2 + 3s + 2}$$

且初始条件 $c(0)=-1$, $\dot{c}(0)=0$。试求当 $r(t)=1(t)$ 时,系统的输出 $c(t)$。

2-8　若某系统的单位阶跃响应为 $c(t)=1-2\mathrm{e}^{-2t}+\mathrm{e}^{-t}$,试求系统的传递函数和脉冲响应函数。

2-9　由运算放大器组成的有源网络如题图(a)和(b)所示,试用复阻抗法写出它们的传递函数。

2-10　试用结构图简化法求题图(a)、(b)和(c)所示系统的闭环传递函数 $C(s)/R(s)$。

2-11　试用结构图简化法与梅逊公式法求题图(a)、(b)和(c)所示系统的闭环传递函数 $C(s)/R(s)$。

2-12　试绘制题图(a)和(b)所示系统的信号流图,并用梅逊公式求传递函数 $C(s)/R(s)$ 和 E

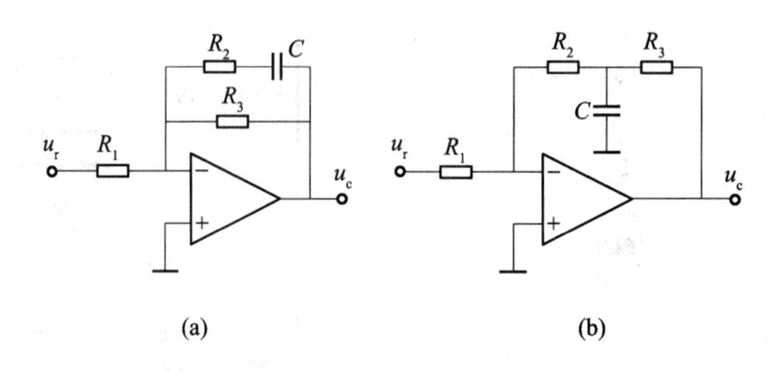

习题 2-9 图

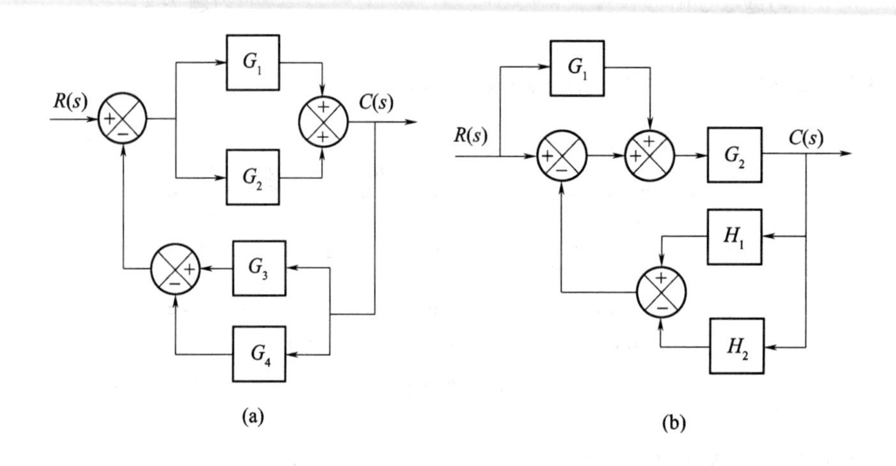

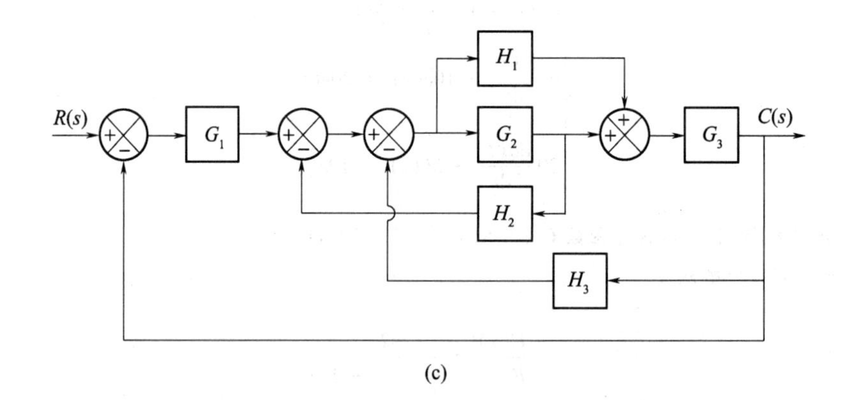

习题 2-10 图

$(s)/R(s)$。

2-13 试求题图(a)和(b)所示系统的传递函数 $C(s)/R(s)$, $C(s)/D(s)$, $E(s)/R(s)$ 及 $E(s)/D(s)$。

2-14 试用梅逊公式求题图(a)、(b)、(c)和(d)所示系统的传递函数 $C(s)/R(s)$。

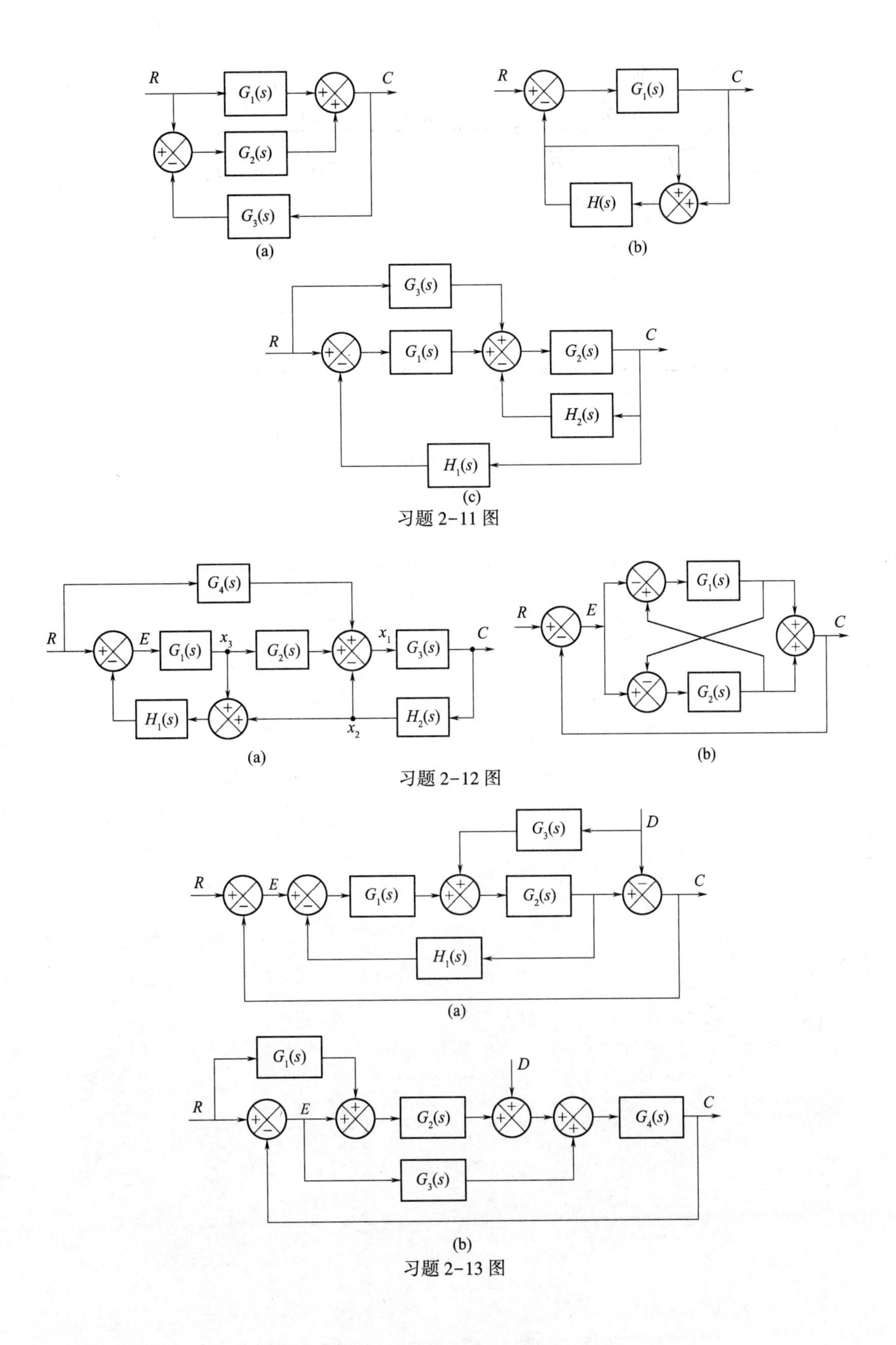

习题 2-11 图

习题 2-12 图

习题 2-13 图

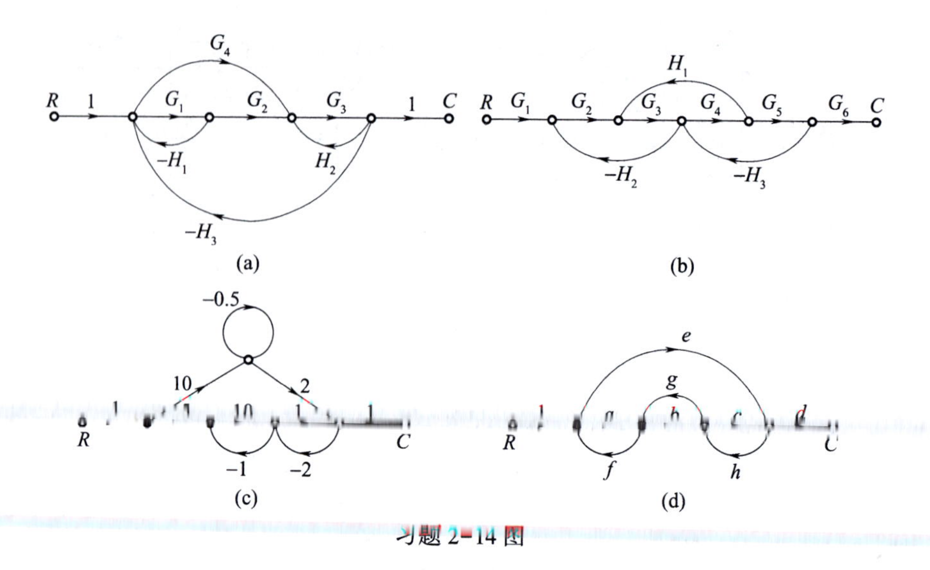
R
1
G4
G1
G2
G3
1
C
-H1
H2
-H3
(a)
R
G1
G2
H1
G3
G4
G5
G6
C
-H2
-H3
(b)
-0.5
10
2
R
1
10
1
C
-1
-2
(c)
e
g
R
a
b
c
d
C
f
h
(d)

习题 2-14 图

第3章　时域分析法

前面的两章已经指出,对控制系统的分析研究,第一个重要任务是建立合理的便于分析的数学模型。有了系统的数学模型,然后选用相应的系统分析方法,就可以展开性能分析。系统性能的优劣,是由其稳定性、快速性和准确性这三大指标来衡量的。

如果建立的数学模型是线性定常系统,在线性定常系统的分析中,经典控制理论常用的分析方法有时域分析法、根轨迹法和频域分析法。如果对应的系统是非线性系统,则可以选用描述函数法和相平面法。如果是离散系统,则选用 Z 变换法。

在线性定常系统的分析中,时域分析法是一种直观易接受的方法,可以提供系统时间响应的全部信息,尤其对于二阶系统性能的分析和计算,可方便地得到确切的结果。其他几种分析方法,对二阶以上的高阶系统特别适用,但都是建立在时域分析基本概念基础上的,只有掌握了时域分析引出的结论和重要概念,才能对其他的方法进行研究和探讨。

时域分析法(time domain analysis)的要点是:

(1) 建立数模(微分方程式,传递函数)。

(2) 选择合适的输入函数(典型信号)。取决于系统常见工作状态,同时,在所有的可能的输入信号中,选取最不利的信号作为系统的典型输入信号。

(3) 求出系统输出随时间变化的关系:

$$C(s) = G(s)R(s)$$

$$c(t) = L^{-1}[C(s)]$$

(4) 根据时间响应确定系统的性能,包括稳定性、快速性和准确性等方面指标,看这些指标是否符合生产工艺的要求。

3.1　典型输入信号和时域性能指标

3.1.1　典型输入信号

控制系统的时间响应是用系统数学模型的时间解来描述的,系统的三大性能可从系统响应过程中反映出来。但从微分方程求解可知,自动控制系统的时间响应,不仅取决于系统本身的结构参数,而且还与系统的初始状态和输入信号有关。

为了便于分析和比较各种控制系统的性能,通常对初始状态作统一的规定,均以零状态为准,且对输入信号做一些典型化处理,即统一规定一批典型输入信号。对这些典型输入信号的选取原则,一是要考虑实际现场常见情况,二是要数学描述简单,便于理论计算和实验研究。

工程分析中选定的典型信号有以下几种。

1. 阶跃信号

阶跃信号也称位置信号,其定义为

$$r(t) = \begin{cases} R & t \geqslant 0 \\ 0 & t < 0 \end{cases} \tag{3-1}$$

式中,R 为常数,称为阶跃值。当 $R=1$ 时称为单位阶跃信号(unit step signal),记为 $1(t)$,如图 3-1(a)所示。

单位阶跃信号的拉普拉斯变换为

$$R(s)=L[1(t)]=\frac{1}{s} \tag{3-2}$$

在 $t=0$ 处的阶跃信号,相当于一个恒定的信号突加到系统上。该信号的形式极为简单,但包含初始跃变部分和后续恒值部分,这两部分可较好地分别考察系统的快速性和准确性,因此在工程实际中广泛采用。在任意时刻 t_0 出现的阶跃函数可表示为 $r(t-t_0)=R\cdot 1(t-t_0)$。

2. 斜坡信号

斜坡信号也称速度信号,其定义为

$$r(t)=\begin{cases} Rt & t\geqslant 0 \\ 0 & t<0 \end{cases} \tag{3-3}$$

式中,R 为常数,称为速度值,相当于一个恒速变化的输入作用。当 $R=1$ 时称为单位斜坡信号(unit ramp signal),如图 3-1(b)所示。它等于单位阶跃信号对时间的积分,其波形是等速上升的。

单位斜坡信号的拉普拉斯变换为

$$R(s)=L[t]=\frac{1}{s^2} \tag{3-4}$$

在自动控制系统的分析中,该信号的恒速变化可用来检验一般随动系统的跟随能力。

3. 抛物线信号

抛物线信号也称加速度信号,其定义为

$$r(t)=\begin{cases} \dfrac{Rt^2}{2} & t\geqslant 0 \\ 0 & t<0 \end{cases} \tag{3-5}$$

式中,R 为常数,称为加速度值,相当于以恒加速度变化的输入作用。当 $R=1$ 时称为单位抛物线信号(unit acceleration signal),如图 3-1(c)所示,它等于斜坡信号对时间的积分。其波形是匀加速上升的。

单位抛物线信号的拉普拉斯变换为

$$R(s)=L\left[\frac{t^2}{2}\right]=\frac{1}{s^3} \tag{3-6}$$

在实际中,该信号的快速变化可检验较快随动系统的跟随能力。

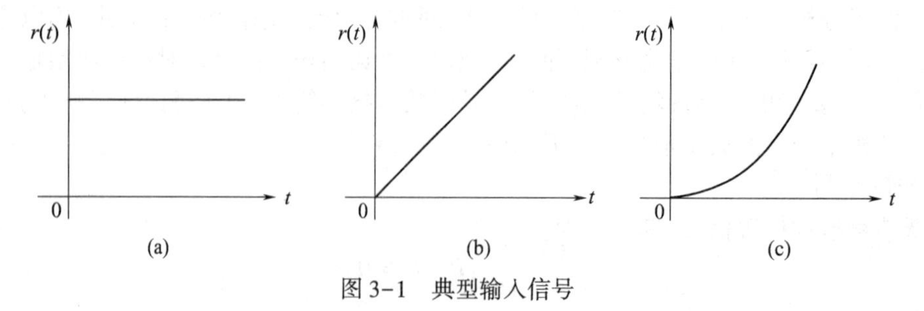

图 3-1 典型输入信号

4. 脉冲信号

脉冲信号又称冲击信号。在实际物理系统中，冲击信号常用一种平顶窄脉动信号表示，如图3-2(a)所示。其定义为

$$r(t)=\begin{cases}\dfrac{R}{\varepsilon} & 0\leqslant t\leqslant \varepsilon\\ 0 & t<0,t>\varepsilon\end{cases} \tag{3-7}$$

式中，R 为常数，等于矩形脉冲的面积，用来表示冲击作用的强度。因为这类信号的函数值与 ε、R 均有关，ε 越小，其函数值越大，当 $\varepsilon\to0$ 时，不论 R 取何值，其函数值趋于∞。此时很难区别各冲击信号的强弱，因此沿用一般函数的概念很难表示这类冲击函数在极限情况下的强弱，它属于广义函数，所以只能用其面积大小来衡量。

数学上定义的脉冲函数可用来近似表示实际中的脉动信号，它是取上述函数序列的极限来定义的。当取 $R=1$ 时，单位脉冲函数(unit inpulse function)定义为

$$\delta(t)=\lim_{\varepsilon\to0}r_{\varepsilon}(t)=\begin{cases}\infty & t=0\\ 0 & t\neq0\end{cases} \tag{3-8}$$

且
$$\int_{-\infty}^{+\infty}\delta(t)\,\mathrm{d}t=1$$

对于实际中强度不同的脉冲，可用单位脉冲函数表示为

$$r(t)=R\delta(t) \tag{3-9}$$

其波形如图3-2(b)所示。图中 $t=0$ 时刻的脉冲用一有向线段来表示，该线段的长度表示它的积分值，称为脉冲强度。

单位脉冲函数的拉普拉斯变换为

$$R(s)=L[\delta(t)]=1 \tag{3-10}$$

在实际系统中，脉冲输入表示在极短的时间内对系统提供能量(在描述这类输入时，脉冲的精确形状通常并不重要，而脉冲的面积或大小是非常重要的)，常用于研究在此之后，系统能量自由释放的过程。发生在 $t=t_0$ 处的单位脉冲通常用 $\delta(t-t_0)$ 表示。

5. 正弦信号

正弦函数(sinusoidal function)的数学表达式为

$$r(t)=\begin{cases}A\sin\omega t & t\geqslant0\\ 0 & t<0\end{cases} \tag{3-11}$$

式中，A 是正弦函数的幅值；ω 是角频率。其波形如图3-3所示。

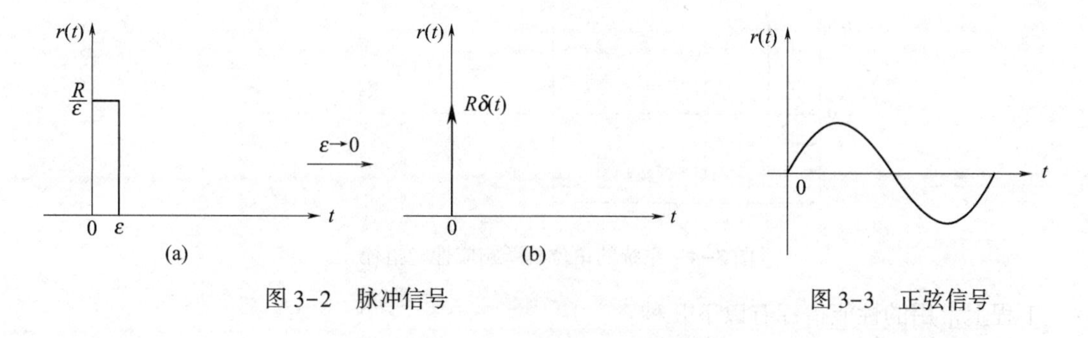

图3-2 脉冲信号

图3-3 正弦信号

拉普拉斯变换为

$$L[A\sin\omega t]=\frac{A\omega}{s^2+\omega^2} \tag{3-12}$$

在实际中,该信号的波动变化可检验随动系统在波浪环境中的控制和跟随能力。如船舶的消摆和平台的稳定,就可用正弦信号进行研究。另外,在理论分析方法中,正弦函数主要用于频域分析。

上述这些典型信号在实际中都具有很强的代表性,同时数学表达式也十分简单,特别是前4种信号,各信号之间存在着简单且一致的微分、积分运算关系。因此,在系统的分析设计中常被采用。在分析和设计控制系统时,究竟选择哪一种典型输入信号作为实验信号,需根据系统的实际情况来决定。一般而言,如果系统的实际输入大部分是随时间逐渐增加的信号,选择斜坡函数作为实验型号较为合适;如果系统输入端的信号大多为突加的恒值或跃变的干扰,应选择阶跃函数作为其实验信号;如果是工作在舰船上的一类控制系统,由于经常受到海浪的干扰,则用正弦函数或至少用匀加速函数作为其实验信号是合理的。

3.1.2 阶跃响应性能指标

在控制系统的分析中,对于不同的输入信号,系统的响应是不同的。但对于线性系统来说,各种输入致使系统所表征的基本性能是一致的。一般认为,跟踪和复现阶跃作用,对系统来说是较为严格的工作条件。为在工程上有一个统一的标准对各类系统进行比较和研究,通常以单位阶跃响应来评价控制系统性能的优劣。同时假定系统在单位阶跃输入信号作用前处于静止状态,而且系统输出量及其各阶导数均等于零。对于大多数控制系统来说,这种假设是符合实际情况的。

控制系统的时间响应,从响应过程的时间顺序上,可以划分为动态和稳态两个阶段。动态过程又称过渡过程,是指系统从初始状态到接近最终状态的响应过程;稳态过程是指时间 t 趋于无穷时系统的输出状态。研究系统的时间响应,必须对动态和稳态两个过程的特点和性能加以探讨。

系统的性能指标是根据实际输出与期望输出(在各个阶段)之间的差异而定的。当系统的阶跃响应不产生稳态误差时,响应的稳态值即为期望输出。系统的单位阶跃响应性能指标如图3-4所示。

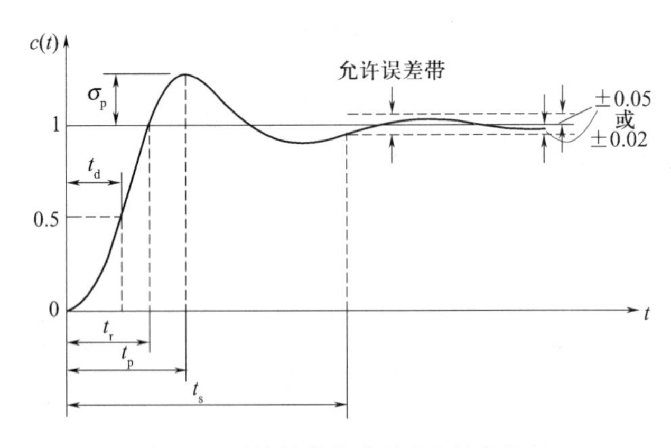

图3-4 系统的单位阶跃响应性能指标

工程上常用的性能指标有以下几种:

(1) 延迟时间 t_d:指响应曲线第一次达到稳态值的50%所需的时间。

(2) 上升时间 t_r:指响应曲线从其稳态值的 10%上升到 90%所需的时间。对于有振荡的系统,则取响应从零到第一次上升到稳态值所需的时间。

(3) 峰值时间 t_p:指输出响应超过稳态值而达到第一个峰值所需要的时间。

(4) 最大(百分比)超调量 $\sigma_p\%$:指输出响应的最大值超过稳态值的最大偏离量与稳态值之比的百分数,即

$$\sigma_p\% = \frac{c(t_p) - c(\infty)}{c(\infty)} \times 100\% \tag{3-13}$$

(5) 调节时间 t_s:在响应曲线的稳态线上,取±5%(或±2%)作为误差带,响应曲线达到并不再超出该误差带所需的最小时间,称为调节时间(或过渡过程时间)。

(6) 稳态误差 e_{ss}:当时间 t 趋于无穷时,响应曲线的实际值(即稳态值)与期望值之差定义为稳态误差。在单位反馈系统中,稳态误差即为输出的响应值与输入值之差。

上述性能指标中,延迟时间 t_d、上升时间 t_r 和峰值时间 t_p,均表征系统响应初始段的快慢,是一种敏感性指标;调节时间 t_s 表示系统过渡过程持续的时间,从总体上反映了系统的快速性;超调量 $\sigma_p\%$是对动态偏差的度量,同时又反映系统响应过程的平稳性;稳态误差 e_{ss}则反映了系统复现输入信号的最终精度。

今后常以调节时间 t_s、超调量 $\sigma_p\%$和稳态误差 e_{ss}这三项指标,分别评价系统动态过程的快速性和平稳性,以及系统稳态过程的稳态精度。

3.2 一阶系统时域分析

能用一阶微分方程描述的系统称为一阶系统(first-order system)。由一阶系统所构成的环节就是一阶惯性环节。在物理上,该系统可以是一个 *RC* 电路,也可能是一个液位控制系统等。

一阶系统的运动方程具有如下的一般形式:

$$T\frac{dc(t)}{dt} + c(t) = r(t) \tag{3-14}$$

式中,T 称为惯性时间常数,且有 $T>0$,可表征系统惯性的大小;$c(t)$ 和 $r(t)$ 分别是系统的输出信号和输入信号。

传递函数为

$$\Phi(s) = \frac{C(s)}{R(s)} = \frac{1}{Ts + 1} \tag{3-15}$$

显然,一阶系统的特征根只有 1 个,$s_1 = -\frac{1}{T}$,在复平面的分布如图 3-5 所示。

系统的方框图如图 3-6 所示。

假设初始条件为零,下面分析一阶系统对单位阶跃函数、单位斜坡函数和单位脉冲函数等输入信号的响应。

3.2.1 一阶系统的单位阶跃响应

当输入信号 $r(t) = 1(t)$ 时,$R(s) = \frac{1}{s}$,系统的响应过程 $c(t)$ 称作其单位阶跃响应。

拉普拉斯变换为

$$C(s)=\Phi(s)R(s)=\frac{1}{Ts+1}\frac{1}{s}=\frac{1}{s}-\frac{1}{s+\frac{1}{T}} \tag{3-16}$$

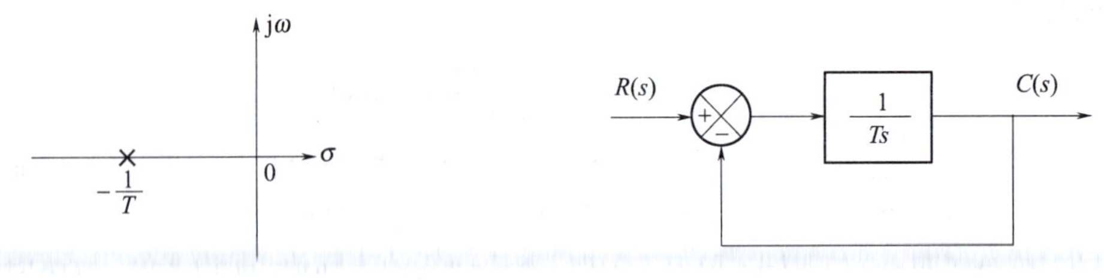

图 3-5　一阶系统特征根分布

图 3-6　单位反馈一阶系统

两端取拉普拉斯反变换,求得其单位阶跃响应为

$$c(t)=1-e^{-\frac{t}{T}}\quad(t\geqslant 0) \tag{3-17}$$

式中,1 为稳态分量;$-e^{-\frac{t}{T}}$为暂态分量,它随时间的推移而不断减小并最终趋于零。一阶系统的单位阶跃响应曲线如图 3-7 所示。可以看出,这个响应是由零开始,按指数规律单调上升、有惯性、无超调的曲线,随着时间的推进而趋向于其稳态值 1。

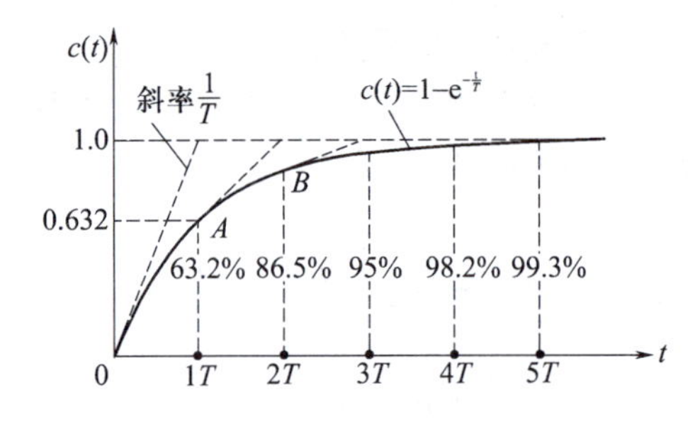

图 3-7　一阶系统的单位阶跃响应

由于一阶系统的阶跃响应没有超调量,所以其性能指标主要是调整时间,它表征系统过渡过程进行的快慢。

考察其变化率,即

$$\frac{dc(t)}{dt}=\frac{1}{T}e^{-\frac{t}{T}}>0\quad(t\geqslant 0)$$

其斜率总为正,所以曲线单调增长。在初始时刻$t=0$时,系统运动有最大的变化率 $1/T$,如果系统始终以初始时刻的变化率运动,只要一个 T 的时间间隔,即可达到稳态值,但是实际上系统运动的变化率是随着时间的推移而下降的。当 $t\to\infty$ 时,变化率等于零,$c(\infty)=1$。

令时间 t 取不同值时,对应的系统单位阶跃响应值为:$c(T)=0.632$;$c(2T)=0.865$;$c(3Tc)=0.95$;$c(4T)=0.98$。一阶系统的性能指标如下:

$$t_d=0.69T \tag{3-18}$$

$$t_r=2.20T \tag{3-19}$$

$$t_s=\begin{cases}3T & \Delta=5\%c(\infty)\text{ 时}\\4T & \Delta=2\%c(\infty)\text{ 时}\end{cases} \tag{3-20}$$

$$\sigma_p\%=0$$

$$e_{ss}=0$$

一阶系统的性能指标主要由时间常数 T 决定,T 越小,系统的快速性就越好;反之,T 越大,响应越慢。这一结论也适用于一阶系统的其他响应。

单位阶跃响应的上述特点是实验方法测定一阶系统的时间常数 T 或确定所测系统是否

为一阶系统的理论基础。

3.2.2 一阶系统的单位脉冲响应

当输入信号 $r(t)=\delta(t)$ 时，系统的响应称作其单位脉冲响应。由于 $R(s)=1$，所以系统单位脉冲响应的拉普拉斯变换与系统的闭环传递函数相同，即

$$C(s)=\Phi(s)R(s)=\frac{1}{Ts+1} \tag{3-21}$$

系统的单位脉冲响应为

$$c(t)=L^{-1}[C(s)]=\frac{1}{T}e^{-t/T}\quad(t\geqslant 0) \tag{3-22}$$

一阶系统的脉冲响应是非周期的单调减函数，当 $t=0$ 时，响应取最大值 $c(0)=1/T$，当 $t\to\infty$ 时，响应的幅值衰减为零。经过一定时间之后，脉冲响应衰减到允许的误差之内。根据给出的误差带宽度可以求出其调节时间 t_s，当 $\Delta=\pm5\%c(0)$ 时，$t_s=3T$。

响应曲线如图 3-8 所示。

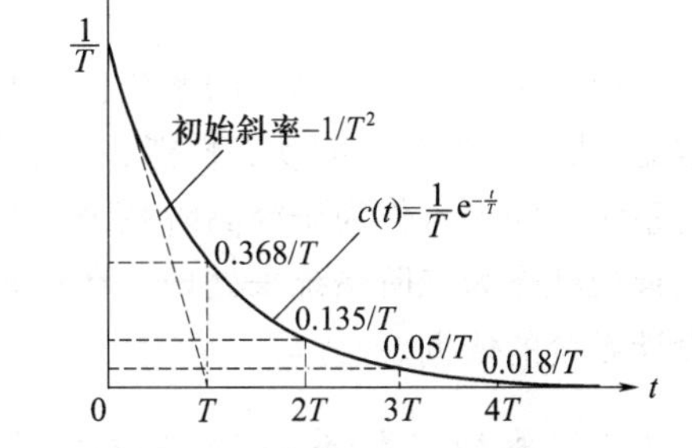

图 3-8 一阶系统的单位脉冲响应

3.2.3 一阶系统的单位斜坡响应

一阶系统在单位斜坡输入作用下的响应称作其单位斜坡响应。因为 $R(s)=1/s^2$，所以，系统输出的拉普拉斯变换为

$$C(s)=\Phi(s)R(s)=\frac{1}{Ts+1}\times\frac{1}{s^2} \tag{3-23}$$

系统的时域响应表达式如下

$$c(t)=t-T+Te^{-t/T}\quad(t\geqslant 0) \tag{3-24}$$

式(3-24)表明，一阶系统的单位斜坡响应可分为暂态分量和稳态分量两个部分。其暂态分量为指数衰减项，随时间的增加而逐渐衰减为零。其稳态分量是一个与输入斜坡函数斜率相同但时间滞后 T 的斜坡函数，因此在位置上存在稳态跟踪误差，其值正好等于时间常数 T。

系统的单位斜坡响应曲线如图 3-9 所示。

表 3-1 列出了一阶系统对三种典型输入信号的响应。

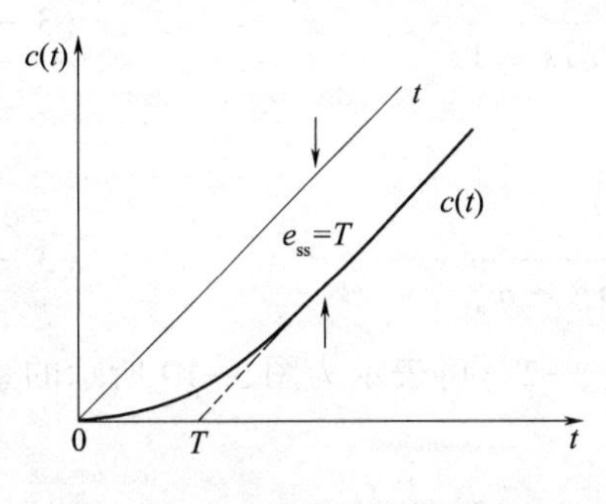

图 3-9 一阶系统的单位斜坡响应

表 3-1 一阶系统对典型输入信号的响应关系式

输入信号	输出响应
$1(t)$	$1-e^{-t/T}$　　$t\geqslant 0$
$\delta(t)$	$\frac{1}{T}e^{-t/T}$　　$t\geqslant 0$
t	$t-T+Te^{-t/T}$　　$t\geqslant 0$

表中各响应指明如下结论：

(1) 一阶系统只有一个特征参数，即其时间常数 T。在一定的输入信号作用下，其时间响应 $c(t)$ 由其时间常数唯一确定。

(2) 脉冲函数 $\delta(t)$ 和斜坡函数 t 分别是阶跃函数 $1(t)$ 对时间 t 的一阶微分和积分，而系统的单位脉冲响应和单位斜坡响应分别是系统的单位阶跃响应对时间 t 的一阶微分和积分。这一关系表明，**系统对输入信号导数的响应等于系统对该输入信号响应的导数；系统对输入信号积分的响应等于系统对该输入响应的积分**，积分常数由初始条件确定。这是线性定常系统的一个重要性质，因此，研究线性定常连续控制系统的时间响应，可以只对其中一种典型输入信号，如单位阶跃信号的时间响应进行计算和测定。

3.3 典型二阶系统时域分析

由二阶微分方程描述的系统，称为二阶系统(second-order system)。它在工程实践中极为常见，研究二阶系统的动态性能，不只是因为二阶系统在数学上容易分析，更重要的是因为二阶系统的知识可作为研究高阶系统的基础，而且在工程上许多高阶系统在一定的条件下，常可以近似地作为二阶系统来处理。在很多工程场合，常应用所谓二阶系统的最佳工程参数作为设计系统的依据。

3.3.1 典型二阶系统的单位阶跃响应

1. 典型二阶系统的数学模型

典型二阶系统的微分方程一般为

$$T^2\frac{\mathrm{d}^2c(t)}{\mathrm{d}t^2}+2\zeta T\frac{\mathrm{d}c(t)}{\mathrm{d}t}+c(t)=r(t) \tag{3-25}$$

式中，T 称为时间常数；ζ 称为阻尼比(damping ratio)。

令 $\omega_n=\dfrac{1}{T}$，ω_n 称为自然频率，或无阻尼振荡频率(undamped oscillation frequency)，则可得二阶系统微分方程的另一种形式：

$$\frac{\mathrm{d}^2c(t)}{\mathrm{d}t^2}+2\zeta\omega_n\frac{\mathrm{d}c(t)}{\mathrm{d}t}+\omega_n^2c(t)=\omega_n^2r(t) \tag{3-26}$$

与上面两式对应的传递函数分别为

$$\Phi(s)=\frac{C(s)}{R(s)}=\frac{1}{T^2s^2+2\zeta Ts+1} \tag{3-27}$$

及

$$\Phi(s)=\frac{C(s)}{R(s)}=\frac{\omega_n^2}{s^2+2\zeta\omega_ns+\omega_n^2} \tag{3-28}$$

引进参数 ζ，ω_n 之后，系统的动态结构图按标准式(3-28)可表示为图 3-10 所示的系统。对应的标准开环传递函数为

$$G(s)=\frac{\omega_n^2}{s(s+2\zeta\omega_n)} \tag{3-29}$$

由式(3-28)可得典型二阶系统的闭环特征方程为

$$s^2+2\zeta\omega_n s+\omega_n^2=0 \tag{3-30}$$

闭环特征根为

$$s_{1,2}=-\zeta\omega_n \pm\omega_n\sqrt{\zeta^2-1} \tag{3-31}$$

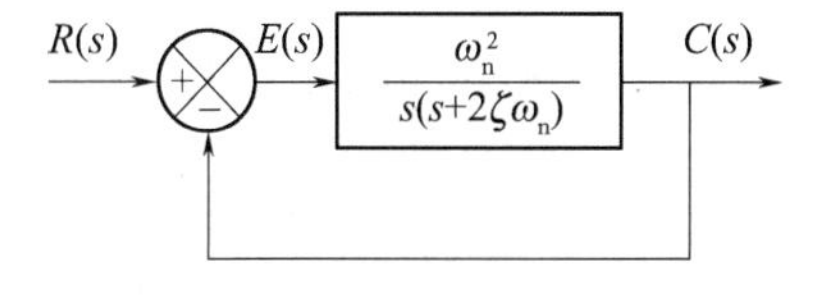

图 3-10 典型二阶系统结构图

由式(3-31)可见,闭环特征根的类型是实根还是共轭复根,主要取决于式中根号下表达式的值,ζ 取值不同,直接影响了根的类型。当类型确定以后,根的位置还与 ω_n 有关。因此,ζ,ω_n 是二阶系统的重要结构参数,系统的动态性能可由这两个参数进行描述。

例如 *RLC* 电路,如图 3-11 所示。

建立的微分方程式为

$$LC\frac{d^2u_c}{dt^2}+RC\frac{du_c}{dt}+u_c=u_r$$

对应的传递函数为

$$\Phi(s)=\frac{U_c(s)}{U_r(s)}=\frac{1}{LCs^2+RCs+1}=\frac{\omega_n^2}{s^2+2\zeta\omega_n s+\omega_n^2}$$

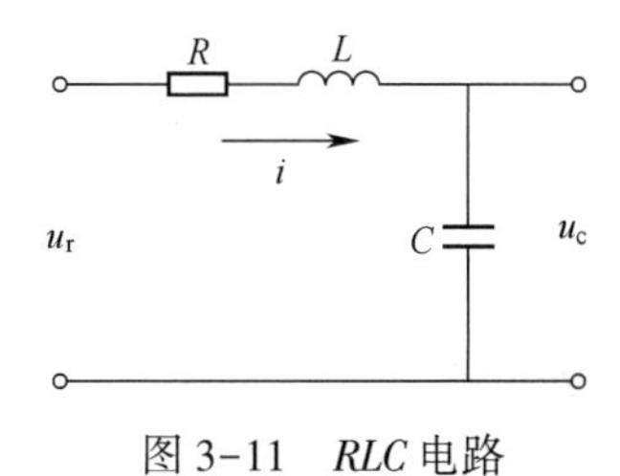

图 3-11 *RLC* 电路

与标准的传递函数比对,得

$$T=\sqrt{LC} \qquad \omega_n=1/T \qquad \zeta=\frac{R}{2}\sqrt{\frac{C}{L}}$$

由此可以看出,二阶系统的阻尼比和无阻尼振荡频率与系统元件的参数有着一定的对应关系,当给定电路中电阻、电容和电感的值时,就决定了二阶系统的阻尼比和无阻尼振荡频率,也就决定了二阶系统的性能。

对于不同物理属性的二阶系统,阻尼比和无阻尼振荡频率的含义是不同的。

2. 典型二阶系统的单位阶跃响应

根据传递函数的定义,可知系统输出的像函数为

$$C(s)=\Phi(s)R(s)$$

现已知二阶系统的闭环传递函数 $\Phi(s)$ 为式(3-28)所示,又已知输入信号为单位阶跃信号,即 $R(s)=\frac{1}{s}$。于是二阶系统的输出像函数为

$$C(s)=\frac{\omega_n^2}{s^2+2\zeta\omega_n s+\omega_n^2}\cdot\frac{1}{s} \tag{3-32}$$

对上式取拉普拉斯反变换得

$$c(t)=L^{-1}[C(s)]=L^{-1}\left[\frac{\omega_n^2}{s^2+2\zeta\omega_n s+\omega_n^2}\cdot\frac{1}{s}\right] \tag{3-33}$$

反变换的结果取决于二阶系统闭环特征根的具体类型。下面分几种情况进行讨论。

(1) 当 $0<\zeta<1$ 时,称为欠阻尼系统(underdamped system)。二阶系统的闭环特征根为一对共轭复根,且具有负的实部。

$$s_{1,2}=-\zeta\omega_n \pm j\omega_n\sqrt{1-\zeta^2}=-\sigma \pm j\omega_d \tag{3-34}$$

式中,$\sigma=\zeta\omega_n$,称为衰减系数或振荡阻尼系数;$\omega_d=\omega_n\sqrt{1-\zeta^2}$,称为阻尼振荡角频率,具有角频

率的量纲。

在这种情况下，由式(3-32)可得二阶系统输出像函数为

$$C(s)=\frac{\omega_n^2}{(s+\sigma+j\omega_d)(s+\sigma-j\omega_d)}\cdot\frac{1}{s}=\frac{1}{s}-\frac{s+2\sigma}{(s+\sigma)^2+\omega_d^2}=$$

$$\frac{1}{s}-\frac{s+\sigma}{(s+\sigma)^2+\omega_d^2}-\frac{\sigma}{(s+\sigma)^2+\omega_d^2} \tag{3-35}$$

对上式取拉普拉斯反变换得

$$c(t)=1-e^{-\sigma t}\left[\cos\omega_d t+\frac{\zeta}{\sqrt{1-\zeta^2}}\sin\omega_d t\right]=$$

$$1-\frac{e^{-\sigma t}}{\sqrt{1-\zeta^2}}[\sqrt{1-\zeta^2}\cos\omega_d t+\zeta\sin\omega_d t]\quad (t\geqslant 0) \tag{3-36}$$

令 $\sin\beta=\sqrt{1-\zeta^2}$；$\cos\beta=\zeta$，则式(3-36)可简化为

$$c(t)=1-\frac{e^{-\sigma t}}{\sqrt{1-\zeta^2}}\sin(\omega_d t+\beta)=$$

$$1-\frac{e^{-\zeta\omega_n t}}{\sqrt{1-\zeta^2}}\sin(\omega_n\sqrt{1-\zeta^2}t+\beta)\quad (t\geqslant 0) \tag{3-37}$$

式中，$\beta=\arctan\frac{\sqrt{1-\zeta^2}}{\zeta}$，或者 $\beta=\arccos\zeta$。

分析式(3-37)可知，欠阻尼二阶系统的单位阶跃响应由两部分组成：第一部分是稳态分量，其值与输入值相等，表明系统最终不存在稳态误差；第二项是暂态分量，是一个带有指数函数作为振幅的正弦振荡项，其振荡频率为 ω_d，故称阻尼振荡频率。振幅中 $e^{-\sigma t}$随着时间的推移而逐渐趋于零，所以此振荡是衰减的。显然 $\sigma=\zeta\omega_n$ 越大，振幅衰减得越快，故称 σ 为衰减系数。可见，衰减系数 σ 和振荡频率 ω_d 决定了暂态响应的性能，而这两个参数恰为闭环特征根的实部和虚部的绝对值。

显然，由式(3-37)可以看出，当二阶系统处于欠阻尼情况时，系统的单位阶跃响应 $c(t)$ 是一条衰减振荡的曲线，特征根是一对共轭复根，位于 s 平面左半部，如图 3-12(a)所示。

(2) 当 $\zeta=0$ 时，称为无阻尼系统(undamped system)。这时系统的特征根为一对共轭虚根：

$$s_{1,2}=\pm j\omega_n \tag{3-38}$$

此时，系统的输出像函数为

$$C(s)=\frac{\omega_n^2}{s^2+\omega_n^2}\cdot\frac{1}{s}=\frac{1}{s}-\frac{s}{s^2+\omega_n^2} \tag{3-39}$$

取拉普拉斯反变换得

$$c(t)=1-\cos\omega_n t \tag{3-40}$$

显然，这时的二阶系统响应曲线为一等幅余弦振荡，如图 3-12(b)所示。振荡频率为 ω_n，故称为无阻尼自然振荡频率。与阻尼振荡频率 ω_d 相比，$\omega_d<\omega_n$，且随 ζ 的增加，ω_d 的值减少。如果 $\zeta\geqslant 1$，ω_d将不复存在，系统的响应不再出现振荡。

(3) 当 $\zeta=1$ 时，称系统为临界阻尼系统(critically damped system)。这时，系统有一对相等的负实根：

$$s_{1,2} = -\omega_n \tag{3-41}$$

此时,二阶系统单位阶跃响应的像函数为

$$C(s) = \frac{\omega_n^2}{(s+\omega_n)^2} \cdot \frac{1}{s} = \frac{1}{s} - \frac{\omega_n}{(s+\omega_n)^2} - \frac{1}{s+\omega_n} \tag{3-42}$$

其拉普拉斯反变换为

$$c(t) = 1 - e^{-\omega_n t}(1+\omega_n t) \qquad t \geqslant 0 \tag{3-43}$$

显然这是一个不振荡的单调过程,其稳态值为1,暂态过程也是随时间的推移最终衰减为零,指数衰减系数为 ω_n,又称临界阻尼系统(overdamped system)。分析其变化率为

$$\frac{dc(t)}{dt} = \omega_n^2 t e^{-\omega_n t}$$

当 $t>0$ 时,变化率总为正,整个响应过程单调上升。在 $t=0$ 和 $t\to\infty$ 时变化率等于零,响应过程从0单调增长最终趋于常数1。其曲线如图3-12(c)所示。

(4) 当 $\zeta>1$ 时,称为过阻尼情况。这时系统具有两个不相等的负实根:

$$s_{1,2} = -\zeta\omega_n \pm \omega_n\sqrt{\zeta^2-1} = -(\zeta \mp \sqrt{\zeta^2-1})\omega_n \tag{3-44}$$

当单位阶跃输入时,系统输出的像函数为

$$\begin{aligned} C(s) &= \frac{\omega_n^2}{(s+\zeta\omega_n-\omega_n\sqrt{\zeta^2-1})(s+\zeta\omega_n+\omega_n\sqrt{\zeta^2-1})} \cdot \frac{1}{s} = \\ &\frac{\omega_n^2}{(s-s_1)(s-s_2)} \cdot \frac{1}{s} = \\ &\frac{1}{s} - \frac{1}{2\sqrt{\zeta^2-1}(\zeta-\sqrt{\zeta^2-1})} \cdot \frac{1}{s-s_1} + \\ &\frac{1}{2\sqrt{\zeta^2-1}(\zeta+\sqrt{\zeta^2-1})} \cdot \frac{1}{s-s_2} \end{aligned} \tag{3-45}$$

其拉普拉斯反变换为

$$c(t) = 1 - \frac{\omega_n}{2\sqrt{\zeta^2-1}}\left(\frac{e^{s_1 t}}{-s_1} - \frac{e^{s_2 t}}{-s_2}\right) \quad (t \geqslant 0) \tag{3-46}$$

上式表明,系统的暂态响应会有两个单调衰减的指数项。它们的代数和绝不会超过稳态值1,因而过阻尼二阶系统的单位阶跃响应是非振荡的。如图3-12(d)所示。当 ζ 远大于1时,在 s 平面上,s_1 与虚轴的距离比 s_2 与虚轴的距离近得多(即 $|s_1| \ll |s_2|$),因此,含有 s_2 的指数项比含 s_1 的指数项衰减得快的多,则在近似解中可以忽略 s_2,系统响应类似于一阶系统。可用下式近似表示:

$$\frac{C(s)}{R(s)} = \frac{-s_1}{s-s_1}$$

该式的系数选取原则应使近似式的初值和终值与原系统保持一致。

(5) 当 $\zeta<0$ 时,称为负阻尼系统(negative damping system)。这时系统的特征根为一对正实部的根,与前面正阻尼的三种情况类似分析,由于特征根的实部为正,各解的表达式中均含

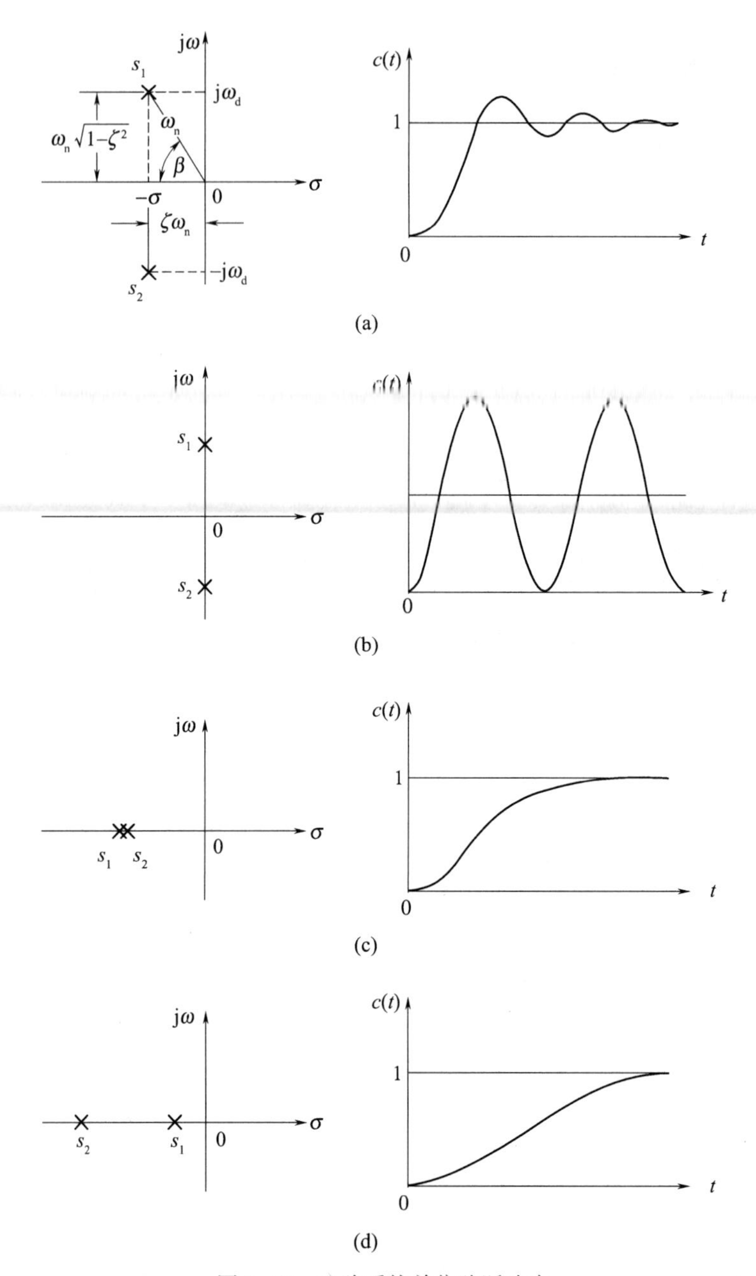

图 3-12　二阶系统单位阶跃响应

有正指数项,使得系统的响应表现为幅值随时间增加而发散。此时,系统不能正常工作,或者说,系统不稳定。

一对正实部的共轭复根所对应的阶跃响应如图 3-13 所示。此时$-1<\zeta<0$,二阶系统有两个不相等的特征根为

$$s_{1,2}=-\zeta\omega_n\pm j\omega_n\sqrt{1-\zeta^2}=-\sigma\pm j\omega_d$$

单位阶跃响应输出与式(3-37)相同。显然单位阶跃响应也是由两个部分所组成:第一部分是稳态分量,第二部分为暂态分量。由于$\zeta<0$,所以$e^{-\zeta\omega_n t}$为正指数项,造成式(3-37)的第二项暂态分量是幅值按指数规律发散的有阻尼正弦振荡,振荡角频率为ω_d,幅值最终趋于无穷

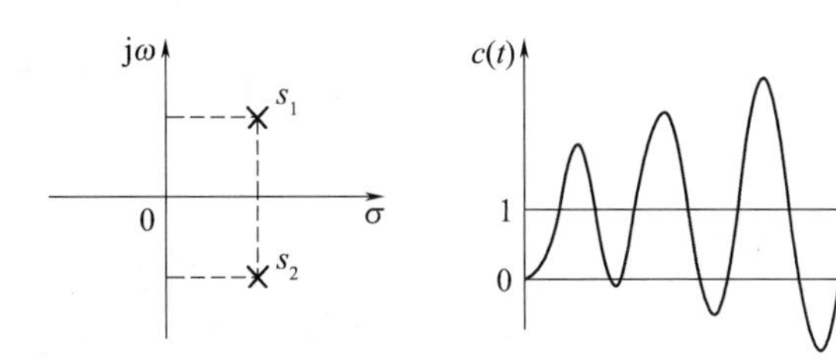

图 3-13 一对正实部的共轭复根所对应的阶跃响应

大,系统是不稳定的。在图 3-14 中,画出了 $\omega_n=1$,阻尼比 ζ 从 -0.1 变化到 0 的曲线。显然,阻尼比 $\zeta=0$ 时为临界稳定状态,而且随着 ζ 越来越小,系统的不稳定程度也越来越严重。今后,我们不再讨论不稳定系统的响应过程。

3. 典型二阶系统的参数 ζ,ω_n 对性能的影响

若采用 $\omega_n t$ 作为横坐标,称 $\omega_n t$ 为无因次时间变量。即作出的响应曲线仅是 ζ 的函数,可得到图 3-15 所示的二阶系统单位阶跃响应通用曲线,根据此曲线,可以更方便地分析参数 ζ,ω_n 对阶跃响应性能的影响。

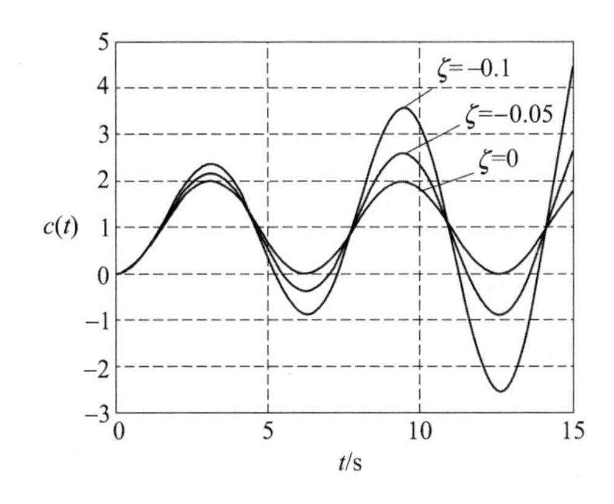

图 3-14 $\omega_n=1$,阻尼比 ζ 从 -0.1 变化到 0 的曲线

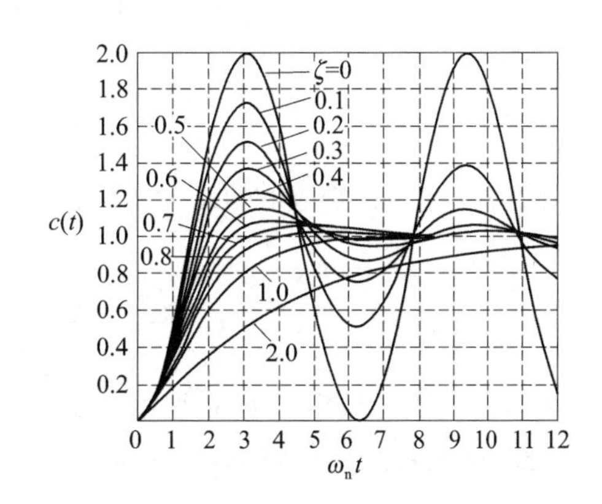

图 3-15 二阶系统单位阶跃响应通用曲线

(1) 平稳性。由曲线看出,阻尼比 ζ 越大,超调量越小,响应的振荡倾向越弱,平稳性越好。当 $\zeta\geqslant1$ 时,响应的振荡消失,变为单调的过程,平稳性最佳。反之,阻尼比 ζ 越小,振荡越强,平稳性越差。当 $\zeta=0$ 时,零阻尼的响应变为不衰减的等幅振荡过程。

从阻尼振荡频率上来分析,频率 ω_d 越高,振荡越激烈,平稳性越差。由于 $\omega_d=\omega_n\sqrt{1-\zeta^2}$,所以,在一定的阻尼比 ζ 下,ω_n 越大,振荡频率越高。因此,从整体上来看,要使单位阶跃响应的平稳性好,则要求阻尼比 ζ 大,自然振荡频率 ω_n 小。

(2) 快速性。由曲线看出,ζ 过大,例如 ζ 值接近于 1,系统的响应迟钝,调节时间 t_s 长,快速性差;ζ 过小,虽然响应的起始速度较快,但因为振荡强烈,衰减缓慢,所以调节时间亦长,快速性差。纵观全部曲线,当欠阻尼系统的 ζ 值在 0.5~0.8 之间时,其响应曲线可比响应无振荡的临界阻尼或过阻尼系统更快地达到稳态值。而在响应无振荡的系统中,临界阻尼系统具有最快的响应特性。过阻尼系统对任何输入信号的响应总是缓慢的。

参数 ω_n 对快速性的影响,可由无因次时间响应来分析。由于函数值只与 ζ 有关,对于一定的阻尼比ζ,所对应的无因次时间响应曲线是一定的。显然,当曲线进入误差带时,无因次时间变量中ω_n越大,调节时间t_s也就越短。因此,当ζ一定时,ω_n越大,快速性越好。

如果限定了误差允许范围,对于不同的ζ,通过对欠阻尼全部曲线的测量,可以得到相应的调节时间,见3.3.2小节的近似估算公式。

(3) 稳态精度。由于系统的暂态分量(除无阻尼情况外)均是随时间t的增长而衰减到零,而稳态分量等于1,因此,上述典型二阶系统的单位阶跃响应不存在稳态误差。

3.3.2 欠阻尼二阶系统暂态性能指标估算

由上述分析可知,二阶系统的单位阶跃响应,要达到既有充分的快速性,又有足够的阻尼使系统平稳,比较理想的选择是欠阻尼系统。因此,在工程实际中人们常常调整参数,使系统工作在欠阻尼状态。下面来进一步定量计算欠阻尼系统各项动态指标。

1. 上升时间(rise time)t_r

根据t_r的定义,当$t=t_r$时,$c(t_r)=1$。

由式(3-37)得

$$c(t_r)=1-\frac{e^{-\zeta\omega_n t_r}}{\sqrt{1-\zeta^2}}\sin(\omega_d t_r+\beta)=1$$

则

$$\frac{e^{-\zeta\omega_n t_r}}{\sqrt{1-\zeta^2}}\sin(\omega_d t_r+\beta)=0$$

由于在$t=t_r$时,响应的暂态分量其振幅不会为零,则必有

$$\omega_d t_r+\beta=k\pi$$

$$t_r=\frac{k\pi-\beta}{\omega_d}\overset{k=1}{=}\frac{\pi-\beta}{\omega_d}=\frac{\pi-\arccos\zeta}{\omega_n\sqrt{1-\zeta^2}} \tag{3-47}$$

式中,k取1是因为按定义$t_r>0$且第一次达到稳态值1。

显然,增大自然振荡频率ω_n或减小阻尼比ζ(即增大阻尼角β),均能减小t_r,加快系统的初始响应速度。

2. 峰值时间(peak time)t_p

将式(3-37)对时间求导,并令其为零,可求得峰值时间。由于

$$\left.\frac{dc(t)}{dt}\right|_{t=t_p}=\frac{-1}{\sqrt{1-\zeta^2}}[\omega_d e^{-\zeta\omega_n t_p}\cos(\omega_d t_p+\beta)-\zeta\omega_n e^{-\zeta\omega_n t_p}\sin(\omega_d t_p+\beta)]=0$$

则得

$$\tan(\omega_d t_p+\beta)=\frac{\sqrt{1-\zeta^2}}{\zeta}=\tan\beta$$

于是

$$\omega_d t_p=k\pi$$

按定义$t_p>0$,且响应第一次出现峰值,故取$k=1$,结果为

$$t_p=\frac{\pi}{\omega_d}=\frac{\pi}{\omega_n\sqrt{1-\zeta^2}} \tag{3-48}$$

可见,峰值时间实际上即为阻尼振荡周期$T_d=\dfrac{2\pi}{\omega_d}$的一半。从极点位置来看,峰值时间与极点

虚部数值成反比。

3. 最大超调量(percent overshoot)$\sigma_p\%$

最大超调量发生在峰值时间 $t_p=\dfrac{\pi}{\omega_d}$。因此,按照定义可得

$$\sigma_p\%=\frac{c(t_p)-c(\infty)}{c(\infty)}\times 100\%=\frac{c(t_p)-1}{1}\times 100\%=$$
$$\left[-\frac{e^{-\zeta\omega_n t_p}}{\sqrt{1-\zeta^2}}\sin(\pi+\beta)\right]\times 100\%=$$
$$e^{-\zeta\omega_n t_p}\frac{\sin\beta}{\sqrt{1-\zeta^2}}\times 100\%=$$
$$e^{-\frac{\zeta\pi}{\sqrt{1-\zeta^2}}}\times 100\% \qquad (3-49)$$

可见,最大超调量为 ζ 的单值函数,ζ 越小,超调量越大。σ_p 与 ζ 的关系如图 3-16 所示。

4. 调节时间(setting time)t_s

由于欠阻尼单位阶跃响应的表达式为

$$c(t)=1-\frac{1}{\sqrt{1-\zeta^2}}e^{-\zeta\omega_n t}\sin(\omega_d t+\beta)$$

式中正弦函数的幅值为

$$|\sin(\omega_d t+\beta)|\leqslant 1$$

所以暂态响应曲线的包络线为

$$\left(1\pm\frac{e^{-\zeta\omega_n t}}{\sqrt{1-\zeta^2}}\right)$$

响应曲线 $c(t)$ 总是被包含在一对包络线之内,如图 3-17 所示。

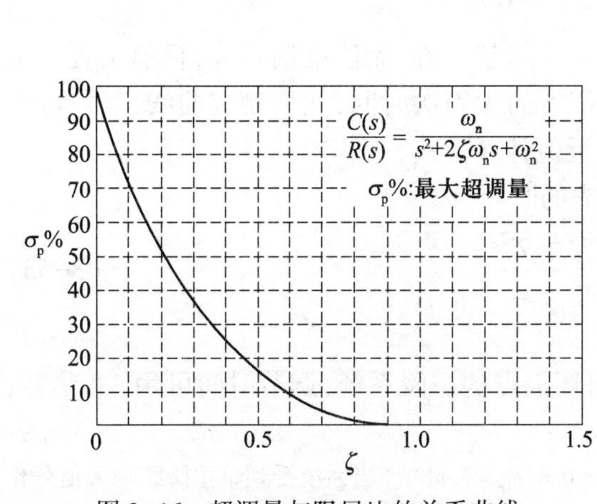

图 3-16 超调量与阻尼比的关系曲线

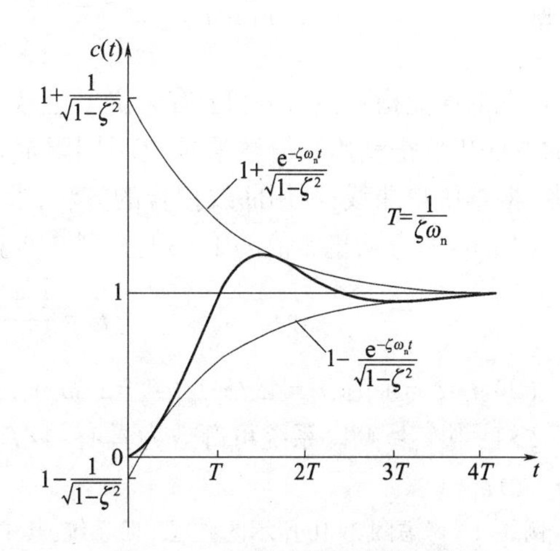

图 3-17 暂态响应曲线的包络线

从包络线的表达式可知,它为一指数衰减曲线,其时间常数为

$$T=\frac{1}{\zeta\omega_n} \qquad (3-50)$$

包络线是趋于稳态值的,因此暂态响应的衰减速度取决于时间常数 $T=\dfrac{1}{\zeta\omega_n}$,当系统允许的误差带确定之后,按照此时间常数,就可以近似估算系统的调节时间:

$$t_s=3T=\frac{3}{\zeta\omega_n}\qquad \Delta=\pm5\%c(\infty) \tag{3-51}$$

$$t_s=4T=\frac{4}{\zeta\omega_n}\qquad \Delta=\pm2\%c(\infty) \tag{3-52}$$

以上结果可以通过图 3-15 的波形测试出来,当 $0.1<\zeta<0.9$ 时,按照误差带的要求可得到相应的调节时间近似为式(3-51)或式(3-52)的结果。调节时间与系统的阻尼比和无阻尼自然振荡频率的乘积是成反比的。由于 ζ 值通常根据对最大允许超调量的要求来确定,所以调节时间最终要由无阻尼自然振荡频率 ω_n 确定。这表明:在不改变最大超调量的情况下,通过调整无阻尼自然振荡频率 ω_n 可以改变暂态响应的持续时间。

应当指出,在实际中,各项指标很难同时达到满意的要求,参数的选择有时对各指标要求相互矛盾。在以上测试中,当 ω_n 给定时,大约在 $\zeta=0.76$(对于 2%允许误差标准)或 $\zeta=0.68$(对于 5%允许误差标准)时,调节时间达到最小值(该值低于 $3T$ 或 $4T$ 的值),然后随着 ζ 值的增大,调节时间几乎呈线性增长,当 ζ 增大到 0.9 时,调节时间接近 $3T$ 或 $4T$,此后继续随 ζ 值的增大线性增大,不再按式(3-50)及式(3-51)指出的那样。当然,如果阻尼比在 0.4~0.8 之间,用此关系式表示比较合适,同时最大超调量对应为 25%~2.5%之间。特别是当 $\zeta=0.707$ 时,$\sigma_p\%<5\%$ 且 t_s 也接近最小值,即是一个比较理想的暂态过程。所以,在工程设计中常取 $\zeta=0.707$ 作为设计的依据,并称 0.707 为最佳阻尼参数。

3.3.3 过阻尼二阶系统暂态性能指标估算

过阻尼($\zeta\geqslant1$)时,系统的响应为

$$c(t)=1-\frac{\omega_n}{2\sqrt{\zeta^2-1}}\left(\frac{e^{s_1t}}{-s_1}-\frac{e^{s_2t}}{-s_2}\right)\qquad (t\geqslant0)$$

显然,它的性能指标只有 t_r 和 t_s 有意义。上式是一个超越方程,无法准确计算,目前工程上采用的方法仍然是利用数值解法求出不同阻尼比值下的无因次时间,然后制成曲线以供查用。或者,根据所得曲线,利用曲线拟合的方法,求出近似计算公式。

(1) t_r:响应从稳态值的 10%上升到 90%所需的时间。

$$t_r=\frac{1+1.5\zeta+\zeta^2}{\omega_n} \tag{3-53}$$

(2) t_s:$\zeta=1$ 时,$t_s=4.75\,T_1(T_1=1/\omega_n)$。

$\zeta>1$,当 $T_1\geqslant4T_2$,系统可等效为具有 $-1/T_1$ 闭环极点的一阶系统,调节时间可用 $3T_1$ 估算,即 $t_s\approx3T_1$。

例 3-1 考虑图 3-10 所示的典型二阶系统,其中 $\zeta=0.6$,$\omega_n=5\text{rad/s}$。当系统受到单位阶跃输入信号作用时,试求上升时间 t_r,峰值时间 t_p,最大超调量 $\sigma_p\%$ 和调节时间 t_s。

解:根据给定的 ζ 和 ω_n 的值,可以得出

(1) 上升时间:

$$t_r=\frac{\pi-\beta}{\omega_d}=\frac{3.14-\arccos\zeta}{\omega_n\sqrt{1-\zeta^2}}=\frac{3.14-0.93}{5\sqrt{1-0.6^2}}=\frac{2.21}{4}=0.55(\text{s})$$

(2) 峰值时间：

$$t_p = \frac{\pi}{\omega_d} = \frac{3.14}{4} = 0.785(s)$$

(3) 最大超调量：

$$\sigma_p\% = e^{\frac{-\zeta\pi}{\sqrt{1-\zeta^2}}} \times 100\% = e^{\frac{-0.6\times3.14}{\sqrt{1-0.6^2}}} \times 100\% = 9.5\%$$

(4) 调节时间：对于±2%的误差标准，有

$$t_s = \frac{4}{\zeta\omega_n} = \frac{4}{0.6 \times 5} = 1.33(s)$$

对于±5%的误差标准，有

$$t_s = \frac{3}{\zeta\omega_n} = \frac{3}{3} = 1(s)$$

例 3-2 系统结构图如图 3-18 所示，要求系统性能指标为：$\sigma_p\% = 20\%$；$t_p = 1s$。试确定系统的 K 值和 A 值，并计算 t_r 和 t_s 值。

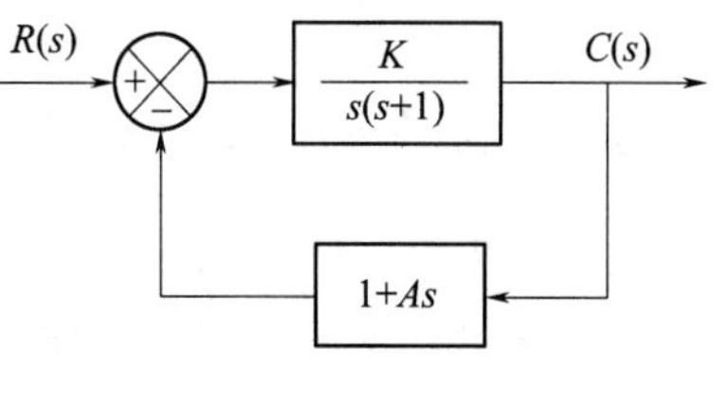

图 3-18 例 3-2 系统结构图

解：由结构图可知，系统的闭环传递函数为

$$\Phi(s) = \frac{K}{s^2 + (1 + KA)s + K}$$

与标准形式相比较，得

$$\omega_n = \sqrt{K},\ 2\zeta\omega_n = 1 + KA$$

由给定的 $\sigma\%$ 可求取 ζ，即

$$e^{\frac{-\zeta\pi}{\sqrt{1-\zeta^2}}} = 0.2$$

$$\frac{\zeta\pi}{\sqrt{1-\zeta^2}} = \ln\frac{1}{0.2} = 1.61$$

解得

$$\zeta = 0.456$$

由给定的 t_p 可求得 ω_n，即

$$t_p = \frac{\pi}{\omega_n\sqrt{1-\zeta^2}} = 1(s)$$

$$\omega_n = \frac{\pi}{\sqrt{1-\zeta^2}} = \frac{3.14}{\sqrt{1-0.456^2}} = 3.53(rad/s)$$

代入实际参数与特征量的关系式

$$K = \omega_n^2 = 12.5$$

$$A = \frac{2\zeta\omega_n - 1}{K} = 0.178$$

计算 t_r, t_s 为

$$t_r = \frac{\pi - \arccos\zeta}{\omega_n\sqrt{1-\zeta^2}} = \frac{3.14 - \arccos 0.456}{3.53\sqrt{1-0.456^2}} = 0.65(s)$$

$$t_s = \frac{4}{\zeta\omega_n} = 2.48(s) \quad (\Delta = \pm 2\%)$$

例 3-3 设单位反馈的二阶系统阶跃响应曲线如图 3-19 所示，试确定系统开环传递函数。

解：由图可直接得出系统的超调量为

$$\sigma_p\% = \frac{1.3 - 1}{1} \times 100\% = 30\%$$

峰值时间为

$$t_p = 0.1(\mathrm{s})$$

由式(3-49)及式(3-48)得

$$\begin{cases} e^{\frac{-\zeta\pi}{\sqrt{1-\zeta^2}}} = 0.3 \\ \dfrac{\pi}{\omega_n\sqrt{1-\zeta^2}} = 0.1 \end{cases}$$

解得

$$\zeta = 0.357,\quad \omega_n = 33.6$$

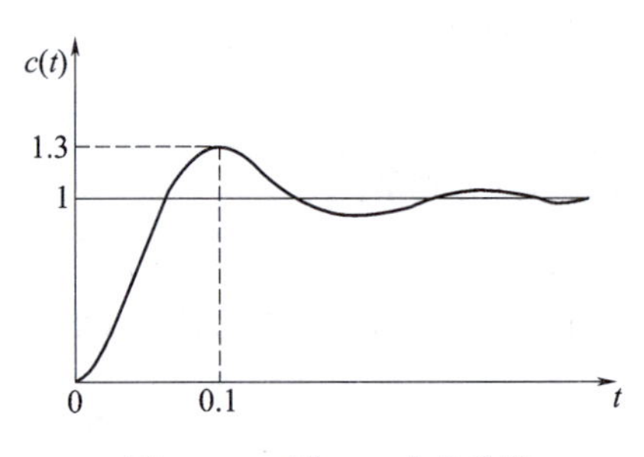

图 3-19　例 3-3 响应曲线

于是得二阶系统开环传递函数为

$$G(s) = \frac{\omega_n^2}{s(s+2\zeta\omega_n)} = \frac{33.6^2}{s(s+2\times 33.6\times 0.357)} = \frac{1129}{s(s+24)}$$

3.3.4　二阶系统的单位脉冲响应

由于理想单位脉冲函数的拉普拉斯变换为 1,所以系统单位脉冲响应的拉普拉斯变换与其闭环传递函数相同,故单位脉冲响应具有两重含义,既是在理想单位脉冲作用下的输出又是传递函数的原函数。考察系统的脉冲响应,可以研究系统的动态特性。因此,称该函数为脉冲响应函数,特记作 $g(t)$。

典型二阶系统单位脉冲响应为

$$g(t) = L^{-1}[\Phi(s)R(s)] = L^{-1}\left[\frac{\omega_n^2}{s^2+2\zeta\omega_n s+\omega_n^2}\right]$$

上式取拉普拉斯反变换的计算结果也可以通过对系统的单位阶跃响应求关于时间 t 的一阶微分得到。

(1) 欠阻尼与无阻尼响应($0\leqslant\zeta<1$):

$$g(t) = \frac{\omega_n}{\sqrt{1-\zeta^2}}e^{-\zeta\omega_n t}\sin\omega_n\sqrt{1-\zeta^2}\,t \quad (t\geqslant 0) \tag{3-54}$$

(2) 临界阻尼响应($\zeta=1$):

$$g(t) = \omega_n^2 t e^{-\omega_n t} \quad (t\geqslant 0) \tag{3-55}$$

(3) 过阻尼响应($\zeta>1$):

$$g(t) = \frac{\omega_n}{2\sqrt{\zeta^2-1}}\left[e^{-(\zeta-\sqrt{\zeta^2-1})\omega_n t} - e^{-(\zeta+\sqrt{\zeta^2+1})\omega_n t}\right] \quad (t\geqslant 0) \tag{3-56}$$

系统的各种脉冲响应曲线如图 3-20 所示。

从二阶系统的脉冲响应曲线可以看出:无阻尼响应为等幅振荡;过阻尼和临界阻尼响应是单调衰减的,其值总是正的,不存在超调现象;欠阻尼响应则是围绕横轴振荡的有超调的衰减过程,取值有正有负,最终使 $g(\infty)=0$。脉冲响应不存在稳态误差,合理调整系统的结构参数,可以使之具有良好的动态特性。

由于脉冲响应是阶跃响应的微分,从曲线关系上来看,性能指标有对应关系,所以欠阻尼阶跃响应性能指标可从脉冲响应中求得。在阶跃响应曲线上,最大峰值点处变化率等于零,对应到脉冲响应曲线上即为首次过零点。因此,可从脉冲响应时间轴上得到 t_p,然后求 $t=0$ 到 $t=t_p$ 时间段曲线的积分面积(即脉冲响应第一峰值的积分面积),即可得到阶跃响应的最大峰

值 $1+\sigma_p$，由此结果减 1 就是阶跃响应的最大超调量 σ_p。还由于脉冲响应的动态分量的模态形式与阶跃响应的模态完全一致，故调节时间的近似式仍按时间常数 $T=1/\zeta\omega_n$ 的 3~4 倍计算，即为 $t_s=3T\sim4T$。上述各性能指标如图 3-21 所示。

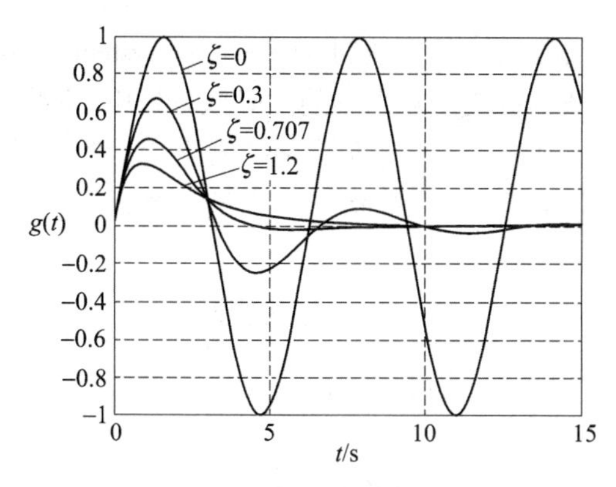

图 3-20　二阶系统的脉冲响应曲线

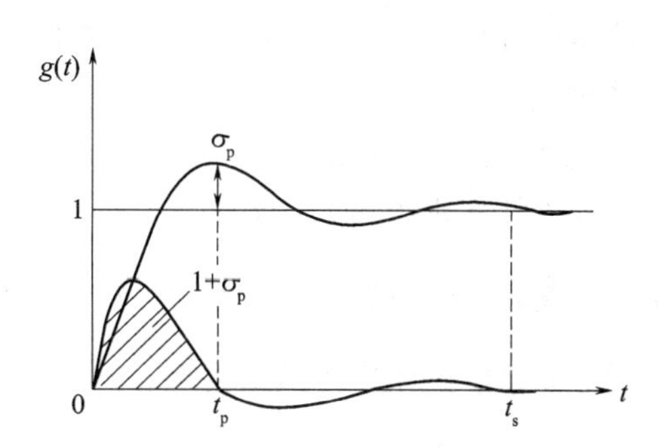

图 3-21　欠阻尼脉冲响应的主要性能指标

3.3.5　二阶系统的单位斜坡响应

因为 $r(t)=t$ 或 $R(s)=1/s^2$，所以，二阶系统的单位斜坡响应的拉普拉斯变换为

$$C(s)=\Phi(s)R(s)=\frac{\omega_n^2}{s^2+2\zeta\omega_n s+\omega_n^2}\times\frac{1}{s^2} \tag{3-57}$$

欠阻尼情况下的时间响应为

$$c(t)=t-\frac{2\zeta}{\omega_n}+\frac{1}{\omega_d}e^{-\zeta\omega_n t}\sin(\omega_d t+2\beta) \tag{3-58}$$

式中

$$\omega_d=\omega_n\sqrt{1-\zeta^2}$$
$$\beta=\arccos\zeta$$

响应曲线如图 3-22 所示。

显然斜坡响应的动态分量也是衰减振荡型的，其稳态响应是延迟的斜坡函数。从响应结果来看，典型二阶系统可以跟踪速度信号，但是，跟踪是有误差的，过渡过程结束后，其稳态误差为 $e_{ss}=-2\zeta/\omega_n$。调整系统结构参数可以减小其跟踪误差，但不能完全消除。

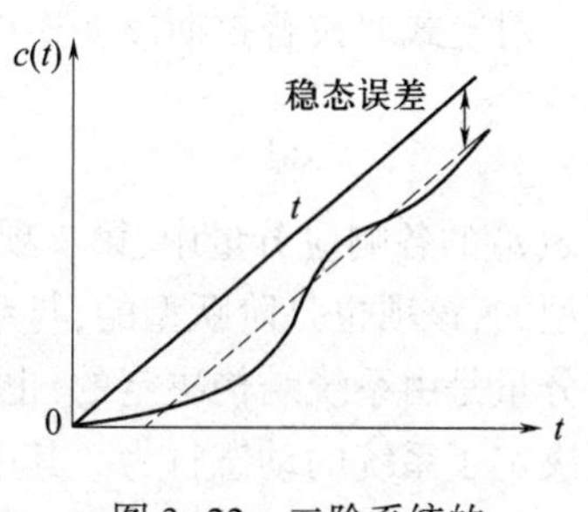

图 3-22　二阶系统的单位斜坡响应

从本节典型二阶系统响应特性的分析可以看出，调整特征参数 ζ 和 ω_n，可以改善系统的动态性能。但是，各指标对参数的要求往往是矛盾的。例如，为提高系统响应的快速性和减小阶跃响应的超调量，应适当增大系统的阻尼比。而系统阻尼程度的增加，势必降低其响应的初始快速性，使得其上升时间、峰值时间及延迟时间加长。对于稳态精度来说，当输入为斜坡函数时，会加大稳态误差。由于典型二阶系统只有两个参数选择的自由度，难以兼顾其动态响应的快速性和平稳性以及系统的稳态性能等全面要求，必须研究其他控制方式，以改善二阶系统的性能（见本章

3.7.2 节及第 6 章)。

3.4 高阶系统分析

用三阶或三阶以上的微分方程描述的控制系统,称为高价系统(higher-order system)。由于高阶微分方程求解的复杂性,高阶系统准确的时域分析是比较困难的。时域分析中,主要对高阶系统做定性分析,或者应用所谓闭环主导极点的概念,把一些高阶系统简化为低阶系统,实现对其动态性能的近似估计。高阶系统的精确时间响应及性能指标的定量计算,可借助于 MATLAB 等计算机仿真工具实现。

3.4.1 高阶系统的单位阶跃响应

设 n 阶系统的闭环传递函数为

$$\Phi(s)=\frac{b_0s^m+b_1s^{m-1}+\cdots+b_{m-1}s+b_m}{a_0s^n+a_1s^{n-1}+\cdots+a_{n-1}s+a_n}=\frac{K_1\prod_{j=1}^{m}(s-z_j)}{\prod_{i=1}^{n}(s-p_i)}\quad(n\geqslant m)\tag{3-59}$$

式中,p_i为闭环传递函数的极点;z_j为闭环传递函数的零点;$K_1=\dfrac{b_0}{a_0}$,为闭环传递系数。

在单位阶跃信号作用下,系统输出的像函数为

$$C(s)=\Phi(s)R(s)=\frac{K_1\prod_{j=1}^{m}(s-z_j)}{\prod_{i=1}^{n}(s-p_i)}\cdot\frac{1}{s}\tag{3-60}$$

假设闭环极点全部为互不相同的单根,则上式可以写成

$$C(s)=\frac{K}{s}+\sum_{i=1}^{n}\frac{a_i}{s-p_i}\tag{3-61}$$

式中,a_i 是极点 $s=p_i$ 上的留数。

对上式取拉普拉斯反变换可得高阶系统单位阶跃响应为

$$c(t)=K+\sum_{i=1}^{n}a_i\mathrm{e}^{p_it}\tag{3-62}$$

在 $c(t)$的各响应分量中,第一项是稳态项,其性质由输入信号决定。也就是说,输入信号是阶跃型的,该项也是阶跃型的,与系统的结构无关,幅值取决于闭环系统静态增益 K。第二项的各分量是由系统结构决定的,也就是说其模态取决于闭环极点,其比重取决于相应的留数,该项决定了系统的动态行为。其中:

(1) 每一个单实根,确定了一项指数单调分量,具有一阶系统类似的动态过程;

(2) 每一对共轭复根,确定了一项指数变化的正弦分量,具有二阶系统类似的动态过程。

因为若 $P_{1,2}=\sigma\pm\mathrm{j}\omega_\mathrm{d}$ 是一对共轭复根,其留数 a_1,a_2 必为共轭,记为 $a_{1,2}=b\pm\mathrm{j}d$,则由式(3-62),对应的暂态分量为

$$a_1\mathrm{e}^{p_1t}+a_2\mathrm{e}^{p_2t}=(b+\mathrm{j}d)\mathrm{e}^{(\sigma+\mathrm{j}\omega_\mathrm{d})t}+(b-\mathrm{j}d)\mathrm{e}^{(\sigma-\mathrm{j}\omega_\mathrm{d})t}=$$

$$e^{\sigma t}[(b+\mathrm{j}d)e^{\mathrm{j}\omega_d t}+(b-\mathrm{j}d)e^{-\mathrm{j}\omega_d t}]=$$
$$e^{\sigma t}(2b\cos\omega_d t-2d\sin\omega_d t)=Ae^{\sigma t}\sin(\omega_d t-\beta) \tag{3-63}$$

式中，$A=2\sqrt{b^2+d^2}$；$\beta=\arctan\dfrac{b}{d}$。

3.4.2 闭环零、极点对系统性能的影响

由上述分析可知，高阶系统的阶跃响应曲线是由一些指数曲线和阻尼正弦曲线叠加而成的。

（1）动态分量中的各分量的性质，完全取决于相应极点在 s 平面上的位置，若极点位于 s 平面的左半部，则该极点对应的动态分量一定是衰减的；若极点位于 s 平面右半部，则该极点对应的动态分量是渐增的；若极点位于实轴上，则该分量是非振荡的，否则就是振荡的。

（2）如果所有闭环极点都位于 s 左半平面，则各留数的相对大小决定了各分量的比重。若一个闭环极点附近有闭环零点存在，则该极点的留数就比较小，一对靠得很近或相等的零极点，彼此将相互抵消，其结果使留数等于零。这类零、极点称为偶极子。还有一种极点的位置距离原点很远，那么该极点上的留数将很小。

以上几种情况，均导致对应分量的幅值很小，因此对动态响应的影响很小，因而可以忽略它们。

（3）位于 s 左半平面且远离虚轴的极点，不仅其留数较小，衰减速度也快，持续时间很短，因此对系统动态行为影响就很小。在实际工程分析中，这样的极点可以忽略不计。

（4）如果所有闭环极点都位于 s 左半平面，则系统响应中所有指数项和阻尼振荡项都随时间 t 的增大而趋于零，于是稳态输出变成 $c(\infty)=K$。

例 3-4 闭环系统的传递函数为

$$\Phi(s)=\frac{s+1}{s^2+3s+2}$$

试求系统的单位阶跃响应。

解：因为 $R(s)=\dfrac{1}{s}$，则输出像函数为

$$C(s)=\Phi(s)R(s)=\frac{s+1}{(s+1)(s+2)}\cdot\frac{1}{s}=\frac{K}{s}+\frac{a_1}{s+1}+\frac{a_2}{s+2}$$

式中，留数 $K=\dfrac{1}{2}$；$a_1=0$；$a_2=-\dfrac{1}{2}$。

取拉普拉斯反变换得 $$c(t)=\frac{1}{2}-\frac{1}{2}e^{-2t}$$

显然，由于存在一对偶极子（$s=-1$）对消，使系统动态分量只剩一个极点产生作用。

3.4.3 闭环主导极点

在稳定的高阶系统中，对于其时间响应起到主导作用的闭环极点称为闭环主导极点（closed-loop dominant pole）。

闭环主导极点应满足以下两个条件：

（1）在 s 平面上，距离虚轴比较近，且附近没有其他的零点与极点；

（2）其实部的绝对值比其他极点实部绝对值小 5 倍以上。

由于闭环主导极点离 s 平面的虚轴较近，其对应的暂态分量衰减缓慢；其附近没有零

点，不会构成偶极子，主导极点对应的暂态分量将具有较大的幅值；其他的极点都具有较大的负实部，对应的响应分量将比较快地衰减为零，因此，闭环主导极点主导着系统响应的变化过程。

应用闭环主导极点的概念，可以把一些高阶系统近似为一阶或二阶系统，以实现对高阶系统动态性能的评估。在实际工程中通常要求系统既具有较高的反应速度，又具有一定的阻尼程度，因此，高阶系统常调整增益，使其具有衰减振荡的动态特性。此时，闭环主导极点是一对共轭复数的形式，高阶系统可按二阶系统进行估计。

例 3-5 已知系统的闭环传递函数为

$$\Phi(s) = \frac{0.59s+1}{(0.67s+1)(0.01s^2+0.08s+1)}$$

试估算该系统的动态性能指标。

解： 由闭环传递函数可知，该系统是一个三阶系统，其闭环零、极点在 s 平面上的分布如图 3-23 所示。

闭环零点：$z_1=-1.7$

闭环极点：$p_1=-1.5, p_{2,3}=-4\pm j9.2$

显然，p_1 与 z_1 构成一对偶极子，则共轭极点 p_2, p_3 是系统的主导极点，于是系统可近似为二阶系统。即

$$\Phi(s) \approx \frac{1}{0.01s^2+0.08s+1}$$

按标准二阶传递函数确定：

$$\zeta = 0.4,\ \omega_n = 10(\text{rad/s})$$

估算动态性能指标为

$$\sigma\% = e^{\frac{-\zeta\pi}{\sqrt{1-\zeta^2}}} \times 100\% = 25\%$$

$$t_s = \frac{3}{\zeta\omega_n} = \frac{3}{4} = 0.75(\text{s})$$

单位阶跃响应曲线如图 3-24 所示。从图中可看出，可以用主导极点对高阶系统动态性能进行近似的评估。

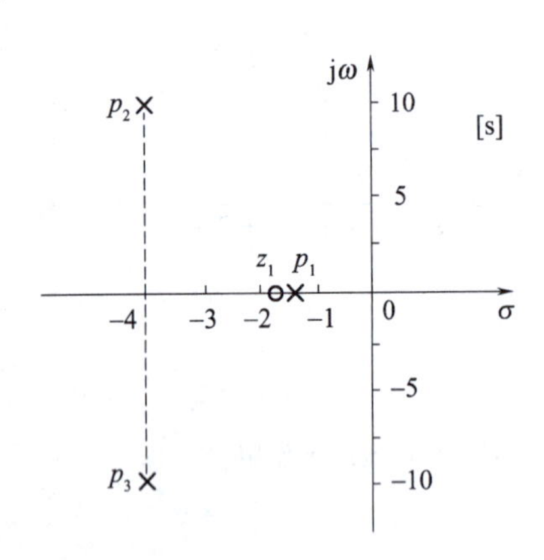

图 3-23 例 3-5 零极点图

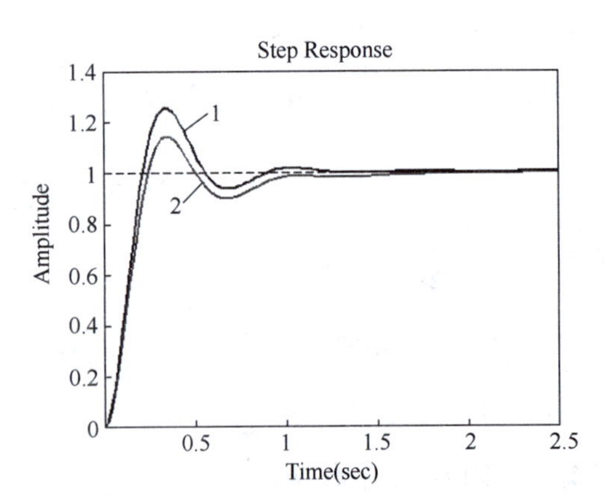

图 3-24 例 3-5 单位阶跃响应曲线

1—原系统；2—降阶后的系统。

例 3-6 已知闭环传递函数为

$$G(s) = \frac{10}{(s+1)(s+10)}$$

试求系统的阶跃响应。

解：

$$C(s) = G(s)R(s) = \frac{10}{(s+1)(s+10)} \cdot \frac{1}{s} = \frac{1}{s} - \frac{\frac{10}{9}}{s+1} + \frac{\frac{1}{9}}{s+10}$$

$$c(t) = 1 - 1.11\mathrm{e}^{-t} + 0.11\mathrm{e}^{-10t}$$

此时,系统的主导极点是 $s = -1$,这时系统传递函数近似(降阶后)为

$$G(s) \approx \frac{1}{s+1}$$

$$c(t) = 1 - \mathrm{e}^{-t}$$

单位阶跃响应曲线如图 3-25 所示。从图中可看出,精确曲线与近似曲线只在响应开始有误差,可以用主导极点去实现对高阶系统动态性能的评估。

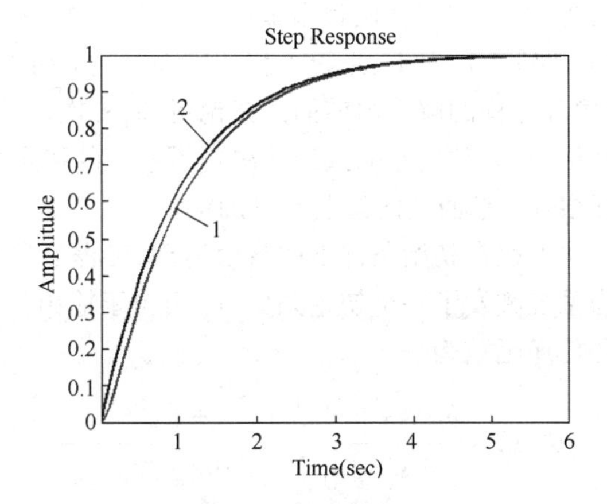

图 3-25　例 3-6 单位阶跃响应曲线

1—原系统;2 —降阶后的系统。

3.5　控制系统的稳定性分析

一个自动控制系统正常运行的首要条件是它必须是稳定的。前面讨论指出,反馈控制的严重缺点,是它们容易产生振荡。因此,判别系统的稳定性和使系统处于稳定的工作状态,是自动控制的基本问题之一。

3.5.1　稳定性的概念及线性系统稳定的充要条件

所谓稳定性(stability),是指系统恢复平衡状态的一种能力。若系统处于某一起始平衡状态,由于扰动的作用,偏离了原来的平衡状态,当扰动消失后,经过足够长的时间,系统恢复到原来的起始平衡状态,则称这样的系统是稳定的,否则,系统是不稳定的。

为了说明稳定性的概念,先看一个直观的示例。图 3-26 是一个单摆的示意图,当无外力作用时,单摆位于平衡点 a。设在外扰动力作用下,摆偏离了平衡点 a,当外扰动力去除后,由于惯性的作用,单摆将围绕点 a 振荡,但由于介质的阻碍作用,偏摆角将逐渐减小,经过一定时间,摆球又回到原平衡点 a。像 a 点这样的平衡点称作稳定的平衡点。而对于图 3-27 中的平衡点 b,显然,一旦摆在外力作用下偏离了该点,外扰动消失之后,无论经过多长时间,摆也不可能再回到该平衡点上。像 b 点这样的平衡点称作不稳定的平衡点。

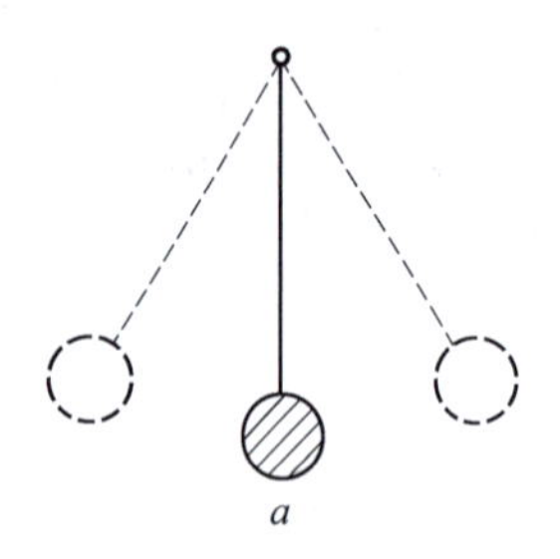

图 3-26 稳定的平衡点

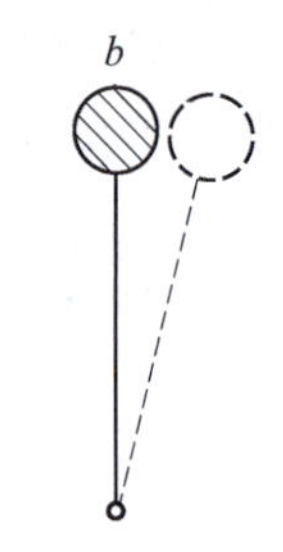

图 3-27 不稳定的平衡点

单摆的这种稳定性概念,可以推广到控制系统的运动状态中。在研究线性系统的稳定性时,考察系统在没有任何外界输入情况下,系统方程的解在时间 t 趋于无穷时的渐近行为。显然,这种解就是系统齐次微分方程的解。由前面的讨论可知,齐次微分方程的解所含的运动模态完全对应于系统的特征根,其运动模态的敛散性决定了系统的稳定性。所以,线性系统的稳定性可以根据系统的特征根在 s 平面内的位置予以确定。

考察零输入下线性齐次方程在初始条件下的自由运动,工程上常用脉冲响应来等效研究。因为脉冲的作用相当于为系统激发了一个初始条件,即相当于输出信号偏离了平衡工作点的问题。设 n 阶系统的闭环传递函数为

$$\Phi(s)=\frac{b_0s^m+b_1s^{m-1}+\cdots+b_{m-1}s+b_m}{a_0s^n+a_1s^{n-1}+\cdots a_{n-1}s+a_n}$$

考虑系统的闭环极点为实数或共轭复数,可有以下分解式:

$$\Phi(s)=\frac{b_0}{a_0}\frac{\prod_{j=1}^{m}(s-z_j)}{\prod_{i=1}^{q}(s-p_i)\prod_{k=1}^{r}(s^2+2\zeta_k\omega_ks+\omega_k^2)} \tag{3-64}$$

式中,$0<\zeta_k<1$,$q+2r=n$;z_j是系统的闭环零点。

因为理想单位脉冲函数的拉普拉斯变换为 1,于是,系统的脉冲响应为

$$g(t)=L^{-1}[\Phi(s)]=\sum_{i=1}^{q}A_i\mathrm{e}^{-p_it}+\sum_{k=1}^{r}B_k\mathrm{e}^{-\zeta_k\omega_kt}\sin(\omega_{dk}t+\beta_k)\quad(t\geqslant0) \tag{3-65}$$

式中,$\omega_{dk}=\omega_k\sqrt{1-\zeta_k^2}$,$\beta_k=\arccos\zeta_k$;$A_i(i=1,2,\cdots,q)$ 和 $B_k(k=1,2,\cdots,r)$ 是与对应闭环极点的留数有关的常数。

式(3-65)表明,当且仅当系统的全部闭环极点都具有负的实部而分布在左半 s 平面时,相应的模态均是收敛的,任何瞬态响应最终将达到平衡状态,系统稳定;如果在这些极点中有任何一个极点位于右半 s 平面内,则随着时间的增加,该极点将上升到主导地位,从而使瞬态响应呈现为单调递增的过程,或者呈现为振幅逐渐增大的振荡过程。这表明它是一个不稳定的系统。这类系统一旦被启动,其输出量将随时间而增大。因为实际物理系统响应不能无限制地增加,如果这类系统中不发生饱和现象,而且也没有设置机械止动装置,那么系统最终将遭到破坏而不能正常工作。因此,在通常的线性控制系统中,不允许闭环极点位于 s 右半平面内;当闭环极点位于虚轴上时,将形成等幅振荡过程,显然系统最终不能完全恢复到原平衡状态,既不远离,也不完全趋近,这时系统也是

不稳定的，或称临界稳定的。

线性系统是否稳定，是系统本身的一种属性，仅仅取决于系统的结构参数，与初始条件和外作用无关。输入量的极点只影响系统解中的稳态响应项，不影响系统的稳定性。因此，**线性系统稳定的充要条件**是闭环系统的极点全部位于 s 左半平面。

实际上，稳定性在理论上的一般定义是由俄国学者李雅普诺夫 1892 年首先提出的，不仅适用于线性系统，对于非线性系统以及时变的多变量的各类系统都是适用的，详细的内容将在今后的学习中逐步加深讨论。

3.5.2 劳斯稳定判据

分析线性系统的稳定性必须解出系统特征方程式的全部根，再依上述稳定的充要条件判别系统的稳定性。但是，对于高阶系统，解特征方程式的根是件很麻烦的事。工程上常用的判别控制系统稳定性的方法是采用代数判据，主要包括著名的劳斯(Routh)稳定判据和赫尔维茨(Hurwith)稳定判据，是劳斯于 1877 年和赫尔维茨于 1895 年分别独立提出的，两者在表现形式上各有特色，但从运算上是可以相通的，也常合称为劳斯—赫尔维茨判据。代数判据是一个比较简单的判据，它使我们有可能在不分解多项式因式的情况下，就能够确定出位于右半 s 平面内闭环极点数目。本书仅介绍易于使用的劳斯稳定判据。

著名的劳斯稳定判据(Routh stability criterion)采用了代数方法，根据多项式方程的系数，分析在一个多项式方程中是否存在不稳定根，而不必实际求解这一方程式。该判据是直接判断系统的绝对稳定性。它的应用只能限于有限项多项式中。

劳斯判据的应用程序如下：

(1) 写出 s 的下列多项式方程：

$$a_0 s^n + a_1 s^{n-1} + \cdots + a_{n-1}s + a_n = 0 \tag{3-66}$$

式中的系数为实数。假设 $a_n \neq 0$，即排除掉任何零根的情况。

(2) 如果在至少存在一个正系数的情况下，还存在等于零或等于负值的系数，那么必然存在虚根或具有正实部的根。在这种情况下，系统是不稳定的。所以，所有系数均为正，是系统稳定的必要条件。该结论可证明如下：

设 $s_i(i=1,2,\cdots,n)$ 是系统的 n 个特征根，式(3-66)可写为

$$a_0 \prod_{i=1}^{n}(s - s_i) = 0 \quad (a_0 \neq 0) \tag{3-67}$$

根据代数方程的基本理论，写出下列根与系数的关系式：

$$\frac{a_1}{a_0} = -\sum_{i=1}^{n} s_i, \quad \frac{a_2}{a_0} = \sum_{\substack{i,j=1 \\ i\neq j}}^{n} s_i s_j,$$

$$\frac{a_3}{a_0} = -\sum_{\substack{i,j,k=1 \\ i\neq j\neq k}}^{n} s_i s_j s_k, \cdots, \frac{a_n}{a_0} = (-1)^n \prod_{i=1}^{n} s_i$$

从上述关系式可以导出系统特征根都具有负实部的必要条件为

$$a_i a_j > 0 \quad (i,j = 1,2,\cdots,n) \tag{3-68}$$

即，多项式方程各项系数同号且不缺项，证明了稳定的必要条件。

(3) 如果所有的系数都是正的,则多项式的系数排列成为如下的劳斯行列表:

$$
\begin{array}{c|ccccc}
s^n & a_0 & a_2 & a_4 & a_6 & \cdots \\
s^{n-1} & a_1 & a_3 & a_5 & a_7 & \cdots \\
s^{n-2} & c_1 & c_2 & c_3 & c_4 & \cdots \\
\vdots & \vdots & \vdots & & & \\
s^1 & c_{n-1} & & & & \\
s^0 & a_n & & & &
\end{array}
$$

劳斯表中的第一列元素按 s 的幂次排列,由高到低,只起标识作用,不参与计算。第一、第二行元素是特征方程式中对应的系数,直接填入。从第三行开始的元素要根据前两行的系数依次计算,计算公式如下:

$$
c_{ij} = -\frac{1}{c_{i-1,1}}\begin{vmatrix} c_{i-2,1} & c_{i-2,j+1} \\ c_{i-1,1} & c_{i-1,j+1} \end{vmatrix} \quad (i \geqslant 3, j = 1,2,\cdots) \tag{3-69}
$$

每行系数用其上两行系数计算而得,公式中利用上一行首项系数的负倒数乘以一个二阶行列式,该行列式第一列固定不变,取两行系数的第一列。第二列依次更换,直至计算到系数均为零时为止。这个过程一直进行到第 n+1 行算完为止。系数的完整阵列呈现为三角形。

注意:在计算时,可将某一行同乘以一个正数,以简化其后的数值运算,而不会影响稳定性结论。

(4) 按行列表第一列系数符号确定根的分布:

① 若符号全为正,则特征根均在 s 左半平面,系统稳定。这也是系统稳定的充要条件。

② 若符号不全为正,则特征根存在正实部根,其正根数等于符号改变的次数,系统是不稳定的。

例 3-7 设系统特征方程为

$$
s^4 + 2s^3 + 3s^2 + 4s + 5 = 0
$$

试用劳斯判据判断系统的稳定性。

解:因为 $a_i>0(i=0,1,2,3,4)$,满足稳定的必要条件。列劳斯行列表:

$$
\begin{array}{c|ccc}
s^4 & 1 & 3 & 5 \\
s^3 & 2 & 4 & 0 \\
s^2 & 1 & 5 & \\
s^1 & -6 & & \\
s^0 & 5 & &
\end{array}
\quad \xrightarrow{\text{该行用 2 除}} \quad
\begin{array}{c|ccc}
s^4 & 1 & 3 & 5 \\
s^3 & 1 & 2 & 0 \\
s^2 & 1 & 5 & \\
s^1 & -3 & & \\
s^0 & 5 & &
\end{array}
$$

在计算过程中,如果某些系数不存在,则在阵列中可以用零来取代,当某行乘以一个正数时,其结果不会改变。

计算结果表明,第一列中符号改变次数为 2,则说明多项式有两个正实部的根,系统不稳定。

3.5.3 两种特殊情况

1. 如果某一行中的第一列项等于零,但其余各项不全等于零

这时下一行元素则变成无穷大,无法进行劳斯检验。如要继续进行,则需采用补救措施。

方法一：可用一个很小的正数 ε 来代替为零的项，使劳斯表继续下去。

例 3-8 设系统的特征方程为

$$s^4+3s^3+s^2+3s+1=0$$

试用劳斯判据判断系统的稳定性。

解：写劳斯行列表：

s^4	1	1	1
s^3	3	3	0
s^2	$0\approx\varepsilon$	1	
s^1	$3-\frac{3}{\varepsilon}$		
s^0	1		

由于 ε 为很小的正数，则 $3-\dfrac{3}{\varepsilon}<0$，第一列符号改变 2 次，方程有两个正实部的根，系统是不稳定的。

方法二：用因子 $(s+a)$ 乘以原特征方程式，a 可以为任意正数。然后，对新的特征方程列写劳斯表。例如用因子 $(s+1)$ 乘以例 3-8 的特征方程式，有

$$(s+1)(s^4+3s^3+s^2+3s+1)=0$$

即

$$s^5+4s^4+4s^3+4s^2+4s+1=0$$

新系统的劳斯表如下：

s^5	1	4	4	
s^4	4	4	1	
s^3	3	15/4		同乘以4
	12	15		
s^2	−1	1		
s^1	27			
s^0	1			

劳斯表中第一列系数有两次变化，新系统有两个正实部根。由于因子 $(s+1)$ 为系统提供一个负根，所以，处理后的系统正根个数与原系统相同。

由以上分析可以看出，此种特殊情况下，劳斯判据的结论肯定是不稳定的。劳斯检验的结果若出现符号变化，则不稳定的原因是由于存在正实部的根；若不出现符号变化，则一定存在临界虚根。

2. 如果某一行的所有系数都等于零，劳斯检验也无法进行

这种情况表明在 s 平面内可能存在等值反号的实根、虚根或共轭复根对。这些根的特点是以原点为对称点，成对称形式存在。由于这类根的存在，系统肯定是不稳定的，若要检验根的分布情况，可用紧靠零行的那行系数构成一个辅助多项式（对应这个多项式方程的根即为上述那些等值反号的根，故该方程的阶次与这些根的个数相等，且必是偶次的），并用该多项式导数的系数组成阵列的下一行，使劳斯检验继续下去。

例 3-9 设系统的特征方程为

$$s^5+2s^4+24s^3+48s^2-25s-50=0$$

试用劳斯判据判断系统的稳定性。

解：写劳斯行列表：

不满足稳定的必要条件，系统一定是不稳定的。

s^5	1	24	−25	
s^4	2	48	−50	→ 辅助多项式 $2s^4+48s^2-50$
s^3	0	0		对 s 求导 ↓
	8	96		构成新行 ← $8s^3+96s$
s^2	24	−50		
s^1	112.7			
s^0	−50			

可以看出,第一列符号改变一次,故有一个正实部的根。若通过解辅助多项式方程:$2s^4+48s^2-50=0$,可得到等值反号的对根:$s=\pm1$, $s=\pm j5$。显然,系统不稳定的主要原因是有一个正根,其次有一对虚根。

例 3-10 设系统的特征方程为

$$s^3+2s^2+s+2=0$$

试用劳斯判据判断系统的稳定性。

解:劳斯行列表为

s^3	1	1	
s^2	2	2	→ 辅助多项式 $2s^2+2$
s^1	0		对 s 求导 ↓
	4		构成新行 ← $4s$
s^0	2		

求解辅助多项式,可以得到与原点对称的根。辅助多项式方程为

$$2s^2+2=0$$

$$s=\pm j$$

存在一对纯虚根,系统临界稳定。

此时也可以当成第 1 种特殊情况对待,可以这样处理

s^3	1	1
s^2	2	2
s^1	$0\approx\varepsilon$	
s^0	2	

由于 $\varepsilon>0$,第一列系数没有变号,所以没有 s 右半平面的根,但又存在与原点对称的根,因此,这时与原点对称的根一定为纯虚根,可以通过求解辅助多项式方程得到。

3.5.4 劳斯稳定判据在系统分析中的应用

劳斯稳定判据的一个重要应用就是可以通过检查系统的参数值,确定一个或两个系统参数的变化对系统稳定性的影响,界定参数值的稳定范围问题。

例 3-11 已知系统的结构图如图 3-28 所示,试确定使系统稳定的 K 值范围。

解:闭环系统的传递函数为

$$\Phi(s)=\frac{K}{s^3+3s^2+2s+K}$$

特征方程式为

$$s^3+3s^2+2s+K=0$$

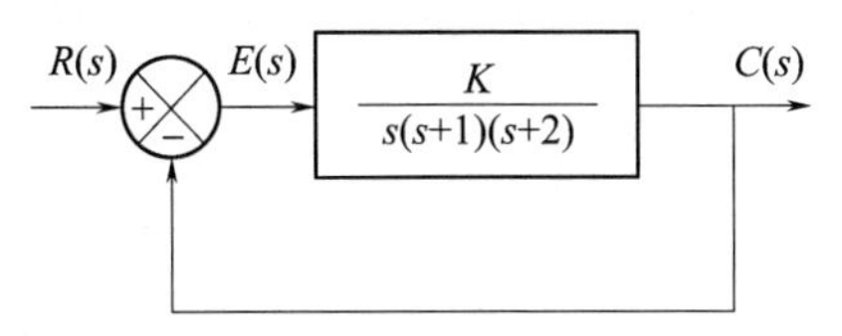

图 3-28 例 3-11 系统结构图

劳斯行列表：

s^3	1	2
s^2	3	K
s^1	$\frac{6-K}{3}$	
s^0	K	

为了使系统稳定，K 必须为正值，并且第一列中所有系数必须为正值。因此 $0<K<6$。当 $K=6$ 时，为临界 K 值。由前面分析可知，此时系统存在虚根，使系统变为持续的等幅振荡。

劳斯稳定判据的另一个重要应用就是可以通过 s 平面的纵坐标向左平移，检查系统的相对稳定性及稳定裕量。例如要检验系统是否具有 σ_1 的稳定裕量，可以把纵坐标向左位移 σ_1，即令 $s=s_1-\sigma_1$，写出以 s_1 为变量的特征方程，然后再用劳斯判据检验系统的稳定性。如果 s_1 的所有的根均在新虚轴的左侧，则表明系统具有稳定裕量 σ_1。

例 3-12 已知系统的结构图如图 3-29 所示，试用劳斯判据判别系统是否具有稳定裕量 $\sigma_1=1$。

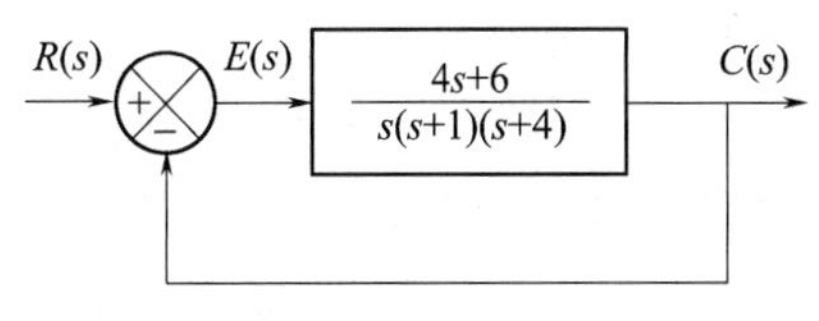

图 3-29 例 3-12 系统结构图

解：闭环系统的传递函数为

$$\Phi(s) = \frac{4s+6}{s^3+5s^2+8s+6}$$

特征方程式为

$$s^3+5s^2+8s+6=0$$

劳斯行列表：

s^3	1	8
s^2	5	6
s^1	$\frac{34}{5}$	
s^0	6	

劳斯表第一列中所有系数均为正值，原系统是稳定的。

令 $s=s_1-1$ 代入原特征方程得

$$(s_1-1)^3+5(s_1-1)^2+8(s_1-1)+6=0$$

整理得

$$s_1^3+2s_1^2+s_1+2=0$$

列出新劳斯行列表：

s_1^3	1	2
s_1^2	1	2
s_1^1	$0\approx\varepsilon$	
s_1^0	2	

劳斯表第一列中所有系数均为正值，说明 s_1 的特征方程没有位于新的虚轴右侧的根，但由于 s_1^1 行的系数

为零,固有一对虚根在新的虚轴上,这说明原系统刚好有 $\sigma_1=1$ 的稳定裕量。

3.6 控制系统的稳态误差分析

稳态误差(steady state error)是系统时域指标之一,用来衡量控制系统最终的准确度。控制系统中的稳态误差可能由许多因素引起,不同的系统结构,不同的输入信号,不同的输入作用点,都会导致系统产生不同的响应,造成各种不同的稳态误差,使系统跟随输入信号的能力受到影响。本节从以上几个方面分别讨论误差的大小与诸因素的关系,然后指出降低稳态误差的可能途径。

3.6.1 稳态误差的定义及一般计算公式

设典型的控制系统结构图如图 3-30 所示。

在性能指标的提法中,误差的定义为系统希望输出与实际输出值之差。即

$$e^*(t)=c^*(t)-c(t) \tag{3-70}$$

由于这种提法是从输出端定义误差,见图 3-31 中虚线部分。$c^*(t)$在实际系统中无法测量,因此只有数学上的意义。

另一种是采用从输入端定义的方法,它定义为系统的输入信号与主反馈信号之差。即

$$e(t)=r(t)-b(t) \tag{3-71}$$

这种方法定义的误差在实际中是可以测量的,因而具有一定的物理意义。

对于单位反馈系统来说,系统输出量的希望值就是输入信号 $r(t)$,此时两种定义是一致的。另外,可通过结构图等效变换将非单位反馈单位化,如图 3-31 所示。

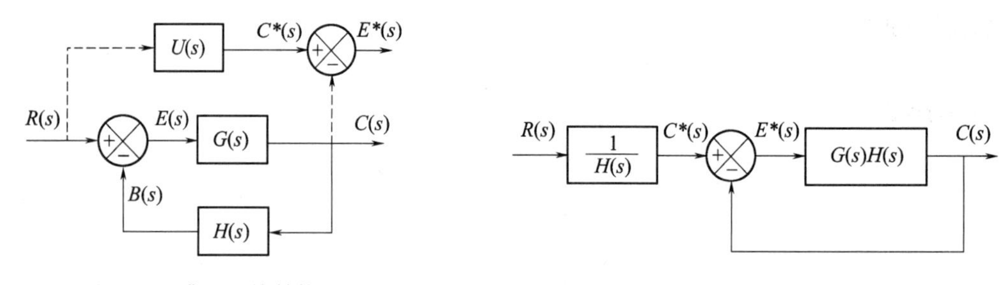

图 3-30 典型系统结构图　　图 3-31 单位化反馈系统

与图 3-31 比较,显然 $U(s)=1/H(s)$,可推得两种误差之间的确定关系:

$$E^*(s)=\frac{1}{H(s)}\cdot E(s) \tag{3-72}$$

也就是说,只要求出了 $e(t)$就可以很方便地得到 $e^*(t)$,两者的含义是一致的。因此,在系统的分析中,一般采用从系统输入端定义误差的方法。

所谓稳态误差,是指过渡过程结束之后的误差值,即

$$e_{ss}=\lim_{t\to\infty}e(t)=\lim_{t\to\infty}[r(t)-b(t)] \tag{3-73}$$

显然,稳态误差仅对绝对稳定的系统才有意义。利用拉普拉斯变换的终值定理,时域中的稳态值可由复数域函数直接算出。如果 $sE(s)$在右半 s 平面及其虚轴上解析,或者说,$sE(s)$的极点均位于左半 s 平面(包括坐标原点),由拉普拉斯变换的终值定理,系统的稳态误差可由下

式求出：

$$e_{ss}=\lim_{t\to\infty}e(t)=\lim_{s\to0}s\cdot E(s) \tag{3-74}$$

例 3-13 设单位反馈控制系统的开环传递函数为 $G(s)=\dfrac{1}{Ts}$,试求当输入信号分别为 $r(t)=t^2/2$,$r(t)=1(t)$,$r(t)=t$,$r(t)=\sin\omega t$ 时,控制系统的稳态误差。

解:先求系统的误差传递函数为

$$\frac{E(s)}{R(s)}=\Phi_e(s)=\frac{1}{1+G(s)}=\frac{1}{1+\dfrac{1}{Ts}}=\frac{s}{s+\dfrac{1}{T}}$$

这是一阶系统,系统是稳定的。

(1) 当 $r(t)=\dfrac{1}{2}t^2$,$R(s)=\dfrac{1}{s^3}$ 时。

解法一:由拉普拉斯变换的终值定理求稳态误差。

$$E(s)=\frac{s}{s+\dfrac{1}{T}}\cdot\frac{1}{s^3}$$

$$e_{ss}=\lim_{s\to0}sE(s)=\lim_{s\to0}s\cdot\frac{s}{s+\dfrac{1}{T}}\cdot\frac{1}{s^3}=\infty$$

解法二:求出稳态分量,然后求 $t\to\infty$ 的稳态值。

$$E(s)=\frac{s}{s+\dfrac{1}{T}}\cdot\frac{1}{s^3}=\frac{T}{s^2}-\frac{T^2}{s}+\frac{T^2}{s+\dfrac{1}{T}}$$

$$e(t)=Tt-T^2+T^2\mathrm{e}^{-\frac{t}{T}}$$

$$e_{ss}(t)=Tt-T^2$$

$$e_{ss}=e_{ss}(\infty)=\lim_{t\to\infty}e_{ss}(t)=\infty$$

(2) 当 $r(t)=1(t)$,$R(s)=\dfrac{1}{s}$ 时。

$$e_{ss}=\lim_{s\to0}sE(s)=\lim_{s\to0}s\cdot\frac{s}{s+\dfrac{1}{T}}\cdot\frac{1}{s}=0$$

(3) 当 $r(t)=t$,$R(s)=\dfrac{1}{s^2}$ 时。

$$e_{ss}=\lim_{s\to0}sE(s)=\lim_{s\to0}s\cdot\frac{s}{s+\dfrac{1}{T}}\cdot\frac{1}{s^2}=T$$

(4) 当 $r(t)=\sin\omega t$,$R(s)=\dfrac{\omega}{s^2+\omega^2}$ 时。

$$E(s)=\frac{s}{s+\dfrac{1}{T}}\cdot\frac{\omega}{s^2+\omega^2}$$

此时,不符合拉普拉斯终值定理的条件。

$$E(s)=-\frac{T\omega}{T^2\omega^2+1}\cdot\frac{1}{s+\dfrac{1}{T}}+\frac{T\omega}{T^2\omega^2+1}\cdot\frac{s}{s+\omega^2}+\frac{T^2\omega^2}{T^2\omega^2+1}\cdot\frac{\omega}{s^2+\omega^2}$$

$$e(t) = -\frac{T\omega}{T^2\omega^2+1}e^{-\frac{1}{T}} + \frac{T\omega}{T^2\omega^2+1}\cdot\cos\omega t + \frac{T^2\omega^2}{T^2\omega^2+1}\sin\omega t$$

系统的稳态误差为

$$e_{ss}(t) = \frac{T\omega}{T^2\omega^2+1}(\cos\omega t + T\omega\sin\omega t) = \frac{T\omega}{\sqrt{T^2\omega^2+1}}\sin(\omega t + \arctan T\omega)$$

由此可以看出,系统的稳态误差与系统的结构有关,同时也与系统的输入信号相关。

本例题给定的系统对阶跃输入是无差的;能跟随斜坡输入,但是存在一定的误差;不能跟随加速度输入;在正弦输入时,稳态误差也是正弦函数,但振幅和相位发生了改变。

3.6.2 控制系统的类型

由于稳态误差与系统结构有关,故首先研究系统的开环结构,找出影响稳态误差的主要因素,然后按其分类,以便讨论系统结构对稳态误差的影响。

一般情况下,可将系统开环传递函数表示成为如下形式:

$$G_k(s) = G(s)H(s) = \frac{K(T_a s+1)(T_b s+1)\cdots(T_m s+1)}{s^N(T_1 s+1)(T_2 s+1)\cdots(T_p s+1)} = \frac{K}{s^N}G_0(s) \tag{3-75}$$

在分母中包含 s^N 项,它表示在原点处有 N 重极点。也就是开环结构中含有 N 个积分环节。因此,目前的分类方法是以积分环节为基础的。如果 $N=0,N=1,N=2,\cdots$,则系统分别称为 0 型,1 型,2 型,……系统。应当指出,系统的型号与系统的阶次是两个不同的概念,随着型号的增加,系统的精度将得到改善,但也会使系统稳定性变坏。当系统为 3 型或 3 型以上时,通常很难将其设计成稳定系统,所以在稳态精度和相对稳定性之间进行折中总是必要的。

开环系统的静态增益为

$$G_k(0) = \lim_{s\to 0}G_k(s) = \lim_{s\to 0}\frac{K}{s^N} \tag{3-76}$$

可见,把开环传递函数写成式(3-75)的形式时,当 $s\to 0$ 时,$G_0(s)=1$。与稳态误差直接相关的就只有积分环节数 N 与开环增益 K 了。

3.6.3 给定信号作用下的稳态误差分析

对于图 3-30 所示的系统,在给定信号 $R(s)$ 作用下,系统的误差传递函数为

$$\Phi_\varepsilon(s) = \frac{1}{1+G(s)H(s)} = \frac{1}{1+G_k(s)}$$

由此得 $E(s)$ 为

$$E(s) = \frac{1}{1+G_k(s)}\cdot R(s)$$

所以稳态误差为

$$e_{ss} = \lim_{s\to 0}s\cdot E(s) = \lim_{s\to 0}\frac{s\cdot R(s)}{1+G_k(s)} \tag{3-77}$$

上式表明,影响稳态误差的因素有两个方面:一是输入信号的形式,二是系统的开环结构。下面分别进行讨论。

1. 阶跃输入作用下的稳态误差及静态误差系数

在单位阶跃输入下,系统的稳态误差为

$$e_{ss}=\lim_{s\to 0}\frac{s}{1+G_k(s)}\cdot\frac{1}{s}=\frac{1}{1+G_k(0)} \tag{3-78}$$

令

$$K_p=\lim_{s\to 0}G_k(s)=G_k(0) \tag{3-79}$$

称为静态位置误差系数(static position error coefficient),于是e_{ss}可表示为

$$e_{ss}=\frac{1}{1+K_p} \tag{3-80}$$

对于0型系统

$$K_p=\lim_{s\to 0}\frac{K(T_a s+1)(T_b s+1)\cdots}{(T_1 s+1)(T_2 s+1)\cdots}=K$$

对于1型或高于1型的系统

$$K_p=\lim_{s\to 0}\frac{K(T_a s+1)(T_b s+1)\cdots}{s^N(T_1 s+1)(T_2 s+1)\cdots}=\infty \quad (N\geqslant 1)$$

因此,对于0型系统,静态位置误差系数K_p是一个有限值;而对于1型或高于1型的系统,K_p为无穷大。

对于单位阶跃输入下的稳态误差,可表示为

$$e_{ss}=\begin{cases}\dfrac{1}{1+K} & N=0\\ 0 & N\geqslant 1\end{cases} \tag{3-81}$$

由上述分析可以看出,如果反馈控制系统的前向通路中没有积分环节,则系统对阶跃输入信号的响应是包含稳态误差的,这时可称系统为位置有差系统。如果要求阶跃输入信号的稳态误差等于零,则系统应是1型或高于1型的,这种结构可称为位置无差系统。

2. 斜坡输入作用下的稳态误差及速度误差系数

在单位斜坡输入下,系统的稳态误差为

$$e_{ss}=\lim_{s\to 0}\frac{s}{1+G_k(s)}\cdot\frac{1}{s^2}=\lim_{s\to 0}\frac{1}{sG_k(s)} \tag{3-82}$$

令

$$K_v=\lim_{s\to 0}sG_k(s) \tag{3-83}$$

称为静态速度误差系数(static velocity error coefficient),于是e_{ss}可表示为

$$e_{ss}=\frac{1}{K_v} \tag{3-84}$$

速度误差这个术语,在这里用来表示对斜坡输入信号的稳态误差,并不是指在速度上的误差,而是跟随斜坡输入最终造成在位置上的误差。

对于0型系统

$$K_v=\lim_{s\to 0}\frac{sK(T_a s+1)(T_b s+1)\cdots}{(T_1 s+1)(T_2 s+1)\cdots}=0$$

对于1型系统

$$K_v=\lim_{s\to 0}\frac{sK(T_a s+1)(T_b s+1)\cdots}{s(T_1 s+1)(T_2 s+1)\cdots}=K$$

对于 2 型或高于 2 型的系统

$$K_{\mathrm{v}} = \lim_{s \to 0} \frac{sK(T_a s + 1)(T_b s + 1)\cdots}{s^N(T_1 s + 1)(T_2 s + 1)\cdots} = \lim_{s \to 0} \frac{K}{s^{N-1}} = \infty \quad (N \geqslant 2)$$

对于单位斜坡输入下的稳态误差,可表示为

$$e_{\mathrm{ss}} = \frac{1}{K_{\mathrm{v}}} = \begin{cases} \infty & N = 0 \\ \dfrac{1}{K} & N = 1 \\ 0 & N \geqslant 2 \end{cases} \tag{3-85}$$

上述分析表明,0 型系统不能跟踪斜坡输入信号;1 型系统能够跟随斜坡输入信号,但是具有一定的误差。也就是说,在稳态工作时,输出速度恰与输入速度相同,但是存在一个位置误差。误差的大小与开环增益 K 成反比,且在非单位斜坡输入时正比于输入量的速度。

当系统为单位反馈系统时,一个 1 型系统对单位斜坡输入信号的响应,如图 3-32(a)所示。2 型或高于 2 型的系统可以跟踪斜坡输入信号,且在稳态时的误差为零。

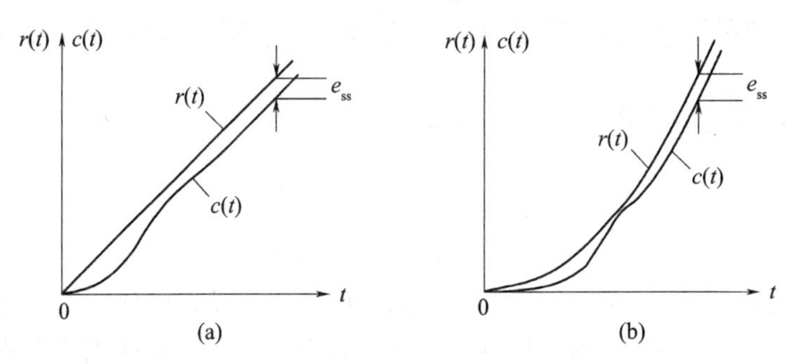

图 3-32　单位反馈系统位置误差

(a) 1 型系统;(b) 2 型系统。

3. 抛物线输入作用下的稳态误差及加速度误差系数

在单位抛物线输入下,系统的稳态误差为

$$e_{\mathrm{ss}} = \lim_{s \to 0} \frac{s}{1 + G_{\mathrm{k}}(s)} \cdot \frac{1}{s^3} = \frac{1}{\lim\limits_{s \to 0} s^2 G_{\mathrm{k}}(s)} \tag{3-86}$$

令

$$K_{\mathrm{a}} = \lim_{s \to 0} s^2 G_{\mathrm{k}}(s) \tag{3-87}$$

称为静态加速度误差系数(static acceleration error coefficient),于是 e_{ss} 可表示为

$$e_{\mathrm{ss}} = \frac{1}{K_{\mathrm{a}}} \tag{3-88}$$

同样,加速度误差的含义,指抛物线输入信号引起的稳态误差,也是一个位置上的误差。

K_{a} 的值可以由下列公式求出:

$$K_{\mathrm{a}} = \lim_{s \to 0} s^2 \frac{K(T_a s + 1)(T_b s + 1)\cdots}{s^N(T_1 s + 1)(T_2 s + 1)\cdots} = \lim_{s \to 0} \frac{K}{s^{N-2}} = \begin{cases} 0 & N = 0,1 \\ K & N = 2 \\ \infty & N \geqslant 3 \end{cases}$$

因此,在单位抛物线输入下的稳态误差可表示为

$$e_{ss}=\frac{1}{K_a}=\begin{cases}\infty & N=0,1\\ \dfrac{1}{K} & N=2\\ 0 & N\geqslant 3\end{cases} \tag{3-89}$$

可见0型和1型系统都不能跟踪抛物线输入信号。2型系统能跟踪抛物线输入信号,但具有一定的误差。图3-33(b)所示为一个2型单位反馈系统对抛物线输入信号的响应。3型或高于3型的系统,当系统稳定时能跟踪抛物线输入信号,且在稳态时跟踪误差为零。

4. 小结

将上面讨论的稳态误差结果列于表3-2中。

表3-2　静态误差系数计算的稳态误差

系统型别	静态误差系数			阶跃输入 $r(t)=1$	斜坡输入 $r(t)=t$	抛物线输入 $r(t)=\frac{1}{2}t^2$
	K_p	K_v	K_a	$e_{ssr}=\frac{1}{1+K_p}$	$e_{ssr}=\frac{1}{K_v}$	$e_{ssr}=\frac{1}{K_a}$
0型	K	0	0	$\frac{1}{1+K_p}$	∞	∞
1型	∞	K	0	0	$\frac{1}{K_v}$	∞
2型	∞	∞	K	0	0	$\frac{1}{K_a}$

表中对角线上出现的稳态误差为有限误差,其值仅取决于开环增益K;在对角线以上出现的无穷大误差,表示系统的型号与输入不匹配的情况;在对角线以下出现的稳态误差为零,是系统达到无差系统的情况。

注意几点:

(1) 表中所列结果是按单位信号输入计算的,当非单位信号输入时,对角线上的有限误差值按输入幅值放大。

(2) 静态误差系数法只能计算三种典型输入下的稳态误差,对于由这三种典型信号组合而成的$R(s)$,可用线性叠加原理计算e_{ss}。除此之外,不能给出正确的误差信息。其他各类输入,当满足终值定理所要求的条件时,e_{ss}可按式(3-82)计算。

(3) 增大开环增益K和系统的型号N,虽然可改善系统的稳态性能,但往往会导致系统的稳定性恶化。实际中,2型以上的系统稳定性很难保证,除复合控制系统外,3型及3型以上系统几乎不采用。

例3-14　已知单位反馈系统结构图如图3-33所示,输入信号$r(t)=4+6t+3t^2$时,试求系统在$r(t)$作用下的稳态误差。

(1) $G(s)=\dfrac{10}{s(s+4)}$;

(2) $G(s)=\dfrac{10(s+1)}{s^2(s+4)}$。

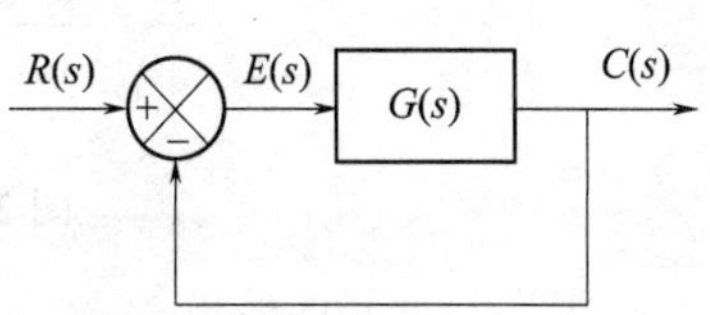

R(s)　E(s)　G(s)　C(s)

图3-33　例3-14题图

解:(1) 分析系统的开环结构,该系统为1型系统,由于输入信号$r(t)$中含有加速度分量$3t^2$,则要求系统至少2型才能达到输出稳态响应与输入同步。故可直接得出结

果，即 $e_{ss}=\infty$。

（2）按无差度写出开环传递函数的标准形式：

$$G(s)=\frac{10(s+1)}{s^2(s+4)}=\frac{2.5(s+1)}{s^2(0.25s+1)}$$

系统型号 $N=2$，开环增益 $K=2.5$。

计算静态误差系数：$K_p=\lim\limits_{s\to 0}G(s)=\lim\limits_{s\to 0}\frac{2.5(s+1)}{s^2(0.25s+1)}=\infty$

$$K_v=\lim_{s\to 0}sG(s)=\lim_{s\to 0}s\cdot\frac{2.5(s+1)}{s^2(0.25s+1)}=\infty$$

$$K_a=\lim_{s\to 0}s^2G(s)=\lim_{s\to 0}s^2\frac{2.5(s+1)}{s^2(0.25s+1)}=2.5$$

输入信号按单位典型输入关系写出，即

$$r(t)=4\cdot 1(t)+6\cdot t+6\cdot\frac{1}{2}t^2$$

应用线性叠加原理，得

$$e_{ss}=\frac{4}{1+K_p}+\frac{6}{K_v}+\frac{6}{K_a}=0+0+\frac{6}{2.5}=2.4$$

3.6.4 扰动信号作用下的稳态误差分析

除了控制输入 $r(t)$ 之外，系统还经常受到外部扰动信号的影响，致使系统的性能受到破坏。研究扰动信号产生的控制偏差，对提高系统控制性能是很重要的。

扰动信号的作用点不同于给定信号，一般作用在系统中的某一位置。典型的结构图如图 3-34 所示。

研究在干扰信号 $D(s)$ 单独作用下系统的稳态误差，可令 $R(s)=0$，按图 3-34 可写出扰动误差传递函数为

$$\Phi_{ed}(s)=\frac{-G_2(s)H(s)}{1+G_1(s)G_2(s)H(s)} \tag{3-90}$$

则有

$$E(s)=\frac{-G_2(s)H(s)}{1+G_1(s)G_2(s)H(s)}\cdot D(s) \tag{3-91}$$

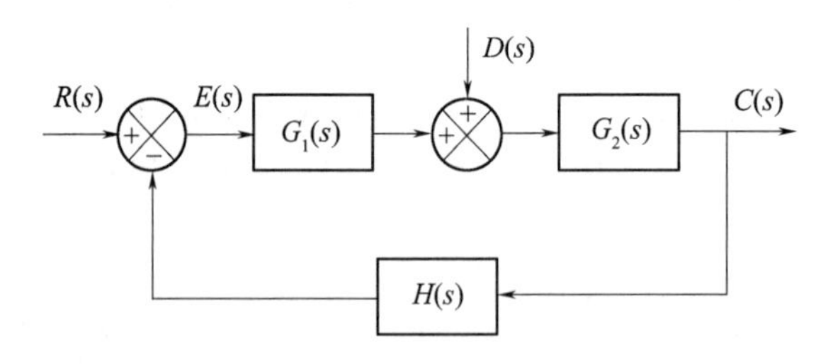

图 3-34 具有扰动输入的系统结构图

由前面讨论可知开环静态增益为

$$G_k(0)=G_1(0)G_2(0)H(0)=\lim_{s\to 0}\frac{K}{s^N}\gg 1$$

稳态误差为

$$e_{ss}=\lim_{s\to0}s\cdot E(s)=\lim_{s\to0}s\cdot\frac{-G_2(s)H(s)}{1+G_1(s)G_2(s)H(s)}\cdot D(s)=$$

$$\lim_{s\to0}s\cdot\frac{-G_2(s)H(s)}{G_1(s)G_2(s)H(s)}\cdot D(s)=\lim_{s\to0}s\cdot\frac{-1}{G_1(s)}\cdot D(s) \tag{3-92}$$

可见,影响扰动误差的系统结构不是开环结构的全部,而仅与扰动作用点之前的开环结构 $G_1(s)$ 有关。仿照前面讨论,令

$$G_1(s)=\frac{K_1(T_as+1)(T_bs+1)\cdots}{s^{N_1}(T_1s+1)(T_2s+1)\cdots}$$

(1) 当 $D(s)$ 为阶跃信号时,产生的稳态误差为

$$e_{ss}=\lim_{s\to0}s\cdot\frac{-1}{G_1(s)}\cdot\frac{1}{s}=\frac{-1}{\lim\limits_{s\to0}G_1(s)}=\frac{-1}{\lim\limits_{s\to0}\frac{K_1}{s^{N_1}}}=\begin{cases}\frac{-1}{K_1} & N_1=0\\ 0 & N_1\geqslant1\end{cases}$$

(2) 当 $D(s)$ 为斜坡信号时,产生的稳态误差为

$$e_{ss}=\lim_{s\to0}s\cdot\frac{-1}{G_1(s)}\cdot\frac{1}{s^2}=\frac{-1}{\lim\limits_{s\to0}s\cdot G_1(s)}=\frac{-1}{\lim\limits_{s\to0}\frac{K_1}{s^{N_1-1}}}=\begin{cases}\infty & N_1=0\\ \frac{-1}{K_1} & N_1=1\\ 0 & N_1\geqslant2\end{cases}$$

(3) 当 $D(s)$ 为抛物线信号时,产生的稳态误差为

$$e_{ss}=\lim_{s\to0}s\cdot\frac{-1}{G_1(s)}\cdot\frac{1}{s^3}=\frac{-1}{\lim\limits_{s\to0}s^2\cdot G_1(s)}=\frac{-1}{\lim\limits_{s\to0}\frac{K_1}{s^{N_1-2}}}=\begin{cases}\infty & N_1=0,1\\ \frac{-1}{K_1} & N_1=2\\ 0 & N_1\geqslant3\end{cases}$$

可见,扰动作用点之前的放大系数 K_1 和积分环节数 N_1,对扰动稳态误差有决定影响,其他部分结构不起任何作用。对 $G_1(s)$ 的进一步研究可仿照给定输入误差的方法进行。

例 3-15 已知单位反馈系统结构图如图 3-35 所示,输入信号 $r(t)=1(t)$,扰动信号 $d(t)=1(t)$ 时,试求系统在 $r(t)$ 和 $d(t)$ 共同作用下的总稳态误差。

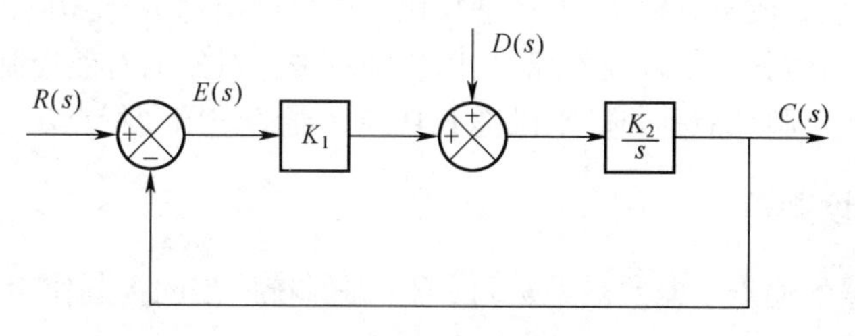

图 3-35 例 3-15 题图

解:(1) 分析系统的开环结构,该系统为 1 型系统,当输入信号 $r(t)$ 为单位阶跃时,则静态位置误差系数为

$$K_p=\lim_{s\to0}G(s)=\lim_{s\to0}\frac{K_1K_2}{s}=\infty$$

故

$$e_{ssr}=0$$

(2) 由于扰动点前面的开环结构为比例 K_1,不含积分环节,当扰动信号 $d(t)$ 为单位阶跃时,产生的静态

误差为

$$e_{ssn} = \lim_{s\to 0} s \cdot \frac{-1}{K_1} \cdot \frac{1}{s} = \frac{-1}{K_1}$$

故总误差为

$$e_{ss} = e_{ssr} + e_{ssn} = -\frac{1}{K_1}$$

由此看出,提高扰动点之前的放大倍数 K_1,可减小稳态误差。

3.7 PID 基本控制作用对系统性能的影响

在自动控制系统中,控制器是控制系统的核心,系统的被控对象是按控制器发出的作用信息来运行的。控制器把控制对象输出的实际值与系统的参考输入(希望值)进行比较,以确定偏差,并依此产生一个控制信号,最终把偏差减小到零或减小到微小的数值。控制器以这种方式产生的控制信号习惯称为控制作用。

为较好地达到控制目的,往往根据实际的要求,在控制器中把检测出的微弱偏差信号按照其大小和方向以一定的控制规律(例如:比例(Proportion)、积分(Integral)、微分(Differential)等)运算后,并将其放大到足够的功率,然后发出控制信号,传送到执行机构。控制器的结构图如图 3-36 所示。

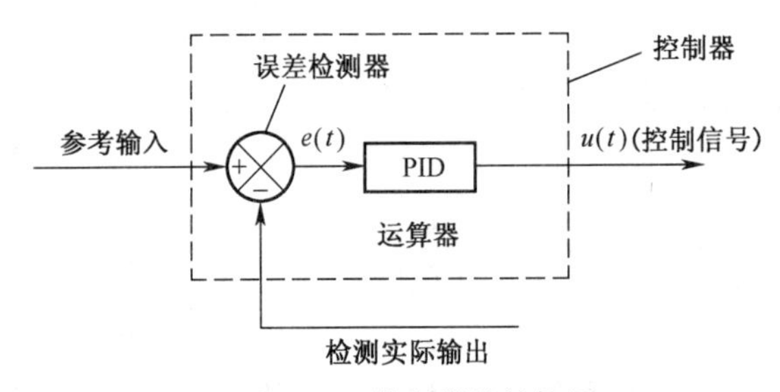

图 3-36　控制器的结构图

在控制器的功能结构中,最主要的是运算功能。控制器的运算功能常含有比例、积分、微分运算,其中每种运算的信号输出特征在第 2 章典型环节中已经讨论过。系统中实用的控制器,一般不单独使用积分或微分控制,大多是与比例作用适当的组合,构成比例加积分,比例加微分,或比例加积分加微分的复合控制规律,以达到对被控对象的有效控制。

下面从改善系统控制性能的角度来讨论 PID 控制器的作用和特点:

3.7.1 比例(P)控制

在系统中控制器的输入是偏差信号 $e(t)$,输出是系统所需的控制作用 $u(t)$。比例控制器的控制作用可由下式定义:

$$u(t) = K_p e(t) \tag{3-93}$$

其传递函数为

$$\frac{U(s)}{E(s)} = K_p \tag{3-94}$$

式中,K_p为比例增益。

按信号的传递关系是偏差决定控制作用。但反过来说,控制器的输出 $u(t)$ 要维持一定的控制作用(不能等于零)使系统工作,致使偏差(控制器的输入)逐步减少或消除为零,这似乎是一对矛盾。控制器本身的这种特殊的输入输出关系是靠控制器本身的运算规律维持的。显然,在比例控制规律下,由于输出正比于输入,从系统的控制逻辑关系上看,无论如何,要保证一定的控制作用,控制器输入端的偏差不能减少到零。故从控制效果来看,比例控制始终是有误差的,称为有差控制。

由图 3-37 可以看出,在比例关系下 $u(t)$ 随 $e(t)$ 正比变化,若 $e(t)=0$ 时,必有 $u(t)=0$,则不能维持必需的控制作用,故在比例控制中 $e(t)$ 不可能为零。

我们研究一个不含积分环节的被控对象 $G_0(s)$,系统的结构图如图 3-38 所示。讨论在比例控制下系统的单位阶跃响应性能。

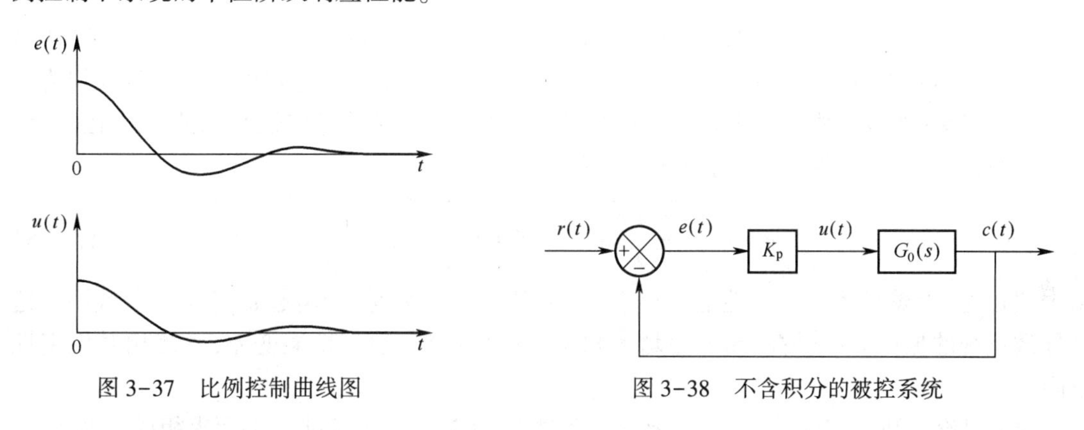

图 3-37　比例控制曲线图　　图 3-38　不含积分的被控系统

1. 稳态性能

设被控对象的传递函数为

$$G_0(s)=\frac{K}{(T_1s+1)(T_2s+1)} \tag{3-95}$$

则由图可得

$$E(s)=\frac{1}{1+K_pG_0(s)}R(s)$$

将 $R(s)=\frac{1}{s}$ 代入上式,由终值定理得

$$e_{ss}=\lim_{s\to 0}sE(s)=\lim_{s\to 0}\frac{1}{1+K_pG_0(s)}$$

因为

$$\lim_{s\to 0}G_0(s)=K$$

所以

$$e_{ss}=\frac{1}{1+K_pK}$$

当 $K_pK>>1$ 时,$e_{ss}\approx 0$。由此可见,当 P 控制器的 K_p 值取得够大时,系统的稳态误差才能足够小,但 K_p 不可能取得无穷大,所以,系统的最终结果总是有偏差的,增大 K_p 可以改善 e_{ss},这是前面已有的结论。

2. 动态性能

从物理意义上看,上述系统在减少稳态误差的要求下,如果采用 P 控制,K_p 值必然取得很大,致使控制作用的敏感性很强,这就意味着一个微小的正值误差信号 $e(t)$ 被 K_p 放大后,产生一个很大的正值控制信号 $u(t)$;反之,一个微小的负值误差信号 $e(t)$,被 K_p 放大后,产生一个很大的负值控制信号 $u(t)$。由此可知，只要 $e(t)$ 在零值上下稍有变化，就会导致 $u(t)$ 的急剧变化，从而导致被控对象的较强响应。由于被控对象 $G_0(s)$ 本身的惯性延迟作用，在 $u(t)$ 的过分变化下，被控量 $c(t)$ 也会跟着过分变化，这样一过头就会过的很多，等到再拉回来时又拉过头，结果会出现激烈的振荡，且振荡的程度会随 K_p 增大而加剧。显然，这样的控制方式不可能使系统具有良好的动态性能。

以上结果也可从理论上分析。由式(3-95)可得系统闭环传递函数为

$$\frac{C(s)}{R(s)}=\frac{KK_p}{T_1T_2s^2+(T_1+T_2)s+(1+KK_p)} \tag{3-96}$$

闭环特征方程为

$$T_1T_2s^2+(T_1+T_2)s+(1+KK_p)=0 \tag{3-97}$$

对于式(3-97)所示的二阶特征方程，该系统稳定的充要条件是方程中各项系数均为正值。由于 $T_1>0, T_2>0$，故只要满足 $KK_p>-1$，系统就能稳定，显然稳定性是保证的。把式(3-96)的分母多项式与欠阻尼二阶系统标准式相比较，求得

$$\omega_n=\sqrt{\frac{1+KK_p}{T_1T_2}} \qquad \zeta=\left(\frac{T_1+T_2}{2T_1T_2}\right)\frac{1}{\omega_n} \tag{3-98}$$

由上式可见，为满足系统稳态性能的要求，使 K_p 值取得很大时，会引起 ω_n 增大和 ζ 减小。这会导致系统的振荡频率升高，超调量增大和振荡次数增加，动态性能变差，系统相对稳定性下降。

由上讨论可知，动态性能对 K_p 的要求不能过大，这与稳态性能对 K_p 的要求相反。因此，只采用 P 调节器是不能同时满足系统对动态和稳态性能要求的。

取 $T_1=0.5, T_2=1, K=1, K_p=1$。这时

$$\omega_n=\sqrt{\frac{1+KK_p}{T_1T_2}}=\sqrt{\frac{1+1\cdot 1}{0.5\cdot 1}}=2 \qquad \zeta=\left(\frac{T_1+T_2}{2T_1T_2}\right)\frac{1}{\omega_n}=\left(\frac{0.5+1}{2\cdot 0.5\cdot 1}\right)\frac{1}{2}=0.75$$

取 $T_1=0.5, T_2=1, K=1$，把比例系数放大到 $K_p=100$，此时

$$\omega_n=\sqrt{\frac{1+KK_p}{T_1T_2}}=\sqrt{\frac{1+1\cdot 100}{0.5\cdot 1}}=14.21 \quad \zeta=\left(\frac{T_1+T_2}{2T_1T_2}\right)\frac{1}{\omega_n}=\left(\frac{0.5+1}{2\cdot 0.5\cdot 1}\right)\frac{1}{14.21}=0.11$$

作出这两种情况的单位阶跃响应曲线，如图 3-39 所示。

结论：

(1) 对稳态性能来说，增大 K_p 值可以减小系统的稳态误差，但不能消除稳态误差。

(2) 对动态性能来说，K_p 的增大将会造成响应过程的振荡性加剧，稳定性下降。

动态性能与稳态性能在系统的参数要求上往往是相互矛盾的，提高比例控制器的增益 K_p 值，固然可以减小系统的稳态误差，但这时动态性能和相对稳定性往往因之而降低，甚至会造成系统的不稳定。因此，在系统控制中，比例控制规律常和其他控制规律联合使用，以便使系统在稳态和动态两方面均有较高控制质量。

3.7.2 比例加微分(PD)控制

微分控制作用是基于作用误差的变化率，而不是基于作用误差本身，因此这种控制作用具有预测特性，仅仅在瞬态过程中才是有效的。由于它对恒定信号起着阻断作用，故在串联校正中不能单独应用，它总是与比例控制并联组合在一起应用，见图 3-40。

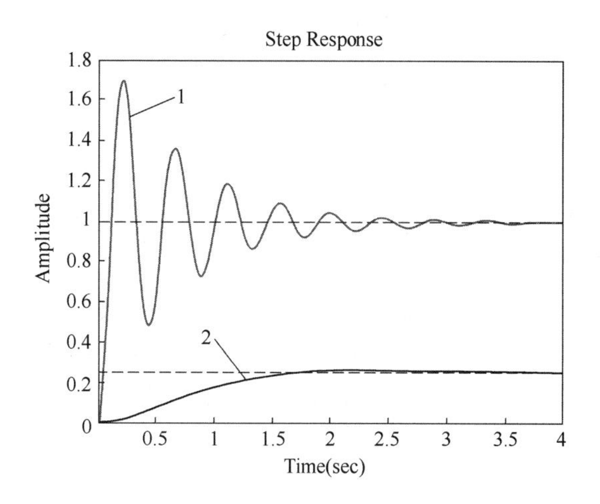

图 3-39 单位阶跃响应曲线

1—$K_p=1$;2 —$K_p=100$。

比例加微分控制器的控制作用可由下式定义:

$$u(t)=K_p e(t)+K_p T_d \frac{\mathrm{d}e(t)}{\mathrm{d}t} \tag{3-99}$$

其传递函数为

$$\frac{U(s)}{E(s)}=K_p(1+T_d s) \tag{3-100}$$

式中;K_p为比例增益;T_d称为微分时间常数。K_p和T_d均可调节,改变K_p同时改变了比例作用和微分作用的大小,但两者的比值不变。T_d决定两者的比例关系,也决定了微分作用的强弱。

动态过程中,由于$\frac{\mathrm{d}e(t)}{\mathrm{d}t}\neq 0$,两者的作用之和产生控制作用,由于微分具有预测特性,可有效地抑制振荡。当进入稳态后,由于$\frac{\mathrm{d}e(t)}{\mathrm{d}t}=0$,比例单独作用,维持必要的稳态控制作用。

为了较明显地看出微分控制的提前控制作用,在图 3-41 中画出了比例加微分控制器当输入为一均速函数时的输出响应曲线。设$e(t)=vt$,则$u(t)$为

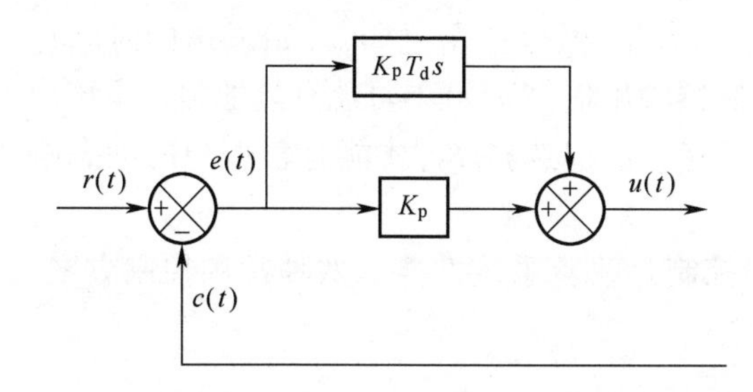

图 3- 40 比例加微分控制器结构图

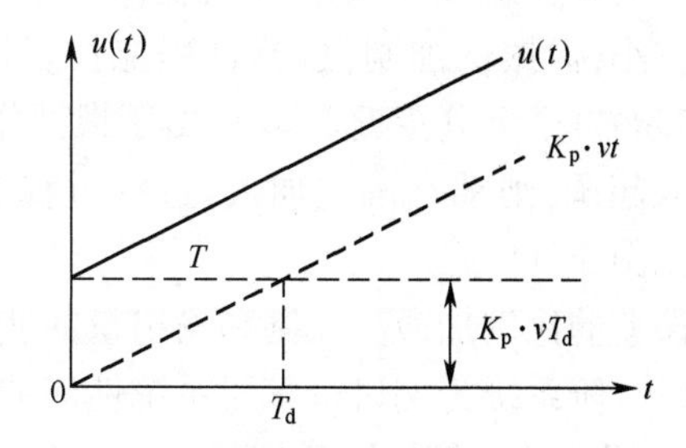

图 3-41 比例加微分控制器对匀速输入下的响应

$$u(t) = K_p e(t) + K_p T_d \frac{\mathrm{d}e(t)}{\mathrm{d}t} = K_p(vt + T_d v)$$

因为

$$\frac{K_p T_d v}{T} = \frac{\mathrm{d}K_p vt}{\mathrm{d}t} = K_p v$$

所以

$$T_d = T$$

说明 $u(t)$ 比单独的比例控制 $K_p e(t)$ 提前 T_d 的时间产生同等的控制量。

下面基于物理概念来说明比例加微分的控制规律。图 3-42 为具有比例加微分控制器的系统。当把微分控制作用加进比例控制器时,由于具有预测功能,提高了控制器的灵敏度。在作用误差的值变得很大之前,产生一个有效的修正,有助于增进系统的稳定性,减小过渡过程时间,降低超调量,使动态过程得以改善。系统在单位阶跃响应过程中各变量的波形如图 3-43 所示。

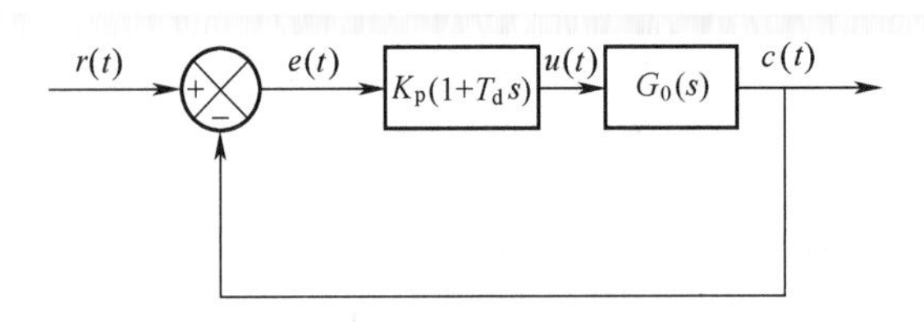

图 3-42 比例加微分控制器的系统

比较各波形关系,从变化方向上来看,在每个时刻,微分作用的方向总是逆着输出 $c(t)$ 变化。当输出上升时,微分作用总为负值,产生的控制作用是反向的,大小与变化率成正比;当输出下降时,微分作用总为正值,产生的控制作用还是反向的,总之,逆向控制作用是一种阻尼作用,限制输出的过度变化,力图阻止偏差。若从相位上来看,微分信号 $\dot{e}(t)$ 超前误差信号 $e(t)$。当两部分组合起来产生的控制器输出 $u(t)$,仍比单独的误差信号 $e(t)$ 超前一段时间。

在 $0\sim t_1$ 时间内,控制器输出信号 $u(t)$ 为正,产生较大的正向驱动量,使输出 $c(t)$ 加速上升。在 $t=t_1$ 时,输出信号 $c(t_1)$ 接近稳态值 $c(\infty)$。为了避免系统惯性作用所引起的强烈超调现象,系统应该提前开始减速,这时,控制器输出信号 $u(t)$ 恰好从正变负,从而保证了系统开始减速制动。假若系统开始制动减速的时间 t_1 选择得当,便有可能使系统输出 $c(t)$ 的超调很小。开始制动减速的时间 t_1,取决于微分时间常数 T_d 的选择,若能正确地选择 T_d,不仅可以降低系统的超调量 $\sigma_p\%$,而且过渡过程时间 t_s 也可因之大大缩短。若 T_d 过大,微分作用过强,会使减速制动开始过早,致使系统输出尚未来得及加速到相当数量的情况下即行减速,虽然动态偏差较小,但振荡加剧,过渡过程拖长。相反,若 T_d 太小,微分作用过弱,开始减速的时间过迟,使 $c(t_1)$ 已十分接近 $c(\infty)$,由于惯性作用,控制器输出信号 $u(t)$ 不可能有效地阻止系统出现较大超调,则动态偏差加大,过渡过程缓慢。只有合适地选择 T_d,才能有较理想的动态响应。见图 3-44。

误差的比例加微分控制和输出量的速度反馈控制是改善系统性能的两种常用控制方案。下面以二阶系统为例讨论其对系统性能的改善作用。

1. 误差的比例加微分控制

具有误差比例加微分控制的二阶系统如图 3-45 所示。

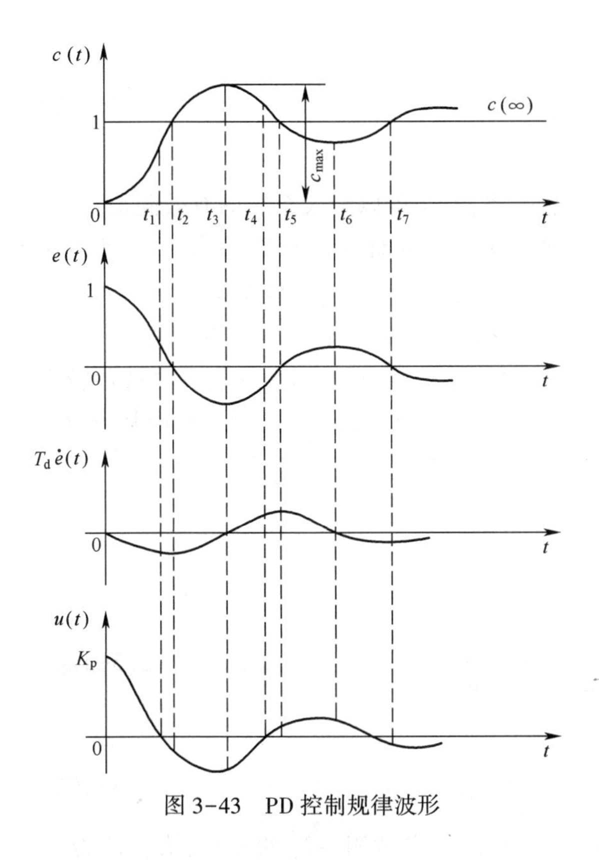

图 3-43　PD 控制规律波形

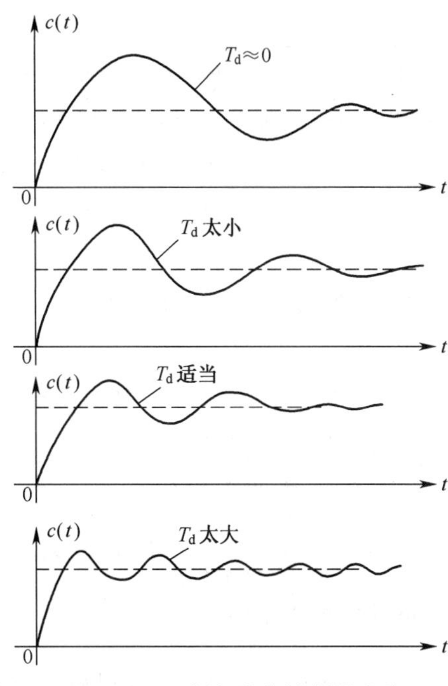

图 3-44　比例加微分控制器微分时间对过渡过程的影响

图中,下通路为典型二阶系统的误差比例控制通路,比例因子为 1;上通路为引入的误差微分控制通路,T_d为其微分时间常数。系统中对被控对象的控制作用是误差信号 $e(t)$与其微分信号的线性组合,即系统的输出量同时受误差信号及其速率的双重作用。因而,比例加微分控制是一种早期控制,可在出现位置误差前,提前产生控制作用,从而达到改善系统性能的目的。

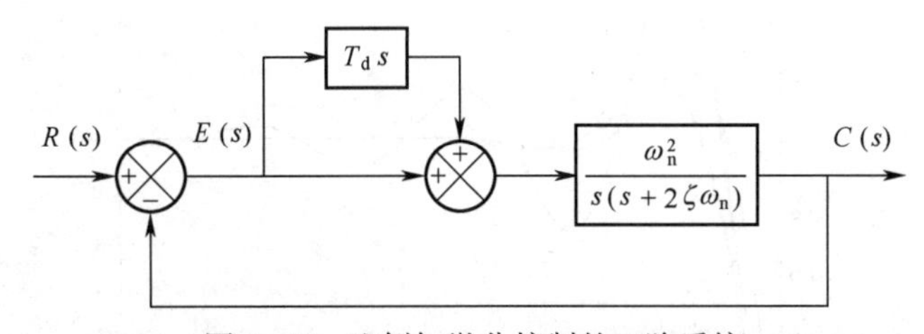

图 3-45　比例加微分控制的二阶系统

由图 3-45 易知,系统的开环传递函数为

$$G(s)=\frac{\omega_n^2(1+T_d s)}{s(s+2\zeta\omega_n)}=\frac{K(T_d s+1)}{s(s/2\zeta\omega_n+1)} \tag{3-101}$$

式中,$K=\omega_n/2\zeta$,称为开环增益。

闭环传递函数为

$$\Phi(s)=\frac{\omega_n^2(1+T_d s)}{s^2+2\zeta_d\omega_n s+\omega_n^2} \tag{3-102}$$

式中

$$\zeta_d = \zeta + \frac{1}{2}\omega_n T_d \tag{3-103}$$

为系统的有效阻尼比。

上式表明，比例加微分控制不改变系统的自然频率，但是可以增大系统的有效阻尼比，以抑制振荡。由于增加了一个参数选择的自由度，适当选择微分时间常数 T_d 的取值，可使得系统既具有好的响应平稳性，又具有满意的响应快速性。由于 $\dot{e}(t)$ 只反映误差信号的变化速率，所以微分控制部分不影响系统的常值稳态误差，若输入是斜坡函数，其稳态误差 $e_{ss} = -1/K$，其中开环增益 K 与 ζ 和 ω_n 有关，微分作用相当于增大系统的有效阻尼，从而允许选用较大的开环增益(使 ω_n 较大而 ζ 适当减小)，既改善阶跃响应动态性能，又减小斜坡响应常值稳态误差。

由式(3-102)，系统输出的拉普拉斯变换为

$$\begin{aligned} C(s) &= \frac{\omega_n^2(1 + T_d s)}{s^2 + 2\zeta_d\omega_n s + \omega_n^2}R(s) \\ &= \frac{\omega_n^2}{s^2 + 2\zeta_d\omega_n s + \omega_n^2}R(s) + T_d s\frac{\omega_n^2}{s^2 + 2\zeta_d\omega_n s + \omega_n^2}R(s) \end{aligned} \tag{3-104}$$

时间响应可表示为

$$c(t) = c_1(t) + T_d\frac{\mathrm{d}}{\mathrm{d}t}(c_1(t)) \tag{3-105}$$

上式的第一项对应于典型二阶系统的时间响应，由于有效阻尼比的提高，大大降低了阶跃响应的超调量，加快了过渡过程时间。第二项为第一项的微分附加项。微分附加项的存在，增加了时间响应中的高次谐波分量，使得响应曲线的前沿变陡，提高了系统响应的初始快速性。

若设参数 $\zeta = 0.2, \omega_n = 2, T_d = 0.3$，则 $\zeta_d = 0.5$，阶跃响应曲线如图 3-46 所示。

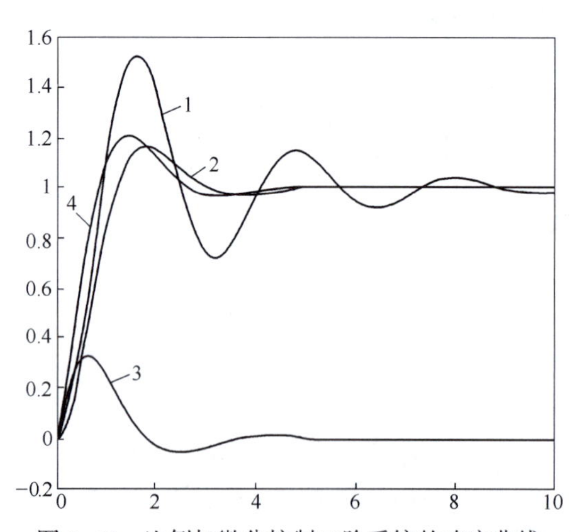

图 3-46 比例加微分控制二阶系统的响应曲线

图 3-46 中波形 1 是未加微分前的二阶系统 $\zeta = 0.2, \omega_n = 2$ 的阶跃响应波形。对应的超调量为

$$\sigma_p\% = e^{\frac{-\zeta\pi}{\sqrt{1-\zeta^2}}} \cdot 100\% = e^{\frac{-0.2\pi}{\sqrt{1-0.2^2}}} \cdot 100\% = 52.7\%$$

图 3-46 中波形 2 是加了 PD 控制后，$c(t)$ 中的第一项 $c_1(t)$ 的响应波形曲线。此项相当于 $\zeta = 0.5, \omega_n = 2$ 的典型二阶系统（无零点）的时间响应波形。对应的超调量为

$$\sigma_p\% = e^{\frac{-\zeta\pi}{\sqrt{1-\zeta^2}}} \cdot 100\% = e^{\frac{-0.6\pi}{\sqrt{1-0.6^2}}} \cdot 100\% = 16.3\%$$

加了 PD 控制后，由于有效阻尼比的提高，大大降低了阶跃响应的超调量，加快了过渡过程时间。

图 3-46 中波形 3 是 $c(t)$ 中的第二项，为第一项 $c_1(t)$ 的微分加权，$c_1(t)$ 曲线上升时微分为正，$c_1(t)$ 曲线下降时微分为负。

图 3-46 波形 4 是加了 PD 控制后的 $c(t)$ 响应曲线。$c(t)$ 中的第一项和第二项合成后，由于微分附加项的作用，使得 $c(t)$ 响应曲线的前沿比 $c_1(t)$ 变陡，峰值略有增加，使系统初始响应速度加快，超调量略有增大。

可见，微分的附加项对动态性能的影响还是明显的，这取决于 T_d 的选取。不过，考虑到增加微分已使有效阻尼比增大，从最终结果来看，波形 4 与未加微分前的二阶系统波形 1 相比，超调量和调节时间以及上升时间都得到改善。

从零极点的角度说，比例加微分控制相当于为系统增加了一个闭环零点。若令 $z = 1/T_d$，闭环传递函数也可以表示为

$$\Phi(s) = \frac{\omega_n}{z} \frac{s + z}{s^2 + 2\zeta_d\omega_n s + \omega_n^2}$$

附加闭环零点的作用，会使系统的阻尼加大，从而改善系统的相对稳定性。且闭环零点的位置离虚轴越近，零点的影响就越强，对系统快速性和振荡性的影响就越大，如图 3-47 所示。

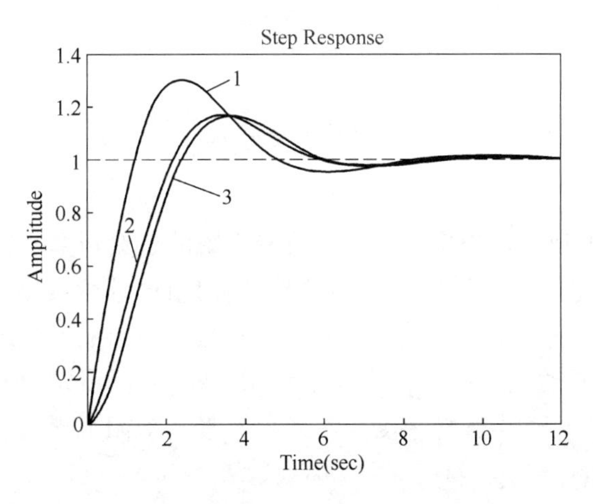

图 3-47　零点对二阶系统的响应曲线的影响

$$G_1(s) = \frac{1}{s^2 + s + 1} \quad G_2(s) = \frac{s + 1}{s^2 + s + 1} \quad G_3(s) = \frac{0.2s + 1}{s^2 + s + 1}$$

虽然增加微分控制不直接影响稳态误差，但它使系统的稳定性增加（即增加了系统的阻尼），因而容许采用比较大的增益 K 值，这将有助于改善系统稳态精度。

值得注意的是，由于微分有放大噪声信号的缺点，在设计控制系统时要给予足够的重视。

2. 输出量的速度反馈控制

输出量的导数同样可以用来改善系统的性能。通过将输出量的速度信号反馈到系统的输入端,并与误差信号比较,其效果与比例加微分控制相似,可以增大系统的有效阻尼比,改善系统的动态性能。

具有输出量速度反馈的二阶系统如图 3-48 所示。

实际的控制规律也可整理成对输出量的比例加微分控制,如图 3-49 所示。

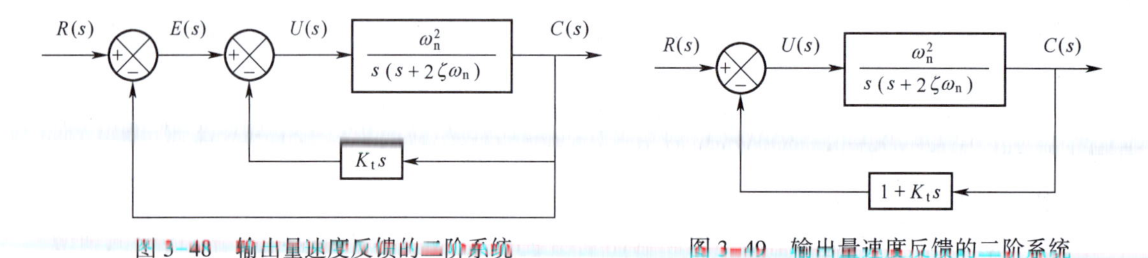

图 3-48 输出量速度反馈的二阶系统　　　图 3-49 输出量速度反馈的二阶系统

由图 3-49 可得系统的开环传递函数为

$$G(s)=\frac{\omega_n}{2\zeta+K_t\omega_n}\cdot\frac{1}{s[s/(2\zeta\omega_n+K_t\omega_n^2)+1]} \tag{3-106}$$

式中,开环增益为

$$K=\frac{\omega_n}{2\zeta+K_t\omega_n} \tag{3-107}$$

相应的闭环传递函数为

$$\Phi(s)=\frac{\omega_n^2}{s^2+2\zeta_t\omega_n s+\omega_n^2} \tag{3-108}$$

式中

$$\zeta_t=\zeta+\frac{1}{2}\omega_n K_t \tag{3-109}$$

为系统的有效阻尼比。

显然,输出量的速度反馈控制也可以在不改变系统的自然频率基础上,增大系统的有效阻尼比,减小超调量。与比例加微分控制不同的是,输出量的速度反馈控制没有附加零点的影响,两者对系统动态性能的改善程度是不同的。另外,速度反馈会降低系统的开环增益,从而加大系统在斜坡输入时的稳态误差。所以在设计系统时,可以预先增大原系统的开环增益,以弥补稳态误差的损失,然后适当选择速度反馈系数 K_t 使有效阻尼比 ζ_t 满足动态性能的要求。

若设参数 $\zeta=0.2,\omega_n=2,\zeta_t=0.5$ 时,反馈系数 K_t 为

$$K_t=\frac{2(\zeta_t-\zeta)}{\omega_n}=\frac{2(0.5-0.2)}{2}=0.3$$

系统加上速度反馈控制,系统的阻尼比从 0.2 增大到 0.5,超调量会从 52.7%减小到 16.3%,明显改善了系统的平稳性。

3. 两种控制方案的比较

比例加微分控制和速度反馈控制都为系统增加了一个参数选择的自由度,兼顾了系统响应的快速性和平稳性,但是二者改善系统性能的机理及其应用场合是不同的,简述如下:

(1) 微分控制的附加阻尼作用产生于系统输入端误差信号的变化率,而速度反馈控制的附加阻尼作用来源于系统输出量的变化率。由于来源不同,产生的作用也不完全相同。后者的作用会影响开环增益,因此影响稳态误差。而微分控制不影响开环增益且为系统提供了一个实零点,可以缩短系统的初始响应时间,但在相同阻尼程度下,将比速度反馈控制产生稍大的阶跃响应超调量。

(2) 比例加微分控制位于系统的输入端,微分作用对输入噪声有明显的放大作用。当输入端噪声严重时,不宜选用比例加微分控制。同时,由于微分器的输入信号是低能量的误差信号,要求比例加微分控制具有足够的放大作用,为了不明显恶化信噪比,需选用高质量的前置放大器。输出速度反馈控制,是从高能量的输出端向低能量的输入端传递信号,无需增设放大器,并对输入端噪声有滤波作用,适合于任何输出可测的控制场合。

3.7.3 积分(I)控制

在具有积分控制作用的控制器中,控制器的输出 $u(t)$ 与输入 $e(t)$ 的积分成正比,即

$$u(t)=K_{\mathrm{i}}\int_0^t e(t)\,\mathrm{d}t \tag{3-110}$$

或者说输出信号 $u(t)$ 的变化率与作用误差信号 $e(t)$ 成正比, 则

$$\frac{\mathrm{d}u(t)}{\mathrm{d}t}=K_{\mathrm{i}}e(t) \tag{3-111}$$

可见,当 $e(t)\neq 0$ 时,$u(t)$ 的变化速率就不会等于零,$u(t)$ 就一直在变化,当 $e(t)$ 的值为正时,则 $u(t)$ 的变化速率 $\frac{\mathrm{d}u(t)}{\mathrm{d}t}$ 也为正, $u(t)$ 处于上升阶段。反之,当 $e(t)$ 的值为负时,则 $u(t)$ 的变化速率 $\frac{\mathrm{d}u(t)}{\mathrm{d}t}$ 也为负,$u(t)$ 处于下降阶段。直至 $e(t)=0$ 时,$u(t)$ 的变化速率才等于零,则 $u(t)$ 不再变化而稳定下来。控制信号 $u(t)$ 的强弱在任何瞬间都等于该瞬间之前作用误差信号曲线下的面积,而且当作用误差信号 $e(t)$ 为零时,$u(t)$ 的值将保持不变,可能具有非零值,以维持必需的控制作用,如图 3-50 所示,可见积分控制作用可以消除偏差,达到无差控制。

由于同向积累作用,偏差 $e(t)$ 下降时,积分输出 $u(t)$ 还在上升,只有当 $e(t)$ 反向时,$u(t)$ 才开始下降。调节过程显然是有延迟的,这样的动作必然会使被控量调过头产生振荡。

归纳积分控制作用的几个重要特性:

(1) 延缓作用。当输入突变一个恒值时,输出量不能立即复现,而是按斜坡规律上升,上升速度与输入量成正比。如图 3-51 中的初始段($t=0$)。

(2) 积累作用。即使是很小的输入信号,由于它的积分作用,经过一段时间就会有很大的输出信号,如果输入不为零,不反向,则 $\frac{\mathrm{d}u(t)}{\mathrm{d}t}\neq 0$,积分作用不停,将沿着一个方向一直积到饱和为止。如图 3-51 中的末端趋向($t\to\infty$)。

(3) 记忆作用。在积分过程中如果输入消失了,其输出就会始终保持在输入信号去掉瞬间的水平上(这就是达到无差控制的关键)。如图 3-51 中的输入回零后的状态。

由于积分的积累和记忆作用,直观地看,当静态时($t\to\infty$),等效静态放大倍数为无穷大,故此,能在稳态误差为零的情况下(在零输入下)使控制器维持着恒定的输出。

由上节的理论分析可知,积分控制的明显作用就是把原来的系统无差型别提高一级,从而

使系统的稳态误差得到本质性的改善。例如在斜坡函数输入下,原 1 型系统的稳态误差为常量,但采用积分控制后,其系统的稳态误差将为零。

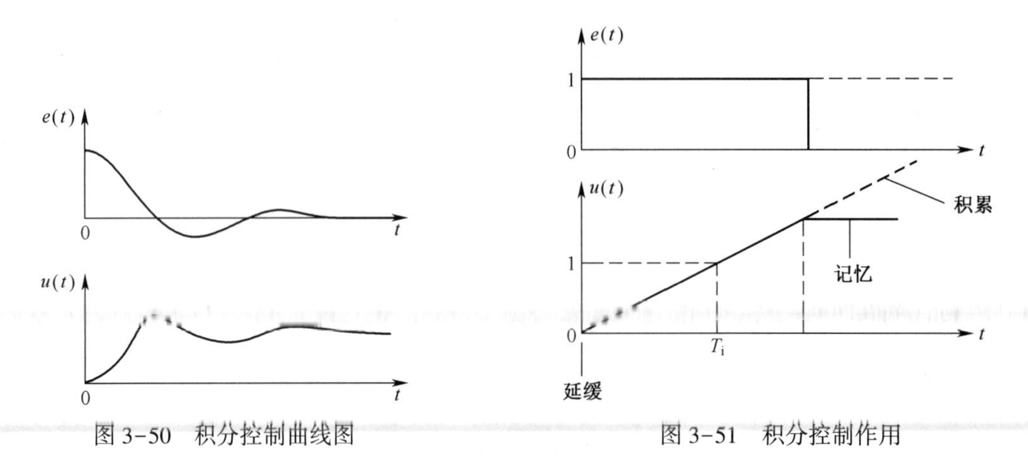

图 3-50　积分控制曲线图　　　　图 3-51　积分控制作用

由于积分作用具有延迟调节的作用,会加强振荡倾向。从动态过程来说,积分会导致振幅衰减缓慢,从而延长过渡过程时间,增大超调量,严重时甚至产生使振幅不断增加的振荡响应,破坏稳定性,这是通常不希望的,因此积分控制一般也不单独使用。为了改善系统的稳态性能和同时兼顾稳定性,一般采用比例加积分控制。

若讨论图 3-52 的系统结构,其中被控对象的传递函数中已经含有串联积分环节,倘若对这样的系统采用积分控制规律,表面上看起来可将系统的无差度提高到 2,但由于此时系统的特征方程为

$$Ts^3 + s^2 + K_i K_0 = 0$$

这属于结构不稳定系统。

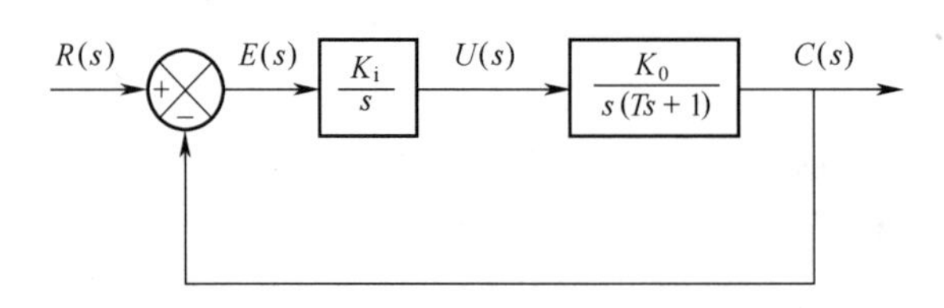

图 3-52　结构不稳定系统

从稳定性上分析,2 型系统的开环传递函数必须具有有限零点才能稳定。比例控制的作用可以配合积分控制使系统增加等效的开环零点,使闭环特征方程具有正系数,使系统趋于稳定。

3.7.4　比例加积分(PI)控制

比例加积分控制器的控制作用可以由下式定义:

$$u(t) = K_p e(t) + \frac{K_p}{T_i}\int_0^t e(t)\,dt \tag{3-112}$$

即控制器的传递函数为

$$\frac{U(s)}{E(s)} = K_p\left(1 + \frac{1}{T_i s}\right) = \frac{K_p(1 + T_i s)}{T_i s} \tag{3-113}$$

式中,K_p为比例增益;T_i为积分时间。积分时间可调整积分控制作用,K_p值的变化同时影响比

例和积分两部分的控制作用,积分时间 T_i 的倒数 $K_i = \frac{1}{T_i}$ 叫做复位速率,表示 PI 控制比单纯 P 控制作用单位时间内增加的倍数,单位为 1/秒(分)。

比例加积分控制器对单位阶跃输入下的响应如图 3-53 所示,其输出是比例和积分单独响应之和,它一开始是一个阶跃变化(比例作用),然后具有随时间线性增长的规律(积分作用)。因此,具有两者的优点。

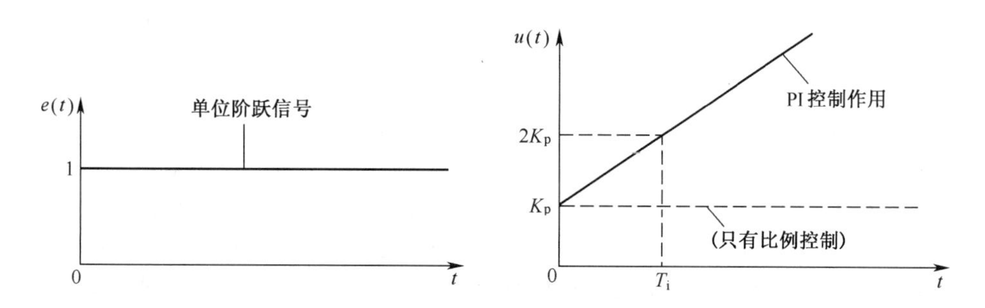

图 3-53　比例加积分控制器对单位阶跃输入下的响应

由于纯积分有延缓作用,反应较慢,当与比例作用合在一起构成比例加积分控制时,既具有比例作用那种将偏差立即放大的规律,加快了动态控制作用,又具有积分作用那种将偏差积累从而消除稳态误差的规律,集成了两者的优点,克服了积分动作缓慢的缺点。

从控制器的传递函数看出,PI 控制器的比例控制作用使传递函数增加了一个开环零点,零点的位置与 T_i 的相对取值有关,与 K_p 无关,这相当于引进了微分的作用,进而削弱积分的延迟造成的不利影响,可以改善系统的稳定性。从特征方程的改变来看,开环零点使结构不稳定系统变为条件稳定系统。只要合理地选择参数,就可使系统变为稳定。

例 3-16　含有串联积分环节的系统如图 3-54 所示,分析比例加积分控制规律改善系统性能时的作用。

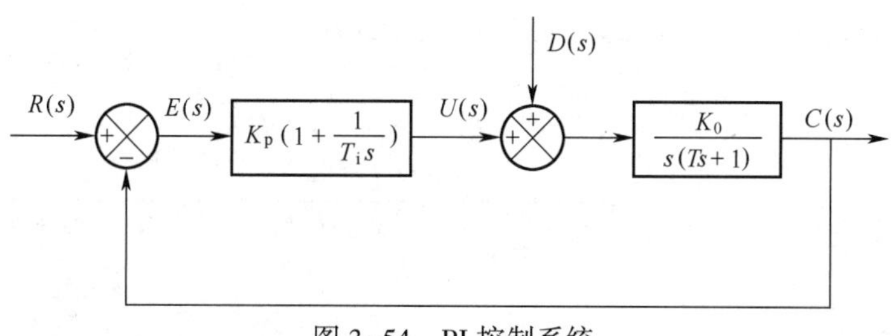

图 3-54　PI 控制系统

解:由图可知,采用 PI 控制作用前,系统的无差型号为 1 型。当采用 PI 控制系统后,系统的开环传递函数变为

$$G(s) = \frac{K_p K_0(1 + T_i s)}{T_i s^2(Ts + 1)}$$

此时系统的无差度升为 2 型,且增加了一个开环零点。前者改善了稳态性能,后者改善了相对稳定性。

当系统在速度信号 $R_1 t$ 作用下分析稳态误差时,完全可以使系统达到无差控制。

同时,采用 PI 控制后产生的新特征方程为

$$T_i Ts^3 + T_i s^2 + K_p K_0 T_i s + K_p K_0 = 0$$

由于参数 T、T_i、K_p、K_0 都是正数,所以上述方程中各项系数全为正,满足稳定的必要条件。只要合理地选择上述各参数,采用 PI 控制规律后完全可以做既能保证系统稳定,又能提高系统的稳态性能。

下面计算一组 T_i 值下的系统单位阶跃响应：

设 $T=0.5, K_0=2, K_p=2$，系统在给定作用下的传递函数为

$$\frac{C(s)}{R(s)}=\frac{K_pK_0(1+T_is)}{T_iTs^3+T_is^2+K_pK_0T_is+K_pK_0}$$

$$=\frac{\frac{K_pK_0}{T}\left(s+\frac{1}{T_i}\right)}{s^3+\frac{1}{T}s^2+\frac{K_pK_0}{T}s+\frac{K_pK_0}{T_iT}}=\frac{8\left(s+\frac{1}{T_i}\right)}{s^3+2s^2+8s+\frac{8}{T_i}}$$

当取 $T_i=0.4$ 时，

$$\frac{C(s)}{R(s)}=\frac{8s+20}{s^3+2s^2+8s+20}$$

系统的特征根为 $s_1=-2.3009$，$s_{2,3}=0.1504\pm j2.9444$，响应波形见图 3-55 曲线 1。

当取 $T_i=1$ 时，系统的特征根为 $s_1=-1.1397$，$s_{2,3}=-0.4302\pm j2.6143$，响应波形见图 3-55 曲线 2。

当取 $T_i=8$ 时，系统的特征根为 $s_1=-0.1289$，$s_{2,3}=-0.9356\pm j2.6237$，响应波形见图 3-55 曲线 3。

可见，附加的零点可抵消积分对稳定性的破坏，T_i 增大使零点趋近原点，也使积分逐步减弱，通过适当的选择，最终使系统稳定且具有较好的动态过程。

采用比例加积分控制对系统三大性能的影响分别为：第一是积分作用使系统趋于消除或减小对各种输入响应中的稳态误差，提高了稳态精度；第二是比例作用的配合产生等效的微分作用，可以改善积分造成的稳定性破坏，使系统趋于稳定；第三是 K_p 和 T_i 的配合选取，可以使动态性能得到较佳的结果。

由于调整 T_i 对过渡过程的影响具有两重性，在同样的比例度下（K_p 不变），缩短积分时间 T_i 将使积分作用加强（因为零点远离虚轴，微分作用弱），容易消除偏差，使动态偏差减小，这是有利的一面。但积分作用的加强又会导致系统振荡加剧，有不易稳定的倾向。积分时间越短，振荡倾向越强烈，甚至会成为不稳定的发散振荡，这是不利的一面。反之，增大 T_i 能使比例作用相对增强，加强了微分效果，能使振荡倾向减弱。但 T_i 不能过大，T_i 过大（零点趋于原点的极点处），积分控制作用将过小，虽然可能使被控量 $c(t)$ 不产生振荡，但动态偏差太大，过渡过程将延长。图 3-56 是上例在扰动作用下产生的过渡过程，在同一 K_p 下对应 T_i 变化的一组波形。

设 $T=0.25, K_0=0.5, K_p=2$，系统在扰动作用下的传递函数为

$$\frac{C(s)}{D(s)}=\frac{K_0T_is}{T_iTs^3+T_is^2+K_pK_0T_is+K_pK_0}$$

$$=\frac{K_0s/T}{s^3+\frac{1}{T}s^2+\frac{K_pK_0}{T}s+\frac{K_pK_0}{T_iT}}=\frac{2s}{s^3+4s^2+4s+4/T_i}$$

当取 $T_i=0.2$ 时，

$$\frac{C(s)}{D(s)}=\frac{2s}{s^3+4s^2+4s+20}$$

系统的特征根为 $s_1=-4.1859$，$s_{2,3}=0.0929\pm j2.1839$，响应波形见图 3-56 曲线 1。由于 T_i 过小，积分作用太强，致使系统稳定性破坏。

当取 $T_i=1$ 时，系统的特征根为 $s_1=-3.1304$，$s_{2,3}=-0.4348\pm j1.0434$，响应波形见图 3-56 曲线 2。由于 T_i 选取适当，系统趋于稳定且具有较好的动态过程。

取 $T_i=2$ 时，系统的特征根为 $s_1=-2.8393$，$s_{2,3}=-0.5804\pm j0.6063$，响应波形见图 3-56 曲线 3。积分偏弱时动态偏差会加大，过渡过程会延长。

取 $T_i=6$ 时，系统的特征根为 $s_1=-2.5149$，$s_2=-1.2776$，$s_3=-0.2075$，响应波形见图 3-56 曲线 4。T_i 过大（远大于系统时间常数 T），积分的作用将不明显，使动态过程不产生振荡，但动态偏差太大，过渡过程将延长。

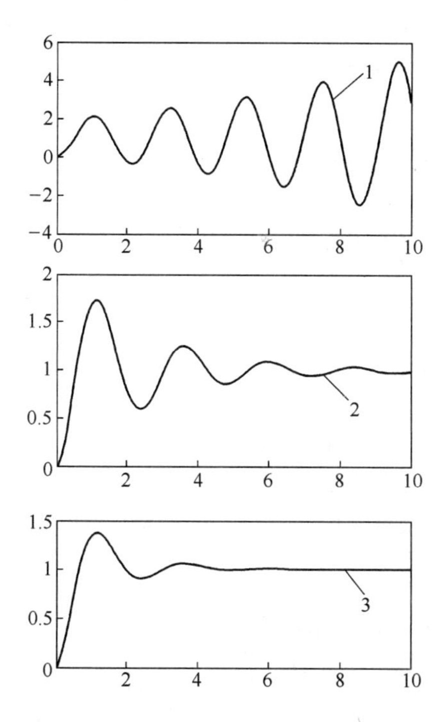

图 3-55　给定作用下 T_i对动态过程的影响

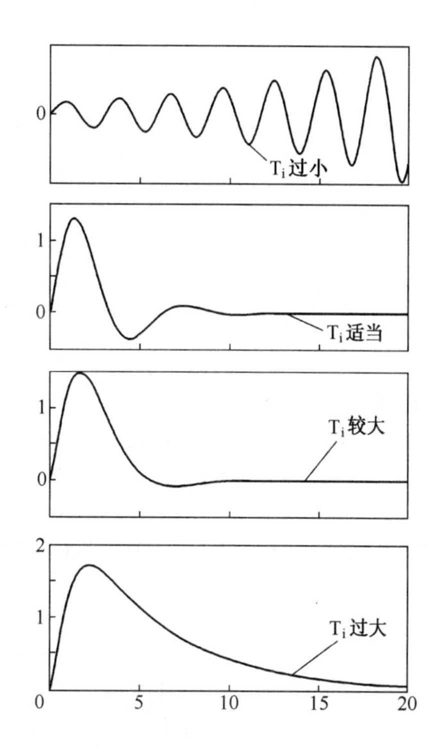

图 3-56　扰动作用下 T_i对动态过程的影响

总之,比例加积分控制器相当于在原系统中增加了一个开环零点和极点,积分作用提高了系统的无差度,而增加的零点则起到缓和极点对系统稳定性的不利影响。一般只要 T_i足够大,使附加的零点比系统原有零、极点更靠近附加极点,那么附加极点对系统稳定性的影响将大大减弱。因此,比例加积分控制既可以提高稳态性能,又能兼顾稳定性。

由以上分析,动态偏差和动态振荡是一对矛盾,单纯地调整 T_i很难解决,应与 K_p的选择配合调整。当系统是无差系统时,由于 K_p不再影响稳态误差,所以为了改善瞬态响应,可以通过减小 K_p值来削弱振荡倾向,提高相对稳定性(前面已经讨论,单纯的比例控制作用也会影响动态性能及稳定性)。但同样不能过小,否则也会拖长过渡过程。

例 3-17　系统采用 PI 控制作用的结构图如图 3-57 所示,讨论控制器参数 T_i和 K_p的取值对性能的影响。

解:当 T_i足够大,远大于被控对象的惯性时间 T,产生的零点趋近积分附加的极点,可较好地保证稳定性。

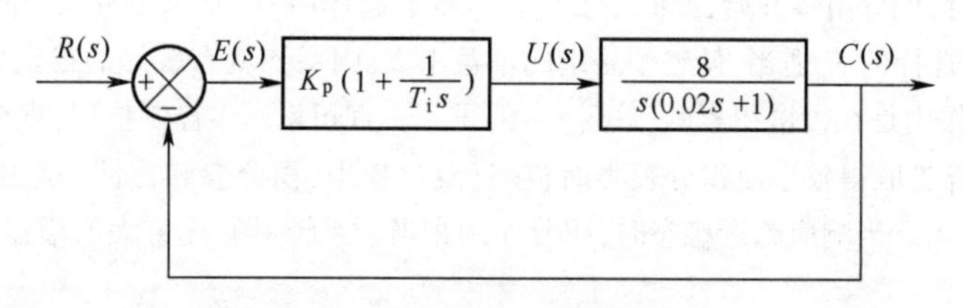

图 3-57　PI 控制系统

令 $T_i = 10$,则系统的开环传递函数为

$$G(s) = \frac{400K_p(s+0.1)}{s^2(s+50)}$$

闭环传递函数为

$$\frac{C(s)}{R(s)}=\frac{400K_p(s+0.1)}{s^3+50s^2+400K_p s+40K_p}$$

取 $K_p=100$ 时,

$$\frac{C(s)}{R(s)}=\frac{40000(s+0.1)}{s^3+50s^2+40000s+4000}$$

特征根为

$$s_1=-0.1 \qquad s_{2,3}=-24.95\pm j198.43$$

此时闭环系统在 s_1 处出现偶极子,动态性能由主导复极点 $s_{2,3}$ 决定。闭环传递函数可近似为

$$\frac{C(s)}{R(s)}=\frac{40000}{s^2+50s+40000}$$

两个复极点 $s_{2,3}=-25\pm j198.43$,单位阶跃响应见图 3-58 波形 1,由于 K_p 较大,超调为 67.3%($\zeta=0.125$)。

由于减小 K_p 不再影响稳态误差,取 $K_p=10$

$$\frac{C(s)}{R(s)}=\frac{4000(s+0.1)}{s^3+50s^2+4000s+400}\approx\frac{4000}{s^2+50s+4000}$$

两个复极点 $s_{2,3}=-25\pm j58.0948$,阻尼增大($\zeta=0.395$),使超调下降 $\sigma_p\%=26\%$。响应波形见图 3-58 波形 2。

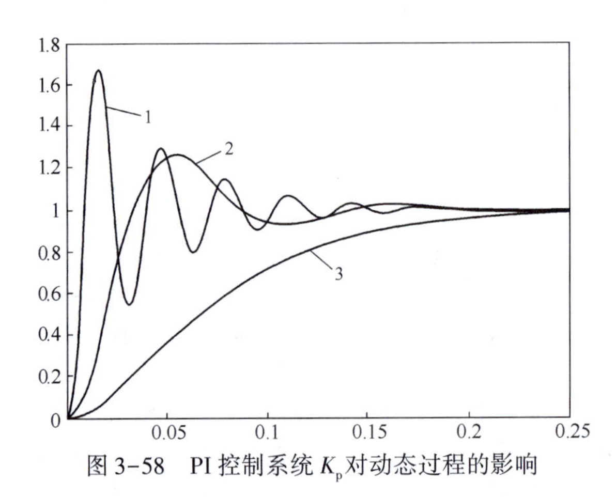

图 3-58　PI 控制系统 K_p 对动态过程的影响

继续减小 K_p,可使瞬态响应无超调。取 $K_p=1.56$

$$\frac{C(s)}{R(s)}=\frac{624(s+0.1)}{s^3+50s^2+624s+62.4}\approx\frac{624}{s^2+50s+624}$$

两个极点 $s_2=-26$ $s_3=-24$,阻尼增大($\zeta>\approx1$),使超调降至零。响应波形见图 3-58 波形 3。

下面对阶跃响应全过程进行分析来说明 PI 控制的物理意义。

刚开始加入输入时,积分由零开始,此时主要由比例部分起作用,只要 T_i 足够大,在过渡过程中起主要作用的将是比例部分,如选择的 K_p 适当,使整个系统的增益不大,则系统就有较好的稳定性和动态响应(如图 3-58 波形 2)。积分的作用是在慢慢积累的,只要 $e\neq0$,积分一直积累产生控制作用,直至最终使 $e=0$,积分不再积累而稳定下来。若 T_i 取得较小使积分较强时,在过渡过程中,积分会和比例一起影响过渡过程,致使振荡加剧,故 T_i 要选择适当。当响应趋近稳态时,积分作用相当于系统具有无穷大的增益,使系统 $e=0$,消除了稳态误差。

3.7.5　比例加积分加微分(PID)控制

比例、积分、微分控制作用的组合叫做比例加积分加微分控制,这种组合作用具有 3 种单独控制作用各自的优点。PD 控制器可以有效地改善系统的瞬态性能,但对稳态性能的改善

却很有限,不能消除稳态误差。而 PI 控制器可以有效地提高系统的稳态性能,且能维持原有满意的瞬态性能。因此,将它们结合起来,可以较好地满足三大性能的需要,在工程上得到了广泛的应用。

比例加积分加微分控制器的控制作用可以由下式定义:

$$u(t)=K_{p}e(t)+\frac{K_{p}}{T_{i}}\int_{0}^{t}e(t)\mathrm{d}t+K_{p}T_{d}\frac{\mathrm{d}e(t)}{\mathrm{d}t} \tag{3-114}$$

即控制器的传递函数为

$$\frac{U(s)}{E(s)}=K_{p}\left(1+\frac{1}{T_{i}s}+T_{d}s\right)=\frac{K_{p}(1+T_{i}s+T_{i}T_{d}s^{2})}{T_{i}s} \tag{3-115}$$

式中,K_p为比例增益;T_i为积分时间;T_d为微分时间。

比例加积分加微分控制器对单位斜坡输入下的响应如图 3-59 所示,其输出是三种作用单独响应之和。当干扰出现时,微分立即动作,比例也同时起作用,使偏差幅度减小,接着积分作用慢慢地把余差克服掉。

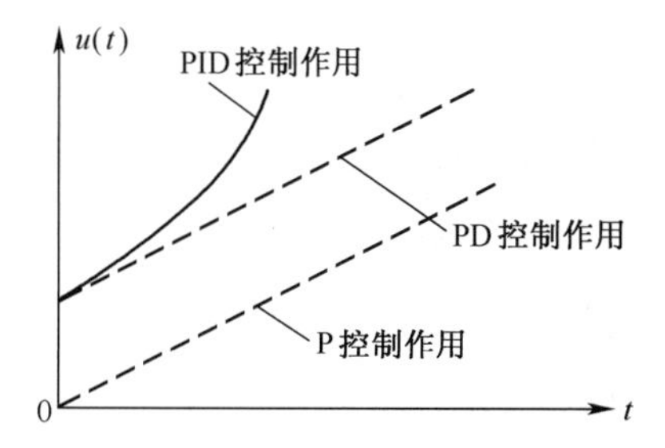

图 3-59 比例加积分加微分控制器对匀速输入下的响应

PID 控制,从传递函数来看,相当于使原系统增加了一个开环极点和两个开环零点。原点极点为积分作用,使系统稳态性能得到提高,而两个零点中一个起了与原点极点相抵的作用,较好地保持系统的稳定性,另一个则起到改善系统动态性能的作用。

例 3-18 采用 PID 控制作用的系统结构图如图 3-60 所示,这是一个二阶控制对象的系统。讨论控制器参数 K_p、T_i、T_d的取值,使系统存在一对闭环主导极点,性能指标满足 $\zeta=0.5$,$\omega_n=4\mathrm{rad/s}$。

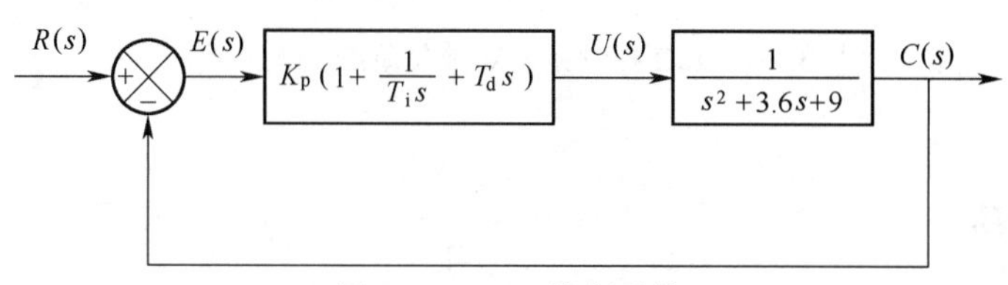

图 3-60 PID 控制系统

解:PID 控制器具有下列传递函数:

$$G_{c}(s)=K_{p}\left(1+\frac{1}{T_{i}s}+T_{d}s\right)=\frac{K_{p}(1+T_{i}s+T_{i}T_{d}s^{2})}{T_{i}s}$$

闭环传递函数为

$$\frac{C(s)}{R(s)}=\frac{K_{p}(1+T_{i}s+T_{i}T_{d}s^{2})}{T_{i}s(s^{2}+3.6s+9)+K_{p}(1+T_{i}s+T_{i}T_{d}s^{2})}$$

$$=\frac{\frac{K_{p}}{T_{i}}(1+T_{i}s+T_{i}T_{d}s^{2})}{s^{3}+(3.6+K_{p}T_{d})s^{2}+(9+K_{p})s+K_{p}/T_{i}} \tag{3-116}$$

希望的闭环主导极点的$\zeta=0.5,\omega_n=4$,选择第三个实极点位于$s=-10$,从而使实极点对响应的影响很小,于是希望的特征方程为

$$(s+10)(s^2+4s+16)=s^3+14s^2+56s+160$$

由式(3-116)得系统的特征多项式为

$$s^3+(3.6+K_pT_d)s^2+(9+K_p)s+K/T_i$$

对比两式得

$$K_p=47,\quad T_i=0.29375,\quad T_d=0.22128$$

PID 控制器为

$$G_c(s)=\frac{K_p(1+T_is+T_iT_ds^2)}{T_is}=\frac{160(0.065s^2+0.29375s+1)}{s}$$

$$=\frac{10.4(s^2+4.5192s+15.385)}{s}$$

闭环传递函数为

$$\frac{C(s)}{R(s)}=\frac{10.4(s^2+4.5192s+15.385)}{s^3+14s^2+56s+160}$$

$$=\frac{10.4s^2+47s+160}{s^3+14s^2+56s+160}$$

系统对单位阶跃响应见图 3-61,最大超调量$\sigma_p\%=7.3\%$,调节时间$t_s=1.2\text{s}$,系统具有相当满意的响应特性。

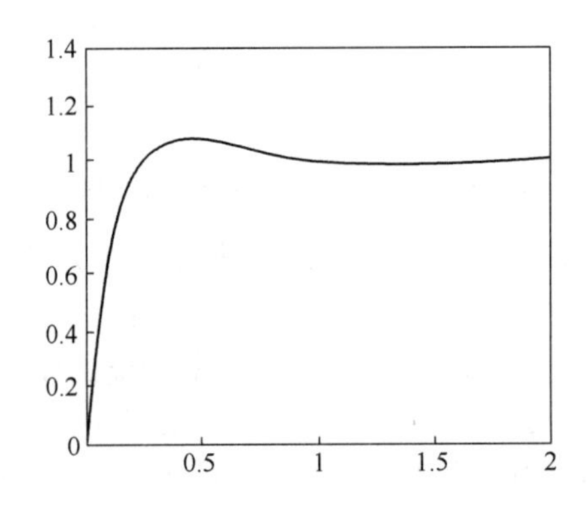

图 3-61 PID 控制系统对单位阶跃输入的响应

3.8 例题精解

例 3-19 系统的结构图如图 3-62 所示。

(1) 采用加线性负反馈$H(s)=K_h$的办法,将过渡过程时间t_s减小为原来的 1/10,并保持原放大系数不变。试确定参数K_h的数值及增益补偿措施。

(2) 若采用加微分负反馈$H(s)=K_ts$的办法,试分析K_t的取值对系统动态和稳态性能的影响。

解:(1) 一阶系统的过渡过程时间t_s与其时间常数成正比。根据要求,可写出希望的传递函数为

$$\Phi(s)=\frac{K}{0.1Ts+1}$$

由图 3-62,当$H(s)=K_h$时,有

$$\frac{C(s)}{R(s)} = \frac{\dfrac{K}{Ts+1}}{1+\dfrac{KK_h}{Ts+1}} = \frac{\dfrac{K}{1+KK_h}}{\dfrac{T}{1+KK_h}s+1}$$

显然,线性反馈使时间常数减小$(1+KK_h)$倍,同时也使放大倍数牺牲了$(1+KK_h)$倍。与希望的传递函数比较,若过渡过程时间t_s减小为原来的1/10应满足

$$1 + KK_h = 10$$

解之得

$$K_h = \frac{9}{K}$$

若要保持原放大系数不变,反馈牺牲的增益值要从环外进行补偿,见图3-63。增益补偿倍数为$K_0 = 1+KK_h = 10$。

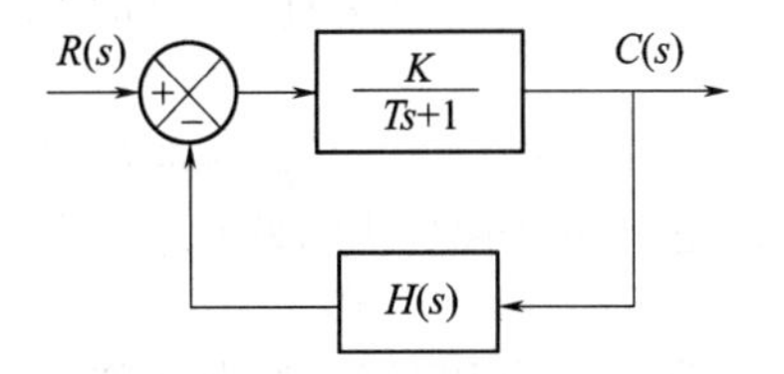

图3-62　例3-19系统的结构图

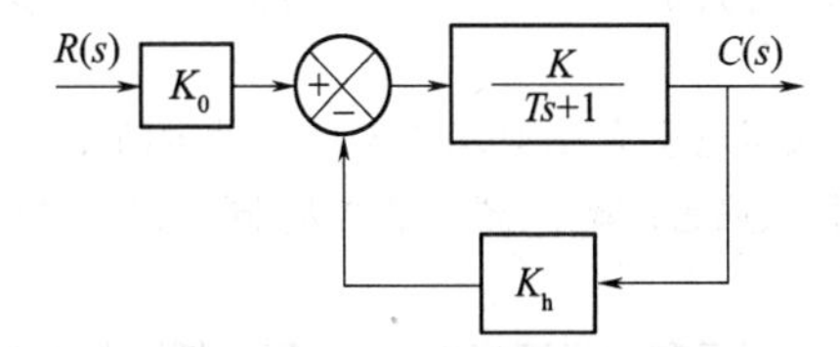

图3-63　增益补偿措施

(2) 若采用微分负反馈$H(s)=K_t s$,由图3-63可得

$$\frac{C(s)}{R(s)} = \frac{\dfrac{K}{Ts+1}}{1+\dfrac{KK_t s}{Ts+1}} = \frac{K}{(T+KK_t)s+1}$$

可见,微分反馈会增大系统的时间常数,但不影响系统增益K。

系统是一阶的,动态性能指标为

$$t_s = 3(T + KK_t)$$

因此,K_t的取值将会使阶跃响应的延迟时间、上升时间和调节时间都加长。由于微分是反映变化率的,对稳态没有影响。

例3-20　某系统在输入信号$r(t)=1+t$作用下,测得输出响应为

$$c(t) = (t+0.9) - 0.9e^{-10t} \quad (t \geqslant 0)$$

已知初始条件为零,试求系统的传递函数$\Phi(s)$。

解:因为

$$R(s) = \frac{1}{s} + \frac{1}{s^2} = \frac{s+1}{s^2}$$

$$C(s) = L[c(t)] = \frac{1}{s^2} + \frac{0.9}{s} - \frac{0.9}{s+10} = \frac{10(s+1)}{s^2(s+10)}$$

故系统传递函数为

$$\Phi(s) = \frac{C(s)}{R(s)} = \frac{1}{0.1s+1}$$

例3-21　已知单位反馈系统的结构图如图3-64所示。

(1) 试确定特征参数和系统实际参数的关系并讨论系统参数对动态性能指标的影响规律;

（2）若 $K=16,T=0.25$，试估算动态性能指标 $\sigma_p\%$ 和 t_s；

（3）欲使 $\sigma_p\%=16\%$，若 T 不变，K 应取何值。

解：（1）闭环系统的传递函数为

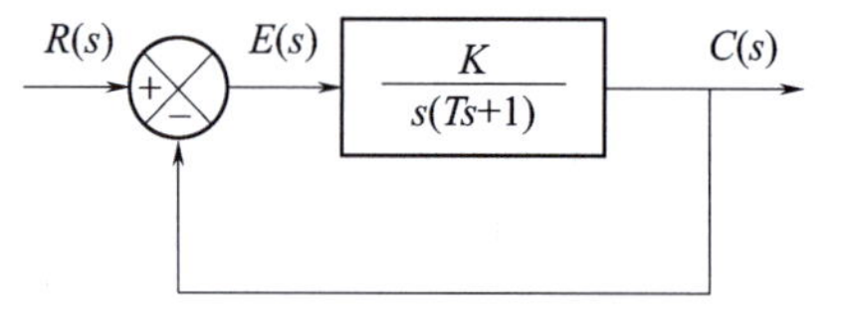

图 3-64　例 3-21 结构图

$$\Phi(s)=\frac{K}{Ts^2+s+K}=\frac{\dfrac{K}{T}}{s^2+\dfrac{1}{T}s+\dfrac{K}{T}}$$

令

$$\Phi(s)=\frac{\omega_n^2}{s^2+2\zeta\omega_n s+\omega_n^2}$$

比较以上两式可得：$\omega_n=\sqrt{\dfrac{K}{T}}$；$\zeta=\dfrac{1}{2\sqrt{KT}}$。

以上即为系统实际参数 K,T 与特征参数 ζ,ω_n 之间的关系，可用于讨论系统参数对动态性能指标的影响规律。

对欠阻尼系统，开环增益 K 增大时，阻尼比 ζ 减小，ω_n 增大，导致超调量增大，系统振荡加剧；时间常数 T 增大时，阻尼比 ζ 减小，超调量增大，同时，又引起自然频率 ω_n 减小，ζ 和 ω_n 的减小，均导致 t_s 上升，系统动态过程变慢。

对过阻尼和临界阻尼系统，开环比例系数 K 增大时，阻尼比 ζ 减小，ω_n 增大，导致 t_s 减小，系统响应过程加快；时间常数 T 增大时，ζ 和 ω_n 均减小，使得 t_s 上升，系统动态过程变慢。

开环比例系数的变化对系统动态过程的影响是双重的。时间常数的增大导致系统动态品质变差。

（2）取 $K=16,T=0.25$，则得

$$\omega_n=\sqrt{\frac{16}{0.25}}=8(\text{rad/s}),\ \zeta=\frac{1}{2\sqrt{16\times0.25}}=0.25$$

$$\sigma_p\%=e^{\frac{-0.25\pi}{\sqrt{1-0.25^2}}}\times100\%=44.4\%$$

$$t_s=\frac{3}{\zeta\omega_n}=\frac{3}{0.25\times8}=2(\text{s})\quad(\Delta=\pm5\%)$$

（3）为使 $\sigma_p\%=16\%$，则令

$$\sigma_p\%=e^{\frac{-\zeta\pi}{\sqrt{1-\zeta^2}}}\times100\%=16\%$$

得 $\zeta=0.5$。

根据实际参数与特征参数之间关系，得

$$K=\frac{1}{(2\zeta)^2T}=\frac{1}{(2\times0.5)^2\times0.25}=4$$

例 3-22　设二阶系统的单位阶跃响应曲线如图 3-65 所示，试确定系统相应的闭环传递函数 $\Phi(s)$。

解：由响应曲线可确定二阶系统动态性能指标：

$$\sigma_p\%=\frac{c(t_p)-c(\infty)}{c(\infty)}\times100\%=\frac{4-3}{3}\times100\%=33\%$$

$$t_p=0.1(\text{s})$$

由式(3-49)得

$$\sigma_p\%=e^{\frac{-\zeta\pi}{\sqrt{1-\zeta^2}}}\times100\%=33\%$$

对应地，$\zeta=0.33$。

由式(3-48)得　$$t_p=\frac{\pi}{\omega_n\sqrt{1-\zeta^2}}=0.1$$

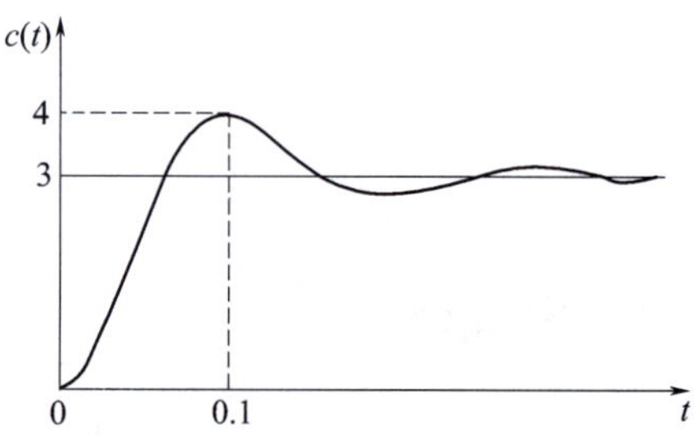

图 3-65　例 3-22 响应曲线

换算出 $\omega_n=33.2(s^{-1})$。

由响应曲线的稳态值 $c(\infty)=3$ 可知，该系统的闭环增益不是1，而是3，故可写出系统的传递函数：

$$\Phi(s)=\frac{K\cdot\omega_n^2}{s^2+2\zeta\omega_n s+\omega_n^2}=\frac{3\times33.2^2}{s^2+2\times0.33\times33.2s+33.2^2}=\frac{3307}{s^2+22s+1102}$$

闭环增益不等于1的情况，经常出现在闭环结构图不属于单位反馈的结构中，反馈系数的取值影响闭环增益 K。

例3-23 设控制系统如图3-66所示。试设计反馈通道传递函数 $H(s)$，使系统阻尼比提高到希望的 ζ_1 值，但保持增益 K 及自然频率 ω_n 不变。

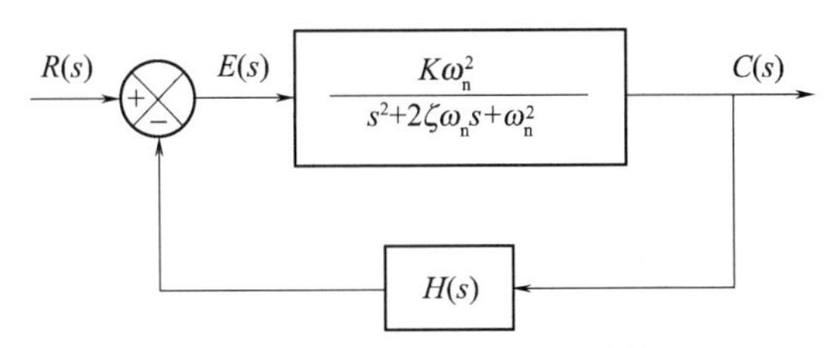

图3-66　例3-23控制系统结构图

解：由图得闭环传递函数为

$$\Phi(s)=\frac{K\omega_n^2}{s^2+2\zeta\omega_n s+\omega_n^2+K\omega_n^2H(s)}$$

由于测速反馈可满足题意的要求，应取 $H(s)=K_t s$。此时，闭环特征方程为

$$s^2+(2\zeta+KK_t\omega_n)\omega_n s+\omega_n^2=0$$

令 $2\zeta+KK_t\omega_n=2\zeta_1$，解出 $K_t=2(\zeta_1-\zeta)/K\omega_n$。故反馈通道传递函数为

$$H(s)=\frac{2(\zeta_1-\zeta)s}{K\omega_n}$$

例3-24 设控制系统如图3-67所示，其主反馈和局部反馈的极性均未确认。如果测得系统的阶跃响应曲线如图3-68(a)，(b)，(c)和(d)所示的四种情形，试判断每一种情况下的反馈极性（以"+"表示正反馈、"−"表示负反馈、"0"表示反馈断路）。

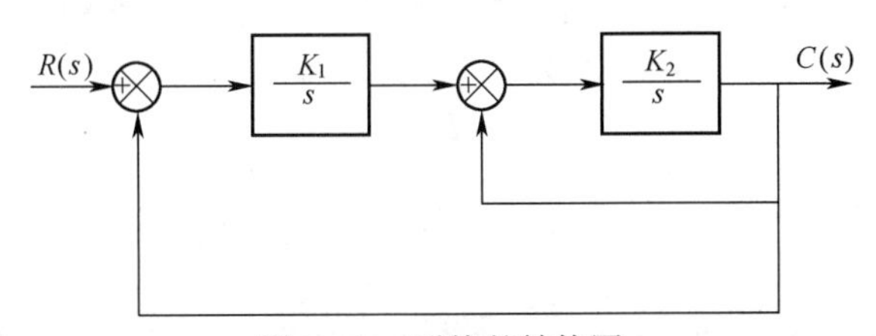

图3-67　系统的结构图

解：图(a)，根据所学的知识，要想使系统的输出为等幅振荡响应，系统应为二阶无阻尼系统。这时，主反馈的极性为"−"，局部反馈为"0"。此时，系统的闭环传递函数为

$$\frac{C(s)}{R(s)}=\frac{\frac{K_1}{s}\cdot\frac{K_2}{s}}{1+\frac{K_1}{s}\cdot\frac{K_2}{s}}=\frac{K_1K_2}{s^2+K_1K_2}$$

可知，阻尼比 $\zeta=0$，系统的输出为等幅振荡响应。

图(b)，要想使系统的输出为发散振荡波形，系统应为二阶不稳定系统，且闭环极点应为右半 s 平面的一对共轭复数根。这时，主反馈的极性为"−"，局部反馈为"+"。系统的闭环传递函数为

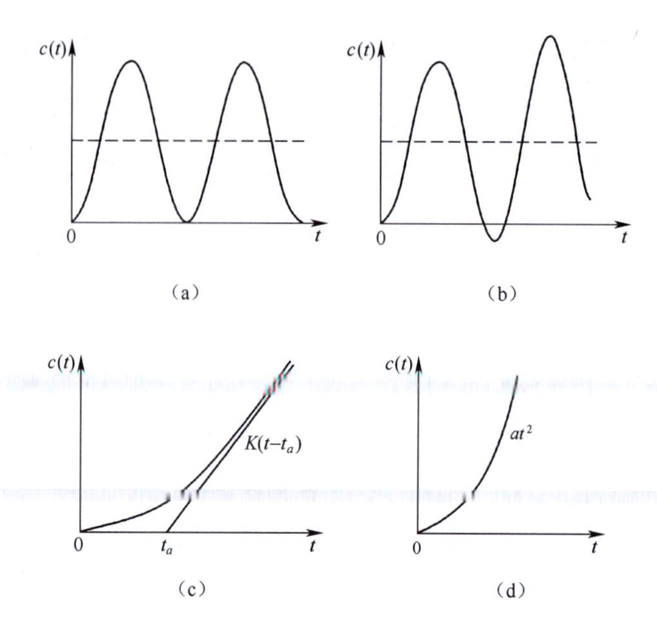

图 3-68 控制系统的阶跃响应

$$\frac{C(s)}{R(s)}=\frac{\dfrac{K_1}{s}\cdot\dfrac{\dfrac{K_2}{s}}{1-\dfrac{K_2}{s}}}{1+\dfrac{K_1}{s}\cdot\dfrac{\dfrac{K_2}{s}}{1-\dfrac{K_2}{s}}}=\frac{\dfrac{K_1}{s}\cdot\dfrac{K_2}{s-K_2}}{1+\dfrac{K_1}{s}\dfrac{K_2}{s-K_2}}=\frac{K_1K_2}{s^2-K_2s+K_1K_2}$$

当 $K_2<4K_1$,阻尼比为 $-1<\zeta<0$,这时系统的输出为发散振荡响应。

图(c),要想使系统的输出为单调上升过程且稳态响应为斜坡函数,系统的闭环极点应为实根,主反馈的极性为"0",局部反馈为"-"。系统的传递函数为

$$\frac{C(s)}{R(s)}=\frac{K_1}{s}\cdot\frac{\dfrac{K_2}{s}}{1+\dfrac{K_2}{s}}=\frac{K_1}{s}\frac{K_2}{s+K_2}$$

系统在阶跃输入时,经过积分环节后信号为斜坡函数,这时系统的输出可以看成是一阶系统的斜坡响应。

$$C(s)=\frac{K_1}{s}\frac{K_2}{s+K_2}\cdot\frac{1}{s}=\frac{K_1}{s^2}-\frac{K_1}{K_2}\left(\frac{1}{s}-\frac{1}{s+K_2}\right)$$

$$c(t)=K_1t-\frac{K_1}{K_2}(1-\mathrm{e}^{-K_2t})$$

图(d),要想使系统的输出为加速度函数,主反馈、局部反馈的极性均为"0"。系统在阶跃输入时,经过积分环节后信号为斜坡函数,再经过积分环节后信号必为加速度函数。

例 3-25 已知系统的特征方程式为

$$s^5+s^4+2s^3+2s^2+3s+5=0$$

试判断系统的稳定性。

解:列劳斯行列表:

s^5	1	2	3
s^4	1	2	5
s^3	$\varepsilon=0$	-2	
s^2	$\dfrac{2\varepsilon+2}{\varepsilon}$	5	
s^1	$\dfrac{-4\varepsilon-4-5\varepsilon^2}{2\varepsilon+2}$		
s^0	5		

观察表中第一列的符号,在第三行的第一列,系数为零,采用一个小正数 ε 代替,第四行第一列系数为 $\dfrac{2\varepsilon+2}{\varepsilon}>0$,第五行第一列系数为 $\dfrac{-4\varepsilon-4-5\varepsilon^2}{2\varepsilon+2}$,当 ε 趋于零时为-2。这样第一列变号次数为两次,故有两个根在 s 右半平面,所以系统是不稳定的。

例 3-26 单位反馈系统的开环传递函数为

$$G(s)=\frac{10}{s(T_1s+1)(T_2s+1)}$$

输入信号为 $r(t)=A+\omega t$,A 为常量,$\omega=0.5(\text{rad/s})$,试求系统的稳态误差。

解:当输入信号为典型输入信号的组合形式时,可用叠加原理求稳态误差。按本例的输入形式,系统的稳态误差为

$$e_{ss}=\frac{A}{1+K_p}+\frac{\omega}{K_v}$$

由于开环系统的无差型号为 1 型,则有

$$K_p=\lim_{s\to 0}G(s)=\lim_{s\to 0}\frac{10}{s(T_1s+1)(T_2s+1)}=\infty$$

$$K_v=\lim_{s\to 0}sG(s)=\lim_{s\to 0}s\cdot\frac{10}{s(T_1s+1)(T_2s+1)}=10$$

所以

$$e_{ss}=\frac{A}{1+\infty}+\frac{\omega}{10}=\frac{0.5}{10}=0.05$$

例 3-27 已知单位反馈系统的开环传递函数为 $G(s)=\dfrac{K}{s(Ts+1)}$。试选择参数 K 及 T 的值以满足下列指标:

(1) 当 $r(t)=t$ 时,系统的稳态误差 $e_{ss}\leqslant 0.02$;

(2) 当 $r(t)=1(t)$ 时,系统的动态性能指标 $\sigma_p\%\leqslant 30\%$,$t_s\leqslant 0.3\text{s}(\Delta=5\%)$。

解:(1) 由于系统是 1 型的,故 $K_v=K$,则

$$e_{ss}=\frac{1}{K}\leqslant 0.02$$

开环增益应取 $K\geqslant 50$,现取 $K=60$。

(2) 对照二阶标准开环传递函数有

$$G(s)=\frac{K/T}{s(s+1/T)}=\frac{\omega_n^2}{s(s+2\zeta\omega_n)}$$

故有

$$T=1/2\zeta\omega_n,\ \omega_n^2=K/T$$

于是 $\omega_n=2K\zeta$，取 $\sigma_p\%=0.2\%$，计算得

$$\zeta = \sqrt{\frac{(\ln\sigma_p\%)^2}{\pi^2+(\ln\sigma_p\%)^2}} = 0.456$$

$$\omega_n = 54.72$$

此时

$$t_s = \frac{3}{\zeta\omega_n} = 0.12 < 0.3(s)$$

满足指标要求。最后得所选参数为 $K=60$，$T=0.02s$。

例 3-28 已知单位负反馈二阶控制系统的开环传递函数为

$$G(s) = \frac{1}{s^2-0.1}$$

(1) 计算系统的脉冲响应；

(2) 采用图 3-69 所示的速度反馈控制方案，确定速度反馈系数 K_t 的值，使系统的特征根的阻尼角为 60°，并计算系统单位阶跃响应的超调量和调节时间。

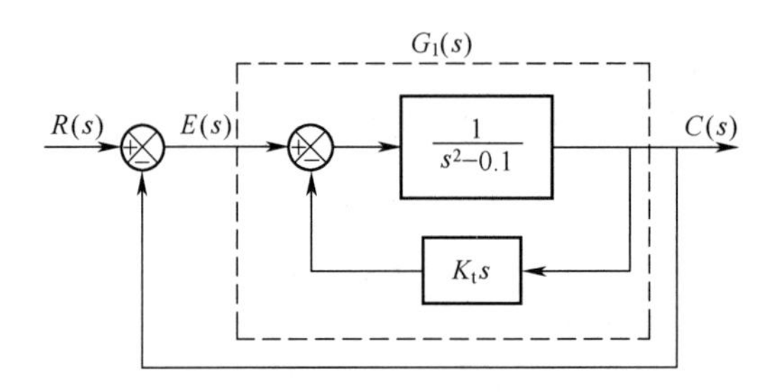

图 3-69 例 3-28 系统结构图

解 (1)系统的闭环传递函数为

$$\Phi(s) = \frac{G(s)}{1+G(s)} = \frac{1}{s^2+0.9}$$

系统的单位脉冲响应为

$$c(t) = L^{-1}\left[\frac{1}{s^2+0.9}\right] = 1.05\sin 0.95t$$

系统做无阻尼的等幅振荡运动。

(2) 采用图 3-69 所示的速度反馈控制方案时，系统的等效开环传递函数为

$$G_1(s) = \frac{G(s)}{1+G(s)K_t s} = \frac{1}{s^2+K_t s-0.1}$$

系统的闭环传递函数为

$$\Phi(s) = \frac{G_1(s)}{1+G_1(s)} = K\frac{0.9}{s^2+K_t s+0.9} \quad \left(K=\frac{1}{0.9}\right)$$

上式可看作一个典型二阶系统与比例环节 K 的串联，所以

$$2\zeta\omega_n = K_t, \omega_n^2 = 0.9$$

要求系统的特征根的阻尼角为 60°，即

$$\arccos\zeta = 60°, \qquad \zeta = 0.5$$

微分系数

$$K_t = 2\times0.5\times\sqrt{0.9} = 0.95$$

系统单位阶跃响应的超调量为

$$\sigma_p\% = e^{-\frac{\zeta}{\sqrt{1-\zeta^2}}\pi}\Big|_{\zeta=0.5} \times 100\% = 16.3\%$$

系统单位阶跃响应的调节时间为

$$t_s = \frac{3}{\zeta\omega_n} = 6.3(s)\ (\Delta = 0.05)$$

上例表明,输出量的速度反馈控制可以有效地改善系统的动态性能。

例 3-29 图 3-70 所示控制系统,扰动输入 $d(t)=2\cdot 1(t)$。

(1) 试求 $K=40$ 时,系统在扰动作用下的稳态输出和稳态误差;

(2) 若 $K=20$,其结果如何?

(3) 在扰动作用点之前的前向通道中引入积分环节$\frac{1}{s}$,对结果有何影响?在扰动作用点之后的前向通道中引入积分环节$\frac{1}{s}$,结果又如何?

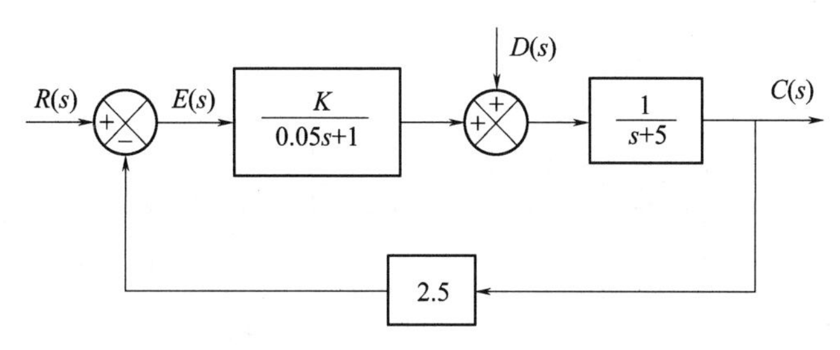

图 3-70 例 3-29 系统结构图

解: 令 $R(s)=0$,按结构图可得

$$C_D(s) = \frac{\frac{1}{s+5}}{1+\frac{2.5K}{(0.05s+1)(s+5)}}D(s)$$

$$E_D(s) = \frac{-2.5\cdot\frac{1}{s+5}}{1+\frac{2.5K}{(0.05s+1)(s+5)}}D(s)$$

当 $D(s)=\frac{2}{s}$ 时,系统的稳态输出和稳态误差为

$$c_d(\infty) = \lim_{s\to 0} sC_D(s) = \frac{0.4}{1+0.5K}$$

$$e_{ssd} = \lim_{s\to 0} sE_D(s) = \frac{-1}{1+0.5K}$$

(1) 取 $K=40$,$c_d(\infty)=\frac{0.4}{21}$,$e_{ssd}=\frac{-1}{21}$。

(2) 取 $K=20$,$c_d(\infty)=\frac{0.4}{11}$,$e_{ssd}=\frac{-1}{11}$。

可见,开环增益的减小将导致扰动作用下系统稳态输出的增大,且稳态误差的绝对值也增大。

(3) 若在扰动作用点之前加$\frac{1}{s}$,则对扰动输入的无差型号为 1 型,不难算得,当 $d(t)=2\cdot 1(t)$ 时,$c_d(\infty)=0$,$e_{ssd}=0$。

若$\frac{1}{s}$加在扰动作用点之后,则

$$C_D(s) = \frac{\dfrac{1}{s(s+5)}}{1+\dfrac{2.5K}{s(0.05s+1)(s+5)}}D(s)$$

$$E_D(s) = \frac{-2.5\cdot\dfrac{1}{s(s+5)}}{1+\dfrac{2.5K}{s(0.05s+1)(s+5)}}D(s)$$

当 $D(s)=\dfrac{2}{s}$ 时，
$$c_d(\infty)=\lim_{s\to 0}sC_D(s)=\frac{2}{2.5K}$$

$$e_{ssd}=\lim_{s\to 0}sE_D(s)=\frac{-2}{K}$$

可见，无论 K 值取多大，也不能消除稳态误差，此时对扰动信号来说，无差型号仍为 0 型。

例 3-30 已知系统的结构图如图 3-71 所示，试确定 a 的取值范围及 b 的最小值(a、b 均大于零)，使系统在 $r(t)=\dfrac{1}{2}t^2$ 时的稳态误差 $e_{ss}=0$。

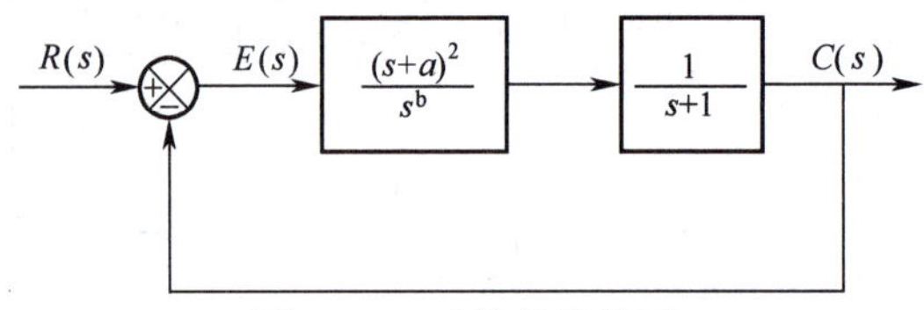

图 3-71 系统的结构图

解：根据稳态误差与系统型号的对应关系，要使系统在 $r(t)=\dfrac{1}{2}t^2$ 时的稳态误差 $e_{ss}=0$，系统的型号应满足≥3 的条件。从系统结构图可知，b 就是系统的型号，因此

$$b\geqslant 3$$

b 的最小值为 3。

要使系统稳态误差 $e_{ss}=0$，前提条件是系统必须稳定。系统的闭环特征方程：

$$D(s)=1+G(s)=s^3(s+1)+(s+a)^2=s^4+s^3+s^2+2as+a^2=0$$

劳斯表为

s^4	1	1	a^2
s^3	1	$2a$	
s^2	$1-2a$	a^2	
s^1	$\dfrac{a(2-5a)}{1-2a}$		
s^0	a^2		

要使系统稳定，劳斯表第 1 列元素均大于 0，即

$$\begin{cases}1-2a>0\\2-5a>0\\a>0\end{cases}$$

因此 $0<a<2/5$。

例 3-31 图 3-72 所示系统是一个不稳定系统，而且无法通过调整参数使其稳定，故称为结构不稳定系统。试通过采用改变系统结构的方式改善系统的稳定性。

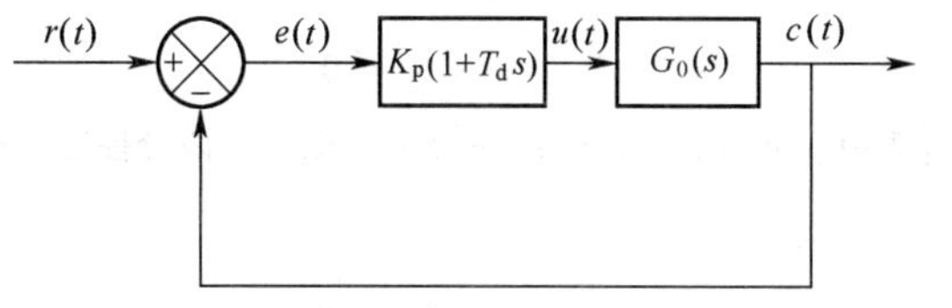

图 3-72　例 3-31 结构不稳定系统

解:由结构图求出闭环传递函数:

$$\Phi(s)=\frac{K_0K_1}{s^2(Ts+1)+K_0K_1}=\frac{K}{s^2(Ts+1)+K}$$

式中,$K=K_0K_1$。

系统的特征方程式为

$$Ts^3+s^2+K=0$$

由于特征方程式缺项,不满足稳定的必要条件,故此系统不稳定,仅调整参数无法弥补这一点,必须改变结构。对此问题可有两种措施:一是采用局部反馈法,改造积分环节的性质;另一种是采用并联的方法引入比例加微分,补上特征方程中的缺项。

(1) 用反馈 K_h 包围一个含有积分环节在内的部分,即可破坏其积分性质,若采用图 3-73 的形式,包围前一积分环节,则等效结构图如图 3-74 所示。

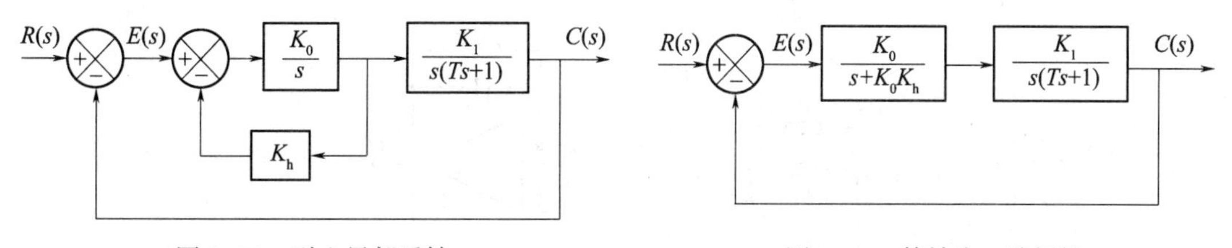

图 3-73　引入局部反馈　　　　图 3-74　等效为一阶惯性

可见,积分环节被改造成一个惯性环节,此时系统的闭环传递函数为

$$\Phi(s)=\frac{K_0K_1}{Ts^3+(1+K_0K_hT)s^2+K_0K_hs+K_0K_1}$$

闭环特征方程式为

$$Ts^3+(1+K_0K_hT)s^2+K_0K_hs+K_0K_1=0$$

故对积分环节进行改造后,补足了闭环特征方程的缺项,满足了稳定的必要条件。适当选择参数可使系统稳定,依劳斯判据

$$\begin{array}{c|cc} s^3 & T & K_0K_h \\ s^2 & 1+K_0K_hT & K_0K_1 \\ s^1 & \dfrac{(1+K_0K_hT)K_0K_h-K_0K_1T}{1+K_0K_hT} & 0 \\ s^0 & K_0K_1 & \end{array}$$

由于实际参数 K_0,K_1,K_h,T 均大于零,所以只要 $\left(\frac{1}{T}+K_0K_h\right)K_h>K_1$,系统即可稳定。

(2) 在前向通路中引入比例加微分控制,如图 3-75 所示,则等效结构图如图 3-76 所示。

闭环传递函数为

$$\Phi(s)=\frac{K(\tau s+1)}{s^2(Ts+1)+K(\tau s+1)}$$

闭环特征方程为

$$Ts^3 + s^2 + K\tau s + K = 0$$

依劳斯判据,若上式满足:①$T>0,\tau>0,K>0$;②$\tau>T$,系统引入比例加微分控制结构后是稳定的。

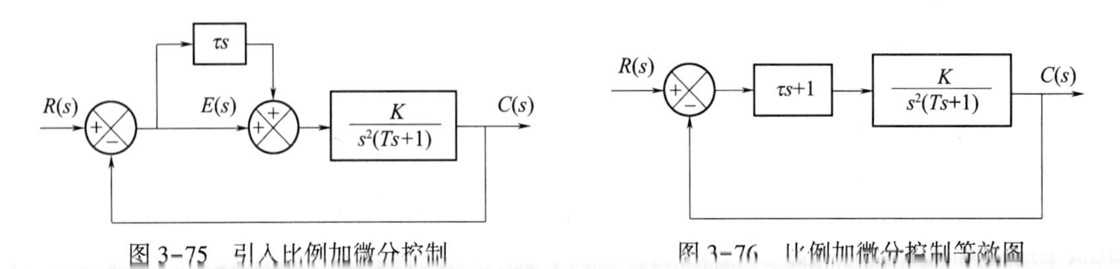

图 3-75　引入比例加微分控制　　　　图 3-76　比例加微分控制等效图

例 3-32　已知系统的模拟电路图如图 3-77 所示。其中:$R_1=100\text{k}\Omega,R_2=50\text{k}\Omega,R_3=100\text{k}\Omega,R_4=100\text{k}\Omega,R_5=200\text{k}\Omega,C_1=1\mu\text{F},C_2=10\mu\text{F}$。

(1) 画出系统的结构图;

(2) 求出系统的参数 ζ,ω_n;

(3) 计算当 $r(t)=1+2t$ 时的稳态误差 e_{ss}。

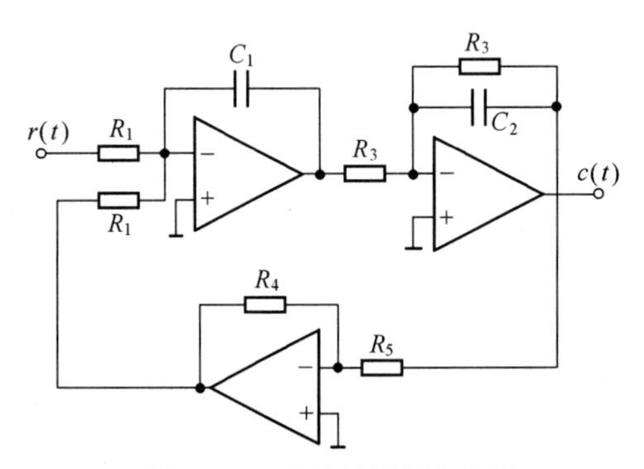

图 3-77　系统的模拟电路图

解:(1)根据建模的理论知识,可得系统的结构图如图 3-78 所示。

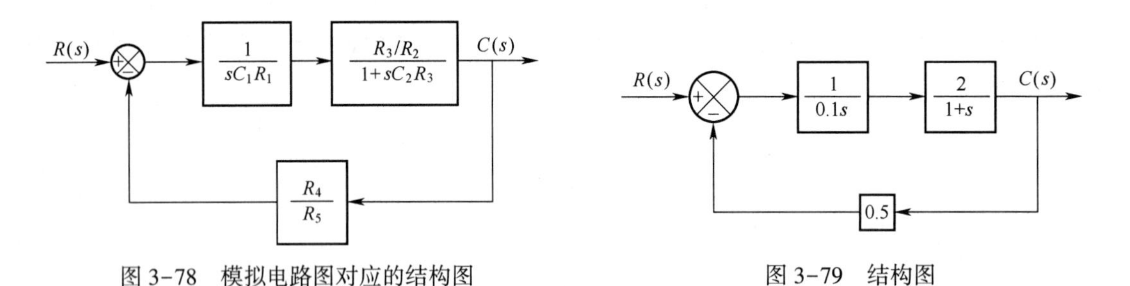

图 3-78　模拟电路图对应的结构图　　　　图 3-79　结构图

把参数 $R_1=100\text{k}\Omega,R_2=50\text{k}\Omega,R_3=100\text{k}\Omega,R_4=100\text{k}\Omega,R_5=200\text{k}\Omega,C_1=1\mu\text{F},C_2=10\mu\text{F}$ 代入,系统的结构图如图 3-79 所示。

(2) 系统的闭环传递函数为

$$\Phi(s)=\frac{\dfrac{2}{0.1s(1+s)}}{1+\dfrac{2}{0.1s(1+s)}\cdot 0.5}=\frac{20}{s^2+s+10}=\frac{K\omega_n^2}{s^2+2\zeta\omega_n s+\omega_n^2}$$

与二阶系统的标准形式比较，得

$$\omega_n = \sqrt{10} \quad \zeta = \frac{1}{2\omega_n} = 0.16 \quad K = 2$$

（3）当 $r(t) = 1+2t$ 时，由系统传递函数知系统为 1 型系统，$K_p = \infty$，$K_v = K = 10$

$$e_{ss} = \frac{1}{1 + K_p} + \frac{2}{K_v} = \frac{1}{1 + \infty} + \frac{2}{10} = 0.2$$

或用终值定理求解：

$$E(s) = \frac{E(s)}{R(s)} \cdot R(s) = \frac{1}{1 + \frac{1}{0.1s} \cdot \frac{2}{s+1} \cdot 0.5} \cdot \left(\frac{1}{s} + \frac{2}{s^2}\right)$$

$$= \frac{s(s+1)}{s(s+1) + 10} \cdot \left(\frac{1}{s} + \frac{2}{s^2}\right)$$

$$e_{ss} = \lim_{s \to 0} sE(s) = \lim_{s \to 0} s \frac{s(s+1)}{s(s+1) + 10} \cdot \left(\frac{1}{s} + \frac{2}{s^2}\right) = 0.2$$

学习指导与小结

本章讨论线性定常系统三大性能的时域分析，主要从数学分析求解的角度给出系统性能时间解。通过其明显的物理意义，建立分析系统性能的基本依据和方法，为后续工程方法打下基础。

1. 基本要求

（1）掌握时间响应的基本概念，正确理解时域响应性能指标 $\sigma_p\%$、t_r、t_s、t_p、e_{ss}、稳定性、系统的型别和静态误差系数 K_p、K_v、K_a 等概念。

（2）掌握一阶系统的数学模型和阶跃响应的特点，并能熟练计算其性能指标和结构参数。

（3）掌握二阶系统的数学模型及阶跃响应，ζ 取不同值时的特征根在 s 平面上的位置及相应的响应曲线，并能以图表示之。

（4）掌握二阶系统的动态响应性能指标，会利用公式熟练计算（欠阻尼时）性能指标。归纳并了解参数 ζ 和 ω_n 对性能的影响趋势，理解最佳阻尼比的意义。

（5）正确理解线性定常系统稳定的条件，熟练地应用劳斯判据判别系统稳定性和进行参数分析、计算。

（6）正确理解误差的定义和稳态误差的概念，会计算不同输入信号及不同系统型别的稳态误差，会计算扰动作用下的稳态误差。明确终值定理的使用条件。

（7）掌握改善二阶系统性能的两种常用控制方案，明确比例微分与测速反馈的作用与区别。

（8）掌握利用闭环主导极点的概念近似估算高阶系统动态性能的方法。

2. 内容提要

1）动态响应性能

（1）求系统响应的基本方法——拉普拉斯变换法：

$$\text{结构图} \rightarrow \Phi(s) \rightarrow C(s) \xrightarrow{L^{-1}} c(t)$$

（2）重点掌握典型二阶系统单位阶跃响应。

① 典型二阶系统传递函数：

$$\Phi(s) = \frac{\omega_n^2}{s^2 + 2\zeta\omega_n s + \omega_n^2} = \frac{1}{T^2 s^2 + 2\zeta Ts + 1}$$

② 特征参数 ζ，ω_n 的物理意义及求法：

$\sigma=\zeta\omega_n$——振荡衰减(阻尼)系数。

ω_n——临界衰减(阻尼)系数($\zeta=1$),又称自然振荡频率($\zeta=0$)。

ζ——阻尼比,$\zeta=\dfrac{\sigma}{\omega_n}$,振荡阻尼系数与临界阻尼系数之比。

③ 零初始条件下单位阶跃响应形式:

$\zeta=0$　无阻尼等幅振荡;

$0<\zeta<1$　欠阻尼衰减振荡;

$\zeta=1$　临界阻尼单调上升;

$\zeta>1$　过阻尼缓慢上升。

④ 欠阻尼二阶系统动态指标估算。由实际系统参数 K,T 等换算出特征参数 ζ,ω_n,按二阶系统动态性能公式计算 $\sigma_p\%$、t_r、t_s、t_p。

⑤ 工程设计中最佳阻尼参数 $\zeta=0.707$,此时 t_s 接近最小,$\sigma_p\%<5\%$。

(3) 高阶系统分析方法。

① 极点分析。闭环极点位置决定响应分量的暂态过程。动态分量的成分是由指数曲线和阻尼正弦曲线叠加而成的。一个实根对应一项指数曲线,一对共轭复根对应一项阻尼正弦曲线。每一项曲线的敛散性,取决于根在 s 平面左或右的位置,每一分量幅值的大小取决于该极点与虚轴之间的距离。

② 主导极点。两个条件:一是距虚轴最近且不与零点构成偶极子;二是其实部绝对值比其他极点小 5 倍以上。

③ 二阶近似。多数高阶系统通过调整参数可产生一对共轭主导极点,高阶系统可按二阶系统进行估计。

④ 时域分析实用方法——根轨迹法。利用开环传递函数在某参数大范围变化下绘出闭环根轨迹,根据极点分析法分析高阶系统性能。

2) 稳定性

(1) 基本概念。

① 定义:扰动消失以后,系统恢复平衡的能力(与输入无关)。

② 线性定常系统稳定的条件:

必要条件:$a_i>0$　　$(i=0,1,2,\cdots n)$

充要条件:$\mathrm{Re}[s_i]<0$　　$(i=0,1,2,\cdots n)$

(2) 代数稳定判据。

① 劳斯判据判定绝对稳定性及虚轴两侧根数,两种特殊情况可求出对称于原点的根。

② 用劳斯判据界定参数值的稳定范围。

3) 稳态误差

(1) 基本概念。

① 误差定义:给定信号与主反馈信号之差。

② 稳态误差计算依据:在复数域,求出像函数 $E(s)$,用终值定理求 e_{ss}(注意要满足终值定理的应用条件,以系统稳定为前提,否则 e_{ss} 无意义)。

③ 基本公式:

$$e_{ss}=\lim_{t\to\infty}e(t)=\lim_{s\to 0}s\cdot E(s)=\lim_{s\to 0}s\cdot\frac{R(s)}{1+G(s)H(s)}$$

由公式可知,e_{ss} 取决于系统开环结构与输入形式。

④ 系统的型别:按开环结构中含积分环节数 N 的多少划分。

$$G(s)H(s)=\frac{K(T_a s+1)(T_b s+1)\cdots}{s^N(T_1 s+1)(T_2 s+1)\cdots}$$

(2) 基本方法。

①求静态误差系数。

由开环传递函数求出：$\begin{cases} K_p = \lim\limits_{s \to 0} G_k(s) \\ K_v = \lim\limits_{s \to 0} s G_k(s) \\ K_a = \lim\limits_{s \to 0} s^2 G_k(s) \end{cases}$

② 根据输入信号求 e_{ss}：

$$e_{ss} = \begin{cases} \dfrac{1}{1+K_p} = \begin{cases} \dfrac{1}{1+K} & N=0 \\ 0 & N \geqslant 1 \end{cases} \\ \dfrac{1}{K_v} = \begin{cases} \infty & N=0 \\ \dfrac{1}{K} & N=1 \\ 0 & N \geqslant 2 \end{cases} \\ \dfrac{1}{K_a} = \begin{cases} \infty & N=0,1 \\ \dfrac{1}{K} & N=2 \\ 0 & N \geqslant 3 \end{cases} \end{cases}$$

③ 按叠加原理求复杂输入作用下的 e_{ss}。

当 $r(t)=A \cdot 1(t)+B \cdot t+\dfrac{C}{2}t^2$ 时，$e_{ss}=\dfrac{A}{1+K_p}+\dfrac{B}{K_v}+\dfrac{C}{K_a}$。

④ 扰动输入作用下的 e_{ss}，按以上同样方法，对扰动点之前的开环结构进行讨论。

(3) 提高系统精度的措施。

① 提高开环增益 K，可使有差系统 e_{ss} 减小。

② 增加前向通道积分环节，可使系统成为无差系统。

4) PID 控制器

(1) PID 控制器的传递函数及附加开环零极点：

$$\frac{U(s)}{E(s)} = \begin{cases} \text{P:} & K_p & \text{无附加零极点} \\ \text{PD:} & K_p(1+T_d s) & \text{附加一个零点} \\ \text{PI:} & K_p\left(1+\dfrac{1}{T_i s}\right) & \text{附加一个极点一个零点} \\ \text{PID:} & K_p\left(1+\dfrac{1}{T_i s}+T_d s\right) & \text{附加一个极点两个零点} \end{cases}$$

(2) PID 控制器对系统性能的影响。

① P 控制器：对稳态性能来说，增大 K_p 值可以减小扰动引起的稳态误差，但不能消除稳态误差。对动态性能来说，K_p 的增大将会造成响应过程的振荡性加剧，稳定性下降。

② PD 控制器：微分具有预测功能，可以增大阻尼，有效地抑制振荡，因此，PD 控制器可以有效地改善系统的瞬态性能，但对稳态性能的改善却很有限，不能消除稳态误差。

③ PI 控制器：积分可以提高系统的无差型别，但会破坏系统的相对稳定性，而 PI 控制器可以有效地提高系统的稳态性能，且通过合理地选取参数 T_i 和 K_p，维持原有满意的瞬态性能。

④ PID 控制器：从传递函数来看，相当于使原系统增加了一个开环极点和两个开环零点。原点极点为积分作用，使系统稳态性能得到提高，而两个零点中一个起了与原点极点相抵的作用，较好地保持系统的稳定性，另一个则起到改善系统动态性能的作用。PID 控制器是 PI 控制器和 PD 控制器的组合，既可以改善动态特性又可以改善稳态特性。

习 题

3-1 设系统在零初始条件下的单位阶跃响应为

$$c(t) = 1 + 0.2e^{-60t} - 1.2e^{-10t}$$

(1) 求该系统的闭环传递函数 $\Phi(s)$;

(2) 求系统的阻尼比和自然振荡频率 ω_n。

3-2 设典型二阶系统的单位阶跃响应为

$$c(t) = 1 - 1.25e^{-1.2t}\sin(1.6t + 53.1°)$$

已知系统的初始条件为零,试求系统的超调量 $\sigma_p\%$、峰值时间 t_p、调节时间 t_s 和上升时间 t_r。

3-3 单位反馈系统的开环传递函数为

$$G(s) = \frac{1}{s(s+1)}$$

试求单位阶跃响应;计算动态性能指标 t_r、t_p、$\sigma_p\%$、t_s。

3-4 设三个系统的脉冲响应函数如下:

(1) $g(t)=K\left[\frac{T_2}{T_1}\delta(t)-\frac{T_2-T_1}{T_1^2}e^{-\frac{t}{T_1}}\right]$

(2) $g(t)=5e^{-2t}+10e^{-5t}$

(3) $g(t)=100e^{-0.3t}\sin 0.4t$

试求各系统的传递函数 $\Phi(s)$。

3-5 对典型二阶系统,闭环传递函数为

$$\Phi(s) = \frac{\omega_n^2}{s^2 + 2\zeta\omega_n s + \omega_n^2}$$

(1) 试求 $\zeta=0.1,\omega_n=5$;$\zeta=0.1,\omega_n=10$;$\zeta=0.1,\omega_n=1$ 时系统的单位阶跃响应及动态性能指标 $\sigma_p\%$ 及 t_s;

(2) 试求 $\zeta=0.5,\omega_n=5$ 时系统的单位阶跃响应及动态性能指标 $\sigma_p\%$ 及 t_s;

(3) 讨论系统参数 ζ,ω_n 与过渡过程的关系。

3-6 题图 1~题图 3 分别给出了三个系统的方框图。试求:

(1) 各系统的阻尼比 ζ 和无阻尼自振频率 ω_n;

(2) 各系统的单位阶跃响应曲线及性能指标 t_r、t_p、$\sigma_p\%$、t_s,并进行比较,说明系统结构、参数是如何影响动态品质指标的。

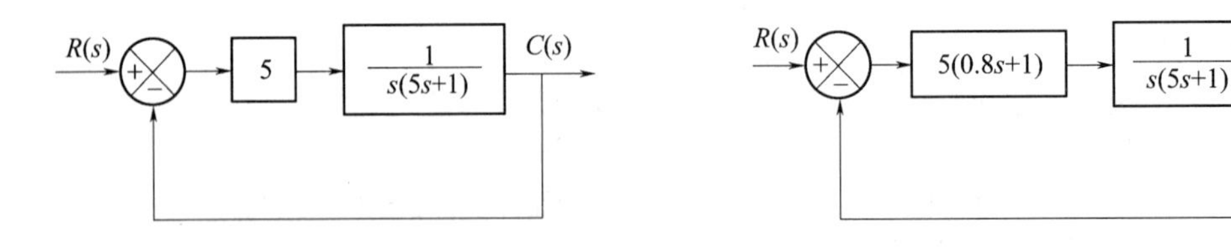

习题 3-6 图 1　比例控制　　　习题 3-6 图 2　比例加微分控制

3-7 如题图 1 和题图 2 所示系统,试求:

(1) K_h 为多少时,阻尼比 $\zeta=0.5$;

(2) 两个系统的闭环传递函数;

(3) $K_h=0.2$ 时,两个系统的性能指标 t_p、$\sigma_p\%$、t_s,并进行比较;

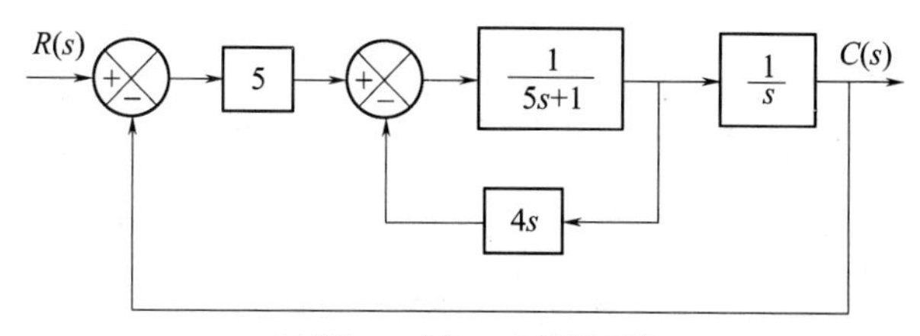

习题 3-6 图 3　速度反馈

(4) 比较加入 $1+K_h s$ 或 $K_h s$ 两种情况,与不加该结构时原系统的性能。

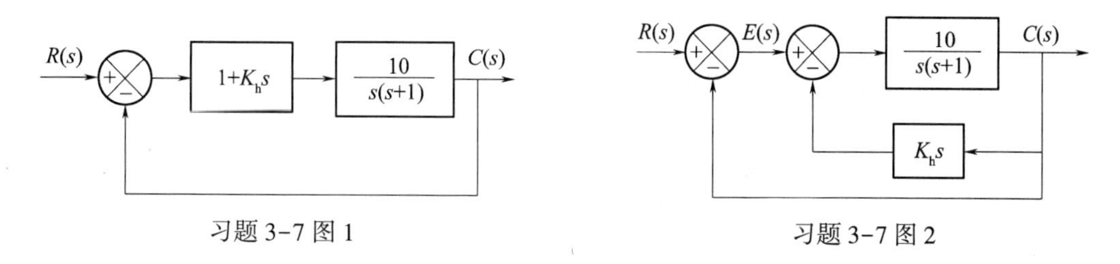

习题 3-7 图 1　　习题 3-7 图 2

3-8　利用劳斯判据,判别题图 1 和题图 2 所示系统的稳定性。

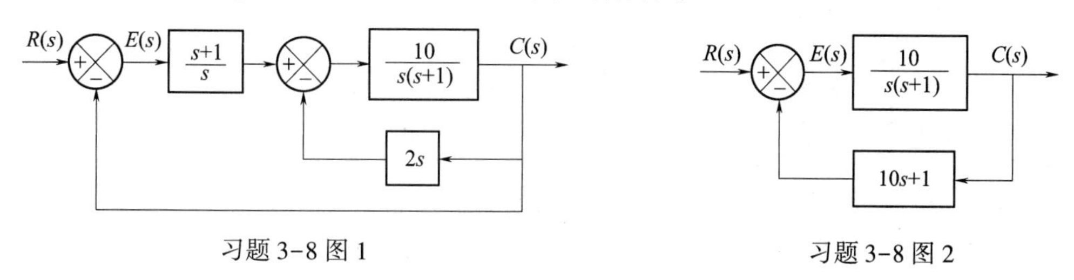

习题 3-8 图 1　　习题 3-8 图 2

3-9　已知系统的特征方程如下,试应用劳斯判据判别系统的稳定性。若系统不稳定,确定特征根在 s 右半平面的数目。

(1) $s^4+2s^3+8s^2+4s+3=0$

(2) $s^5+s^4+3s^3+9s^2+16s+10=0$

(3) $s^6+3s^5+5s^4+9s^3+8s^2+6s+4=0$

3-10　试用劳斯稳定判据分析题图所示系统的稳定性。

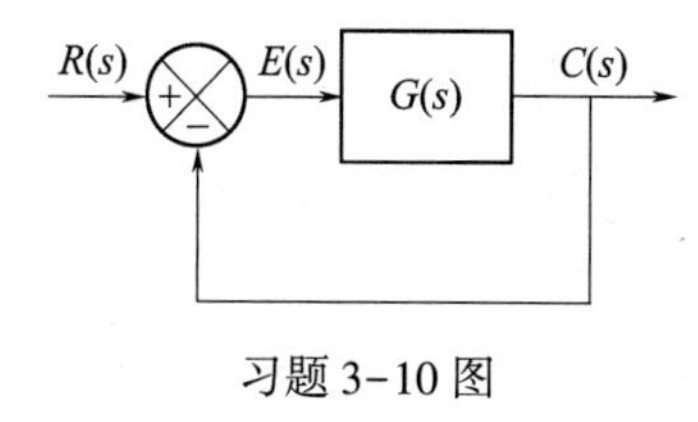

习题 3-10 图

(1) $G(s)=\dfrac{10(s+1)}{s(s-1)(s+5)}$

(2) $G(s)=\dfrac{10}{s(s-1)(s+5)}$

(3) $G(s)=\dfrac{100}{s(s^2+8s+24)}$

(4) $G(s)=\dfrac{3s+1}{s^2(300s^2+600s+50)}$

3-11　设系统的特征方程如下,试应用劳斯稳定判据确定欲使系统稳定,K 的取值范围。

(1) $s^4+Ks^3+s^2+s+1=0$

(2) $s^3+3Ks^2+(K+2)s+4=0$

(3) $s^4+4s^3+13s^2+36s+K=0$

(4) $s^4+20Ks^3+5s^2+10s+15=0$

3-12　设单位反馈系统的开环传递函数为

$$G(s) = \frac{K}{(s+2)(s+4)(s^2+6s+25)}$$

试用劳斯稳定判据确定 K 为多大时，将使系统等幅振荡，并求出振荡频率。

3-13 已知系统的闭环特征方程为

$$(s+1)(s+1.5)(s+2)+K=0$$

试由劳斯判据确定使得系统闭环特征根的实部均小于-1 的最大 K 值。

3-14 试求题图所示系统在下列控制信号作用下的稳定误差。

(1) $r(t)=1(t)$

(2) $r(t)=10t$

(3) $r(t)=4+6t+3t^2$

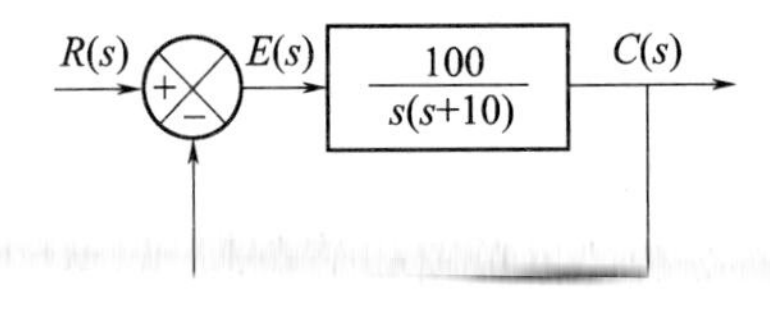

习题 3-14 图

3-15 单位反馈控制系统的闭环传递函数为

$$\Phi(s) = \frac{a_{n-1}s + a_n}{a_0 s^n + a_1 s^{n-1} + \cdots + a_{n-1}s + a_n}$$

试求斜坡函数输入时和抛物线函数输入时系统的稳态误差。

3-16 已知单位反馈控制系统的开环传递函数为

(1) $G(s)=\dfrac{100}{(0.1s+1)(s+5)}$

(2) $G(s)=\dfrac{50}{s(0.1s+1)(s+5)}$

(3) $G(s)=\dfrac{10(2s+1)}{s^2(s^2+6s+100)}$

试求当参考输入为 $r(t)=2t$，$r(t)=2+2t+t^2$ 时系统的稳态误差。

3-17 试鉴别题图所示系统对控制 $r(t)$ 和干扰 $d(t)$ 分别是几型的系统。

3-18 已知系统如题图所示。

(1) 当 $K_2=1$ 时系统对 $r(t)$ 是几型的？

(2) 若使系统对 $r(t)$ 是 I 型，试选择 K_2 的值。

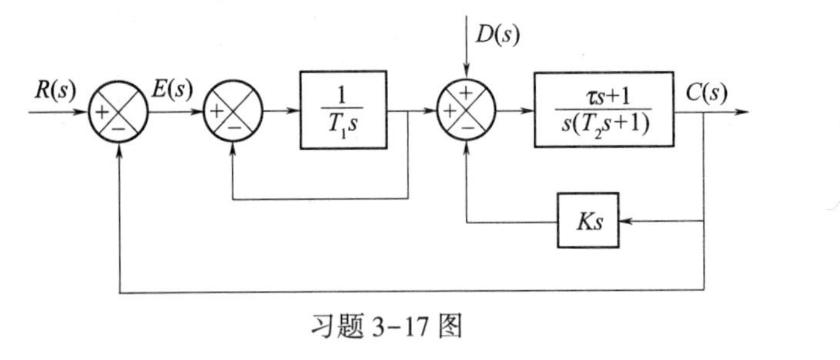

习题 3-17 图

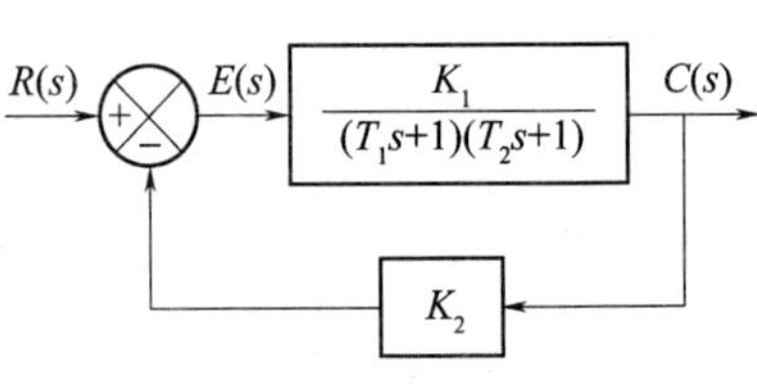

习题 3-18 图

第4章　根 轨 迹 法

闭环系统瞬态响应的基本特性与闭环极点的位置紧密相关，而闭环特征方程式的根就是闭环传递函数的极点。因此，从已知的开环零、极点的位置及某一变化的参数来求取闭环极点的分布，实际上就是解决闭环特征方程式的求根问题。当特征方程的阶数高于三阶时，求根过程是很麻烦的。如果还要研究系统参数变化对闭环特征方程式根的影响，就需要进行大量的反复计算，同时还不能直观看出影响趋势。因此对于高阶系统的求根问题来说，解析法就显得很不方便。

1948 年，伊文思（W. R. Evans）研究出一种求特征方程根的简单方法，它在控制工程中获得了广泛应用，这种方法叫做根轨迹法（root-locus method），它是一种用图解方法表示特征方程的根与系统某一参数的全部数值关系的方法。因为系统的稳定性由系统闭环极点唯一确定，而系统的稳态性能和动态性能又与闭环零、极点在 s 平面上的位置密切相关，所以根轨迹图不仅可以直接给出闭环系统时间响应的全部信息，而且可以指明开环零、极点应该怎样变化才能满足给定的闭环系统的性能指标要求。除此之外，用根轨迹法求解高阶代数方程的根，比用其他近似的求根法简便。

4.1　根轨迹

4.1.1　根轨迹的基本概念

当系统开环传递函数中某一参数从 $0\to\infty$ 时，闭环系统特征根在 s 平面上的变化轨迹，就称作系统的根轨迹。一般取开环根迹增益（或开环放大系数）作为可变参数。

为了建立根轨迹的概念，现举例说明，设控制系统如图 4-1 所示。

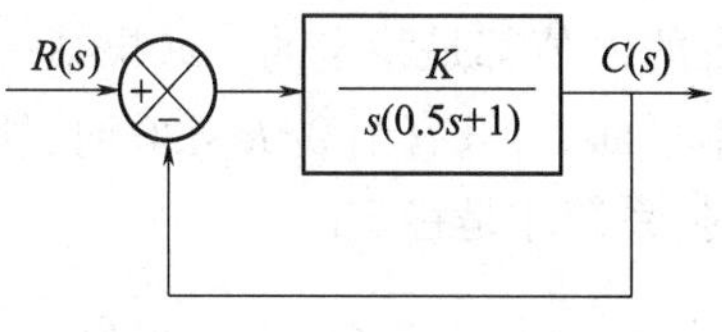

其开环传递函数为

$$G(s)=\frac{K}{s(0.5s+1)}=\frac{2K}{s(s+2)}=\frac{K_g}{s(s+2)}$$

图 4-1　控制系统的结构图

式中，K 为系统的开环放大系数（开环增益）；K_g 称为系统的根迹增益。如果系统的开环放大系数 K 从 $0\to\infty$ 变化时，现研究闭环特征根随参数变化的规律。

系统的闭环传递函数为

$$\Phi(s)=\frac{C(s)}{R(s)}=\frac{2K}{s^2+2s+2K}$$

系统的闭环特征方程为

$$s^2+2s+2K=0$$

显然,用解析法可方便地求得系统的两个闭环特征根为

$$s_1 = -1 + \sqrt{1-2K} \qquad s_2 = -1 - \sqrt{1-2K}$$

特征根 s_1,s_2随着 K 值的改变而变化。如果开环增益 K 从 $0 \to \infty$,可以用解析的方法求出闭环极点的全部数值:

(1) 当 $K=0$ 时,$s_1=0$,$s_2=-2$,是根轨迹的起点,用“×”表示,它就是开环极点。

(2) 当 $0<K<0.5$ 时,s_1,s_2均是负实数。随着 K 值的增大,s_1值逐渐减小,s_2值逐渐增大。s_1从坐标原点开始沿实轴向左移动,s_2从$(-2,\mathrm{j}0)$点开始沿实轴向右移动。

(3) 当 $K=0.5$ 时,$s_1=s_2=-1$,是重根。

(4) 当 $K>0.5$ 时,$s_{1,2}=-1\pm \mathrm{j}\sqrt{2K-1}$,是 s 平面上的一对共轭复数根,其实部都等于常数 -1,s_1的虚部随着 K 的增大而增大,趋向正无穷远处,s_2的虚部趋向负无穷远处。

当 K 从 $0 \to \infty$ 时,s_1由坐标原点出发沿负实轴移到$(-1,\mathrm{j}0)$点,然后沿 $s=-1$ 的直线移动到$(-1,\mathrm{j}\infty)$点;s_2由$(-2,\mathrm{j}0)$点出发沿负实轴移到$(-1,\mathrm{j}0)$点,然后沿 $s=-1$ 的直线移动到$(-1,-\mathrm{j}\infty)$点。

根据以上分析,将全部数值标注在 s 平面上,并连成光滑的粗实线,如图 4-2 所示。图中,粗实线就称为系统的根轨迹,根轨迹上的箭头表示 K 值的增加,根轨迹的变化趋势,而标注的数值则代表与闭环极点位置相对应的开环增益的数值。

上述系统是二阶系统,有两个特征根,它的根轨迹有两条分支。因此,

(1) n 阶系统有 n 条分支;

(2) 每条分支的起点($K=0$)位于开环极点处;

(3) 各分支的终点($K \to \infty$)位于有限点处或无限点处;

(4) 在$(-1,\mathrm{j}0)$点两条根轨迹相交又分开,根轨迹有重根,称为分离点。

4.1.2 根轨迹与系统性能

有了根轨迹图,就可以进行系统的性能分析。下面以图 4-2 为例进行说明。

1. 稳定性

当开环增益 K 从 $0 \to \infty$ 时,图 4-2 上的根轨迹不会越过虚轴进入 s 右半平面,因此系统对所有的 K 值都是稳定的。如果某一高阶系统的根轨迹如图 4-3 所示,根轨迹越过虚轴进入 s 右半平面了,只有当 $0<K_g<30$ 时,所有根均在 s 左半平面。因此,只有可变参数 K_g 在 0~30 取值时,系统才是稳定的。

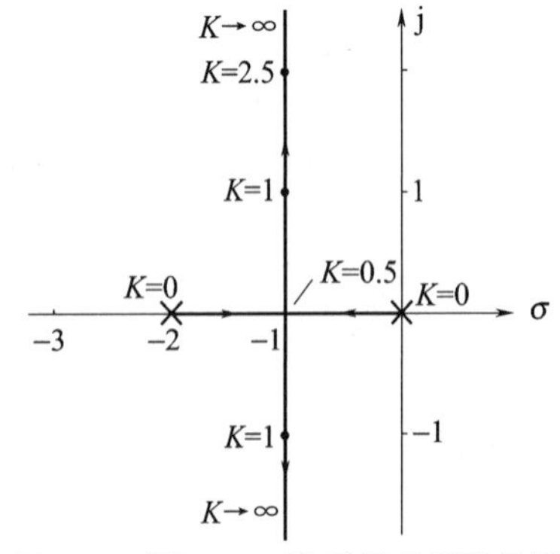

图 4-2　图 4-1 二阶系统的根轨迹图

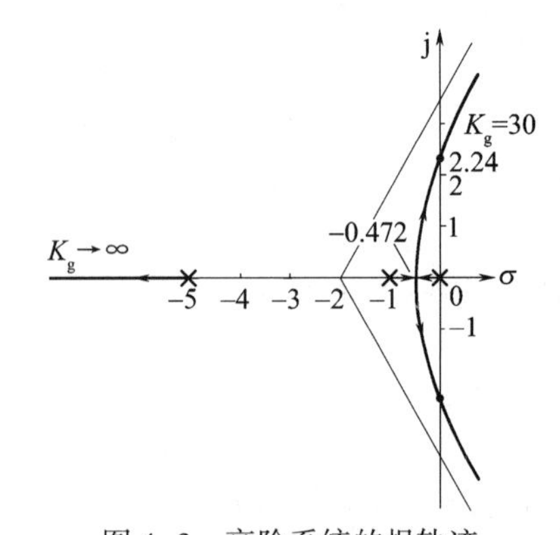

图 4-3　高阶系统的根轨迹

2. 稳态性能

由图 4-2 可见,开环系统在坐标原点有一个极点,所以系统属于Ⅰ型系统,因而根轨迹上的 K 值就是静态速度误差系数。如果给定系统的稳态误差要求,则由根轨迹图可以确定闭环极点位置的容许范围。在一般情况下,根轨迹图上标注出来的参数不是开环增益,而是所谓的根迹增益。下面将要指出,开环增益和根迹增益之间仅相差一个比例常数,很容易进行换算。对于其他参数变化的根轨迹图,情况是类似的。

3. 动态性能

由图 4-2 可见,当 $0<K<0.5$ 时,两个闭环极点位于实轴上,系统为二阶过阻尼系统,单位阶跃响应为单调上升过程;当 $K=0.5$ 时,两个闭环实数极点重合,系统为二阶临界阻尼系统,单位阶跃响应仍为单调上升过程;当 $K>0.5$ 时,两个闭环极点为共轭复数极点,此时系统为二阶欠阻尼系统,单位阶跃响应为阻尼振荡过程,且超调量将随 K 值的增大而加大,但调节时间不会显著变化。

上述分析表明,根轨迹与系统性能之间有着密切的联系。然而,对于高阶系统,用解析的方法绘制系统的根轨迹图,显然是不适合的。我们希望能有简便的图解方法,可以根据已知的开环传递函数迅速绘出闭环系统的根轨迹。

4.1.3 根轨迹方程

根轨迹是系统所有闭环极点的集合。为了用图解法确定所有闭环极点,设控制系统如图 4-4 所示,其闭环传递函数为

$$\Phi(s)=\frac{C(s)}{R(s)}=\frac{G(s)}{1+G(s)H(s)} \tag{4-1}$$

闭环特征方程为

$$1+G(s)H(s)=0 \tag{4-2}$$

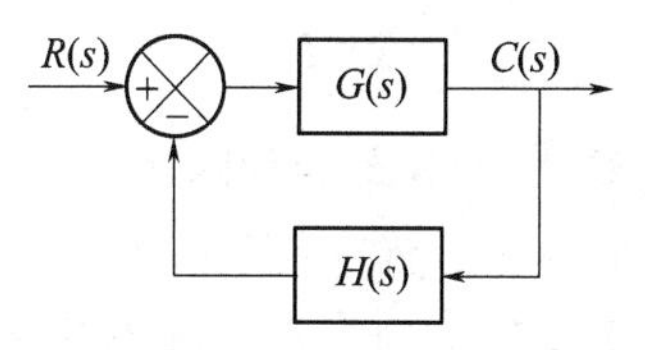

图 4-4　反馈控制系统

或

$$G(s)H(s)=-1 \tag{4-3}$$

在一般情况下,开环传递函数可表示为

$$G(s)H(s)=K_g\frac{\prod_{i=1}^{m}(s-z_i)}{\prod_{j=1}^{n}(s-p_j)} \tag{4-4}$$

式中,K_g 为系统的开环根迹增益;$z_i(i=1,2,\cdots,m)$ 为开环传递函数的零点,简称系统的开环零点;$p_j(j=1,2,\cdots,n)$ 为系统开环传递函数的极点,简称系统的开环极点。式(4-3)等价为

$$K_g\frac{\prod_{i=1}^{m}(s-z_i)}{\prod_{j=1}^{n}(s-p_j)}=-1 \tag{4-5}$$

式(4-5)就称为根轨迹方程(root-locus equation)。根据式(4-5),可以画出当 K_g 从 $0\to\infty$ 时,系统的根轨迹。应当指出,只要闭环特征方程式可以化成式(4-5)形式,都可以绘制根轨迹,其中处于变动地位的实参数,不限定是根迹增益 K_g,也可以是系统其他变化参数。但是,用式(4-5)形式表达的开环零点和开环极点,在 s 平面上的位置必须是确定的,否则无法绘制根轨

迹。此外,如果需要绘制一个以上参数变化时的根轨迹图,那么画出的不再是简单的根轨迹,而是根轨迹簇。

根轨迹方程实质上是一个矢量方程,直接使用很不方便,根据方程(4-5)等号两边的幅值和相角应分别相等的条件,可以将方程(4-5)分成两个方程,从而得到:

幅值条件(magnitude condition):

$$\frac{\prod_{i=1}^{m}|s-z_i|}{\prod_{j=1}^{n}|s-p_j|}=\frac{1}{K_g} \tag{4-6}$$

相角条件(phase condition)

$$\sum_{i=1}^{m}\angle(s-z_i)-\sum_{j=1}^{n}\angle(s-p_j)=(2k+1)\pi \quad (k=0,\ \pm1,\ \pm2,\cdots) \tag{4-7}$$

满足幅值条件和相角条件的 s 就是特征方程的根,也就是闭环极点。相角条件是确定 s 平面上根轨迹的充分必要条件,也就是说,绘制根轨迹时,只需要使用相角条件;而当需要确定根轨迹上各点的 K_g 值时,才使用幅值条件。

例如,如果已知

$$G(s)H(s)=\frac{K_g(s-z_1)}{(s-p_1)(s-p_2)(s-p_3)}$$

其零、极点分布图如图 4-5 所示。

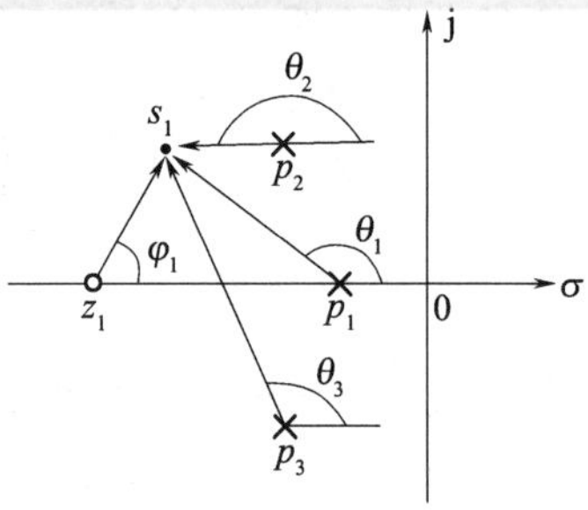

图 4-5　绘制根轨迹的条件

在 s 平面找一测试点 s_1,只要 s_1 满足相角条件,即为系统根轨迹上的一点。画出各开环零、极点到 s_1 点的向量,如图 4-5 所示。检验 s_1 点是否满足相角条件,即

$$\angle(s-z_1)-[\angle(s-p_1)+\angle(s-p_2)+\angle(s-p_3)]=\varphi_1-(\theta_1+\theta_2+\theta_3)$$

如果 s_1 点满足相角条件,即

$$\varphi_1-(\theta_1+\theta_2+\theta_3)=(2k+1)\pi$$

则 s_1 点是某一 K_g 值时的闭环特征根,此时对应的 K_g 值可按幅值条件确定

$$K_g=\frac{|s-p_1|\cdot|s-p_2|\cdot|s-p_3|}{|s-z_1|}$$

如果 s_1 点不满足相角条件,也就是

$$\varphi_1-(\theta_1+\theta_2+\theta_3)\neq(2k+1)\pi$$

则 s_1 点不是闭环特征根。

综上所述,在给出了开环零、极点分布图后,根轨迹的绘制分两步:

(1) 寻找在 s 平面上满足相角条件的所有 s_1 点,将这些点连成光滑曲线,即是闭环系统根轨迹。

(2) 利用幅值条件确定根轨迹上各点的 K_g 值。

从绘制根轨迹的基本原理看来,寻找在 s 平面上满足相角条件的所有 s_1 点是一件很麻烦的事情,只能用试探法一点一点寻找。因此,在 1948 年,伊文思提出了用图解法绘制根轨迹的一些基本法则,可以迅速绘制闭环系统的概略根轨迹,在概略根轨迹的基础上,必要时可用相角条件使其精确化,从而使整个根轨迹绘制过程大为简化。

4.2 绘制根轨迹的基本法则

在下面的讨论中，假定所研究的变化参数是根迹增益 K_g，式中 $K_g>0$（如果 $K_g<0$，这时的相角条件需要改变，参阅 4.3.1 小节）。当可变参数为系统的其他参数时，这些法则仍然适用（参阅 4.3.2 小节）。应当指出的是，用这些基本法则绘制的根轨迹，其相角遵循 $180°+2k\pi$ 条件，因此称为 180°根轨迹或常规根轨迹。

4.2.1 绘制根轨迹的基本法则

【法则 1】根轨迹的起点和终点。根轨迹起始于开环极点，终止于开环零点。根轨迹上 $K_g=0$的点称为根轨迹的起点，$K_g\to\infty$ 的点称为根轨迹的终点。

证明：系统闭环特征方程式为

$$1+K_g\frac{\prod_{i=1}^{m}(s-z_i)}{\prod_{j=1}^{n}(s-p_j)}=0$$

$$\prod_{j=1}^{n}(s-p_j)+K_g\prod_{i=1}^{m}(s-z_i)=0 \tag{4-8}$$

式中，K_g可以从 $0\to\infty$。当 $K_g=0$ 时，有

$$s=p_j \quad (j=1,2,\cdots,n)$$

说明 $K_g=0$ 时，闭环特征方程式的根就是开环传递函数 $G(s)H(s)$ 的极点，所以根轨迹必起始于开环极点。

将特征方程式(4-8)改写为如下形式

$$\frac{1}{K_g}\prod_{j=1}^{n}(s-p_j)+\prod_{i=1}^{m}(s-z_i)=0$$

当 $K_g\to\infty$ 时，由上式可得

$$s=z_i \quad (i=1,2,\cdots,m)$$

所以根轨迹必终止于开环零点。

在实际系统中，开环传递函数分子多项式阶次 m 小于分母多项式阶次 n，因此有$(n-m)$条根轨迹的终点将在无穷远处。因为

$$K_g=\lim_{s\to\infty}\frac{\prod_{j=1}^{n}(s-p_j)}{\prod_{i=1}^{m}(s-z_i)}=\lim_{s\to\infty}|s|^{n-m}\to\infty$$

如果把有限数值的零点称为有限零点，而把无限远处的零点称为无限零点，那么根轨迹必终止于开环零点。

根轨迹图上用“×”表示开环极点，用“○”表示开环零点。

【法则 2】根轨迹的分支数、对称性和连续性。根轨迹的分支数与开环有限零点数 m 和有限极点数 n 中的大者相等，它们是连续的并且对称于实轴。

证明：按定义，根轨迹是开环系统某一参数从零变到无穷时，闭环特征方程式的根在 s 平

面上的变化轨迹。因此

根轨迹的分支数 = 闭环特征方程式根的数目

由特征方程(4-8)可见

闭环特征方程式根的数目 = $\max\{n,m\}$

所以根轨迹的分支数必与开环有限零、极点数中的大者相同。

由于闭环特征方程中的某些系数是根迹增益 K_g 的函数，所以当 K_g 从 $0\to\infty$ 连续变化时，特征方程中的某些系数是随之而连续变化的，因而闭环特征方程的根的变化也必然是连续的，故根轨迹具有连续性。

由于闭环特征方程式的根只有实根和复数根两种，实根位于实轴上，复数根必共轭，而根轨迹是根的集合，因此根轨迹对称于实轴。利用根轨迹的这一性质，可以只绘制出实轴上部的根轨迹，实轴下部的根轨迹可由对称性绘出。

【法则 3】根轨迹的渐近线(asymptotic line)。当系统开环有限极点数 n 大于开环有限零点数 m 时，有$(n-m)$条根轨迹分支沿着与实轴交角为 φ_a、交点为 σ_a 的一组渐近线趋向于无穷远处，且有

$$\varphi_a=\frac{(2k+1)\pi}{n-m}\quad(k=0,1,\cdots,n-m-1)\tag{4-9}$$

$$\sigma_a=\frac{\sum\limits_{j=1}^{n}p_j-\sum\limits_{i=1}^{m}z_i}{n-m}\tag{4-10}$$

证明：假设在无穷远处有特征根 s_k，则 s 平面上所有开环有限零点 z_i 和极点 p_j 到 s_k 的矢量相角相等，即

$$\angle(s_k-z_i)=\angle(s_k-p_j)=\varphi_a$$

代入相角条件

$$\sum_{i=1}^{m}\angle(s_k-z_i)-\sum_{j=1}^{n}\angle(s_k-p_j)=(2k+1)\pi$$

$$m\varphi_a-n\varphi_a=(2k+1)\pi$$

π 与 $-\pi$ 是等同的，因此

$$\varphi_a=\frac{(2k+1)\pi}{n-m}$$

考虑到 s 平面上所有开环有限零、极点到无穷远处特征根 s_k 的矢量长度都相等，于是，对于 s_k 而言，所有开环有限零、极点都汇集在一起，其位置为实轴上一点 σ_a，得

$$z_i=p_j=\sigma_a$$

$$\frac{\prod\limits_{i=1}^{m}|s-z_i|}{\prod\limits_{j=1}^{n}|s-p_j|}=\frac{\left|s^m-\sum\limits_{i=1}^{m}z_is^{m-1}+\cdots\right|}{\left|s^n-\sum\limits_{j=1}^{n}p_js^{n-1}+\cdots\right|}$$

即

$$\left|\frac{1}{(s-\sigma_a)^{n-m}}\right|=\frac{1}{\left|s^{n-m}-\left(\sum\limits_{j=1}^{n}p_j-\sum\limits_{i=1}^{m}z_i\right)s^{n-m-1}+\cdots\right|}$$

令上式中 s^{n-m-1} 项系数相等，得

$$(n-m)\sigma_a = \sum p_j - \sum z_i$$

$$\sigma_a = \frac{\sum_{j=1}^{n} p_j - \sum_{i=1}^{m} z_i}{n-m}$$

下面举例说明。设控制系统如图 4-6 所示，试根据已知的基本法则，确定根轨迹的有关数据。

由法则 1，根轨迹起始于开环极点 $p_1=0, p_2=-4, p_3=-1+\mathrm{j}1$ 和 $p_4=-1-\mathrm{j}1$，终止于开环有限零点 $z_1=-1$ 以及无穷远处。

由法则 2，根轨迹的分支数有 4 条，且是连续的并对称于实轴。

由法则 3，有 $n-m=3$ 条渐近线，其交点与交角分别为

$$\varphi_a = \frac{(2k+1)\pi}{n-m} = \frac{(2k+1)\pi}{4-1} = \frac{\pi}{3}, \pi, \frac{5\pi}{3}$$

$$\sigma_a = \frac{\sum_{j=1}^{n} p_j - \sum_{i=1}^{m} z_i}{n-m} = \frac{(0-4-1+\mathrm{j}-1-\mathrm{j})-(-1)}{4-1} = -\frac{5}{3}$$

相应的渐近线如图 4-7 所示。

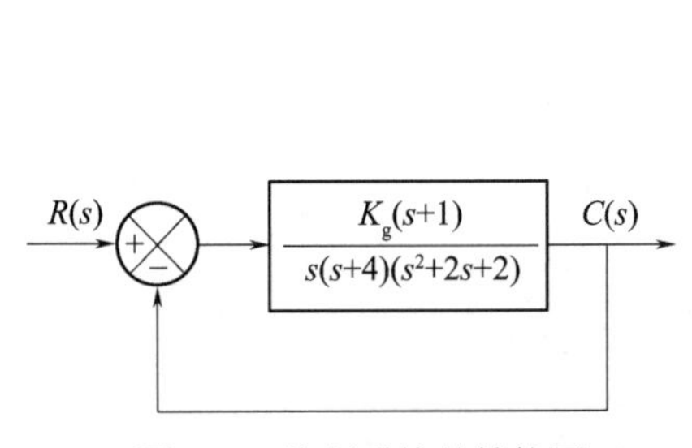

图 4-6　控制系统的结构图

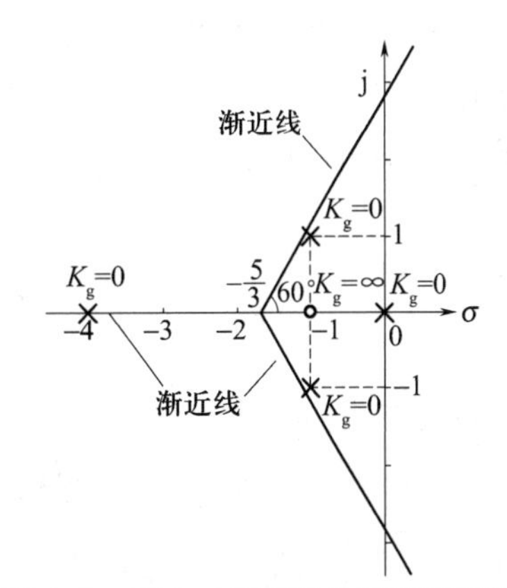

图 4-7　图 4-6 系统根轨迹的渐近线

【法则 4】根轨迹在实轴上的分布。实轴上的某一区域，若其右边开环实数零、极点个数为奇数，则该区域必是根轨迹。

证明：设开环零、极点分布图如图 4-8 所示。图中，s_0 是实轴上的某一测试点，由图可见，复数共轭极点到实轴上任意一点（包括 s_0）的矢量相角和为 2π。如果开环系统存在复数共轭零点，情况同样如此。因此，在确定实轴上的根轨迹时，可以不考虑复数开环零、极点的影响。由图还可见，s_0 点左边开环实数零、极点到 s_0 点的矢量相角为 0，而右边开环实数零、极点到 s_0 点的矢量相角均等于 180°或 π 弧度。如果令 s_0 点之右所有开环实数零点数为 a，所有开环实数极点数为 b，那么 s_0 点位于根轨迹上，则使下列相角条件成立：

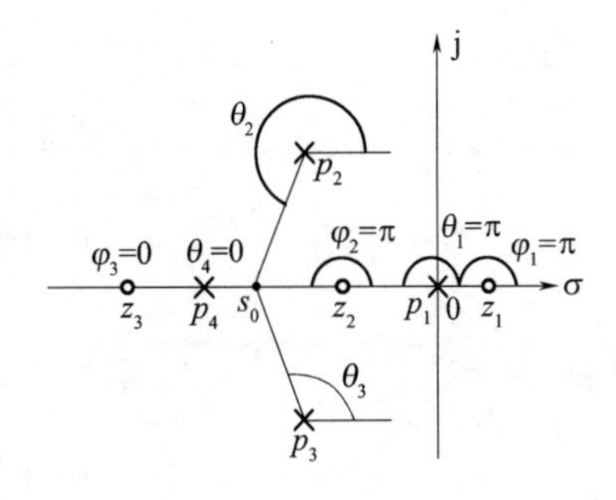

图 4-8　实轴上的根轨迹

$$\sum_{i=1}^{m}\angle(s_0-z_i)-\sum_{j=1}^{n}\angle(s_0-p_j)=(2k+1)\pi$$

$$a\pi-b\pi=(2k+1)\pi$$

在上述相角条件中,考虑到 π 与 $-\pi$ 代表相同角度,因此减去 π 角就相当于加上 π 角,于是

$$(a+b)\pi=(2k+1)\pi$$

$$a+b=2k+1$$

式中,$2k+1$ 为奇数,于是本法则得证。

对于图 4-8 系统,根据本法则可知,z_1 和 p_1 之间,z_2 和 p_4 之间以及 z_3 和 $-\infty$ 之间的实轴部分,都是根轨迹的一部分。

【法则 5】根轨迹的分离点(breakaway point)。两条或两条以上的根轨迹分支在 s 平面上相遇又立即分开的点,称为根轨迹的分离点。分离点的坐标是下列方程的解:

$$\sum_{i=1}^{m}\frac{1}{d-z_i}=\sum_{j=1}^{n}\frac{1}{d-p_j} \tag{4-11}$$

式中,z_i 为各开环零点的数值;p_j 为各开环极点的数值。

根轨迹的分离点或位于实轴上,或以共轭形式成对出现在复平面中。如果根轨迹位于实轴上两个相邻的开环极点之间,则在这两个极点之间至少存在一个分离点;同样,如果根轨迹位于实轴上两个相邻的开环零点(有限零点或无穷零点)之间,则在这两个零点之间至少存在一个分离点。

证明:由根轨迹方程,有

$$1+K_g\frac{\prod_{i=1}^{m}(s-z_i)}{\prod_{j=1}^{n}(s-p_j)}=0$$

所以闭环特征方程为

$$D(s)=\prod_{j=1}^{n}(s-p_j)+K_g\prod_{i=1}^{m}(s-z_i)=0 \tag{4-12}$$

根轨迹在 s 平面上相遇,说明闭环特征方程有重根出现,则

$$D'(s)=\frac{\mathrm{d}}{\mathrm{d}s}\prod_{j=1}^{n}(s-p_j)+K_g\frac{\mathrm{d}}{\mathrm{d}s}\prod_{i=1}^{m}(s-z_i)=0 \tag{4-13}$$

式(4-12)和式(4-13)中的 K_g 相同,得

$$\frac{\frac{\mathrm{d}}{\mathrm{d}s}\prod_{j=1}^{n}(s-p_j)}{\prod_{j=1}^{n}(s-p_j)}=\frac{\frac{\mathrm{d}}{\mathrm{d}s}\prod_{i=1}^{m}(s-z_i)}{\prod_{i=1}^{m}(s-z_i)}$$

$$\frac{\mathrm{d}\ln\prod_{j=1}^{n}(s-p_j)}{\mathrm{d}s}=\frac{\mathrm{d}\ln\prod_{i=1}^{m}(s-z_i)}{\mathrm{d}s}$$

因为

$$\ln\prod_{j=1}^{n}(s-p_j)=\sum_{j=1}^{n}\ln(s-p_j)$$

$$\ln\prod_{i=1}^{m}(s-z_i)=\sum_{i=1}^{m}\ln(s-z_i)$$

所以

$$\sum_{j=1}^{n}\frac{\mathrm{d}\ln(s-p_j)}{\mathrm{d}s}=\sum_{i=1}^{m}\frac{\mathrm{d}\ln(s-z_i)}{\mathrm{d}s}$$

$$\sum_{j=1}^{n}\frac{1}{s-p_j}=\sum_{i=1}^{m}\frac{1}{s-z_i}$$

从上式中解出 s 即为分离点 d。

这里不加证明地指出：当 l 条根轨迹分支进入并立即离开分离点时，分离角可由 $(2k+1)\pi/l$ 决定，其中 $k=0,1,2,\cdots,l-1$。分离角定义为根轨迹进入分离点的切线方向与离开分离点的切线方向之间的夹角。显然，当 $l=2$ 时，分离角必为直角。

例 4-1 设系统结构图如图 4-9 所示，试绘制其概略根轨迹。

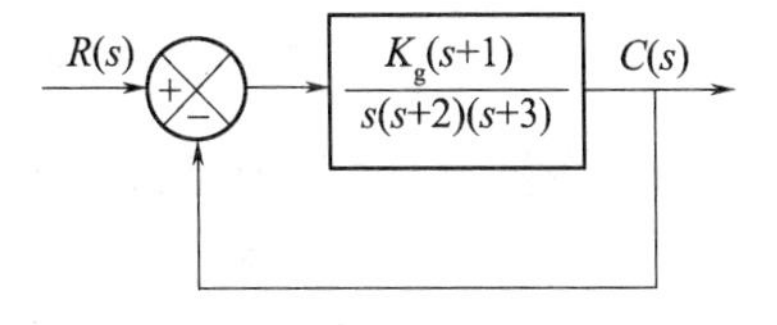

图 4-9 例 4-1 系统的结构图

解： 由法则 1，系统有 3 个开环极点 $p_1=0, p_2=-2, p_3=-3$。有 1 个开环有限零点 $z_1=-1$。

由法则 2，根轨迹的分支数有 3 条，且是连续的并对称于实轴。

由法则 3，系统有 $n-m=2$ 条渐近线，其交点与交角分别为

$$\varphi_a=\frac{(2k+1)\pi}{n-m}=\frac{(2k+1)\pi}{3-1}=\frac{\pi}{2},\frac{3\pi}{2}$$

$$\sigma_a=\frac{\sum_{j=1}^{n}p_j-\sum_{i=1}^{m}z_i}{n-m}=\frac{(0-2-3)-(-1)}{3-1}=-2$$

由法则 4，实轴上 $[-3,-2]$ 和 $[-1,0]$ 是根轨迹。

由法则 5，实轴上 $[-3,-2]$ 必有一个分离点，满足下列分离点方程：

$$\frac{1}{d+1}=\frac{1}{d}+\frac{1}{d+2}+\frac{1}{d+3}$$

初步试探，设 $d=-2.5$，上式中左边 $=-0.67$，右边 $=-0.4$，左边 < 右边，方程两边不等，所以 $d=-2.5$ 不是分离点。再取 $d=-2.99$，上式中左边 $=-0.5025$，右边 $=98.6555$，左边 < 右边，排除了分离点在 $(-3,-2.5)$ 之间了。再次试探在 $(-2.5,-2)$ 之间，按照同样的思路逐步缩小区间，每次可以缩小一半区间。

现在重取 $d=-2.47$，上式中左边 $=-0.68$，右边 $=-0.65$，方程两边近似相等，故本例 $d\approx-2.47$。最后画出的系统概略根轨迹如图 4-10 所示。

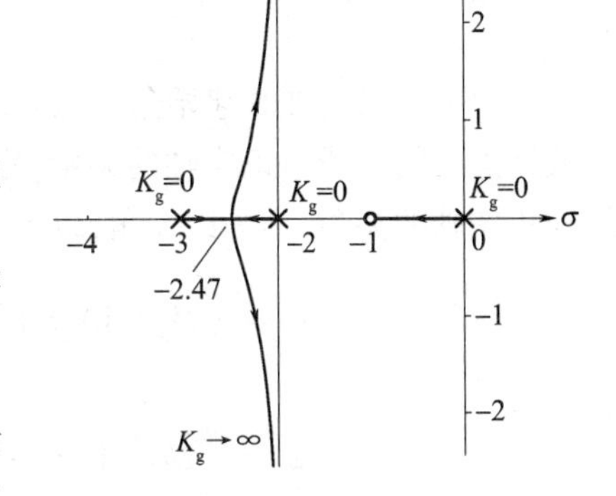

图 4-10 例 4-1 系统的根轨迹

例 4-2 设系统结构图如图 4-11 所示，试绘制其概略根轨迹。

解： 系统有 2 个开环极点 $p_1=0, p_2=-1$，有 1 个开环有限零点 $z_1=-2$。

由法则 2，根轨迹的分支数有 2 条，且是连续的并对称于实轴。

由法则 3，系统有 $n-m=1$ 条渐近线，其交点与交角分别为

$$\varphi_a=\frac{(2k+1)\pi}{n-m}=\pi$$

$$\sigma_a=\frac{\sum_{j=1}^{n}p_j-\sum_{i=1}^{m}z_i}{n-m}=0-1-(-2)=1$$

由法则 4，实轴上 $(-\infty,-2]$ 和 $[-1,0]$ 是根轨迹。

由法则 5，实轴上 $(-\infty,-2]$ 和 $[-1,0]$ 必有一个分离点，且满足

$$\frac{1}{d+2}=\frac{1}{d}+\frac{1}{d+1}$$

整理得 $$d^2+4d+2=0$$

用解析法求得 $$d_1=-0.586, d_2=-3.414$$

最后画出的系统概略根轨迹如图 4-12 所示。

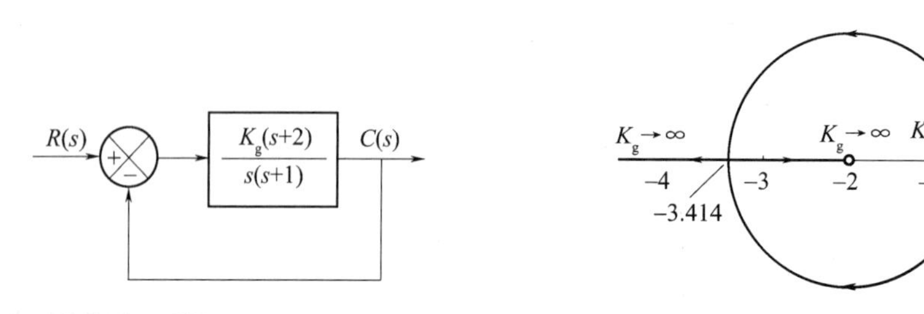

图 4-11 例 4-2 系统的结构图

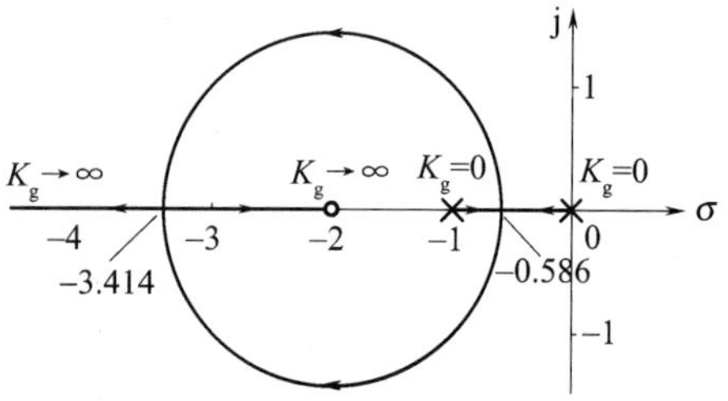

图 4-12 例 4-2 系统的根轨迹

由两个极点(实数极点或复数极点)和一个开环零点组成的开环系统,只要有限零点没有位于两个实数极点之间,当 K_g 从 $0\to\infty$ 时,闭环根轨迹的复数部分,是以有限零点为圆心,以有限零点到分离点的距离为半径的一个圆,或圆的一部分。这在数学上是可以严格证明的。

如果开环系统无有限零点,则在分离点方程(4-11)中,应取

$$\sum_{i=1}^{m}\frac{1}{s-z_i}=0$$

另外,分离点方程(4-11)不仅可用来确定实轴上的分离点坐标,而且可以用来确定复平面上的分离点坐标。只有当开环零、极点分布非常对称时,才会出现复平面上的分离点。

【法则 6】根轨迹的起始角(angle of departure)与终止角(angle of arrival)。根轨迹离开开环复数极点处的切线与正实轴的夹角,称为起始角,以 θ_{p_j} 标志;根轨迹进入开环复数零点处的切线与正实轴的夹角,称为终止角,以 φ_{z_i} 标志。这些角度可按如下关系式求出:

$$\theta_{p_j}=(2k+1)\pi+\left(\sum_{i=1}^{m}\angle(p_j-z_i)-\sum_{\substack{k=1\\k\neq j}}^{n}\angle(p_j-p_k)\right) \tag{4-14}$$

$$\varphi_{z_i}=(2k+1)\pi-\left(\sum_{\substack{k=1\\k\neq i}}^{m}\angle(z_i-z_k)-\sum_{j=1}^{n}\angle(z_i-p_j)\right) \tag{4-15}$$

证明:在十分靠近待求起始角的复数极点 p_j 的根轨迹上,取一点 s_1。由于 s_1 无限接近于复数极点 p_j,因此,除 p_j 外,s_1 点到其他所有开环零、极点矢量相角都可以用 p_j 到它们的矢量相角来代替,而 s_1 点到 p_j 的矢量相角即为起始角 θ_{p_j}。根据 s_1 必满足相角条件,应有

$$\sum_{i=1}^{m}\angle(s_1-z_i)-\sum_{j=1}^{n}\angle(s_1-p_j)=-(2k+1)\pi$$

$$\angle(s_1-p_j)=(2k+1)\pi+\left(\sum_{i=1}^{m}\angle(s_1-z_i)-\sum_{\substack{k=1\\k\neq j}}^{n}\angle(s_1-p_k)\right)$$

$$\theta_{p_j}=(2k+1)\pi+\left(\sum_{i=1}^{m}\angle(p_j-z_i)-\sum_{\substack{k=1\\k\neq j}}^{n}\angle(p_j-p_k)\right)$$

同理,可证明式(4-15)。应当指出,在根轨迹的相角条件中,$(2k+1)\pi$ 与 $-(2k+1)\pi$ 是等价的,所以为了便于计算,上式的右端用了 $-(2k+1)\pi$ 表示。

例 4-3 设负反馈系统的开环传递函数为

$$G(s)H(s) = \frac{K_g(s+1.5)(s+2+\mathrm{j})(s+2-\mathrm{j})}{s(s+2.5)(s+0.5+\mathrm{j}1.5)(s+0.5-\mathrm{j}1.5)}$$

试绘制该系统的概略根轨迹。

解:将开环零、极点画在图 4-13 中。

(1) 渐近线:本例有 $n=4$,$m=3$,故只有 1 条 180°的渐近线。

(2) 实轴上的根轨迹:$(-\infty,-2.5]$和$[-1.5,0]$是根轨迹。

(3) 分离点:本例无分离点。

(4) 起始角与终止角:作各开环零、极点到复数极点(−0.5+j1.5)的矢量,并求出相角角度,如图 4-14(a)所示。则根轨迹在极点(−0.5+j1.5)处的起始角为

$$\theta_{p2} = 180° + (\varphi_1 + \varphi_2 + \varphi_3) - (\theta_1 + \theta_2 + \theta_4) = 79°$$

用类似的方法可算出根轨迹在复数零点(−2+j1)处的终止角为 149.5°。各开环零、极点到复数极点(−2+j1)的矢量相角如图 4-14(b)所示。本例概略根轨迹如图 4-13 所示。

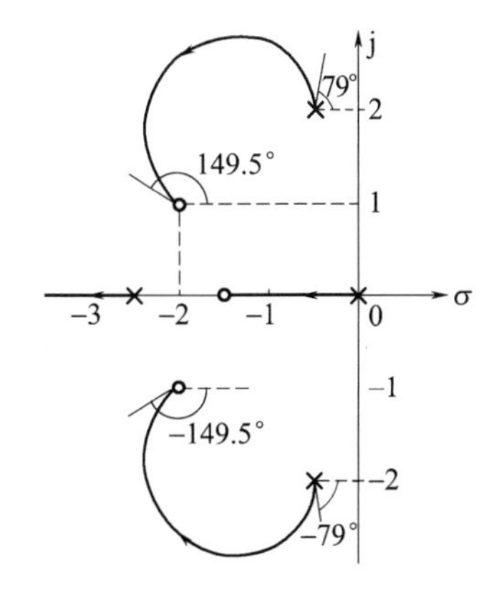

图 4-13 例 4-3 系统的根轨迹

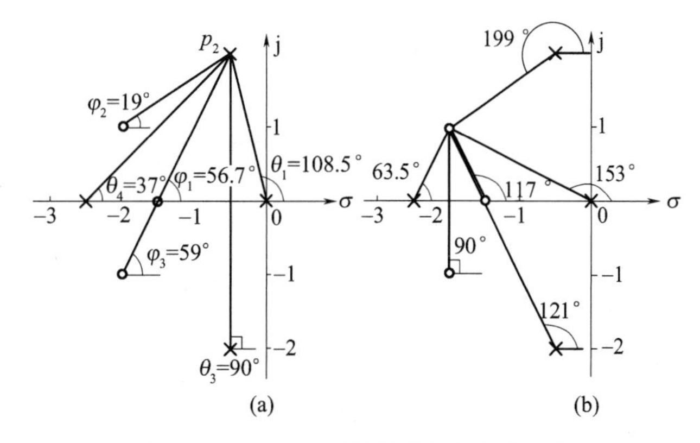

图 4-14 例 4-3 系统的起始角和终止角

【法则 7】根轨迹与虚轴的交点。若根轨迹与虚轴相交,则交点上的 K_g 值和 ω 值可用劳斯稳定判据确定,也可令闭环特征方程中的 $s=\mathrm{j}\omega$,然后分别令实部和虚部为零而求得。

证明:若根轨迹与虚轴相交,则表示闭环系统存在纯虚根,系统处于临界稳定状态。因此令劳斯表中出现全零行,但第一列元素保证不变号,再利用辅助方程,必解出临界稳定时的 K_g 值以及与虚轴交点的坐标。

确定根轨迹与虚轴的交点处参数的另一种方法,是将 $s=\mathrm{j}\omega$ 代入闭环特征方程,得到

$$1 + G(\mathrm{j}\omega)H(\mathrm{j}\omega) = 0$$

令上述方程的实部和虚部分别为零,有

$$\mathrm{Re}[1 + G(\mathrm{j}\omega)H(\mathrm{j}\omega)] = 0$$

$$\mathrm{Im}[1 + G(\mathrm{j}\omega)H(\mathrm{j}\omega)] = 0$$

利用这两个方程,不难解出根轨迹与虚轴交点处的 K_g 值和 ω 值。

例 4-4 已知负反馈系统的开环传递函数为

$$G(s)H(s) = \frac{K_g}{s(s+1)(s+5)}$$

试绘制该系统的概略根轨迹。

解:将开环零、极点画在图 4-15 中。

(1) 渐近线:本例 $n=3$,$m=0$,故有 3 条渐近线,且

$$\varphi_a = \frac{(2k+1)\pi}{n-m} = \frac{\pi}{3}, \pi, \frac{5\pi}{3}$$

$$\sigma_a = \frac{\sum_{j=1}^{n} p_j - \sum_{i=1}^{m} z_i}{n-m} = \frac{0-1-5}{3} = -2$$

(2) 实轴上的根轨迹：$(-\infty, -5]$和$[-1,0]$是根轨迹。

(3) 分离点：$[-1,0]$必有一个分离点，分离点方程为

$$\frac{1}{d} + \frac{1}{d+1} + \frac{1}{d+5} = 0$$

即
$$3d^2+12d+5=0$$

用解析法求得
$$d_1=-0.472, d_2=-3.53 (\text{舍去})$$

(4) 与虚轴的交点：

方法 1：系统的闭环特征方程为

$$s^3 + 6s^2 + 5s + K_g = 0$$

劳斯表为

$$\begin{array}{lll} s^3 & 1 & 5 \\ s^2 & 6 & K_g \\ s^1 & (30-K_g)/6 & \\ s^0 & K_g & \end{array}$$

令 s^1行系数全为零，即 $K_g=30$，劳斯表第一列元素不变号，系统存在共轭虚根。共轭虚根可由 s^2行的辅助方程确定

$$6s^2 + K_g = 0$$
$$s = \pm \text{j}2.236$$

所以，根轨迹与虚轴的交点为 $s=\pm \text{j}2.236, K_g=30$。

方法 2：令系统的闭环特征方程式中的 $s=\text{j}\omega$，得

$$(\text{j}\omega)^3 + 6(\text{j}\omega)^2 + 5(\text{j}\omega) + K_g = 0$$
$$-6\omega^2 + K_g + \text{j}(-\omega^3 + 5\omega) = 0$$

分别令实部和虚部为零，得

$$-6\omega^2 + K_g = 0$$
$$-\omega^3 + 5\omega = 0$$

解得 $\omega=0, K_g=0$（根轨迹起点）；$\omega=\pm 2.236, K_g=30$。整个系统的概略根轨迹如图 4-15 所示。

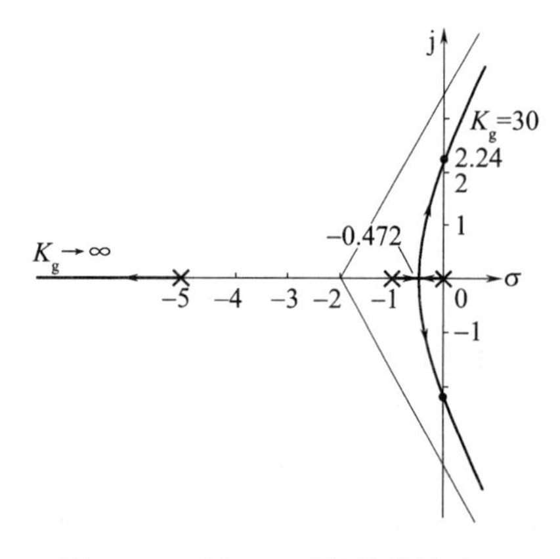

图 4-15　例 4-4 系统的根轨迹

【法则 8】根之和。若开环传递函数分母阶次 n 比分子阶次 m 高两阶或两阶以上，即 $n-m \geqslant 2$时，则系统闭环极点之和=开环极点之和=常数。因此，

(1) 闭环根的各分量和是一个与可变参数 K_g无关的常数；

(2) 各分支要保持总和平衡，走向左右对称。

证明：系统的闭环特征方程在 $n>m$ 的一般情况下可以表示为

$$\prod_{j=1}^{n}(s-p_j) + K_g \prod_{i=1}^{m}(s-z_i) = s^n + a_1 s^{n-1} + \cdots + a_{n-1}s + a_n =$$

$$\prod_{i=1}^{n}(s-s_i) = s^n + \left(-\sum_{i=1}^{n} s_i\right) s^{n-1} + \cdots + \prod_{i=1}^{n}(-s_i) = 0$$

式中，p_j为开环极点；z_i为开环零点；s_i为闭环特征根。

当 $n-m \geqslant 2$ 时

$$a_1 = -\sum_{j=1}^{n} p_j = -\sum_{i=1}^{n} s_i$$

无论 K_g 取何值,开环 n 个极点之和总是等于闭环特征方程 n 个根之和,这是一个不变的常数。所以,当 K_g 增大时,若闭环某些根在 s 平面上向左移动,则另一部分根必向右移动。

此法则对判断根轨迹的走向很有用的。

根据以上介绍的 8 个法则,不难绘出系统的概略根轨迹。为了便于查阅,所有绘制法则统一归纳在表 4-1 中。

表 4-1　根轨迹绘制法则

序号	内　容	法　　则
1	根轨迹的起点和终点	根轨迹起始于开环极点,终止于开环零点
2	根轨迹的分支数、对称性和连续性	根轨迹的分支数等于开环极点数和开环零点数中的大者,根轨迹是连续的,且对称于实轴
3	根轨迹的渐近线	$n-m$ 条渐近线与实轴的交角与交点为 $\varphi_a = \dfrac{(2k+1)\pi}{n-m}\quad (k=0,1,\cdots,n-m-1)$ $\sigma_a = \dfrac{\sum_{j=1}^{n} p_j - \sum_{i=1}^{m} z_i}{n-m}$
4	根轨迹在实轴上的分布	实轴上的某一区域,若其右边开环实数零、极点个数之和为奇数,则该区域必是根轨迹
5	根轨迹的分离点和分离角	l 条根轨迹分支相遇又分开,其分离点方程为 $\sum_{i=1}^{m} \dfrac{1}{d-z_i} = \sum_{j=1}^{n} \dfrac{1}{d-p_j}$ 分离角为 $(2k+1)\pi/l$
6	根轨迹的起始角和终止角	起始角 $\theta_{p_j} = (2k+1)\pi + \left(\sum_{i=1}^{m} \angle(p_j - z_i) - \sum_{k=1, k\neq j}^{n} \angle(p_j - p_k)\right)$ 终止角 $\varphi_{z_i} = (2k+1)\pi - \left(\sum_{k=1, k\neq i}^{m} \angle(z_i - z_k) - \sum_{j=1}^{n} \angle(z_i - p_j)\right)$
7	根轨迹与虚轴的交点	(1) 可用劳斯判据确定; (2) 令 $s=\mathrm{j}\omega$ 代入闭环特征方程中,然后分别令实部和虚部为零,即可求出与虚根交点的 K_g 值和 ω 值
8	根之和	当 $n-m \geqslant 2$ 时,$\sum_{i=1}^{n} s_i = \sum_{j=1}^{n} p_j =$ 常数 (1) 根的分量和是一个与 K_g 无关的常数; (2) 各分支要保持总和平衡,走向左右对称

4.2.2 闭环极点的确定

对于特定 K_g 值下的闭环极点,可用幅值条件确定。一般来说,比较简单的方法是先用试探法确定实数闭环极点的数值,然后用综合除法得到其余的闭环极点。

例 4-5　在图 4-15 中,试确定 $K_g = 12.375$ 的闭环极点。

解:由于实轴上的根轨迹是准确的,且 $m=0, n=3$,所以幅值条件为

$$K_g = \prod_{j=1}^{3} |s - p_j| = 12.375$$

对于本例，应有

$$K_g = |s| \cdot |s+1| \cdot |s+5| = 12.375$$

在实轴上任选 s 点，经过几次简单的试探，找出满足要求的闭环实数极点为

$$s_1 = -5.5$$

因为闭环特征方程为

$$s^3 + 6s^2 + 5s + K_g = 0$$

所以，若将 $K_g = 12.375$，$s_1 = -5.5$ 代入上述方程，即可得

$$(s+5.5)(s-s_2)(s-s_3) = 0$$

应用长除法求得

$$s_2 = -0.25 + \mathrm{j}1.479 \quad s_3 = -0.25 - \mathrm{j}1.479$$

在相除过程中，通常不可能完全除尽，因为在图解过程中不可避免地要引进一些误差。

4.3 广义根轨迹

在控制系统中除根迹增益 K_g 以外，其他情形下的根轨迹统称为广义根轨迹。

4.3.1 零度根轨迹

如果要研究如图 4-16 所示正反馈系统的根轨迹。

这时闭环特征方程为

$$1 - G(s)H(s) = 0 \tag{4-16}$$

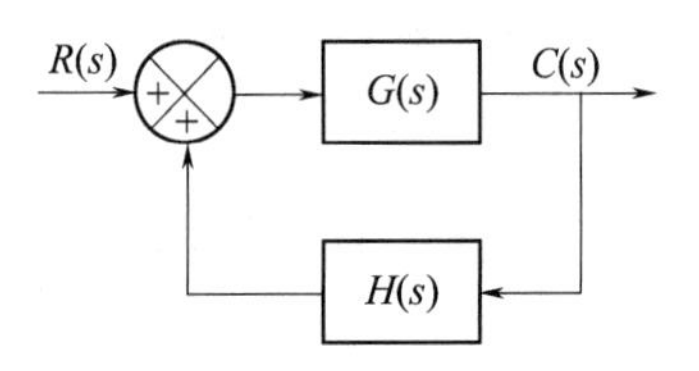

图 4-16　正反馈控制系统的结构图

若开环传递函数仍表示为

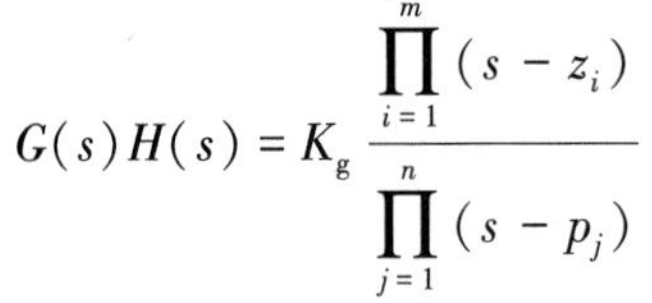

$$G(s)H(s) = K_g \frac{\prod_{i=1}^{m}(s-z_i)}{\prod_{j=1}^{n}(s-p_j)}$$

式(4-16)等价为

$$K_g \frac{\prod_{i=1}^{m}(s-z_i)}{\prod_{j=1}^{n}(s-p_j)} = 1 \tag{4-17}$$

同样，将方程式(4-17)分成两个方程，从而得到：

幅值条件：

$$\frac{\prod_{i=1}^{m}|s-z_i|}{\prod_{j=1}^{n}|s-p_j|} = \frac{1}{K_g} \tag{4-18}$$

相角条件：

$$\sum_{i=1}^{m}\angle(s-z_i) - \sum_{j=1}^{n}\angle(s-p_j) = 2k\pi \quad (k\ 为整数) \tag{4-19}$$

此时所绘制的根轨迹就称为零度根轨迹。

将式(4-18)和式(4-19)与常规根轨迹的相应公式(4-6)和式(4-7)相比可知，它们的幅值条件完全相同，仅相角条件有所改变。因此，常规根轨迹的绘制法则，原则上可以应用于零

度根轨迹的绘制,但在与相角条件有关的一些法则中,需作适当调整。从这种意义上说,零度根轨迹也是常规根轨迹的一种推广。

绘制零度根轨迹,应调整的绘制法则如下。

【法则 3】渐近线的交角应改为

$$\varphi_a = \frac{2k\pi}{n-m} \quad (k=0,1,\cdots,n-m-1) \tag{4-20}$$

【法则 4】实轴上根轨迹应改为:实轴上的某一区域,若其右边开环实数零、极点个数之和为偶数,则该区域必是根轨迹。

【法则 6】根轨迹的起始角和终止角应改为

$$\theta_{p_j} = 2k\pi + \left(\sum_{i=1}^{m}\angle(p_j - z_i) - \sum_{\substack{k=1\\k\neq j}}^{n}\angle(p_j - p_k)\right) \tag{4-21}$$

$$\varphi_{z_i} = 2k\pi - \left(\sum_{\substack{k=1\\k\neq i}}^{m}\angle(z_i - z_k) - \sum_{j=1}^{n}\angle(z_i - p_j)\right) \tag{4-22}$$

除上述三个法则外,其他法则不变,为了便于使用,表 4-2 列出了零度根轨迹的绘制法则。

表 4-2　零度根轨迹绘制法则

序号	内　容	法　　则
1	根轨迹的起点和终点	根轨迹起始于开环极点,终止于开环零点
2	根轨迹的分支数、对称性和连续性	根轨迹的分支数等于开环极点数和开环零点数中的大者,根轨迹是连续的,且对称于实轴
*3	根轨迹的渐近线	$n-m$ 条渐近线与实轴的交角与交点为 $\varphi_a = \frac{2k\pi}{n-m} \quad (k=0,1,\cdots,n-m-1)$ $\sigma_a = \frac{\sum_{j=1}^{n}p_j - \sum_{i=1}^{m}z_i}{n-m}$
*4	根轨迹在实轴上的分布	实轴上的某一区域,若其右边开环实数零、极点个数之和为偶数,则该区域必是根轨迹
5	根轨迹的分离点和分离角	l 条根轨迹分支相遇又分开,其分离点方程为 $\sum_{i=1}^{m}\frac{1}{d-z_i} = \sum_{j=1}^{n}\frac{1}{d-p_j}$ 分离角为$(2k+1)\pi/l$
*6	根轨迹的起始角和终止角	起始角 $\theta_{p_j} = 2k\pi + \left(\sum_{i=1}^{m}\angle(p_j - z_i) - \sum_{k=1,k\neq j}^{n}\angle(p_j - p_k)\right)$ 终止角 $\varphi_{z_i} = 2k\pi - \left(\sum_{k=1,k\neq i}^{m}\angle(z_i - z_k) - \sum_{j=1}^{n}\angle(z_i - p_j)\right)$
7	根轨迹与虚轴的交点	(1) 可用劳斯判据确定; (2) 令 $s=j\omega$ 代入闭环特征方程中,然后分别令实部和虚部为零,即可求出与虚根交点的 K_g 值和 ω 值
8	根之和	当 $n-m\geqslant 2$ 时 (1) 根的分量和是一个与 K_g 无关的常数; (2) 各分支要保持总和平衡,走向左右对称

例 4-6 设单位正反馈系统的开环传递函数为

$$G(s) = \frac{K_g(s+1)}{(s+2)(s+4)}$$

试绘制系统的概略根轨迹。

解:单位正反馈系统的闭环特征方程为

$$D(s) = 1 - G(s) = 1 - \frac{K_g(s+1)}{(s+2)(s+4)} = 0$$

即系统的根轨迹方程为

$$\frac{K_g(s+1)}{(s+2)(s+4)} = 1$$

系统根轨迹需按零度根轨迹的绘制法则绘制。

系统有两个开环极点 $p_1=-2, p_2=-4$,一个开环零点 $z_1=-1$。

(1) 渐近线:根轨迹有一条渐近线,渐近线与实轴的夹角为

$$\varphi_a = \frac{2l\pi}{n-m} = 0$$

(2) 实轴上的根轨迹:[-4,-2]和[1,∞)是根轨迹。

(3) 分离点:在(-4,-2)和(1,∞)的实轴段上存在分离点。分离点的坐标 d 满足如下方程式:

$$\frac{1}{d+2} + \frac{1}{d+4} = \frac{1}{d+1}$$

求解上式,得到 $d_{1,2}=-1\pm\sqrt{3}$,d_1 和 d_2 均为实轴根轨迹上的点,是根轨迹的分离点。分离点上根轨迹的分离角为±90°,即根轨迹与实轴垂直相交。

(4) 根轨迹与虚轴的交点:系统的闭环特征方程可整理为

$$(s+2)(s+4) - K_g(s+1) = 0$$

即

$$s^2 + (6-K_g)s + 8 - K_g = 0$$

令系统的闭环特征方程式中的 $s=j\omega$,得

$$(j\omega)^2 + (6-K_g)(j\omega) + 8 - K_g = 0$$

分别令实部和虚部为零,得

$$-\omega^2 + 8 - K_g = 0$$

$$6 - K_g = 0$$

解得 $\omega=\pm1.414, K_g=6$。

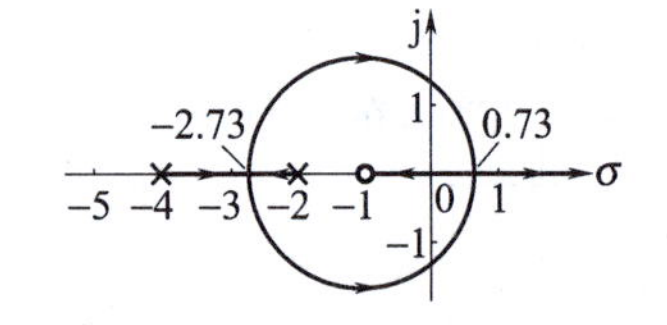

图 4-17 例 4-6 系统的根轨迹

根据上述结论,可绘制出系统根轨迹如图 4-17 所示。

一般来说,零度根轨迹的来源有两个方面,其一是控制系统中包含正反馈回路;其二是非最小相位系统(在 s 右半平面具有开环零点或开环极点的系统)中包含 s 最高次幂的系数为负的因子。

4.3.2 参变量根轨迹

以非根迹增益为可变参数绘制的根轨迹称为参变量根轨迹。只要在绘制参变量根轨迹之前,引入等效开环传递函数的概念,则常规根轨迹(或零度根轨迹)的所有绘制法则均适用于参变量根轨迹的绘制。为此,需要对闭环特征方程

$$1 + G(s)H(s) = 0 \tag{4-23}$$

进行等效变换,将其写为如下形式:

$$A\frac{P(s)}{Q(s)} = -1 \tag{4-24}$$

式中,A 为除 K_g 外,系统任意的变化参数,而 $P(s)$ 和 $Q(s)$ 为两个与 A 无关的首 1 多项式。显然,式(4-24)应与式(4-23)相等,即

$$Q(s)+AP(s)=1+G(s)H(s)=0 \tag{4-25}$$

根据式(4-25),可得等效开环传递函数(equivalent open-loop transfer function)为

$$G_1(s)H_1(s)=A\frac{P(s)}{Q(s)} \tag{4-26}$$

利用式(4-26)画出的根轨迹,就是参数 A 变化时的参变量根轨迹。

例 4-7 已知某负反馈系统的开环传递函数为

$$G(s)H(s)=\frac{\frac{1}{4}(s+a)}{s^2(s+1)}$$

试绘制参数 a 从零连续变化到正无穷时,闭环系统的根轨迹。

解:系统的闭环特征方程为

$$D(s)=1+G(s)H(s)=1+\frac{\frac{1}{4}(s+a)}{s^2(s+1)}=0$$

整理得

$$s^3+s^2+\frac{1}{4}s+\frac{1}{4}a=0$$

系统等效开环传递函数为

$$G_1(s)H_1(s)=\frac{\frac{1}{4}a}{s^3+s^2+\frac{1}{4}s}=\frac{0.25a}{s(s^2+s+0.25)}=\frac{0.25a}{s(s+0.5)^2}$$

把参数 a 视为常规根轨迹的根轨迹增益,即可按常规根轨迹的绘制方法,绘制出 a 变化时系统的根轨迹。

(1) 等效系统无开环有限零点,开环极点为 $p_1=0, p_2=p_3=-1/2$。

(2) 渐近线:有 3 条渐近线,且 $\sigma_a=-1/3$;$\varphi_a=\pi/3, \pi, 5\pi/3$。

(3) 实轴上的根轨迹:整个负实轴均为根轨迹。

(4) 分离点:由分离点方程

$$\frac{1}{d}+\frac{1}{d+1/2}+\frac{1}{d+1/2}=0$$

求解得 $d=-1/6$。

(5) 与虚轴的交点:系统的闭环特征方程可表示为

$$s^3+s^2+s/4+a/4=0$$

劳斯表为

s^3	1	1/4
s^2	1	$a/4$
s^1	$(1-a)/4$	
s^0	$a/4$	

当 $a=1$ 时,劳斯表中 s^1 行元素全为零。此时辅助方程为

$$s^2+1/4=0$$

$$s_{1,2}=\pm j/2$$

根轨迹与虚轴的交点为 $s_{1,2}=\pm j/2, a=1$。

闭环系统的参变量根轨迹如图 4-18 所示,图中箭头指明 a 的增大方向。

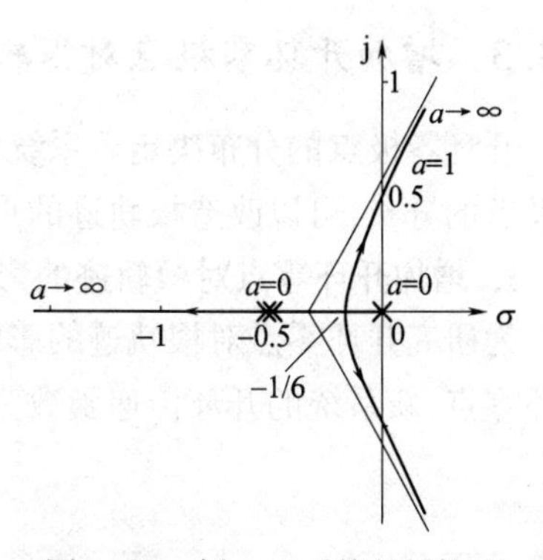

图 4-18 例 4-7 系统的根轨迹

例 4-8 已知某负反馈系统的开环传递函数为

$$G(s)H(s) = \frac{K(1+Ts)}{s(s+1)(s+2)}$$

其中开环根迹增益 K 可自行选定。试分析时间常数 T 对系统性能的影响。

解:系统的闭环特征方程为

$$s(s+1)(s+2)+K(1+Ts)=0$$

或改写为

$$s(s+1)(s+2)+K+KTs=0$$

系统等效开环传递函数为

$$G_1(s)H_1(s) = \frac{KTs}{s(s+1)(s+2)+K}$$

等效开环极点为 $s(s+1)(s+2)+K=0$ 的根,也就是当 $T=0$ 时,以 K 为可变参数的闭环极点。对于本例,可根据前述的绘制根轨迹的法则绘制,如图 4-19 所示。

当 T 从 $0\to\infty$ 时,对应于三个 K 值($K=3,6,20$)的根轨迹簇绘于图 4-20。

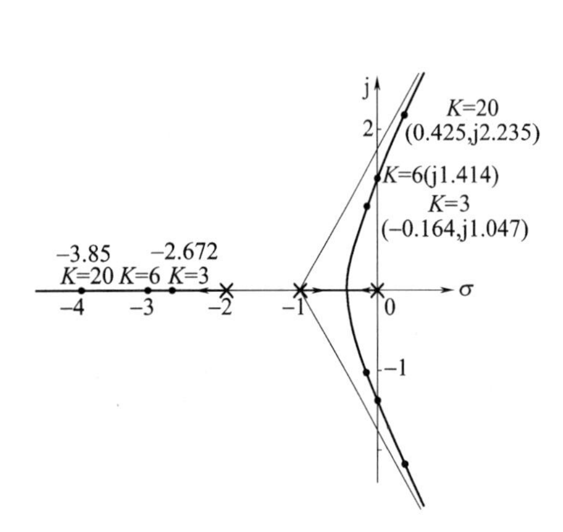

图 4-19 例 4-8 $T=0$,K 为可变参数的根轨迹

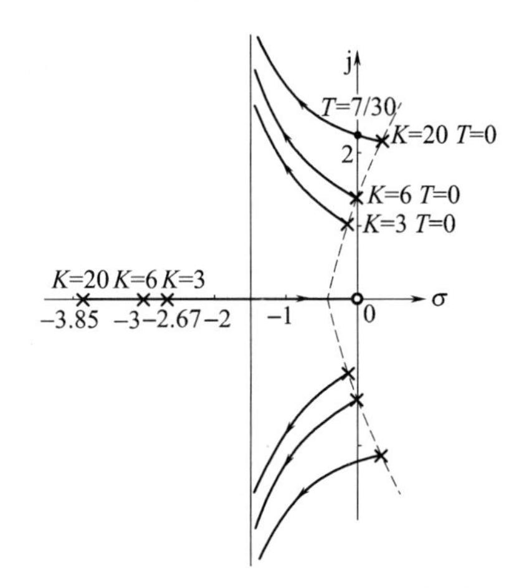

图 4-20 例 4-8 含有两个可变参数 K 和 T 情况下的根轨迹簇

渐近线:有 2 条渐近线,且 $\sigma_a=-1.5$;$\varphi_a=\pi/2,3\pi/2$。不论 K 为何值,根轨迹的渐近线都是一样的。

从图 4-20 可以看出,当时间常数 T 增加时,系统的微分作用加强了,使系统的特征根向 s 平面的左半部分移动,从而改善了控制系统的相对稳定性。在 $K=20$ 的情况下,如果 $T>0.233$(即 7/30),则系统就是稳定的。

4.3.3 增加开环零极点对根轨迹的影响

开环零极点的分布决定着系统根轨迹的形状。如果系统的性能不尽人意,通过调整开环零极点的分布,可以改造根轨迹的形状,改善系统的品质。

1. 增加开环零点对根轨迹的影响

为研究开环零点对根轨迹的影响,考察下面的实例。设在图 4-1 的二阶系统上增加一个开环零点,新系统的开环传递函数为

$$G(s)H(s) = \frac{2K(s+3)}{s(s+2)}$$

新增加的开环零点为 $z=-3$。新系统根轨迹如图 4-21 所示。

比较图 4-2 和图 4-21 可知,如果开环系统是没有零点的二阶系统,则根轨迹在复平面内是一条 $\sigma_a=-1$ 的垂直线,特征根靠近虚轴,动态特性较差,增加零点后,在复平面内的共轭复根的根轨迹向左弯曲,而且分离点左移,故输出响应的动态过程衰减较快,超调量减小,系统的相对稳定性较好。

2. 增加开环极点对根轨迹的影响

设在图 4-1 的二阶系统上增加一个开环极点($p=-3$),新系统的开环传递函数为

$$G(s)H(s)=\frac{2K}{s(s+2)(s+3)}$$

新系统根轨迹如图 4-22 所示。

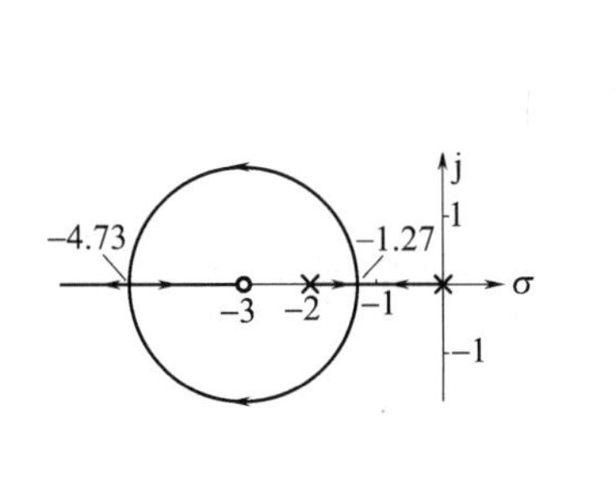

图 4-21　增加零点后的根轨迹

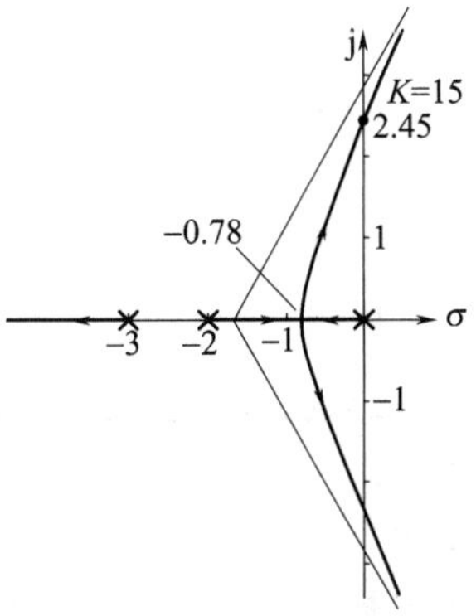

图 4-22　增加极点后的根轨迹

比较图 4-2 和图 4-22 可知,增加一个开环极点后,在复平面内的共轭复根的根轨迹向右弯曲,而且分离点右移。只有当 $K<15$ 时,闭环系统才是稳定的,这时,其快速性已大为下降,相对稳定性也变差。

因此,在系统的开环传递函数中增加一个极点对系统的动态性能通常是不利的。

4.4　例题精解

例 4-9　已知某单位负反馈系统的开环传递函数为

$$G(s)=\frac{K_g(s+10)}{s^2(s+100)}$$

(1) 画出该系统以开环根迹增益 K_g 为参变量的根轨迹曲线;

(2) 求使闭环极点 $s_1=-50$ 时所对应的 K_g 值;

(3) 写出上述 K_g 值时系统的闭环零点和闭环极点。

解:(1) 系统的开环极点为 0,0 和-100,开环零点为-10。

① 渐近线:有 2 条渐近线,与实轴的夹角和交点分别为

$$\varphi_a=\frac{(2k+1)\pi}{n-m}=\frac{(2k+1)\pi}{3-1}=\pm\frac{\pi}{2}$$

$$\sigma_a=\frac{\sum\limits_{j=1}^{n}p_j-\sum\limits_{i=1}^{m}z_i}{n-m}=\frac{0+0-100-(-10)}{3-1}=-45$$

② 实轴上的根轨迹区间为[-100,-10]。

③ 分离点：分离点的方程为

$$\frac{1}{d}+\frac{1}{d}+\frac{1}{d+100}=\frac{1}{d+10}$$

解之可得，分离点 $d_1=-25$ 和 $d_2=-40$。

④ 与虚轴的交点：系统的特征方程式为

$$s^3+100s^2+K_g s+10K_g=0$$

劳斯表为

s^3	1	K_g
s^2	100	$10K_g$
s^1	$90K_g/100$	
s^0	$10K_g$	

劳斯表中第一列元素均大于零，因此系统总是稳定的。系统根轨迹图如图 4-23 所示。

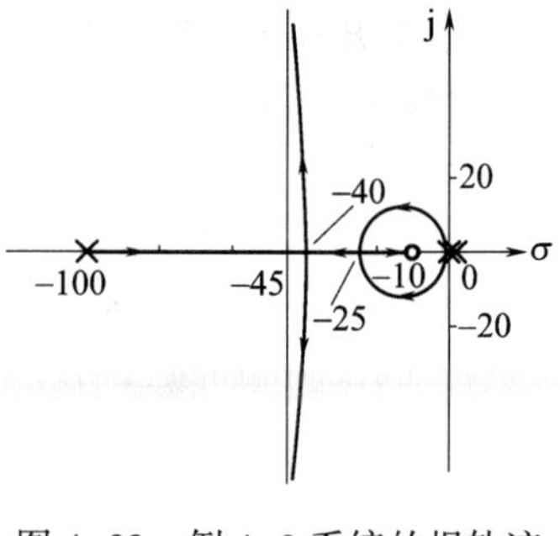

图 4-23　例 4-9 系统的根轨迹

(2) 当闭环极点 $s_1=-50$ 时所对应的 K_g 值，利用幅值条件，有

$$K_g=\frac{|s|\cdot|s|\cdot|s+100|}{|s+10|}=\frac{|-50|\times|-50|\times|-50+100|}{|-50+10|}=3125$$

(3) 当 $K_g=3125$ 时，因为是单位负反馈系统，则

系统的闭环零点：-10

闭环极点：-50，-25，-25

系统的特征方程式为

$$s^3+100s^2+3125s+31250=(s+50)D'(s)$$

$$D'(s)=s^2+50s+625$$

$$s_{2,3}=-25(\text{重根})$$

例 4-10　设负反馈控制系统中

$$G(s)=\frac{K}{s^2(s+2)(s+5)},H(s)=1$$

要求：(1) 绘制系统根轨迹图，并讨论闭环系统的稳定性；

(2) 如果改变反馈通路的传递函数，使 $H(s)=1+2s$，重做第(1)小题，讨论 $H(s)$ 的变化对系统稳定性的影响。

解：(1)系统的开环极点为 0，0，-2 和-5。

① 渐近线：有 4 条渐近线，其与实轴的夹角和交点分别为

$$\varphi_a=\frac{(2k+1)\pi}{n-m}=\frac{(2k+1)\pi}{4-0}=\pm\frac{\pi}{4},\ \pm\frac{3\pi}{4}$$

$$\sigma_a=\frac{\sum_{j=1}^{n}p_j-\sum_{i=1}^{m}z_i}{n-m}=\frac{0+0-2-5}{4-0}=-\frac{7}{4}$$

② 实轴上的根轨迹：[-2，-5]。

③ 分离点：分离点的方程为

$$\frac{1}{d}+\frac{1}{d}+\frac{1}{d+2}+\frac{1}{d+5}=0$$

解之可得，分离点 $d_1=-4$ 和 $d_2=-1.25$(舍去)。

④ 与虚轴的交点：系统的特征方程式为

$$s^4+7s^3+10s^2+K=0$$

特征方程式缺 s^1 项,因此系统总是不稳定的。根轨迹图如图 4-24 所示。

(2) 给系统增加一个开环零点-0.5,开环极点仍为 0,0,-2 和-5。

① 渐近线:有 3 条渐近线,与实轴的夹角和交点分别为

$$\varphi_a = \frac{(2k+1)\pi}{n-m} = \frac{(2k+1)\pi}{4-1} = \pm\frac{\pi}{3},\pi$$

$$\sigma_a = \frac{\sum_{j=1}^{n} p_j - \sum_{i=1}^{m} z_i}{n-m} = \frac{0+0-2-5-(-0.5)}{4-1} = -2.17$$

② 实轴上的根轨迹:[-2,-0.5],[-5,-∞)。

③ 与虚轴的交点:系统的特征方程式为

$$s^4 + 7s^3 + 10s^2 + 2Ks + K = 0$$

劳斯表为

$$\begin{array}{lcc} s^4 & 1 & 10 \\ s^3 & 7 & 2K \\ s^2 & (70-2K)/7 & K \\ s^1 & K(91-4K)/(70-2K) & \\ s^0 & K & \end{array}$$

要使系统稳定,必有

$$70 - 2K > 0$$

$$91 - 4K > 0$$

所以 $$0<K<22.75$$

当 $K=22.75$ 时,系统临界稳定。此时与虚轴的交点可由辅助方程求出:

$$\frac{70-2K}{7}s^2 + K = 0 \quad s = \pm \mathrm{j}\sqrt{6.5} = \pm \mathrm{j}2.55$$

根轨迹图如图 4-25 所示。

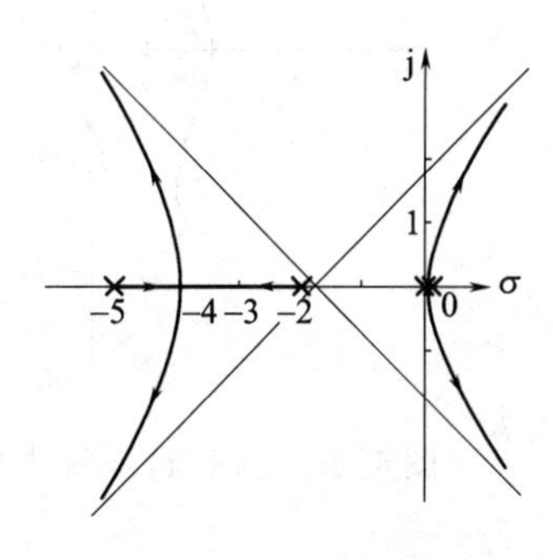

图 4-24　例 4-10 系统的根轨迹

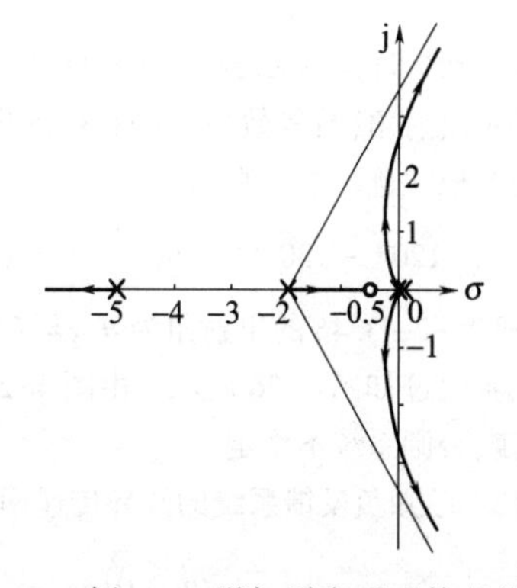

图 4-25　例 4-10 增加零点后系统的根轨迹

比较图 4-24 和图 4-25,可以看出,当增加了一个零点时,系统由结构不稳定系统变为条件稳定的系统,改善了系统的性能。

例 4-11　已知负反馈控制系统的开环传递函数为

$$G(s)H(s) = \frac{K(s+1)}{s(s-1)(s^2+4s+16)}$$

试绘制系统的根轨迹,并确定系统稳定时 K 值的范围。

解:(1) 系统的开环极点为 0,1 和-2±j3.46,开环零点为-1。

(2) 确定渐近线:有 3 条渐近线,渐近线与实轴的夹角和交点分别为

$$\varphi_a = \frac{(2k+1)\pi}{n-m} = \frac{(2k+1)}{4-1} = \frac{\pi}{3}, \pi, \frac{5\pi}{3}$$

$$\sigma_a = \frac{\sum_{j=1}^{n} p_j - \sum_{i=1}^{m} z_i}{n-m} = \frac{0+1-2+\mathrm{j}3.46-2-\mathrm{j}3.46-(-1)}{4-1} = -\frac{2}{3}$$

(3) 实轴上的根轨迹:[0,1],[-1,-∞)。

(4) 确定分离点:分离点的方程为

$$\frac{1}{d} + \frac{1}{d-1} + \frac{1}{d+2+\mathrm{j}3.46} + \frac{1}{d+2-\mathrm{j}3.46} = \frac{1}{d+1}$$

解之可得,分离点 $d_1=0.46$ 和 $d_2=-2.22$。

(5) 确定与虚轴的交点:系统的特征方程式为

$$s^4 + 3s^3 + 12s^2 + (K-16)s + K = 0$$

劳斯行列表为

s^4	1	12	K
s^3	3	$K-16$	
s^2	$(52-K)/3$	K	
s^1	$(-K^2+59K-832)/(52-K)$		
s^0	K		

若阵列中的 s^1 行全等于零,即

$$-K^2 + 59K - 832 = 0$$

系统临界稳定。解之可得 $K=35.7$ 和 $K=23.3$。对应于 K 值的频率由辅助方程

$$\frac{52-K}{3}s^2 + K = 0$$

确定。当 $K=35.7$ 时,$s=\pm\mathrm{j}2.56$;当 $K=23.3$ 时,$s=\pm\mathrm{j}1.56$。

(6) 确定出射角(自复数极点 $-2\pm\mathrm{j}3.46$ 出发的出射角)。

根据绘制根轨迹基本法则,有

$$106° - 120° - 130.5° - 90° - \theta = (2k+1) \times 180°$$

因此,开环极点 $-2\pm\mathrm{j}3.46$ 的出射角为 $\theta_{1,2}=\mp 54.5°$。

系统的根轨迹如图 4-26 所示。由图 4-26 可见,当 $23.3<K<35.7$ 时,系统稳定,否则系统不稳定。

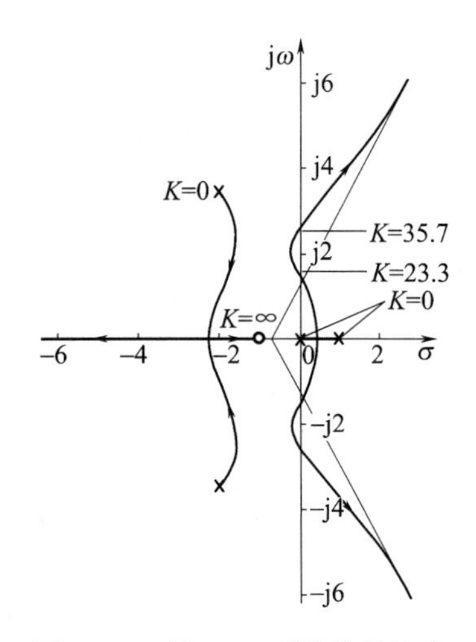

图 4-26　例 4-11 系统的根轨迹

例 4-12　已知负反馈系统的开环传递函数为

$$G(s)H(s) = \frac{K_g}{s(s+4)(s^2+4s+a)} \quad (a>4)$$

试概略绘制闭环系统的根轨迹。

解:系统开环极点有 4 个,分别为 0,-4,和 $-2\pm\mathrm{j}\sqrt{a-4}$。

(1) 渐近线:有 4 条渐近线,与实轴的夹角和交点分别为

$$\varphi_a = \frac{(2k+1)\pi}{n-m} = \frac{(2k+1)\pi}{4-0} = \pm\frac{\pi}{4}, \pm\frac{3\pi}{4}$$

$$\sigma_a = \frac{\sum_{j=1}^{n} p_j - \sum_{i=1}^{m} z_i}{n-m} = \frac{0-4-2+\mathrm{j}\sqrt{a-4}-2-\mathrm{j}\sqrt{a-4}}{4-0} = -2$$

（2）实轴上的根轨迹[-4,0]。

（3）分离点：分离点的方程为

$$\frac{1}{d}+\frac{1}{d+4}+\frac{1}{d+2+\mathrm{j}\sqrt{a-4}}+\frac{1}{d+2-\mathrm{j}\sqrt{a-4}}=0$$

解之可得，分离点为-2 和$-2\pm\frac{\sqrt{2}}{2}\sqrt{8-a}$。

讨论：① $4<a<8$，有三个实数分离点。

② $a=8$，只有一个实数分离点-2。

③ $a>8$，有一个实数分离点-2 和一对共轭复数分离点$-2\pm\mathrm{j}\frac{\sqrt{2}}{2}\sqrt{a-8}$。

（4）与虚轴的交点：系统闭环特征方程为

$$D(s)=s^4+8s^3+(16+a)s^2+4as+K=0$$

列写劳斯表如下：

s^4	1	$16+a$	K
s^3	8	$4a$	
s^2	$16+0.5a$	K	
s^1	$(2a^2+64a-8K)/(16+0.5a)$		
s^0	K		

令 s^1的系数为零，得

$$K=\frac{a(a+32)}{4}\quad s=\pm\mathrm{j}\sqrt{\frac{a}{2}}$$

概略绘制系统根轨迹如图 4-27 所示。

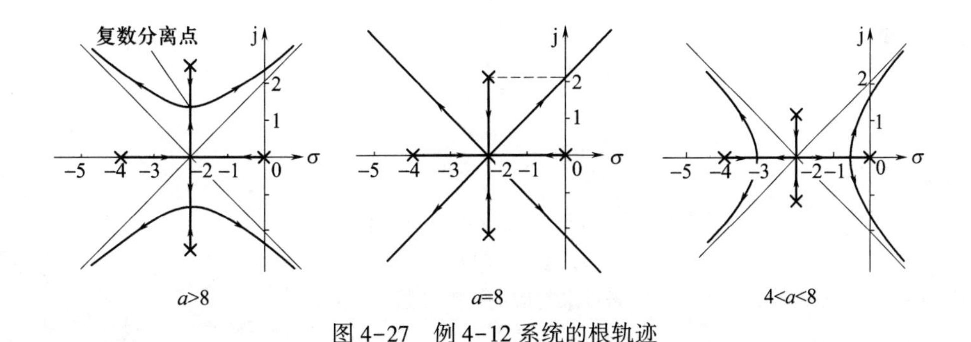

图 4-27　例 4-12 系统的根轨迹

例 4-13　设单位负反馈控制系统的开环传递函数为

$$G(s)H(s)=\frac{K}{s(s+2)(s+7)}$$

（1）绘制系统的根轨迹图；

（2）确定系统稳定时 K 的最大值；

（3）确定阻尼比 $\zeta=0.707$ 时的 K 值。

解：(1)系统开环极点分别为 0，-2 和-7。

渐近线：有 3 条渐近线，与实轴的夹角和交点分别为

$$\varphi_a = \frac{(2k+1)\pi}{n-m} = \frac{(2k+1)\pi}{3-0} = \pm\frac{\pi}{3},\pi$$

$$\sigma_a = \frac{\sum_{j=1}^{n} p_j - \sum_{i=1}^{m} z_i}{n-m} = \frac{0-2-7}{3-0} = -3$$

实轴上的根轨迹位于[-2,0],[-7,-∞)区间。

分离点:分离点的方程为

$$\frac{1}{d} + \frac{1}{d+2} + \frac{1}{d+7} = 0$$

解之可得,分离点-5.08(舍去)和-0.92。

与虚轴的交点:系统闭环特征方程为

$$D(s) = s^3 + 9s^2 + 14s + K = 0$$

列写劳斯表如下:

$$\begin{array}{c|cc} s^3 & 1 & 14 \\ s^2 & 9 & K \\ s^1 & (126-K)/9 & \\ s^0 & K & \end{array}$$

令 s^1 的系数为零,得 $K=126$,且 $s=\pm j3.74$。概略绘制系统根轨迹如图 4-28 所示。

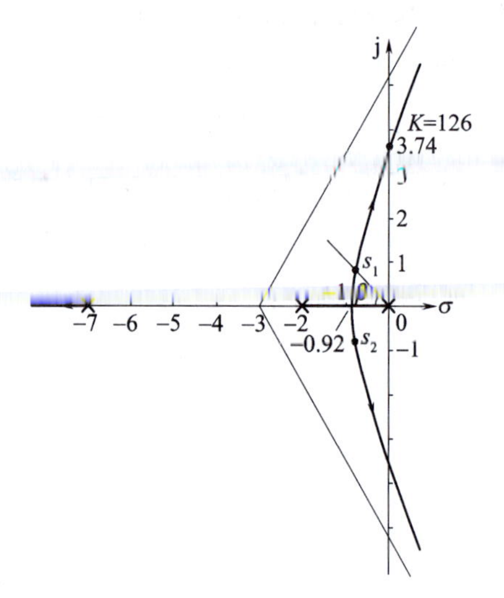

图 4-28　例 4-13 系统的根轨迹

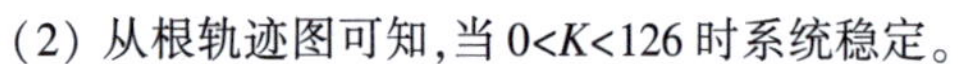

(2) 从根轨迹图可知,当 $0<K<126$ 时系统稳定。

(3) 阻尼比 $\zeta=0.707$ 时,对应的阻尼角 $\beta=45°$,等ζ线与根轨迹交点为 s_1,s_2。因为复数根轨迹并不很准确,因此需用相角条件使其精确化,设 s_1 的坐标为 $(-a,\mathrm{j}a)$,代入相角条件有

$$\arctan\frac{a}{2-a} + \arctan\frac{a}{7-a} + 135° = 180°$$

利用三角和公式,得

$$\frac{\dfrac{a}{2-a} + \dfrac{a}{7-a}}{1 - \dfrac{a}{2-a}\cdot\dfrac{a}{7-a}} = 1$$

整理得

$$2a^2 - 18a + 14 = 0$$

$$a = 0.86$$

s_1 的坐标为 $(-0.86,\mathrm{j}0.86)$,此时再用幅值条件求对应的可变参数 K 值:

$$K = |s-p_1|\cdot|s-p_2|\cdot|s-p_3| =$$

$$\sqrt{0.86^2+0.86^2} \times \sqrt{(2-0.86)^2+0.86^2} \times \sqrt{(7-0.86)^2+0.86^2} = 10.71$$

例 4-14　某单位负反馈控制系统的开环零、极点分布如图 4-29 所示。

(1) 画出以 K_g(开环根迹增益)为参变量的根轨迹图;

(2) 确定使系统单位阶跃响应为衰减振荡过程的 K_g 取值范围;

(3) 求闭环极点为-2 时的 K_g 值,并求出此时的另一个闭环极点。

解:(1) 系统开环极点分别为 0,+3,开环零点为-1。

渐近线:有 1 条渐近线,与实轴的夹角为 180°。

实轴上的根轨迹位于[0,+3],[-1,-∞)区间。

分离点:分离点的方程为

$$\frac{1}{d}+\frac{1}{d-3}=\frac{1}{d+1}$$

解之可得,分离点为+1 和-3。

与虚轴的交点:①系统的根轨迹是以$(-1,j0)$为圆心,半径为 2 的圆(复数部分)。

与虚轴的交点为
$$j\sqrt{2^2-1}=j\sqrt{3}$$

$$K_g=\frac{|s|\cdot|s-3|}{|s+1|}=\frac{|j\sqrt{3}|\cdot|j\sqrt{3}-3|}{|j\sqrt{3}+1|}=\frac{\sqrt{3}\cdot\sqrt{12}}{2}=3$$

② 系统闭环特征方程为

$$D(s)=s^2+(K_g-3)s+K_g=0$$

二阶系统如果要稳定,系数均大于零即可,有

$$K_g>3$$

当 $K_g=3$ 时,系统临界稳定,此时

$$s=\pm j\sqrt{3}$$

概略绘制系统根轨迹如图 4-30 所示。

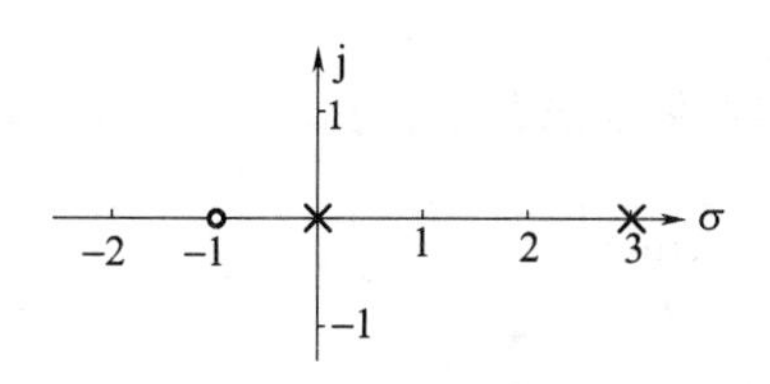

图 4-29　例 4-14 系统的开环零极点分布图

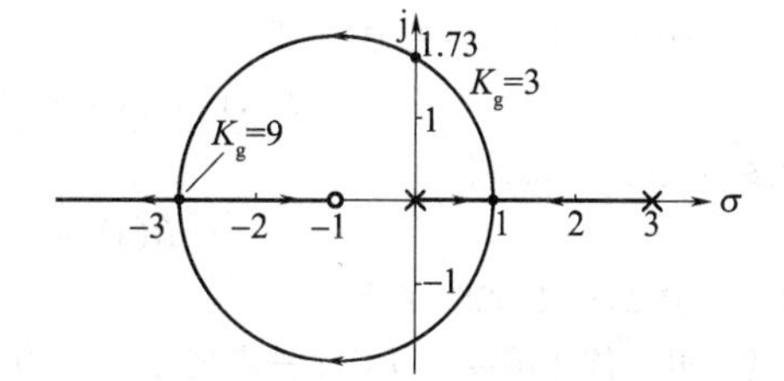

图 4-30　例 4-14 系统的根轨迹

(2) 分离点-3 对应的 K_g值为

$$K_g=\frac{|s|\cdot|s-3|}{|s+1|}=\frac{|-3|\cdot|-3-3|}{|-3+1|}=9$$

要使系统单位阶跃响应为衰减振荡过程,闭环特征根为一对共轭复数根(s 左半平面),所以

$$3<K_g<9$$

(3) 闭环极点为-2 时的 K_g值为

$$K_g=\frac{|s|\cdot|s-3|}{|s+1|}=\frac{|-2|\cdot|-2-3|}{|-2+1|}=10$$

当 $K_g=10$ 时,系统闭环特征多项式为

$$D(s)=s^2+7s+10=(s+2)(s+5)$$

此时另一个闭环极点为-5。

例 4-15　试用根轨迹法确定下列代数方程的根

$$D(s)=s^4+4s^3+4s^2+6s+8=0$$

解:当代数方程的次数较高时,求根比较困难,即使利用试探法,也存在一个选择初始试探点的问题。用根轨迹法可确定根的分布情况,从而对初始试探点做出合理的选择。

把待求代数方程视为某系统的闭环特征多项式,做等效变换得

$$1+\frac{K_g(s^2+6s+8)}{s^4+4s^3+3s^2}=0$$

$K_g=1$ 时,即为原代数方程式。等效开环传递函数为

$$G(s)H(s) = \frac{K_g(s+2)(s+4)}{s^2(s+3)(s+1)}$$

因为 $K_g>0$,先作出常规根轨迹。

系统开环零点 $z_1=-2, z_2=-4$;开环极点为 $p_1=p_2=0, p_3=-1, p_3=-3$。

实轴上的根轨迹区间为[-4,-3],[-2,-1]。

根轨迹有两条渐近线,且 $\sigma_a=1, \varphi_a=\pm 90°$。

作等效系统的根轨迹如图 4-31 所示。

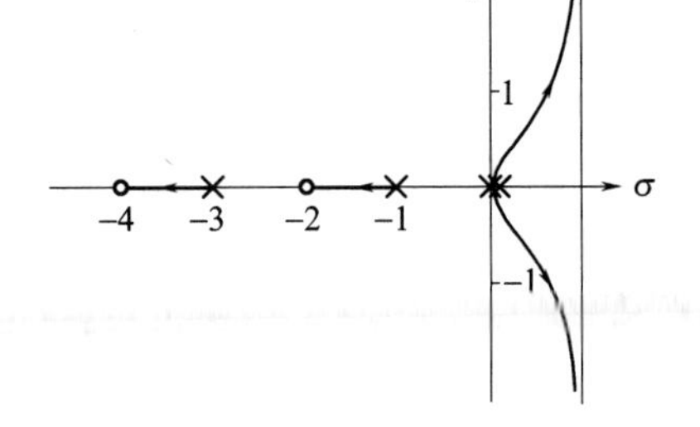

图 4-31　例 4-15 系统的根轨迹

由图可知,待求代数方程根的初始试探点可在实轴区间[-4,-3]和[-2,-1]内选择。确定了实根以后,运用长除法可确定其余根。

初选 $s_1=-1.45$,检查模值

$$K_g = \frac{s_1^2 \cdot |s_1+3| \cdot |s_1+1|}{|s_1+2| \cdot |s_1+4|} = 1.046$$

由于 $K_g>1$,故应增大 s_1,选 $s_1=-1.442$,得 $K_g=1.003$。

初选 $s_2=-3.08$,检查模值得 $K_g=1.589$,由于 $K_g>1$,故应增大 s_2,选 $s_2=-3.06$,得 $K_g=1.162$。经几次试探后,得 $K_g=0.991$ 时 $s_2=-3.052$。设

$$D(s) = (s+1.442)(s+3.052)B(s) = 0$$

运用多项式的长除法得

$$B(s) = s^2 + 0.494s + 1.819$$

解得 $s_{3,4}=0.257\pm j1.326$。解毕。

等效开环传递函数可以有多种表现形式,不同表现形式对应的根轨迹是不同的。

例 4-16　设控制系统的结构图如图 4-32 所示,试证明系统根轨迹的一部分是圆。

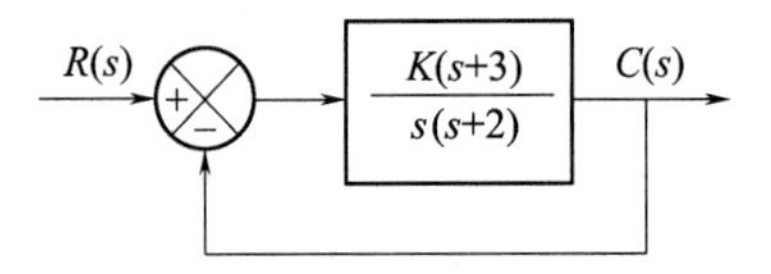

图 4-32　例 4-16 系统的结构图

证明:系统的开环极点为 0 和-2,开环零点为-3。由根轨迹的幅角条件得

$$\sum_{i=1}^{m} \angle(s-z_i) - \sum_{j=1}^{n} \angle(s-p_j) = (2k+1)\pi$$

$$\angle(s+3) - \angle s - \angle(s+2) = (2k+1)\pi$$

s 为复数,设 $s=\sigma+j\omega$ 代入上式,则有

$$\angle(\sigma+j\omega+3) - \angle(\sigma+j\omega) - \angle(\sigma+j\omega+2) = (2k+1)\pi$$

即

$$\arctan\frac{\omega}{\sigma+3} - \arctan\frac{\omega}{\sigma} = 180° + \arctan\frac{\omega}{\sigma+2}$$

取上述方程两端的正切,并利用下列关系

$$\tan(x \pm y) = \frac{\tan x \pm \tan y}{1 \mp \tan x \tan y}$$

有

$$\tan\left(\arctan\frac{\omega}{\sigma+3} - \arctan\frac{\omega}{\sigma}\right) = \frac{\frac{\omega}{\sigma+3} - \frac{\omega}{\sigma}}{1 + \frac{\omega}{\sigma+3} \cdot \frac{\omega}{\sigma}} = \frac{-3\omega}{\sigma(\sigma+3)+\omega^2}$$

$$\tan\left(180^\circ + \arctan\frac{\omega}{\sigma+2}\right) = \frac{0+\dfrac{\omega}{\sigma+2}}{1-0\times\dfrac{\omega}{\sigma+2}} = \frac{\omega}{\sigma+2}$$

$$\frac{-3\omega}{\sigma(\sigma+3)+\omega^2} = \frac{\omega}{\sigma+2}$$

所以
$$(\sigma+3)^2+\omega^2=(\sqrt{3})^2$$

这是一个圆的方程,圆心位于(-3,j0)处,而半径等于$\sqrt{3}$(注意,圆心位于开环传递函数的零点上)。证毕。

学习指导与小结

本章详细介绍了根轨迹的基本概念、控制系统根轨迹的绘制方法以及根轨迹法在控制系统分析中的应用。通过本章学习,应当做到:

1. 基本要求

(1) 掌握开环根轨迹增益K_g(或开环比例系数K)变化时系统闭环根轨迹的绘制方法。理解和熟记根轨迹的绘制法则,尤其是实轴上根轨迹的确定、分离点及渐近线的计算方法、根轨迹与虚轴的交点坐标及起始角和终止角的确定。会利用幅值方程求特定点的K值。

(2) 掌握零度根轨迹、参变量根轨迹绘制的基本思路和方法。

2. 内容提要

1) 根轨迹的基本概念及根轨迹方程

根轨迹是在已知系统的开环传递函数时,当某参数(如开环根轨迹增益K_g)由0~∞变化时,系统的闭环极点在s平面上移动的轨迹。

负反馈系统根轨迹方程的一般形式为

$$\frac{K_g\prod_{i=1}^{m}(s-z_i)}{\prod_{j=1}^{n}(s-p_j)} = -1$$

幅值条件:
$$\frac{\prod_{i=1}^{m}|s-z_i|}{\prod_{j=1}^{n}|s-p_j|} = \frac{1}{K_g}$$

相角条件:
$$\sum_{i=1}^{m}\angle(s-z_i) - \sum_{j=1}^{n}\angle(s-p_j) = (2k+1)\pi$$

相角条件是绘制根轨迹的充分必要条件。系统的根轨迹可依据其相角条件绘制,幅值条件主要用来确定根轨迹上各点对应的增益值。

2) 绘制系统轨迹的基本法则

根据系统的根轨迹方程,按照绘制系统根轨迹的8个基本法则,即可由系统开环零极点的分布直接绘制出闭环系统的概略根轨迹。表4-1给出了当系统的开环根轨迹增益K_g由0~∞变化时,绘制系统180°根轨迹的基本法则。表4-2给出了当系统的开环根轨迹增益K_g由0~∞变化时,绘制系统0°根轨迹的基本法则。参变量根轨迹可以通过等效开环传递函数的概念,转化为180°根轨迹或0°根轨迹。

3) 控制系统的根轨迹分析

控制系统的根轨迹分析即应用闭环系统的根轨迹图,分析系统的稳定性、系统的动态性能和稳态性能。

当系统的根轨迹段位于 s 左半平面时,系统稳定。否则,系统必然存在不稳定的闭环根。当系统为条件稳定时,根轨迹与 s 平面虚轴的交点即其临界稳定条件。

利用根轨迹得到闭环零、极点在 s 平面的分布情况,可以写出系统的闭环传递函数,进行系统动态性能的分析。系统的闭环零点由系统的开环传递函数直接给出,系统的闭环极点需应用根轨迹图试探确定。如果系统满足闭环主导极点的分布规律,可以应用闭环主导极点的概念把高阶系统简化为低阶系统,对高阶系统的性能近似估算。

4) 附加开环零极点对根轨迹的影响

根轨迹是根据开环零极点的分布绘制的,系统开环零极点的分布影响着根轨迹的形状。通过附加开环零极点,可以改造系统根轨迹的形状,使系统具有满意的性能指标。增加一个开环实数零点,将使系统的根轨迹向左偏移,提高了系统的稳定度,并有利于改善系统的动态性能。开环负实零点离虚轴越近,这种作用越大。增加一个开环实数极点,将使系统的根轨迹向右偏移,降低了系统的稳定度,有损于系统的动态性能,使得系统响应的快速性变差。开环负实极点离虚轴越近,这种作用越大。

习　题

4-1　设负反馈系统的开环传递函数为

$$G(s)H(s) = \frac{K_g(s+5)}{s(s^2+4s+8)}$$

试用相角条件检验下列 s 平面上的点是不是根轨迹上的点,如果是,则用幅值条件计算该点所对应的 K_g 值。

(1) 点(-1,j0);　　(2) 点(-1.5,j2);

(3) 点(-6,j0);　　(4) 点(-4,j3);

(5) 点(-1,j2.37)。

4-2　设负反馈控制系统开环传递函数如下,试概略绘制相应的闭环根轨迹图。

(1) $G(s)H(s)=\dfrac{K_g(s+5)}{s(s+2)(s+3)}$　　(2) $G(s)H(s)=\dfrac{K_g(s+2)}{s^2+2s+3}$

(3) $G(s)H(s)=\dfrac{K_g(s+20)}{s(s+10+j10)(s+10-j10)}$　　(4) $G(s)H(s)=\dfrac{2K}{s(s+1)(s+2)}$

(5) $G(s)H(s)=\dfrac{K_g}{s(s^2+2s+2)}$　　(6) $G(s)H(s)=\dfrac{K_g}{s(s+4)(s^2+2s+2)}$

(7) $G(s)H(s)=\dfrac{K_g}{s(s+2)(s^2+2s+2)}$　　(8) $G(s)H(s)=\dfrac{K_g(s+2)}{s(s+3)(s^2+2s+2)}$

4-3　设负反馈控制系统的开环传递函数为

$$G(s)H(s) = \frac{K(2s+1)}{(s+1)^2\left(\frac{4}{7}s-1\right)}$$

试绘制系统的闭环根轨迹,并确定使系统稳定工作的 K 值范围。

4-4　设单位负反馈控制系统的开环传递函数为

$$G(s) = \frac{K}{s(s+2)(s+5)}$$

(1) 绘制系统的根轨迹图;

(2) 确定引起振荡响应时 K 的最小值和连续振荡发生之前 K 的最大值;

(3) 找出当 K 足够大而引起连续振荡时的频率。

4-5 设系统的闭环特征方程为

$$s^2(s+a)+K(s+1)=0$$

试讨论系统的根轨迹($0<K_g<\infty$)出现一个、两个分离点和没有分离点三种情况下,参数 a 的取值范围,并作出其响应的根轨迹图。

4-6 设负反馈控制系统的开环传递函数为

$$G(s)H(s)=\frac{K}{s(s+a)}$$

(1)当 $K=4$ 时,试绘制以 a 为参变量的参变量根轨迹,并说明 a 的变化对系统性能的影响;

(2)试绘制 K 和 a 从 $0\to\infty$ 时的根轨迹簇。

4-7 已知单位负反馈系统的开环传递函数为

$$G(s)=\frac{K}{s(Ts+1)(s^2+2s+2)}$$

求当 $K=4$ 时,以 T 为参变量的根轨迹。

4-8 设单位负反馈控制系统的开环传递函数为

$$G(s)=\frac{K_g(1-s)}{s(s+2)}$$

试绘制 K_g 从 $0\to\infty$ 的闭环根轨迹图,并求出使系统产生重根和纯虚根的 K_g 值。

4-9 已知单位正反馈系统的开环传递函数为

$$G(s)=\frac{K_g}{(s+1)(s-1)(s+4)^2}$$

试绘制其根轨迹。

4-10 设系统开环传递函数为

$$G(s)H(s)=\frac{K_g(s+1)}{s^2(s+2)(s+4)}$$

试绘制系统在负反馈与正反馈两种情况下的根轨迹。

4-11 已知反馈控制系统的闭环特征方程式为

1) $s^3+3s^2+(K+2)s+10K=0$

2) $s^4+3s^3+12s^2+(K+16)s+K=0$

(1) 试绘制系统的根轨迹图;

(2) 确定系统稳定时的 K 值范围。

4-12 设单位反馈系统的开环传递函数为

$$G(s)=\frac{K(s+2)}{s(s+1)}$$

证明:系统的复数根轨迹部分是一个以(-2,j0)为圆心,以$\sqrt{2}$为半径的圆。

第 5 章 线性系统的频域分析法

线性系统对正弦输入信号的稳态响应,称为频率响应(frequency response)。频域分析法是应用频率特性研究线性系统的一种经典方法。它以控制系统的频率特性作为数学模型,以伯德图或其他图表作为分析工具,来研究、分析控制系统的动态性能与稳态性能。

频域分析法是在20世纪30年代和40年代,由奈奎斯特(Nyquist)、伯德(Bode)、尼柯尔斯(Nichols)以及许多其他学者共同研究发展起来的。在常规的控制系统中,频域分析法是最有效的。对于鲁棒控制系统来说,频域分析法也是不可缺少的。

频域分析法具有以下优点:

(1) 系统的频率特性可以运用实验方法获得,而不必推导出系统的数学模型。

(2) 应用奈奎斯特稳定判据,根据系统的开环频率特性就可以研究闭环系统的稳定性,而不必求闭环特征方程的根。

(3) 频率特性物理意义明确。对于一阶和二阶系统,频域性能指标和时域性能指标有确定的对应关系;对于高阶系统,可建立近似的对应关系。

(4) 控制系统的频域设计可以兼顾动态响应和噪声抑制两方面的要求,可使噪声忽略或达到规定的程度。

(5) 频域分析法不仅适用于线性定常系统,还可以推广应用于某些非线性系统(如描述函数法)。

频域分析法由于使用方便,对问题的分析明确,便于掌握,因此和时域分析法一样,在自动控制系统的分析与综合中获得了广泛的应用。本章研究频率特性的基本概念、典型环节和控制系统的频率特性曲线、奈奎斯特稳定判据以及开环频域性能分析等内容。

5.1 频率特性

5.1.1 基本概念

下面以图 5-1 所示系统为例,研究当输入为正弦函数时,稳态输出信号的特点,说明频率特性的基本概念。

系统的传递函数为

$$\frac{C(s)}{R(s)}=\frac{1}{Ts+1} \tag{5-1}$$

若系统输入为正弦信号,即

$$r(t)=R\cdot\sin\omega t$$

则由式(5-1)可得

$$C(s)=\frac{1}{Ts+1}R(s)=\frac{1}{Ts+1}\cdot\frac{R\omega}{s^2+\omega^2} \tag{5-2}$$

经拉普拉斯反变换,得输出信号为

$$c(t)=\frac{R\omega T}{1+\omega^{2}T^{2}}\cdot \mathrm{e}^{-\frac{t}{T}}+\frac{R}{\sqrt{1+\omega^{2}T^{2}}}\cdot \sin(\omega t-\arctan\omega T) \tag{5-3}$$

式中,第一项为输出信号的瞬态分量;第二项为稳态分量。随时间趋于无穷,第一项趋于零,于是系统当输入为正弦函数时,稳态输出信号为

$$c_{\mathrm{ss}}(t)\ \lim_{t\to\infty}c(t)=\frac{R}{\sqrt{1+\omega^{2}T^{2}}}\cdot \sin(\omega t-\arctan\omega T) \tag{5-4}$$

由式(5-4)可见,系统的稳态输出仍然是正弦函数,其频率和输入信号的频率相同,振幅是输入振幅的 $1/\sqrt{1+\omega^{2}T^{2}}$ 倍,相角比输入相角迟后了 $\arctan\omega T$,如图 5-2 所示。

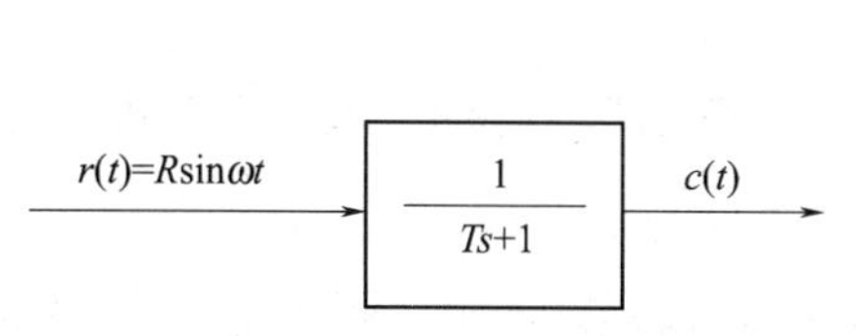

图 5-1　控制系统的结构图

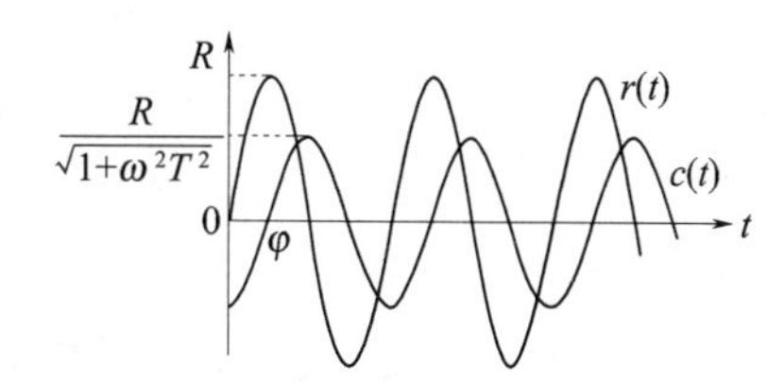

图 5-2　图 5-1 系统输入和稳态输出信号
($\varphi=-\arctan\omega T$)

显然,$1/\sqrt{1+\omega^{2}T^{2}}$ 和 $-\arctan\omega T$ 皆为输入信号频率 ω 的函数。前者称为系统的幅频特性,后者称为系统的相频特性。表 5-1 列出了这两个特性的计算数据。

表 5-1　幅频特性和相频特性数据

ω	0	$1/2T$	$1/T$	$2/T$	$3/T$	$4/T$	$5/T$	∞
$1/\sqrt{1+\omega^{2}T^{2}}$	1	0.89	0.71	0.45	0.32	0.24	0.20	0
$-\arctan\omega T$	0°	−26.6°	−45°	−63.5°	−71.5°	−76°	−78.7°	−90°

把幅频和相频特性用一个复函数来描述,则

$$\frac{1}{\sqrt{1+\omega^{2}T^{2}}}\cdot \mathrm{e}^{-\mathrm{j}\arctan\omega T}=\left|\frac{1}{1+\mathrm{j}\omega T}\right|\cdot \mathrm{e}^{\mathrm{j}\angle\frac{1}{1+\mathrm{j}\omega T}}=\frac{1}{1+\mathrm{j}\omega T} \tag{5-5}$$

故 $1/(1+\mathrm{j}\omega T)$ 函数完整地描述了系统在正弦信号作用下,稳态输出的幅值和相角随正弦输入信号频率 ω 变化的规律,$1/(1+\mathrm{j}\omega T)$ 就称为系统的频率特性。将频率特性和传递函数表达式(5-1)比较可知,只要将式(5-1)中的复变量 s 以 $\mathrm{j}\omega$ 置换,即得频率特性,即

$$\frac{1}{1+\mathrm{j}\omega T}=\left.\frac{1}{1+Ts}\right|_{s=\mathrm{j}\omega} \tag{5-6}$$

r(t)　G(s)　c(t)

图 5-3　一般线性定常系统

从上述例子中得到的这一重要结论,对于任何稳定的线性定常系统都是正确的。证明如下:对于图 5-3 所示的线性定常系统,可列出描述输出量 $c(t)$ 和输入量 $r(t)$ 关系的传递函数

$$\frac{C(s)}{R(s)}=G(s)=\frac{b_{0}s^{m}+b_{1}s^{m-1}+\cdots+b_{m-1}s+b_{m}}{s^{n}+a_{1}s^{n-1}+\cdots+a_{n-1}s+a_{n}} \tag{5-7}$$

如果在系统输入端加一个时间的谐波函数,即 $r(t)$ 为函数 $\sin\omega t$ 和 $\cos\omega t$ 的线性组合,以下式表示:

$$r(t)=r_{0}\cdot \cos(\omega t+\varphi)$$

式中,r_0是振幅;ω 是频率;φ 是相角。为简便起见,假设 $\varphi=0$,则

$$r(t) = r_0 \cdot \cos\omega t$$

根据欧拉公式,$r(t)$也可写为

$$r(t) = r_0 \cdot \cos\omega t = \frac{r_0}{2}e^{j\omega t} + \frac{r_0}{2} \cdot e^{-j\omega t} \tag{5-8}$$

由于指数函数的导数和积分仍是指数函数,故对研究工作是很方便的。

由式(5-7)和式(5-8)可得

$$C(s) = G(s)R(s) = \frac{b_0s^m + b_1s^{m-1} + \cdots + b_{m-1}s + b_m}{s^n + a_1s^{n-1} + \cdots + a_{n-1}s + a_n}\left(\frac{r_0}{2} \cdot \frac{1}{s - j\omega} + \frac{r_0}{2} \cdot \frac{1}{s + j\omega}\right) = \sum_{i=1}^{n} \frac{C_i}{s - s_i} + \frac{B}{s + j\omega} + \frac{D}{s - j\omega} \tag{5-9}$$

式中 s_i为系统特征根,即极点(设为互异);C_i,B,D 均为相应极点处的留数。将上式进行拉普拉斯反变换,得

$$c_s(t) = \sum_{i=1}^{n} C_i e^{si} + (Be^{-j\omega t} + De^{j\omega t}) \tag{5-10}$$

对于稳定的系统,特征根 s_i具有负实部,则 $c(t)$的第一部分瞬态分量将随时间 t 的延续逐渐趋于零。$c(t)$的第二部分即系统的稳态分量为

$$c(t) = Be^{-j\omega t} + De^{j\omega t} \tag{5-11}$$

其中 B,D 可由式(5-9)通过留数定理求得。

$$B = G(s) \cdot R(s) \cdot (s + j\omega)\big|_{s=-j\omega} = G(-j\omega) \cdot \frac{r_0}{2} \tag{5-12}$$

$$D = G(s) \cdot R(s) \cdot (s - j\omega)\big|_{s=j\omega} = G(j\omega) \cdot \frac{r_0}{2} \tag{5-13}$$

由于 $G(-j\omega)$是 $G(j\omega)$的共轭复数,稳态分量为

$$c_s(t) = \frac{r_0}{2}|G(j\omega)|e^{-j\omega t - j\angle G(j\omega)} + \frac{r_0}{2}|G(j\omega)|e^{j\omega t + j\angle G(j\omega)} = r_0|G(j\omega)|\cos(\omega t + \angle G(j\omega)) \tag{5-14}$$

根据式(5-13),可知

$$G(j\omega) = G(s)|_{s=j\omega} \tag{5-15}$$

由频率特性的定义,$G(j\omega)$就是系统的频率特性。可以看出,它就是相当于把传递函数 $G(s)$中的 s 换成 $j\omega$。

由式(5-15)可得出下列重要结论:频率特性是传递函数的特例,和传递函数以及微分方程一样,也表征了系统的运动规律,这就是频域分析法能够从频率特性出发研究系统的理论依据。

5.1.2 频率特性的定义

(1) 频率特性(frequency characteristic):指线性系统或环节在正弦函数作用下,稳态输出与输入复数符号之比对频率的关系特性,用 $G(j\omega)$表示。其物理意义反映了系统对正弦信号的三大传递能力:同频、变幅、相移。

当 $r(t)=R \cdot \sin\omega t$ 时,稳态输出为

$$c_{ss}(t) = R \cdot |G(j\omega)| \sin(\omega t + \angle G(j\omega)) \tag{5-16}$$

（2）幅频特性（magnitude-frequency characteristic）：稳态输出振幅与输入振幅之比，用 $A(\omega)$ 表示。

$$A(\omega) = |G(j\omega)| \tag{5-17}$$

（3）相频特性（phase-frequency characteristic）：稳态输出相位与输入相位之差，用 $\varphi(\omega)$ 表示。

$$\varphi(\omega) = \angle G(j\omega) \tag{5-18}$$

（4）实频特性（real-frequency characteristic）：$G(j\omega)$ 的实部，用 $\text{Re}(\omega)$ 表示。

$$\text{Re}(\omega) = \text{Re}[G(j\omega)] \tag{5-19}$$

（5）虚频特性（imaginary-frequency characteristic）：$G(j\omega)$ 的虚部，用 $\text{Im}(\omega)$ 表示。

$$\text{Im}(\omega) = \text{Im}[G(j\omega)] \tag{5-20}$$

所以

$$G(j\omega) = A(\omega)e^{j\varphi(\omega)} = \text{Re}(\omega) + j\text{Im}(\omega) \tag{5-21}$$

且有

$$A(\omega) = \sqrt{\text{Re}^2(\omega) + \text{Im}^2(\omega)} \qquad \varphi(\omega) = \arctan\frac{\text{Im}(\omega)}{\text{Re}(\omega)}$$

$$\text{Re}(\omega) = A(\omega)\cos\varphi(\omega) \qquad \text{Im}(\omega) = A(\omega)\sin\varphi(\omega)$$

5.1.3 频率特性的几何表示法

在工程分析和设计中，通常把频率特性画成曲线。因此为了掌握频率分析法，首先要了解并掌握频率特性的各种作图表示方法。

1. 极坐标图

极坐标图（polar plot or Nyquist plot）又称幅相频率特性曲线（简称幅相曲线）。是把频率 ω 看成参变量，当 ω 从 $0\to\infty$ 时，频率特性 $G(j\omega)$ 的矢端轨迹。例如，按表 5-1 所列数据，可画出图 5-1 系统的幅相曲线，参见图 5-4。图中实轴正方向为相角零度线，逆时针方向角度为正角度，顺时针方向的角度为负角度。对于一个确定的频率，必有一个幅频特性的幅值和一个相频特性的相角与之对应，例如 $\omega=1/T$ 时，有 $A(\omega)=0.71$ 和 $\varphi(\omega)=-45°$。幅值 0.71 和相角 $-45°$ 在复平面上代表一个矢量。频率从零变到无穷时，相应矢量的矢端就描绘出一条曲线，图中箭头表示 ω 增大时幅相曲线的变化方向。

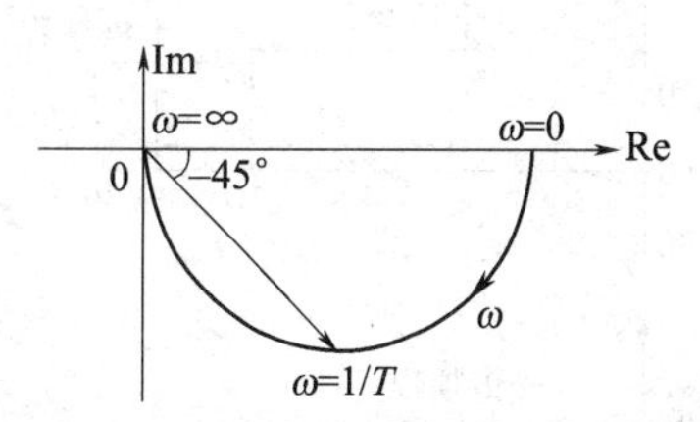

图 5-4　图 5-1 系统的幅相曲线

$G(j\omega)$ 的极坐标图绘制时需要取 ω 的增量逐点作出，因此不便于徒手作图。一般情况下，依据作图原理，可以粗略地绘制出极坐标图的草图。在需要准确作图时，可以借助计算机辅助分析方法完成 $G(j\omega)$ 的极坐标图绘制。

采用极坐标图的优点是它能够在一幅图上表示出系统在整个频率范围内的频率响应特性。但是，它不能清楚地表明系统中每个单独因子对系统的具体影响，这是它的一个缺点。

2. 伯德图

伯德图（Bode diagram）又称对数频率特性曲线（包括对数幅频和对数相频两条曲线），由于方便实用，被广泛地应用于控制系统分析时的作图。对数频率特性曲线的横坐标是频率 ω，按对数分度，单位是弧度/秒（rad/s）。对数幅频特性曲线的纵坐标表示对数幅频特性的函数值，均匀分度，单位是分贝（dB）。频率特性 $G(j\omega)$ 的对数幅频特性定义如下：

$$L(\omega) = 20\lg A(\omega) \tag{5-22}$$

对数相频特性曲线的纵坐标表示相频特性的函数值,均匀分度,单位是度(°)。

ω 从 1 到 10,ω 与对数分度 $\lg\omega$ 对应关系如表 5-2 所示。

表 5-2　ω 从 1 到 10 的对数分度

ω	1	2	3	4	5	6	7	8	9	10
$\lg\omega$	0	0.301	0.477	0.602	0.699	0.778	0.845	0.903	0.954	1

伯德图的坐标系如图 5-5 所示,此坐标系称为半对数坐标,其特点是:

(1) 横轴按频率的对数 $\lg\omega$ 标尺刻度,但标出的是频率 ω 本身的数值,因此,横轴的刻度是不均匀的。

(2) 横轴压缩了高频段,扩展了低频段。

(3) 在 ω 轴上,对应于频率每变化一倍,称为一倍频程,例如 ω 从 1 到 2,2 到 4,10 到 20,等等,其长度都相等。对应于频率每增大十倍的频率范围,称为十倍频程(dec),例如 ω 从 1 到 10,2 到 20,10 到 100,等等,所有十倍频程在 ω 轴上的长度都相等。

(4) 可以将幅值的乘除化为加减。

(5) 可以采用简便方法绘制近似的对数幅频曲线。

(6) 对一些难以建立传递函数的环节或系统,可将实验获得的频率特性数据画成对数频率特性曲线,能方便地进行系统分析。

图 5-6 是 $G(j\omega)=1/(1+j0.5\omega)$ 对应的伯德图。

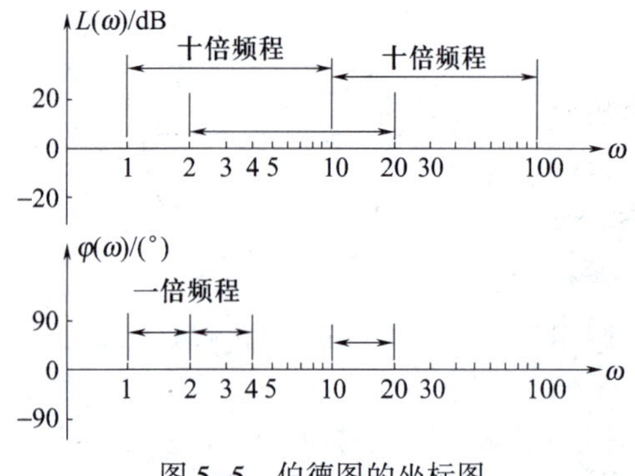

图 5-5　伯德图的坐标图

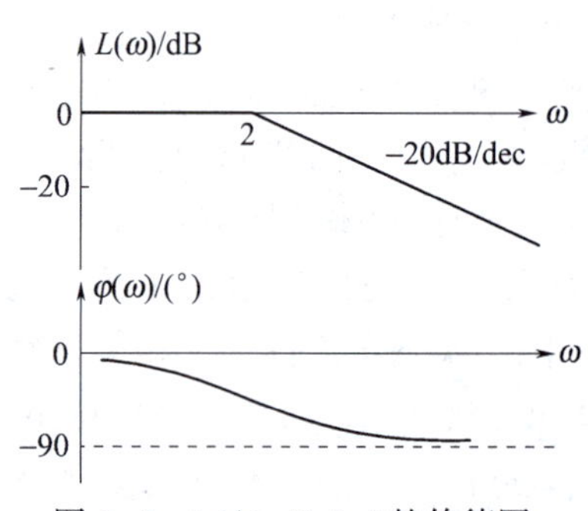

图 5-6　$1/(1+j0.5\omega)$ 的伯德图

5.2　典型环节的频率特性

开环传递函数总可以分解为一些常见因式的乘积,这些常见的因式称为典型环节。因此研究典型环节的频率特性曲线的绘制方法和特点很有必要,本节叙述各典型环节频率特性曲线的绘图方法及特点。

1. 比例环节

频率特性为

$$G(j\omega)=K \tag{5-23}$$

1) 极坐标图

幅频特性为

$$A(\omega)=K \tag{5-24}$$

相频特性为

$$\varphi(\omega) = 0^\circ \tag{5-25}$$

其幅频特性和相频特性是与频率 ω 无关的一个常数，对应的极坐标图是实轴上的一个点，如图 5-7 所示。

2）伯德图

对数幅频特性表达式为

$$L(\omega) = 20\lg K \tag{5-26}$$

对数相频特性表达式为

$$\varphi(\omega) = 0^\circ \tag{5-27}$$

对数幅频特性是平行于横轴的一条水平线，对数相频特性是横坐标轴，如图 5-8 所示。当 $K>1$ 时，其对数幅频特性 $L(\omega)$ 的分贝值为正；当 $K<1$ 时，其分贝值为负。改变传递函数中的增益 K 会导致对数幅频特性曲线上升或下降一个相应的常数，但不会影响对数相频特性曲线。

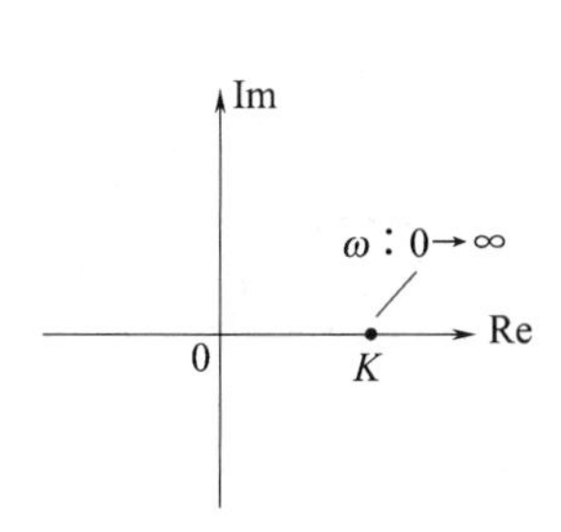

图 5-7　比例环节的极坐标图

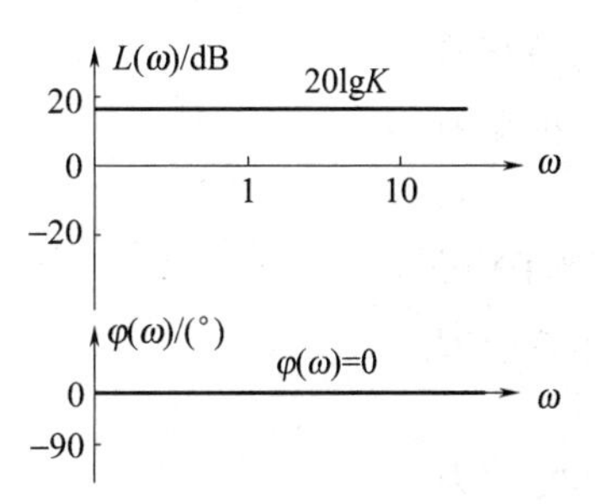

图 5-8　比例环节的伯德图

2. 积分环节

频率特性为

$$G(j\omega) = \frac{1}{j\omega} \tag{5-28}$$

1）极坐标图

幅频特性为

$$A(\omega) = \frac{1}{\omega} \tag{5-29}$$

相频特性为

$$\varphi(\omega) = -90^\circ \tag{5-30}$$

当 ω 从 $0\to\infty$ 时，其相角恒为 -90°，幅值的大小与 ω 成反比。因此，极坐标图在负虚轴上，如图 5-9 所示。

2）伯德图

对数幅频特性表达式为

$$L(\omega) = 20\lg A(\omega) = -20\lg\omega \tag{5-31}$$

对数幅频特性曲线为每增大十倍频程衰减 20dB 的一条斜线，是等斜率变化的，斜率记作 -20dB/dec（有时简写为 -1），并且当 $\omega=1$ 时过 0dB 线。

对数相频特性表达式为

$$\varphi(\omega) = -90^\circ \tag{5-32}$$

对数相频特性曲线为 -90° 的一条水平线，积分环节的伯德图如图 5-10 所示。

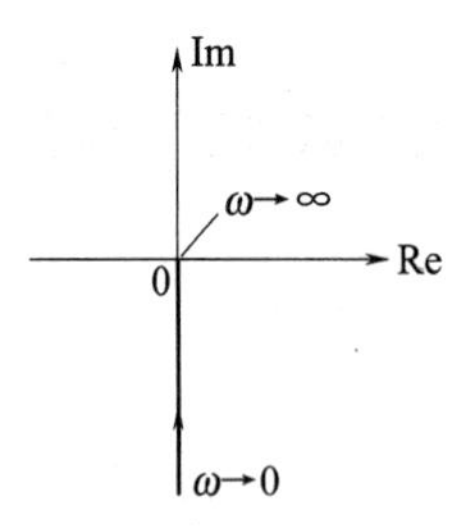

图 5-9　积分环节的极坐标图

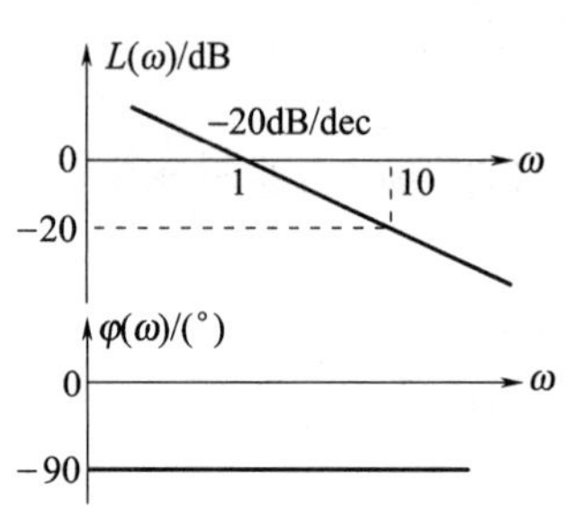

图 5-10　积分环节的伯德图

如果频率特性中包含$(1/\mathrm{j}\omega)^n$，则对数幅频为

$$20\lg\left|\frac{1}{(\mathrm{j}\omega)^n}\right| = -n\cdot 20\lg\omega = -20n\lg\omega$$

因此，对数幅频曲线斜率为$-20n$dB/dec。其相角等于$-90°\times n$。

3. 微分环节

频率特性为

$$G(\mathrm{j}\omega) = \mathrm{j}\omega \tag{5-33}$$

1）极坐标图

幅频特性为

$$A(\omega) = \omega \tag{5-34}$$

相频特性为

$$\varphi(\omega) = +90° \tag{5-35}$$

当ω从$0\to\infty$时，其相角恒为$+90°$，幅值的大小与ω成正比。因此，极坐标图在正虚轴上，如图 5-11 所示。

2）伯德图

对数幅频特性表达式为

$$L(\omega) = 20\lg A(\omega) = +20\lg\omega \tag{5-36}$$

可见，与积分环节相差一个符号，对数幅频特性曲线为每十倍频程增加 20dB 的一条斜线，也是等斜率变化的。

对数相频特性表达式为

$$\varphi(\omega) = +90° \tag{5-37}$$

对数相频特性曲线为$+90°$的一条直线。微分环节的伯德图如图 5-12 所示。

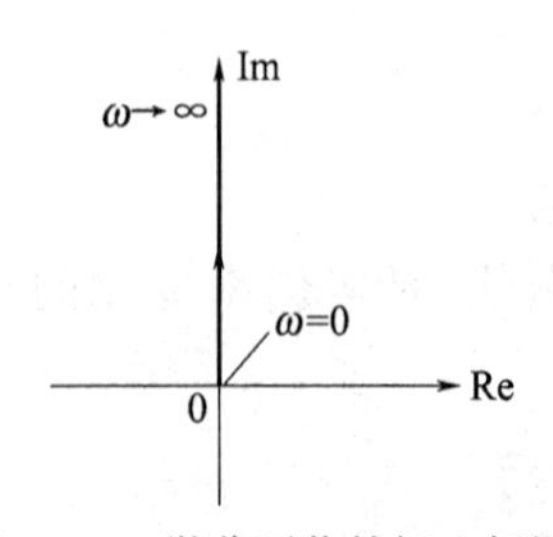

图 5-11　微分环节的极坐标图

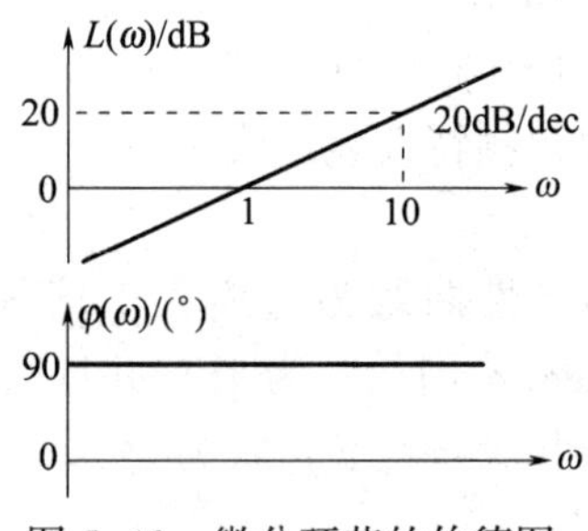

图 5-12　微分环节的伯德图

微分环节与积分环节的传递函数互为倒数,对数幅频特性和对数相频特性仅差一个正负号,因此它们的伯德图是镜像对称于横轴的。

4. 惯性环节

频率特性为

$$G(\mathrm{j}\omega)=\frac{1}{1+\mathrm{j}\omega T} \tag{5-38}$$

1）极坐标图

实部与虚部表达式为

$$G(\mathrm{j}\omega)=\frac{1}{1+\omega^2T^2}-\mathrm{j}\frac{\omega T}{1+\omega^2T^2} \tag{5-39}$$

其模角表达式为

$$G(\mathrm{j}\omega)=\frac{1}{\sqrt{1+\omega^2T^2}}\angle-\arctan\omega T \tag{5-40}$$

幅频特性为

$$A(\omega)=\frac{1}{\sqrt{1+\omega^2T^2}} \tag{5-41}$$

$A(\omega)|_{\omega\to0}=1,A(\omega)|_{\omega\to\infty}\to0$。

相频特性为

$$\varphi(\omega)=-\arctan\omega T \tag{5-42}$$

$\varphi(\omega)|_{\omega\to0}=0°,\varphi(\omega)|_{\omega\to\infty}\to-90°$。

依据上述趋势分析可以作出惯性环节的极坐标图如图 5-13 所示。可以证明,惯性环节的极坐标图为半圆。

$$\left(\mathrm{Re}(\omega)-\frac{1}{2}\right)^2+\mathrm{Im}^2(\omega)=\left(\frac{1}{2}\cdot\frac{1-\omega^2T^2}{1+\omega^2T^2}\right)^2+\left(\frac{\omega T}{1+\omega^2T^2}\right)^2=\left(\frac{1}{2}\right)^2$$

所以,极坐标图是一个圆心在(0.5,j0),且半径为 0.5 的半圆。

2）伯德图

对数幅频特性表达式为

$$L(\omega)=20\lg\frac{1}{\sqrt{1+\omega^2T^2}}=-20\lg\sqrt{1+\omega^2T^2} \tag{5-43}$$

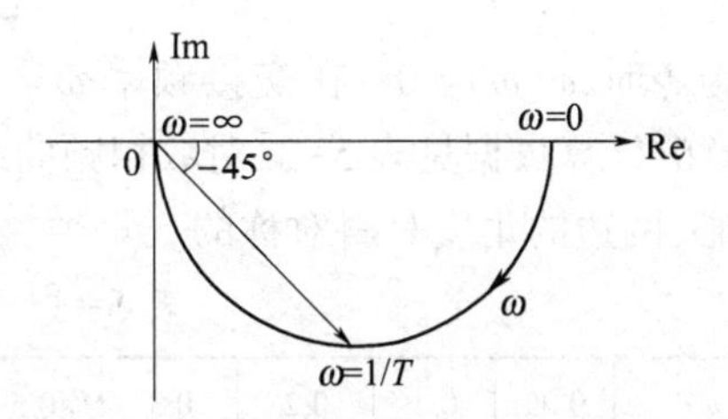

图 5-13　惯性环节的极坐标图

当 ω 由零至无穷取值,计算出相应的对数幅值,即可绘制 $L(\omega)$ 曲线。但工程上还有以下更简便的作图法。

（1）当 $\omega\ll1/T$ 时,对数幅频特性可近似表示为

$$L(\omega)\approx-20\lg1=0 \tag{5-44}$$

即频率很低时,以零分贝线近似。

（2）当 $\omega\gg1/T$ 时,对数幅频特性可近似表示为

$$L(\omega)\approx-20\lg\omega T \tag{5-45}$$

也即频率很高时,$L(\omega)$ 曲线可用一条直线近似,直线斜率为 -20dB/dec,与零分贝线交于

$\omega = 1/T$。

因此惯性环节的对数幅频曲线可用两条直线近似，低频部分为零分贝线，高频部分是斜率为-20dB/dec 的直线，两条直线交于 $\omega = 1/T$ 的地方，如图 5-14 所示。频率 $1/T$ 称为**惯性环节的转折频率(corner frequency)或交接频率或转角频率**。

用渐近线近似表示 $L(\omega)$，必然存在误差 $\Delta L(\omega)$，$\Delta L(\omega)$ 可按以下公式计算：

$$\Delta L(\omega) = L(\omega) - L_a(\omega) \tag{5-46}$$

式中，$L(\omega)$ 表示准确值；$L_a(\omega)$ 表示近似值，于是

$$\Delta L(\omega) = \begin{cases} -20\lg\sqrt{1+\omega^2T^2} & \omega < 1/T \\ -20\lg\sqrt{1+\omega^2T^2} + 20\lg\omega T & \omega > 1/T \end{cases} \tag{5-47}$$

根据上式计算得到的误差曲线，如图 5-15 所示。在交接频率处误差最大，约为-3dB；在低于或高于交接频率一倍频程处，误差为-0.97dB；在低于或高于交接频率十倍频程处，误差-0.04dB。因此准确曲线可以根据渐近线经修正而得。

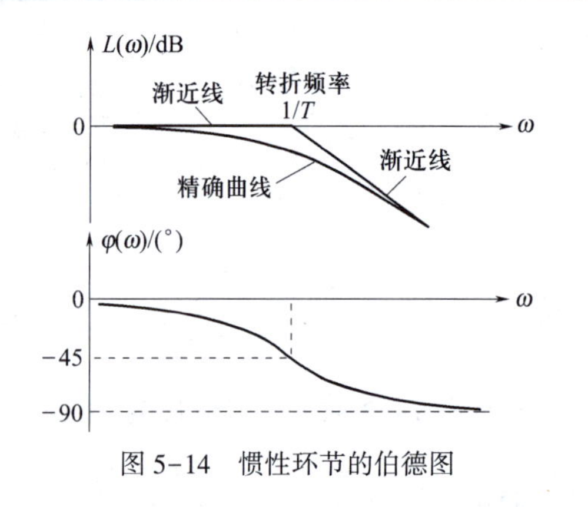

图 5-14 惯性环节的伯德图

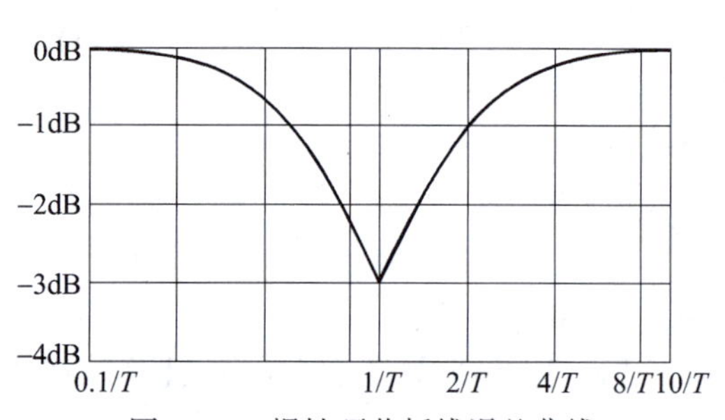

图 5-15 惯性环节折线误差曲线

因为渐近线很容易绘制，且与精确曲线充分接近，所以为了能迅速地确定系统频率响应特性的一般性质，使计算量达到最小，采用这种近似的方法画对数幅频特性曲线是很方便的。

对数相频特性表达式为

$$\varphi(\omega) = -\arctan\omega T \tag{5-48}$$

ω 为零时，$\varphi(\omega) = 0°$；在交接频率 $\omega = 1/T$ 处，$\varphi(\omega) = -45°$；ω 趋于无穷时，$\varphi(\omega) = -90°$。$\varphi(\omega)$ 的计算数据见表 5-3，对数相频曲线见图 5-14，相频曲线是单调减的，而且以转折频率为中心，两边的角度是斜对称的。

表 5-3 惯性环节的相频特性数据

ωT	0.05	0.1	0.2	0.3	0.5	1.0	2	3	5	10	20	50	100
$\varphi(\omega)/(°)$	-2.9	-5.7	-11.3	-16.7	-26.6	-45	-63.4	-71.5	-78.7	-84.3	-87.1	-88.9	-89.4

5. 一阶微分环节

频率特性

$$G(j\omega) = 1 + j\omega T \tag{5-49}$$

1) 极坐标图

幅频特性为

$$A(\omega) = \sqrt{1+\omega^2T^2} \tag{5-50}$$

相频特性为

$$\varphi(\omega)=\arctan\omega T \tag{5-51}$$

当频率 ω 从 $0\to\infty$ 时,实部始终为单位 1,虚部则随着 ω 线性增长。所以,它的极坐标图如图 5-16 所示。

2) 伯德图

对数幅频特性表达式为

$$L(\omega)=20\lg\sqrt{1+\omega^2T^2} \tag{5-52}$$

对数相频特性表达式为

$$\varphi(\omega)=\arctan\omega T \tag{5-53}$$

从上面的表达式可以看出,一阶微分环节与惯性环节的对数幅频特性和对数相频特性相差一个正负号,因此,它们的伯德图以横轴互为镜像。则一阶微分环节的伯德图如图 5-17 所示。

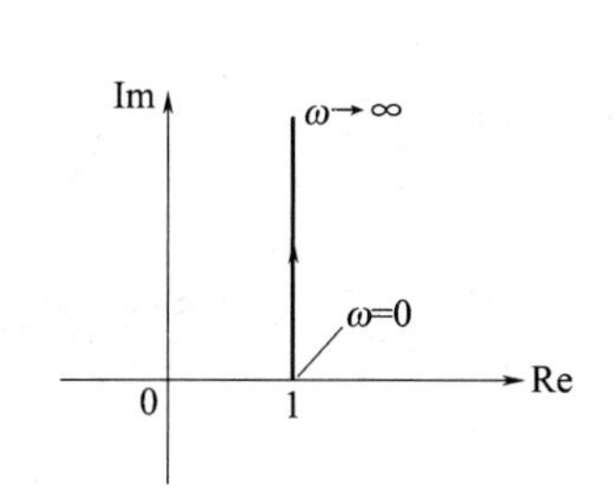

图 5-16　一阶微分环节的极坐标图

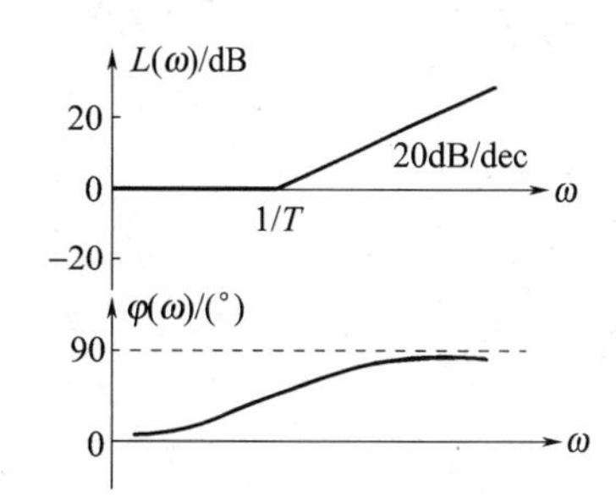

图 5-17　一阶微分环节的伯德图

6. 振荡环节

频率特性为

$$G(j\omega)=\frac{\omega_n^2}{(j\omega)^2+j2\zeta\omega_n\omega+\omega_n^2}=\frac{1}{\left(1-\frac{\omega^2}{\omega_n^2}\right)+j2\zeta\frac{\omega}{\omega_n}} \tag{5-54}$$

1) 极坐标图

幅频特性为

$$A(\omega)=\frac{1}{\sqrt{\left(1-\frac{\omega^2}{\omega_n^2}\right)^2+\left(2\zeta\frac{\omega}{\omega_n}\right)^2}} \tag{5-55}$$

相频特性为

$$\varphi(\omega)=-\arctan\frac{2\zeta\frac{\omega}{\omega_n}}{1-\frac{\omega^2}{\omega_n^2}} \tag{5-56}$$

当 $\omega=0$ 时,$A(0)=1$,$\varphi(0)=0°$;当 $\omega=\omega_n$时,$A(\omega_n)=1/2\zeta$,$\varphi(\omega_n)=-90°$;当 $\omega=\infty$ 时,$A(\infty)=0$,$\varphi(\infty)=-180°$,其相频特性由 0°单调减至-180°,极坐标图应在第 4、3 象限,如图5-18所示。

2) 伯德图

对数幅频特性表达式为

$$L(\omega) = 20\lg \frac{1}{\sqrt{\left(1 - \frac{\omega^2}{\omega_n^2}\right)^2 + \left(2\zeta \frac{\omega}{\omega_n}\right)^2}} \tag{5 - 57}$$

根据上式可以作出两条渐近线。当 $\omega \ll \omega_n$时,$L(\omega) \approx 0$;当 $\omega \gg \omega_n$时,$L(\omega) \approx -20\lg\omega^2/\omega_n^2 = -40\lg\omega/\omega_n$。这是一条斜率为-40dB/dec 直线,和零分贝线交于 $\omega = \omega_n$的地方。故振荡环节的交接频率为 ω_n,对数幅频特性渐近线如图 5-19 所示。

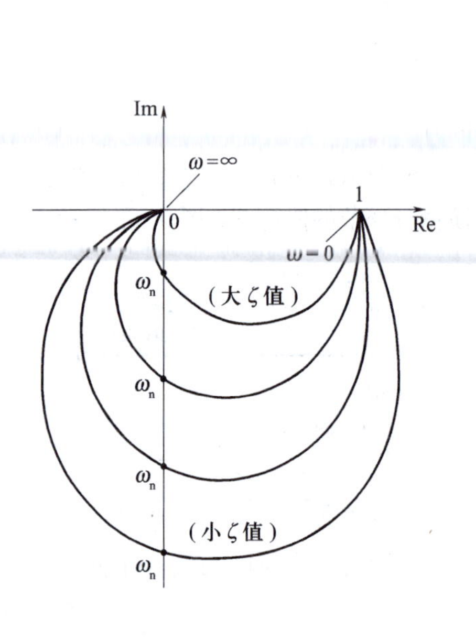

图 5-18　振荡环节的极坐标图

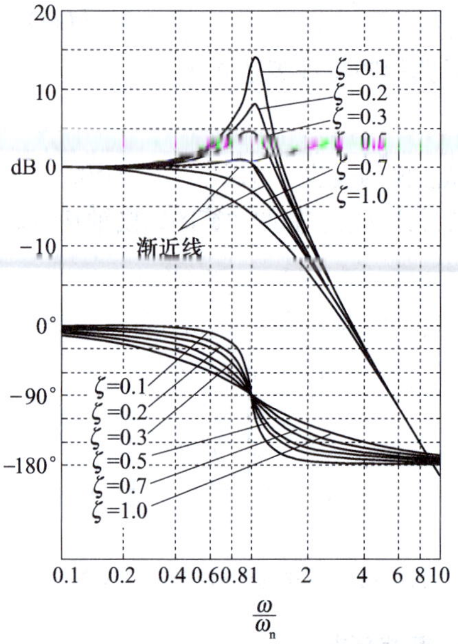

图 5-19　振荡环节的伯德图

以上得到的两条渐近线都与阻尼比无关。用渐近线近似表示对数幅频曲线会存在误差,误差大小不仅和 ω 有关,而且也和 ζ 有关。误差计算公式是

$$\Delta L(\omega,\zeta) = \begin{cases} -20\lg\sqrt{(1 - \omega^2/\omega_n^2)^2 + (2\zeta\omega/\omega_n)^2} & \omega < \omega_n \\ -20\lg\sqrt{(1 - \omega^2/\omega_n^2)^2 + (2\zeta\omega/\omega_n)^2} + 20\lg\omega^2/\omega_n^2 & \omega > \omega_n \end{cases} \tag{5 - 58}$$

绘制的误差曲线如图 5-20 所示,此曲线可用来修正渐近特性。用渐近线代替准确曲线,在 $\omega = \omega_n$附近有较大的误差。当 $\omega = \omega_n$时,由渐近线得 $L(\omega_n) = 20\lg 1/2\zeta$,与阻尼比 ζ 有关。若 ζ 在 0.4~0.7 之间,误差不大,而当 ζ 较小时,要考虑它有一个尖峰。

对数相频特性表达式为

$$\varphi(\omega) = -\arctan \frac{2\zeta \frac{\omega}{\omega_n}}{1 - \frac{\omega^2}{\omega_n^2}} \tag{5 - 59}$$

$\omega = 0$ 时,有 $\varphi(0) = 0°$;

$\omega = \omega_n$时,有 $\varphi(\omega_n) = -90°$;

$\omega \to \infty$ 时,有 $\varphi(\infty) = -180°$。

由于系统阻尼比取值不同,$\varphi(\omega)$ 在 $\omega = \omega_n$邻域的角度变化率也不同,阻尼比越小,变化率

越大。对数相频特性曲线如图 5-20 所示。

7. 二阶微分环节

其频率特性为

$$G(j\omega)=\left.\frac{s^2+2\zeta\omega_n s+\omega_n^2}{\omega_n^2}\right|_{s=j\omega}=\left(1-\frac{\omega^2}{\omega_n^2}\right)+j2\zeta\frac{\omega}{\omega_n} \tag{5-60}$$

它的极坐标图如图 5-21 所示。由于二阶微分环节与振荡环节的传递函数互为倒数,因此,其伯德图可以参照振荡环节的伯德图翻转画出。

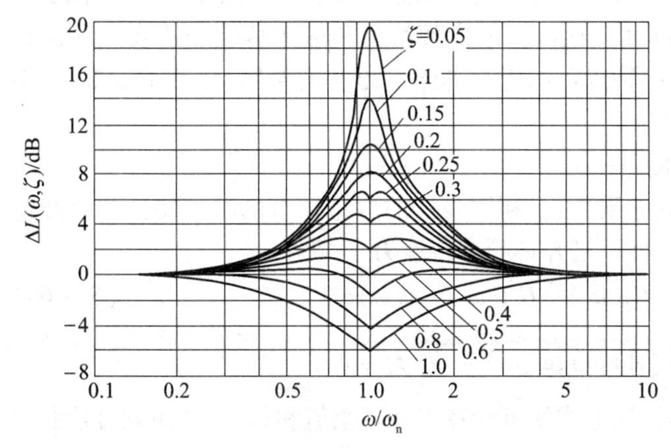

图 5-20　振荡环节的 $\Delta L(\omega,\zeta)$ 曲线

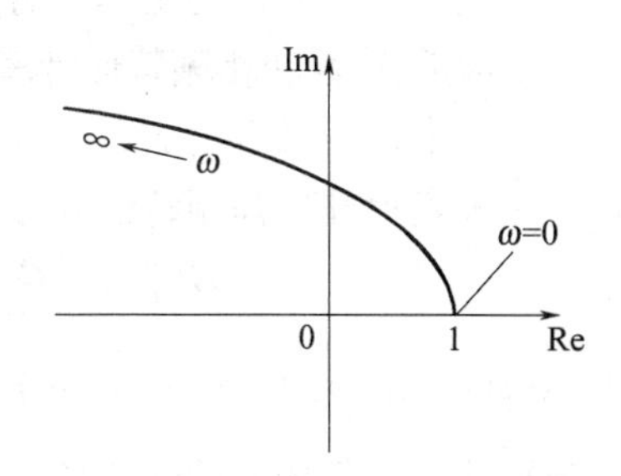

图 5-21　二阶微分环节的极坐标图

8. 延迟环节

其频率特性为

$$G(j\omega)=e^{-j\omega\tau} \tag{5-61}$$

幅值为

$$A(\omega)=|e^{-j\omega\tau}|=1 \tag{5-62}$$

相角为

$$\varphi(\omega)=-\omega\tau(\text{rad})=-57.3\omega\tau(^\circ) \tag{5-63}$$

由于幅值总是 1,相角随频率而变化,其极坐标图为一单位圆,如图 5-22 所示。伯德图如图 5-23所示。由于 $\varphi(\omega)$ 随频率的增长而线性滞后,将严重影响系统的稳定性。

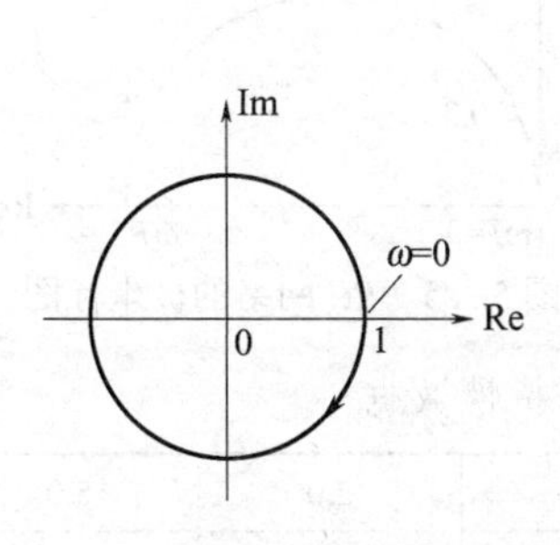

图 5-22　延迟环节的极坐标图

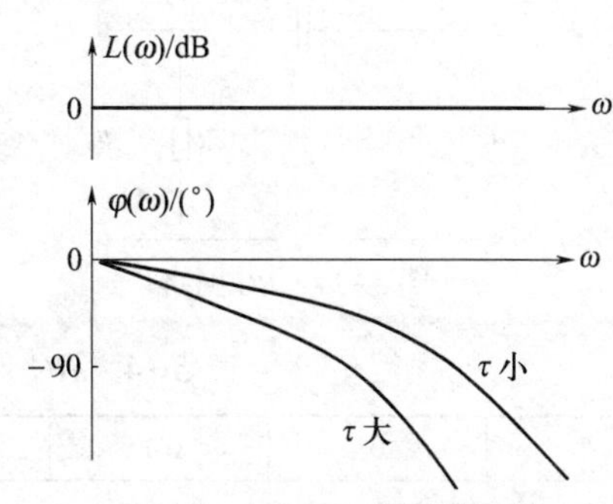

图 5-23　延迟环节的伯德图

5.3 控制系统的开环频率特性

在掌握了典型环节频率特性的基础上,可以作出控制系统的开环频率特性曲线,即开环极坐标图和开环伯德图,进而可以利用这些图形对所研究的系统进行分析。

5.3.1 开环极坐标图

开环极坐标图的画法和典型环节一样,可按开环传递函数的极点—零点分布图,用图解计算法绘制;或列出开环幅频特性和相频特性表达式(或实频特性和虚频特性表达式),用解析法计算绘制;或利用开环频率特性的一些特点可以近似地绘制出它的草图,尽管不太准确,但是用于系统的定性分析还是非常有用的。

1. 用幅频特性和相频特性计算作图

开环频率特性可表达成典型环节的连乘形式,利用相应的典型环节的幅频特性和相频特性表达式来表示开环幅频特性和相频特性。设开环频率特性为

$$G(\mathrm{j}\omega)=G_1(\mathrm{j}\omega)G_2(\mathrm{j}\omega)\cdots G_n(\mathrm{j}\omega)=A(\omega)\mathrm{e}^{\mathrm{j}\varphi(\omega)} \tag{5-64}$$

式中,$A(\omega)=A_1(\omega)A_2(\omega)\cdots A_n(\omega)=\prod_{i=1}^{n}A_i(\omega)$;$\varphi(\omega)=\sum_{i=1}^{n}\varphi_i(\omega)$。

分别计算出各环节的幅值和相角后,按上式便可计算出开环幅值和相角,从而就可绘制出开环极坐标图。

例 5-1 图 5-24 所示为 RC 网络,试绘制其极坐标图。

解:建立网络的数学模型,RC 网络的传递函数为

$$G(s)=\frac{Ts}{Ts+1}$$

式中,$T=RC$。其频率特性为

$$G(\mathrm{j}\omega)=\frac{\mathrm{j}\omega T}{\mathrm{j}\omega T+1}=\mathrm{j}\omega T\cdot\frac{1}{\mathrm{j}\omega T+1}$$

其幅频特性为

$$A(\omega)=\omega T\cdot\frac{1}{\sqrt{1+(\omega T)^2}}$$

相频特性为

$$\varphi(\omega)=90^\circ-\arctan\omega T$$

计算值见表 5-4,幅相曲线如图 5-25 所示。

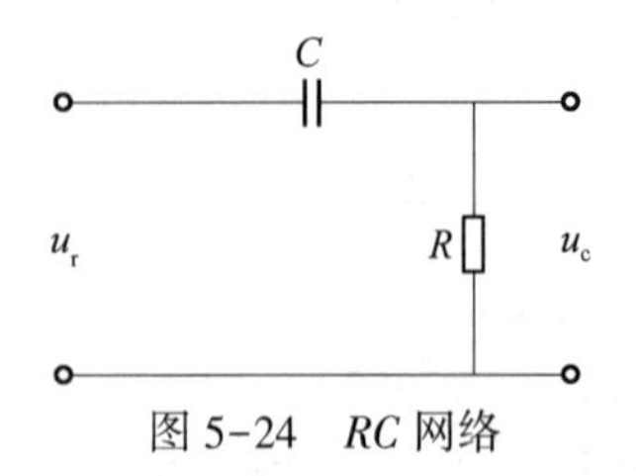

图 5-24 RC 网络

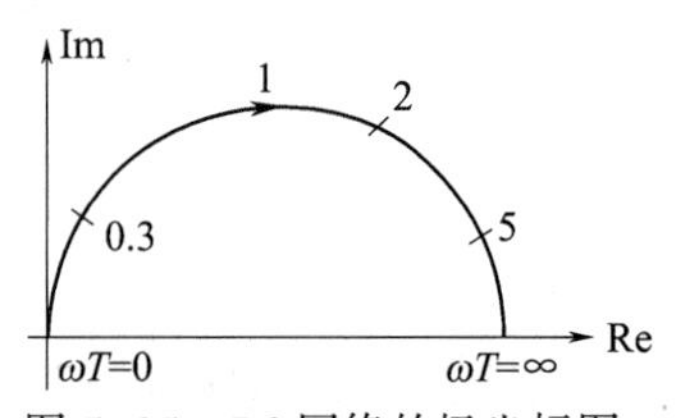

图 5-25 RC 网络的极坐标图

表 5-4 RC 网络的幅频和相频特性数据

ωT	0	0.1	0.3	1.0	2.0	5.0	∞
$A(\omega)$	0	0.0995	0.288	0.707	0.895	0.982	1
$\varphi(\omega)/(^\circ)$	90	84.3	73.3	45	30	11.3	0

2. 按实频特性和虚频特性计算作图

把开环频率特性按实部和虚部分开，然后再用一系列 ω 值代入，计算相应的实频和虚频值，也可以绘制出开环幅相曲线。

3. 由极点—零点分布图绘制

由开环传递函数零极点形式先标出每一零点和极点，当 $s=\mathrm{j}\omega$ 时，可作出相应零点或极点对应的矢量（频率特性），根据所对应的 ω 值，计算出有关矢量的长度和角度，同样能求得频率特性。

例 5-2 由极点和零点分布图求例 5-1 中的频率特性。

解：

$$G(\mathrm{j}\omega)=\left.\frac{s}{s+\dfrac{1}{T}}\right|_{s=\mathrm{j}\omega}$$

其极点—零点分布图如图 5-26 所示。显然，

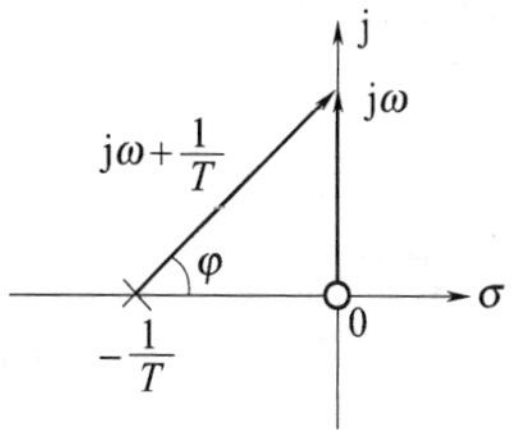

$$A(\omega)=\frac{|\mathrm{j}\omega|}{\left|\mathrm{j}\omega+\dfrac{1}{T}\right|}$$

$$\varphi(\omega)=\angle\mathrm{j}\omega-\angle\left(\mathrm{j}\omega+\frac{1}{T}\right)=90°-\arctan\omega T$$

$$G(\mathrm{j}0)=0\angle 90°$$

$$G\left(\mathrm{j}\frac{1}{T}\right)=0.707\angle 45°$$

$$G(\mathrm{j}\infty)=1\angle 0°$$

图 5-26 *RC* 网络的极点—零点分布图

极坐标图从原点开始而终止于(1,j0)，位于第 1 象限，如图 5-25 所示。

4. 开环极坐标图的近似绘制

用以上方法若要绘制出精确的开环频率特性是比较费时的。一般不要求绘制出精确的极坐标图，但要正确地估计曲线的形状，这就需要掌握开环极坐标图在起点 $\omega=0$，终点 $\omega\to\infty$ 的特点，以及与坐标轴交点的情况，定性地作出开环极坐标草图。

下面定性地来讨论控制系统开环频率特性 $G_{\mathrm{k}}(\mathrm{j}\omega)$ 的一些特点。$G_{\mathrm{k}}(\mathrm{j}\omega)$ 可以表示为

$$G_{\mathrm{k}}(s)=\frac{K}{s^N}\cdot\frac{\prod\limits_{i=1}^{m_1}(\tau_i s+1)\prod\limits_{i=1}^{m_2}(T_i^2s^2+2\zeta_iT_is+1)}{\prod\limits_{j=1}^{n_1}(T_js+1)\prod\limits_{j=1}^{n_2}(T_j^2s^2+2\zeta_jT_js+1)} \tag{5-65}$$

1）极坐标图的起点

极坐标图的起点是 $\omega\to 0$ 时 $G_{\mathrm{k}}(\mathrm{j}0_+)$ 在复平面上的位置。根据极点—零点分布图，容易得到：

对于 0 型系统，有

$$G_{\mathrm{k}}(\mathrm{j}0)=K\angle 0° \tag{5-66}$$

起始于实轴的一点。

对于 1 型以及 1 型以上系统，有

$$G_{\mathrm{k}}(\mathrm{j}0)=\left.\frac{K}{(\mathrm{j}\omega)^N}\right|_{\omega\to 0} \tag{5-67}$$

模值为

$$\left|\frac{K}{(\mathrm{j}\omega)^N}\right|_{\omega\to 0}\to\infty \tag{5-68}$$

相角为

$$\angle\left.\frac{K}{(\mathrm{j}\omega)^N}\right|_{\omega\to 0}=-N\cdot\frac{\pi}{2} \tag{5-69}$$

所以极坐标图的起点位置与系统型号有关。N 不同值时极坐标图的起点位置如图 5-27 所示。

2）极坐标图的终点

极坐标图的终点是 $\omega\to+\infty$ 时 $G_k(\mathrm{j}\infty)$ 在复平面上的位置，当 $\omega\to+\infty$ 时，有

$$G_k(+\mathrm{j}\infty)\to\left.\frac{K}{(\mathrm{j}\omega)^{n-m}}\right|_{\infty} \tag{5-70}$$

模值为

$$\left|\frac{K}{(\mathrm{j}\omega)^{n-m}}\right|_{\omega\to\infty}=0 \tag{5-71}$$

相角为

$$\angle\left.\frac{K}{(\mathrm{j}\omega)^{n-m}}\right|_{\omega\to\infty}=-(n-m)\cdot 90^\circ \tag{5-72}$$

所以极坐标图的终点趋于坐标原点，只是入射角不同，入射角度的大小由分母多项式的阶次与分子多项式的阶次之差 $n-m$ 来决定。各种趋势情况如图 5-28 所示。

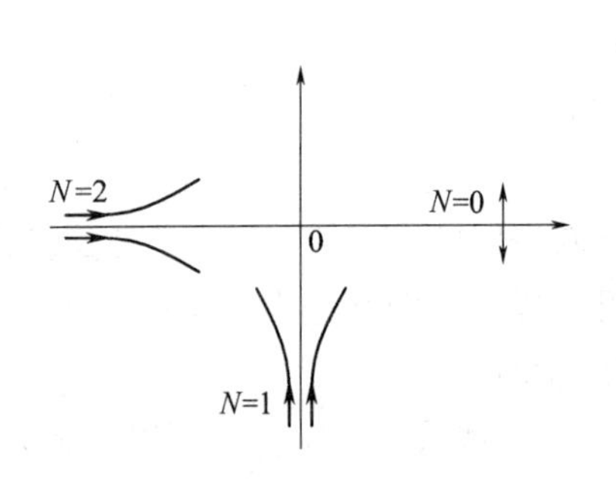

图 5-27　极坐标图的起点

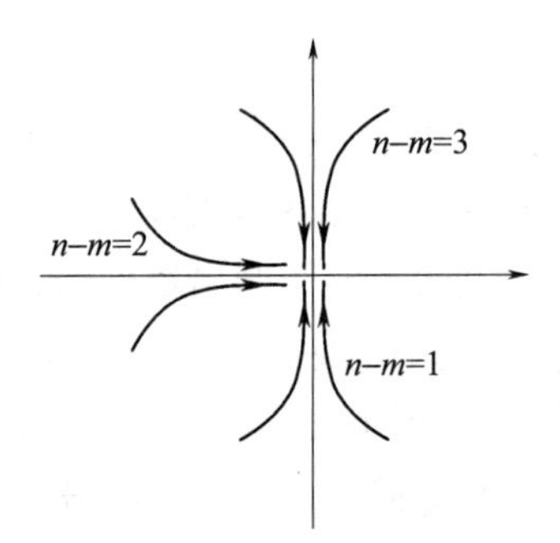

图 5-28　极坐标图的终点

3）与坐标轴的交点

可用解析法求取。令频率特性表达式中虚部为零，解得 ω_x，再把 ω_x 代入 $G_k(\mathrm{j}\omega)$ 实部，即得与实轴的交点坐标。

在不需要准确地作图时，根据上述三条可以非常方便地作出开环频率特性 $G_k(\mathrm{j}\omega)$ 的极坐标草图。

例 5-3　某负反馈控制系统，其开环传递函数为

$$G_k(s)=\frac{K}{(T_1s+1)(T_2s+1)}$$

试概略绘制系统开环幅相曲线。

解：系统开环频率特性

$$G_k(\mathrm{j}\omega)=\frac{K}{T_1T_2\left(\mathrm{j}\omega+\frac{1}{T_1}\right)\left(\mathrm{j}\omega+\frac{1}{T_2}\right)}$$

极点—零点分布图如图 5-29 所示。显然

$$G_k(j0) = K\angle 0°$$

$$G_k(j\infty) = 0\angle -180°$$

当 ω 增加时,$\varphi(\omega)$是单调减的,从 0°连续变化到-180°,幅相曲线处在第 4 和第 3 象限,大致形状如图5-29所示。

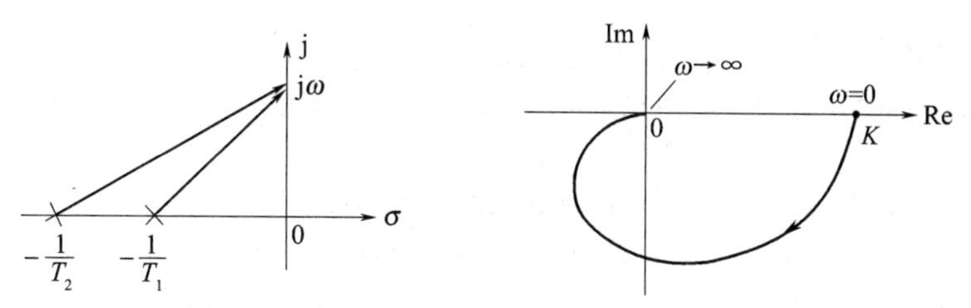

图 5-29　例 5-3 极点—零点分布图和幅相曲线

例 5-4　已知单位反馈开环传递函数为

$$G_k(s) = \frac{1}{s(s+1)}$$

试概略绘制系统开环幅相曲线。

解:由于 $N=1$ 为 1 型系统,根据极点—零点分布图,如图 5-30 所示。显然

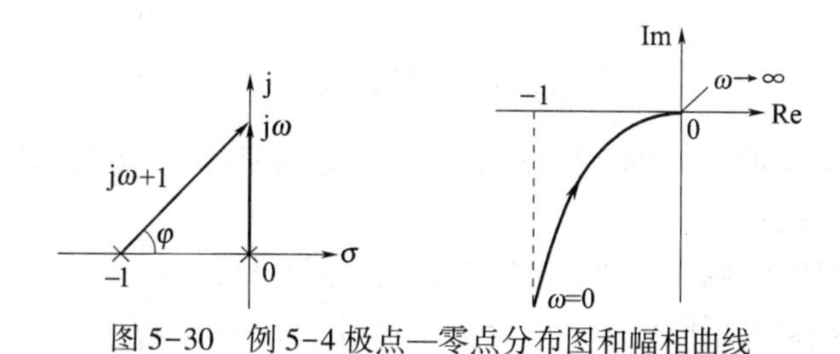

图 5-30　例 5-4 极点—零点分布图和幅相曲线

(1) 起点　$G_k(j0)=\infty\angle -90°$;

(2) 终点　$G_k(j\infty)=0\angle -180°$;

当 ω 增加时,$\varphi(\omega)$是单调减的,从-90°连续变化到-180°。

(3)与坐标轴的交点

$$G_k(j\omega) = \frac{1}{j\omega(j\omega+1)} = -\frac{1}{1+\omega^2} - j\frac{1}{\omega(1+\omega^2)}$$

当 $\omega=0$ 时,实部函数有渐近线为-1,可以先作出渐近线。通过分析实部和虚部函数,可知与坐标轴无交点,且实部和虚部均小于 0,极坐标图应在第 3 象限,概略极坐标图如图 5-30 所示。

例 5-5　已知单位反馈控制系统的开环传递函数为

$$G_k(s) = \frac{K(1+2s)}{s^2(0.5s+1)(1+s)}$$

试概略绘制系统开环幅相曲线。

解:由于 $N=2$ 为 2 型系统,根据极点—零点分布图,如图 5-31 所示。显然

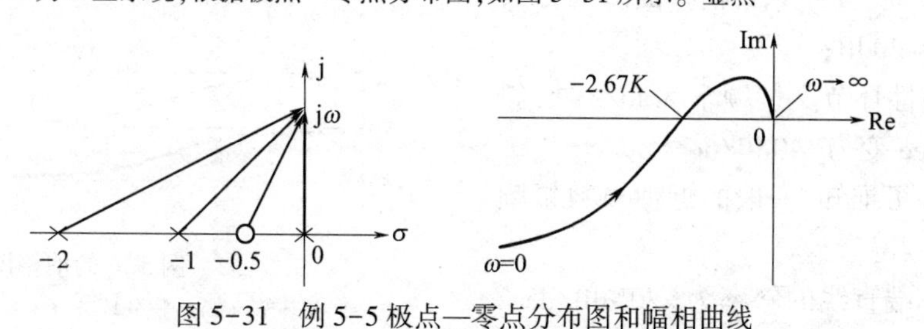

图 5-31　例 5-5 极点—零点分布图和幅相曲线

(1) 起点　$G_k(j0)=\infty\angle-180°$；

(2) 终点　$G_k(j\infty)=0\angle-270°$；

(3) 与坐标轴的交点

$$G_k(j\omega)=\frac{K}{\omega^2(1+0.25\omega^2)(1+\omega^2)}[-(1+2.5\omega^2)-j\omega(0.5-\omega^2)]$$

当 $\omega_x^2=0.5$ 即 $\omega_x=0.707$ 时，极坐标图与实轴有一交点，交点坐标为

$$\mathrm{Re}(\omega_x)=-2.67K$$

因为 $\mathrm{Re}(\omega)<0$，当 $\omega<\omega_x$ 时，$\mathrm{Im}(\omega)<0$；当 $\omega>\omega_x$ 时，$\mathrm{Im}(\omega)>0$，所以极坐标图应在第 3 象限和第 2 象限，开环概略极坐标图如图 5-31 所示。在 $\omega=0.707$，**此时 $\varphi_k(\omega_g)=-180°$，这时的频率也称为相角穿越频率（phase crossover frequency），常记作 ω_g。**

5.3.2 开环伯德图

根据式(5-64)，开环对数幅频特性为

$$L_k(\omega)=20\lg A(\omega)=20\lg\prod_{i=1}^{n}A_i(\omega)=\sum_{i=1}^{n}20\lg A_i(\omega)=\sum_{i=1}^{n}L_i(\omega)\tag{5-73}$$

开环对数相频特性为

$$\varphi_k(\omega)=\sum_{i=1}^{n}\varphi_i(\omega)\tag{5-74}$$

式(5-73)和式(5-74)说明了 $L_k(\omega)$ 和 $\varphi_k(\omega)$ 分别都是各典型环节对数幅频特性 $L_i(\omega)$ 和对数相频特性 $\varphi_i(\omega)$ 的叠加。

与其他用来计算传递函数频率响应的方法比较，采用渐近线近似绘制伯德图，花费的时间少得多。在实践中，经常采用伯德图的主要原因是对于给定的传递函数，画频率响应曲线比较容易，并且在增加校正装置时，改变频率响应曲线也比较容易。

例 5-6　已知单位反馈控制系统的开环传递函数为

$$G_k(s)=\frac{10}{s(0.2s+1)}$$

要求绘制开环系统的伯德图。

解：开环传递函数由三个典型环节组成：比例环节 10；积分环节 $1/s$；惯性环节 $1/(0.2s+1)$。三个典型环节的对数频率特性曲线如图 5-32 所示。将这些典型环节的对数幅频和对数相频曲线分别相加，即得开环伯德图。

分析图 5-32 的开环对数幅频曲线可知，有下列特点：

(1) 最左端直线的斜率为 −20dB/dec，这一斜率完全由 $G(s)$ 的积分环节数决定；

(2) $\omega=1$ 时，开环对数幅频曲线的分贝值等于 $20\lg K=20$dB；

(3) 在惯性环节交接频率 5rad/s 处，斜率从 −20dB/dec 变为 −40dB/dec。

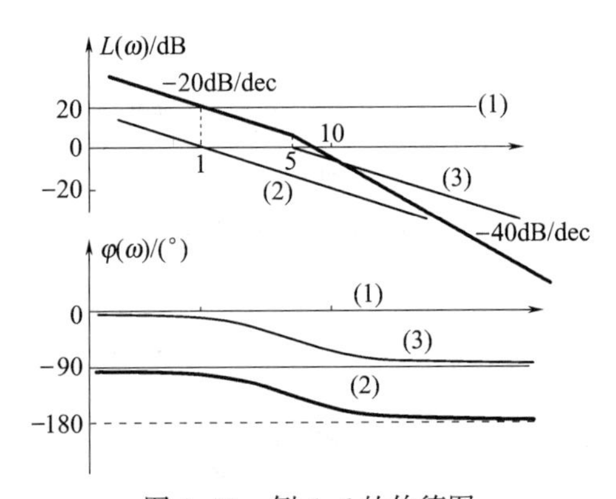

图 5-32　例 5-6 的伯德图

(1)—比例环节；(2)—积分环节；(3)—惯性环节。

由例 5-6 可推知，一般的近似对数幅频曲线有如下特点：

(1) 最左端直线的斜率为 −20NdB/dec，这里 N 是积分环节的个数；

（2）在 $\omega=1$ 时，最左端直线或其延长线的分贝值等于 $20\lg K$；

（3）在交接频率处，曲线的斜率发生改变，改变多少取决于典型环节种类。例如，在惯性环节后，斜率减少 20dB/dec；而在振荡环节后，斜率减少 40dB/dec。

掌握以上特点，就能根据开环传递函数直接绘制对数幅频特性曲线。

对数相频特性作图时，首先确定低频段的相位角，其次确定高频段的相位角，再在中间选出一些插值点，计算出相应的相位角，将上述特征点连线即得对数相频特性的草图。

例 5-7 已知单位反馈系统的开环传递函数为

$$G_k(s)=\frac{100(s+2)}{s(s+1)(s+20)}$$

试绘制系统的开环对数幅频特性曲线。

解：先将 $G_k(s)$ 化成由典型环节串联的标准形式：

$$G_k(s)=\frac{10(0.5s+1)}{s(s+1)(0.05s+1)}$$

然后按下列步骤绘制近似 $L(\omega)$ 曲线。

（1）把各典型环节对应的交接频率标在 ω 轴上。交接频率分别为 2，1，20，如图 5-33 所示。

（2）画出低频段直线（最左端）。

斜率：-20dB/dec；

位置：当 $\omega=1$ 时，$L(1)=20\lg K=20\lg 10=20\text{dB}$。

（3）由低频向高频延续，每经过一个，斜率作适当的改变。$\omega=1,2,20$ 分别对应惯性环节，一阶比例微分环节和惯性环节的交接频率，故当低频段直线延续到 ω 为 1 时，直线斜率由 -20dB/dec 变为 -40dB/dec；ω 为 2 时，直线斜率由 -40dB/dec 变为 -20dB/dec；ω 为 20 时，直线斜率由 -20dB/dec（有时也写为 -1）又变为 -40dB/dec；这样，就可以很容易绘制出对数幅频特性曲线。开环对数幅频特性曲线如图 5-33 所示。

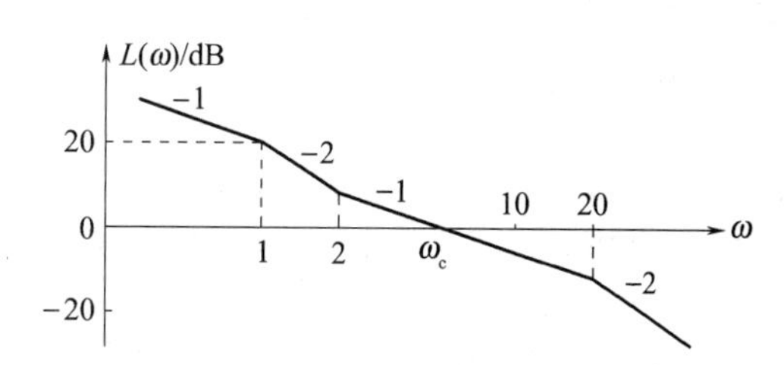

图 5-33　例 5-7 的对数幅频特性曲线

（4）如果需要精确的对数幅频特性曲线，可在近似对数幅频特性曲线的基础上加以修正。

（5）**$L(\omega)$ 与 0dB 线的交点频率称作幅值穿越频率（gain crossover frequency），记作 ω_c**。因为绘制的 $L(\omega)$ 是所有典型环节的渐近线，可以根据 ω_c 与交接频率的相对位置，对每一典型环节作近似处理，所以 ω_c 可以很容易求出。此时

$$A(\omega_c)=\frac{10\cdot 0.5\omega_c}{\omega_c\cdot\omega_c\cdot 1}=1$$

$$\omega_c=5$$

有了系统的开环频率特性曲线，进而可以对闭环系统的性能进行分析和计算了。

5.3.3 最小相位系统与非最小相位系统

定义开环零点与开环极点全部位于 s 左半平面的系统为最小相位系统（minimum phase system），否则称为非最小相位系统（nonminimum phase system）。

例 5-8 已知两个系统的开环传递函数分别为

$$G_1(s)=\frac{1+s}{1+2s},\qquad G_2(s)=\frac{1-s}{1+2s}$$

试作出两系统的开环伯德图。

解:由定义知 $G_1(s)$ 对应的系统为最小相位系统,$G_2(s)$ 对应的系统为非最小相位系统,其对应的极点—零点分布图如图 5-34 所示。

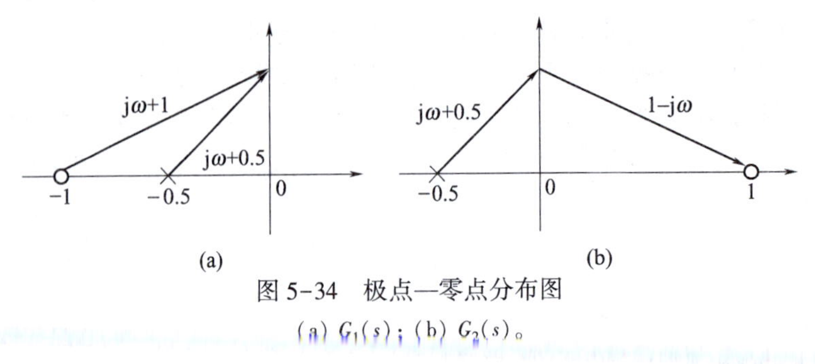

图 5-34 极点—零点分布图

(a) $G_1(s)$;(b) $G_2(s)$。

对应的频率特性分别为

$$G_1(j\omega) = \frac{1 + j\omega}{1 + j2\omega}, \qquad G_2(j\omega) = \frac{1 - j\omega}{1 + j2\omega}$$

对数幅频特性为

$$L_1(\omega) = 20\lg\left|\frac{1 + j\omega}{1 + j2\omega}\right| = 20\lg\sqrt{1 + \omega^2} - 20\lg\sqrt{1 + 4\omega^2}$$

$$L_2(\omega) = 20\lg\left|\frac{1 - j\omega}{1 + j2\omega}\right| = 20\lg\sqrt{1 + \omega^2} - 20\lg\sqrt{1 + 4\omega^2}$$

两者幅频特性是相同的。

相频特性分别为

$$\varphi_1(\omega) = \arctan\omega - \arctan2\omega$$

$$\varphi_2(\omega) = -\arctan\omega - \arctan2\omega$$

两者相频特性是不同的,且 $G_1(s)$ 比 $G_2(s)$ 有更小的相位角。两系统的伯德图如图 5-35 所示。

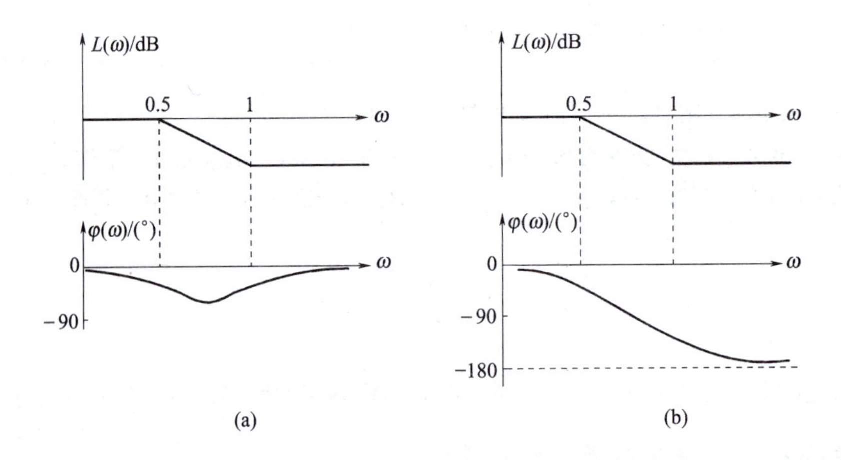

图 5-35 例 5-8 系统的伯德图

(a) 最小相位系统;(b) 非最小相位系统。

由上例可知:

(1) 在具有相同的开环幅频特性的系统中,最小相位系统的相角变化范围最小。

(2) 最小相位系统 $L(\omega)$ 曲线变化趋势与 $\varphi(\omega)$ 是一致的。

(3) 最小相位系统 $L(\omega)$ 曲线与 $\varphi(\omega)$ 两者具有一一对应关系,因此在分析时可只画出

$L(\omega)$。反之,在已知 $L(\omega)$ 曲线时,可确定相应的开环传递函数。

(4) 最小相位系统当 $\omega\to\infty$ 时,其相角 $\varphi(\omega)|_{\omega\to\infty}=-90°(n-m)$,$n$ 为开环极点数,m 为开环零点数。

例 5-9 某最小相位系统的开环对数幅频特性曲线如图 5-36 所示。试写出该系统的开环传递函数。

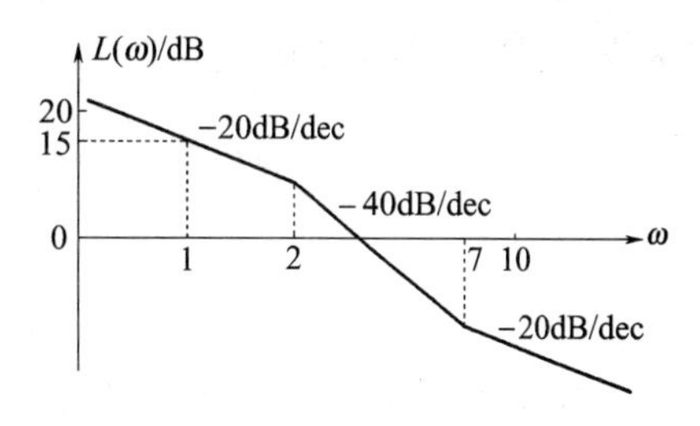

图 5-36 例 5-9 的 $L(\omega)$ 曲线

解:由图 5-36 可见,低频段直线斜率是-20dB/dec,故系统包含一个积分环节。

据 $\omega=1$ 时,低频段直线的坐标为 15dB,可知比例环节的 $K=5.6$。

因为 $\omega=2$ 时,$L(\omega)$ 曲线的斜率从-20dB/dec 变为-40dB/dec,故 $\omega=2$ 是惯性环节的交接频率。类似分析得知,$\omega=7$ 是一阶比例微分环节的交接频率。于是系统的开环传递函数为

$$G(s)=\frac{5.6(1+s/7)}{s(1+s/2)}$$

5.4 奈奎斯特稳定判据

奈奎斯特稳定判据(Nyquist stability criterion,简称奈氏判据)是根据开环频率特性曲线判断闭环系统稳定性的一种准则。

频率稳定判据具有以下特点:

(1) 应用开环频率特性曲线可以判断闭环系统的稳定性。开环频率特性曲线可以按开环频率特性绘制,也可以全部或部分由实验方法绘制。当系统的开环传递函数表达式不知道时,就无法用劳斯判据或根轨迹法判断闭环稳定性,这时应用频率稳定判据就很方便。

(2) 便于研究系统参数和结构改变对稳定性的影响。

(3) 很容易研究包含延迟环节系统的稳定性。

(4) 奈氏判据稍加推广还可用来分析某些非线性系统的稳定性。

5.4.1 辅助函数

研究图 5-37 所示系统。图中,$G(s)$ 和 $H(s)$ 是两个多项式之比

$$G(s)=\frac{M_1(s)}{N_1(s)},\qquad H(s)=\frac{M_2(s)}{N_2(s)}$$

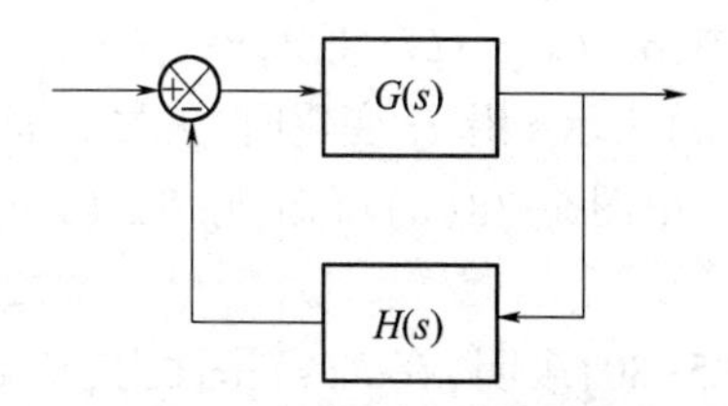

图 5-37 负反馈控制系统

其中,$M_1(s)$,$M_2(s)$ 为分子多项式;$N_1(s)$,$N_2(s)$ 为分母多项式。分子多项式的最高阶次为 m_1 和 m_2,分母多项式的最高阶次为 n_1 和 n_2,且有 $m_1\leqslant n_1$,$m_2\leqslant n_2$。

若 $G(s)$ 和 $H(s)$ 无零点和极点对消,则系统的开环传递函数为

$$G_k(s)=G(s)H(s)=\frac{M_1(s)M_2(s)}{N_1(s)N_2(s)} \tag{5-75}$$

闭环传递函数为

$$\Phi(s)=\frac{G(s)}{1+G(s)H(s)}=\frac{M_1(s)N_2(s)}{N_1(s)N_2(s)+M_1(s)M_2(s)} \tag{5-76}$$

奈氏判据是从研究闭环和开环特征多项式之比这一函数着手的,这个函数仍是复变量 s 的函数,并称之为辅助函数,记作 $F(s)$,即

$$F(s)=\frac{D_B(s)}{D(s)}=\frac{N_1(s)N_2(s)+M_1(s)M_2(s)}{N_1(s)N_2(s)}=$$

$$1+\frac{M_1(s)M_2(s)}{N_1(s)N_2(s)}=1+G(s)H(s) \tag{5-77}$$

显然,辅助函数和开环传递函数之间仅相差 1。考虑到物理系统中,开环传递函数的 m 小于 n,故 $F(s)$ 的分子和分母两个多项式的最高阶次一样,均为 n,$F(s)$ 可改写为

$$F(s)=\frac{\prod_{i=1}^{n}(s-z_i)}{\prod_{i=1}^{n}(s-p_i)} \tag{5-78}$$

式中,z_i 和 p_i 分别为 $F(s)$ 的零点和极点。

由上可知,$F(s)$ 具有如下特点:①其零点是闭环特征根,极点是开环特征根;②零点和极点个数相同;③$F(s)$ 和 $G(s)H(s)$ 只相差常数 1。

通常系统的开环极点是已知的,需要确定的系统闭环极点是未知的。通过辅助函数 $F(s)$,就把控制系统的开环极点与闭环极点联系起来了。

5.4.2 幅角原理

在 s 平面上任选一点 s_1,通过复变函数 $F(s)$ 的映射关系,在 $F(s)$ 平面可以找到相应的映射 $F(s_1)$。若在 $F(s)$ 的极点—零点分布图 5-38(a)上选择 A 点,使 s 从 A 点开始,绕 $F(s)$ 的某零点 z_i 顺时针沿封闭曲线 Γ_s(Γ_s 不包围也不通过任何极点和其他零点)转一周回到 A。相应地 $F(s)$ 则从 $F(s)$ 平面上 B 点(A 点在 $F(s)$ 平面上的映射)出发且回到 B,也描绘出一条封闭曲线 Γ_F,如图 5-38(b)所示。若 s 沿 Γ_s 变化时,$F(s)$ 相角的变化为 $\delta\angle F(s)$,则由方程(5-78)可得

$$\begin{aligned}\delta\angle F(s)=&\delta\angle(s-z_1)+\delta\angle(s-z_2)+\cdots+\delta\angle(s-z_n)\\&-\delta\angle(s-p_1)-\delta\angle(s-p_2)-\cdots-\delta\angle(s-p_n)\end{aligned} \tag{5-79}$$

式中,$\delta\angle(s-z_i)(i=1,2,\cdots,n)$ 表示 s 沿 Γ_s 变化时,矢量 $s-z_i$ 相角的变化;$\delta\angle(s-p_j)(j=1,2,\cdots,n)$ 表示 s 沿 Γ_s 变化时,矢量 $s-p_j$ 相角的变化。

由图 5-38(a)可知,除 $\delta\angle(s-z_i)$ 这一项外,式(5-79)右端其他各项都为零。故

$$\delta\angle F(s)=\delta\angle(s-z_i)=-2\pi \tag{5-80}$$

式(5-80)表明,在 $F(s)$ 平面上,$F(s)$ 曲线从 B 点开始,绕其原点顺时针方向转了一圈。同理,当 s 从 s 平面上某一点开始,绕 $F(s)$ 的某极点 p_j 顺时针转一圈时,在 $F(s)$ 平面上,$F(s)$ 曲线绕其原点逆时针方向转一圈。

幅角原理:如果封闭曲线 Γ_s 内有 Z 个 $F(s)$ 的零点,P 个 $F(s)$ 的极点,则 s 沿 Γ_s 顺时针转一圈时,在 $F(s)$ 平面上,$F(s)$ 曲线绕其原点逆时针转过的圈数 R 为 P 和 Z 之差,即

$$R=P-Z \tag{5-81}$$

R 若为负,表示 $F(s)$ 曲线绕原点顺时针转过的圈数。

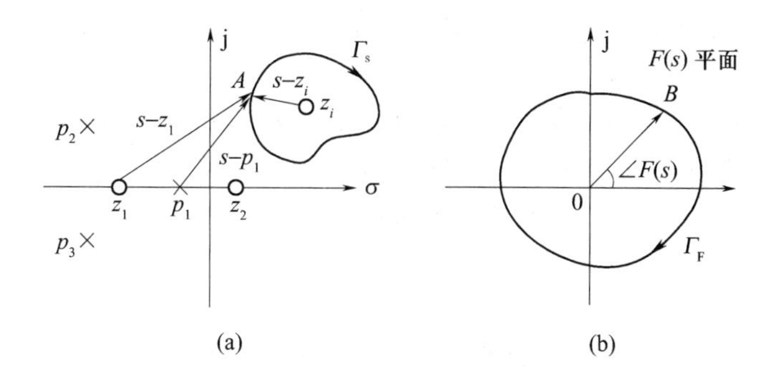

图 5-38　s 和 $F(s)$ 的映射关系

（a）$F(s)$ 的极点—零点分布和封闭曲线 Γ_s；（b）$F(s)$ 曲线示意图。

5.4.3　奈氏判据

分两种情况讨论。

1. 0 型系统(开环没有串联积分的系统)

如果在 s 平面把虚轴和半径为无穷大的半圆取为封闭曲线 Γ_s，如图 5-39 所示，那么 Γ_s 就扩大为包括虚轴和整个 s 右半平面。幅角原理表达式(5-81)中的 P 和 Z 分别表示辅助函数 $F(s)$ 位于 s 右半平面的极点数和零点数。

下面研究 s 沿封闭曲线 Γ_s 顺时针转一周时，辅助函数 $F(s)$ 在 $F(s)$ 平面上的映射。分三部分考虑。

1）正虚轴，即 $s=j\omega(\omega:0\to+\infty)$

$$F(s)\Big|_{s=j\omega}=F(j\omega)=1+G(j\omega)H(j\omega) \tag{5-82}$$

$G(j\omega)H(j\omega)$ 是前面所讨论的开环极坐标图，已知开环传递函数 $G(s)H(s)$，就能绘制出开环极坐标图，也就绘制出 $F(j\omega)$ 曲线。

2）负虚轴，即 $s=-j\omega(\omega:\infty\to0)$

$$F(s)\Big|_{s=-j\omega}=F(-j\omega)=1+G(-j\omega)H(-j\omega) \tag{5-83}$$

$G(-j\omega)H(-j\omega)$ 是 $G(j\omega)H(j\omega)$ 的共轭复数，有了开环极坐标图，根据与实轴的镜像对称关系，就能绘制出负虚轴的映射，如图 5-40 中虚线所示。

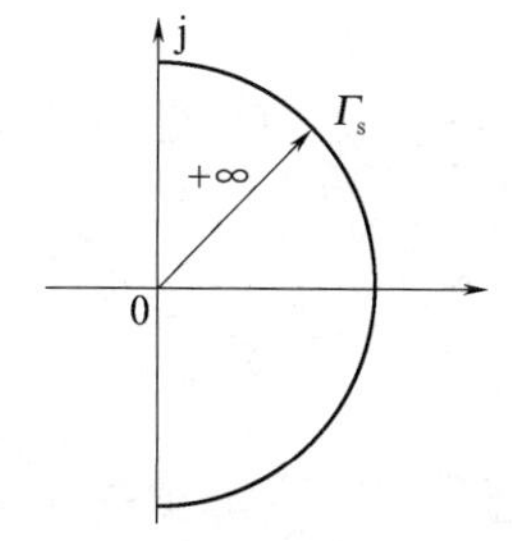

图 5-39　包括全部右半 s 平面的封闭曲线 Γ_s

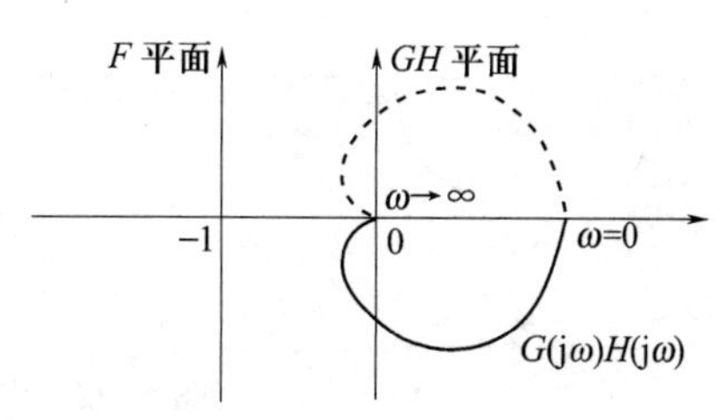

图 5-40　$F(j\omega)$ 与 $G(j\omega)H(j\omega)$ 的关系

3）半径无穷大的右半圆

一般情况，开环传递函数的极点数大于零点数，所以此时的映射为 $F(s)$ 平面上的 $(+1, j0)$ 点。

根据 $F(s)=1+G(s)H(s)$，$F(s)$ 曲线绕原点逆时针转过的圈数 R 就等同于在 GH 平面上 $G(s)H(s)$ 曲线绕 $(-1, j0)$ 点逆时针转过的圈数。

于是，式(5-81)中，R、P 和 Z 具有如下定义：

R——开环奈氏曲线即 s 沿虚轴 $-j\infty$ 到 $+j\infty$ 取值，$G(j\omega)H(j\omega)$ 绕 $(-1, j0)$ 点转过的圈数，逆时针为正，顺时针为负；

P——辅助函数 $F(s)$ 在 s 右半平面极点数，即开环传递函数在 s 右半平面的极点数（已知时）；

Z——辅助函数 $F(s)$ 在 s 右半平面零点数，即闭环传递函数在 s 右半平面的极点数。

奈氏稳定判据可以这样来叙述：已知开环系统特征方程式在 s 右半平面的根的个数为 P，当 ω 从 $-\infty \to +\infty$ 时，开环奈氏曲线包围 $(-1, j0)$ 点的圈数为 R，则闭环系统特征方程式在 s 右半平面的根的个数为 Z，且有

$$Z = P - R \tag{5-84}$$

若 $Z=0$，说明闭环特征根均在 s 左半平面，闭环系统是稳定的；若 $Z\neq0$，说明闭环特征根在 s 右半平面有根，闭环系统是不稳定的。当 $P=0$，即开环系统是稳定的，若要求闭环系统稳定，即 $Z=0$，则 $R=0$，要求开环奈氏曲线不包围 $(-1, j0)$ 点；当 $P\neq0$，即开环系统是不稳定的，若要求闭环系统稳定，即 $Z=0$，则 $R=P$，要求开环奈氏曲线逆时针包围 $(-1, j0)$ 点 P 圈。

例 5-10 试判断图 5-41 所示系统的稳定性。

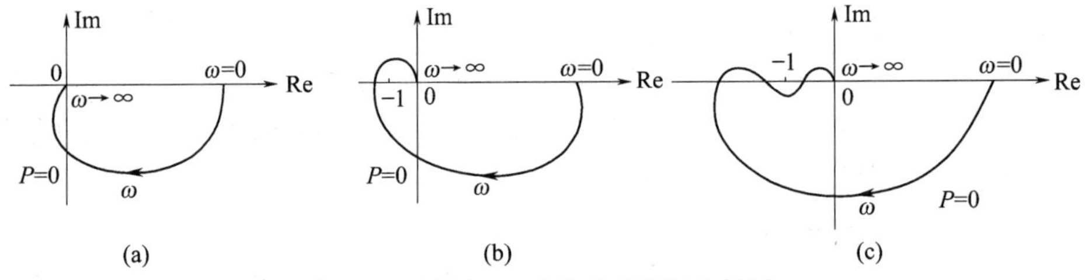

图 5-41 例 5-10 系统的开环极坐标图

解：根据对称性，分别作出三个系统 $\omega=-\infty \to 0$ 的奈氏曲线，如图 5-42 中虚线所示。

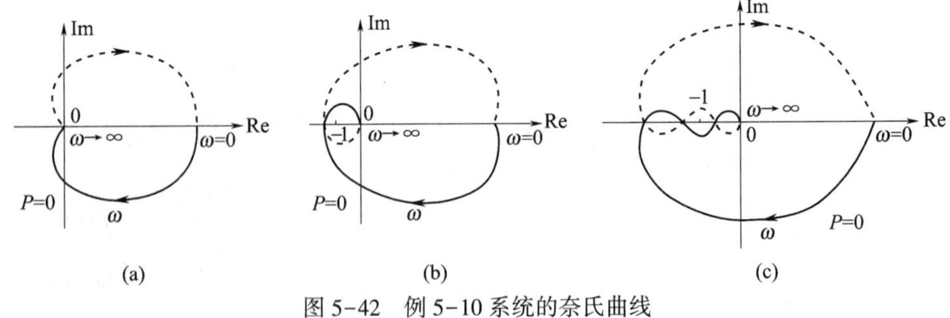

图 5-42 例 5-10 系统的奈氏曲线

(a) 由图知，$P=0$ 且 $R=0$，所以闭环系统是稳定的。

(b) 因为 $R=-2$ （开环奈氏曲线顺时针包围 $(-1, j0)$ 点 2 圈）

所以 $Z=P-R=2\neq0$

所以闭环系统是不稳定的。

(c)因为 $R=+1-1=0$

所以闭环系统是稳定的。

例 5-11 一负反馈系统的开环传递函数为

$$G(s) = \frac{K}{(s+1)(0.5s+1)(0.2s+1)}$$

试用奈氏判据判断闭环系统的稳定性。

解:(1) 由系统开环传递函数知所有开环极点均在 s 左半平面,$P=0$。

(2) 绘制开环极坐标图。

① 起点 $G(\mathrm{j}0) = \dfrac{K\angle 0^\circ}{1\angle 0^\circ \cdot 1\angle 0^\circ \cdot 1\angle 0^\circ} = K\angle 0^\circ$

② 终点 $G(\mathrm{j}0) = \dfrac{K\angle 0^\circ}{\infty\angle 90^\circ \cdot \infty\angle 90^\circ \cdot \infty\angle 90^\circ} = 0\angle -270^\circ$

③ 与坐标轴的交点

$$\begin{aligned} G(\mathrm{j}\omega) &= \frac{K}{(\mathrm{j}\omega+1)(\mathrm{j}0.5\omega+1)(\mathrm{j}0.2\omega+1)} \\ &= \frac{K(1-0.8\omega^2) - \mathrm{j}K\omega(1.7-0.1\omega^2)}{(1+\omega^2)(1+0.25\omega^2)(1+0.04\omega^2)} \end{aligned}$$

令虚部等于零,得 $\omega_x^2=17$,即 $\omega_x=4.123$ 时,极坐标图与实轴有一交点,交点坐标为

$$\mathrm{Re}(\omega_x) = \left.\frac{K(1-0.8\omega_x^2)}{(1+\omega_x^2)(1+0.25\omega_x^2)(1+0.04\omega_x^2)}\right|_{\omega_x=4.123} = -0.079K$$

当 ω 增加时,$\varphi(\omega)$是单调减的,从 0°连续变化到-270°。极坐标图在第 4、第 3 和第 2 象限,开环极坐标图如图 5-43 实线所示。

(3) 用奈氏判据判稳。

按照镜像对称,可画出 $\omega=-\infty\to 0$ 的奈氏曲线如图 5-43 虚线所示。由于交点坐标与参数 K 有关,因此要进行如下分析:

① 当$-0.079K<-1$,即 $K>12.66$ 时,封闭曲线顺时针包围$(-1,\mathrm{j}0)$点 2 圈,即

$$R=-2$$

$$Z=P-R=0-(-2)=2\neq 0$$

所以,闭环系统不稳定。

② 当$-0.079K>-1$,即 $K<12.66$ 时,封闭曲线不包围$(-1,\mathrm{j}0)$点,即

$$R=0$$

$$Z=P-R=0$$

此时,闭环系统是稳定的。

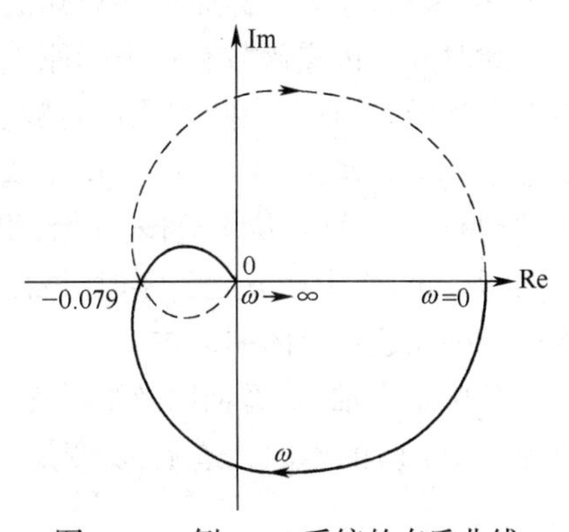

图 5-43 例 5-11 系统的奈氏曲线

例 5-12 一系统如图 5-44 所示,试判断闭环系统的稳定性。

解:(1) 系统开环传递函数为

$$G_k(s) = \frac{K}{Ts-1}$$

可知系统是非最小相位系统,开环特征方程式有 1 个特征根在 s 右半平面,所以 $P=1$。

(2) 作开环极坐标图,系统的频率特性为

$$G_k(\mathrm{j}\omega) = \frac{K}{\mathrm{j}\omega T-1} = \frac{K/T}{\mathrm{j}\omega - 1/T}$$

根据极点—零点分布图,

当 $\omega=0, G_k(\mathrm{j}0)=K\angle-180°$；

当 $\omega\to\infty, G_k(\mathrm{j}\infty)=0\angle-90°$。

开环极坐标图如图 5-45 实线所示。

根据对称性，作 $\omega=-\infty\to0$ 的奈氏曲线如图中 5-45 虚线所示。

(3) 由奈氏判据判断稳定性。当 $-K<-1$ 时，即 $K>1$，开环奈氏曲线逆时针包围 $(-1,\mathrm{j}0)$ 点 1 圈，即 $R=1$，由奈氏判据得

$$Z=P-R=0$$

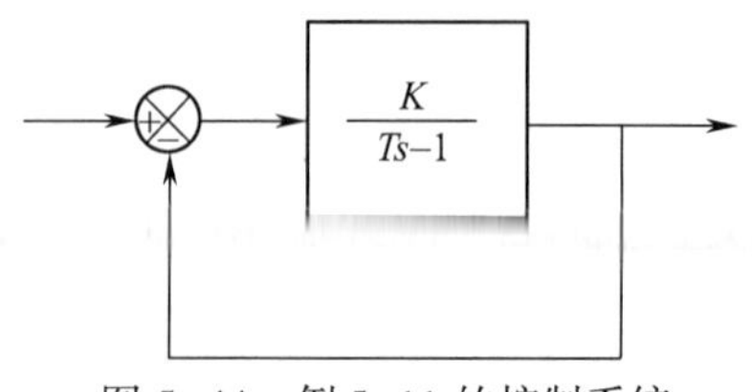

图 5-44　例 5-11 的控制系统

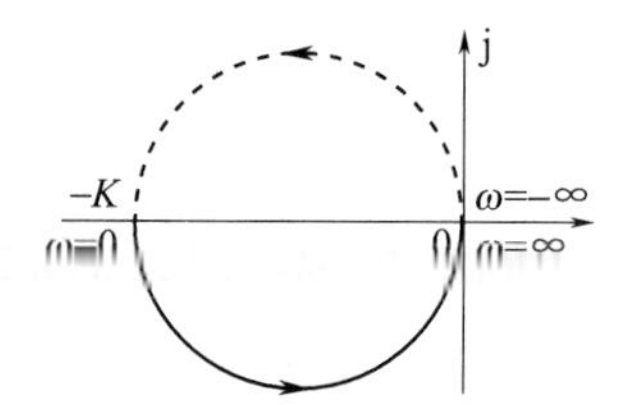

图 5-45　例 5-11 的开环极坐标图

所以闭环系统是稳定的。

否则，当 $-K>-1$ 时，即 $K<1$，开环奈氏曲线不包围 $(-1,\mathrm{j}0)$ 点，$R=0$，由奈氏判据得

$$Z=P-R=1$$

闭环特征根在 s 右半平面有 1 个根，闭环系统是不稳定的。

2. 开环有串联积分的系统

当开环传递函数在坐标原点处存在开环极点时，现研究 1 型系统，其表达式为

$$G_k(s)=\frac{K}{s}G_0(s) \tag{5-85}$$

式中，$G_0(s)$ 为除去坐标原点外的其他零点、极点所对应的传递函数。

此时开环传递函数有在坐标原点的极点，则封闭曲线 Γ_s 应作变动，使其不过此极点。习惯上以半径 $\varepsilon\to0$ 的半圆在原点右侧绕过这一极点，如图 5-46(a) 所示。这时，变量 s 沿着负 $\mathrm{j}\omega$ 轴从 $-\mathrm{j}\infty$ 运动到 $\mathrm{j}0_-$。从 $s=\mathrm{j}0_-$ 沿着半径 $\varepsilon(\varepsilon\ll1)$ 的半圆运动到 $s=\mathrm{j}0_+$，再沿着正 $\mathrm{j}\omega$ 轴从 $\mathrm{j}0_+$ 运动到 $+\mathrm{j}\infty$。最后，从 $s=+\mathrm{j}\infty$ 开始，沿着半径无穷大的半圆返回起始点。由于改变封闭曲线的面积很小，当半径 ε 趋于零时，该面积也趋近于零。因此，位于 s 右半平面内的极点和零点均被包围在这一封闭曲线内。

Γ_s 中正虚轴、负虚轴以及半径无穷大的右半圆在 GH 平面的映射与前面讨论的相同，在半径为 $\varepsilon(\varepsilon\ll1)$ 的半圆轨迹上，复变量 s 可以写成

$$s=\varepsilon\mathrm{e}^{\mathrm{j}\theta} \tag{5-86}$$

式中 θ 从 $-90°$ 变化到 $0°$，再变化到 $+90°$。因此，$G_k(s)$ 变为

$$G_k(\varepsilon\mathrm{e}^{\mathrm{j}\theta})=\frac{K}{\varepsilon}\mathrm{e}^{-\mathrm{j}\theta} \tag{5-87}$$

当 ε 趋近于零时，K/ε 的值趋近于无穷大。而当变量 s 沿半圆运动时，$-\theta$ 从 $+90°$ 变化到 $0°$，再变化到 $-90°$。环绕原点的无穷小半圆映射到 GH 平面上，就变成了具有无穷大半径的半圆（也称增补线），并把点 $G_k(\mathrm{j}0_-)=\mathrm{j}\infty$ 与点 $G_k(\mathrm{j}0_+)=-\mathrm{j}\infty$ 连接在一起了，如图 5-46(b) 所示。如此处理之后，把增补线视为奈氏曲线的一部分，形成了封闭曲线，就可以用上述的奈氏判据来判断稳定性了。

对于包含因子 $1/s^N(N=2,3,\cdots)$ 的开环传递函数，当变量 s 沿半径为 $\varepsilon(\varepsilon\ll1)$ 的半圆运动时，在 $G(s)H(s)$ 平面中将有半径为无穷大，从 $G_k(\mathrm{j}0_-)$ 点顺时针方向旋转 $N\cdot180°$ 的弧线到

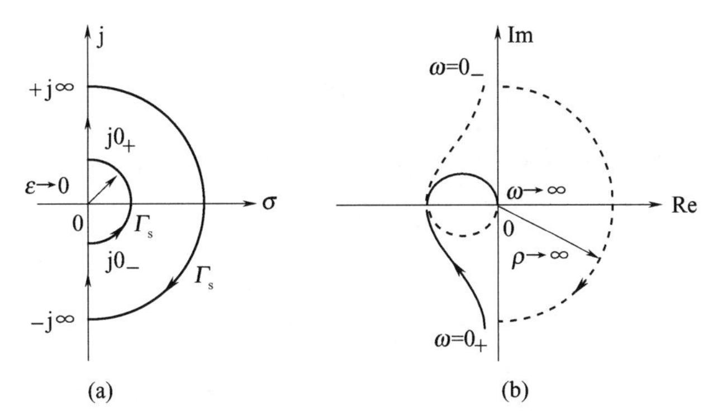

图 5-46　$G(s)H(s)$包含积分时Γ_s和奈氏曲线

$G_k(j0_+)$点的增补线。

如果$G(s)H(s)$含有位于虚轴上的极点时,则可用类似的方法进行分析。

例 5-13　一负反馈系统的开环传递函数为

$$G(s) = \frac{10}{s(s+1)(s+2)}$$

试用奈氏判据判断闭环系统的稳定性。

解:(1)由系统开环传递函数知$P=0$。

(2) 绘制开环系统的极坐标图。

① 起点　$G_k(j0)=\infty\angle -90°$;

② 终点　$G_k(j\infty)=0\angle -270°$;

③ 与坐标轴的交点

$$G(j\omega) = \frac{-30}{(1+\omega^2)(4+\omega^2)} - j\frac{10(2-\omega^2)}{\omega(1+\omega^2)(4+\omega^2)}$$

当$\omega_x{}^2=2$,即$\omega_x=1.414$时,极坐标图与负实轴有一交点,交点坐标为

$$R(\omega_x) = -5/3$$

因为$\mathrm{Re}(\omega)<0$,当$\omega<\omega_x$时,$\mathrm{Im}(\omega)<0$;当$\omega>\omega_x$时,$\mathrm{Im}(\omega)>0$,所以极坐标图应在第3象限和第2象限,开环概略极坐标图如图5-47中实线所示。

(3) 用奈氏判据判断稳定性。按照镜像对称,可画出$\omega=-\infty\to 0$的奈氏曲线。因为$N=1$(1型系统),需作增补线,作半径无穷大,从$\omega=0_-$开始,顺时针旋转$N\cdot 180°=180°$到$\omega=0_+$的圆弧,如图5-47所示,此时奈氏封闭曲线顺时针包围$(-1,j0)$点2圈,即

$$R = -2$$

$$Z = P - R = 0 - (-2) = 2 \neq 0$$

所以,闭环系统不稳定。

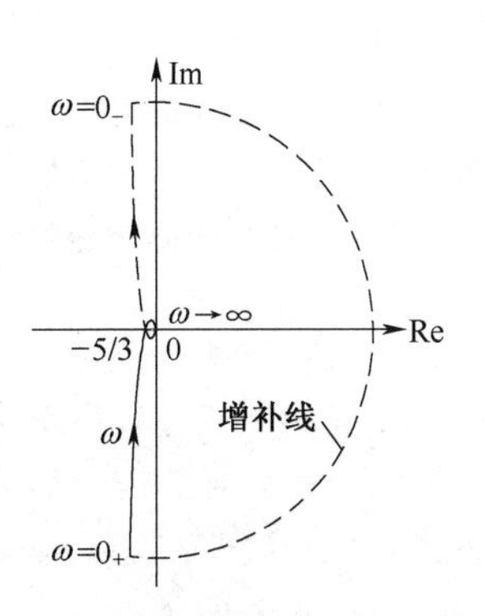

图 5-47　例 5-13 系统的奈氏曲线

例 5-14　已知单位反馈系统的开环传递函数为

$$G(s) = \frac{0.5(10s+1)}{s^2(s+1)(0.1s+1)}$$

由奈氏判据判断系统的稳定性。

解:(1) 由系统开环传递函数知$P=0$。

(2) 绘制系统的开环极坐标图

$$G(j0) = \infty\angle -180°$$

$$G(\mathrm{j}\infty) = 0\angle -270^\circ$$

与坐标轴的交点为

$$G(\mathrm{j}\omega) = \frac{0.5(1+\mathrm{j}10\omega)}{-\omega^2(1+\mathrm{j}\omega)(1+\mathrm{j}0.1\omega)} = \frac{-0.5(1+10.9\omega^2) - \mathrm{j}0.5\omega(8.9-\omega^2)}{\omega^2(1+\omega^2)(1+0.01\omega^2)}$$

与实轴的交点，令虚部等于零，即 $8.9-\omega_x^2=0$，得 $\omega_x^2=8.9$，$\mathrm{Re}(\omega_x)=-0.51$，开环极坐标图如图 5-48 实线所示。

(3) 用奈氏判据判稳。

按照镜像对称，可画出 $\omega=-\infty\to 0$ 的奈氏曲线。因为 $N=2$（2 型系统），需作增补线，作半径无穷大，从 $\omega=0_-$ 开始，顺时针旋转 $N\cdot 180^\circ=360^\circ$ 到 $\omega=0_+$ 的圆弧，如图 5-48 所示，此时

$$R=0$$

$$Z=P-R=0$$

所以，闭环系统稳定。

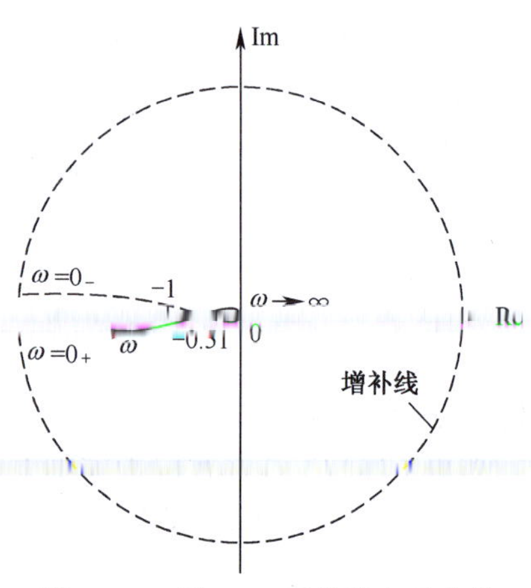

图 5-48 例 5-14 系统的奈氏曲线

3. 由奈氏判据判断系统稳定性的实际方法

用奈氏判据判断反馈系统稳定性时，一般只需绘制 ω 从 0 到 $+\infty$ 时的开环幅相曲线，然后按其包围 $(-1,\mathrm{j}0)$ 点圈数 R（逆时针为"+"，顺时针为"−"）和开环传递函数在 s 右半平面上的极点数 P，根据公式

$$Z=P-2R \tag{5-88}$$

来确定闭环特征方程正实部根的个数，如果 $Z=0$，闭环系统稳定；否则，闭环系统不稳定。

如果开环传递函数包含积分环节，且假定个数为 N，则绘制开环幅相曲线后，应从 $\omega=0_+$ 对应的点开始，补作一个半径为 ∞，逆时针方向旋转 $N\cdot 90^\circ$ 的大圆弧增补线，把它视为奈氏曲线的一部分。然后，再利用奈氏判据来判断系统的稳定性。把例 5-13 和例 5-14 按此方法重新进行判断。

例 5-15 一负反馈系统的开环传递函数为

$$G(s)=\frac{10}{s(s+1)(s+2)}$$

试用奈氏判据判断闭环系统的稳定性。

解：(1) 由系统开环传递函数知 $P=0$。

(2) 绘制开环系统的极坐标图。开环概略极坐标图如图 5-49 实线所示。

(3) 用奈氏判据判稳。

$N=1$（1 型系统）需作增补线，从 $\omega=0$ 开始，作半径无穷大逆时针旋转 90° 的圆弧到正实轴，如图 5-49 虚线所示。这时开环极坐标图、增补线和正实轴形成了一条封闭曲线，此时封闭曲线顺时针包围 $(-1,\mathrm{j}0)$ 点 1 圈，即

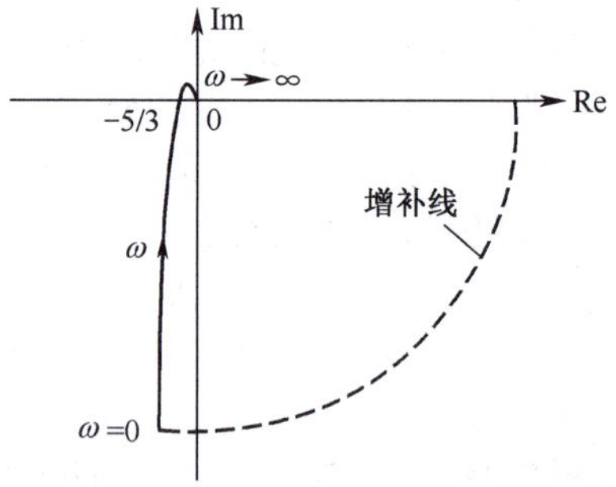

$$R=-1$$

图 5-49 例 5-15 系统的奈氏曲线

由奈氏判据得

$$Z=P-2R=0-2\cdot(-1)=2\neq 0$$

所以，闭环系统不稳定。

例 5-16 已知单位反馈系统的开环传递函数为

$$G(s)=\frac{0.5(10s+1)}{s^2(s+1)(0.1s+1)}$$

由奈氏判据判断系统的稳定性。

解:(1) 由系统开环传递函数知 $P=0$。

(2) 绘制系统的开环极坐标图,开环极坐标图如图 5-50 实线所示。

(3) 用奈氏判据判稳。

$N=2$(2 型系统)需作增补线,从 $\omega=0$ 开始,作半径无穷大逆时针旋转 $N\cdot 90°=180°$的圆弧到正实轴,如图 5-50 虚线所示。这时开环极坐标图、增补线和正实轴形成了一条封闭曲线,此时封闭曲线不包围$(-1,\mathrm{j}0)$点,即

$$R = 0$$

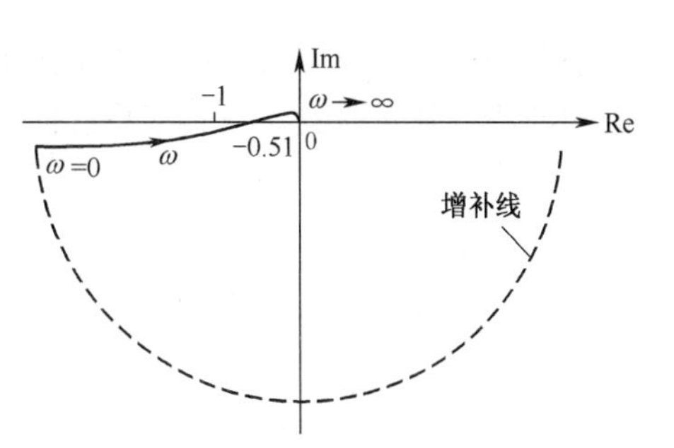

图 5-50　例 5-16 系统的奈氏曲线

由奈氏判据得

$$Z = P - 2R = 0$$

所以,闭环系统稳定。

例 5-17　已知系统的开环传递函数为

$$G_{\mathrm{k}}(s) = \frac{K(0.1s + 1)}{s(s - 1)}$$

由奈氏稳定判据判断闭环系统的稳定性。

解:(1) 由开环传递函数知,开环极点在 s 右半平面有一个极点,则 $P=1$。

(2) 作开环幅相频率特性曲线。

根据如图 5-51(a)所示的极点—零点分布图,得

起点:$G_{\mathrm{k}}(\mathrm{j}0)=\infty\angle-270°$;

终点:$G_{\mathrm{k}}(\mathrm{j}\infty)=0\angle-90°$;

与坐标轴交点:$\omega_x=10^{1/2}$,$\mathrm{Re}(\omega_x)=-0.1K$。

开环极坐标图如图 5-51(b)所示。

(3) 用奈氏判据判断稳定性。由于原点处有一个开环极点,$N=1$,需作增补线,从 $\omega=0$ 开始,作半径无穷大逆时针旋转 $N\cdot 90°=90°$的圆弧到负实轴,如图 5-51 虚线所示。

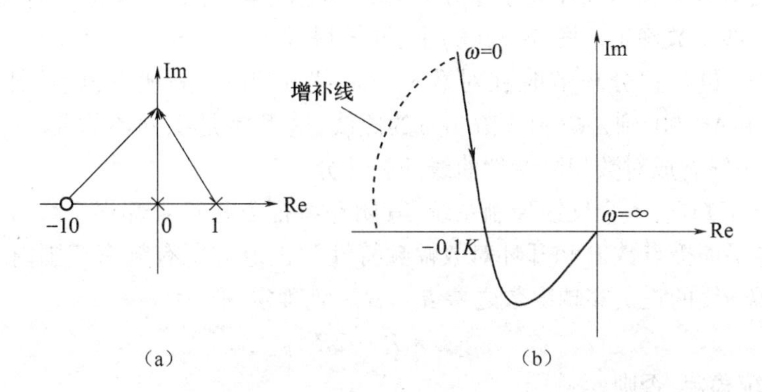

图 5-51　例 5-17 极点—零点分布图与开环极坐标图

当$-0.1K<-1$时,即 $K>10$ 时,开环极坐标图和负实轴形成了一条封闭曲线,这条封闭曲线穿过$(-1,\mathrm{j}0)$点,因此封闭曲线逆时针包围$(-1,\mathrm{j}0)$点 1/2 圈,即 $R=1/2$,此时,$Z=P-2R=0$,所以闭环系统是稳定的。

当$-0.1K>-1$时,即 $K<10$ 时,开环极坐标图、增补线和负实轴形成了一条封闭曲线,这条封闭曲线穿过$(-1,\mathrm{j}0)$点,这时封闭曲线顺时针包围$(-1,\mathrm{j}0)$点 1/2 圈,即 $R=-1/2$,$Z=P-2R=2$,闭环特征根在 s 右半平面有 2 个根,所以闭环系统是不稳定的。

5.4.4 伯德图上的稳定性判据

奈氏判据除了可以表示在极坐标图上，还可以表示在伯德图上。在图 5-52 上，绘制了一条幅相曲线及其对应的对数频率特性曲线。

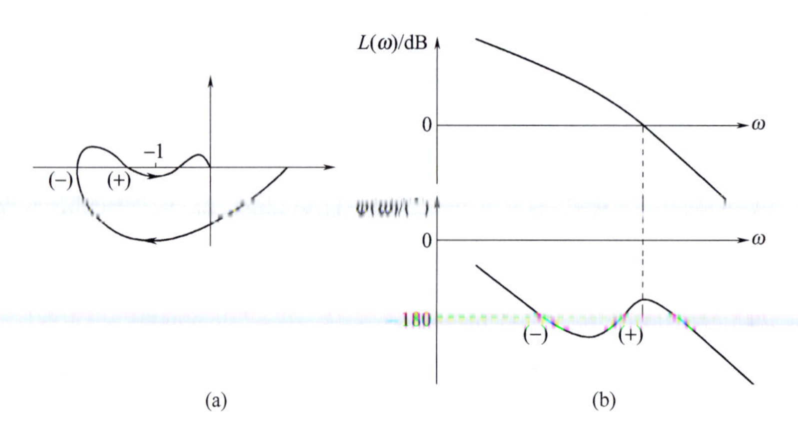

图 5-52　幅相曲线(a)及其对应的对数频率特性曲线(b)

由图 5-52(a)可知，幅相曲线不包围(-1,j0)点。此结果也可根据 ω 增加时幅相曲线自下向上(幅角减小)和自上向下(幅角增加)穿越实轴区间$(-\infty,-1)$的次数决定。如果把自上向下的穿越称为正穿越，自实轴区间$(-\infty,-1)$开始向下称为半次正穿越，正穿越次数用 N_+ 表示。而把自下向上的穿越称为负穿越，自实轴区间$(-\infty,-1)$开始向上称为半次负穿越，负穿越次数用 N_-表示，则 R 也可以用 N_+ 和 N_-之差确定，即

$$R = N_+ - N_- \tag{5-89}$$

图 5-52(a)上，$N_+=1$，$N_-=1$，故 $R=0$。比较幅相曲线和对数频率特性曲线得知，正负穿越次数完全可以根据对数幅频曲线在大于零分贝的频率范围里，对数相频特性曲线穿越$-180°\pm2k\pi(k=0,1,2,\cdots)$线次数确定。图 5-52(b)上，同样得 $N_+=1$，$N_-=1$，因而 $R=0$。

当 $G(s)H(s)$ 包含积分环节时在对数相频曲线 ω 为 0_+ 的地方，应该补画一条从相角$\angle G(j0_+)H(j0_+)+N\cdot90°$到$\angle G(j0_+)H(j0_+)$的虚线，这里 N 是积分环节数。计算正负穿越数时，应将补画的虚线看成对数相频特性曲线的一部分。

对数频率稳定判据：一个反馈控制系统，其闭环特征方程正实部根个数 Z，可以根据开环传递函数 s 右半平面极点数 P 和开环对数幅频特性为正值的所有频率范围内，对数相频特性曲线与$-180°\pm2k\pi$线的正负穿越次数之差 $R= N_+-N_-$确定，有

$$Z = P - 2R \tag{5-90}$$

Z 为零，闭环系统稳定；否则，不稳定。

例 5-18　已知一反馈控制系统其开环传递函数为

$$G(s)H(s) = \frac{K}{s^2(Ts+1)}$$

试用对数稳定判据判断系统稳定性。

解：(1) 由开环传递函数知 $P=0$。

(2) 作系统的开环对数频率特性曲线如图 5-53 所示。

(3) 稳定性判别。$G(s)H(s)$有两个积分环节，$N=2$，故在对数相频曲线 ω 为 0_+处，补画了 0°到$-180°$的

虚线,作为相频特性曲线的一部分,显见 $N_+=0,N_-=1$,则

$$R = N_+ - N_- = -1$$

由于 $Z=P-2R=2$,故系统不稳定。

例 5-19 已知一反馈控制系统的开环传递函数为

$$G(s)H(s) = \frac{K(T_2 s + 1)}{s(T_1 s - 1)} \qquad (T_1 > T_2)$$

试用对数稳定判据判断系统稳定性。

解:(1) 由开环传递函数知 $P=1$。

(2) 作系统的开环对数频率特性曲线如图 5-54 所示。

$$\varphi(\omega) = \arctan\omega T_2 - 90° - (180° - \arctan\omega T_1) =$$

$$-270° + \arctan\frac{\omega(T_1 + T_2)}{1 - \omega^2 T_1 T_2}$$

当 $\varphi(\omega)=-180°$时,$\omega_g=(1/T_1T_2)^{1/2}$,$\omega_g$ 是转折频率 $1/T_1$ 和 $1/T_2$ 的几何中心,$A(\omega_g)=KT_2$。

(3)稳定性判别。由于开环传递函数有一原点的开环极点,$N=1$,故在对数相频曲线 ω 为 0_+处补画了$-180°$到$-270°$的虚线。显见:

① 当 $\omega_g<\omega_c$时,即 $A(\omega_g)>1,K>1/T_2,N_+=1,N_-=1/2$,则

$$R = N_+ - N_- = 1/2$$

$$Z = P - 2R = 0$$

故闭环系统是稳定的。

② 当 $\omega_g>\omega_c$时,即 $K<1/T_2,N_+=0,N_-=1/2$,则

$$R = N_+ - N_- = -1/2$$

$$Z = P - 2R = 2$$

故闭环系统是不稳定的。

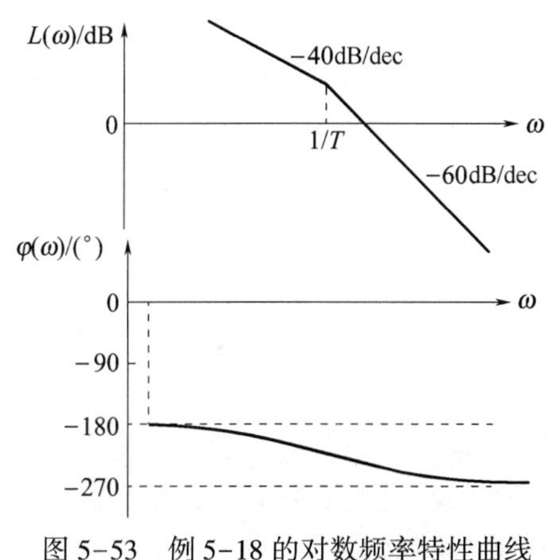

图 5-53 例 5-18 的对数频率特性曲线

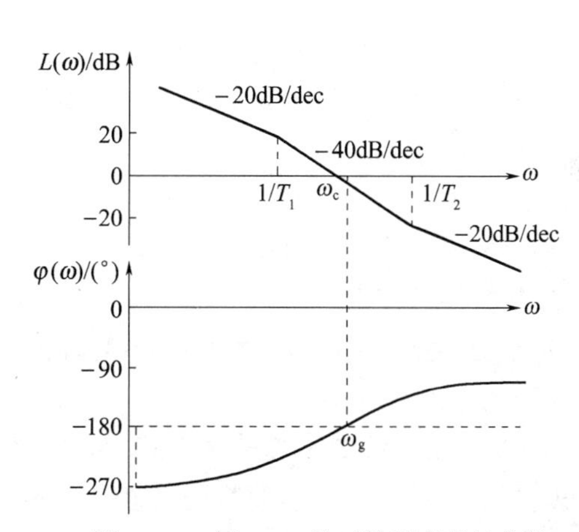

图 5-54 例 5-19 的对数频率特性曲线

5.5 开环频域指标

5.5.1 稳定裕度

本节介绍两个表征系统稳定程度的开环频域指标:幅值裕度 h 和相角裕度 γ,其几何表示如图 5-55 所示。

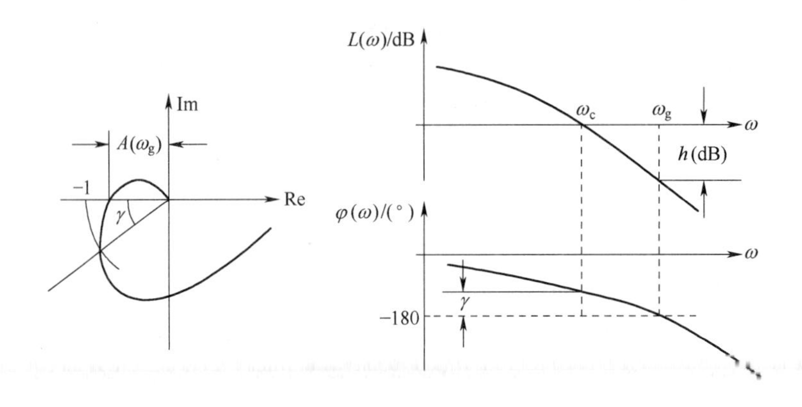

图 5-55　幅值裕度和相角裕度

根据奈氏判据可知,系统开环幅相曲线临界点附近的形状,对闭环稳定性影响很大。曲线越是接近临界点,系统的稳定程度就越差。

(1) 幅值裕度(gain margin)h。令相角为-180°时对应的频率为 ω_g(相角穿越频率),频率为 ω_g 时对应的幅值 $A(\omega_g)$ 的倒数,定义为幅值裕度 h,即

$$h = \frac{1}{A(\omega_g)}$$

或

$$20\lg h = -20\lg A(\omega_g)\,(\mathrm{dB}) \tag{5-91}$$

h 具有如下含义:如果系统是稳定的,那么系统的开环增益增大 h 倍,则系统就处于临界稳定状态;或者在伯德图上,开环对数幅频特性再向上移动 20lg$h$(dB),系统就不稳定了。

(2) 相角裕度(phase margin)γ。令幅频特性过零分贝时的频率为 ω_c(幅值穿越频率),则定义相角裕度 γ 为

$$\gamma = 180° + \varphi(\omega_c) \tag{5-92}$$

相角裕度作为定量值指明了如果系统是不稳定的系统,那么还需要改善相角裕度使系统的开环相频特性稳定。

对于最小相位系统,相角裕度 $\gamma>0$,幅值裕度 $h>1$,系统稳定,γ 和 h 越大,系统稳定程度越好;$\gamma<0$,$h<1$,系统则不稳定。

一阶、二阶系统的 γ 总是大于零,而 h 无穷大。因此,理论上讲系统不会不稳定。但是,某些一阶和二阶系统的数学模型是在忽略了一些次要因素后建立的,实际系统常常是高阶的,其幅值裕度不可能无穷大。因此,开环增益太大,系统仍可能不稳定。

γ 和 h 可以用来作为控制系统的开环频域性能指标。在分析或者设计一个控制系统时,系统的性能就要用 γ 与 h 的定量值来描述了。

在使用时,γ 和 h 是成对来使用的。有时仅使用一个裕度指标,如经常使用的是相角裕度 γ。这时对于系统的绝对稳定性的分析没有什么影响,但是在 γ 较大,而 h 较小的情况下,对于系统动态性能的影响是很大的。

例 5-20　已知单位负反馈的最小相位系统,其开环对数幅频特性如图 5-56 所示,试求开环传递函数并计算系统的稳定裕度。

解:(1) 求开环传递函数。本题给定的伯德图中,已知低频段斜率为-40dB/dec,说明有两个积分环节。

有两个转折频率，$\omega=1$，转折后负斜率减小，是一个一阶微分环节；$\omega=10$，转折后负斜率增加，是两个惯性环节。根据上面的分析，系统的开环传递函数为

$$G(s)=\frac{K(s+1)}{s^2(0.1s+1)^2}$$

未知参数 K 可以根据 $\omega_c=3.16$ 来确定，按照折线计算可得

$$A(\omega_c)=\frac{K\cdot\omega_c}{\omega_c^2\cdot 1^2}=1$$

$$K=\omega_c=3.16$$

$$G(s)=\frac{3.16(s+1)}{s^2(0.1s+1)^2}$$

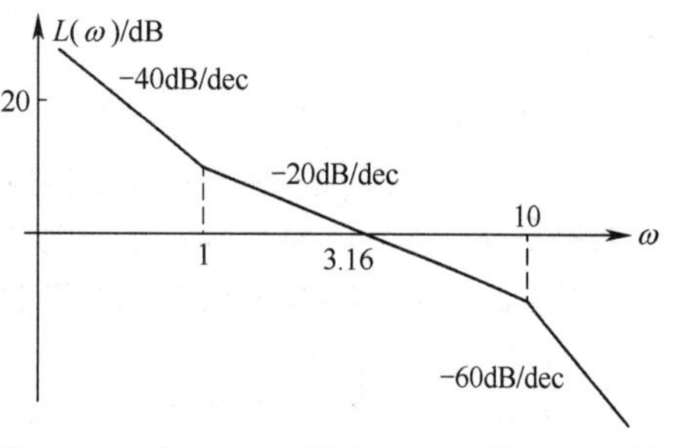

图 5-56　例 5-20 系统的开环对数幅频特性

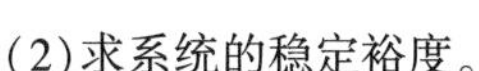

(2)求系统的稳定裕度。

$$\varphi(\omega)=\arctan\omega-180^\circ-2\arctan0.1\omega$$

又知 $\omega_c=3.16$

$$\gamma=180^\circ+\varphi(\omega_c)=180^\circ+\arctan\omega_c-180^\circ-2\arctan0.1\omega_c=37.4^\circ$$

当 $\varphi(\omega_g)=-180^\circ=\arctan\omega_g-180^\circ-2\arctan0.1\omega_g$ 时，求得 $\omega_g=8.94$，则幅值裕度(按照折线计算)为

$$20\lg h=-20\lg A(\omega_g)=-20\lg\frac{K\cdot\omega_g}{\omega_g^2\cdot 1^2}=9.03(\mathrm{dB})$$

因为 $\gamma>0$，所以闭环系统是稳定的。

例 5-21　一负反馈系统的开环传递函数为

$$G(s)=\frac{K}{(s+1)(0.5s+1)(0.2s+1)}$$

试求 $K=5$ 及 $K=50$ 时系统的相角裕度并判断系统的稳定性。

解：由系统开环传递函数知系统为最小相位系统。

(1) 当 $K=5$ 时绘制出系统的开环伯德图，如图 5-57 所示。

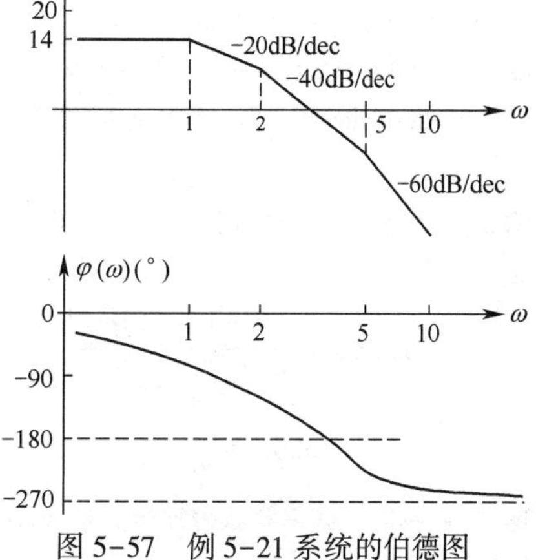

图 5-57　例 5-21 系统的伯德图

求幅值穿越频率 ω_c：

$$A(\omega_c)=\frac{5}{\omega_c\cdot0.5\omega_c\cdot1}=1$$

$$\omega_c=\sqrt{10}=3.16$$

$$\begin{aligned}\gamma=180^\circ+\varphi(\omega_c)&=180^\circ-\arctan\omega_c-\arctan0.5\omega_c-\arctan0.2\omega_c\\&=180^\circ-\arctan3.16-\arctan0.5\cdot3.16-\arctan0.2\cdot3.16\\&=180^\circ-72.44^\circ-57.67^\circ-32.29^\circ=17.6^\circ>0\end{aligned}$$

所以，闭环系统是稳定的。

(2) 当 $K=50$ 时，比例系数是 $K=5$ 的 10 倍，这时系统的对数相频特性曲线不变，对数幅频特性曲线是在 $K=5$ 的基础上向上平移 20dB，由于 $K=5$ 时

$$A(\omega)\big|_{\omega=5}=\frac{5}{\omega\cdot0.5\omega\cdot0.2\omega}\bigg|_{\omega=5}=0.4(-7.96\mathrm{dB})$$

当向上平移 20dB，幅值穿越频率 ω_c 大于 5，这时幅值穿越频率为

$$A(\omega_c)=\frac{5}{\omega_c\cdot0.5\omega_c\cdot0.2\omega_c}=1$$

$$\omega_c=\sqrt{50}=7.07$$

$$\gamma=180^\circ+\varphi(\omega_c)=180^\circ-\arctan\omega_c-\arctan0.5\omega_c-\arctan0.2\omega_c$$

$$= 180° - \arctan 7.07 - \arctan 0.5 \cdot 7.07 - \arctan 0.2 \cdot 7.07$$

$$= 180° - 81.95° - 74.2° - 57° = -33.15° < 0$$

所以,闭环系统是不稳定的。

开环放大系数 K 的变化不影响对数相频特性,使对数幅频特性上下移动。

调整 K,使 ω_c 落在[−20dB/dec]段,γ 为正,系统稳定。ω_c 越向左移,γ 越大。

如果使 ω_c 落在[−40dB/dec]段,系统可能稳定,也可能不稳定。ω_c 越靠近[−20dB/dec]区段,γ 为正;靠近[−60dB/dec]区段,γ 为负。

如果落在[−60dB/dec]段,系统一定不稳定。

例 5−22 已知一负反馈系统的开环传递函数为

$$G(s) = \frac{K(T_1 s + 1)}{s^2(T_2 s + 1)} \qquad (T_1 > T_2)$$

分析 γ 与系统参数的关系。

解:绘制出开环伯德图,如图 5−58 所示。

$$\gamma = 180° + \varphi(\omega_c) = 180° - 180° + \arctan\omega_c T_1 - \arctan\omega_c T_2 = \arctan\omega_c/\omega_1 - \arctan\omega_c/\omega_2$$

(1) 若 ω_c,ω_2 不变:ω_1 越大,γ 越小;ω_1 越小,γ 越大。

(2) 若 ω_1,ω_c 不变:ω_2 越大,γ 越大;ω_2 越小,γ 越小。

(3) 若 ω_1,ω_2 不变,令 $\omega_2 = H\omega_1$(H 称为中频段宽度):改变 K,就改变了 ω_c,γ 跟着就变。

由 $d\gamma(\omega)/d\omega = 0$,解出产生 γ_m 的角频率:

$$\omega_m = \sqrt{\omega_1 \omega_2}$$

表明 ω_m 正好是两个交接频率 ω_1 和 ω_2 的几何中心。此时

$$\tan\gamma_m = \frac{\omega_2 - \omega_1}{2\sqrt{\omega_1 \omega_2}} = \frac{H - 1}{2\sqrt{H}}$$

或

$$\sin\gamma_m = \frac{H - 1}{H + 1}$$

H 越大,γ_m 越大。如果要获得比较大的 γ,H 要具有一定的宽度。

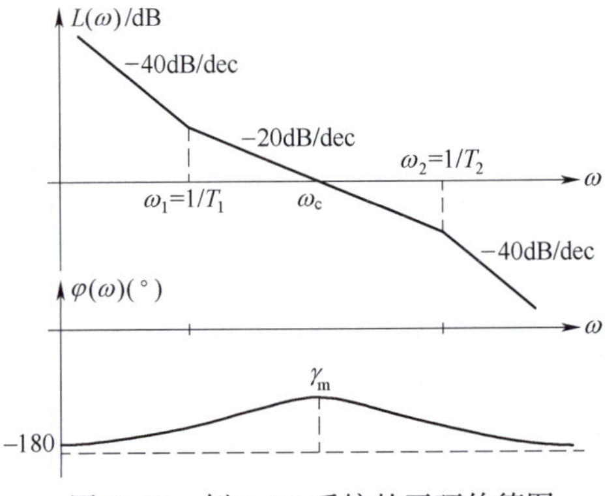

图 5−58 例 5−22 系统的开环伯德图

应该指出,在系统的设计中,为了获得满意的过渡过程,通常要求系统有 45°~70°的相角裕度。这可以通过减小开环增益 K 的办法来达到(例 5−22 系统例外)。但是,减小 K 一般会使加速度输入时稳态误差变大。因此,有必要应用校正技术,使系统兼顾稳态误差和过渡过程的要求。

对于最小相位系统,开环对数幅频和对数相频曲线有单值对应的关系。当要求相角裕度在 30°~70°之间时,意味着开环对数幅频曲线在幅值穿越频率附近(中频段)的斜率应大于−40dB/dec,且有一定宽度。在大多数实际系统中,要求斜率为−20dB/dec。如果此斜率设计为−40dB/dec,系统即使稳定,相角裕度也过小。如果此斜率为−60dB/dec 或更小,则系统是不稳定的。

5.5.2 开环频域指标与时域性能指标的关系

由开环频率特性分析系统的暂态性能时,一般用开环频率特性的两个特征量,即相角裕度 γ 和幅值穿越频率 ω_c。由于系统的暂态性能由超调量 $\sigma_p\%$ 和调节时间 t_s 来描述时,具有直观和准确的优点,故用开环频率特性评价系统的动态性能,就必须找出开环频域指标 γ 和 ω_c 与

时域指标 $\sigma_p\%$ 和 t_s 的关系。频域指标和系统暂态性能指标之间有确定的或近似的关系。频域指标是表征系统暂态性能的间接指标。

1. 二阶系统

典型二阶系统的结构图如图 5-59 所示。开环传递函数为

$$G(s)=\frac{\omega_n^2}{s(s+2\zeta\omega_n)}\quad(0<\zeta<1) \tag{5-93}$$

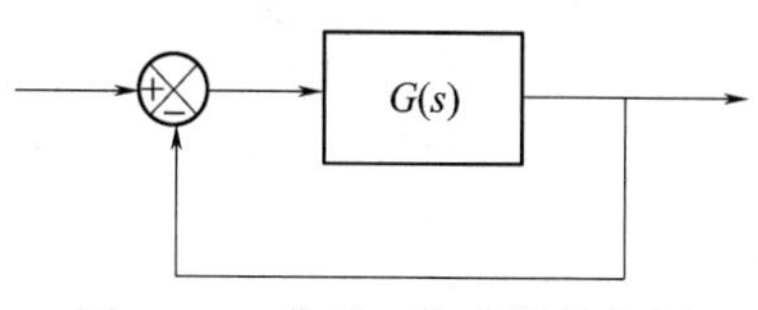

图 5-59　典型二阶系统结构图

1）γ 与 $\sigma_p\%$ 之间的关系

二阶系统的频率特性为

$$G(j\omega)=\frac{\omega_n^2}{j\omega(j\omega+2\zeta\omega_n)} \tag{5-94}$$

由 $A(\omega_c)=1$,计算开环截止频率 ω_c 有

$$\frac{\omega_n^2}{\omega_c\cdot\sqrt{\omega_c^2+(2\zeta\omega_n)^2}}=1 \tag{5-95}$$

解出

$$\omega_c=\omega_n\cdot\sqrt{\sqrt{1+4\zeta^4}-2\zeta^2} \tag{5-96}$$

则相角裕度

$$\gamma=180^\circ+\varphi(\omega_c)=180^\circ-90^\circ-\arctan\frac{\omega_c}{2\zeta\omega_n}=$$

$$\arctan\frac{2\zeta}{\sqrt{-2\zeta^2+\sqrt{1+4\zeta^4}}} \tag{5-97}$$

从而得到 γ 和 ζ 的关系,其关系曲线如图 5-60 所示。

在时域分析中,知

$$\sigma_p\%=e^{-\frac{\pi\zeta}{\sqrt{1-\zeta^2}}}\cdot100\% \tag{5-98}$$

为便于比较,把上式的关系也绘于图 5-60 中。

由图明显看出,γ 越小,$\sigma_p\%$ 越大;γ 越大,$\sigma_p\%$ 越小。为使二阶系统不致于振荡太厉害以及调节时间太长,一般希望

$$30^\circ\leqslant\gamma\leqslant70^\circ$$

2）γ、ω_c 与 t_s 之间的关系

在时域分析中,知

$$t_s\approx\frac{3}{\zeta\omega_n} \tag{5-99}$$

所以

$$\omega_c\cdot t_s=\frac{3}{\zeta}\sqrt{-2\zeta^2+\sqrt{1+4\zeta^4}}=\frac{6}{\tan\gamma} \tag{5-100}$$

上式的关系绘成曲线,示于图 5-61 中。

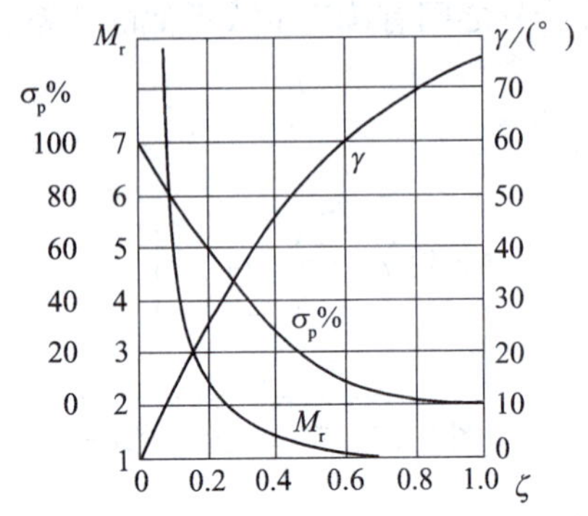

图 5-60 二阶系统 $\sigma_p\%$, γ, M_r 与 ζ 的关系曲线

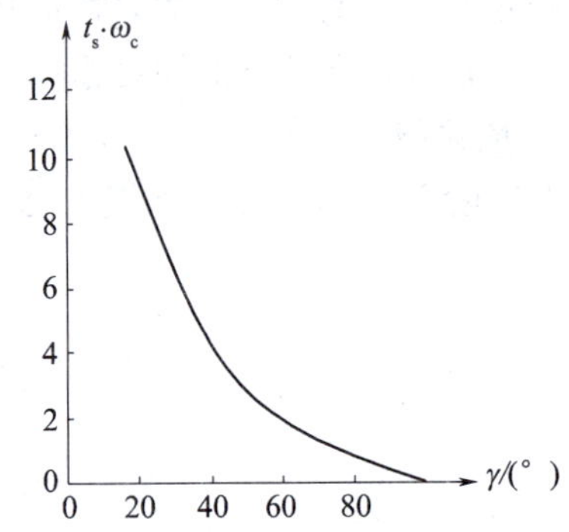

图 5-61 二阶系统 t_s, ω_r 与 γ 的关系

可以看出,调节时间与相角裕度和幅值穿越频率都有关系。如果两个二阶系统的 γ 相同,则它们的超调量也相同,这时 ω_c 比较大的系统,调节时间 t_s 较短。

例 5-23 一单位反馈控制系统,其开环传递函数为

$$G(s) = \frac{7}{s(0.087s + 1)}$$

试用相角裕度估算过渡过程指标 $\sigma_p\%$ 与 t_s。

解: 系统开环伯德图如图 5-62 所示。

由图可得, $\omega_c = 7$, $\gamma = 58.7°$。

根据 $\gamma = 58.7°$,可得 $\zeta = 0.55$,则

$$\sigma_p\% = 12.6\%$$

$$t_s = 0.55(\mathrm{s})$$

直接求解系统微分方程,得到的结果是

$$\sigma_p\% = 7.3\%$$

$$t_s = 0.59(\mathrm{s})$$

两者基本上是一致的。请读者自己分析产生误差的原因。

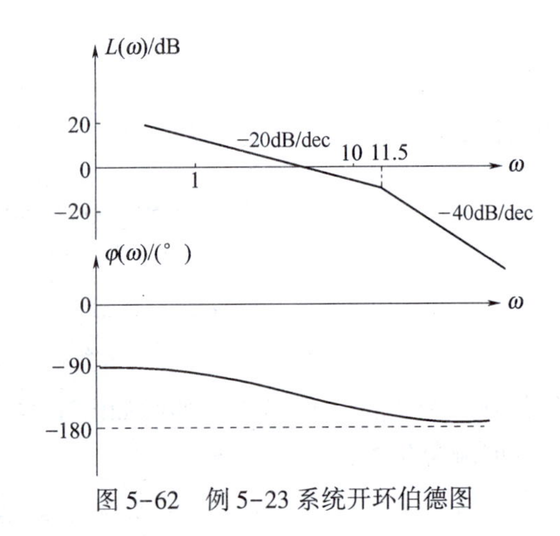

图 5-62 例 5-23 系统开环伯德图

2. 高阶系统

对于高阶系统,开环频域指标与时域指标之间没有准确的关系式。但是大多数实际系统,开环频域 γ 和 ω_c 能反映暂态过程的基本性能。其近似的关系式为

$$\sigma_p = 0.16 + 0.4\left(\frac{1}{\sin\gamma} - 1\right) \quad (35° \leqslant \gamma \leqslant 90°) \tag{5 - 101}$$

和

$$t_s = \frac{k_1 \pi}{\omega_c} \tag{5 - 102}$$

$$k_1 = 2 + 1.5\left(\frac{1}{\sin\gamma} - 1\right) + 2.5\left(\frac{1}{\sin\gamma} - 1\right)^2 \quad (35° \leqslant \gamma \leqslant 90°) \tag{5 - 103}$$

上式表明,高阶系统的 $\sigma_p\%$ 随着 γ 的增大而减小,调节时间 t_s 随 γ 的增大也减小,且随 ω_c 增大而减小。

应用以上公式估算高阶系统时域指标,一般偏保守,实际性能比估算结果要好。但初步设

计时,应用这组公式,便于留有一定余地。

对于最小相位系统,由于开环幅频特性与相频特性有确定的关系,因此相角裕度取决于系统开环对数幅频特性的形状,但开环对数幅频特性中频段(零分贝频率附近的区段)的形状,对相角裕度影响最大,所以闭环系统的动态性能主要取决于开环对数幅频特性的中频段。

5.5.3 三频段与系统性能

有了系统的开环频率特性曲线,进而可以对闭环系统的性能进行分析和计算。系统性能与“三频段”的关系如下:

1. 低频段

通常是指所有交接频率之前的频率段,也就是对数幅频特性的最左端,由5.3.2节可知,这一段特性完全由积分环节数和开环增益决定。设低频段对应的传递函数为

$$G_d(s)=\frac{K}{s^N} \tag{5-104}$$

则低频段对数幅频特性为

$$L_d(\omega)=20\lg K-20N\lg\omega \tag{5-105}$$

N值决定了直线的斜率,低频段对数幅频特性曲线的形状如图5-63所示。

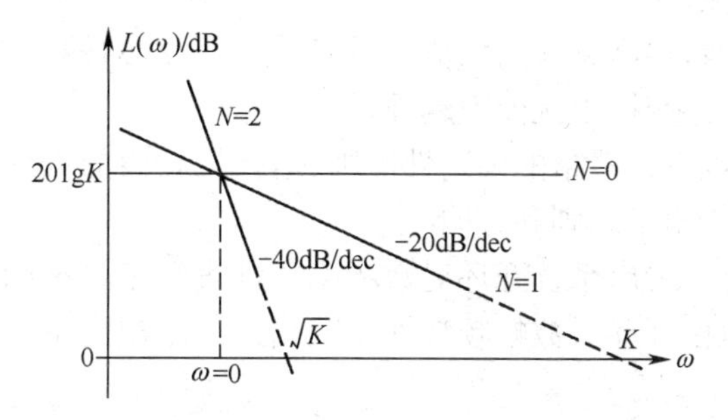

图5-63 低频段对数幅频特性

开环放大系数K和低频段的高度可以用多种方法确定。例如$\omega=1$时对数幅频值为$20\lg K$(可能在低频段上,也可能在低频延长线上),或者利用低频段对数幅值(或延长线)交于0dB线的频率ω_c确定

$$K=\omega_c^N$$

等等。

可以看出,低频段负斜率越大,位置越高,对应于系统积分环节的数目越多,开环增益也越大。

由第3章内容可知,积分环节数和开环放大系数决定了系统的稳态误差。因此,对数幅频特性的低频段反映了系统的稳态性能,积分环节的数目愈多,开环增益愈大,则闭环系统在满足稳定的条件下,其稳态精度愈好。

2. 中频段

通常是指在幅值穿越频率ω_c(有时也称为截止频率)附近的区段,由上节内容可知,这一段特性反映了闭环系统动态响应的平稳性和快速性。相角裕度γ反映了系统的平稳性,相角裕度γ越小,系统的超调量$\sigma_p\%$越大;γ越大,$\sigma_p\%$越小。幅值穿越频率ω_c反映了系统

的响应速度,调节时间 t_s 与幅值穿越频率 ω_c 成反比关系。幅值穿越频率 ω_c 越大,调节时间 t_s 越短。

对于最小相位系统,开环对数幅频和对数相频曲线有单值对应的关系。当要求相角裕度在 30°~70°之间时,意味着开环对数幅频曲线在幅值穿越频率附近(中频段)的斜率应大于-40dB/dec。在大多数实际系统中,要求斜率为-20dB/dec。如果此斜率设计为-40dB/dec,系统即使稳定,相角裕度也过小。如果此斜率为-60dB/dec 或更小,则系统是不稳定的。

应该指出,为了获得满意的过渡过程,通常要求系统有 45°~70°的相角裕度。这可以通过减小开环增益 K 的办法来达到。但是,减小 K 一般会使系统稳态误差变大。因此,有必要应用校正技术,使系统兼顾稳态误差和过渡过程的要求。

3. 高频段

高频段是指 $L(\omega)$ 曲线在中频段以后($\omega > 10\omega_c$)的区段,这部分特性是由系统中时间常数很小、频带很宽的元部件决定的。由于远离 ω_c,一般分贝值又较低,故对系统的动态影响不大。

另外,从系统抗干扰的角度看,高频段特性是有其意义的。由于高频段开环幅频一般较低,即 $20\lg A(\omega) \ll 0, A(\omega) \ll 1$,故对单位负反馈系统,有

$$|\Phi(j\omega)| = \frac{|G(j\omega)|}{|1 + G(j\omega)|} \approx |G(j\omega)| \tag{5-106}$$

即闭环幅频等于开环幅频。

因此,开环对数幅频特性高频段的幅值,直接反映了系统对输入端高频信号的抑制能力。这部分特性分贝值越低,系统抗干扰能力越强。

三频段的划分虽然没有很严格的确定性准则,但是三频段的概念为直接运用开环频率特性判别闭环系统的性能指出了原则和方向。

通过以上的分析,可以看出系统开环对数频率特性表征了系统的性能。对于最小相位系统,系统的性能完全可以由开环对数幅频特性反映出来。希望的系统开环对数幅频特性归纳一下有以下几个方面:

(1) 如果要求系统具有一阶或二阶无静差特性,则开环对数幅频特性的低频段应有-20dB/dec 或-40dB/dec 的斜率。为保证系统的稳态精度,低频段应有较高的增益。

(2) 开环对数幅频特性以-20dB/dec 斜率穿越 0 分贝线,且具有一定的中频段宽度。这样系统就有一定的稳定裕度,以保证闭环系统具有一定的平稳性。

(3) 具有尽可能大的 0 分贝频率,以提高系统的快速性。

(4) 为了提高系统抗干扰的能力,开环对数幅频特性高频段应有较大的负斜率。

5.6 闭环频率特性

控制系统的频率特性分析除了前面介绍的开环频率特性分析以外,还可直接用闭环系统频率特性进行分析。为此,明确闭环频率特性的性能指标以及和时域性能指标的关系很有必要。但是闭环频率特性的作图不方便,随着计算机技术的发展,近年来,多采用专门的计算工具来解决,而很少采用徒手作图法。

5.6.1 闭环频率特性

图 5-64 示出了闭环幅频特性的典型形态。由图可见,闭环幅频特性的低频部分变化缓

慢,较为平滑,随着频率的不断增大,幅频特性出现极大值,继而以较大的陡度衰减至零。这种典型的闭环幅频特征可用下面几个特征来描述:

(1) 零频幅值 M_0:$\omega=0$ 时的闭环幅频特性值。

(2) 谐振峰值 M_r:幅频特性极大值与零频幅值之比,即 $M_r=M_m/M_0$。

(3) 谐振频率 ω_r:出现谐振峰值时的频率。

(4) 系统带宽:闭环幅频特性的幅值减小到 $0.707M_0$时的频率,称为带宽频率,用 ω_b表示。频率范围 $0\leqslant\omega\leqslant\omega_b$称为系统带宽。带宽大,表明系统能通过较高频率的输入信号;带宽小,系统只能通过较低频率的输入信号。因此,带宽大的系统,一方面重现输入信号的能力强;另一方面,抑制输入端高频噪声的能力弱。

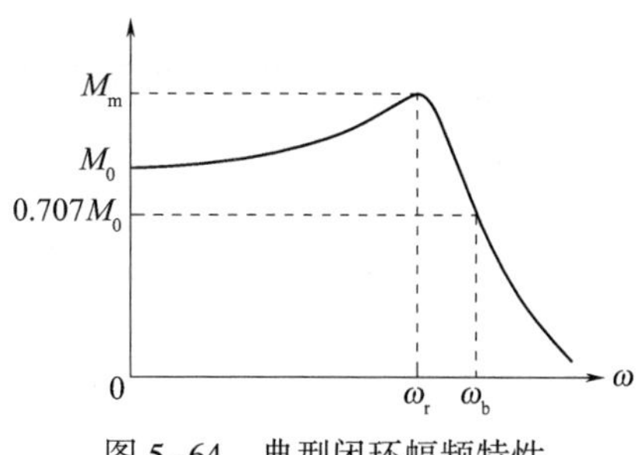

图 5-64 典型闭环幅频特性

5.6.2 闭环频域指标与时域性能指标的关系

1. 二阶系统

典型二阶系统的闭环传递函数为

$$\Phi(s)=\frac{\omega_n^2}{s^2+2\zeta\omega_n s+\omega_n^2}\qquad(0<\zeta<1)$$

闭环频率特性为

$$\Phi(\mathrm{j}\omega)=\frac{\omega_n^2}{(\omega_n^2-\omega^2)+\mathrm{j}2\zeta\omega_n\omega}\tag{5-107}$$

上式也是振荡环节的频率特性。

1) M_r与 $\sigma_p\%$的关系

典型二阶系统的闭环幅频特性为

$$M(\omega)=\frac{\omega_n^2}{\sqrt{(\omega_n^2-\omega^2)^2+4(\zeta\omega_n\omega)^2}}\tag{5-108}$$

在 ζ 较小时,幅频特性会出现峰值。其谐振峰值和谐振频率可用极值条件求得,即令

$$\frac{\mathrm{d}M(\omega)}{\mathrm{d}\omega}=0\tag{5-109}$$

则

$$\omega_r=\omega_n\sqrt{1-2\zeta^2}\qquad(0\leqslant\zeta\leqslant0.707)\tag{5-110}$$

$$M_r=\frac{1}{2\zeta\sqrt{1-\zeta^2}}\qquad(0\leqslant\zeta\leqslant0.707)\tag{5-111}$$

$\zeta>0.707$,没有峰值,$M(\omega)$单调衰减;

$\zeta=0.707$,$M_r=1$,$\omega_r=0$,这正是幅频特性曲线的起始点;

$\zeta<0.707$,$M_r>1$,$\omega_r>0$,幅频 $M(\omega)$出现峰值,而且 ζ 越小,峰值 M_r越大;

$\zeta=0$,峰值 M_r趋于无穷,谐振频率 ω_r趋于 ω_n。这表明外加正弦信号的频率和自然振荡频率相同,引起环节的共振。振荡环节处于临界稳定的状态。

M_r越小,系统阻尼性能越好,ζ 越大,$\sigma_p\%$越小。如果 M_r较高,$\sigma_p\%$大,收敛慢,平稳性及快速性都差。当 $M_r=1.2\sim1.5$ 时,对应于 $\sigma_p\%=20\%\sim30\%$,这时可获得适度的振荡性能。M_r 与 ζ 的关系曲线如图 5-60 所示。

2) M_r、ω_b 与 t_s 的关系

在带宽频率 ω_b 处,典型二阶系统闭环频率特性的幅值为

$$M(\omega_b)=\frac{\omega_n^2}{\sqrt{(\omega_n^2-\omega_b^2)^2+4(\zeta\omega_n\omega_b)^2}}=0.707 \tag{5-112}$$

则

$$\omega_b=\omega_n\sqrt{1-2\zeta^2+\sqrt{2-4\zeta^2+4\zeta^4}} \tag{5-113}$$

由 $t_s=\frac{3}{\zeta\omega_n}$,得

$$\omega_b\cdot t_s=\frac{3}{\zeta}\sqrt{1-2\zeta^2+\sqrt{2-4\zeta^2+4\zeta^4}} \tag{5-114}$$

由上式可看出,对于给定的谐振峰值,调节时间与带宽频率成反比。如果系统有较大的带宽,说明系统自身的"惯性"很小,动作过程迅速,系统的快速性好。

2. 高阶系统

对于高阶系统,难以找出闭环频域指标和时域指标之间的确切关系。但如果高阶系统存在一对共轭复数闭环主导极点,可针对二阶系统建立的关系近似采用。

通过对大量系统的研究,归纳出了下面两个近似的数学关系式,即

$$\sigma_p=0.16+0.4(M_r-1)\qquad(1\leqslant M_r\leqslant1.8) \tag{5-115}$$

和

$$t_s=\frac{k_1\pi}{\omega_c}(\mathrm{s}) \tag{5-116}$$

式中

$$k_1=2+1.5(M_r-1)+2.5(M_r-1)^2\qquad(1\leqslant M_r\leqslant1.8) \tag{5-117}$$

上式表明,高阶系统的 $\sigma_p\%$ 随着 M_r 增大而增大,调节时间 t_s 随 M_r 增大也增大,且随 ω_c 增大而减小。

5.6.3 闭环频域指标与开环频域指标的关系

1. γ 与 M_r 的关系

对于二阶系统,通过图 5-60 中的曲线可以看到 γ 与 M_r 之间的关系。对于高阶系统,可通过图 5-65 找出它们之间的关系。一般,M_r 出现在 ω_c 附近,就是说用 ω_c 代替 ω_r 来计算 M_r,并且 γ 较小,可近似认为 $AB=|1+G(\mathrm{j}\omega_c)|$,于是有

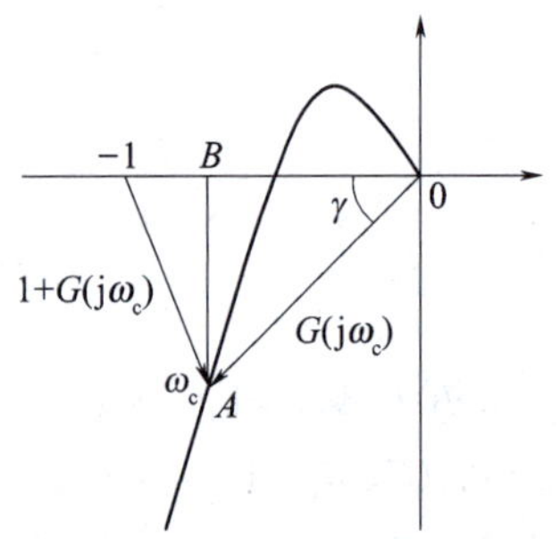

图 5-65 求取 γ 和 M_r 之间的近似关系

$$M_r=\frac{|G(\mathrm{j}\omega_c)|}{|1+G(\mathrm{j}\omega_c)|}\approx\frac{|G(\mathrm{j}\omega_c)|}{AB}=\frac{|G(\mathrm{j}\omega_c)|}{|G(\mathrm{j}\omega_c)|\cdot\sin\gamma}=\frac{1}{\sin\gamma} \tag{5-118}$$

当 γ 较小时,式(5-118)的准确性较高。

2. ω_c与ω_b的关系

对于二阶系统，ω_c与ω_b的关系可通过式(5-96)和式(5-113)得到，即

$$\frac{\omega_b}{\omega_c}=\sqrt{\frac{1-2\zeta^2+\sqrt{2-4\zeta^2+4\zeta^4}}{-2\zeta^2+\sqrt{4\zeta^4+1}}} \tag{5-119}$$

可见，ω_b与ω_c的比值是ζ的函数，有

$$\begin{cases}\zeta=0.4 & \omega_b=1.6\omega_c\\ \zeta=0.7 & \omega_b=1.55\omega_c\end{cases}$$

对于高阶系统，初步设计时，可近似取$\omega_b=1.6\omega_c$。

5.7 例题精解

例 5-24 已知一控制系统结构图如图 5-66 所示，当输入 $r(t)=2\sin t$ 时，测得稳态输出 $c(t)=4\sin(t-45°)$，试确定系统的参数ζ,ω_n。

解：系统闭环传递函数为

$$\Phi(s)=\frac{\omega_n^2}{s^2+2\zeta\omega_n s+\omega_n^2}$$

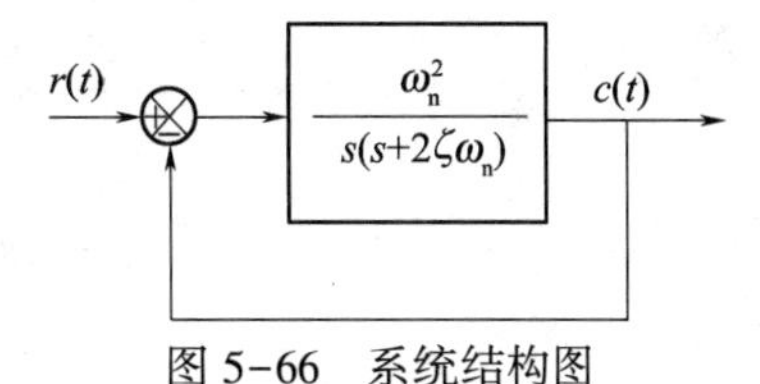

图 5-66 系统结构图

系统幅频特性为

$$|\Phi(j\omega)|=\frac{\omega_n^2}{\sqrt{(\omega_n^2-\omega^2)^2+4\zeta^2\omega_n^2\omega^2}}$$

相频特性为

$$\varphi(\omega)=-\arctan\frac{2\zeta\omega_n\omega}{\omega_n^2-\omega^2}$$

由题设条件知

$$c(t)=4\sin(t-45°)=2A(1)\sin(t+\varphi(1))$$

即

$$A(1)=\left.\frac{\omega_n^2}{\sqrt{(\omega_n^2-\omega^2)^2+4\zeta^2\omega_n^2\omega^2}}\right|_{\omega=1}=\frac{\omega_n^2}{\sqrt{(\omega_n^2-1)^2+4\zeta^2\omega_n^2}}=2$$

$$\varphi(1)=-\arctan\left.\frac{2\zeta\omega_n\omega}{\omega_n^2-\omega^2}\right|_{\omega=1}=-\arctan\frac{2\zeta\omega_n}{\omega_n^2-1}=-45°$$

整理得

$$\omega_n^4=4[(\omega_n^2-1)^2+4\zeta^2\omega_n^2]$$

$$2\zeta\omega_n=\omega_n^2-1$$

解得 $\omega_n=1.244,\zeta=0.22$。

例 5-25 系统的传递函数为

$$G(s)=\frac{K}{s^2(T_1s+1)(T_2s+1)}$$

试绘制系统概略幅相特性曲线。

解：(1) 组成系统的环节为两个积分环节、两个惯性环节和比例环节。

(2) 确定起点和终点

$$G(j\omega)=\frac{-K(1-T_1T_2\omega^2)+jK(T_1+T_2)\omega}{\omega^2(1+T_1^2\omega^2)(1+T_2^2\omega^2)}$$

$$\lim_{\omega\to 0}\mathrm{Re}[G(\mathrm{j}\omega)] = -\infty$$

$$\lim_{\omega\to 0}\mathrm{Im}[G(\mathrm{j}\omega)] = \infty$$

由于 $\mathrm{Re}[G(\mathrm{j}\omega)]$趋于$-\infty$的速度快,故初始相角为$-180°$。终点为

$$\lim_{\omega\to\infty}|G(\mathrm{j}\omega)| = 0$$

$$\lim_{\omega\to\infty}\angle G(\mathrm{j}\omega) = -360°$$

(3) 求幅相曲线与负实轴的交点。由 $G(\mathrm{j}\omega)$的表达式可知,ω为有限值时,$\mathrm{Im}[G(\mathrm{j}\omega)]>0$,故幅相曲线与负实轴无交点。

(4) 组成系统的环节都为最小相位环节,并且无零点,故$\varphi(\omega)$单调地从$-180°$递减至$-360°$。作系统的概略幅相特性曲线如图 5-67 所示。

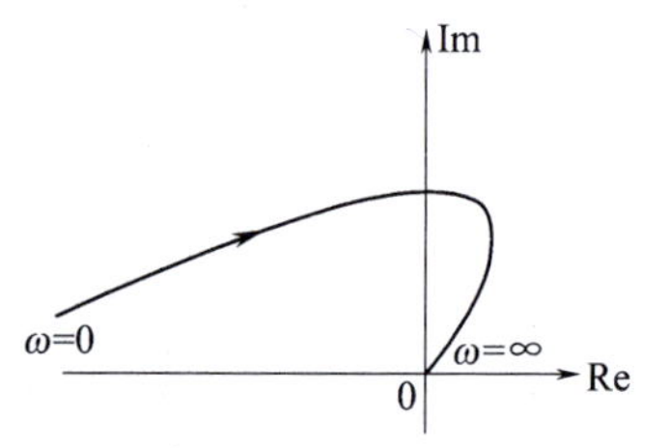

图 5-67 例 5-25 系统概略幅相曲线

例 5-26 单位反馈控制系统开环传递函数为

$$G(s) = \frac{as+1}{s^2}$$

试确定使相位裕度 $\gamma=45°$的 a 值。

解:

$$L(\omega)=20\lg\frac{\sqrt{(a\omega_c)^2+1}}{\omega_c^2}=0$$

$$\omega_c^4 = a^2\omega_c^2 + 1$$

$$\gamma = 180° + \arctan(a\omega_c) - 180° = 45°$$

$$a\omega_c = 1$$

联立求解得 $\omega_c=\sqrt[4]{2}$,$a=1/\sqrt[4]{2}=0.84$。

例 5-27 最小相位系统对数幅频渐近特性如图 5-68 所示,请确定系统的传递函数。

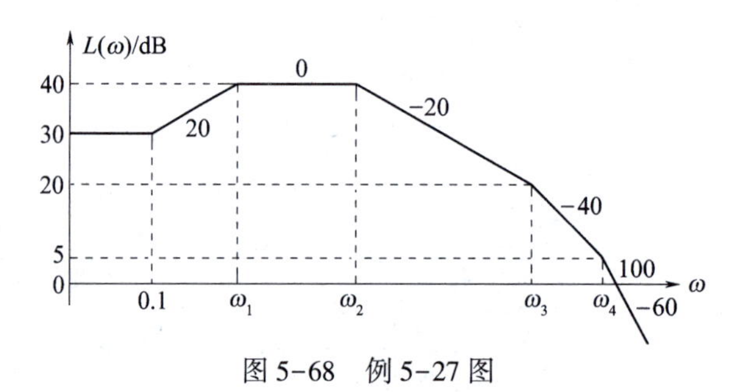

图 5-68 例 5-27 图

解:由图知在低频段渐近线斜率为 0,故系统为 0 型系统。渐近特性为分段线性函数,在各交接频率处,渐近特性斜率发生变化。

在 $\omega=0.1$ 处,斜率从 0dB/dec 变为 20dB/dec,属于一阶微分环节。

在 $\omega=\omega_1$处,斜率从 20dB/dec 变为 0dB/dec,属于惯性环节。

在 $\omega=\omega_2$处,斜率从 0dB/dec 变为-20dB/dec,属于惯性环节。

在 $\omega=\omega_3$处,斜率从-20dB/dec 变为-40dB/dec,属于惯性环节。

在 $\omega=\omega_4$处,斜率从-40dB/dec 变为-60dB/dec,属于惯性环节。

因此系统的传递函数具有下述形式:

$$G(s) = \frac{K(s/0.1+1)}{(s/\omega_1+1)(s/\omega_2+1)(s/\omega_3+1)(s/\omega_4+1)}$$

式中,$K,\omega_1,\omega_2,\omega_3,\omega_4$待定。

由 $20\lg K=30$,得 $K=31.62$。

确定 ω_1： $20=\dfrac{40-30}{\lg\omega_1-\lg 0.1}$ 所以 $\omega_1=0.316$

确定 ω_4：$-60=\dfrac{-5+0}{\lg 100-\lg\omega_4}$ 所以 $\omega_4=82.54$

确定 ω_3：$-40=\dfrac{5-20}{\lg\omega_4-\lg\omega_3}$ 所以 $\omega_3=34.81$

确定 ω_2：$-20=\dfrac{20-40}{\lg\omega_3-\lg\omega_2}$ 所以 $\omega_2=3.481$

于是，所求的传递函数为

$$G(s)=\frac{31.62(s/0.1+1)}{(s/0.316+1)(s/3.481+1)(s/34.81+1)(s/82.54+1)}$$

例 5-28 某最小相位系统的开环对数幅频特性如图 5-69 所示。要求：

（1）写出系统开环传递函数；

（2）利用相位裕度判断系统稳定性；

（3）将其对数幅频特性向右平移十倍频程，试讨论对系统性能的影响。

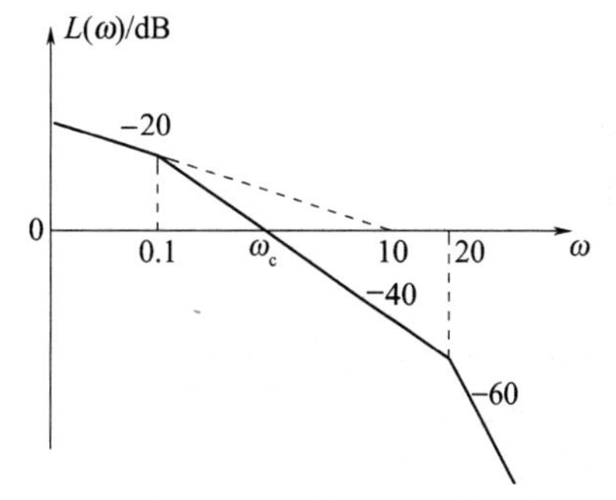

图 5-69 例 5-28 系统开环对数频率特性

解：（1）由系统开环对数幅频特性曲线可知，系统存在两个交接频率 0.1 和 20，故

$$G(s)=\frac{K}{s(s/0.1+1)(s/20+1)}$$

且 $$20\lg\frac{K}{10}=0$$

得 $$K=10$$

所以 $$G(s)=\frac{10}{s(s/0.1+1)(s/20+1)}$$

（2）系统开环对数幅频特性为

$$A(\omega_c)=\frac{10}{\omega_c\cdot 10\omega_c}=1$$

从而解得 $$\omega_c=1$$

系统开环对数相频特性为

$$\varphi(\omega)=-90°-\arctan\frac{\omega}{0.1}-\arctan\frac{\omega}{20}$$

$$\varphi(\omega_c)=-177.15°$$

$$\gamma=180°+\varphi(\omega_c)=2.85°$$

故系统稳定。

（3）将系统开环对数幅频特性向右平移十倍频程，可得系统新的开环传递函数为

$$G_1(s)=\frac{100}{s(s+1)\left(\dfrac{s}{200}+1\right)}$$

其截止频率为

$$\omega_{c1}=10\omega_c=10$$

而

$$\varphi_1(\omega_{c1})=-90°-\arctan\omega_{c1}-\arctan\frac{\omega_{c1}}{200}=-177.15°$$

$$\gamma_1=180°+\varphi_1(\omega_{c1})=2.85°$$

$$\gamma_1 = \gamma$$

系统的稳定性不变。

由时域估计指标公式

$$t_s = k\pi/\omega_c$$

得

$$t_{s1} = 0.1t_s$$

即调节时间缩短,系统动态响应加快。由

$$\sigma_p = 0.16 + 0.4\left(\frac{1}{\sin\gamma} - 1\right)$$

得

$$\sigma_{p1} = \sigma_p$$

即系统超调量不变。

例 5-29 某单位反馈系统的开环传递函数为

$$G(s) = \frac{K(-2s+1)}{s(s+8)}$$

试用奈氏判据判断系统的稳定性。

解:(1) 由系统开环传递函数知 $P=0$。

(2) 绘制开环系统的极坐标图

① 起点 $G_k(j0)=\infty\angle-90°$

② 终点 $G_k(j\infty)=0\angle-270°$

③ 与坐标轴的交点

$$G(j\omega) = \frac{K(-j2\omega+1)}{j\omega(j\omega+8)} = \frac{K[-17\omega - j(8-2\omega^2)]}{\omega(\omega^2+64)}$$

令虚部等于零,得 $\omega_x=2$ 时,极坐标图与实轴有一交点,交点坐标为

$$\mathrm{Re}(\omega_x) = -0.25K$$

开环极坐标图如图 5-70 实线所示。

(3) 用奈氏判据判稳。

因为 $N=1$(1 型系统),需作增补线,从 $\omega=0_+$ 开始,逆时针旋转 90°到实轴,作半径为无穷大的圆弧,如图 5-70 虚线所示。

要使闭环系统稳定,即

$$Z = P - 2R = 0$$

所以要求 $R=0$。即要求开环极坐标图不应包围$(-1,j0)$点,也就要求

$$-0.25K > -1$$

$$K < 4$$

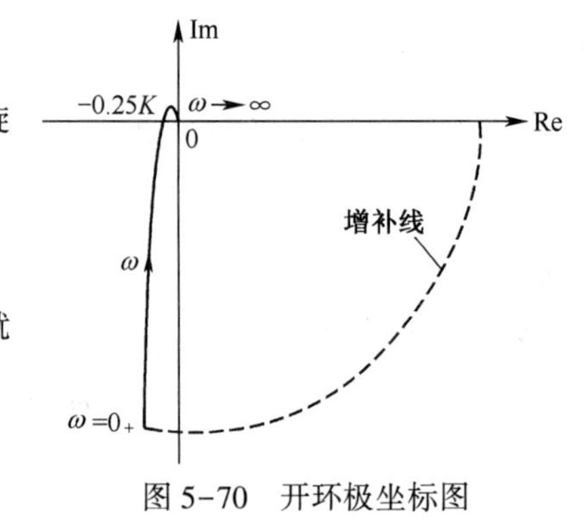

图 5-70 开环极坐标图

也就是当可变参数 $K<4$ 取值时,系统才会稳定。

例 5-30 已知最小相位系统开环频率特性分别为如图 5-71(a)和(b)所示,试判断闭环系统的稳定性。

解:(a)图给出的是 $\omega\in(-\infty,0)$ 的幅相曲线,而 $\omega\in(0,+\infty)$ 的幅相曲线与题给曲线对称于实轴,如图 5-72 所示。因为 $N=1$,故从 $\omega=0$ 的对应点起逆时针补作$\pi/2$,半径为无穷大的圆弧。在$(-1,j0)$点左侧,幅相曲线逆时针、顺时针各穿越负实轴一次,故 $N_+=N_-=1$,则

$$R = N_+ - N_- = 0$$

因此,s 右半平面的闭环极点数为

$$Z = P - 2R = 0$$

闭环系统稳定。

(b)因为 $N=2$,故如图(b)中虚线所示在对数相频特性的低频段曲线上补作 2.90°的垂线。当 $\omega<\omega_c$时,有 $L(\omega)>0$,且在此频率范围内,$\varphi(\omega)$穿越$-180°$线一次,且为由上向下穿越,因此 $N_+=0,N_-=1$,则

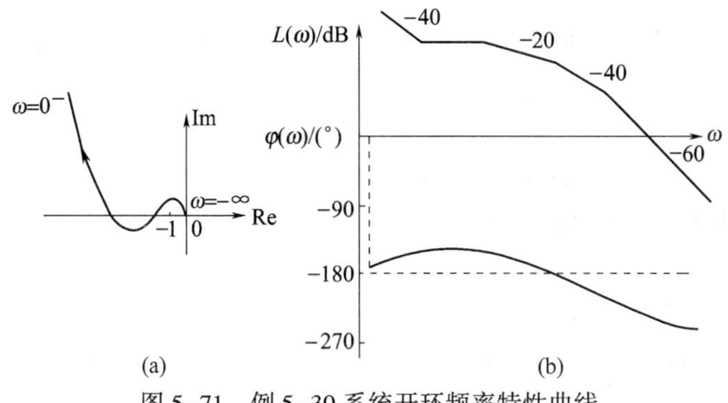

图 5-71　例 5-30 系统开环频率特性曲线

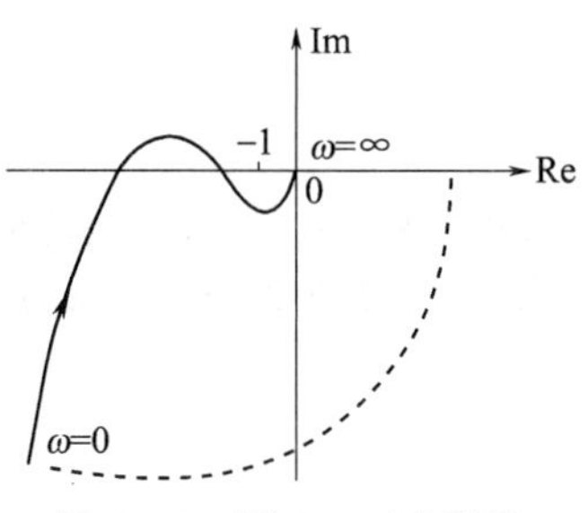

图 5-72　图 5-71(a)系统开环幅相曲线

$$R = N_+ - N_- = -1$$

于是算得右半平面的闭环极点数为

$$Z = P - 2R = 2$$

系统闭环不稳定。

例 5-31　已知单位反馈系统的开环传递函数为

$$G(s) = \frac{100\left(\frac{s}{2}+1\right)}{s(s+1)\left(\frac{s}{10}+1\right)\left(\frac{s}{20}+1\right)}$$

试求系统的相角裕度和幅值裕度。

解:由题给传递函数可知,系统的交接频率依次为 1,2,10,20。低频段渐近线斜率为-20,且过 $L_d(1)=$ 40dB 点。

系统相频特性按下式计算:

$$\varphi(\omega) = \arctan\frac{\omega}{2} - 90^\circ - \arctan\omega - \arctan\frac{\omega}{10} - \arctan\frac{\omega}{20}$$

作系统开环对数频率特性曲线,如图 5-73 所示。

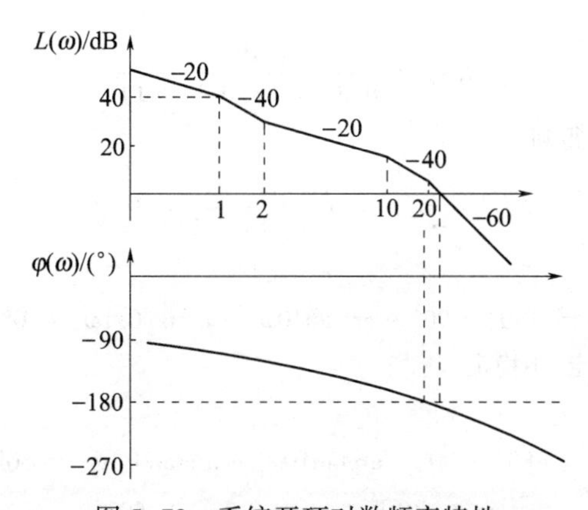

图 5-73　系统开环对数频率特性

由对数幅频渐近特性 $A(\omega_c)=1$ 求得 ω_c 的近似值为

$$A(\omega_c) = \frac{100 \cdot \frac{\omega_c}{2}}{\omega_c \cdot \omega_c \cdot \frac{\omega_c}{10} \cdot \frac{\omega_c}{20}} = 1$$

$$\omega_c = 21.5$$

再用试探法求 $\varphi(\omega_g) = -180°$时的相角穿越频率 ω_g,得 $\omega_g = 13.1$。

系统的相角裕度和幅值裕度分别为

$$\gamma = 180° + \varphi(\omega_c) = -24.8°$$

$$h = 20\lg\left|\frac{1}{G(j\omega_g)}\right| = -9.3(\mathrm{dB})$$

例 5-32 已知最小相位系统的开环对数幅频渐近特性如图 5-74 所示,试求:(1) 系统的开环传递函数;

(2) 利用稳定裕度判别系统的稳定性;

(3) 若要求系统具有 30°稳定裕度,试求开环放大系数 K 应改变的倍数。

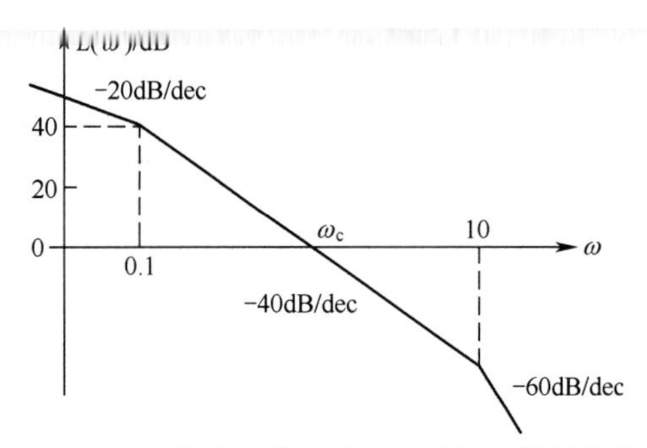

图 5-74 最小相位系统的对数幅频特性曲线

解:(1) 依题意,系统是 1 型系统,有两个转折频率:0.1,10。开环传递函数为

$$G(s) = \frac{K}{s(10s+1)(0.1s+1)}$$

根据

$$L(\omega)\big|_{\omega=0.1} = 20\lg K - 20\lg\omega\big|_{\omega=0.1} = 40$$

求得 $K = 10$。所以

$$G(s) = \frac{10}{s(10s+1)(0.1s+1)}$$

(2) 由对数幅频渐近特性得到

$$A(\omega_c) = \frac{10}{\omega_c \cdot 10\omega_c \cdot 1} = 1$$

$$\omega_c = 1\mathrm{rad/s}$$

$$\gamma = 180° - 90° - \arctan 10\omega_c - \arctan 0.1\omega_c = 0°$$

因相角裕度为 0°,系统临界稳定(不稳定)。

(3) 据题意有

$$\gamma = 180° - 90° - \arctan 10\overline{\omega}_c - \arctan 0.1\overline{\omega}_c = 30°$$

$$\arctan 10\overline{\omega}_c + \arctan 0.1\overline{\omega}_c = 60°$$

$$\arctan\frac{10.1\overline{\omega}_c}{1-\overline{\omega}_c^2} = 60°$$

解得

$$\overline{\omega}_c = 0.1667\mathrm{rad/s}$$

$$\frac{K'}{\overline{\omega}_c \cdot 10\overline{\omega}_c \cdot 1} = 1$$

得到 $K'=0.278$。开环放大系数 K 从原来的 10 变到现在的 0.278,应改变 0.0278 倍。

例 5-33 对于高阶系统,若要求时域指标为 $\sigma_p\%=18\%$,$t_s=0.05\text{s}$,试将其转换成频域指标。

解:根据经验公式,有

$$\sigma_p = 0.16 + 0.4\left(\frac{1}{\sin\gamma} - 1\right)$$

$$t_s = \frac{k_1 \pi}{\omega_c}$$

$$k_1 = 2 + 1.5\left(\frac{1}{\sin\gamma} - 1\right) + 2.5\left(\frac{1}{\sin\gamma} - 1\right)^2$$

代入题给的时域指标得

$$\frac{1}{\sin\gamma} = \frac{1}{0.4}(0.18 - 0.16) + 1 = 1.05$$

得 $\gamma=72.25°$,求得

$$k_1 = 2.08125$$

因此,得

$$\omega_c = \frac{k_1\pi}{t_s} = 130.8(\text{rad/s})$$

所求频域指标为 $\gamma=72.25°$,$\omega_c=130.8(\text{rad/s})$。

例 5-34 已知一负反馈系统的开环传递函数为

$$G(s) = \frac{Ke^{-0.8s}}{s+1}$$

试用奈氏判据求使闭环系统稳定时开环放大系数 K 的取值范围。

解法 1:(1) 由开环传递函数知 $P=0$。

(2) 绘制系统的开环极坐标图:

$$G(j\omega) = \frac{Ke^{-j0.8\omega}}{j\omega + 1} = \frac{K(1 - j\omega)(\cos 0.8\omega - j\sin 0.8\omega)}{1+\omega^2} =$$

$$\frac{K}{1+\omega^2}[(\cos 0.8\omega - \omega\sin 0.8\omega) - j(\sin 0.8\omega + \omega\cos 0.8\omega)]$$

令 $\text{Im}(\omega)=0$,得

$$\sin 0.8\omega + \omega\cos 0.8\omega = 0$$

$$-\omega = \tan 0.8\omega$$

解得

$$\omega = 2.4482$$

且

$$\text{Re}(\omega) = -0.378K$$

开环极坐标图如图 5-75 所示。当 $-0.378K>-1$,即 $K<2.65$ 时,系统不包围$(-1,j0)$点,闭环系统稳定。

解法 2:绘制系统的开环伯德图如图 5-76 所示。

当 $\varphi(\omega)=-180°$时,

$$\varphi(\omega) = -\arctan\omega - 0.8 \times 57.3°\omega = -180°$$

$$\omega = 2.4482$$

代入幅频特性,得

$$K = \sqrt{1+\omega^2} = 2.65$$

从这个例题可以看出,没有延迟的系统 K 在任意值时总是稳定的。当有了延迟环节,只有当 $K<2.65$ 时,系统

才是稳定的。因此，延迟环节对系统的稳定性是不利的。

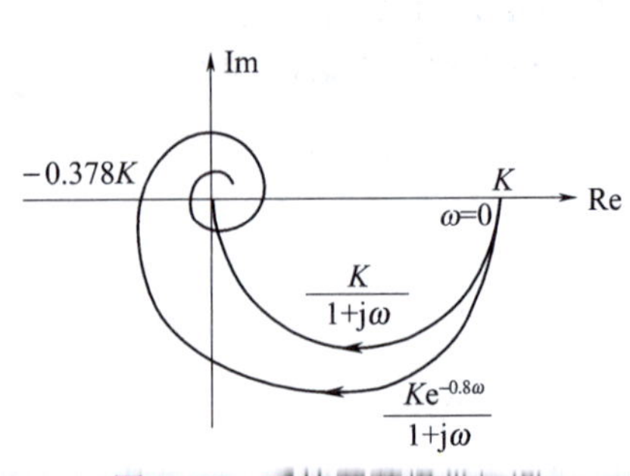

图 5-75 系统开环极坐标图

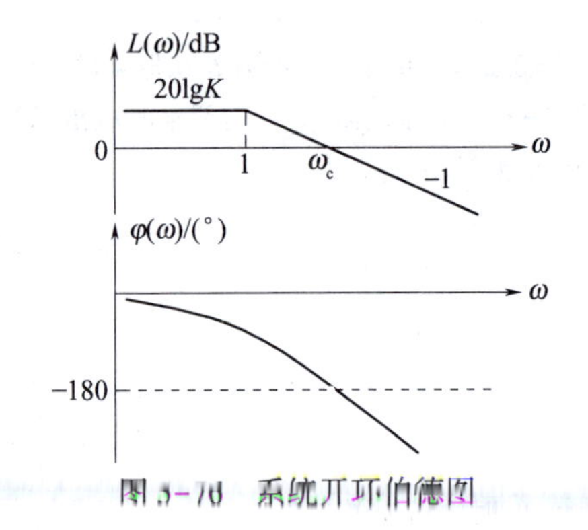

图 5-76 系统开环伯德图

例 5-35 图 5-77 是一个宇宙飞船控制系统的方框图。为了使相角裕度 $\gamma=50°$，试确定 K。在这种情况下，幅值裕度是多大？

解：系统开环传递函数为

$$G(s)=K(s+2)\cdot\frac{1}{s^2}$$

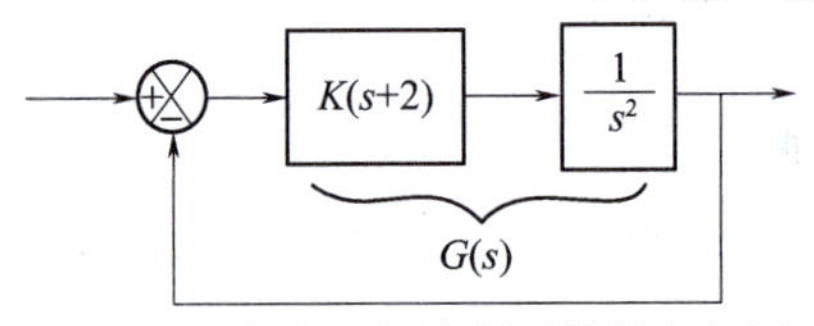

图 5-77 宇宙飞船控制系统的方框图

相频特性为

$$\varphi(\omega)=-180°+\arctan\omega/2$$

要求 $\gamma=50°$，则

$$\gamma=180°+\varphi(\omega_c)=\arctan\omega_c/2=50°$$

$$\omega_c=2.3835$$

代入幅频特性，得

$$\left|\frac{K\sqrt{\omega_c^2+2^2}}{\omega_c^2}\right|=1$$

$$K=1.8259$$

因为相位曲线永远不和-180°线相交，所以幅值裕度为+∞ dB。

学习指导与小结

1. 基本要求

通过本章学习，应该达到：

(1) 正确理解频率特性的物理意义、数学本质及定义。

(2) 正确地运用频率特性的定义进行分析和计算，计算部件或系统在正弦输入下的稳态响应以及反算结构参数。

(3) 熟记典型环节频率特性的规律及其特征点。

(4) 熟练掌握由系统开环传递函数绘制开环极坐标图和伯德图的方法。

(5) 熟练掌握最小相位系统由对数幅频特性曲线反求传递函数的方法。

(6) 正确理解奈奎斯特判据的原理证明和判别条件。

(7) 熟练掌握运用奈奎斯特判据判别系统稳定性的方法，并能正确计算稳定裕度和临界增益。

(8) 正确理解谐振峰值、频带宽度、截止频率、相角裕度、幅值裕度以及三频段等概念，明确其和系统阶跃响应的定性关系。

2. 内容提要

(1) 频率特性是线性系统(或部件)在正弦函数输入下,稳态输出与输入之比对频率的关系,概括起来即为同频、变幅、相移。它能反映动态过程的性能,故可视为动态数学模型。

频率特性是传递函数的一种特殊形式。将系统传递函数中的 s 换成纯虚数 $j\omega$,就得到该系统的频率特性。

频率特性也可以通过实验方法确定,这在难以写出系统数学模型时更为有用。

(2) 开环频率特性可以写成因式形式的乘积,这些因式就是典型环节的频率特性,所以典型环节是系统开环频率特性的基础。典型环节有:比例、积分、微分、惯性、一阶微分、振荡、二阶微分和延迟环节。对典型环节频率特性的规律及其特征点应该非常熟悉。

(3) 开环频率特性的几何表示:开环极坐标图和开环伯德图。

① 开环极坐标图的绘制。由开环极点—零点分布图,正确地确定出起点、终点以及与坐标轴的交点,即可绘制出开环极坐标草图。

② 开环伯德图的绘制。先把开环传递函数化为标准形式,求每一典型环节所对应的转折频率,并标在 ω 轴上;然后确定低频段的斜率和位置;最后由低频段向高频段延伸,每经过一个转折频率,斜率作相应的改变。这样很容易地绘制出开环对数幅频特性渐近线曲线,若需要精确曲线,只需在此基础上加以修正即可。

对于对数相频特性曲线只要能写出其关系表达式,确定出 $\omega=0,\omega=\infty$ 时的相角,再在频率段内适当地求出一些频率所对应的相角,连成光滑曲线即可。

(4) 频率法是运用开环频率特性研究闭环动态响应的一套完整的图解分析计算法。其分析问题的主要步骤和所依据的概念及方法如下:

开环频率特性曲线→ {
频域稳定性判据(奈氏判据)→闭环稳定性
求频域指标 γ,ω_c,h 或 $M_r,\omega_b\to\sigma_p\%,t_s$(估算公式)
型号和开环放大系数→e_{ss}
}

开环频率特性和闭环频率特性都是表征闭环系统控制性能的有力工具。

① 奈氏判据是根据开环频率特性曲线来判断闭环系统稳定性的一种稳定判据。其内容为:若已知开环极点在 s 右半平面的个数为 P,当 ω 从 $0\to\infty$ 时,开环频率特性的轨迹在 $G(j\omega)H(j\omega)$ 平面包围$(-1,j0)$点的圈数为 R,则闭环系统特征方程式在 s 右半平面的个数为 Z,且有 $Z=P-2R$。若 $Z=0$,说明闭环特征根均在 s 左半平面,闭环系统是稳定的。若 $Z\neq0$,说明闭环特征根在 s 右半平面有根,闭环系统是不稳定的。

② 开环频域指标 γ、ω_c、h 或闭环频域指标 M_r、ω_b 反映了系统的动态性能,它们和时域指标之间有一定的对应关系,γ、M_r 反映了系统的平稳性,γ 越大,M_r 越小,系统的平稳性越好;ω_c、ω_b 反映了系统的快速性,ω_c、ω_b 越大,系统的响应速度越快。

(5) 开环对数幅频的三频段。三频段的概念对分析系统参数的影响以及系统设计都是很有用的。一个既有较好的动态响应,又有较高的稳态精度,既有理想的跟踪能力,又有满意的抗干扰性的控制系统,其开环对数幅频特性曲线低、中、高三个频段的合理形状应是很明确的。

低频段的斜率应取$-20N$dB/dec,而且曲线要保持足够的高度,以便满足系统的稳态精度。

中频段的截止频率不能过低,而且附近应有-20dB/dec 斜率段,以便满足系统的快速性和平稳性要求。-20dB/dec斜率段所占频程越宽,则稳定裕度越大。

高频段的幅频特性应尽量低,以便保证系统的抗干扰性。

(6) 由于采用了典型化、对数化等处理方法,使得频率法的计算工作较为简单,从而在工程实践中获得了广泛的应用。

习 题

5-1 计算图示电网络在输入 $u_i(t)=\sin\omega t$ 时的稳态正弦输出 $u_o(t)$。

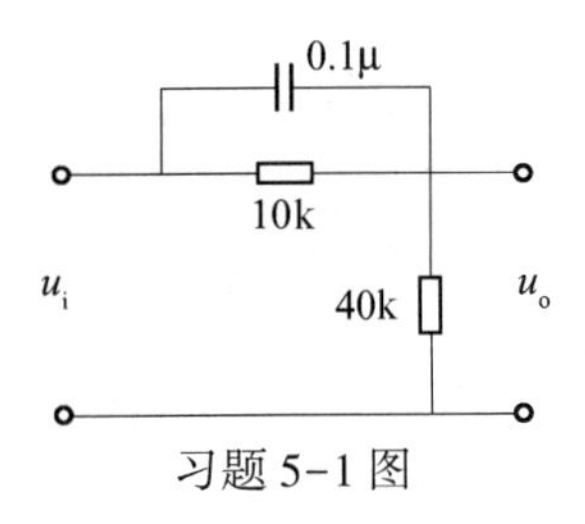

习题 5-1 图

5-2 若系统单位阶跃响应为

$$h(t) = 1 - 1.8e^{-4t} + 0.8e^{-9t} \qquad (t > 0)$$

试求系统的频率特性。

5-3 作出下述传递函数的对数幅频特性 $L(\omega)$ 与相频特性 $\psi(\omega)$。

(1) $G(s)=\dfrac{1}{Ts}$，$T=10$ 及 $T=0.1$ 时　　(2) $G(s)=\dfrac{T_1s+1}{T_2s+1}$，$T_1>T_2$ 及 $T_1<T_2$ 时

(3) $G(s)=\dfrac{20}{s^2+1.9s+1}$　　(4) $G(s)=\dfrac{K}{(T_1s+1)(T_2s+1)(T_3s+1)}$，$T_1>T_2>T_3$

5-4 作出下述传递函数的极坐标草图。

(1) $G(s)=\dfrac{K}{(T_1s+1)(T_2s+1)}$　　(2) $G(s)=\dfrac{250}{s(s+50)}$

(3) $G(s)=\dfrac{K(T_1s+1)}{s(T_2s+1)}$，$T_1<T_2$　　(4) $G(s)=\dfrac{K(T_1s+1)}{s^2(T_2s+1)}$，$T_1>T_2$ 及 $T_1<T_2$ 时

(5) $G(s)=\dfrac{1}{s}e^{-s}$　　(6) $G(s)=\dfrac{250}{s(s+5)(s+15)}$

5-5 分别作出下列三个传递函数的幅相曲线和对数频率特性曲线($T_1>T_2>0$)。

(1) $G(s)=\dfrac{T_1s+1}{T_2s+1}$　　(2) $G(s)=\dfrac{T_1s-1}{T_2s+1}$

(3) $G(s)=\dfrac{-T_1s+1}{T_2s+1}$

5-6 试由题图所示的对数幅频渐近特性确定各最小相位系统的传递函数。

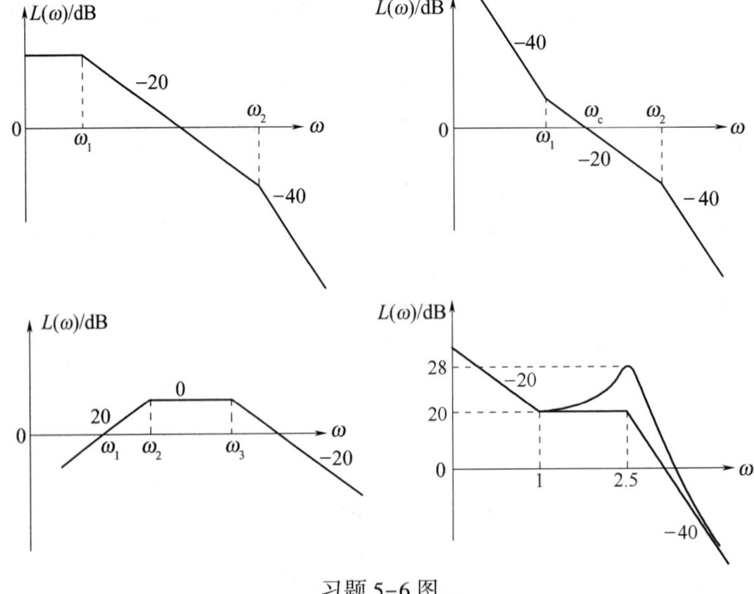

习题 5-6 图

5-7 已知单位反馈系统的开环传递函数为

$$G(s) = \frac{K}{s(s+1)(0.1s+1)}$$

试计算(1)使得开环系统的幅值裕度 h 为 20dB 的增益 K 值;(2)使得开环系统的相位裕度 γ 为 60°的增益 K 值。

5-8 已知单位反馈系统的开环传递函数为

$$G(s) = \frac{K(10s+1)}{s^2(s+1)(0.1s+1)}$$

作出系统的伯德图草图,并由奈氏判据确定使系统稳定的增益 K 值。

5-9 已知某控制系统如题图所示,试计算系统的开环截止频率 ω_c 和相位裕度 γ。

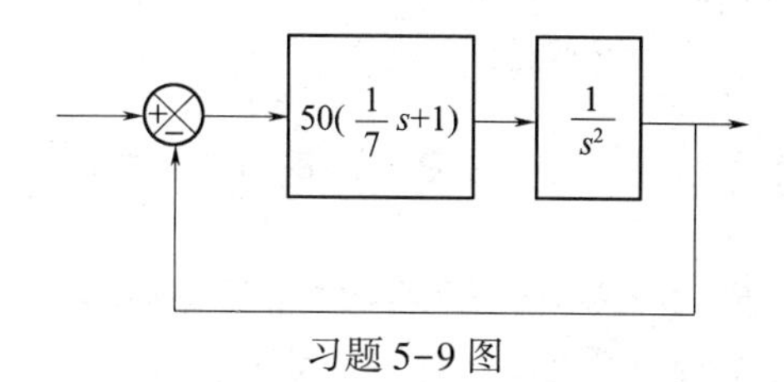

习题 5-9 图

5-10 已知最小相位系统的开环传递函数为 $G(s)H(s)=\dfrac{K(s-1)}{s(s+1)}$,试由频域稳定性判据判别闭环系统的稳定性。

5-11 单位反馈延迟系统的开环传递函数为

$$G(s) = \frac{K\mathrm{e}^{-0.5s}}{s+1}$$

试用奈氏判据确定使系统闭环稳定时开环增益 K 的临界值。

5-12 已知单位反馈系统的开环传递函数为

$$G(s) = \frac{K}{s(Ts+1)}$$

若要求截止频率提高 a 倍,相位裕度保持不变,问 K,T 应如何变化?

5-13 设单位反馈系统的开环传递函数为

$$G(s) = \frac{as+1}{s^2}$$

试确定使相位裕度等于 45°的 a 值。

5-14 设单位反馈系统的开环传递函数为

$$G(s) = \frac{K}{(s+1)(3s+1)(7s+1)}$$

要求幅值裕度为 20dB,求 K 值应为多少?

5-15 设单位反馈系统的开环传递函数为

$$G(s) = \frac{K}{s(1+0.01s)(1+0.2s)}$$

(1) 求 K 分别为 10、20、40 时的相角裕度?

(2) 如果要求 $\gamma \geqslant 50°$,问幅值穿越频率 ω_c 处的对数幅频特性曲线的斜率是多少?

5-16 典型二阶系统的开环传递函数为

$$G(s) = \frac{\omega_n^2}{s(s+2\zeta\omega_n)}$$

若已知 $10\% \leqslant \sigma_p\% \leqslant 30\%$,试确定相位裕度 γ 的范围;若给定 $\omega_n=10$,试确定系统带宽 ω_b 范围。

5-17 控制系统结构图如题图所示，试分别计算 $G_1(s)$ 为如下情况时，系统时域指标 $\sigma_p\%$ 和 t_s：

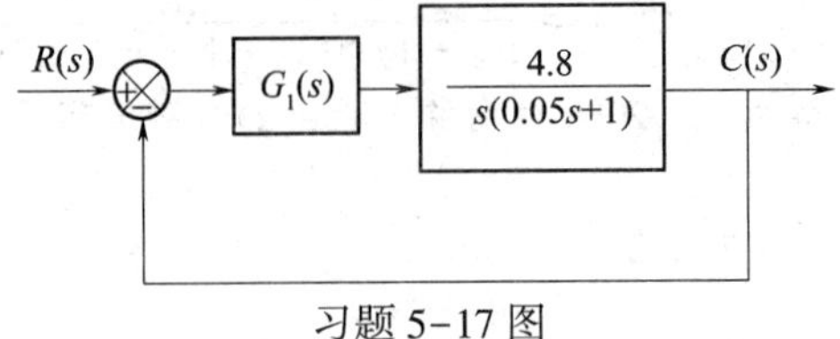

习题 5-17 图

(1) $G_1(s)=1$　　(2) $G_1(s)=\dfrac{10(s+1)}{8s+1}$

5-18* 已知系统的开环传递函数为

$$G(s)H(s) = \frac{s+2}{s^2+1}$$

试由奈氏判据证明该系统是闭环稳定的。(提示：当频率 ω:0→∞ 时，在 $\omega=1_-$ 和 $\omega=1_+$ 处有间隔点。在间隔点处，其幅值 $A(\omega)|_{\omega=\pm1}=\infty$。)

5-19* 已知带有比例积分调节器的控制系统其结构图如题图所示，图中，参数 τ, T_a, K_a, T_i 为定值，且 $\tau > T_a$。试证明该系统的相位裕度 γ_c 有极大值 γ_{cmax}，并计算当相位裕度为最大值时，系统的开环截止频率 ω_c 和增益 K_c 的值。

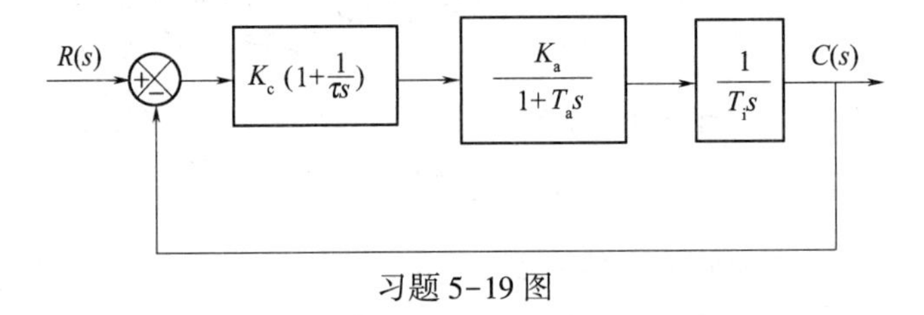

习题 5-19 图

第6章　控制系统的校正

前几章介绍了自动控制系统的分析问题，即给定了自动控制系统的结构和参数，可以利用第2章介绍的方法，先建立系统的数学模型，进而采用时域分析法或根轨迹法或频域分析法，通过计算或作图求得系统的性能指标，这是控制理论研究的正面问题。然而对于初步设计的系统来说，通常其性能指标达不到要求的指标。这就提出了如何进一步改善系统性能的问题，也就是控制系统的校正问题。

根据被控对象及其技术指标要求设计自动控制系统，需要进行大量地分析计算，需要考虑的问题是多方面的。既要保证所设计的系统有良好的性能，满足给定技术指标的要求；又要照顾到方便加工、经济性好、可靠性高等。在设计过程中，既要有理论指导，也要重视实践经验，往往还要配合许多局部和整体的试验。

本章只从控制理论的角度讨论设计问题，主要考虑的是：如何使系统具有满意的性能——稳、准、快。

6.1　校正的基本概念

6.1.1　校正的定义

1. 被控对象

被控对象和控制装置同时进行设计是比较合理的。充分发挥控制的作用，往往能使被控对象获得特殊的、良好的技术性能，甚至使复杂的被控对象得以改造而变得异常简单。某些生产过程的合理控制可以大大简化工艺设备。然而，相当多的场合还是先给定被控对象，之后进行系统设计。但无论如何，对被控对象要作充分的了解是不容置疑的。要详细了解被控对象的工作原理和特点，如哪些参量需要控制、哪些参量能够测量、可以通过哪几个机构进行调整、被控对象的工作环境和干扰如何，等等。还必须尽可能准确地掌握被控对象的动态数学模型，以及被控对象的性能要求，这些都是系统设计的主要依据。

2. 性能指标

自动控制系统是根据其所要完成的控制任务而设计的。任务不同，对系统性能的要求也不同。对性能的要求除必须稳定这个必要条件之外，还有稳态和动态性能，通常用系统的性能指标来表示。

稳态性能指标的提法有：系统的无差度 N，稳态误差 e_{ss} 或稳态误差系数 K_p、K_v、K_a。而动态性能指标有两类，一类是时域指标：超调量 $\sigma_p\%$、调节时间 t_s；另一类是开环频域指标：开环截止频率 ω_c、相角裕度 γ、中频带宽度 h 等。这两类动态指标，如果需要可以用第5章所介绍的时域指标和开环频域指标之间的关系相互转换。

性能指标通常是由自动控制系统的使用单位或被控对象的设计制造单位提出的。一个具体系统对指标的要求应有所侧重，如调速系统对平稳性和稳态精度要求严格，而随动系统则对快速性期望很高。

性能指标的提高要有根据,不能脱离实际情况。要求响应快,必须使运动部件具有较高的速度和加速度,则将承受过大的离心载荷和惯性载荷,如超过强度极限就会遭到破坏。再者,能源的功率也是有限制的,超出最大可能也将无法实现。

性能指标在一定程度上决定了系统的工艺性、可靠性和成本。

除一般性能指标外,具体系统往往还有一些特殊的要求,如低速平稳性、对变载荷的适应性等,也必须在系统设计中给予针对性地考虑。

一般来说,系统的性能指标不要超过实际需要而提得过高。但经常遇到的情况是设计出来的系统不能够满足要求的性能指标。如何进一步改善系统的性能呢?

3. 改善系统性能的方法

首先可通过改变系统参数的方法改善系统性能。例如增大开环传递系数 K,可减小稳态误差 e_{ss},但此时系统的稳定性和动态品质将变坏。图 6-1 表示一个最小相位系统的开环幅相曲线,可见当 K 增大时,曲线将更靠近甚至包围(-1,j0)点,从而使系统的动态性能变坏甚至不稳定。而系统的其他参数一般都是实际系统的固有参数如时间常数,一般很难改变。因此通过这种方法来改善系统性能是非常有限的。

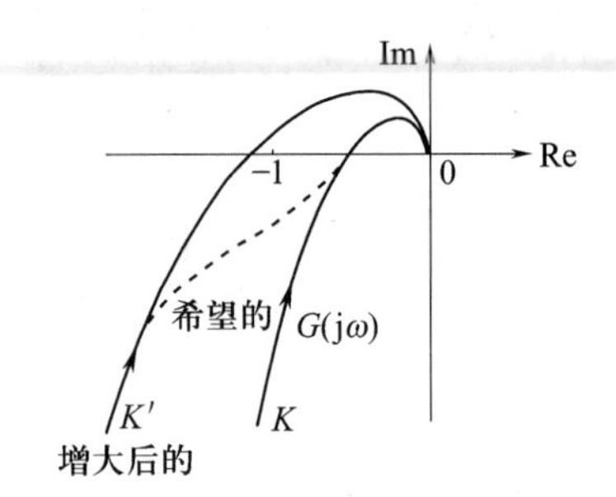

图 6-1　系统的开环幅相频率特性曲线

当改变系统参数达不到要求时,就只有增加辅助装置来改善系统的结构,从而改善系统的性能。利用增加辅助装置来改善系统性能的方法,称为系统校正(compensation),所增加的辅助装置就称为校正装置(compensator)或控制器。从频率特性的角度来说,其基本原理就是在系统中加入一个具有合适的频率特性形状的校正装置,使校正后的系统的开环频率特性变成所希望的形状,以便得到满足要求的性能指标。如图 6-1 虚线所示的极坐标图,低频部分希望是开环传递系数增大后对应的部分,中高频部分是开环传递系数比较小时对应的部分,这样既能满足稳态性能要求,也能满足动态性能的要求。

6.1.2　校正方式

校正装置在系统中的连接方式称为校正方式。常用的校正方式有串联校正、反馈校正、前馈校正和复合校正 4 种。如果校正装置 $G_c(s)$ 串联在原系统的前向通道中,称为串联校正,如图 6-2(a)所示。为减小校正装置的功率,一般将其串联在相加点之后。若校正装置 $G_c(s)$ 接在系统局部负反馈通道之中,称为反馈校正,如图 6-2(b)所示。

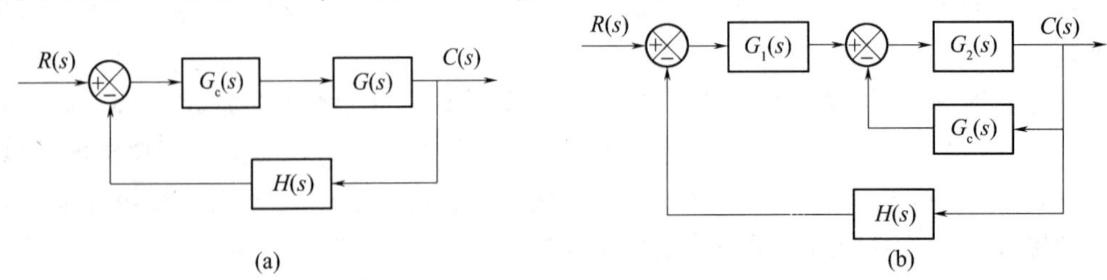

图 6-2　两种校正方式

(a) 串联校正;(b) 反馈校正。

前馈校正或顺馈校正，是在系统主反馈回路之外采用的校正方式。前馈校正装置接在系统给定值之后，主反馈作用点之前的前向通道上，如图 6-3(a)所示，这种校正方式的作用相当于对给定值信号进行整形或滤波后，再送入系统；另一种前馈校正装置接在系统可测扰动作用点与误差测量点之间，对扰动信号进行直接或间接测量，并经变换后接入系统，形成一条附加的对扰动影响进行补偿的通道，如图 6-3(b)所示。前馈校正可以单独作用于控制系统，更常见的是作为反馈控制系统的附加校正而组成复合控制系统。

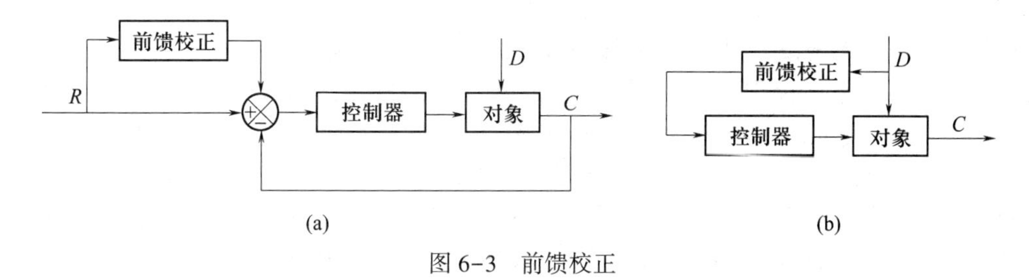

图 6-3　前馈校正

复合校正方式是在反馈控制回路中，加入前馈校正通路，组成一个有机整体，如图 6-4 所示。其中(a)为按扰动补偿的复合控制形式，(b)为按输入补偿的复合控制形式。

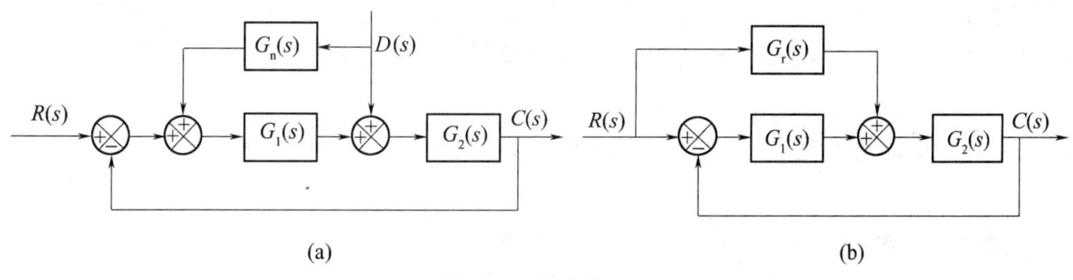

图 6-4　复合校正

在控制系统设计中，常用的校正方式为串联校正和反馈校正两种。究竟选用哪种校正方式，取决于系统中的信号性质、技术实现的方便性、可供选用的元件、抗干扰性要求、经济性要求、环境使用条件以及设计者的经验等因素。

由于串联校正结构的校正装置位于低能源端，因此装置简单，调整灵活，成本低。反馈校正结构的校正装置其输入信号直接取自输出信号，是从高能源端得到的，因此校正装置费用高，调整不方便，但是可以获得高灵敏度与高稳定度。

当前，由于现代控制理论的发展和计算机控制技术的广泛应用，许多控制系统的校正装置已经由计算机来取代，上述两种校正结构形式在硬件装置与价格上的区别已经渐渐模糊，但是从系统的结构关系上还是各具特色的。

6.1.3　设计方法

在频域法中，校正装置的设计有两种方法。

1. 分析法

首先在对原系统进行分析的基础上，根据要求的性能指标选取校正装置的基本形式。然后计算校正装置的参数，并检验是否满足要求的性能指标。若满足要求，则设计完成。否则，重新计算校正装置的参数，直到得到满足要求的性能指标为止。若反复计算仍达不到要求，说明选取的校正装置的形式不合适，重新选取校正装置的形式，重新计算。可见，这种方法一般需要多次反复才能完成设计。

2. 综合法

首先由要求的性能指标绘制希望的开环对数幅频特性曲线。然后与原系统的开环对数幅频特性曲线相减,得到校正装置的对数幅频特性曲线。最后反写出校正装置的传递函数 $G_c(s)$。这种方法可以一次完成设计任务,但困难在于如何由要求的指标绘制出希望的开环对数幅频特性曲线。

应当指出,不论是分析法或综合法,其设计过程一般仅适用于最小相位系统。

在频域内进行系统设计,是一种间接设计方法,因为设计结果满足的是一些频域指标,而不是时域指标。然而,在频域内进行设计又是一种简便的方法,在伯德图上虽然不能严格定量地给出系统的动态性能,但却能方便地根据频域指标确定校正装置的参数,特别是对已校正系统的高频特性有要求时,采用频域法校正较其他方法更为方便。频域设计的这种简便性,是由于开环系统的频率特性与闭环系统的时间响应有关。一般地说,开环频率特性的低频段表征了闭环系统的稳态性能;开环频率特性的中频段表征了闭环系统的动态性能;开环频率特性的高频段表征了闭环系统的复杂性和噪声抑制性能。因此,用频率法设计控制系统的实质,就是在系统中加入频率特性形状合适的校正装置,使开环系统频率特性形状变成所期望的形状:低频段增益充分大,以保证稳态误差要求;中频段对数幅频特性斜率一般为-20dB/dec,并占据充分宽的频带,以保证具有适当的相角裕度;高频段增益尽快减小,以削弱噪声影响,若系统原有部分高频段已符合要求,则校正时可保持高频段形状不变,以简化校正装置的形式。

6.2 典型校正装置

6.2.1 典型无源超前校正网络

典型无源超前网络(phase-lead network)如图6-5所示。设输入信号源的内阻为零,而输出端的负载阻抗为无穷大,则利用复阻抗法,可以写出该网络的传递函数为

$$G_c(s)=\frac{1}{a}\frac{1+aTs}{1+Ts} \tag{6-1}$$

式中

$$a=\frac{R_1+R_2}{R_2}>1 \tag{6-2}$$

$$T=\frac{R_1R_2}{R_1+R_2}C \tag{6-3}$$

由式(6-1)可见:采用无源超前网络进行串联校正时,校正后系统的开环放大系数要下降 a 倍,这样原系统的稳态误差就要增大 a 倍,因此必须进行补偿。设网络对开环放大系数的衰减已由提高原系统的放大器放大系数所补偿,则补偿后的无源超前网络的传递函数为

$$G_c(s)=\frac{1+aTs}{1+Ts}\quad(a>1) \tag{6-4}$$

根据式(6-4)可以画出无源超前网络的对数频率特性,如图6-6所示。显然,超前网络对频率在 $1/aT$~$1/T$ 之间的输入信号有明显的微分作用,而在相角曲线 $\varphi(\omega)$ 上相角总是超前的,超前网络的名称即由此而得。另外,在 $\varphi(\omega)$ 曲线上有一个最大值,即最大超前相角 φ_m。由该超前网络的相角表达式

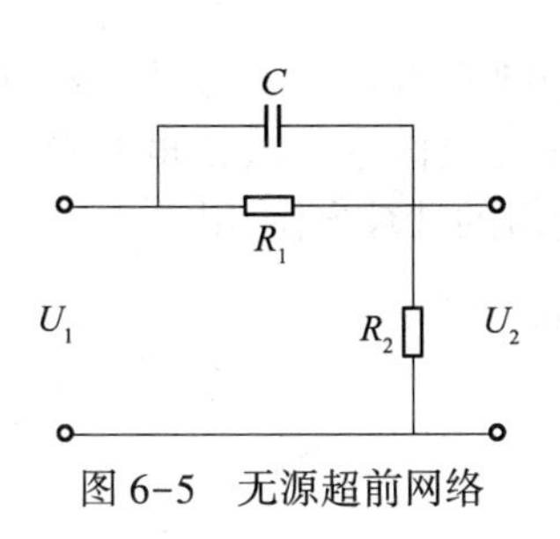

图 6-5　无源超前网络

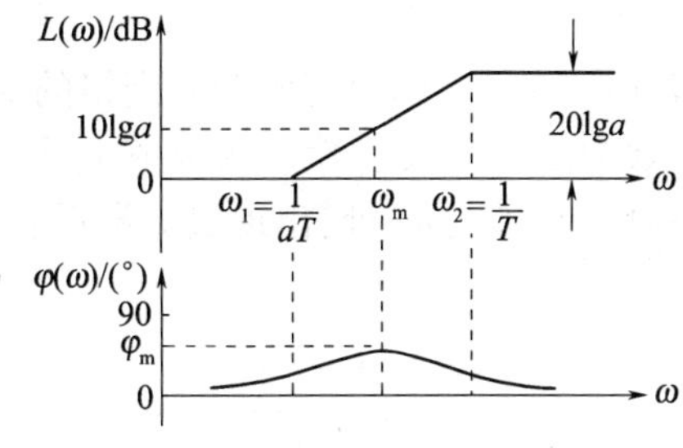

图 6-6　超前网络的对数幅频特性

$$\varphi_c(\omega) = \arctan aT\omega - \arctan T\omega = \arctan \frac{(a-1)T\omega}{1+aT^2\omega^2} \tag{6-5}$$

将上式求导并令其等于零,得最大超前角频率

$$\omega_m = \frac{1}{T\sqrt{a}} = \sqrt{\omega_1\omega_2} \tag{6-6}$$

或

$$\lg\omega_m = \frac{1}{2}(\lg\omega_1 + \lg\omega_2) \tag{6-7}$$

可见,ω_m在对数分度的 ω 轴上出现在 $\omega_1=1/aT$ 和 $\omega_2=1/T$ 的几何中点上。

将式(6-6)代入式(6-5),得最大超前相角

$$\varphi_m = \arctan \frac{a-1}{2\sqrt{a}} \tag{6-8}$$

也可写为

$$\varphi_m = \arcsin \frac{a-1}{a+1} \tag{6-9}$$

或

$$a = \frac{1+\sin\varphi_m}{1-\sin\varphi_m} \tag{6-10}$$

上式表明,φ_m仅与 a 有关,a 值越大,φ_m越大,微分作用也越强,但这使系统的抗干扰能力明显下降。因此实际选用时,a 不能太大,一般不大于 20。此外,从图 6-6 明显看出,ω_m处的对数幅值为

$$L_c(\varphi_m) = 10\lg a \tag{6-11}$$

6.2.2　典型无源滞后校正网络

典型无源滞后(迟后)校正网络(phase-lag network)如图 6-7 所示。图中 U_1为输入信号,U_2为输出信号。设输入信号源的内阻为零,负载阻抗为无穷大,则无源滞后校正网络的传递函数可写为

$$G_c(s) = \frac{1+bTs}{1+Ts} \tag{6-12}$$

式中

$$b = \frac{R_2}{R_1+R_2} < 1 \tag{6-13}$$

$$T = (R_1 + R_2)C \tag{6-14}$$

根据式(6-12)画出无源滞后网络的对数频率特性,如图 6-8 所示。显然,该滞后网络的传递系数为 1,不需要补偿。从幅值上看,对高频信号具有衰减作用。从相角上看,总是负相角,即滞后的,且在 ω_m处,出现最大滞后相角 φ_m,与超前网络的计算方法相同。

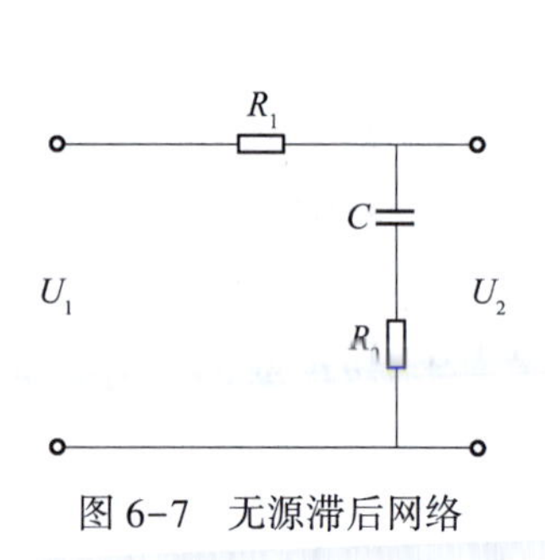

图 6-7　无源滞后网络

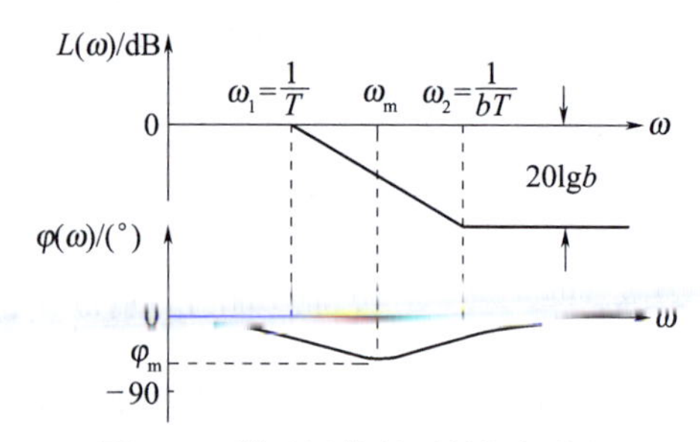

图 6-8　滞后网络的对数幅频特性

$$\varphi_m = \arcsin\frac{b-1}{b+1},\quad \omega_m = \frac{1}{T\sqrt{b}}$$

即 ω_m仍在两转折频率 $1/bT$ 与 $1/T$ 的几何中点上。当 $\omega\to\infty$ 时,$L_c(\omega)=20\lg b$,因为

$$L_c(\omega)\big|_{\omega\to\infty} = 20\lg\frac{\sqrt{1+(bT\omega)^2}}{\sqrt{1+(T\omega)^2}}\Bigg|_{\omega\to\infty} \approx 20\lg\frac{bT\omega}{T\omega} = 20\lg b \tag{6-15}$$

采用无源滞后网络进行串联校正时,主要是利用其高频幅值衰减的特性,以降低系统的开环截止频率,提高系统的相角裕度。因此,力求避免最大滞后角发生在校正后系统开环截止频率 ω'_c附近。选择滞后网络参数时,通常使网络的交接频率 $\omega_2=1/bT$ 远小于 ω'_c,一般取

$$\omega_2 = \frac{1}{bT} = 0.1\omega'_c \tag{6-16}$$

此时,滞后网络在 ω'_c处产生的相角滞后按下式确定:

$$\varphi_c(\omega'_c) = \arctan bT\omega'_c - \arctan T\omega'_c \tag{6-17}$$

由两角和的三角函数公式,可得

$$\varphi_c(\omega'_c) = \arctan\frac{(b-1)T\omega'_c}{1+bT^2\omega'^2_c} \tag{6-18}$$

代入式(6-16)及 $b<1$ 关系,上式可化简为

$$\varphi_c(\omega'_c) \approx \arctan[0.1(b-1)] \tag{6-19}$$

b 与 $\varphi_c(\omega'_c)$和 20lg$b$ 的关系曲线见图 6-9。

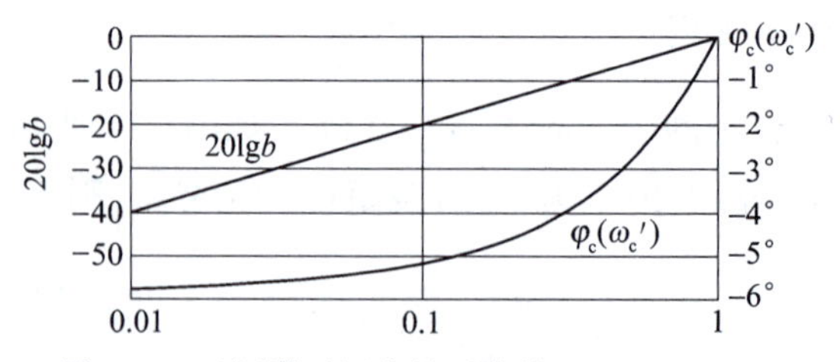

图 6-9　无源滞后网络关系曲线($1/bT=0.1\omega'_c$)

6.2.3　典型无源滞后—超前校正网络

典型无源滞后—超前校正网络如图 6-10 所示。图中 U_1为输入信号,U_2为输出信号。设

输入信号源的内阻为零,负载阻抗为无穷大,则无源滞后—超前校正网络的传递函数可写为

$$G_c(s)=\frac{(1+sR_1C_1)(1+sR_2C_2)}{(1+sR_1C_1)(1+sR_2C_2)+sR_1C_1} \tag{6-20}$$

设 $T_1=R_1C_1, T_2=R_2C_2, T_{12}=R_1C_2$,则式(6-20)写为

$$G_c(s)=\frac{(1+T_1s)(1+T_2s)}{T_1T_2s^2+(T_1+T_2+T_{12})s+1} \tag{6-21}$$

式(6-21)的分母多项式分解为两个一次式,时间常数取为 T_1' 和 T_2',则式(6-21)写为

$$G_c(s)=\frac{(1+T_1s)(1+T_2s)}{(1+T'_1s)(1+T'_2s)} \tag{6-22}$$

比较式(6-21)和式(6-22),存在

$$T_1T_2=T'_1T_2'$$

$$T_1+T_2+T_{12}=T'_1+T'_2$$

设 $\frac{T_1'}{T_1}=\frac{T_2}{T_2'}=a>1$,且 $T_1>T_2$

则有 $$T_1'>T_1>T_2>T_2'$$

故式(6-22)可写为

$$G_c(s)=\underbrace{\frac{1+T_1s}{1+aT_1s}}_{\text{滞后部分}}\cdot\underbrace{\frac{1+T_2s}{1+\frac{T_2}{a}s}}_{\text{超前部分}} \tag{6-23}$$

式(6-23)所对应的伯德图示于图 6-11。

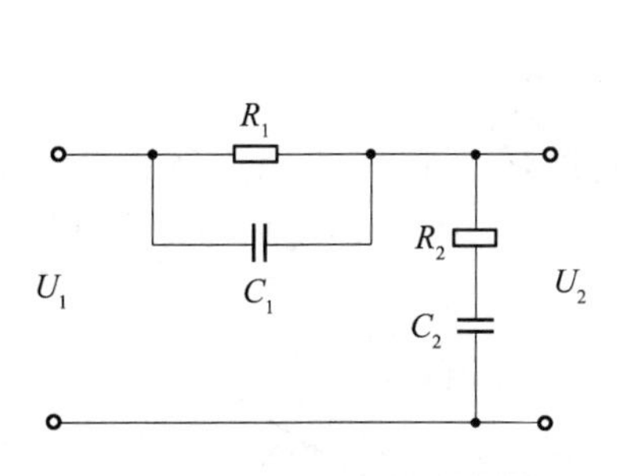

图 6-10　无源滞后—超前网络

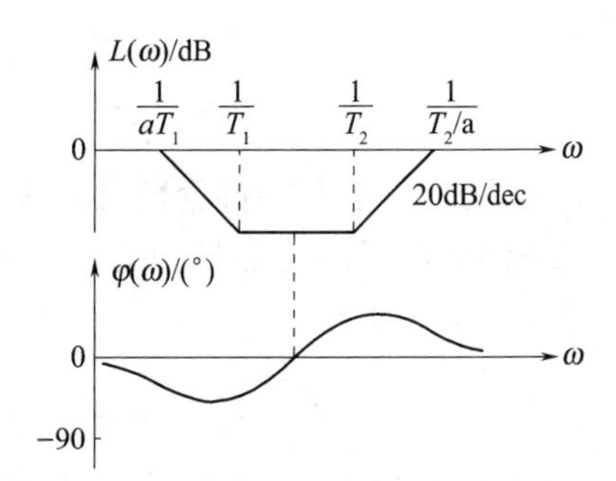

图 6-11　滞后—超前网络的对数幅频特性

6.2.4　调节器

前面讨论了无源校正装置,在电的校正装置中,除无源校正装置外,另外一类就是有源校正装置。有源校正装置是由运算放大器及阻容网络组成,具有调整方便、体积小、重量轻等优点,在工业控制系统中得到了广泛的应用。在工程领域,通常把这类校正装置简称为调节器。调节器按照其功能或实现的调节规律分成比例(P)调节器、积分(I)调节器、微分(D)调节器和比例加积分(PI)、比例加微分(PD)、比例加积分加微分(PID)调节器等多种形式。下面给出在控制工程中常用的三种调节器。

1. 比例加积分(PI)调节器

PI 调节器的电路图如图 6-12 所示,由于运算放大器工作时,$U_B\approx0$(称 B 为虚地点),设

输入支路和反馈支路的复数阻抗分别为 Z_1 和 Z_2，则有

$$G(s)=\frac{U_c(s)}{U_r(s)}=-\frac{Z_2}{Z_1}=-\frac{R_2Cs+1}{R_1Cs}=-\frac{\tau s+1}{Ts}= \tag{6-24}$$

$$-K_p\left[1+\frac{1}{T_1s}\right]=-K_p\frac{T_1s+1}{T_1s} \tag{6-25}$$

式中，$\tau=R_2C$；$T=R_1C$；$K_p=R_2/R_1$；$T_1=\tau=R_2C$。由式(6-25)可以看出，这种调节器的控制规律是比例加积分，K_p 是比例时间常数，T_1 是积分时间常数。另外，从式(6-24)可知，PI 调节器相当于一个积分环节和一个一阶微分环节相串联。不考虑 $G(s)$ 中的负号，则相应的对数频率特性曲线如图 6-13 所示。

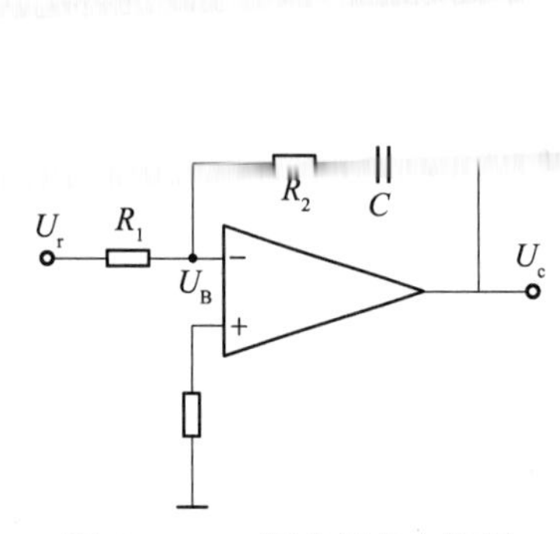

图 6-12　PI 调节器的电路图

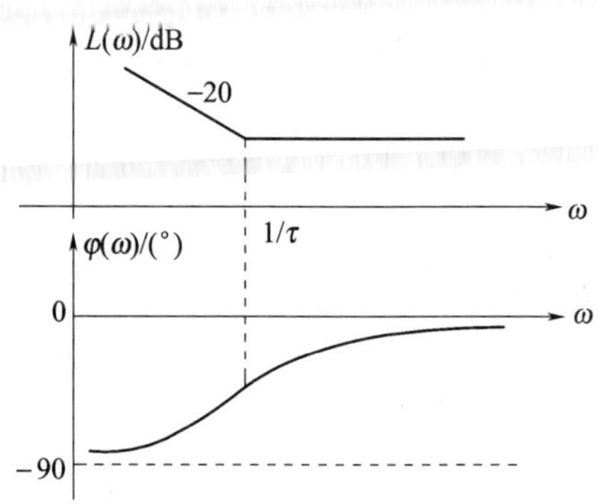

图 6-13　PI 调节器的伯德图

2. 比例加微分(PD)调节器

PD 调节器的电路图如图 6-14 所示，仍设输入支路和反馈支路的复数阻抗分别为 Z_1 和 Z_2，则有

$$G(s)=-\frac{Z_2}{Z_1}=-\frac{R_2}{R_1}(R_1C_1s+1)=-K_p(T_Ds+1) \tag{6-26}$$

式中，$K_p=R_2/R_1$，是比例时间常数；$T_D=R_1C$，是微分时间常数。由式(6-26)可知 PD 调节器相当于一个放大环节和一个一阶微分环节相串联。不考虑 $G(s)$ 中的负号，则相应的对数频率特性曲线如图 6-15 所示。

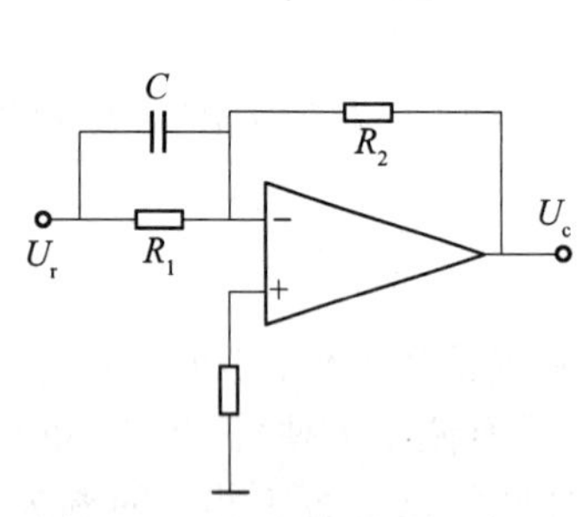

图 6-14　PD 调节器的电路图

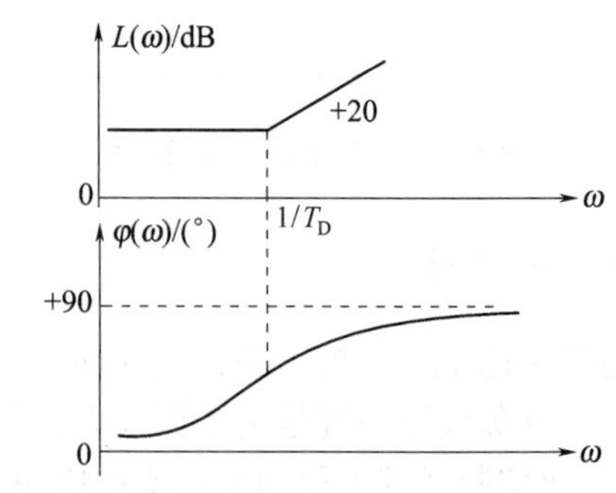

图 6-15　PD 调节器的伯德图

3. 比例加积分加微分(PID)调节器

PID 调节器的电路图如图 6-16 所示，同样的方法可写出其传递函数为

$$G(s)=-\frac{(\tau_1s+1)(\tau_2s+1)}{Ts}= \tag{6-27}$$

$$-k_{p}\left[1+\frac{1}{T_{I}s}+T_{D}s\right] \tag{6-28}$$

式中，$\tau_1=R_1C_1$；$\tau_2=R_2C_2$；$T=R_1C_2$；$K_p=(\tau_1+\tau_2)/T$；$T_I=\tau_1+\tau_2$；$T_D=\tau_1\tau_2/(\tau_1+\tau_2)$。

由式(6-28)可以看出，这种调节器的控制规律是比例加积分加微分，故称为 PID 调节器。另外，从式(6-27)可知，PID 调节器相当于一个积分环节和两个一阶微分环节相串联。不考虑 $G(s)$ 中的负号，则 PID 调节器的对数频率特性曲线如图 6-17 所示。

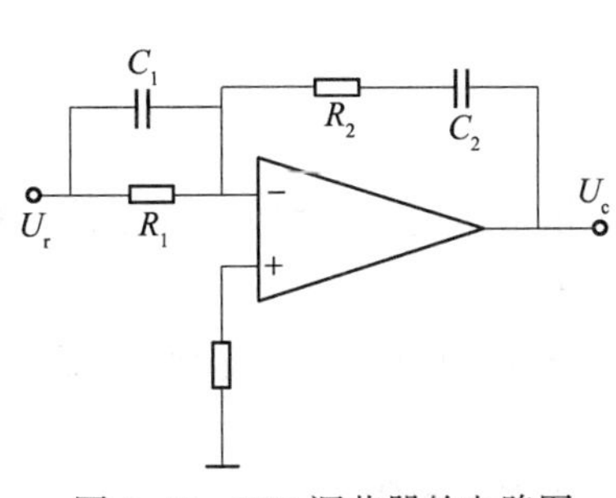

图 6-16　PID 调节器的电路图

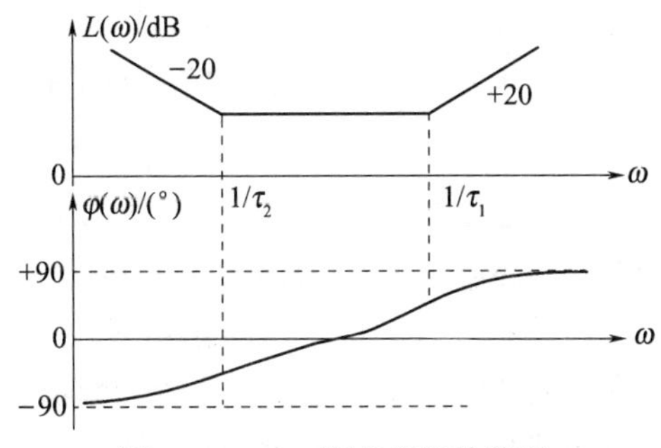

图 6-17　PID 调节器的伯德图

6.3　频域法串联校正

6.3.1　串联分析法

串联校正分析法，实际上是一种试探的方法，即从系统原有的特性 $G(s)$ 出发，依靠分析和经验，先选取一种无源校正装置 $G_c(s)$。然后按照相应校正的设计原理，求取校正装置的参数。如果校正后的系统达到性能指标要求，校正工作结束。反之，不满足要求，则需重选校正装置，再试，直到满足指标要求为止。

1. 串联超前校正

1) 校正的基本原理

利用超前无源网络进行串联校正，其基本原理是利用无源超前网络的相角超前特性，补偿原系统中频段过大的负相角，增大相角裕度。同时，利用超前网络在幅值上的高频放大作用，使校正后的幅值穿越频率增大，从而全面改善系统的动态性能。由于补偿后的超前网络，其传递系数为 1，不能改变原系统的稳态误差，因此校正后的稳态误差可通过选择系统的开环增益来保证。

2) 设计的一般步骤

频域法设计串联校正时，要求满足的系统性能指标(即已知条件)是开环频域指标 e_{ss}、ω'_c 和 γ^*。利用分析法设计无源超前网络的一般步骤如下：

(1) 根据要求的稳态误差 e_{ss}，确定开环增益 K。

(2) 利用已确定的开环增益 K，画出校正前原系统的开环伯德图，并计算出校正前系统的幅值穿越频率 ω_c 和相角裕度 γ。

(3) 确定校正装置的参数及传递函数。

在设计过程中，有两种情况：

① 如果对校正后的 ω'_c 已提出要求。

在幅值穿越频率 ω'_c 要求的范围中，选取 ω'_c，为充分利用网络最大超前相角，使校正后的幅值穿越频率 ω'_c 等于校正装置最大超前相角对应的频率 ω_m，即 $\boldsymbol{\omega_m=\omega'_c}$。然后在校正前的 $L(\omega)$ 曲线上，计算出 $\omega=\omega'_c$ 处的对数幅值 $L(\omega'_c)$。为实现所要求的 ω'_c，使超前网络的 $L_c(\omega_m)=10\lg a$（正值）与校正前系统的对数幅值 $L(\omega'_c)$（负值）之和为零，即

$$L(\omega'_c)+10\lg a=0 \tag{6-29}$$

从而求出超前网络的 a。

② 如果对校正后的 ω'_c 未提出要求。

可从要求的相角裕度 γ^* 出发，首先通过下式确定 φ_m：

$$\varphi_m=\gamma^*-\gamma+\Delta \tag{6-30}$$

式中，φ_m 为超前校正网络的最大超前相角；γ^* 为希望的相角裕度；γ 为校正前系统的相角裕度；Δ 为考虑到 $\gamma(\omega_c<\omega'_c)$ 所减少的角度，一般取 $5°\sim10°$。

求出校正装置的最大超前相角 φ_m 之后，根据式(6-10)即可求出 a。仍然选定 $\omega_m=\omega'_c$，利用式(6-29)，计算出校正后系统的幅值穿越频率 ω'_c。

再由式(6-6)算出 T，并以此写出校正装置应具有的传递函数为

$$G_c(s)=\frac{1+aTs}{1+Ts}$$

或者求出校正装置的两个转折频率 ω_1 和 ω_2

$$\omega_1=\frac{\omega_m}{\sqrt{a}}=\frac{\omega'_c}{\sqrt{a}}$$

$$\omega_2=\sqrt{a}\,\omega'_c$$

$$G_c(s)=\frac{1+s/\omega_1}{1+s/\omega_2}$$

(4) 检验校正后的系统是否满足要求的性能指标。由于在步骤(3)中选定的 ω'_c（或 φ_m）具有试探性，所以必须检验。如果校正后的系统满足要求，设计工作结束。如果校正后的系统不满足要求，需再一次选定 ω'_c（或 φ_m），重新计算，直到满足给定的指标要求为止。

(5) 根据超前网络的参数，确定 RC 超前网络的元件值。此时可根据实际情况，首先选定 R_1，然后由式(6-2)和式(6-3)算出其他两个元件值 R_2 和 C。注意，确定 RC 的元件值时，应符合 RC 元件的标准化要求。

举例说明校正的设计过程。

例 6-1　某控制系统的开环传递函数为

$$G(s)=\frac{K}{s(0.1s+1)(0.001s+1)}$$

对该系统的要求是：(1) 系统的相角裕度 $\gamma^*\geqslant45°$；(2) 静态速度误差系数 K_v=1000(1/s)。求超前校正装置的传递函数。

解：(1) 由稳态指标要求

$$K_v=K=1000$$

(2) 校正前原系统的开环传递函数为

$$G(s)=\frac{1000}{s(0.1s+1)(0.001s+1)}$$

画出校正前系统的伯德图，如图 6-18 的 $L(\omega)$、$\varphi(\omega)$ 所示。计算原系统的 ω_c、γ：

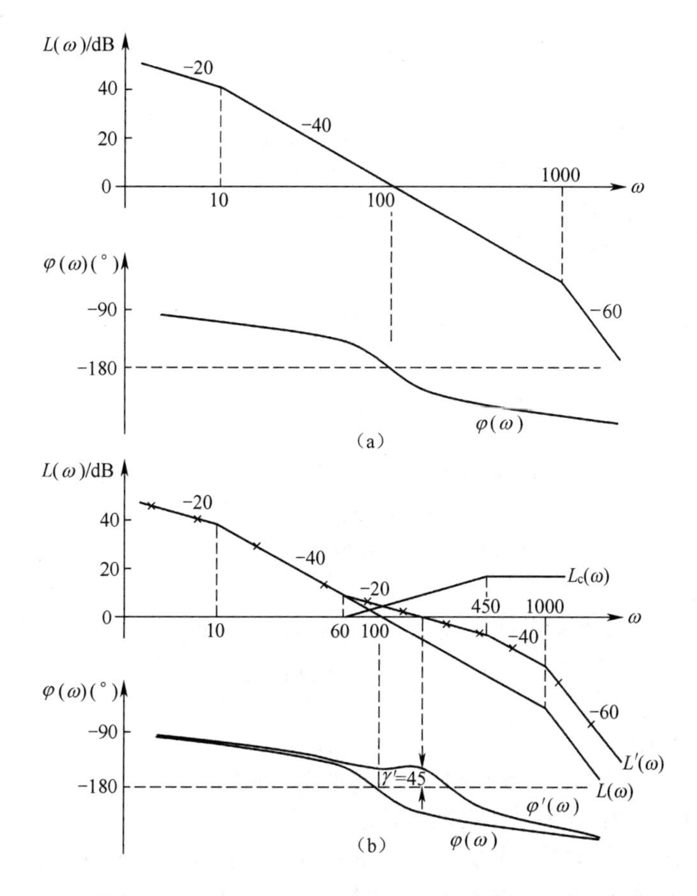

图 6-18　例 6-1 系统的开环伯德图

(a)校正前系统的开环伯德图;(b)系统校正前、后的开环伯德图。

$L(\omega)$,$\varphi(\omega)$—校正前;$L'(\omega)$,$\varphi'(\omega)$—校正后;$L_c(\omega)$—校正装置。

$$A(\omega_c) = \frac{1000}{\omega_c \cdot 0.1\omega_c \cdot 1} = 1$$

故 $\omega_c = 100$。

$$\gamma = 180° + (-90° - \arctan 0.1 \cdot 100 - \arctan 0.001 \cdot 100) = 90° - 84.29° - 5.71° = 0°$$

系统处于临界稳定状态。不满足相角裕度的要求。

(3) 根据 $\gamma^* \geqslant 45°$,$\gamma = 0$,取 $\Delta = 5°$,则

$$\varphi_m = \gamma^* - \gamma + \Delta = 50°$$

则

$$a = \frac{1 + \sin\varphi_m}{1 - \sin\varphi_m} = 7.5$$

根据

$$L(\omega'_c) + 10\lg a = 0$$

$$20\lg \frac{1000}{\omega'_c \cdot 0.1\omega'_c \cdot 1} + 10\lg a = 0$$

解得 $\omega'_c = 165.5(\mathrm{rad/s})$。

由 $\omega_m = \omega'_c = \dfrac{1}{T\sqrt{a}}$,得

$$T=\frac{1}{\omega'_c\sqrt{a}}=\frac{1}{165.5\sqrt{7.5}}=0.00221$$

于是可写出

$$G_c(s)=\frac{1+aTs}{1+Ts}=\frac{1+0.0166s}{1+0.00221s}$$

校正后的开环对数频率特性曲线如图 6-18 中的 $L'(\omega)$、$\varphi'(\omega)$ 所示。

(4) 检验校正后的相角裕度 γ'。由校正后的开环传递函数

$$G'(s)=G_c(s)G(s)=\frac{1+0.0166s}{1+0.00221s}\cdot\frac{1000}{s(1+0.1s)(1+0.001s)}$$

因为 $\omega'_c=165.5$，所以

$$\begin{aligned}\gamma'&=180°+\varphi'(\omega'_c)=180°+\varphi(\omega'_c)+\varphi_c(\omega'_c)\\&=\gamma(\omega'_c)+\varphi_c(\omega'_c)\\&=180°-90°-\arctan 0.1\cdot 165.5-\arctan 0.001\cdot 165.5\\&\quad+\arctan 0.0166\cdot 165.5-\arctan 0.00221\cdot 165.5\\&=-5.9°+50°=44.1°\approx 45°\end{aligned}$$

基本满足性能指标要求。

(5) 计算 R_1、R_2、C。选取 $R_1=65\text{k}\Omega$，由

$$a=\frac{R_1+R_2}{R_2}T=\frac{R_1R_2}{R_1+R_2}C$$

解得 $R_2=10\text{k}\Omega$，$C=0.26\mu\text{F}$。

从图 6-18 中，比较校正前后的伯德图，可知超前校正装置对系统性能的影响：

① 低频段重合，校正后对系统的稳态误差没有影响。

② 中频段：中频段斜率由-40dB/dec 变为-20dB/dec。幅值穿越频率由 100rad/s 增大到 165.5rad/s，相角裕度由原来的 0°增大到 45°。$\omega'_c>\omega_c$，$\gamma'>\gamma$，校正后系统超调量减少了，平稳性变好，响应速度加快了。

③ 高频段抬高，校正后高频滤波性能变差。

如果重新回到第(3)步，取 $\Delta=10°$，则

$$\varphi_m=\gamma^*-\gamma+\Delta=55°$$

$$a=\frac{1+\sin\varphi_m}{1-\sin\varphi_m}=10.06$$

$$L(\omega'_c)+10\lg a=0$$

$$20\lg\frac{1000}{\omega'_c\cdot 0.1\omega'_c\cdot 1}+10\lg a=0$$

$$\frac{1000\sqrt{a}}{\omega'_c\cdot 0.1\omega'_c\cdot 1}=1$$

求出校正后系统的幅值穿越频率 ω'_c

$$\omega'_c=178.094(\text{rad/s})$$

$$\omega_1=\frac{\omega_m}{\sqrt{a}}=\frac{\omega'_c}{\sqrt{a}}=56.15$$

$$\omega_2=\sqrt{a}\,\omega'_c=564.87$$

$$G_c(s)=\frac{1+s/\omega_1}{1+s/\omega_2}=\frac{1+s/56.15}{1+s/564.87}$$

$$\begin{aligned}\gamma'&=\gamma(\omega'_c)+\varphi_c(\omega'_c)\\&=90°-86.9°-10.1°+(72.5°-17.5°)\\&=-6.9°+55°=48.1°\end{aligned}$$

完全满足性能指标要求。

3）两点说明

（1）串联超前校正的作用。串联超前校正在补偿了 a 倍的衰减之后，可以做到稳态误差不变，而全面改善系统的动态性能，即增大相角裕度 γ 和幅值穿越频率 ω_c，从而减小超调量和过渡过程时间。

（2）下列情况，不宜采用串联超前校正。

一是校正前的系统不稳定。原系统不稳定，为达到要求的 γ^*，超前网络的 φ_m 应很大，$20\lg a$ 就很大，即对系统中的高频信号放大作用很强，从而大大降低了系统的抗干扰能力。

另一种情况是校正前系统在 ω_c 附近相角减小的速率太大，此时随校正后的 ω'_c 的增大，校正前系统的相角迅速减小，造成校正后的相角裕度改善不大，很难达到要求的相角裕度。一般来说，当在校正前系统的 ω_c 附近有两个转折频率彼此靠近或相等的惯性环节，或有一个振荡环节，都会出现这种现象。

在上述情况下，系统可采用其他方法进行校正。例如采用两级串联超前网络进行串联超前校正，或采用串联滞后校正。

2. 串联滞后校正

1）校正的基本原理

利用无源滞后网络进行串联校正，其基本原理是利用无源滞后网络幅值上对高频幅值的衰减作用，使校正后的幅值穿越频率 ω'_c 减小。而在相角曲线上，使其最大滞后相角远离中频段，保证校正后的相角曲线的中频段与校正前的中频段基本相同，从而增大相角裕度 γ。由于滞后网络的传递函数为 1，因此校正后的稳态误差，仍要通过选择系统的开环增益来实现。

2）设计的一般步骤

性能指标的提法仍然是开环频域指标 e_{ss}、ω'_c 和 γ^*，利用分析法设计无源滞后网络的一般步骤如下：

（1）根据要求的稳态误差 e_{ss}，确定开环增益 K。

（2）由已确定的开环增益 K，画出校正前原系统的开环对数坐标图，并算出校正前原系统的 ω_c 和 γ。

（3）确定校正装置的参数及传递函数。

根据要求的相角裕度 γ^*，先确定校正后系统的幅值穿越频率 ω'_c。

考虑到滞后网络的负相角总会对原系统的中频段产生一定的影响，因此在要求的 γ^* 的基础上增加一个补偿角 Δ，一般取 $5°\sim10°$，这样总的要求的相角裕度为 $\gamma^*+\Delta$。然后在原系统的相角曲线 $\varphi(\omega)$ 上确定使相角裕度为 $\gamma^*+\Delta$ 的频率 ω'_c，即令

$$\gamma(\omega'_c)=\gamma^*+\Delta \tag{6-31}$$

然后计算滞后网络的参数 b、T。根据原系统在 ω'_c 处的对数幅值 $L(\omega'_c)$，然后令

$$20\lg b+L(\omega'_c)=0 \tag{6-32}$$

即可算出参数 b。另外，为保证滞后网络的负相角对原系统的中频段的影响尽可能小，应使 φ_m 远离中频段，将滞后网络最高的转折频率选为

$$\frac{1}{bT}=0.1\omega'_c \tag{6-33}$$

由式(6-33)可算出参数 T,因此校正装置的传递函数为

$$G_c(s)=\frac{1+bTs}{1+Ts}\quad(b<1)$$

(4) 校验校正后系统是否满足要求的性能指标。由于前面确定的 ω'_c 是准确的,因此只检验校正后的 γ' 即可。若不满足要求,则说明前面选取的补偿角 Δ 偏小,增大 Δ,重新回到步骤(3)进行设计,直到满足要求为止。

(5) 确定校正网络的元件值,方法与超前网络相同。

例 6-2 设单位反馈系统的开环传递函数为

$$G(s)=\frac{K}{s(s+25)}$$

要求静态速度误差系数 $K_v=100$,相角裕度 $\gamma^*\geqslant45°$,采用串联滞后校正,试确定校正装置的传递函数。

解:(1) 根据稳态指标要求

$$K_v=\lim_{s\to0}sG(s)=\frac{K}{25}=100$$

$$K=2500$$

则原系统的开环传递函数为

$$G(s)=\frac{2500}{s(s+25)}=\frac{100}{s(0.04s+1)}$$

(2) 绘制原系统的伯德图,如图 6-19 的 $L(\omega)$,$\varphi(\omega)$ 所示。

从图得

$$A(\omega_c)=\frac{100}{\omega_c\cdot0.04\omega_c}=1$$

故 $\omega_c=50$。

$$\gamma=180°+(-90°-\arctan0.04\cdot50)=90°-63.4°=26.6°<45°$$

相角裕度不满足要求。

(3) 确定 ω'_c。取 $\Delta=6°$,则 $\gamma^*+\Delta=45°+6°=51°$。在原系统的 $\varphi(\omega)$ 曲线上算出与相角裕度 51°对应的频率,作为 ω'_c:

$$\gamma(\omega'_c)=180°-90°-\arctan0.04\omega'_c=51°$$

即

$$\arctan0.04\omega'_c=39°$$

$$\omega'_c=20$$

计算网络参数 b、T。令 $L(\omega'_c)+20\lg b=0$

$$20\lg\frac{100}{\omega'_c\cdot1}+20\lg b=0$$

求得 $b=0.2$

又由式(6-33),令

$$\frac{1}{bT}=0.1\omega'_c$$

得

$$T=2.5$$

因此

$$G_c(s)=\frac{1+bTs}{1+Ts}=\frac{1+0.5s}{1+2.5s}$$

校正后的开环对数频率特性曲线如图 6-19 中的 $L'(\omega)$、$\varphi'(\omega)$ 所示。

(4) 校验校正后的相角裕度 γ'。由校正后的开环传递函数

$$G'(s)=G(s)G_c(s)=\frac{100}{s(1+0.04s)}\cdot\frac{1+0.5s}{1+2.5s}$$

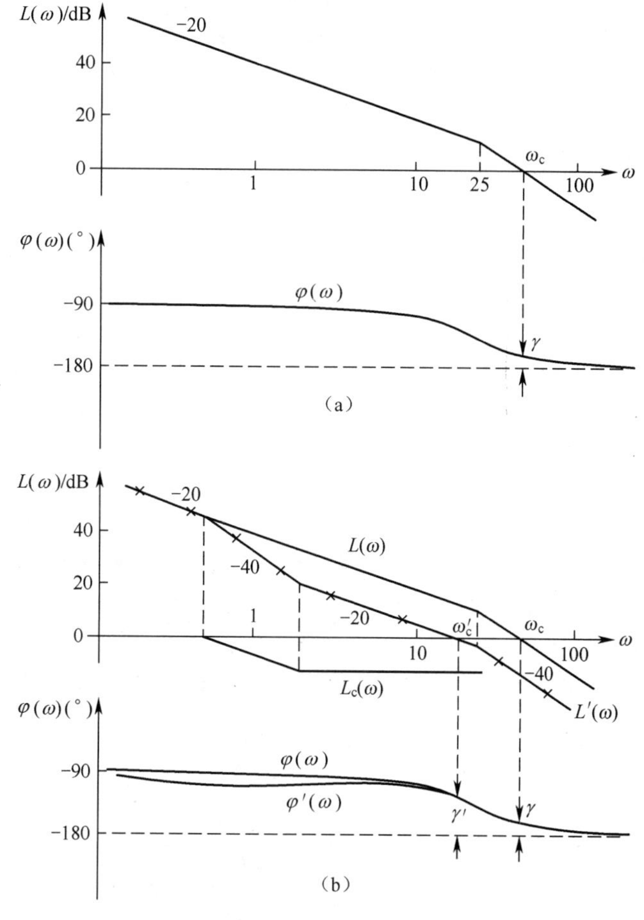

图 6-19　例 6-2 系统的开环伯德图

(a)原系统的开环伯德图;(b)校正前、后系统的开环伯德图。

$L(\omega)$,$\varphi(\omega)$—校正前;$L'(\omega)$,$\varphi'(\omega)$—校正后;$L_c(\omega)$校正装置。

而 $\omega'_c=20$,则

$$
\begin{aligned}
\gamma' &= 180^\circ + \varphi(\omega'_c) + \varphi_c(\omega'_c) = 90^\circ - \arctan 0.04 \cdot 20 + (\arctan 0.5 \cdot 20 - \arctan 2.5 \cdot 20) \\
&= 51.34^\circ - 4.56^\circ \\
&= 46.78^\circ > 45^\circ
\end{aligned}
$$

满足要求。

从图 6-19 中,比较校正前后的伯德图,可知滞后校正装置对系统性能的影响:

① 低频段重合,校正后对系统的稳态误差没有影响。

② 中频段:中频段斜率由-40dB/dec 变为-20dB/dec。幅值穿越频率由 50rad/s 减小到 20rad/s,相角裕度由原来的 26.6°增大到 46.78°。$\omega'_c<\omega_c$,$\gamma'>\gamma$,校正后系统超调量减少了,平稳性变好,响应速度变慢。

③ 高频段向下平移,校正后高频滤波性能变好。

前面通过实例详细说明了串联滞后校正改善动态性能的基本原理和设计步骤。对串联滞后校正来说,除能保证稳态性能不变改善动态性能之外,还可以做到动态性能基本不变而改善稳态性能。

例 6-3　设单位反馈系统的开环传递函数为

$$
G(s) = \frac{2}{s(s+1)(0.1s+1)}
$$

若使 ω_c 和 γ 不变，而 $K_v=20$，应串联何种校正装置，并写出校正装置的传递函数 $G_c(s)$。

解：原系统开环放大系数等于 2，由要求的静态速度误差系数 $K_v=20$ 可知，要求的开环放大系数应为 20，应串联一个放大系数为 $K_c=10$ 的放大器，满足稳态误差的要求。这时，把校正装置修正为一个放大系数为 K_c 的放大器和一个滞后校正网络相串联，即校正装置的传递函数为

$$G_c(s) = K_c \cdot \frac{1+bTs}{1+Ts} \quad (b<1) \tag{6-34}$$

可以采用两种方法进行设计：

第一种方法：首先通过串联一个放大系数为 K_c 的放大器，满足稳态误差的要求。把放大系数 K_c 放到原系统中考虑，相当于把原系统的放大系数放大了 K_c 倍，这样就将原系统的 $L(\omega)$ 曲线向上提高 $20\lg K_c$(dB)（如图 6-20(a) 中虚线所示），而原系统的 $\varphi(\omega)$ 曲线不变。然后再串联一个无源滞后网络，按照上述设计滞后校正装置的原理来设计滞后校正装置，并使其最大滞后相角 φ_m 远离中频段（如图 6-20(a) 中 $L'(\omega)$ 曲线所示）。则总的校正后的 $L'(\omega)$ 曲线与串联放大器之后的系统相比，低频段不变，而中高频段向下降低 $20\lg b$(dB)。若使提高的和下降的相等，则可做到 $L'(\omega)$ 的中高频段与原系统的 $L(\omega)$ 曲线相同，从而使 ω'_c 不变。从相角曲线上看，由于最大滞角相角 φ_m 远离中频段，使校正后的 $\varphi'(\omega)$ 的中频、高频段相对于校正前的 $\varphi(\omega)$ 也不变，从而保证校正后的 γ' 基本上不变。

第二种方法：串联一个放大系数为 K_c 的放大器，满足稳态误差的要求。把放大系数 K_c 放到校正装置中考虑，相当于把校正装置抬高了 $20\lg K_c$（如图 6-20(b) 中 $L_c(\omega)$ 所示）。为了使校正后 $L'(\omega)$ 的中高频段与原系统的 $L(\omega)$ 曲线相同，从而使 ω_c 不变，选择 $bK_c=1$。然后按照设计串联无源滞后网络的原理来设计滞后校正装置，并使其最大滞后相角 φ_m 远离中频段。则校正后的 $L'(\omega)$ 曲线与原系统相比，低频段抬高了，而中高频段不变。

按照上述的思路，则设计步骤是：

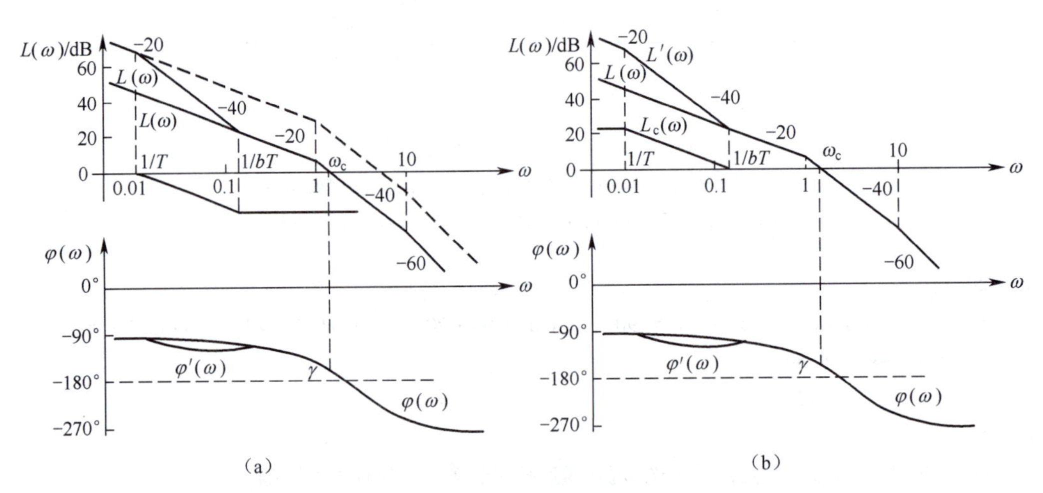

图 6-20 例 6-3 系统的开环伯德图

(a) $L(\omega)$，$\varphi(\omega)$ 校正前；(b) $L'(\omega)$，$\varphi'(\omega)$ 校正后。

(1) 首先确定串联放大器的放大系数 K_c。由要求 $K_v=20$，而原系统的 $K=2$，所以 $K_c=10$。

(2) 绘制原系统的伯德图，如图 6-20(a) 的 $L(\omega)$，$\varphi(\omega)$ 所示。求幅值穿越频率 ω_c

$$A(\omega) = \frac{2}{\omega'_c \cdot \omega'_c \cdot 1} = 1$$

解得 $\omega_c=1.41$。

(3) 设计串联滞后网络。令

$$20\lg K_c + 20\lg b = 0 \tag{6-35}$$

则

$$bK_c = 1$$

即

$$b = 0.1$$

再令

$$\frac{1}{bT} = 0.1\omega_c = 0.141$$

所以

$$T = \frac{1}{0.141b} = \frac{1}{0.141 \times 0.1} = 70.92$$

因此校正装置的传递函数为

$$G_c(s) = K_c \frac{1 + bTs}{1 + Ts} = \frac{10(1 + 7.092s)}{1 + 70.92s}$$

校正前后系统的开环伯德图如图 6-20 所示。

3）几点说明

（1）串联滞后校正的作用。串联滞后校正有两种作用，一种是稳态性能不变，改善动态性能，即 ω_c减小，γ 增大。反映在时域指标上，就是响应速度变慢，超调量减小。可见这里是靠牺牲了响应速度而换取了超调量的减小。因此适用于系统对响应速度要求不高，而主要矛盾在于超调量过大的场合。另一种作用是动态性能基本不变，而改善稳态性能。

（2）串联滞后校正的优点是对高频干扰信号具有衰减作用，可提高系统的抗干扰能力。

（3）下列情况不能采用滞后校正：若要求的 ω'_c大于原系统的 ω_c，不能采用串联滞后校正。若算出的时间常数 T 很大，以至很难实现，这时不宜采用串联滞后校正。另一种情况是若原系统的 $\varphi(\omega)$曲线在-180°线下方，如图 6-21 所示，也就是说在原 $\varphi(\omega)$曲线上找不到与要求的 γ'所对应的频率，不能采用串联滞后校正，如 $G(s) = \dfrac{k}{s^2(s+1)}$。上述情况可采用串联滞后—超前校正。

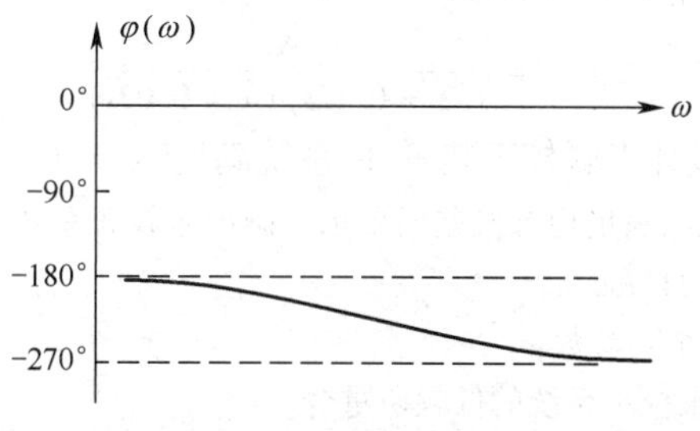

图 6-21　一类系统的开环对数相频特性曲线

3. 串联无源滞后—超前校正

这种校正方法兼有无源滞后校正和无源超前校正的优点，即已校正系统响应速度较快，超调量较小，抑制高频噪声的性能也较好。当未校正系统不稳定，且要求校正后系统的响应速度、相角裕度和稳态精度较高时，以采用串联滞后—超前校正为宜。其基本原理是利用滞后—超前网络的超前部分来增大系统的相角裕度，同时利用滞后部分来改善系统的稳态性能。关于这方面的内容，读者可以参阅其他书籍。

6.3.2　串联综合法

综合校正方法是将性能指标要求转化为期望开环对数幅频特性，再与未校正系统的开环对数幅频特性比较，从而确定校正装置的形式和参数，适用于最小相位系统。

期望对数幅频特性的求法如下：

（1）根据对系统型别及稳态误差要求，通过性能指标中 N 及开环增益 K，绘制期望特性的低频段。

（2）根据对系统响应速度及阻尼程度要求，通过截止频率 ω_c、相角裕度 γ、中频区宽度 H、中频区特性上下限交接频率 ω_2 与 ω_3，绘制期望特性的中频段，并取中频区特性的斜率为-20dB/dec，以确保系统具有足够的相角裕度。所用到公式如下：

$$H = \frac{\omega_3}{\omega_2} \tag{6-36}$$

$$M_r = \frac{H+1}{H-1} \tag{6-37}$$

$$\omega_2 \leqslant \omega_c \cdot \frac{2}{H+1} \tag{6-38}$$

$$\omega_3 \geqslant \omega_c \cdot \frac{2H}{H+1} \tag{6-39}$$

$$M_r \approx \frac{1}{\sin\gamma} \tag{6-40}$$

（3）绘制期望特性低、中频段之间的衔接频段，其斜率一般与前、后频段相差-20dB/dec，否则对期望特性的性能有较大影响。

（4）根据对系统幅值裕度 h(dB)及抑制高频噪声的要求，绘制期望特性的高频段。通常，为使校正装置比较简单，以便于实现，一般使期望特性的高频段斜率与未校正系统的高频段斜率一致，或完全重合。

（5）绘制期望特性的中、高频段之间的衔接频段，其斜率一般取-40dB/dec。

下面举例说明。

例 6-4 设单位负反馈系统开环传递函数为

$$G_0(s) = \frac{K}{s(1+0.12s)(1+0.02s)}$$

试用串联综合校正方法设计串联校正装置，使系统满足：$K_v = 70(1/s)$，$t_s \leqslant 1(s)$，$\sigma_p\% \leqslant 40\%$。

解：（1）取 $K=K_v=70$，系统就能满足稳态误差的要求。画出未校正系统对数幅频特性，如图 6-22 所示，求得未校正系统的截止频率 $\omega_c = 24$(rad/s)。

（2）绘制期望特性曲线。其主要参数：

低频段：1 型系统，$K=70$，与未校正系统的低频段重合。

中频段：利用第 5 章高阶系统时域指标与频域指标的转换公式，将 $\sigma_p\%$ 与 t_s 转换为相应的频域指标。由题意 $\sigma_p\% = 40\%$，$t_s \leqslant 1(s)$，代入下列转换公式

$$\sigma_p = 0.16 + 0.4(M_r - 1)$$

$$t_s = \frac{k_1\pi}{\omega_c}$$

$$k_1 = 2 + 1.5(M_r - 1) + 2.5(M_r - 1)^2$$

得到 $M_r = 1.6$，$\omega_c > 11.94$(rad/s)。取为

$$M_r = 1.6, \omega_c = 13(\text{rad/s})$$

由 $M_r = \dfrac{H+1}{H-1}$，得

$$H = \frac{M_r+1}{M_r-1} = \frac{1.6+1}{1.6-1} = 4.33$$

则有

$$\omega_2 \leqslant \omega_c \cdot \frac{2}{H+1} \leqslant 13 \cdot \frac{2}{4.33+1} = 4.88$$

$$\omega_3 \geqslant \omega_c \cdot \frac{2H}{H+1} = 13 \cdot \frac{2 \cdot 4.33}{4.33+1} = 21.12$$

在 $\omega_c=13$ 处,作-20dB/dec 斜率直线,交 $L_0(\omega)$ 于 $\omega=45$ 处,见图 6-22。可取

$$\omega_2 = 4, \omega_3 = 45$$

在中频段与过 $\omega_2=4$ 的横轴垂线的交点上,作-40dB/dec 斜率直线,交期望特性低频段于 $\omega_1=0.75$(rad/s)处。

高频段:在 $\omega \geqslant 45$ 后,取期望特性高频段 $L(\omega)$ 与未校正系统高频特性 $L_0(\omega)$ 一致。

于是,期望特性的参数为

$$\omega_1 = 0.75, \omega_2 = 4, \omega_3 = 45, \omega_c = 13, H = 11.25$$

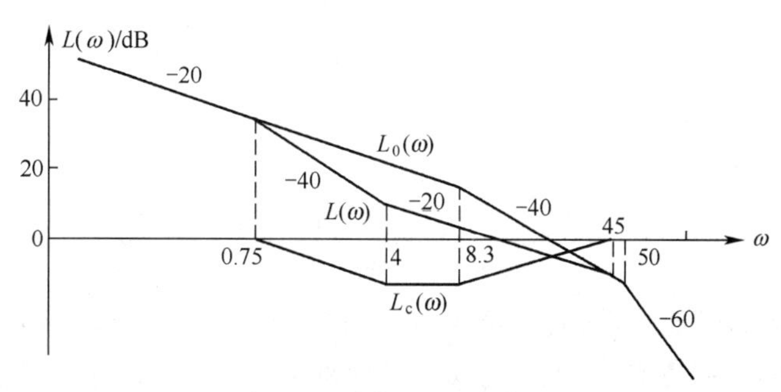

图 6-22　例 6-4 系统特性

(3) 将 $L(\omega)$ 与 $L_0(\omega)$ 特性相减,得串联校正装置传递函数

$$G_c(s) = \frac{(1+0.25s)(1+0.12s)}{(1+1.33s)(1+0.022s)}$$

(4) 验算性能指标。校正后系统开环传递函数

$$G'(s) = \frac{70(1+0.25s)}{s(1+1.33s)(1+0.02s)(1+0.022s)}$$

直接算得:$\omega_c = 13, \gamma = 45.6°, M_r = 1.4, \sigma_p\% = 32\%, t_s = 0.73$。

完全满足设计要求。

6.3.3 PID 调节器

控制器是构成自动控制系统的核心部分,控制器设计的好坏直接影响自动控制系统的控制品质。

控制器的种类繁多,结构也千差万别,但是采用较多的还是 PID 控制器(也称为 PID 调节器)。它是一种历史悠久、技术成熟、应用广泛的控制方法。PID 调节器具有以下优点:

(1) 原理简单,应用方便。

(2) 适应能力强,广泛应用于电力、航空、机械、冶金、石油化工、造纸等各行各业。

(3) 鲁棒性强。即 PID 控制的控制品质对被控对象的变化不敏感。

1. 比例加积分(PI)调节器

PI 调节器的传递函数为

$$G_c(s) = K_p\left[1 + \frac{1}{T_I s}\right] = K_p \frac{T_I s + 1}{T_I s} \tag{6-41}$$

PI 调节器的作用相当于串联了一个积分环节和一个比例微分环节。利用积分环节可将系统提高一个无差型号,显著改善系统的稳态性能。但积分控制使系统增加了一个位于原点的开环极点,使信号产生 90°的相角滞后,对系统的稳定性不利,这种不利的影响可通过一阶比例微分环节得到一些补偿。只要参数选取合理,可以同时改善系统的稳态性能和动态性能。

其伯德图如图 6-23 所示。

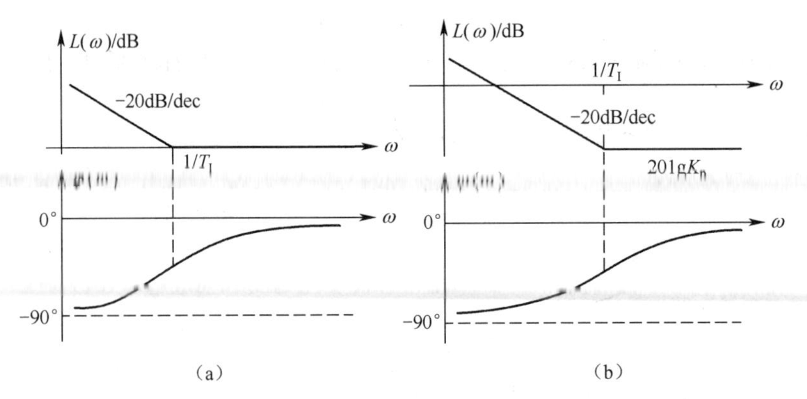

图 6-23 PI 调节器的伯德图

(a) $K_p=1$;(b) $K_p<1$。

从伯德图中相频特性曲线可知,相角从-90°到 0°变化,是滞后校正环节,当叠加到原系统中会使校正后系统的负相角增加,系统的稳定性会变差。采用 *PI* 调节器进行校正时,主要是要发挥其积分作用,也即对数幅频特性低频段上翘的特点,提高系统的无差度。

如果选取 $K_p=1$(为避免增益改变对系统动态性能的影响),且使 $1/T_I$ 远小于系统的幅值穿越频率,那么幅频特性对系统的中频段将不发生影响。由于相频特性要在幅值穿越频率处产生附加的滞后相角,因此应使 $1/T_I$ 越小越好。一般使 $\frac{1}{T_I}\leqslant\frac{\omega_c}{10}$,它所产生的附加滞后相角就不大于 6°。在多数情况下,这就可以满足系统的要求了。

如果选取 $K_p<1$,与前面介绍的滞后校正的设计原理类似,合理地选择参数,还可以改善其动态性能。

例 6-5 已知一负反馈系统的开环传递函数为

$$G(s)=\frac{K}{s\left(1+\frac{s}{10}\right)}$$

若要求系统静态速度误差系数 $K_v\geqslant200$,相角裕度 $\gamma^*\geqslant50°$,试用串联比例加积分装置予以校正。

解:因题意用 PI 装置进行校正,积分作用将使系统校正为 2 型系统,满足稳态误差要求。因此可以选取开环增益为任意值,只要它能满足相角裕度的要求即可。今要求系统的相角裕度 $\gamma^*\geqslant50°$,再考虑附加的 PI 校正元件产生的滞后相角,应使

$$\gamma=180°+\varphi(\omega_c)\geqslant50°+6°=56°$$

$$180°-90°-\arctan\frac{\omega_c}{10}\geqslant56°$$

$$\arctan\frac{\omega_c}{10}\leqslant34°$$

$$\omega_c\leqslant6.74$$

选 $\omega_c=6$。由于 $\omega_c=6<10$,故原系统中必有 $K=\omega_c$ 的关系。因此可确定原系统的开环增益 $K=6$,开环传递函

数为

$$G(s) = \frac{6}{s\left(1 + \frac{s}{10}\right)}$$

选校正装置的传递函数为

$$G_c(s) = \frac{1 + T_I s}{T_I s}$$

根据 $\frac{1}{T_I} \leqslant \frac{\omega_c}{10}$ 的原则,选取 $\frac{1}{T_I} = 0.6$。因此校正后系统的传递函数为

$$G'(s) = \frac{1 + \frac{s}{0.6}}{\frac{1}{0.6}s} \cdot \frac{6}{s\left(1 + \frac{s}{10}\right)}$$

对数幅频特性如图 6-24 所示。

校验校正后系统的相角裕度:

$$\gamma' = \arctan\frac{\omega_c}{0.6} - \arctan\frac{\omega_c}{10} = 53.3°$$

满足性能指标要求。

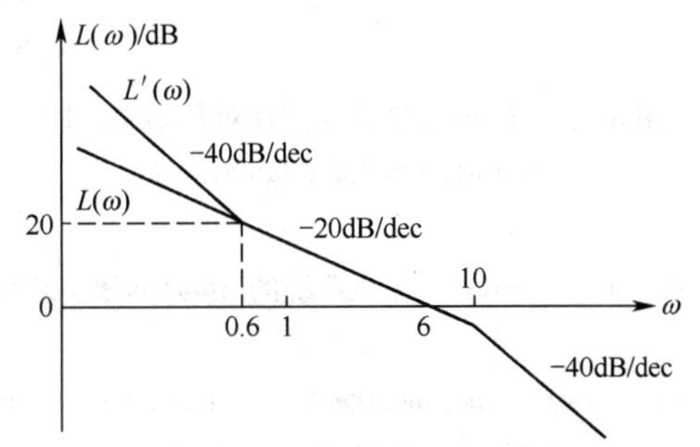

图 6-24　例 6-5 系统的对数幅频特性曲

$L(\omega)$— 原系统;$L'(\omega)$— 校正后。

增设 PI 校正装置后:

① 在低频段,对数幅频特性曲线 $L(\omega)$ 的斜率由-20dB/dec 变为-40dB/dec,系统由 1 型系统变为 2 型系统。这样,系统的稳态误差将显著减小,从而明显改善了系统的稳态性能。

② 在中频段,由于积分环节的影响,系统的相角裕度 γ 变为 γ',而 $\gamma'<\gamma$,相角裕度有所减小。只要积分时间常数 T_I 选择合适,可以尽量使相角裕度变化不大。

③ 在高频段,校正前后一样。

综上所述,PI 校正装置将使系统的稳态性能明显改善,积分时间常数选择合适,可以使系统动态性能变化不大。

例 6-6　系统的结构图如图 6-25 所示,现采用 PI 调节器串联校正,使校正后系统为 1 型系统,且相角裕度 $\gamma^* = 60°$。

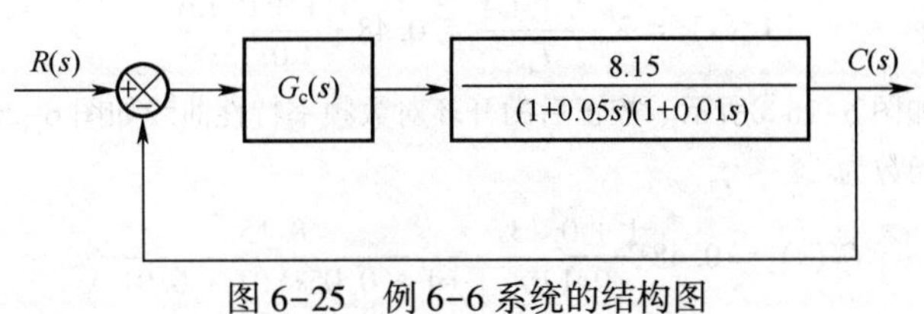

图 6-25　例 6-6 系统的结构图

解:(1) 校正前系统的开环传递函数为

$$G(s) = \frac{8.15}{(1+0.05s)(1+0.01s)}$$

这是一个二阶系统,绘出校正前系统的开环 $L(\omega)$ 曲线如图 6-26①所示。

$$A(\omega_c) = \frac{8.15}{0.05\omega_c \cdot 0.01\omega_c} = 1$$

解得

$$\omega_c = 127.7$$

相角裕度为

$$\gamma = 180° - \arctan 0.05\omega_c - \arctan 0.01\omega_c = 47°$$

由此可见,校正前系统的稳态性能为 0 型系统 $K_p = K = 8.15$。而开环频域指标为 $\omega_c = 127.7$,$\gamma = 47°$。

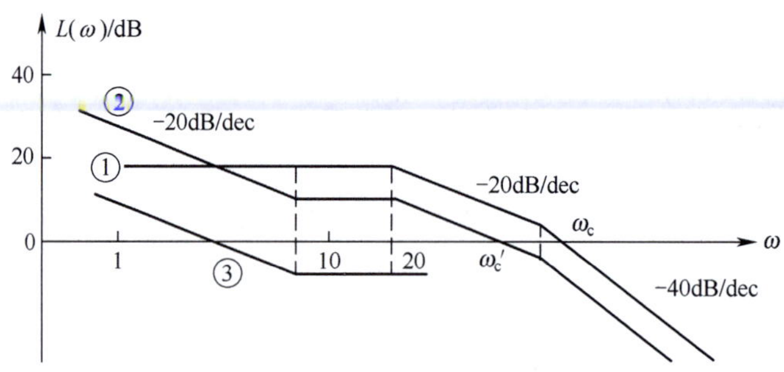

图 6-26　例 6-6 系统的开环对数幅频特性

①校正前;②校正后;③PI 调节器。

(2) 设计 PI 调节器。

确定 ω'_c。取 $\Delta = 6°$,则 $\gamma^* + \Delta = 60° + 6° = 66°$。在原系统的 $\varphi(\omega)$ 曲线上算出与相角裕度 66°对应的频率,作为 ω'_c:

$$\gamma(\omega'_c) = 180° - \arctan 0.05\omega'_c - \arctan 0.01\omega'_c = 66°$$

利用三角和公式

$$\frac{0.05\omega'_c + 0.01\omega'_c}{1 - 0.05\omega'_c \cdot 0.01\omega'_c} = \tan 114°$$

求得

$$\omega'_c = 78.8$$

计算比例时间常数 K_p。

令 $L(\omega'_c) + 20\lg K_p = 0$

$$20\lg \frac{8.15}{0.05\omega'_c \cdot 1} + 20\lg K_p = 0$$

求得

$$K_p = 0.48$$

令

$$\frac{1}{T_I} \leqslant 0.1\omega'_c$$

得

$$T_I = 0.13$$

因此

$$G_c(s) = K_p \frac{1 + T_I s}{T_I s} = 0.48 \cdot \frac{1 + 0.13s}{0.13s}$$

PI 调节器的 $L_c(\omega)$ 曲线如图 6-26③所示。校正后的开环对数频率特性曲线如图 6-26 中的②所示。

校正后的开环传递函数为

$$G'(s) = 0.48 \frac{1 + 0.13s}{0.13s} \cdot \frac{8.15}{(1+0.05s)(1+0.01s)}$$

$$\gamma' = (\arctan 0.13\omega'_c - 90°) + 180° - \arctan 0.05\omega'_c - \arctan 0.01\omega'_c$$

$$= -5.6° + 66° = 60.4°$$

因此校正后系统的稳态性能为:由原来的 0 型系统提高为 1 型系统,显著提高了系统的稳态性能。同时校正后系统仍是稳定的,并且开环频域指标为 $\omega'_c = 78.8$,$\gamma' = 60.4°$,具有较好的动态性能。

有时为了使校正后系统阶次降低,在进行校正装置的设计时,会选取原系统的一些转折频率。可以选取积分时间常数 $T_I = 0.05$,则校正装置为

$$G_c(s) = K_p \frac{1 + 0.05s}{0.05s}$$

根据相角裕度的要求,求校正后的幅值穿越频率。

$$\gamma(\omega'_c) = 180° - \arctan 0.05\omega'_c - \arctan 0.01\omega'_c + \arctan 0.05\omega'_c - 90° = 60°$$

$$\arctan 0.01\omega'_c = 30°$$

求得
$$\omega'_c = 57.7$$

计算比例时间常数 K_p。

令
$$L(\omega'_c) + 20\lg K_p = 0$$

$$20\lg \frac{8.15}{0.05\omega'_c \cdot 1} + 20\lg K_p = 0$$

求得
$$K_p = 0.35$$

校正装置的传递函数为

$$G_c(s) = 0.35 \frac{1 + 0.05s}{0.05s}$$

校正后的开环传递函数为

$$G'(s) = G_c(s)G(s) = \frac{0.35(1 + 0.05s)}{0.05s} \cdot \frac{8.15}{(1 + 0.05s)(1 + 0.01s)} = \frac{57}{s(1 + 0.01s)}$$

根据 $G'(s)$,可以画出校正后的开环对数幅频特性 $L'(\omega)$ 曲线,如图 6-27②所示。

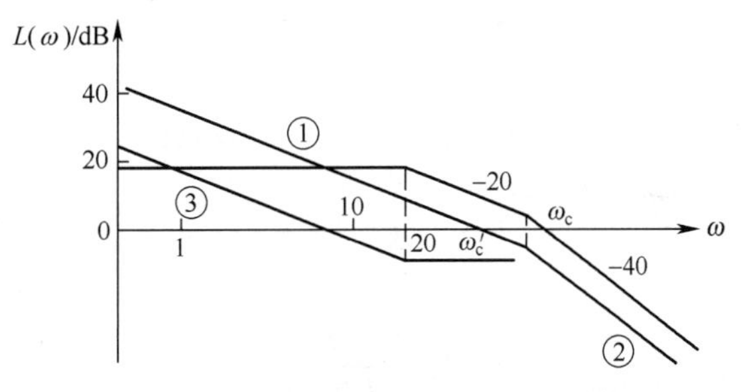

图 6-27 例 6-6 系统的开环对数幅频特性

①校正前;②校正后;③PI 调节器。

由本例可以看出 PI 调节器串联校正的作用是,可将系统提高一个无差型号,显著提高了系统的稳态性能。与此同时也可以保证校正后系统是稳定的,且具有较好的动态性能:超调量减小,但响应速度可能会变慢。

2. 比例加微分(PD)调节器

PD 调节器的传递函数

$$G_c(s) = K_p(T_D s + 1) \tag{6-42}$$

对应的对数频率特性曲线如图 6-28 所示。

从伯德图中相频特性曲线可知,相角从 0°到 90°变化,具有正相位,是超前校正环节,且相角随频率增高而增大,故使系统得到附加的正相角。当叠加到原系统中会使校正后系统的负相角减小,产生增大相角裕度的作用。

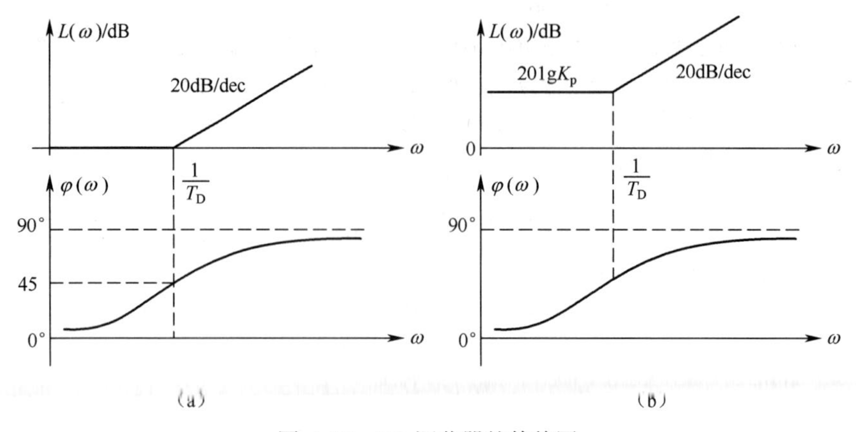

图 6-28　PD 调节器的伯德图

(a)$K_p=1$;(b)$K_p>1$。

如果选取 $K_p=1$(为避免增益改变对系统稳态性能的影响),采用 PD 调节器进行校正时,主要是要发挥其相角超前作用,以提高系统的相角裕度,减小超调量,改善系统的平稳性。但也应看到,由于校正元件的对数幅频特性的斜率是+20dB/dec,它将使原系统幅值穿越频率增大,使得原系统的相角裕度会相应地减小。因此,如何平衡这两个相反的作用,使之综合产生有利于稳定的效果,以改善动态响应性能,就是校正设计的任务。

如果选取 $K_p>1$,不改变系统的型号,可以增大系统的放大系数,从而改善系统的稳态性能。合理地选取校正装置的参数,也可以改善系统的动态性能。

例 6-7　已知一负反馈系统的开环传递函数为

$$G(s)=\frac{K}{s\left(1+\frac{s}{10}\right)}$$

若要求系统静态速度误差系数 $K_v\geqslant 200$,相角裕度 $\gamma^*\geqslant 50°$,试用串联比例加微分装置予以校正。

解:由稳态误差的要求,系统是 1 型系统,有

$$K=K_v=200$$

原系统的开环传递函数为

$$G(s)=\frac{200}{s\left(1+\frac{s}{10}\right)}$$

对数幅频特性曲线如图 6-29 的 $L(\omega)$ 所示。

系统的幅值穿越频率 ω_c 为

$$A(\omega_c)=\frac{200}{\omega_c\cdot\frac{\omega_c}{10}}=1$$

$$\omega_c=44.7$$

此时,相角裕度 γ 为

$$\gamma=180°+\varphi(\omega_c)=180°-90°-\arctan\frac{\omega_c}{10}=90°-77.4°=12.6°$$

相角裕度不满足要求,故需校正。考虑到 K 已满足稳态要求,故串联 PD 校正装置的传递函数可选为

$$G_c(s)=1+T_Ds$$

由希望的相角裕度 $\gamma^*\geqslant 50°$的要求可知校正装置的超前的相角应大于 37°。可以选校正装置的转折频

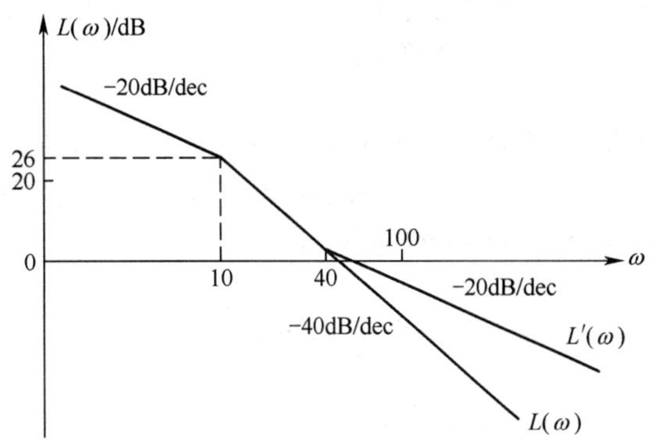

图 6-29　例 6-7 系统的对数幅频特性曲线

$L(\omega)$—原系统;$L'(\omega)$— 校正后系统。

率 $1/T_D$ 小于并接近于 ω_c 即可。考虑到由于校正元件的加入使系统的 ω_c 增大,惯性环节 $\dfrac{1}{1+\dfrac{s}{10}}$ 的相角滞后角将随之增大,但 $1+T_Ds$ 的超前相角也将大于 45°,大致可以相互补偿。

例如选 $T_D=\dfrac{1}{40}$,则校正后系统的传递函数为

$$G'(s)=\left(1+\frac{1}{40}s\right)\cdot\frac{200}{s\left(1+\dfrac{s}{10}\right)}$$

系统的幅值穿越频率为

$$A(\omega'_c)=\frac{1}{40}\omega'\cdot\frac{200}{\omega'_c\cdot\dfrac{\omega'_c}{10}}=1$$

$$\omega'_c=50$$

校正后系统的对数幅频特性如图 6-29 所示。校正后的相角裕度为

$$\gamma'=\arctan\frac{\omega'_c}{40}+90°-\arctan\frac{\omega'_c}{10}$$

$$=51.3°+90°-78.7°=62.6°$$

显然达到了要求。

如果选 $T_D=\dfrac{1}{30}$

$$A(\omega'_c)=\frac{1}{30}\omega'\cdot\frac{200}{\omega'_c\cdot\dfrac{\omega'_c}{10}}=1$$

$$\omega'_c=66.7$$

$$\gamma'=65.8°+90°-81.5°=74.3°$$

如果选 $T_D=\dfrac{1}{20}$

$$A(\omega'_c)=\frac{1}{20}\omega'\cdot\frac{200}{\omega'_c\cdot\dfrac{\omega'_c}{10}}=1$$

$$\omega'_c=100$$

$$\gamma'=78.7°+90°-54.3°=84.4°$$

在这个例子中，T_D选得越大，则 ω'_c 越大，γ'也越大。如果没有其他约束，容易选择。用 PD 校正装置，使高频段的负斜率减小，位置抬高，故不利于抗高频干扰信号。

增设 PD 校正装置后：

① PD 环节有相位超前的作用，可以抵消惯性环节使系统相位滞后的不良后果，使系统的稳定性显著改善。系统的相角裕度 γ 由 12.6°提高到 62.6°，这意味着超调量下降，明显改善了系统的平稳性。

② 幅值穿越频率 ω_c 提高（由 44.7rad/s 提高到 50rad/s），从而提高了系统的响应速度，调节时间减小，改善了系统的快速性。

③ PD 调节器使系统的高频增益增大，负斜率由-40dB/dec 变成-20dB/dec，因此对高频干扰信号的抗干扰能力下降，这是它的缺点。

④ PD 校正对系统的稳态误差的影响取决于 K_p 值。

综上所述，PD 校正装置能使系统的稳定性和快速性改善，但抗高频干扰能力明显下降。

3. 比例加积分加微分（PID）调节器

PID 调节器的传递函数为

$$G_c(s) = K_p\left[1 + \frac{1}{T_I s} + T_D s\right] \tag{6-43}$$

当 $K_p = 1$ 时 PID 调节器的传递函数也可写为

$$G_{PID}(s) = \frac{(Ts+1)(\tau s+1)}{Ts} \tag{6-44}$$

式中，T 为积分时间常数；$\omega_1 = \dfrac{1}{T}$为滞后（积分）部分的转折频率；τ 为微分时间常数；$\omega_2 = \dfrac{1}{\tau} > \omega_1$为超前（微分）部分的转折频率。

对数频率特性曲线如图 6-30 所示。

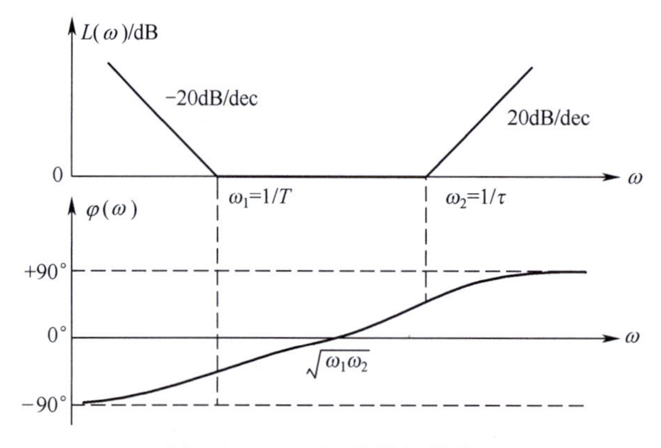

图 6-30　PID 调节器的伯德图

从伯德图中相频特性曲线可知，相角从-90°到 0°再到 90°变化，是滞后—超前校正环节。采用 PID 调节器进行校正时，利用积分部分将使系统的低频段负斜率增加-20dB/dec，可以提高系统的型号，明显改善系统的稳态误差。而利用微分部分，只要 $\omega_c > \sqrt{\omega_1\omega_2}$，将使系统有附加的超前相角，有助于提高系统的动态响应。一般用 ω_2来抵消原系统中由斜率-20dB/dec 变化到-40dB/dec 的转折频率，这将有利于降低系统的阶次。

例 6-8　已知一负反馈系统的开环传递函数为

$$G(s) = \frac{K}{s\left(1+\frac{s}{2}\right)\left(1+\frac{s}{10}\right)}$$

若要求系统 $K_v \geq 10$，相角裕度 $\gamma \geq 60°$，且幅值穿越频率 $\omega_c \geq 4$，试用串联 PID 装置予以校正。

解：系统是 1 型 系统，按稳态误差的要求，如果选 $K=K_v=10$，原系统的传递函数为

$$G(s) = \frac{10}{s\left(1+\frac{s}{2}\right)\left(1+\frac{s}{10}\right)}$$

对数幅频特性曲线如图 6-31 所示。

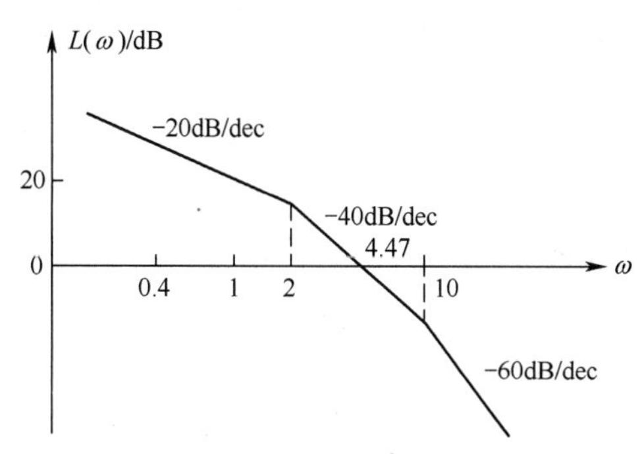

图 6-31　例 6-8 系统的对数幅频特性曲线

系统的幅值穿越频率为

$$A(\omega_c) = \frac{10}{\omega_c \cdot \frac{\omega_c}{2} \cdot 1} = 1$$

$$\omega_c = 4.47$$

此时，系统的相角裕度为

$$\gamma = 180° + \varphi(\omega_c) = 180° - 90° - \arctan\frac{\omega_c}{2} - \arctan\frac{\omega_c}{10}$$

$$= 90° - 65.9° - 24.1° = 0°$$

相角裕度远远满足不了要求。如果选 PI 装置，稳态误差一定能满足要求，但相角裕度和幅值穿越频率两者不能同时满足要求。如果选 PD 装置，其传递函数为

$$G_c(s) = 1 + \tau s$$

由要求的相角裕度，校正装置的转折频率 $1/\tau$ 应小于 ω_c。若取

$$\frac{1}{\tau} = 4, \omega'_c = 5, \gamma' = 46.5°$$

$$\frac{1}{\tau} = 3, \omega'_c = 6.67, \gamma' = 48.8°$$

$$\frac{1}{\tau} = 2, \omega'_c = 10, \gamma' = 45°$$

$$\frac{1}{\tau} = 1, \omega'_c = 14.14, \gamma' = 38.9°$$

由计算可以看出，当 $1/\tau$ 减小，ω_c 增大，校正装置 $(1+\tau s)$ 的超前相角增大，但 $\left(1+\frac{s}{2}\right)$ 和 $\left(1+\frac{s}{10}\right)$ 的滞后相角也增大，结果前者可能低于后者。

PI 校正和 PD 校正都不能满足性能指标要求。现选用 PID 装置，其传递函数为

$$G_c(s) = \frac{(Ts+1)(\tau s+1)}{Ts}$$

校正后系统的传递函数为

$$G'(s)=\frac{\frac{K}{T}(Ts+1)(\tau s+1)}{s^2\left(1+\frac{s}{2}\right)\left(1+\frac{s}{10}\right)}$$

由于校正后的系统为 2 型,故 K_v 的要求肯定能满足,系统的开环增益可任意选择,它将取决于其他条件而定。由要求的 $\omega_c \geqslant 4$,可初选校正后的穿越频度 $\omega'_c=4$。校正装置中的微分部分 $(1+\tau s)$ 主要用来提高相角裕度,为降低系统阶次,可选 $\omega_2=\frac{1}{\tau}=2$,即等于原系统中的幅频特性由斜率-20dB/dec 变化到-40dB/dec 的转折频率。校正装置中的比例积分部分,应选择 $\omega_1=\frac{1}{T}\ll\omega'_c$,以使这部分在 ω'_c 处产生滞后相角比较小,一般可选 $\omega_1=0.1\omega'_c$,故 $\omega_1=0.4$。

经初选校正元件参数后的系统传递函数为

$$G'(s)=\frac{K'\left(1+\frac{s}{0.4}\right)}{s^2\left(1+\frac{s}{10}\right)}$$

按要求 $\omega'_c=4$,由此可确定 K' 值,即

$$\frac{K'\frac{\omega'_c}{0.4}}{\omega'^2_c\cdot 1}=1$$

$$K'=1.6$$

校正前、后系统的对数幅频特性曲线如图 6-32 所示。

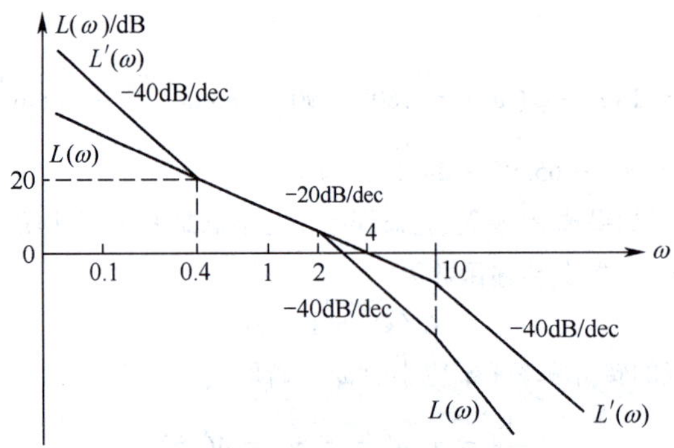

图 6-32　例 6-8 系统的对数幅频特性曲线

$L(\omega)$—原系统;$L'(\omega)$— 校正后。

校正后相角裕度为

$$\gamma'=\arctan\frac{\omega'_c}{0.4}-\arctan\frac{\omega'_c}{10}=62.5°$$

满足了要求,但比较大些。

若想降低 γ',可再适当增大值 ω_1,根据

$$\gamma'=\arctan\frac{\omega'_c}{0.4}-\arctan\frac{\omega'_c}{10}=\arctan\frac{\omega'_c}{\omega_1}-\arctan\frac{\omega'_c}{\omega_1}\geqslant 50°$$

可算出最大允许的

$$\omega_1=1.31$$

若选 $\omega_1=1$,可算得对应的 $\gamma'=54.2°$。

增设 PID 校正装置后:

① 在低频段,由 PID 调节器积分部分的作用,$L(\omega)$ 斜率增加了-20dB/dec,由 1 型系统变为 2 型系统,系

统增加了一阶无静差度,从而显著地改善了系统的稳态性能。

② 在中频段,由于 PID 调节器微分部分的作用(进行相位超前校正),使系统中频段的负斜率减小,由 -40dB/dec 变为-20dB/dec,使系统的相角裕度增加,这意味着超调量减小,从而改善了系统的动态性能。

③ 在高频段,由于 PID 调节器微分部分的影响,使系统中频段的负斜率减小,由-60dB/dec 变为-40dB/dec,使系统的高频增益有所增加,会降低系统的抗高频干扰信号的能力。

综上所述,PID 校正装置兼顾了系统稳态性能和动态性能的改善,因此在要求较高的场合,较多采用 PID 校正。

6.4 频域法反馈校正

为了改善控制系统的性能,除了采用串联校正方式外,反馈校正也是广泛应用的一种校正方式。系统采用反馈校正后,除了可以得到与串联校正相同的校正效果外,还可以获得某些改善系统性能的特殊功能。

设反馈校正系统如图 6-33 所示。

其开环传递函数

$$G(s) = G_1(s)\frac{G_2(s)}{1 + G_2(s)G_c(s)} \tag{6-45}$$

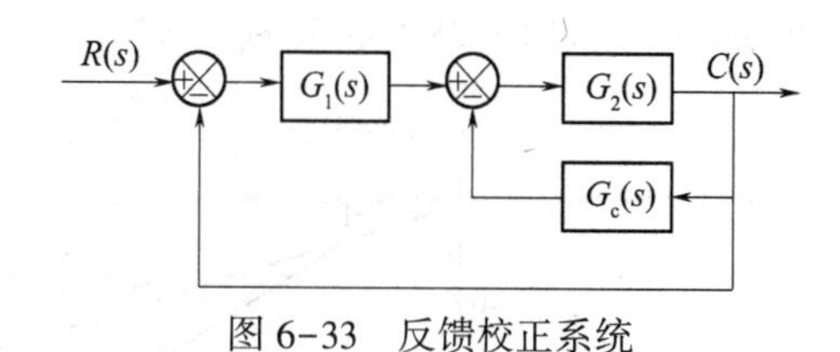

图 6-33　反馈校正系统

如果在对系统动态性能起主要影响的频率范围内,下列关系式成立:

$$|G_2(j\omega)G_c(j\omega)| >> 1 \tag{6-46}$$

则式(6-45)可表示为

$$G(s) \approx \frac{G_1(s)}{G_c(s)} \tag{6-47}$$

上式表明,反馈校正后系统的特性几乎与被反馈校正装置包围的环节无关;而当

$$|G_2(j\omega)G_c(j\omega)| << 1 \tag{6-48}$$

时,式(6-45)变成

$$G(s) \approx G_1(s)G_2(s) \tag{6-49}$$

表明此时已校正系统与未校正系统特性一致。因此,适当选取反馈校正装置 $G_c(s)$ 的参数,可以使已校正系统的特性发生期望的变化。

反馈校正的基本原理是:用反馈校正装置包围未校正系统中对动态性能改善有重大妨碍作用的某些环节,形成一个局部反馈回路,在局部反馈回路的开环幅值远大于 1 的条件下,局部反馈回路的特性主要取决于反馈校正装置,而与被包围部分无关;适当选择反馈校正装置的形式和参数,可以使已校正系统的性能满足给定指标的要求。

在控制系统初步设计时,往往把式(6-46)简化为

$$|G_2(j\omega)G_c(j\omega)| > 1 \tag{6-50}$$

这样做的结果会产生一定的误差,特别是在 $|G_2(j\omega)G_c(j\omega)| = 1$ 的附近。可以证明,此时的最大误差不超过 3dB,在工程允许误差范围之内。

例 6-9　设系统结构图如图 6-34 所示。图中

$$G_1(s) = \frac{K_1}{0.014s + 1}, G_3(s) = \frac{0.0025}{s}, G_2(s) = \frac{12}{(0.1s + 1)(0.02s + 1)}$$

K_1在 6000 以内可调。试设计反馈校正装置特性 $G_c(s)$，使系统满足下列性能指标：

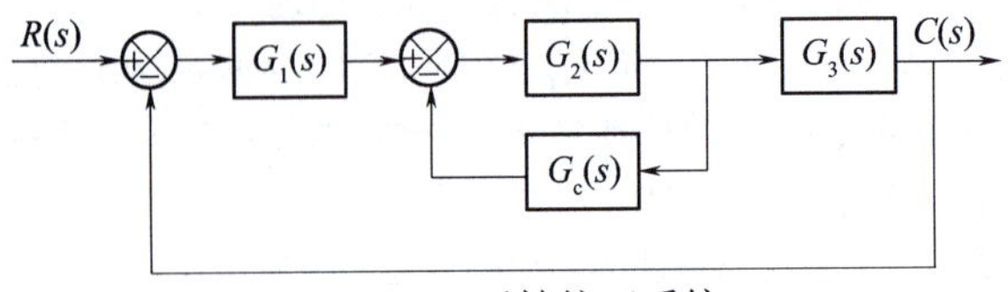

图 6-34　反馈校正系统

（1）静态速度误差系数 $K_v \geqslant 150\text{rad/s}$；

（2）单位阶跃输入下的超调量 $\sigma_p\% \leqslant 40\%$；

（3）单位阶跃输入下的调节时间 $t_s \leqslant 1\text{s}$。

解：本例可按如下步骤求解：

（1）令 $K_1 = 5000$，画出未校正系统

$$G_0(s) = \frac{150}{s(0.014s+1)(0.1s+1)(0.02s+1)}$$

的对数幅频特性，如图 6-35 所示，得 $\omega_c = 38.7$。

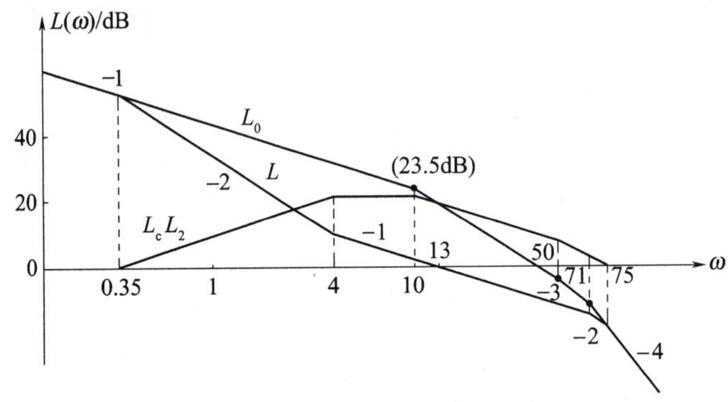

图 6-35　例 6-9 系统对数幅频特性

（2）绘制期望对数幅频特性。

中频段：将 $\sigma_p\%$ 与 t_s 转换为相应的频域指标，并且取

$$M_r = 1.6, \quad \omega_c = 13$$

为使校正装置简单，取

$$\omega_3 = \frac{1}{0.014} = 71.3$$

过 $\omega_c = 13$，作 -20dB/dec 斜率直线，并取 $\omega_2 = 4$，使中频区宽度 $H = \omega_3/\omega_2 = 17.8$。

在 $\omega_3 = 71.3$ 处，作 -40dB/dec 斜率直线，交 $|G_0(j\omega)|$ 于 $\omega_4 = 75$。

低频段：1 型系统，与 $|G_0(j\omega)|$ 低频段重合。过 $\omega_2 = 4$ 作 -40dB/dec 斜率直线与低频段相交，取交点频率 $\omega_1 = 0.35$。

高频段：在 $\omega \geqslant \omega_4$ 范围，取 $|G(j\omega)|$ 与 $|G_0(j\omega)|$ 特性一致。于是，期望特性为

$$G(s) = \frac{150(0.25s+1)}{s(2.86s+1)(0.013s+1)^2(0.014s+1)}$$

（3）求 G_2G_c 特性。

在图 6-35 中作

$$|G_2G_c|(\text{dB}) = |G_0|(\text{dB}) - |G|(\text{dB})$$

为使 G_2G_c 特性简单，取

$$G_2(s)G_c(s) = \frac{2.86s}{(0.25s+1)(0.1s+1)(0.02s+1)}$$

(4) 检验小闭环的稳定性。

主要检验 $\omega=\omega_4=75$ 处 G_2G_c 的相角裕度：

$$\gamma(\omega_4) = 180° + 90° - \arctan 0.25\omega_4 - \arctan 0.1\omega_4 - \arctan 0.02\omega = 44.3°$$

故小闭环稳定。再检验小闭环在 $\omega_c=13$ 处的幅值：

$$20\lg\left|\frac{2.86\omega_c}{0.25\cdot 0.1\cdot \omega_c^2}\right| = 18.9(\text{dB})$$

基本满足 $|G_2G_c|\gg 1$ 的要求，表明近似程度较高。

(5) 求取反馈校正装置传递函数 $G_c(s)$：

$$G_c(s) = \frac{G_2(s)G_c(s)}{G_2(s)} = 0.95\frac{0.25s}{0.25s+1}$$

(6) 验算设计指标要求。

由于近似条件能较好地满足，故可直接用期望特性来验算，其结果为

$$K_v = 150, \sigma_p\% = 25.2\%, t_s = 0.6\text{s}, M_r = 1.23, \gamma = 54.3°$$

全部满足设计要求。

6.5 控制系统的复合校正

串联校正和反馈校正，是控制系统工程中两种常用的校正方法，在一定程度上可以使校正系统满足给定的性能指标要求。然而，如果控制系统中存在强扰动，特别是低频扰动，或者系统的稳态精度和响应速度要求很高，则一般的反馈控制校正方法难以满足要求。为了减小或消除系统在特定输入作用下的稳态误差，可以提高系统的开环增益，或者采用高型号系统。但是，这两种方法都将影响系统的稳定性，并会降低系统的动态性能。当型号过高或开环增益过大时，甚至使系统失去稳定。此外，通过适当选择系统宽度的方法，可以抑制高频扰动，但对低频扰动却无能为力。如果在系统的反馈控制回路中加入前馈通路，组成一个前馈控制和反馈控制相组合的系统，只要参数选择得当，不但可以保持系统稳定，极大地减小乃至消除稳态误差，而且可以控制几乎所有的可量测扰动，其中包括低频强扰动。这样的系统就称为复合控制系统，相应的控制方式称为复合控制。把复合控制的思想用于系统设计，就是所谓的复合校正。在高精度的控制系统中，复合控制得到了广泛的应用。

复合校正的前馈装置是按不变性原理进行设计的，可分为按扰动补偿和按输入补偿两种方式。

6.5.1 按扰动补偿的复合校正

在反馈控制的基础上，增加抵消扰动信号影响的复合控制结构，从结构上利用扰动信号来构成补偿信号，是一种有效的抗扰动方案。这种方法，对于可测扰动信号的克服简单易行，是工程中经常使用的方法。其结构图如图 6-36 所示。$G_0(s)$ 为固有特性；$G_c(s)$ 为校正装置；$G_f(s)$ 为扰动与输出间的传递函数；$G_d(s)$ 为扰动补偿器。

由于扰动信号作用时的误差分量为

$$E_d(s) = -C_d(s) \tag{6-51}$$

式中，$C_d(s)$ 扰动信号作用时系统的输出。

由图 6-36 可知，扰动信号作用下的输出为

$$C_d(s) = \frac{G_f(s) + G_d(s)G_c(s)G_0(s)}{1 + G_c(s)G_0(s)}\cdot D(s) \tag{6-52}$$

令扰动引起的误差为零,则有

$$E_d(s) = -C_d(s) = -\frac{G_f(s) + G_d(s)G_c(s)G_0(s)}{1 + G_c(s)G_0(s)} \cdot D(s) = 0 \tag{6-53}$$

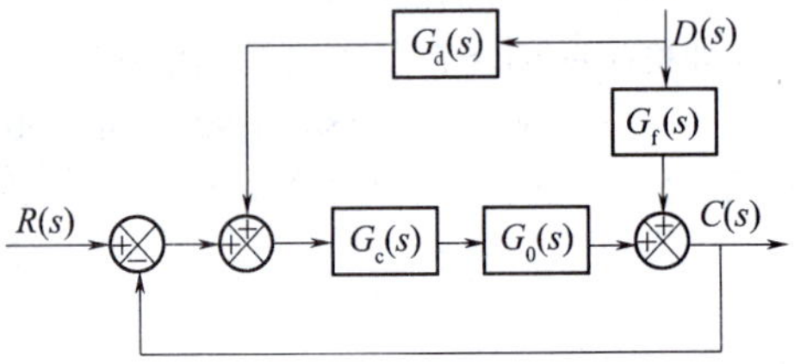

因此必有

$$G_f(s) + G_d(s)G_c(s)G_0(s) = 0 \tag{6-54}$$

得到扰动补偿的全补偿条件为

图 6-36 扰动补偿结构

$$G_d(s) = -\frac{G_f(s)}{G_c(s)G_0(s)} \tag{6-55}$$

从式(6-52)可以看出,扰动补偿器 $G_d(s)$ 对系统闭环传递函数的分母没有影响,也就是不影响系统特征方程式的根。可以根据系统对特征根的要求,来确定串联校正装置的传递函数 $G_c(s)$。具体设计时,先选择 $G_c(s)$ 的形式与参数,使系统获得满意的动态性能和稳态性能;然后按式(6-55)确定前馈补偿装置的传函 $C_d(s)$,使系统完全不受可测扰动的影响。然而,误差全补偿条件(6-55)在物理上往往无法实现,因为对由物理装置实现的 $G_d(s)$ 来说,其分母多项式次数总是大于或等于分子多项式的次数。因此在实际使用时,多在对系统性能起主要影响的频率内采用近似全补偿,或者采用稳态全补偿,以使前馈补偿装置易于物理实现。

从补偿原理来看,由于前馈补偿实际上是采用开环控制方式去补偿可量测的扰动信号,因此前馈补偿并不改变反馈控制系统的特性。从抑制扰动的角度来看,前馈控制可以减轻反馈控制的负担,所以反馈控制系统的增益可以取得小一些,以有利于系统的稳定性。所有这些都是复合校正方法设计控制系统的有利因素。

例 6-10 设按扰动补偿的复合校正随动系统如图 6-37 所示。图中,K_1 为综合放大器的传递函数,$1/(T_1s+1)$ 为滤波器的传函,$D(s)$ 为负载转矩扰动。试设计前馈补偿装置 $G_d(s)$,使系统输出不受扰动影响。

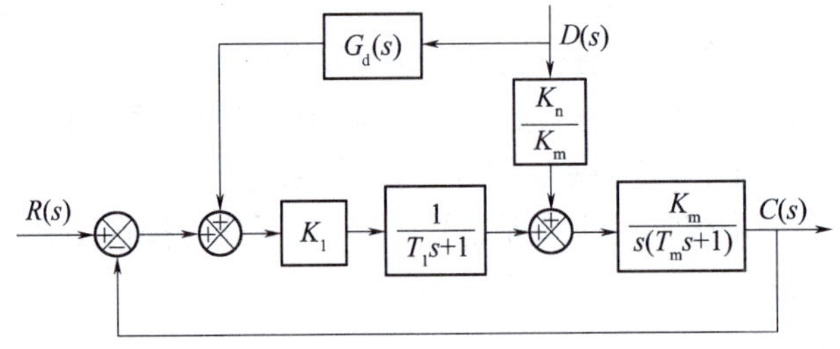

图 6-37 带前馈补偿的随动系统

解: 由图 6-37 可见,扰动对系统输出的影响由下式描述:

$$C(s) = \frac{\dfrac{K_m}{s(T_ms+1)}\left[\dfrac{K_n}{K_m} + \dfrac{K_1}{T_1s+1}G_d(s)\right] \cdot D(s)}{1 + K_1\dfrac{1}{T_1s+1}\dfrac{K_m}{s(T_ms+1)}}$$

令

$$G_d(s) = -\frac{K_n}{K_1K_m}(T_1s+1)$$

系统输出便可不受负载转矩扰动的影响。但是由于 $G_d(s)$ 的分子次数高于分母次数,故不便于物理实现。若令

$$G_d(s) = -\frac{K_n}{K_1K_m}\cdot\frac{T_1s+1}{T_2s+1} \qquad (T_1 \gg T_2)$$

则 $G_d(s)$ 在物理上便于实现,且达到近似全补偿要求,即在扰动信号作用的主要频率内进行了全补偿。此外,若取

$$G_d(s) = -\frac{K_n}{K_1K_m}$$

则由扰动对输出影响的表达式可见:在稳态时,系统输出完全不受扰动的影响。这就是稳态全补偿,它在物理上更易于实现。

由上述分析可知,采用前馈控制补偿扰动信号对系统输出的影响,是提高系统控制准确度的有效措施。但是,采用前馈控制,首先要求扰动信号可以测量,其次要求前馈补偿装置在物理上是可实现的,并应力求简单。在实际应用中,多采用近似全补偿或稳态全补偿的方案。一般来说,主要扰动引起的误差,由前馈控制进行全部或部分补偿;次要扰动引起的误差,由反馈控制予以抑制。这样,在不提高开环增益的情况下,各种扰动引起的误差均可得到补偿,从而有利于同时兼顾提高系统稳定性和减小系统稳态误差的要求。此外,由于前馈控制是一种开环控制,因此要求构成前馈补偿装置的元部件具有较高的参数稳定性,否则将削弱补偿效果,并给系统输出造成新的误差。

6.5.2 按输入补偿的复合校正

设按输入补偿的复合控制系统如图 6-38 所示。图中 $G_0(s)$ 为固有特性,$G_c(s)$ 为前向校正特性,$G_r(s)$ 为输入补偿器。由图可知,系统的输出量为

$$C(s) = \frac{[G_r(s)+G_c(s)]G_0(s)}{1+G_c(s)G_0(s)}\cdot R(s) \tag{6-56}$$

如果选择前馈补偿装置的传递函数

$$G_r(s) = \frac{1}{G_0(s)} \tag{6-57}$$

则式(6-56)变为

$$C(s) \equiv R(s)$$

表明在式(6-57)成立的条件下,系统的输出量在任何时刻都可以完全无误地复现输入量,具有理想的时间响应特性。

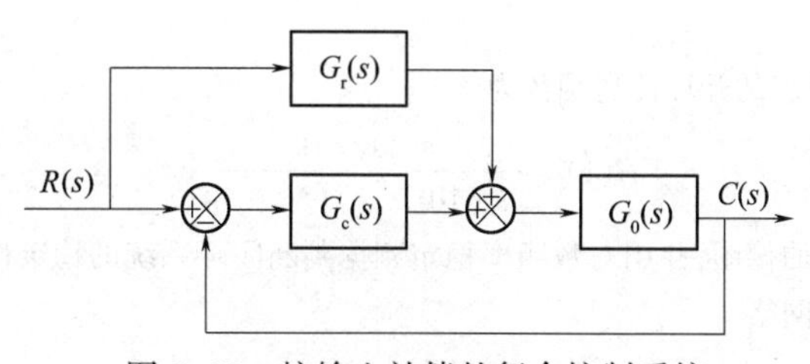

图 6-38　按输入补偿的复合控制系统

为了说明前馈补偿装置能够完全消除误差的物理意义,误差的表达式为

$$E(s) = \frac{1-G_r(s)G_0(s)}{1+G_c(s)G_0(s)}\cdot R(s) \tag{6-58}$$

上式表明,在式(6-57)成立的条件下,恒有 $E(s)\equiv 0$;前馈补偿装置 $G_r(s)$ 的存在,相当于在系统中增加了一个输入信号 $G_r(s)R(s)$,其产生的误差信号与原输入信号 $R(s)$ 产生的误差信号

相比，大小相等而方向相反。故式(6-57)称为对输入信号的误差全补偿条件。

由于 $G_0(s)$ 一般均具有比较复杂的形式，故全补偿条件式(6-57)的物理实现相当困难。在工程实践中，大多采用满足跟踪精度要求的部分补偿条件，或者在对系统性能起主要影响的频率内实现近似全补偿，以使 $G_r(s)$ 的形式简单并易于实现。

例 6-11 设复合校正随动系统如图 6-39 所示。试选择前馈补偿方案和参数，并作误差分析。

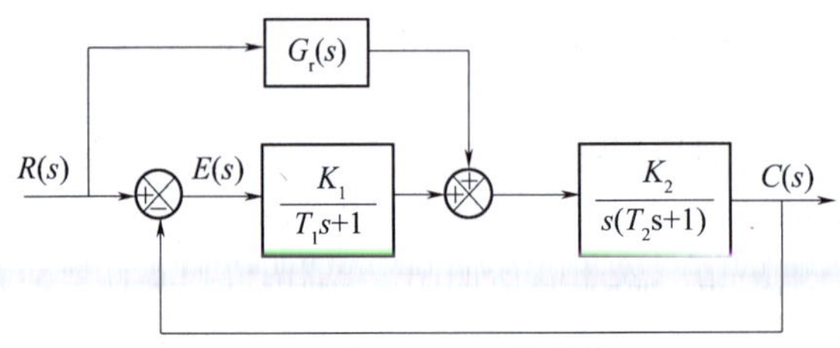

图 6-39 例 6-11 系统结构图

解：(1) 根据输入全补偿条件得到

$$G_r(s)=\frac{1}{G_0(s)}=\frac{s(T_2s+1)}{K_2}=\frac{T_2s^2}{K_2}+\frac{1}{K_2}s=\lambda_2s^2+\lambda_1s$$

如果取 $\lambda_2=T_2/K_2,\lambda_1=1/K_2$，则由输入信号的一阶微分与二阶微分构成完全补偿。

如果取 $\lambda_2=0,\lambda_1=1/K_2$，则仅由输入信号的一阶微分构成近似补偿。

(2) 误差分析。

选择 $\lambda_2=T_2/K_2,\lambda_1=1/K_2$，则 $E(s)\equiv0$，复合校正系统对任何形式的输入信号均不产生误差。

选择 $\lambda_2=0,\lambda_1=1/K_2,G_r(s)=\lambda_1s$，误差传递函数为

$$\frac{E(s)}{R(s)}=\frac{1-G_r(s)\dfrac{K_2}{s(T_2s+1)}}{1+\dfrac{K_1}{T_1s+1}\cdot\dfrac{K_2}{s(T_2s+1)}}=(T_1s+1)\cdot\frac{s(T_2s+1)-K_2G_r(s)}{(T_1s+1)s(T_2s+1)+K_1K_2}$$

当输入信号为单位斜坡信号时，稳态误差为

$$e_{ss}=\lim_{s\to0}sE(s)=\lim_{s\to0}s(T_1s+1)\cdot\frac{s(T_2s+1)-K_2G_r(s)}{(T_1s+1)s(T_2s+1)+K_1K_2}\cdot\frac{1}{s^2}=0$$

稳态误差为零，但是回路中却仅有一个积分器。

6.6 例题精解

例 6-12 单位负反馈系统的开环传递函数为

$$G(s)=\frac{20s+1}{s^2(10s+1)(5s+1)}$$

(1) 试作出系统的开环伯德图，并用对数频率稳定判据判断闭环系统的稳定性。

(2) 试问如果用一超前网络

$$G_c(s)=\frac{\tau s+1}{Ts+1}\qquad(\tau>T>0)$$

进行串联校正，能否使校正后的系统其相角裕度为 30°？为什么？

解：系统开环对数幅频特性曲线如图 6-40 所示。

$$A(\omega_c)=\frac{20\omega_c}{\omega_c^2\cdot10\omega_c\cdot5\omega_c}=1$$

$$\omega_c=0.74$$

$$\gamma = 180° + \varphi(\omega_c) =$$

$$\arctan 20\omega_c - \arctan 10\omega_c - \arctan 5\omega_c = -71°$$

该闭环系统不稳定。而所给超前网络提供的正相角不超过 90°，故不能使系统相角裕度为 30°。

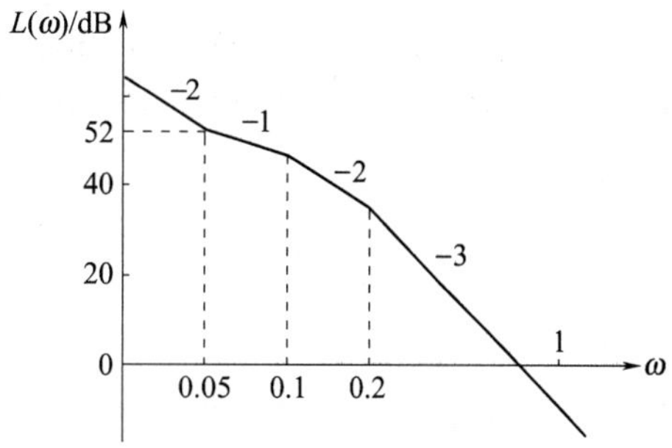

图 6-40　例 6-12 系统的对数幅频特性

例 6-13　设某一单位反馈系统的开环传递函数为

$$G(s) = \frac{K}{s(1 + 0.1s)(1 + 0.2s)}$$

要求校正后系统的 $K_v = 30\text{s}^{-1}$，$\gamma^* \geq 40°$，$\omega_c' \geq 2.3\text{rad/s}$。试分析应该采用何种无源串联校正装置。

解：首先确定开环放大系数 $K/K_v = K = 30$。校正前系统的开环传递函数为

$$G(s) = \frac{30}{s(1 + 0.1s)(1 + 0.2s)}$$

画出校正前系统的开环伯德图，如图 6-41 所示。

因为 $$A(\omega_c) \approx \frac{30}{\omega_c \cdot 0.1\omega_c \cdot 0.2\omega_c} = 1$$

即 $$\omega_c = 11.45$$

而相角裕度

$$\gamma = 180° - 90° - \arctan 0.1\omega_c - \arctan 0.2\omega_c = -25.28°$$

说明校正前系统是不稳定的。假如采用串联超前校正，由于校正后的 ω_c' 比校正前的 ω_c 高，而校正前系统在 ω_c 附近相角急剧下降，即使超前网络的 a 值取到 100，γ' 仍不满 30°，而幅值穿越频率 ω_c' 却增到 26rad/s。考虑到要求的 ω_c' 比 ω_c 小，因此不能采用超前校正，而应采用串联滞后校正。

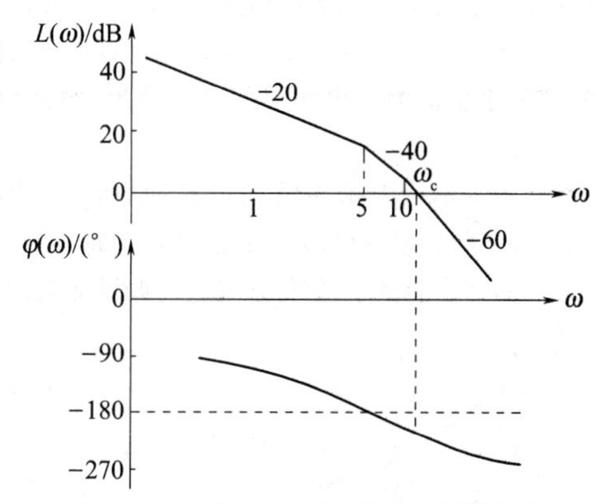

图 6-41　例 6-13 系统的开环伯德图

例 6-14　某单位反馈系统的开环传递函数为

$$G(s) = \frac{10}{s(s + 1)}$$

而串联校正装置的 $L_c(\omega)$ 曲线如图 6-42 所示。

(1) 计算校正前系统的开环频域指标 ω_c，γ。

(2) 计算校正后系统的开环频域指标 ω_c'，γ'。

(3) 写出该校正装置的传递函数 $G_c(s)$，并说明校正装置的作用。

解：(1) 首先由 $G(s)$ 画出校正前的 $L(\omega)$ 曲线，如图 6-43 所示。因为

$$A(\omega_c) \approx \frac{10}{\omega_c \cdot \omega_c} = 1$$

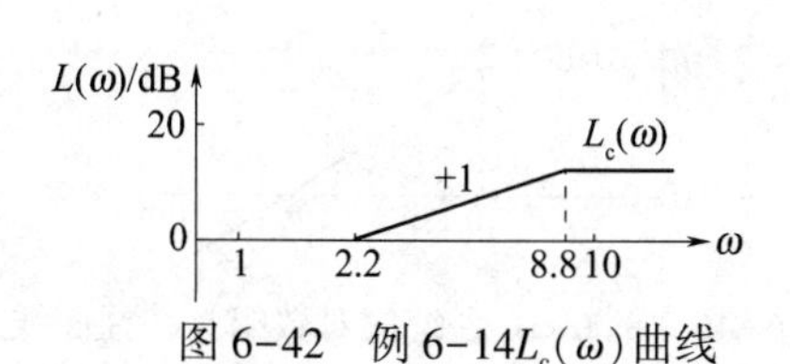

图 6-42　例 6-14$L_c(\omega)$ 曲线

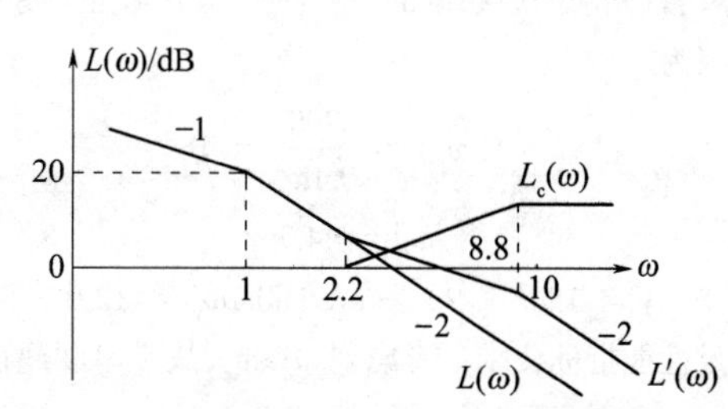

图 6-43　例 6-14 系统的对数幅频特性曲线

所以 $\omega_c=3.16$，而相角裕度

$$\gamma = 180° - 90° - \arctan\omega_c = 180° - 90° - \arctan 3.16 = 17.6°$$

（2）由 $L_c(\omega)$ 曲线可以写出校正装置的传递函数为

$$G_c(s) = \frac{1+\dfrac{s}{2.2}}{1+\dfrac{s}{8.8}} = \frac{1+0.456s}{1+0.114s}$$

（3）再由 $L(\omega)$ 和 $L_c(\omega)$ 曲线画出校正后 $L'(\omega)$ 曲线。可以看出：

$$A'(\omega'_c) = \frac{10\cdot 0.456\omega'_c}{\omega'_c\cdot\omega'_c\cdot 1} = 1$$

所以 $\omega'_c=4.56$，而相角裕度

$$\gamma' = 180° + \arctan 0.456\omega'_c - \arctan\omega'_c - 90° - \arctan 0.114\omega'_c = 49.22°$$

由此可见，这是一个串联超前校正装置，作用在系统的中频段上，其作用使原系统的稳态误差不变，幅值穿越频率和相角裕度均增大，从而系统的响应速度加快，超调量减小。

例 6-15 单位负反馈最小相位系统的开环对数幅频特性曲线如图 6-44 所示，若加入一串联校正装置 $G_c(s)=(5s+1)/(2s+1)$，试分析该校正装置对系统的稳态误差和动态响应品质的影响，并说明原因。

解：该校正装置为一串联超前校正装置，对数幅频特性曲线如图 6-45 所示，分度系数 $a=5/2=2.5$，$20\lg a=7.96\text{dB}$。

该校正装置不会影响系统的低频段，所以不影响系统的稳态误差。但把原系统中、高频部分抬高 7.96dB，和原系统比较后可知，校正后幅值穿越频率 $\omega'_c>100$。超前校正装置在 $\omega'_c(>100)$ 超前的相角很小，因此校正后相角裕度会减小，使得系统的超调量增大，响应速度变慢。

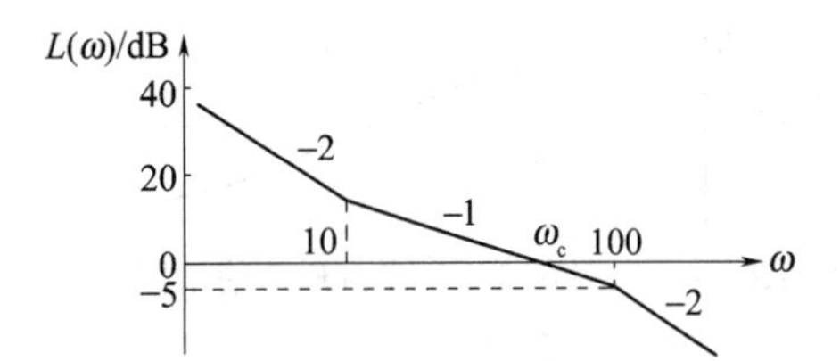

图 6-44 例 6-15 系统的对数幅频特性曲线

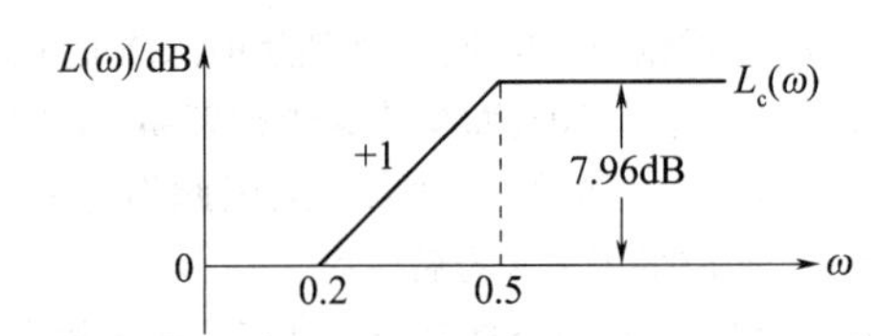

图 6-45 例 6-15 $L_c(\omega)$ 曲线

由此可见，虽然这也是一个串联超前校正装置，但作用在系统的低频段上，使校正后稳态误差不变，幅值穿越频率增大，相角裕度减小，从而恶化了系统的动态性能。

例 6-16 一单位反馈伺服系统的开环传递函数为

$$G(s) = \frac{200}{s(0.1s+1)}$$

稳态误差已满足要求，试设计一个无源校正网络，使校正后系统的相位裕度不小于 45°，幅值穿越频率不低于 50rad/s。

解：首先求出原系统的 ω_c 与 γ。画出校正前系统的 $L(\omega)$ 曲线，如图 6-46 所示。

因为

$$A(\omega_c) = \frac{200}{0.1\omega_c^2} = 1$$

所以 $$\omega_c = 44.7$$

$$\gamma = 180° - 90° - \arctan 0.1\omega_c = 12.6°$$

不满足性能指标要求。考虑到 $\omega'_c>\omega_c$，故需串联超前校正网络。

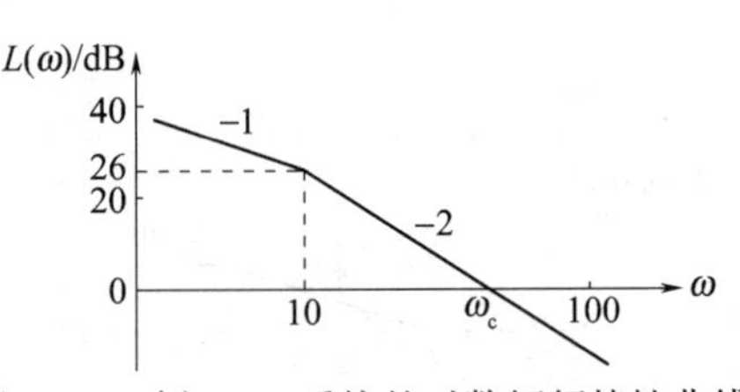

图 6-46 例 6-16 系统的对数幅频特性曲线

(1) 求 φ_m。

$$\varphi_m = \gamma^* - \gamma + (5° \sim 10°) = 45° - 12.6° + 10° = 42.4°$$

(2) 求 a。

$$a = \frac{1 + \sin\varphi_m}{1 - \sin\varphi_m} = 5$$

(3) 确定 ω'_c。令

$$L(\omega'_c) + 10\lg a = 0$$

$$\omega'_c = 67$$

(4) 确定 $G_c(s)$。令

$$\omega_m = \omega'_c$$

$$\frac{1}{T\sqrt{a}} = 67$$

解得

$$T = \frac{1}{67\sqrt{5}} = 0.0067$$

所以补偿后

$$G_c(s) = \frac{1+0.0335s}{1+0.0067s}$$

(5) 检验 γ'。

$$\gamma' = 180° + \varphi_m + \varphi(\omega'_c) = 180° + 42.4° - 90° - \arctan 0.1\omega'_c = 50.8° > 45°$$

例 6-17 某单位反馈系统的开环传递函数为

$$G(s) = \frac{10}{s(s+1)}$$

试设计一个串联校正装置,使得系统满足下列要求:$K_v = 20$,$\gamma^* \geqslant 50°$。

解:(1)因为原系统的开环增益不满足稳态要求,设校正装置为 $KG_c(s)$,定义

$$G_1(s) = KG(s) = \frac{10K}{s(s+1)}$$

现在把 $G_1(s)$ 作为未校正系统,按稳态要求

$$K_v = 10K = 20, K = 2$$

(2) 由 $G_1(s)$ 画出校正前的 $L(\omega)$ 曲线,如图 6-47所示。

$$A(\omega_c) = \frac{20}{\omega_c \cdot \omega_c} = 1$$

$$\omega_c = 4.47$$

$$\gamma = 180° + \varphi(\omega_c) = 180° - 90° - \arctan\omega_c = 12.6° > 0$$

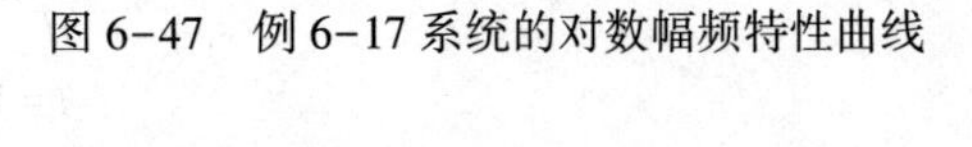

图 6-47 例 6-17 系统的对数幅频特性曲线

选串联超前校正装置 $G_c(s)$ 对系统进行校正。

(3) 求校正装置 $G_c(s)$ 的参数。

求 φ_m

$$\varphi_m = \gamma^* - \gamma + (5° \sim 10°) = 50° - 12.6° + (5° \sim 10°) = 43°$$

求 a

$$a = \frac{1 + \sin\varphi_m}{1 - \sin\varphi_m} = 5.3$$

确定 ω_c'。令

$$L(\omega'_c)+10\lg a=0$$
$$\omega'_c=6.8$$

令 $\omega_m=\omega_c'$

$$\omega_m=\frac{1}{\sqrt{a}\cdot T}=6.8$$

解得

$$T=0.064$$

所以校正装置

$$KG_c(s)=2\cdot\frac{1+0.339s}{1+0.064s}$$

(4) 检验 γ'。因为 $\omega_c'=6.8$

$$\gamma'=180°+\arctan 0.339\omega'_c-\arctan 0.064\omega'_c-90°-\arctan\omega'_c=51.4°>50°$$

满足性能指标要求。

例 6-18 设单位反馈系统的开环传递函数为

$$G(s)=\frac{K}{s(s+1)(0.5s+1)}$$

试设计一串联校正装置,使校正后开环增益等于 5,$\gamma^*\geqslant 40°$。

解:选 $K=5$,则

$$G(s)=\frac{5}{s(s+1)(0.5s+1)}$$

画出校正前的 $L(\omega)$ 曲线,如图 6-48 所示。

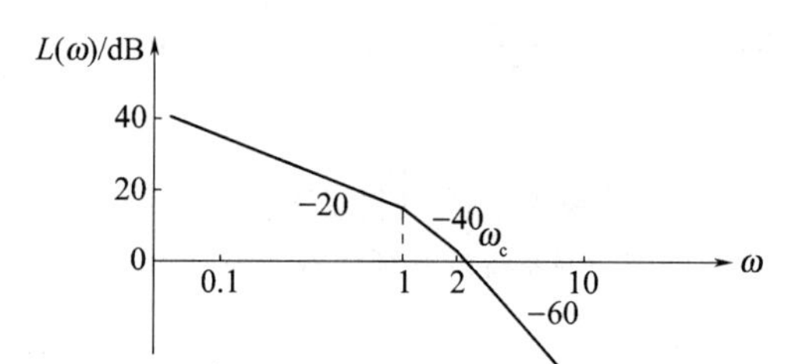

图 6-48 例 6-18 系统的开环伯德图

因为

$$A(\omega_c)=\frac{5}{0.5\omega_c^3}=1$$
$$\omega_c=2.15$$
$$\gamma=180°-90°-\arctan\omega_c-\arctan 0.5\omega_c=-22.13°$$

原系统不稳定,且考虑到要求的 γ^* 较大,故选用串联滞后校正。

(1) 求 ω_c'。

令

$$\gamma(\omega_c')=\gamma^*+5°=40°+5°=45°$$

即

$$180°-90°-\arctan\omega_c'-\arctan 0.5\omega_c'=45°$$
$$\arctan\omega_c'+\arctan 0.5\omega_c'=45°$$

解得

$$\omega_c'=0.5$$

(2) 计算 b、T。令 $L(\omega_c')+20\lg b=0$

得

$$b=0.112$$

再由

$$\frac{1}{bT}=0.1\omega'_c$$

得

$$T=178.57$$

所以

$$G_c(s)=\frac{1+20s}{1+178.57s}$$

(3) 检验 γ'。

$$\gamma'=180°+\varphi_c(\omega_c')+\varphi(\omega_c')=$$
$$180°+\arctan 20\omega_c'-\arctan 178.57\omega_c'-90°-\arctan\omega_c'-\arctan 0.5\omega_c'=$$

$$44.33°>40°$$

例 6-19 某单位负反馈最小相位系统的对数幅频特性曲线如图 6-49 所示。

（1）写出 $G(s)$ 的表达式，用对数频率稳定判据判断闭环系统的稳定性。

（2）若要求保持稳定裕度及幅值穿越频率不变，但将斜坡输入下的稳态误差减为原来的 1/2，试说明应如何选择下列串联校正装置的参数 K_c, τ, T。

$$G_c(s) = \frac{K_c(\tau s + 1)}{Ts + 1} \qquad (K_c > 0, \tau > 0, T > 0)$$

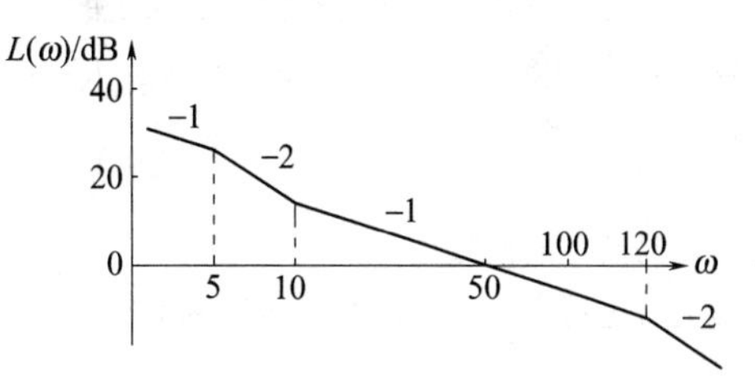

图 6-49　例 6-19 系统的对数幅频特性

解：(1) 由于低频渐近线的斜率为 −20dB/dec，故系统中有一个积分环节。由于渐近幅频特性曲线有三次改变斜率，交接频率依次为 5，10，120，它们对应的典型环节分别为惯性环节、一阶微分环节和惯性环节。故可确定开环传递函数的形式如下：

$$G(s) = \frac{K\left(\frac{1}{10}s + 1\right)}{s\left(\frac{1}{5}s + 1\right)\left(\frac{1}{120}s + 1\right)}$$

式中，K 可以根据 $\omega_c = 50$ 的已知条件来确定，即

$$A(\omega_c) = \frac{K \cdot 0.1\omega_c}{\omega_c \cdot 0.2\omega_c \cdot 1} = 1$$

$$K = 100$$

$$\gamma = 180° + \varphi(\omega_c) =$$

$$180° + \arctan 0.1\omega_c - 90° - \arctan 0.2\omega_c - \arctan \omega_c/120 = 61.8° > 0$$

因为系统为最小相位系统，相角裕度又大于 0°，所以闭环系统是稳定的。

（2）将斜坡输入下的稳态误差减为原来的 1/2，就要将系统的开环增益提高 1 倍，故取

$$K_c = 2$$

又要求保持稳定裕度及幅值穿越频率不变，所以在小于 $\omega = 5$ 的十倍频程处取一阶微分环节的时间常数，令

$$1/\tau = 5$$

$$\tau = 0.2$$

可取惯性环节的时间常数为

$$T = 0.4$$

得

$$G_c(s) = \frac{2(0.2s + 1)}{0.4s + 1}$$

例 6-20 某系统串联校正前后的开环对数幅频曲线如图 6-50 所示，其中虚线是校正前的，实线是校正后的。

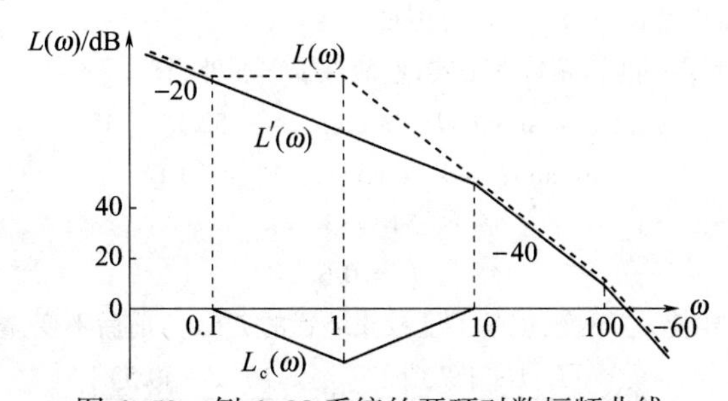

图 6-50　例 6-20 系统的开环对数幅频曲线

(1) 写出串联校正装置的传递函数 $G_c(s)$；

(2) 确定校正后系统稳定时的开环增益；

(3) 当开环增益 $K=1$ 时，求校正后系统的相位裕度 γ'。

解：(1) 在图 6-50 中，作 $L'(\omega)-L(\omega)=L_c(\omega)$，由 $L_c(\omega)$ 曲线，可写出校正装置的传递函数为

$$G_c(s) = \frac{(s+1)^2}{(0.1s+1)(10s+1)}$$

这是串联滞后—超前校正。

(2) 首先写出校正后的开环传递函数

$$G'(s) = G(s)G_c(s) = \frac{K(10s+1)}{s(s+1)^2(0.01s+1)} \cdot \frac{(s+1)^2}{(0.1s+1)(10s+1)} = \frac{K}{s(0.1s+1)(0.01s+1)}$$

由写出其闭环特征方程 $\quad D(s)=s^3+110s^2+1000s+1000K=0$

列出劳斯表

s^3	1	1000
s^2	110	1000K
s^1	$\dfrac{110000-1000K}{110}$	
s^0	1000K	

要使系统稳定，劳斯表第一列各元素全为正，因而

$$110000-1000K>0$$

$$1000K>0$$

可得

$$0<K<110$$

(3) 当 $K=1$ 时，校正后系统的开环传递函数为

$$G'(s) = \frac{1}{s(0.1s+1)(0.01s+1)}$$

因为当 $\omega=1$ 时，$L'(\omega)=20\lg K=20\lg 1=0$，所以

$$\omega'_c = 1$$

相角裕度

$$\gamma' = 180° - 90° - \arctan 0.1\omega'_c - \arctan 0.01\omega'_c = 83.72°$$

例 6-21 在如图 6-51 所示系统中，当 $K=10$，$T=0.1$ 时，系统的幅值穿越频率 $\omega_c=5$。若要求 ω_c 不变，如何选择 K、T 值，才能使系统的相角裕度提高 45°？

解：(1) 首先求校正装置在已知参数下的相角：

$$\varphi_c(\omega_c) = \arctan T\omega_c - \arctan\omega_c$$

当 $K=10$，$T=0.1$，$\omega_c=5$ 时，

$$\varphi_c(5) = \arctan 0.1\omega_c - \arctan\omega_c = -52.1°$$

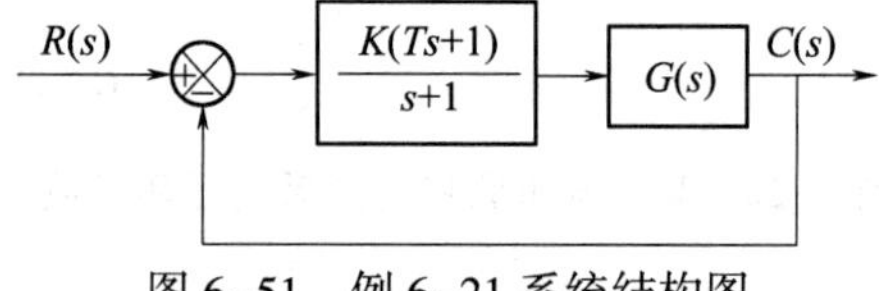

图 6-51　例 6-21 系统结构图

(2) 要使系统的相角裕度提高 45°，确定 T。

由于要求 ω_c 不变，则原系统的 $\varphi(\omega_c)$ 不变，因此相角裕度的提高，只能由校正装置的相频特性来实现，故在 $\omega_c=5$ 处，有

$$\varphi_c(5) = \arctan 5T - \arctan 5 = -52.1° + 45°$$

$$\arctan 5T = \arctan 5 - 7.1° = 71.6°$$

$$5T = 3$$

所以

$$T = 0.6$$

根据 ω_c 不变，确定 K。要使 ω_c 不变，就是保证校正装置的 $L_c(\omega_c)$ 前后不变，故

$$20\lg\left|\frac{K(1+j5T)}{1+j5}\right| = 20\lg\left|\frac{10(1+j0.5)}{1+j5}\right|$$

即 $$|K(1+\mathrm{j}5T)| = |10(1+\mathrm{j}0.5)|$$

所以 $$K = 3.54$$

例 6-22 某单位负反馈系统的开环传递函数

$$G(s) = \frac{1}{(s/3.6+1)(0.01s+1)}$$

要使系统的速度误差系数 $K_v=10$，相位裕度 $\gamma \geqslant 25°$，试设计一个最简单形式的校正装置（其传递函数用$G_c(s)$表示），以满足性能指标要求。

解：原系统开环传递函数为

$$G(s) = \frac{1}{(s/3.6+1)(0.01s+1)}$$

要求 $K_v=10$，在原系统中串联校正装置为

$$G_c(s) = \frac{10}{s}$$

得到校正后系统开环传递函数为

$$G(s)G_c(s) = \frac{10}{s(s/3.6+1)(0.01s+1)}$$

经验证校正后系统截止频率 $\omega_c=6$，得到相位裕度 $\gamma=28.9°$，满足题目要求。

例 6-23 设复合控制系统如图 6-52 所示，图中 $G_d(s)$ 为顺馈传递函数，$G_c(s)=K_t's$ 为测速电机及分压器的传递函数，$G_1(s)$ 和 $G_2(s)$ 为前向通路中环节的传递函数，$D(s)$ 为可测量的干扰。若 $G_1(s)=K_1$，$G_2(s)=1/s^2$，试确定 $G_d(s)$，$G_c(s)$ 和 K_1，使系统输出量完全不受干扰 $d(t)$ 的影响，且单位阶跃响应的超调量≤25%，峰值时间≤2s。

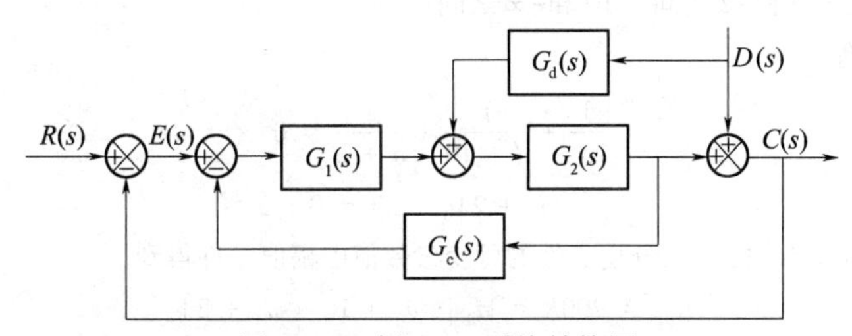

图 6-52 例 6-23 系统结构图

解：(1) 由 $\sigma_p\% \leqslant 25\%$，$t_p \leqslant 2$，求得希望闭环极点以及希望特征方程是

$$s_{1,2} = -0.694 \pm \mathrm{j}1.571$$

$$(s-s_1)(s-s_2) = s^2 + 1.36s + 2.93$$

已知 $G_1(s)=K_1$，$G_2(s)=1/s^2$，$G_c(s)=K_t's$，则闭环特征方程为

$$1 + G_1G_2 + G_1G_2G_c = 0$$

整理得

$$\frac{K_1}{s^2} + \frac{K_1}{s^2}K'_t s + 1 = 0$$

$$s^2 + K_1K'_t s + K_1 = 0$$

与希望特征方程比较得

$$K_1 = 2.93, \qquad K'_t = 0.464$$

(2) 当 $R(s)=0$ 时，要使系统输出量完全不受干扰 $d(t)$ 的影响，则必须满足扰动全补偿条件：

$$(1+G_1G_2G_c) + G_dG_2 = 0$$

所以 $$G_d = -\frac{1+G_1G_2G_c}{G_2} = -s^2 - 1.37s$$

得

$$G_c = 0.464s, G_d = -s^2 - 1.37s, K_1 = 2.93$$

例 6-24 复合校正系统如图 6-53 所示,若要求闭环回路过阻尼,且对输入 $R(s)$ 实现完全补偿,试确定 K 值及前馈控制装置 $G_r(s)$。

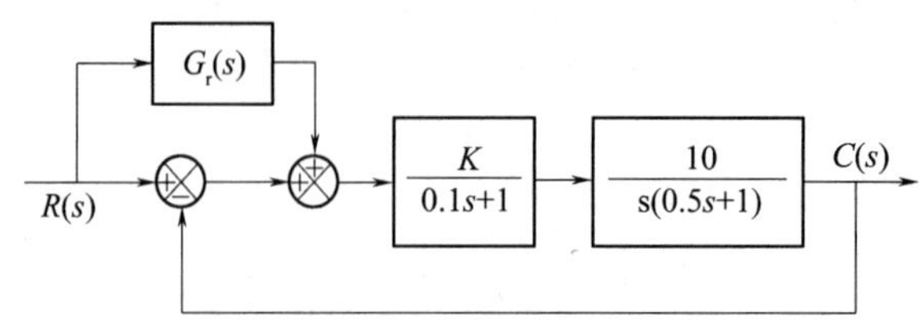

图 6-53 例 6-24 系统结构图

解:这是一个复合控制系统。

(1) 先根据闭环回路过阻尼的要求,确定 K 值。闭环回路过阻尼即特征根均为负实根。现在是一个三阶系统,直接求根比较困难,可以利用根轨迹图来判断。不考虑前馈控制装置 $G_r(s)$,开环传递函数为

$$G(s) = \frac{10K}{s(0.1s+1)(0.5s+1)} = \frac{200K}{s(s+10)(s+2)}$$

系统有三个开环极点:0,-2,-10。

渐近线:有三条渐近线,与实轴的夹角和交点分别为

$$\varphi_a = \pm\pi/3, \pi$$

$$\sigma_a = (0-2-10)/3 = -4$$

实轴上的根轨迹位于 0 和-2 之间,-10 和-∞ 之间。

分离点:分离点方程为

$$\frac{1}{d} + \frac{1}{d+10} + \frac{1}{d+2} = 0$$

$$3d^2 + 24d + 20 = 0$$

求得 $d_1=-0.945, d_2=-7.055$(舍去)。分离点处的可变参数值由幅值条件得到

$$K_{d1} = 200K = |d_1| \cdot |d_1+10| \cdot |d_1+2|$$

$$K = 0.045$$

与虚轴的交点:系统的闭环特征方程为

$$s^3 + 12s^2 + 20s + 200K = 0$$

劳斯表为

$$\begin{array}{c|cc} s^3 & 12 & 0 \\ s^2 & 12 & 200K \\ s^1 & (240-200K)/12 & \\ s^0 & 200K & \end{array}$$

令 s^1 行元素为零,得 $K=1.2$,与虚轴的交点坐标由辅助方程求出

$$s = \pm j4.47$$

系统的根轨迹图如图 6-54 所示。从对根轨迹图分析可得,当 $0<K<0.045$ 时,所有根均为负实根,取 $K=0.045$。

(2) 对输入 $R(s)$ 全补偿,应满足下列条件:

$$\frac{C(s)}{R(s)} = \frac{G(s)[1+G_r(s)]}{1+G(s)} \equiv 1$$

所以

$$G_r(s) = \frac{1}{G(s)} = \frac{s(s+10)(s+2)}{200K} = \frac{s^3+12s^2+20s}{9}$$

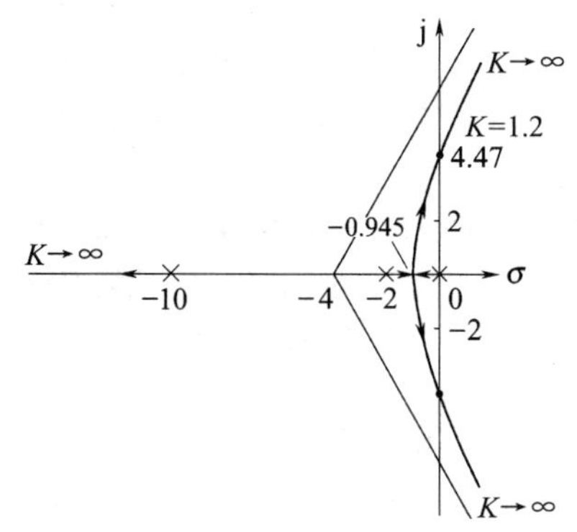

图 6-54　例 6-24 系统的根轨迹

学习指导与小结

1. 基本要求

（1）掌握典型无源超前和滞后网络的传递函数、伯德图以及与设计相关的特征量。

（2）掌握上述两种典型网络串联校正的基本原理、设计步骤、校正装置的作用、优缺点以及适用范围。

（3）正确理解 PD、PI 和 PID 三种常用调节器的电路图以及校正作用，会利用开环对数幅频特性曲线并配合计算，进行串联校正分析。

（4）正确理解反馈校正和复合校正的特点及其作用。

2. 内容提要

（1）在系统中加入一些其参数可以根据需要而改变的结构或装置，使系统整个特性发生变化，从而满足给定的各项性能指标。这一附加的装置称为校正装置。加入校正装置后使未校正系统的缺陷得到补偿，这就是校正的作用。

（2）常用的校正方式有串联校正、反馈校正、前馈校正和复合校正 4 种。

串联校正和反馈校正是适用于反馈控制系统的校正方法，在一定程度上能够使已校正系统满足要求的性能指标。

串联校正简单，易于实现，因此得到了广泛的应用。

（3）串联超前校正的基本原理是利用校正装置的相角超前补偿原系统的相角滞后，从而增大系统的相角裕度。同时由于校正装置在幅值上对高频段的放大作用，使系统的幅值穿越频率增大。因此采用串联超前校正可以提高系统的响应速度并且减小超调量，全面改善系统的动态响应品质。由于无源超前校正网络传递系数小于 1，故必须补偿。补偿后的超前网络不改变原系统的稳态性能。超前校正的缺点是会降低系统的抗干扰能力。若原系统不稳定，或原系统中频段相角减小的速率很大，则不能采用串联超前校正。

（4）串联滞后校正的基本原理是利用滞后校正装置对高频幅值的衰减特性，使系统的幅值穿越频率减小，并保证系统的中频段相角曲线基本不变，从而增大系统的相角裕度。因此采用串联滞后校正可以减小超调量，但响应速度会变慢，同时不改变系统的稳态性能。滞后校正的优点是可以提高系统的抗干扰能力。另外，当串联一个放大器和一个滞后校正装置，还可以做到系统的动态性能不变而改善稳态性能。注意，由于在设计中要求滞后网络的转折频率 $1/T$ 足够小，可能会使时间常数大到不能实现的程度，此时不宜采用串联滞后校正。

（5）PD、PI 和 PID 是控制工程中三种常用的调节器，其共同点是在改善系统的稳态性能的同时还可以保证系统的稳定性并改善系统的动态品质。从它们的传递函数可以看出，PD 调节器相当于串联了一个放大器和一个比例微分环节，因此可以减小稳态误差，并改善系统的动态品质。而 PI 调节器相当于串联了一个积分环节和一个比例微分环节,可以提高系统的一个无差型号,并改善系统的动态品质。PID 调节器相当于串联了一个积分环节和两个比例微分环节,在将系统提高一个无差型号的同时,可以显著改善系统的动态品质。利用开环对数幅频特性曲线并配合适当的计算,就可以算出校正前后系统的稳态和动态性能指标,从而分析出调节器的校正作用。

(6) 串联滞后—超前校正的基本原理是利用校正装置的超前部分来增大系统的相角裕度,同时利用滞后部分来改善系统的稳态性能。当要求校正后系统的稳态和动态性能都较高时,应考虑采用滞后—超前校正。

(7) 希望特性法仅按对数幅频特性的形状确定系统性能,所以只适合于最小相位系统。希望对数幅频特性的求法如下:

① 根据对系统型别及稳态误差要求,绘制希望特性的低频段;

② 根据对系统响应速度及阻尼程度要求,绘制希望特性的中频段;

③ 根据对系统幅值裕度及高频噪声的要求,绘制希望特性的高频段;

④ 绘制希望特性的低、中频段之间的衔接频段;

⑤ 绘制希望特性的中、高频段之间的衔接频段;

⑥ 将希望对数幅频特性与原系统对数幅频特性相比较,即可得校正装置的对数幅频特性曲线。

(8) 反馈校正通过反馈通道传递函数的倒数的特性代替不希望特性,以这种置换的办法来改善控制系统的性能,同时还可以减弱反馈所包围的原有部分特性参数变化对系统性能的影响。

(9) 复合校正是在系统的反馈控制回路中加入前馈通路,组成一个前馈控制和反馈控制相结合的系统,按不变性原理进行设计。可分为按扰动补偿和按输入补偿两种方式。

习　题

6-1 设一负反馈系统的开环传递函数为

$$G(s) = \frac{28(1 + 0.05s)}{s(s + 1)}$$

试求使该系统的阻尼系数为 1 的串联校正环节 $G_c(s)$,设 $G_c(s)=1+Ts$。

6-2 已知系统的开环传递函数为

$$G(s)H(s) = \frac{K}{s(0.2s + 1)}$$

试采用频率法设计串联超前校正装置 $G_c(s)$,使得系统实现如下的性能指标:

(1) 静态速度误差系数 $K_v \geqslant 100$;

(2) 幅值穿越频率 $\omega_c' \geqslant 30$;

(3) 相位裕度 $\gamma^* \geqslant 20°$。

6-3 已知系统的开环传递函数为

$$G(s)H(s) = \frac{K}{s(0.02s + 1)}$$

试采用频率法设计串联滞后校正装置 $G_c(s)$,使系统实现如下的性能指标:

(1) 静态速度误差系数 $K_v \geqslant 50$;

(2) 幅值穿越频率 $\omega_c' \geqslant 10$;

(3) 相位裕度 $\gamma^* \geqslant 60°$。

6-4 设有一单位反馈系统的开环传递函数为

$$G(s) = \frac{0.08K}{s(s + 0.5)}$$

试用频率特性法设计一个滞后校正装置,使得 $K_v \geqslant 4, \gamma = 50°$。

6-5 针对题 6-4,试设计一个超前校正装置以满足下列性能指标:$K_v \geqslant 8$,$\gamma = 50°$。

6-6 已知一单位反馈系统,原开环传递函数 $G(s)$ 和串联校正装置 $G_c(s)$ 的对数幅频特性曲线如题图所示。要求

(1) 写出原系统的开环传递函数 $G(s)$;

(2) 画出校正后系统的 $L'(\omega)$ 曲线;

(3) 分析 $G_c(s)$ 对系统的作用。

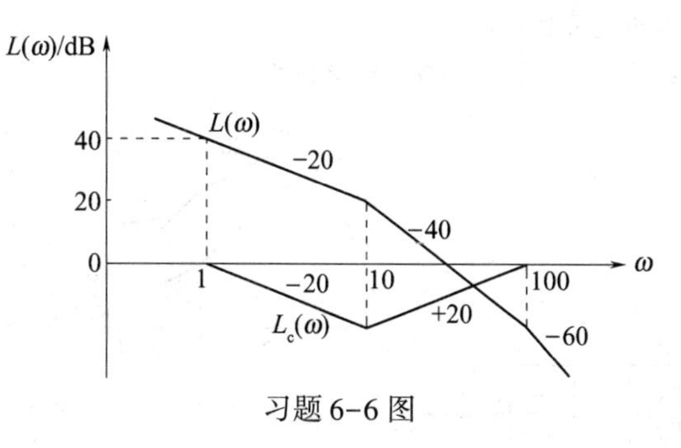

习题 6-6 图

6-7 某系统的开环传递函数为

$$G(s) = \frac{100}{s^2}$$

要求斜坡输入时稳态误差为零,相角裕度 $\gamma^* > 45°$,试确定串联校正装置的传递函数。

6-8 设有一系统,其开环传递函数为

$$G(s) = \frac{K}{s(s+1)(0.5s+1)}$$

要求校正后系统的 $K_v = 5\text{s}^{-1}$,相角裕度 $\gamma^* \geqslant 40°$,$h^* \geqslant 10\text{dB}$,试确定串联校正装置的传递函数。

6-9 三种串联校正装置的特性如题所示,均为最小相位环节。若原系统为单位反馈系统,且开环传递函数为

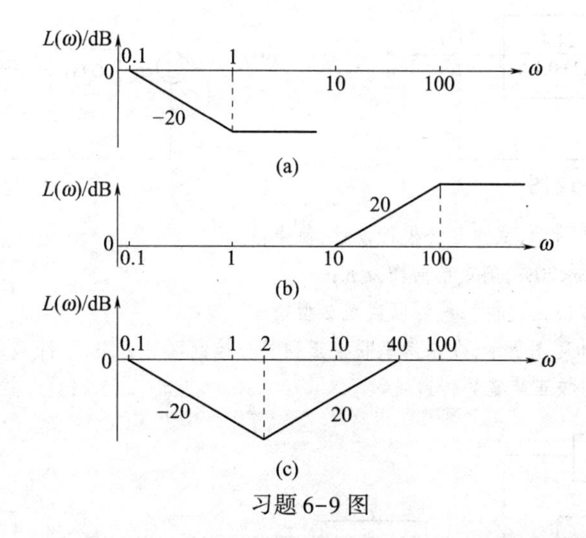

习题 6-9 图

$$G(s) = \frac{400}{s^2(0.01s+1)}$$

试问:

(1) 哪一种校正装置可使系统的稳定性最好?

(2) 为了将 12Hz 的正弦噪声削弱 10 倍左右,确定采用哪种校正。

6-10 已知单位反馈系统的结构图如题图所示,其中 K 为前向增益,$\dfrac{1+T_1s}{1+T_2s}$为超前校正装置,$T_1>T_2$,试用频率法确定使系统具有最大相位裕度的增益 K 值。

6-11 随动系统的开环对数幅频特性如题图所示,其中 $L(\omega)$(如图曲线Ⅰ所示)与 $L'(\omega)$(如图曲线Ⅱ所示)分别为校正前和校正后的。

(1) 写出串联校正装置的传递函数 $G_c(s)$;

(2) 比较校正前后两系统的动态性能和稳态性能有何不同。

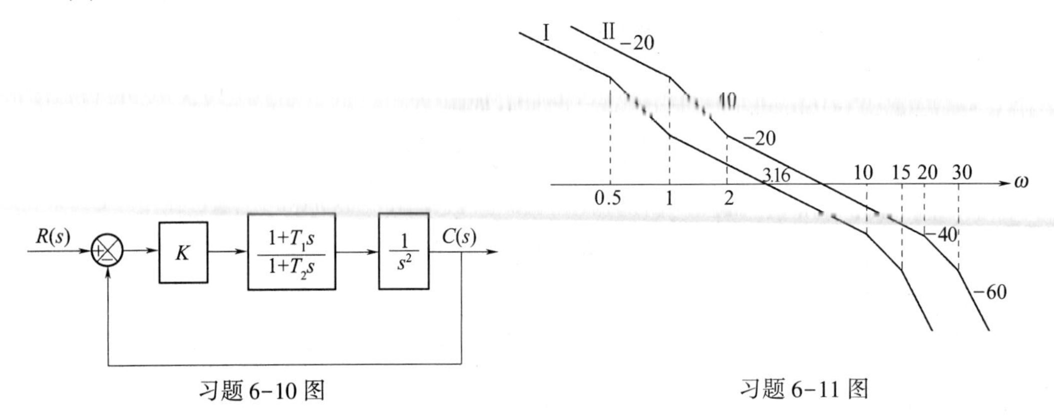

习题 6-10 图　　　　习题 6-11 图

6-12 设一单位反馈系统如题图所示。要求采用速度反馈校正,使得系统具有临界阻尼。试求校正环节的参数值,并比较校正前后系统的精度。

6-13 一单位反馈系统如题图所示,希望提供前馈控制来获得理想的传递函数 $C(s)/R(s)=1$。试确定前馈 $G_r(s)$。

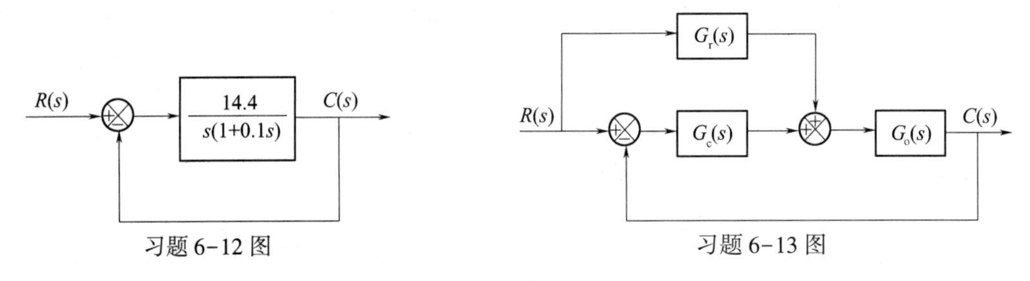

习题 6-12 图　　　　习题 6-13 图

6-14 控制系统如题图所示,试作复合校正设计,使得:

(1) 系统的超调量 $\sigma_p\%<20\%$,确定前向增益 K;

(2) 设计输入补偿器 $G_r(s)$,使得系统可以实现 2 型精度。

6-15 已知控制系统如题图所示,今采用串联校正和复合控制两种方案,消除系统跟踪等速输入信号时的稳态误差。试分别计算出校正装置的传递函数。

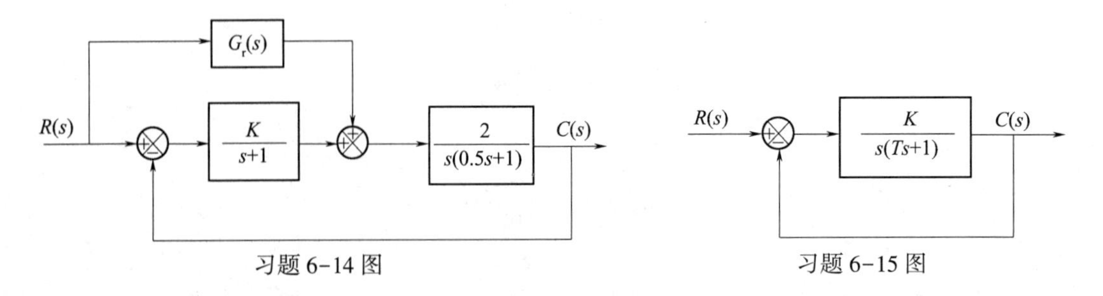

习题 6-14 图　　　　习题 6-15 图

第 7 章　非线性系统

前面各章研究的都是线性系统,或者虽然是非线性系统,但可进行线性化处理,从而可视为线性系统。事实上,几乎所有的实际控制系统,都不可避免地带有某种程度的非线性。系统中只要具有一个非线性环节,就称为非线性系统。因此实际的控制系统大都是非线性系统。本章将主要讨论关于非线性系统的基本概念,以及两种基本分析方法:描述函数法和相平面法。

7.1　典型非线性特性

在控制系统中,若控制装置或元件其输入输出间的静特性曲线,不是一条直线,则称为非线性特性。如果这些非线性特性不能采用线性化的方法来处理,称这类非线性为本质非线性。为简化对问题的分析,通常将这些本质非线性特性用简单的折线来代替,称为典型非线性特性。

7.1.1　典型非线性特性的种类

1. 饱和特性

饱和特性(saturation characteristic)的静特性曲线如图 7-1 所示,其数学表达式为

$$y=\begin{cases}M & x>a\\ kx & |x|\leqslant a\\ -M & x<-a\end{cases}\tag{7-1}$$

式中,a 为线性区宽度;k 为线性区斜率。

饱和特性的特点是,输入信号超过某一范围后,输出不再随输入的变化而变化,而是保持在某一常值上。当输入信号较小而工作在线性区时,可视为线性元件。但当输入信号较大而工作在饱和区时,就必须作为非线性元件来处理。饱和特性在控制系统中是普遍存在的,常见的调节器就具有饱和特性。在实际系统中,有时还人为地引入饱和特性,以便对控制信号进行限幅,保证系统或元件在额定或安全情况下运行。

2. 死区特性

死区又称不灵敏区,在死区内虽有输入信号,但其输出为零,其静特性关系如图 7-2 所示,其数学表达式为

$$y=\begin{cases}0 & |x|\leqslant \Delta\\ k(x-\Delta) & x>\Delta\\ k(x+\Delta) & x<-\Delta\end{cases}\tag{7-2}$$

若引入符号函数

$$\operatorname{sign}x=\begin{cases}+1 & x>0\\ -1 & x<0\end{cases}$$

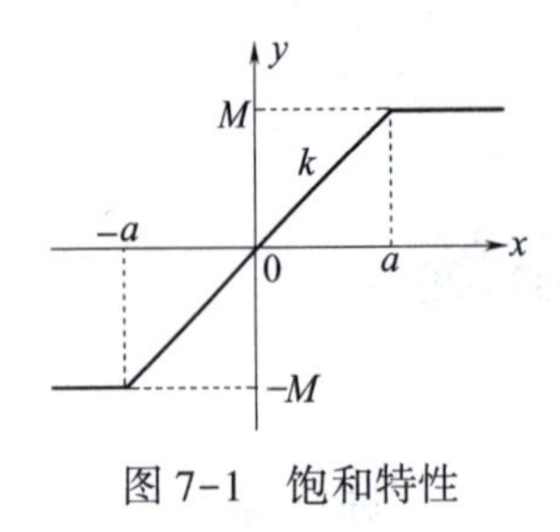

图 7-1　饱和特性

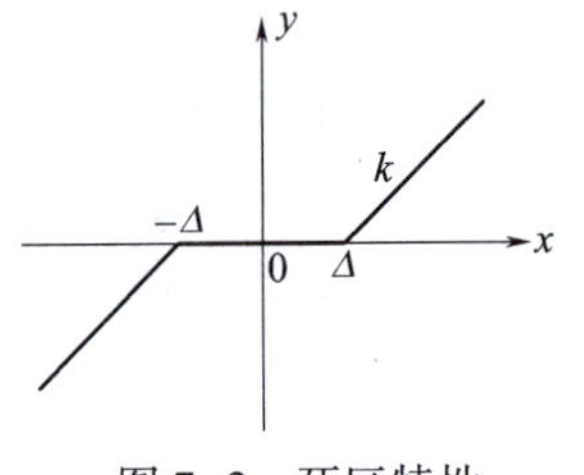

图 7-2　死区特性

则式(7-2)又可表示为

$$y = \begin{cases} 0 & |x| \leqslant \Delta \\ k(x - \Delta \mathrm{sign}x) & |x| > \Delta \end{cases} \tag{7-3}$$

死区特性(gain with dead zone)常见于许多控制设备与控制装置中,如各种测量元件的不灵敏区。当死区很小,或对系统的性能不会产生不良影响时,可以忽略不计。否则,必须将死区特性考虑进去。在工程实践中,为了提高系统的抗干扰能力,有时又故意引入或增大死区。

3. 滞环特性

滞环特性(hysteresis characteristics)表现为正向与反向特性不是重叠在一起,而是在输入—输出曲线上出现闭合环路。滞环特性又称为间隙特性,静特性曲线如图 7-3 所示,其数学表达式为

$$y = \begin{cases} k(x - b\mathrm{sign}\dot{x}) & \dot{y} \neq 0 \\ M\mathrm{sign}x & \dot{y} = 0 \end{cases} \tag{7-4}$$

这类特性表示,当输入信号小于间隙 b 时,输出为零。只有当 $x>b$ 后,输出随输入而线性变化。当输入反向时,其输出则保持在方向发生变化时的输出值上,直到输入反向变化 $2b$ 后,输出才线性变化。例如,铁磁元件的磁滞、齿轮传动中的齿隙、液压传动中的油隙等均属于这类特性。

4. 继电器特性

继电器特性(relay characteristics)一般可用图 7-4 表示,其数学表达式为

$$y = \begin{cases} 0 & -mh < x < h, \dot{x} > 0 \\ 0 & -h < x < mh, \dot{x} < 0 \\ M\mathrm{sign}x & |x| \geqslant h \\ M & x \geqslant mh, \dot{x} < 0 \\ -M & x \leqslant -h, \dot{x} > 0 \end{cases} \tag{7-5}$$

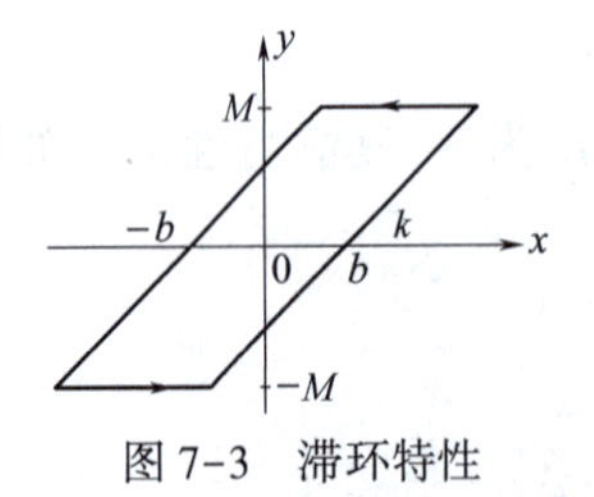

图 7-3　滞环特性

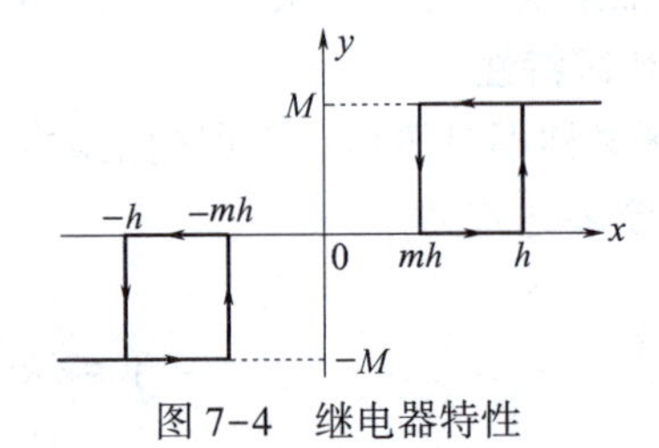

图 7-4　继电器特性

由图 7-4 可知,这类特性不仅包含有死区特性,而且具有滞环特性。特殊情况:

(1) 若 $h=0$,称这种特性为理想继电器特性(ideal relay characteristics),如图 7-5(a)所示。

(2) 若 $m=1$,其静特性如图 7-5(b)所示,则称为死区继电器特性(relay with dead zone nonlinearity)。

(3) 若 $m=-1$,则称为滞环继电器特性(relay with hysteresis nonlinearity),如图 7-5(c)所示。

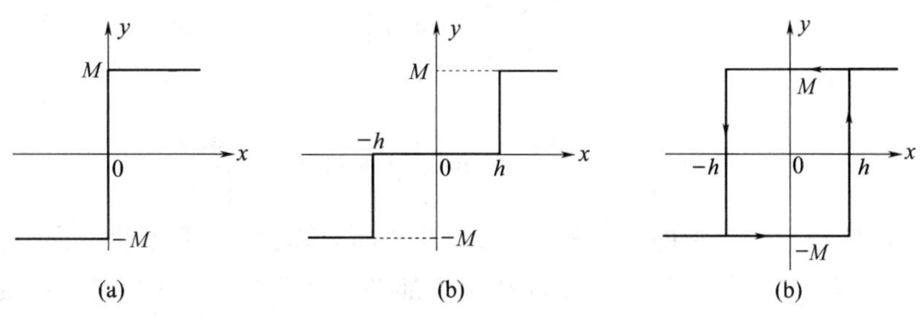

图 7-5 三种继电器特性

(a) 理想继电器特性;(b) 死区继电器特性;(c) 滞环继电器特性。

实际系统中,各种开关元件都具有继电器特性。

前面所列举的非线性特性属于一些典型特性,实际中的非线性还有许多复杂的情况。有些属于前述各种情况的组合,还有些非线性特性很难用一般函数来描述,可以称为不规则非线性特性。

7.1.2 非线性系统的若干特征

由于上述非线性特性的存在,与线性系统相比,非线性系统具有以下主要特征。

1. 稳定性的复杂性

对于线性系统,其稳定性只取决于系统本身的结构和参数,与输入信号和初始条件无关。对于非线性系统,则问题变得较复杂。考虑下述非线性一阶系统:

$$\dot{x} = x^2 - x = x(x - 1) \tag{7-6}$$

设 $t=0$,系统的初始状态为 x_0,由式(7-6)得

$$\frac{\mathrm{d}x}{x(x-1)} = \mathrm{d}t$$

积分得

$$x(t) = \frac{x_0 \mathrm{e}^{-t}}{1 - x_0 + x_0 \mathrm{e}^{-t}} \tag{7-7}$$

相应的时间响应随初始条件而变。

当 $x_0>1$,$t<\ln x_0/(x_0-1)$ 时,随 t 增大,$x(t)$ 递增;$t=\ln x_0/(x_0-1)$ 时,$x(t)$ 为无穷大。

当 $x_0<1$ 时,$x(t)$ 递减并趋于 0。不同初始条件下的时间响应曲线如图 7-6 所示。

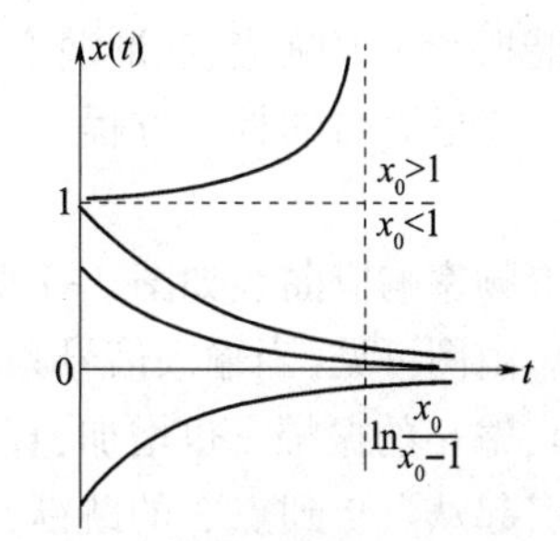

图 7-6 非线性一阶系统的时间响应曲线

由上例可见,初始条件不同,自由运动的稳定性亦不同。因此非线性系统的稳定性不仅与系统的结构和参数有关,而且与系统的初始条件有直接的关系。

2. 可能存在自激振荡现象

自激振荡是指没有外界周期变化信号的作用时,系统内产生的具有固定振幅和频率的稳定运动,简称自振。线性系统只有在临界稳定的情况下才能产生周期运动。设初始条件

$x(0)=x_0,\dot{x}(0)=\dot{x}_0$,系统自由运动方程为

$$\ddot{x}+\omega_n^2 x=0 \tag{7-8}$$

用拉普拉斯变换法求解该微分方程得

$$X(s)=\frac{sx_0+\dot{x}_0}{s^2+\omega_n^2} \tag{7-9}$$

系统自由运动

$$x(t)=\sqrt{x_0^2+\frac{\dot{x}_0^2}{\omega_n^2}}\cdot\sin\left(\omega_n t+\arctan\frac{\omega_n x_0}{\dot{x}_0}\right) \tag{7-10}$$

其中振幅和相角依赖于初始条件。此外,根据线性叠加原理,在系统运动过程中,一旦外扰动使系统输出 $x(t)$ 或 $\dot{x}(t)$ 发生偏离,则振幅和相角都将随之改变,因而上述周期运动将不能维持。所以线性系统在无外界周期变化信号作用时所具有的周期运动不是自激振荡。

考虑著名的范德波尔方程

$$\ddot{x}-2\rho(1-x^2)\dot{x}+x=0 \quad (\rho>0) \tag{7-11}$$

该方程描述具有非线性阻尼的非线性二阶系统。

当扰动使 $x<1$ 时,因为 $-\rho(1-x^2)<0$,系统具有负阻尼,此时系统从外部获得能量,$x(t)$ 的运动呈发散形式。

当 $x>1$ 时,因为 $-\rho(1-x^2)>0$,系统具有正阻尼,此时系统消耗能量,$x(t)$ 的运动呈收敛形式;而当 $x=1$ 时,系统为零阻尼,系统运动呈等幅振荡形式。上述分析表明,系统能克服扰动对 x 的影响,保持幅值为 1 的等幅振荡。

3. 频率响应

在线性系统中,当输入信号为正弦信号时,输出响应的稳态分量仍旧是同频率的正弦函数,只是在幅值和相角上有所改变。因此,利用这一特点,可以引入频率特性的概念,并用它来研究和分析线性系统所固有的动态特性。

非线性系统对于正弦输入信号的响应则比较复杂,会产生一些比较奇特的现象。例如跳跃谐振和多值响应、波形畸变、倍频振荡和分频振荡等。

考虑著名的杜芬方程

$$m\ddot{x}+f\dot{x}+k_1x+k_3x^3=p\cos\omega t \tag{7-12}$$

可得频率响应曲线如图 7-7 所示。

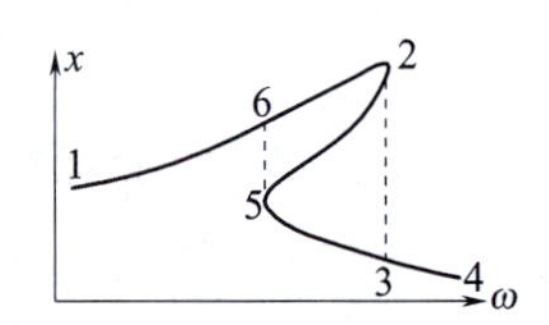

图 7-7　表示跳跃谐振的频率响应曲线

由图可见,当输入信号频率 ω 逐渐增加时(从图中点 1 的频率开始),输出的振幅 x 也增加,直到点 2 为止。如果频率 ω 继续增加,则将引起从点 2 到点 3 的跳跃,并伴有振幅和相位的改变。此现象称为跳跃谐振。当频率 ω 再进一步增加时,输出振幅 x 将从点 3 到点 4 缓慢减小。如果换一个方向,即从高频点 4 开始,当频率 ω 逐渐减小时,则振幅 x 通过点 3 逐渐增大,直到点 5 为止;当频率 ω 继续减小时,则将引起从点 5 到点 6 的另一个跳跃,并且也伴有振幅和相位的改变。在跳跃后,如果频率 ω 再减小,振幅 x 将随频率 ω 的减小而减小,沿点 6 趋向点 1。因此,图中的振幅曲线实际上是分段连续的,并且响应曲线的路径在频率增大和减小的两个方向是不同的。对应于点 2 和点 5 这一区间上的振荡是不定的,稳定振荡可能是两者之一,即多值响应。产生跳跃谐振和多值响应的原因是非线性包含有滞环特性的多值特点所致。

由此可见,非线性系统要比线性系统复杂得多,可能存在多种运动状态。上述现象均不能用线性理论进行解释或分析,必须应用非线性理论来研究。

7.1.3 非线性系统的分析方法

由于非线性系统的数学模型是非线性微分方程,而大多数非线性微分方程尚无法直接求得其解析解。因此到目前为止,对非线性系统尚无通用的分析和设计方法。目前研究非线性系统常用的工程方法有以下几种。

1. 描述函数法

这是一种频域分析方法,其实质是应用谐波线性化的方法,将非线性特性线性化,然后用频率法的结论来研究非线性系统。它是线性理论中的频率法在非线性系统中的推广,这种方法不受系统阶次的限制。

2. 相平面法

相平面法是求解一、二阶常微分方程的图解法。通过在相平面上绘制相轨迹,可以求出微分方程在任何初始条件下的解。这是一种时域分析法,但仅适用于一阶和二阶系统。

3. 计算机求解法

用数字计算机直接求解非线性微分方程,对于分析和设计复杂的非线性系统是非常有效的方法。

本章以系统分析为主,而且是以稳定性分析为核心内容,着重介绍在工程上广泛应用的描述函数法和相平面法。

7.2 描述函数法

描述函数法是非线性系统的一种近似分析方法。首先通过描述函数将非线性元件线性化,然后应用线性系统的频率法对系统进行分析。分析内容主要是非线性系统的稳定性和自振荡问题,一般不能给出时间响应的确切信息。

7.2.1 描述函数的定义

1. 描述函数法的应用条件

应用描述函数法分析非线性系统时,要求元件和系统必须满足以下条件:

(1) 非线性系统的结构图可以简化成只有一个非线性环节 $N(A)$ 和一个线性部分 $G(s)$ 串联的闭环结构,如图 7-8 所示。

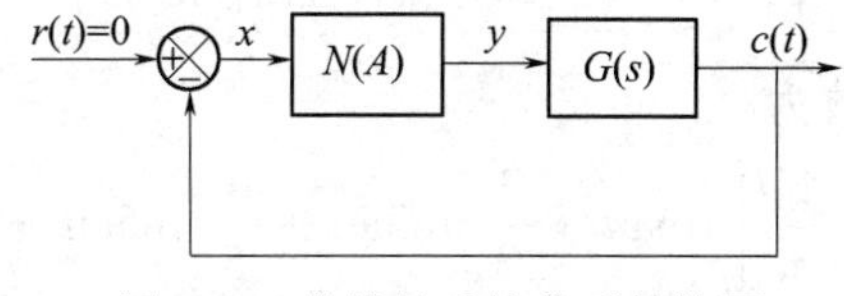

图 7-8 非线性系统典型结构图

(2) 非线性环节的输入输出静特性曲线是奇对称的,即 $y(x)=-y(-x)$,以保证非线性元件在正弦信号作用下的输出不包含直流分量。

(3) 系统的线性部分 $G(s)$ 具有良好的低通滤波特性。这样,非线性环节正弦输入下的输出中,本来幅值相对不大的那些高次谐波分量将被大大削弱。因此,可以近似地认为在闭环通道内只有基波分量在流通,此时应用描述函数法所得的分析结果才比较准确。对于实际的非线性系统来说,由于 $G(s)$ 通常具有低通特性,因此这个条件是满足的。

2. 描述函数的定义

对于图 7-8 所示的非线性系统,设非线性环节的输入信号为正弦信号

$$x(t) = A\sin\omega t \tag{7-13}$$

则其输出 $y(t)$ 一般为周期性非正弦信号,可以展开为傅里叶级数(Fourier series):

$$y(t) = A_0 + \sum_{n=1}^{\infty}(A_n\cos n\omega t + B_n\sin n\omega t) \tag{7-14}$$

若系统满足上述第二个条件,则有 $A_0=0$

$$A_n = \frac{1}{\pi}\int_0^{2\pi} y(t)\cos n\omega t\mathrm{d}(\omega t) \tag{7-15}$$

$$B_n = \frac{1}{\pi}\int_0^{2\pi} y(t)\sin n\omega t\mathrm{d}(\omega t) \tag{7-16}$$

若系统满足应用条件中的第二个条件,即非线性特性是奇对称,则有 $A_0 = 0$。

比如,非线性特性为理想继电器特性时,当输入信号为正弦信号时,输出波形如图 7-9 所示,其输出 $y(t)$ 是周期方波信号。

$y(t)$ 是奇函数,所以 $A_0 = 0$。又因 $\cos n\omega t$ 是偶函数,因此 $A_n = 0$。这时,傅里叶系数 B_n 为

$$\begin{aligned} B_n &= \frac{1}{\pi}\int_0^{2\pi} y(t)\sin n\omega t\mathrm{d}(\omega t) = \frac{2}{\pi}\int_0^{\pi} M\sin n\omega t\mathrm{d}(\omega t) \\ &= \frac{2M}{n\pi}(-\cos n\omega t)\Big|_0^{\pi} = \frac{2M}{n\pi}(1-\cos n\pi) \end{aligned} \tag{7-17}$$

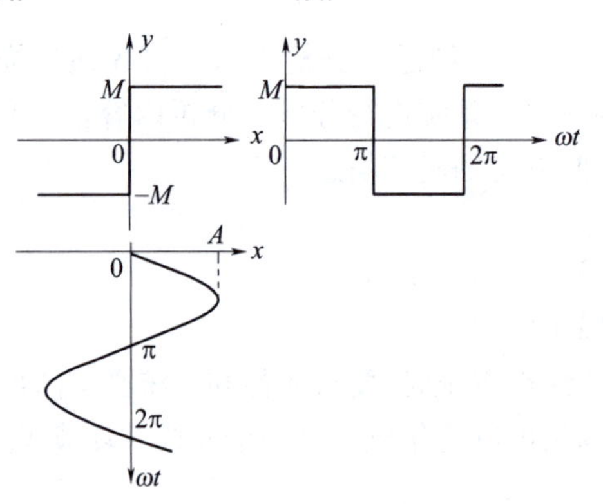

图 7-9 理想继电器特性的输出波形

则周期方波信号的傅里叶级数为

$$y(t) = \frac{4M}{\pi}\left[\sin\omega t + \frac{1}{3}\sin 3\omega t + \frac{1}{5}\sin 5\omega t + \cdots\right] \tag{7-18}$$

式(7-18)说明:

(1) 等式左端为一复杂信号的时域表示,右端则是简单的正弦信号的线性组合,利用傅里叶级数的变换,可以把复杂的问题分解成为简单问题进行分析处理。

(2) 虽然左端是信号的时域表达式,右端是信号的频域表示,但表示的是同一信号,是完全等效的。

(3) 任意周期信号可以分解为直流分量和一系列正弦、余弦分量。这些正弦、余弦分量的频率必定是基频 ω 的整数倍。通常把频率为 ω 的分量称为基波,频率为 $2\omega,3\omega,\cdots$ 等分量分别称为 2 次谐波、3 次谐波、……等。

图 7-10 给出了周期方波信号的基波波形,基波叠加 3 次谐波的波形,基波叠加 3 次谐波和 5 次谐波的波形。从图中可以看出,当叠加的谐波无穷多时,一系列正弦信号的线性组合的波形就是方波信号了。

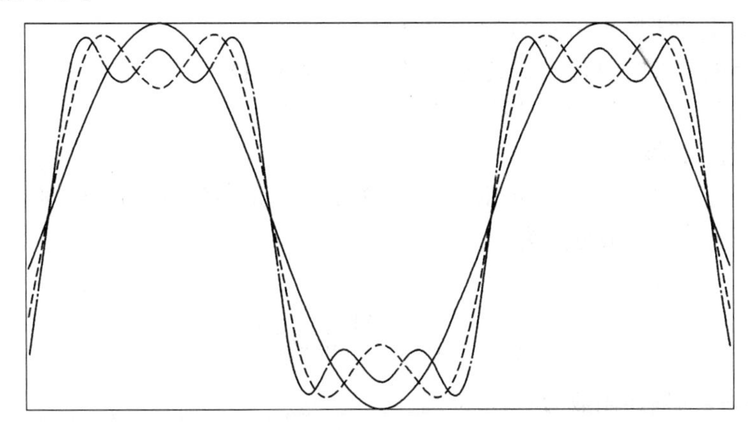

图 7-10 方波波形的基波,3 次谐波,5 次谐波的叠加波形

由于在傅里叶级数中 n 越大,谐波分量的频率越高,A_n、B_n 越小。此时若系统又满足第三个条件,则高次谐波分量又进一步被充分衰减,故可近似认为非线性环节的稳态输出只含有基波分量,即

$$y(t) \approx y_1(t) = A_1\cos\omega t + B_1\sin\omega t = Y_1\sin(\omega t + \varphi_1) \tag{7-19}$$

式中

$$A_1 = \frac{1}{\pi}\int_0^{2\pi} y(t)\cos\omega t\mathrm{d}(\omega t) \tag{7-20}$$

$$B_1 = \frac{1}{\pi}\int_0^{2\pi} y(t)\sin\omega t\mathrm{d}(\omega t) \tag{7-21}$$

$$Y_1 = \sqrt{A_1^2 + B_1^2} \tag{7-22}$$

$$\varphi_1 = \arctan\frac{A_1}{B_1} \tag{7-23}$$

类似于线性系统中频率特性的定义,我们把非线性元件稳态输出的基波分量与输入正弦信号的复数符号比定义为非线性环节的描述函数(describing function),用 $N(A)$ 来表示,即

$$N(A) = \frac{Y_1}{A}\mathrm{e}^{\mathrm{j}\varphi_1} = \frac{\sqrt{A_1 + B_1}}{A}\angle\arctan\frac{A_1}{B_1} = \frac{B_1}{A} + \mathrm{j}\frac{A_1}{A} \tag{7-24}$$

由非线性环节描述函数的定义可以看出:

(1) 描述函数类似于线性系统中的频率特性,利用描述函数的概念便可以把一个非线性元件近似地看作一个线性元件,因此又叫做谐波线性化。这样,线性系统的频率法便可以推广到非线性系统中去。

(2) 描述函数表达了非线性元件对基波正弦量的传递能力。一般来说,它是输入正弦信号幅值和频率的函数。但对绝大多数实际的非线性元件,由于它们不包含储能元件,它们的输出与输入正弦信号的频率无关。所以常见非线性环节的描述函数仅是输入正弦信号幅值 A

的函数,用 $N(A)$ 来表示。

7.2.2 描述函数的求法

描述函数可以从定义式(7-24)出发求得,一般步骤如下:

(1) 首先由非线性静特性曲线画出正弦信号输入下的输出波形,并写出输出波形 $y(t)$ 的数学表达式。

(2) 利用傅里叶级数求出 $y(t)$ 的基波分量。

(3) 将求得的基波分量代入定义式(7-24),即得 $N(A)$。

下面计算几种典型非线性特性的描述函数。

1. 理想继电器特性

当输入为正弦信号时,理想继电器特性的输出 $y(t)$ 是周期方波信号,如图 7-9 所示。取式(7-18)中的 $n=1$,则基波分量为

$$y_1(t) = \frac{4M}{\pi}\sin\omega t \tag{7-25}$$

故理想继电器特性的描述函数为

$$N(A) = \frac{Y_1}{A}\angle\varphi_1 = \frac{4M}{\pi A} \tag{7-26}$$

即 $N(A)$ 是一实数,相位角为 0°,幅值是输入正弦信号幅值 A 的函数。

2. 饱和特性

当输入为 $x(t)=A\sin\omega t$,且 A 大于线性区宽度 a 时,饱和特性的输出波形如图 7-11 所示。

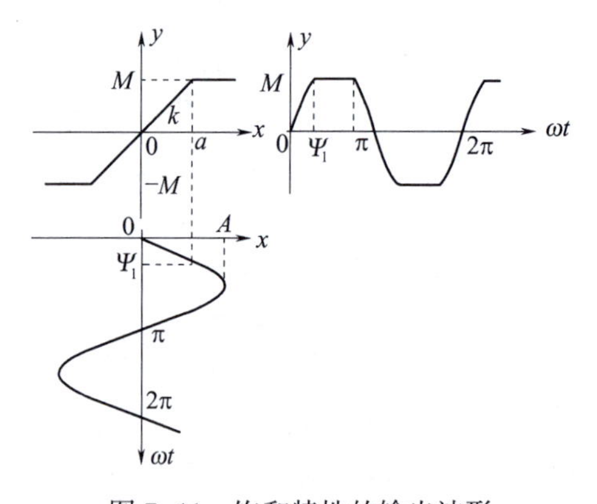

图 7-11 饱和特性的输出波形

显然其输出信号也是奇函数,因此 $A_0=A_1=0$,而

$$B_1 = \frac{1}{\pi}\int_0^{2\pi} y(t)\sin\omega t\mathrm{d}(\omega t) = \frac{4}{\pi}\int_0^{\pi/2} y(t)\sin\omega t\mathrm{d}(\omega t)$$

$$= \frac{4}{\pi}\int_0^{\Psi_1} kx(t)\sin\omega t\mathrm{d}(\omega t) + \frac{4}{\pi}\int_{\Psi_1}^{\frac{\pi}{2}} ka\sin\omega t\mathrm{d}(\omega t) = \frac{4}{\pi}\int_0^{\Psi_1} kA\sin^2\omega t\mathrm{d}(\omega t) + \frac{4}{\pi}\int_{\Psi_1}^{\frac{\pi}{2}} ka\sin\omega t\mathrm{d}(\omega t)$$

$$= \frac{4}{\pi}\int_0^{\Psi_1} kA\,\frac{1-\cos 2\omega t}{2}\mathrm{d}(\omega t) + \frac{4}{\pi}\int_{\Psi_1}^{\frac{\pi}{2}} ka\sin\omega t\mathrm{d}(\omega t)$$

$$= \frac{2kA}{\pi}\left[\omega t\,\Big|_0^{\Psi_1} - \frac{1}{2}\sin\omega t\,\Big|_{\Psi_1}^{\frac{\pi}{2}}\right] + \frac{4ka}{\pi}\cos\omega t\,\Big|_0^{\Psi_1} = \frac{2kA}{\pi}\left[\arcsin\frac{a}{A} + \frac{a}{A}\sqrt{1-\left(\frac{a}{A}\right)^2}\right]$$

式中，$\Psi_1 = \arcsin\dfrac{a}{A}$。

由式(7-24)可得饱和特性的描述函数为

$$N(A) = \frac{B_1}{A} = \frac{2k}{\pi}\left[\arcsin\frac{a}{A} + \frac{a}{A}\sqrt{1-\left(\frac{a}{A}\right)^2}\right] \qquad (A \geqslant a) \qquad (7-27)$$

由上式可见，饱和特性的 $N(A)$ 也是输入正弦信号幅值 A 的函数。这说明饱和特性等效于一个变系数的比例环节，当 $A>a$ 时，比例系数总小于 k。

表 7-1 列出了常见非线性特性的描述函数 $N(A)$ 以及相应的负倒特性曲线 $-1/N(A)$，以供分析非线性系统的稳定性和自振荡时参考。

表 7-1　常见非线性特性的描述函数及其负倒特性曲线

非线性类型	静特性曲线	描述函数 $N(A)$	负倒特性曲线 $-1/N(A)$
理想继电器特性	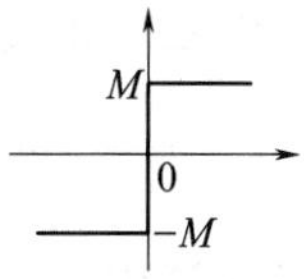 M, 0, $-M$	$\dfrac{4M}{\pi A}$	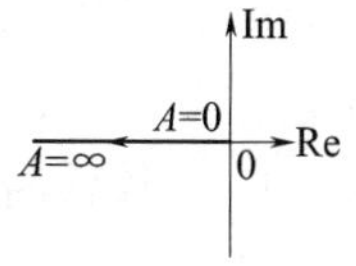 Im, Re, $A=0$, $A=\infty$, 0
死区继电器特性	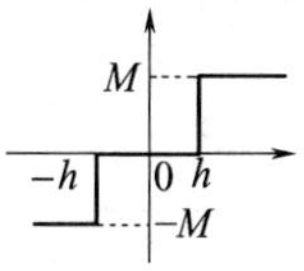 M, $-h$, 0, h, $-M$	$\dfrac{4M}{\pi A}\sqrt{1-\left(\dfrac{h}{A}\right)^2}\ (A\geqslant h)$	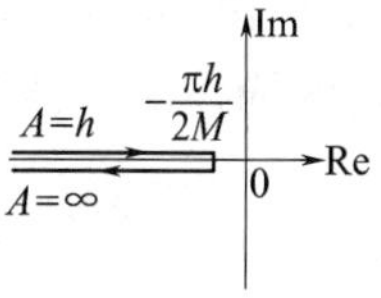 Im, Re, $A=h$, $-\dfrac{\pi h}{2M}$, $A=\infty$, 0
滞环继电器特性	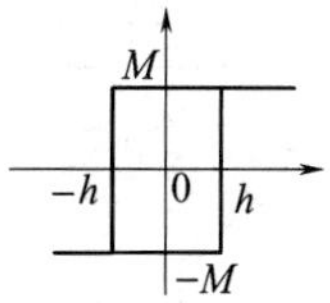 M, $-h$, 0, h, $-M$	$\dfrac{4M}{\pi A}\sqrt{1-\left(\dfrac{h}{A}\right)^2}-\mathrm{j}\dfrac{4Mh}{\pi A^2}(A\geqslant h)$	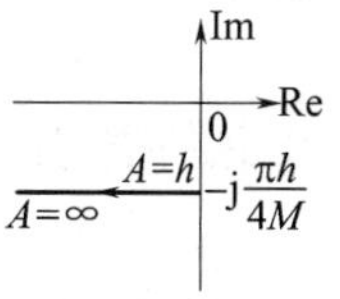 Im, Re, 0, $A=h$, $-\mathrm{j}\dfrac{\pi h}{4M}$, $A=\infty$
死区加滞环继电器特性	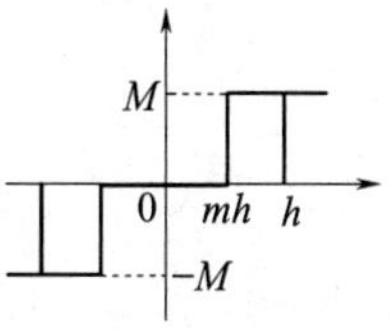 M, 0, mh, h, $-M$	$\dfrac{2M}{\pi A}\left[\sqrt{1-\left(\dfrac{mh}{A}\right)^2}+\sqrt{1-\left(\dfrac{h}{A}\right)^2}\right]+$ $\mathrm{j}\dfrac{2Mh}{\pi A^2}(m-1)(A\geqslant h)$	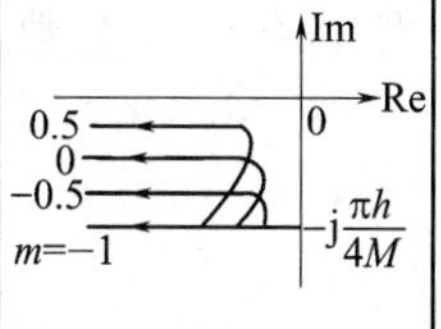 Im, Re, 0.5, 0, −0.5, $m=-1$, 0, $-\mathrm{j}\dfrac{\pi h}{4M}$
饱和特性	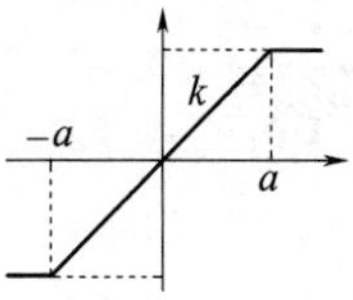 k, $-a$, a	$\dfrac{2k}{\pi}\left[\arcsin\dfrac{a}{A}+\dfrac{a}{A}\sqrt{1-\left(\dfrac{a}{A}\right)^2}\right](A\geqslant a)$	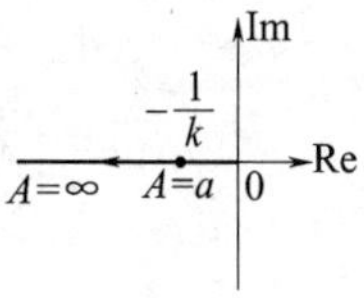 Im, Re, $-\dfrac{1}{k}$, $A=\infty$, $A=a$, 0
死区特性	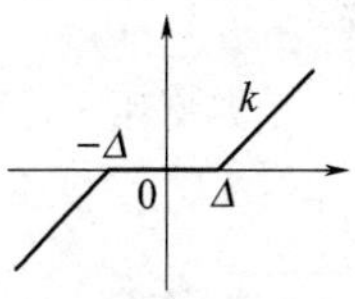 k, $-\Delta$, 0, Δ	$\dfrac{2k}{\pi}\left[\dfrac{\pi}{2}-\arcsin\dfrac{\Delta}{A}-\dfrac{\Delta}{A}\sqrt{1-\left(\dfrac{\Delta}{A}\right)^2}\right](A\geqslant\Delta)$	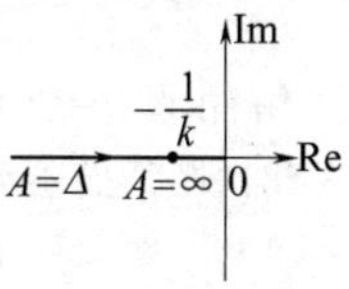 Im, Re, $-\dfrac{1}{k}$, $A=\Delta$, $A=\infty$, 0

（续）

非线性类型	静特性曲线	描述函数 $N(A)$	负倒特性曲线 $-1/N(A)$
间隙特性	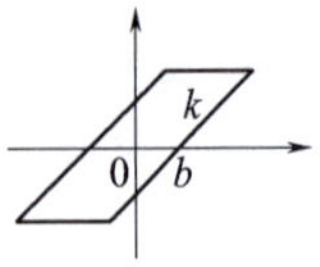	$\frac{k}{\pi}\left[\frac{\pi}{2}+\arcsin\left(1-\frac{2b}{A}\right)+2\left(1-\frac{2b}{A}\right)\sqrt{\frac{b}{A}\left(1-\frac{b}{A}\right)}\right]+\mathrm{j}\frac{4kb}{\pi A}\left(\frac{b}{A}-1\right)\ (A\geqslant b)$	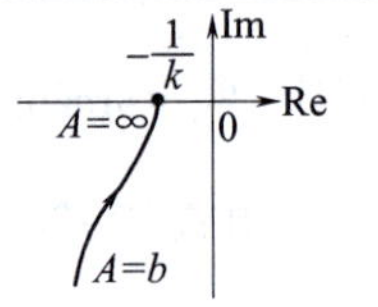
死区加饱和特性	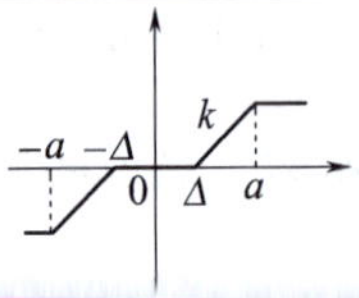	$\frac{2k}{\pi}\left[\arcsin\frac{a}{A}-\arcsin\frac{\Delta}{A}+\frac{a}{A}\sqrt{1-\left(\frac{a}{A}\right)^2}-\frac{\Delta}{A}\sqrt{1-\left(\frac{\Delta}{A}\right)^2}\right]\ (A\geqslant a)$	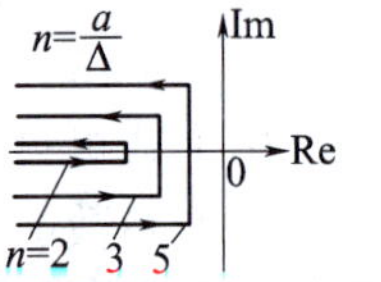

7.2.3 组合非线性特性的描述函数

以上介绍了描述函数的基本求法，对于复杂的非线性特性，完全可以利用同样方法求出其描述函数，但计算要复杂得多。此时也可以将复杂的非线性特性分解为若干个简单非线性特性的组合，即串并联，再由已知的这些简单非线性特性的描述函数求出复杂非线性特性的描述函数。

1. 非线性特性的并联计算

两个非线性环节并联，且其非线性特性都是单值函数，即它们的描述函数都是实数，如图 7-12所示。当输入为 $x(t)=A\sin\omega t$ 时，则两个环节输出的基波分量分别为输入信号乘以各自的描述函数，即

$$y_{11}(t)=N_1A\sin\omega t$$

$$y_{21}(t)=N_2A\sin\omega t$$

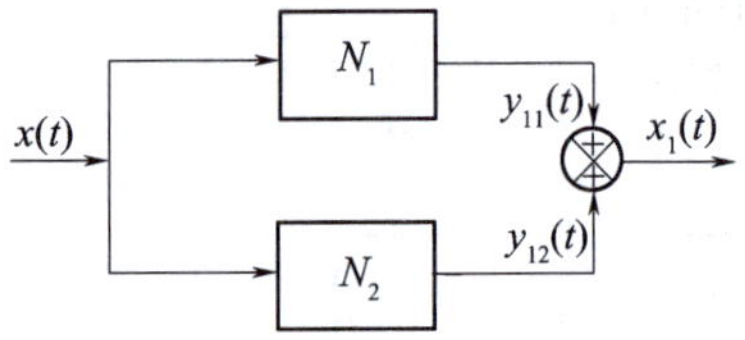

总的输出的基波分量为

$$y_1(t)=(N_1+N_2)A\sin\omega t$$

所以总的描述函数为

$$N=N_1+N_2 \tag{7-28}$$

图 7-12 两个非线性环节并联

由此可见，若干个非线性环节并联后的总的描述函数，等于各非线性环节描述函数之和。当 N_1 和 N_2 是复数时，该结论仍成立。

例 7-1 图 7-13 为一个具有死区的非线性环节，求描述函数 $N(A)$。

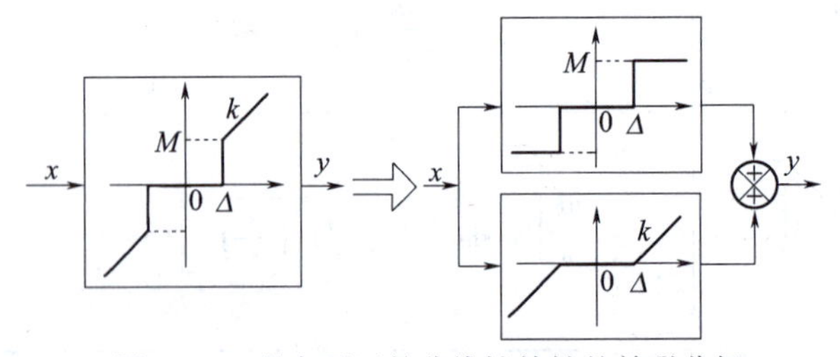

图 7-13 具有死区的非线性特性的并联分解

解：由图 7-13 可知，该死区非线性特性可分解为一个死区继电器特性和一个典型死区特性的并联，由式(7-28)，则其描述函数为

$$N(A)=\frac{4M}{\pi A}\sqrt{1-\left(\frac{\Delta}{A}\right)^2}+\frac{2k}{\pi}\left[\frac{\pi}{2}-\arcsin\frac{\Delta}{A}-\frac{\Delta}{A}\sqrt{1-\left(\frac{\Delta}{A}\right)^2}\right]=$$

$$k - \frac{2k}{\pi}\sin^{-1}\frac{\Delta}{A} + \frac{4M - 2k\Delta}{\pi A}\sqrt{1 - \left(\frac{\Delta}{A}\right)^2} \qquad (A \geqslant \Delta)$$

2. 非线性特性的串联计算

若两个非线性环节串联,如图 7-14 所示,其总的描述函数不等于两个非线性环节描述函数的乘积。必须首先求出这两个非线性环节串联后的等效非线性特性,然后根据等效的非线性特性求出总的描述函数。

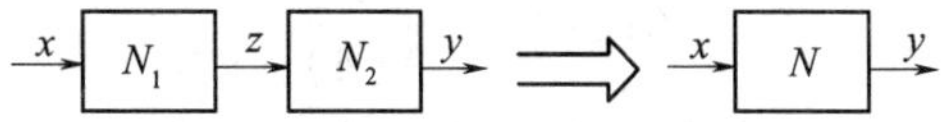

图 7-14　两个非线性环节串联

例 7-2　求图 7-15(a)所示两个非线性特性串联后的总的描述函数 $N(A)$。

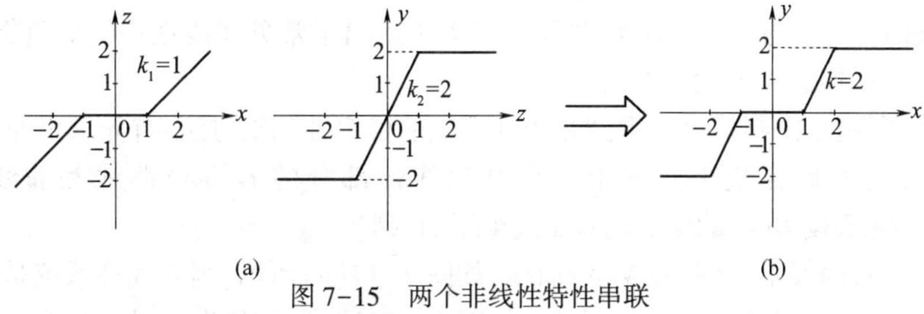

图 7-15　两个非线性特性串联

(a)非线性特性的串联;(b)串联等效后的非线性特性。

解:图 7-15(a)是一个死区特性和一个饱和特性相串联,根据各串联环节输入输出之间的关系,可以等效为一个死区加饱和的非线性特性,见图 7-15(b)。为求得这个等效非线性特性的描述函数,又可将其分解为两个具有完全相同的线性区斜率 $k=2$ 和不同死区宽度 $\Delta_1=1$ 及 $\Delta_2=2$ 的死区特性的并联相减。故总的描述函数为

$$N(A) = \frac{2k}{\pi}\left[\frac{\pi}{2} - \arcsin\frac{\Delta_1}{A} - \frac{\Delta_1}{A}\sqrt{1 - \left(\frac{\Delta_1}{A}\right)^2}\right] - \frac{2k}{\pi}\left[\frac{\pi}{2} - \arcsin\frac{\Delta_2}{A} - \frac{\Delta_2}{A}\sqrt{1 - \left(\frac{\Delta_2}{A}\right)^2}\right] =$$

$$\frac{4}{\pi}\left[\arcsin\frac{2}{A} - \arcsin\frac{1}{A} + \frac{2}{A}\sqrt{1 - \left(\frac{2}{A}\right)^2} - \frac{1}{A}\sqrt{1 - \left(\frac{1}{A}\right)^2}\right] \qquad (A \geqslant 2)$$

7.2.4　用描述函数法分析非线性系统

前面介绍了描述函数的定义及其求法。通过描述函数,一个非线性环节就可看作是一个线性环节,而非线性系统就近似成了线性系统,于是就可进一步应用线性系统的频率法对系统进行分析。这种利用描述函数对非线性系统进行分析的方法称为描述函数法。这种方法一般只能用于分析非线性系统的稳定性和自振荡。

1. 非线性系统的稳定性分析

假设非线性元件和系统满足描述函数法所要求的应用条件,则非线性环节可以用描述函数 $N(A)$来表示,而线性部分可用传递函数 $G(s)$或频率特性 $G(j\omega)$表示,如图 7-16 所示。

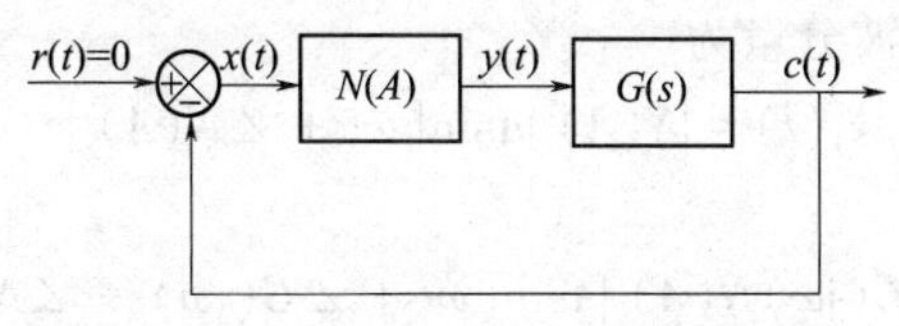

图 7-16　非线性系统典型结构图

由结构图可以得到线性化后的闭环系统的频率特性为

$$\Phi(\mathrm{j}\omega)=\frac{C(\mathrm{j}\omega)}{R(\mathrm{j}\omega)}=\frac{N(A)G(\mathrm{j}\omega)}{1+N(A)G(\mathrm{j}\omega)} \tag{7-29}$$

而闭环系统的特征方程为

$$1+N(A)G(\mathrm{j}\omega)=0 \tag{7-30}$$

或

$$G(\mathrm{j}\omega)=-\frac{1}{N(A)} \tag{7-31}$$

式中，$-1/N(A)$叫做非线性特性的描述函数负倒特性。对比在线性系统分析中，应用奈氏判据，当满足 $G(\mathrm{j}\omega)=-1$ 时，系统是临界稳定的，即系统是等幅振荡状态。显然，式(7-31)中的$-1/N(A)$相当于线性系统中的$(-1,\mathrm{j}0)$点。区别在于，线性系统的临界状态是$(-1,\mathrm{j}0)$点，而非线性系统的临界状态是$-1/N(A)$曲线。表 7-1 给出了常见非线性特性的负倒特性曲线，其中箭头方向表示幅值 A 增大的方向。

综上所述，利用奈氏判据可以得到非线性系统的稳定性判别方法：首先求出非线性环节的描述函数 $N(A)$，然后在极坐标图上分别画出线性部分的 $G(\mathrm{j}\omega)$ 曲线和非线性部分的$-1/N(A)$曲线，并假设 $G(s)$ 的极点均在 s 左半平面，则

(1) 若 $G(\mathrm{j}\omega)$ 曲线不包围$-1/N(A)$曲线，如图 7-17(a)所示，则非线性系统是稳定的。

(2) 若 $G(\mathrm{j}\omega)$ 曲线包围$-1/N(A)$曲线，如图 7-17(b)所示，则非线性系统是不稳定的。

(3) 若 $G(\mathrm{j}\omega)$ 曲线与$-1/N(A)$曲线相交，如图 7-17(c)所示，则在理论上将产生等幅振荡，或称为自振荡(self-oscillation)。

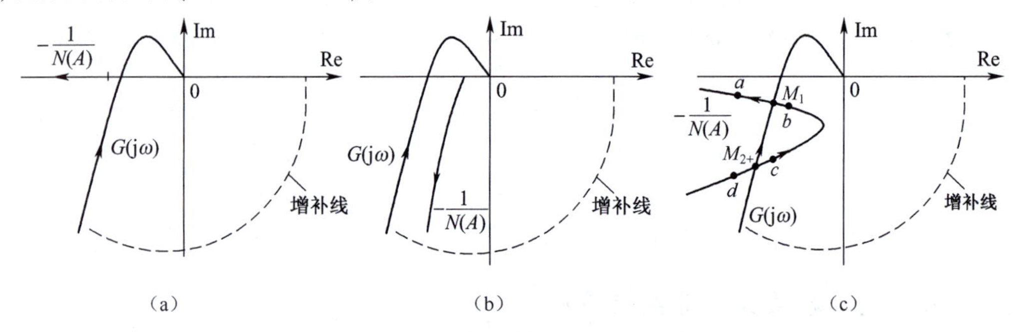

图 7-17　非线性系统的稳定性分析

2. 自振荡的分析与计算

前已述及，若 $G(\mathrm{j}\omega)$ 曲线与$-1/N(A)$曲线相交，则系统将产生自振荡。为对自振荡的产生过程有更深入的理解，下面从信号的角度进一步分析自振荡产生的条件。在图 7-16 所示的非线性系统中，若产生自振荡，则意味着系统中有一个正弦信号在流通，不妨设非线性环节的输入信号为

$$x(t)=A\sin\omega t$$

则非线性环节输出信号的基波分量为

$$y_1(t)=|N(A)|A\sin[\omega t+\angle N(A)]$$

而线性部分的输出信号为

$$c(t)=|G(\mathrm{j}\omega)N(A)|A\sin[\omega t+\angle G(\mathrm{j}\omega)+\angle N(A)]$$

根据系统中存在自振荡的假设，$r(t)=0$，故

$$x(t)=-c(t)$$

即

$$A\sin\omega t=-|G(\mathrm{j}\omega)N(A)|A\sin[\omega t+\angle G(\mathrm{j}\omega)+\angle N(A)]$$

所以

$$|G(\mathrm{j}\omega)N(A)|=1 \tag{7-32}$$

$$\angle G(\mathrm{j}\omega)+\angle N(A)=-\pi \tag{7-33}$$

以上两式就是系统产生自振荡的条件,这两个条件归纳起来也就是式(7-31)。

自振荡也存在一个稳定性问题,因此必须进一步研究自振荡的稳定性。若系统受到扰动作用偏离了原来的周期运动状态,当扰动消失后,系统能够重新收敛于原来的等幅振荡状态,称为稳定的自振荡;反之,称为不稳定的自振荡。判断自振荡的稳定性可以从上述定义出发,采用扰动分析的方法。以图 7-17(c)为例,$G(\mathrm{j}\omega)$与$-1/N(A)$曲线有两个交点 M_1 和 M_2,这说明系统中存在两个自振荡点。对于 M_1 点,若受到干扰使振幅 A 增大,则工作点将由 M_1 点移至 a 点。由于此时 a 点不被 $G(\mathrm{j}\omega)$ 曲线包围,系统稳定,振荡衰减,振幅 A 自动减小,工作点将沿$-1/N(A)$曲线又回到 M_1 点;反之亦然。所以 M_1 点是稳定的自振荡。同样的方法,可知 M_2 点是不稳定的自振荡。

按照下述准则来判断自振荡的稳定性是极为简便的:在复平面上自振荡点附近,当按幅值 A 增大的方向沿$-1/N(A)$曲线移动时,若系统从不稳定区进入稳定区,则该交点代表的是稳定的自振荡。反之,若沿$-1/N(A)$曲线振幅 A 增大的方向是从稳定区进入不稳定区,则该交点代表的是不稳定的自振荡。

对于稳定的自振荡,其振幅和频率是确定的,并可以测量得到的。计算时,振幅可由$-1/N(A)$曲线的自变量 A 的大小来确定,而振荡频率由 $G(\mathrm{j}\omega)$ 曲线的自变量 ω 来确定。对于不稳定的自振荡,由于实际系统不可避免地存在扰动,因此这种自振荡是不可能持续的,仅是理论上的临界周期运动,在实际系统中是测量不到的。值得注意的是,由前面推导自振荡产生的条件时可知,对于稳定的自振荡,计算所得到的振幅和频率是图 7-16 中非线性环节的输入信号 $x(t)=A\sin\omega t$ 的振幅和频率,而不是系统的输出信号 $c(t)$。

例 7-3 具有理想继电器特性的非线性系统如图 7-18(a)所示,试确定其自振荡的幅值和频率。

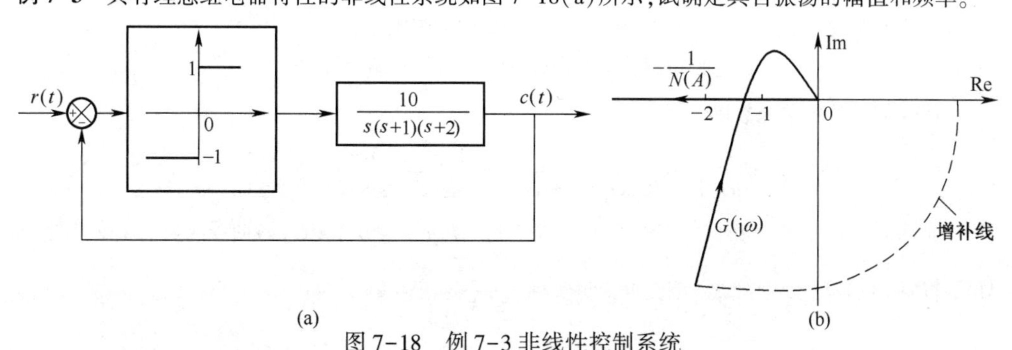

图 7-18 例 7-3 非线性控制系统

(a) 非线性系统的结构图;(b) $G(\mathrm{j}\omega)$和$-1/N(A)$曲线。

解:理想继电器特性的描述函数为

$$N(A)=\frac{4M}{\pi A}=\frac{4}{\pi A}$$

$$-\frac{1}{N(A)}=-\frac{\pi A}{4}$$

当 $A=0$ 时,$-1/N(A)=0$;当 $A=\infty$ 时,$-1/N(A)=-\infty$,因此$-1/N(A)$曲线就是整个负实轴。又由线性部分的

传递函数 $G(s)$ 可得

$$G(j\omega)=\frac{10}{j\omega(1+j\omega)(2+j\omega)}=\frac{10[-3\omega-j(2-\omega^2)]}{\omega(1+\omega^2)(4+\omega^2)}$$

由上式可以画出 $G(j\omega)$ 曲线,如图 7-18(b)所示。由图可知,两曲线有一个交点,且该点的自振荡是稳定的。

求 $G(j\omega)$ 与 $-1/N(A)$ 曲线的交点。令 $\mathrm{Im}G(j\omega)=0$,得 $2-\omega^2=0$,故交点处的 $\omega=1.414(\mathrm{rad/s})$。将 $\omega=1.414$ 代入 $G(j\omega)$ 的实部,得

$$\mathrm{Re}[G(j\omega)]_{\omega=1.414}=-1.66$$

所以

$$-\frac{1}{N(A)}=-\frac{\pi A}{4}=-1.66$$

由此求得自振荡的幅值 $A=2.1$,而振荡频率 $\omega=1.414(\mathrm{rad/s})$。

例 7-4 设控制系统的结构图如图 7-19(a)所示,图中死区继电器特性的参数 $h=1$、$M=3$。

(1) 计算自振荡的振幅和频率;

(2) 为消除自振荡,继电器特性参数应如何调整?

解:(1) 死区继电器特性的负倒描述函数为

$$-\frac{1}{N(A)}=-\frac{\pi A}{12\sqrt{1-\left(\frac{1}{A}\right)^2}}\qquad(A\geqslant 1)$$

当 $A=1$ 时,$-1/N(A)=-\infty$;当 $A=\infty$ 时,$-1/N(A)=-\infty$。其极值发生在 $A=\sqrt{2}$ 处,此时 $-1/N(A)=-\pi/6$。$-1/N(A)$ 曲线是负实轴上 $-\pi/6$ 至 $-\infty$ 这一段,为清楚起见在图上用两条直线来表示,如图 7-19(b)所示。

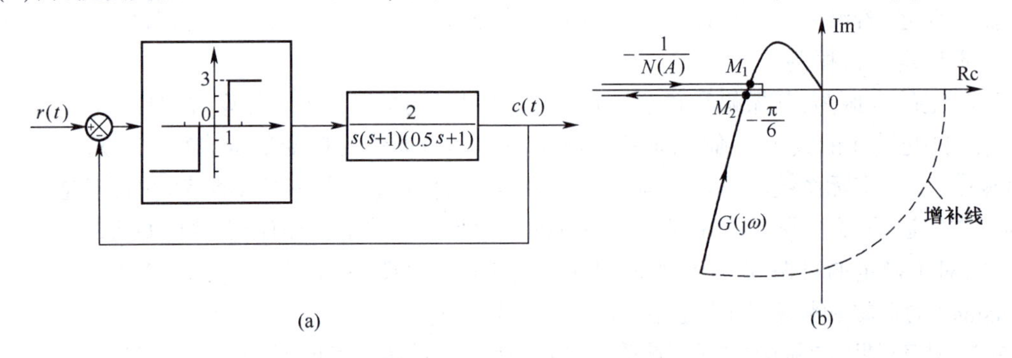

图 7-19　例 7-4 非线性控制系统

(a) 非线性系统结构图;(b) $G(j\omega)$ 和 $-1/N(A)$ 曲线。

由线性部分的传递函数得

$$G(j\omega)=\frac{2}{j\omega(1+j0.5\omega)(1+j\omega)}=\frac{2[-1.5\omega-j(1-0.5\omega^2)]}{\omega(1+\omega^2)(1+0.25\omega^2)}$$

由上式可以画出 $G(j\omega)$ 曲线,如图 7-19(b)所示。令 $\mathrm{Im}[G(j\omega)]=0$,得 $G(j\omega)$ 曲线与负实轴交点处的频率 $\omega=1.414$。将 $\omega=1.414$ 代入实部,得该交点为负实轴上 $-\frac{2}{3}$ 这点。令

$$-\frac{\pi A}{12\sqrt{1-\left(\frac{1}{A}\right)^2}}=-\frac{2}{3}$$

解得 $A_1=1.11$,$A_2=2.3$。不难看出,$A_2=2.3$ 为稳定自振荡的幅值。因此,系统实际存在的自振荡幅值 $A=2.3$,频率 $\omega=1.414(\mathrm{rad/s})$。

(2) 为使系统不产生自振荡,可通过调整继电器特性的死区参数来实现。此时,应使 $-1/N(A)$ 的极值小于 $G(j\omega)$ 曲线与负实轴的交点坐标,即

$$-\frac{\pi}{2\beta}<-\frac{2}{3}\qquad\left(\beta=\frac{M}{h}\right)$$

由此可得

$$\beta<2.36$$

若取 $\beta=2$，即调整 $h=1.5$，则 $-1/N(A)$ 的极值为 $-\pi/4=-0.785$。显然，这时两条曲线不相交，从而保证系统不产生自振荡。同理，也可以在不改变继电器特性参数的情况下，通过减小 $G(\mathrm{j}\omega)$ 的传递系数，使 $G(\mathrm{j}\omega)$ 曲线与负实轴的交点右移，使系统减小或消除自振荡。

7.3 相平面法

相平面法(phase plane method)是庞加莱(Poincare)于 1885 年首先提出的，它是一种求解二阶微分方程的图解法。相平面法又是一种时域分析法，它不仅能分析系统的稳定性和自振荡，而且能给出系统运动轨迹的清晰图像。这种方法一般适用于系统的线性部分为一阶或二阶的情况。

7.3.1 相平面法的基本概念

设一个二阶系统可以用下列常微分方程来描述：

$$\frac{\mathrm{d}^2x}{\mathrm{d}t^2}+a_1\left(x,\frac{\mathrm{d}x}{\mathrm{d}t}\right)\frac{\mathrm{d}x}{\mathrm{d}t}+a_0\left(x,\frac{\mathrm{d}x}{\mathrm{d}t}\right)x=0 \tag{7-34}$$

上式又可表示成

$$\ddot{x}=f(x,\dot{x}) \tag{7-35}$$

若令 $x=x_1$，$\dot{x}=x_2$，则式(7-35)又可以改写成两个一阶微分的联立方程

$$\begin{cases}\dfrac{\mathrm{d}x_1}{\mathrm{d}t}=x_2\\[2ex]\dfrac{\mathrm{d}x_2}{\mathrm{d}t}=f(x_1,x_2)\end{cases} \tag{7-36}$$

用第一个方程除第二个方程，可得

$$\frac{\mathrm{d}x_2}{\mathrm{d}x_1}=\frac{f(x_1,x_2)}{x_2} \tag{7-37}$$

这是一个以 x_1 为自变量，以 x_2 为因变量的一阶微分方程。因此对方程(7-35)的研究，可以用研究方程(7-37)来代替，即方程(7-35)的解既可用 x 与 t 的关系来表示，也可用 x_2 与 x_1 的关系来表示。实际上，如果把方程(7-35)看作一个质点的运动方程，则 $x_1(t)$ 代表质点的位置，$x_2(t)$ 代表质点的速度。用 x_1、x_2 描述方程(7-35)的解，也就是用质点的状态来表示该质点的运动。在物理学中，状态又称为相。因此，把由 x_1-x_2 即($x-\dot{x}$)所组成的平面坐标系称为相平面，系统的一个状态则对应于相平面上的一个点。当 t 变化时，系统状态在相平面上移动的轨迹称为相轨迹，如图 7-20 所示。而与不同初始状态对应的一簇相轨迹所组成的图叫做相平面图。利用相平面图分析系统性能的方法称为相平面法。

7.3.2 相平面图的绘制

绘制相平面图可以用解析法、图解法和实验法。

1. 解析法

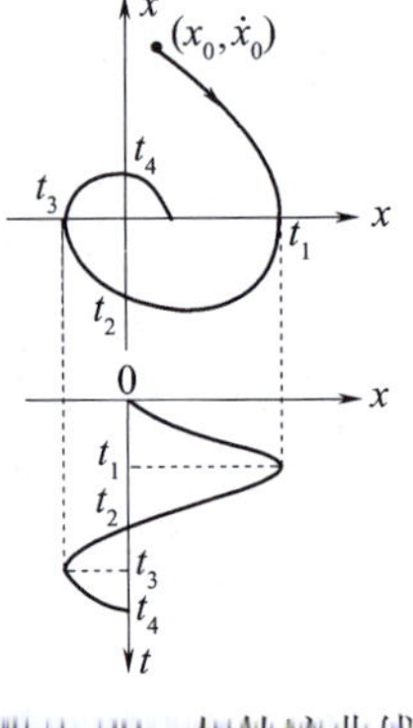

图 7-20　相轨迹曲线
及 $x(t)$ 曲线

解析法一般用于系统的微分方程比较简单或可以分段线性化的方程。应用解析法求取相轨迹方程时一般有两种方法：一种是对式(7-37)直接进行积分。显然，这只有在上述方程可以进行积分时才能运用。另一种方法是先求出 x 和 $\dot{x}$ 对 t 的函数关系，然后消去 t，从而求得相轨迹方程。下面举例加以说明。

例 7-5　二阶线性系统当 $\zeta=0$ 时的微分方程式为

$$\ddot{x}+\omega_n^2 x=0 \tag{7-38}$$

根据式(7-37)，上式又可以化成

$$\frac{d\dot{x}}{dx}=-\frac{\omega_n^2 x}{\dot{x}} \tag{7-39}$$

对式(7-39)进行积分，便得相轨迹方程

$$x^2+\frac{\dot{x}^2}{\omega_n^2}=A^2 \tag{7-40}$$

式中，$A=\sqrt{\dot{x}_0^2/\omega_n^2+x_0^2}$，是由初始条件 x_0、$\dot{x}_0$决定的常数。当 x_0、$\dot{x}_0$取不同值时，式(7-40)在相平面上表示一簇同心的椭圆，如图 7-21(a)所示。而图 7-21(b)则是用 x 与 t 的关系表示的方程(7-40)的解。显然，两者所反映的系统的状态是相同的。所以，完全可以用相轨迹来表示系统的动态过程。

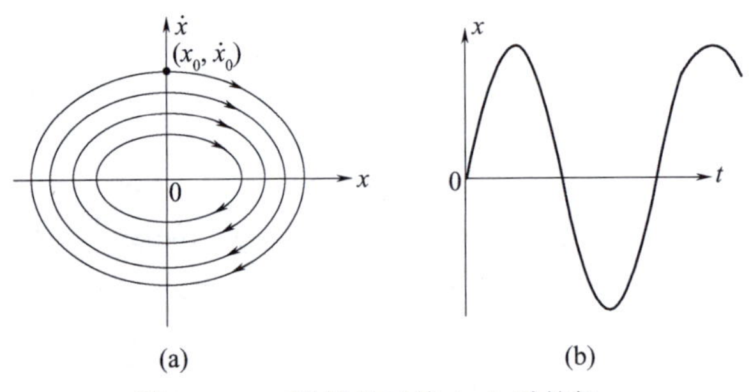

图 7-21　二阶线性系统 $\zeta=0$ 时的解

(a) $\zeta=0$ 的相轨迹；(b) $\zeta=0$ 的 $x(t)$ 曲线。

2. 图解法

目前比较常用的图解法有两种：等倾线法和 δ 法。下面介绍等倾线法。等倾线法的基本思想是采用直线近似。如果能用简便的方法确定出相平面中任意一点相轨迹的斜率，则该点附近的相轨迹便可用过该点的相轨迹切线来近似。

设系统的微分方程式为

$$\frac{d\dot{x}}{dx}=\frac{f(x,\dot{x})}{\dot{x}}$$

式中，$d\dot{x}/dx$ 表示相平面上相轨迹的斜率。若取斜率为常数，则上式可改写成

$$\alpha=\frac{f(x,\dot{x})}{\dot{x}} \tag{7-41}$$

式(7-41)为等倾线方程(isocline equation)。对于相平面上满足上式的各点，经过它们的相轨迹的斜率都等于 a。若将这些具有相同斜率的点连成一线，则此线称为相轨迹的等倾线。给定不同的 a 值，则可在相平面上画出相应的等倾线。利用等倾线法绘制相轨迹的一般步骤如下：

（1）首先根据式(7-41)求系统的等倾线方程。

（2）根据等倾线方程在相平面上画出等倾线分布图;在等倾线上各点处作斜率为 a 的短直线,则构成相轨迹的切线方向场。

（3）利用等倾线分布图绘制相轨迹。即从由初始条件确定的点出发,近似地用直线段画出到相邻一条等倾线之间的相轨迹。该直线段的斜率为相邻两条等倾线斜率的平均值。这条直线段与相邻等倾线的交点,就是画下一段相轨迹的起始点。如此继续做下去,即可绘出整个相轨迹曲线。

例 7-6 二阶线性系统的微分方程式为

$$\ddot{x} + 2\zeta\omega_n\dot{x} + \omega_n^2 x = 0$$

试用等倾线法绘制其相轨迹。

解:由微分方程式可得

$$\ddot{x} = f(x,\dot{x}) = -2\zeta\omega_n\dot{x} - \omega_n^2 x$$

故按式(7-41)的等倾线方程为

$$\alpha = \frac{-2\zeta\omega_n\dot{x} - \omega_n^2 x}{\dot{x}}$$

或

$$\frac{\dot{x}}{x} = -\frac{\omega_n^2}{\alpha + 2\zeta\omega_n}$$

所以等倾线是过相平面原点的一些直线。当 $\zeta=0.5$、$\omega_n=1$ 时的等倾线分布图如图 7-22 所示。

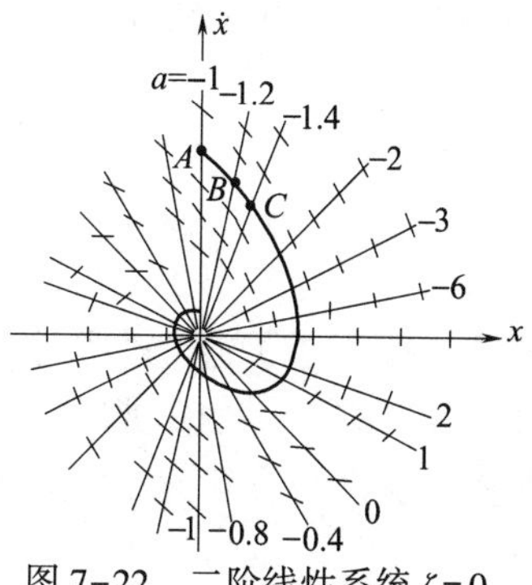

图 7-22 二阶线性系统 $\zeta=0$, $\omega_n=1$ 时的相轨迹

假设由初始条件确定的点为图中的 A 点,则过 A 点作斜率为 $[(-1)+(-1.2)]/2=-1.1$ 的直线,与 $a=-1.2$ 的等倾线交于 B 点。再过 B 点作斜率为 $[(-1.2)+(-1.4)]/2=-1.3$ 的直线,与 $a=-1.4$ 的等倾线交于 C 点。如此依次作出各等倾线间的相轨迹线段,最后即得系统近似的相轨迹。

使用等倾线法绘制相轨迹应注意以下几点。

（1）横坐标与纵坐标轴应选相同的比例尺,以便于根据等倾线斜率准确绘制等倾线上一点的相轨迹切线。

（2）在相平面的上半平面,由于 $\dot{x}>0$,则 x 随 t 增大而增加,相轨迹的走向应是由左向右;在相平面的下半平面,由于 $\dot{x}<0$,则 x 随 t 增大而减小,相轨迹的走向应是由右向左;总之,相轨迹上的箭头方向总是按顺时针方向。

（3）除平衡点($\mathrm{d}\dot{x}/\mathrm{d}x=0/0$)外,相轨迹与 x 轴的相交处切线斜率应为 $+\infty$ 或 $-\infty$,即相轨迹与 x 轴垂直相交。

（4）等倾线法的准确度,取决于等倾线的分布密度。为保证一定的绘制准确度,一般取等倾线的间隔以 5°~10°为宜。

（5）对于线性系统,等倾线是简单的直线。对于非线性系统,等倾线不再是简单的直线而是曲线。

3. 实验法

对一个实际的系统,如果把 x 和 $\dot{x}$ 直接测量出来,并分别送入一个示波器的水平和垂直信号的输入端,便可在示波器上直接显示出系统的相轨迹曲线,还可以通过 X-Y 记录仪记录下来。用实验的方法,不仅可以求得一条相轨迹,并且也可以多次地改变初始条件而获得一系列的相轨迹,从而得到完整的相平面图。这对于非线性系统的分析和研究是极为方便的。

7.3.3 线性系统的相平面图

线性系统是非线性系统的特例,对于许多非线性一阶和二阶系统(系统中所含非线性环节可用分段折线表示),常可以分成多个区间进行研究,而在各个区间内,非线性系统运动特性可用线性微分方程描述;此外,对于非线性微分方程,为研究各平衡状态附近的运动特性,可在平衡点附近作增量线性化处理,即对非线性微分方程两端的各非线性函数作泰勒展开,并取一次项近似,获得平衡点处的增量线性微分方程。因此,研究线性一阶、二阶系统的相轨迹及其特点是十分必要的。下面研究线性一阶、二阶系统自由运动的相轨迹,所得结论可作为非线性一阶、二阶系统相平面分析的基础。

1. 线性一阶系统

描述线性一阶系统自由运动的微分方程为

$$T\dot{x} + x = 0$$

相轨迹方程为

$$\dot{x} = -\frac{1}{T}x \tag{7-42}$$

相轨迹是位于过原点,斜率为$-1/T$的直线。当$T>0$时,相轨迹沿该直线收敛于原点;当$T<0$时,相轨迹沿该直线发散至无穷,相轨迹如图7-23所示。

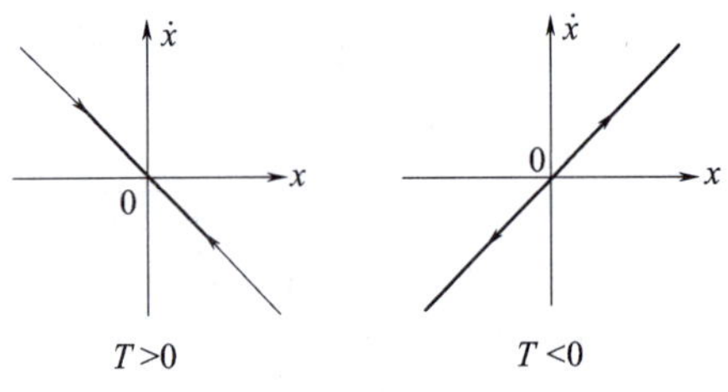

图7-23 线性一阶系统的相轨迹

2. 线性二阶系统

描述线性二阶系统自由运动的微分方程为

$$\ddot{x} + b\dot{x} + cx = 0 \tag{7-43}$$

当$c>0$时,上述微分方程又可以表示为

$$\ddot{x} + 2\zeta\omega_n\dot{x} + \omega_n^2 x = 0 \tag{7-44}$$

线性二阶系统的特征根

$$s_1 = \frac{-b + \sqrt{b^2 - 4c}}{2}, s_2 = \frac{-b - \sqrt{b^2 - 4c}}{2} \tag{7-45}$$

相轨迹方程为

$$\frac{d\dot{x}}{dx} = \frac{-b\dot{x} - cx}{\dot{x}} \tag{7-46}$$

令$\dfrac{-b\dot{x}-cx}{\dot{x}}=a$,可得等倾线方程为

$$\dot{x} = -\frac{c}{a+b}x = kx \tag{7-47}$$

式中,k为等倾线的斜率。当$b^2-4c>0$,且$c\neq0$时,可得满足$k=a$的两条特殊的等倾线,其斜率为

$$k_{1,2} = a_{1,2} = s_{1,2} = \frac{-b \pm \sqrt{b^2 - 4c}}{2} \tag{7-48}$$

该式表明,特殊的等倾线的斜率等于该等倾线上相轨迹任一点的切线斜率,即当相轨迹运动至特殊的等倾线上时,将沿着等倾线收敛或发散,而不可能脱离该等倾线。

(1) $c<0$。系统特征根 s_1, s_2 为两个符号相反的互异实根，$s_1>0, s_2<0$，系统相平面图如图 7-24所示。

由图可见，图中两条特殊的等倾线是相轨迹，也是其他相轨迹的渐近线，此外作为相平面的分隔线，还将相平面划分为 4 个具有不同运动状态的区域。因此，$c<0$ 时，线性二阶系统的运动是不稳定的。

(2) $c=0$。系统特征根 $s_1=0, s_2=-b$，相轨迹方程为

$$\frac{\mathrm{d}\dot{x}}{\mathrm{d}x}=-b \tag{7-49}$$

运用积分法求得相轨迹方程

$$\dot{x}-\dot{x}_0=-b(x-x_0) \tag{7-50}$$

相平面图见图 7-25，相轨迹为过初始点$(x_0, \dot{x}_0)$，斜率为$-b$ 的直线。当 $b>0$ 时，相轨迹收敛并最终停止在轴上；当 $b<0$ 时，相轨迹发散至无穷。

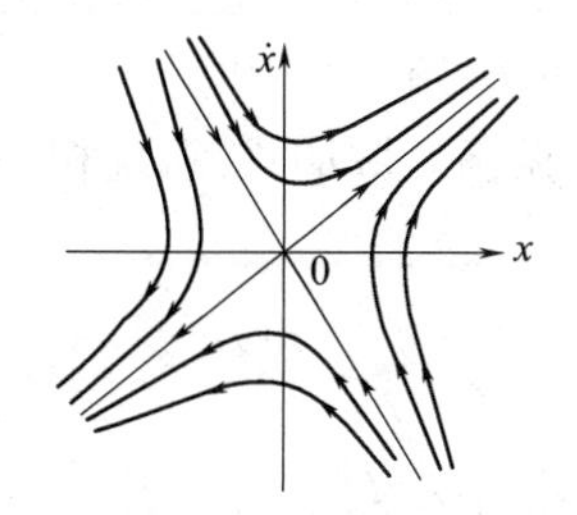

图 7-24 $c<0$ 时线性二阶系统的相平面图

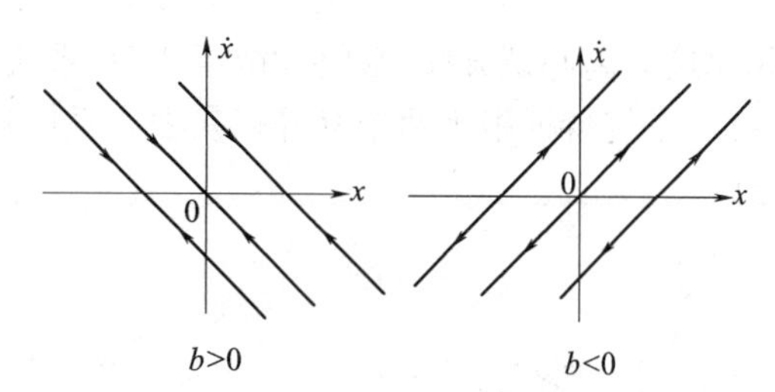

图 7-25 $c=0$ 时线性二阶系统的相平面图

(3) $c>0$，并分以下几种情况加以讨论。

① $0<\zeta<1$。系统特征根为一对具有负实部的共轭复数根。由时域分析结果知，系统的零输入响应为衰减振荡形式。相轨迹为向心螺旋线，最终趋于原点(参阅例 7-6)，系统相平面图见图 7-26。

② $\zeta>1$。系统特征根为两个互异负实根，系统的零输入响应为单调形式，存在两条特殊的等倾线，其斜率分别为

$$s_1=-\zeta\omega_n+\omega_n\sqrt{\zeta^2-1}, s_2=-\zeta\omega_n-\omega_n\sqrt{\zeta^2-1}$$

系统相平面图见图 7-27。当初始点落在 $\dot{x}=s_1x$ 或 $\dot{x}=s_2x$ 直线上时，相轨迹沿着该直线趋于原点；除此之外，相轨迹最终沿着 $\dot{x}=s_1x$ 的方向收敛至原点。

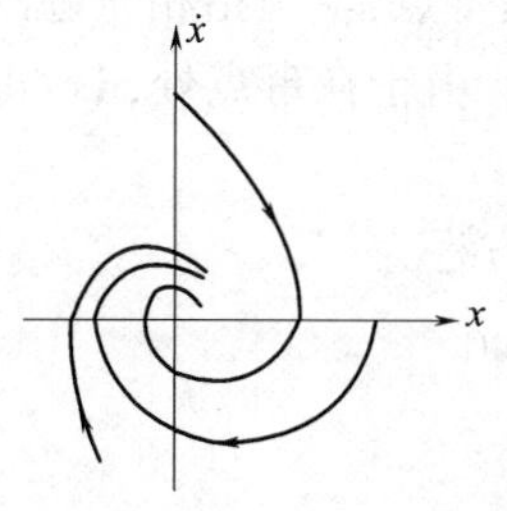

图 7-26 $0<\zeta<1$ 时二阶线性系统的相平面图

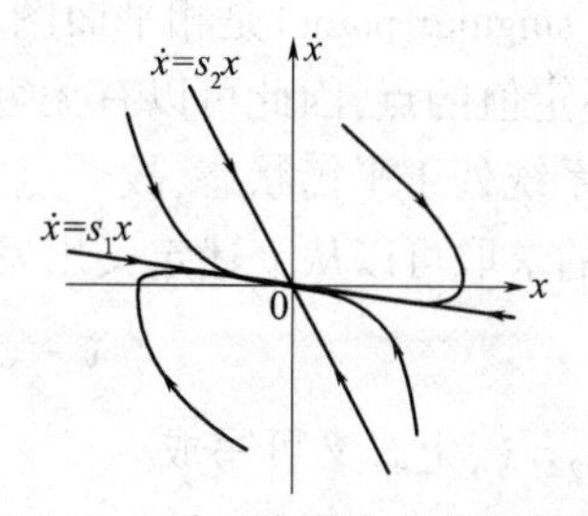

图 7-27 $\zeta>1$ 时二阶线性系统的相平面图

③ $\zeta=1$。系统特征根为两个相等的负实根。与 $\zeta>1$ 相比，相轨迹的渐近线即特殊等倾线

蜕化为一条,不同初始条件的相轨迹归结将沿着这条特殊的等倾线趋于原点,系统相平面图见图 7-28。

④ $\zeta=0$。系统特征根为一对纯虚根。系统的自由运动为等幅正弦振荡。给定初始点,系统的相平面图为围绕坐标原点的一簇椭圆(参阅例 7-1),系统相平面图见图 7-29。

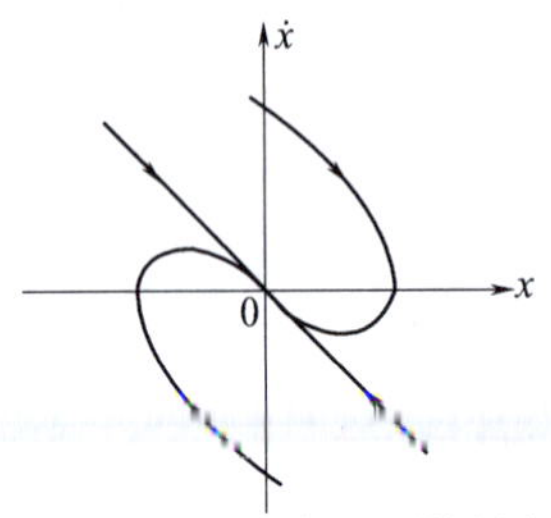

图 7-28　$\zeta=1$ 时二阶线性系统的相平面图

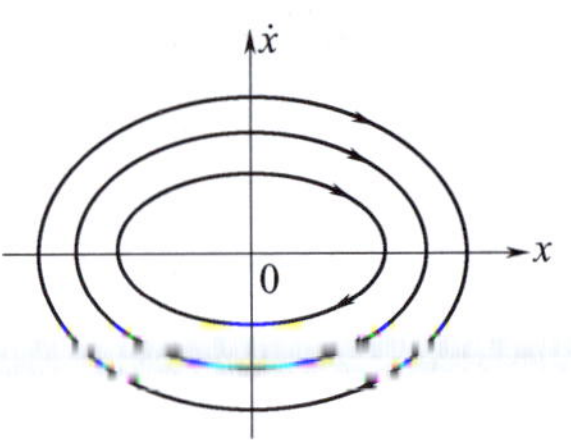

图 7-29　$\zeta=0$ 时二阶线性系统的相平面图

⑤ $-1<\zeta<0$。系统特征根为一对具有正实部的共轭复数根。系统自由运动呈发散振荡形式。系统相轨迹为离心螺旋线,最终发散至无穷,系统相平面图见图 7-30。

⑥ $\zeta<-1$。系统特征根为两个互异正实根。系统自由运动呈非振荡发散形式,系统相平面图见图 7-31。

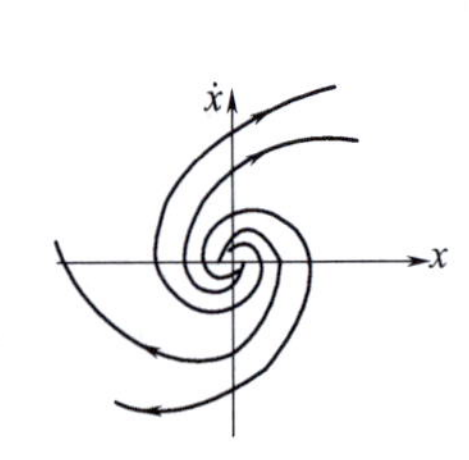

图 7-30　$-1<\zeta<0$ 时二阶线性系统的相平面图

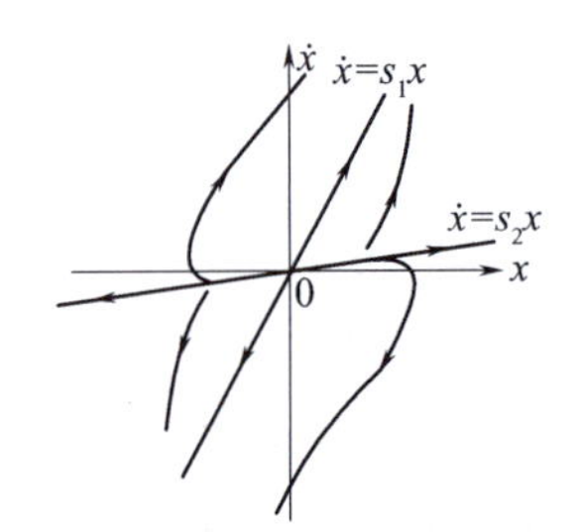

图 7-31　$\zeta<-1$ 时二阶线性系统的相平面图

7.3.4　奇点和奇线

前面讨论了相平面法的基本概念以及相平面图的绘制方法。引入相平面图的概念,不仅是求取相轨迹,而是要通过对相平面的研究,确定系统所有可能的运动状态及性能。因此需要进一步研究相平面图的基本特征,从而找出相平面图与系统的运动状态和性能之间的关系。系统的相平面图有以下两个基本特征。

1. 奇点

奇点(singular point)是相平面图上的一类特殊点。所谓奇点,就是指相轨迹的斜率 $\mathrm{d}\dot{x}/\mathrm{d}x=0/0$ 为不定值的点,因此可以有无穷多条相轨迹经过该点。由于在奇点处,$\mathrm{d}\dot{x}/\mathrm{d}t=0$,$\mathrm{d}x/\mathrm{d}t=0$,这表示系统处于平衡状态,故奇点亦称为平衡点。

奇点的求取可以从上述定义出发。设二阶系统的微分方程为

$$\ddot{x}+a_1(x,\dot{x})\dot{x}+a_0(x,\dot{x})x=0$$

令 $x_1=x$,$x_2=\dot{x}$,上式又可写成

$$\begin{cases}\dot{x}_1=x_2\\ \dot{x}_2=-a_1(x_1,x_2)x_2-a_0(x_1,x_2)x_1\end{cases}\tag{7-51}$$

对于一般情况，系统方程可写成如下形式：

$$
\begin{cases} \dot{x}_1 = x_2 \\ \dot{x}_2 = Q(x_1, x_2) \end{cases} \tag{7-52}
$$

式中，Q 为 x_1，x_2的解析函数。对于非线性系统，它们是 x_1和 x_2的非线性函数。在奇点处

$$
\begin{cases} x_2 = 0 \\ Q(x_1, x_2) = 0 \end{cases} \tag{7-53}
$$

由式(7-53)即可求出系统奇点的坐标(x_{10}，x_{20})。一般来说，对一个系统，奇点可能是一个，也可能是一个以上。

奇点的分类是根据奇点附近相轨迹的特征来进行的，由于此时是研究奇点附近系统的运动状态，因此可以用小偏差理论。将式(7-52)在奇点(x_{10}，x_{20})附近展开成泰勒级数：

$$
Q(x_1, x_2) = Q(x_{10}, x_{20}) + \left.\frac{\partial Q}{\partial x_1}\right|_{(x_{10}, x_{20})} (x_1 - x_{10}) + \left.\frac{\partial Q}{\partial x_2}\right|_{(x_{10}, x_{20})} (x_2 - x_{20}) + \cdots \tag{7-54}
$$

对上式取一次近似，同时考虑到 $Q(x_{10}, x_{20}) = 0$，故得线性化方程组

$$
Q(x_1, x_2) = \left.\frac{\partial Q}{\partial x_1}\right|_{(x_{10}, x_{20})} (x_1 - x_{10}) + \left.\frac{\partial Q}{\partial x_2}\right|_{(x_{10}, x_{20})} (x_2 - x_{20}) \tag{7-55}
$$

为讨论简便起见，设奇点就在坐标原点，即 $x_{10} = x_{20} = 0$；并令

$$
\left.\frac{\partial Q}{\partial x_1}\right|_{(x_{10}, x_{20})} = c, \quad \left.\frac{\partial Q}{\partial x_2}\right|_{(x_{10}, x_{20})} = d
$$

则式(7-52)可写成

$$
\begin{cases} \dot{x}_1 = x_2 \\ \dot{x}_2 = cx_1 + dx_2 \end{cases}
$$

消去 x_2，得

$$
\ddot{x}_1 - d\dot{x}_1 - cx_1 = 0
$$

或

$$
\ddot{x} - d\dot{x} - cx = 0 \tag{7-56}
$$

式(7-56)为系统在奇点附近的线性化方程，而系统在奇点附近的运动状态就由上式的两个特征根决定。根据式(7-56)的特征根的分布情况，系统相应有 6 种奇点：稳定节点、不稳定节点、稳定焦点、不稳定焦点、鞍点和中心点，相应的相平面图如表 7-2 所示。

表 7-2　奇点的种类

奇点类型	特征根分布	相 平 面 图	特　点
稳定节点	$j\omega$ [s] σ 0	$\dot{x}=s_2x$ $\dot{x}$ $\dot{x}=s_1x$ x 0	相轨迹是一簇趋向原点的抛物线。 系统在奇点附近是稳定的

（续）

奇点类型	特征根分布	相平面图	特点
不稳定节点	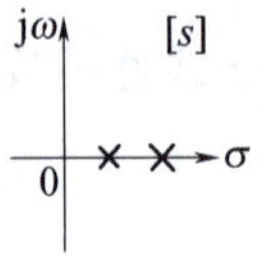	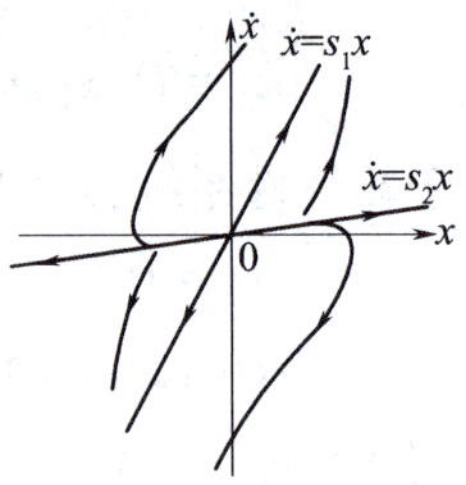	相轨迹是由原点出发的一簇发散型抛物线。 系统在奇点附近是不稳定的
稳定焦点	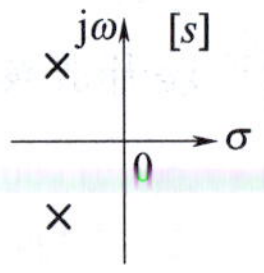	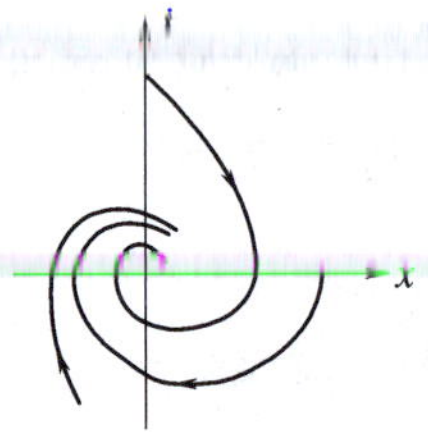	相轨迹是收敛于原点的一簇螺旋线。 系统在奇点附近是稳定的
不稳定焦点	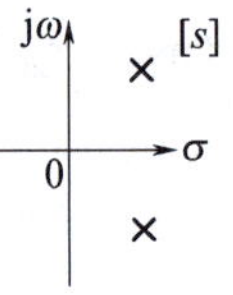	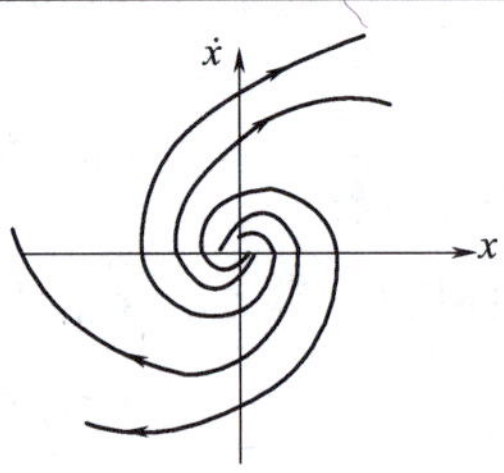	相轨迹为一簇从原点发散的螺旋线。 系统在奇点附近是不稳定的
鞍点	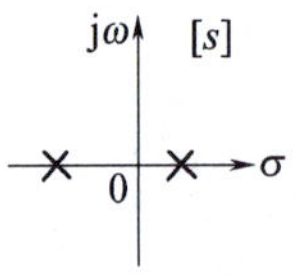	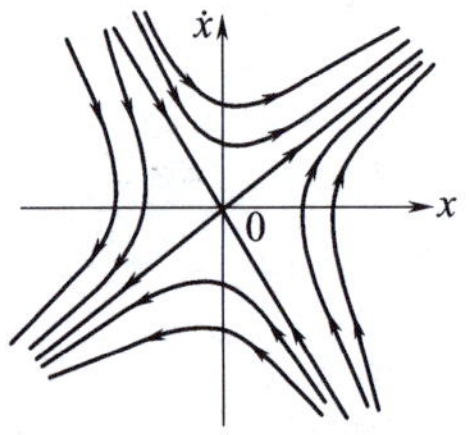	系统在奇点附近是不稳定的
中心点	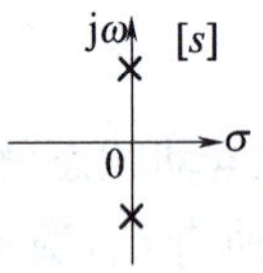	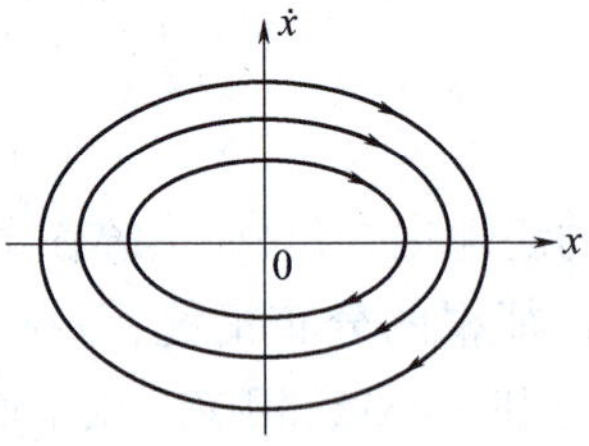	相轨迹是一簇同心的椭圆曲线。 系统在奇点附近可能稳定，可能不稳定，与忽略掉的高次项有关系

例 7-7 试绘制由下列方程描述的非线性系统的相平面图：

$$\ddot{x} + 0.5\dot{x} + 2x + x^2 = 0$$

解：(1) 确定奇点。令 $x_1 = x, x_2 = \dot{x}$，则系统的方程又可写成

$$\begin{cases} \dot{x}_1 = x_2 \\ \dot{x}_2 = -0.5x_2 - 2x_1 - x_1^2 \end{cases}$$

根据奇点的定义，得

$$\begin{cases} x_2 = 0 \\ -0.5x_2 - 2x_1 - x_1^2 = 0 \end{cases}$$

解得

$$\begin{cases}x_1 = x = 0\\ x_2 = \dot{x} = 0\end{cases},\quad \begin{cases}x_1 = x = -2\\ x_2 = \dot{x} = 0\end{cases}$$

即系统有两个奇点(0,0),(-2,0)。

(2) 确定奇点的类型。在奇点(0,0)附近,由式(7-56)可得系统的线性化方程为

$$\ddot{x} + 0.5\dot{x} + 2x = 0$$

它的两个特征根为-0.25 ±j1.39,故该奇点是稳定焦点。

在奇点(-2,0)附近,由于该奇点不在坐标原点,故式(7-56)不能直接应用。先进行坐标变换,令 $y=x+2$,则此时系统的线性化方程为

$$\ddot{y} + 0.5\dot{y} - 2y = 0$$

它有两个特征根 1.19 和-1.69,因此这个奇点为鞍点。利用等倾线法,可作出系统的相平面图如图 7-32 所示。由图可知,通过鞍点(-2,0)的一条相轨迹,将相平面分成了两个不同的区域。故这条特殊的相轨迹又称为分隔线。

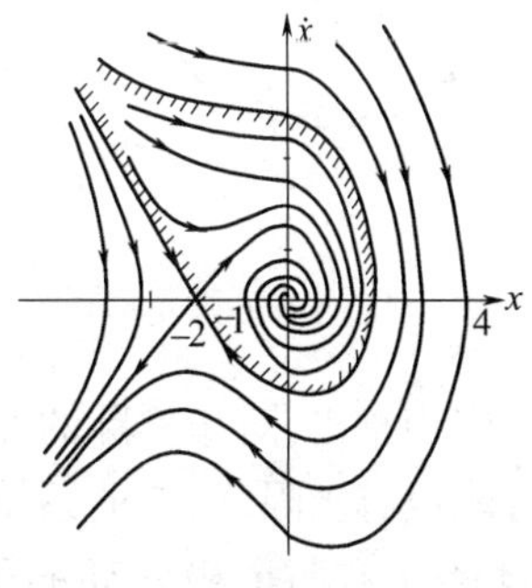

图 7-32　例 7-7 系统的相平面图

显然,根据奇点的性质,即可知道系统所有可能的运动状态:假如初始条件所决定的初始状态在分隔线里面的区域时,则相轨迹将趋于原点,系统是稳定的。如果初始状态在该区域之外,则相轨迹将趋于无穷远,系统是不稳定的。由此可见,该非线性系统的运动状态和性能与初始条件有关。

若$f(x,\dot{x})$不解析,例如非线性系统中含有用折线表示的常见非线性因素,可以根据非线性特性,将相平面划分为若干个区域,在各个区域,非线性方程中$f(x,\dot{x})$或满足解析条件或可直接表示为线性微分方程。当非线性方程在某个区域可以表示为线性微分方程时,则奇点类型决定该区域系统运动的形式。若对应的奇点位于本区域内,则称为实奇点;若对应的奇点位于其他区域,则称为虚奇点。

2. 奇线

奇线是相平面图中具有不同性质的相轨迹的分界线。通常见到的奇线有两种:分隔线(line between)和极限环(limit cycle)。关于分隔线在上面的例题中已经讨论过,下面着重研究极限环。

相平面图上孤立的封闭相轨迹,而其附近的相轨迹都趋向或发散于这个封闭的相轨迹,这样的相轨迹曲线称为极限环。在描述函数中所讨论的非线性系统的自振荡状态,反映在相平面图上,就是一个极限环。根据极限环的稳定性,极限环又分为三类。

1) 稳定极限环

若极限环两侧的相轨迹都趋向于该环,这种极限环称为稳定极限环,如图 7-33(a)所示。从系统的运动状态来看,这种稳定极限环表示系统具有固定周期和幅值的稳定振荡状态,即自振荡。从相平面图上看,稳定极限环把相平面图划分成两个区域。由于在极限环内部的相轨迹随时间的增加是发散的,故内部区域为不稳定区。而在极限环外部的相轨迹随时间的增加收敛于这个极限环,因此外部区域为稳定区。通常在设计系统时,应尽量减小这种极限环,以满足对稳态误差的要求。

2) 不稳定极限环

若极限环两侧的相轨迹从极限环发散,这种极限环称为不稳定极限环,如图 7-33(b)所示。系统的运动状态与初始条件有关,若初始状态在环内,则系统状态将趋于平衡点(坐标原

点);反之,系统状态将远离平衡点。所以具有不稳定极限环的系统,其平衡状态是小范围稳定的,大范围是不稳定的。通常在设计系统时,应尽量增大极限环。

3) 半稳定极限环

如果两侧的相轨迹,其中一侧离开极限环,另一侧趋向于极限环,这种极限环称为半稳定极限环,如图 7-33(c)、(d)所示。对于图 7-33(c)来说,由于被极限环所划分的两个区域都是不稳定的,因此系统将具有振荡发散状态。而对于图 7-33(d)来说,两个区域都是稳定的,所以系统的运动状态最终将趋于环内的平衡点,不会产生自振荡。

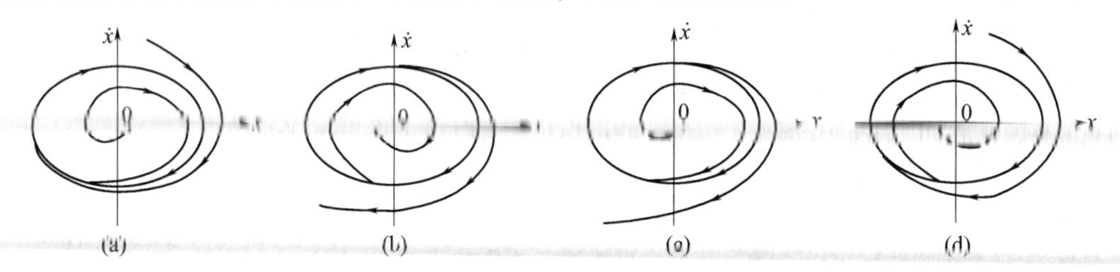

图 7-33　极限环的类型

应当指出,对于实际的非线性系统,可能有极限环,也可能没有极限环,有的系统还可能有几个极限环。图 7-34 表示有两个极限环的例子。由图可见,里面是一个不稳定的极限环,而外面是一个稳定的极限环。当系统的初始状态处于不稳定的极限环的内部时,系统能稳定工作。而当初始状态处于不稳定的极限环的外部时,则系统将产生自振荡,这个自振荡由稳定极限环所决定。

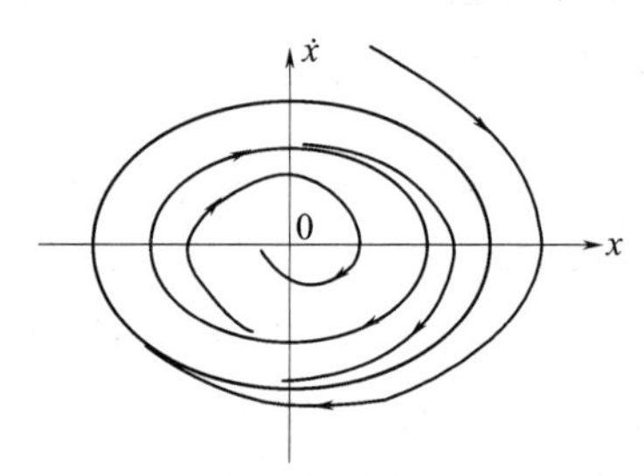

图 7-34　具有两个极限环的相平面图

7.3.5　非线性系统的相平面法分析

系统的相平面图是系统微分方程解的一种几何表示,它与系统的运动状态和性能有着密切的联系。本节将讨论如何利用相平面法分析非线性系统,以及由相平面图求取系统时间解的方法。

1. 相平面法分析非线性系统

利用相平面法分析非线性系统的一般步骤如下:

(1) 首先将非线性特性分段线性化,并写出相应的数学表达式。

(2) 在相平面上选择合适的坐标,并将相平面根据非线性特性划分成若干个线性区域。前面我们取的相平面坐标,都是系统的输出量 c 及其导数 $\dot{c}$。实际上系统中的其他变量也同样可用作相坐标。当系统有阶跃或斜坡输入时,选取非线性环节输入量即系统的误差 e 和 $\dot{e}$ 作相坐标,会更为方便。

(3) 根据描述系统的微分方程式绘制各区域的相轨迹。

(4) 把相邻区域中的相轨迹在区域的边界上适当连接起来,便得到整个非线性系统的相平面图,根据该相平面图,即可判断系统的运动特性。

例 7-8　具有饱和非线性特性的控制系统如图 7-35 所示,试利用相平面法分析系统的阶跃响应。

解:非线性特性的数学表达式为

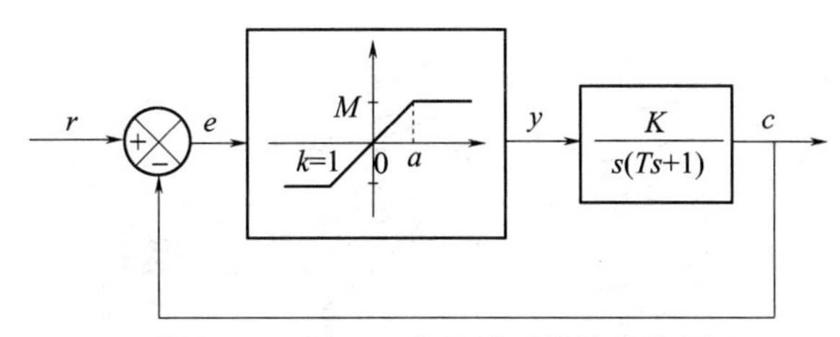

图 7-35　例 7-8 非线性系统的结构图

$$y=\begin{cases} e & |e|<a \\ M & e>a \\ -M & e<-a \end{cases}$$

线性部分的微分方程式为

$$T\ddot{c}+\dot{c}=Ky$$

考虑到 $r-c=e$,上式又可写成

$$T\ddot{e}+\dot{e}+Ky=T\ddot{r}+\dot{r}$$

当输入信号为阶跃函数时,则在 $t>0$ 时,$\ddot{r}=\dot{r}=0$,因此有

$$T\ddot{e}+\dot{e}+Ky=0$$

根据已知的非线性特性,系统可分为三个线性区域。

Ⅰ区:此时系统的微分方程式为

$$T\ddot{e}+\dot{e}+Ke=0 \qquad (|e|<a)$$

按前面确定奇点的方法,可知系统在该区有一个奇点(0,0),奇点的类型为稳定焦点(欠阻尼情况下)。图 7-36(a)为Ⅰ区的相轨迹,它们是一簇趋向于原点的螺旋线。

Ⅱ区:系统的微分方程式为

$$T\ddot{e}+\dot{e}+KM=0 \qquad (e>a)$$

设一般情况下,初始条件为 $e(0)=e_0$,$\dot{e}(0)=\dot{e}_0$。则上式的解为

$$e(t)=e_0+(\dot{e}_0+KM)T-(\dot{e}_0+KM)T\mathrm{e}^{-t/T}-KMt$$

对上式求一次导数,得

$$\dot{e}(t)=(\dot{e}_0+KM)\mathrm{e}^{-t/T}-KM$$

故当初始条件 $\dot{e}_0=-KM$ 时,相轨迹方程为 $\dot{e}=-KM$。

当 $\dot{e}_0\neq-KM$ 时,相轨迹方程为 $e=e_0+(\dot{e}_0-\dot{e})T+KMT\ln\left|\dfrac{\dot{e}+KM}{\dot{e}_0+KM}\right|$。

由此可作出该区的相轨迹,如图 7-36(b)所示,相轨迹渐近于直线 $\dot{e}=-KM$。

Ⅲ区:此时系统的微分方程式为

$$T\ddot{e}+\dot{e}-KM=0 \qquad (e<-a)$$

将Ⅱ区相轨迹方程中的 KM 改变符号,即得Ⅲ区的相轨迹方程:

$$\begin{cases} \dot{e}=KM & (\dot{e}_0=KM) \\ e=e_0+(\dot{e}_0-\dot{e})T-KMT\ln\left|\dfrac{\dot{e}-KM}{\dot{e}_0-KM}\right| & (\dot{e}_0\neq KM) \end{cases}$$

该区的相轨迹如图 7-36(b)所示。

将以上各区的相轨迹连接起来,便是系统整个相平面图,如图 7-36(c)所示。由图可见,在直线 $e=a$ 和 $e=-a$ 处,相轨迹发生了转换,这种直线称为开关线。

假使系统原来处于静止状态,则在阶跃输入作用时,相轨迹的起始点应为 $e(0)=R$,$\dot{e}(0)=0$。此时系统的相平面图如图 7-36(d)所示。由图可知,在阶跃输入作用时,系统是稳定的,其稳态误差为零。动态过程具

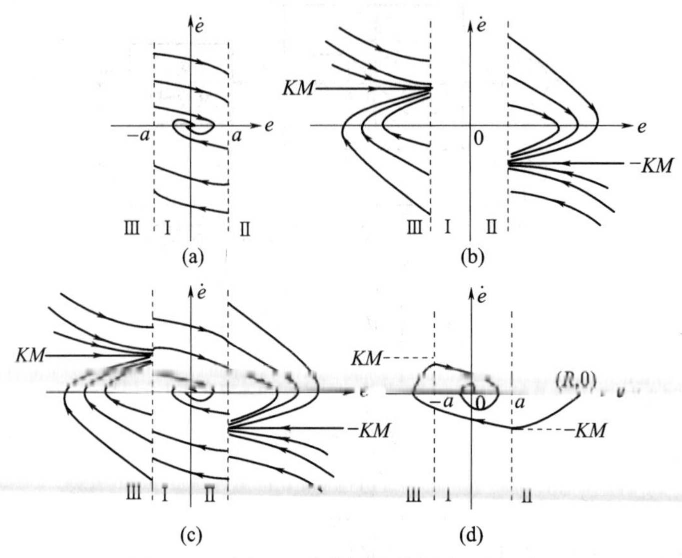

图 7-36　例 7-8 非线性系统的相平面图

有衰减振荡性质,最大超调量可从相平面图中量得。

例 7-9　图 7-37 为具有理想继电器特性的非线性系统,试用相平面法分析:

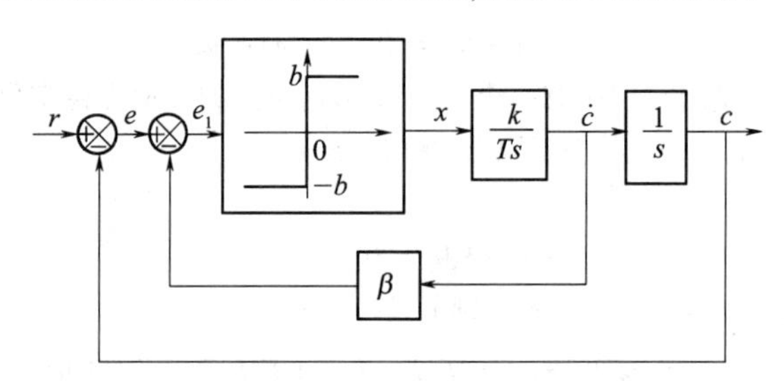

图 7-37　例 7-9 非线性系统的结构图

(1) 无局部负反馈时系统的阶跃响应;

(2) 加入局部负反馈后系统的阶跃响应。

解:(1) 无局部负反馈时线性部分的微分方程为

$$T\ddot{c} = kx$$

当输入信号为阶跃函数,则当 $t>0$ 时,$\ddot{r}=\dot{r}=0$。考虑到理想继电器特性,故系统的微分方程为

$$\begin{cases} T\ddot{e} + kb = 0 & (e > 0) \\ T\ddot{e} - kb = 0 & (e < 0) \end{cases}$$

若取 $k=1$,可将上式改写成

$$\begin{cases} \dot{e}\mathrm{d}\dot{e} = -\dfrac{b}{T}\mathrm{d}e & (e > 0) \\ \dot{e}\mathrm{d}\dot{e} = \dfrac{b}{T}\mathrm{d}e & (e < 0) \end{cases}$$

并解得

$$\begin{cases} \dfrac{1}{2}\dot{e}^2 = -\dfrac{b}{T}(e - A) & (e > 0) \\ \dfrac{1}{2}\dot{e}^2 = \dfrac{b}{T}(e - A) & (e < 0) \end{cases}$$

式中,A 为与初始条件有关的积分常数。上式表明系统的相轨迹为两簇抛物线。其开关线为 $\dot{e}$ 轴,开关线将相平面分为区域Ⅰ和Ⅱ,如图 7-38(a)所示。由图可知,系统将产生周期运动。注意,这个周期运动不是自振荡。

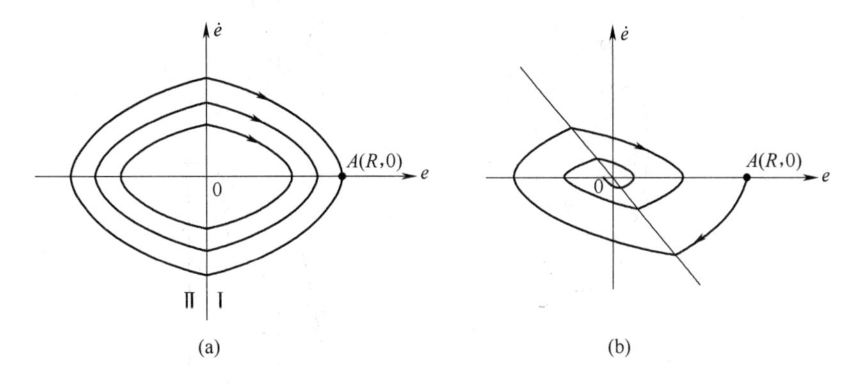

图 7-38　例 7-9 非线性系统的相平面图

(a) 无局部负反馈;(b) 加入局部负反馈。

(2) 加入局部负反馈后,则非线性元件的输入信号为 $e_1=e-\beta\dot{c}$。当 $r(t)=R$,则 $e=r-c,\dot{e}=-\dot{c}$。因此

$$e_1 = e + \beta\dot{e}$$

由于理想继电器特性在 $e_1=0$ 时发生转换,故当 $e_1=0$ 时,$e+\beta\dot{e}=0$。于是得开关线方程为

$$\dot{e} = -\frac{e}{\beta}$$

上式表明,由于局部负反馈的加入,使得原开关线 $\dot{e}$ 轴逆时针方向转动了 $\gamma=\arctan 1/\beta$ 度。这样,便使转换时间提前。

此时系统的微分方程仍为

$$\begin{cases} T\ddot{e} + b = 0 & (e_1 > 0 \text{ 即 } \dot{e} > -e/\beta) \\ T\ddot{e} - b = 0 & (e_1 < 0 \text{ 即 } \dot{e} < -e/\beta) \end{cases}$$

相应的相轨迹仍为两簇抛物线,但由于转换时间的提前,迫使相轨迹向原点收敛。图 7-38(b)为由初始状态 $A(R,0)$ 出发的系统相轨迹。由图可见,此时系统是稳定的,稳态误差为零,阶跃响应过程具有衰减振荡性质。

由此例可以看出,在继电控制系统中加入局部负反馈,可以改变开关线的位置,使相轨迹提前进行转换,从而能够改善系统的动态性能。

2. 相平面图求取系统的时间解

相平面图没有明显地表达出时间的概念。但如需要,也可从相平面图上求出状态变量对时间 t 的函数,或称为微分方程的时间解。求取时间解的方法基本上是一种逐步求解过程。常用的方法有积分法、增量法和圆弧法,下面介绍积分法。

若相平面以 x 和 $\dot{x}$ 为坐标轴,因为

$$\dot{x} = \frac{\mathrm{d}x}{\mathrm{d}t}$$

所以从 x_0 至 x_1 所需的时间为

$$t_{01} = t_1 - t_0 = \int_{x_0}^{x_1} \frac{1}{\dot{x}}\mathrm{d}x \tag{7-57}$$

如果以 x 为横坐标,$1/\dot{x}$ 为纵坐标,则可绘出另一种相轨迹,这种相轨迹称为倒相轨迹。由式(7-57)可知,在倒相轨迹上,从 x_0 到 x_1 所需的时间就是这两点间曲线下面所包含的面积,

如图 7-39 所示。这个面积可以用一些小的矩形面积之和来近似求得。

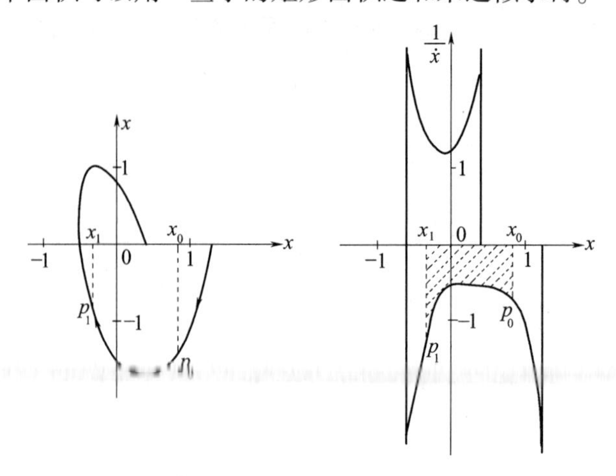

图 7-39　积分法求取时间解

例 7-10　已知非线性系统

$$\ddot{x}+\dot{x}+x^3=0$$

在初始状态为 $x_0=1,\dot{x}_0=0$ 时的相轨迹如图 7-40 所示,试利用积分法求取系统的时间解。

解:首先作出相应的倒相轨迹曲线,如图 7-41(a)所示。然后用一些适当小的矩形面积去逼近此轨迹曲线下的面积。逐个求出每个小矩形面积,便可得出各段相轨迹所对应的时间。

$t_{AB}=0.033\times5=0.17(\mathrm{s})$

$t_{BC}=0.05\times5+0.1\times2.4=0.49(\mathrm{s})$

$t_{CD}=0.075\times2.3=0.17(\mathrm{s})$

$t_{DE}=0.13\times2.3+0.1\times3=0.6(\mathrm{s})$

$t_{EF}=0.15\times3+0.15\times6.2=1.38(\mathrm{s})$

$t_{FG}=0.05\times6.2+0.05\times10=0.81(\mathrm{s})$

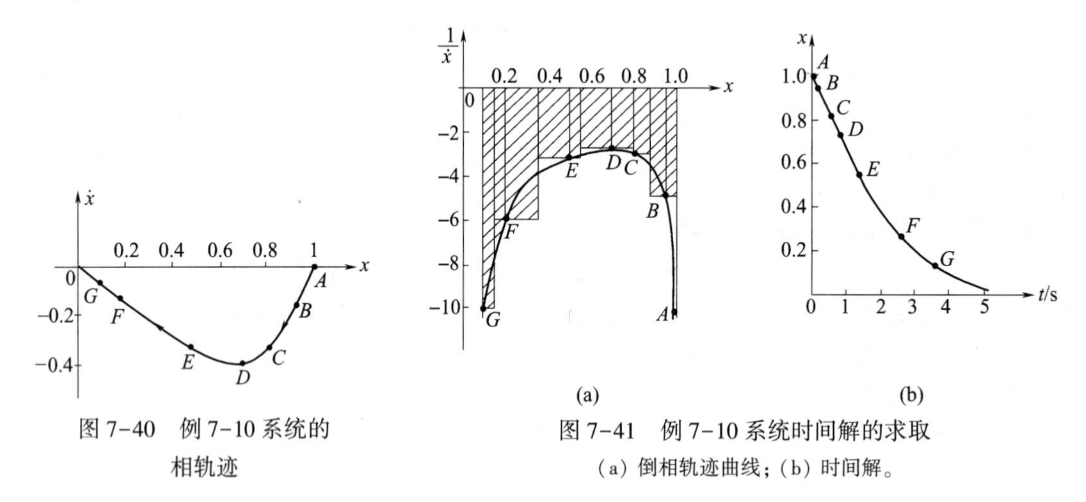

图 7-40　例 7-10 系统的相轨迹

图 7-41　例 7-10 系统时间解的求取

(a) 倒相轨迹曲线;(b) 时间解。

7.4　例题精解

例 7-11　求间隙特性的描述函数。

解:首先画出间隙特性及其在正弦信号 $x(t)=A\sin\omega t$ 作用下的输出波形,如图 7-42 所示。其输出波形的

数学表达式为

$$y(t)=\begin{cases}k(A\sin\omega t-b) & ,0\leqslant\omega t\leqslant\dfrac{\pi}{2}\\ k(A-b) & ,\dfrac{\pi}{2}\leqslant\omega t\leqslant(\pi-\psi_1)\\ k(A\sin\omega t+b) & ,(\pi-\psi_1)\leqslant\omega t\leqslant\pi\end{cases}$$

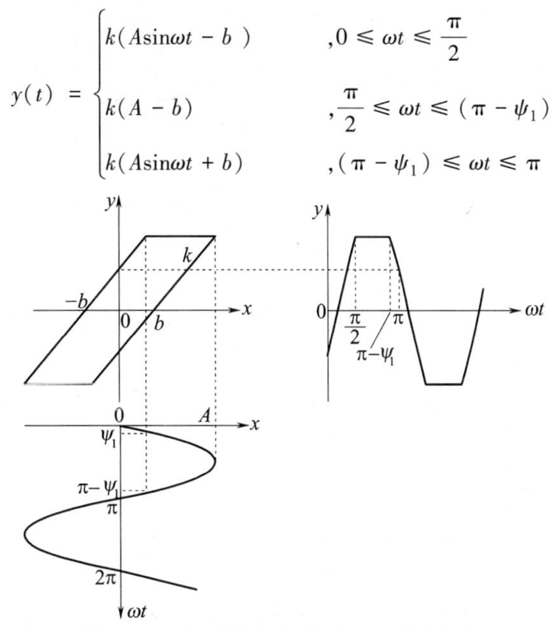

图 7-42　间隙特性及其输入—输出波形

因 $y(t)$ 具有半波对称性,故 A_1 和 B_1 可按下式计算:

$$A_1=\frac{1}{\pi}\int_0^{2\pi}y(t)\cos\omega t\mathrm{d}(\omega t)=$$

$$\frac{2}{\pi}\left[\int_0^{\frac{\pi}{2}}k(A\sin\omega t-b)\cos\omega t\mathrm{d}(\omega t)+\int_{\frac{\pi}{2}}^{\pi-\psi_1}k(A-b)\cos\omega y\mathrm{d}(\omega t)+\right.$$

$$\left.\int_{\pi-\psi_1}^{\pi}k(A\sin\omega t+b)\cos\omega t\mathrm{d}(\omega t)\right]=$$

$$\frac{4kb}{\pi}\left(\frac{b}{A}-1\right)$$

$$B_1=\frac{1}{\pi}\int_0^{2\pi}y(t)\sin\omega t\mathrm{d}(\omega t)=$$

$$\frac{2}{\pi}\left[\int_0^{\frac{\pi}{2}}k(A\sin\omega t-b)\sin\omega t\mathrm{d}(\omega t)+\int_{\frac{\pi}{2}}^{\pi-\psi_1}k(A-b)\sin\omega y\mathrm{d}(\omega t)+\right.$$

$$\left.\int_{\pi-\psi_1}^{\pi}k(A\sin\omega t+b)\sin\omega t\mathrm{d}(\omega t)\right]=$$

$$\frac{kA}{\pi}\left[\frac{\pi}{2}+\arcsin\left(1-\frac{2b}{A}\right)+2\left(1-\frac{2b}{A}\right)\sqrt{\frac{b}{A}-\left(\frac{b}{A}\right)^2}\right]$$

由式(7-24)可得间隙特性的描述函数为

$$N(A)=\frac{B_1}{A}+\mathrm{j}\frac{A_1}{A}=\frac{k}{\pi}\left[\frac{\pi}{2}+\arcsin\left(1-\frac{2b}{A}\right)+\right.$$

$$\left.2\left(1-\frac{2b}{A}\right)\sqrt{\frac{b}{A}\left(1-\frac{b}{A}\right)}\right]+\mathrm{j}\frac{4kb}{\pi A}\left(\frac{b}{A}-1\right)\qquad(A\geqslant b)$$

例 7-12　求变增益特性的描述函数。

解:变增益特性可以分解为一个线性与一个死区特性的并联,如图 7-43 所示。

线性特性的描述函数就是其频率特性,也就是其比例系数 k_1,而死区特性的描述函数可由表 7-1 查得,

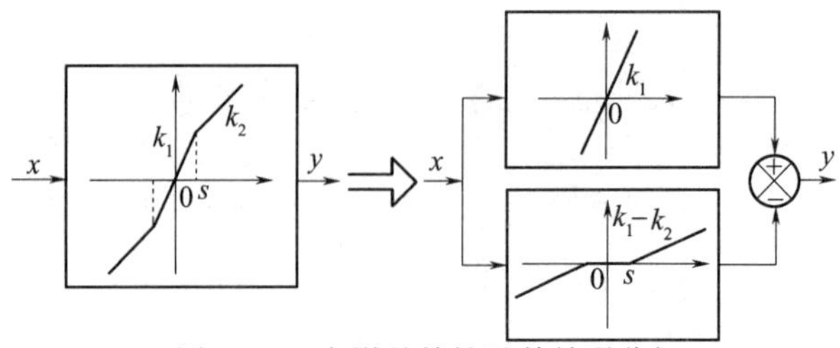

图 7-43　变增益特性及其并联分解

故变增益特性的描述函数为

$$N(A)=N_1(A)-N_2(A)=k_1-\frac{2(k_1-k_2)}{\pi}\left[\frac{\pi}{2}-\arcsin\frac{s}{A}-\frac{s}{A}\sqrt{1-\left(\frac{s}{A}\right)^2}\right]=$$

$$k_2+\frac{2(k_1-k_2)}{\pi}\left[\arcsin\frac{s}{A}+\frac{s}{A}\sqrt{1-\left(\frac{s}{A}\right)^2}\right]\qquad(A\geqslant s)$$

例 7-13　具有饱和非线性的控制系统如图 7-44 所示,试求:

(1) $K=15$ 时系统的自由运动状态;

(2) 欲使系统稳定地工作,不出现自振荡,K 的临界稳定值是多少?

解:查表 7-1 可知饱和非线性特性的描述函数为

$$N(A)=\frac{2k}{\pi}\left[\arcsin\frac{a}{A}+\frac{a}{A}\sqrt{1-(\frac{a}{A})^2}\right]\qquad(A\geqslant a)$$

其中,$k=2,a=1$,于是

$$-\frac{1}{N(A)}=-\frac{\pi}{4\left[\arcsin\frac{1}{A}+\frac{1}{A}\sqrt{1-\left(\frac{1}{A}\right)^2}\right]}$$

起点 $A=1$ 时,$-1/N(A)=-0.5$。当 $A\to\infty$ 时,$-1/N(A)=-\infty$,因此$-1/N(A)$曲线位于$-0.5\sim-\infty$ 这段负实轴上。

系统线性部分的频率特性为

$$G(\mathrm{j}\omega)=\frac{K}{\mathrm{j}\omega(\mathrm{j}0.1\omega+1)(\mathrm{j}0.2\omega+1)}$$

$$=\frac{K[-0.3\omega-\mathrm{j}(1-0.02\omega^2)]}{\omega[0.01\omega^2+1)(0.04\omega^2+1)}$$

令 $\mathrm{Im}[G(\mathrm{j}\omega)]=0$,即 $1-0.02\omega^2=0$,得 $G(\mathrm{j}\omega)$ 曲线与负实轴交点的频率为

$$\omega=7.07(\mathrm{rad/s})$$

代入 $\mathrm{Re}[G(\mathrm{j}\omega)]$,可求得 $G(\mathrm{j}\omega)$ 曲线与负实轴的交点为

$$\mathrm{Re}[G(\mathrm{j}\omega)]=\left.\frac{-0.3K}{(0.01\omega^2+1)(0.04\omega^2+1)}\right|_{\omega=7.07}=-\frac{0.3K}{4.5}$$

(1) 将 $K=15$ 代入上式,得 $\mathrm{Re}[G(\mathrm{j}\omega)]=-1$。图 7-45 绘出了 $K=15$ 时的 $G(\mathrm{j}\omega)$ 曲线与$-1/N(A)$曲线,两曲线交于$(-1,\mathrm{j}0)$点。显然,交点对应的是一个稳定的自振荡,根据交点处的幅值相等,即

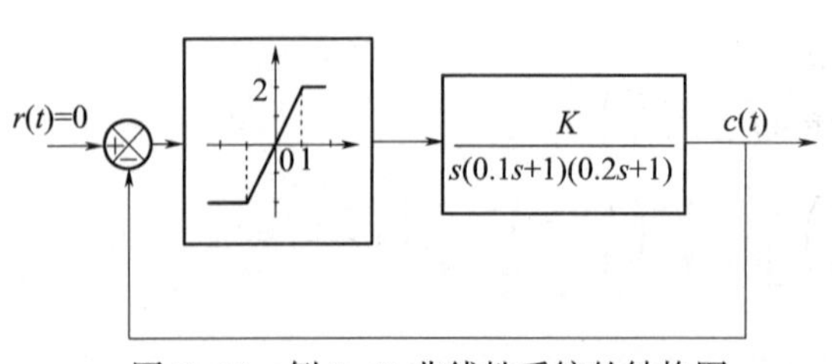

图 7-44　例 7-13 非线性系统的结构图

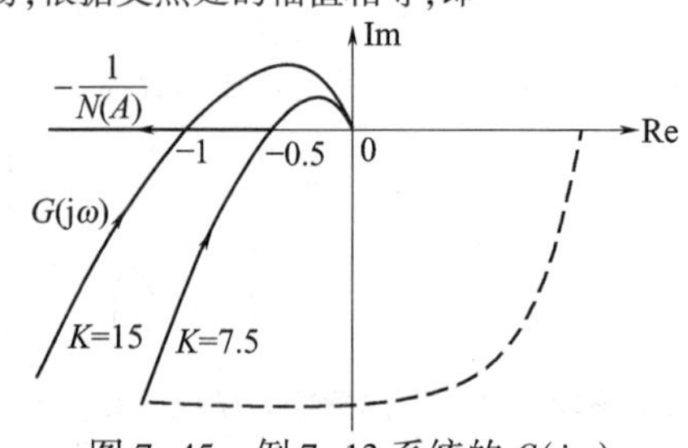

图 7-45　例 7-13 系统的 $G(\mathrm{j}\omega)$ 和$-1/N(A)$曲线

$$-\frac{\pi}{4\left[\arcsin\frac{1}{A}+\frac{1}{A}\sqrt{1-\left(\frac{1}{A}\right)^2}\right.}=-1$$

求得与交点对应的振幅 $A=2.5$。因此当 $K=15$ 时系统的自由运动状态为自振荡状态,其振幅和频率分别为 $A=2.5,\omega=7.07\text{rad/s}$。

(2) 欲使系统稳定地工作,不出现自振荡,由于 $G(s)$ 极点均在左半 s 平面,故根据奈氏判据知,应使 $G(\text{j}\omega)$ 曲线不包围 $-1/N(A)$ 曲线,即

$$-\frac{0.3K}{4.5}\geqslant-0.5$$

故 K 的临界稳定值为

$$K_{\text{MAX}}=\frac{0.5\times4.5}{0.3}=7.5$$

例 7-14 非线性系统如图 7-46 所示,试用描述函数法分析周期运动的稳定性,并确定自振荡的振幅和频率。

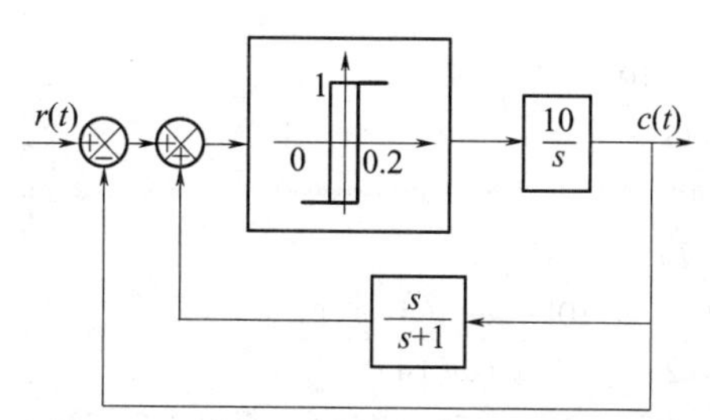

图 7-46 例 7-14 非线性系统的结构图

解:由图 7-46 可知,系统的结构图不是描述函数应用时的典型结构,因此首先变换成典型结构。由于在用描述函数分析稳定性和自振荡时,不考虑 $r(t)$ 的作用,故设 $r(t)=0$。再根据结构图中信号间的相互关系,故图 7-46 可变换成图 7-47 的典型结构。

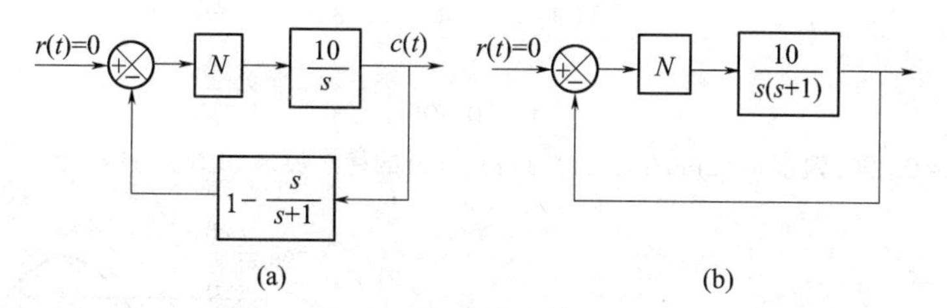

图 7-47 例 7-14 结构图变换

由结构图知,非线性特性是滞环继电特性:$M=1,h=0.2$,故

$$N(A)=\frac{4M}{\pi A}\sqrt{1-\left(\frac{h}{A}\right)^2}-\text{j}\frac{4Mh}{\pi A^2}=\frac{4}{\pi A}\sqrt{1-\left(\frac{0.2}{A}\right)^2}-\text{j}\frac{0.8}{\pi A^2}\qquad(A\geqslant h=0.2)$$

画出 $-1/N(A)$ 曲线与 $G(\text{j}\omega)$ 曲线如图 7-48 所示,$-1/N(A)$ 曲线是一条虚部为 $-\text{j}\pi h/4M=-\text{j}0.157$ 的直线。显然两曲线的交点处决定了一个稳定的自振荡。

因为 $$G(\text{j}\omega)=\frac{10}{\text{j}\omega(\text{j}\omega+1)}=-\frac{10}{1+\omega^2}-\frac{\text{j}10}{\omega(1+\omega^2)}$$

令 $\text{Im}[G(\text{j}\omega)]=-\frac{10}{\omega(1+\omega^2)}=-0.157$,试探法解下列方程:

$$0.0157\omega(1+\omega^2)=1$$

得 $$\omega\approx4(\text{rad/s})$$

将 $\omega=4$ 代入 $\mathrm{Re}[G(\mathrm{j}\omega)]$：$\mathrm{Re}[G(\mathrm{j}4)]=-0.588$

令 $\mathrm{Re}[G(\mathrm{j}\omega)]=\mathrm{Re}[-1/N(A)]$

$$-0.588=-\frac{\pi}{4}\sqrt{A^2-0.2^2}$$

得
$$A=0.775$$

故自振荡的振幅 $A=0.775$，频率 $\omega=4\mathrm{rad/s}$。

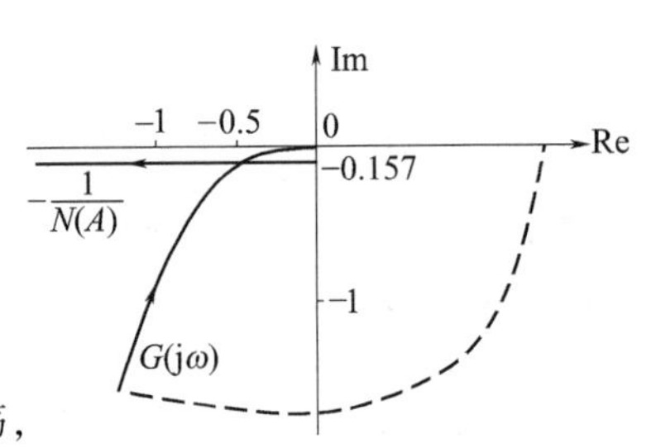

图 7-48 例 7-14 系统的 $G(\mathrm{j}\omega)$ 和 $-1/N(A)$ 曲线

例 7-15 试用描述函数法说明图 7-49 所示系统必然存在自振荡，并确定 $c(t)$ 的自振荡振幅和频率，画出 $c(t)$、$x(t)$、$y(t)$ 的稳态波形。

解：(1) 非线性特性是理想继电器特性，其描述函数为

$$N(A)=\frac{4M}{\pi A}=\frac{4}{\pi A}\qquad(A>0)$$

$$-\frac{1}{N(A)}=-\frac{\pi A}{4}$$

描述函数的负倒特性 $-1/N(A)$ 曲线是整个负实轴。

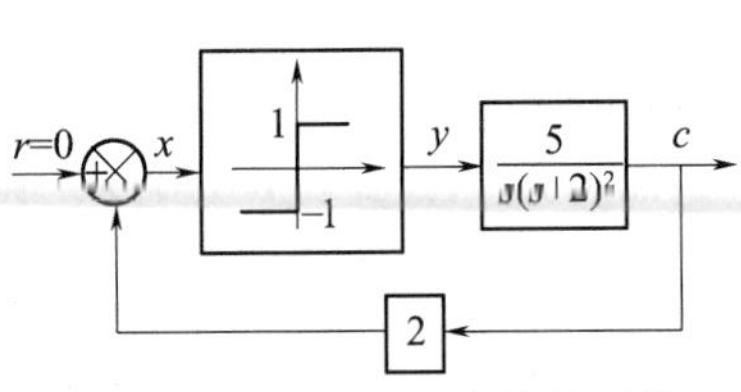

图 7-49 例 7-15 非线性系统

(2) 线性部分

$$G(s)=\frac{10}{s(s+2)^2}$$

画出其极坐标图：$G(\mathrm{j}0)=\infty\angle-90°$

$$G(\mathrm{j}\infty)=0\angle-270°$$

$$G(\mathrm{j}\omega)=\frac{10}{\mathrm{j}\omega(\mathrm{j}\omega+2)^2}=\frac{10[-4\omega-\mathrm{j}(4-\omega^2)]}{\omega(\omega^2+4)^2}$$

令 $\mathrm{Im}[G(\mathrm{j}\omega)]=0$，得 $\omega=2\mathrm{rad/s}$。将 $\omega=2$ 代入 $\mathrm{Re}[G(\mathrm{j}\omega)]$，得 $\mathrm{Re}[G(\mathrm{j}2)]=-5/8$。

画出 $-1/N(A)$ 曲线与 $G(\mathrm{j}\omega)$ 曲线如图 7-50 所示。

(3) $G(\mathrm{j}\omega)$ 与 $-1/N(A)$ 曲线存在一交点 M，且从不稳定区到稳定区，因此 M 点是稳定的自激振荡点。

令 $\mathrm{Re}[G(\mathrm{j}\omega)]=-1/N(A)$

$$-\frac{1}{N(A)}=-\frac{\pi A}{4}=-\frac{5}{8}$$

得

$$A=0.796$$

故自振荡的振幅 $A=0.796$，频率 $\omega=2\mathrm{rad/s}$。$c(t)$、$x(t)$、$y(t)$ 的稳态波形如图 7-51 所示。

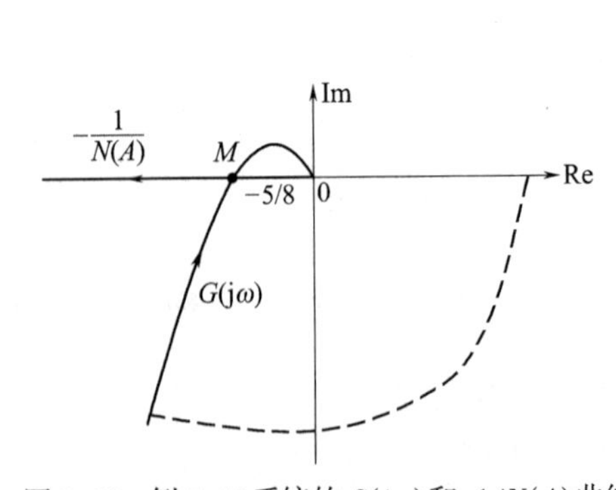

图 7-50 例 7-15 系统的 $G(\mathrm{j}\omega)$ 和 $-1/N(A)$ 曲线

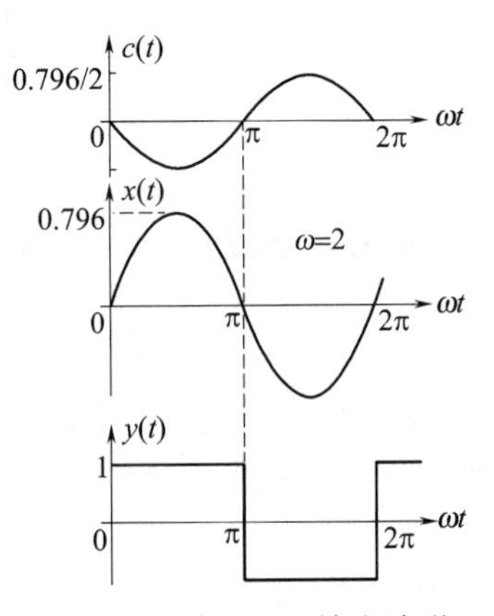

图 7-51 例 7-15 输出波形

例 7-16 非线性系统的结构图如图 7-52(a) 所示，其中非线性元件在稳态时的输入与输出的波形如图7-52(b) 所示。

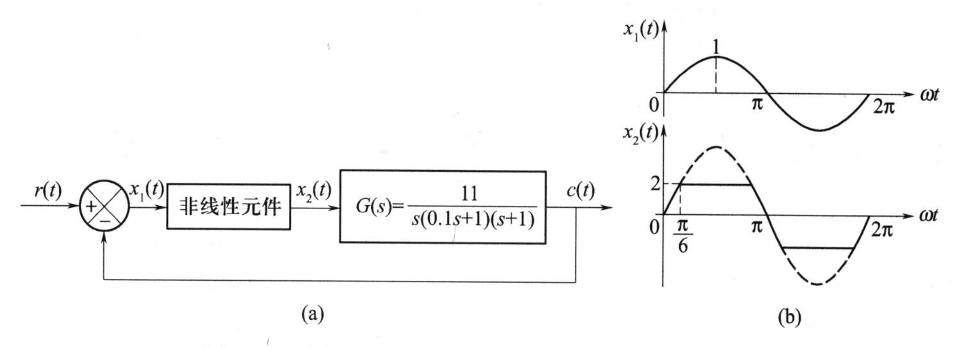

图 7-52　例 7-16 非线性系统的结构图与输入输出波形

（1）写出非线性元件的描述函数；

（2）判断系统是否存在稳定的自振荡（已知曲线与实轴的交点为(-1,j0)点）。

解：（1）从非线性元件输入输出波形可以判断此非线性元件具有饱和特性，其中，$k=4,a=0.5$，如图 7-53 所示。代入饱和特性的描述函数得到非线性元件的描述函数为

$$N(A)=\frac{2k}{\pi}\left[\arcsin\frac{a}{A}+\frac{a}{A}\sqrt{1-\left(\frac{a}{A}\right)^{2}}\right]\qquad(A\geqslant a)$$

$$=\frac{8}{\pi}\left[\arcsin\frac{0.5}{A}+\frac{0.5}{A}\sqrt{1-\left(\frac{0.5}{A}\right)^{2}}\right]\qquad(A\geqslant 0.5)$$

（2）作出线性部分的极坐标图 $G(j\omega)$ 以及非线性元件描述函数的负倒特性 $-1/N(A)$，如图 7-53 所示。

$$-1/N(A):A=0.5\qquad -1/N(A)=-0.25$$

$$A\to\infty\qquad -1/N(A)\to-\infty$$

因此 $-1/N(A)$ 曲线位于 $-0.25\sim-\infty$ 这段负实轴上。$G(j\omega)$ 与 $-1/N(A)$ 有交点 M，且从不稳定区到稳定区，因此 M 点是稳定的自激振荡点。

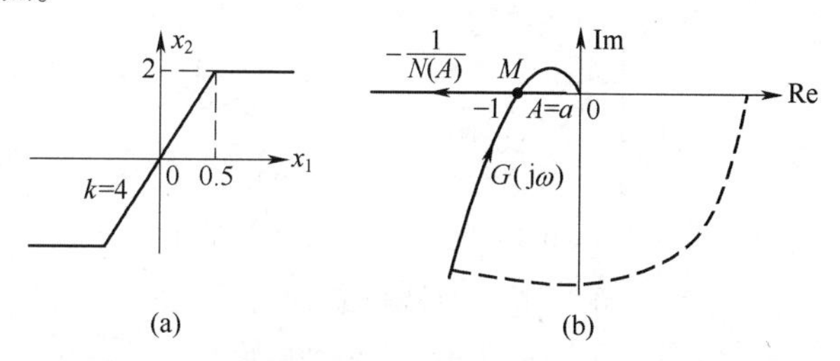

图 7-53　例 7-16 非线性元件特性以及系统的 $G(j\omega)$ 和 $-1/N(A)$ 曲线

例 7-17　典型二阶线性系统如图 7-54 所示，试用相平面法求系统的阶跃响应和斜坡响应。

解：由于是用相平面法求 $r(t)$ 作用下的系统的响应，故相平面取为 $e—\dot{e}$ 平面，由结构图可写出系统的微分方程为

$$T\ddot{c}+\dot{c}=Ke$$

因 $e=r-c$，有

$$T\ddot{e}+\dot{e}+Ke=T\ddot{r}+\dot{r}$$

（1）阶跃响应。此时 $r(t)=R\cdot 1(t)$，则当 $t>0$ 时，有 $r(t)=R,\dot{r}=\ddot{r}=0$。代入上式，得阶跃输入下系统的误差方程：

$$T\ddot{e}+\dot{e}+Ke=0$$

由此绘制相轨迹曲线，奇点为(0,0)。设系统的初始状态为 $c(0)=0,\dot{c}(0)=0$，则误差的初始条件为 $e(0)=R$，$\dot{e}(0)=0$。若参数 T、K 使系统具有一对负实部的共轭复数极点（欠阻尼），则其相轨迹如图 7-55(a) 所示。若具有两个负实数极点（过阻尼），则其相轨迹如图 7-55(b) 所示，分析相平面图即可了解系统响应的性质。例

如稳态误差为零，当 $R=1$ 时，超调量如图所示等。

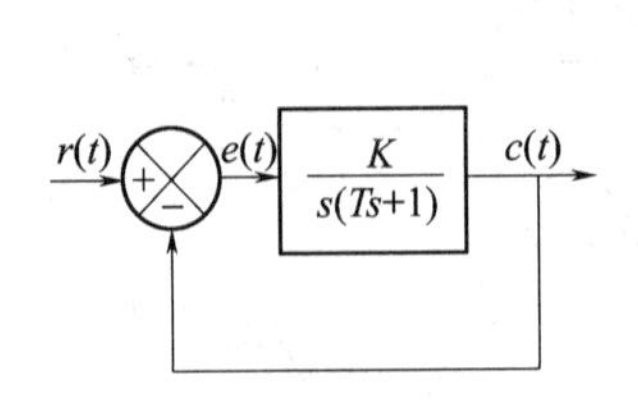

图 7-54 典型二阶系统的结构图

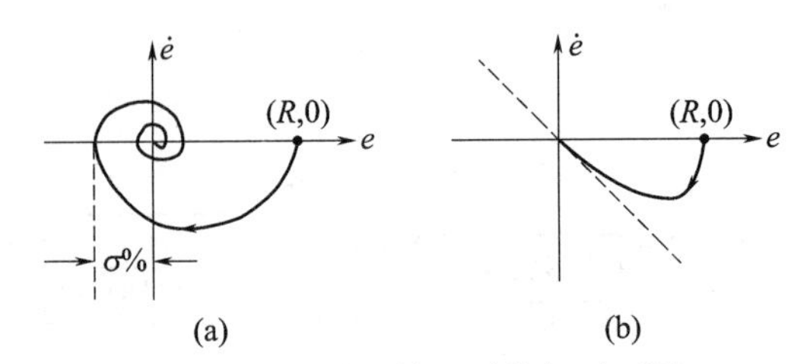

图 7-55 阶跃输入时的相平面图

(a) 欠阻尼；(b) 过阻尼。

(2) 斜坡响应。设输入信号为 $r(t)=vt$，$t>0$ 时，$\dot{r}=v>0$，$\ddot{r}=0$，代入系统的误差方程，得斜坡输入下的误差方程为

$$T\ddot{e}+\dot{e}+Ke=v$$

它可以写成

$$T\ddot{e}+\dot{e}+K\left(e-\frac{v}{K}\right)=0$$

作变量置换 $e'=e-v/K$，则误差 e' 的方程为

$$T\ddot{e}'+\dot{e}'+Ke'=0$$

与阶跃输入的误差方程相同。所以，只需把阶跃输入时的相平面图右移 v/K 即可得出。由此可知此时相轨迹的奇点为 $(v/K,0)$。图 7-56(a)、(b) 分别对于欠阻尼和过阻尼情况，给出了系统在初始状态 $c(0)=0$，$\dot{c}(0)=0$ 下斜坡响应的相平面图。由于 $\dot{e}(0)=\dot{r}(0)-\dot{c}(0)=v$，故相轨迹的起点为 $(0,v)$。显然由相平面图可知系统稳态误差是 v/K。

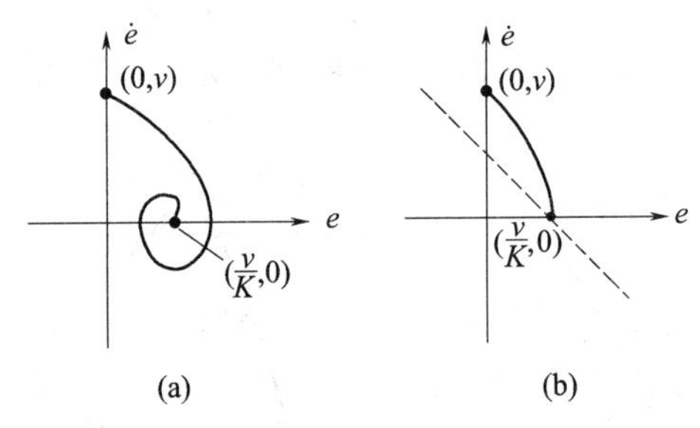

图 7-56 斜坡输入时的相平面图

(a) 欠阻尼；(b) 过阻尼。

应当特别指出，由于在非线性系统中，其非线性特性往往可以分段加以线性化，而在每一个分段中，系统都可以用线性微分方程描述，因此线性系统的相平面分析是非线性系统相平面分析的基础。

例 7-18 继电控制系统如图 7-57 所示，试利用相平面法分析系统的单位阶跃响应。

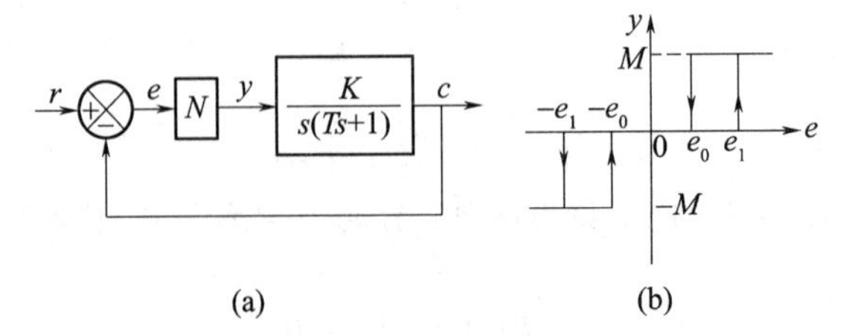

图 7-57 例 7-18 继电控制系统

(a) 结构图；(b) 非线性特性。

解:由结构图知,系统的微分方程为

$$T\ddot{c}+\dot{c}=Ky$$

因为 $e=r-c$,所以上式又可写成

$$T\ddot{e}+\dot{e}+Ky=T\ddot{r}+\dot{r}$$

根据已知的非线性特性,当 $\dot{e}>0$ 时,有

$$y=\begin{cases}M & (e>e_1)\\ 0 & (e_1>e>-e_0)\\ -M & (e<-e_0)\end{cases}$$

当 $\dot{e}<0$ 时,有

$$y=\begin{cases}M & (e>e_0)\\ 0 & (e_0>e>-e_1)\\ -M & (e<-e_1)\end{cases}$$

因为 $r(t)=1(t)$,当 $t>0$ 时,$\ddot{r}=\dot{r}=0$,有

$$T\ddot{e}+\dot{e}+Ky=0$$

对于 $\dot{e}>0,e>e_1$ 和 $\dot{e}<0,e>e_0$ 时,有

$$T\ddot{e}+\dot{e}+KM=0$$

其相平面图与图 7-36(b)相同,渐近线为 $\dot{e}=-KM$。

对于 $\dot{e}>0,e<-e_0$ 和 $\dot{e}<0,e<-e_1$ 时,有

$$T\ddot{e}+\dot{e}-KM=0$$

该区相轨迹仍如图 7-36(b)所示,渐近线为 $\dot{e}=KM$。

对于 $\dot{e}>0,e_1>e>-e_0$ 和 $\dot{e}<0,e_0>e>-e_1$ 时,则有

$$T\ddot{e}+\dot{e}=0$$

或

$$\frac{\mathrm{d}\dot{e}}{\mathrm{d}e}=-\frac{1}{T}$$

在相平面上,则相应为斜率为 $-1/T$ 的平行的直线。将以上各区域的相平面图拼接后,可得系统的以 $e—\dot{e}$ 为坐标轴的总的相平面图。

令 $T=1$、$K=4$、$e_0=0.1$、$e_1=0.2$ 和 $M=0.2$,则该继电控制系统在单位阶跃输入下的相轨迹曲线如图 7-58 所示。由于假定系统在开始时处于静止状态,所以相轨迹的起点为 $e(0)=1,\dot{e}(0)=0$。

由图可见,在稳态时,存在一个极限环。因此系统的输出将持续振荡。自振荡的振荡与 e_0 和 e_1 值有关,e_1 和(e_1-e_0)越大(即死区越大、滞环越宽),振幅也越大。此外,K、T 和 M 的增大,也将使系统的振荡加剧,因为交界线的换接点 P_1、P_2、P_3、…与横轴的距离也增大了。

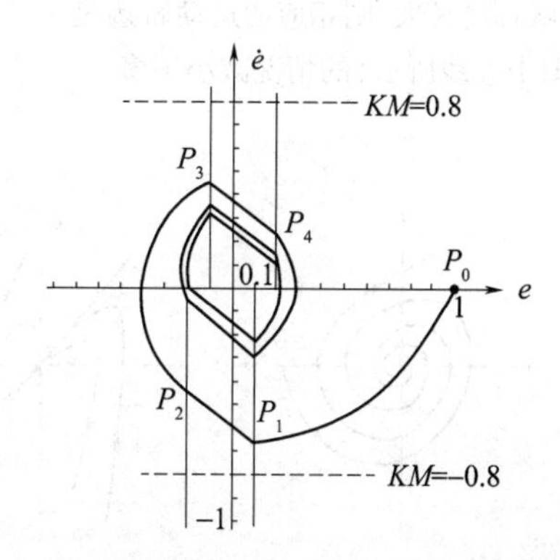

图 7-58　例 7-18 系统的相轨迹曲线

例 7-19　采用非线性校正的控制系统如图 7-59 所示,试利用相平面法分析,在原来的线性系统的基础上采用非线性校正,可以显著改善系统的动态响应品质。

解:由图 7-59(b)知,非线性特性为

$$|e|>e_0,\ y=e$$

$$|e|<e_0,\ y=ke\qquad(0<k<1)$$

因此,相平面被分为两个区域,开关线分别为 $e=e_0$ 和 $e=-e_0$。系统方程为

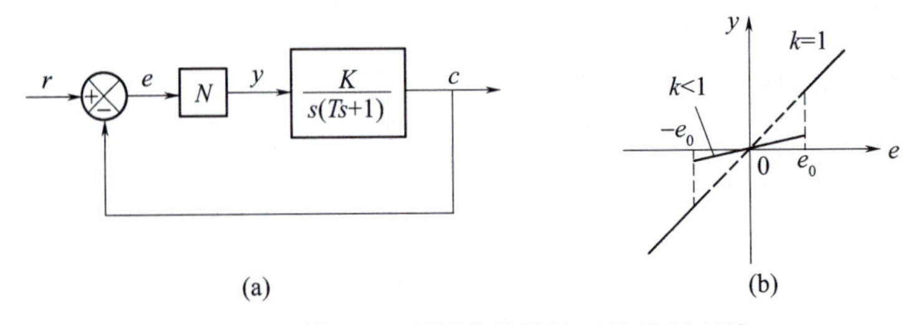

图 7-59　例 7-19 采用非线性校正的控制系统

(a) 非线性校正的控制系统结构图；(b) 非线性特性。

$$T\ddot{c} + \dot{c} = Ky$$

$$e = r - c$$

在线性区Ⅰ内，$|e| < e_0$，系统误差方程为

$$T\ddot{e} + \dot{e} + Kke = T\ddot{r} + \dot{r}$$

在线性区Ⅱ内，$|e| > e_0$，系统误差方程为

$$T\ddot{e} + \dot{e} + Ke = T\ddot{r} + \dot{r}$$

其中，增益 K 和 k 应这样选择：一方面，为了在 $|e| > e_0$ 时获得快速性，在线性区Ⅱ中应选择较大的 K 值，使系统阻尼较小，对应于稳定焦点，具体地应先选 $K > 1/(4T)$；另一方面，为了防止超调量过大，在 $|e| < e_0$ 时，在线性区Ⅰ中应适当选择 k 使系统处于临界阻尼，对应于稳定节点，具体地应选 k 使 $k < 1/(4T)$。

设输入 $r(t)$ 为阶跃函数，当 $t > 0$ 时，有 $\ddot{r} = \dot{r} = 0$，可得Ⅱ区内系统的误差方程为

$$T\ddot{e} + \dot{e} + Ke = 0$$

此时的相平面图如图 7-60(a)所示，平衡点位于(0,0)，是稳定焦点。在Ⅰ区内系统的误差方程为：$T\ddot{e} + \dot{e} + Kke = 0$，相平面图如图 7-60(b)所示，平衡点位于(0,0)，是稳定节点。

把图 7-60(a)、(b)的相轨迹分别画到相平面图的各区域中，就得到系统状态的运动轨迹，如图 7-61 所示。当阶跃输入的幅度较小时，相轨迹曲线是图中 A_0A_10，阶跃响应是单调的，没有超调，且响应速度较快，若阶跃幅度较大，则相应的运动轨迹是 $B_0B_1B_2B_30$。显然响应是振荡性的，但超调量和振荡次数比线性增益(图中虚线所示)的情况减小很多。

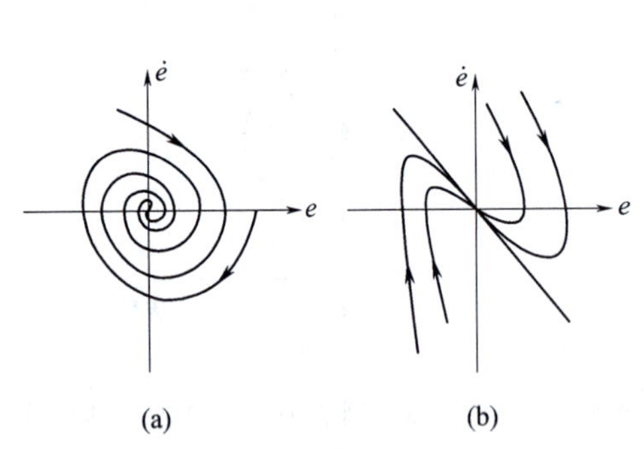

图 7-60　Ⅰ区和Ⅱ区的相轨迹

(a) Ⅱ区；(b) Ⅰ区。

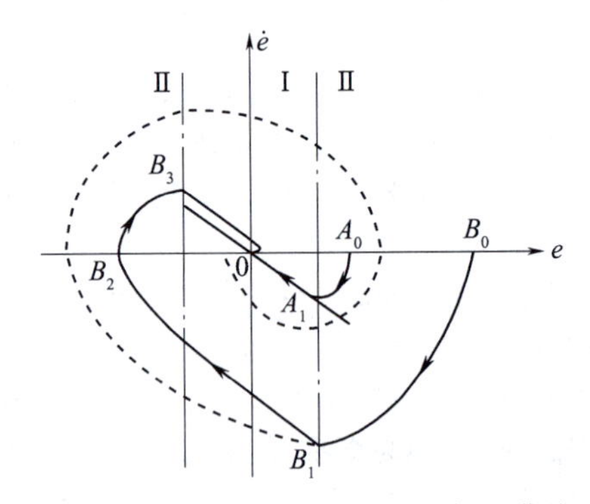

图 7-61　单位阶跃输入时的相轨迹曲线

由此例可以看出，在线性系统中，增益的选择要兼顾调节时间和超调量等性能指标。当增益 K 值较大时，快速性好，但超调量大。若 K 取得较小，则超调量减小，但快速性差。而采用非线性增益串联校正，可以获得较理想的阶跃响应曲线。

例 7-20　采用非线性反馈校正的二阶随动系统如图 7-62 所示，试分析线性反馈校正在改善系统动态性

能方面的作用。

解:由图可知,非线性反馈校正装置为死区特性:

$$x(t)=\begin{cases}0 & (|c|\leqslant\Delta)\\ c-\Delta & (c>\Delta)\\ c+\Delta & (c<-\Delta)\end{cases}$$

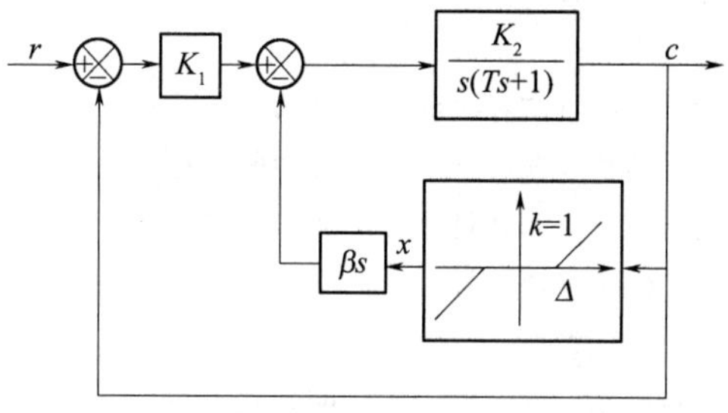

图 7-62　采用非线性反馈校正的二阶随动系统

即在输出 $c(t)$ 信号较小时没有局部反馈,只在输出 $c(t)$ 较大时才接入局部。系统存在局部反馈时,随动系统的开环传递函数是

$$G(s)=\frac{K_1K_2}{Ts^2+(1+K_2\beta)s}$$

相应的闭环传递函数为

$$\Phi(s)=\frac{K_1K_2}{Ts^2+(1+K_2\beta)s+K_1K_2}=\frac{\omega_n^2}{s^2+2\zeta\omega_n s+\omega_n^2}$$

式中,$\omega_n=\sqrt{K_1K_2/T}$;$\zeta=(1+K_2\beta/(2\sqrt{TK_1K_2})$。

这时的阻尼比 ζ 较大,系统的阶跃响应曲线如图 7-63 中的曲线 2,无超调,但响应速度很慢。当系统没有局部反馈时,$\zeta=1/2\sqrt{TK_1K_2}$,阻尼比显然较小,阶跃响应曲线如图 7-63 中的曲线 1,超调量很大。

接入非线性反馈校正之后,它的阶跃响应曲线如图 7-63 中的曲线 3,响应快,又没有超调。这是因为:当输出信号较小时($|c|<\Delta$),相当于没有局部反馈,$c(t)$ 沿曲线 1 快速上升。当输出足够大时($c>\Delta$),局部反馈投入,$c(t)$ 按曲线 2 的规律继续上升,从而形成响应曲线 3,即快速又平稳的响应。该例题中的死区特性可以用如图 7-64 所示的线路来实现。

综上所述,在多数情况下,控制系统中存在的非线性因素,对系统的控制性能会产生不利的影响。但在控制系统中恰当地加入特定的非线性特性,却能使控制性能得到改善,这种人为地加入系统内的非线性特性称为非线性校正装置。由例 7-19 和例 7-20 可以看出,对系统采用某些简单的非线性校正,可以大幅度地控制性能,这是线性校正所不能比拟的。

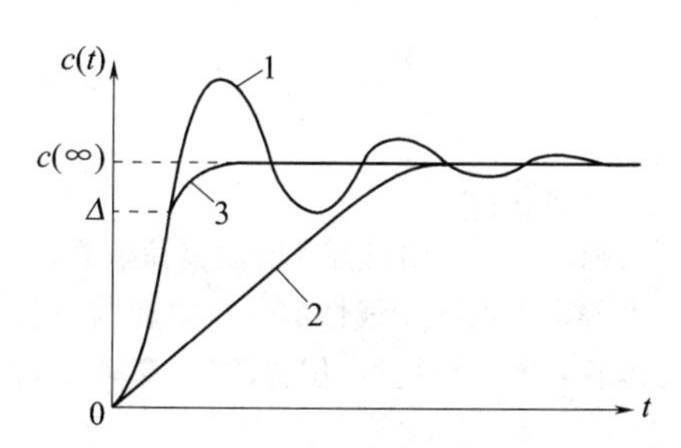

图 7-63　例 7-20 系统的阶跃响应曲线

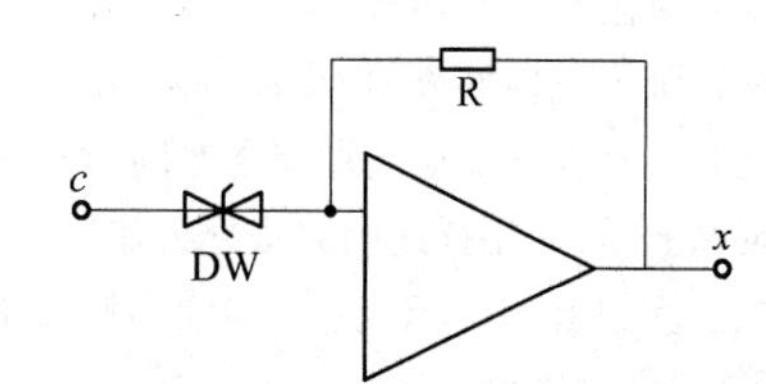

图 7-64　死区非线性特性的实现

学习指导与小结

1. 基本要求

通过本章学习,应该达到:

(1) 正确理解描述函数的基本思想和应用条件。

(2) 准确理解描述函数的定义、物理意义和求法,并会灵活应用。

(3) 熟练掌握理想继电特性、死区继电特性、滞环继电特性和死区特性等典型非线性环节的描述函数,并会运用典型非线性特性的串并联分解求取复杂非线性特性的描述函数。

(4) 熟练掌握运用描述函数法分析非线性系统的稳定性和自振荡的方法和步骤,并能正确计算自振荡的振幅和频率。

(5) 正确理解相平面图的基本概念。

(6) 熟练掌握线性二阶系统的典型相平面图及其特征。

(7) 会画出非线性系统的典型相平面图。

(8) 熟练掌握运用相平面法分析非线性系统的动态响应的方法和步骤。

2. 内容提要

本章介绍了非线性系统的两种基本分析方法:描述函数法和相平面法。

1) 描述函数法

这是一种频域法,基于谐波线性化的近似分析方法。其基本思想是首先通过描述函数将非线性环节线性化,然后应用线性系统的频率法对系统进行分析。描述函数法在应用时是有条件限制的,其应用条件如下:

(1) 非线性系统的结构图可以简化成只有一个非线性环节和一个线性部分串联的典型负反馈结构。若不是这种典型结构,则必须首先利用系统中信号间的传递关系简化成这种典型结构,才能应用描述函数法做进一步的分析。

(2) 非线性环节的静特性曲线是奇对称的。

(3) 线性部分应具有良好的高频衰减特性。

(4) 只能用来分析非线性系统的稳定性和自振荡。

2) 描述函数 $N(A)$ 的计算及其物理意义

描述函数 $N(A)$ 可以从定义式(7-24)出发求得,一般步骤如下:

(1) 首先画出非线性特性在正弦信号输入下的输出波形,并写出输出波形的数学表达式。

(2) 利用傅里叶级数求出输出的基波分量。

(3) 将求得的基波分量代入定义式(7-24),即得 $N(A)$。

对于复杂的非线性特性也可以将其分解为若干简单的典型非线特性的并联,然后再由已知的这些简单非线性特性的描述函数求出复杂非线性特性的描述函数。描述函数的物理意义是描述了一个非线性元件对基波正弦量的传递能力。

3) 描述函数法分析稳定性和自振荡的一般步骤

(1) 首先求出非线性环节的描述函数 $N(A)$。

(2) 分别画出线性部分的 $G(j\omega)$ 曲线和非线性部分的 $-1/N(A)$ 曲线。

(3) 用奈氏判据判断稳定性和自振荡,若存在稳定的自振荡,则进一步求出自振荡的振幅和频率。

特别强调的是,应用描述函数法分析非线性系统,其结果的准确程度取决于线性部分高频衰减特性的强弱。在对数坐标图上,取决于 $L(\omega)$ 曲线高频段的斜率和位置,其高频段斜率越负,位置越低,高频衰减特性越强,分析结果就越准确。

4) 相平面法

相平面法是分析非线性系统的一种时域法、图解法,不仅可以分析系统的稳定性和自振荡(极限环),而且可以求取系统的动态响应。这种方法只运用于二阶系统,但由于一般高阶系统又可用二阶系统来近似,因此相平面法也可用于高阶系统的近似分析。关于相平面法应着重掌握以下两个问题。

5) 相平面图的基本概念

对于绘制和理解相平面图,以及进一步分析系统的动态响应是至关重要的。相平面图的基本概念有:相轨迹和相平面图的定义;奇点的类型、性质和求法,极限环的分类及性质;相平面图的绘制方法。应当注意,奇点中的中心点和奇线中的极限环,它们的相平面图是不一样的,这是两个截然不同的概念,不要混淆。

6) 相平面法分析非线性系统的一般步骤

(1) 首先选择合适的相平面坐标,并根据非线性特性将相平面划分成若干个线性区域。若系统没有外部输入,而是分析初始条件下系统的动态过程,可选取系统的输出量 c 及其导数 $\dot{c}$ 作为相坐标。当系统有阶跃或斜坡输入时,选取系统的误差 e 和 $\dot{e}$ 作为相坐标,会更为方便。

(2) 根据系统的微分方程式绘制各区域的相轨迹。

(3) 把相邻区域的相轨迹在区域的边界上适当连接起来,便得到系统的相平面图。然后根据相平面图进一步分析系统的动态响应。

相平面法分析非线性系统的准确程度,取决于相轨迹曲线的绘制精度。因此在绘制相轨迹曲线时要保证一定的绘制精度。

应当特别指出,由于在非线性系统中,其非线性特性往往可以分段加以线性化,而在每一个分段中,系统都可以用线性微分方程描述,因此线性系统的相平面分析是非线性系统相平面分析的基础。

习　题

7-1　试写出题图所示非线性特性的数学表达式。

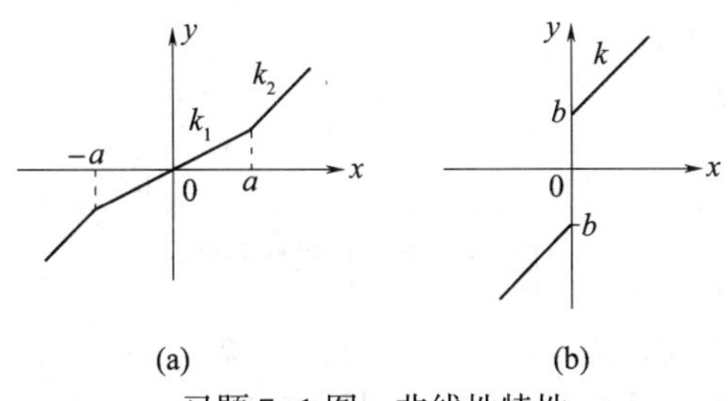

习题 7-1 图　非线性特性

7-2　已知某非线性元件的静特性关系为

$$y = x^3$$

试求该非线性元件的描述函数 $N(A)$。

7-3　根据已知的非线性特性的描述函数,求题图所示的各非线性特性的描述函数 $N(A)$。

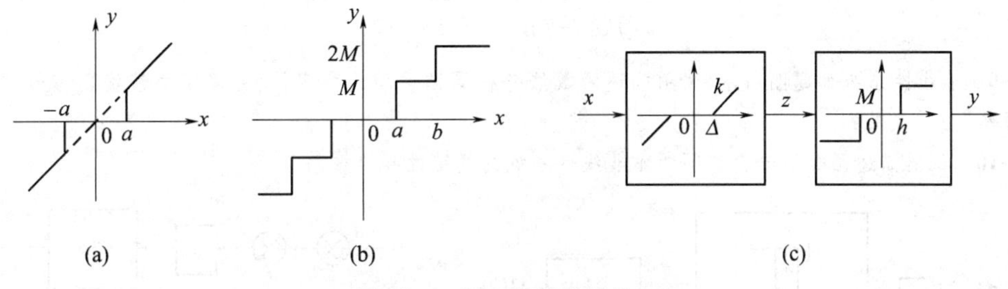

习题 7-3 图　非线性特性

7-4　三个典型非线性系统的非线性环节一样,线性部分分别为

(1) $G(s)=\dfrac{1}{s(0.1s+1)}$　　(2) $G(s)=\dfrac{2}{s(s+1)}$　　(3) $G(s)=\dfrac{2(1.5s+1)}{s(s+1)(0.1s+1)}$

试问用描述函数法分析时,哪个系统分析的准确度高?

7-5　将题图所示非线性系统简化成典型结构图形式,并写出线性部分的传递函数。

7-6　判断题图所示各系统的稳定性。若有自振荡,判断自振荡的稳定性。

7-7　某单位反馈系统,其前向通道中有一描述函数为 $N(A)=\mathrm{e}^{-\mathrm{j}\frac{\pi}{4}}/A$ 的非线性元件,线性部分的传递函数为 $G(s)=15/s(0.5s+1)$,试用描述函数法确定系统是否存在自振荡。若有,参数是多少?

7-8　已知非线性系统的结构图如题图所示,图中的非线性环节的描述函数 $N(A)=(A+6)/(A+2)$ $(A>0)$,试用描述函数法确定:

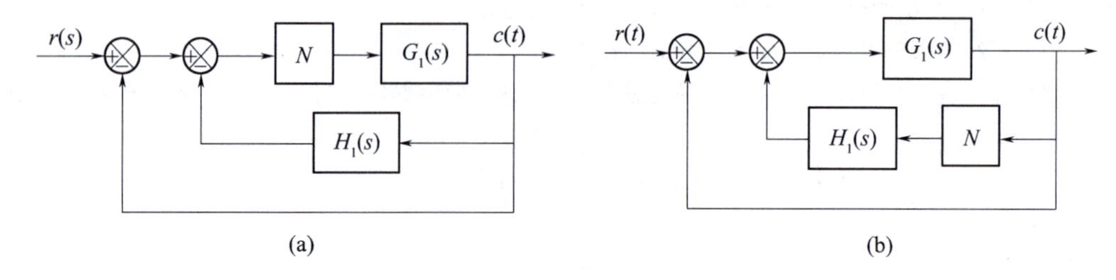

习题 7-5 图　非线性系统

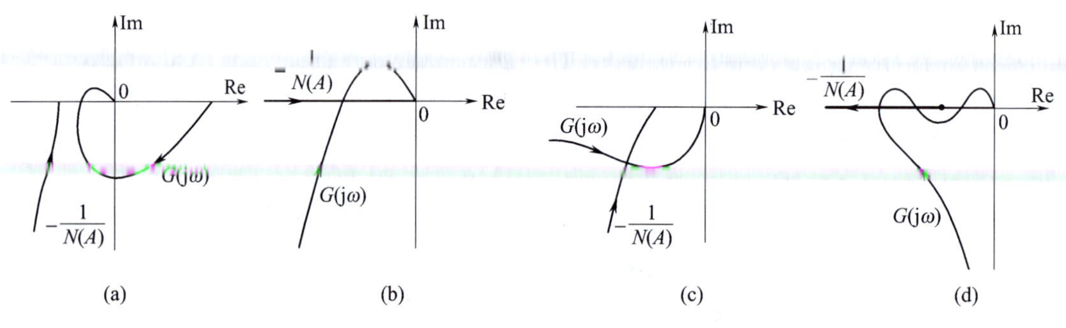

习题 7-6 图　非线性系统

(1) 使非线性系统稳定、不稳定以及产生周期运动时,线性部分的 K 值范围;

(2) 判断周期运动的稳定性,并计算周期运动的振幅和频率。

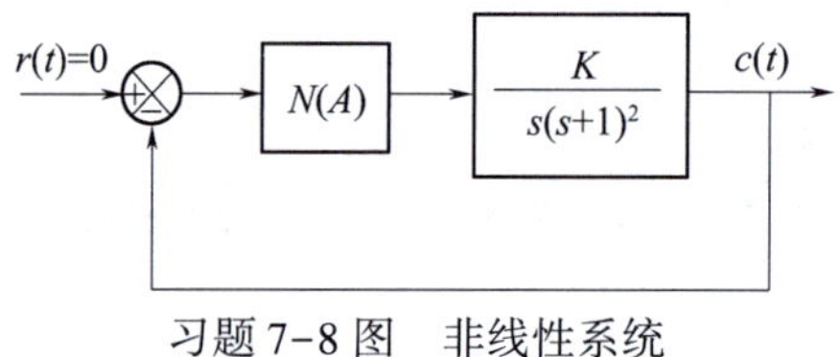

习题 7-8 图　非线性系统

7-9　非线性系统如题图所示,试用描述函数法分析周期运动的稳定性,并确定系统输出信号振荡的振幅和频率。

7-10　试用描述函数法分析题图所示非线性系统的稳定性和自振荡。

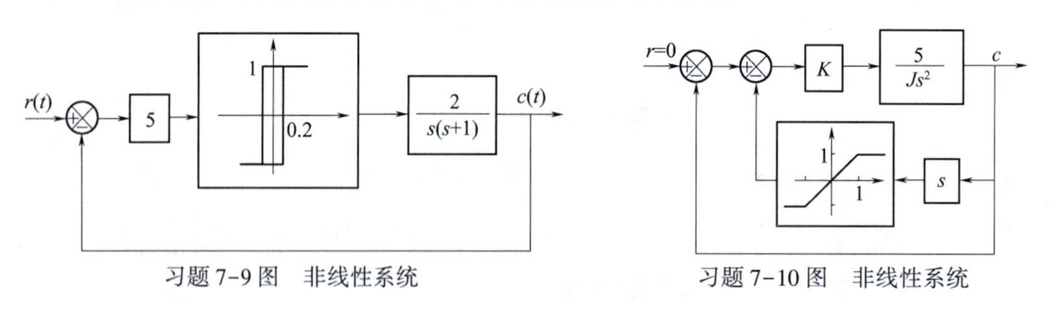

习题 7-9 图　非线性系统　　习题 7-10 图　非线性系统

7-11　试用解析法求下列方程的相轨迹方程,并画出相平面图:

(1) $\ddot{x}=A$

(2) $\ddot{e}+\dot{e}=0$

(3) $\dot{x}+x=0$

7-12　线性二阶系统的微分方程为

$$\ddot{x} + 2\zeta\omega_n\dot{x} + \omega_n^2 x = 0$$

式中,$\zeta=0.15$、$\omega_n=1$。试用等倾线法绘制系统在 $x(0)=5$、$\dot{x}(0)=0$,以及 $x(0)=0$、$\dot{x}(0)=5$ 的相轨迹。

7-13 试确定下列系统的奇点的位置和类型:

(1) $\ddot{e}+\dot{e}+e=0$

(2) $\ddot{x}+\dot{x}^2+x=0$

(3) $\ddot{x}-(0.5-3\dot{x}^2)\dot{x}+x+x^2=0$

7-14 非线性系统的结构图如题图所示,系统开始是静止的,输入信号 $r(t)=4\cdot 1(t)$,确定奇点的位置和类型,作出该系统的相平面图,并分析系统的运动特点。

7-15 变增益控制系统的结构图及其中非线性元件的静特性曲线如题图所示。设系统开始处于零初始状态,若输入信号 $r(t)=R\cdot 1(t)$,且 $R>e_0$,试绘出系统的相平面图,分析采用变增益放大器对系统性能的影响。

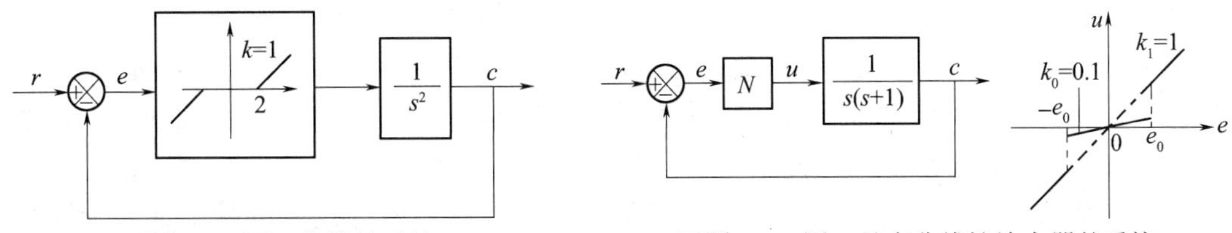

习题 7-14 图　非线性系统　　习题 7-15 图　具有非线性放大器的系统

7-16 设非线性系统如题图所示,若输出为零初始条件,$r(t)=1(t)$,要求:

(1) 在 e—$\dot{e}$ 平面上画出相轨迹;

(2) 判断该系统是否稳定,最大稳态误差是多少。

7-17 已知具有理想继电特性的非线性系统如题图所示,试用相平面法分析:

(1) $T_d=0$ 时系统的运动状态;

(2) $T_d=0.5$ 时系统的运动状态,并说明比例微分控制对改善系统性能的作用。

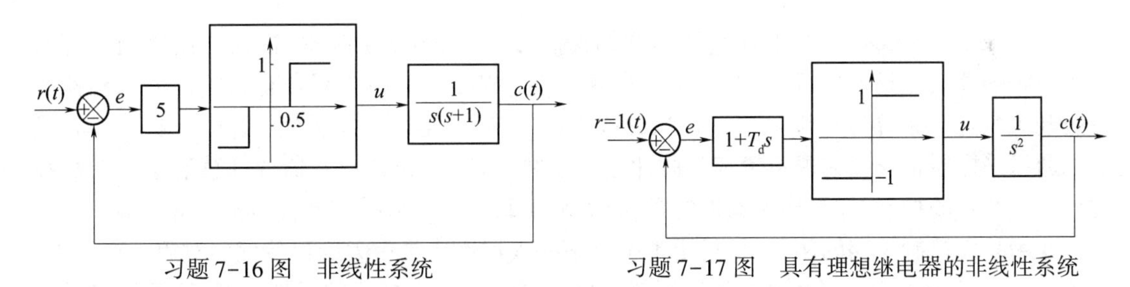

习题 7-16 图　非线性系统　　习题 7-17 图　具有理想继电器的非线性系统

7-18 非线性系统的结构图如题图所示,要求:

(1) 当开关打开时,绘制初始条件 $e(0)=2$,$\dot{e}(0)=0$ 的相轨迹;

(2) 当开关闭合时,绘制相同初始条件的相轨迹,并说明测速反馈的作用。

7-19 系统的结构图如题图所示,设 $r=0$,$e(0)=3.5$,$\dot{e}(0)=0$,试绘制系统的相轨迹曲线。

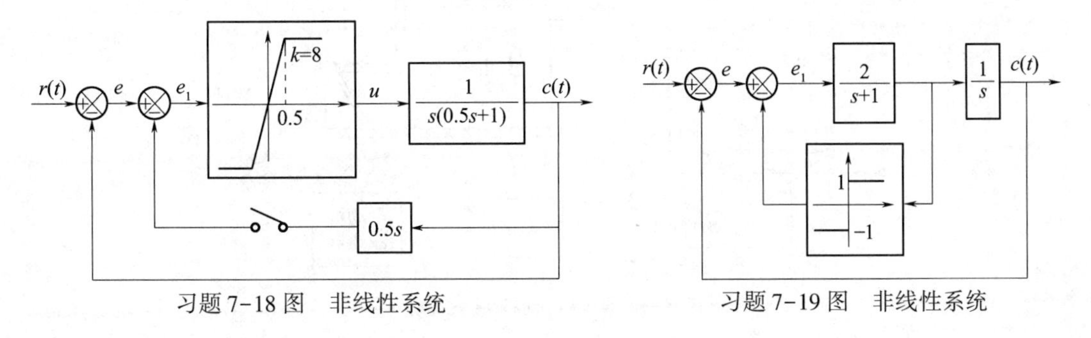

习题 7-18 图　非线性系统　　习题 7-19 图　非线性系统

第 8 章　离散控制系统

8.1　引言

到现在为止，前 7 章所讨论的各系统，都是连续控制系统。在第 1 章中已经指出，连续系统的特点是系统中各元件的输入信号和输出信号都是时间的连续函数。这类系统的运动状态是用微分方程来描述的。但是，近年来，随着脉冲技术、数字式元部件、数字计算机，特别是微处理机的发展，以及数字式通信线路的大量使用，很多情况下信号不是连续传输的，而是用离散的数字序列去传递信息。数字控制器在许多场合取代了模拟控制器，使绝大部分的精密控制系统和复杂的过程控制走向数字化。数字机和数字控制器所能达到的精度远高于连续器件，其容量和功能也是连续器件所不能比拟的。因此，作为分析和设计数字控制系统的理论，离散系统理论近年来发展非常迅速。

本章着重介绍线性离散系统的控制理论方法。离散系统与连续系统相比，虽然在本质上有所不同，但对于线性系统，分析研究方法有很大程度上的相似性。连续系统中的许多概念和方法，都可以推广应用于线性离散系统。

8.1.1　离散系统的基本概念

离散控制(discrete control)是一种断续的控制方式，在实际系统中，往往是按控制的需要人为地将连续信号离散化，称其为采样。采用这种控制方式的系统都含有通常称为采样器的专门开关装置。采样器可以是一个机械的或机电的装置，定时开启关闭；也可以是 A/D 转换器。通过采样器把连续的模拟量变为脉冲序列或数码信号，送到控制器或计算装置。对被控对象施以断续的控制，或阶梯状的控制等，故**离散控制**又称为**采样控制**(sampled system)。

作为采样控制早期的例子，最早出现于对某些大惯性或具有大延迟特性的对象的控制中。如图 8-1 是一个工业炉温度自动控制系统。炉子是一个具有延迟的惯性环节，其延迟时间为 τ_1，可长达数秒乃至数十秒。惯性时间常数 T_1 一般也相当大。按照连续系统控制方式，控制方框图如图 8-2 所示，当炉温偏离给定值，测温电阻的阻值发生变化使电桥失去平衡，误差信

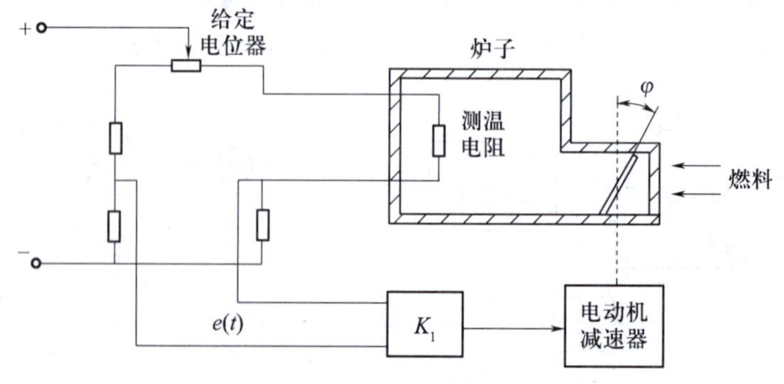

图 8-1　炉温自动控制系统

号$e(t)$作为控制作用，经放大推动执行电动机去调整燃料供应阀门的开度 φ，使炉温得到控制。执行电动机的时间常数比炉子的要小得多，可以忽略它的小惯性，视为比例环节，并将放大器、电动机、阀门、炉子等部件的比例系数合并记为 K。根据已有的知识定性分析可知，加大 K 可使误差减小，同时系统变得很敏感。炉温稍一偏低，电动机就会很快旋转，阀门立即开大。但是炉温不能马上上升，持续调节。当炉温上升到给定值，阀门开度早已调过了头，结果炉温会继续上升，产生反向偏差，随后又导致电动机反过来旋转，反向调节阀门。这样往复调节，形成炉温大幅度振荡。如果 K 取得很小，系统则很迟钝，只有当误差较大时，产生的控制作用才能克服电动机的"死区"而推动阀门动作。这样虽不引起振荡，但调节时间很长且误差较大。

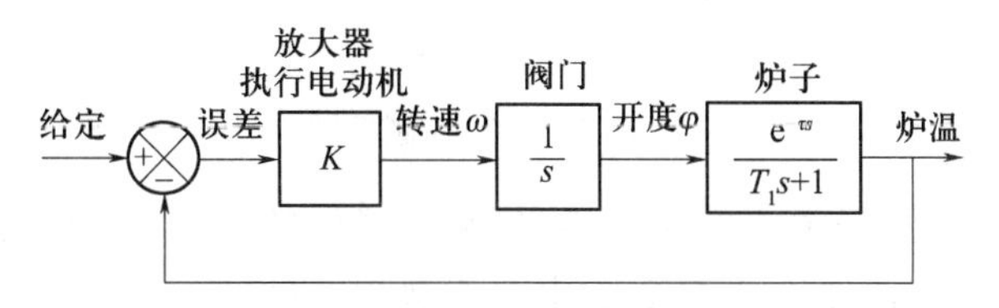

图 8-2　温度控制方框图

现在来考察采样控制。在误差信号与放大器之间装一个检流计，如图 8-3 所示。检流计指针的偏转，可以显示连续的误差信号，指针又作为电位器滑杆，送出正比于误差信号的电压。为了提高灵敏度，指针偏转时不能有摩擦力，同时需要进行信号采样，故用一套专用的同步电动机通过减速器带动凸轮运转，使指针周期性上下运动，每隔 T 秒与电位器接触一次，每次接触时间很短，只有 τ 秒。这样，就完成了将连续信号转换成脉冲序列的采样过程，变量也就由时间的连续函数转变成时间的离散函数，如图 8-4 所示。

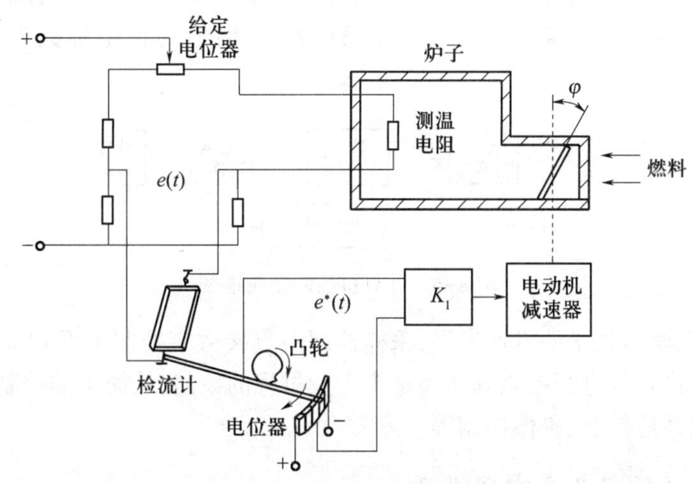

图 8-3　炉温采样自动控制系统

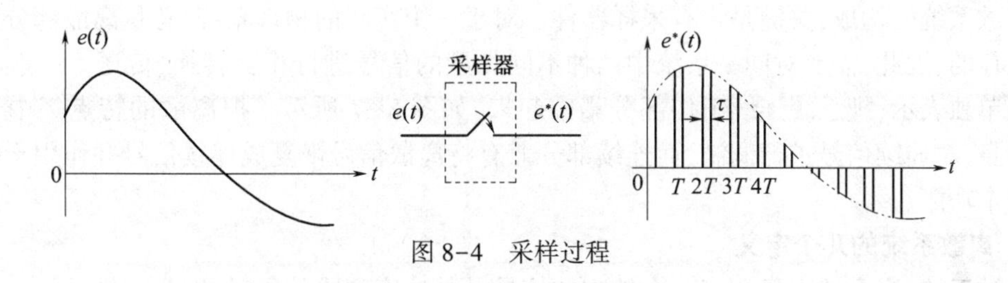

图 8-4　采样过程

装有采样器的离散温度控制系统框图如图 8-5 所示。当有误差信号出现时,这个信号只有在开关闭合时才能通过。该信号经放大推动电动机调节阀门开度。当开关断开时,尽管误差并未消除,但执行电动机马上就停下来,等待炉温变化一段时间,直到下次闭合,才检验误差是否仍然存在,并根据那时误差信号的大小和符号再进行控制。在等待时间里,电动机不旋转,所以调节过头的现象受到抑制,这样就可以采用较大 K 而仍保持系统稳定。

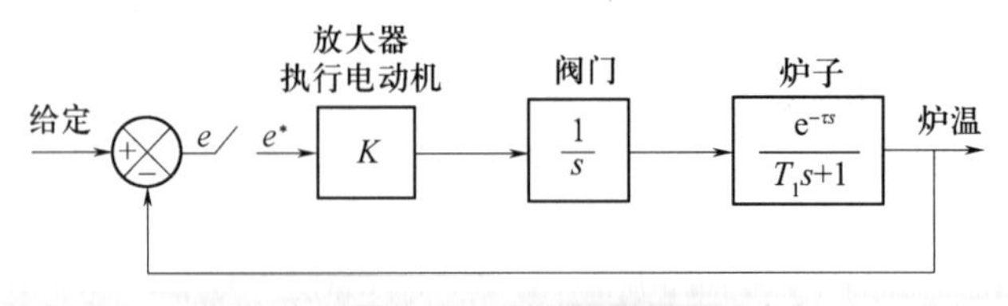

图 8-5　采样控制框图

以上是通过机电采样开关将模拟量变为脉冲序列的离散控制,习惯上称为**脉冲控制系统**(impulse control system)。这类系统中早期所用的控制装置,除了采样器,其他还属于模拟控制装置,控制功能和控制精度均受到限制。在现代控制技术中,数字控制器基本取代了模拟控制器,使控制器的功能大大提高。有些在模拟控制器中很难实现的功能,在数字控制器中则很方便地得到实现。特别是微型计算机的采用,强大的逻辑判断功能和高速运算能力,将许多模拟控制器无法实现的功能得以用软件编程实现。同时数字控制还具有很好的通用性,可以很方便地改变控制规律。尤其当采用计算机控制多个生产过程时,上述优点就显得更加突出。

计算机控制系统框图如图 8-6 所示。A/D 转换器将连续的模拟信号转换成数码序列,经数字控制器处理后形成离散控制信号 $u^*(t)$,再经 D/A 转换器形成连续控制信号 $u(t)$,作用于被控对象。这类系统中,离散信号是以数码形式传递的,习惯上称**数字控制系统**(digital control system)。

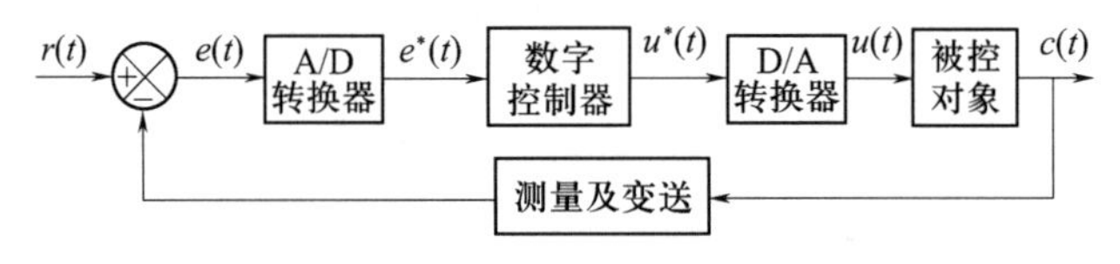

图 8-6　计算机控制系统框图

随着计算机科学与技术的迅速发展,采样控制由直接数字控制发展到计算机分级分布控制,由对单一的生产过程进行控制到实现整个工业过程的控制,从简单的控制规律发展到更高级的优化控制、自适应控制、鲁棒控制等。

8.1.2　离散系统的定义及常用术语

离散系统的构成,关键是含有采样器件。对于一个实际的物理系统,总是离散部分和连续部分并存的,因此,需要对同一系统中两种不同类型的信号进行相互转换、传送。一般将离散控制器单独表示,把系统连续工作部分集中起来,如图 8-7 所示。把离散的特点集中于采样器件本身,对连续信号进行调制,而连续部分兼有将离散信号恢复成连续信号并作用于被控对象的各个功能。

1. 离散系统的几个定义

离散系统:当系统中只要有一个地方的信号是脉冲序列或数码时,即为离散系统。换句话说,这些信号仅定义在离散时间上,在时间间隔内无意义。

脉冲控制系统:离散信号是脉冲序列而不是数码的即为脉冲控制系统。脉冲序列的特点是在时间上离散分布的。在幅值上是任意可取的,代表了脉冲的强度。

数字控制系统:离散信号是数码而不是脉冲序列的即为数字控制系统。数码的特点是在时间上离散对应的,而在幅值上是采用整量化表示的。因为在计算机中,采样后的离散信号必须表示成最小位二进制的整数倍,成为数字信号,称为编码过程,如图 8-8 所示,所以信号的断续性还表现在幅值上。通常,A/D 转换器有足够的字长来表示数码,且量化单位 q 足够小,故由量化引起的幅值的断续性可以忽略。此外,采样编码过程可视为瞬间完成,这样,经采样后所得的数字序列可看作理想的脉冲序列,A/D 转换器就可以用一个理想采样开关来表示,如图 8-9 所示。

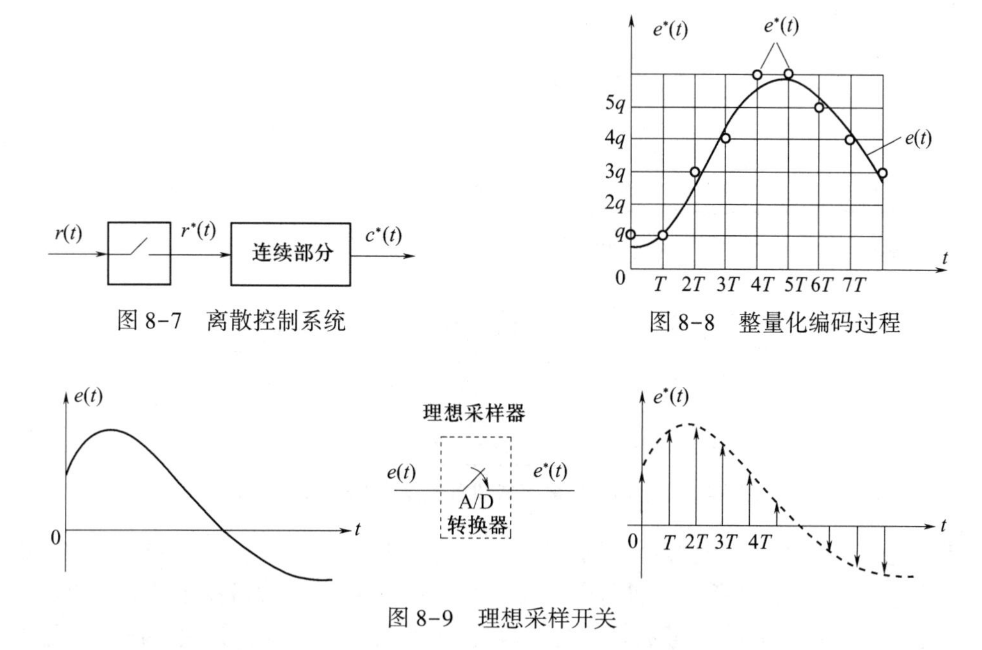

图 8-7　离散控制系统

图 8-8　整量化编码过程

图 8-9　理想采样开关

开环采样系统:当采样器位于系统闭合回路之外,或者系统本身不存在闭合回路时,称为开环采样系统。

闭环采样系统:闭合回路中含有采样器的系统,称为闭环采样系统。

线性采样:当采样器输入与输出信号幅值之间存在线性关系时,称为线性采样。一般脉冲宽度为常数的脉冲调幅,脉冲很窄的脉冲调频都属于线性调制方式,即为线性采样。

线性采样系统:当采样器和系统其余部分都具有线性特性时,称为线性采样系统。

2. 离散系统常用术语

采样:把连续信号变成脉冲序列(或数码)的过程,称为采样。

采样器:实现采样的装置叫采样器,可以是机电开关,也可以是 A/D 转换器。

周期采样:采样开关等间隔开闭,称为周期采样。

同步采样:多个采样开关等周期一起开闭。

非同步采样:多个采样开关等周期但不同时开闭。

多速采样:各采样开关以不同的周期开闭。

随机采样:开关动作随机,没有周期性。

保持器:从离散信号中,将连续信号恢复出来的装置称为保持器,具有低通滤波功能的电网络和 D/A 转换器都是这类装置。

8.1.3 离散系统的特点

1. 离散系统信号转换的两个特殊环节

离散系统中连续信号和离散信号并存,从连续信号到离散信号之间要用采样器,而从离散信号到连续信号之间要用保持器,以实现两种信号的转换。所以,采样器和保持器是离散控制系统中两个特殊的环节。图 8-10 是离散系统典型框图,这里给定与反馈之间的误差 $e(t)$,经采样器变成离散误差信号 $e^*(t)$,经数字控制器处理后形成离散的控制信号 $u^*(t)$,再经保持器恢复成连续的控制信号 $u(t)$,作用于被控对象。若控制器采用连续的模拟装置,则离散系统结构框图如图 8-11 所示。

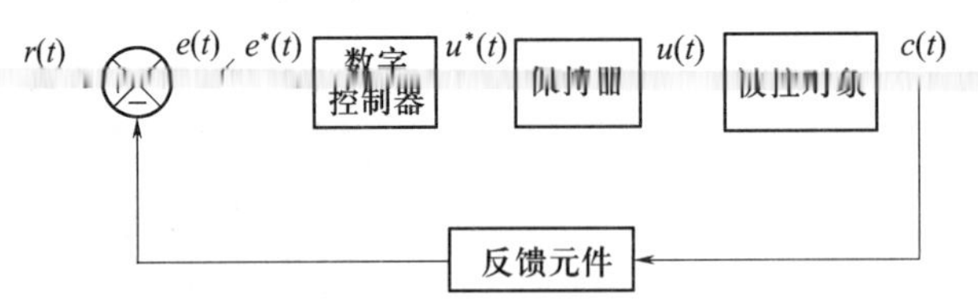

图 8-10 采用数字控制器的离散控制系统典型框图

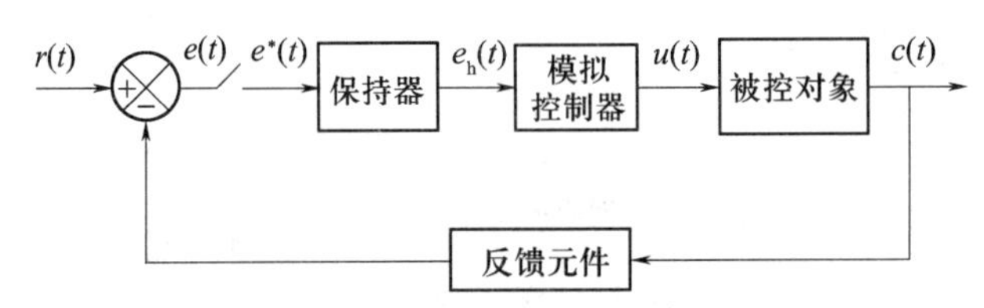

图 8-11 采用连续控制器的离散控制系统典型框图

无论是数字控制系统还是脉冲控制系统,只要是离散的控制信息,分析和设计的理论方法都是一致的。今后,可以将采样脉冲控制系统、数字控制系统视为离散系统的同义语。

另外,对于保持器,作为信号恢复的装置,其必要性在数字信号转为模拟信号时是显而易见的,因为数字量不能直接作用于模拟装置,而大多被控对象,其输入输出都是连续的模拟量。而对于脉冲控制器发出的脉冲序列,可称为离散模拟量,原则上说可以直接推动模拟装置,这时,增加保持器的原因主要是将 $e^*(t)$ 中的高频分量滤掉,否则相当于给系统连续部分加入了噪声,不但影响控制质量,严重时会加剧机械部件的磨损,因此需要在采样器后面串一个信号复现滤波器,使信号复原成连续信号之后再加到系统的连续部分。

2. 离散系统的优点

(1) 在很多场合,其结构上比连续系统简单。

(2) 其检测部分具有较高的灵敏度。

(3) 离散信号的传递可以有效地抑制噪声,从而提高系统的抗干扰能力。同时信号传递和转换精度较高。

(4) 数字控制器软件编程灵活,可方便地改变控制规律,灵活地实现各种所需的控制。

(5) 可用一台计算机分时控制若干个系统,提高了设备利用率,经济性好。

(6) 对于具有传输延迟,特别是大延迟的控制系统,可以引入采样的方式稳定并具有良好的动态特性。

8.2 采样过程和采样定理

在采样的多种方式中,最简单而又最普通的是采样间隔相等的周期采样。以下讨论的均是周期采样的情况。

8.2.1 采样过程的数学描述

把连续信号转换成离散信号的过程,叫做**采样过程**(sampling process)。将连续信号 $e(t)$ 加到采样开关的输入端,采样开关以周期 T 秒闭合一次,闭合持续时间为 τ,于是在采样开关输出端得到宽度为 τ 的调幅脉冲序列 $e^*(t)$,如图 8-12 所示。

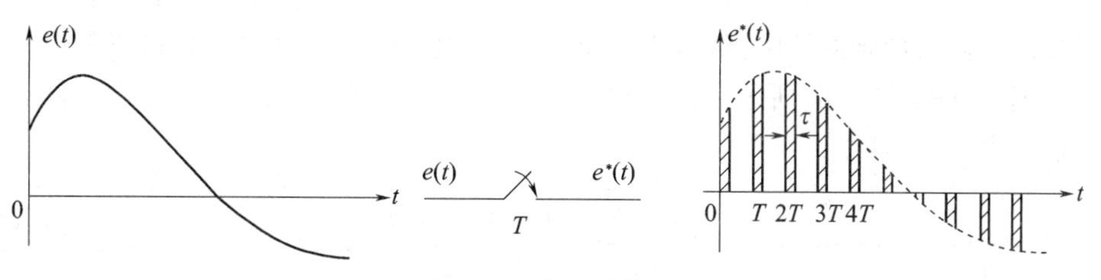

图 8-12 实际采样过程

由于开关闭合时间 τ 很小,远远小于采样周期 T,故 $e(t)$ 在 τ 时间内变化甚微,可近似认为该时间内采样值不变。所以 $e^*(t)$ 可近似为一串宽度为 τ,高度为 $e(kT)$ 的矩形窄脉冲。如图 8-13 所示。其数学描述可用矩形面积和来表示:

$$
\begin{aligned}
e^*(t) &= e(0)[1(t) - 1(t-\tau)] + e(T)[1(t-T) - 1(t-T-\tau)] + \cdots + \\
&\quad e(kT)[1(t-kT)] - 1[(t-kT-\tau)] + \cdots = \\
&\quad \sum_{k=0}^{+\infty} e(kT)[1(t-kT) - 1(t-kT-\tau)]
\end{aligned} \tag{8-1}
$$

由于控制系统中,当 $t<0$ 时,$e(t)=0$,所以序列 k 从 0 取到 $+\infty$。式中 $1(t-kT)-1(t-kT-\tau)$ 为两个单位阶跃函数之差,表示在 kT 时刻,一个高为 1,宽为 τ,面积为 τ 的矩形窄脉冲,如图 8-14 所示。

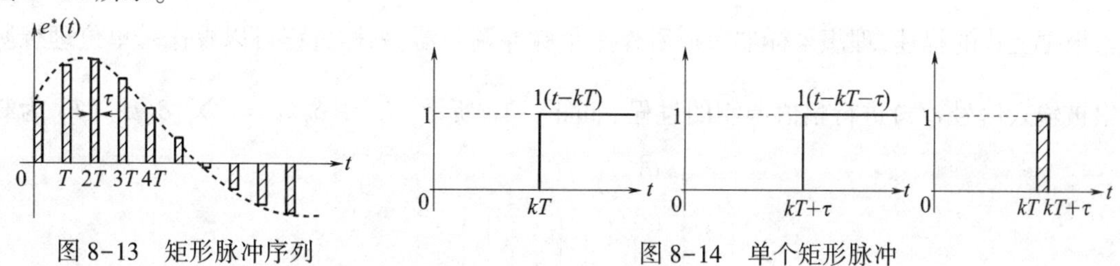

图 8-13 矩形脉冲序列

图 8-14 单个矩形脉冲

从数学上可知,脉动函数的强度是用其面积来度量的。当宽度 $\tau\to 0$ 时,脉动函数转化为脉冲函数。工程上一般在 τ 远小于采样开关以后系统连续部分最大时间常数时,可认为 $\tau\to 0$,则矩形窄脉冲可用 kT 时刻的 δ 函数来近似表示:

$$
1(t-kT) - 1(t-kT-\tau) = \tau \cdot \delta(t-kT) \tag{8-2}
$$

式中

$$\delta(t-kT)=\begin{cases}\infty, t=kT\\ 0, t\neq kT\end{cases} \quad 且 \quad \int_{-\infty}^{+\infty}\delta(t-kT)\mathrm{d}t=1$$

将式(8-2)代入式(8-1)中

$$e^*(t)=\sum_{k=0}^{\infty}e(kT)\cdot\tau\cdot\delta(t-kT)$$

对于每一个矩形脉冲来说,τ 是相同的定值,对线性系统来说,可将常数 τ 移至和式之外,即

$$e^*(t)=\tau\cdot\sum_{k=0}^{\infty}e(kT)\cdot\delta(t-kT) \tag{8-3}$$

此时,τ 可作为一个放大系数归到后面系统中去考虑,如图 8-15(a)所示。如果采样信号未经保持器直接加到系统中去,则每个脉冲的强度正比于闭合时间 τ,故后面系统的放大倍数要扩大 τ 倍才符合实际情况。如若使系统的总增益保持不变,则需先将原来的增益乘以$1/\tau$;若采样信号经过保持器再加到系统中,就可不计及脉宽 τ 的影响,将采样过程直接按理想开关输出的信号来处理,如图 8-15(b)所示,特别是数字控制系统中,都属于这种情况。理想采样信号的数学表达式为

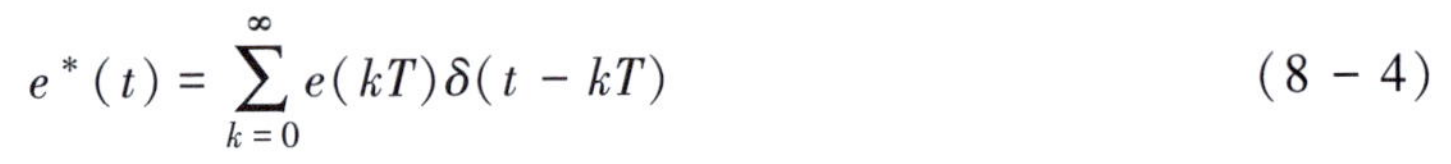

$$e^*(t)=\sum_{k=0}^{\infty}e(kT)\delta(t-kT) \tag{8-4}$$

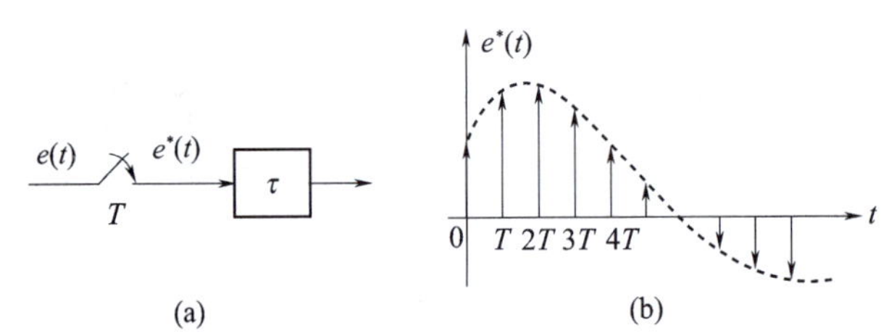

图 8-15　理想采样过程

(a) 采样开关等效图;(b) 理想采样输出。

理想采样过程的物理意义如下:

理想采样过程中,每个采样脉冲的强度等于连续信号在采样时刻的幅值,且在采样间隔内无意义,考虑到 $t<0$ 时,$e(t)=0$,故式(8-4)可写成

$$e^*(t)=\sum_{k=-\infty}^{+\infty}e(t)\delta(t-kT)=e(t)\cdot\sum_{k=-\infty}^{+\infty}\delta(t-kT)$$

根据上式的描述,理想采样器可以看作一个脉冲调制器,采样过程可以看作是单位理想脉冲串被输入信号 $e(t)$ 进行幅值调制的过程,如图 8-16 所示。其中 $\delta_T(t)=\sum_{k=-\infty}^{+\infty}\delta(t-kT)$ 为载

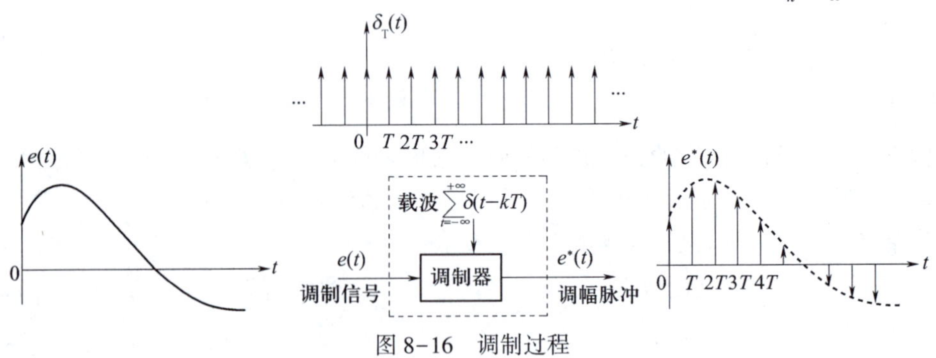

图 8-16　调制过程

波信号,$e(t)$为调制信号,采样器为幅值调制器。可见,输出脉冲序列可看作调制信号与载波信号相乘的结果。故采样输出信号可写成第二表达式

$$e^*(t)=e(t)\cdot\sum_{k=-\infty}^{+\infty}\delta(t-kT) \tag{8-5}$$

8.2.2 采样信号频谱分析

连续信号 $e(t)$ 被采样后变成了 $e^*(t)$,$e^*(t)$ 的波形与 $e(t)$ 的大不相同,两类信号所含的信息并不完全相等,在两类信号之间相互转换,需要一定条件。两类信号所含的成分需要用频谱分析的方法来比较。

所谓频谱是指一个时间函数所含不同频率谐波成分的分布情况,对于一个非正弦的周期函数 $e_{\mathrm{T}}(t)$,可以展开为傅里叶级数,它的参数形式为

$$e_{\mathrm{T}}(t)=\sum_{k=-\infty}^{\infty}C_{\mathrm{k}}\mathrm{e}^{\mathrm{j}k\omega_{\mathrm{s}}t} \tag{8-6}$$

式中,ω_{s} 为基波频率;傅里叶系数 C_{k} 为复振幅。

式(8-6)所示的各次谐波频率按基波频率 ω_{s} 的整数倍 $k\omega_{\mathrm{s}}$ 分布,故它的频谱分布在 ω 轴上是离散分布的。各次谐波相应的实际振幅 $|C_{\mathrm{k}}|$ 随频率变化的分布情况,称为函数 $e_{\mathrm{T}}(t)$ 的频谱。可见傅里叶系数 C_{k} 是一个频率函数,记为 $E(\mathrm{j}k\omega)$。其模值即为频谱函数

$$|C_{\mathrm{k}}|=|E(\mathrm{j}k\omega)|=\left|\frac{1}{T}\int_{-\frac{T}{2}}^{\frac{T}{2}}e_{\mathrm{T}}(t)\mathrm{e}^{-\mathrm{j}k\omega_{\mathrm{s}}t}\mathrm{d}t\right|$$

显然,周期函数是由无限多不同倍频的谐波叠加而成。

对于一个非周期函数 $e(t)$,只要满足傅里叶积分条件,同样可以展开成各种谐波成分连续累积的形式,用积分表示为

$$e(t)=\frac{1}{2\pi}\int_{-\infty}^{+\infty}E(\mathrm{j}\omega)\mathrm{e}^{\mathrm{j}\omega t}\mathrm{d}\omega \tag{8-7}$$

式中,$E(\mathrm{j}\omega)$ 为各种频率成分谐波的复振幅,由下式给出:

$$E(\mathrm{j}\omega)=\int_{-\infty}^{+\infty}e(t)\mathrm{e}^{-\mathrm{j}\omega t}\mathrm{d}t$$

该式即为函数 $e(t)$ 的傅里叶变换,也称为 $e(t)$ 的频谱函数。其模 $|E(\mathrm{j}\omega)|$ 同样称为 $e(t)$ 的振幅频谱,简称为频谱。它直接反映了各种谐波振幅随频率变化的分布情况。不同之处是频谱分布在 ω 轴上是连续分布的。

我们要研究的采样信号 $e^*(t)$,它与连续信号 $e(t)$ 紧密关联,它的特殊性在于它既不属于周期函数,也不属于非周期函数。但根据上一节的分析,可以把它看作一个连续的非周期函数 $e(t)$ 与一个特殊的周期函数 $\delta_{\mathrm{T}}(t)$ 的乘积,这样就可以借助于 $e(t)$ 的频谱,来研究 $e^*(t)$ 的频谱,找出它们之间的异同来。按式(8-5)给出的采样函数,记

$$\delta_{\mathrm{T}}(t)=\sum_{k=-\infty}^{+\infty}\delta(t-kT) \tag{8-8}$$

称为单位理想脉冲序列。它是一个以 T 为周期的周期函数,如图 8-17 所示。

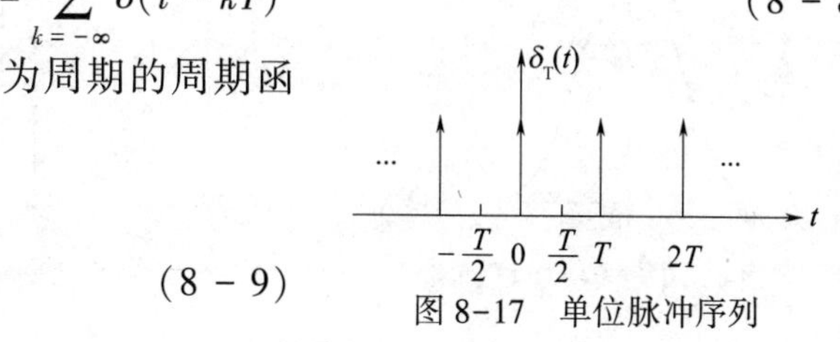

图 8-17 单位脉冲序列

展开成傅里叶级数的复数形式:

$$\delta_{\mathrm{T}}(t)=\sum_{k=-\infty}^{+\infty}C_{\mathrm{k}}\mathrm{e}^{\mathrm{j}k\omega_{\mathrm{s}}t} \tag{8-9}$$

式中，$\omega_s=\dfrac{2\pi}{T}$为采样角频率。

傅里叶系数

$$C_k=\frac{1}{T}\int_{-\frac{T}{2}}^{\frac{T}{2}}\delta(t-kT)\mathrm{e}^{-\mathrm{j}k\omega_s t}\mathrm{d}t=\frac{1}{T}\int_{0_-}^{0_+}\delta(t)\mathrm{d}t=\frac{1}{T}$$

将 $C_k=\dfrac{1}{T}$代入式(8-9)，得

$$\delta_T(t)=\frac{1}{T}\sum_{k=-\infty}^{+\infty}\mathrm{e}^{\mathrm{j}k\omega_s t} \tag{8-10}$$

将式(8-10)代入式(8-5)，得

$$e^*(t)=\frac{1}{T}\sum_{k=-\infty}^{+\infty}e(t)\mathrm{e}^{\mathrm{j}k\omega_s t} \tag{8-11}$$

对式(8-11)取拉普拉斯变换，并由位移定理得离散信号 $e^*(t)$的拉普拉斯变换式为

$$E^*(s)=\frac{1}{T}\sum_{k=-\infty}^{+\infty}L[e(t)\mathrm{e}^{\mathrm{j}k\omega_s t}]=\frac{1}{T}\sum_{k=-\infty}^{+\infty}E(s-\mathrm{j}k\omega_s) \tag{8-12}$$

以上求离散信号 $e^*(t)$的拉普拉斯变换过程，通过一定的数学运算，将 $e^*(t)$的拉普拉斯变换与 $e(t)$的拉普拉斯变换 $E(s)$直接联系起来，这对于比较两类信号提供了很大的方便。

有了 $e^*(t)$的拉普拉斯变换，欲求 $e^*(t)$的频谱，只要以 $s=\mathrm{j}\omega$ 代入式(8-12)即可得

$$E^*(\mathrm{j}\omega)=\frac{1}{T}\sum_{k=-\infty}^{+\infty}E(\mathrm{j}\omega-\mathrm{j}k\omega_s) \tag{8-13}$$

由此可见，离散函数 $e^*(t)$的频谱函数 $E^*(\mathrm{j}\omega)$是以 ω_s为周期的周期函数。因为当以$\mathrm{j}\omega=\mathrm{j}\omega+\mathrm{j}m\omega_s$ 代入式(8-13)后得

$$\begin{aligned}E^*(\mathrm{j}\omega+\mathrm{j}m\omega_s)=&\frac{1}{T}\sum_{k=-\infty}^{+\infty}E(\mathrm{j}\omega+\mathrm{j}m\omega_s-\mathrm{j}k\omega_s)=\\&\frac{1}{T}\sum_{k=-\infty}^{+\infty}E[\mathrm{j}\omega-\mathrm{j}(k-m)\omega_s]=\\&\frac{1}{T}\sum_{n=-\infty}^{+\infty}E(\mathrm{j}\omega-\mathrm{j}n\omega_s)=E^*(\mathrm{j}\omega)\end{aligned}$$

式中，m 为任意整数，$n=k-m$。

通常情况下，连续信号 $e(t)$的频谱$|E(\mathrm{j}\omega)|$为单一的弧立频谱，如图 8-18 所示，其中ω_{max}为连续频谱$|E(\mathrm{j}\omega)|$中的最高角频率。而采样信号 $e^*(t)$的频谱$|E^*(\mathrm{j}\omega)|$则是以采样角频率 ω_s为周期的无穷多个频谱之和，如图 8-19 所示。

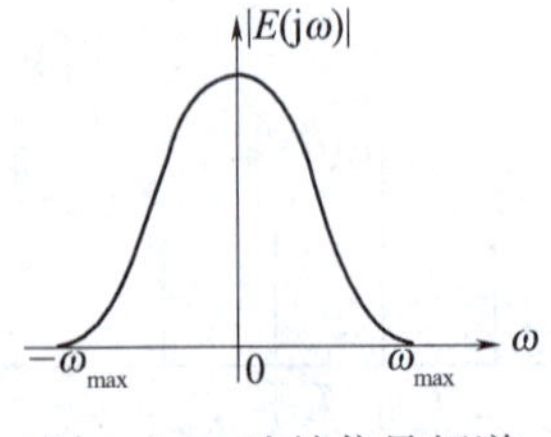

图 8-18 连续信号频谱

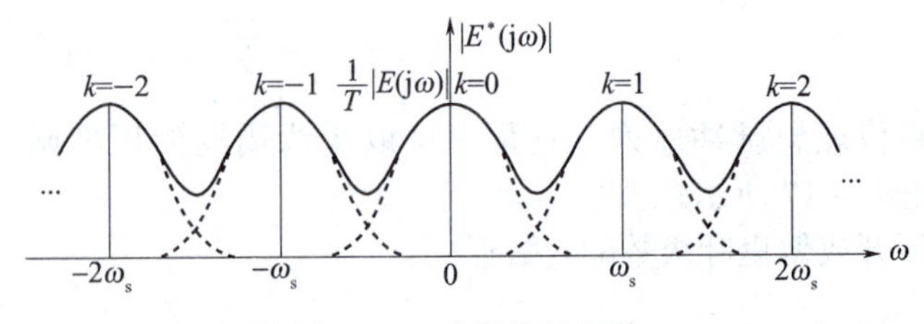

图 8-19 采样信号频谱

图 8-19 中 $k=0$ 的频谱分量 $1/T|E(\mathrm{j}\omega)|$ 叫主频谱，其余的频谱分量（$k=\pm1,\pm2,\cdots$）都是由采样而产生的高频分量，称为附加频谱。它和原连续函数的频谱相比，只是幅值相对变化了 $1/T$ 倍，形状是完全一致的，这一结论给出了原连续信号与离散信号之间的内在联系。但从表面来看，离散频谱是各频谱分量求和的结果，相互重叠的频区，如图 8-19 中虚线部分，幅值会发生畸变，在这种情况下，从离散信号的频谱中分离出原连续信号的频谱成分就相当困难了。因此，要想从离散信号 $e^*(t)$ 中完全复现采样前的连续信号 $e(t)$，对离散频谱函数的频率周期 ω_s 即采样角频率要有一定要求。

8.2.3 采样定理

从频谱分析结果可知，若能适当选择采样角频率 ω_s 使离散频谱函数各周期出现的分量成分互不搭接，如图 8-20 所示，就可用理想低通滤波器将全部高频分量滤掉，而只保留主频谱分量，则原连续信号就可毫不畸变地复现出来。

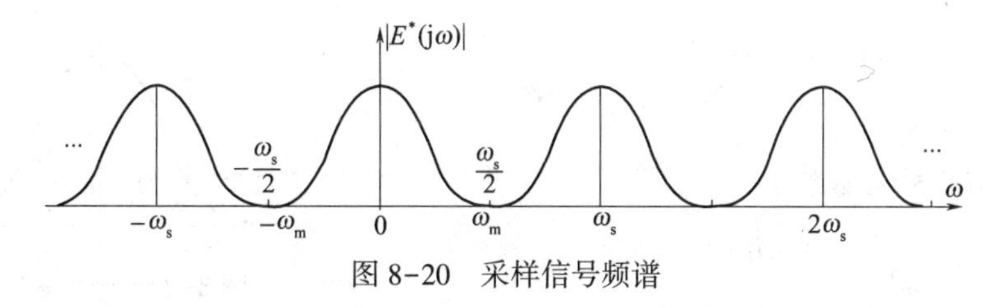

图 8-20 采样信号频谱

采样定理指出了从采样信号中不失真地复现原连续信号所必需的理论上的最小采样频率 ω_s，成为设计离散控制系统时应严格遵守的规则。

采样定理指出：如果被采样的连续信号 $e(t)$ 的频谱具有有限带宽，且频谱的最高角频率为 ω_{max}，则只要采样角频率 ω_s 满足下列条件：

$$\omega_s \geqslant 2\omega_{max} \tag{8-14}$$

通过理想滤波器，连续信号 $e(t)$ 可以不失真地恢复出来。

这就是著名的**香农定理**（Shannon theorem）。式（8-14）表明，如果采样周期 $T_s \leqslant \dfrac{\pi}{\omega_{max}}$，当把采样后的离散信号 $e^*(t)$ 加至具有图 8-21 所示的理想滤波特性的低通滤波器，则在滤波器输出端得到的频谱将准确地等于连续信号频谱 $|E(\mathrm{j}\omega)|$ 的 $\dfrac{1}{T_s}$ 倍。在这种情况下，再经过放大器对 $\dfrac{1}{T_s}$ 的补偿，便可无失真地将原连续信号 $e(t)$ 完整地提取出来。

采样定理的**物理意义**：采样频率越高，即采样周期越短，采样点越密集，采样的精度就越高，就越容易反映连续信号变化的全部信息，因此就可以较精确地复现原信号。反之，采样频率低，在两个采样时刻之间丢失的连续信号变化信息较多，就不能反映信息的全部变化情况，故就不能按一定精度复现原连续信号。

对于采样定理的几点说明如下：

（1）对实际的非周期连续信号，其频谱中最高频率是无限的，如图 8-22 所示。即使采样频率取得很高，采样后脉冲序列的频谱波形总是互相搭接的，但是当频率相对较高时，其模不大，相互搭接产生的畸变也不明显。所以，若把高频部分长“尾巴”割掉，近似认为实际信号具有有限的最高频率值，据此选定的采样频率，通过低通滤波后信号基本上能够复现。一般可按频谱幅值降为最大值的5%以下的允许误差来选 ω_{max}。

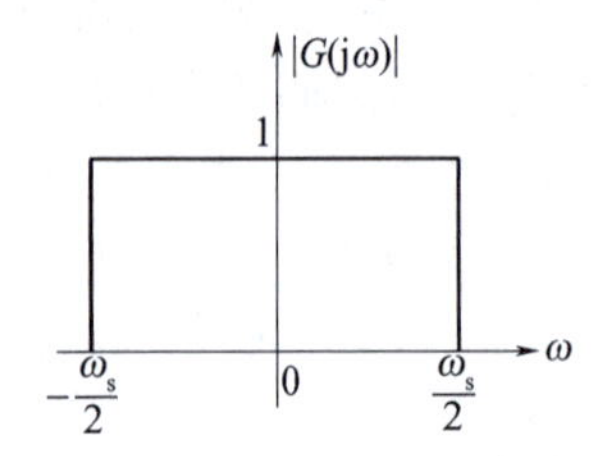

图 8-21　理想滤波器频率特性

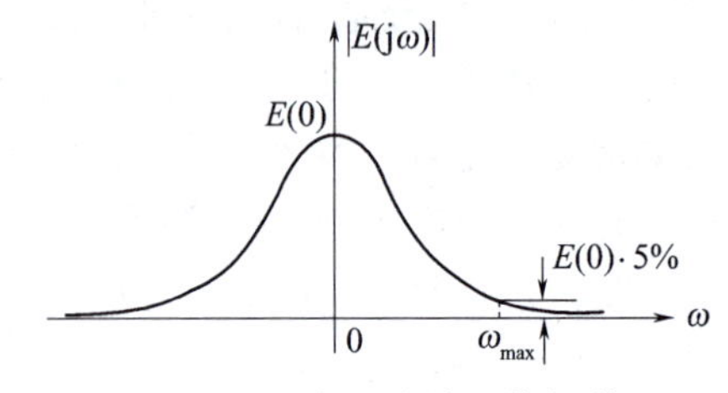

图 8-22　实际连续函数频谱

例 8-1　已知连续信号为 $e(t)=e^{-t}$,试确定合适的采样频率。

解:连续信号的拉普拉斯变换为

$$E(s) = \frac{1}{s+1}$$

其频谱为

$$|E(j\omega)| = \frac{1}{\sqrt{\omega^2+1}}$$

相应的频谱图如图 8-23 所示。

若在最大幅值的 5%处截断,则

$$\frac{1}{\sqrt{\omega_{max}^2+1}} = 0.05\,|E(0)|$$

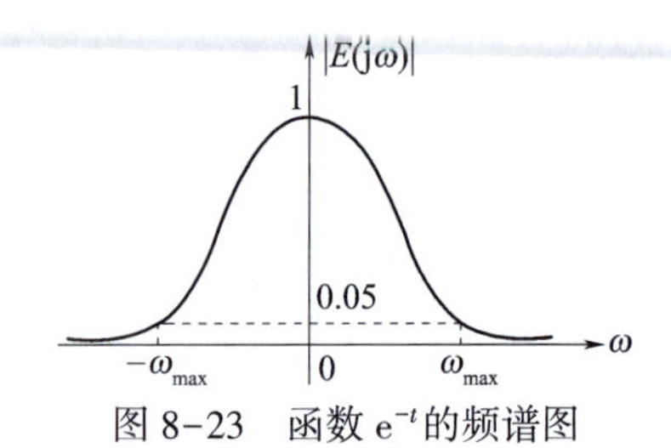

图 8-23　函数 e^{-t} 的频谱图

解出

$$\omega_{max} \approx 20(\text{rad/s})$$

故可选取采样频率

$$\omega_s \geqslant 2\omega_{max} = 40(\text{rad/s})$$

(2) 采样定理给出了采样频率下限的选取规则,对于采样频率的上限,要依据易实现性和抗干扰性来统一确定。当然,ω_s取得高,信息损失小,但太高实现困难,同时相应的干扰信号影响增大。若选择合适的 ω_s,采样开关就具有滤波作用,如图 8-24 所示。采样频率或采样周期 T 的选取还影响离散系统的性能好坏,因此,在确定采样频率或采样周期时,必须通盘考虑上述诸多因素。

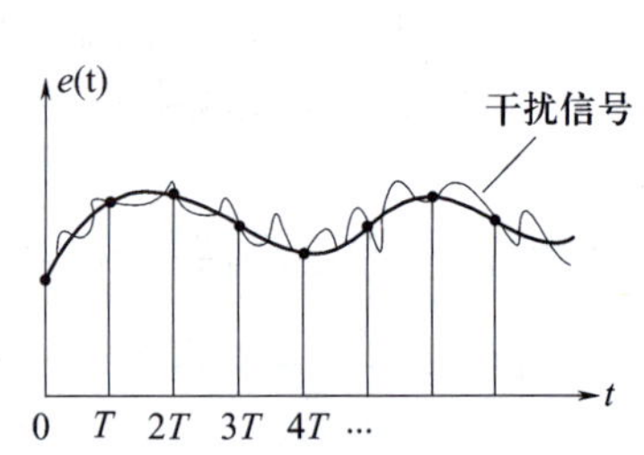

图 8-24　采样开关的滤波作用

8.3　信号恢复

由采样所产生的高频附加频谱分量,对系统产生的影响,相当于非输入下产生的高频干扰信号,它将导致系统被控参数产生额外的反应误差,因此,应当设法去除掉。一般来说,离散系统中的连续部分都具有低通滤波器的特性,可以起到衰减高频的附加频谱分量,保留主频谱,近似地复现原连续信号的作用。但是,系统连续部分低通滤波作用一般不理想,在多数情况下,采样信号在送到被控对象之前,要经过信号保持器的复现作用。将脉冲序列 $e^*(t)$ 经过保持电路平滑滤波之后,再作为被控对象的控制信号。

8.3.1　信号保持的基本原理

由采样定理可知,若采样频率 $\omega_s \geqslant 2\omega_{max}$,则可用一个理想的低通滤波器把全部高频频谱分量滤掉,从而把原连续信号不失真地恢复出来。这种滤波器的频率特性应该是具有锐截止特性的理想滤波器,如图 8-25 所示。该滤波器的频率特性应为

$$G(j\omega)=\begin{cases}1, & |\omega|\leqslant\omega_{max}\\ 0, & |\omega|>\omega_{max}\end{cases}$$

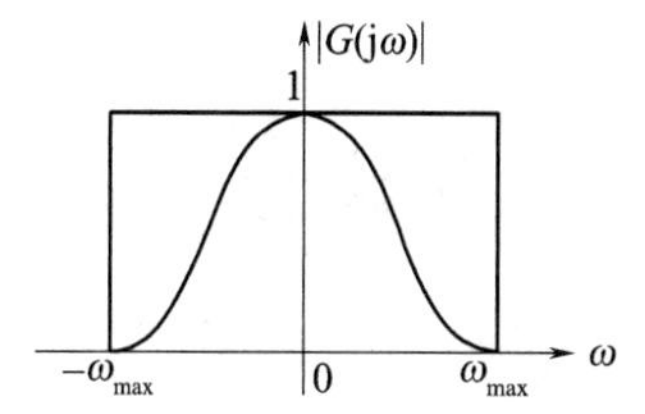

图 8-25 理想滤波器的频率特性

在实际中,具有锐截止特性的滤波器是不存在的。因此,必须找出在频率特性上与之相近的实际滤波器,保持器就是这样一类实际滤波器。从保持器的时域特性来看,它是一种在时间上的外推装置。具有按常数、线性、二次函数型外推规律的保持器分别称为零阶、一阶和二阶保持器。能够在物理上实现的保持器都必须按现在时刻或过去时刻采样值外推,而不能按将来的采样值进行外推。

8.3.2 零阶保持器

1. 工作原理

零阶保持器(zero-order holder)是工程上最常用的一种保持器,它把采样时刻 kT 的采样值恒定不变地保持(或外推)到下一个采样时刻 $(k+1)T$。也就是说,在 $t\in[kT,(k+1)T]$ 区间内,保持器的输出值一直保持为 $e(kT)$。其导数为零,故称为零阶保持器。如图 8-26 所示。

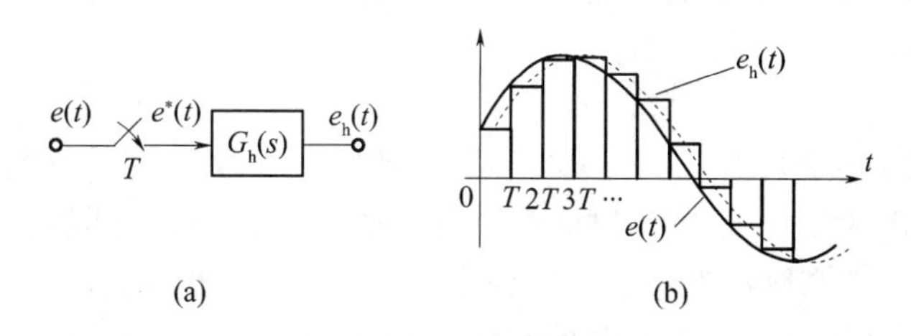

图 8-26 零阶保持器

(a) 保持器框图;(b) 零阶保持器输出特性。

零阶保持器的输出 $e_h(t)$ 是阶梯信号,若把阶梯信号的中点连接起来,如图 8-26(b)中虚线所示,则可得到与 $e(t)$ 形状一致但在时间上落后了 $T/2$ 的时间响应 $e(t-T/2)$。可见,保持器对系统动态性能的影响近似一个延滞环节。直观地看,采样周期 T 减小,可使近似精度提高。

2. 零阶保持器输出表达式

由零阶保持器的输出波形可以看出,阶梯波可视为一系列矩形波的组合,由于 $e_h(kT)=e(kT)$,$(k=0,1,2,\cdots)$,所以保持器的输出 $e_h(t)$ 与连续输入信号 $e(t)$ 之间的关系式为

$$e_h(t)=\sum_{k=0}^{\infty}e(kT)[1(t-kT)-1(t-kT-T)] \tag{8-15}$$

其中每个矩形波宽度 T 由采样周期决定,由于 T 足够大,且不能趋于零,故每个矩形不具备窄脉冲的条件,不能用 δ 函数表示,只能以两个阶跃函数相减的形式写出。高度等于采样时刻 $e(t)$ 的幅值。

3. 零阶保持器的传递函数

按照传递函数定义,可对保持器输入信号 $e^*(t)$ 和输出信号 $e_h(t)$ 分别求拉普拉斯变换,然后写出比值

$$\frac{E_{\mathrm{h}}(s)}{E^*(s)}=G_{\mathrm{h}}(s)$$

即为零阶保持器的传递函数。另外,通过环节的脉冲响应函数 $g(t)$ 也可以直接求出传递函数,即

$$G_{\mathrm{h}}(s)=L^{-1}[g(t)]$$

对于零阶保持器,若在任意时刻 kT 输入单位脉冲信号 $\delta(t-kT)$,则按零阶保持器工作原理,其单位脉冲响应是一个高度为 1 的矩形方波,如图 8-27 所示。

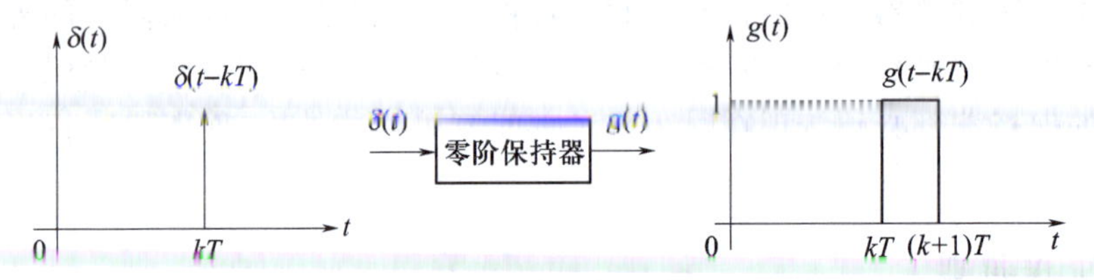

图 8-27　单位脉冲响应

线性定常环节的传递函数与输入时间和输入大小均无关,故取 $k=0$ 时,输入 $\delta(t)$,则脉冲响应函数可表示为

$$g_{\mathrm{h}}(t)=1(t)-1(t-T) \tag{8-16}$$

取拉普拉斯反变换可得零阶保持器的传递函数:

$$G_{\mathrm{h}}(s)=\frac{1}{s}-\frac{\mathrm{e}^{-Ts}}{s}=\frac{1-\mathrm{e}^{-Ts}}{s} \tag{8-17}$$

由保持器工作原理可知,当采样开关与零阶保持器一起考虑时,由于保持器的输出仅取决于采样时刻信号幅值的大小,与作用时间长短无关。因此,当采样器的输出作为保持器输入时,无论将采样器输出按窄脉冲考虑还是按理想脉冲考虑,只要幅值相同,保持器的响应是一致的。故这时将采样器输出视为理想脉冲序列 $e^*(t)$ 不会引起误差,而在后面连续部分,也不必考虑 τ 这个因子了。

4. 零阶保持器的频率特性

用 $s=\mathrm{j}\omega$ 代入 $G_{\mathrm{h}}(s)$ 得零阶保持器的频率特性为

$$G_{\mathrm{h}}(\mathrm{j}\omega)=\frac{1-\mathrm{e}^{-\mathrm{j}\omega T}}{\mathrm{j}\omega}=T\frac{\sin\frac{\omega T}{2}}{\frac{\omega T}{2}}\cdot\mathrm{e}^{-\mathrm{j}\frac{\omega T}{2}} \tag{8-18}$$

因此,零阶保持器的幅频特性和相频特性分别为

$$|G_{\mathrm{h}}(\mathrm{j}\omega)|=T\frac{\left|\sin\frac{\omega T}{2}\right|}{\frac{\omega T}{2}}=\begin{cases}T, & \omega=0\\0, & \omega=k\omega_{\mathrm{s}}\end{cases}$$

$$\angle G_{\mathrm{h}}(\mathrm{j}\omega)=\alpha-\frac{\omega T}{2}=\begin{cases}0, & \omega=0\\-k\pi, & \omega=k\omega_{\mathrm{s}}\end{cases}$$

其中 α 对应于 $\sin(\omega T/2)$ 的值产生的相角,当 $\sin(\omega T/2)\geqslant 0$ 时,$\alpha=0$,当 $\sin(\omega T/2)<0$ 时,$\alpha=\pi$。绘出幅频特性 $|G_{\mathrm{h}}(\mathrm{j}\omega)|$ 和相频特性 $\angle G_{\mathrm{h}}(\mathrm{j}\omega)$ 曲线如图 8-28 所示。

由幅频特性可以看出,零阶保持器是一个低通滤波器,但不是理想的滤波器。在主频谱内

放大系数不是恒定的，也不能锐截止，而是随频率增高而逐渐减小。另外，在主频谱之外，又不能完全阻止高频分量的进入，有多个截止频率，故复现出的连续信号与原信号是有差别的。

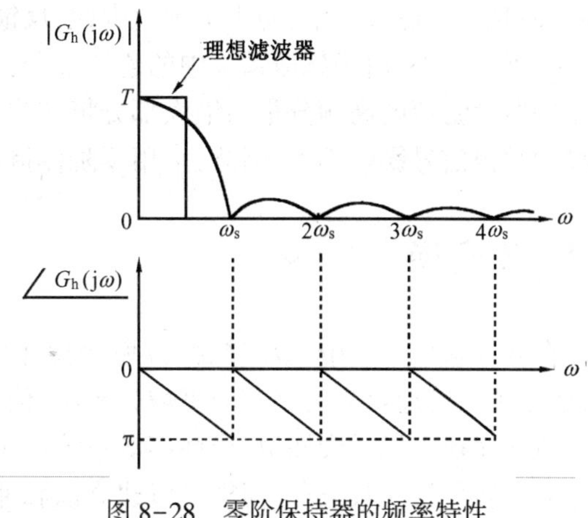

图 8-28　零阶保持器的频率特性

从相频特性上看，零阶保持器产生的滞后相移，随着频率的增高而滞后加剧。这类似于纯延滞环节。另外，从实际复现效果来看，零阶保持器输出为阶梯信号 $e_h(t)$，取其中点平均值后可近似看作一个延滞环节的输出 $e\left(t-\dfrac{T}{2}\right)$。延滞环节 $e^{-\frac{T}{2}s}$ 产生的滞后角为$-\dfrac{\omega T}{2}$，同保持器的相位滞后基本吻合，所以保持器的引入，加大了系统的滞后相角，会造成闭环系统稳定性下降。

实际中，保持器的电路很多，但都不是严格的阶梯波输出。响应过程和保持过程都有一定的变形。这是惯性和参数误差引起的，一般可以忽略。

实际中的零阶采样—保持电路如图 8-29 所示。

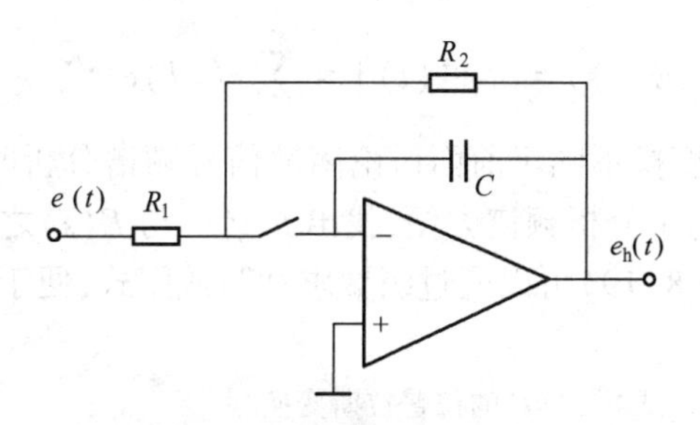

图 8-29　零阶采样—保持电路

当开关闭合时，电路为一阶惯性环节，时间常数 $T=R_2C$ 很小，响应速度很快，达到瞬时值 $e(kT)$。当开关断开时，由于放大器输入阻抗为无穷大，截断了电容 C 的放电回路，使输出维持不变，直到下一次开关闭合。

工程上常用的步进电动机，也可以看作零阶保持器的典型例子。每当发出一个脉冲，转动一步然后等待，直到第二个脉冲来后才再走一步。数字控制系统中的寄存器，把 kT 时刻的数字一直保持到下一个采样时刻。D/A 转换器将数码转换成模拟量，从而实现信号恢复。

零阶保持器复现的信号是阶梯状的，与零阶保持器工作原理不同的是，一阶保持器是按照现在时刻和前一个采样时刻的采样值，去预测下一个采样时刻的值，是一种按照线性规律外推的保持器。其复现的信号是切线状的，比阶梯状更逼近原信号。但是，一阶保持器的相位滞后比零阶保持器更为严重，一阶保持器的平均相移大约等于零阶保持器平均相移的 2 倍。由于这一原因，反馈离散系统一般很少采用一阶保持器。

与一阶保持器类似，从原理上讲，通过前面多个采样时刻比值，可以实现高阶保持器，经过多个采样周期后更加逼真地复现原连续信号。但这样会使保持器反应更迟钝，相位滞后更严重，加到系统中会使闭环离散系统稳定性遭到破坏。从这点来看，零阶保持器具有最小的相位滞后，而且自身也较简单，易于实现。因此，反馈离散控制系统普遍采用零阶保持器，而不用高阶保持器。另外，由于离散系统中的连续部分，包括被控对象，一般都具有低通滤波特性，对零阶保持器没滤掉的高频分量的绝大部分将被这种低通滤波特性所抑制，所以这些高频分量对系统的被控信号影响不大，因此，采用零阶保持器来复现信号已足够。

8.4 Z 变换

在连续系统分析中，应用拉普拉斯变换作为数学工具，将系统的微分方程转化为代数方程，建立了以传递函数为基础的复域分析法，使得问题得以大大简化。在离散系统分析中，也有类似的途径。以后会知道，线性离散系统可用线性差分方程来描述，通过 Z 变换法，可以将差分方程转化为代数方程，同样可以建立以脉冲传递函数为基础的复域分析法。

8.4.1 Z 变换的定义

Z 变换是从拉普拉斯变换直接引申出来的一种变换方法，它实际上是采样函数拉普拉斯变换的一种变形。对式(8-4)给出的采样信号数学表达式

$$e^*(t)=\sum_{k=0}^{\infty}e(kT)\cdot\delta(t-kT)$$

进行拉普拉斯变换得

$$E^*(s)=L[e^*(t)]=\sum_{k=0}^{\infty}e(kT)\mathrm{e}^{-kTs} \qquad (8-19)$$

显然，这种形式的拉普拉斯变换不同于前面讨论离散信号频谱分析时所得到的拉普拉斯变换式(8-12)，式(8-12)主要为了分析频谱方便，找出 $E^*(s)$ 与 $E(s)$ 之间的关系，但由于是周期函数，只能写成开式。而式(8-19)可以通过级数求和写成闭式，便于数学运算，故大多场合都采用式(8-19)。

例 8-2 设 $e(t)=\mathrm{e}^{-at}(a>0)$，试求 $e^*(t)$ 的拉普拉斯变换。

解：按式(8-19)有

$$E^*(s)=\sum_{k=0}^{\infty}\mathrm{e}^{-akT}\cdot\mathrm{e}^{-kTs}=\sum_{k=0}^{\infty}\mathrm{e}^{-(s+a)kT}=1+\mathrm{e}^{-T(s+a)}+\mathrm{e}^{-2T(s+a)}+\cdots$$

在 $|\mathrm{e}^{-(s+a)T}|<1$ 的条件下，级数收敛：

$$E^*(s)=\frac{1}{1-\mathrm{e}^{-(s+a)T}}$$

由结果可以看出，变换之后的函数不是有理函数。

由于式(8-19)中各项均含有 e^{Ts} 因子，离散函数的拉普拉斯变换结果是超越函数，运算不方便。为便于应用，引入变量 z，令

$$z=\mathrm{e}^{Ts} \qquad (8-20)$$

于是，式(8-19)可以写成

$$E(z)=\sum_{k=0}^{\infty}e(kT)z^{-k} \qquad (8-21)$$

称式(8-21)中的 $E(z)$ 为采样信号 $e^*(t)$ 的 z 变换，记为

$$E(z)=Z[e^*(t)] \qquad (8-22)$$

由于 Z 变换仅是对采样拉普拉斯变换作了一个变量置换，故 Z 变换可称为离散拉普拉斯

变换。式(8-22)只适用于离散时间函数或只能表征连续时间函数在采样时刻上的特性,而不能反映采样时刻之间的特性。基于这一点,由于 $e(t)$ 和 $e^*(t)$ 在采样时刻的值相等,因此,从这个意义上来说,可认为连续时间函数 $e(t)$ 与相应的离散时间函数 $e^*(t)$ 具有相同的 Z 变换,即

$$Z[e(t)] = Z[e^*(t)] = E(z) = \sum_{k=0}^{\infty} e(kT)z^{-k} \tag{8-23}$$

实际中,离散的脉冲序列与被采样的连续函数之间并不是一一对应的。由于采样器本身会将采样间隔内不同连续函数的差别漏掉,只要这些函数在采样时刻都相等,得到的就是同一个离散脉冲序列,所以,式(8-23)只有在离散的意义下才能成立。

8.4.2 Z 变换的求法

求离散时间函数的 Z 变换在数学上有多种方法,原理上都是相通的,有些方法之间的计算步骤也有许多近似之处。下面介绍两种较简便,而且是最常用的方法。

1. 级数求和法

级数求和法(summation of series)实际上是按照 Z 变换的定义将离散函数的 Z 变换展成无穷级数的形式,然后直接进行级数求和运算,故称为直接法。

由式(8-23),有

$$E(z) = \sum_{k=0}^{\infty} e(kT)z^{-k} = e(0) + e(T)z^{-1} + e(2T)z^{-2} + \cdots + e(kT)z^{-k} + \cdots$$

可见,直接法展开是很容易的,不论连续函数 $e(t)$ 为何种函数,只要将各采样时刻的值 $e(kT)$ 求出,代入上式即可。但这只是完成了第一步,要达到方便运算的目的,必须将级数求和写成闭式。当然,这需要数学上的一定技巧,好在常用函数 Z 变换的级数形式都较容易写成闭式。

例 8-3 求 $e(t)=1(t)$ 的 Z 变换。

解:因为在采样时刻 $e(kT)=1$,$(k=0,1,2,\cdots,\infty)$则

$$e^*(t) = \sum_{k=0}^{\infty} 1(kT)\delta(t-kT) = \sum_{k=0}^{\infty}\delta(t-kT)$$

实际上为一理想单位脉冲序列,所以

$$E(z) = \sum_{k=0}^{\infty} 1(kT)z^{-k} = 1 + z^{-1} + z^{-2} + \cdots + z^{-k} + \cdots$$

这是一个等比级数,若公比 z^{-1} 满足 $|z^{-1}|<1$,即 $|z|>1$,则级数收敛,上式可写成闭合形式为

$$E(z) = \frac{1}{1-z^{-1}} = \frac{z}{z-1} \tag{8-24}$$

上式级数收敛条件 $|z|>1$,即为 Z 变换成立的限制条件,是在 z 复平面上对 $E(z)$ 函数收敛区域的限制,表示收敛区域为单位圆外部。若回到 s 平面,则有

$$|z| = |e^{Ts}| = e^{\sigma T} \qquad (s = \sigma \pm j\omega)$$

当 $|z|>1$,即 $e^{\sigma T}>1$,则 $\sigma>0$。故在 s 平面,$1(t)$ 可拉普拉斯变换的限制条件为

$$\mathrm{Re}[s] = \sigma > 0$$

收敛区域为 s 平面右半部分。

本例还可以看出:

$$Z[1(t)] = Z[\delta_T(t)] = \frac{z}{z-1}$$

即不同的时间函数，只要离散函数相同，Z 变换是唯一的。

例 8-4 求 $e(t)=\mathrm{e}^{-at}$ 的 Z 变换($a>0$)。

解：由定义

$$E(z)=\sum_{k=0}^{\infty}\mathrm{e}^{-akT}\cdot z^{-k}=1+\mathrm{e}^{-aT}z^{-1}+\mathrm{e}^{-2aT}z^{-2}+\mathrm{e}^{-3aT}z^{-3}+\cdots=$$
$$1+(\mathrm{e}^{aT}z)^{-1}+(\mathrm{e}^{aT}z)^{-2}+(\mathrm{e}^{aT}z)^{-3}+\cdots$$

这是一个公比为$(\mathrm{e}^{aT}\cdot z)^{-1}$的等比级数，当$|\mathrm{e}^{-aT}\cdot z^{-1}|<1$时，即$|\mathrm{e}^{aT}\cdot z|>1$，级数收敛，可写成闭合形式。

$$E(z)=\frac{1}{1-\mathrm{e}^{-aT}z^{-1}}=\frac{z}{z-\mathrm{e}^{-aT}} \tag{8-25}$$

因为$|\mathrm{e}^{aT}z|=|\mathrm{e}^{at}\mathrm{e}^{Ts}|=|\mathrm{e}^{(a+\sigma)T}\cdot\mathrm{e}^{\mathrm{j}\omega T}|=\mathrm{e}^{(a+\sigma)T}$，当$|\mathrm{e}^{aT}z|>1$时，即$(a+\sigma)>0$，这意味着$\sigma>-a$是收敛的限制条件，收敛区域为 s 平面收敛横坐标 $\sigma=-a$ 右边的区域。

例 8-5 求序列函数 $e(k)=a^k$ 的 Z 变换。

解：所谓序列函数是指按整数次方递增的幂函数所对应的离散函数序列，即

$$e^*(t)=\sum_{k=0}^{\infty}a^k\delta(t-kT)$$

$$E(z)=\sum_{k=0}^{\infty}a^kz^{-k}=1+az^{-1}+a^2z^{-2}+a^3z^{-3}+\cdots=$$
$$1+\frac{a}{z}+\left(\frac{a}{z}\right)^2+\left(\frac{a}{z}\right)^3+\cdots$$

若$|a/z|<1$，则级数收敛

$$E(z)=\frac{1}{1-\dfrac{a}{z}}=\frac{z}{z-a} \tag{8-26}$$

因为$|a/z|=|a\mathrm{e}^{-Ts}|=a\mathrm{e}^{-\sigma T}$，当$|a/z|<1$时，$\mathrm{e}^{\sigma T}>a$，即 $\sigma>(\ln a)/T$。在 s 平面上的收敛横坐标为 $\sigma=(\ln a)/T$。

级数求和法的特点如下：

(1) 级数求和法是按定义求收敛级数的方法，其级数展开式从形式上将时间函数 $e(t)$ 与 z 变换式 $E(z)$ 直接联系起来。其一般项 $e(kT)\cdot z^{-k}$的物理意义是：$e(kT)$表征采样脉冲的幅值，z 的幂次表征采样脉冲出现的时刻。因此既包含了量值信息 $e(kT)$，又包含了时间信息 z^{-k}。

(2) 将无穷级数写成闭式，在某些情况下要求较高的数学技巧，这是该求法的不利之处。

例 8-6 求 $e(t)=t$ 的 Z 变换。

解：由定义

$$E(z)=\sum_{k=0}^{\infty}kTz^{-k}=T(z^{-1}+2z^{-2}+3z^{-3}+\cdots)=Tz(z^{-2}+2z^{-3}+3z^{-4}+\cdots)=$$
$$-Tz\left[\frac{\mathrm{d}(z^{-1}+z^{-2}+z^{-3}+\cdots)}{\mathrm{d}z}\right]=-Tz\frac{\mathrm{d}\left(\dfrac{z}{z-1}-1\right)}{\mathrm{d}z}=\frac{Tz}{(z-1)^2} \tag{8-27}$$

2. 部分分式法

连续时间函数 $e(t)$ 与其拉普拉斯变换式 $E(s)$ 之间的关系是一一对应的。若通过部分分式法(method of the partial fraction)将时间函数的拉普拉斯变换式展开成一些简单的部分分式，使其每一项部分分式对应的时间函数为最基本、最典型的形式。而这些典型函数的 Z 变换是已知的，于是即可方便地求出 $E(s)$ 对应的 Z 变换 $E(z)$。

设连续时间函数 $e(t)$ 的拉普拉斯变换 $E(s)$ 具有以下有理函数形式：

$$E(s)=\frac{M(s)}{N(s)}=\frac{M(s)}{(s+p_1)(s+p_2)\cdots(s+p_n)}$$

将 $E(s)$ 展成部分分式

$$E(s)=\frac{A_1}{s+p_1}+\frac{A_2}{s+p_2}+\cdots+\frac{A_n}{s+p_n}=\sum_{i=1}^{n}\frac{A_i}{s+p_i}$$

用拉普拉斯反变换求出原时间函数

$$e(t)=\sum_{i=1}^{n}A_i e^{-p_i t}$$

可见,相应的时间函数为诸指数函数 $A_i e^{-p_i t}$ 之和,利用已知的指数函数 Z 变换公式(8-25),对上式直接求 Z 变换,得

$$E(z)=\sum_{i=1}^{n}A_i\frac{z}{z-e^{-p_i T}} \tag{8-28}$$

例 8-7 求 $E(s)=\frac{a}{s(s+a)}$ 的 Z 变换。

解:因为

$$E(s)=\frac{a}{s(s+a)}=\frac{1}{s}-\frac{1}{s+a}$$

相应的时间函数是

$$e(t)=1(t)-e^{-at}$$

则根据式(8-24)和式(8-25)得

$$E(z)=\frac{z}{z-1}-\frac{z}{z-e^{aT}}=\frac{z(1-e^{-aT})}{(z-1)(z-e^{-aT})}$$

实际的计算中,由 $E(s)$ 求时间函数 $e(t)$ 的拉普拉斯反变换的步骤可以省去。如前所述,若 $E(s)$ 是时间函数 $e(t)$ 的拉普拉斯变换,则 $Z[E(s)]$ 表示求 $e^*(t)$ 的 Z 变换。因为连续函数的拉普拉斯变换是唯一的,所以可写成

$$E(z)=Z[e^*(t)]=Z[E(s)]$$

这意味着可由拉普拉斯变换和 Z 变换对照表直接写出 Z 变换式,这是工程上常用的方法。常用函数的 Z 变换及相应的拉普拉斯变换列入附录表 1 中,以备查用。

8.4.3 Z 变换的性质

Z 变换实际上是拉普拉斯变换的扩展和延伸,和拉普拉斯变换一样,Z 变换也有一些基本定理和公式。利用这些定理和公式。可以更方便地求出某些函数的 Z 变换,或者根据 Z 变换求出原函数,也可以根据函数的 Z 变换推知原函数的性质等,所以它们在分析研究系统时是很有用的工具。

1. 线性定理

若 $E_1(z)=Z[e_1(t)]$,$E_2(z)=Z[e_2(t)]$,$E(z)=Z[e(t)]$,a 为常数,则

$$Z[e_1(t)\pm e_2(t)]=E_1(z)\pm E_2(z) \tag{8-29}$$

$$Z[ae(t)]=aE(z) \tag{8-30}$$

证明:由 Z 变换定义

$$Z[e_1(t)\pm e_2(t)]=\sum_{k=0}^{\infty}[e_1(kT)\pm e_2(kT)]z^{-k}=$$

$$\sum_{k=0}^{\infty} e_1(kT)z^{-k} \pm \sum_{k=0}^{\infty} e_2(kT)z^{-k} = E_1(z) \pm E_2(z)$$

以及

$$Z[ae(t)] = a\sum_{k=0}^{\infty} e(kT)z^{-k} = aE(z)$$

线性定理表明，Z 变换是一种线性变换，其变换过程满足叠加性和比例性。

例 8-8 求 $e(t)=\sin\omega t$ 的 Z 变换。

解：因为 $\sin\omega t=\frac{e^{j\omega t}-e^{-j\omega t}}{2j}$，根据线性定理，则

$$E(z) = Z[\sin\omega t] = \frac{1}{2j}Z[e^{j\omega t} - e^{-j\omega t}] =$$

$$\frac{1}{2j}\left[\frac{z}{z-e^{j\omega T}} - \frac{z}{z-e^{-j\omega T}}\right] =$$

$$\frac{z\sin\omega T}{z^2 - 2z\cos\omega T + 1}$$

2. 延迟定理

若 $E(z)=Z[e(t)]$，则有

$$Z[e(t-nT)] = z^{-n}E(z) \tag{8-31}$$

式中，n 为正整数。

证明：由 Z 变换定义

$$Z[e(t-nt)] = \sum_{k=0}^{\infty} e(kT-nT)\cdot z^{-k} = \sum_{k=0}^{\infty} z^{-n}e(kT-nT)z^{-k}z^{n} =$$

$$z^{-n}\sum_{k=0}^{\infty} e[(k-n)T]\cdot z^{-(k-n)} = z^{-n}\sum_{m=-n}^{\infty} e(mT)\cdot z^{-m}$$

式中，$m=k-n$，由于 Z 变换的单边性，当 $m<0$ 时，有 $e(mT)=0$，所以和式下标取 $m=0$ 开始，上式可写成

$$Z[e(t-nT)] = z^{-n}\sum_{m=0}^{\infty} e(mT)\cdot z^{-m} = z^{-n}E(z)$$

式(8-31)得证。

采样序列在时间轴上向右平移若干个采样周期，称为延迟。该定理表明原函数在时域中滞后 n 个采样周期，相当于像函数乘以 z^{-n}。显然算子 z^{-n} 在时域中表示采样序列延迟 n 个采样周期，如图 8-30 所示。

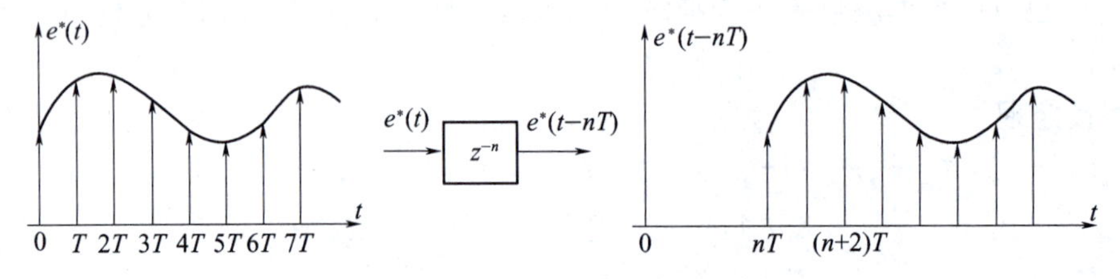

图 8-30 延迟定理

3. 超前定理

若 $E(z)=Z[e(t)]$，则有

$$Z[e(t+nT)] = z^n\left[E(z) - \sum_{k=0}^{n-1} e(kT)z^{-k}\right] \tag{8-32}$$

式中，n 为正整数。

证明：由 Z 变换定义

$$Z[e(t+nT)] = \sum_{k=0}^{\infty} e(kT+nT)z^{-k}$$

先考虑 $n=1$ 的情况，这时

$$Z[e(t+T)] = \sum_{k=0}^{\infty}[e(kT+T)] \cdot z^{-k} = z\sum_{k=0}^{\infty} e[(k+1)T]z^{-(k+1)} =$$

$$z \cdot \sum_{m=1}^{\infty} e(mT) \cdot z^{-m} = z\left[\sum_{m=0}^{\infty} e(mT)z^{-m} - e(0)\right] = zE(z) - z \cdot e(0)$$

式中，$m=k+1$。

再取 $n=2$，同理可得

$$Z[e(t+2T)] = z^2\sum_{m=2}^{\infty} e(mT) \cdot z^{-m} = z^2\left[\sum_{m=0}^{\infty} e(mT)z^{-m} - e(0) - z^{-1}e(T)\right] =$$

$$z^2 \cdot E(z) - z^2 e(0) - ze(T)$$

式中，$m=k+2$。

依此类推，有

$$Z[e(k+nT)] = z^n\left[E(z) - \sum_{k=0}^{n-1} e(kT)z^{-k}\right]$$

式(8-32)得证。

采样序列在时间轴上向左平移若干个采样周期，称为超前。要注意的是，由于在实际物理系统中，函数序列向左平移后，使超前于零时刻的 n 个采样值已不具备实际物理意义，实际序列仅剩 n 项之后的部分，故公式中将移到零时刻之前的前 n 项减去。如图 8-31 中虚线所示。

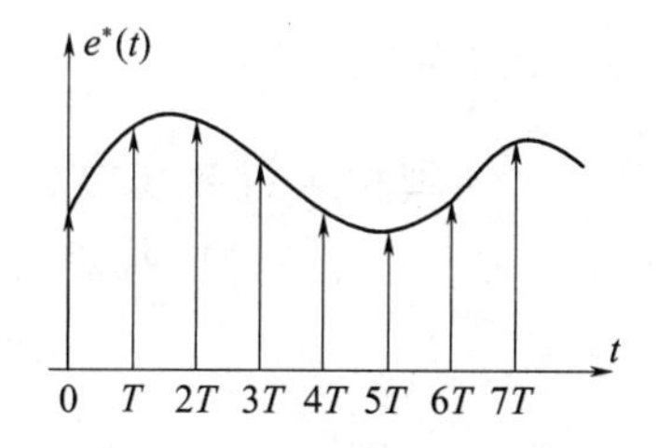

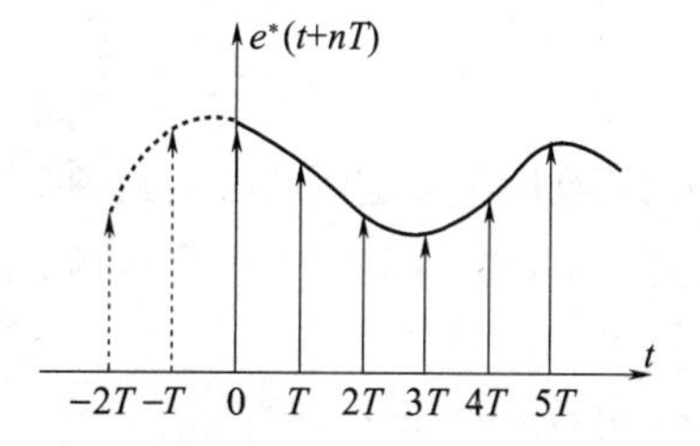

图 8-31　超前定理($n=2$ 时的情况)

若采样序列初值为零，即前 n 拍 $e(0)=e(T)=e(2T)=\cdots=e[(n-1)T]=0$，则超前定理变为如下简单形式，即

$$Z[e(t+nT)] = z^n E(z) \tag{8-33}$$

该定理表明原函数在时域中超前 n 个采样周期，相当于像函数乘以 z^n。显然算子 z^n 在时域中表示采样序列超前 n 个采样周期，如图 8-32 所示。

延迟与超前定理同属于实数位移定理，相当于拉普拉斯变换中的微分与积分定理。可以将描述离散系统的差分方程转换为 z 域的代数方程，用代数运算来分析研究系统，是两个很重

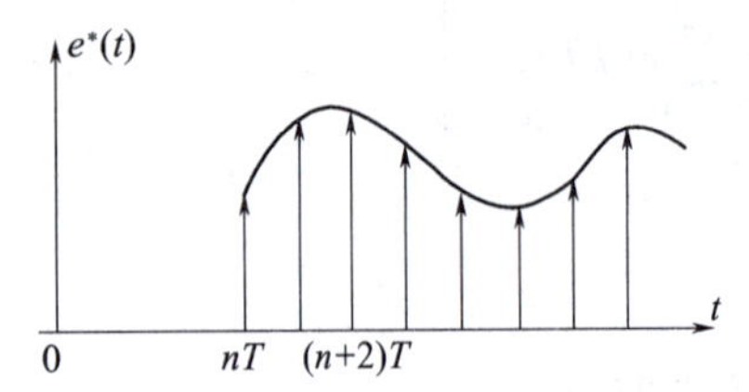

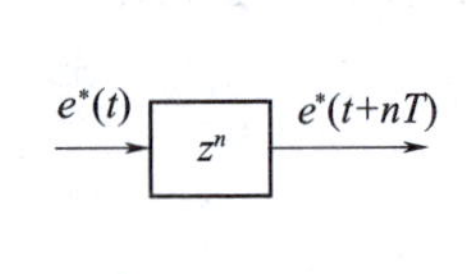

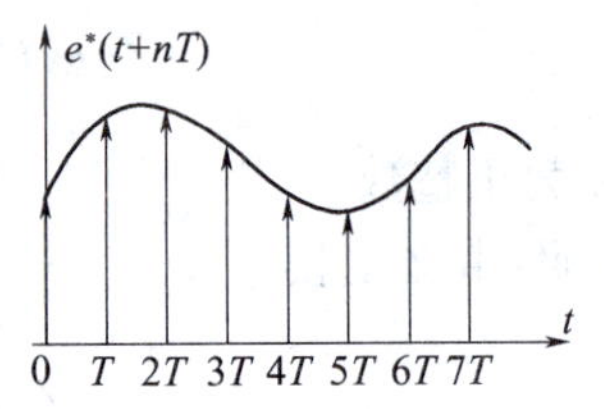

图 8-32　初值为零时的超前定理

要的定理。我们将 $z^{\pm n}$ 理解为时域中的超前和延迟环节，仅限于运算上的意义，并不像微分和积分环节那样，在实际物理系统中真实存在。

例 8-9　求 $e(t)=1(t-nT)$ 的 Z 变换。

解：

$$E(z) = Z[1(t-nT)] = z^{-n}Z[1(t)] = z^{-n}\cdot\frac{z}{z-1} = \frac{1}{z^{n-1}(z-1)}$$

例 8-10　求 $e(t)=1(t+T)$ 的 Z 变换。

解：

$$E(z) = Z[1(t+T)] = zZ[1(t)] - z1(0) = z\cdot\frac{z}{z-1} - z = \frac{z}{(z-1)}$$

4. 复位移定理

若 $E(z)=Z[e(t)]$，则有

$$Z[e^{\mp at}\cdot e(t)] = E(ze^{\pm aT}) \tag{8-34}$$

证明：由 Z 变换定义

$$Z[e^{\mp at}e(t)] = \sum_{k=0}^{\infty} e^{\mp akT}e(kT)\cdot z^{-k} = \sum_{k=0}^{\infty} e(kT)\,(ze^{\pm aT})^{-k}$$

令 $z_1=ze^{\pm aT}$，则

$$Z[e^{\mp at}e(t)] = \sum_{k=0}^{\infty} e(kT)z_1^{-k} = E(z_1) = E(ze^{\pm aT})$$

复数位移定理其含义是函数 $e^*(t)$ 乘以指数序列 $e^{\mp akT}$，则相应的 Z 变换等于原 Z 变换 $E(z)$ 的复变量 z 在 z 平面上作了一个移位，成为变量 z_1。这一点与拉普拉斯变换复位移定理相似。

例 8-11　求 $e(t)=te^{-at}$ 的 Z 变换。

解：根据式(8-27)，有

$$Z[t] = E(z) = \frac{Tz}{(z-1)^2}$$

则

$$Z[te^{-at}] = E(z_1) = E(ze^{aT}) = \frac{Tze^{aT}}{(ze^{aT}-1)^2} = \frac{Tze^{-aT}}{(z-e^{-aT})^2}$$

5. 初值定理

若 $E(z)=Z[e(t)]$，且 $\lim\limits_{z\to\infty}E(z)$ 存在，则

$$e(0) = \lim_{t\to 0}e(t) = \lim_{z\to\infty}E(z) \tag{8-35}$$

证明:由 Z 变换的定义

$$E(z)=\sum_{k=0}^{\infty}e(kT)\cdot z^{-k}=e(0)z^{0}+e(T)z^{-1}+\cdots+e(kT)z^{-k}+\cdots$$

很明显,当 $z\to\infty$ 时,除第一项外,其他各项均趋于零。故

$$e(0)=\lim_{z\to\infty}E(z)$$

例 8-12 用初值定理求函数 $e(t)=e^{-at}$ 的初值。

已知

$$E(z)=Z[e^{-at}]=\frac{1}{1-e^{-aT}z^{-1}}$$

所以

$$e(0)=\lim_{z\to\infty}\frac{1}{1-e^{-aT}z^{-1}}=1$$

6. 终值定理

若 $E(z)=Z[e(t)]$,函数序列 $e(kT)\ (k=0,1,2,\cdots)$ 均为有限值,且 $\lim\limits_{n\to\infty}e(nT)$ 存在,则

$$e(\infty)=\lim_{n\to\infty}e(nT)=\lim_{z\to1}(z-1)E(z) \tag{8-36}$$

证明:由 Z 变换定义

$$Z[e(t)]=\sum_{k=0}^{\infty}e(kT)z^{-k}=E(z)$$

由超前定理

$$Z[e(t+T)]=\sum_{k=0}^{\infty}e(kT+T)z^{-k}=zE(z)-ze(0)$$

两式相减得

$$\sum_{k=0}^{\infty}e(kT+T)z^{-k}-\sum_{k=0}^{\infty}e(kT)z^{-k}=zE(z)-ze(0)-E(z)$$

即

$$\sum_{k=0}^{\infty}[e(kT+T)-e(kT)]z^{-k}+ze(0)=(z-1)E(z)$$

对上式两边取 $z\to1$ 的极限,就有

$$\sum_{k=0}^{\infty}[e(kT+T)-e(kT)]+e(0)=\lim_{z\to1}(z-1)E(z)$$

上式左端可展开为

$$\begin{aligned}&\sum_{k=0}^{\infty}[e(kT+T)-e(kT)]+e(0)=\lim_{n\to\infty}\sum_{k=0}^{n-1}[e(kT+T)-e(kT)]+e(0)=\\&\lim_{n\to\infty}[e(T)-e(0)+e(2T)-e(T)+e(3T)-e(2T)+e(4T)-e(3T)+\\&\cdots+e(nT)-e[(n-1)T]+e(0)=\lim_{n\to\infty}e(nT)=e(\infty)\end{aligned}$$

所以有

$$e(\infty)=\lim_{n\to\infty}e(nT)=\lim_{z\to1}(z-1)E(z)$$

终值定理的形式还可写成

$$e(\infty)=\lim_{n\to\infty}e(nT)=\lim_{z\to1}(1-z^{-1})E(z) \tag{8-37}$$

用延迟定理推导 $Z[e(t)]-Z(e(t-T)]$，然后两边取 $z \to 1$ 的极限，即可证明式(8-37)。

以上两个定理，类似于拉普拉斯变换中的初值定理和终值定理。如果已知 $e(t)$ 的 Z 变换 $E(z)$，在不求反变换的情况下，可以方便地求出 $e(t)$ 的初值和终值，在计算采样系统稳态误差时，终值定理提供了方便的计算方法。

例 8-13 设 Z 变换函数为

$$E(z) = \frac{0.792z^2}{(z^2 - 0.416z + 0.208)(z - 1)}$$

试用终值定理确定 $e(kT)$ 的终值。

解：由终值定理

$$e(\infty) = \lim_{z \to 1}(z - 1)E(z) = \lim_{z \to 1}(z - 1)\frac{0.792z^2}{(z^2 - 0.416z + 0.208)(z - 1)} =$$

$$\lim_{z \to 1}\frac{0.792z^2}{z^2 - 0.416z + 0.208} = 1$$

7. 卷积和定理

离散函数序列的卷积定义为卷积和的表达式，设 $r(kT)$ 和 $g(kT)$ 为两个离散函数，则离散卷积为

$$g(kT) * r(kT) = \sum_{n=0}^{\infty} g(nT)r[(k-n)T] \tag{8-38}$$

式中，当 $n>k$ 时，$r[(k-n)T]=0$。

卷积和定理为：若

$$c(kT) = g(kT) * r(kT)$$

则 Z 变换式为

$$C(z) = G(z) \cdot R(z) \tag{8-39}$$

证明：由 Z 变换定义

$$G(z) = \sum_{k=0}^{\infty} g(kT)z^{-k}, R(z) = \sum_{k=0}^{\infty} r(kT)z^{-k}, C(z) = \sum_{k=0}^{\infty} c(kT)z^{-k}$$

代入定理的已知条件

$$C(z) = \sum_{k=0}^{\infty}[g(kT) * r(kT)]z^{-k} = \sum_{k=0}^{\infty}\left\{\sum_{n=0}^{\infty} g(nT)r[(k-n)T]\right\}z^{-k} =$$

$$\sum_{n=0}^{\infty} g(nT) \sum_{k=0}^{\infty} r[(k-n)T]z^{-k}$$

令 $k-n=m$ 代入上式，得

$$C(z) = \sum_{n=0}^{\infty} g(nT) \sum_{m=-n}^{\infty} r(mT)z^{-(n+m)}$$

考虑到 $m<0$ 时，$r(mT)=0$，故

$$C(z) = \sum_{n=0}^{\infty} g(nT)z^{-n} \cdot \sum_{m=0}^{\infty} r(mT)z^{-m} = G(z) \cdot R(z)$$

卷积和定理指出，两个离散函数卷积的 Z 变换，就等于两个离散函数相应的 Z 变换的乘积。

例 8-14 已知 $E(z)=\dfrac{z}{(z-1)^2}$，求 $E(z)$ 的原函数 $e(t)$。

解：令 $E(z)=E_1(z) \cdot E_2(z)$，其中

$$E_1(z) = \frac{z}{z-1} \to e_1^*(t) = 1^*(t)$$

$$E_2(z) = z^{-1}\frac{z}{z-1} \to e_2^*(t) = 1^*(t-T)$$

由卷积定理

$$e(kT) = e_2(kT) * e_1(kT) = \sum_{n=1}^{k} 1[(n-1)T] \cdot 1[(k-n)T] = \sum_{n=1}^{k} 1 = k$$

所以

$$e(t) = \frac{t}{T}$$

8.4.4 Z 反变换

与连续系统中应用拉普拉斯变换法一样，对于离散系统，通常在 z 域中进行计算后，需用反变换确定时域解。

所谓 Z 反变换，是从 z 域函数 $E(z)$，求相应时域离散函数序列 $e^*(t)$ 的过程，记作

$$e^*(t) = Z^{-1}[E(z)]$$

由 Z 反变换得到的函数序列仍是单边的，即当 $k<0$ 时，$e(kT)=0$。Z 反变换只能给出连续信号在采样时刻的数值，而不能在非采样时刻提供连续信号的有关信息。通过查 Z 变换表得到的连续函数 $e(t)$，从 Z 反变换的角度来说，只是许多可能的答案之一，而不是唯一的答案。

下面介绍几种常用的 Z 反变换法。

1. 幂级数法

这种方法是利用长除法将函数的 Z 变换表达式展开成按 z^{-1} 升幂排列的幂级数(series of powers)，然后与 Z 变换定义式对照求出原函数的脉冲序列。

$E(z)$ 的一般形式为

$$E(z) = \frac{b_0 z^m + b_1 z^{m-1} + \cdots + b_m}{a_0 z^n + a_1 z^{n-1} + \cdots + a_n} \quad (n \geqslant m) \tag{8-40}$$

对上式用分母去除分子，并将商按 z^{-1} 升幂排列

$$E(z) = c_0 + c_1 z^{-1} + c_2 z^{-2} + \cdots + c_k z^{-k} + \cdots = \sum_{k=0}^{\infty} c_k z^{-k} \tag{8-41}$$

如果所得到的无穷幂级数是收敛的，则按 Z 变换定义式可知，式(8-41)中的系数 $c_k(k=0,1,2,\cdots)$ 就是采样脉冲序列 $e^*(t)$ 的脉冲强度 $e(kT)$。考虑到 $Z[\delta(t)]=1$，且由延迟定理知 $Z[\delta(t-nT)]=z^{-n}$，因此，根据式(8-41)可以直接写出 $e^*(t)$ 的脉冲序列表达式：

$$e^*(t) = \sum_{k=0}^{\infty} c_k \delta(t-kT) \tag{8-42}$$

此法在实际中应用较为方便，通常计算有限几项就够了；缺点是要得到 $e(kT)$ 的通项表达式，一般是比较困难的。

例 8-15 已知 $E(z)=\dfrac{10z}{(z-1)(z-2)}$，试求其 Z 反变换。

解：将 $E(z)$ 表示为

$$E(z) = \frac{10z}{(z-1)(z-2)} = \frac{10z}{z^2 - 3z + 2}$$

用长除法

$$
\begin{array}{r@{}l}
 & \quad 10z^{-1} + 30z^{-2} + 70z^{-3} \\
z^2 - 3z + 2 & \overline{)\,10z} \\
 & \underline{10z - 30 + 20z^{-1}} \\
 & \quad 30 - 20z^{-1} \\
 & \quad \underline{30 - 90z^{-1} + 60z^{-2}} \\
 & \qquad 70z^{-1} - 60z^{-2} \\
 & \qquad \underline{70z^{-1} - 210z^{-2} + 140z^{-3}} \\
 & \qquad\qquad 150z^{-2} - 140z^{-3} \\
 & \qquad\qquad \vdots
\end{array}
$$

所以

$$E(z) = 10z^{-1} + 30z^{-2} + 70z^{-3} + \cdots$$

$$e^*(t) = 0 + 10\delta(t - T) + 30\delta(t - 2T) + 70\delta(t - 3T) + \cdots$$

2. 部分分式法

部分分式展开法主要是将 $E(z)$ 展开成若干个 Z 变换表中具有的简单分式的形式,然后通过查 Z 变换表找出相应的 $e^*(t)$ 或 $e(kT)$。考虑到 Z 变换表中,所有的 $E(z)$ 在其分子上都有因子 z,因此应先将 $E(z)$ 除以 z,然后将 $E(z)/z$ 展开为部分分式,最后将所得结果的每一项都乘以 z,即得便于查表的 $E(z)$ 的展开式。

设函数 $E(z)$ 只有 n 个单极点 $z_1, z_2, \cdots, z_n$,则 $E(z)/z$ 的部分分式展开式为

$$\frac{E(z)}{z} = \sum_{i=1}^{n} \frac{A_i}{z - z_i}$$

式中,A_i 为待定系数(或称极点 z_i 处的留数)。

写出 $E(z)$ 的部分分式之和

$$E(z) = \sum_{i=1}^{n} \frac{A_i z}{z - z_i}$$

然后逐项查 Z 变换表,得到 n 项和式

$$e(kT) = \sum_{i=1}^{n} A_i z_i^k$$

再写出对应的采样函数

$$e^*(t) = \sum_{k=0}^{\infty} e(kT)\delta(t - kT)$$

例 8-16 已知 $E(z) = \dfrac{10z}{z^2 - 3z + 2}$,试用部分分式法求 Z 反变换。

解: 因为

$$\frac{E(z)}{z} = \frac{10}{z^2 - 3z + 2} = \frac{10}{(z-1)(z-2)} = \frac{-10}{z-1} + \frac{10}{z-2}$$

所以

$$E(z) = \frac{-10z}{z-1} + \frac{10z}{z-2}$$

查 Z 变换表

$$e(kT) = -10 \cdot 1(kT) + 10 \cdot 2^k = 10(-1 + 2^k)$$

$$e^*(t) = \sum_{k=0}^{\infty} 10(-1 + 2^k)\delta(t - kT) =$$

$$0+10\delta(t-T)+30\delta(t-2T)+70\delta(t-3T)+\cdots$$

结果与例 8-14 一致，离散函数 $e^*(t)$ 的图形如图 8-33 所示。

例 8-17 已知 $E(z)=\dfrac{(1-e^{-aT})z}{(z-1)(z-e^{-aT})}$，试用部分分式法求 Z 反变换。

解：因为

$$\frac{E(z)}{z}=\frac{1-e^{-aT}}{(z-1)(z-e^{-aT})}=\frac{1}{z-1}-\frac{1}{z-e^{-aT}}$$

所以

$$E(z)=\frac{z}{z-1}-\frac{z}{z-e^{-aT}}$$

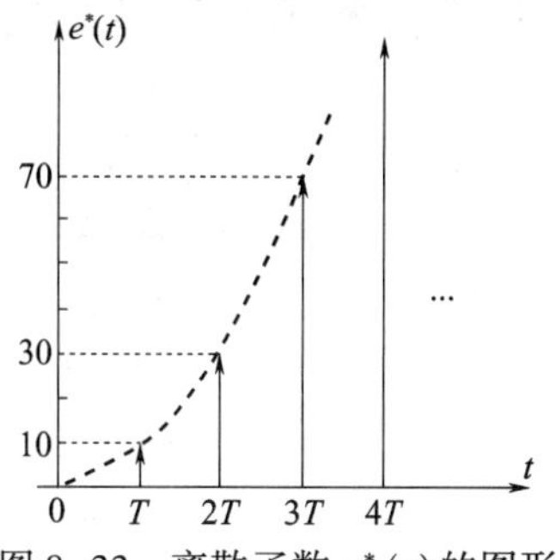

图 8-33　离散函数 $e^*(t)$ 的图形

查 Z 变换表

$$e(kT)=1-e^{-akt}$$

$$e^*(T)=\sum_{K=0}^{\infty}(1-e^{-akT})\delta(t-kT)=0+(1-e^{-aT})\delta(t-T)+$$
$$(1-e^{-2aT})\delta(t-2T)+(1-e^{-3aT})\delta(t-3T)+\cdots$$

以上列举的求取 Z 反变换的两种常用方法，长除法计算较简单，但由长除法得到的 Z 反变换是开式，而由部分分式法得到的 Z 反变换均为闭式。

8.5　离散系统的数学模型

对离散系统进行分析研究，也首先要建立它的数学模型。和连续系统相类似，对于线性定常离散系统，经典控制理论讨论的时域数学模型是差分方程，复数域模型是 z 传递函数。由于都属于线性系统，所以在数学模型形式、分析计算方法、物理意义理解等方面都有很大的相似性。在学习的过程中，只要把握住两者之间的共同点和不同点，就会达到事半功倍的效果。

8.5.1　差分方程

作为描述离散系统各变量之间动态关系的数学表达式，差分方程可称为第一数学模型。它与连续系统的微分方程相对应，描述变量随时间变化的运动规律。在连续系统中，变量的变化率用微分来描述。在离散系统中，由于采样时间的离散性，要描述脉冲序列随时间的变化规律，只能采用差分的概念。

1. 差分的定义

所谓差分，对采样信号来说，指两相邻采样脉冲之间的差值。因此，一系列插值变化的规律，可反映出采样信号的变化规律。按序列数减少的方向取差值，还是在增大的方向取差值，使差分又分为前向差分和后向差分。两类差分的定义如下：

1) 前向差分

所谓前向差分是指现在时刻采样值 $e(k)$ 与将来 n 个时刻采样值 $e(k+n)$ 之间的差值关系。

一阶前向差分定义为

$$\Delta e(kT)=e[(k+1)T]-e(kT) \tag{8-43}$$

式中，$\Delta e(kT)$ 表示采样信号 $e^*(t)$ 在 kT 时刻的一阶前向差分，它等于下一时刻的采样值

$e[(k+1)T]$与本时刻的采样值$e(kT)$之差，如图 8-34 所示。由于采样周期 T 是一个常数，通常为方便起见，省掉 T，又将式(8-43)写成下式：

$$\Delta e(k)=e(k+1)-e(k) \tag{8-44}$$

二阶前向差分定义为

$$\begin{aligned}\Delta^2 e(k)&=\Delta[\Delta e(k)]=\Delta[e(k+1)-e(k)]=\Delta e(k+1)-\Delta e(k)=\\&[e(k+2)-e(k+1)]-[e(k+1)-e(k)]=\\&e(k+2)-2e(k+1)+e(k)\end{aligned} \tag{8-45}$$

同理可定义 n 阶前向差分

$$\Delta^n e(k)=\Delta^{n-1}[\Delta e(k)]=\Delta^{n-1}e(k+1)-\Delta^{n-1}e(k)$$

2）后向差分

后向差分是指现在时刻采样值$e(k)$与过去 n 个时刻采样值$e(k-n)$之间的差值关系。

一阶后向差分定义为

$$\nabla e(k)=e(k)-e(k-1) \tag{8-46}$$

显然，一阶后向差分是指 kT 时刻的采样值$e(k)$与过去上一个时刻的采样值$e(k-1)$之间的差值，记为$\nabla e(k)$，如图 8-34 所示。

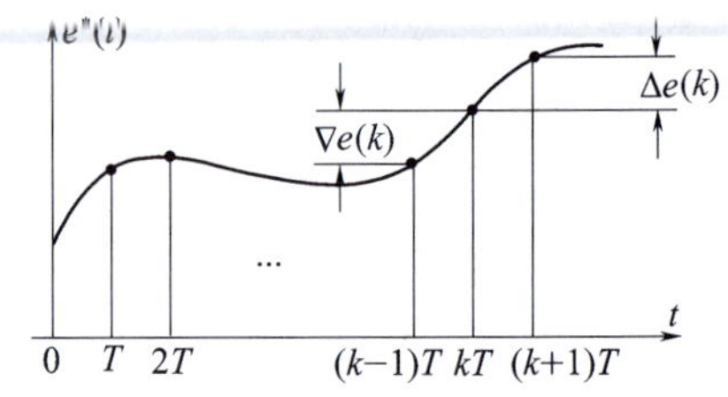

图 8-34　前向差分与后向差分

二阶后向差分定义为

$$\begin{aligned}\nabla^2 e(k)&=\nabla[\nabla e(k)]=\\&\nabla[e(k)-e(k-1)]=\nabla e(k)-\nabla e(k-1)=\\&[e(k)-e(k-1)]-[e(k-1)-e(k-2)]=\\&e(k)-2e(k-1)+e(k-2)\end{aligned} \tag{8-47}$$

同理可定义 n 阶后向差分

$$\nabla^n e(k)=\nabla^{n-1}[\nabla e(k)]=\nabla^{n-1}e(k)-\nabla^{n-1}e(k-1)$$

差分表示离散信号变化趋势，每一个采样时刻的脉冲值，对将来 n 个时刻的脉冲都有影响，这是前向效应。同样，每一个采样时刻的脉冲值，与过去 n 个时刻的脉冲都有关，这是后向效应。阶次越高，沿时间轴前推或后推的节拍越多。从差分的定义式来看，n 阶差分的展开式是前向或后向的 n 个采样值的线性组合。这种组合关系说明了各节拍之间的联系，也就反映了变量变化的规律。

2. 线性常系数差分方程

差分方程(difference equation)就是用来描述离散系统的输入和输出这两个采样信号之间的动态关系的方程。由于差分有两种，因此差分方程也有两种，即前向差分方程和后向差分方程。

设有一 n 阶线性定常离散系统，输入为$r^*(t)$，输出为$c^*(t)$，如图 8-35 所示。

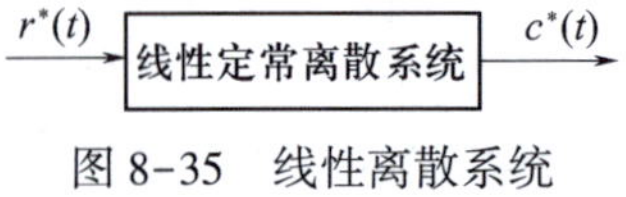

$r^*(t)$ → 线性定常离散系统 → $c^*(t)$

图 8-35　线性离散系统

其动态数学模型可用差分方程来描述。也就是说，方程中除了变量$r(k)$和$c(k)$本身外，还有其各阶差分，表现为 n 个采样时刻变量的线性组合。这种关系可以用下列 n 阶后向差分方程来描述：

$$c(k)+a_1c(k-1)+a_2c(k-2)+\cdots+a_nc(k-n)=$$
$$b_0r(k)+b_1r(k-1)+\cdots+b_mr(k-m) \tag{8-48}$$
式中,$a_i(i=1,2,\cdots,n)$和$b_j(j=0,1,2,\cdots,m)$为常数,$m\leqslant n$。

从物理意义上来看,离散系统在k时刻的输出信号$c(k)$,不但与k时刻的输入$r(k)$有关,而且与k时刻以前的输入序列$r(k-1),r(k-2),\cdots$有关,同时还与k时刻以前的输出序列$c(k-1),c(k-2),\cdots$有关,因此,上式还可以写成递推的形式:

$$c(k)=\sum_{j=0}^{m}b_jr(k-j)-\sum_{i=1}^{n}a_ic(k-i) \tag{8-49}$$

式(8-49)实际上是一个迭代求解公式,特别适合于用迭代算法在计算机上求解。从这一点上来看,离散系统用计算机分析计算求解,比连续系统方便的多。

式(8-48)称为n阶线性常系数差分方程。同样道理,线性定常离散系统也可以用n阶前向差分方程来描述,即

$$c(k+n)+a_1c(k+n-1)+\cdots+a_{n-1}c(k+1)+a_nc(k)=$$
$$b_or(k+m)+b_1r(k+m-1)+\cdots+b_{m-1}r(k+1)+b_mr(k) \tag{8-50}$$

上式也可写成递推的形式:

$$c(k+n)=\sum_{j=0}^{m}b_jr(k+m-j)-\sum_{i=1}^{n}a_ic(k+n-i) \tag{8-51}$$

线性常系数差分方程是线性定常离散系统的数学模型。它与线性定常连续系统一样,满足叠加原理和具有时不变特性,这为分析和设计系统提供了很大的方便。另外,这两种差分方程相比较,由于后向差分方程采用的是$c(k)$和$r(k)$的过去的采样值,是可以经测量得到的,所以在实际中后向差分方程应用广泛。

3. 差分方程的解法

线性差分方程是离散控制系统的数学模型,通过对方程的求解,可以分析和设计离散控制系统,常系数线性差分方程的求解方法在时域有经典法和迭代法,在复数域有Z变换法。与微分方程的经典法类似,差分方程的求解也要分别求出齐次方程的通解和非齐次方程的特解,还要根据n个初始条件联立求解方程组,以获得n个待定系数,计算难度较大。而迭代法是一种简单直接的解法,特别适合计算机编程求解。下面仅介绍工程上常用的迭代法和Z变换法。

1) 迭代法

由差分方程的一般式(8-48)和式(8-50),无论是前向差分方程还是后向差分方程,都可以按时间顺序将各项排列成递推关系式(8-49)和式(8-51)。当给出输出函数序列的n个初始值后,就可以从第$(n+1)$个值依次递推计算下去,这特别适合编程上机运算,求解既快又简单。这种方法的缺点是求得的解是数值解,而得不到解的解析表达式。

例 8-18 已知后向差分方程为

$$c(k)-5c(k-1)+6c(k-2)=r(k)$$

式中,$r(k)=1(k)=1(k\geqslant 0)$;初始条件为$c(0)=0,c(1)=1$。试用迭代法求输出序列$c(k),k=0,1,2,\cdots$

解:按该后向差分方程可得递推关系为

$$c(k)=r(k)+5c(k-1)-6c(k-2)$$

根据初始条件,并令$k=2,3,4,\cdots$逐拍递推,有

$$c(0)=0$$
$$c(1)=1$$

$$k = 2 \quad c(2) = r(2) + 5c(1) - 6c(0) = 6$$
$$k = 3 \quad c(3) = r(3) + 5c(2) - 6c(1) = 25$$
$$k = 4 \quad c(4) = r(4) + 5c(3) - 6c(2) = 90$$
$$\vdots$$
$$c^*(t) = 0\delta(t) + \delta(t - T) + 6\delta(t - 2T) + 25\delta(t - 3T) + 90\delta(t - 4T) + \cdots$$

该方程为二阶常系数后向差分方程,与经典解法类似,方程的全解取决于初始条件和输入 $r(k)$。一般 n 阶系统,要有 n 个初始值作为解的计算条件,在经典法中,要依据它们来计算 n 个待定系数,在迭代法中,可直接以此为起点开始递推,故此例后向差分是在前两项初值已定的基础上从第三项($k=2$)开始递推计算的。

从另一个角度来说,初始值是事先给定的,不需要满足递推关系式,且当后向差分递推关系中取 $k<n$ 时,会出现时间小于零的情况。如上例中取 $k=0$,在递推关系中则需要确定$c(k-2)=c(-2)$的值,按照定义,该值取0,则代入递推方程后得出 $c(0)=1$,与已知的初值$c(0)=0$不符,故递推求解是从初值以后节拍开始进行的。初值作为已知的激励条件,初值不同得到的解就不同。求得本例的解见图 8-36(a)。

例 8-19 将例 8-18 的后向差分方程转换为前向差分方程,然后用迭代法求输出序列 $c(k)$,$k=0,1,2,\cdots$

解:对后向差分方程

$$c(k) - 5c(k - 1) + 6c(k - 2) = r(k)$$

令 $k'=k-2$,则变换为前向差分方程

$$c(k' + 2) - 5c(k' + 1) + 6c(k') = r(k' + 2) \tag{8-52}$$

对应的初始条件可根据原方程初值及变量 k 与 k'的关系求出。

当 $k'=0$,有 $k=2$,则 $\quad c(k')\big|_{k'=0}=c(k)\big|_{k=2}=6, r(k')\big|_{k'=0}=r(k)\big|_{k=2}=1$

当 $k'=1$,有 $k=3$,则 $\quad c(k')\big|_{k'=1}=c(k)\big|_{k=3}=25, r(k')\big|_{k'=1}=r(k)\big|_{k=3}=1$

按式(8-52)可写出递推关系为

$$c(k' + 2) = r(k' + 2) + 5c(k' + 1) - 6c(k')$$

代入推求的新初始条件,并令 $k'=0,1,2,\cdots$逐拍递推,有

$$c(0) = 6$$
$$c(1) = 25$$
$$k' = 0 \quad c(2) = r(2) + 5c(1) - 6c(0) = 90$$
$$k' = 1 \quad c(3) = r(3) + 5c(2) - 6c(1) = 301$$
$$k' = 2 \quad c(4) = r(4) + 5c(3) - 6c(2) = 966$$
$$\vdots$$
$$c^*(t) = 6\delta(t) + 25\delta(t - T) + 90\delta(t - 2T) + 301\delta(t - 3T) + 966\delta(t - 4T) + \cdots$$

可见,递推也是从前两个新初值项之后的第三项开始的。转换得到的前向差分方程的解如图 8-36(b)所示。

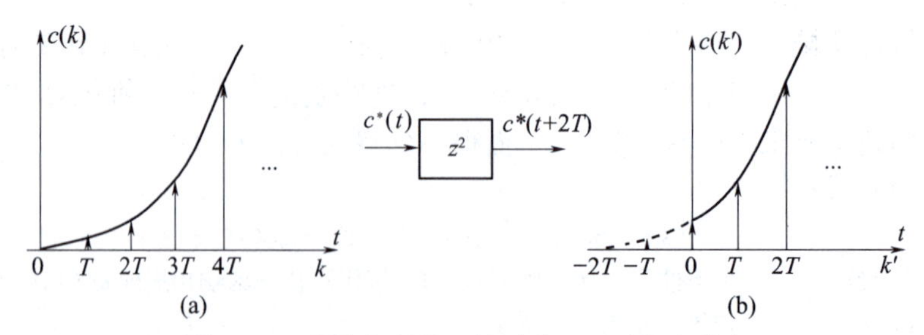

图 8-36 差分方程的 n 拍平移——后向变前向

(a) 后向差分方程的解;(b) 前向差分方程的解。

对比两种结果,输出序列前向解 $c(k')$的第 0 拍等于后向解 $c(k)$的第 2 拍。因此,按前向

差分方程表示后，相当于将原函数序列在时间轴上向左平移 2 拍或者说将时间轴右移了 2 拍，这是一种超前变换，求出的解则不包含原解中的前 2 拍，所以按超前定理，序列表达式中要减掉原序列的前 n 个（$n=2$）初值。

总之，迭代法是一种递推原理，不论是后向差分还是前向差分，都要根据前 n 个时刻的输入输出数据来获得当前时刻的值，将来时刻的数据是不能提前得到的。

2）Z 变换法

用 Z 变换解线性常系数差分方程与用拉普拉斯变换解微分方程是类似的。用 Z 变换解差分方程的实质，是通过 Z 变换来简化函数、简化运算、将差分方程化成代数方程，通过代数运算及查表的方法来求出输出序列 $c(k)$，如图 8-37 所示。

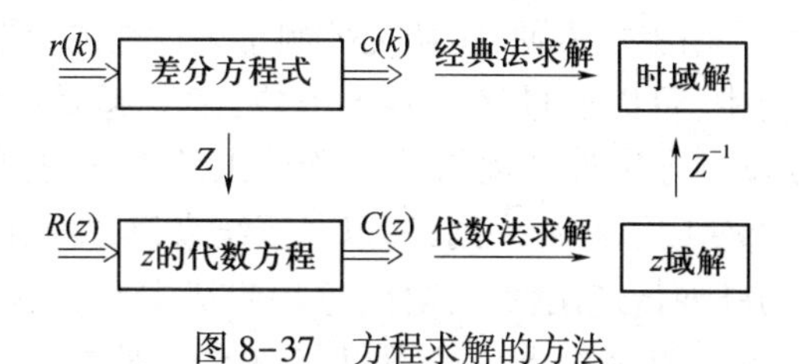

图 8-37　方程求解的方法

用经典法求解差分方程要根据初始条件来确定 n 个待定系数，当阶次很高时，求联立方程是一件较麻烦的事，而用 Z 变换将差分方程转化为代数方程时，初始条件便自动地包含在代数表达式中。另外，Z 变换对于系统分析与设计上带来的方便，与拉普拉斯变换法有相同之处。

Z 变换法求差分方程的一般步骤如下：

（1）利用 Z 变换的超前或延迟定理对差分方程两边进行 Z 变换，代入相应的初始条件，化成复变量 z 的代数方程。

（2）求出代数方程的解 $c(z)$。

（3）通过查 Z 变换表，对 $c(z)$ 求 z 反变换，得出解 $c(kT)$ 或 $c^*(t)$。

例 8-20　同例 8-19，已知二阶离散系统前向差分方程

$$c(k+2)-5c(k+1)+6c(k)=r(k)$$

输入信号 $r(k)=1(k)=1$，初始条件 $c(0)=6, c(1)=25$，求响应 $c^*(t)$。

解：(1) 对方程两端取 Z 变换，得

$$[z^2C(z)-z^2c(0)-zc(1)]-5[zC(z)-zc(0)]+6C(z)=R(z)$$

代入已知数据

$$R(z)=Z[1(t)]=\frac{z}{z-1}, c(0)=6, c(1)=25$$

得

$$z^2C(z)-6z^2-25z-5zC(z)+30z+6C(z)=\frac{z}{z-1}$$

(2) 解代数方程得

$$C(z)=\frac{z(6z^2-11z+6)}{(z^2-5z+6)(z-1)}$$

(3) 用部分分式法求 Z 反变换：

因为 $$\frac{C(z)}{z}=\frac{6z^2-11z+6}{(z-1)(z-2)(z-3)}=\frac{0.5}{z-1}-\frac{8}{z-2}+\frac{13.5}{z-3}$$

所以
$$C(z)=\frac{0.5z}{z-1}-\frac{8z}{z-2}+\frac{13.5z}{z-3}$$

查表得
$$c(k)=0.5-8(2^k)+13.5(3^k)\ (k=0,1,2,\cdots)$$

$$c^*(t)=\sum_{k=0}^{\infty}c(k)\delta(t-kT)=\sum_{k=0}^{\infty}[0.5-8(2^k)+13.5(3^k)]\delta(t-kT)$$

当 $k=0,c(0)=6;k=1,c(1)=25;k=2,c(2)=90;k=3,c(3)=301$;等等,此结果与迭代法算出的结果完全相同。

8.5.2 脉冲传递函数

众所周知,在连续系统的研究中,传递函数是基于拉普拉斯变换下的一种复数域数学模型,它比时域中的微分方程应用更加方便,是研究控制系统性能的重要工具。

同样,在离散控制系统中,可以通过 Z 变换的方式,建立起复数域的数学模型,可称为 Z 传递函数。它具有的特点及对分析设计离散系统所带来的方便,与传递函数的特点相类似。由于任何信号经过采样后都变成了脉冲序列,所以对系统来说,接收的信号均为脉冲信号这一形式,故又称 Z 传递函数为脉冲传递函数。当然,这种叫法主要表示离散系统的信号特征,实际上,作为一种数学模型,是不依赖输入信号而仅仅取决于对象本身的,脉冲传递函数也不例外。

1. 脉冲传递函数的定义

在连续系统中,传递函数定义为在零初始条件下,输出量的拉普拉斯变换与输入量的拉普拉斯变换之比。对于离散系统,利用 Z 变换,可有类似的定义。

设离散系统的结构图如图 8-38 所示,系统输入的采样信号为 $r^*(t)$,输出的采样信号为 $c^*(t)$。则脉冲传递函数可定义如下:

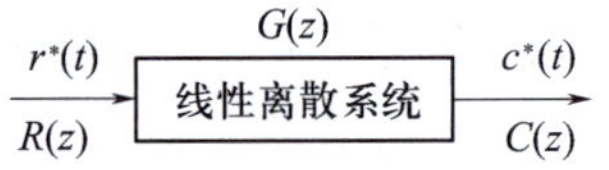

图 8-38 离散系统结构图

定义 在线性定常离散系统中,当初始条件为零时,系统离散输出信号的 Z 变换与离散输入信号的 Z 变换之比,称为离散系统的脉冲传递函数。记作

$$G(z)=\frac{C(z)}{R(z)}=\frac{\sum_{k=0}^{\infty}c(kT)z^{-k}}{\sum_{k=0}^{\infty}r(kT)z^{-k}} \tag{8-53}$$

所谓零初始条件,是指在 $t<0$ 时,离散输入信号各采样值 $r(-T),r(-2T),\cdots$ 以及离散输出信号各采样值 $c(-T),c(-2T),\cdots$ 均为零。

定义了脉冲传递函数,就可以在复数域中用代数的方法来表示输入与输出之间的关系。如果已知系统的脉冲传递函数 $G(z)$ 及输入信号的 Z 变换 $R(z)$,那么系统离散输出信号就可以通过代数解的反变换求得

$$c^*(t)=Z^{-1}[C(z)]=Z^{-1}[G(z)\cdot R(z)] \tag{8-54}$$

这里还需要强调指出,脉冲传递函数作为离散系统的数学模型,与差分方程一样,只描述系统离散信号之间的关系。但是对大多数实际系统来说,其输出往往是连续信号 $c(t)$,而不是采样信号 $c^*(t)$,如图 8-39 所示。在此情况下,输出离散信号通过虚设的同步理想采样开关来表示,则通过 $G(z)$ 求得的输出是 $c(t)$ 的采样信号 $c^*(t)$。

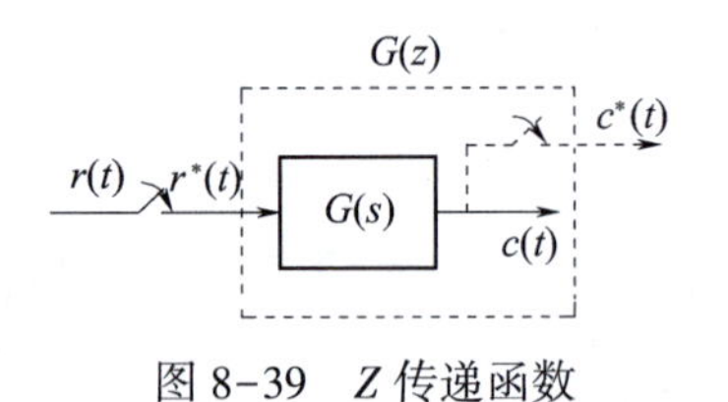

图 8-39 Z 传递函数

2. 脉冲传递函数的意义及性质

讨论图 8-39 所示系统,我们熟知连续部分的单位脉冲响应被称为脉冲响应函数,习惯上记为 $g(t)$,即

$$g(t)=L^{-1}[G(s)]$$

对于任一采样时刻加入系统的一个单脉冲 $r(kT)\delta(t-kT)$,系统的响应为

$$c(t)=r(kT)g(t-kT)$$

其中 $g(t-kT)$ 为脉冲响应函数,满足如下关系:

$$g(t-kT)=\begin{cases}g(t-kT) & (t\geqslant kT)\\ 0 & (t<kT)\end{cases}$$

现在来研究一系列脉冲依次加到 $G(s)$ 上的情况。输入脉冲序列可表示为

$$r^*(t)=r(0)\delta(t)+r(T)\delta(t-T)+r(2T)\delta(t-2T)+\cdots+r(nT)\delta(t-nT)+\cdots=\sum_{n=0}^{\infty}r(nT)\delta(t-nT)$$

下面分析在各段时间内,系统的响应 $c(t)$。

在 $0\leqslant t<T$ 时间内,只有 $t=0$ 时刻加入的第一个脉冲起作用,其余各个脉冲尚未加入,因此这段时间内输出响应为

$$c(t)=r(0)g(t)\qquad(0\leqslant t<T)$$

在 $T\leqslant t<2T$ 时间内,实际起作用的只有 $t=0$ 和 $t=T$ 时刻加入的前两个脉冲,第一个脉冲产生的响应依然存在,再加上第二个脉冲产生的响应,因此这段时间内的输出响应为

$$c(t)=r(0)g(t)+r(t)g(t-T)\qquad(T\leqslant t<2T)$$

在 $kT\leqslant t<(k+1)T$ 时间内,输出响应为

$$c(t)=r(0)g(t)+r(T)g(t-T)+\cdots+r(kT)g(t-kT)=\sum_{n=0}^{k}r(nT)g(t-nT)$$

所以,当系统的输入为一系列脉冲时,输出为各脉冲响应之和,如图 8-40 所示。

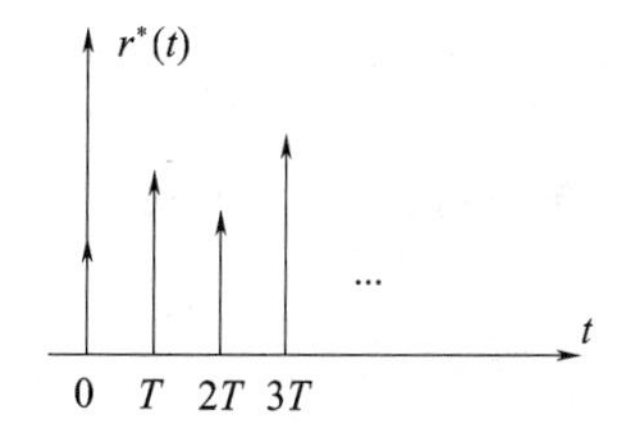

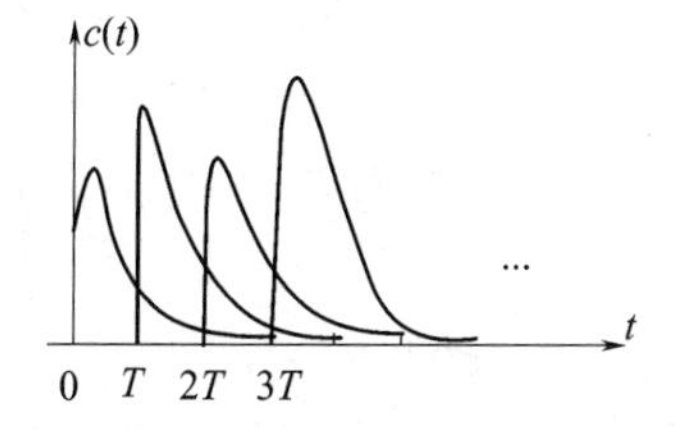

图 8-40 脉冲响应

在采样时刻 $t=kT$,输出的采样值是 kT 时刻及 kT 时刻之前所有输入脉冲产生的脉冲响应在该时刻的值的叠加,所以

$$c(kT)=\sum_{n=0}^{k}r(nT)g[(k-n)T]$$

由于 $t<0$ 时,$g(t)=0$,因而当 $n>k$ 时,式中的 $g[(k-n)T]=0$。这就是说,在 kT 时刻以后的输入脉冲如 $r[(k+1)T]$,$r[(k+2)T]$,…,它们不会对 kT 时刻的输出值产生任何影响。这样,上式可改写为

$$c(kT)=\sum_{n=0}^{\infty}r(nT)g[(k-n)T]=g(kT)*r(kT)\tag{8-55}$$

式(8-55)即为熟知的采样函数的卷积,由上可知,它所表示的信号叠加有明显的物理意义,它是建立在脉冲响应函数基础上的。而它的数学意义表示,系统的输出函数序列等于脉冲响应函数序列与输入函数序列的卷积。

由卷积和定理知:当时域中的采样函数满足 $c(kT)=g(kT)*r(kT)$ 时,其相应函数的 Z 变换在 z 域中为代数关系,即

$$C(z)=G(z)R(z)$$

此式证明了复数域中的 3 个函数 $C(z)$,$R(z)$,$G(z)$ 分别为时域中 3 个采样函数 $c^*(t)$,$r^*(t)$,$g^*(t)$ 的 Z 变换。所以得出脉冲响应函数的重要性质,即

$$\frac{C(z)}{R(z)}=G(z)=\sum_{k=0}^{\infty}g(kT)z^{-k}=Z[g^*(t)]$$

此式说明系统的单位脉冲响应函数 $g(t)$ 的 Z 变换就是脉冲传递函数。

到目前为止,对于离散控制系统运动特性的数学描述,可用差分方程、脉冲传递函数、离散脉冲响应函数这 3 种不同形式的数学模型,它们的形式虽然不同,但实质相同,并且可以根据以上关系相互转化。

3. 脉冲传递函数的求法

根据脉冲传递函数的定义或脉冲传递函数的物理意义,可以直接得出以下两种求脉冲传递函数的方法。

1) 由差分方程求脉冲传递函数

设线性定常离散系统的差分方程为

$$c(k)+a_1c(k-1)+a_2c(k-2)+\cdots+a_nc(k-n)=$$
$$b_0r(k)+b_1r(k-1)+b_2r(k-2)+\cdots+b_mr(k-m)\quad(n\geqslant m)$$

在零初始条件下,对上式两端进行 Z 变换得

$$(1+a_1z^{-1}+a_2z^{-2}+\cdots+a_nz^{-n})c(z)=(b_0+b_1z^{-1}+b_2z^{-2}+\cdots+b_mz^{-m})R(z)$$

写出脉冲传递函数为

$$G(z)=\frac{C(z)}{R(z)}=\frac{b_0+b_1z^{-1}+b_2z^{-2}+\cdots+b_mz^{-m}}{1+a_1z^{-1}+a_2z^{-2}+\cdots+a_nz^{-n}}\tag{8-56}$$

式(8-56)表述了脉冲传递函数与(后向)差分方程的关系,即通过 z^{-n} 与 $(k-n)$ 的对应即可相互转化。

求脉冲传递函数的一般步骤为:

(1) 令初始条件为零,对方程两端进行 Z 变换,化成代数方程(对于前向差分方程的零初始条件,还应包括输出的前 n 项初值 $c(n-1)$,$c(n-2)$,$\cdots$,$c(0)$ 及输入的前 m 项初值 $r(m-1)$,$r(m-2)$,$\cdots$,$r(0)$)。

(2) 根据脉冲传递函数的定义求出 $\frac{C(z)}{R(z)}=G(z)$。

例 8-21 已知离散系统的差分方程为

$$c(k+2)-2c(k+1)+c(k)=Tr(k+1)$$

试求脉冲传递函数 $G(z)$。

解:利用超前定理,对方程两端取 Z 变换,并令 $c(1)=c(0)=0$,$r(0)=0$,则有

$$(z^2-2z+1)C(z)=TzR(z)$$

所以

$$\frac{C(z)}{R(z)} = G(z) = \frac{Tz}{z^2 - 2z + 1}$$

可见,前向差分方程和脉冲传递函数之间的关系,只要通过 z^n 与 $(k+n)$ 的对应即可相互转化。

2）由连续部分的传递函数求脉冲传递函数

在离散函数 Z 变换的求法中,介绍了部分分式法,那是依据时间函数与拉普拉斯变换之间的一一对应关系。在这里,将脉冲响应函数与传递函数这一对应关系,也视为普通函数之间的变换关系。则脉冲响应函数的 Z 变换,就可以用部分分式法直接对 $G(s)$ 进行 Z 变换。实际上,最终由拉普拉斯变换与 Z 变换对照表,查表得出变换结果,即

$$G(z) = Z[g^*(t)] = Z[g(t)] = Z[G(s)] \tag{8-57}$$

由连续部分传递函数求脉冲传递函数的一般步骤为:

(1) 对连续部分传递函数 $G(s)$ 用部分分式法展开。

(2) 查拉普拉斯变换与 Z 变换对照表附表 1,把表中 $f(t)$ 看成 $g(t)$,则 $F(s)$ 即为 $G(s)$,$F(z)$ 即为 $G(z)$。

例 8-22 已知系统结构图如图 8-39 所示,其中连续部分传递函数为

$$G(s) = \frac{10}{s(s+10)}$$

试求脉冲传递函数 $G(z)$。

解:将 $G(s)$ 展为部分分式

$$G(s) = \frac{1}{s} - \frac{1}{s+10}$$

查 Z 变换表得

$$G(z) = \frac{z}{z-1} - \frac{z}{z-e^{-10T}} = \frac{z(1-e^{-10T})}{(z-1)(z-e^{-10T})}$$

例 8-23 已知图 8-39 所示系统连续部分传递函数

$$G(s) = e^{-\tau s}$$

试求:(1)系统的差分方程;(2)系统脉冲传递函数 $G(z)$。

解:根据差分方程与脉冲传递函数的转换关系,求出其中一种模型,即可转换为另一种模型。

(1) 连续部分为延迟环节,其方程式为

$$c(t) = r(t-\tau)$$

令 $\tau = nT, t = kT$,对方程离散化得差分方程

$$c(kT) = r[(k-n)T]$$

两端取 Z 变换,有

$$C(z) = z^{-n}R(z)$$

(2) 由定义得

$$G(z) = \frac{C(z)}{R(z)} = z^{-n}$$

求解顺序也可以变为:

(1)′ 由连续部分传递函数直接查表求 $G(z)$,即

$$G(z) = Z[g(t)] = Z[e^{-nTs}] = z^{-n}$$

(2)′ 按定义

$$\frac{C(z)}{R(z)} = z^{-n}$$

则

$$C(z)=z^{-n}R(z)$$
$$c(kT)=r[(k-n)T]$$
可见,脉冲传递函数 z^{-n},其物理意义表示离散系统中一个延迟环节,它把输入序列右移 n 个节拍后再输出。

8.5.3 离散系统结构图与脉冲传递函数

离散系统的结构图绘制,与连续系统的绘制方法基本相同,其差别仅在于某些位置增加了采样器。由于脉冲传递函数的定义和传递函数定义在形式上完全相同,因此在进行结构图的简化变换时,所遵循的**等效原则**是一致的,即变换前后信号要完全等效。但由于系统中连续信号和离散信号并存,**简化法则**不再与连续系统相一致。由于采样开关的数目和位置不同,化简后求出的脉冲传递函数也会截然不同。下面讨论由离散系统结构图求脉冲传递函数的法则。

1. 串联环节的脉冲传递函数

在连续系统中,串联环节的传递函数等于各环节传递函数之积,这称为**乘法法则**。在脉冲传递函数的求取中,这一法则是否还能成立,要视环节之间有无采样开关而异。串联环节都是相互独立的离散环节,按定义乘法法则仍然成立,否则,将不再成立。现在分别讨论这两种情况。

1) 串联环节之间有采样开关

设两个环节串联,且环节之间由理想采样开关隔开,如图 8-41 所示。根据脉冲传递函数的定义,有

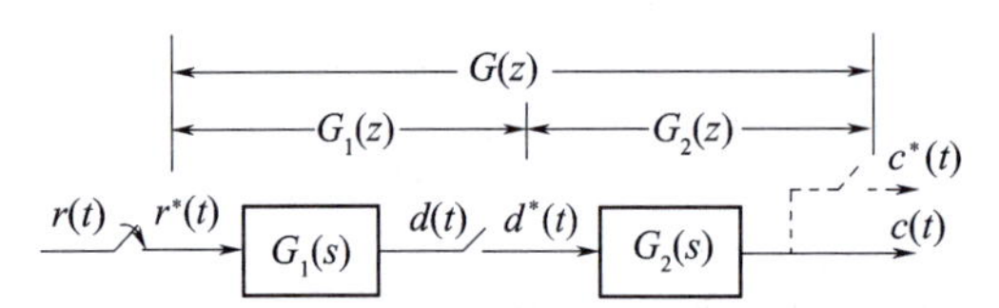

图 8-41　串联环节之间由采样器隔离

$$D(z)=G_1(z)R(z),C(z)=G_2(z)D(z)$$
其中,$G_1(z)$,$G_2(z)$分别为 $G_1(s)$,$G_2(s)$的脉冲传递函数。消去 $D(z)$简化为
$$C(z)=G_2(z)G_1(z)R(z)$$

因此,等效的脉冲传递函数为

$$G(z)=\frac{C(z)}{R(z)}=G_1(z)G_2(z) \tag{8-58}$$

上式表明,两个串联环节之间由采样开关隔开时,其等效的脉冲传递函数等于两个环节各自的脉冲传递函数之积,即乘法法则仍然成立。这一结论可以推广到类似的 n 个环节相串联的情况。

例 8-24　已知开环采样系统如图 8-42 所示,试求开环脉冲传递函数 $C(z)/R(z)$。

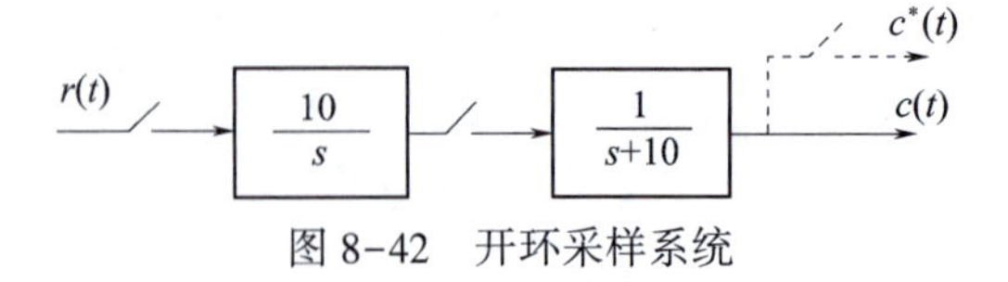

图 8-42　开环采样系统

解:按串联乘法法则,有

$$G(z)=\frac{C(z)}{R(z)}=G_1(z)\cdot G_2(z)$$

其中

$$G_1(z) = Z\left[\frac{10}{s}\right] = \frac{10z}{z-1}$$

$$G_2(z) = Z\left[\frac{1}{s+10}\right] = \frac{z}{z-\mathrm{e}^{-10T}}$$

所以
$$G(z)=G_1(z)G_2(z)=\frac{10z^2}{(z-1)(z-\mathrm{e}^{-10T})}$$

2）串联环节之间无采样开关

设两个串联环节如图 8-43(a)所示，环节之间直接连接，且无采样开关隔开。此时，各环节不是独立的离散环节，不能分别求 Z 变换。可先根据连续系统环节串联的运算法则，将系统等效成图 8-43(b)，然后求取采样信号 $c^*(t)$ 的拉普拉斯变换式 $C^*(s)$，再按照 Z 变换的定义求得其 Z 变换 $C(z)$，最终求出等效的脉冲传递函数 $G(z)$。

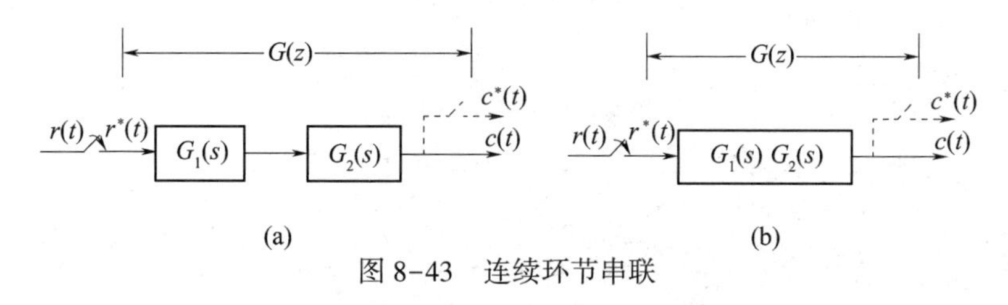

图 8-43　连续环节串联

在求采样函数拉普拉斯变换的运算中，常用到采样拉普拉斯变换的两条重要性质，即：采样函数的拉普拉斯变换具有周期性和独立性。首先证明这两条性质。

设采样函数的拉普拉斯变换为 $G^*(s)$，按式(8-12)有

$$G^*(s)=\frac{1}{T}\sum_{k=-\infty}^{\infty}G(s-\mathrm{j}k\omega_s)$$

以 $s=s+\mathrm{j}m\omega_s$ 代入上式得

$$\begin{aligned}G^*(s+\mathrm{j}m\omega_s)&=\frac{1}{T}\sum_{k=-\infty}^{\infty}G(s+\mathrm{j}m\omega_s-\mathrm{j}k\omega_s)=\\&\frac{1}{T}\sum_{k=-\infty}^{\infty}G[s-\mathrm{j}(k-m)\omega_s]=\\&\frac{1}{T}\sum_{n=-\infty}^{\infty}G(s-\mathrm{j}n\omega_s)=G^*(s)\end{aligned}\tag{8-59}$$

式中，m 为任意整数，$n=k-m$ 且求和与符号无关。上式证明了采样拉普拉斯变换的周期性。

若运算中有采样拉普拉斯变换与连续拉普拉斯变换乘积的离散化，采样拉普拉斯变换可独立出来，即

$$\begin{aligned}[G_1(s)G_2(s)R^*(s)]^*&=\frac{1}{T}\sum_{k=-\infty}^{+\infty}G_1(s-\mathrm{j}k\omega_s)G_2(s-\mathrm{j}k\omega_s)R^*(s-\mathrm{j}k\omega_s)=\\&\frac{1}{T}\sum_{k=-\infty}^{\infty}G_1(s-\mathrm{j}k\omega_s)G_2(s-\mathrm{j}k\omega_s)R^*(s)=\\&R^*(s)\frac{1}{T}\sum_{k=-\infty}^{\infty}G_1(s-\mathrm{j}k\omega_s)G_2(s-\mathrm{j}k\omega_s)=\\&R^*(s)[G_1(s)G_2(s)]^*\end{aligned}\tag{8-60}$$

式中，$R^*(s)$为离散函数的拉普拉斯变换，由于具有周期性，$R^*(s-jk\omega_s)$可以用$R^*(s)$代替，且取值与k无关，可以提到求和号外边，而其他两个是连续函数的拉普拉斯变换，本身不是周期函数，不能提到求和号之外。因此证明了采样拉普拉斯变换离散化运算的独立性。

通常

$$[G_1(s)G_2(s)]^* \neq G_1^*(s)G_2^*(s)$$

故连续拉普拉斯变换乘积的离散化不能分别独立进行。其整体离散化函数简记为

$$[G_1(s)G_2(s)]^* = G_1G_2^*(s)$$

根据以上讨论，由图8-43可得连续信号$c(t)$的拉普拉斯变换为

$$C(s) = G_1(s)G_2(s)R^*(s)$$

所以，对输出离散化得

$$C^*(s) = [G_1(s)G_2(s)R^*(s)]^* = [G_1(s)G_2(s)]^*R^*(s) = G_1G_2^*(s)R^*(s)$$

式中，$R^*(s)$为输入采样信号$r^*(t)$的拉普拉斯变换式。

根据Z变换的定义

$$C(z) = G_1G_2(z)R(z)$$

再根据脉冲传递函数的定义，得

$$G(z) = \frac{C(z)}{R(z)} = G_1G_2(z) \tag{8-61}$$

上式表明，两个串联环节之间无采样开关隔开时，其等效的脉冲传递函数等于两个环节传递函数乘积的Z变换。这时对环节的脉冲传递函数来说，乘法法则已不再成立。这一结论也可以推广到类似的n个环节相串联的情况。

例8-25 已知开环采样系统如图8-44所示，试求开环脉冲传递函数$C(z)/R(z)$。

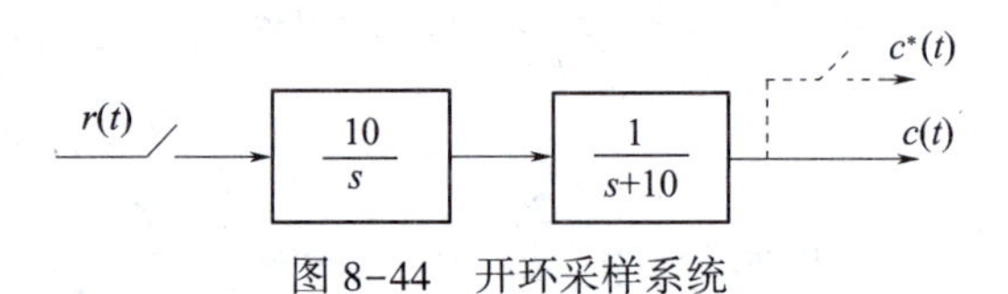

图8-44 开环采样系统

解：按环节无采样器隔离的串联法则，有

$$G(z) = G_1G_2(z) = Z[G_1G_2^*(s)]$$

其中

$$G_1G_2^*(s) = [G_1(s)G_2(s)]^* = \left[\frac{10}{s(s+10)}\right]^*$$

由部分分式法，求Z变换得

$$G(z) = Z\left[\frac{10}{s(s+10)}\right] = Z\left[\frac{1}{s} - \frac{1}{s+10}\right] = \frac{z}{z-1} - \frac{z}{z-e^{-10T}} = \frac{z(1-e^{-10T})}{(z-1)(z-e^{-10T})}$$

该结果与例8-24相对照，显然是不一样的，一般来说，

$$G_1(z)G_2(z) \neq G_1G_2(z)$$

但值得注意的是，它们有相同的分母。可见，开环系统中，采样开关的配置不影响开环系统的极点，仅对零点有影响。

3）零阶保持器与环节串联

零阶保持器作为一个常见的连续环节，与其他连续环节串联如图8-45所示，与普通连续环节串联不同的是，零阶保持器的传递函数中含有超越函数，不能直接用前面的方法求$G(z)$。但可以借助于延迟环节的概念，用分解的办法来求脉冲传递函数。

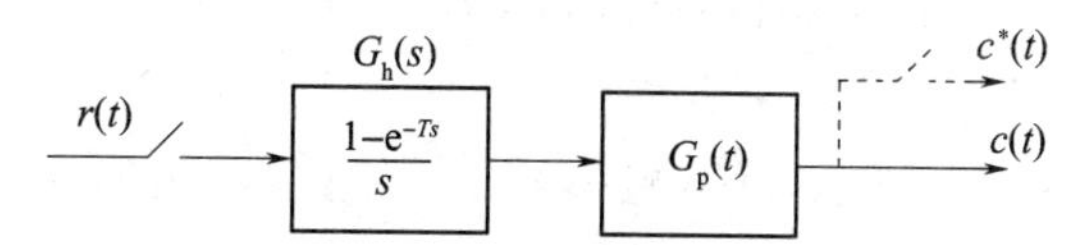

图 8-45　有零阶保持器的开环系统

因为

$$G_h(s)G_p(s)=\frac{1-e^{-Ts}}{s}G_p(s)=(1-e^{-Ts})\frac{G_p(s)}{s}=$$
$$\frac{G_p(s)}{s}-e^{-Ts}\frac{G_p(s)}{s}=G_1(s)-G_2(s)=$$
$$G_1(s)-e^{-Ts}G_1(s)$$

由于 e^{-Ts}是一个延迟环节,所以 $G_2(s)$所对应的原函数比 $G_1(s)$所对应的原函数延迟了一个采样周期 T,根据延迟定理和串联环节 Z 变换方法,可得

$$G(z)=Z[G_hG_p(s)]=Z[G_1(s)]-z^{-1}Z[G_1(s)]=$$
$$(1-z^{-1})Z[G_1(s)]=(1-z^{-1})Z\left[\frac{G_p(s)}{s}\right] \tag{8-62}$$

例 8-26　已知有零阶保持器的开环系统如图 8-45 所示,其中

$$G_p(s)=\frac{10}{s(s+10)}$$

试求开环脉冲传递函数 $G(z)$。

解:按零阶保持器串联环节 Z 变换公式(8-62),有

$$G(z)=(1-z^{-1})Z\left[\frac{G_p(s)}{s}\right]=(1-z^{-1})Z\left[\frac{10}{s^2(s+10)}\right]$$

因为

$$Z\left[\frac{10}{s^2(s+10)}\right]=Z\left[\frac{-0.1}{s}+\frac{1}{s^2}+\frac{0.1}{s+10}\right]$$

查 Z 变换表得

$$G(z)=(1-z^{-1})\left[\frac{-0.1z}{z-1}+\frac{Tz}{(z-1)^2}+\frac{0.1z}{z-e^{-10T}}\right]=$$
$$\frac{(T-0.1+0.1e^{-10T})z+(0.1-Te^{-10T}-0.1e^{-10T})}{(z-1)(z-e^{-10T})}$$

与例 8-25 相比,可看出 $G(z)$的分母完全相同,仅分子不同。所以说,零阶保持器与采样开关的引入,都不影响开环系统脉冲传递函数的极点,但都对零点有影响。

4) 连续信号进入连续环节时的情况

当采样开关的位置没有配置在系统的输入端,而是在系统中间环节之间,如图 8-46 所示,输入信号未经采样直接进入 $G_1(s)$,这时串联环节等效的 Z 变换要根据定义推求。

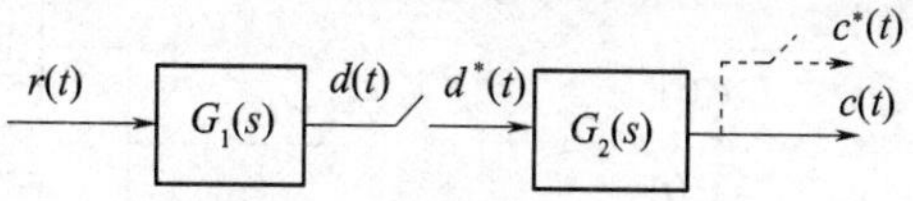

图 8-46　开环采样系统

系统输出 $c(t)$的拉普拉斯变换为

$$C(s)=G_2(s)D^*(s)=G_2(s)G_1R^*(s)$$

对输出离散化得

$$C^*(s)=[G_2(s)G_1(s)R(s)]^*=G_2^*(s)G_1R^*(s)$$

进行 Z 变换得

$$C(z)=G_2(z)G_1R(z)$$

式中,$G_1R(z)$ 为 $G_1(s)R(s)$ 乘积的 Z 变换。

由于 $R(s)$ 是连续函数的拉普拉斯变换,且没有被采样,故不能单独进行 Z 变换,这时表示不出 $C(z)/R(z)$ 的形式,只能求得输出的 Z 变换表达式 $C(z)$,而得不到 $G(z)$。

2. 并联环节的脉冲传递函数

在连续系统中,并联环节的传递函数等于各环节传递函数之和,这称为**加法法则**。在脉冲传递函数的求取中,由于 Z 变换与拉普拉斯变换均具有线性性质,所以加法法则仍然成立。与环节串联一样,由于采样开关的配置不同,在离散系统中,环节并联的情况也不是唯一的。

1) 各并联环节均为独立的离散环节

设两个环节并联系统如图 8-47(a)所示,按照信号的等效性,可以将采样开关等效设置为图 8-47(b)表示的形式,则有

$$C(z)=C_1(z)+C_2(z)=G_1(z)R(z)+G_2(z)R(z)=[G_1(z)+G_2(z)]R(z)$$

所以

$$G(z)=\frac{C(z)}{R(z)}=G_1(z)+G_2(z) \tag{8-63}$$

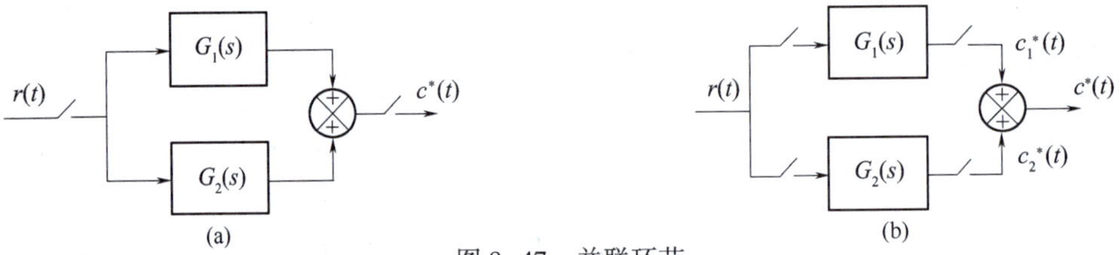

图 8-47　并联环节

(a)并联环节;(b)等效并联环节。

上述关系可以推广到 n 个环节并联时的情况。在并联环节总的输入端和输出端均设有采样开关时(即各并联支路输入输出均为采样信号时),等效的脉冲传递函数等于各环节脉冲传递函数之和,即满足加法法则。

例 8-27　由零阶保持器等效的离散环节如图 8-48 所示,试求零阶保持器环节的脉冲传递函数。

解:零阶保持器结构图可等效成图 8-49 所示的并联环节,则按加法法则,等效的脉冲传递函数为

$$G(z)=\frac{C_h(z)}{R(z)}=Z\left[\frac{1}{s}\right]-Z\left[e^{-Ts}\cdot\frac{1}{s}\right]=$$

$$(1-z^{-1})Z\left[\frac{1}{s}\right]=(1-z^{-1})\cdot\frac{z}{z-1}=1$$

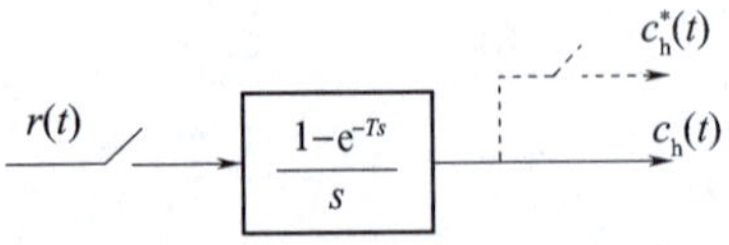

图 8-48　零阶保持器

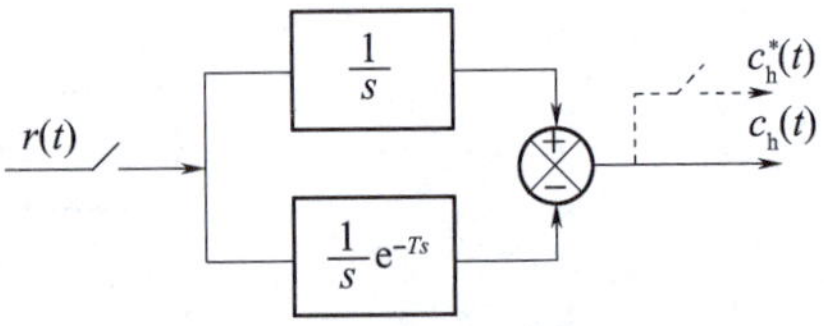

图 8-49　零阶保持器等效结构图

零阶保持器本身是一个连续环节，当输入采样信号时，其脉冲传递函数为常数1，无零极点。从输入输出脉冲序列传递关系来看，因为其输出信号的采样值与输入信号完全一致，则脉冲传递函数真实地反映了这种关系。实际中，零阶保持器的输出总与连续部分相连，自身不是独立的离散环节，由例8-25的结果可知，会对连续部分产生影响。

2）并联环节中有的支路没有采样开关

仍以两个环节的并联为例，其中第二个环节的支路中没有采样开关，如图8-50所示。存在连续信号直接输入支路的情况，但加法法则对输出 $c^*(t)$ 仍然成立，所以

$$C(z)=C_1(z)+C_2(z)=G_1(z)R(z)+Z[G_2(s)R(s)]=$$
$$G_1(z)R(z)+G_2R(z) \tag{8-64}$$

由于第二项中 $R(z)$ 独立不出来，此时写不出比值 $C(z)/R(z)$，因此只能写出系统输出的 Z 变换 $C(z)$，此时两条支路不能合并，写不出等效脉冲传递函数 $G(z)$。

3. 闭环系统脉冲传递函数

在连续系统中，闭环传递函数与相应的开环传递函数之间有着确定的关系，所以可用一种典型的结构图来描述一个闭环系统，求传递函数可用通用公式。而在采样系统中，由于采样开关在系统中所设置的位置不同，可以有多种结构形式，求出的脉冲传递函数和输出表达式均不相同，没有典型结构图可以代表。下面选取闭环离散系统的一种常见结构为例，说明闭环离散系统脉冲传递函数的推求方法。

设闭环采样系统的结构图如图8-51所示，图中虚线所示理想采样开关是为了方便分析而虚设的，且它们均以周期 T 同步工作。

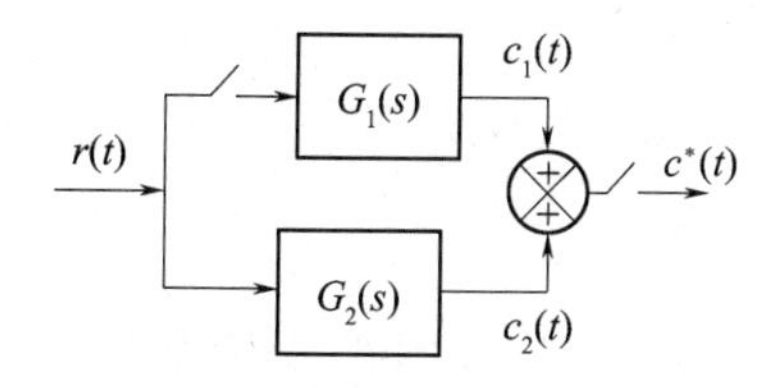

图8-50 并联支路

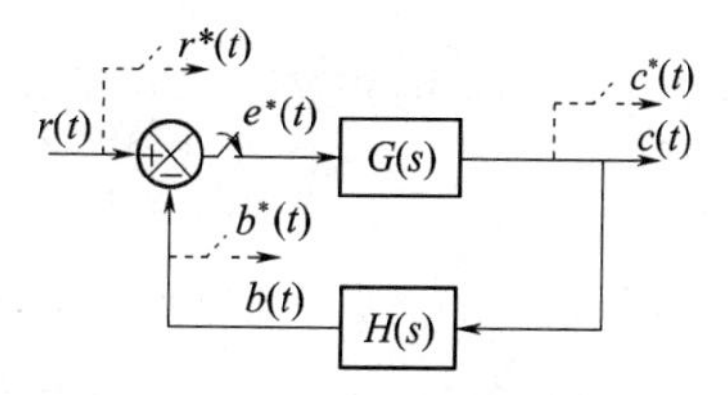

图8-51 闭环采样系统

从输入端采样开关处开始分析，有连续量关系为

$$E(s)=R(s)-B(s)$$

其中
$$B(s)=G(s)H(s)\cdot E^*(s)$$

则有
$$E(s)=R(s)-G(s)H(s)\cdot E^*(s)$$

对上式离散化得
$$E^*(s)=R^*(s)-GH^*(s)\cdot E^*(s)$$

进行 Z 变换
$$E(z)=R(z)-GH(z)E(z)$$

化简后

$$E(z)=\frac{1}{1+GH(z)}R(z) \tag{8-65}$$

通常称 $E(z)$ 为误差信号的 Z 变换，按脉冲传递函数定义有

$$\Phi_e(z)=\frac{E(z)}{R(z)}=\frac{1}{1+GH(z)} \tag{8-66}$$

上式称为闭环离散系统的误差脉冲传递函数。

又因为系统输出
$$C(s)=G(s)E^*(s)$$

采样后取 Z 变换
$$C(z)=G(z)E(z)$$

将式(8-65)代入上式得 $$C(z)=\frac{G(z)}{1+GH(z)}R(z)$$

所以

$$\Phi(z)=\frac{C(z)}{R(z)}=\frac{G(z)}{1+GH(z)} \tag{8-67}$$

式(8-67)称为离散系统闭环脉冲传递函数。

由以上讨论可以看出，推求脉冲传递函数的关键步骤是处理好采样开关处的离散化信息，根据采样开关的配置，分段写出各连续部分因果关系式。即根据结构图，将通道在各采样开关处断开，写出采样之前各连续信号的拉普拉斯变换表达式。然后通过采样开关的离散化，写出各式采样后的 Z 变换，最终联立各式消掉中间变量并按定义写出脉冲传递函数。

例 8-28 已知采样系统结构图如图 8-52 所示，试推求脉冲传递函数 $C(z)/R(z)$。

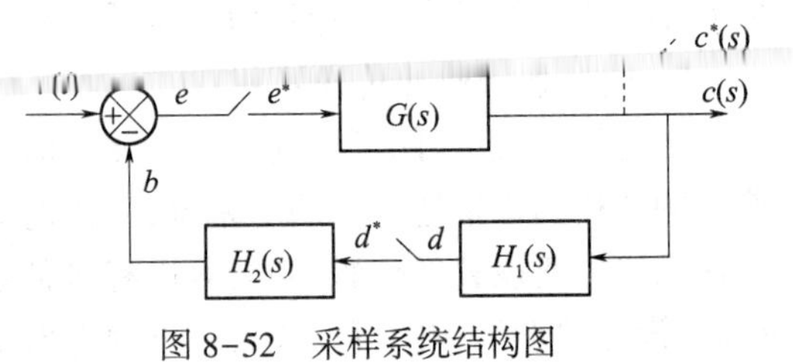

图 8-52 采样系统结构图

解：(1) 在采样开关处写出各段连续部分因果关系式

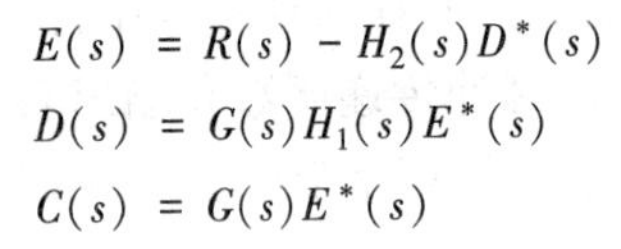

$$E(s)=R(s)-H_2(s)D^*(s)$$
$$D(s)=G(s)H_1(s)E^*(s)$$
$$C(s)=G(s)E^*(s)$$

(2) 取 Z 变换

$$E(z)=R(z)-H_2(z)D(z)$$
$$D(z)=GH_1(z)E(z)$$
$$C(z)=G(z)E(z)$$

(3) 消中间变量 $D(z)$，$E(z)$

$$C(z)=\frac{G(z)}{1+GH_1(z)H_2(z)}R(z)$$

(4) 写出比值 $C(z)/R(z)$ 得脉冲传递函数

$$\frac{C(z)}{R(z)}=\frac{G(z)}{1+GH_1(z)H_2(z)}$$

通过上面举例，可知闭环系统的脉冲传递函数确实不能用一个统一的公式来求，对于开环系统连续部分的脉冲传递函数，曾用 $G(z)=Z[G(s)]$ 来求，但对闭环系统 $\Phi(z)\neq Z[\Phi(s)]$，故部分分式法不再适用。只能按以上步骤根据结构图中采样开关的配置来逐步推求。但是，对实际中常见的离散系统结构(单回路系统，给定输入时)，若根据采样开关的配置，正确考虑好各环节传递的信息，可通过求 $C(z)=Z[\Phi(s)R(s)]$，按以下步骤求脉冲传递函数从而省略递推步骤。

(1) 根据已知的结构图，首先不考虑采样器，将其看作一个连续系统，写出闭环传递函数 $\Phi(s)$。

(2) 由 $\Phi(s)$ 写出输出的拉普拉斯变换表达式 $C(s)$。

(3) 将采样器的设置考虑进去，把 $C(s)$ 的分子和分母中的每个乘积项，按输入信号与环节、环节与环节之间有无采样器，根据环节串联时的脉冲传递函数的求法，逐项写出相应的脉冲传递函数，进而写出 $C(z)$。

(4) 若 $R(z)$ 可以独立出来，则可由 $C(z)$ 写出闭环脉冲传递函数 $\Phi(z)$。否则写不出 $\Phi(z)$，而只能写出 $C(z)$。

例 8-29 已知采样系统结构图如图 8-53 所示，试求输出信号的 Z 变换表达式 $C(z)$。

解:首先不考虑采样器

$$\Phi(s) = \frac{G_1(s)G_2(s)}{1+G_1(s)G_2(s)H(s)}$$

$$C(s) = \frac{R(s)G_1(s)G_2(s)}{1+G_1(s)G_2(s)H(s)}$$

考虑到采样器的设置,则

$$C(z) = \frac{RG_1(z)G_2(z)}{1+G_1G_2H(z)}$$

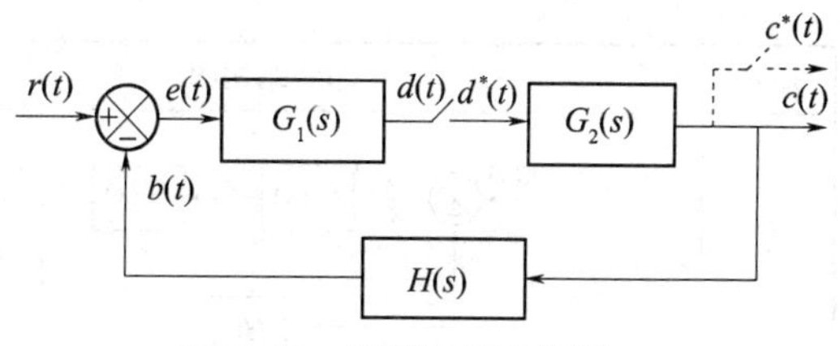

图 8-53　采样系统结构图

由于 $R(z)$ 独立不出来,因此 $\Phi(z)$ 写不出。但有了 $C(z)$,仍可由 Z 反变换求输出的采样信号 $c^*(t)$,对系统进行分析。

对于采样开关在系统中具有各种配置的闭环结构图及其输出采样信号的 Z 变换表达式 $C(z)$,可参见表 8-1。

表 8-1　闭环采样系统结构图及输出 Z 变换函数

序号	系统结构图	$C(z)$ 表达式
1	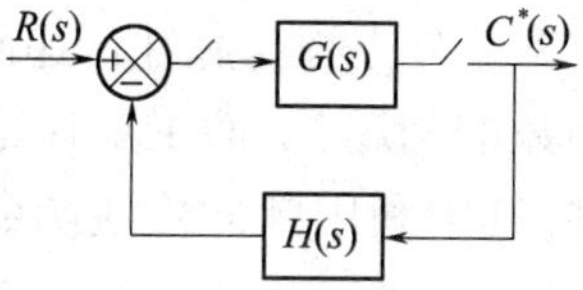	$C(z)=\dfrac{G(z)R(z)}{1+G(z)H(z)}$
2	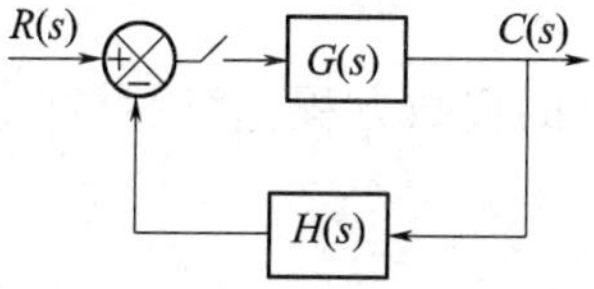	$C(z)=\dfrac{G(z)R(z)}{1+GH(z)}$
3	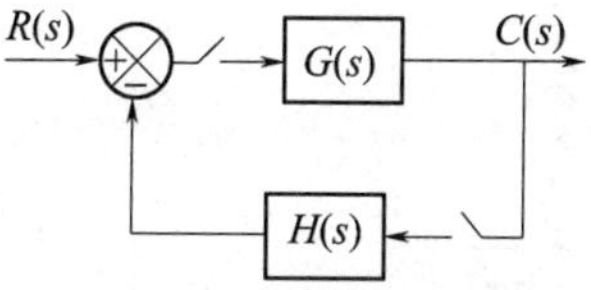	$C(z)=\dfrac{G(z)R(z)}{1+G(z)H(z)}$
4	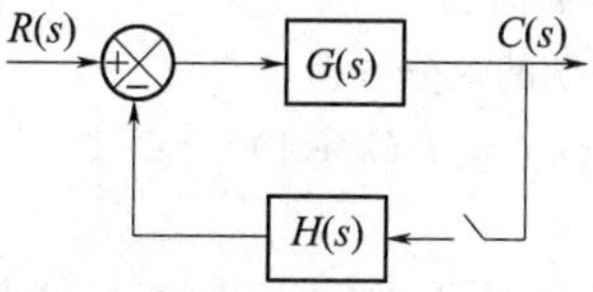	$C(z)=\dfrac{GR(z)}{1+GH(z)}$
5	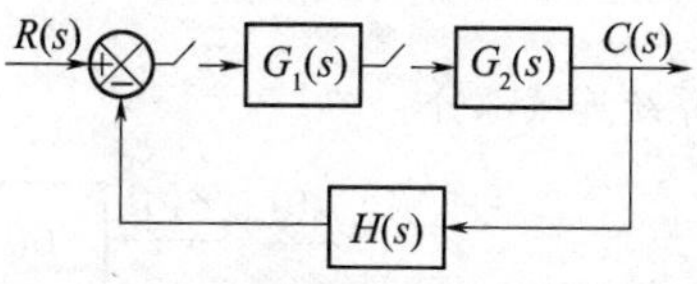	$C(z)=\dfrac{G_1(z)G_2(z)R(z)}{1+G_1(z)G_2H(z)}$
6	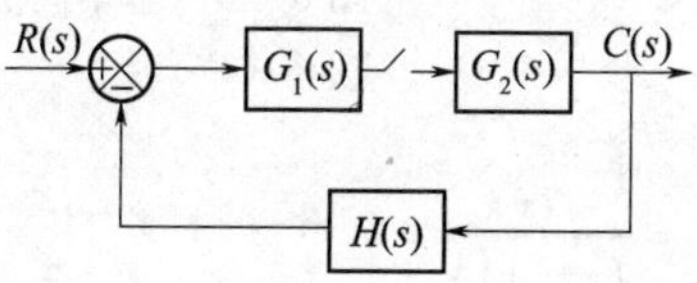	$C(z)=\dfrac{G_2(z)G_1R(z)}{1+G_1G_2H(z)}$

（续）

序号	系统结构图	$C(z)$表达式
7	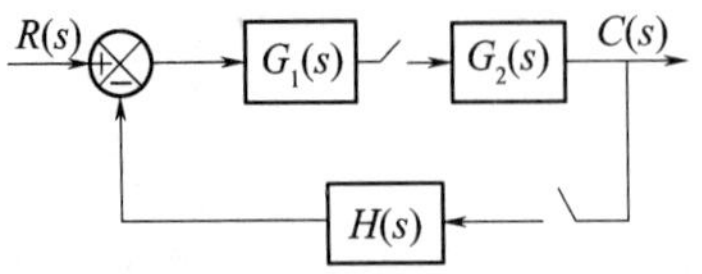 $R(s)$, $G_1(s)$, $G_2(s)$, $C(s)$, $H(s)$	$C(z)=\dfrac{G_2(z)G_1R(z)}{1+G_2(z)G_1H(z)}$
8	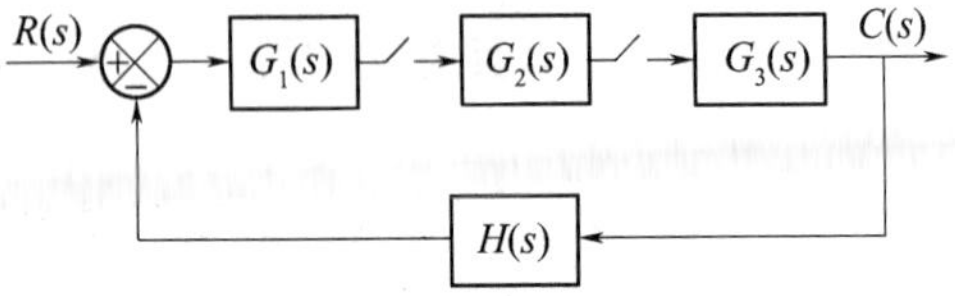 $R(s)$, $G_1(s)$, $G_2(s)$, $G_3(s)$, $C(s)$, $H(s)$	$C(z)=\dfrac{G_3(z)G_2(z)G_1R(z)}{1+G_2(z)G_1G_3H(z)}$

8.5.4 两种数学模型之间的相互转换

和连续系统一样，对于离散系统，其两种数学模型差分方程与脉冲传递函数之间也可以相互转换。前面已经讨论过由差分方程求脉冲传递函数的问题，下面主要讨论如何由脉冲传递函数建立差分方程。差分方程的建立方法有若干种，其中利用脉冲传递函数来建立差分方程是最简单的一种方法。

1. 已知脉冲传递函数 $G(z)$ 建立差分方程

首先根据已知的 $G(z)$，写出关于 $C(z)$ 与 $R(z)$ 的代数方程，然后对这个方程的两边取 Z 的反变换，即得差分方程。

例 8-30 已知离散系统的脉冲传递函数

$$G(z) = \frac{Tz}{z^2 - 2z + 1}$$

试建立系统的差分方程。

解：因为

$$G(z)=\frac{C(z)}{R(z)}=\frac{Tz}{z^2-2z+1}$$

所以

$$(z^2-2z+1)C(z)=TzR(z)$$

利用 Z 变换超前定理，对上式两边取 Z 反变换，即得系统的差分方程

$$c(k+2)-2c(k+1)+c(k)=Tr(k+1)$$

2. 已知 $G(s)$ 建立差分方程

若已知基本离散系统中连续部分的传递函数 $G(s)$，如图 8-54 所示，则首先由 $G(s)$ 求 $G(z)$，再由 $G(z)$ 利用上述方法即可写出差分方程。

例 8-31 采样系统的结构图如图 8-54 所示。设系统连续部分的传递函数为

$$G(s) = \frac{1}{s^2}$$

试建立系统的差分方程。

$r(t)$ $r^*(t)$ $G(s)$ $c^*(t)$ $c(t)$

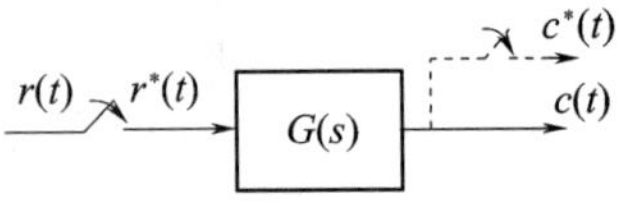

图 8-54 基本离散系统的结构图

解：首先由 $G(s)$ 求 $G(z)$

$$G(z) = Z\left[\frac{1}{s^2}\right] = \frac{Tz}{(z-1)^2}$$

即

$$\frac{C(z)}{R(z)}=\frac{Tz}{z^2-2z+1}$$

所以

$$(z^2-2z+1)c(z)=TzR(z)$$

取 Z 反变换,得差分方程为

$$c(k+2)-2c(k+1)+c(k)=Tr(k+1)$$

8.6 离散系统的时域分析

和连续系统一样,离散系统的时域分析也包括 3 项内容:动态响应品质求取、稳定性分析和稳态误差计算。并且这三大性能指标的定义与连续系统是一样的,其分析方法也与连续系统类似,学习时应注意与连续系统相对照。

对于离散系统的 Z 变换理论,如前所述,它仅限于采样值的分析。对于离散系统三大性能的讨论也只限于在采样点的值。然而,当采样周期 T 选择较大时,采样间隔中隐藏着振荡,可能反映不出来,这造成实际连续信号和采样值变化规律不一致,会得出一些不准确的分析结果。如图 8-55(a)所示连续信号为不稳定的等幅振荡,而从采样值来看却是稳定的。因为只要输出采样值处于稳定范围内,系统就是稳定的。而图 8-55(b)中,虽然稳定性分析是相一致的,但暂态变化规律却不相同,这种不一致起源于采样周期 T 的选择不当。可见,离散系统的三大性能与系统参数及采样参数 T 等均有关。因此,必须注意采样周期 T 是否小于系统的最大时间常数这一问题。只有满足这一点,才会使离散理论分析结果贴近连续信号的变化规律。

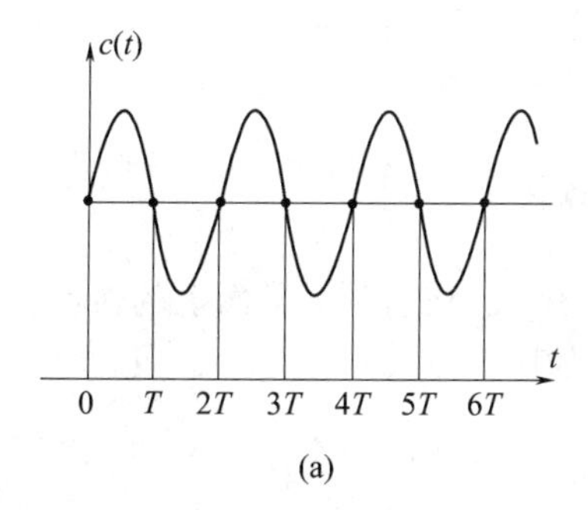

(a)

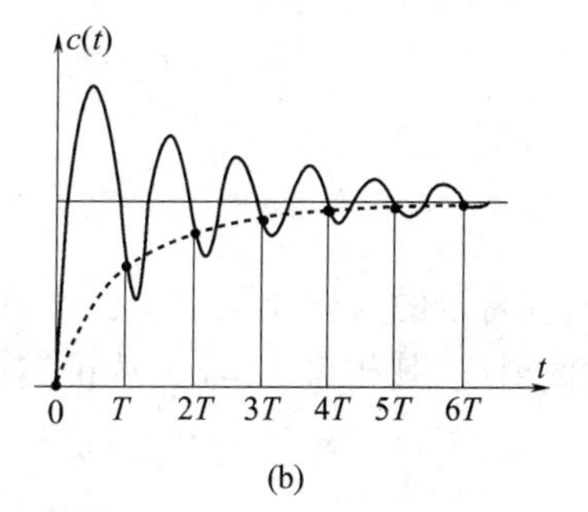

(b)

图 8-55 离散系统实际信号

8.6.1 s 平面与 z 平面的映射关系

根据第 3 章连续系统的时域分析可知,线性系统的稳定性和动态性能均取决于系统的极点在 s 平面的分布情况。由于连续系统的传递函数是有理函数,分析极点的分布有较简单的代数判据。而对于线性离散系统,其拉普拉斯变换式中含有 e^{-kTs} 项,因此分析采样系统在 s 平面上的极点分布,就不像连续系统那么简单。当经过 Z 变换之后,消掉了超越函数 e^{-kTs},使系统变量之间变成简单的有理多项式关系。因此只要弄清 s 平面与 z 平面的对应关系,就可将连续系统时域分析方法推广到离散系统。

在 Z 变换定义中已经确定了 z 和 s 变量之间的关系如下:

$$z=e^{Ts}$$

其中，s 是复变量，显然 z 也是复变量。设 $s=\sigma+j\omega$ 为 s 平面上的任一点，则

$$z=e^{(\sigma+j\omega)T}=e^{\sigma T}\cdot e^{j\omega T}$$

写成极坐标形式为

$$z=|z|e^{j\angle z}=|z|e^{j\theta}$$

式中，$|z|=e^{T\sigma}$，$\theta=\angle z=\omega T$，也就是说 s 的实部只影响 z 的模，s 的虚部只影响 z 的相角。

由此可得 s 平面与 z 平面的映射关系为

在 s 平面内		在 z 平面内
$\sigma>0$，右半平面		$\|z\|>1$，单位圆外
$\sigma=0$，虚轴	映射 →	$\|z\|=1$，单位圆周
$\sigma<0$，左半平面		$\|z\|<1$，单位圆内

由此可知，位于左半 s 平面的点($\sigma<0$)，映射到 z 平面上均在单位圆内($|z|=e^{\sigma T}<1$)；反之，s 右半平面的点，映射到 z 平面上均在单位圆外。而 z 平面上单位圆则是 s 平面上虚轴的映射。

实际上，s 平面上的等 σ 垂线，映射到 z 平面上的轨迹，是以原点为圆心，以 $|z|=e^{\sigma T}$ 为半径的圆，其中 T 为采样周期，所以左半 s 平面上的等 σ 线映射到 z 平面上的同心圆在单位圆内；右半 s 平面上的等 σ 线映射到 z 平面上的同心圆在单位圆外，如图 8-56 所示。

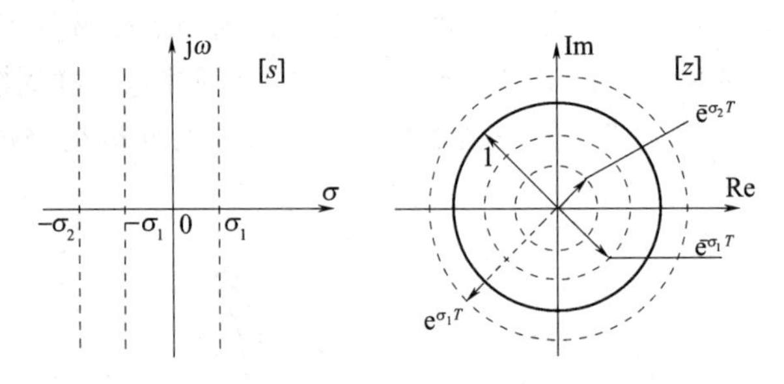

图 8-56　等 σ 线映射

同理，在特定的采样周期 T 下，s 平面上的等 ω 水平线，映射到 z 平面上的轨迹，是一簇从原点出发的射线，其相角 $\angle z=\omega T$ 从正实轴开始计量，如图 8-57 所示。

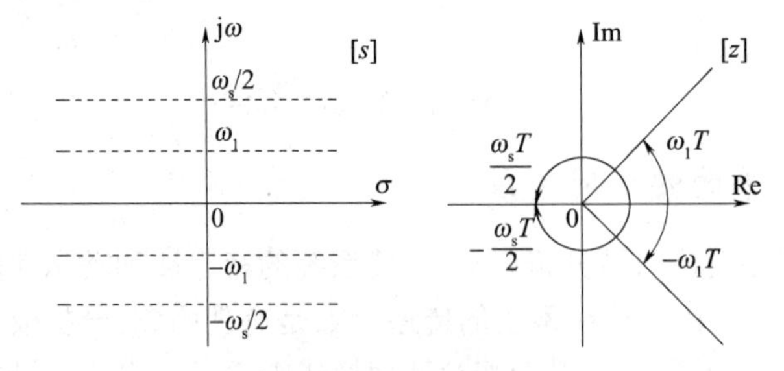

图 8-57　等 ω 线映射

令 $\sigma=0$，ω 从 $-\infty$ 变到 $+\infty$，相当于取 s 平面的虚轴，映射到 z 平面上是模恒等于 1 的单位圆，只是当 s 点沿虚轴从 $-\infty$ 到 $+\infty$ 时，z 平面上相应的点已经沿着单位圆转过了无穷多圈。我们把 z 平面上沿单位圆从 $-\pi$ 逆时针变化到 π 的点的轨迹所对应的 s 平面虚轴上的频率范围 $-\frac{\omega_s}{2}\sim+\frac{\omega_s}{2}$ 称为**主频区**。这是 z 平面单位圆上第一圈。随后，每隔 ω_s 重复转一圈，这些重复的频

区称为**次频区**。这样,可以把 s 平面用平行于实轴的频带来划分,每一频带对应一个频区,对应主频区的称为**主要带**,其余的周期带称为**次要带**,对于 s 左半平面每一条频带的映射,均重复映射在单位圆范围以内,如图 8-58 所示。

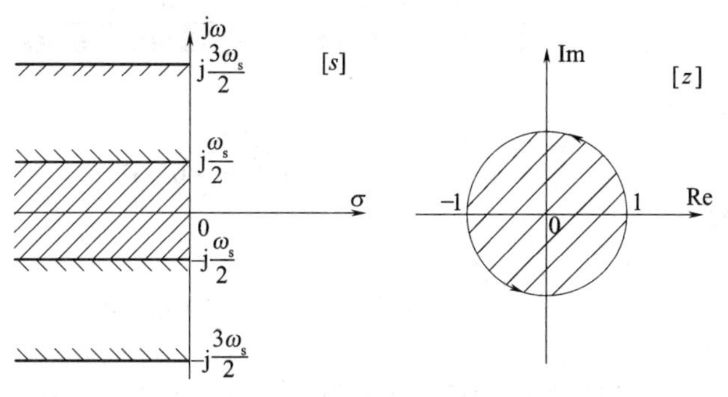

图 8-58　周期带的映射

在实际采样系统中,根据香农定理,总是把采样角频率 ω_s 选得高于有用信号频带的 2 倍以上。因此,实际连续信号的频率范围均落在主频带之内,所以我们在分析和设计时只考虑主频带就可以了。

8.6.2　离散系统的动态性能分析

离散系统动态性能的定量计算可以直接由时间响应结果获得,因为采样时刻的值在时间响应中均为已知的,这一点比连续系统直观而且方便。若要进行定性分析,也可以不求时间解,直接在 z 域中通过分析零极点的位置关系而获得。这对系统的设计是方便的。

1. 离散系统的时间响应及性能指标求法

利用长除法求 Z 反变换,可以方便地求出系统输出在各采样时刻的值,这一点显然比连续系统简单。同样,由于离散系统时域指标的定义与连续系统相同,在规定了零初始条件,选定了单位阶跃输入信号之后,就可以由时间响应评价动态性能。

由时域解求性能指标的步骤如下:

(1) 由离散系统闭环脉冲传递函数 $\Phi(z)$,求出输出量的 Z 变换函数

$$C(z)=\Phi(z)R(z)=\Phi(z)\,\frac{z}{z-1}$$

(2) 用长除法将上式展成幂级数,通过 Z 反变换求得 $c^*(t)$。

(3) 由 $c^*(t)$给出的各采样时刻的值,直接得出 $t_r,t_p,t_s,\sigma_p\%$等性能指标。

其中:t_r 为第一次等于或接近稳态值的采样点所对应的采样时刻;t_p 为最高采样值所对应的采样时刻;t_s 为进入允许误差范围时采样点所对应的采样时刻;$\sigma_p\%$为最高采样值的超调量,可由其定义式算出,即

$$\sigma_p\%=\frac{c^*(t_p)-c(\infty)}{c(\infty)}\times 100\% \qquad (8-68)$$

式中,$c(\infty)$为 $c^*(t)$稳态值,可利用终值定理算出:

$$c(\infty)=\lim_{z\to 1}(z-1)C(z)$$

例 8-32　单位反馈采样系统如图 8-59 所示,当 $T=1(\mathrm{s})$,$R(z)=\frac{z}{z-1}$时,试求单位阶跃响应 $c^*(t)$及动态性能指标。

解:先求开环脉冲传递函数为

$$G(z) = Z\left[\frac{1}{s(s+1)}\right] = \frac{z(1-\mathrm{e}^{-T})}{(z-1)(z-\mathrm{e}^{-T})} =$$

$$\frac{z(1-0.368)}{(z-1)(z-0.368)} = \frac{0.632z}{z^2-1.368z+0.368}$$

再求闭环脉冲传递函数

$$\Phi(z) = \frac{G(z)}{1+G(z)} = \frac{0.632z}{z^2-0.736z+0.368}$$

单位阶跃响应的 Z 变换为

$$C(z) = \Phi(z)R(z) = \frac{0.632z^2}{z^3-1.736z^2+1.104z-0.368}$$

用长除法将 $C(z)$ 展成幂级数

$$C(z) = 0.632z^{-1}+1.097z^{-2}+1.207z^{-3}+1.117z^{-4}+1.014z^{-5}+$$
$$0.96z^{-6}+0.968z^{-7}+0.99z^{-8}+\cdots$$

Z 反变换得脉冲序列为

$$c^*(t) = 0.632\delta(t-T)+1.097\delta(t-2T)+1.207\delta(t-3T)+$$
$$1.117\delta(t-4T)+1.014\delta(t-5T)+0.96\delta(t-6T)+$$
$$0.968\delta(t-7T)+0.99\delta(t-8T)+\cdots$$

根据上述各时刻采样值绘出图 8-60,可求得离散系统近似的性能指标为

$$t_r = 2T = 2(\mathrm{s}), t_p = 3T = 3(\mathrm{s}), t_s = 5T = 5(\mathrm{s})$$

又

$$c(\infty) = \lim_{z\to1}(z-1)C(z) = \lim_{z\to1}(z-1)\Phi(z)R(z) =$$

$$\lim_{z\to1}(z-1)\frac{0.632z}{z^2-0.736z+0.368}\cdot\frac{z}{z-1} = 1$$

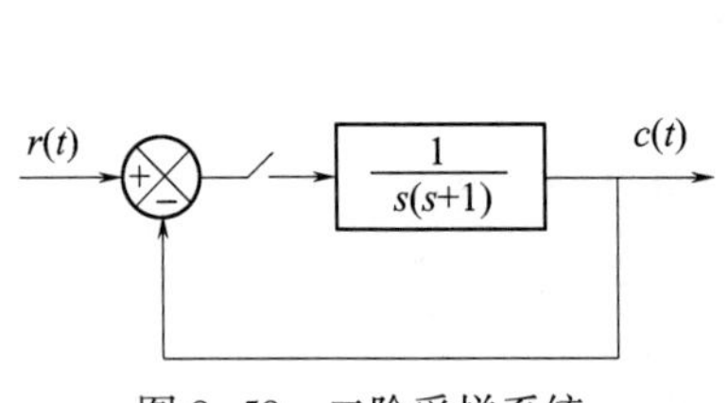

图 8-59　二阶采样系统

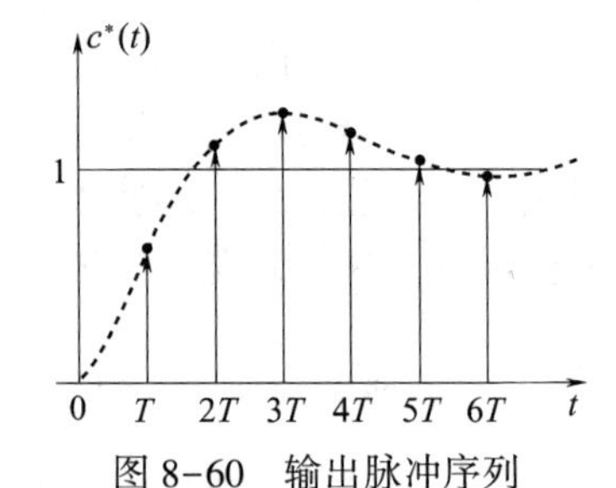

图 8-60　输出脉冲序列

所以

$$\sigma_p\% = \frac{c^*(t_p)-c(\infty)}{c(\infty)}\times100\% = \frac{1.207-1}{1}\times100\% = 20.7\%$$

应当指出,离散系统的时域性能指标只能按采样周期整数倍的时间和对应采样值来计算,所以是近似的。

对照连续二阶系统的性能指标,当

$$\Phi(s) = \frac{\frac{1}{s(s+1)}}{1+\frac{1}{s(s+1)}} = \frac{1}{s^2+s+1}$$

有 $\zeta=0.5, \omega_n=1$,则

$$\sigma_p\% = 16.3\%, t_r = 2.42(\mathrm{s}), t_p = 3.6(\mathrm{s}), t_s = 5.3(\mathrm{s})$$

可见,增加采样器可使系统的上升时间、峰值时间、调节时间都略有减小,但使超调量增大,故采样造成的信息损失和脉冲冲击会降低系统的稳定性。然而,在具有大延迟的系统中,

稳定性很差,误差的采样反而会提高系统的稳定程度。

例 8-33 在例 8-32 中,增加零阶保持器,采样系统如图 8-61 所示,$T=1(\mathrm{s})$,$r(t)=1(t)$,试分析系统的性能指标。

解:开环脉冲传递函数为

$$G(z) = Z\left[\frac{1-e^{-Ts}}{s^2(s+1)}\right] = (1-z^{-1})Z\left[\frac{1}{s^2(s+1)}\right] = \frac{0.368z+0.264}{(z-1)(z-0.368)}$$

闭环传递函数为

$$\Phi(z) = \frac{G(z)}{1+G(z)} = \frac{0.368z+0.264}{z^2-z+0.632}$$

将 $R(z)=\dfrac{z}{z-1}$代入,求出单位阶跃响应的 Z 变换为

$$C(z) = \Phi(z)R(z) = = \frac{0.368z^2+0.264z}{z^3-2z^2+1.632z-0.632}$$

用长除法将 $C(z)$ 展成幂级数

$$\begin{aligned} C(z) = {} & 0.368z^{-1}+z^{-2}+1.4z^{-3}+1.4z^{-4}+1.147z^{-5}+0.895z^{-6}+ \\ & 0.802z^{-7}+0.868z^{-8}+0.993z^{-9}+1.077z^{-10}+1.081z^{-11}+ \\ & 1.032z^{-12}+0.981z^{-13}+\cdots \end{aligned}$$

Z 反变换得

$$\begin{aligned} c^*(t) = {} & 0.368\delta(t-T)+\delta(t-2T)+1.4\delta(t-3T)+1.4\delta(t-4T)+ \\ & 1.147\delta(t-5T)+0.895\delta(t-6T)+0.802\delta(t-7T)+0.868\delta(t-8T)+ \\ & 0.993\delta(t-9T)+1.077\delta(t-10T)+1.081\delta(t-11T)+1.032\delta(t-12T)+ \\ & 0.981\delta(t-13T)+\cdots \end{aligned}$$

根据上述各时刻采样值,给出响应图如图 8-62 所示,并求得离散系统近似的性能指标为

$$t_r = 2(\mathrm{s}), t_p = 4(\mathrm{s}), t_s = 12(\mathrm{s}), \sigma_p\% = 40\%$$

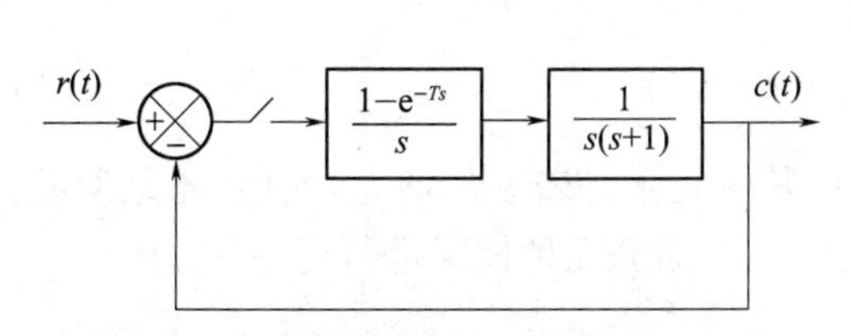

图 8-61 有零阶保持器的采样系统

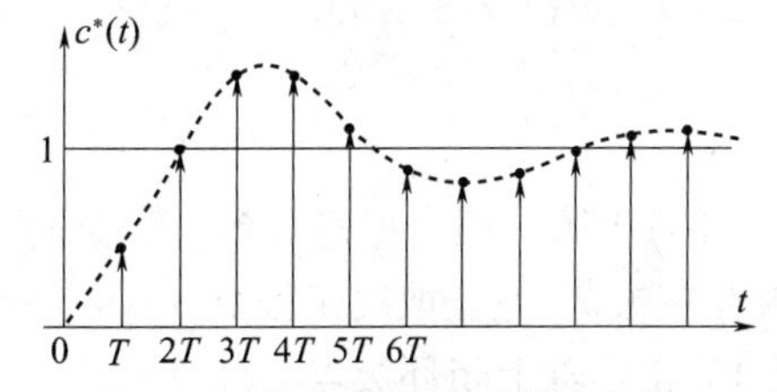

图 8-62 加保持器后采样输出序列

与例 8-32 相比,零阶保持器使系统的峰值时间、调节时间都加长,超调量也增加,这是由于零阶保持器的相角迟后作用,降低了系统的稳定性。

以上两例说明,采样器和保持器的引入,虽然不改变开环脉冲传递函数的极点,但影响开环脉冲传递函数的零点,势必引起闭环脉冲传递函数零点、极点的改变,因此,采样器和保持器会影响闭环离散系统的动态性能。

2. 闭环极点与动态响应的关系

与连续系统类似,离散系统的结构参数决定了闭环零极点的分布,而闭环脉冲传递函数的极点在 z 平面上单位圆内的分布,对系统的动态响应具有决定性的影响。下面讨论闭环极点与动态响应之间的关系。

设系统的闭环脉冲传递函数为

$$\Phi(z)=\frac{M(z)}{D(z)}=\frac{b_0z^m+b_1z^{m-1}+\cdots+b_{m-1}z+b_m}{a_0z^n+a_1z^{n-1}+\cdots+a_{n-1}z+a_n}=\frac{b_0}{a_0}\frac{\prod_{i=1}^{m}(z-z_i)}{\prod_{r=1}^{n}(z-p_r)}$$

式中，$z_i(i=1,2,\cdots,m)$，$p_r(r=1,2,\cdots,n)$分别为$\Phi(z)$的零点和极点，且$n\geqslant m$。

为了讨论方便，假设系统的n个闭环极点互不相同。则在零初始条件下，当$r(t)=1(t)$时，有

$$C(z)=\Phi(z)R(z)=\frac{M(z)}{D(z)}\cdot\frac{z}{z-1}$$

将$C(z)/z$展成部分分式，有

$$\frac{C(z)}{z}=\frac{c_0}{z-1}+\sum_{r=1}^{n}\frac{c_r}{z-p_r}$$

式中系数

$$c_0=\frac{M(z)}{(z-1)D(z)}(z-1)\bigg|_{z=1}=\frac{M(1)}{D(1)}$$

$$c_r=\frac{M(z)}{(z-1)D(z)}(z-p_r)\bigg|_{z=p_r}\overset{\text{或者}}{=\!=}\frac{M(z)}{(z-1)\dot{D}(z)}\bigg|_{z=p_r}$$

于是

$$C(z)=\frac{M(1)}{D(1)}\cdot\frac{z}{z-1}+\sum_{r=1}^{n}\frac{c_rz}{z-p_r}\tag{8-69}$$

Z反变换

$$c(kT)=\frac{M(1)}{D(1)}+\sum_{r=1}^{n}c_rp_r^k\qquad(k=0,1,2,\cdots)\tag{8-70}$$

则系统的单位阶跃响应为

$$c^*(t)=\sum_{k=0}^{\infty}c(kT)\delta(t-kT)\tag{8-71}$$

式(8-70)中第一项为稳态分量，第二项为暂态分量，其中$c_rp_r^k$随着k的增大是收敛还是发散，是否存在振荡，完全取决于极点p_r在z平面上的位置。下面分几种情况进行讨论。

1）正实轴上闭环极点

当$0<p_r<1$时，极点位于单位圆内的正实轴上，响应$c_rp_r^k$为单调衰减的脉冲序列，且p_r越靠近原点，其值越小，收敛越快。

当$p_r>1$时，极点位于单位圆外正实轴上，响应$c_rp_r^k$为单调发散的脉冲序列，且p_r值越大，发散越快。

当$p_r=1$时，极点位于单位圆上的正实轴上，响应$c_rp_r^k=c_r$为一常数，是一串等幅脉冲序列。

2）负实轴上闭环极点

当$-1<p_r<0$时，极点位于单位圆内的负实轴上，且当k为偶数时，响应$c_rp_r^k$为正值，当k为奇数时，$c_rp_r^k$为负值，所以该暂态分量为正、负交替的收敛脉冲序列，或称衰减振荡。p_r离原点越近，收敛越快。振荡周期包含两个采样周期T，故振荡周期为$2T$。振荡角频率为$\frac{\pi}{T}$。

当 $p_r<-1$ 时,极点位于单位圆外的的负实轴上,响应 $c_r p_r^k$ 为发散振荡的脉冲序列。

当 $p_r=-1$ 时,极点位于单位圆上的负实轴上,响应 $c_r p_r^k=(-1)^k c_r$ 为正、负交替的等幅脉冲序列。

3) z 平面上的闭环共轭复数极点

设 p_r、p_{r+1} 为一对共轭复数极点,可表示为

$$p_r, p_{r+1} = p_r, \bar{p}_r = |p_r| e^{\pm j\theta_r} \tag{8-72}$$

式中,θ_r 为共轭复极点 p_r 的相角。由式(8-70)可知,这一对共轭复极点所对应的暂态分量为

$$c_r p_r^k + c_{r+1} p_{r+1}^k = c_r p_r^k + \bar{c}_r \bar{p}_r^k \tag{8-73}$$

式中,由于 $\Phi(z)$ 的系数均为实数,所以 c_r,c_{r+1} 也必为共轭。令

$$c_r = |c_r| e^{j\varphi_r}, \bar{c}_r = |c_r| e^{-j\varphi_r} \tag{8-74}$$

将式(8-72)和式(8-74)代入式(8-73),可得

$$\begin{aligned} c_r p_r^k + c_{r+1} p_{r+1}^k &= |c_r| e^{j\varphi} \ |p_r|^k e^{jk\theta_r} + |c_r| e^{-j\varphi_r} \ |p_r|^k e^{-jk\theta_r} = \\ &|c_r| |p_r|^k [e^{j(k\theta_r+\varphi_r)} + e^{-j(k\theta_r+\varphi_r)}] = \\ &2|c_r| |p_r|^k \cos(k\theta_r + \varphi_r) \end{aligned} \tag{8-75}$$

所以,共轭极点所对应的暂态分量是以余弦规律振荡。

当 $|p_r|>1$ 时,闭环复数极点位于单位圆外;对应的暂态分量是按余弦发散振荡的脉冲序列。

当 $|p_r|<1$ 时,闭环复数极点位于单位圆内,对应的暂态分量是按余弦衰减振荡的脉冲序列,且 $|p_r|$ 越小,即复极点越靠近原点,振荡收敛得越快。

当 $|p_r|=1$ 时,闭环复极点位于单位圆周上,对应的暂态分量是按余弦等幅振荡的脉冲序列。

考虑到余弦函数 $\cos\omega t$ 的离散形式为 $\cos\omega kT$ 或写成 $\cos k\omega T$,与式(8-75)相比,则

$$\cos k\omega T = \cos k\theta_r$$

所以

$$\omega T = \theta_r \tag{8-76}$$

即

$$\omega = \frac{\theta_r}{T} \tag{8-77}$$

式中,θ_r 为复数极点 p_r 的相角。

式(8-77)表明,以余弦规律振荡的暂态分量,其振荡角频率 ω 与共轭复极点的幅角 θ_r 成正比,θ_r 越大,振荡频率越高。所以位于左半单位圆内的复极点,暂态分量的振荡频率要高于右半单位圆内的情况。余弦振荡周期包含采样周期 T 的个数 k,可通过式(8-75)中 $\cos(k\theta_r+\varphi_r)$ 的相位 $k\theta_r$ 来求取,即当 $k\theta_r=2\pi$ 时,有

$$k = \frac{2\pi}{\theta_r} \tag{8-78}$$

闭环极点分布的 3 种情况与暂态响应的关系示于图 8-63 中,实轴上的 6 个极点对应的暂态分量形式分别是:①单调发散;②单调等幅;③单调收敛;④正、负交替的衰减振荡;⑤正、负交替的等幅振荡;⑥正、负交替的发散振荡。

z 复平面上 3 对共轭复极点对应的暂态分量形式分别是:$p_{1,2}$ 为余弦发散振荡;$p_{3,4}$ 为余弦

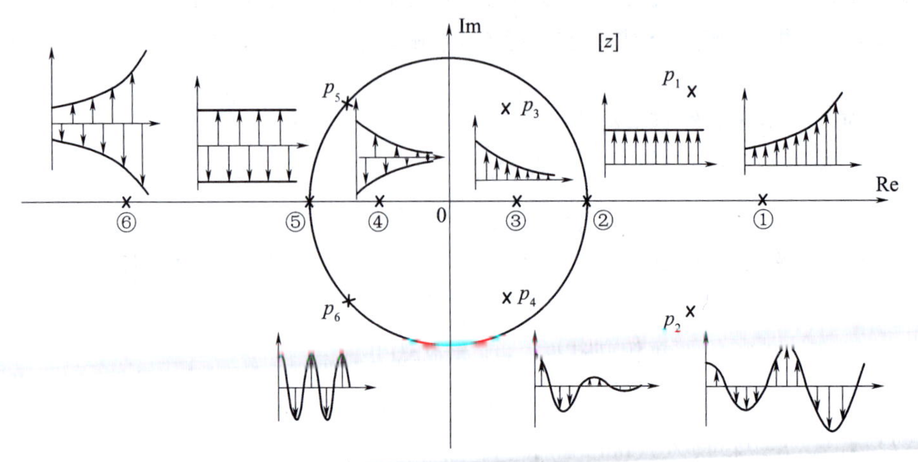

图 8-63　闭环极点分布与暂态分量的关系

衰减振荡；$p_{5,6}$为余弦等幅振荡。

综上分析，闭环脉冲传递函数极点均在单位圆内，对应的暂态分量均为收敛的，故系统是稳定的。当闭环极点位于单位圆上或单位圆外，对应的暂态分量均不收敛，产生持续等幅脉冲或发散脉冲，故系统不稳定。为了使离散系统具有较满意的动态过程，极点应尽量避免在左半圆内，尤其不要靠近负实轴，以免产生较强烈的振荡。闭环极点最好分布在单位圆的右半部，尤为理想的是分布在靠近原点的地方。对于实数极点，希望这些实数极点应在单位圆内的正实轴上，且越靠近原点越好。此时所对应的暂态分量是单调衰减的，并且衰减速度快。对于共轭复数极点，希望这些极点应在单位圆的右半圆内，靠近实轴，且靠近原点。此时所对应的暂态分量是衰减振荡，振荡频率较低，衰减速度较快。

例 8-34　设离散系统的闭环极点分布如图 8-64 所示，其中，p_1，p_2的相角 $\theta_{1,2}=\pm\pi/4$，p_3，p_4的相角$\theta_{3,4}=\pm\pi/2$，p_5，p_6的相角 $\theta_{5,6}=\pm 2\pi/3$，p_7的相角 $\theta_7=\pi$。试确定相应的各暂态分量的振荡周期和振荡角频率，并画出各暂态分量的波形。

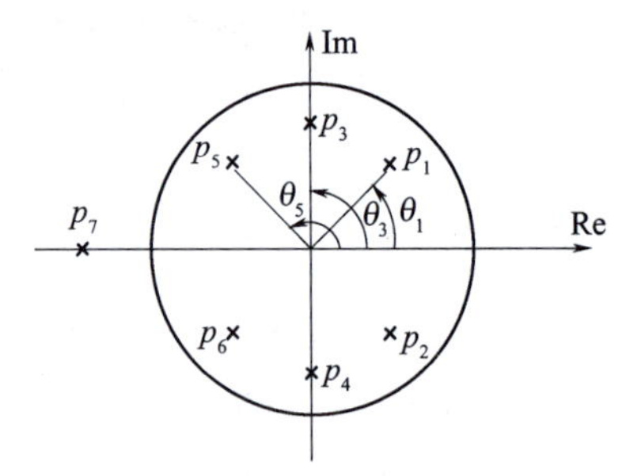

图 8-64　离散系统闭环极点分布

解：前面 3 对是共轭复数极点，且都在单位圆内，因此各暂态分量是余弦形式的衰减振荡。由式(8-77)，可算出各暂态分量振荡角频率和振荡周期。

p_1，p_2所对应的振荡角频率为

$$\omega_1=\frac{\theta_1}{T}=\frac{\frac{\pi}{4}}{T}=\frac{\pi}{4T}$$

而振荡周期为

$$T_1=\frac{2\pi}{\omega_1}=\frac{2\pi}{\frac{\pi}{4T}}=8T$$

即振荡周期为 8 倍的采样周期，如图 8-65(a)所示。

同样对 p_3，p_4所对应的分量

$$\omega_2=\frac{\theta_3}{T}=\frac{\frac{\pi}{2}}{T}=\frac{\pi}{2T}$$

$$T_2 = \frac{2\pi}{\omega_2} = 4T$$

暂态分量波形如图 8-65(b)所示。

对 p_5, p_6 所对应的分量

$$\omega_3 = \frac{\theta_5}{T} = \frac{\frac{2\pi}{3}}{T} = \frac{2\pi}{3T}$$

$$T_3 = \frac{2\pi}{\omega_3} = 3T$$

暂态分量波形如图 8-65(c)所示。

对于 p_7,这是一个单位圆外的负实数极点,因此其暂态分量为正、负交替的发散振荡。其振荡周期为 2 倍的采样周期,即 $T_4=2T$,而振荡频率 $\omega_4=2\pi/T_4=2\pi/2T=\pi/T$,相应的暂态分量波形如图 8-65(d)所示。由此可见,负实轴上的闭环极点所对应的暂态分量,振荡频率最高,从而使离散系统具有强烈的振荡特性,系统的动态性能最坏。在设计离散系统时,应避免出现这种情况。

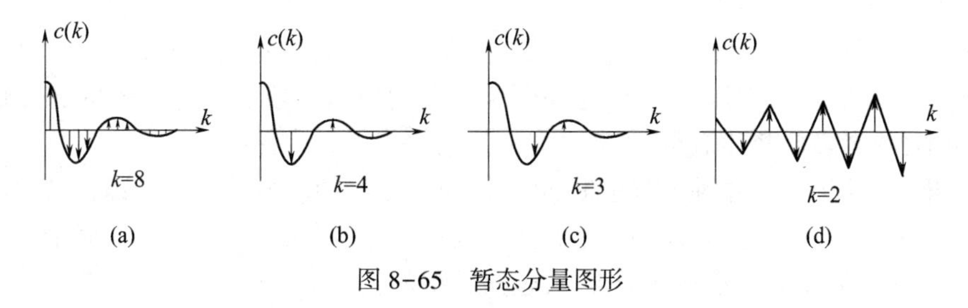

图 8-65 暂态分量图形

8.6.3 离散系统的稳定性分析

1. 稳定的充分必要条件

设离散系统结构图如图 8-51 所示,系统的闭环脉冲传递函数为

$$\Phi(z) = \frac{C(z)}{R(z)} = \frac{M(z)}{D(z)} \tag{8-79}$$

式中,$M(z)$、$D(z)$ 分别为 $\Phi(z)$ 的分子和分母多项式,称

$$D(z) = 1 + GH(z) = 0 \tag{8-80}$$

为离散系统的闭环 z 特征方程,显然它也是闭环系统的差分方程的特征方程。闭环 z 特征方程的根,称为系统的闭环特征根,也就是系统的闭环极点。

如前所述,我们已经得出闭环离散系统的极点与动态响应的关系。闭环脉冲传递函数的极点在单位圆内,对应的暂态分量均为收敛的。当闭环极点位于单位圆上或单位圆外,对应的暂态分量均不收敛,产生持续等幅脉冲序列或发散脉冲序列。因此离散系统稳定的充要条件是系统的闭环极点均在 z 平面的单位圆内,也就是系统的闭环极点的模均小于 1,即

$$|z_i| < 1 \qquad (i = 1,2,\cdots,n) \tag{8-81}$$

式(8-81)又等价于系统的闭环特征根的模均小于 1,或者说,全部特征根都位于 z 平面以原点为圆心的单位圆内。

由此可得从稳定的充要条件出发判断离散系统稳定性的一般步骤如下:

(1) 首先根据结构图求出闭环脉冲传递函数 $\Phi(z)$。

(2) 再由 $\Phi(z)$ 写出闭环 z 特征方程 $D(z)=0$。

(3) 求解这个代数方程 $D(z)=0$,得到闭环特征根,即系统的闭环极点 z_i。若

$$|z_i| < 1 \qquad (i = 1,2,\cdots,n)$$

则闭环系统是稳定的,否则就是不稳定的。

例 8-35 设离散系统如图 8-66 所示,其中 $T=0.07\text{s}$,$\text{e}^{-10T}=0.5$,试分析该系统的稳定性。

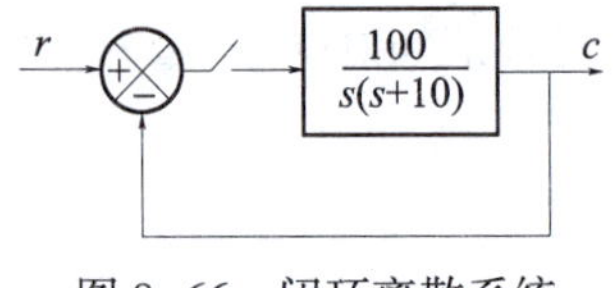

图 8-66 闭环离散系统

解:由已知的 $G(s)$ 可求出开环脉冲传递函数

$$G(z) = \frac{10z(1-\text{e}^{-10T})}{(z-1)(z-\text{e}^{-10T})}$$

闭环 z 特征方程为

$$1+G(z) = 1+\frac{10z(1-\text{e}^{-10T})}{(z-1)(z-\text{e}^{-10T})} = 0$$

即

$$z^2+3.5z+0.5=0$$

解出闭环特征根

$$z_1 = -0.15, z_2 = -3.35$$

因为 $|z_2|>1$,所以该系统是不稳定的。

应当指出,二阶系统当无采样器时,连续的二阶系统总是稳定的。但是引入了采样器后,离散的二阶系统却有可能变得不稳定,这说明采样器的引入一般会降低系统的稳定性。如果提高采样频率,或者降低开环增益,离散系统的稳定性将得到改善。

应该指出,上述稳定条件对于有重根的情况,也是正确的。另外,当系统阶次较高时,对于直接求根,总是不方便的。所以人们还是希望有间接的稳定判据可供利用,这对于研究离散系统结构、参数、采样周期等对稳定性的影响,也是必要的。

2. 代数判据

连续系统中的代数判据,是根据特征方程的系数关系判断其根是否在 s 左半平面,从而确定系统的稳定性。在离散系统中,系统的稳定条件是 z 平面以原点为圆心的单位圆边界,界内为稳定区,界外则为不稳定区。稳定的边界是单位圆而不是虚轴。因此,在离散系统中不能直接引用劳斯判据。必须施以变换,把 z 平面单位圆内部,映射到另一复数平面的左半平面上,也就是将 z 平面单位圆边界映射为另一复平面的虚轴,这时就可以直接引用劳斯判据了。

1) W 变换

为实现上述的目的,引入下列变换,令

$$z=\frac{1+w}{1-w} \quad \text{或} \quad w=\frac{z-1}{z+1} \tag{8-82}$$

称式(8-82)为 W 变换。可以看出 z 与 w 是互为线性变换的关系,故 W 变换又称为双线性变换。根据式(8-81),便可分析从 z 平面到 w 平面的映射关系。设

$$z=x+\text{j}y, \qquad w=u+\text{j}v$$

所以

$$w=\frac{z-1}{z+1}=\frac{(x-1)+\text{j}y}{(x+1)+\text{j}y}=\frac{x^2+y^2-1}{(x+1)^2+y^2}+\text{j}\,\frac{2y}{(x+1)^2+y^2}=u+\text{j}v$$

显然,w 的实部为

$$u=\frac{x^2+y^2-1}{(x+1)^2+y^2}$$

根据上述关系可知,w 平面的虚轴,即 $u=0$,即 $x^2+y^2-1=0$,也就是 $x^2+y^2=1$,故 w 平面的

虚轴对应于 z 平面的单位圆。w 平面的左半平面，即 $u<0$，也就是 $x^2+y^2<1$，故 w 平面的左半平面对应于 z 平面上的单位圆内。而 w 平面的右半平面，即 $u>0$，也就是 $x^2+y^2>1$，即 w 平面的右半平面对应于 z 平面的单位圆外，如图 8-67 所示。

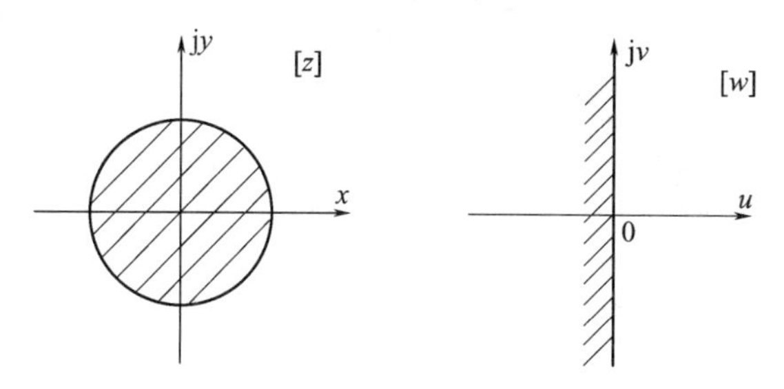

图 8-67　由 z 平面到 w 平面的映射

2）离散系统的劳斯判据

根据上述分析，引入 W 变换后，可将线性离散系统稳定的充要条件从 z 平面上的单位圆内转换为 w 平面左半平面，这种情况正好与在 s 平面上应用劳斯稳定判据的情况一样，所以根据 w 域中的特征方程系数，就可将连续系统的劳斯判据直接用于离散系统的稳定性判据，并且方法步骤是完全一样的。把这种 w 域中的劳斯判据又称为离散系统的劳斯判据。

利用离散系统的劳斯判据判断离散系统稳定性的一般步骤如下：

（1）首先列写离散系统的闭环 z 特征方程 $D(z)=0$。

（2）进行 W 变换，即令 $z=\dfrac{1+w}{1-w}$，得到系统的闭环 w 特征方程 $D(w)=0$。

（3）按连续系统劳斯判据的方法步骤判断稳定性。

例 8-36　已知离散系统的特征方程式为

$$3z^3+3z^2+2z+1=0$$

试用 w 平面的劳斯判据判别稳定性。

解：应用 W 变换，以 $z=\dfrac{1+w}{1-w}$ 代入上式，得

$$3\left(\frac{1+w}{1-w}\right)^3+3\left(\frac{1+w}{1-w}\right)^2+2\left(\frac{1+w}{1-w}\right)+1=0$$

整理可得 w 特征方程：

$$w^3+7w^2+7w+9=0$$

列写劳斯表：

w^3	1	7
w^2	7	9
w^1	$\dfrac{40}{7}$	
w^0	9	

由于第一列元素全为正，所以系统稳定。

例 8-37　已知离散系统的结构图如图 8-68 所示，试分析放大系数 K 和采样周期 T 对稳定性的影响。

解：首先由已知的 $G(s)$ 求出开环脉冲传递函数

$$G(z)=\frac{Kz(1-e^{-T})}{(z-1)(z-e^{-T})}$$

则闭环 z 特征值方程为

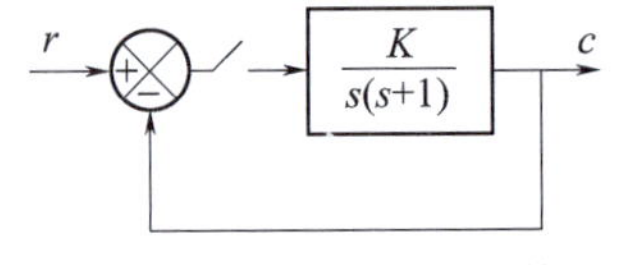

图 8-68　二阶离散系统

$$1+G(z) = 1+\frac{Kz(1-\mathrm{e}^{-T})}{(z-1)(z-\mathrm{e}^{-T})} = 0$$

即
$$z^2+[K(1-\mathrm{e}^{-T})-(1+\mathrm{e}^{-T})]z+\mathrm{e}^{-T}=0$$

作 W 变换,令 $z=\dfrac{1+w}{1-w}$,得闭环 w 特征方程

$$\left(\frac{1+w}{1-w}\right)^2+[K(1-\mathrm{e}^{-T})-(1+\mathrm{e}^{-T})]\frac{1+w}{1-w}+\mathrm{e}^{-T}=0$$

整理得

$$[2(1+\mathrm{e}^{-T})-K(1-\mathrm{e}^{-T})]w^2+2(1-\mathrm{e}^{-T})w+K(1-\mathrm{e}^{-T})=0$$

列写劳斯表:

$$\begin{array}{c|cc} w^2 & 2(1+\mathrm{e}^{-T})-K(1-\mathrm{e}^{-T}) & K(1-\mathrm{e}^{-T}) \\ w^1 & 2(1-\mathrm{e}^{-T}) & \\ w^0 & K(1-\mathrm{e}^{-T}) & \end{array}$$

得系统稳定的条件是

$$\begin{cases} 2(1+\mathrm{e}^{-T})-K(1-\mathrm{e}^{-T})>0 \\ 2(1-\mathrm{e}^{-T})>0 \\ K>0 \end{cases}$$

解得

$$0<K<\frac{2(1+\mathrm{e}^{-T})}{1-\mathrm{e}^{-T}}$$

由上式可画出采样周期 T 和临界放大系数的关系曲线如图 8-69 所示。例如当 $T=1$ 时,系统稳定所允许的最大 K 值为 4.32。随着 T 的增大,系统稳定的临界 K 值将减小。由此可见,K 与 T 对系统的稳定性都有影响。

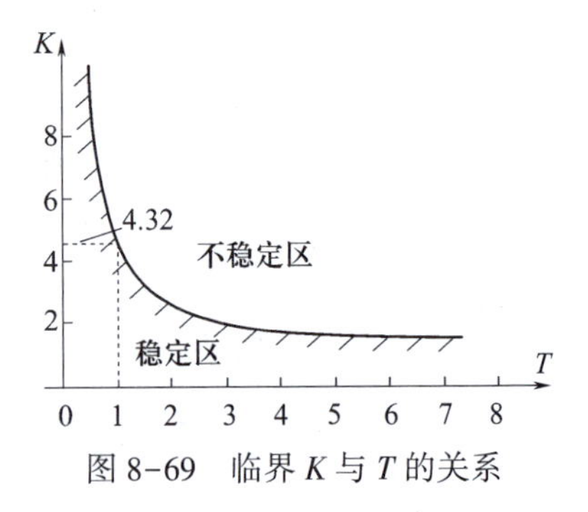

图 8-69　临界 K 与 T 的关系

8.6.4　离散系统的稳态误差

稳态误差也是离散系统分析和设计的一个重要指标。用离散系统理论分析的稳态误差,仍然是指采样时刻的值。与连续系统相类似,离散系统的稳态误差可以由 z 域终值定理得到,也可以通过系统的无差型别划分和典型输入信号两个方面分析,用误差系数法进行计算。

1. 用终值定理计算稳态误差

由于离散系统脉冲传递函数没有统一的公式可用,具体结果与采样开关的配置有关,故采用终值定理计算稳态误差,是数学上提供的基本计算公式,适用范围较广,只要 $\Phi(z)$ 的极点全部严格位于 z 平面上单位圆内,即离散系统是稳定的,则可用 Z 变换的终值定理求出采样瞬时的终值误差。这种基本方法对各种系统结构及各种输入信号应用上无更多限制,是较有效的方法之一。

设单位反馈系统如图 8-70 所示。

其中,$e^*(t)$ 为系统采样误差信号,求出 Z 变换式为

$$E(z)=R(z)-C(z)=R(z)-G(z)E(z)$$

所以
$$E(z)=\frac{1}{1+G(z)}R(z)=\Phi_{\mathrm{e}}(z)R(z)$$

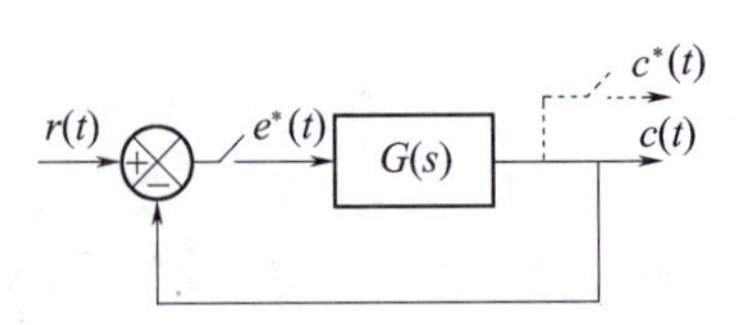

图 8-70　单位反馈离散系统

其中，$\Phi_e(z)$为系统误差脉冲传递函数，若系统是稳定的，则 $\Phi_e(z)$的全部极点均在单位圆内。则由 Z 变换的终值定理，有

$$e(\infty)=\lim_{k\to\infty}e^*(kt)=\lim_{z\to1}(z-1)E(z)=\lim_{z\to1}(z-1)\frac{1}{1+G(z)}R(z) \tag{8-83}$$

上式表明，线性定常离散系统的稳态误差，不但与系统本身的结构参数有关，而且与输入序列的形式及幅值有关。另外，由于 $G(z)$与采样器的配置以及采样周期 T 有关，而且输入 $R(z)$也与 T 有关，因此，采样器及其采样周期，都是影响离散系统稳态误差的因素。

例 8-38 设离散系统如图 8-70 所示，其中 $G(s)=\dfrac{1}{s(0.1s+1)}$，$T=0.1\text{s}$，输入连续信号 $r(t)$分别为$1(t)$和 t，试求离散系统相应的稳态误差。

解：因为系统的开环脉冲传递函数为

$$G(z)=Z\left[\frac{1}{s(0.1s+1)}\right]=\frac{z(1-e^{-1})}{(z-1)(z-e^{-1})}=\frac{0.632z}{(z-1)(z-0.368)}$$

则闭环 z 特征方程为

$$1+G(z)=0$$

即

$$z^2-0.736z+0.368=0$$

闭环极点

$$z_1=0.368+j0.482,\quad z_2=0.368-j0.482$$

均在 z 平面单位圆内，故系统是稳定的，可利用终值定理求稳态误差。

$$e(\infty)=\lim_{z\to1}(z-1)\frac{1}{1+G(z)}R(z)$$

当 $r(t)=1(t)$时，$R(z)=\dfrac{z}{z-1}$，故

$$e(\infty)=\lim_{z\to1}(z-1)\cdot\frac{(z-1)(z-0.368)}{z^2-0.736z+0.368}\cdot\frac{z}{z-1}=0$$

当 $r(t)=t$ 时，$R(z)=\dfrac{Tz}{(z-1)^2}$，有

$$e(\infty)=\lim_{z\to1}(z-1)\cdot\frac{(z-1)(z-0.368)}{z^2-0.736z+0.368}\cdot\frac{Tz}{(z-1)^2}=T=0.1$$

Z 变换的终值定理是计算离散系统稳态误差的基本公式，只要写出误差的 Z 变换函数 $E(z)$，在离散系统稳定的前提下，就可以直接用公式计算。$E(z)$可以是给定输入下的误差，或者是扰动输入下的误差，也可以是两种输入同时作用时的总误差。总之，对系统结构和输入没有限制，是一种基本运算公式。

2. 用静态误差系数求稳态误差

在连续系统分析中，影响系统稳态误差的两大因素是系统的开环结构与输入信号。按照开环传递函数 $G(s)$含有积分环节的数量，把系统分为 0 型、1 型、2 型等不同型别。然后根据不同典型输入信号定义了静态误差系数，从而简化了对 3 种常用的典型输入信号作用时的稳态误差计算。突出了结构参数对稳态误差的影响，方便于系统的分析和设计。该思路也可以推广到离散系统。在离散系统中，以上两大因素依然是影响稳态误差的主要原因，通过 Z 变换之后，系统的阶次并没改变，而且 $G(s)$与 $G(z)$之间极点一一对应，采样器和零阶保持器对系统开环极点无影响，$G(s)$中 $s=0$ 的极点映射到 $G(z)$中就是 $z=1$ 的极点。因此，可以把离散系统中，开环脉冲传递函数 $G(z)$具有 $z=1$ 的极点数作为划分离散系统型别的标准。

离散系统开环脉冲传递函数可写成以下一般形式：

$$G(z)=\frac{K_g\prod_{i=1}^{m}(z=z_i)}{(z-1)^N\prod_{j=1}^{n-N}(z-p_j)} \tag{8-84}$$

式中，$z_i(i=1,2,\cdots,m)$，$p_j(j=1,2,\cdots,n-N)$分别为开环脉冲传递函数的零点和极点，$z=1$的极点有N重，当$N=0,1,2$时，分别称为0型、1型、2型系统。

下面讨论3种典型输入信号下稳态误差的计算，并定义相应的静态误差系数。

1）单位阶跃输入时的稳态误差

当$r(t)=1(t)$时，$R(z)=\frac{z}{z-1}$，由式(8-83)得

$$e(\infty)=\lim_{z\to 1}(z-1)\frac{1}{1+G(z)}\cdot\frac{z}{z-1}=\lim_{z\to 1}\frac{1}{1+G(z)}=\frac{1}{\lim\limits_{z\to 1}[1+G(z)]}=\frac{1}{K_p} \tag{8-85}$$

式中，K_p称为位置误差系数，定义为

$$K_p=\lim_{z\to 1}[1+G(z)] \tag{8-86}$$

在不同型别的系统结构下

$$K_p=1+\lim_{z\to 1}\frac{K_g\prod_{i=1}^{m}(z-z_i)}{(z-1)^N\prod_{j=1}^{n-N}(z-p_j)}=\begin{cases}1+K, & N=0\\ \infty, & N\geqslant 1\end{cases}$$

可见，当系统为0型时，稳态误差$e(\infty)=\frac{1}{1+K}$为有限值，称为位置有差系统；当系统为1型及1型以上时，$e(\infty)=0$，称为位置无差系统。

2）单位斜坡输入时的稳态误差

当$r(t)=t$时，$R(z)=\frac{Tz}{(z-1)^2}$，由式(8-82)得

$$e(\infty)=\lim_{z\to 1}(z-1)\frac{1}{1+G(z)}\cdot\frac{Tz}{(z-1)^2}=\lim_{z\to 1}\frac{T}{(z-1)[1+G(z)]}=$$

$$\frac{1}{\frac{1}{T}\lim\limits_{z\to 1}[(z-1)G(z)]}=\frac{1}{K_v} \tag{8-87}$$

式中，K_v称为速度误差系数，定义为

$$K_v=\frac{1}{T}\lim_{z\to 1}[(z-1)G(z)] \tag{8-88}$$

在不同型别的系统结构下

$$K_v=\frac{1}{T}\lim_{z\to 1}\frac{K_g\prod_{i=1}^{m}(z-z_i)}{(z-1)^{N-1}\prod_{j=1}^{n-N}(z-p_j)}=\begin{cases}0, & N=0\\ \frac{K}{T}, & N=1\\ \infty, & N\geqslant 2\end{cases}$$

可见，当系统为0型时，稳态误差$e(\infty)=\infty$，故0型系统不能承受单位斜坡函数作用；当

系统为 1 型时,$e(\infty)=\frac{T}{K}$为有限值,称为速度有差系统;2 型及 2 型以上时 $e(\infty)=0$,称为速度无差系统。

3）单位抛物线输入时的稳态误差

当 $r(t)=\frac{1}{2}t^2$ 时,$R(z)=\frac{T^2z(z+1)}{2(z-1)^3}$,由式(8-83)得

$$e(\infty)=\lim_{z\to 1}(z-1)\frac{1}{1+G(z)}\cdot\frac{T^2z(z+1)}{2(z-1)^3}=$$

$$\lim_{z\to 1}\frac{T^2}{(z-1)^2[1+G(z)]}=\frac{1}{\frac{1}{T^2}\lim_{z\to 1}[(z-1)^2G(z)]}=\frac{1}{K_a} \tag{8-89}$$

式中,K_a 称为加速度误差系数,定义为

$$K_a=\frac{1}{T^2}\lim_{z\to 1}[(z-1)^2G(z)] \tag{8-90}$$

在不同型别的系统结构下

$$K_a=\frac{1}{T^2}\lim_{z\to 1}\frac{K_g\prod_{i=1}^{m}(z-z_i)}{(z-1)^{N-2}\prod_{j=1}^{n-N}(z-p_j)}=\begin{cases}0, & N=0,1\\ \frac{K}{T^2}, & N=2\\ \infty, & N\geqslant 3\end{cases}$$

可见,当系统为 0、1 型时,稳态误差 $e(\infty)=\infty$,不能承受单位加速度变化的信号作用;当系统为 2 型时,$e(\infty)=\frac{T^2}{K}$,为有限值,称为加速度有差系统;只有 3 型及 3 型以上的离散系统,$e(\infty)=0$,称为加速度无差系统。

总结上述,把结果列成表 8-2,可以看出,采样时刻的稳态误差与采样周期 T 有关,缩短采样周期,提高采样频率将降低稳态误差。其他结论,则和连续系统中相同。

表 8-2 采样时刻稳态误差 $e(\infty)$

系统型别	位置误差 $r(t)=1(t)$	速度误差 $r(t)=t$	加速度误差 $r(t)=\frac{1}{2}t^2$
0 型	$\frac{1}{K_p}$	∞	∞
1 型	0	$\frac{1}{K_v}$	∞
2 型	0	0	$\frac{1}{K_a}$

8.7 离散系统的数字校正

与连续系统一样,为使系统性能达到满意的要求,在离散系统中也可以用串联、并联、局部反馈和复合校正的方式来实现对系统校正。由于离散系统中连续部分和离散部分并存,有连续信号也有断续信号,所以校正方式有两种类型。

1. 增加连续校正装置

如图 8-71 所示,离散系统用连续校正装置 $G_c(s)$ 与系统连续部分相串联,用来改变连续部分的特性,以达到满意的要求。

2. 增加断续校正装置

应用断续校正装置改变采样信号的变化规律,以达到系统的要求,如图 8-72 所示,校正装置 $D(z)$ 通过采样器与连续部分串接,通常断续校正装置可以是脉冲网络或数字控制器。

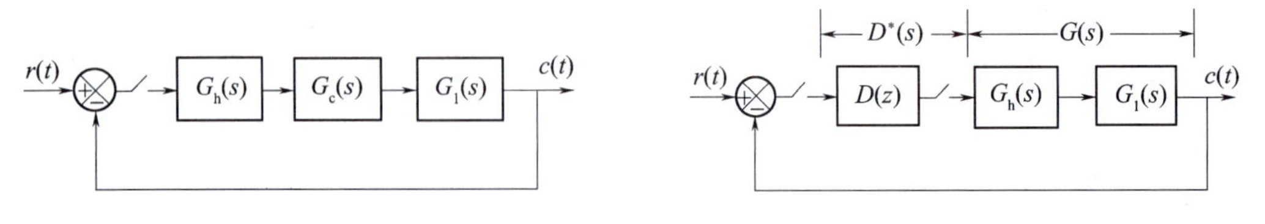

图 8-71　连续校正　　　　图 8-72　断续校正

关于校正的方法,即如何确定校正装置 $G_c(s)$ 或 $D(z)$,一般也分为两种方式:一种是与连续系统校正类似的方法,通过频率法、根轨迹法来设计校正装置;另一种是直接数字设计法,根据离散系统的特点,利用离散控制理论直接设计数字控制器。由于直接数字法比较简单,设计出数字控制器可以实现比较复杂的控制规律,因此更具一般性。

本节主要介绍直接数字设计法、研究数字控制器的脉冲传递函数、最少拍控制系统的设计方法,以及数字控制器的确定与实现等问题。

8.7.1　数字控制器的脉冲传递函数

1. 脉冲传递函数 $D(z)$ 的求法

数字控制器的设计方法属于综合法,即按希望的闭环脉冲传递函数确定数字控制器的方法。设离散系统如图 8-73 所示,图中 $D(z)$ 为数字控制器,$G(s)$ 为连续部分传递函数,一般包括保持器与被控对象两部分,称为广义对象的传递函数。

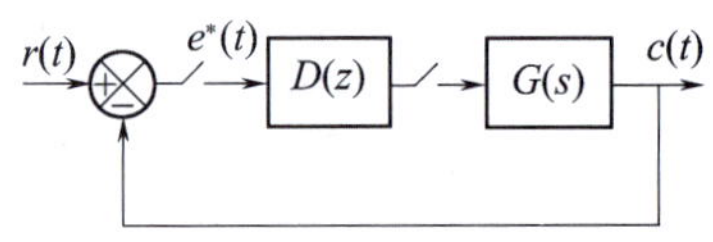

图 8-73　具有数字控制器的离散系统

由于

$$G(z)=Z[G(s)]$$

则系统的闭环脉冲传递函数为

$$\Phi(z)=\frac{C(z)}{R(z)}=\frac{D(z)G(z)}{1+D(z)G(z)} \tag{8-91}$$

误差脉冲传递函数为

$$\Phi_e(z)=\frac{E(z)}{R(z)}=\frac{1}{1+D(z)G(z)} \tag{8-92}$$

则由式(8-91)和式(8-92)可以分别求出数字控制器的脉冲传递函数为

$$D(z)=\frac{\Phi(z)}{G(z)[1-\Phi(z)]} \tag{8-93}$$

或者

$$D(z)=\frac{1-\Phi_e(z)}{G(z)\Phi_e(z)} \tag{8-94}$$

比较式(8-93)与式(8-94),得

$$\Phi_e(z)=1-\Phi(z) \tag{8-95}$$

由此可见,$D(z)$的确定取决于$G(z)$和$\Phi(z)$或$\Phi_e(z)$的具体形式。若已知$G(z)$,并根据性能指标定出$\Phi(z)$,则数字控制器$D(z)$就可唯一确定。

设计数字控制器的步骤如下:

(1) 由系统连续部分传递函数$G(s)$求出脉冲传递函数$G(z)$。

(2) 根据系统的性能指标要求和其他约束条件,确定所需的闭环脉冲传递函数$\Phi(z)$。

(3) 按式(8-93)或式(8-94)确定数字控制器脉冲传递函数$D(z)$。

2. $D(z)$的稳定性及其实现

以上设计出的数字控制器只是理论上的结果,而要设计出具有实用价值的$D(z)$应满足以下两点约束:①$D(z)$是稳定的,即极点均在z平面单位圆内;②$D(z)$是可实现的,即极点数r要大于或等于零点数l。

例 8-39 设图 8-73 所示的离散系统中,数字控制器$D(z)$完成的是积分运算规律,称为积分控制器,试写出积分控制器的脉冲传递函数及差分方程,并分析其稳定性与物理可实现性。

解:积分控制器的等效方框图如图 8-74 所示。

$$D(z)=\frac{U(z)}{E(z)}=Z\left[\frac{b_0}{s}\right]=\frac{b_0 z}{z-1}=\frac{b_0}{1-z^{-1}}$$

上式可写成

$$U(z)=b_0E(z)+z^{-1}U(z)$$

后向差分方程为

$$u(kT)=b_0e(kT)+u[(k-1)T](k=0,1,2,\cdots)$$

上式表明,根据当前时刻的输入信号采样值和过去时刻输出采样值,就可以计算出当前时刻控制器的输出值。因此,通过计算机的存储单元,将每一采样时刻上出现的输入e及计算结果u都送入存储单元,利用递推公式就可实现下一采样时刻的计算。

当输入$r(t)=1(t)$时,积分控制器的采样输出规律如图 8-75 所示。

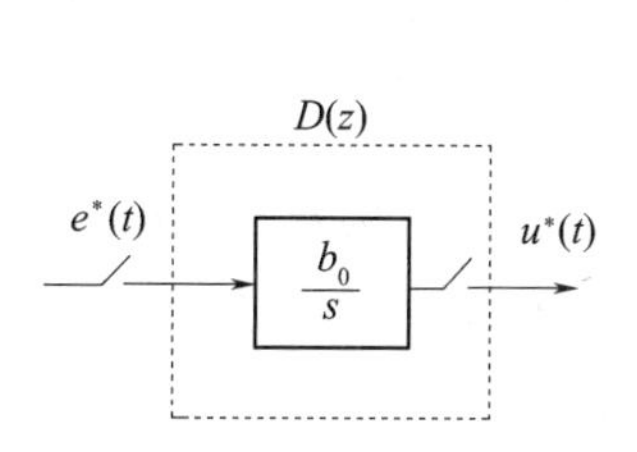

图 8-74 积分控制器

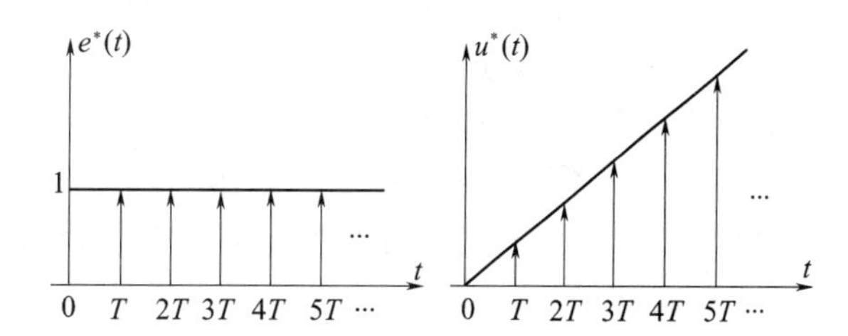

图 8-75 积分控制器采样输出

由以上分析可知,只要递推关系中所需要的原始数据是可以得到的,计算就具有物理可实现性。差分方程的递推式中等式右端各项为原始计算数据项,当$D(z)$的极点数r大于或等于零点数l时,后向差分方程递推式中,其右端对应的Z变换式都具有z的零次或负幂次的形式。这表示各项均为当前的或过去的数据项,是能够得到的。否则,出现正幂次项,则要求数字控制器有超前输出,即有预测功能,物理上不可能实现。

对于稳定性的问题,当$D^*(s)$的极点均在s左半平面,或者$D(z)$的极点均在单位圆内,数字校正装置是稳定的。积分环节作为常用的控制器,其极点$s=0$,对应的$z=1$,由于积分运算本身具有累积和记忆功能,作为控制器可以改善系统的稳态性能,虽然对闭环稳定性有一定影响,设计时只要合理选定参数,限制积分环节的个数,即可作为控制器使用。

8.7.2 最少拍系统及其设计

1. 最少拍系统的概念

最少拍系统属于离散系统独具的一种特性,因为连续系统的过渡过程从理论上讲只有 $t \to \infty$ 才真正结束,而离散系统却有可能在有限的时刻内完成,从而实现最佳控制系统。

1) 稳定度

所谓系统的稳定度是指系统的相对稳定性。按照 s 平面与 z 平面的映射关系:

$$s = -\sigma \pm j\omega$$

$$z = e^{Ts} = e^{T(-\sigma \pm j\omega)} = e^{-\sigma T} \cdot e^{\pm j\omega T}$$

则 s 平面上虚轴左边的等 σ 垂线,映射为 z 平面上单位圆内的半径为 $e^{-\sigma T}$ 的圆。若离散系统是稳定的且 s 平面上的极点均在等 σ 线左边,则映射在 z 平面上均在半径为 $e^{-\sigma T}$ 的圆内,称系统的稳定度为 σ,如图 8-76 所示。

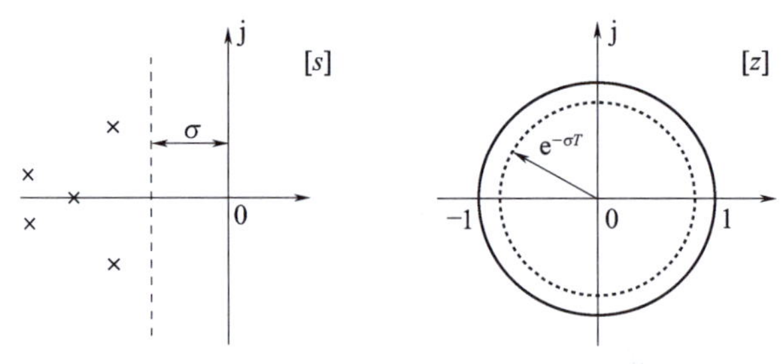

图 8-76 稳定度的表示

σ 值越大,极点左离 s 平面虚轴越远,稳定度越高,这时,在 z 平面上的极点离原点越近。当 $\sigma \to \infty$ 时,$z=0$,称系统具有无穷大稳定度,则在 z 平面上系统全部极点均集中在原点处。

由上可得结论:若离散系统脉冲传递函数的极点全部位于 z 平面的原点(即 z 特征方程的根全部为零),则系统具有无穷大稳定度。

2) 最少拍系统的时间最优概念

在采样过程中,通常把一个采样周期叫做一拍。所谓最少拍系统,是指在典型输入作用下,过渡过程时间最快的系统,即暂态过程可在有限时间 kT 内结束,这样的系统称为最少拍系统。

可以证明,具有无穷大稳定度的离散系统,是暂态过程最快的系统,也就是时间最优的最少拍系统。

设离散系统闭环特征方程为

$$a_0 z^n + a_1 z^{n-1} + \cdots + a_{n-1} z + a_n = 0$$

当所有的极点均在原点时,则要求

$$a_1 = a_2 = \cdots = a_{n-1} = a_n = 0 \qquad (8-96)$$

设系统的闭环脉冲传递函数为

$$\Phi(z) = \frac{b_0 z^n + b_1 z^{n-1} + \cdots + b_n}{a_0 z^n + a_1 z^{n-1} + \cdots + a_n}$$

当满足式(8-96)时,上式又可写成

$$\Phi(z) = \frac{b_0 z^n + b_1 z^{n-1} + \cdots + b_n}{a_0 z^n} = \frac{b_0}{a_0} + \frac{b_1}{a_0} z^{-1} + \frac{b_2}{a_0} z^{-2} + \cdots + \frac{b_n}{a_0} z^{-n}$$

上式的 Z 反变换,就是系统的脉冲响应

$$h^*(t)=\frac{b_0}{a_0}\delta(t)+\frac{b_1}{a_0}\delta(t-T)+\cdots+\frac{b_n}{a_0}\delta(t-nT) \tag{8-97}$$

它具有有限个脉冲。由此可见,具有无穷大稳定度的离散系统,**暂态过程在有限时间 nT 内结束**。这里 n 为闭环脉冲传递函数的极点个数,若无零、极点对消,则等于系统的阶次。可见,具有无穷大稳定度的系统阶次,直接决定了过渡过程的节拍。

例 8-40 设二阶采样系统闭环脉冲传递函数为

$$\Phi(z)=2z^{-1}-z^{2}=\frac{2z-1}{z^2}$$

它的两个极点均在 z 平面原点,故是最少拍系统。试求当 $r(t)=1(t)$ 时,系统的响应过程。

解:输入 $R(z)=\dfrac{z}{z-1}$,系统输出响应的 Z 变换为

$$C(z)=\Phi(z)R(z)=\frac{2z-1}{z^2}\cdot\frac{z}{z-1}=\frac{2z-1}{z^2-z}=$$

$$2z^{-1}+z^{-2}+z^{-3}+z^{-4}+\cdots$$

对 $c(z)$ 反变换可得输出序列为

$$c^*(t)=0\delta(t)+2\delta(t-T)+\delta(t-2T)+\delta(t-3T)+\cdots$$

系统输出的脉冲序列如图 8-77 所示。

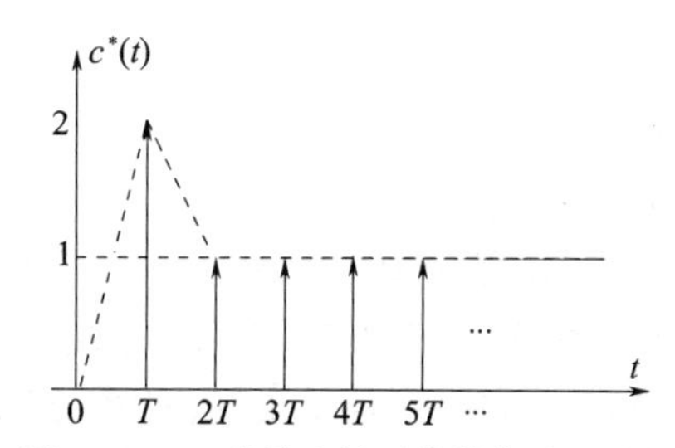

图 8-77 二阶最少拍系统单位阶跃响应

该系统暂态过程在第二拍($n=2$)就达到稳态值,系统的超调量为 100%,最少节拍数等于系统的阶次。

2. 最少拍系统的设计原则

最少拍系统的特点是时间最优,这种系统的瞬态过程能在有限拍数内结束。从系统结构上来说,具有这种特点的系统必具有无穷大稳定度的特性。因此,要设计一个系统具有无穷大稳定度,也就是要想办法使系统的闭环脉冲传递函数的极点均在 z 平面的原点。

对于图 8-73 所示的单位反馈离散系统,设计的任务就是要确定数字控制器的脉冲传递函数 $D(z)$,以保证系统闭环脉冲传递函数为

$$\Phi(z)=\frac{P(z)}{z^r}=\beta_0+\beta_1 z^{-1}+\cdots+\beta_r z^{-r} \tag{8-98}$$

式中,$P(z)$ 为 $\Phi(z)$ 的分子多项式;r 为一整数。这样,$\Phi(z)$ 的极点均在 z 平面的原点,系统的脉冲响应过了 r 拍后就为零。

1) 最少拍系统中 $D(z)$ 的设计

对图 8-73 所示系统,若已知系统广义对象的脉冲传递函数 $G(z)$,根据式(8-93),有

$$D(z)=\frac{1}{G(z)}\cdot\frac{\Phi(z)}{1-\Phi(z)}$$

把式(8-98)代入上式得

$$D(z)=\frac{1}{G(z)}\cdot\frac{P(z)}{z^r-P(z)} \tag{8-99}$$

根据 $D(z)$ 可实现的条件,其分母的阶次要大于或等于分子的阶次。设 m 和 n 分别为 $G(z)$ 的分子多项式和分母多项式的幂次,l 和 r 分别为 $\Phi(z)$ 分子和分母多项式的幂次。为了 $D(z)$ 能够实现,其分子与分母的阶次应满足

$$m+r\geqslant n+l$$

或者

$$r - l \geq n - m \tag{8-100}$$

上式表明,最小拍系统中 $D(z)$ 能够实现的条件是:希望的闭环脉冲传递函数 $\Phi(z)$ 的分母、分子阶次差要大于等于连续部分脉冲传递函数 $G(z)$ 的分母、分子阶次差。由此可得出具有无穷大稳定度的 $\Phi(z)$ 约束条件为

$$r \geq n - m + l \tag{8-101}$$

上式限定了 $\Phi(z)$ 分母阶次的最小值,当其分子 $P(z)=P_0$ 为常数时,$l=0$,则

$$r \geq n - m \tag{8-102}$$

上式说明,当连续部分 $G(z)$ 已给定,闭环系统对参考输入的暂态响应,至少需要 $n-m$ 拍才能结束。这规定了最小拍的极限数,小于这个极限则是物理上不可实现的。这时

$$D(z) = \frac{1}{G(z)} \cdot \frac{P_0}{z^r - P_0} \tag{8-103}$$

式中,$r \geq n-m$。

在上面的讨论中,对 $G(z)$ 的稳定性没有讨论,所以在设计 $D(z)$ 的过程中,对 $\Phi(z)$ 的约束仅限于阶次差的约束。实际上,若 $G(z)$ 的零极点均在 z 平面单位圆内部,则由式(8-103)所确定的 $D(z)$ 就一定是稳定的,对 $\Phi(z)$ 就没有附加的约束。若 $G(z)$ 含有非单位圆内部的零极点,则根据式(8-103),$D(z)$ 就含有这些极零点,从理论上来说可以相互抵消,但实际上不稳定的零极点靠校正装置来抵消是不允许的。由于不可避免的参数摄动等原因而可能出现不能完全抵消的情况,何况对于 $G(z)$ 的不稳定零点,如果用 $D(z)$ 的极点去对消,就会引起控制器的不稳定。因此,当 $G(z)$ 含有不稳定的零极点时,为了避免引起 $D(z)$ 的不稳定,根据式(8-95),则有

$$D(z) = \frac{\Phi(z)}{G(z)\Phi_e(z)}$$

这时,对 $G(z)$ 不稳定的零点可由 $\Phi(z)$ 的零点去补偿,对 $G(z)$ 不稳定的极点则由 $\Phi_e(z)$ 的零点去补偿,就可以避免 $D(z)$ 产生这些不稳定零极点。另外,当 $G(z)$ 中包含延迟因子 z^{-1} 时,也不允许用 $D(z)$ 去对消,因为这将要求作为数字控制器的计算机有超前输出,这在物理上是无法实现的。因此,$G(z)$ 所含的延迟因子 z^{-1},要求 $\Phi(z)$ 也含有 z^{-1} 因子进行补偿。这时,$\Phi(z)$ 的分子多项式 $P(z)$ 不能再取常值,而应按以上约束选取。

设广义对象的脉冲传递函数为

$$G(z) = \frac{z^{-q}(b_0 + b_1 z^{-1} + \cdots + b_m z^{-m})}{a_0 + a_1 z^{-1} + \cdots + a_n z^{-n}} = z^{-q}(g_0 + g_1 z^{-1} + g_2 z^{-2} + \cdots) =$$

$$\frac{z^{-q}\prod_{i=1}^{u}(1 - z_i z^{-1})}{\prod_{j=1}^{v}(1 - p_j z^{-1})} G_0(z)$$

式中,$z_i(i=1,2,\cdots,u)$ 为广义对象在单位圆外或圆上的零点;$p_j(j=1,2,\cdots,v)$ 为广义对象在单位圆外或圆上的极点;$G_0(z)$ 为只含单位圆内零极点部分的 z^{-1} 多项式。当 $n-m=q \geq 1$ 时,表示广义对象含有传递延迟,按照以上约束条件,选择系统的闭环脉冲传递函数时,必须满足以下两条约束:

(1) $\Phi(z)$的零点中，包含 $G(z)$在 z 平面单位圆外与圆上的所有零点，且 $\Phi(z)$也含有 $G(z)$的延迟因子 z^{-1}。即

$$\Phi(z)=\left[z^{-q}\prod_{i=0}^{u}(1-z_iz^{-1})\right]\cdot P_1(z) \tag{8-104}$$

$P_1(z)$是关于 z^{-1}的多项式，且不包含延迟因子和 $G(z)$中不稳定零点 z_i，这时，只要 $P_1(z)$不含其他不稳定零极点，$\Phi(z)$就是稳定的。

(2) $\Phi_e(z)$的零点中，包含 $G(z)$在 z 平面单位圆外与圆上的所有极点。

即

$$\Phi_e(z)=\left[\prod_{j=1}^{v}(1-p_jz^{-1})\right]\cdot F_1(z) \tag{8-105}$$

$F_1(z)$是关于 z^{-1}的多项式，且不包含 $G(z)$的不稳定极点 p_j。若 $F_1(z)$不包含其他不稳定零极点，则 $\Phi_e(z)$也是稳定的。

考虑上述约束条件后，设计的数字控制器 $D(z)$不再包含 $G(z)$的不稳定零极点及延迟因子 z^{-1}，即

$$D(z)=\frac{\Phi(z)}{G(z)\Phi_e(z)}=\frac{P_1(z)}{G_0(z)F_1(z)}$$

故 $D(z)$是稳定的。当满足式(8-100)时，$D(z)$是可实现的。按照性能指标的要求，合适地选取 $P_1(z)$和 $F_1(z)$，就可设计出符合要求的 $D(z)$。

例 8-41 对于图 8-78 所示系统，其中采样周期 $T=0.2$s，要求在单位阶跃输入下实现最少拍响应，试设计 $D(z)$。

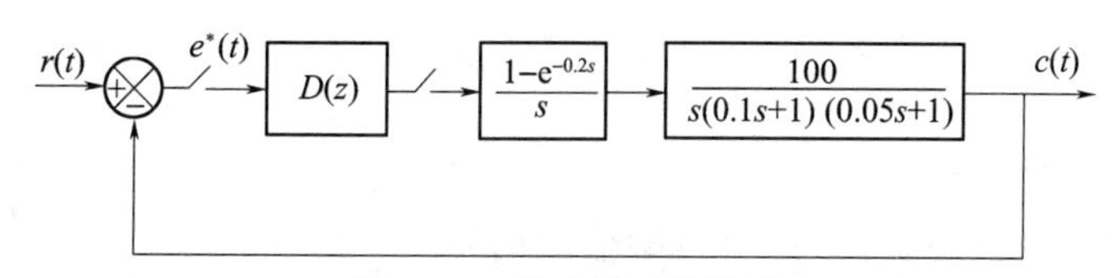

图 8-78 最少拍系统设计

解：根据已知的广义对象求 $G(z)$

$$\begin{aligned}G(z)&=Z\left[\frac{1-e^{-0.2s}}{s}\cdot\frac{100}{s(0.1s+1)(0.05s+1)}\right]=\\&100(1-z^{-1})Z\left[\frac{1}{s^2}-\frac{0.5}{s}+\frac{0.2}{s+10}-\frac{0.05}{s+20}\right]=\\&100(1-z^{-1})Z\left[\frac{0.2z}{(z-1)^2}-\frac{0.5z}{z-1}+\frac{0.2z}{z-0.135}-\frac{0.05z}{z-0.018}\right]=\\&\frac{7.32(z+0.047)(z+1.18)}{(z-1)(z-0.135)(z-0.018)}=\frac{z^{-1}(1+1.18z^{-1})}{(1-z^{-1})}\cdot\frac{7.32(1+0.047z^{-1})}{(1-0.135z^{-1})(1-0.018z^{-1})}\end{aligned}$$

可知 $G(z)$的分母与分子阶次差为 $n-m=3-2=1$，故 $\Phi(z)$的分母阶次应满足 $r\geqslant1$。

$G(z)$有延迟因子 z^{-1}及单位圆上极点 $z=1$ 和单位圆外零点 $z=-1.18$。按照最少拍系统 $D(z)$可实现的约束条件，$\Phi(z)$应含有零点 $z=-1.18$ 和延迟因子 z^{-1}，且极点均在原点处，即

$$\Phi(z)=z^{-1}(1+1.18z^{-1})P_1(z)=\frac{(z+1.18)k}{z^2}$$

式中，取 $P_1(z)=k$，则 $l=1$，$r-l\geqslant n-m=1$，取 $r-l=1$，故 $r=2$。

$\Phi_e(z)$应含有零点 $z=1$，即

$$\Phi_e(z) = (1 - z^{-1})F_1(z) = (1 - z^{-1})(1 + az^{-1}) = \frac{(z-1)(z+a)}{z^2}$$

式中，a 为待定常数，由于 $\Phi_e(z)$ 的分子与分母同阶，故取 $F_1(z)$ 为一次因子 $(1-az^{-1})$，分母与 $\Phi(z)$ 相同。

利用 $\Phi_e(z)=1-\Phi(z)$ 的关系，可得

$$\frac{z^2+(a-1)z-a}{z^2} = 1 - \frac{k(z+1.18)}{z^2}$$

即
$$z^2+(a-1)z-a=z^2-kz-1.18k$$

比较系数可得
$$k=0.459,a=0.541$$

所以
$$\Phi(z)=\frac{0.459(z+1.18)}{z^2},\Phi_e(z)=\frac{(z-1)(z+0.541)}{z^2}$$

由式(8-93)得
$$D(z)=\frac{\Phi(z)}{G(z)\Phi_e(z)}=\frac{0.063(z-0.135)(z-0.018)}{(z+0.047)(z+0.541)}$$

可见，$D(z)$ 是稳定的，也是可实现的。

对单位阶跃输入信号的输出响应的 Z 变换为

$$C(z) = \Phi(z)R(z) = \frac{0.459(z+1.18)}{z^2}\cdot\frac{z}{z-1} = \frac{0.459z+0.541}{z^2-z} = 0.495z^{-1}+z^{-2}+z^{-3}+\cdots$$

取 $C(z)$ 的反变换得输出响应序列为

$$c^*(t) = 0.459\delta(t-T)+\delta(t-2T)+\delta(t-3T)+\cdots$$

输出序列在两拍以后达到稳态值，如图 8-79 所示。

由于 $G(z)$ 中存在单位圆外的零点，使 $P(z)\neq P_0$，则 $l\neq 0$，过渡时间不能取最低节拍，$r=2>1$。

若 $G(z)$ 的全部零极点均在单位圆内部，则对 $\Phi(z)$ 和 $\Phi_e(z)$ 的约束就不存在了，这时可按式(8-103)来设计 $D(z)$，可使系统过渡过程取最低下限节拍。

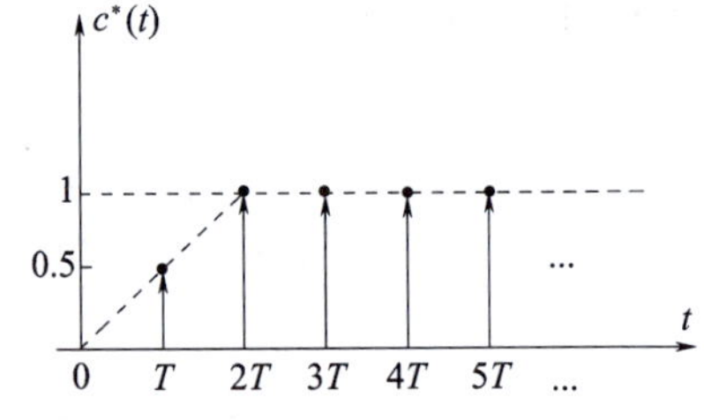

图 8-79　具有不稳定零点的最少拍系统

2）无稳态误差的最少拍系统

无稳态误差的最少拍系统，是针对典型输入信号的具体形式来设计的。闭环脉冲传递函数中分子 $P(z)$ 的确定，不仅根据已知连续部分的脉冲传递函数 $G(z)$，而且要根据确定的输入信号以及最终要达到的无静差性能要求这三项，综合考虑设计最少拍系统。

(1) 闭环脉冲传递函数的确定。按照图 8-73 所示的单位反馈离散系统，假设连续部分的脉冲传递函数 $G(z)$ 的零极点全部位于单位圆内部，且不含延迟因子 z^{-1}，则闭环脉冲传递函数 $\Phi(z)$ 的确定，就不再受 $G(z)$ 稳定性的约束，只考虑输入信号和无穷大稳定度的要求即可。

首先根据终值定理，写出稳态误差表达式

$$e(\infty)=\lim_{z\to 1}(z-1)E(z)=\lim_{z\to 1}(z-1)\Phi_e(z)R(z)$$

由于在单位反馈系统中，$\Phi_e(z)=1-\Phi(z)$，当确定了 $\Phi_e(z)$ 之后，$\Phi(z)$ 也就确定了。考虑输入 $R(z)$ 为常见的典型输入信号，分别为单位阶跃、单位斜坡和单位抛物线函数，相应的 Z 变换可表示成以下统一形式：

$$R(z)=\frac{A(z)}{(1-z^{-1})^r} \tag{8-106}$$

式中，$A(z)$ 为不含 $(1-z^{-1})$ 因子的 z^{-1} 多项式。

当 $r=1$，$A(z)=1$ 时，$R(z)$ 为单位阶跃函数的 Z 变换，即

$$R(z)=\frac{1}{1-z^{-1}}=\frac{z}{z-1}$$

当 $r=2, A(z)=Tz^{-1}$ 时，$R(z)$ 为单位斜坡函数的 Z 变换，即

$$R(z)=\frac{Tz^{-1}}{(1-z^{-1})^2}=\frac{Tz}{(z-1)^2}$$

当 $r=3, A(z)=\frac{T^2[(z^{-1})^2+z^{-1}]}{2}$ 时，$R(z)$ 为单位抛物线函数的 Z 变换，即

$$R(z)=\frac{\frac{1}{2}T^2z^{-1}(1+z^{-1})}{(1-z^{-1})^3}=\frac{T^2z(z+1)}{2(z-1)^3}$$

将 $R(z)$ 表达式代入稳态误差计算公式，有

$$e(\infty)=\lim_{z\to1}(z-1)\frac{A(z)}{(1-z^{-1})^r}\Phi_e(z)$$

上式表明，使 $e(\infty)=0$ 的条件是 $\Phi_e(z)$ 中包含 $(1-z^{-1})^r$ 因子，即

$$\Phi_e(z)=(1-z^{-1})^rF(z) \tag{8-107}$$

式中，$F(z)$ 为不含 $(1-z^{-1})^r$ 因子的多项式。

于是

$$\Phi(z)=1-\Phi_e(z)=\frac{z^r-(z-1)^rF(z)}{z^r} \tag{8-108}$$

由于 $G(z)$ 是稳定的，对 $\Phi(z)$ 无约束。为了使所设计的数字控制器最简单，系统过渡过程尽量地快，通常取 $F(z)=1$，这样 $F(z)$ 不含 z^{-1} 的因子，则不会增加 $\Phi(z)$ 分母阶次，使节拍数最少。于是

$$\Phi(z)=\frac{z^r-(z-1)^r}{z^r}=\frac{P(z)}{z^r} \tag{8-109}$$

式中，$P(z)$ 为阶次为 $(r-1)$ 的 z 的多项式。这正符合最少拍系统是无穷大稳定度系统的条件。且过渡过程经过 r 拍之后结束。由此可见，无稳态误差的最少拍系统，最少节拍数 r 与输入形式有关；阶跃输入时过渡过程至少要一拍；速度输入时至少要两拍；加速度输入时至少要三拍。r 表示了系统应具有的无差型号。

系统的 $G(z)$ 确定之后，由式(8-93)即可求出数字控制器的脉冲传递函数

$$D(z)=\frac{\Phi(z)}{G(z)[1-\Phi(z)]}=\frac{P(z)}{G(z)[z^r-P(z)]} \tag{8-110}$$

根据 $D(z)$ 的可实现条件，由式(8-100)可得

$$r-(r-1)\geqslant n-m, \quad 或 \quad 1\geqslant n-m$$

这就是说，当取 $F(z)=1$ 时，要求连续部分脉冲传递函数 **$G(z)$ 的零极点阶次差至多为 1**，否则，$D(z)$ 不可实现。

(2) 典型输入下的最少拍系统。以下讨论具体输入信号下，最少拍无差系统 $D(z)$ 的设计方法。

① 单位阶跃输入下：

已知 $r(t)=1(t), R(z)=\frac{1}{1-z^{-1}}, r=1$

由式(8-107)及式(8-95)可得

$$\Phi_e(z)=1-z^{-1} \tag{8-111}$$

$$\Phi(z)=z^{-1} \tag{8-112}$$

则

$$E(z)=\Phi_e(z)R(z)=(1-z^{-1})\frac{1}{1-z^{-1}}=1$$

表明:$e(0)=1,e(T)=e(2T)=\cdots=0$。可见,最少拍系统经过一拍便可完全跟踪输入,使误差为零。

同样可求出输出的 Z 变换为

$$C(z)=\Phi(z)R(z)=\frac{z^{-1}}{1-z^{-1}}=z^{-1}+z^{-2}+\cdots+z^{-n}+\cdots$$

画出暂态响应 $c^*(t)$ 如图 8-80 所示。这样的离散系统称为一拍系统,其调节时间 $t_s=T$。

由式(8-93)可求出数字控制器脉冲传递函数

$$D(z)=\frac{z^{-1}}{(1-z^{-1})G(z)}$$

可见校正后的开环脉冲传递函数为

$$D(z)G(z)=\frac{z^{-1}}{(1-z^{-1})}=\frac{1}{z-1}$$

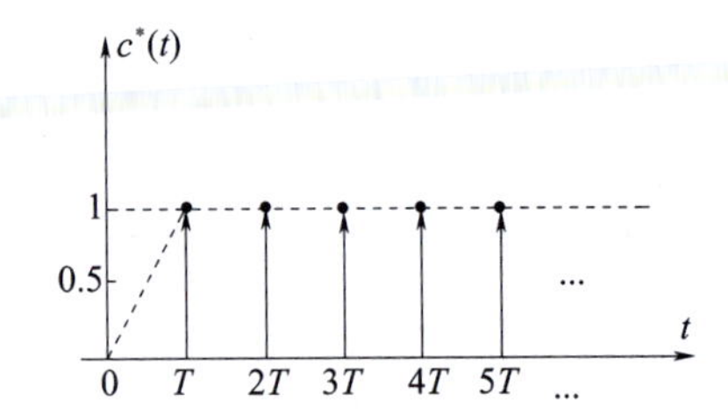

图 8-80 单位阶跃响应最少拍系统

其无差型号为 1 型系统,对阶跃输入可达到稳态无差响应。

② 单位斜坡输入下:

$$r(t)=t,R(z)=\frac{Tz^{-1}}{(1-z^{-1})^2},r=2$$

则选

$$\Phi_e(z)=(1-z^{-1})^2 \tag{8-113}$$

$$\Phi(z)=1-\Phi_e(z)=2z^{-1}-z^{-2} \tag{8-114}$$

于是

$$E(z)=\Phi_e(z)R(z)=(1-z^{-1})^2\cdot\frac{Tz^{-1}}{(1-z^{-1})^2}=Tz^{-1}$$

表明:$e(0)=0,e(T)=T,e(2T)=e(3T)=\cdots=0$。可见,最少拍系统经过二拍便可完全跟踪输入,使误差为零。

求出输出的 Z 变换为

$$C(z)=\Phi(z)R(z)=\frac{(2z^{-1}-z^{-2})Tz^{-1}}{(1-z^{-1})^2}=2Tz^{-2}+3Tz^{-3}+\cdots+nTz^{-n}+\cdots$$

画出暂态响应 $c^*(t)$ 如图 8-81 所示,这样的离散系统称为二拍系统,其调节时间 $t_s=2T$。

求出数字控制器的脉冲传递函数为

$$D(z)=\frac{\Phi(z)}{G(z)\Phi_e(z)}=\frac{z^{-1}(2-z^{-1})}{(1-z^{-1})^2G(z)}$$

校正后系统的开环脉冲传递函为

$$D(z)G(z)==\frac{z^{-1}(2-z^{-1})}{(1-z^{-1})^2}$$

其无差型号为 2 型,对斜坡输入可达到无静差。

③ 单位抛物线输入下：

$$r(t)=\frac{1}{2}t^2, R(z)=\frac{T^2z^{-1}(1+z^{-1})}{2(1-z^{-1})^3}, r=3$$

则选

$$\Phi_e(z)=(1-z^{-1})^3 \tag{8-115}$$

$$\Phi(z)=1-\Phi_e(z)=3z^{-1}-3z^{-2}+z^{-3} \tag{8-116}$$

于是

$$E(z)=\Phi_e(z)R(z)=\frac{1}{2}T^2z^{-1}+\frac{1}{2}T^2z^{-2}$$

$$C(z)=\Phi(z)R(z)=\frac{3}{2}T^2z^{-2}+\frac{9}{2}T^2z^{-3}+\frac{16}{2}T^2z^{-4}+\cdots+\frac{n^2}{2}T^2z^{-n}+\cdots=$$

$$1.5T^2z^{-2}+4.5T^{-2}z^{-3}+8T^2z^{-4}+\cdots+\frac{n^2}{2}T^2z^{-n}+\cdots$$

结果表明：

$$e(0)=0, e(T)=\frac{1}{2}T^2, e(2T)=\frac{1}{2}T^2, e(3T)=e(4T)=\cdots=0$$

$$c(0)=c(T)=0, c(2T)=1.5T^2, c(3T)=4.5T^2\cdots$$

可见，最小拍系统经过三拍便可完全跟踪输入，根据 $c(kT)$ 的数值，绘出暂态响应 $c^*(t)$ 的图形如图 8-82 所示。这样的离散系统称为三拍系统，其调节时间为 $t_s=3T$。

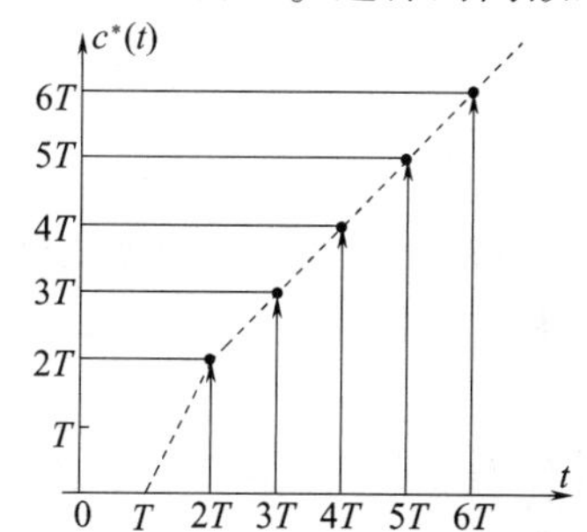

图 8-81 单位斜坡响应最少拍系统

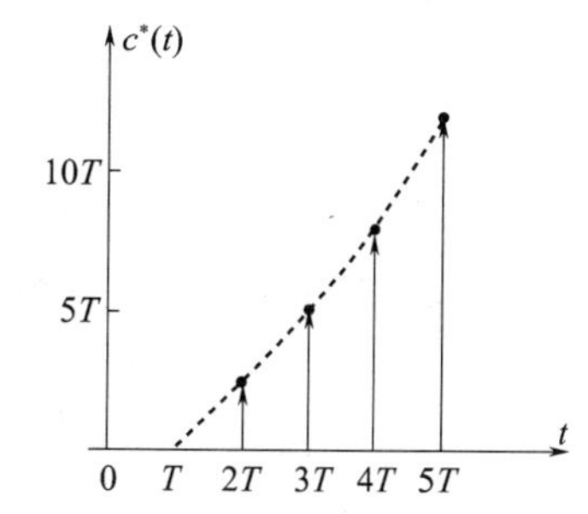

图 8-82 单位抛物线响应最少拍系统

求出数字控制器脉冲传递函数为

$$D(z)=\frac{3z^{-1}3z^{-2}+z^{-3}}{G(z)\ (1-z^{-1})^3}$$

校正后系统开环脉冲传递函数为

$$D(z)G(z)=\frac{3z^{-1}3z^{-2}+z^{-3}}{(1-z^{-1})^3}$$

其无差型号为 3 型，在加速度函数输入下可达到无差。

将以上结果汇总成表 8-3，当系统广义对象 $G(z)$ 是稳定的，且分母与分子阶次差 $n-m\leqslant 1$，在典型输入信号作用下，最少拍无静差系统的设计结果可直接查表得出。

表 8-3 最少拍无静差系统设计结果

输入信号 $r(t)$	要求的 $\Phi_e(z)$	要求的 $\Phi(z)$	消除偏差所需时间 t_s
$1(t)$	$1-z^{-1}$	z^{-1}	T
t	$(1-z^{-1})^2$	$2z^{-1}-z^{-2}$	$2T$
$\frac{1}{2}t^2$	$(1-z^{-1})^3$	$3z^{-1}-3z^{-2}+z^{-3}$	$3T$

（3）无稳态误差最少拍系统对输入信号的适应性。表 8-3 所列出的最少拍无静差系统的设计结果，对广义对象和输入函数都有一定的限制。即 $G(z)$ 的阶次差和稳定性，输入信号与 $\Phi(z)$ 的对应关系，这些都不可有误，否则就得不到最佳性能。

表 8-3 给出的结果能抵消输入函数中分母所含的 $(1-z^{-1})$ 因子，没有增加 $z^{-1}, z^{-2}, \cdots$ 等新的延迟项，因此获得了最少阶次 r，也就是能以最快的速度（如一拍、二拍或三拍）跟上给定值的变化而且保持无差。但是这种设计方法由于是根据某一输入信号设计的最少拍系统，其中 $\Phi(z)$ 的分母阶次 r 已定，过渡过程时间不会改变，即节拍数等于 r 拍，但其他性能指标则不能保证，像动态和稳态偏差，都可能达不到理想的效果。

例 8-42 已知采样系统如图 8-83 所示，其中采样周期 $T=1\text{s}$，要求设计一个数字控制器 $D(z)$，使系统在斜坡输入时，调节时间为最短，并且在采样时刻没有稳态误差。

解： 根据表 8-3，对于斜坡输入信号，最少拍系统闭环脉冲传递函数应该为

$$\Phi(z) = 2z^{-1} - z^{-2} = z^{-1}(2 - z^{-1})$$

$$\Phi_e(z) = (1 - z^{-1})^2$$

广义对象的脉冲传递函数为

$$G(z) = Z\left[\frac{10\,(1-\mathrm{e})^{-Ts}}{s^2(s+1)}\right] = \frac{3.68z^{-1}(1 + 0.718z^{-1})}{(1 - z^{-1})(1 - 0.368z^{-1})}$$

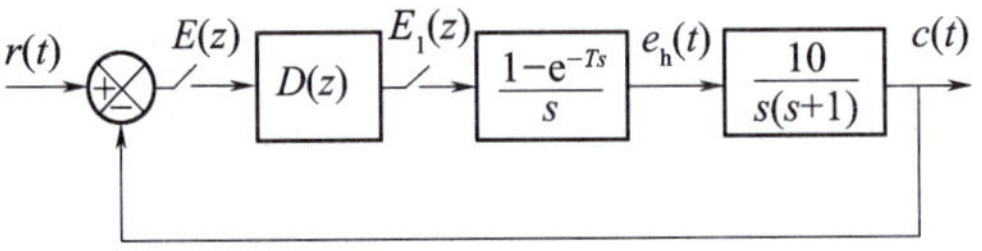

图 8-83 具有数字控制器的采样系统

根据 $D(z)$ 可实现性对 $\Phi(z)$ 及 $\Phi_e(z)$ 的约束条件，$G(z)$ 中 $z=1$ 的极点应包含在 $\Phi_e(z)$ 的零点之中，这一点 $\Phi_e(z)$ 已满足要求，不必改变，$G(z)$ 中包含的延迟因子 z^{-1} 也已包含在 $\Phi(z)$ 之中，且 $n-m=2-1=1$，所以按表 8-3 设计的 $D(z)$ 应当是可以实现的。即

$$D(z) = \frac{0.543(1 - 0.5z^{-1})(1 - 0.368z^{-1})}{(1 - z^{-1})(1 + 0.718z^{-1})}$$

在单位斜坡输入下，系统输出的 Z 变换为

$$C(z) = \Phi(z)R(z) = (2z^{-1} - z^{-2})\frac{z^{-1}}{(1 - z^{-1})^2} = 2z^{-2} + 3z^{-3} + 4z^{-4} + \cdots$$

可见，瞬态过程在第二拍就结束，采样时刻稳态误差为零，如图 8-84 所示。

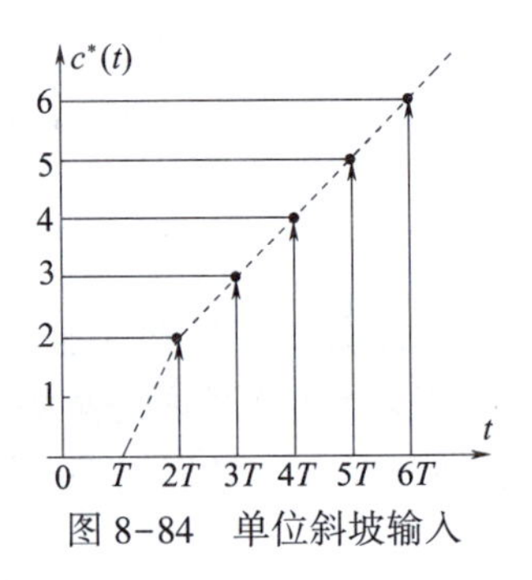

图 8-84 单位斜坡输入

为了考察系统的适应性，可以对已经设计好的系统，求出在单位阶跃和单位抛物线函数输入下的响应。

当单位阶跃输入时

$$C(z) = (2z^{-1} - z^{-2})\frac{1}{1 - z^{-1}} = 2z^{-1} + z^{-2} + z^{-3} + z^{-4} + \cdots$$

当单位抛物线函数输入时

$$C(z) = (2z^{-1} - z^{-2})\frac{z^{-1}(1 + z^{-1})}{2\,(1 - z^{-1})^3} = z^{-2} + 3.5z^{-3} + 7z^{-4} + 11.5z^{-5} + \cdots$$

$$E(z) = \Phi_e(z)R(z) = (1 - z^{-1})^2\frac{z^{-1}(1 + z^{-1})}{2\,(1 - z^{-1})^3} = \frac{z^{-1} + z^{-2}}{2 - 2z^{-1}} =$$

$$0.5z^{-1} + z^{-2} + z^{-3} + z^{-4} + \cdots$$

按上述两式画出的系统响应如图 8-85 和图 8-86 所示。

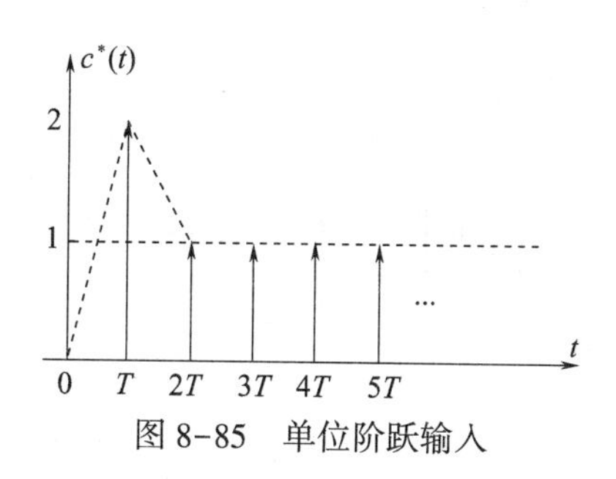

图 8-85　单位阶跃输入

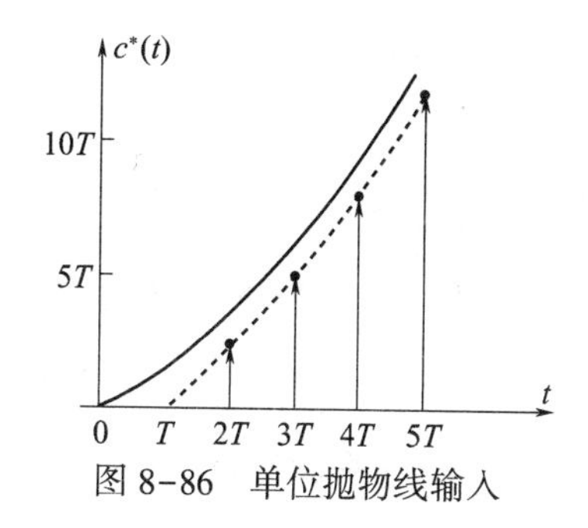

图 8-86　单位抛物线输入

可见，对这两种输入信号，瞬态过程都在第二拍结束。但当阶跃输入时，最大超调量达 100%；当抛物线输入时，不能达到无静态，其稳态误差为 1。

一般来说，针对某种典型输入函数设计的系统，用于次数较低的输入函数时，系统将出现较大的超调。而用于次数较高的输入函数时，输出将不能完全跟踪，出现静差。另外，当有扰动输入信号时，性能自然也不会良好，这说明，最少拍系统对输入信号的适应性较差。

3）无波纹无稳态误差的最少拍系统

无稳态误差的最少拍系统，可以将离散系统设计成在采样时刻过渡过程既快速又准确。但从工程实际出发，实际输出信号是连续变化信号，从平稳性而言，当系统进入稳态之后，在非采样时刻一般均存在波纹。对于例 8-41 系统对斜坡输入的响应，实际连续输出如图 8-87 所示。显然，有波纹的系统，在采样时刻之间就有误差，而且浪费执行机构的功率，增加机械磨损，这是工程上不希望的。

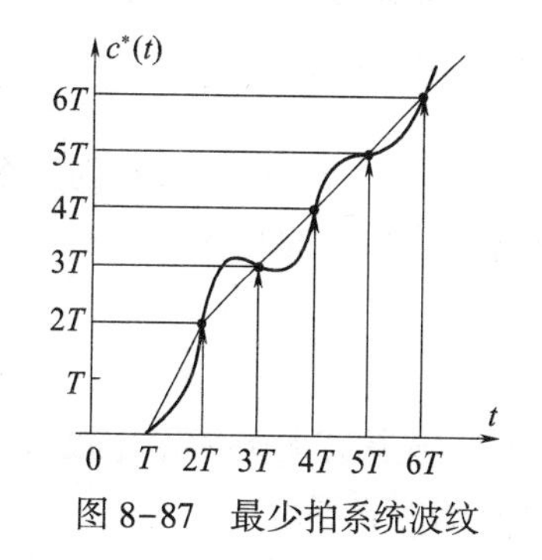

图 8-87　最少拍系统波纹

（1）最少拍系统产生波纹的原因。经过分析知道，最少拍系统产生波纹的原因是：数字控制器的输出序列经过有限节拍后，不能与系统同步进入稳态，这时，虽然数字控制器的$D(z)$输入 $E(z)=0$，但其输出还在上下波动，致使系统在非采样时刻产生波纹。

例 8-43　在例 8-42 的系统中，是按单位斜坡输入设计的最少拍系统，根据结果

$$D(z)=\frac{0.543(1-0.5z^{-1})(1-0.368z^{-1})}{(1-z^{-1})(1+0.718z^{-1})}$$

$$E(z)=\Phi_{e}(z)R(z)=(1-z^{-1})^{2}\cdot\frac{z^{-1}}{(1-z^{-1})^{2}}=z^{-1}$$

可见误差信号只有一个脉冲，至第二拍就为零。但数字控制器 $D(z)$的输出仍未达到稳态值。即

$$E_{1}(z)=D(z)E(z)=\frac{0.543z^{-1}-0.472z^{-2}+0.1z^{-3}}{1-0.282z^{-1}-0.718z^{-2}}=$$

$$0.543z^{-1}-0.319z^{-2}+0.39z^{-3}-0.119z^{-4}+0.246z^{-5}-0.016z^{-6}+0.172z^{-7}+\cdots$$

这说明数字控制器的输出一直在波动着，如图 8-88 所示，因而零阶保持器也在波动，系统的输出在采样时刻虽然达到稳态值，但在采样时刻之间就产生波纹了。

（2）无波纹最少拍系统的附加约束。既然波纹产生的原因是 $D(z)$的输出不是在有限拍内结束它的暂态过程，那么若能使它也在有限拍数内结束，波纹也就自然消除了。

因此，无波纹的最少拍系统，不仅要求系统的闭环脉冲传递函数 $\Phi(z)$是 z^{-1}的有限项多项式（即具有无穷大稳定度的系统，极点均在 z 平面原点），而且同时要求参考输入 $r(t)$与数字控制器的输出 $e_1{}^*(t)$之间的闭环脉冲传递函数也是 z^{-1}的有限项多项式（即也具有无穷大稳

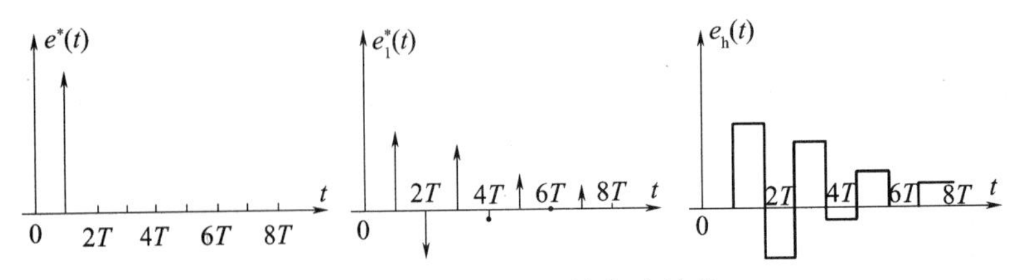

图 8-88　例 8-42 系统各点波纹

定度,极点也均在 z 平面原点)。

由于

$$\Phi(z)=\frac{C(z)}{R(z)},G(z)=\frac{C(z)}{E_1(z)}$$

两式相除可得

$$\frac{E_1(z)}{R(z)}=\frac{\Phi(z)}{G(z)} \tag{8-117}$$

最少拍系统按式(8-98)为

$$\Phi(z)=\frac{P(z)}{z^r}$$

设 $M(z)$ 和 $N(z)$ 分别为连续部分 $G(z)$ 的分子多项式和分母多项式,n 和 m 分别为其分母和分子多项式的幂次,则

$$\frac{E_1(z)}{R(z)}=\frac{P(z)N(z)}{z^rM(z)} \tag{8-118}$$

要使上式具有无穷大稳定度,$P(z)$ 中应包含因子 $M(z)$,也就是说 $\Phi(z)$ 的零点中应该包含 $G(z)$ 的所有零点。

这样,对于无波纹的最少拍系统,它的两个脉冲传递函数均具有无穷大稳定度的形式:

$$\Phi(z)=\frac{P(z)}{z^r}=\frac{P_1(z)M(z)}{z^r} \tag{8-119}$$

$$\Phi_D(z)=\frac{E_1(z)}{R(z)}=\frac{P_1(z)N(z)}{z^r} \tag{8-120}$$

系统的输出和数字控制器的输出,同时在有限节拍内结束过渡过程。按式(8-93),这时的数字控制器 $D(z)$ 为

$$D(z)=\frac{\Phi(z)}{G(z)[1-\Phi(z)]}=\frac{P_1(z)N(z)}{z^r-P_1(z)M(z)} \tag{8-121}$$

为了 $D(z)$ 能够实现,设 $P_1(z)$ 的幂次为 p,r 必须满足

$$r\geqslant p+n \tag{8-122}$$

当 $P_1(z)$ 为一常数时,$r\geqslant n$,这是最下限节拍的情况,小于这个拍数,物理上不可实现。可见,由于要求无波纹,$\Phi(z)$ 必须对消 $G(z)$ 的全部零点,使系统可能的最少拍数增加了 m,所以它的暂态响应一般要慢一些。

综上所述,确定最少拍无波纹系统 $\Phi(z)$ 的附加约束是:$\Phi(z)$ 必须包含广义对象 $G(z)$ 的所有零点,不仅包含 $G(z)$ 在 z 平面单位圆外或圆上的零点,而且还必须包含 $G(z)$ 在 z 平面单位圆内的零点。

(3) 最少拍无波纹无稳态误差系统 $\Phi(z)$ 的确定。确定无波纹无稳态误差最少拍系统闭环脉冲传递函数时,除了保留无静差有波纹系统对 $\Phi(z)$ 的约束和 $D(z)$ 的物理可实现的条件之外,还要增加无波纹的附加约束,具体约束条件为:

① 为了保证 $\Phi_D(z)$ 为无穷大稳定度,$\Phi(z)$ 的零点中应该包含 $G(z)$ 的全部零点,这同时也保证了 $D(z)$ 的稳定性,$\Phi(z)$ 以 z 的多项式形式写出时,还要包含 $G(z)$ 的延迟因子 z,即

$$\Phi(z)=\left[z^{-q}\prod_{i=1}^{m}(1-z_iz^{-1})\right]\cdot P_1(z) \tag{8-123}$$

式中,$z_i(i=1,2,\cdots,m)$ 为 $G(z)$ 的全部零点;$P_1(z)$ 为 z^{-1} 的多项式,且不包含 $G(z)$ 的全部零点和延迟因子 z^{-1}。$P_1(z)$ 的阶次按照 $D(z)$ 可实现的约束条件确定。

② 为了保证无静差,$\Phi_e(z)$ 要根据典型输入信号确定 $(1-z^{-1})$ 因子的阶次,这同时也保证了系统必需的无差型号(即开环积分环节数)。另外,为了保证 $D(z)$ 的稳定性,$\Phi_e(z)$ 的零点中要包含 $G(z)$ 中不稳定的极点,即

$$\Phi_e(z)=\left[\prod_{i=1}^{\nu}(1-p_jz^{-1})\right](1-z^{-1})^rF_1(z) \tag{8-124}$$

式中,$p_j(j=1,2,\cdots,\nu)$ 为 $G(z)$ 的不稳定极点;$F_1(z)$ 为关于 z^{-1} 的多项式,且不包含不稳定极点部分,$F_1(z)$ 的幂次一般根据 $\Phi(z)$ 的次数确定。

如果 $G(z)$ 中含有单位圆上 $z=1$ 的极点(即含有积分环节),由于 $(1-z^{-1})^r$ 因子本身已经起到补偿该点的作用,只要 $z=1$ 的极点数不超过 r,就不必重复设置了。

以上 $P_1(z)$ 与 $F_1(z)$ 中多项式系数,可通过关系式 $\Phi(z)=1-\Phi_e(z)$ 解出。该关系式写成 z^{-1} 的多项式,其幂次应与 $\Phi(z)$ 中分子 z^{-1} 因子的方次相等,所以 $\Phi_e(z)$ 还应成为包含常数项为 1 的 z^{-1} 的多项式,故 $F_1(z)=1+a_1z^{-1}+a_2z^{-2}+\cdots$

例 8-44 在例 8-41 系统中,在单位斜坡输入下,若要实现无波纹最少拍控制,试求 $D(z)$。

解:广义对象的脉冲传递函数已由例 8-41 求出为

$$G(z)=\frac{3.68z^{-1}(1+0.717z^{-1})}{(1-z^{-1})(1-0.368z^{-1})}$$

可见,$G(z)$ 有一个零点 $z=-0.717$,有一个延迟因子 z^{-1},且在单位圆上有一个极点 $z=1$。

按式(8-123)有

$$\Phi(z)=z^{-1}(1+0.717z^{-1})P_1(z)=z^{-1}(1+0.717z^{-1})(a+bz^{-1})$$

式中,$P_1(z)$ 取一次式是因为 $m=1$,无波纹系统阶次比有波纹最少拍系统增加 m 阶。

按式(8-124)有

$$\Phi_e(z)=(1-z^{-1})^2F_1(z)=(1-z^{-1})^2(1+cz^{-1})$$

式中,$F_1(z)$ 取一次式是因为 $\Phi_e(z)$ 应与 $\Phi(z)$ 阶次相同,从而保证 $D(z)$ 可实现。

$$\Phi(z)=az^{-1}+(b+0.717a)z^{-2}+0.717bz^{-3}$$

$$1-\Phi_e(z)=(2-c)z^{-1}+(2c-1)z^{-2}+cz^{-3}$$

令上两式对应项系数相等,解出

$$a=1.408,b=-0.826,c=0.592$$

所以

$$\Phi(z)=1.408z^{-1}(1+0.717z^{-1})(1-0.587z^{-1})$$

$$\Phi_e(z)=(1-z^{-1})^2(1+0.592z^{-1})$$

$$D(z)=\frac{\Phi(z)}{G(z)\Phi_e(z)}=\frac{0.383(1-0.368z^{-1})(1-0.587z^{-1})}{(1-z^{-1})(1+0.592z^{-1})}$$

由此可知，$r=3$，瞬态过程第三拍才结束。而

$$\Phi_D(z)=\frac{\Phi(z)}{G(z)}=0.383(1-z^{-1})(1-0.586z^{-1})(1-0.368z^{-1})$$

所以，数字控制器的瞬态过程也是三拍结束，这就保证了系统无波纹。

8.8 例题精解

例 8-45 试用部分分式法和幂级数法求函数 $E(z)=\dfrac{z^2}{(z-0.8)(z-0.1)}$ 的 Z 反变换。

解法 1： 用幂级数法求 Z 反变换。

用长除法将 $E(z)$ 展为

$$\begin{array}{r}
1+0.9z^{-1}+0.73z^{-2}+0.582z^{-2} \\
z^2-0.9z+0.08\,\big)\,z^2 \qquad\qquad\qquad\qquad\qquad \\
-)\,\underline{z^2-0.9z+0.08} \qquad\qquad\qquad \\
0.9z-0.08 \qquad\qquad\qquad \\
-)\,\underline{0.9z-0.81+0.072z^{-1}} \qquad\quad \\
0.73-0.072z^{-1} \qquad\quad \\
-)\,\underline{0.73-0.65z^{-1}+0.0584z^{-2}} \\
0.582z^{-1}-0.0584z^{-2} \\
\vdots \qquad\quad
\end{array}$$

所以

$$E(z)=1+0.9z^{-1}+0.73z^{-2}+0.582z^{-3}+\cdots$$

相应的脉冲序列为

$$e^*(t)=\delta(t)+0.9\delta(t-T)+0.73\delta(t-2T)+0.582\delta(t-3T)+\cdots$$

$e^*(t)$ 代表的脉冲序列如图 8-89 所示。

相应采样时刻的 $e(t)$ 值为

$$e(0)=1,e(T)=0.9,e(2T)=0.73,e(3T)=0.582,\cdots$$

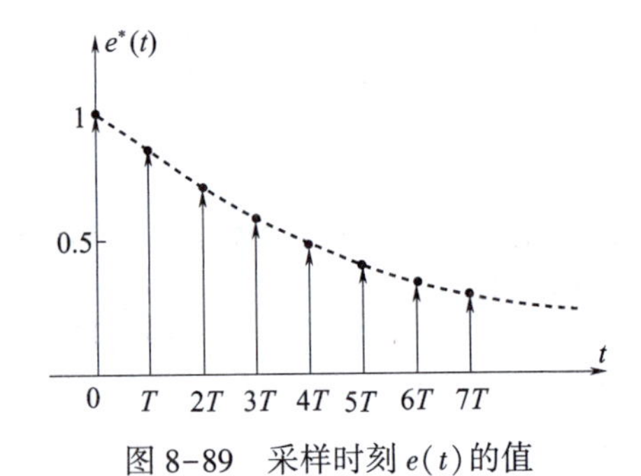

图 8-89 采样时刻 $e(t)$ 的值

解法 2： 将 $E(z)$ 展成部分分式求 Z 反变换。

为了能在 Z 变换表中找到相应的 $E(z)$ 的形式，需将 $E(z)$ 表示为如下的形式：

$$\frac{E(z)}{z}=\frac{z}{(z-0.8)(z-0.1)}=\frac{8/7}{z-0.8}-\frac{1/7}{z-0.1}$$

所以

$$E(z)=\frac{8}{7}\cdot\frac{z}{z-0.8}-\frac{1}{7}\cdot\frac{z}{z-0.1}$$

由 Z 变换表可得

$$e(nT)=\frac{8}{7}(0.8)^n-\frac{1}{7}(0.1)^n,n=0,1,2,\cdots$$

采样时刻的值为

$$e(0)=1,e(T)=0.9,e(2T)=0.73,e(3T)=0.582,\cdots$$

所以

$$e^*(t)=\sum_{n=0}^{\infty}e(nT)\delta(t-nT)=\sum_{n=0}^{\infty}\left[\frac{8}{7}(0.8)^n-\frac{1}{7}(0.1)^n\right]\delta(t-nT)=$$

$$\delta(t)+0.9\delta(t-T)+0.73\delta(t-2T)+0.582\delta(t-3T)+\cdots$$

可以看出，两种反变换方法的结果是一致的。

例 8-46 试用 Z 变换法求解下列差分方程

$$e(k+2)-3e(k+1)+2e(k)=r(k)$$

已知 $r(t)=\delta(t)$，初始条件为 $k\leqslant 0$ 时，$e(k)=0$。

解：因 $r(t)=\delta(t)$，则有

$$r(k)=\begin{cases}1 & ,k=0\\ 0 & ,k\neq 0\end{cases}$$

令 $Z[e(k)]=E(z)$，且 $Z[r(k)]=1$，由 Z 变换的超前定理得

$$Z[e(k+2)]=z^2E(z)-z^2e(0)-ze(1)$$
$$Z[e(k+1)]=zE(z)-ze(0)$$

故差分方程两边取 Z 变换整理后有

$$(z^2-3z+2)E(z)=1+(z^2+3z)e(0)+ze(1)$$

本例中的初值 $e(0)$ 和 $e(1)$ 则可根据题设条件：当 $k\leqslant 0$，$e(k)=0$ 来确定。

确定 $e(0)$：由题设可直接定出　$e(0)=e(k)\big|_{k=0}=0$

确定 $e(1)$：以 $k=-1$ 代入原方程得

$$e(1)-3e(0)+2e(-1)=r(-1)$$

由题设可知，$e(-1)=0$，$r(-1)=0$，并代入上式后可得 $e(1)=0$。

将所求的初值 $e(0)=e(1)=0$ 代入 Z 变换方程中得

$$(z^2-3z+2)E(z)=1$$

所以

$$E(z)=\frac{1}{z^2-3z+2}=\frac{1}{(z-1)(z-2)}$$

求 $E(z)$ 的 Z 反变换方法有多种，下面仅用部分分式法求解

$$E(z)=\frac{1}{(z-1)(z-2)}=\frac{1}{z}\cdot\frac{z}{(z-1)(z-2)}$$

所以

$$\frac{E(z)}{z}=\frac{1}{z(z-1)(z-2)}=\frac{c_1}{z}+\cdot\frac{c_2}{z-1}+\frac{c_3}{z-2}$$

可求得 $c_1=1/2$，$c_2=-1$，$c_3=1/2$，故

$$E(z)=\frac{1}{2}\cdot\frac{z}{z}-\frac{z}{z-1}+\frac{1}{2}\cdot\frac{z}{z-2}=\frac{1}{2}-\frac{z}{z-1}+\frac{1}{2}\cdot\frac{z}{z-2}$$

由 Z 变换表可得 $E(z)$ 的反变换为

$$e(k)=\frac{1}{2}\delta(k)-(1)^k+\frac{1}{2}(2)^k,k=0,1,2,\cdots$$

故可得 $e(k)$ 各个时刻的值为

$$e(0)=0,e(1)=0,e(2)=1,e(3)=3,e(4)=7,e(5)=15,\cdots$$

例 8-47 设有如图 8-90 所示系统，其采样周期为 T，试求采样系统的输出 $C(z)$ 的表达式。

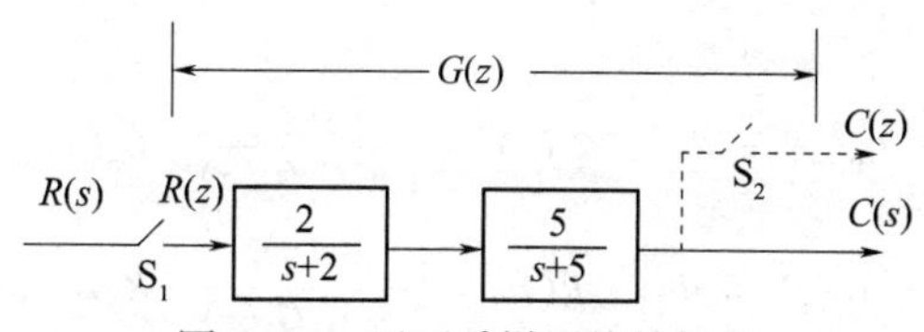

图 8-90　开环采样系统结构图

解：为了便于分析，在图 8-90 所示系统输出端虚设一理想采样开关 S_2 如图中虚线所示，它与输入采样开关 S_1 同步工作，具有相同的采样同期 T。这样在 S_1 和 S_2 两个采样开关之间可以定义脉冲传递函数 $G(z)$

$$G(z)=Z\left[\frac{2}{s+2}\cdot\frac{5}{s+5}\right]=Z\left[\frac{10/3}{s+2}-\frac{10/3}{s+5}\right]=$$

$$\frac{10}{3}\cdot\frac{z(\mathrm{e}^{-2T}-\mathrm{e}^{-5T})}{(z-\mathrm{e}^{-2T})(z-\mathrm{e}^{-5T})}$$

所以,采样系统的输出 $C(z)$ 为

$$C(z)=G(z)R(z)=\frac{10}{3}\cdot\frac{z(\mathrm{e}^{-2T}-\mathrm{e}^{-5T})}{(z-\mathrm{e}^{-2T})(z-\mathrm{e}^{-5T})}\cdot R(z)$$

例 8-48 设有如图 8-91 所示系统,且均采用单速同步采样,其采样周期为 T,试求采样系统的输出 $C(z)$ 的表达式。

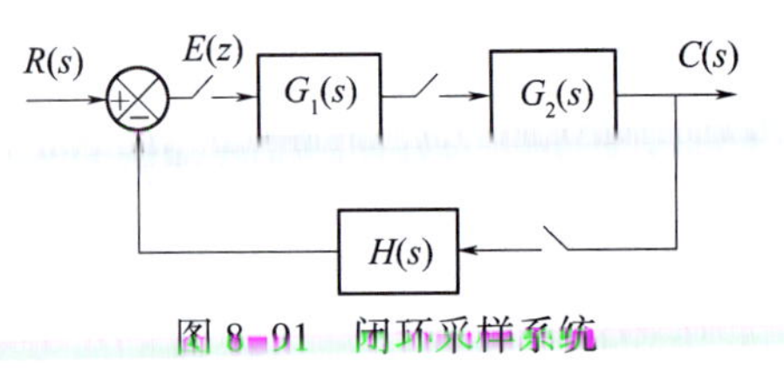

图 8-91 闭环采样系统

解:图 8-91 的前向通路有采样开关存在,故计算 $C(z)$ 是有定义的。根据结构图的一般结构,$C(z)$ 的计算可用以下公式表示为

$$C(z)=\frac{G_f(z)}{1+G_0(z)}$$

式中,$G_0(z)=G_1(z)G_2(z)H(z)$,$G_f(z)=G_1(z)G_2(z)R(z)$。

故所求该系统输出 $C(z)$ 的表示为

$$C(z)=\frac{G_1(z)G_2(z)R(z)}{1+G_1(z)G_2(z)H(z)}$$

例 8-49 设有图 8-92(a) 所示系统,且均采用单速同步采样,其采样周期为 T。试求采样系统的输出 $C(z)$ 的表达式。

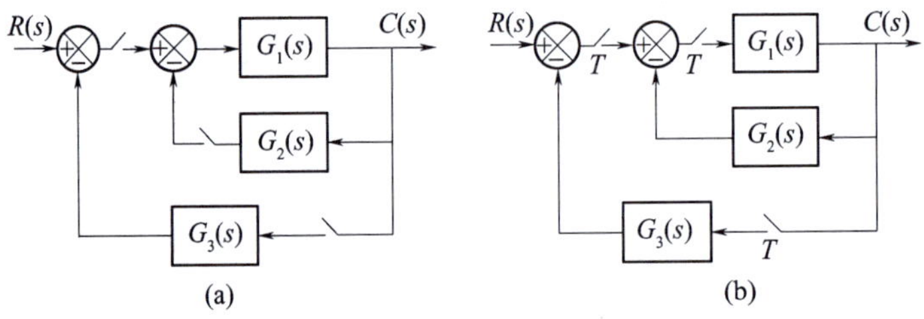

图 8-92 闭环采样系统

解:图 8-92(a) 所示的系统可等效为如图 8-92(b) 所示的形式。由图可以看出,在内回路和外回路的前向通路中均有采样开关存在,故计算 $C(z)$ 是有定义的。由图可求得内回路的闭环脉冲传递函数为

$$\Phi_1(z)=\frac{G_1(z)}{1+G_1G_2(z)}$$

由 $C(z)$ 的计算公式有

$$C(z)=\frac{G_f(z)}{1+G_0(z)}$$

式中

$$G_0(z)=\Phi_1(z)G_3(z)=\frac{G_1(z)}{1+G_1G_2(z)}\cdot G_3(z)$$

$$G_f(z)=\Phi_1(z)R(z)=\frac{G_1(z)}{1+G_1G_2(z)}\cdot R(z)$$

故所求系统输出 $C(z)$ 的表示式为

$$C(z)=\frac{G_f(z)}{1+G_0(z)}=\frac{G_1(z)R(z)}{1+G_1G_2(z)+G_1(z)G_3(z)}$$

例 8-50 设有如图 8-93 所示系统，且均采用单速同步采样，其采样周期为 T，试求采样系统的输出 $C(z)$ 的表示式。

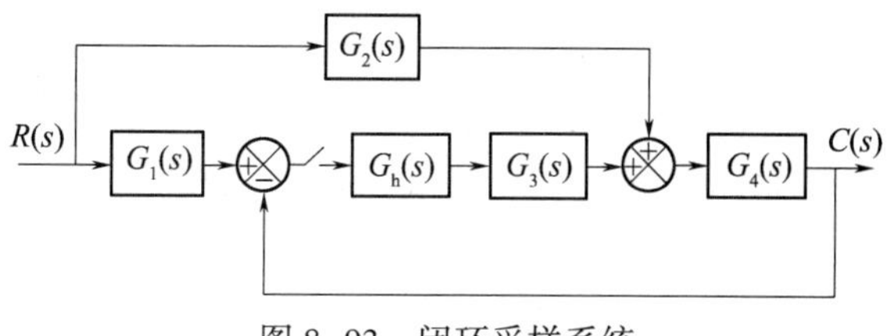

图 8-93 闭环采样系统

解：图 8-93 所示的闭环采样系统中有两条前向通路，在求 $G_f(z)$ 时需将这两条通路都考虑进去。由图可求得 $G_0(z)$ 和 $G_f(z)$ 分别为

$$G_0(z) = G_h G_3 G_4(z)$$

$$C_f(z) = RG_2G_4(z) + RG_1(z) \cdot G_h G_3 G_4(z)$$

故所求系统输出 $C(z)$ 的表示式为

$$C(z) = \frac{RG_2G_4(z) + RG_1(z)G_hG_3G_4(z)}{1 + G_hG_3G_4(z)}$$

例 8-51 图 8-94 所示系统的采样周期 $T=1\text{s}$，数字控制器 $D(z)$ 的控制规律为

$$e_2(k) = e_2(k-1) + e_1(k)$$

试确定系统稳定时的 k 值范围。

解：由于

$$e_2(k) = e_2(k-1) + e_1(k)$$

$$E_2(z) = z^{-1}E_2(z) + E_1(z)$$

则

$$D(z) = \frac{E_2(z)}{E_1(z)} = \frac{1}{1 - z^{-1}}$$

广义对象脉冲传递函数

$$G(z) = Z\left[\frac{(1 - \mathrm{e}^{-Ts})k}{s(s+1)}\right] = (1 - z^{-1})Z\left[\frac{k}{s(s+1)}\right] =$$

$$(1 - z^{-1})\left[\frac{(1 - \mathrm{e}^{-1})kz}{(z-1)(z - \mathrm{e}^{-1})}\right] = \frac{0.632k}{z - 0.368}$$

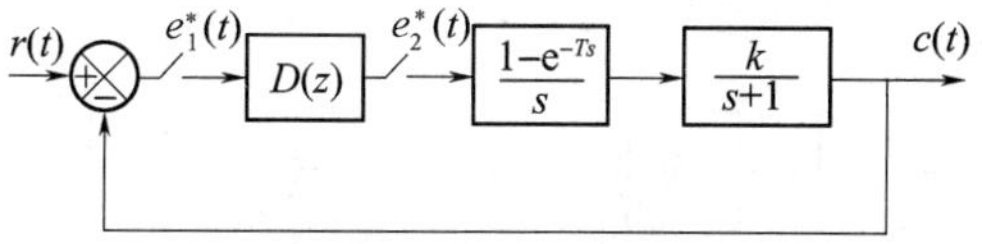

图 8-94 闭环采样系统

开环脉冲传递函数为

$$D(z)G(z) = \frac{1}{1 - z^{-1}} \cdot \frac{0.632k}{z - 0.368} = \frac{0.632kz}{(z-1)(z-0.368)}$$

闭环特征方程

$$1 + D(z)G(z) = z^2 + (0.632k - 1.368)z + 0.368 = 0$$

进行 W 变换，令 $z=\frac{1+w}{1-w}$，化简后得

$$(2.736 - 0.632k)w^2 + 1.264w + 0.632k = 0$$

列出劳斯表如下：

$$\begin{array}{c|cc} w^2 & 2.736-0.632k & 0.632k \\ w^1 & 1.264 & 0 \\ w^0 & 0.632k & \end{array}$$

若系统稳定,必须满足 $2.736-0.632k>0, k>0$。

即
$$0<k<4.329$$

例 8-52 已知系统结构图如图 8-95 所示,其中 $k=1, T=0.1\text{s}, r(t)=1(t)+t$。试用静态误差系数法计算系统的稳态误差。

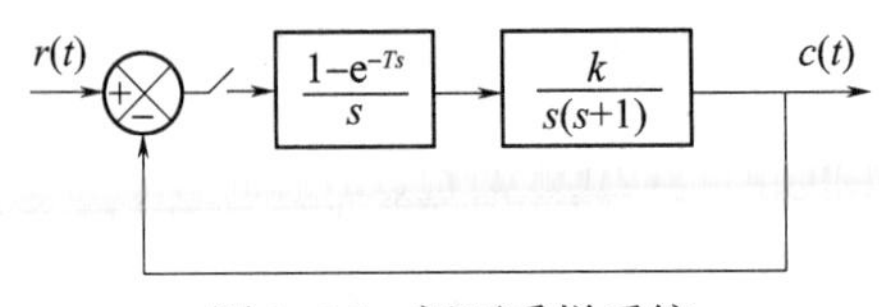

图 8-95 闭环采样系统

解:系统开环脉冲传递函数为

$$G(z)=Z\left[\frac{(1-e^{-Ts})k}{s^2(s+1)}\right]=(1-z^{-1})Z\left[\frac{k}{s^2(s+1)}\right]=$$

$$(1-z^{-1})\left[\frac{Tz}{(z-1)^2}-\frac{(1-e^{-T})z}{(z-1)(z-e^{-T})}\right]=\frac{0.005(z+0.9)}{(z-1)(z-0.905)}$$

位置误差系数

$$K_p=\lim_{z\to1}[1+G(z)]=\lim_{z\to1}\left[1+\frac{0.005(z+0.9)}{(z-1)(z-0.905)}\right]=\infty$$

速度误差系数

$$K_v=\frac{1}{T}\lim_{z\to1}(z-1)G(z)=\frac{1}{0.1}\lim_{z\to1}(z-1)\frac{0.005(z+0.9)}{(z-1)(z-0.905)}=1$$

故系统的稳态误差为

$$e(\infty)=\frac{1}{K_p}+\frac{1}{K_v}=1$$

例 8-53 已知系统结构图如图 8-96 所示,其中 $k=10, T=0.2\text{s}, r(t)=1(t)+t+\frac{1}{2}t^2$,试求系统的稳态误差。

解:由于微分反馈不影响系统的稳态性能,计算稳态误差可将两路连续反馈部分合并,系统结构图等效为图 8-97 所示。

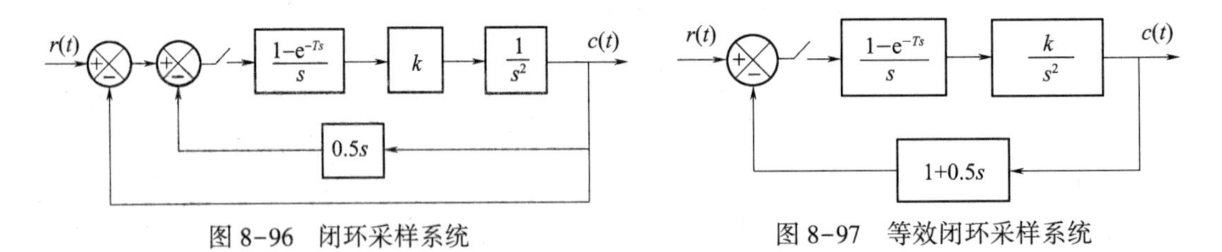

图 8-96 闭环采样系统　　图 8-97 等效闭环采样系统

系统的开环脉冲传递函数为

$$G(z)=Z\left[\frac{1-e^{-Ts}}{s}\cdot\frac{10(1+0.5s)}{s^2}\right]=(1-z^{-1})Z\left[\frac{10(1+0.5s)}{s^2}\right]=$$

$$10(1-z^{-1})Z\left[\frac{1}{s^3}+\frac{0.5}{s^2}+\frac{0}{s}\right]=(1-z^{-1})\left[\frac{5T^2(z+1)}{(z-1)^3}+\frac{5Tz}{(z-1)^2}\right]=\frac{1.2z-0.8}{(z-1)^2}$$

由于系统开环为 2 型系统,$K_p=K_v=\infty$。

加速度误差系数

$$K_a = \frac{1}{T^2}\lim_{z\to 1}(z-1)^2G(z) = \frac{1}{0.2^2}\lim_{z\to 1}(z-1)^2\frac{1.2z-0.8}{(z-1)^2} = 10$$

故系统的稳态误差为

$$e(\infty) = \frac{1}{K_p}+\frac{1}{K_v}+\frac{1}{K_a} = \frac{1}{10} = 0.1$$

例 8-54 已知具有纯延迟的采样系统的结构图如图 8-98 所示，其中采样周期 $T=0.25$s，当 $r(t)=2.1(t)+t$ 时，欲使稳态误差小于 0.1，试求 k 值。

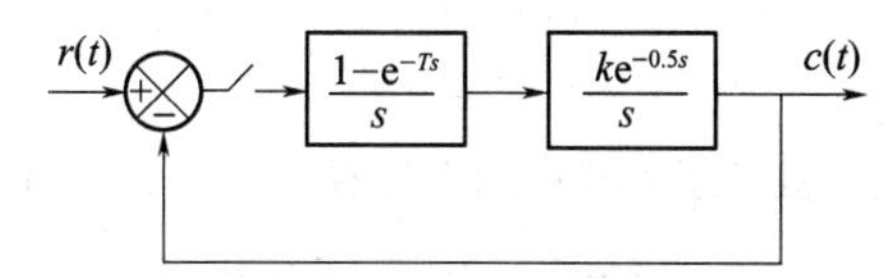

图 8-98 具有纯延迟的采样系统

解：系统的开环脉冲传递函数为

$$G(z) = Z\left[\frac{(1-e^{-Ts})ke^{-0.5s}}{s^2}\right] = (1-z^{-1})Z\left[\frac{ke^{-0.5s}}{s^2}\right]$$

由于 $T=0.25$，则 $2T=0.5$，故纯延迟 $e^{-0.5s}=e^{-2Ts}$。

于是

$$G(z) = (1-z^{-1})Z\left[\frac{ke^{-2Ts}}{s^2}\right] = (1-z^{-1})z^{-2}Z\left[\frac{k}{s^2}\right] =$$

$$\frac{kTz}{(z-1)^2}\cdot\frac{(z-1)}{z^3} = \frac{kTz^{-2}}{(z-1)}$$

由于系统开环为 1 型系统，则 $K_p=\infty$。

$$K_v = \frac{1}{T}\lim_{z\to 1}(z-1)G(z) = \frac{1}{0.25}\lim_{z\to 1}(z-1)\frac{kTz^{-2}}{(z-1)} = k$$

于是

$$e(\infty) = \frac{1}{K_p}+\frac{1}{K_v} = \frac{1}{k}$$

由题设要求 $e_{ss}<0.1$，则 $k>10$。

例 8-55 图 8-99 所示的采样控制系统，要求在 $r(t)=t$ 作用下的稳态误差 $e_{ss}=0.25T$，试确定放大系数 k 及系统稳定时 T 的取值范围。

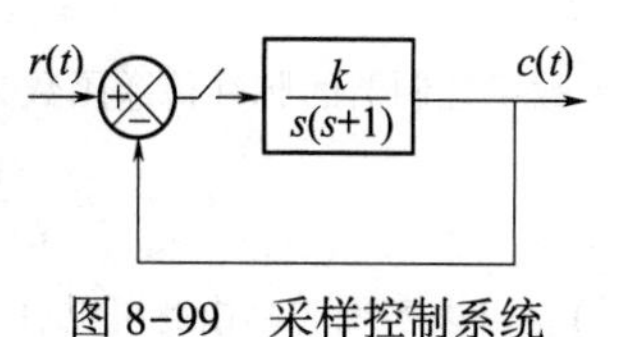

图 8-99 采样控制系统

解：求开环脉冲传递函数

$$G(z) = Z\left[\frac{k}{s(s+1)}\right] = kZ\left[\frac{1}{s}-\frac{1}{s+1}\right] =$$

$$k\left[\frac{z}{z-1}-\frac{z}{z-e^{-T}}\right] = \frac{kz(1-e^{-T})}{(z-1)(z-e^{-T})}$$

因为

$$E(z) = \frac{1}{1+G(z)}R(z) = \frac{(z-1)(z-e^{-T})}{(z-1)(z-e^{-T})+kz(1-e^{-T})}\cdot\frac{Tz}{(z-1)^2}$$

所以

$$e_{ss} = \lim_{z\to 1}(z-1)\cdot\frac{(z-1)(z-e^{-T})}{(z-1)(z-e^{-T})+kz(1-e^{-T})}\cdot\frac{Tz}{(z-1)^2} = \frac{T}{k} = 0.25T$$

由上式求得 $k=4$。

该系统的特征方程为

$$1+G(z) = (z-1)(z-e^{-T})+4z(1-e^{-T}) = 0$$

即

$$z^2+(3-5e^{-T})z+e^{-T}=0$$

令 $z=\dfrac{1+w}{1-w}$,代入上式得

$$4(1-e^{-T})w^2+2(1-e^{-T})w+6e^{-T}-2=0$$

写劳斯表

$$\begin{array}{c|cc} w^2 & 4(1-e^{-T}) & 6e^{-T}-2 \\ w^1 & 2(1-e^{-T}) & 0 \\ w^0 & 6e^{-T}-2 & \end{array}$$

系统若要稳定,则劳斯表的第一列系数必须全部为正值,即有

$$1-e^{-T}>0,\quad T>0$$

$$6e^{-T}-2>0,\quad T<\ln 3$$

由此得出 $0<T<\ln 3$ 时,该系统是稳定的。

例 8-56 对于图 8-100 所示的采样控制系统,若 $r(t)=1(t)$,试按最少拍响应设计数字控制器 $D(z)$。

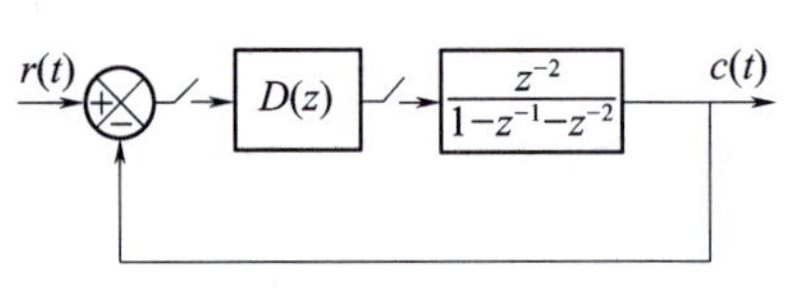

图 8-100 最少拍采样控制系统

解:由于 $G(z)=\dfrac{z^{-2}}{1-z^{-1}-z^{-2}}=\dfrac{1}{z^2-z-1}$

控制对象的分母与分子阶次差为 $n-m=2$,尽管输入是阶跃函数,但为了保证数字控制器是可实现的,不能选择系统的闭环脉冲传递函数为

$$\Phi(z)=z^{-1},\Phi_e(z)=1-z^{-1}$$

试选

$$\Phi(z)=z^{-2}k,\Phi_e(z)=(1-z^{-1})(1+az^{-1})$$

根据关系式

$$\Phi_e(z)=1-\Phi(z)=1-z^{-2}k=1+(a-1)z^{-1}-az^{-2}$$

比较系数可得 $a=1,k=1$,则

$$\Phi(z)=z^2$$

$$\Phi_e(z)=(1-z^{-1})(1+z^{-1})=1-z^{-2}$$

于是数字控制器的脉冲传递函数为

$$D(z)=\frac{1}{G(z)}\cdot\frac{\Phi(z)}{\Phi_e(z)}=\frac{(1-z^{-1}-z^{-2})\cdot z^{-2}}{z^{-2}(1-z^{-2})}=\frac{1-z^{-1}-z^{-2}}{1-z^{-2}}$$

$D(z)$是可以实现的。由此可见,由于 $G(z)$ 的特点,为了保证数字控制器 $D(z)$ 可以实现,对于阶跃输入系统过渡过程的最少拍数将增到两拍。

例 8-57 一数字控制系统如图 8-101(a)所示。试设计一数字控制器 $D(z)$,使系统在单位阶跃输入下,其输出量 $c(kT)$ 能满足图 8-101(b)的要求,并绘制出 $e_1^*(kT)$,$e_2^*(kT)$ 和 $m(t)$ 的波形图。

解:因为 $$C(z)=z^{-3}+z^{-4}+z^{-5}+\cdots=\frac{z^{-3}}{1-z^{-1}}$$

$$R(z)=\frac{1}{1-z^{-1}}$$

所以闭环脉冲传递函数为 $$\Phi(z)=\frac{C(z)}{R(z)}=z^{-3}$$

令 $$G(z)=Z\left[\frac{(1-e^{-Ts})e^{-2Ts}}{s(s+1)}\right]=(1-z^{-1})z^{-2}Z\left[\frac{1}{s}-\frac{1}{(s+1)}\right]=$$

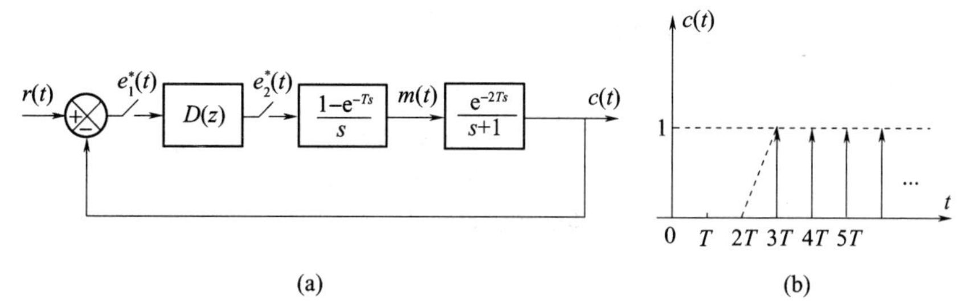

图 8-101 数字控制系统

(a) 系统结构图;(b) 输出波形。

$$(1-z^{-1})z^{2}\left[\frac{1}{1-z^{-1}}-\frac{1}{1-e^{-T}z^{-1}}\right]=\frac{z^{-3}(1-e^{-T})}{(1-e^{-T}z^{-1})}$$

由于

$$\Phi(z)=\frac{D(z)G(z)}{1+D(z)G(z)}$$

由上式求得

$$D(z)=\frac{\Phi(z)}{G(z)[1-\Phi(z)]}=\frac{1-e^{-T}z^{-1}}{(1-e^{-T})(1-z^{-3})}$$

因为

$$e_1(t)=r(t)-c(t)$$

所以

$$e_1^*(t)=r^*(t)-c^*(t)=\delta(t)+\delta(t-T)+\delta(t-2T)$$

即

$$E_1(z)=1+z^{-1}+z^{-2}$$

而

$$E_2(z)=E_1(z)D(z)=\frac{(1+z^{-1}+z^{-2})(1-e^{-T}z^{-1})}{(1-e^{-T})(1-z^{-3})}=\frac{1}{1-e^{-T}}+z^{-1}+z^{-2}+z^{-3}+\cdots$$

对上式取 Z 反变换得

$$e_2^*(t)=\frac{1}{1-e^{-T}}\delta(t)+\delta(t-T)+\delta(t-2T)+\delta(t-3T)+\cdots$$

根据零阶保持器的性质,由 $e_2^*(t)$ 的波形画出 $m(t)$ 的波形,如图 8-102 所示。

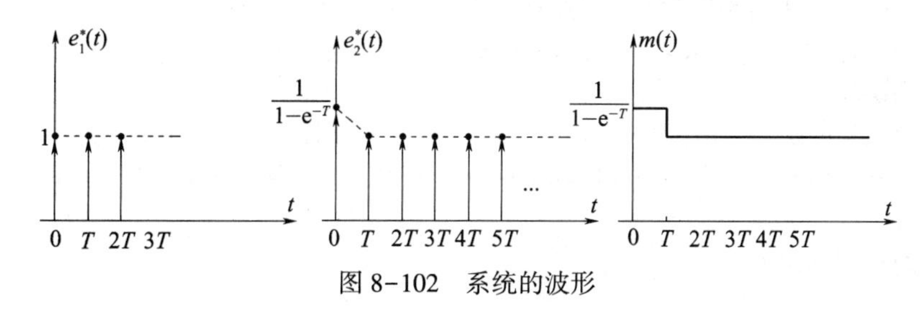

图 8-102 系统的波形

例 8-58 设离散系统的结构图如图 8-103 所示,其中 $T=1\text{s}$,$r(t)=1(t)+2t$,试按无静差最少拍系统设计数字控制器。

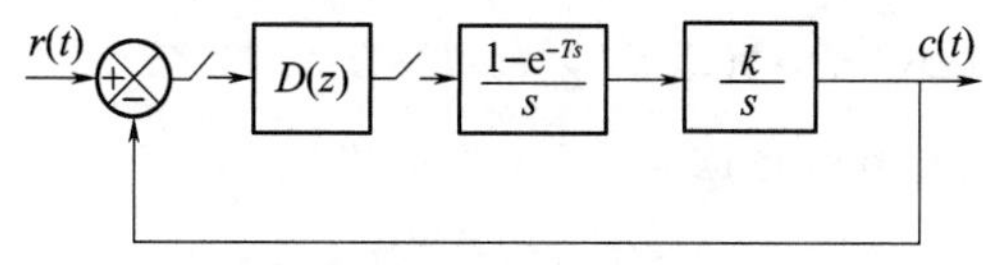

图 8-103 闭环离散系统

解:因为 $r(t)=1(t)+2t$

$$R(z)=\frac{z}{z-1}+\frac{2Tz}{(z-1)^2}$$

要使系统无静差,无差型号为 2 型,故取 $r=2$。

广义对象脉冲传递函数

$$G(z)=Z\left[\frac{1-\mathrm{e}^{-Ts}}{s}\cdot\frac{k}{s}\right]=(1-z^{-1})Z\left[\frac{k}{s^2}\right]=(1-z^{-1})\cdot\frac{kTz}{(z-1)^2}=\frac{k}{(z-1)}$$

选取
$$\Phi_{\mathrm{e}}(z)=(1-z^{-1})^2$$

则
$$\Phi(z)=1-\Phi_{\mathrm{e}}(z)=2z^{-1}-z^{-2}$$

故得
$$D(z)=\frac{\Phi(z)}{G(z)\Phi_{\mathrm{e}}(z)}=\frac{1}{k}\cdot\frac{2-z^{-1}}{1-z^{-1}}$$

学习指导与小结

离散控制系统的理论是设计数学控制器和计算机控制系统的基础。本章主要介绍了分析离散控制系统的数学基础、离散控制系统的性能分析以及数字控制器的设计方法。离散时间系统与连续时间系统在数学分析工具、稳定性、动态特性、静态特性、校正与综合方面都具有一定的联系和区别。许多结论都具有相类同的形式，在学习时要注意对照和比较，特别要注意它们不同的地方。

1. 基本要求

(1) 正确理解连续信号的采样与复现这一离散系统中至关重要的问题。对采样器和保持器的工作原理、数学描述、采样信号的频谱分析、采样定理等重要概念，要熟练掌握。

(2) 掌握处理离散系统的基本数学工具 Z 变换，熟练掌握 Z 变换的定义及主要性质，特别是超前和滞后定理、终值定理以及卷积和公式。要学会使用 Z 变换表。

(3) 了解离散系统的基本数学模型——差分方程。对差分方程的建立方法、差分方程的解法、方程解的基本结构及自由运动模态等概念要正确理解，熟练掌握 Z 变换法解差分方程的方法，并对解的暂态分量与特征根的关系有清楚的理解。

(4) 掌握离散系统脉冲传递函数的定义及求法，能熟练地求出典型离散系统的闭环脉冲传递函数。对一些常见的离散系统框图应能推导出输出 Z 变换表达式。

(5) 掌握 s 平面与 z 平面的对应关系，对离散系统的稳定性判据、W 变换法及传递系数 k 和采样周期 T 等参数对稳定性的影响这些基本概念能熟练掌握。能对离散系统的动态性能作一般分析，能够根据系统结构特点分析其静态误差。

(6) 掌握离散系统数字控制器的直接数字设计方法。重点掌握具有无穷大稳定度的最少拍系统的设计方法。对典型输入信号作用下，利用零极点配置原理，设计无稳态误差的最少拍系统的方法，能够熟练应用。

2. 内容提要及归纳小结

1) 基本概念

(1) 采样过程——了解采样器的工作过程及数学分析方法。

能够牢记：

采样信号 $e^*(t)$ 的数学表达式 $\quad e^*(t)=\sum_{k=0}^{\infty}e(kT)\delta(t-kT)$

理想采样脉冲序列的波形(见图 8-15)

采样信号的拉普拉斯变换式(称为离散拉普拉斯变换)
$$\begin{cases}E^*(s)=\sum_{k=0}^{\infty}e(kT)\mathrm{e}^{-kTs}\\ E^*(s)=\frac{1}{T}\sum_{k=-\infty}^{\infty}E(s-\mathrm{j}k\omega_{\mathrm{s}})\end{cases}$$

采样信号的频谱 $\quad E^*(\mathrm{j}\omega)=\frac{1}{T}\sum_{k=-\infty}^{\infty}E(\mathrm{j}\omega-\mathrm{j}k\omega_{\mathrm{s}})$

注意:连续信号经采样后,频谱产生周期性延拓。

(2) 信号恢复——了解零阶保持器的工作原理及数学分析方法。

重点掌握:

零阶保持器的输出表达式 $\begin{cases} e_{\mathrm{h}}(t) = \sum\limits_{k=0}^{\infty} e(kT)[1(t-kT) - 1(t-kT-T)] \\ E_{\mathrm{h}}(s) = \sum\limits_{k=0}^{\infty} e(kT)\mathrm{e}^{-kTs} \cdot \left(\dfrac{1-\mathrm{e}^{-Ts}}{s}\right) \end{cases}$

零阶保持器的输出波形(见图 8-26)

零阶保持器的传递函数 $G_{\mathrm{h}}(s) = \dfrac{1-\mathrm{e}^{-Ts}}{s}$

零阶保持器的频率特性 $G_{\mathrm{h}}(\mathrm{j}\omega) = T\dfrac{\sin\dfrac{\omega T}{2}}{\dfrac{\omega T}{2}}\mathrm{e}^{-\mathrm{j}\frac{\omega T}{2}}$

注意:零阶保持器具有低通滤波特性,产生相位滞后。

(3) 采样定理——了解不失真地复现连续信号的必要条件。

掌握对被采样的连续信号确定截止频率 $\omega_{\max}$ 的方法,利用采样定理定出采样器的最低采样频率 $\omega_{\mathrm{s}} \geqslant 2\omega_{\max}$。

(4) Z 变换——对离散的拉普拉斯变换的变量置换。

Z 变换的定义: $z = \mathrm{e}^{Ts}$

Z 变换的求法: $\begin{cases} \text{级数求和法} \quad E(z) = \sum\limits_{k=0}^{\infty} e(kT)z^{-k} \\ \text{部分分式法} \quad E(s) = \sum\limits_{i=1}^{n} \dfrac{A_i}{s+p_i}, E(z) = \sum\limits_{i=1}^{n} A_i \dfrac{z}{z-\mathrm{e}^{-p_iT}} \end{cases}$

注意:部分分式法主要利用查 Z 变换表,常用的几个公式应该记牢:

$$\delta(t), \delta(t-kT), 1(t), t, \frac{1}{2}t^2, \mathrm{e}^{-at}, a^k$$

Z 变换的基本定理:

重要定理: $\begin{cases} \text{实数平移滞后定理} \quad Z[e(t-nT)] = z^{-n}E(z) \\ \text{实数平移超前定理} \quad Z[e(t+nT)] = z^n\left[E(z) - \sum\limits_{k=0}^{n-1} e(kT)z^{-k}\right] \\ \text{终值定理} \quad e(\infty) = \lim\limits_{z\to 1}(z-1)E(z) \end{cases}$

Z 反变换:

主要方法: $\begin{cases} \text{幂级数法} \quad E(z) = \sum\limits_{k=0}^{\infty} C_k z^{-k}, e^*(t) = \sum\limits_{k=0}^{\infty} C_k\delta(t-kT) \\ \text{部分分式法} \quad \dfrac{E(z)}{z} = \sum\limits_{i=1}^{n} \dfrac{A_i}{z-z_i}, e(kT) = \sum\limits_{i=1}^{n} A_i z_i^k \end{cases}$

2) 数学模型

(1) 差分方程。

差分方程的建立:掌握由闭环脉冲传递函数转换成差分方程的方法,即

$$\frac{C(z)}{R(z)} = \frac{P(z)}{Q(z)} \Rightarrow Q(z)C(z) = P(z)R(z)$$

将上式用超前或滞后定理导出差分方程。

差分方程求解:迭代法、Z 变换法。

(2) 脉冲传递函数。

定义：

$$G(z)=\frac{C(z)}{R(z)}\begin{cases}\text{线性定常系统}\\ \text{零初始条件}\\ \text{指定输入与输出}\end{cases}$$

求法：

$$\begin{cases}\text{由差分方程}\xrightarrow{Z\text{ 变换}}G(z)\\ \text{由结构图}\xrightarrow{\text{递推}}G(z)\quad\text{注意采样器位置}\end{cases}$$

3) 系统分析

(1) 稳定性分析。

$$\text{特征方程 }1+G(z)=0\begin{cases}\text{解出特征根均在 }z\text{ 平面单位圆内即稳定}\\ W\text{ 变换 }z=\dfrac{1+w}{1-w}\text{,代数判据特征根均在 }w\text{ 平面左半部即稳定}\end{cases}$$

(2) 暂态质量。

极点分析：闭环极点位置决定响应分量的暂态过程，见图 8-63。

$$\text{响应分析：}\begin{cases}C(z)=\Phi(z)R(z)\text{ 用长除法展开为 }C(z)=\sum\limits_{k=0}^{\infty}c(kT)z^{-k}\\ \text{根据 }c(kT)\text{ 的值求出 }\sigma_p\%,t_r,t_p,t_s\end{cases}$$

(3) 稳态误差。

基本公式：

$$e(\infty)=\lim_{z\to1}(z-1)E(z)=\lim_{z\to1}(z-1)\frac{1}{1+G(z)}R(z)$$

稳态误差系数：与典型输入信号相对应

$$K_p=\lim_{z\to1}[1+G(z)]$$

$$K_v=\frac{1}{T}\lim_{z\to1}(z-1)G(z)$$

$$K_a=\frac{1}{T^2}\lim_{z\to1}(z-1)^2G(z)$$

无差型号的意义：按 $G(z)$ 中含有 $z=1$ 的极点数分型号。

典型输入下的稳态误差：

$$e_{ss}=\begin{cases}\dfrac{1}{K_p}=\begin{cases}1/(1+K) & N=0\\ 0 & N\geqslant1\end{cases}\\ \dfrac{1}{K_v}=\begin{cases}\infty & N=0\\ T/K & N=1\\ 0 & N\geqslant2\end{cases}\\ \dfrac{1}{K_a}=\begin{cases}\infty & N=0,1\\ T^2/K & N=2\\ 0 & N\geqslant3\end{cases}\end{cases}$$

4) 系统校正综合

(1) 校正装置的确定(见图 8-73)　　$D(z)=\dfrac{\Phi(z)}{G(z)\Phi_e(z)}$

其中，$G(z)$ 是不变部分，$\Phi(z)$ 按性能指标确定；

$D(z)$ 的可实现性——极点均在 z 平面单位圆内且极点数不少于零点数。

(2) 最少拍系统。

定义：具有无穷大稳定度的系统——极点均在 z 平面原点。

闭环脉冲传递函数为 z^{-1} 的有限项多项式

$$\Phi(z)=\frac{P(z)}{z^r}=\beta_0+\beta_1 z^{-1}+\cdots+\beta_r z^{-r}$$

对 $\Phi(z)$ 的约束条件：$\begin{cases}P(z)\text{包含}G(z)\text{的不稳定零点}\\ \Phi_e(z)=1-\Phi(z)\text{零点中包含}G(z)\text{不稳定极点}\end{cases}$

$D(z)$ 的可实现条件：

$$D(z)=\frac{1}{G(z)}\cdot\frac{P(z)}{z^r-P(z)}\to r\geqslant n-m+l$$

式中，l 和 r 分别为 $\Phi(z)$ 分子和分母多项式的幂次。

(3) 无静差最少拍系统。

适用条件：$\begin{cases}G(z)\text{稳定且阶次差 }n-m\leqslant 1\\ \text{典型输入信号 }R(z)=\dfrac{A(z)}{(1-z^{-1})r}\end{cases}$

闭环脉冲传递函数

$$\Phi_e(z)=(1-z^{-1})^r$$

$$\Phi(z)=1-\Phi_e(z)=\frac{z^r-(z-1)^r}{z^r}=\frac{P(z)}{z^r}$$

式中，$P(z)$ 为 $(r-1)$ 阶多项式，即 $l=r-1$。

$D(z)$ 的可实现条件：$r-l\geqslant n-m$

$$D(z)=\frac{z^r-(z-1)^r}{G(z)\ (z-1)^r}$$

校正后系统的开环脉冲传递函数

$$D(z)G(z)=\frac{z^r-(z-1)^r}{(z-1)^r}$$

式中，r 为无差型号，与输入函数相对应，也是过渡过程节拍数，设计结果列于表 8-3，可在设计中直接查用。

(4) 无波纹无静差最少拍系统。

无穷大稳定度推广到 $D(z)$ 输出（适用条件同(3)）

$$\frac{E_1(z)}{R(z)}=\Phi_D(z)=\frac{B(z)}{z^{r+m}}=d_0+d_1 z^{-1}+\cdots+d_{r+m}z^{-(r+m)}$$

对 $\Phi(z)$ 的附加约束

$\Phi(z)=\dfrac{P_1(z)}{z^{r+m}}$，$P_1(z)$ 包含 $G(z)$ 的全部 m 个零点，过渡过程延长 m 拍

$\Phi_e(z)=1-\Phi(z)$ 与 $\Phi(z)$ 同阶次

闭环脉冲传递函数的确定

$$\Phi(z)=z^{-q}\prod_{i=1}^{m}(1-z_i z^{-1})P_1(z)$$

$$\Phi_e(z)=(1-z^{-1})^r F_1(z)$$

式中

$$P_1(z)=p_0+p_1 z^{-1}+\cdots+p_{r-q}z^{-(r-q)}$$

$$F_1(z)=1+az^{-1}+bz^{-2}+\cdots$$

(5) 存在问题。最少拍系统是针对典型输入信号设计的，对其他信号（包括扰动信号）的适应性较差，另外，对系统参数的变化也同样敏感，达不到最佳效果。

习　题

8-1　已知采样器的采样周期为 T 秒，连续信号为

(1) $e(t)=te^{-at}$；　　(2) $e(t)=e^{-at}\sin\omega t$；　　(3) $e(t)=t\cos\omega t$。

求采样后的输出信号 $e^*(t)$ 及其拉普拉斯变换 $E^*(s)$。

8-2　求下列函数的 Z 变换：

(1) $e(kT)=1-e^{-akT}$；　　(2) $e(kT)=e^{-akT}\cos bkT$；

(3) $e(t)=t^2e^{-3t}$；　　(4) $e(t)=t\sin\omega t$；

(5) $G(s)=\dfrac{1}{s(s+3)^2}$；　　(6) $G(s)=\dfrac{1}{s(s+1)(s+2)}$；

(7) $G(s)=\dfrac{s+1}{s^2}$；　　(8) $G(s)=\dfrac{(a-b)^2+\omega^2}{(s+b)[(s+a)^2+\omega^2]}$。

8-3　求下列 $E(z)$ 的原函数：

(1) $E(z)=\dfrac{[illegible]}{(z-1)(z+0.5)^2}$；　　(2) $E(z)=\dfrac{[illegible]}{(ze-1)^3}$；

(3) $E(z)=\dfrac{10z(z+1)}{(z-1)(z^2+z+1)}$；　　(4) $E(z)=\dfrac{z}{(z+1)(3z^2+1)}$。

8-4　试求题图(a),(b)所示的采样系统输出的 Z 变换 $C(z)$，采样器是同步的，采样周期 $T=1\mathrm{s}$。

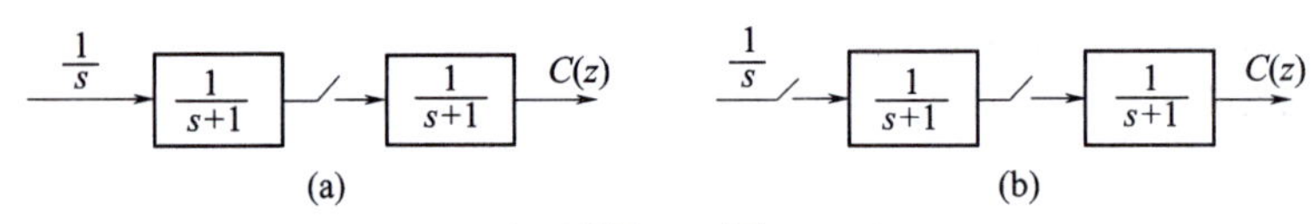

习题 8-4 图

8-5　题图所示的是具有零阶保持器的采样系统。

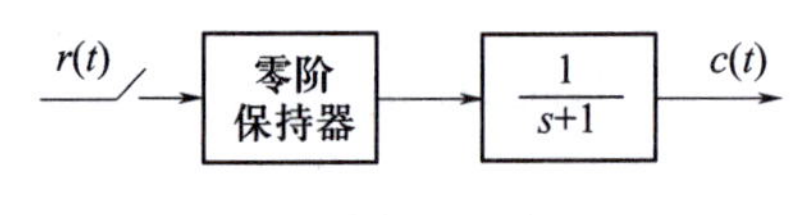

习题 8-5 图

(1) 系统的脉冲传递函数 $G(z)=C(z)/R(z)$；

(2) 当输入 $r(t)=1(t)$ 时，分别计算采样周期 $T=1\mathrm{s}$、$T=0.3\mathrm{s}$、$T=0.6\mathrm{s}$ 时，系统在采样时刻的输出。画出图形，并比较结果，对比较结果进行分析，看能说明什么问题。

8-6　试求题图所示系统的输出 z 变换 $C(z)$。所有采样器是同步的。

8-7　试求题图所示采样系统的脉冲传递函数 $G(z)=\dfrac{C(z)}{R(z)}$。

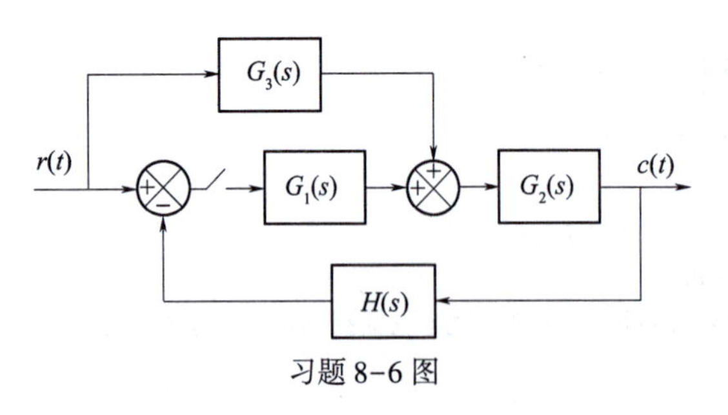

习题 8-6 图

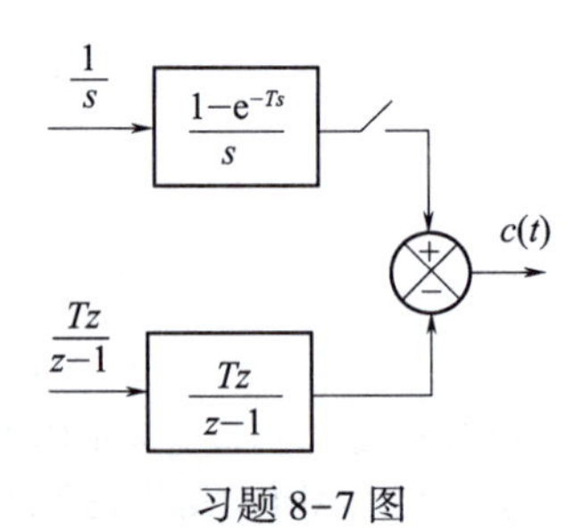

习题 8-7 图

8-8　试用 Z 变换法求解差分方程：

(1) $c(k+2)+4c(k+1)+3c(k)=2k$，$c(0)=c(1)=0$；

(2) $c(k+3)+6c(k+2)+11c(k+1)+6c(k)=0$，$c(0)=c(1)=1$，$c(2)=0$；

(3) $c(k+2)+5c(k+1)+6c(k)=\cos\dfrac{k\pi}{2}$，$c(0)=c(1)=0$。

8-9 已知采样系统如题图所示，采样周期 $T=0.5\mathrm{s}$。

(1) 判别系统的稳定性；

(2) 求系统的误差系数；

(3) 求系统的单位阶跃响应。

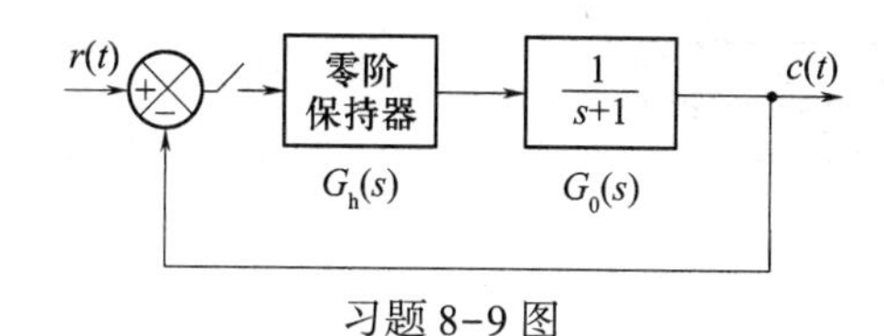

习题 8-9 图

8-10 用 Z 变换法求解差分方程：

$$c^*(t+2T)-6c^*(t+T)+8c^*(t)=r^*(t) \qquad (c^*(t)=0,t\leqslant 0)$$

(1) $r(t)=\delta(t)$ 时；

(2) $r(t)=1(t)$ 时。

T 为采样周期。要求结果以 $c(nT)$ 表示。

8-11 已知采样系统如题图所示。试问：

(1) 系统是否稳定？并证明之。

(2) 如何改善系统的稳定性能？

8-12 已知具有可变开环增益 k 的采样系统如题图所示，设采样周期 $T=1\mathrm{s}$。要求：

(1) 确定使系统稳定的 k 值范围；

(2) 说明 T 减小时，对使系统稳定的 k 值范围有何影响？

习题 8-11 图　　　　习题 8-12 图

8-13 设采样系统的结构图如题图所示。

(1) 求系统在参考输入 $r(t)$ 和扰动输入 $n(t)$ 作用下的总输出响应 $C(z)$；

(2) 若要求系统输出能充分反映参考输入，而尽可能少受扰动的影响，则在理论上对 $D_1(z)$，$D_2(z)$ 有何要求？

(3) 求 $Z\left[\frac{1-\mathrm{e}^{-Ts}}{s}\cdot G_1(s)G_2(s)\right]$，式中 $G_1(s)=\frac{\mathrm{e}^{-0.2s}}{s+1}$，$G_2(s)=\frac{1}{s}$，采样周期 $T=1\mathrm{s}$。

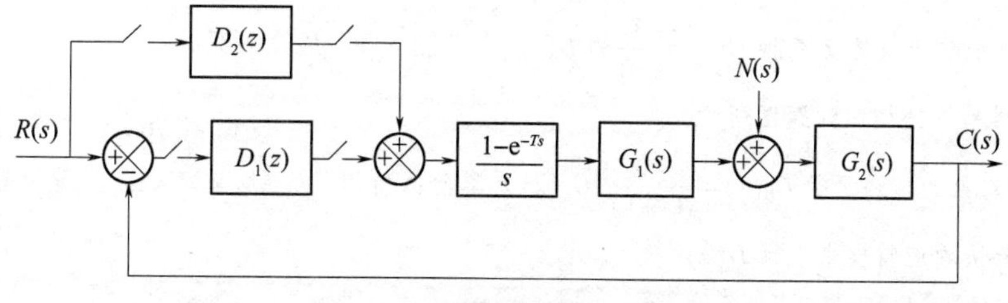

习题 8-13 图

8-14 采样系统的结构图如题图所示。

(1) 若采样周期 $T=1\mathrm{s}$，试求系统临界放大系数 k；

(2) 若采样周期 $T=1\mathrm{s}$，输入作用 $r(t)=t$，试证系统稳态误差值为 $\frac{1}{k}$（注：$\mathrm{e}^{-1}=0.368$）。

8-15 采样系统结构图如题图所示。

(1) 输入 $r(t)=2+t$,欲使稳态误差小于 0.1,试选择 k 值;

(2) 输入 $r(t)=1(t)$,求系统过渡过程单调、振荡衰减和发散时,各允许的 k 值范围。

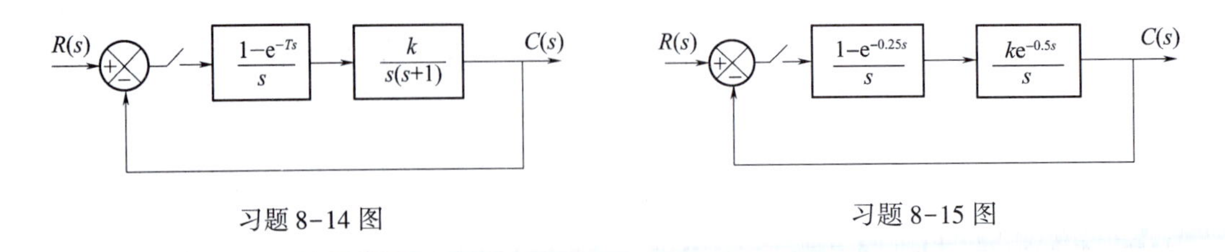

习题 8-14 图　　　习题 8-15 图

8-16 采样系统结构图如题图所示,采样周期 $T=0.1\text{s}$。

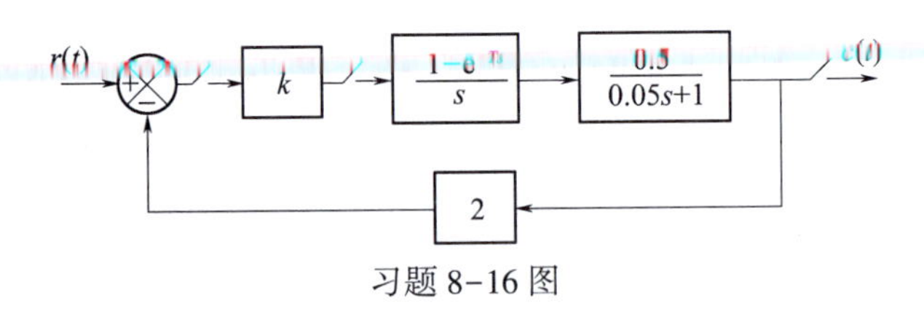

习题 8-16 图

(1) 求出系统的闭环脉冲传递函数 $C(z)/R(z)$;

(2) 确定使系统稳定的 k 值范围。当 $k=1$ 时,求出系统在单位阶跃[$r(t)=1(t)$]作用下 $c(t)$ 的稳态值。

8-17 采样系统的结构图如题图所示,图中采样周期 $T=0.1\text{s}$。试确定在输入信号 $r(t)=t$ 作用下系统稳态误差 $e(\infty)=0.05$ 时的 k 值。

8-18 采样系统结构图如题图所示,设采样周期 $T=1\text{s}$,$r(t)=1(t)$。

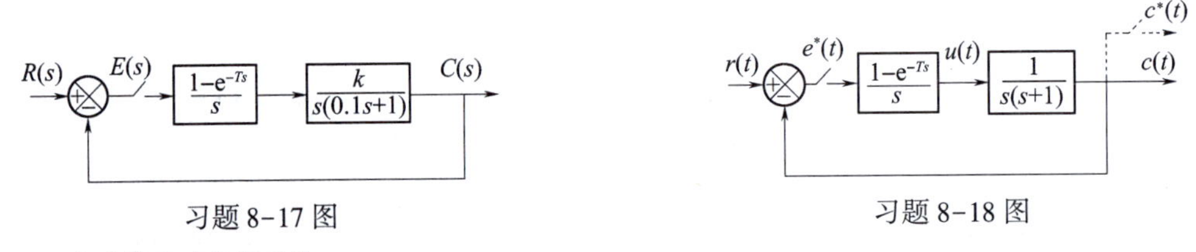

习题 8-17 图　　　习题 8-18 图

(1) 求系统脉冲传递函数;

(2) 求系统的输出响应 $c^*(t)$(算至 $n=5$);

(3) 画出 $c^*(t)$,$e^*(t)$ 及 $u(t)$ 的响应曲线。

8-19 采样系统的结构图如题图所示,已知 $r(t)=1(t)$,$T=1\text{s}$。

试计算使系统输出量的 Z 变换 $C(z)=\dfrac{1}{z-1}$ 的 $D(z)$,并作出 $c^*(t)$ 的波形图。

8-20 采样系统结构图如题图所示。

已知:被控对象的传递函数 $G_0(s)=\dfrac{10}{s(s+1)}$,$G_h(s)$ 是零阶保持器,采样周期 $T=1\text{s}$,当单位斜坡输入时,试按使系统具有最快响应特性来设计 $D(z)$。

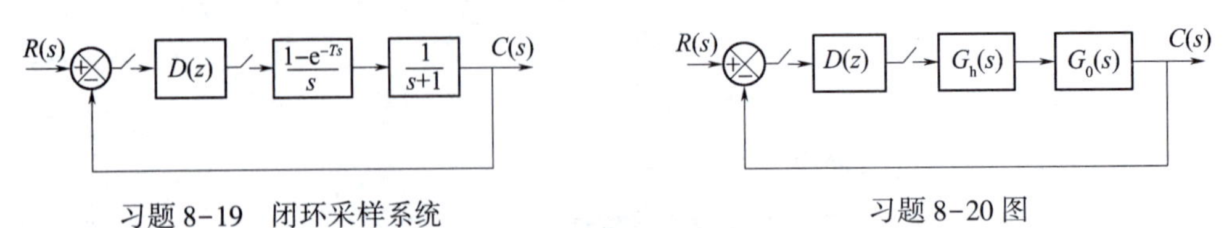

习题 8-19　闭环采样系统　　　习题 8-20 图

8-21 采样系统的结构图如题图所示。

(1) 求系统闭环脉冲传递函数$\dfrac{C(z)}{R(z)}$;

(2) 当初始条件为零,输入量 $r(t)$ 为单位阶跃函数时,求系统的输出 $c(k)$,$k=0,1,2,3$,并画出波形图;

(3) 判别系统的稳定性。

8-22 采样系统的结构图如题图所示,两采样器同步采样,采样周期 $T=1\text{s}$,并假设满足香农(Shannon)采样定理。

(1) 求采样系统的误差脉冲传递函数 $E(z)/R(z)$;

(2) 判别系统的稳定性;

(3) 当 $r(t)=10\times1(t)$ 时,求系统的稳态误差;

(4) 当 $r(t)=10\times1(t)$ 时,求系统误差采样信号 $e^*(t)$ 在前 4 个采样时刻的值 $e(kT)$,$k=0,1,2,3$,并画出它的波形。

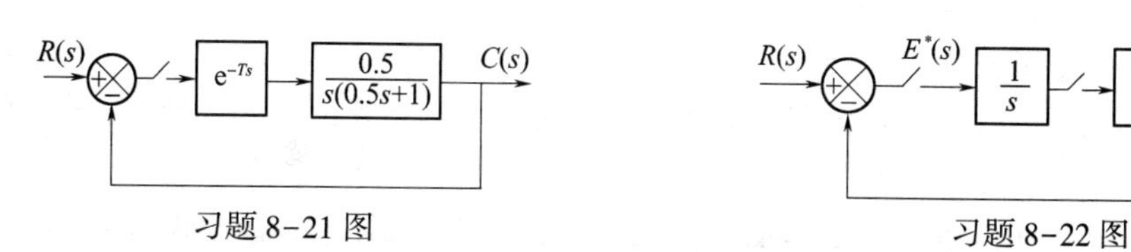

习题 8-21 图　　　　习题 8-22 图

第9章 控制系统的MATLAB仿真与模拟实验

9.1 MATLAB 简介

MATLAB 是 Mathworks 公司开发的一种集数值计算、符号计算和图形可视化三大基本功能于一体的功能强大、操作简单的优秀工程计算应用软件，是当今国际上科学界(尤其是自动控制领域)最具影响力、最有活力的软件。MATLAB 不仅可以处理代数问题和数值分析问题，而且还具有强大的图形处理及仿真模拟等功能。它灵活的程序设计流程、与其他程序和语言良好的接口功能，能够很好地帮助工程师及科学家解决实际的技术问题，在各国高校与研究单位起着重大的作用。

MATLAB 的含义是矩阵实验室(Matrix Laboratory)，最初主要用于方便矩阵的存取，其基本元素是无需定义维数的矩阵。经过十几年的扩充和完善，现已发展成为包含大量实用工具箱(Toolbox)的综合应用软件。MATLAB 最重要的特点是易于扩展。它允许用户自行建立完成指定功能的扩展 MATLAB 函数(称为 M 文件)，从而构成适合于其他领域的工具箱，大大扩展了 MATLAB 的应用范围。目前，MATLAB 已成为国际控制界最流行的软件，控制界很多学者将自己擅长的 CAD 方法用 MATLAB 加以实现，出现了大量的 MATLAB 配套工具箱，如控制系统工具箱(control systems toolbox)、系统识别工具箱(system identification toolbox)、鲁棒控制工具箱(robust control toolbox)、信号处理工具箱(signal processing toolbox)以及仿真环境 SIMULINK 等。如在命令窗口(matlab command window)键入 simulink，就出现 Simulink 窗口，以往十分困难的系统仿真问题，用 SIMULINK 只需拖动鼠标即可轻而易举地解决，这也是 MATLAB 受到重视的原因所在。

MATLAB 当前推出的最新版本是 7.0 版(R14)，为各个领域的用户定制了众多的工具箱，7.0 版的工具箱已达到了 30 多个，在安装时有灵活的选择，不需要一次把所有的工具箱全部安装，适合具有不同专业研究方向及工程应用需求的用户使用。

9.1.1 MATLAB 的安装

本节将讨论在 Microsoft Windows 环境下安装 MATLAB 7.0 的过程。

将 MATLAB 7.0 的安装盘放入光驱，系统将自动运行 auto-run.bat 文件，进行安装；也可以执行安装盘内的 setup.exe 文件启动 MATLAB 的安装程序。启动安装程序后，屏幕将显示 MATLAB 的安装向导界面，如图 9-1 所示，根据 Windows 安装程序的常识，不断单击 Next 按钮，输入正确的安装信息。具体操作过程如下：

(1) 输入用户名和公司名；

(2) 输入正确的用户注册信息码；

(3) 选择接受软件公司的协议；

(4) 选择安装类型；

(5) 选择软件安装路径和目录；

（6）进入安装功能选项选择 MATLAB 组件（Toolbox）；

（7）一切选定以后可以单击 Next 按钮进入正式的文件复制界面，如图 9-2 所示。

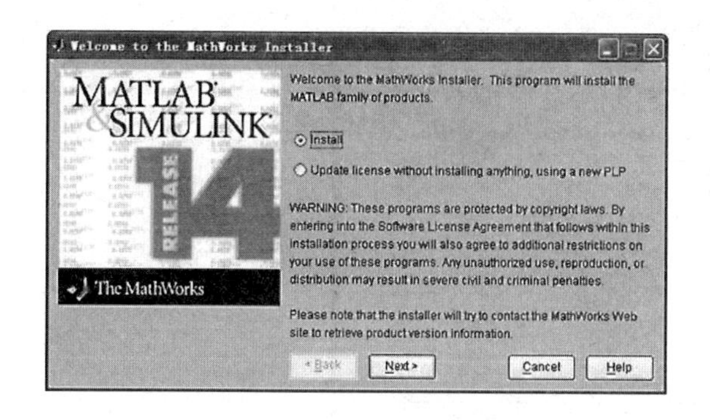

图 9-1　MATLAB 安装向导界面

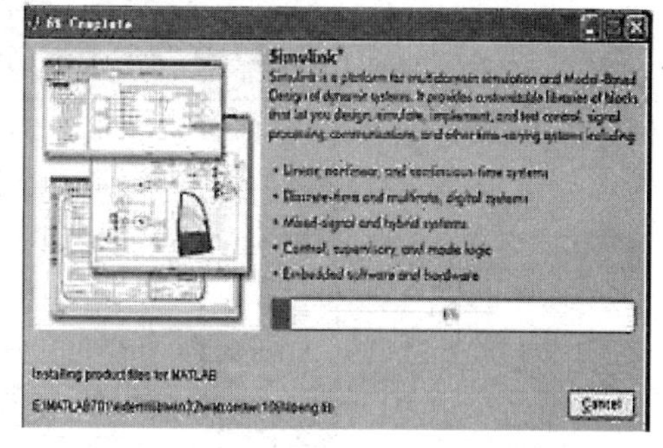

图 9-2　MATLAB 文件复制界面

安装完毕后，选择 Restart my computer now 选项，最后单击 Finish 按钮，计算机重新启动，MATLAB7.0 安装完成。

重新启动计算机后，用户就可以单击图标使用 MATLAB 7.0 了。MATLAB 启动过程界面如图 9-3 所示。

图 9-3　MATLAB 启动过程界面

9.1.2　MATLAB 工作界面

Matlab7.0 的工作界面（见图 9-4）共包括 7 个窗口，分别是主窗口（MATLAB）、命令窗口（Command Window）、命令历史记录窗口（Command History）、当前目录窗口（Current Directory）、工作窗口（Workspace）、帮助窗口（Help）和评述器窗口（M-file）。

主窗口兼容其他 6 个子窗口，用户可以在主窗口选择打开或关闭某个窗口。主窗口本身还包含 6 个菜单（File、Edit、Debug、Desktop、Windows、Help）操作以及一个工具条的 10 个按钮控件。从左至右的按钮控件的功能依次为：新建、打开一个 MATLAB 文件；剪切、复制或粘贴所选定的对象、撤销或恢复上一次的操作、打开 Simulink 主窗口、打开 UGI 主窗口、打开 MATLAB 帮助窗口、设置当前路径。

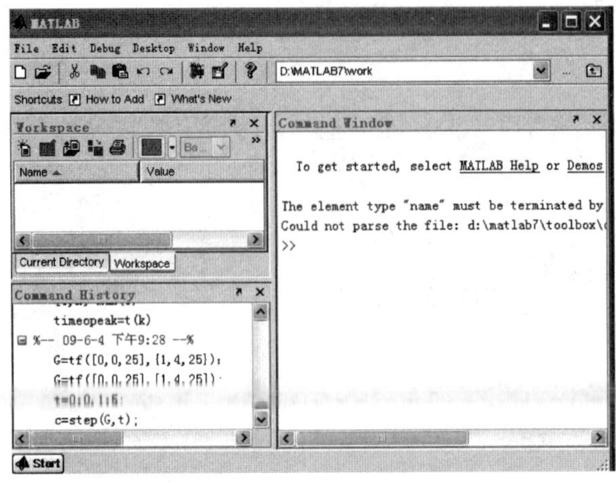

图 9-4 MATLAB 工作界面

9.1.3 MATLAB 命令窗口

MATLAB7.0 命令窗口是主要工作窗口。当 MATLAB 启动完成,命令窗口显示以后,窗口处于准备编辑状态。符号“≫”为运算提示符,说明系统处于准备状态。

MATLAB 可以认为是一种解释性语言,当在命令提示符后面键入一个 MATLAB 命令时,MATLAB 会立即对其进行处理,并显示处理结果,然后继续处于系统准备状态。

这种方式简单易用,但在编程过程中要修改整个程序比较困难,并且用户编写的程序不容易保存。如果想把所有的程序输入完再运行调试,可以单击快捷按钮 或 File|New|M-file 菜单,在弹出的编程窗口中逐行输入命令,输入完毕后单击 Debug|Run(或 F5)运行整个程序。运行过程中的错误信息和运行结果显示在命令窗口中。整个程序的源代码可以保存为扩展名为“.m”的 M 文件。

在介绍 MATLAB 的强大计算和图像处理功能之前,可以先运行一个简单的程序,领略一下 MATLAB 的非凡之处。

设系统的闭环传递函数为

$$G(s)=\frac{s+4}{s^2+2s+8}$$

求系统的阶跃响应,可输入下面的命令:

```
≫ num=[1,4];          %输入传递函数分子系数向量
≫ den=[1,2,8];        %输入传递函数分母系数向量
≫ step(num,den)       %求阶跃响应
```

程序运行后会在一个新的窗口中显示出系统的时域动态响应曲线,如图 9-5 所示。单击动态响应曲线的某一点,系统会提示其响应时间和幅值。按住左键在曲线上移动鼠标的位置可以很容易地根据幅值观察出上升时间、调节时间、峰值及峰值时间,进而求出超调量。

如果 $G(s)$ 为开环传递函数,若想求根轨迹,可将程序的第三行变为 rlocus(num,den),若求伯德图可改为 bode(num,den)。可见,这些功能使此前非常复杂的工作变得简单方便。

MATLAB 的语法规则类似于 C 语言,变量名、函数名都与大小写有关,即变量 A 和 a 是两

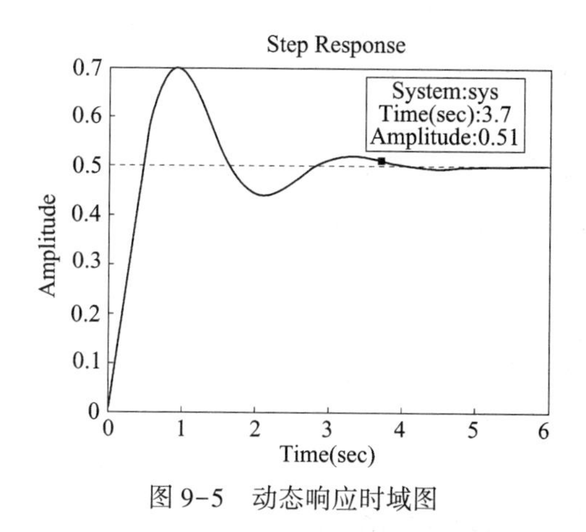

图 9-5　动态响应时域图

个完全不同的变量。应该注意所有的函数名均由小写字母构成。

MATLAB 是一个功能强大的工程应用软件,它提供了相当丰富的帮助信息,同时也提供了多种获得帮助的方法。如果用户第一次使用 MATLAB,建议首先在"≫"提示符下键入 DEMO 命令,它将启动 MATLAB 的演示程序。用户可以在此演示程序中领略 MATLAB 所提供的强大的运算和绘图功能。

9.2　MATLAB 基本操作命令

本节简单介绍与本书内容相关的一些基本知识和操作命令。

9.2.1　简单矩阵的输入

MATLAB 是一种专门为矩阵运算设计的语言,所以在 MATLAB 中处理的所有变量都是矩阵。这就是说,MATLAB 只有一种数据形式,那就是矩阵,或者数的矩形阵列。标量可看作为 1×1 的矩阵,向量可看作为 $n\times1$ 或 $1\times n$ 的矩阵。这就是说,MATLAB 语言对矩阵的维数及类型没有限制,即用户无需定义变量的类型和维数,MATLAB 会自动获取所需的存储空间。

输入矩阵最便捷的方式为直接输入矩阵的元素,其定义如下:

(1) 元素之间用空格或逗号间隔;

(2) 用中括号([ ])把所有元素括起来;

(3) 用分号(;)指定行结束。

例如,在 MATLAB 的工作空间中,输入:

```
≫ a=[2  3  4;  5  6  9]
```

则输出结果为:

```
a=
   2  3  4
   5  6  9
```

矩阵 a 被一直保存在工作空间中,以供后面使用,直至修改它。

MATLAB 的矩阵输入方式很灵活,大矩阵可以分成 n 行输入,用回车符代替分号或用续行符号(...)将元素续写到下一行。例如:

```
a=[1,  2,  3;  4,  5,  6;  7,  8,  9]
a=[1  2  3
```

```
    4  5  6
    7  8  9]
a=[1,  2,  3;  4,  5,  ...
    6;  7,  8,  9]
```

以上三种输入方式结果是相同的。一般若长语句超出一行，则换行前使用3个英文的句点表示的续行符号(...)。

在MATLAB中，矩阵元素不限于常量，可以采用任意形式的表达式。同时，除了直接输入方式之外，还可以采用其他方式输入矩阵，如：

(1) 利用内部语句或函数产生矩阵；

(2) 利用M文件产生矩阵；

(3) 利用外部数据文件装入到指定矩阵。

9.2.2 复数矩阵输入

MATLAB允许在计算或函数中使用复数。输入复数矩阵有两种方法：

(1) a=[12;34]+i*[56;78]

(2) a=[12+56i; 34+78i]

注意，当矩阵的元素为复数时，在复数实部与虚部之间不允许使用空格符。如1 +5i将被认为是1和5i两个数。另外，MATLAB表示复数时，复数单位也可以用j。

9.2.3 MATLAB语句和变量

MATLAB是一种描述性语言。它对输入的表达式边解释边执行，就像BASIC语言中直接执行语句一样。

MATLAB语句的常用格式为

变量=表达式[;]

或简化为

表达式[;]

表达式可以由操作符、特殊符号、函数、变量名等组成，方括号内是有关数据及参数。表达式的结果为一矩阵，它赋给左边的变量，同时显示在屏幕上。如果省略变量名和“=”号，则MATLAB自动产生一个名为ans的变量来表示结果并显示在屏幕上。如简单的算术运算：

```
1900/81
```

结果为：

```
ans=
    23.4568
```

ans是MATLAB提供的固定变量，具有特定的功能，是不能由用户清除的。常用的固定变量还有eps、pi、Inf、NaN等。其特殊含义可以用9.2.8节介绍的方法查阅帮助。

MATLAB允许在函数调用时同时返回多个变量，而一个函数又可以由多种格式进行调用，语句的典型格式可表示为：

[返回变量列表]=函数名(输入变量列表)

输出参数使用方括号，而输入参数使用圆括号。如果输出量仅有一个，可不使用括号。

例如用bode()函数来求取或绘制系统的伯德图，可由下面的格式调用：

[mag,phase]=bode(num,den,W)

其中变量 num、den 表示系统传递函数分子和分母,W 表示指定频段,mag 为计算幅值,phase 为计算相角。

9.2.4 语句以“%”开始和以分号“;”结束的特殊效用

在 MATLAB 中以“%”开始的程序行,表示注解和说明。符号“%”类似于 C++中的“//”。这些注解和说明是不执行的。这就是说,在 MATLAB 程序行中,出现在“%”以后的一切内容都是可以忽略的。

分号用来取消显示,如果语句最后一个符号是分号,则显示功能被取消,但是命令仍在执行,而结果仅送入工作空间区保存,不再在命令窗口或其他窗口中显示。这一点在 M 文件中大量采用,以抑制不必要的信息显示。

9.2.5 工作空间信息的获取、退出和保存

MATLAB 开辟有一个工作空间,用于存取已经产生的变量。变量一旦被定义,MATLAB 系统会自动将其保存在工作空间里。在退出程序之前,这些变量将被保留在存储器中。

为了得到工作空间中的变量清单,可以在命令提示符“≫”后输入 who 或 whos 命令,当前存放在工作空间的除固定变量之外的所有变量便会显示在屏幕上。

命令 clear 能从工作空间中清除所有非永久性变量。如果只需要从工作空间中清除某个特定变量,如“x”,则应输入命令 clear x。

当输入 exit 或 quit 时,MATLAB 中所有变量将消失。如果在退出以前输入命令 save,则所有的变量被保存在磁盘文件 matlab. mat 中。当再次进入 MATLAB 时,命令 load 将使工作空间恢复到以前的状态。

9.2.6 常数与算术运算符

MATLAB 采用人们习惯使用的十进制数。如:

3　-99　0. 0001　9. 6397238　2i　-3. 14159i

其中 $i=\sqrt{-1}$。

十进制数字有时也可以使用科学记数法来书写,如:

2. 71E+3(2.71×10^3)　　3. 86E-6(3.86×10^{-6})

在计算中,数值的相对精度用固定变量 eps 定义,eps 表示计算后返回机器精度,定义为 1 与其最接近的可代表的浮点数之间的差,即最小机器数。在 MATLAB7. 0 中 eps=2. 2204e-016。

MATLAB 提供了常用的算术运算符:+,-,*,/(\),^(幂指数)。MATLAB 的算术表达式由字母或数字用运算符号连接而成。

应该注意:(/)右除法和(\)左除法这两种符号对数值操作时,其结果相同,其斜线下为分母,如 1/4 与4 \ 1,其结果均为 0. 25,但对矩阵操作时,左、右除法是有区别的。相当于矩阵的求逆,主要用于解线性代数方程组。方程 $\boldsymbol{AX}=\boldsymbol{B}$ 的解用左除,即 $\boldsymbol{X}=\boldsymbol{A}\backslash\boldsymbol{B}=\boldsymbol{A}^{-1}\boldsymbol{B}$;而方程 $\boldsymbol{XA}=\boldsymbol{B}$ 的解则用右除,即 $\boldsymbol{X}=\boldsymbol{B}/\boldsymbol{A}=\boldsymbol{BA}^{-1}$,实际中,这类方程不常用。

9.2.7 MATLAB 图形窗口

当调用了一个产生图形的函数时,MATLAB 会自动建立一个图形窗口。这个窗口还可分

裂成多个窗口,并可在它们之间选择,这样在一个屏上可显示多个图形。

图形窗口中的图形可通过打印机打印出来。若想将图形导出并保存,可单击菜单 File | Export,导出格式可选 emf、bmp、jpg 等。另外,命令窗口的内容也可由打印机打印出来,如果事先选择了一些内容,则可打印出所选择的内容;如果没有选择内容,则可打印出整个工作空间的内容。

9.2.8 MATLAB 编程指南

MATLAB 的编程效率比 BASIC、C、FORTRAN 和 PASCAL 等语言要高,且易于维护。在编写小规模的程序时,可直接在命令提示符"≫"后面逐行输入,逐行执行。对于较复杂且经常重复使用的程序,可按 9.1.3 介绍的方法进入程序编辑器编写 M 文件。

M 文件是用 MATLAB 语言编写的可在 MATLAB 环境中运行的磁盘文件,它分为脚本文件(Script File)和函数文件(Function File),这两种文件的扩展名都是 .m。

(1) 脚本文件是将一组相关命令编辑在一个文件中,也称命令文件。脚本文件的语句可以访问 MATLAB 工作空间中的所有数据,运行过程中产生的所有变量都是全局变量。例如下述语句如果以 .m 为扩展名存盘,就构成了 M 脚本文件,不妨将其文件名取为 Step_Response。命令语句为:

```
% 用于求取一阶跃响应
num=[1 4];
den=[1 2 8];
step(num,den)
```

在该文件生成后,当在命令窗口输入 Step_Response 并回车时,程序立即运行,并打开一个新的窗口显示阶跃响应曲线,如前面的图 9-4。当输入 help Step_Response 时,屏幕上将显示文件开头部分的注释:

用于求取一阶跃响应

很显然,在每一个 M 文件的开头,建立详细的注释是非常有用的。由于 MATLAB 提供了大量的命令和函数,想记住所有函数及调用方法一般不太可能,通过联机帮助命令 help 可以很容易地查询各个函数的有关信息。该命令使用格式为:

help　命令或函数名

注意:若用户把文件存放在自己的工作目录上,在运行之前应该使该目录处在 MATLAB 的搜索路径上。当调用时,只需输入文件名,MATLAB 就会自动按顺序执行文件中的命令。

(2) 函数文件是用于定义专用函数的,文件的第一行是以 function 作为关键字引导的,后面为注释和函数体语句。其格式如下:

```
function 返回变量列表=函数名(输入变量列表)
注释说明语句段
函数体语句
```

函数就像一个黑箱,把一些数据送进去,经加工处理,再把结果送出来。在函数体内使用的除返回变量和输入变量这些在第一行 functon 语句中直接引用的变量外,其他所有变量都是局部变量,执行完后,这些内部变量就被清除了。

函数文件的文件名与函数名相同(文件名后缀为 .m),它的执行与命令文件不同,不能输入其文件名来运行函数,M 函数必须由其他语句来调用,赋与它相应的参数方可正确地执行。

这类似于 C 语言的可被其他函数调用的子程序。M 函数文件一旦建立,就可以与 MATLAB 基本函数库一样加以使用。

例 9-1 求一系列数的平均数,该函数的文件名为 mean. m。

```
function   y=mean(x)
%这是一个用于求平均数的函数
w=length(x);       % length 函数表示取向量 x 的维数
y=sum(x)/w;        % sum 函数表示求各元素的和
```

该文件第一行为定义行,指明是 mean 函数文件,y 是输出变量,x 是输入变量,其后的%开头的文字段是说明部分。真正执行的函数体部分仅为最后两行。其中变量 w 是局部变量,程序执行完后,便不存在了。

在 MATLAB 命令窗口中输入

```
≫r=1:10;     % 表示 r 变量取 1 到 10 共 10 个数
  mean(r)
```

运行结果显示:

```
ans =
     5.5000
```

该例就是直接调用了所建立的 M 函数文件,求取数列 r 的平均数。

9.3 MATLAB 在控制系统中的应用

MATLAB 是国际控制界目前使用最广的工具软件,几乎所有的控制理论与应用分支中都有 MATLAB 工具箱。本节结合前面所学自动控制理论的基本内容,采用控制系统工具箱(Control Systems Toolbox)和仿真环境(Simulink),学习 MATLAB 的应用。

9.3.1 用 MATLAB 建立传递函数模型

1. 多项式模型——TF 对象(单入—单出系统)

线性时不变(LTI)系统的传递函数模型可一般地表示为

$$G(s)=\frac{b_0s^m+b_1s^{m-1}+\cdots+b_{m-1}s+b_m}{s^n+a_1s^{n-1}+\cdots+a_{n-1}s+a_n}\quad (n\geqslant m) \tag{9-1}$$

将系统的分子和分母多项式的系数按降幂的方式以行向量的形式输入给两个变量 num 和 den,就可以轻易地将以上传递函数模型输入到 MATLAB 环境中,简称为 TF 模型,命令格式为

$$\mathrm{num}=[\mathrm{b}_0,\mathrm{b}_1,...,\mathrm{b}_{\mathrm{m-1}},\mathrm{b}_\mathrm{m}]; \tag{9-2}$$

$$\mathrm{den}=[1,\mathrm{a}_1,\mathrm{a}_2,...,\mathrm{a}_{\mathrm{n-1}},\mathrm{a}_\mathrm{n}]; \tag{9-3}$$

在 MATLAB 控制系统工具箱中,定义了 tf( )函数,它可由传递函数分子分母给出的变量构造出单个的传递函数 TF 对象,从而使得系统模型的输入和处理更加方便。

该函数的调用格式为

$$\mathrm{G=tf(num,den)}; \tag{9-4}$$

例 9-2 在 MATLAB 中将 $G(s)$ 创建为 TF 对象。给出一个简单的传递函数模型:

$$G(s)=\frac{s+5}{s^4+2s^3+3s^2+4s+5}$$

可以由下面的命令输入到 MATLAB 工作空间。

```
>> num=[1,5];                %输入传递函数分子多项式
   den=[1,2,3,4,5];          %输入传递函数分母多项式
   G=tf(num,den)             %创建G(s)为TF对象
```

运行结果：

```
Transfer function:
        s + 5
---------------------------
s^4 + 2s^3 + 3s^2 + 4s + 5
```

这时对象 G 可以用来描述给定传递函数的 TF 模型，作为其他函数调用的变量。

例 9-3　一个稍微复杂一些的传递函数模型。

$$G(s)=\frac{6(s+5)}{(s^2+3s+1)^2(s+6)}$$

该传递函数的 TF 模型可以通过下面的语句输入到 MATLAB 工作空间。

```
>> num=6*[1,5];                                 %输入传递函数分子多项式
   den=conv(conv([1,3,1],[1,3,1]),[1,6]);      %输入传递函数分母多项式
   tf(num,den)                                  %创建G(s)为TF对象
```

运行结果：

```
Transfer function:
                 6 s + 30
-----------------------------------------
s^5 + 12 s^4 + 47 s^3 + 72 s^2 + 37 s + 6
```

其中 conv( )函数(标准的 MATLAB 函数)用来计算两个向量的卷积，多项式乘法当然也可以用这个函数来计算。该函数允许任意地多层嵌套，从而表示复杂的计算。

2. 零极点模型——ZPK 对象(单入—单出系统)

线性时不变(LTI)系统的传递函数还可以写成零极点的形式：

$$G(s)=k\frac{(s+z_1)(s+z_2)\cdots(s+z_m)}{(s+p_1)(s+p_2)\cdots(s+p_n)}\quad(n\geqslant m)\tag{9-5}$$

将系统增益、零点和极点以列向量的形式输入给 3 个变量 $\boldsymbol{K}$、$\boldsymbol{Z}$ 和 $\boldsymbol{P}$，就可以将系统的零极点模型输入到 MATLAB 工作空间中，简称为 ZPK 模型，命令格式为

$$\mathrm{K=k;}\tag{9-6}$$

$$\mathrm{Z}=[-\mathrm{z}_1;-\mathrm{z}_2;\cdots;-\mathrm{z}_\mathrm{m}];\tag{9-7}$$

$$\mathrm{P}=[-\mathrm{p}_1;-\mathrm{p}_2;\cdots;-\mathrm{p}_\mathrm{n}];\tag{9-8}$$

在 MATLAB 控制工具箱中，定义了 zpk( )函数，由它可通过以上 3 个 MATLAB 变量构造出传递函数的 ZPK 对象，用于简单地表述零极点模型。该函数的调用格式为

$$\mathrm{G=zpk(Z,P,K)}\tag{9-9}$$

例 9-4　在 MATLAB 中将 $G(s)$ 创建为 ZPK 对象。给出某系统的零极点模型为

$$G(s)=6\frac{(s+1.9294)(s+0.0353\pm0.9287\mathrm{j})}{(s+0.9567\pm1.2272\mathrm{j})(s-0.0433\pm0.6412\mathrm{j})}$$

该模型可以由下面的语句输入到 MATLAB 工作空间中。

```
>> K=6;                    %输入传递函数的增益、零点、极点
   Z=[-1.9294;-0.0353+0.9287j;-0.0353-0.9287j];
   P=[-0.9567+1.2272j;-0.9567-1.2272j;0.0433+0.6412j;0.0433-0.6412j];
   G=zpk(Z,P,K)            %创建G(s)为ZPK对象
```

运行结果：

```
Zero/pole/gain:
     6(s+1.929)(s^2+0.0706s+0.8637)
-----------------------------------
(s^2-0.0866s+0.413)(s^2+1.913s+2.421)
```

注意：对于单变量系统，其零极点均是用列向量来表示的，故 $\boldsymbol{Z}$、$\boldsymbol{P}$ 向量中各项均用分号（;）隔开。

3. 反馈系统结构图模型

设反馈系统结构图如图 9-6 所示。

当 G1 和 G2 均为由 TF 或 ZPK 形式给出的 LTI 对象时，则满足串联相乘，并联相加的法则，对应的 MATLAB 命令为

G=G1 * G2;

G=G1+G2

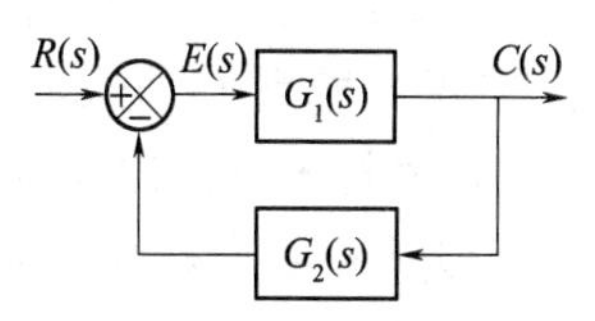

图 9-6 反馈系统结构图

当反馈连接时，控制系统工具箱中提供了 feedback( ) 函数，用来求取反馈连接下总的系统模型，该函数调用格式如下：

$$G=\text{feedback}(G1,G2,\text{sign});\qquad(9-10)$$

其中变量 sign 用来表示正反馈或负反馈结构，若 sign=-1 表示负反馈系统的模型，若省略 sign 变量，则仍将表示负反馈结构。G1 和 G2 分别表示前向模型和反馈模型的 LTI 对象。

例 9-5 若反馈系统图 9-6 中的两个传递函数分别为

$$G_1(s)=\frac{1}{(s+1)^2},\quad G_2(s)=\frac{1}{s+1}$$

则反馈系统的传递函数可由下列的 MATLAB 命令得出：

```
>>G1=tf(1,[1,2,1]);
  G2=tf(1,[1,1]);
  G=feedback(G1,G2)
```

运行结果：

```
Transfer function:
     s + 1
-------------
s^3+3s^2+3s+2
```

若采用正反馈连接结构输入命令

```
>> G=feedback(G1,G2,1)
```

则得出如下结果：

```
Transfer function:
     s + 1
-------------
s^3+3s^2+3s
```

例 9-6 若反馈系统为更复杂的结构如图 9-7 所示。其中

$$G_1(s)=\frac{s^3+7s^2+24s+24}{s^4+10s^3+35s^2+50s+24}$$

$$G_2(s)=\frac{10s+5}{s},\quad H(s)=\frac{1}{0.01s+1}$$

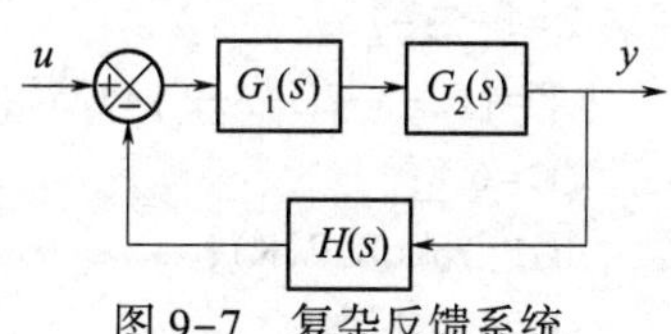

图 9-7 复杂反馈系统

则闭环系统的传递函数可以由下面的 MATLAB 命令得出：

```
≫ G1=tf([1,7,24,24],[1,10,35,50,24]);      %创建前向子系统 G1 为 TF 对象
   G2=tf([10,5],[1,0]);                      %创建前向子系统 G2 为 TF 对象
   H=tf([1],[0.01,1]);                       %创建反馈子系统 H 为 TF 对象
   Gf=feedback(G1*G2,H)                      %求闭环反馈系统的传递函数
```

得到结果：

```
Transfer function:
 0.1s^5+10.75s^4+77.75s^3+278.6s^2+361.2s+120
 -------------------------------------------
 0.01s^6+1.1s^5+20.35s^4+110.5s^3+325.2s^2+384s+120
```

4. 多项式模型 TF 与零极点模型 ZPK 的转换

1）TF 对象转换成 ZPK 对象

有了传递函数的多项式模型之后，求取零极点模型就不是一件困难的事情了。在控制系统工具箱中，可以由 zpk( ) 函数立即将给定的 TF 对象 G 转换成等效的 ZPK 对象 G1。该函数的调用格式为

$$G1=zpk(G) \tag{9-11}$$

例 9-7 给定系统传递函数为

$$G(s)=\frac{6.8s^2+61.2s+95.2}{s^4+7.5s^3+22s^2+19.5s}$$

对应的零极点格式可由下面的命令得出：

```
≫ num=[6.8, 61.2, 95.2];
   den=[1, 7.5, 22, 19.5, 0];
   G=tf(num,den);
   G1=zpk(G)
```

显示结果：

```
Zero/pole/gain:
6.8 (s+7) (s+2)
---------------------
s (s+1.5) (s^2 + 6s + 13)
```

可见，在系统的零极点模型中若出现复数值，则在显示时将以二阶因子的形式表示相应的共轭复数对。

2）ZPK 对象转换成 TF 对象

同样，对于给定的 ZPK 模型，也可以直接由 MATLAB 语句立即得出等效的 TF 模型。调用格式为

$$G=tf(G1) \tag{9-12}$$

例 9-8 给定 ZPK 模型：

$$G(s)=6.8\frac{(s+2)(s+7)}{s(s+3\pm j2)(s+1.5)}$$

可以用下面的 MATLAB 命令立即得出其等效的 TF 模型。输入程序的过程中要注意大小写。

```
≫ Z=[-2;-7];
   P=[0;-3-2j;-3+2j;-1.5];
   K=6.8;
   G1=zpk(Z,P,K);
   G=tf(G1)
```

结果显示：

```
Transfer function:
        6.8 s^2 + 61.2 s + 95.2
  ------------------------------
  s^4 + 7.5 s^3 + 22 s^2 + 19.5 s
```

9.3.2 用 MATLAB 求系统的零点、极点及特征多项式

系统的零点、极点分析是系统性能分析的重要依据。在 MATLAB 中，提供了方便的求系统零点、极点的 M 函数，对任意阶次的系统都可以简洁地求出。

1. 在 MATLAB 中创建特征多项式

特征多项式在传递函数 TF 对象中，是指其分母多项式 den，即

den=[1,a_1,a_2,…,a_{n-1},a_n];

显然，设法从传递函数中获取 den 可以达到创建特征多项式的目的。

在 MATLAB 中，提供了以下命令，可以直接由 ZPK 对象创建特征多项式的系数行向量，即

den=poly(P);　　　　(9-13)

其中，P 为传递函数的极点向量。

例 9-9　已知系统的特征值 $\lambda_1=-1,\lambda_2=-2,\lambda_3=-3$。可用函数 poly( ) 计算相应的特征多项式的系数向量。即

```
>> P=[-1;-2;-3];          %输入系统的特征值列向量
   den=poly(P)            %求特征多项式系数行向量
```

显示结果：

```
    den=
         1   6   11   6
```

系统的特征多项式为

$$s^3+6s^2+11s+6$$

可见，特征值向量 P 表示的就是系统的极点向量。

2. MATLAB 求特征值

设 den 是特征多项式的系数行向量，则 MATLAB 函数 roots( ) 可以直接求出特征方程 den=0 在复数范围内的根。该函数的调用格式为

P=roots(den)　　　　(9-14)

按照惯例，MATLAB 将多项式的根用列向量的方式存放。显然，函数 roots( ) 与函数 poly( ) 是互为逆运算的。

例 9-10　已知系统的特征方程为

$$s^3+6s^2+11s+6=0$$

特征方程的解可由下面的 MATLAB 命令得出：

```
>>den=[1,6,11,6];        %输入特征多项式系数
  P=roots(den)           %求特征根
```

显示结果：

```
  P=
     -3.0000
     -2.0000
     -1.0000
```

利用多项式求根函数 roots( ),不仅可以方便地求出系统的极点,也可以用于求传递函数的零点。根据求得的零极点分析系统的性能。

在 MATLAB 中,通过函数 polyval( )和 polyvalm( )可以求出多项式在给定点 s 的值。其中 s 可以是标量、矢量、或是一个矩阵,其调用格式为

$$\text{polyval}(\text{den},s) \tag{9-15}$$

例如对上例中的特征多项式 den,求取多项式在 s=1 点的值,可输入如下命令:

```
≫den=[1 6 11 6]
  s=1;
  polyval(den,s)
```

结果显示:

```
ans=
     24
```

如果 s 是一个矩阵,其计算结果也是一个矩阵,且其元素与 s 的元素对应,即按多项式求 s 的每个元素的值。

如果要按矩阵的运算法则计算多项式,则采用 polyvalm( )命令,例如:对

$$A=\begin{bmatrix}1 & 2\\3 & 4\end{bmatrix},\quad p(\boldsymbol{A})=\boldsymbol{A}^2+3\boldsymbol{A}+2\boldsymbol{I}$$

可采用如下的命令进行计算:

```
≫p=[1 3 2];
  s=[1 2;3 4]
  polyvalm(p,s)
```

结果显示:

```
ans=
       12  16
       24  36
```

3. 部分分式展开

考虑下列传递函数:

$$\frac{M(s)}{N(s)}=\frac{\text{num}}{\text{den}}=\frac{b_0s^n+b_1s^{n-1}+\cdots+b_{n-1}s+b_n}{a_0s^n+a_1s^{n-1}+\cdots+a_{n-1}s+a_n}$$

式中,$a_0\neq0$,但是 a_i 和 b_j 中某些量可能为零。

MATLAB 函数可将$\dfrac{M(s)}{N(s)}$展开成部分分式,直接求出展开式中的留数、极点和余项。该函数的调用格式为

$$[\text{r},\text{p},\text{k}]=\text{residue}(\text{num},\text{den}) \tag{9-16}$$

则$\dfrac{M(s)}{N(s)}$的部分分式展开由下式给出:

$$\frac{M(s)}{N(s)}=\frac{r_1}{s+p_1}+\frac{r_2}{s+p_2}+\cdots+\frac{r_n}{s+p_n}+k(s)$$

式中,$-p_1,-p_2,\cdots,-p_n$ 为极点;$r_1,r_2,\cdots,r_n$ 为各极点的留数;$k(s)$为余项。

例 9-11 设传递函数为

$$G(s)=\frac{2s^3+5s^2+3s+6}{s^3+6s^2+11s+6}$$

该传递函数的部分分式展开由以下命令获得：

```
≫ num=[2,5,3,6];                    %输入分子多项式系数
   den=[1,6,11,6];                   %输入分母多项式系数
   [r,p,k]=residue(num,den)          %部分分式展开
```

命令窗口中显示如下结果

```
    r=                p=                k=
       -6.0000           -3.0000           2
       -4.0000           -2.0000
        3.0000           -1.0000
```

其中留数为列向量 r，极点为列向量 p，余项为行向量 k。

由此可得出部分分式展开式：

$$G(s)=\frac{-6}{s+3}+\frac{-4}{s+2}+\frac{3}{s+1}+2$$

该函数也可以逆向调用，把部分分式展开转变回多项式的 TF 形式，命令格式为

$$[\mathrm{num},\mathrm{den}]=\mathrm{residue}(\mathrm{r},\mathrm{p},\mathrm{k}) \tag{9-17}$$

对上例有：

```
≫[num,den]=residue(r,p,k)
```

结果显示：

```
    num=
          2.0000   5.0000   3.0000   6.0000
    den=
          1.0000   6.0000   11.0000   6.0000
```

应当指出，如果$-p_j=-p_{j+1}=\cdots=-p_{j+m-1}$，则极点$-p_j$是一个 m 重极点。在这种情况下，部分分式展开式将包括下列诸项：

$$\frac{r_j}{s+p_j}+\frac{r_{j+1}}{(s+p_j)^2}+\cdots+\frac{r_{j+m-1}}{(s+p_j)^m}$$

例 9-12 设传递函数为

$$G(s)=\frac{s^2+2s+3}{(s+1)^3}=\frac{s^2+2s+3}{s^3+3s^2+3s+1}$$

则部分分式展开由以下命令获得：

```
≫ p=[-1;-1;-1];                     %输入重极点
   num=[0,1,2,3];                    %输入分子多项式系数
   den=poly(p);                      %输入分母多项式系数
   [r,p,k]=residue(num,den)          %按重特征值部分分式展开
```

结果显示：

```
    r=                p=                k=
        1.0000           -1.0000           []
        0.0000           -1.0000
        2.0000           -1.0000
```

其中由 poly( )命令将分母化为标准降幂排列多项式系数向量 den，k=[ ]为空矩阵。

由上可得展开式为

$$G(s)=\frac{1}{s+1}+\frac{0}{(s+1)^2}+\frac{2}{(s+1)^3}+0$$

9.3.3 用 MATLAB 绘制二维图形

在前面的举例中,已初步领略过 MATLAB 的绘图功能。MATLAB 具有丰富的获取图形输出的程序集。不仅调用形式简单且所有命令的应用方式都是相似的,特别是在二维图形调用中,它们只是在如何给坐标轴进行分度和如何显示数据上有所差别。

1. 二维图形绘制

如果用户将 x 和 y 轴的两组数据分别在向量 x 和 y 中存储,且它们的长度相同,则命令

$$plot(x,y) \tag{9-18}$$

将画出 y 值相对于 x 值的关系图。

例 9-13 如果想绘制出一个周期内的正弦曲线,则首先应该用 t=0:0.01:2*pi(pi 是系统自定义的圆周率常数,可用 help 命令显示其定义)命令来产生自变量 t;然后由命令 y=sin(t)对 t 向量求出正弦向量 y,这样就可以调用 plot(t,y)来绘制出所需的正弦曲线,如图 9-8 所示。

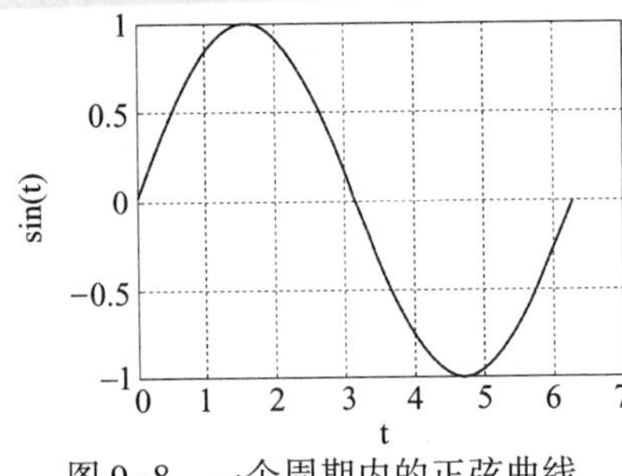

图 9-8 一个周期内的正弦曲线

2. 一幅图上画多条曲线

利用具有多个输入变量的 plot()命令,可以在一个绘图窗口上同时绘制多条曲线,命令格式为

$$plot(x1,y1,x2,y2,\cdots,xn,yn) \tag{9-19}$$

x1、y1、x2、y2 等一系列变量是一些向量对,每一个 x-y 对都可以用图解表示出来,因而可以在一幅图上画出多条曲线。多重变量的优点是它允许不同长度的向量在同一幅图上显示出来。每一对向量采用不同的线型以示区别。

另外,在一幅图上叠画一条以上的曲线时,也可以利用 hold 命令。hold 命令可以保持当前的图形,并且防止删除和修改比例尺。因此,后来画出的那条曲线将会重叠在原曲线图上,当再次输入命令 hold,会使当前的图形复原。也可以用带参数的 hold 命令——hold on 和 hold off 来启动或关闭图形保持。

3. 图形的线型和颜色

为了区分多幅图形的重叠表示,MATLAB 提供了一些绘图选项,可以用不同的线型或颜色来区分多条曲线。常用选项见表 9-1。

表 9-1 MATLAB 绘图命令的多种选项

选 项	意 义	选 项	意 义
'-'	实线	'--'	短画线
':'	虚线	'-.'	点画线
'r'	红色	'*'	用星号绘制各个数据点
'b'	蓝色	'o'	用圆圈绘制各个数据点
'g'	绿色	'.'	用圆点绘制各个数据点
'y'	黄色	'×'	用叉号绘制各个数据点

表 9-1 中绘出的各个选项有一些可以并列使用，能够对一条曲线的线型和颜色同时做出规定。例如'--g'表示绿色的短画线。带有选项的曲线绘制命令的调用格式为

$$plot(x1, y1, s1, x2, y2, s2, \cdots) \tag{9-20}$$

其中，s1，s2，…为每条曲线指定的选项。

4. 子图命令

MATLAB 允许将一个图形窗口按矩阵形式分成多个子窗口，分别显示多个图形，这就要用到 subplot( ) 函数，其调用格式为

$$subplot(m, n, k) \tag{9-21}$$

该函数将把一个图形窗口分割成 m×n 个子绘图区域，m 为行数，n 为列数，用户可以通过参数 k 调用各子绘图区域进行操作，子绘图区域编号为按行从左至右从上到下编号。对一个子图进行的图形设置不会影响到其他子图，而且允许各子图具有不同的坐标系。例如，subplot(4,3,6) 表示将窗口分割成 4×3 个部分，在第 6 部分上绘制图形。MATLAB 最多允许 9×9 的分割。

例 9-14 子窗口绘图：

```
≫ t=0:2*pi/180:2*pi;                  %将2π分成180等份
≫ y1=sin(3*t);
≫ y2=exp(-0.5*t).*sin(3*t);
≫ subplot(1,2,1);plot(t,y1);          %在子窗口1绘图
≫ subplot(1,2,2);plot(t,y2)           %在子窗口2绘图
```

函数 y2 中用到点乘“.*”运算，是元素对元素的运算。具体定义可查看帮助。绘出的图形如图 9-9 所示。

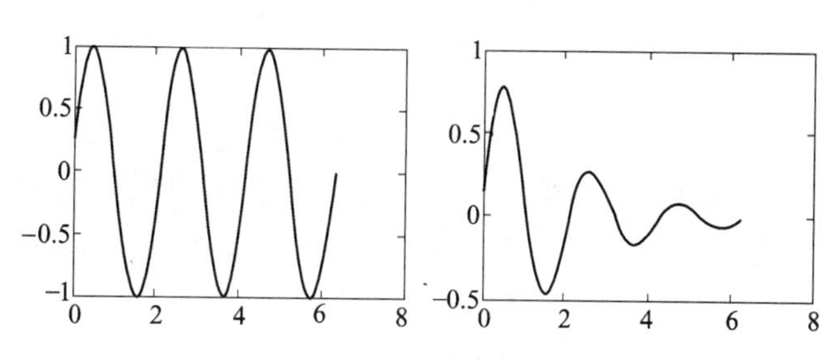

图 9-9 子窗口绘图

5. 加图形注释(网络线、图形标题、x 轴和 y 轴标记)

一旦在屏幕上显示出图形，就可以依次输入以下相应的图形注释命令将网络格线、图形标题、x、y 轴标记叠加在图形上。命令格式如下：

grid(网络线)　　(9-22)

title('图形标题')　　(9-23)

xlabel('x 轴标记')　　(9-24)

ylabel('y 轴标记')　　(9-25)

函数引号内的字符串将被写到图形的坐标轴上或标题位置。

6. 在图形屏幕上书写文本

如果想在图形窗口中书写文字，可以单击按钮 A，选择屏幕上一点，单击鼠标，在光标处输入文字。另一种输入文字的方法是用 text( ) 命令。它可以在屏幕上以(x,y)为坐标的某处书

写文字，命令格式如下：

$$\text{text}(x,y,'\text{text}') \tag{9-26}$$

例如，利用语句

text(3,0.45,'sint')

将从点(3,0.45)开始，水平地写出“sint”。

7. 自动绘图算法及手工坐标轴定标

在 MATLAB 图形窗口中，图形的横坐标、纵坐标是自动标定的，在另一幅图形画出之前，这幅图形作为现行图将保持不变，但是在另一幅图形画出后，原图形将被删除，坐标轴自动地重新标定。关于瞬态响应曲线、根轨迹、伯德图、奈奎斯特图等的自动绘图算法已经设计出来，它们对于各类系统具有广泛的适用性，但并非总是理想的。因此，在某些情况下，可能需要放弃绘图命令中的坐标轴自动标定特性，由用户自己设定坐标范围，可以在程序中加入下列语句：

$$v=[\text{x-min} \quad \text{x-max} \quad \text{y-min} \quad \text{y-max}] \tag{9-27}$$

$$\text{axis}(v) \tag{9-28}$$

式中，v 为一个四元向量。axis(v)把坐标轴定标建立在规定的范围内。对于对数坐标图，v 的元素应为最小值和最大值的常用对数。

执行 axis(v)会把当前的坐标轴标定范围保持到后面的图中，再次输入 axis 可恢复系统的自动标定特性。

axis('sguare')能够把图形的范围设定在方形范围内。对于方形长宽比，其斜率为 1 的直线恰位于 45°上，它不会因屏幕的不规则形状而变形。axis('normal')将使长宽比恢复到正常状态。

8. 多窗口绘图

MATLAB 允许创建多个图形窗口分别绘图，前面使用 plot()命令绘图时，是以缺省方式创建 1 号窗口的。即如果窗口存在，则 plot 命令直接在当前窗口绘图；如果窗口不存在，则先缺省执行命令 figure(1)创建 1 号窗口，然后再绘图。当再绘制新图形时，使用创建新窗口命令：

$$\text{figure}(N) \tag{9-29}$$

其中，N 为创建绘图窗口序号。

例 9-15　多窗口绘图：

```
>> t=0:2*pi/180:2*pi;
>> y1=sin(3*t);
>> y2=exp(-0.5*t).*sin(3*t);
>> plot(t,y1,'r')                    %缺省创建 1 号窗口
>> v=[0 2*pi -1 1];axis(v);          %手工定标
>> grid                              %加网络线
>> figure(2)                         %创建 2 号窗口
>> plot(t,y2)
>> v=[0 2*pi -1 1];axis(v);
>> grid
```

绘出的图形如图 9-10 及图 9-11 所示。

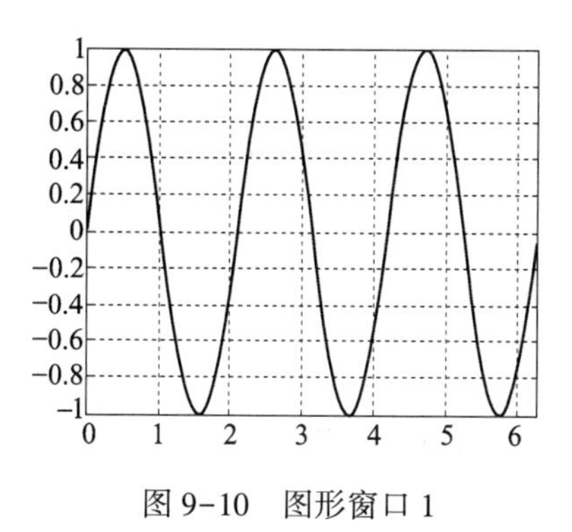

图 9-10　图形窗口 1

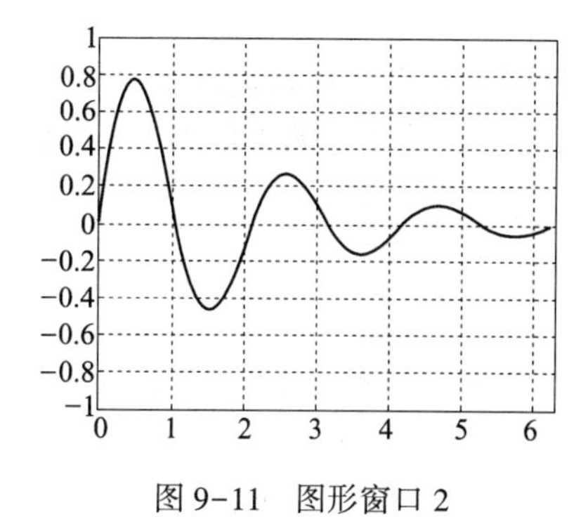

图 9-11　图形窗口 2

9.3.4　用 MATLAB 分析控制系统性能

1. 时域响应分析

微分方程的全解取决于输入信号的具体形式和初始条件。在实际工程中，系统性能指标是在零初始条件下考察单位阶跃响应特性或单位脉冲响应特性。以下用 MATLAB 方法讨论零初始条件下单位阶跃响应求解和单位脉冲响应求解。

1）部分分式法

用拉普拉斯变换法求系统的单位阶跃响应，可直接得出输出 $c(t)$ 随时间 t 变化的规律，对于高阶系统，输出的拉普拉斯变换像函数为

$$C(s)=G(s)\cdot\frac{1}{s}=\frac{\text{num}}{\text{den}}\cdot\frac{1}{s} \tag{9-30}$$

对函数 $C(s)$ 进行部分分式展开，可以用 num，[den，0] 来表示 $C(s)$ 的分子和分母。利用 MATLAB 命令将其展开后，反变换求其时域响应就很简单了。

例 9-16　给定系统的传递函数：

$$G(s)=\frac{s^3+7s^2+24s+24}{s^4+10s^3+35s^2+50s+24}$$

求单位阶跃响应可用以下命令对 $\frac{G(s)}{s}$ 进行部分分式展开。

```
>> num=[1,7,24,24];
   den=[1,10,35,50,24];
   [r,p,k]=residue(num,[den,0])          %对输出 C(s)进行部分分式展开
```

输出结果：

```
r=                  p=                  k=
   -1.0000             -4.0000             [ ]
    2.0000             -3.0000
   -1.0000             -2.0000
   -1.0000             -1.0000
    1.0000                0
```

输出函数 $C(s)$ 为

$$C(s)=\frac{-1}{s+4}+\frac{2}{s+3}-\frac{1}{s+2}-\frac{1}{s+1}+\frac{1}{s}+0$$

拉普拉斯反变换得

$$c(t) = -e^{-4t} + 2e^{-3t} - e^{-2t} - e^{-t} + 1$$

2）单位阶跃响应函数调用

在控制系统工具箱中给出了一个函数 step( )来直接求取线性系统的单位阶跃响应。其调用格式为

c=step(num,den,t)　　(9-31)

c=step(G,t)　　(9-32)

其中,G 为给定系统的 LTI 对象模型。时间向量 t 由人工给定,一般可以由 t=0 :dt :t1 等步长地产生出来,其中 t1 为终止时间,dt 为步长,当然也允许使用不均匀生成的时间向量 t。在各计算点上得出的输出在 c 向量中返回。

另外,调用中时间向量 t 可以不人工给定,系统自动地按模型的特性自动生成,且生成的时间 t 和输出 c 一起返回到 MATLAB 工作空间中,其调用格式为

[c,t]=step(num,den)　　(9-33)

[c,t]=step(G)　　(9-34)

当需要绘出响应曲线时,一种方法是调用以上函数时不返回任何变量,则 MATLAB 将自动绘制出阶跃响应输出曲线,同时用虚线绘制出稳态值;另一种方法是利用函数返回变量[c,t],在二维平面上用绘图函数 plot( )来绘出响应曲线。其调用格式为

plot(t,c)　　(9-35)

在绘制二维图形时,横坐标取 t,纵坐标取 c。

3）脉冲响应函数调用

线性系统的脉冲响应可以由控制系统工具箱中提供的 impulse( )函数直接得出,其调用格式为

h=impulse(G,t)　　(9-36)

[h,t]=impulse(G)　　(9-37)

impulse(G)　　(9-38)

其中各变量的说明与 step( )函数是一样的,可参考应用。

例 9-17　已知传递函数为

$$G(s) = \frac{25}{s^2 + 4s + 25}$$

利用以下 MATLAB 命令可得阶跃响应曲线如图 9-12 所示。

```
>> num=[0,0,25];
   den=[1,4,25];
   step(num,den)
   grid                                                    % 绘制图形网格线
   title('Unit-Step Response of G(s)=25/(s^2+4s+25)')     % 图形标题设定
```

还可以用下面的语句来得出阶跃响应曲线:

```
>> G=tf([0,0,25],[1,4,25]);
   t=0:0.1:5;              % 从 0 到 5 每隔 0.1 取一个值
   c=step(G,t);            % 动态响应的幅值赋给变量 c
   plot(t,c)               % 绘二维图形,横坐标取 t,纵坐标取 c
   Css=dcgain(G)           % 求取稳态值
```

系统显示的图形类似于上图,在命令窗口中显示了如下结果:

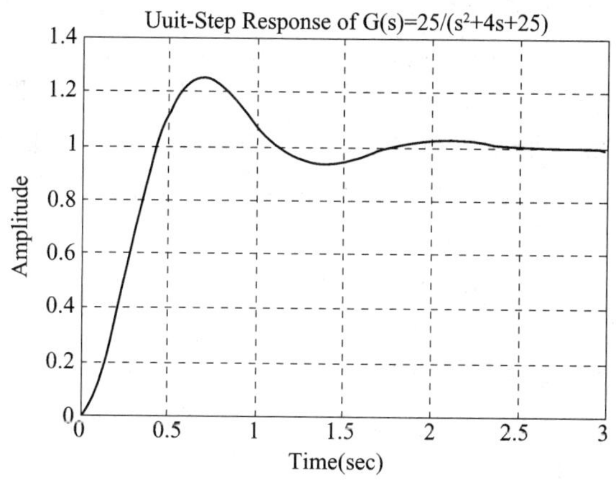

图 9-12　MATLAB 绘制的阶跃响应曲线

```
Css =

    1
```

4）零极点分布图

在 MATLAB 中，可利用 pzmap( )函数绘制连续系统的零点、极点图，从而分析系统的动态性能和稳定性。该函数调用格式为

$$\text{pzmap}(\text{num},\text{den}) \tag{9-39}$$

例 9-18　给定传递函数：

$$G(s) = \frac{3s^4 + 2s^3 + 5s^2 + 4s + 6}{s^5 + 3s^4 + 4s^3 + 2s^2 + 7s + 2}$$

利用下列命令可自动打开一个图形窗口，显示该系统的零点、极点分布图，如图 9-13 所示。

```
≫ num=[3,2,5,4,6];
   den=[1,3,4,2,7,2];
   pzmap(num,den)
   title('Pole-Zero Map')              % 图形标题设定
```

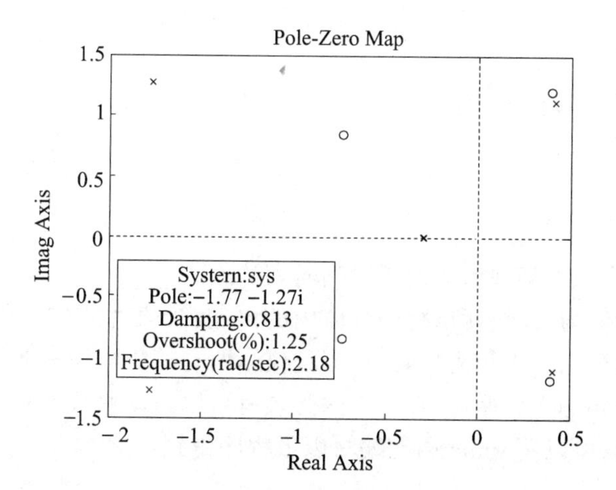

图 9-13　MATLAB 函数绘制零点、极点分布图

2. 求阶跃响应的性能指标

MATLAB 提供了强大的绘图计算功能，可以用多种方法求取系统的动态响应指标。首先

介绍一种最简单的方法——游动鼠标法。对于例 9-17,在程序运行完毕后,单击时域响应图线任意一点,系统会自动弹出一个小方框,小方框显示了这一点的横坐标(时间)和纵坐标(幅值)。按住鼠标左键在曲线上移动,可以找到曲线幅值最大的一点,即曲线最大峰值,此时小方框中显示的时间就是此二阶系统的峰值时间,根据观察到的稳态值和峰值可以计算出系统的超调量。系统的上升时间和稳态响应时间可以依此类推。这种方法简单易用,但同时应注意它不适用于用 plot( )命令画出的图形。

另一种比较常用的方法就是用编程方式求取时域响应的各项性能指标。与上一段介绍的游动鼠标法相比,编程方法稍微复杂,但通过下面的学习,读者可以掌握一定的编程技巧,能够将控制原理知识和编程方法相结合,自己编写一些程序,获取一些较为复杂的性能指标。

通过前面的学习,我们已经可以用阶跃响应函数 step( )获得系统输出量,若将输出量返回到变量 c 中,可以调用如下格式:

```
[c,t]=step(G)
```

该函数还同时返回了自动生成的时间变量 t,对返回的这一对变量 c 和 t 的值进行计算,可以得到时域性能指标。

(1) 峰值时间(timetopeak)可由以下命令获得:

```
[Y,k]=max(c);                                    (9-40)
timetopeak=t(k)                                  (9-41)
```

应用取最大值函数 max( )求出 c 的峰值及相应的时间,并存于变量 Y 和 k 中。然后在变量 t 中取出峰值时间,并将它赋给变量 timetopeak。

(2) 最大(百分比)超调量(percentovershoot)可由以下命令得到:

```
C=dcgain(G);                                     (9-42)
[Y,k]=max(c);
percentovershoot=100*(Y-C)/C
```

dcgain( )函数用于求取系统的终值(G 的静态增益),将终值赋给变量 C,然后依据超调量的定义,由 Y 和 C 计算出百分比超调量。

(3) 上升时间(risetime)可利用 MATLAB 中控制语句编制 M 文件来获得。首先简单介绍一下循环语句 while 的使用。

while 循环语句的一般格式为:

```
while<循环判断语句>
        循环体
end
```

其中,循环判断语句为某种形式的逻辑判断表达式。

当表达式的逻辑值为真时,就执行循环体内的语句;当表达式的逻辑值为假时,就退出当前的循环体。如果循环判断语句为矩阵时,当且仅当所有的矩阵元素非零时,逻辑表达式的值为真。为避免循环语句陷入死循环,在语句内必须有可以自动修改循环控制变量的命令。

要求出上升时间,可以用 while 语句编写以下程序得到:

```
C=dcgain(G);
n=1;
while c(n)<C
    n=n+1;
end
```

```
risetime=t(n)
```

在阶跃输入条件下，c 的值由零逐渐增大，当以上循环满足 c=C 时，退出循环，此时对应的时刻即为上升时间。

对于输出无超调的系统响应，上升时间定义为输出从稳态值的 10%上升到 90%所需时间，则计算程序如下：

```
C=dcgain(G);
n=1;
  while c(n)<0.1*C
      n=n+1;
  end
m=1;
  while c(m)<0.9*C
      m=m+1;
  end
risetime=t(m)-t(n)
```

（4）调节时间（settlingtime）可由 while 语句编程得到：

```
C=dcgain(G);
i=length(t);
   while(c(i)>0.98*C)&(c(i)<1.02*C)
   i=i-1;
   end
settlingtime=t(i)
```

用向量长度函数 length( ) 可求得 t 序列的长度，将其设定为变量 i 的上限值。

例 9-19 已知二阶系统传递函数为

$$G(s) = \frac{3}{(s + 1 - 3i)(s + 1 + 3i)}$$

利用下面的 stepanalysis. m 程序可得到阶跃响应图线及性能指标数据。

```
>> G=zpk([ ],[-1+3i,-1-3i],3);
% 计算最大峰值时间和它对应的超调量
C=dcgain(G)
[c,t]=step(G);
plot(t,c)
grid
[Y,k]=max(c);
timetopeak=t(k)
percentovershoot=100*(Y-C)/C
%计算上升时间
n=1;
  while c(n)<C
  n=n+1;
  end
risetime=t(n)
% 计算稳态响应时间
```

```
i=length(t);
    while(c(i)>0.98*C)&(c(i)<1.02*C)
    i=i-1;
    end
settlingtime=t(i)
```

运行后的响应图如图 9-14 所示,命令窗口中显示的结果为

```
C =                  timetopeak =
      0.3000                        1.0491
percentovershoot =              risetime =
      35.0914                       0.6626
settlingtime =
      3.5337
```

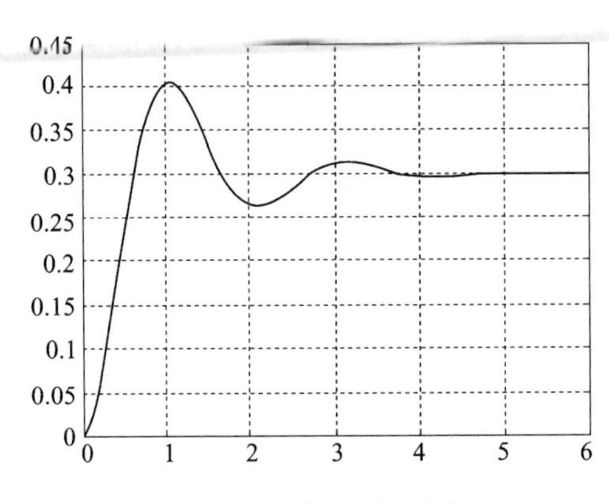

图 9-14　二阶系统阶跃响应

有兴趣的读者可以用本节介绍的游动鼠标法求取此二阶系统的各项性能指标。将它们与例 9-19 得出的结果相比较,会发现它们是一致的。

3. 利用 MATLAB 绘制系统根轨迹

假设闭环系统中的开环传递函数可以表示为

$$G_k(s) = K\frac{s^m + b_1 s^{m-1} + \cdots + b_{m-1} + b_m}{s^n + a_1 s^{n-1} + \cdots + a_{n-1}s + a_n} = K\frac{\text{num}}{\text{den}} =$$

$$K\frac{(s+z_1)(s+z_2)\cdots(s+z_m)}{(s+p_1)(s+p_2)\cdots(s+p_n)} = KG_0(s)$$

则闭环特征方程为

$$1 + K\frac{\text{num}}{\text{den}} = 0$$

特征方程的根随参数 K 的变化而变化,即为闭环根轨迹。控制系统工具箱中提供了 rlocus( )函数,可以用来绘制给定系统的根轨迹,它的调用格式有以下几种:

rlocus(num,den)　　(9-43)

rlocus(num,den,K)　　(9-44)

或者

rlocus(G)　　(9-45)

rlocus(G,K)　　(9-46)

以上给定命令可以在屏幕上画出根轨迹图,其中 G 为开环系统 $G_0(s)$ 的对象模型,K 为用户自己选择的增益向量。如果用户不给出 K 向量,则该命令函数会自动选择 K 向量。如果在函数调用中需要返回参数,则调用格式将引入左端变量。如

$$[R,K]=\text{rlocus}(G) \tag{9-47}$$

此时屏幕上不显示图形,而生成变量 R 和 K。其中 R 为根轨迹各分支线上的点构成的复数矩阵,K 向量的每一个元素对应于 R 矩阵中的一行。若需要画出根轨迹,则需要采用以下命令:

$$\text{plot}(R,'') \tag{9-48}$$

plot( )函数里引号内的部分用于选择所绘制曲线的类型,详细内容见表 9-1。控制系统工具箱中还有一个 rlocfind( )函数,该函数允许用户求取根轨迹上指定点处的开环增益值,并将该增益下所有的闭环极点显示出来。这个函数的调用格式为

$$[K,P]=\text{rlocfind}(G) \tag{9-49}$$

该函数运行后,图形窗口中会出现要求用户使用鼠标定位的提示,用户可以单击所关心的根轨迹上的点。这样将返回一个 K 变量,该变量为所选择点对应的开环增益,同时返回的 P 变量则为该增益下所有的闭环极点位置。此外,该函数还自动地将该增益下所有的闭环极点直接在根轨迹曲线上显示出来。

例 9-20 已知系统的开环传递函数模型为

$$G_k(s)=\frac{K}{s(s+1)(s+2)}=KG_0(s)$$

利用下面的 MATLAB 命令可容易地验证出系统的根轨迹如图 9-15 所示。

```
>> G=tf(1,[conv([1,1],[1,2]),0]);
   rlocus(G);
   grid
   title('Root_Locus Plot of G(s)=K/[s(s+1)(s+2)]')
   xlabel('Real Axis')             % 给图形中的横坐标命名
   ylabel('Imag Axis')             % 给图形中的纵坐标命名
   [K,P]=rlocfind(G)
```

单击根轨迹上与虚轴相交的点,在命令窗口中可发现如下结果:

```
   select_point=0.0000+1.3921i
       K=
          5.8142
       P=
         -2.29830
         -0.0085+1.3961i
         -0.0085-1.3961i
```

所以,要想使此闭环系统稳定,其增益范围应为 $0<K<5.81$。

参数根轨迹反映了闭环根与开环增益 K 的关系。可以编写下面的程序,通过 K 的变化,观察对应根处阶跃响应的变化。考虑 $K=0.1,0.2,\cdots,1,2,\cdots,5$,这些增益下闭环系统的阶跃响应曲线,可由以下 MATLAB 命令得到。

```
>> hold off;                 % 擦掉图形窗口中原有的曲线
   t=0:0.2:15;
   Y=[];
```

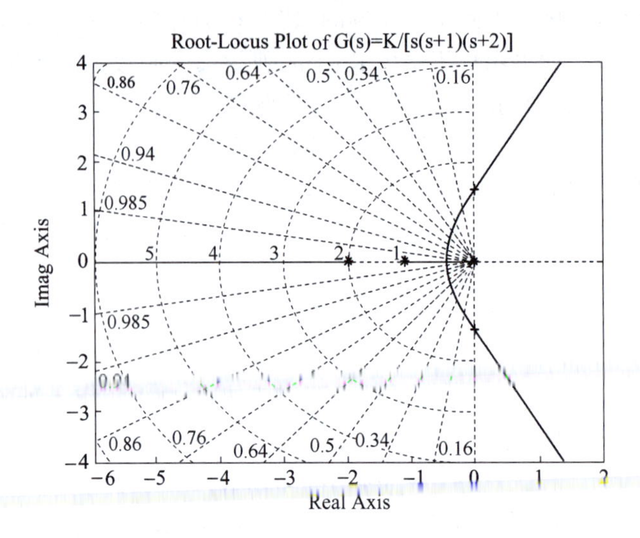

图 9-15　系统的根轨迹

```
for K=[0.1:0.1:1,2:5]
   GK=feedback(K*G,1);
   y=step(GK,t);
   Y=[Y,y];
end
plot(t,Y)
```

对于 for 循环语句,循环次数由 K 给出。系统画出的图形如图 9-16 所示。可以看出,当 K 的值增加时,一对主导极点起作用,且响应速度变快。一旦 K 接近临界 K 值,振荡加剧,性能变坏。

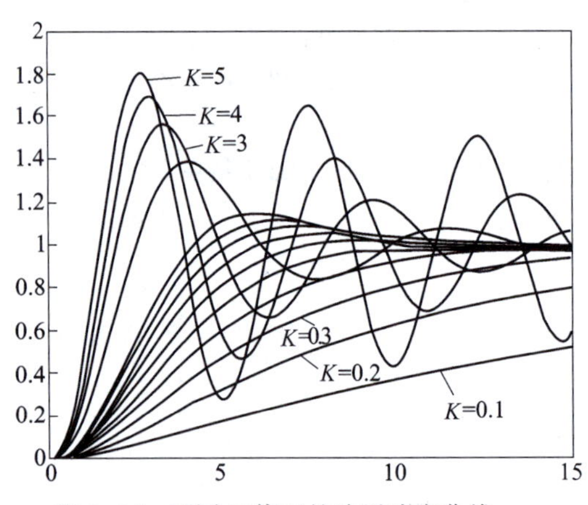

图 9-16　不同 K 值下的阶跃响应曲线

4. 线性系统的频域分析

1) 频率特性函数 $G(\mathrm{j}\omega)$

设线性系统传递函数为

$$G(s)=\frac{b_0s^m+b_1s^{m-1}+\cdots+b_{m-1}s+b_m}{a_0s^n+a_1s^n+\cdots+a_{n-1}s+a_n}$$

则频率特性函数为

$$G(j\omega)=\frac{b_0\ (j\omega)^m\ +b_1\ (j\omega)^{m-1}\ +\cdots+b_{m-1}(j\omega)\ +b_m}{a_0\ (j\omega)^n\ +a_1\ (j\omega)^n\ +\cdots+a_{n-1}(j\omega)\ +a_n}$$

由下面的 MATLAB 语句可直接求出 $G(j\omega)$。

```
i=sqrt(-1)     %  求取-1 的平方根                                   (9-50)
GW=polyval(num,i*w)./polyval(den,i*w)                              (9-51)
```

其中(num,den)为系统的传递函数模型。而 w 为频率点构成的向量,点右除(./)运算符表示操作元素点对点的运算(从数值运算的角度来看,上述算法在系统的极点附近精度不会很理想,甚至出现无穷大值),运算结果是一系列复数返回到变量 GW 中。

2) 用 MATLAB 作奈奎斯特图

控制系统工具箱中提供了一个 MATLAB 函数 nyquist(),该函数可以用来直接求解 Nyquist 阵列或绘制奈氏图。当命令中不包含左端返回变量时,nyquist()函数仅在屏幕上产生奈氏图,命令调用格式为

nyquist(num,den)　　(9-52)

nyquist(num,den,w)　　(9-53)

或者

nyquist(G)　　(9-54)

nyquist(G,w)　　(9-55)

该命令将画出下列开环系统传递函数的奈氏曲线:

$$G(s)=\frac{\text{num}(s)}{\text{den}(s)}$$

如果用户给出频率向量 ***w***,则 ***w*** 包含了要分析的以弧度/秒表示的诸频率点。在这些频率点上,将对系统的频率响应进行计算,若没有指定的 ***w*** 向量,则该函数自动选择频率向量进行计算。

当命令中包含了左端的返回变量时,即

[re,im,w]=nyquist(G)　　(9-56)

或

[re,im,w]=nyquist(G,w)　　(9-57)

函数运行后不在屏幕上产生图形,而是将计算结果返回到矩阵 re、im 和 w 中。矩阵 re 和 im 分别表示频率响应的实部和虚部,它们都是由向量 w 中指定的频率点计算得到的。

在运行结果中,w 数列的每一个值分别对应 re、im 数列的每一个值。

例 9-21 考虑二阶典型环节:

$$G(s)=\frac{1}{s^2+0.8s+1}$$

试利用 MATLAB 画出奈氏图。

利用下面的命令,可以得出系统的奈氏图,如图 9-17 所示。

```
>> num=[0,0,1];
   den=[1,0.8,1];
   nyquist(num,den)
   % 设置坐标显示范围
   v=[-2,2,-2,2];
```

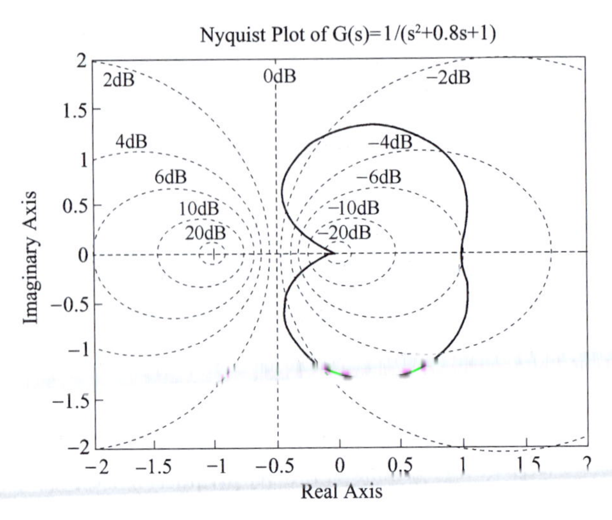

图 9-17　二阶环节奈氏图

```
axis(v)
grid
title('Nyquist Plot of G(s)= 1/(s^2+0.8s+1)')
```

3) 用 MATLAB 作伯德图

控制系统工具箱里提供的 bode( )函数可以直接求取、绘制给定线性系统的伯德图。

当命令不包含左端返回变量时,函数运行后会在屏幕上直接画出伯德图。如果命令表达式的左端含有返回变量,bode( )函数计算出的幅值和相角将返回到相应的矩阵中,这时屏幕上不显示频率响应图。命令的调用格式为

$$[\mathrm{mag},\mathrm{phase},\mathrm{w}]=\mathrm{bode}(\mathrm{num},\mathrm{den}) \tag{9-58}$$

$$[\mathrm{mag},\mathrm{phase},\mathrm{w}]=\mathrm{bode}(\mathrm{num},\mathrm{den},\mathrm{w}) \tag{9-59}$$

或

$$[\mathrm{mag},\mathrm{phase},\mathrm{w}]=\mathrm{bode}(G) \tag{9-60}$$

$$[\mathrm{mag},\mathrm{phase},\mathrm{w}]=\mathrm{bode}(G,\mathrm{w}) \tag{9-61}$$

矩阵 mag、phase 包含系统频率响应的幅值和相角,这些幅值和相角是在用户指定的频率点上计算得到的。用户如果不指定频率 w,MATLAB 会自动产生 w 向量,并根据 w 向量上各点计算幅值和相角。这时的相角是以度来表示的,幅值为增益值,在画伯德图时要转换成分贝值,因为分贝是作幅频图时的常用单位。自动绘图时,分贝值是自动转换的,若用户指定频率点,在变量 mag 中可以由以下命令把幅值转变成分贝:

$$\mathrm{magdb}=20*\log10(\mathrm{mag}) \tag{9-62}$$

绘图时的横坐标是以对数分度的。为了指定频率的范围,可采用以下命令格式:

$$\mathrm{logspace}(\mathrm{d1},\mathrm{d2}) \tag{9-63}$$

或

$$\mathrm{logspace}(\mathrm{d1},\mathrm{d2},\mathrm{n}) \tag{9-64}$$

式(9-63)是在指定频率范围内按对数距离分成 50 等分的,即在两个十进制数 $\omega_1=10^{d_1}$ 和 $\omega_2=10^{d_2}$ 之间产生一个由 50 个点组成的分量,向量中的点数 50 是一个默认值。例如要在 $\omega_1=0.1\mathrm{rad/s}$ 与 $\omega_2=100\mathrm{rad/s}$ 之间的频区画伯德图,则输入命令时,$d_1=\lg(\omega_1)$,$d_2=\lg(\omega_2)$ 在

此频区自动按对数距离等分成 50 个频率点,返回到工作空间中,即

w=logspace(-1,2)

要对计算点数进行人工设定,则采用式(9-64)。例如,要在 $\omega_1=1\text{rad/s}$ 与 $\omega_2=1000\text{rad/s}$ 之间产生 100 个对数等分点,可输入以下命令:

w=logspace(0,3,100)

在画伯德图时,利用以上各式产生的频率向量 w,可以很方便地画出希望频率的伯德图。

4) 对数坐标绘图函数

由于伯德图是半对数坐标图且幅频图和相频图要同时在一个绘图窗口中绘制,因此,要用到半对数坐标绘图函数和子图命令。

利用工作空间中的向量 x,y 绘图,要调用 plot 函数,若要绘制对数或半对数坐标图,只需要用相应函数名取代 plot 即可,其余参数应用与 plot 完全一致。命令公式有:

semilogx(x,y,s) (9-65)

上式表示只对 x 轴进行对数变换,y 轴仍为线性坐标。

semilog,y,s) (9-66)

上式是 y 轴取对数变换的半对数坐标图。

Loglog(x,y,s) (9-67)

上式是全对数坐标图,即 x 轴和 y 轴均取对数变换。

例 9-22 给定单位负反馈系统的开环传递函数为

$$G(s)=\frac{10(s+1)}{s(s+7)}$$

试画出伯德图。

利用以下 MATLAB 程序,可以直接在屏幕上绘出伯德图,如图 9-18 所示。

```
≫num=10*[1,1];
  den=[1,7,0];
  bode(num,den)
  grid
  title('Bode Diagram of G(s)=10*(s+1)/[s(s+7)]')
```

该程序绘图时的频率范围是自动确定的,从 0.01rad/s 至 1000rad/s,且幅值取分贝值,ω 轴取对数,图形分成 2 个子图,均是自动完成的。

如果希望显示的频率范围窄一点,则程序修改为:

```
≫num=10*[1,1];
  den=[1,7,0];
  w=logspace(-1,2,50);              % 从 0.1 至 100,取 50 个点
  [mag, phase, w]=bode(num, den, w);
  magdB=20*log10(mag)               % 增益值转化为分贝值

  % 第一个图画伯德图幅频部分
  subplot(2,1,1);
  semilogx(w,magdB, '-r')           % 用红线画
  grid
  title('Bode Diagram of G(s)=  10*(s+1)/[s(s+7)] ')
  xlabel('Frequency(rad/s)')
  ylabel('Gain(dB)')
```

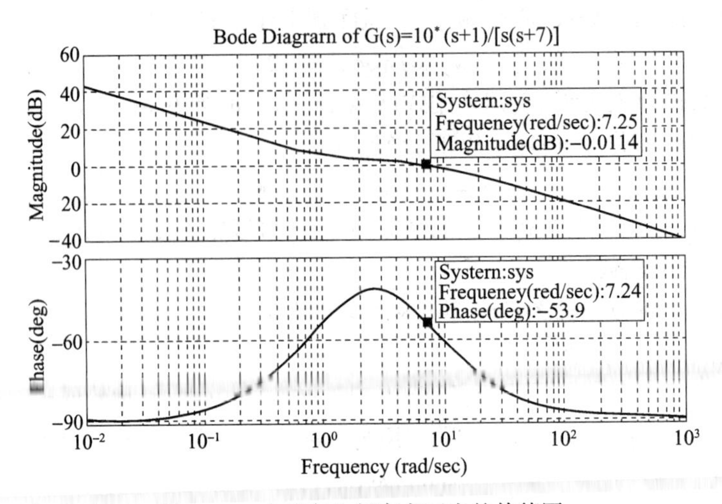

图 9-18　自动产生频率点画出的伯德图

```
% 第二个图画伯德图相频部分
subplot(2,1,2);
semilogx(w,phase, '-r');
grid
xlabel('Frequency(rad/s)')
ylabel('Phase(deg)')
```

修改程序后画出的伯德图如图 9-19 所示。

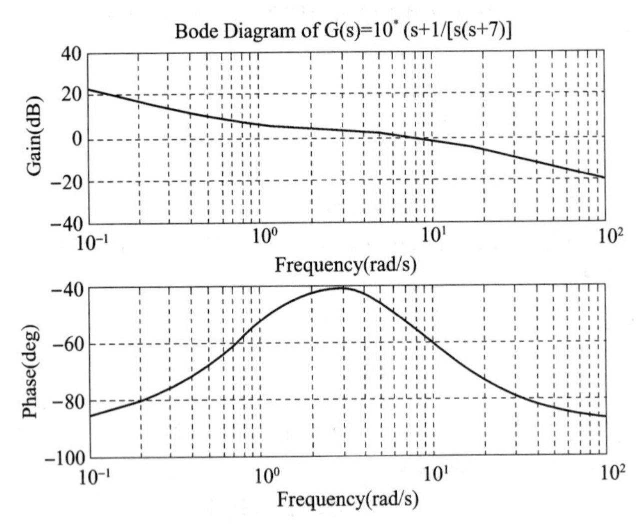

图 9-19　用户指定的频率点画出的伯德图

5）用 MATLAB 求取稳定裕量

同前面介绍的求时域响应性能指标类似，由 MATLAB 的 bode( ) 函数绘制的伯德图也可以采用游动鼠标法求取系统的幅值裕量和相位裕量。例如，可以在图 9-17 的幅频曲线上按住鼠标左键游动鼠标，找出纵坐标(Magnitude)趋近于零的点，从提示框图中读出其频率约为 7.25dB。然后在相频曲线上用同样的方法找到横坐标(Frequence)最接近 7.25dB 的点，可读出其相角为-53.9°，由此可得，此系统的相角裕量为126.1°。幅值裕量的计算方法与此类似。

此外，控制系统工具箱中提供了margin()函数来求取给定线性系统幅值裕量和相位裕量，该函数可以由下面格式来调用：

$$[Gm, Pm, Wcg, Wcp]=margin(G); \tag{9-68}$$

可以看出，幅值裕量与相位裕量可以由LTI对象G求出，返回的变量对(Gm, Wcg)为幅值裕量的值与相应的相角穿越频率，而(Pm, Wcp)则为相位裕量的值与相应的幅值穿越频率。若得出的裕量为无穷大，则其值为Inf，这时相应的频率值为NaN(表示非数值)，Inf和NaN均为MATLAB软件保留的常数。

如果已知系统的频率响应数据，还可以由下面的格式调用此函数。

[Gm, Pm, Wcg, Wcp]=margin(mag, phase, w);

其中(mag, phase, w)分别为频率响应的幅值、相位与频率向量。

例9-23 已知三阶系统开环传递函数为

$$G(s)=\frac{7}{2(s^3+2s^2+3s+2)}$$

利用下面的MATLAB程序，画出系统的奈氏图，求出相应的幅值裕量和相位裕量，并求出闭环单位阶跃响应曲线。

```
>> G=tf(3.5,[1,2,3,2]);
   subplot(1,2,1);
   % 第一个图为奈氏图
   nyquist(G);
   grid
   xlabel('Real Axis')
   ylabel('Imag Axis')
   [Gm,Pm,Wcg,Wcp]=margin(G);
   [Gm,Pm,Wcg,Wcp]
   显示结果为:
       ans=1.1429      7.1578       1.7321      1.6542
   % 第二个图为时域响应图
   G_c=feedback(G,1);
   subplot(1,2,2);
   step(G_c)
   grid
   xlabel('Time(secs)')
   ylabel('Amplitude')
```

画出的图形如图9-20所示。由奈氏曲线可以看出，奈氏曲线并不包围(-1,j0)点，故闭环系统是稳定的。由于幅值裕量虽然大于1，但很接近1，故奈氏曲线与实轴的交点离临界点(-1,j0)很近，且相位裕量也只有7.1578°，所以系统尽管稳定，但其性能不会太好。观察闭环阶跃响应图，可以看到波形有较强的振荡。

如果系统的相角裕量$\gamma>45°$，一般称该系统有较好的相角裕量。

例9-24 考虑一个新的系统模型，开环传递函数为

$$G(s)=\frac{100(s+5)^2}{(s+1)(s^2+s+9)}$$

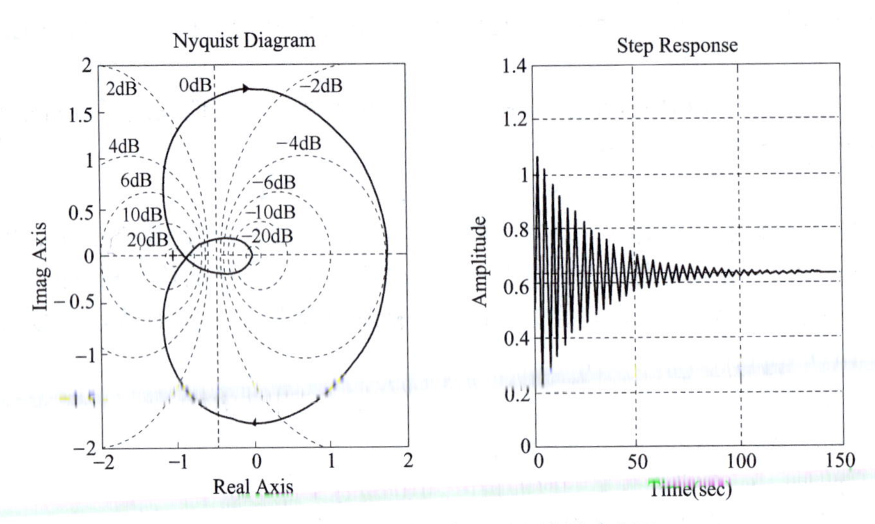

图 9-20　三阶系统的奈氏图和阶跃响应图

由下面 MATLAB 语句可直接求出系统的幅值裕量和相位裕量：

```
≫ G=tf(100*conv([1,5],[1,5]), conv([1,1],[1,1,9]));
[Gm, Pm, Wcg, Wcp]=margin(G)
```

结果显示：

```
Gm =                    Pm =
        Inf                   85.4365
Wcg =                   Wcp =
        NaN                   100.3285
```

再输入命令：

```
≫ G_c=feedback(G,1);
step(G_c)
grid
xlalel('Time(sec)')
ylalel('Amplitude')
```

可以看出，该系统有无穷大幅值裕量，且相角裕量高达 85.4365°。所以系统的闭环响应是较理想的，闭环响应图如图 9-21 所示。

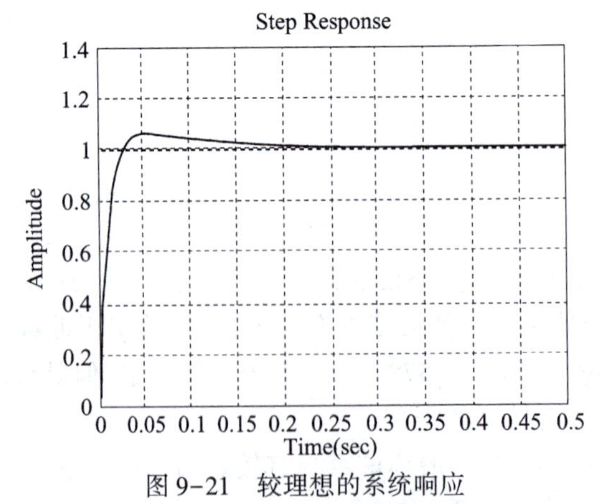

图 9-21　较理想的系统响应

6）时间延迟系统的频域响应

（1）时间延迟系统的传递函数模型。带有延迟环节 e^{-Ts} 的系统不具有有理函数的标准形

式，在 MATLAB 中，建立这类系统的模型，要由一个属性设置函数 set( ) 来实现。该函数的调用格式为

$$\text{set(H,'属性名','属性值')} \tag{9-69}$$

其中 H 为图形元素的句柄(handle)。在 MATLAB 中，当对图形元素作进一步操作时，只需对该句柄进行操作即可。例如以下调用格式：

h=plot(x,y)

G=tf(num,den)

plot( ) 函数将返回一个句柄 h，tf( ) 函数返回一个句柄 G，要想改变句柄 h 所对应曲线的颜色，则可以调用下面命令：

set(h,color,[1,0,0])；

即对 color 参数进行赋值，将曲线变成红色(由[1,0,0]决定)

同样，要想对 G 句柄所对应模型的延迟时间'T_d'进行修改，则可调用下面命令：

set(G,'$\mathrm{T_d}$',T)

其中 T 为延迟时间。由此修改后，模型 G 就已具有时间延迟特性。

(2) 时间延迟系统的频域响应。含有一个延迟环节的系统，其开环频域响应为

$$G(\mathrm{j}\omega)\mathrm{e}^{-\mathrm{j}T\omega} = |G(\mathrm{j}\omega)|\mathrm{e}^{\mathrm{j}|\varphi(\omega)-T\omega|}$$

可见，该系统的幅频特性不变，只加大了相位滞后。

例 9-25 考虑系统的开环模型为

$$G(s) = \frac{1}{s+1}\mathrm{e}^{-Ts}$$

当 $T=1$ 时，可以由下面的 MATLAB 命令绘出系统的奈氏图，如图 9-22 所示，此开环系统对应的时域延迟响应如图 9-23 所示。

```
>> G=tf(1,[1, 1]);
   T=[1];
   w=[0, logspace(-3, 1, 100), logspace(1,2,200)];
   set(G,'Td', T);              % 延迟 1s
   nyquist(G,w)
   grid
   figure                       % 建立一个新的绘图窗口
   step(G)
```

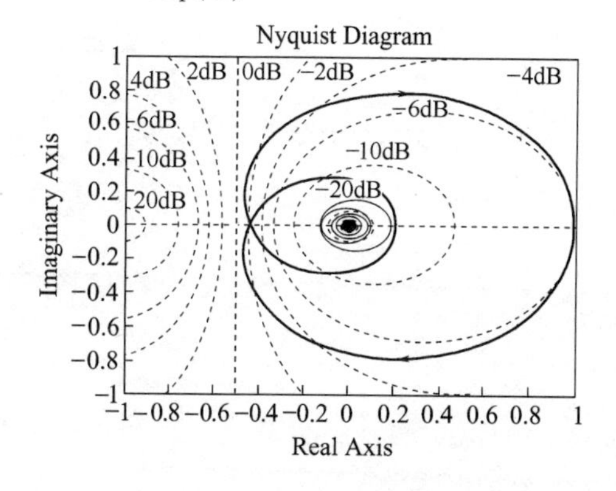

图 9-22 时间延迟系统奈氏图

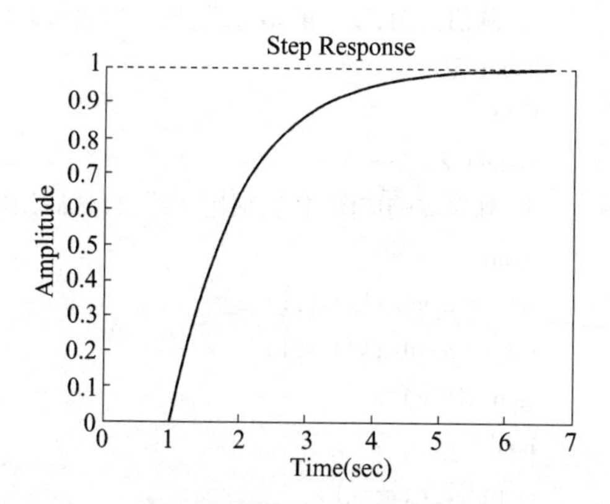

图 9-23 时间延迟系统的阶跃响应

7）频域法串联校正的 MATLAB 方法

利用 MATLAB 可以方便地画出伯德图并求出幅值裕量和相角裕量。将 MATLAB 应用到经典理论的校正方法中，可以方便地校验系统校正前后的性能指标。通过反复试探不同校正参数对应的不同性能指标，能够设计出最佳的校正装置。

例 9-26 给定系统如图 9-24 所示，试设计一个串联校正装置，使系统满足幅值裕量大于 10dB，相位裕量≥45°。

解：为了满足上述要求，试探地采用串联超前校正装置 $G_c(s)$，使系统变为图 9-25 所示的结构。

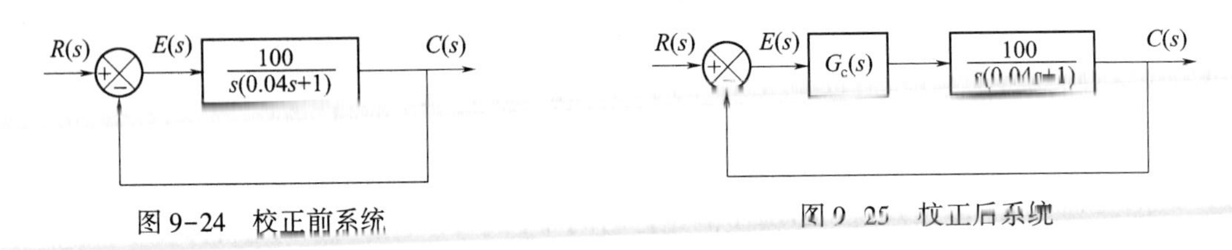

图 9-24　校正前系统　　　　图 9-25　校正后系统

可以首先用下面的 MATLAB 语句得出原系统的幅值裕量与相位裕量。

```
>> G=tf(100, [0.04, 1, 0]);
   [Gw, Pw, Wcg, Wcp]=margin(G)
```

在命令窗口中显示如下结果：

```
Gm  =                          Pw  =
      Inf                            28.0243

Wcg  =                         Wcp  =
      NaN                            46.9701
```

可以看出，这个系统有无穷大的幅值裕量，并且其相位裕量 $\gamma=28°$，幅值穿越频率 Wcp=47rad/s。

引入一个串联超前校正装置：

$$G_c(s)=\frac{0.025s+1}{0.01s+1}$$

可以通过下面的 MATLAB 语句得出校正前后系统的伯德图如图 9-26 所示，校正前后系统的阶跃响应图如图 9-27 所示。其中 ω1、γ1、ts1 分别为校正前系统的幅值穿越频率、相角裕量、调节时间，ω2、γ2、ts2 分别为校正后系统的幅值穿越频率、相角裕量、调节时间。

```
>> G1=tf(100,[0.04,1,0]);                          % 校正前模型
   G2=tf(100*[0.025,1],conv([0.04,1,0],[0.01,1]))  % 校正后模型
   % 画伯德图,校正前用实线,校正后用短画线
   bode(G1)
   hold
   bode(G2, '--')
   % 画时域响应图,校正前用实线,校正后用短画线
   figure
   G1_c=feedback(G1,1)
   G2_c=feedback(G2,1)
   step(G1_c)
   hold
   step(G2_c,'--')
```

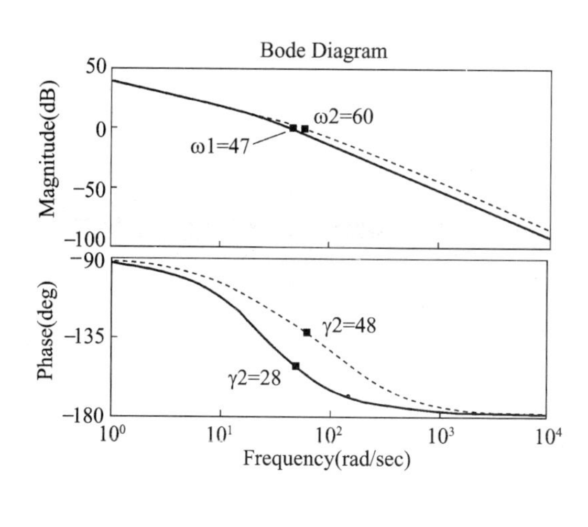

图 9-26 校正前后系统的伯德图

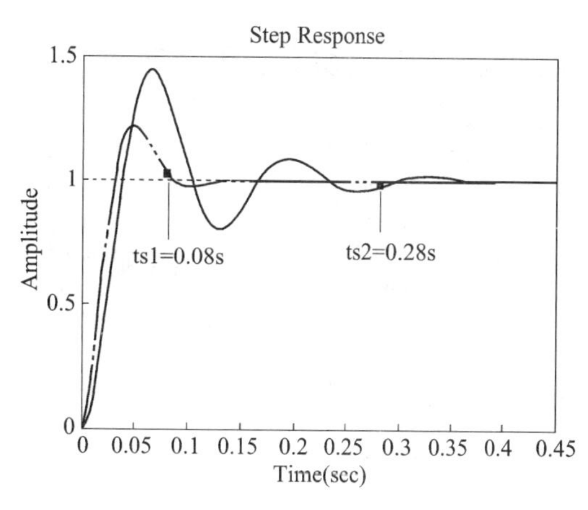

图 9-27 校正前后系统的阶跃响应图

可以看出，在这样的控制器下，校正后系统的相位裕量由 28°增加到 48°，调节时间由 0.28s减少到 0.08s。系统的性能有了明显的提高，满足了设计要求。

9.4 Simulink 方法建模与仿真

在一些实际应用中，如果系统的结构过于复杂，不适合用分析和编程的方法建模。在这种情况下，功能完善的 Simulink 程序可以用来方便地建立系统的数学模型。Simulink 是由 Mathworks 软件公司 1990 年为 MATLAB 提供的新的控制系统结构图编程与系统仿真的专用软件工具。它有两个显著的功能：Simu（仿真）与 Link（连接）。在该仿真环境下，用户程序其外观就是控制系统结构图，亦即建模过程可通过鼠标在模型窗口上“画”出所需的控制系统模型，然后利用 Simulink 提供的输入源模块对结构图所描述的系统施加激励，利用 Simulink 提供的输出口模块获得系统的输出响应数据或时间响应曲线。与 MATLAB 中逐行输入命令相比，这种输入更容易，分析更直观，成为图形化、模块化方式的控制系统仿真工具。这不能不说是控制系统仿真工具的一大突破性进步。下面简单介绍 Simulink 建立结构图模型的基本步骤与系统仿真的方法。

1. Simulink 的启动

在 MATLAB 命令窗口的工具栏中单击按钮或者在命令提示符≫下键入 simulink 命令，回车后即可启动 Simulink 程序。启动后软件自动打开 Simulink 模型库窗口，如图 9-28 所示。这一模型库中含有许多子模型库，如 Sources（输入源模块库）、Sinks（输出显示模块库）、Nonlinear（非线性环节）等。若想建立一个控制系统结构框图，则应该选择 File | New 菜单中的 Model 选项，或选择工具栏上 New Model 按钮，打开一个空白的模型编辑窗口，如图 9-29 所示。

2. 画出系统的各个模块

打开相应的子模块库，选择所需要的元素，用鼠标左键点中后拖到模型编辑窗口的合适位置。模块的输入输出方向以及模块的颜色等外观的调整，可以右击该模块图标，从快捷菜单中选择相应的项进行调整。

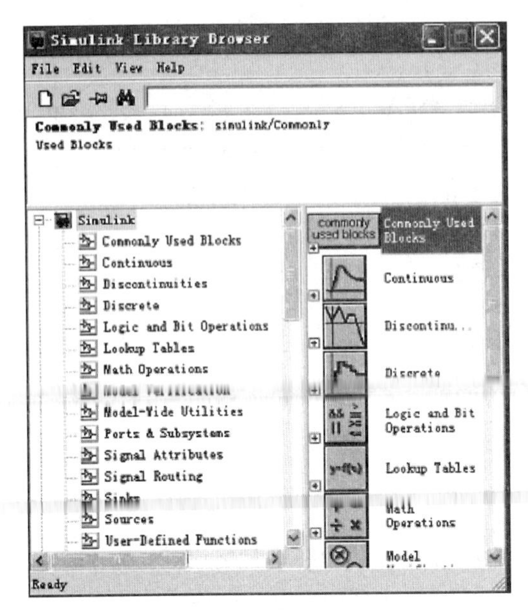

图 9-28　Simulink 模型库

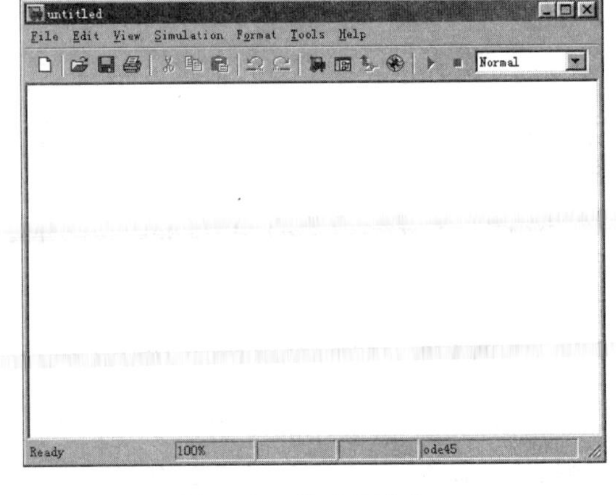

图 9-29　模型编辑窗口

3. 给出各个模块参数

由于选中的各个模块只包含默认的模型参数，如默认的传递函数模型为 1/(s+1) 的简单格式，必须通过修改得到实际的模块参数。要修改模块的参数，可以双击该模块图标，则会出现一个相应对话框，提示用户修改模块参数。

4. 画出连接线

当所有的模块都画出来之后，可以再画出模块间所需要的连线，构成完整的系统。模块间连线的画法很简单，只需要用鼠标点按起始模块的输出端（三角符号），再拖动鼠标，到终止模块的输入端释放鼠标键，系统会自动地在两个模块间画出带箭头的连线。若需要从连线中引出节点，可在鼠标单击起始节点时按住 Ctrl 键，再将鼠标拖动到目的模块。

5. 输入和输出端子

在 Simulink 下允许有两类输入输出信号，第一类是仿真信号，可从 Sources（输入源模块）图标中取出相应的输入信号端子，从 Sinks（输出显示模块）图标中取出相应输出端子即可。第二类是要提取系统线性模型，则需打开 Connection（连接模块库）图标，从中选取相应的输入输出端子。

6. 在图形中标注文字

当图形画好之后，可在图中任意位置标注变量符号或文字。选择希望的位置双击鼠标，则出现一个文字输入框，输入要标注的文字即可。

7. 新文件存储

结构图程序完成以后，保存时可选择 File 中的 Save as（另存为），将文件以扩展名 . mdl 存入用户程序存储区。这是特殊的 M 函数，或者又称为 s 函数，在 Simulink 中用于描述系统模型，是由结构图文件自动生成的。

8. 仿真参数设置和启动仿真

在编辑窗口中单击 Simulation | Simulation parameters 菜单，会出现一个参数对话框，在 Solver 模板中设置响应的仿真范围 Start Time（开始时间）和 Stop Time（终止时间），仿真步长

范围 Max step size(最大步长)和 Min step size(最小步长)。最后单击 Simulation|Start 菜单或单击相应的热键按钮 ▶ Start Simulation 启动仿真。注:一旦设置了仿真终止时间,而且示波器的 Parameter 中的 Time range 设置为 auto,则示波器自动地将该终止时间作为其时间域的范围。

例 9-27 典型二阶系统的结构图如图 9-30 所示。用 Simulink 对系统进行仿真分析。

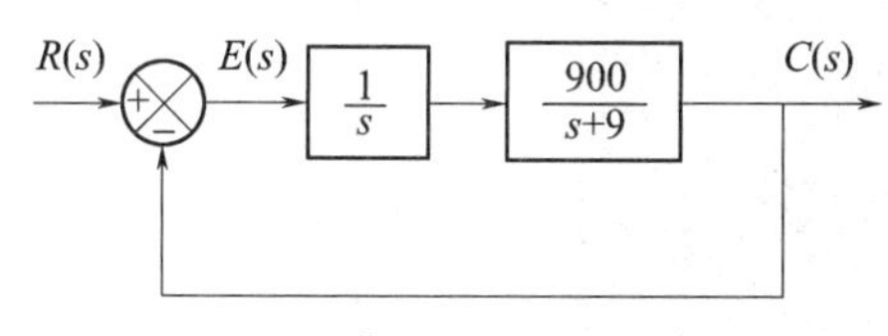

图 9-30 典型二阶系统结构图

(1) 按前面步骤,启动 Simulink 并打开一个空白的模型编辑窗口。

(2) 画出所需模块,并给出正确的参数:

① 在 Sources 子模块库中选中阶跃输入(step)图标,将其拖入编辑窗口,并用鼠标左键双击该图标,打开参数设定的对话框,将参数 step time(阶跃时刻)设为 0。

② 在 Math(数学)子模块库中选中加法器(sum)图标,拖到编辑窗口中,并双击该图标将参数 List of signs(符号列表)设为|+ -(表示输入为正,反馈为负)。

③ 在 Continuous(连续)子模块库中选中积分器(Integrator)和传递函数(Transfer Fcn)图标拖到编辑窗口中,并将传递函数分子(Numerator)改为 900,分母(Denominator)改为"1,9"。

④ 在 Sinks(输出)子模块库中选择 Scope(示波器)和 Out1(输出端口模块)图标并将其拖到编辑窗口中。双击示波器模块,打开示波器窗口,在菜单栏中选择 Parameters 按钮打开一个对话框,在 General 选项卡中设置:Number of axel 为 1;Time range 为 auto;Tick labels 为 bottom axis only;sampling 为 sample time/0,单击 OK 按钮确定。在窗口内单击右键,打开快捷菜单,选择 Axes properties…项,设置输出范围:Y-min:0;Y-max:2,单击 OK 按钮确定。

(3) 将画出的所有模块按图 9-30 用鼠标操作将其连接起来,构成一个原系统的框图描述,如图 9-31 所示。

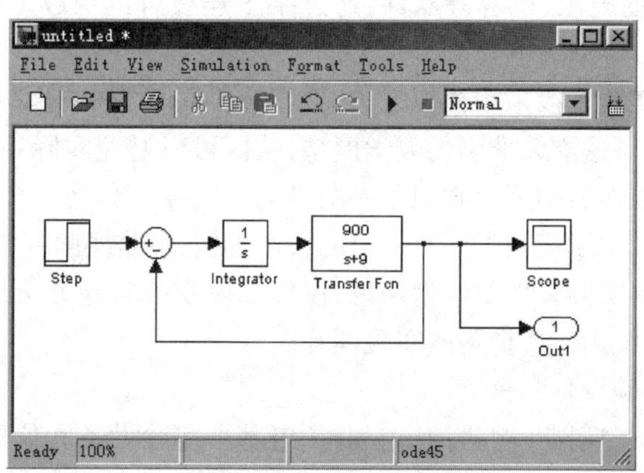

图 9-31 二阶系统的 Simulink 实现

(4) 选择仿真控制参数,启动仿真过程。

单击 Simulation 打开 Simulation parameters 菜单,在 Solver 模板中设置 Start Time 为 0.0;Stop Time 为1.2。仿真步长范围 Max step size 为 0.005。最后单击 ▶ (Start Simulation)按钮启动仿真。双击示波器,在弹出的图形上会"实时地"显示出仿真结果。输出结果如图 9-32 所示。

在命令窗口中输入 whos 命令,会发现工作空间中增加了两个变量——tout 和 yout,这是因为 Simulink 中的 Out1 模块自动将结果写到了 MATLAB 的工作空间中。利用 MATLAB 命令 plot(tout,yout)可将结果绘制出来,如图 9-33 所示。比较图 9-32 和图 9-33,可以发现这两种输出结果是完全一致的。

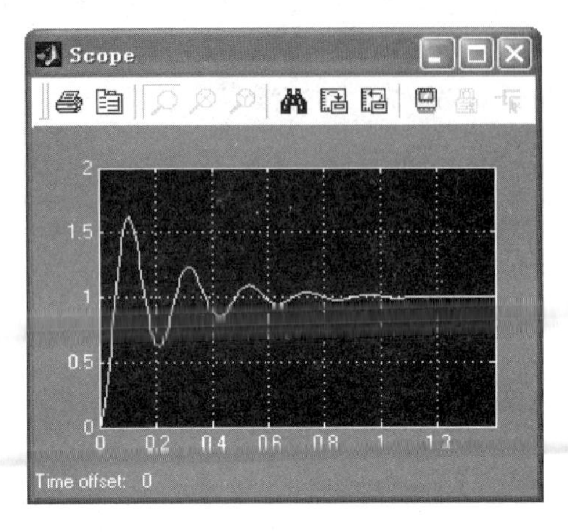

图 9-32 仿真结果示波器显示

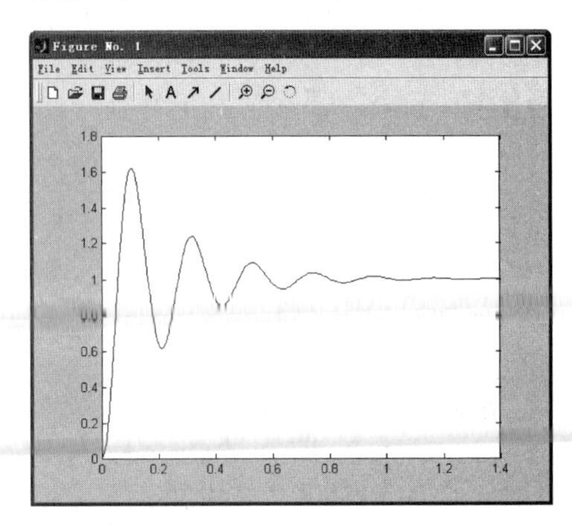

图 9-33 MATLAB 命令得出的系统响应曲线

9.5 自动控制理论模拟实验与 Simulink 仿真

自动控制理论是一门理论性和实践性很强的专业基础课,前面通过 MATLAB 编程,可以方便地研究系统性能,验证理论的正确性,加深对理论知识的理解。本节再通过电子模拟实验,学习和掌握系统模拟电路的构成和测试技术,然后用 Simulink 仿真环境形象直观地验证实验结果,进一步培养学生的实际动手能力和分析、研究问题的能力。

在控制理论课程中,大部分院校目前拥有的实验设备是电子模拟学习机。这种专为教学实验制造的电子模拟学习机,体积较小,使用方便,实验箱中备有多个运算放大器构成的独立单元,再加上常用的电阻、电容等器件,通过手工连线可以构成多种特性的被控对象和控制器。

在基础训练阶段,实验手段采用模拟方法,除了灵活方便之外,还具有以下两个优点:

(1) 电子模拟装置可建立较准确的数学模型,从而可以避免实际系统中常碰到的各种复杂因素,使初学者能够根据所学理论知识循序渐进地完成各项实验。

(2) 在工程实践中,电子模拟方法有一定的实用价值,也是实验室常用的一种实验方法。

当然,对于将来从事实际工作的学生来说,仅仅掌握模拟实验方法还是不够的,应在此基础上进行一些以实际系统为主要设备的实验训练。

下面介绍常用的实验设备和仪器。

以自动控制理论电子模拟学习机为核心的一组基本实验设备和仪器,共同完成对各种实验对象的模拟和测试任务。在传统的测试手段下,构成基本实验必备仪器有以下几种:

(1) 电子模拟学习机。

(2) 超低频双踪示波器。

(3) 超低频信号发生器。

(4) 万用表。

按照被测系统的数学模型,在电子模拟学习机上用基本运放单元模拟出相应的电路模型,然后按图 9-34 所示的方法进行模拟实验测试。

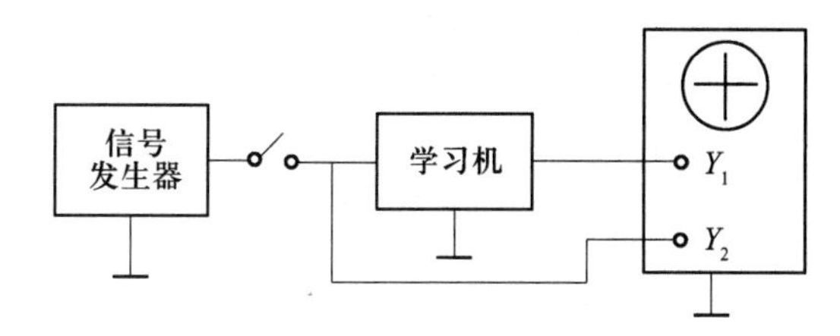

图 9-34　传统仪器组合

随着计算机软件、硬件的快速发展,人们越来越多地利用计算机实现的虚拟仪器代替传统仪器。目前,大多数实验室都是用计算机来实现信号的产生、测量与显示,以及系统的控制及数据处理,使实验过程更加方便,功能更强大。现在的模拟实验组件是按图 9-35 来实现的。

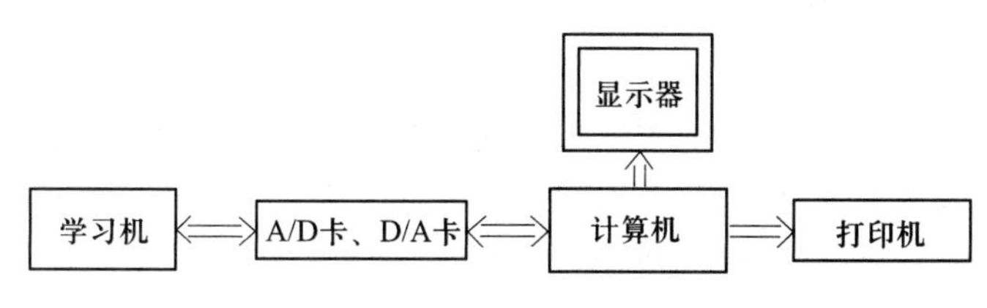

图 9-35　计算机仿真模拟实验

A/D、D/A 卡起模拟信号与数字信号的转换作用,还可产生不同的输入信号(阶跃、三角、正弦等),供实验时选用。使用时用 RS232 串口电缆将 A/D 卡、D/A 卡与计算机连接起来。如果配备打印机,则可在实验的同时将实验结果打印输出。由于计算机可以方便地输入数据、观察数据,初学者可以在屏幕的提示下进行实验过程,使学习变得更加轻松。

下面介绍几个自动控制理论的基本实验。

实验一　典型环节及阶跃响应测试

1. 实验的基本原理

控制系统的模拟实验是采用复合网络法来模拟各种典型环节,即利用运算放大器及相应的 RC 外部网络,组成运放的不同输入网络和反馈网络,模拟出各种典型环节,然后按照给定系统的结构图将这些模拟环节连接起来,便得到了相应的模拟系统。将典型输入信号加到模拟系统的输入端,使系统产生动态响应。这时,可利用计算机或示波器等测试仪器,测量系统的输出,便可观测到系统的动态响应过程,并进行性能指标的测量。若改变系统的某一参数,还可进一步分析研究参数对系统性能的影响。

在以下的实验过程中,为了更好地检验实验结果,避免过多地出现错误操作,将每一环节的正确结果,通过 Simulink 仿真软件绘出正确的图形,以便于读者检验实验结果的正确性。

2. 时域性能指标测量方法

(1) 最大超调量 $\sigma_p\%$。利用示波器或计算机显示器上测到的输出波形,读出响应最大值和稳态值所具有的刻度值,代入下式算出超调量:

$$\sigma_p\% = \frac{c_{max} - c_\infty}{c_\infty} \times 100\% \tag{9-70}$$

(2) 峰值时间 t_p。根据示波器或显示器上输出的波形最大值,找出这一点在水平方向上时间轴所具有的刻度值,即可换算出或读出峰值时间 t_p。

(3) 调节时间 t_s。同样,对应输出从零到进入5%或2%误差带的点,在水平方向上读出时间轴所占的刻度值,即可得到调节时间 t_s 。

3. 实验内容

(1) 比例环节

$$G(s) = -K$$

其模拟比例放大电路如图 9-36 所示。

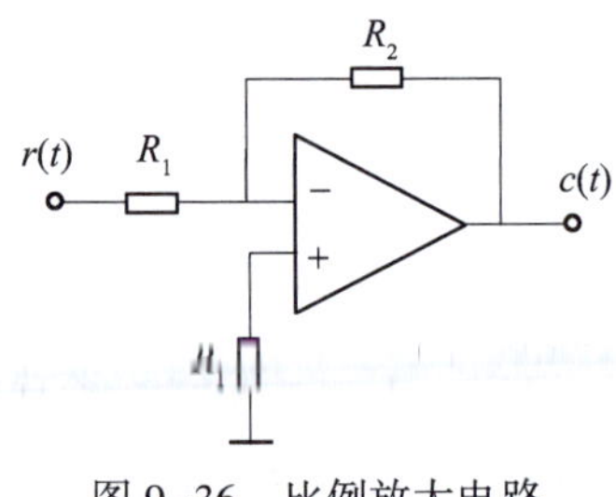

图 9-36 比例放大电路

$$\frac{C(s)}{R(s)} = -\frac{R_2}{R_1}, \quad K = \frac{R_2}{R_1}$$

一般可通过改变电阻 R_2 来调整放大倍数 K。

由于输入信号 $r(t)$ 是从运算放大器的反相输入端输入,所以输出信号和输入信号在相位上正好相反,传递函数中出现负号。为了观测方便,可以从输入端输入负阶跃信号。也可以在输出端连接一个反相器,如图 9-37 所示。

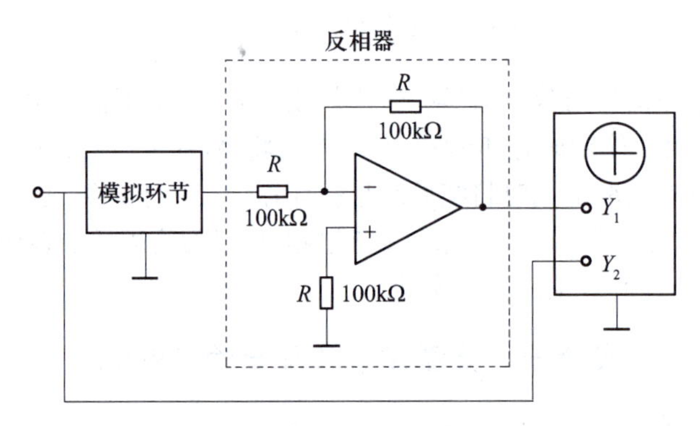

图 9-37 输出端连接一个反相器

取 $R_1 = 100\text{k}\Omega$, $R_2 = 200\text{k}\Omega$,将模拟学习机上手动阶跃信号(或信号发生器置于"手动阶跃")引入环节输入端,观测输出波形,并作记录(为便于比较,应将输入信号与输出信号同时送入双踪示波器或计算机,两路信号同时在一个坐标系下显示。绘制曲线时,也用这种形式)。

图 9-38 所示为 Simulink 的仿真模块。为便于观察,阶跃信号输入时间设置为 1s(系统默认值),后面的各个例题也都适当调整输入时间。增益(Gain)模块的增益放大倍数设为 2。另外,也可以双击各模块,设置适合其他参数。

(2) 积分环节

$$G(s) = \frac{-1}{Ts}$$

其模拟线路如图 9-39 所示。

$$\frac{C(s)}{R(s)} = \frac{-1}{R_1 CS}, \quad T = R_1 C$$

积分时间常数可通过改变电阻 R_1 或电容 C 来选择。

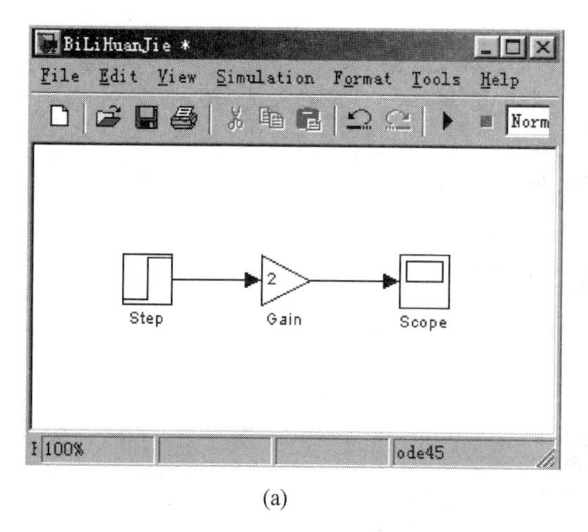

(a)

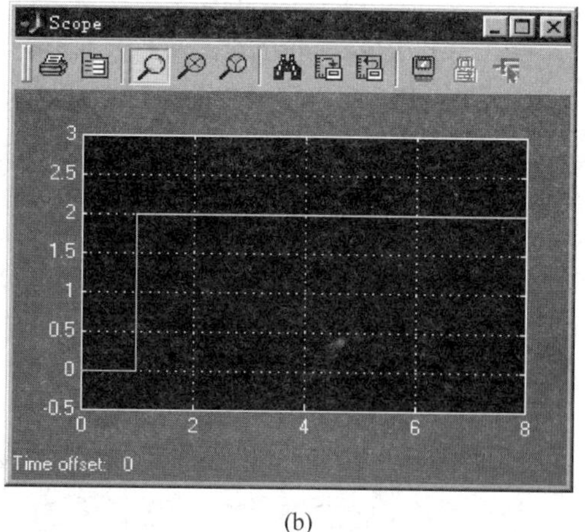

(b)

图 9-38 比例环节的 Simulink 仿真
(a) 仿真模块；(b) 仿真输出。

取 $R_1=100\text{k}\Omega$，$C=1\mu\text{F}$，按上述同样方法观测阶跃响应波形。用 Simulink 仿真的环节模块图如图 9-40(a)所示。由于积分环节附带的增益比较大(积分时间常数 $T=0.1\text{s}$)，Scope(示波器)绘出图形的辐值显示范围并不是很理想。我们可以在 Scope 的显示图中单击鼠标右键，选择 Axes properties 菜单，在弹出的对话框中设置 Y-max 属性为 100，则输出结果如图 9-40(b)所示。

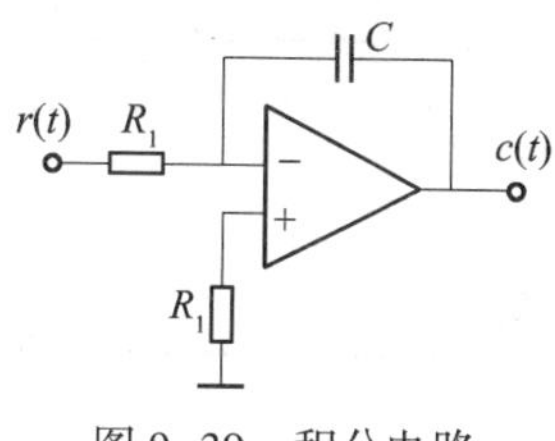

图 9-39 积分电路

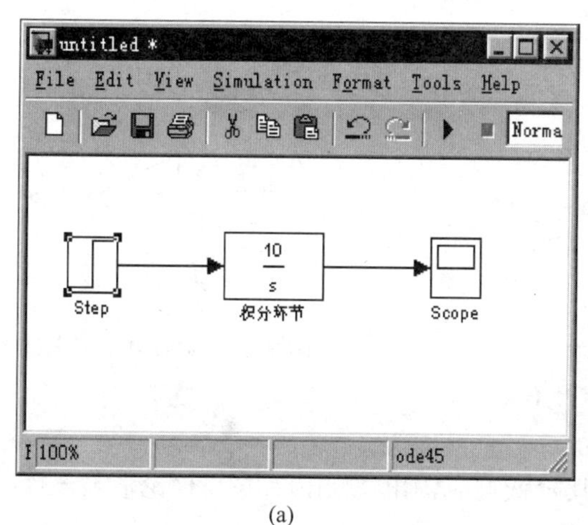

(a)

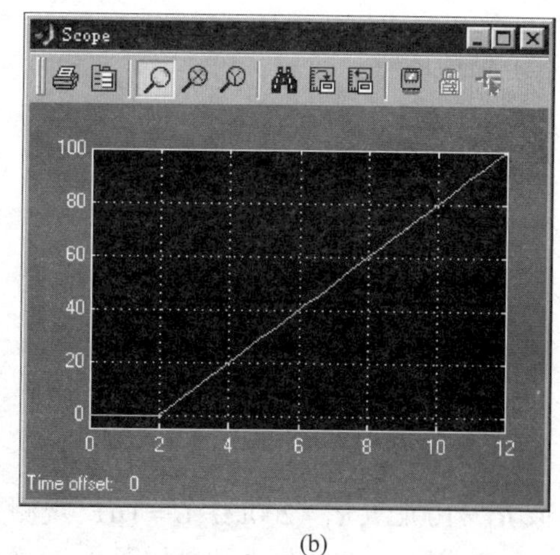

(b)

图 9-40 积分环节的 Simulink 仿真
(a) 仿真模块；(b) 仿真输出。

(3) 微分环节

$$G(s)=-Ts$$

其模拟线路图如图 9-41 所示。

$$\frac{C(s)}{R(s)}=-\frac{R_2C_1s}{R_2C_2s+1}\approx -R_2C_1s$$

其中： $C_2 << C_1$， $T=R_2C_1$

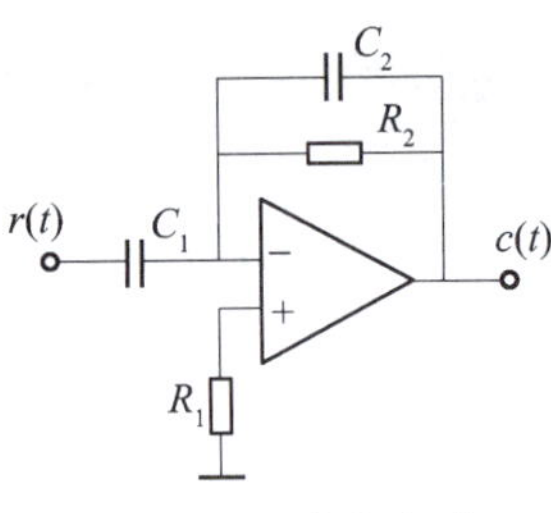

图 9-41　微分电路

微分时间常数 T 可通过改变 R_2 和 C_1 来选取。令 $R_2=100\mathrm{k}\Omega$，$C_1=1\mu\mathrm{F}$，$C_2=0.01\mu\mathrm{F}$，按上述同样步骤进行模拟和测试，观察微分环节的阶跃响应波形。用 Simulink 仿真的模块图为图 9-42(a)，在 Scope 绘出的图形中调整横纵坐标，得出的时域响应图如图 9-42(b)所示。

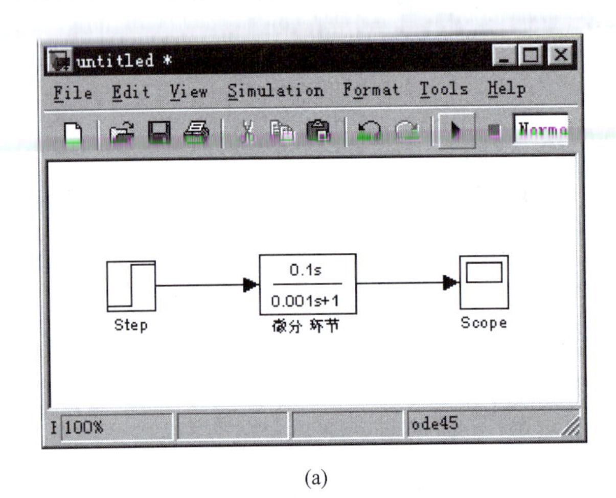

(a)

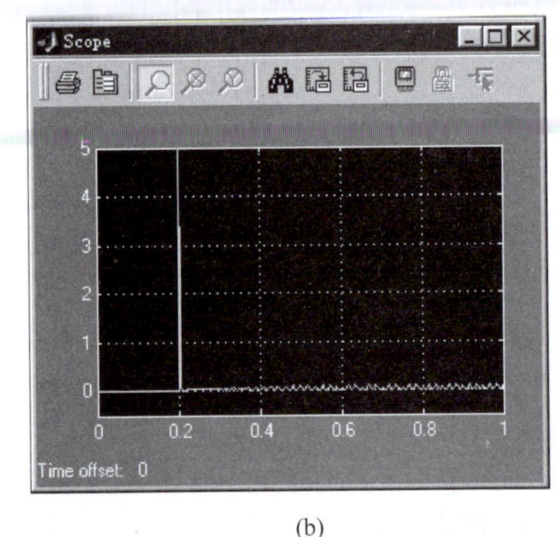

(b)

图 9-42　微分环节的 Simulink 仿真

(a) 仿真模块；(b) 仿真输出。

(4) 惯性环节

$$G(s)=\frac{-K}{Ts+1}$$

其模拟线路如图 9-43 所示。

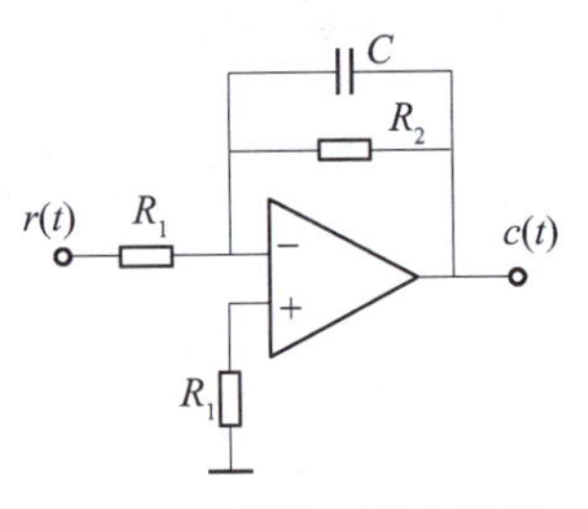

图 9-43　惯性环节电路图

$$\frac{C(s)}{R(s)}=\frac{-\dfrac{R_2}{R_1}}{R_2Cs+1},\quad K=\frac{R_2}{R_1},\quad T=R_2C$$

取 $R_1=100\mathrm{k}\Omega$，$R_2=200\mathrm{k}\Omega$，$C=1\mu\mathrm{F}$，观测其阶跃响应输出，测出 t_s，并与理论值 $t_s=3T$(或 $4T$)相比较，用 Simulink 仿真结果如图 9-44 所示。

(5) 振荡环节

$$G(s)=\frac{-\omega_n^2}{s^2+2\zeta\omega_n s+\omega_n^2}$$

其模拟线路如图 9-45 所示。

对应的结构图如图 9-46 所示。

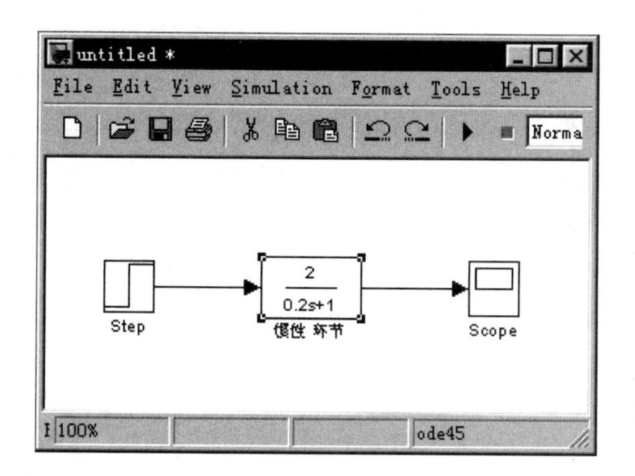

(a)

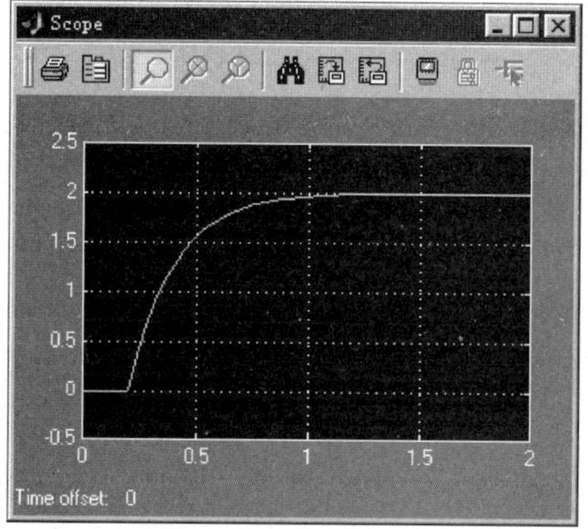

(b)

图 9-44 惯性环节的 Simulink 仿真

(a) 仿真模块;(b) 仿真输出。

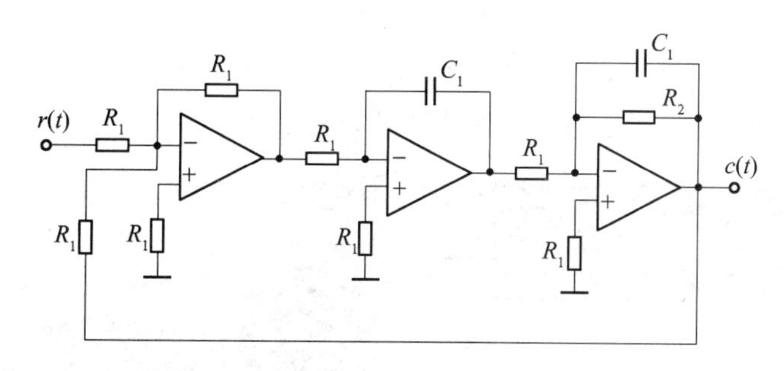

图 9-45 振荡环节

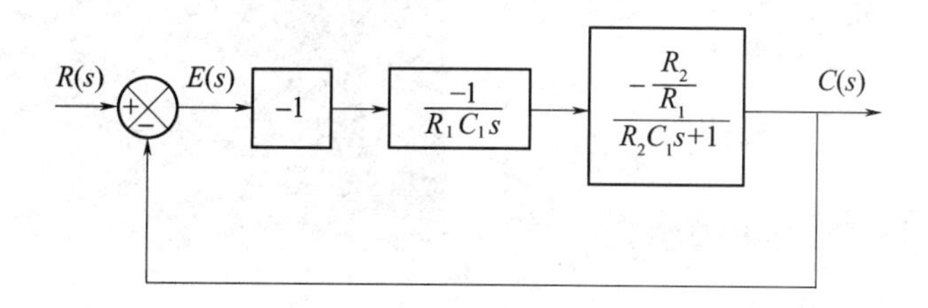

图 9-46 振荡环节结构图

$$\frac{C(s)}{R(s)}=\frac{-\left(\dfrac{1}{R_1C_1}\right)^2}{s^2+\dfrac{1}{R_2C_1}s+\left(\dfrac{1}{R_1C_1}\right)^2},\quad \omega_n=\frac{1}{R_1C_1},\quad \zeta=\frac{R_1}{2R_2}$$

改变 C_1 可以改变 ω_n 的大小,改变 R_2 可以改变 ζ 的大小。按表 9-2 给出的参数测量阶跃响应,并记入表中。

表 9-2　不同的 ω_n 和 ζ 所对应的时域性能指标

记录 参数	$\sigma_p\%$	t_p/ms	t_s/ms	阶跃响应波形
$\omega_n = 10\text{rad/s}$ ($R_1 = 100\text{k}\Omega$　$C_1 = 1\mu\text{F}$)	$R_2 = \infty$ $\zeta = 0$	100%		
	$R_2 = 200\text{k}\Omega$ $\zeta = 0.25$			
	$R_2 = 100\text{k}\Omega$ $\zeta = 0.5$			
	$R_2 = 50\text{k}\Omega$ $\zeta = 1$			
$\omega_n = 100\text{rad/s}$ ($R_1 = 100\text{k}\Omega$　$C_1 = 0.01\mu\text{F}$)	$R_2 = 200\text{k}\Omega$ $\zeta = 0.25$			
	$R_2 = 100\text{k}\Omega$ $\zeta = 0.5$			

当 $\omega_n = 10$，$\zeta = 0.25$ 时用 Simulink 仿真的结果如图 9-47 所示。

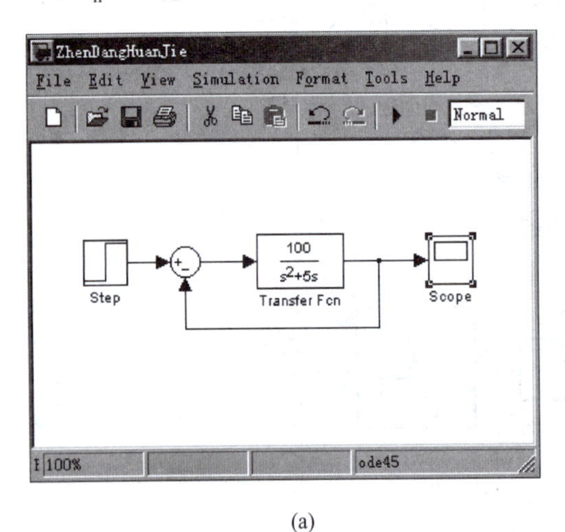

(a)

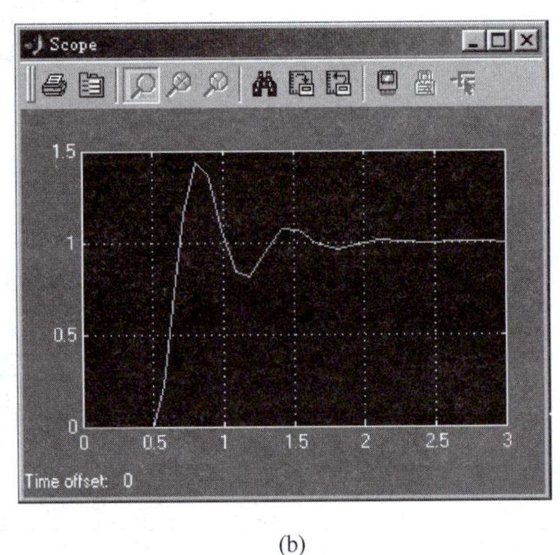

(b)

图 9-47　振荡环节的 Simulink 仿真

(a) 仿真模块；(b) 仿真输出。

4. 实验报告

(1) 画出实验线路图，记录原始数据、测试数据及波形。

(2) 讨论惯性环节(一阶系统)：按实验给出的响应曲线，求出 K，T，t_s，与理论计算值比较，并得出由实验结果求惯性环节传递函数的方法。

(3) 讨论振荡环节(二阶系统)：按实验给出的欠阻尼下的响应曲线，求出 t_p 和 t_s，与理论值相比较，并确定参数 ζ，ω_n，最终可得出由实验结果求振荡环节传递函数的方法。

讨论振荡环节性能指标与 ζ，ω_n 的关系。

实验二　系统频率特性测量

利用简单仪器测量频率特性，测量精度是有限的，但物理意义明显，波形直观。本实验通过"李沙育图形"法进行频率特性测试，可以使学生通过实验观测到物理系统的频率响应，并根据测量值算出频率特性的幅值和相角，通过实验可以掌握测试频率特性的基本原理和方法。

1. 原理

一个稳定的线性系统，在正弦信号的作用下，它的稳态输出将是一个与输入信号同频率的正弦信号，但其振幅和相位却随输入信号的频率不同而变化，测取不同频率下系统的输出与输入信号的振幅比及相位差 φ，即可求得这个系统的幅频特性和相频特性。

设线性系统输入和稳态响应分别为以下两个正弦信号：

$$\begin{cases} x(\omega t) = X_m \sin\omega t \\ y(\omega t) = Y_m \sin(\omega t + \varphi) \end{cases}$$

幅频特性
$$|G(j\omega)| = \frac{Y_m(\omega)}{X_m(\omega)} \tag{9-71}$$

相频特性
$$\angle G(j\omega) = \varphi(\omega) \tag{9-72}$$

若以 $x(\omega t)$ 为横轴，以 $y(\omega t)$ 为纵轴，而以 ωt 作为参变量，则随 ωt 的变化，$x(\omega t)$ 和 $y(\omega t)$ 所确定的点的轨迹，将在 $x-y$ 平面上描绘出一条封闭的曲线(通常是一个椭圆)。这就是所谓的"李沙育图形"，如图 9-48 所示。

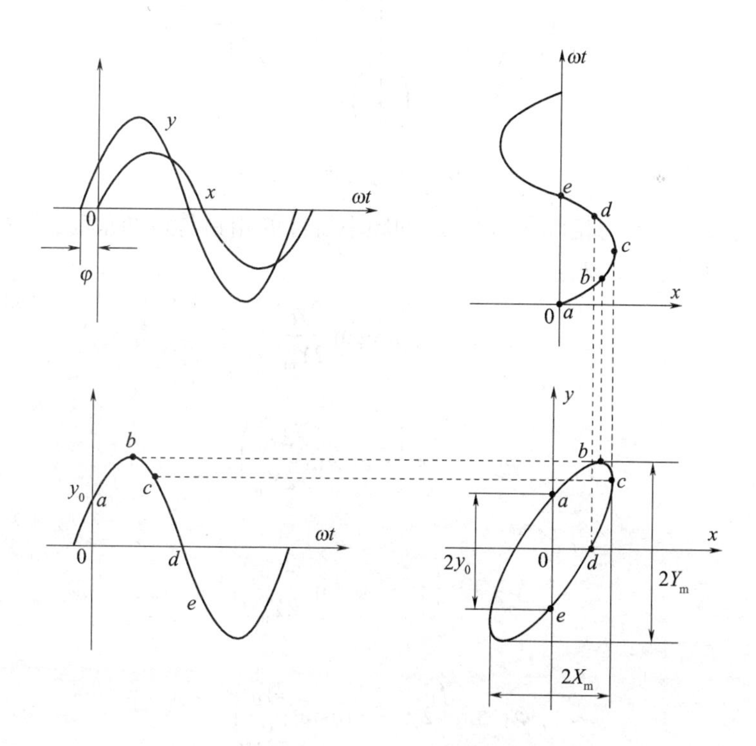

图 9-48　"李沙育图形"原理图

不断地改变 $x(\omega t)$ 的频率，就可以获得一系列形状不同的李沙育图形。由此求出各个频率所对应的相位差和幅值比,就可获得系统的频率特性。

幅值比由测量数据按式(9-71)直接求出;而相位差的具体求法如下:

令 $\omega t=0$,则

$$\begin{cases} x(0)=0 \\ y(0)=Y_{\mathrm{m}}\sin\varphi \end{cases}$$

即得

$$\varphi=\arcsin\frac{y(0)}{Y_{\mathrm{m}}}=\arcsin\frac{2y_0}{2Y_{\mathrm{m}}} \tag{9-73}$$

显然上式仅当 $0°\leqslant\varphi\leqslant 90°$ 时成立,“李沙育图形”在 4 个象限的形状如图 9-49 所示,注意箭头方向。

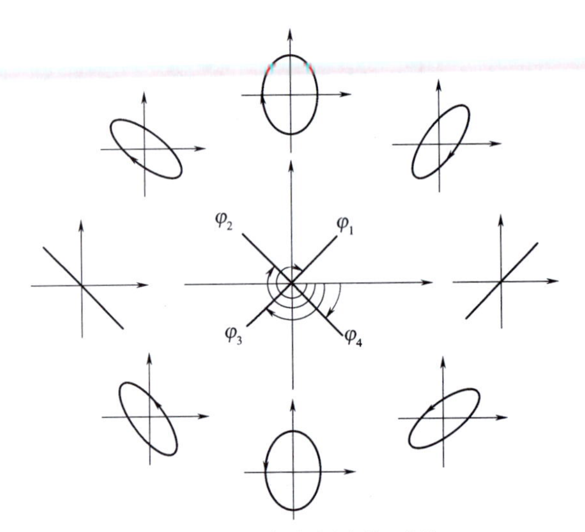

图 9-49 “李沙育图形”形状

实际的控制系统一般为相位滞后系统,即频率特性的相频是负的角度,相频特性滞后角按“李沙育图形”法,应按下式确定:

第四象限:
$$\varphi_4=-\arcsin\frac{2y_0}{2Y_{\mathrm{m}}} \tag{9-74}$$

(逆时针转)

第三象限:
$$\varphi_3=-\left(\pi-\arcsin\frac{2y_0}{2Y_{\mathrm{m}}}\right) \tag{9-75}$$

(逆时针转)

第二象限:
$$\varphi_2=-\left(\pi+\arcsin\frac{2y_0}{2Y_{\mathrm{m}}}\right) \tag{9-76}$$

(顺时针转)

第一象限:
$$\varphi_1=-\left(2\pi-\arcsin\frac{2y_0}{2Y_{\mathrm{m}}}\right) \tag{9-77}$$

(顺时针转)

2. 实验内容

(1) 给出三阶系统模拟电路如图 9-50 所示。

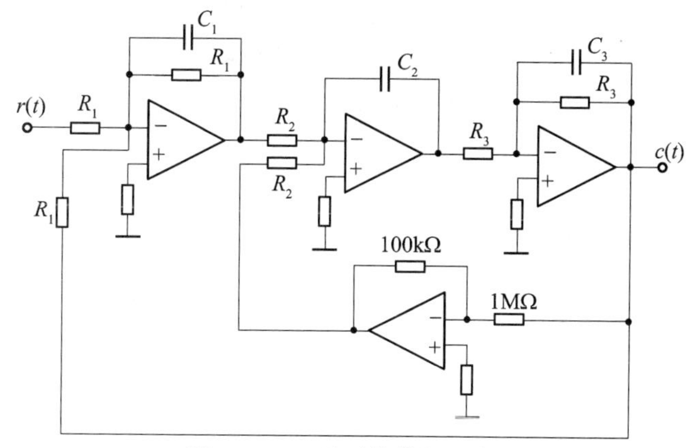

图 9-50　三阶系统模拟电路图

对应的系统结构图如图 9-51 所示。

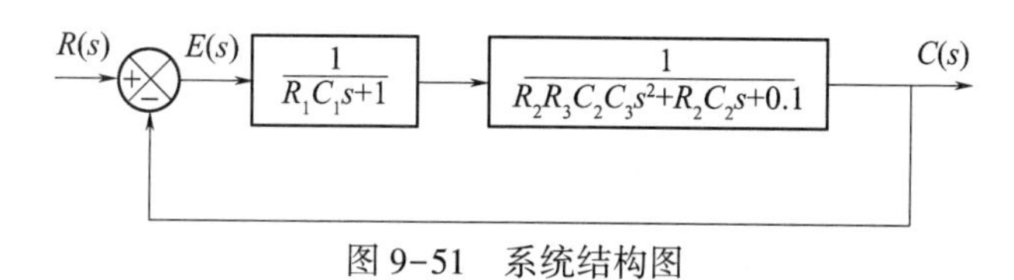

图 9-51　系统结构图

选元件 $R_1=100\text{k}\Omega$, $C_1=1\mu\text{F}$, $R_2=R_3=100\text{k}\Omega$, $C_2=C_3=0.1\mu\text{F}$。

则开环传递函数为

$$G_k(s)=\frac{10}{(0.1s+1)(0.001s^2+0.1s+1)}$$

(2) 断开闭环系统模拟电路图 9-48 中的主反馈线路,按开环三阶系统在学习机上接好线路,并将有关测试仪器按图 9-52 连接。

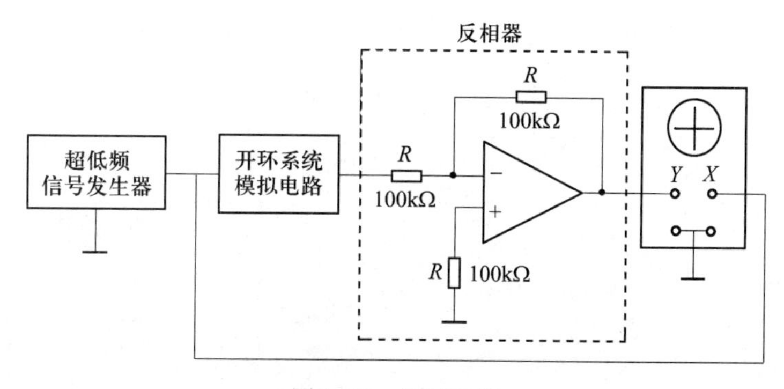

图 9-52　测试电路

将超低频正弦输入信号输入系统,调节输入信号幅度使被测对象在避免饱和的情况下,输出幅度尽可能大,以便于测量。然后调节示波器 Y 轴增益(量程范围),使在所取信号幅度下,图像达到满刻度。

(3) 在示波器上测量此时输入信号幅值(用 $2X_m$ 表示),并记录在表 9-3 中,此后在输出幅度能有效测出时,一般不再改变输入信号的幅度。

按表中给定的测点依次改变输入信号频率,测试并记录于表 9-3 中。

为了提高读数精度，示波器的 X,Y 轴增益可随时调节，以获得较好的“李沙育图形”。注意在 X 轴与 Y 轴增益不一致时，“李沙育图形”的形状可能会有所变化。读数后按相应的增益正确折算出 X_m,Y_m 值。另外，在转折频率附近以及穿越频率 ω_c 附近应多测几点。

表 9-3　频率特性测试结果记录

ω/s^{-1}	8	10	15	20	30	40	60	80	100	200
f/Hz	1.27	1.6	2.4	3.2	4.8	6.4	9.6	12.7	16	32
$2X_m$										
$2Y_m$										
$20\lg\frac{2Y_m}{2X_m}$/dB										
$2y_0$										
$\arcsin\frac{2y_0}{2Y_m}$										
φ										
李沙育图形										

3. 实验报告

(1) 按被测对象的传递函数，画出模拟电路图。

(2) 整理表 9-3 中的实验数据，在半对数坐标纸上作出被测系统的对数幅频特性和相频特性。

(3) 采用 MATLAB 语言，画出被测对象的伯德图(可参考后面附(1)中图 9-53)，与(2)中作图结果进行比较，特别验证在测试点处的结果是否一致。

(4) 讨论“李沙育图形”法测试频率特性的优缺点、有效频率范围及测试精度。

附：(1)用以下 MATLAB 命令绘制的开环系统伯德图见图 9-53。

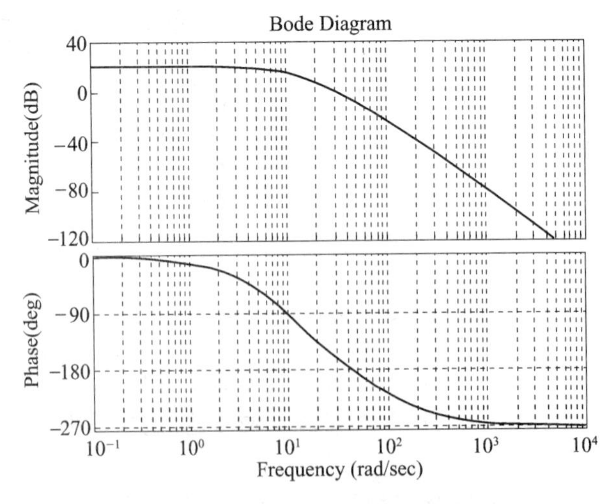

图 9-53　开环系统伯德图

```
>> G=tf(10,[conv([0,1,1],[0.001,0.1,1])]);
```

```
Bode(G)
grid
```

（2）采用以下 MATLAB 命令绘出的“李沙育图形”见图 9-54。

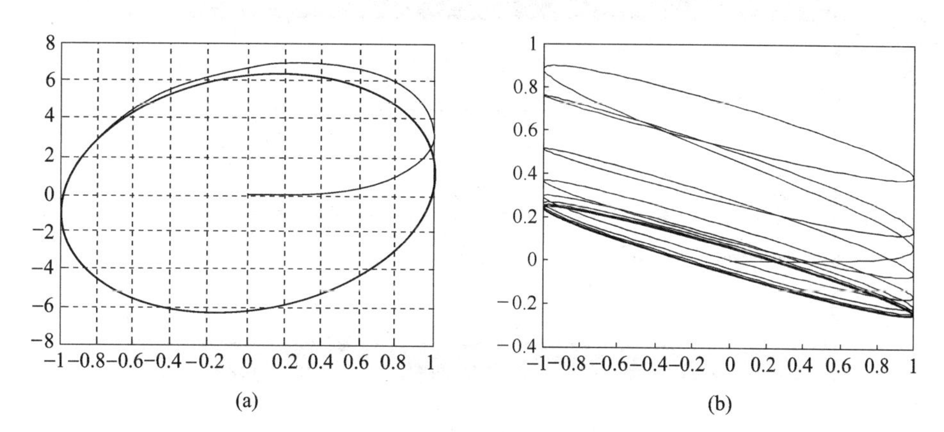

图 9-54 MATLAB 仿真“李沙育图形”

（a）$\omega=8$ 时的“李沙育图形”；（b）$\omega=60$ 时的“李沙育图形”。

```
>> G=tf(10,[conv([0.1,1],[0.001,0.1,1])]);
   %画频率为 8 的图。
   t=0:0.01:2*pi;
   u=sin(8*t);
   y=lsim(G,u,t);
   plot(u,y)
   %画频率为 60 的图
   t=0:0.01:2*pi;              % 设置新的时间间隔
   figure
   u=sin(60*t);
   y=lsim(G,u,t);
   plot(u,y)
```

其中，MATLAB 函数 lsim()是求任意输入下的响应，调用格式与 step()函数基本一致，只是输入变量中必须包含任意输入 u，向量 u 表示系统输入在各个时刻的值。

如果想求取 y_0 和 y_m，可输入如下程序：

```
>> i=length(u);
   while(u(i)>0&u(i)<0)
     i=i-1;
   end
   y0=abs(y(i))
   ym=max(y)
```

对频率为 8 时给定的 u 和 y，可得如下结果：

```
y0 =                    ym =
    8.9149                  9.2467
```

（3）应用 Simulink 仿真工具输出的响应曲线及画出的“李沙育图形”如图 9-55 所示。

在图 9-55（a）所示的编辑窗口中，单击 Simulation | Simulation parameters 菜单，在

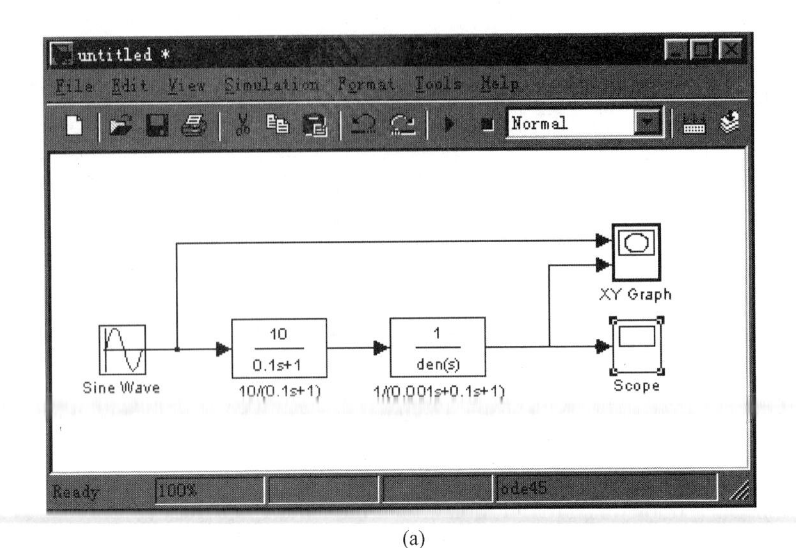

(a)

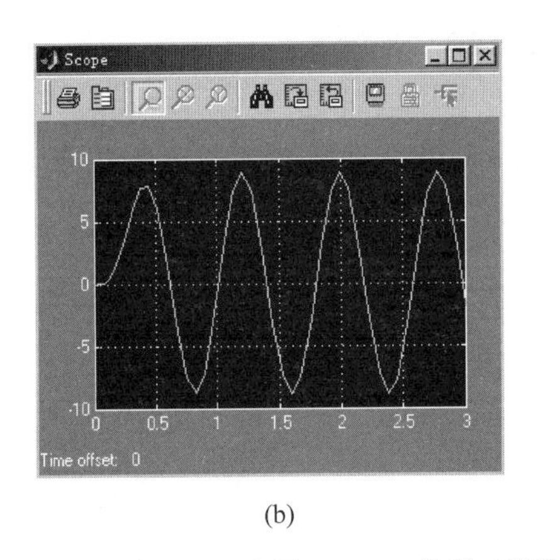

(b)

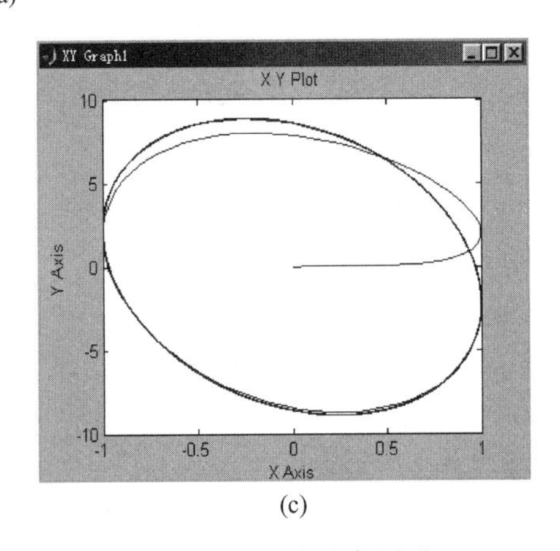

(c)

图 9-55　应用 Simulink 仿真工具输出的响应曲线及画出的“李沙育图形”

(a) Simulink 仿真图；(b) 响应波形；(c) “李沙育图形”。

Simulation time 参数选项中，将 Start time 设为 0. 0s，Stop time 设为 3. 0s。双击 Sine Wave 控件，将其 Frequency 设为 8，Amplitude 设为 0. 5，双击 XY Graph 控件，将 x-min，x-max，y-min，y-max，sample time（采样时间间隔）分别设为-0. 5，0. 5，-4，4，-1。输出响应波形为图 9-55（b），XY Graph 绘出的“李沙育图形”为 9-55（c）。

实验三　连续系统的频率法串联校正

频率法串联校正，主要是根据工程上提出的频率指标 γ, ω_c, K_g 等，在频率特性曲线上进行计算测量，最终得出欲增加的校正装置的功能，然后验证校正后的实际结果，经过反复调整，直至满意为止。

本实验的校正原理已在前面章节介绍，理论计算过程可以由读者自己完成。本节只通过对校正前后系统性能的测量，来进一步体会串联校正的实际效果。

1. 实验目的

（1）加深理解串联校正装置对系统动态性能的校正作用。

（2）对给定系统进行串联校正设计，并通过模拟实验检验设计的正确性。

2. 实验内容

对于给定的单位反馈闭环系统结构图如图 9-56 所示，其对应的开环传递函数为

$$G_k = \frac{K}{s(Ts+1)}$$

其中，$K=K_1K_2K_3$。

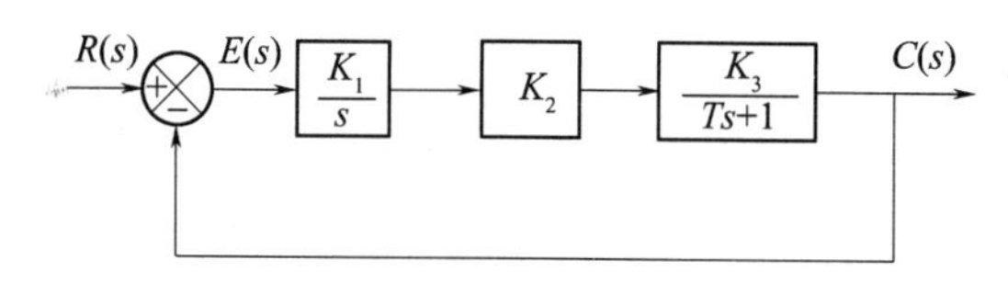

图 9-56　原闭环系统结构图

1）串联超前校正

系统的模拟电路图如图 9-57 所示，图中开关 S 断开时对应校正前的系统，当 S 接通时串入超前校正环节。

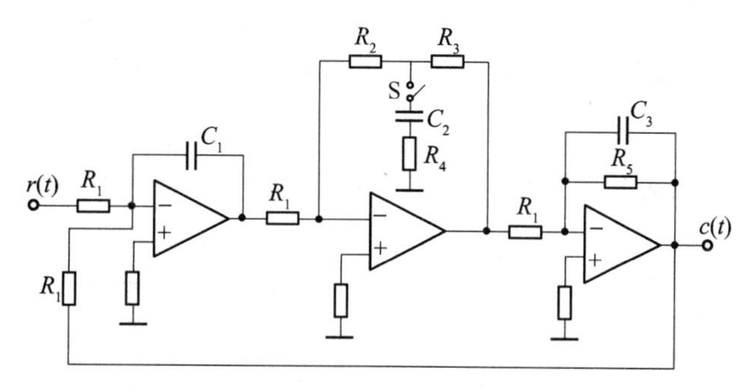

图 9-57　模拟电路图

取原系统电路元件数值为：$R_1=100\text{k}\Omega$，$C_1=1\mu\text{F}$，$R_2=R_3=200\text{k}\Omega$，$C_3=0.1\mu\text{F}$，$R_5=300\text{k}\Omega$，有 $K_1=\frac{1}{R_1C_1}=10$，$K_2=\frac{R_2+R_3}{R_1}=4$，$K_3=\frac{R_5}{R_1}=3$，$T=R_5C_3=0.03$。

则当 S 断开时，原系统开环传递函数为

$$G_k(s)=\frac{120}{s(0.03s+1)}$$

由下列 MATLAB 命令给出校正前系统的频域指标。

```
>> G=tf (120, [0.03,1,0]);
   [Gm,Pm,Wcg,Wcp]=margin(G)
```

结果显示：

```
Gm =          Pm =           Wcg =          Wcp =
    Inf           29.4646        Inf            59.0015
```

由显示结果得，前校正系统的频域指标为：$\gamma=29.5°$，$\omega_c=59.0\text{rad/s}$。

当 S 开关闭合时，串入有源超前校正装置 $G_c(s)$，对应结构图如图 9-58 所示。

$$G_c(s)=K_2\frac{T_2s+1}{T_1s+1}=4\cdot\frac{0.02s+1}{0.01s+1}$$

其中：$K_2=\frac{R_2+R_3}{R_1}$，$T_1=R_4C_2$，$T_2=\left(\frac{R_2R_3}{R_2+R_3}+R_4\right)C_2$。

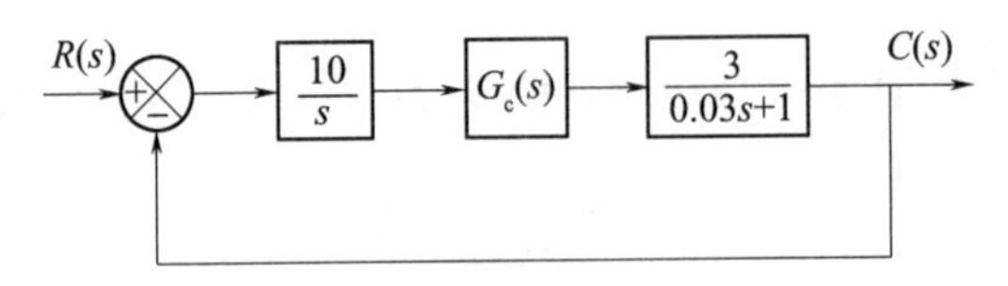

图 9-58　串联超前校正系统结构图

选取 $R_4=100\text{k}\Omega, C_2=0.1\mu\text{F}$。

由以下 MATLAB 命令绘出校正前后开环系统伯德图如图 9-59 所示,在串联超前校正作用下,将超前角叠加在原系统 ω_c 附近,使校正后的系统 $\gamma'=44.3°, \omega'_c=71.8\text{rad/s}$。

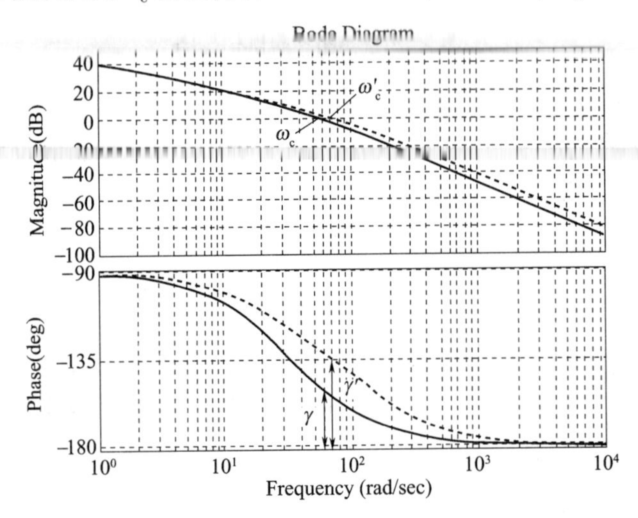

图 9-59　串联超前校正前后系统的伯德图

```
≫ G=tf (120,[0.03,1,0]);                %校正前模型
   Gc=tf ([0.02,1], [0.01,1]);
   G_0=Gc * G;                           %校正后模型
   bode(G)                               %校正前伯德图采用默认画法
   grid
   hold
   bode(G_0, ':' )                       %校正后伯德图用虚线画
   [Gm,Pm,Wcg,Wcp]=margin(G_0)
```

结果显示:

```
Gm =          Pm =            Wcg =          Wcp =
   Inf           44.3717          Inf            71.8021
```

可见,系统的相角裕量由 29.5°增加到 44.3°,幅值穿越频率由 59.0rad/s 增加到 71.8 rad/s,系统的性能有了明显的提高。

2)串联滞后校正

仍对上述图 9-57 系统进行串联滞后校正,校正前原系统不变。当开关 S 闭合后,串入滞后校正装置 $G_c(s)$,对应模拟电路图如图 9-60 所示。

$$G_c(s)=K_2\frac{T_2s+1}{T_1s+1}=4\cdot\frac{0.75s+1}{3s+1}$$

其中：$K_2=\dfrac{R_2+R_3}{R_1}, T_1=R_3C_2, T_2=\dfrac{R_2R_3}{R_2+R_3}C_2$。

取 $R_2=100\text{k}\Omega, R_3=300\text{k}\Omega, C_2=10\mu\text{F}$。

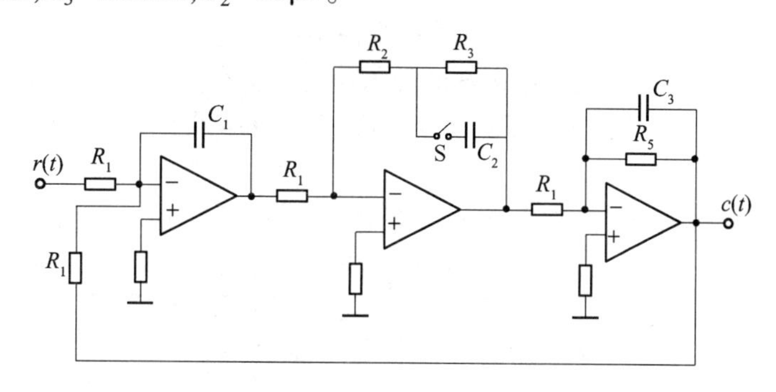

图 9-60　串联滞后校正模拟电路图

利用下列 MATLAB 命令将系统校正前后的伯德图绘于图 9-61。

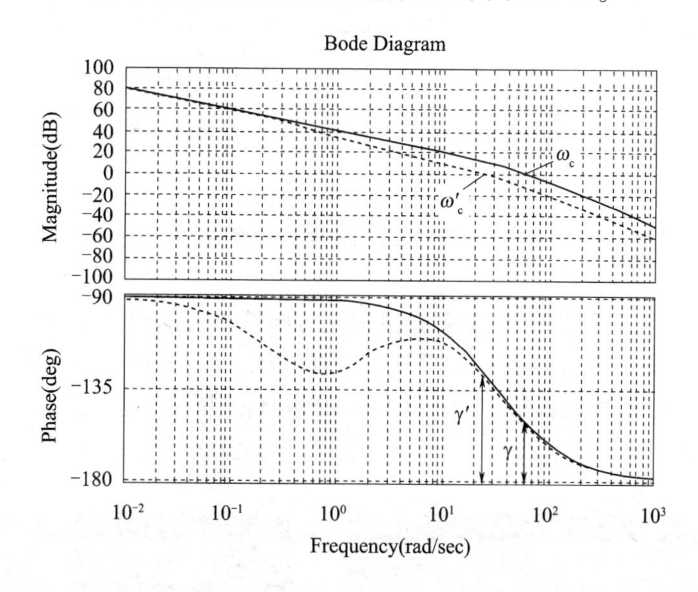

图 9-61　串联滞后校正前后系统的伯德图

```
>> G=tf (120, [0.03, 1, 0]);                %校正前模型
   Gc=tf ([0.75, 1], [3, 1]);
   G_0=Gc * G;                             %校正后模型
   bode (G)                                %校正前伯德图采用默认画法
   grid
   hold
   bode(G_0, ':' )                         %校正后伯德图用虚线画
   [Gm,Pm,Wcg,Wcp]=margin(G_0)
```

结果显示：

```
Gm =          Pm =            Wcg =          Wcp =
   Inf          51.5713          Inf              24.2824
```

可见,系统的相角裕度增加到 51.6°,幅值穿越频率却减小到 $\omega'_c = 24.3\text{rad/s}$,这种校正导致系统响应速度有所降低。

3. 实验步骤

(1) 在电子模拟学习机上按实验线路连接好模拟电路。

(2) 按实验一图 9-37 的方法,连接好信号源和测试仪器。

(3) 输入阶跃信号,测量校正前系统阶跃响应,在表 9-4 中记录所测的指标 $\sigma_p\%$, t_p, t_s 及阶跃响应波形。

(4) 闭合开关 S,将超前(或滞后)校正装置串入系统,重复上面(3)的测量步骤并记录。

表 9-4 串联校正测试记录

指标 \ 系统	校 正 前	超前校正后	滞后校正后
阶跃响应曲线			
$\sigma_p\%$			
t_p			
t_s			

4. 实验报告

(1) 画出原系统及各校正环节的模拟线路图及校正前后系统的闭环结构图,记录测试数据及响应波形。

(2) 写出校正后系统的开环传递函数,并画出渐近线形式的伯德图,计算 γ', ω'_c。

(3) 比较校正前后系统的阶跃响应曲线及性能指标,说明校正装置的作用。

附:采用 Simulink 仿真工具得出的校正前后的仿真模块图及输出波形分别如图 9-62、图 9-63、图 9-64 所示。

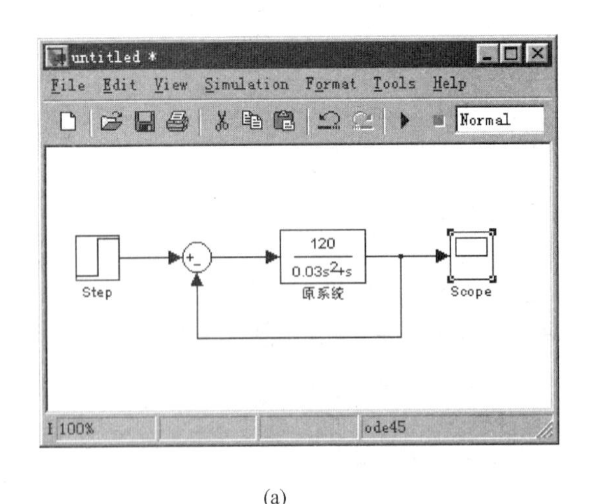

(a)

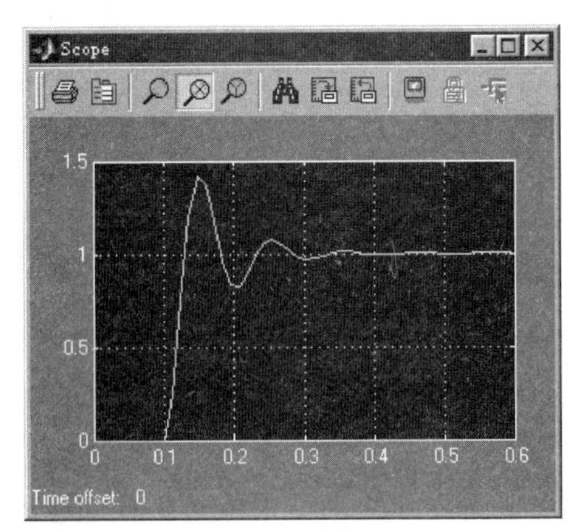

(b)

图 9-62 校正前实验系统

(a) 仿真模块;(b) 阶跃响应曲线。

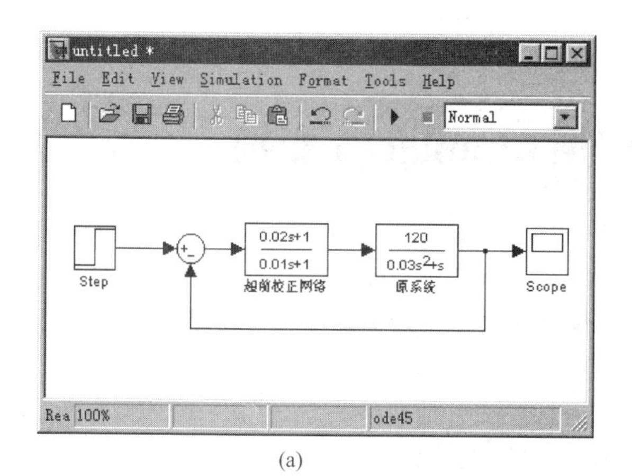

(a)

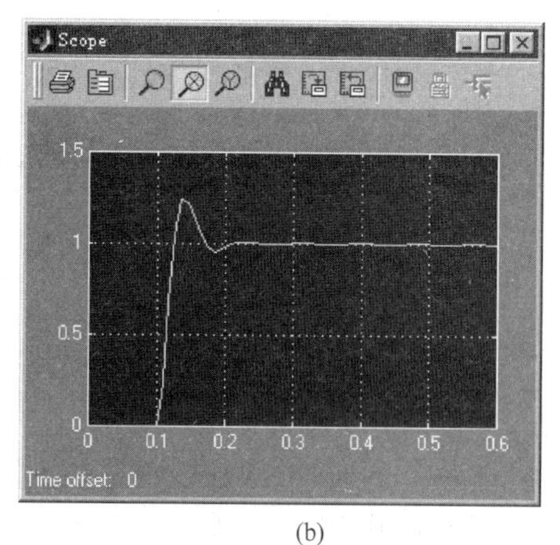

(b)

图 9-63 超前校正实验图

（a）仿真模块；（b）阶跃响应曲线。

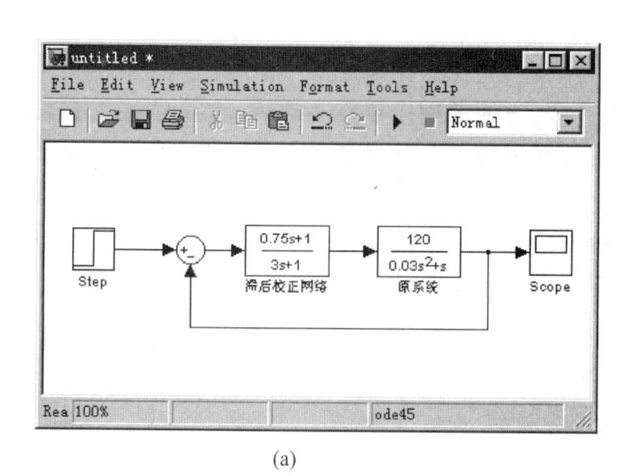

(a)

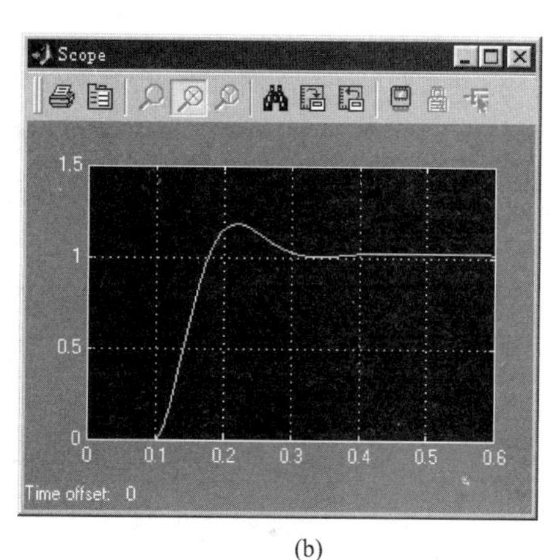

(b)

图 9-64 滞后校正实验图

（a）仿真模块；（b）阶跃响应曲线。

附录1　拉普拉斯(Laplace)变换

拉普拉斯变换是积分变换中一种常用的变换,它的作用如同数学上的对数变换、坐标变换以及其他积分变换一样,一是把较复杂的运算转化为较简单的运算;二是用较简单的运算来揭示变量之间的关系或函数的某些特性。

拉普拉斯变换不仅在数学的许多分支中,而且还在其他自然科学和各种工程技术领域中得到广泛的应用。它成功地应用于电工学、力学、控制理论等一些重要学科。

在控制工程中,拉普拉斯变换主要用于研究系统的动态特性。因为描述系统动态特性的传递函数和频率特性都是建立在拉普拉斯变换基础上的。因此,拉普拉斯变换是分析线性定常系统的有力工具。

如果系统的动力学方程可以用常微分方程描述,用拉普拉斯变换方法可求解常微分方程。由于拉普拉斯变换可将微分方程转化成代数方程,方便地用代数方法求解,然后再用拉普拉斯反变换得到微分方程的解。并且在运算中,可方便地计入初始条件而且可以同时获得解的暂态分量和稳态分量。

更重要的是,拉普拉斯变换能把微分方程方便地转换成传递函数和频率特性,使动态分析采用图解的方法直接预测系统的性能,而无需实际求解系统的微分方程。

1. 拉普拉斯变换的定义

设函数 $f(t)$,当 $t \geqslant 0$ 时有定义,而且积分

$$\int_0^{\infty} f(t)\mathrm{e}^{-st}\mathrm{d}t \quad (s = \sigma + \mathrm{j}\omega \text{ 为复变量})$$

在 s 的某一域内收敛,则由此积分所确定的函数可写成

$$F(s) = \int_0^{\infty} f(t)\mathrm{e}^{-st}\mathrm{d}t \tag{1}$$

称式(1)为函数 $f(t)$ 的拉普拉斯变换式,记为

$$F(s) = L[f(t)]$$

$F(s)$ 称为 $f(t)$ 的拉普拉斯变换的像函数,$f(t)$ 称为 $F(s)$ 的像原函数。

2. 拉普拉斯反变换的定义

拉普拉斯变换与其反变换存在一一对应的关系,若已知像函数 $F(s)$,就可以唯一地确定其像原函数 $f(t)$。

若 $F(s)$ 为 $f(t)$ 的拉普拉斯变换,$L[f(t)] = F(s)$,则

$$f(t) = \frac{1}{2\pi\mathrm{j}}\int_{\sigma-\mathrm{j}\infty}^{\sigma+\mathrm{j}\infty} F(s)\mathrm{e}^{st}\mathrm{d}s \quad (t \geqslant 0) \tag{2}$$

称为 $F(s)$ 的拉普拉斯反变换,记为

$$f(t) = L^{-1}[F(s)]$$

3. 常用函数的拉普拉斯变换

如果函数 $f(t)$ 是可拉普拉斯变换的,按照定义用 e^{-st} 乘以 $f(t)$,再对其乘积从 $t=0$ 到 $t \to \infty$ 求积分得到 $F(s)$。当然,在掌握了这种按定义求拉普拉斯反变换的方法之后,并不需要每次

都去计算$f(t)$的拉普拉斯变换,而是利用拉普拉斯变换表方便地得到给定函数$f(t)$的拉普拉斯变换。附表1给出了控制工程中经常出现的时间函数的拉普拉斯变换对照表。

附表1　拉普拉斯变换对照表

	$f(t)$	$F(s)$
1	$\delta(t)$	1
2	$1(t)$	$\dfrac{1}{s}$
3	t	$\dfrac{1}{s^2}$
4	t^n	$\dfrac{n!}{s^{n+1}}$
5	e^{-at}	$\dfrac{1}{s+a}$
6	te^{-at}	$\dfrac{1}{(s+a)^2}$
7	$\sin\omega t$	$\dfrac{\omega}{s^2+\omega^2}$
8	$\cos\omega t$	$\dfrac{s}{s^2+\omega^2}$
9	$\dfrac{1}{a}(1-e^{-at})$	$\dfrac{1}{s(s+a)}$
10	$\dfrac{1}{b-a}(e^{-at}-e^{-bt})$	$\dfrac{1}{(s+a)(s+b)}$
11	$\dfrac{1}{b-a}(be^{-bt}-ae^{-at})$	$\dfrac{s}{(s+a)(s+b)}$
12	$e^{-at}\sin\omega t$	$\dfrac{\omega}{(s+a)^2+\omega^2}$
13	$e^{-at}\cos\omega t$	$\dfrac{s+a}{(s+a)^2+\omega^2}$
14	$1-\cos\omega t$	$\dfrac{\omega^2}{s(s^2+\omega^2)}$
15	$\dfrac{\omega_n}{\sqrt{1-\zeta^2}}e^{-\zeta\omega_n t}\sin\omega_n\sqrt{1-\zeta^2}t, 0<\zeta<1$	$\dfrac{\omega_n^2}{s^2+2\zeta\omega_n s+\omega_n^2}$
16	$\dfrac{-1}{\sqrt{1-\zeta^2}}e^{-\zeta\omega_n t}\sin(\omega_n\sqrt{1-\zeta^2}t-\beta)$ $\beta=\arctan\dfrac{\sqrt{1-\zeta^2}}{\zeta}, 0<\zeta<1 \quad (\beta=\arccos\zeta)$	$\dfrac{s}{s^2+2\zeta\omega_n s+\omega_n^2}$
17	$1-\dfrac{1}{\sqrt{1-\zeta^2}}e^{-\zeta\omega_n t}\sin(\omega_n\sqrt{1-\zeta^2}t+\beta)$ $\beta=\arctan\dfrac{\sqrt{1-\zeta^2}}{\zeta}, 0<\zeta<1$	$\dfrac{\omega_n^2}{s(s^2+2\zeta\omega_n s+\omega_n^2)}$

4. 拉普拉斯变换的性质和定理

掌握拉普拉斯变换的性质和定理,可以更进一步认识拉普拉斯变换,并且利用拉普拉斯变换表,可熟练而灵活地运用这些拉普拉斯变换结果。

1）线性性质

若 $L[f_1(t)] = F_1(s)$,$L[f_2(t)] = F_2(s)$,a,b 是常数,则

$$L[af_1(t) + bf_2(t)] = aF_1(s) + bF_2(s) \tag{3}$$

该性质表明,各函数线性组合的拉普拉斯变换等于各个函数拉普拉斯变换的线性组合。对于像函数,亦有

$$L^{-1}[aF_1(s) + bF_2(s)] = af_1(t) + bf_2(t) \tag{4}$$

2）微分定理

若 $L[f(t)] = F(s)$,则

$$L\left[\frac{\mathrm{d}}{\mathrm{d}t}f(t)\right] = sF(s) - f(0) \tag{5}$$

该性质表明,函数 $f(t)$ 求导后的拉普拉斯变换等于 $f(t)$ 的像函数 $F(s)$ 乘以复变量 s ,再减去这个时间函数的初值。

推论 若 $L[f(t)]=F(s)$,则

$$L\left[\frac{\mathrm{d}^n f(t)}{\mathrm{d}t^n}\right] = s^n F(s) - s^{n-1}f(0) - s^{n-2}f'(0) - \cdots - f^{(n-1)}(0) \tag{6}$$

特别当

$$f(0) = f'(0) = \cdots f^{(n-1)}(0) = 0$$

有

$$L\left[\frac{\mathrm{d}^n f(t)}{\mathrm{d}t^n}\right] = s^n F(s) \tag{7}$$

可见,应用微分性质可以将函数 $f(t)$ 的求导运算转化为代数运算。因此,对线性常微分方程求拉普拉斯变换,可使微分方程化为代数方程,从而大大简化求解过程。

3）积分定理

若 $L[f(t)]=F(s)$,则

$$L[\int f(t)\mathrm{d}t] = \frac{1}{s}F(s) + \frac{1}{s}f^{(-1)}(0) \tag{8}$$

该性质表明,$f(t)$ 积分后的拉普拉斯变换等于 $f(t)$ 的像函数 $F(s)$ 除以复变量 s,再加上 $f(t)$ 的积分在 $t=0$ 时的值除以 s 。

推论 若 $L[f(t)]=F(s)$,则

$$L[\underbrace{\int\cdots\int}_{n次} f(t)\mathrm{d}t^n = \frac{1}{s^n}F(s) + \frac{1}{s^n}f^{(-1)}(0) + \cdots + \frac{1}{s}f^{(-n)}(0) \tag{9}$$

式中,$f^{(-1)}(0)$、$f^{(-2)}(0)$、…、$f^{(-n)}(0)$ 为 $f(t)$ 的各重积分在 $t=0$ 时的值。如果 $f^{(-1)}(0) = f^{(-2)}(0) = \cdots = f^{(-n)}(0) = 0$,则

$$L[\underbrace{\int\cdots\int}_{n次} f(t)\mathrm{d}t^n] = \frac{1}{s^n}F(s) \tag{10}$$

这就是说,对像原函数每进行一次积分,就相当于它的像函数用 s 除一次,把复杂的积分运算转化为代数运算。

4）延迟性质

若 $L[f(t)]=F(s)$，则

$$L[f(t-\tau)]=\mathrm{e}^{-\tau s}F(s)\quad(\tau\geqslant 0)\tag{11}$$

该性质表明，时间函数 $f(t)$ 在时间轴上平移 τ，其像函数等于 $f(t)$ 的像函数 $F(s)$ 乘以指数因子 $\mathrm{e}^{-\tau s}$。

5）复位移性质

若 $L[f(t)]=F(s)$，则

$$L[\mathrm{e}^{at}f(t)]=F(s-a)\tag{12}$$

该性质表明，原函数 $f(t)$ 乘以指数函数 e^{at}，其像函数等于 $f(t)$ 的像函数 $F(s)$ 在复数域平移 a，其中 a 为实常数，可取正、负值。

6）初值定理

若 $f(t)$ 和 $\dfrac{\mathrm{d}f(t)}{\mathrm{d}t}$ 均可以进行拉普拉斯变换，且 $\lim\limits_{s\to\infty}sF(s)$ 存在，则

$$f(0)=\lim_{s\to\infty}sF(s)\tag{13}$$

该性质表明，时间函数 $f(t)$ 在 $t=0$ 时的值，可以通过复数域中 $sF(s)$ 取 $s\to\infty$ 的极限而获得，它建立了原函数 $f(t)$ 在坐标原点的值与像函数 $sF(s)$ 在无限远点的值之间的关系。由于对 $sF(s)$ 的极点位置不加限制，因此，对于正弦函数，初值定理是成立的。

7）终值定理

若 $f(t)$ 和 $\dfrac{\mathrm{d}f(t)}{\mathrm{d}t}$ 均可进行拉普拉斯变换，且 $\lim\limits_{t\to\infty}f(t)$ 存在，则

$$f(\infty)=\lim_{s\to 0}sF(s)\tag{14}$$

该定理表明了 $f(t)$ 的稳态值与 $sF(s)$ 在 $s=0$ 点附近的状态之间的关系。显然，只有当且仅当 $\lim\limits_{t\to\infty}f(t)$ 存在时，才能应用终值定理。所以该定理只能适用于像函数 $sF(s)$ 在复平面右半平面和虚轴上没有极点的情况，否则，$f(t)$ 将分别包含振荡的或按指数规律增长的时间函数，因而 $\lim\limits_{t\to\infty}f(t)$ 将不存在。如果 $f(t)$ 是正弦函数 $\sin\omega t$，$sF(s)$ 将有位于虚轴上的极点 $s=\pm\mathrm{j}\omega$，因此 $\lim\limits_{t\to\infty}f(t)$ 不存在，所以终值定理不适用于这类函数。

应当指出，初值定理和终值定理提供了一种简便的检测方法，可以在不把 s 的函数变成时间函数的情况下，也能够预测系统的时域性能。

8）卷积定理

（1）卷积的定义：

若已知函数 $f_1(t)$，$f_2(t)$，则积分

$$\int_0^t f_1(\tau)f_2(t-\tau)\mathrm{d}\tau$$

称为函数 $f_1(t)$ 与 $f_2(t)$ 的卷积，记为 $f_1(t)*f_2(t)$，即

$$f_1(t)*f_2(t)=\int_0^t f_1(\tau)f_2(t-\tau)\mathrm{d}\tau\tag{15}$$

（2）卷积的性质：

交换律：$$f_1(t)*f_2(t)=f_2(t)*f_1(t)$$

结合律：$$f_1(t)*[f_2(t)*f_3(t)]=[f_1(t)*f_2(t)]*f_3(t)$$

分配律：　　$f_1(t)*[f_2(t)+f_3(t)]=f_1(t)*f_2(t)+f_1(t)*f_3(t)$

(3) 卷积定理——卷积的拉普拉斯变换：

若 $L[f_1(t)]=F_1(s)$，$L[f_2(t)]=F_2(s)$，则

$$L[f_1(t)*f_2(t)]=F_1(s)\cdot F_2(s) \tag{16}$$

该定理表明，两个函数卷积的拉普拉斯变换等于这两个函数拉普拉斯变换的乘积。

5. 拉普拉斯反变换

如前所示，利用方程(2)给出的反演积分，可以求得拉普拉斯反变换。但是，计算反演积分相当复杂，因此在控制工程中一般不采用这种方法求函数的拉普拉斯反变换。

求拉普拉斯反变换的简便方法是利用拉普拉斯变换表，但这时的像函数必须是在表中能立即辨认的形式，而大多数情况下，工程上讨论的函数不能在表中直接查到。通常的做法是把它展开成部分分式，或利用拉普拉斯变换的性质和定理，把 $F(s)$ 写成 s 的简单函数的组合形式，然后通过拉普拉斯变换表，查出简单函数的拉普拉斯反变换。

部分分式展开法的优点是当 $F(s)$ 展开后，它的每一个单项都是 s 的非常简单的函数。因此，当熟记了几种常用的简单函数的拉普拉斯变换之后，就不必再去查表了。但是，应用部分分式展开法之前，要对 $F(s)$ 的分母多项式进行因式分解，对于高阶系统，计算会相当费时间，在这种情况下，可采用 MATLAB 方法。

1) 只包含不同极点的 $F(s)$ 的部分分式展开

设 $F(s)$ 为一般形式的有理分式：

$$F(s)=\frac{M(s)}{N(s)}=\frac{b_0s^m+b_1s^{m-1}+\cdots+b_m}{s^n+a_1s^{n-1}+\cdots+a_n}$$

式中，$a_1,a_2,\cdots,a_n$ 及 $b_0,b_1,\cdots,b_m$ 均为实数，$m<n$。

首先将 $F(s)$ 的分母多项式 $N(s)$ 进行因式分解，即写成

$$N(s)=(s-p_1)(s-p_2)\cdots(s-p_n)$$

式中，$p_1,p_2,\cdots,p_n$ 或为实数或为复数。但若为复数，必有其共轭复根，即复根成对。若 $F(s)$ 只包含不同的极点，则可以展开成下列简单部分分式之和：

$$F(s)=\frac{K_1}{s-p_1}+\frac{K_2}{s-p_2}+\cdots+\frac{K_n}{s-p_n} \tag{17}$$

式中，$K_i(i=1,2,\cdots,n)$ 为待定常数，叫做极点 $s=p_i$ 上的留数。一般 K_i 可由下式求得：

$$K_i=\lim_{s\to p_i}(s-p_i)F(s)=\left[(s-p_i)\frac{M(s)}{N(s)}\right]_{s=p_i} \tag{18}$$

应当指出，因为 $f(t)$ 是一个实时间函数，如果 p_1 和 p_2 是共轭复数，则留数 K_1 和 K_2 也是共轭复数。这时，只要计算其中一个就可以自动得到另一个。

确定了每个部分分式中的待定系数 K_i，则查拉普拉斯变换表可得 $F(s)$ 的反变换。即

$$f(t)=L^{-1}[F(s)]=K_1e^{p_1t}+K_2e^{p_2t}+\cdots+K_ne^{p_nt}\quad(t\geqslant 0) \tag{19}$$

例 1　求下列函数的拉普拉斯反变换：

$$F(s)=\frac{s+3}{s^2+3s+2}$$

解：$F(s)$ 的部分分式展开为

$$F(s) = \frac{s+3}{s^2+3s+2} = \frac{s+3}{(s+1)(s+2)} = \frac{K_1}{s+1} + \frac{K_2}{s+2}$$

$$K_1 = [(s+1)\frac{s+3}{(s+1)(s+2)}]_{s=-1} = 2$$

$$K_2 = [(s+2)\frac{s+3}{(s+1)(s+2)}]_{s=-2} = -1$$

因此，

$$f(t) = L^{-1}[F(s)] = L^{-1}\left[\frac{2}{s+1}\right] + L^{-1}\left[\frac{-1}{s+2}\right] = 2e^{-t} - e^{-2t} \quad (t \geqslant 0)$$

例 2 求下列函数的拉普拉斯反变换：

$$F(s) = \frac{s^2+5s+5}{s^2+4s+3}$$

解：$F(s)$不是严格真有理分式，必须先分解为

$$F(s) = 1 + \frac{s+2}{s^2+4s+3} = 1 + \frac{s+2}{(s+1)(s+3)} = 1 + \frac{K_1}{s+1} + \frac{K_2}{s+3}$$

$$K_1 = \left[(s+1)\frac{s+2}{(s+1)(s+3)}\right]_{s=-1} = \frac{1}{2}$$

$$K_2 = \left[(s+3)\frac{s+2}{(s+1)(s+3)}\right]_{s=-3} = \frac{1}{2}$$

所以

$$f(t) = L^{-1}[F(s)] = L^{-1}[1] + L^{-1}\left[\frac{\frac{1}{2}}{s+1}\right] + L^{-1}\left[\frac{\frac{1}{2}}{s+3}\right] = \delta(t) + \frac{1}{2}e^{-t} + \frac{1}{2}e^{-3t} \quad (t \geqslant 0)$$

例 3 求下列函数的拉普拉斯反变换：

$$F(s) = \frac{2s+12}{s^2+2s+5}$$

解：对分母多项式进行因式分解：

$$A(s) = s^2 + 2s + 5 = (s+1+j2)(s+1-j2)$$

于是

$$F(s) = \frac{K_1}{s+1+j2} + \frac{K_2}{s+1-j2}$$

$$K_1 = \left[(s+1+j2)\frac{2s+12}{(s+1+j2)(s+1-j2)}\right]_{s=-1-j2} = 1 + \frac{5}{2}j$$

$$K_2 = \overline{K_1} = 1 - \frac{5}{2}j$$

所以

$$f(t) = L^{-1}[F(s)] = L^{-1}\left[\frac{1+\frac{5}{2}j}{s+1+j2}\right] + L^{-1}\left[\frac{1-\frac{5}{2}j}{s+1-j2}\right] =$$

$$\left(1+\frac{5}{2}j\right)e^{(-1-j2)t} + \left(1-\frac{5}{2}j\right)e^{(-1+j2)t} =$$

$$e^{-t}\left[2\cdot\frac{e^{-j2t}+e^{j2t}}{2} + 5\cdot\frac{-e^{-j2t}+e^{j2t}}{2j}\right] = e^{-t}(2\cos 2t + 5\sin 2t) \quad (t \geqslant 0)$$

注意，如果 $F(s)$ 包含一对共轭复极点，为了方便，可不按上述分解步骤，而将其展开成阻尼正弦函数与阻尼余弦函数之和的像函数形式，即

$$F(s)=\frac{2s+12}{s^2+2s+5}=\frac{10+2(s+1)}{(s+1)^2+2^2}=5\cdot\frac{2}{(s+1)^2+2^2}+2\cdot\frac{s+1}{(s+1)^2+2^2}$$

由此得到

$$f(t)=L^{-1}[F(s)]=5L^{-1}\left[\frac{2}{(s+1)^2+2^2}\right]+2L^{-1}\left[\frac{s+1}{(s+1)^2+2^2}\right]=5e^{-t}\sin2t+2e^{-t}\cos2t\quad(t\geqslant0)$$

2) 包含多重极点的 $F(s)$ 的部分分式展开

设 p_1 为 r 重根,$p_{r+1},p_{r+2},\cdots,p_n$ 为单根,则

$$F(s)=\frac{M(s)}{N(s)}=\frac{M(s)}{(s-p_1)^r(s-p_{r+1})(s+p_{r+2})\cdots(s+p_n)}$$

式中,$M(s)$ 的阶次低于 $N(s)$ 的阶次。

$F(s)$可展开成

$$F(s)=\frac{K_1}{s-p_1}+\frac{K_2}{(s-p_1)^2}+\cdots+\frac{K_r}{(s-p_1)^r}+\frac{K_{r+1}}{s-p_{r+1}}+\cdots+\frac{K_n}{s-p_n}\tag{20}$$

式中,$K_i(i=1,2,\cdots,r)$ 为重根项对应的留数,可由下列各式确定:

$$K_r=\left[(s-p_1)^r\frac{B(s)}{A(s)}\right]_{s=p_1}$$

$$K_{r-1}=\left\{\frac{d}{ds}\left[(s-p_1)^r\frac{B(s)}{A(s)}\right]\right\}_{s=p_1}$$

$$\vdots$$

$$K_1=\frac{1}{(r-1)!}\left\{\frac{d^{r-1}}{ds^{r-1}}\left[(s-p_1)^r\frac{B(s)}{A(s)}\right]\right\}_{s=p_1}$$

$F(s)$ 的拉普拉斯反变换求得如下:

$$f(t)=L^{-1}[F(s)]=\left[K_1+K_2t+\cdots+\frac{K_{r-1}}{(r-2)!}t^{r-2}+\frac{K_r}{(r-1)!}t^{r-1}\right]e^{p_1t}+$$

$$K_{r+1}e^{p_{r+1}t}+K_{r+2}e^{p_{r+2}t}+\cdots+K_ne^{p_nt}\quad(t\geqslant0)$$

例 4 求下列函数的拉普拉斯反变换:

$$F(s)=\frac{s^2+2s+3}{(s+1)^3}$$

解:将 $F(s)$ 展开为

$$F(s)=\frac{K_1}{s+1}+\frac{K_2}{(s+1)^2}+\frac{K_3}{(s+1)^3}$$

$$K_3=\left[(s+1)^3\frac{s^2+2s+3}{(s+1)^3}\right]_{s=-1}=2$$

$$K_2=\left\{\frac{d}{ds}\left[(s+1)^3\frac{s^2+2s+3}{(s+1)^3}\right]\right\}_{s=-1}=(2s+2)_{s=-1}=0$$

$$K_1=\frac{1}{2!}\left\{\frac{d^2}{ds^2}\left[(s+1)^3\frac{s^2+2s+3}{(s+1)^3}\right]\right\}_{s=-1}=\frac{1}{2}\cdot(2)=1$$

因此得到

$$f(t)=L^{-1}[F(s)]=L^{-1}\left[\frac{1}{s+1}\right]+L^{-1}\left[\frac{0}{(s+1)^2}\right]+L^{-1}\left[\frac{2}{(s+1)^3}\right]=$$

$$e^{-t} + 0 + t^2 e^{-t} = (1 + t^2) e^{-t} \quad (t \geqslant 0)$$

6. 用拉普拉斯变换解线性定常微分方程

应用拉普拉斯变换可直接求得线性定常微分方程的全解。初始条件可自动地包含在对微分方程取拉普拉斯变换的过程中。求解步骤如下：

（1）对方程两边每一项取拉普拉斯变换，将微分方程转变为 s 的代数方程。

（2）由代数方程求输出量的像函数。

（3）取拉普拉斯反变换，得微分方程的解。

例 5 求下列微分方程的解 $x(t)$：

$$\ddot{x} + 5\dot{x} + 6x = 6, \quad x(0) = 2, \quad \dot{x}(0) = 2$$

解：对方程两边取拉普拉斯变换得

$$s^2 X(s) - sx(0) - \dot{x}(0) + 5sX(s) - 5x(0) + 6X(s) = \frac{6}{s}$$

将初始条件代入上式得

$$s(s^2 + 5s + 6)X(s) = 2s^2 + 12s + 6$$

即

$$X(s) = \frac{2s^2 + 12s + 6}{s(s^2 + 5s + 6)} = \frac{2s^2 + 12s + 6}{s(s+2)(s+3)}$$

利用部分分式展开

$$X(s) = \frac{K_1}{s} + \frac{K_2}{s+2} + \frac{K_3}{s+3}$$

$$K_1 = \left[s \frac{2s^2 + 12s + 6}{s(s+2)(s+3)}\right]_{s=0} = 1$$

$$K_2 = \left[(s+2) \frac{2s^2 + 12s + 6}{s(s+2)(s+3)}\right]_{s=-2} = 5$$

$$K_3 = \left[(s+3) \frac{2s^2 + 12s + 6}{s(s+2)(s+3)}\right]_{s=-3} = -4$$

因此

$$x(t) = L^{-1}[X(s)] = 1 + 5e^{-2t} - 4e^{-3t}$$

附录2　MATLAB常用命令

MATLAB命令和矩阵函数是分析和设计控制系统时经常采用的。MATLAB具有许多预先定义的函数,供用户在求解许多不同类型的控制问题时调用。

在附表2中,列举了这样一些命令和矩阵函数。

附表2　MATLAB命令和矩阵函数

求解控制工程问题用的命令和矩阵函数	关于命令的功能、矩阵函数的意义,或语句的意义的说明	求解控制工程问题用的命令和矩阵函数	关于命令的功能、矩阵函数的意义,或语句的意义的说明
abs	绝对值	grid	画网格线
angle	相角	hold	保持屏幕上的当前图形
ans	当表达式未给定时的答案	i	$\sqrt{-1}$
atan	反正切	imag	虚部
axis	手工坐标轴分度	inf	无穷大(∞)
bode	伯德图	inv	矩阵求逆
clear	从工作空间中清除变量和函数	j	$\sqrt{-1}$
clg	清除屏幕图像	length	向量长度
computer	计算机类型	linspace	线性间隔的向量
conj	复数共轭	log	自然对数
conv	求卷积,相乘	loglog	对数坐标 x-y 图
cos	余弦	logspace	对数间隔向量
cosh	双曲余弦	log10	常用对数
dcgain	求系统终值	margin	求辐值裕量和相角裕量
deconv	反卷积,多项式除法	max	取最大值
det	行列式	min	取最小值
diag	对角矩阵	NaN	非数值
exit	终止程序	nyquist	奈奎斯特频率响应图
exp	指数底 e	ones	常数
eye	单位矩阵	pi	π(圆周率)
feedback	求反馈系统的传递函数	plot	线性 x-y 图形
fomat long	15位数字定标定点	polar	极坐标图形
fomat long e	15位数字浮点	poly	特征多项式
fomat short	5位数字定标定点	polyfit	多项式曲线拟合
fomat short e	5位数字浮点	polyval	多项式方程
freqs	拉普拉斯变换频域响应	prod	各元素的乘积
freqz	Z 变换频域响应	pzmap	求零极点分布图

（续）

求解控制工程问题用的命令和矩阵函数	关于命令的功能、矩阵函数的意义，或语句的意义的说明	求解控制工程问题用的命令和矩阵函数	关于命令的功能、矩阵函数的意义，或语句的意义的说明
quit	退出程序	subplot	分割窗口
rank	计算矩阵秩	sum	求和
real	复数实部	tan	正切
rem	余数或模数	tanh	双曲正切
residue	部分分式展开	text	任意规定的文本
rlocus	画根轨迹	tf	求 LTI 对象模型
roots	求多项式根	title	图形标题
semilogx	半对数 $x-y$ 坐标图（x 轴为对数坐标）	trace	矩阵的迹
semilogy	半对数 $x-y$ 坐标图（y 轴为对数坐标）	tzero	求零极点
sign	符号函数	who（和 whos）	列出当前存储器中所有变量
sin	正弦	xlable	x 轴标记
sinh	双曲正弦	ylable	y 轴标记
size	行和列的维数	zeros	零
sqrt	求平方根	zpk	LTI 对象与零极点对象转换

参考文献

[1] 王划一,杨西侠. 自动控制原理. 2 版. 北京:国防工业出版社,2009.

[2] 王划一,杨西侠. 自动控制原理习题详解与考研辅导. 北京:国防工业出版社,2014.

[3] 王划一,杨西侠. 自动控制原理(高职高专). 2 版. 北京:国防工业出版社,2012.

[4] (美)Katsuhiko Ohata. 现代控制工程. 五版. 北京:电子工业出版社,2013.

[5] (美)Gene F Franklin,J David Powell,Abbas Emami-Naeini. 自动控制原理与设计. 六版英文版. 北京:电子工业出版社,2013.

[6] (美)Richard C Dorf,Robert H Bishop. 现代控制系统. 十二版英文版. 北京:电子工业出版社,2012.

[7] 胡寿松. 自动控制原理. 六版. 北京:科学出版社,2015.

[8] 孙亮. 自动控制原理. 3 版. 北京:高教学出版社,2011.

[9] 刘文定,谢克明. 自动控制原理. 3 版. 北京:电子工业出版社,2013.

[10] 胥布工. 自动控制原理. 2 版. 北京:电子工业出版社,2016.

[11] 梅晓榕. 自动控制原理. 3 版. 北京:科学出版社,2015.

[12] 李友善. 自动控制原理. 修订版. 北京:国防工业出版社,1989.

[13] 吴麒. 自动控制原理. 北京:清华大学出版社,1990.

[14] 刘豹. 自动调节理论基础. 上海:上海科学技术出版社,1963.

[15] 孙虎章. 自动控制原理. 北京:中央广播电视大学出版社,1984.

[16] 杨自厚. 自动控制原理. 北京:冶金工业出版社,1980.

[17] 蔡尚峰. 自动控制理论. 北京:机械工业出版社,1980.

[18] 戴忠达. 自动控制理论基础. 北京:清华大学出版社,1991.

[19] 薛定宇. 反馈控制系统设计与分析. 北京:清华大学出版社,2000.

[20] 魏克新,王云亮,陈志敏. MATLAB 语言与自动控制系统设计. 北京:机械工业出版社,1997.

[21] 施阳,李俊,等. MATLAB 语言工具箱——TOOLBOX 实用指南. 西安:西北工业大学出版社,1998.

[22] 史忠科,卢京潮. 自动控制原理. 西安:西北工业大学出版社,1999.

[23] 夏德钤. 自动控制理论. 北京:机械工业出版社,1989.

[24] 张汉全,肖建,汪晓宁. 自动控制理论. 成都:西南交通大学出版社,2000.

[25] 王智兴. 自动控制原理. 北京:机械工业出版社,1986.

[26] 符曦. 自动控制理论习题集. 北京:机械工业出版社,1983.

[27] 邹伯敏. 自动控制理论. 北京:机械工业出版社,1999.

[28] 李春甫. 自动控制原理. 北京:冶金工业出版社,1988 .

[29] 任哲. 自动控制原理. 北京:冶金工业出版社,1998.

[30] 胡寿松. 自动控制原理习题集. 北京:国防工业出版社,1990.

[31] 钱学森,宋健. 工程控制论. 北京:科学出版社,1980.

[32] 薛定宇. 控制系统计算机辅助设计. 北京:清华大学出版社,1996.

[33] 史忠科,卢京潮. 自动控制原理常见题型解析及模似题. 西安:西北工业大学出版社,1999.

[34] 程述声,范崇. 控制理论基础习题集. 哈尔滨:哈尔滨工业大学出版社,1985.

[35] 陈小琳. 自动控制原理例题习题集. 北京:国防工业出版社,1982.

[36] 张旺,王世鎏. 自动控制原理. 北京:北京理工大学出版社,1994.

[37] 孙扬声. 自动控制理论. 北京:水利电力出版社,1986.

[38] (美)郑钧. 线性系统分析. 毛培法,译. 北京:科学出版社,1978.

[39] (美)Duane Hanselman,Bruse Littlefield. 精通 MATLAB 综合辅导与指南. 李人厚,张平安,等译. 西安:西安交通大学出版社,1998.